QB8 .U7

The astronomical almanac
 for the year ...

THE
ASTRONOMICAL
ALMANAC

FOR THE YEAR

2014

and its companion

The Astronomical Almanac Online

Data for Astronomy, Space Sciences, Geodesy,
Surveying, Navigation and other applications

WASHINGTON

Issued by the
Nautical Almanac Office
United States
Naval Observatory
by direction of the
Secretary of the Navy
and under the
authority of Congress

TAUNTON

Issued
by
Her Majesty's
Nautical Almanac Office
on behalf
of
The United Kingdom
Hydrographic Office

WASHINGTON: U.S. GOVERNMENT PRINTING OFFICE
TAUNTON: THE U.K. HYDROGRAPHIC OFFICE

ISBN 978–0–7077–41420

ISSN 0737-6421

UNITED STATES

For sale by the
U.S. Government Printing Office
Superintendent of Documents
P.O. Box 979050
St. Louis, MO 63197-9000

http://www.gpoaccess.gov/

UNITED KINGDOM

Published by the United Kingdom Hydrographic Office

http://www.ukho.gov.uk/

Telephone: +44 (0)1823 723 366
Fax: +44 (0)1823 330 561

E-mail: customerservices@ukho.gov.uk

NOTE

Every care is taken to prevent errors in the production of this publication. As a final precaution it is recommended that the sequence of pages in this copy be examined on receipt. If faulty it should be returned for replacement.

Beginning with the edition for 1981, the title *The Astronomical Almanac* replaced both the title *The American Ephemeris and Nautical Almanac* and the title *The Astronomical Ephemeris*. The changes in title symbolise the unification of the two series, which until 1980 were published separately in the United States of America since 1855 and in the United Kingdom since 1767. *The Astronomical Almanac* is prepared jointly by the Nautical Almanac Office, United States Naval Observatory, and H.M. Nautical Almanac Office, United Kingdom Hydrographic Office, and is published jointly by the United States Government Printing Office and the United Kingdom Hydrographic Office; it is printed only in the United States of America using reproducible material from both offices.

By international agreement the tasks of computation and publication of astronomical ephemerides are shared among the ephemeris offices of several countries. The contributors of the basic data for this Almanac are listed on page vii. This volume was designed in consultation with other astronomers of many countries, and is intended to provide current, accurate astronomical data for use in the making and reduction of observations and for general purposes. (The other publications listed on pages viii-ix give astronomical data for particular applications, such as navigation and surveying.)

Beginning with the 1984 edition, most of the data tabulated in *The Astronomical Almanac* have been based on the fundamental ephemerides of the planets and the Moon prepared at the Jet Propulsion Laboratory. In particular, since the 2003 edition, the JPL Planetary and Lunar Ephemerides DE405/LE405 have been the basis of the tabulations. For the 2006 to 2008 editions all the relevant International Astronomical Union (IAU) resolutions up to and including those of the 2003 General Assembly were implemented throughout. The 2009 edition fully implemented the resolutions passed at the 2006 IAU General Assembly. This includes the adoption of the report by the IAU Working Group on Precession and the Ecliptic which affects a significant fraction of the tabulated data (see Section L for more details). *U.S. Naval Observatory Circular No. 179* (see page ix) gives a detailed explanation of all relevant IAU resolutions and includes the precession model that was adopted by the IAU General Assembly in 2006 for use from 2009. From this edition all sections, including Section A Phenomena, recognise the IAU 2006 resolution that formally defined planets, dwarf planets, and small solar system bodies.

The Astronomical Almanac Online is a companion to this volume. It is designed to broaden the scope of this publication. In addition to ancillary information, the data provided will appeal to specialist groups as well as those needing more precise information. Much of the material may also be downloaded.

Suggestions for further improvement of this Almanac would be welcomed; they should be sent to the Chief, Nautical Almanac Office, United States Naval Observatory or to the Head, H.M. Nautical Almanac Office, United Kingdom Hydrographic Office.

TIMOTHY C. GALLAUDET Ph.D.
Captain, U.S. Navy,
Superintendent, U.S. Naval Observatory
3450 Massachusetts Avenue, NW
Washington, D.C. 20392–5420
U.S.A.

IAN MONCRIEFF CBE
Chief Executive
UK Hydrographic Office
Admiralty Way, Taunton
Somerset, TA1 2DN
United Kingdom

October 2012

Corrections to The Astronomical Almanac, 2009-2013

Page B50, Equinox Method of reduction from the GCRS — rigorous formulae. The term $M_{3,3}$ should read:

$$\sin \epsilon \cos \psi \sin \bar{\phi} + \cos \epsilon \cos \bar{\phi}$$

Page B51, in the table of Offsets of the Pole and Origin at J2000.0. For F-W IAU 2006, in the column ϕ_B:

replace 6·891 *with* 6·819

Corrections to The Astronomical Almanac, 2011 and 2012

Page H56, Stars and Stellar Systems:

Exoplanet designated ν And b   with period 1296 days should be ν And d

Exoplanet designated ν And d   with period 4·617123 should be ν And b

Changes introduced for 2014

Section A: The geocentric phenomena of Pluto and its visual magnitude are now included with that for Ceres and the minor planets Pallas, Juno and Vesta at the bottom of pages A4 and A5. Pluto has been removed from the table of 'Elongations and magnitudes of Planets' and the magnitude of Uranus and Neptune has been included.

Section E: The rotation elements planets (page E5) are now referred to the ICRF, and the formulae to calculate displacements measured from the center of planetary disk have been updated. The physical data for planets (page E6) have been updated. The algorithm used to calculate the surface brightness for Saturn in the physical ephemeris pages has been improved.

Section H: Updates to data have been made for the lists of double stars, UBVRI standards, spectrophotometric standards, exoplanets and host stars, open clusters, ICRF2 radio sources, and gamma ray sources.

Up-to-date listings of all errata may also be found on *The Astronomical Almanac Online* at **http://asa.usno.navy.mil** and **http://asa.hmnao.com**

Section A   PHENOMENA

Seasons: Moon's phases; principal occultations; planetary phenomena; elongations and magnitudes of planets; visibility of planets; diary of phenomena; times of sunrise, sunset, twilight, moonrise and moonset; eclipses, transits, use of Besselian elements.

Section B   TIME-SCALES AND COORDINATE SYSTEMS

Calendar; chronological cycles and eras; religious calendars; relationships between time scales; universal and sidereal times, Earth rotation angle; reduction of celestial coordinates; proper motion, annual parallax, aberration, light-deflection, precession and nutation; coordinates of the CIP & CIO, matrix elements for both frame bias, precession-nutation, and GCRS to the Celestial Intermediate Reference System, formulae for apparent and intermediate place reduction; position and velocity of the Earth; polar motion; diurnal parallax and aberration; altitude, azimuth; refraction; pole star formulae and table.

Section C   SUN

Mean orbital elements, elements of rotation; low-precision formulae for coordinates of the Sun and the equation of time; ecliptic and equatorial coordinates; heliographic coordinates, horizontal parallax, semi-diameter and time of transit; geocentric rectangular coordinates.

Section D   MOON

Phases; perigee and apogee; mean elements of orbit and rotation; lengths of mean months; geocentric, topocentric and selenographic coordinates; formulae for libration; ecliptic and equatorial coordinates, distance, horizontal parallax and time of transit; physical ephemeris, semi-diameter and fraction illuminated; low-precision formulae for geocentric and topocentric coordinates.

Section E   PLANETS

Rotation elements for Mercury, Venus, Mars, Jupiter, Saturn, Uranus, and Neptune; physical ephemerides; osculating orbital elements (including the Earth-Moon barycentre); heliocentric ecliptic coordinates; geocentric equatorial coordinates; times of transit.

Section F   NATURAL SATELLITES

Ephemerides and phenomena of the satellites of Mars, Jupiter, Saturn (including the rings), Uranus, Neptune and Pluto.

Section G   DWARF PLANETS AND SMALL SOLAR SYSTEM BODIES

Osculating elements; opposition dates and finding charts; physical ephemerides; geocentric equatorial coordinates, visual magnitudes, and time of transit for those bodies at opposition. Osculating elements for periodic comets.

Section H   STARS AND STELLAR SYSTEMS

Lists of bright stars, double stars, *UBVRI* standards, *uvby* & Hβ standards, spectrophotometric standards, radial velocity standards, variable stars, exoplanet/host stars, bright galaxies, open clusters, globular clusters, ICRF radio source positions, radio telescope flux & polarization calibrators, X-ray sources, quasars, pulsars, and gamma ray sources.

Section J   OBSERVATORIES

Index of observatory name and place; lists of optical and radio observatories.

Section K   TABLES AND DATA

Julian dates of Gregorian calendar dates; selected astronomical constants; reduction of time scales; reduction of terrestrial coordinates; interpolation methods; vectors and matrices.

Section L   NOTES AND REFERENCES   Section M GLOSSARY   Section N INDEX

THE ASTRONOMICAL ALMANAC ONLINE

WWW — **http://asa.usno.navy.mil** & **http://asa.hmnao.com**

Eclipse Portal; occultation maps; lunar polynomial coefficients; planetary heliocentric osculating elements; satellite offsets, apparent distances, position angles, orbital, physical, and photometric data; minor planet diameters; various star data sets; observatory search; astronomical constants; glossary, errata.

The pagination within each section is given in full on the first page of each section.

U.S. NAVAL OBSERVATORY

Captain Timothy C. Gallaudet Ph.D., *U.S.N., Superintendent*
Commander Clarence Franklin Jr., *U.S.N., Deputy Superintendent*
Kenneth J. Johnston, *Scientific Director*

ASTRONOMICAL APPLICATIONS DEPARTMENT

John A. Bangert, *Head*
Sean E. Urban *Chief, Nautical Almanac Office*
Jennifer L. Bartlett, *Chief, Software Products Division*
John A. Bangert, *Acting Chief, Science Support Division*

George H. Kaplan
William T. Harris
Susan G. Stewart
Michael Efroimsky
Amy C. Fredericks
QMC (SW) Melvin Prescott, U.S.N

James L. Hilton
Wendy K. Puatua
Mark T. Stollberg
Eric G. Barron
Michael V. Lesniak III
Yvette Hines

THE UNITED KINGDOM HYDROGRAPHIC OFFICE

Ian Moncrieff CBE, *Chief Executive*
Captain Jamie McMichael-Phillips RN, *Deputy National Hydrographer*

HER MAJESTY'S NAUTICAL ALMANAC OFFICE

Steven A. Bell, *Head*

Catherine Y. Hohenkerk
Julia M. Weratschnig

Donald B. Taylor
James A. Whittaker

The data in this volume have been prepared as follows:

By H.M. Nautical Almanac Office, United Kingdom Hydrographic Office:

Section A—phenomena, rising, setting of Sun and Moon, lunar eclipses; B—ephemerides and tables relating to time-scales and coordinate reference frames; D—physical ephemerides and geocentric coordinates of the Moon; F—ephemerides for sixteen of the major planetary satellites; G—opposition dates, finding charts, geocentric coordinates, transit times, and osculating orbital elements, of selected dwarf planets and small solar system bodies; K—tables and data.

By the Nautical Almanac Office, United States Naval Observatory:

Section A—eclipses of the Sun; C—physical ephemerides, geocentric and rectangular coordinates of the Sun; E—physical ephemerides, orbital elements, heliocentric and geocentric coordinates, and transit times of the planets; F—phenomena and ephemerides of satellites, except Jupiter I–IV; G—ephemerides of the largest and/or brightest 93 minor planets; H—data for lists of bright stars, photometric standard stars, radial velocity standard stars, exoplanets and host stars, bright galaxies, open clusters, globular clusters, radio source positions, radio flux calibrators, X-ray sources, quasars, pulsars, variable stars, double stars and gamma ray sources; J—information on observatories; L—notes and references; M—glossary; N—index.

By the Jet Propulsion Laboratory, California Institute of Technology:

The planetary and lunar ephemerides DE405/LE405, and for the lunar librations DE403/LE403. The ephemeris for the dwarf planet Eris.

By the IAU Standards Of Fundamental Astronomy (SOFA) initiative:

Software implementation of fundamental quantities used in sections A, B, D and G.

By the Institut de Mécanique Céleste et de Calcul des Éphémérides, Paris Observatory:

Section F—ephemerides and phenomena of satellites I–IV of Jupiter.

By the Minor Planet Center, Cambridge, Massachusetts:

Section G—orbital elements of periodic comets.

Section H—Stars and stellar systems: many individuals have provided expertise in compiling the tables; they are listed in Section L and on *The Astronomical Almanac Online*.

In general the Office responsible for the preparation of the data has drafted the related explanatory notes and auxiliary material, but both have contributed to the final form of the material. The preliminaries, Section A, except the solar eclipses, and Sections B, D, G and K have been composed in the United Kingdom, while the rest of the material has been composed in the United States. The work of proofreading has been shared, but no attempt has been made to eliminate the differences in spelling and style between the contributions of the two Offices.

Joint publications of HM Nautical Almanac Office (UKHO) and the United States Naval Observatory

These publications are published by and available from, UKHO Distributors, and the Superintendent of Documents, U.S. Government Printing Office (USGPO) except where noted.

Astronomical Phenomena contains extracts from *The Astronomical Almanac* and is published annually in advance of the main volume. Included are dates and times of planetary and lunar phenomena and other astronomical data of general interest. (UKHO GP200)

The Nautical Almanac contains ephemerides at an interval of one hour and auxiliary astronomical data for marine navigation. (UKHO NP314)

The Air Almanac contains ephemerides at an interval of ten minutes and auxiliary astronomical data for air navigation. This publication is now distributed solely on CD-ROM and is only available from USGPO.

Other publications of HM Nautical Almanac Office (UKHO)

The Star Almanac for Land Surveyors (NP 321) contains the Greenwich hour angle of Aries and the position of the Sun, tabulated for every six hours, and represented by monthly polynomial coefficients. Positions of all stars brighter than magnitude 4·0 are tabulated monthly to a precision of 0^s1 in right ascension and $1''$ in declination. A CD-ROM is included which contains the electronic edition plus coefficients, in ASCII format, representing the data.

NavPac and Compact Data for 2011–2015 (DP 330) contains software, algorithms and data, which are mainly in the form of polynomial coefficients, for calculating the positions of the Sun, Moon, navigational planets and bright stars. It enables navigators to compute their position at sea from sextant observations using an IBM PC or compatible for the period 1986–2015. The tabular data are also supplied as ASCII files on the CD-ROM. The web pages http://astro.ukho.gov.uk/nao/navpac/ provides information for issues related to NavPac.

Planetary and Lunar Coordinates, 2001–2020 provides low-precision astronomical data and phenomena for use well in advance of the annual ephemerides. It contains heliocentric, geocentric, spherical and rectangular coordinates of the Sun, Moon and planets, eclipse maps and auxiliary data. All the tabular ephemerides are supplied solely on CD-ROM as ASCII and Adobe's portable document format files. The full printed edition is published in the United States by Willmann-Bell Inc, PO Box 35025, Richmond VA 23235, USA.

Rapid Sight Reduction Tables for Navigation (AP 3270 / NP 303), 3 volumes, formerly entitled *Sight Reduction Tables for Air Navigation*. Volume 1, selected stars for epoch 2015·0, containing the altitude to $1'$ and true azimuth to $1°$ for the seven stars most suitable for navigation, for all latitudes and hour angles of Aries. Volumes 2 and 3 contain altitudes to $1'$ and azimuths to $1°$ for integral degrees of declination from N 29° to S 29°, for relevant latitudes and all hour angles at which the zenith distance is less than 95° providing for sights of the Sun, Moon and planets.

The UK Air Almanac (AP1602) contains data useful in the planning of activities where the level of illumination is important, particularly aircraft movements, and is produced to the general requirements of the Royal Air Force. It is available for download from HMNAO's web site.

NAO Technical Notes are issued irregularly to disseminate astronomical data concerning ephemerides or astronomical phenomena.

Other publications of the United States Naval Observatory

Astronomical Papers of the American Ephemeris[†] are issued irregularly and contain reports of research in celestial mechanics with particular relevance to ephemerides.

U.S. Naval Observatory Circulars[†] are issued irregularly to disseminate astronomical data concerning ephemerides or astronomical phenomena.

U.S. Naval Observatory Circular No. 179, The IAU Resolutions on Astronomical Reference Systems, Time Scales, and Earth Rotation Models explains resolutions and their effects on the data (see Web Links).

Explanatory Supplement to The Astronomical Almanac edited by Sean E. Urban, U.S. Naval Observatory and P. Kenneth Seidelmann, University of Virginia. This third edition is completely updated and offers an authoritative source on the basis and derivation of information contained in *The Astronomical Almanac*, and contains material that is relevant to positional and dynamical astronomy and to chronology. The publication is a collaborative work with authors from the U.S. Naval Observatory, H.M. Nautical Almanac Office, the Jet Propulsion Laboratory and others. It is published by, and available from University Science Books, Mill Valley, California, whose UK distributor is Macmillan Distribution.

MICA is an interactive astronomical almanac for professional applications. Software for both PC systems with Intel processors and Apple Macintosh computers is provided on a single CD-ROM. *MICA* allows a user to compute, to full precision, much of the tabular data contained in *The Astronomical Almanac*, as well as data for specific times and locations. All calculations are made in real time and data are not interpolated from tables. MICA is a product of the U.S. Naval Observatory; it is published by and available from Willmann-Bell Inc. The latest version covers the interval 1800-2050.

† Many of these publications are available from the Nautical Almanac Office, U.S. Naval Observatory, Washington, DC 20392-5420, see Web Links on the next page for availability.

Publications of other countries

Apparent Places of Fundamental Stars is prepared by the Astronomisches Rechen-Institut, Heidelberg (www.ari.uni-heidelberg.de). The printed version of APFS gives the data for a few fundamental stars only, together with the explanation and examples. The apparent and intermediate places of stars using the FK6 or Hipparcos catalogues are provided by the on-line database ARIAPFS (www.ari.uni-heidelberg.de/ariapfs). The printed booklet also contains the so-called '10-Day-Stars' and the 'Circumpolar Stars' and is available from G. Braun Buchverlag, Kaiserallee 87, 76185 Karlsruhe, Germany.

Ephemerides of Minor Planets is prepared annually by the Institute of Applied Astronomy of the Russian Academy of Sciences (www.ipa.nw.ru). Included in this volume are elements, opposition dates and opposition ephemerides of all numbered minor planets. This volume (www.ipa.nw.ru/PAGE/DEPFUND/LSBSS/engephem.htm) is available from the Institute of Applied Astronomy, Naberezhnaya Kutuzova 10, St. Petersburg, 191187 Russia.

Electronic Publications

The Astronomical Almanac Online: The companion publication of *The Astronomical Almanac*, providing data best presented in machine-readable form. It typically does not duplicate the data from the book. It does, in some cases, provide additional information or greater precision than the printed data. Examples of data found on *The Astronomical Almanac Online* are searchable databases, eclipse and occultation maps, errata found in the printed publication, and a searchable glossary. It is available at

http://asa.usno.navy.mil   —   WWW   —   **http://asa.hmnao.com**

Please refer to the relevant World Wide Web address for further details about the publications and services provided by the following organisations.

U.S. Naval Observatory

- U.S. Naval Observatory portal at http://www.usno.navy.mil/USNO
- USNO Astronomical Applications Department portal at http://aa.usno.navy.mil/
- *USNO Circular 179* at http://aa.usno.navy.mil/publications/docs/Circular_179.php
- USNO Data Services at http://aa.usno.navy.mil/data/
- *The Astronomical Almanac Online*—WWW— at http://asa.usno.navy.mil

H.M. Nautical Almanac Office

- General information at http://www.ukho.gov.uk/HMNAO/
- *The Astronomical Almanac Online*—WWW— at http://asa.hmnao.com/
- Eclipses Online at http://astro.ukho.gov.uk/eclipse/
- Online data services at http://astro.ukho.gov.uk/websurf/
- MoonWatch at http://astro.ukho.gov.uk/moonwatch/

International Astronomical Organizations

- IAU: International Astronomical Union at http://www.iau.org
- IERS: International Earth Rotation and Reference Systems Service at http://www.iers.org
- SOFA: IAU Standards of Fundamental Astronomy at http://www.iausofa.org
- NSFA: IAU Working Group on Numerical Standards at http://maia.usno.navy.mil/NSFA
- MPC: Minor Planet Centre at http://www.minorplanetcenter.org
- CDS: Centre de Données astronomiques de Strasbourg at http://cdsweb.u-strasbg.fr

Products provided by International Astronomical Organizations

- IERS Products http://www.iers.org/ : then

    Orientation data, time, follow, Data / Products → Earth Orientation Data

    Bulletins A, B, C, D and descriptions follow, Publications → IERS Bulletins

    Technical Notes follow, Publications → IERS Technical Notes

- IERS Conventions Centre, updates at http://tai.bipm.org/iers/convupdt/convupdt.html

Publishers and Suppliers

- The UK Hydrographic Office (UKHO) at http://www.ukho.gov.uk
- U.S. Government Printing Office (USGPO) at http://bookstore.gpo.gov
- University Science Books at http://www.uscibooks.com
- Willmann-Bell at http://www.willbell.com
- Macmillan Distribution at http://www.palgrave.com

CONTENTS OF SECTION A

> **www** This symbol indicates that these data or auxiliary material may also be found on *The Astronomical Almanac Online* at **http://asa.usno.navy.mil** and **http://asa.hmnao.com**

NOTE: All the times in this section are expressed in Universal Time (UT).

THE SUN

		d h				d h m				d h m
Perigee	…	Jan. 4 12	Equinoxes	…	Mar.	20 16 57	…	…	Sept.	23 02 29
Apogee	…	July 4 00	Solstices	…	June	21 10 51	…	…	Dec.	21 23 03

PHASES OF THE MOON

Lunation	New Moon			First Quarter			Full Moon			Last Quarter		
		d h m			d h m			d h m			d h m	
1126	Jan.	1 11 14		Jan.	8 03 39		Jan.	16 04 52		Jan.	24 05 19	
1127	Jan.	30 21 39		Feb.	6 19 22		Feb.	14 23 53		Feb.	22 17 15	
1128	Mar.	1 08 00		Mar.	8 13 27		Mar.	16 17 08		Mar.	24 01 46	
1129	Mar.	30 18 45		Apr.	7 08 31		Apr.	15 07 42		Apr.	22 07 52	
1130	Apr.	29 06 14		May	7 03 15		May	14 19 16		May	21 12 59	
1131	May	28 18 40		June	5 20 39		June	13 04 11		June	19 18 39	
1132	June	27 08 08		July	5 11 59		July	12 11 25		July	19 02 08	
1133	July	26 22 42		Aug.	4 00 50		Aug.	10 18 09		Aug.	17 12 26	
1134	Aug.	25 14 13		Sept.	2 11 11		Sept.	9 01 38		Sept.	16 02 05	
1135	Sept.	24 06 14		Oct.	1 19 33		Oct.	8 10 51		Oct.	15 19 12	
1136	Oct.	23 21 57		Oct.	31 02 48		Nov.	6 22 23		Nov.	14 15 16	
1137	Nov.	22 12 32		Nov.	29 10 06		Dec.	6 12 27		Dec.	14 12 51	
1138	Dec.	22 01 36		Dec.	28 18 31							

ECLIPSES

A total eclipse of the Moon	Apr. 15	Western Africa, western Europe, The Americas, Australasia and eastern Asia
An annular eclipse of the Sun	Apr. 29	French Southern and Antarctic Islands, Wilkes Land (Antarctica), Australia
A total eclipse of the Moon	Oct. 8	The Americas, Australasia, Asia
A partial eclipse of the Sun	Oct. 23	Most of North America, Mexico, easternmost parts of Russia

MOON AT PERIGEE

	d h		d h		d h
Jan.	1 21	May	18 12	Oct.	6 10
Jan.	30 10	June	15 03	Nov.	3 00
Feb.	27 20	July	13 08	Nov.	27 23
Mar.	27 19	Aug.	10 18	Dec.	24 17
Apr.	23 00	Sept.	8 04		

MOON AT APOGEE

	d h		d h		d h
Jan.	16 02	June	3 04	Oct.	18 06
Feb.	12 05	June	30 19	Nov.	15 02
Mar.	11 20	July	28 03	Dec.	12 23
Apr.	8 15	Aug.	24 06		
May	6 10	Sept.	20 14		

OCCULTATIONS OF PLANETS AND BRIGHT STARS BY THE MOON

Date d h	Body	Areas of Visibility
Jan. 25 14	Saturn	French Polynesia, New Zealand, S. tip of South America, Antarctic Peninsula
Feb. 21 22	Saturn	Madagascar, most of Australia, New Zealand
Feb. 26 05	Venus	West and central Africa, India, south east Asia
Mar. 21 03	Saturn	N.E. South America, southern part of Africa, Madagscar
Apr. 17 07	Saturn	French Polynesia, southern part of South America
May 14 12	Saturn	Southern half of Australia, New Zealand, Victoria Land (Antarctica)
June 10 19	Saturn	South Georgia and South Sandwich Islands, Queen Maud Land, southern tip of Southern Africa
July 6 01	Mars	Hawaii, west coast of central America, northern half of South America
July 8 02	Saturn	French Polynesia, southern tip of South America, South Georgia and South Sandwich Islands
Aug. 4 11	Saturn	Southern India, Indonesia, Australia, Fiji, Samoa
Aug. 14 17	Uranus	Central Asia, Arctic Region
Aug. 31 19	Saturn	East USA, Mexico, Caribbean, north eastern South America, central west Africa
Sep. 11 02	Uranus	Eastern Canada, Greenland, northern Siberia
Sep. 28 01	Ceres	Papua New Guinea, Solomon Islands, Fiji, Samoa, French Polynesia
Sep. 28 04	Saturn	Eastern Asia, Japan, north eastern part of Russia, Hawaii
Sep. 28 15	Vesta	Portugal, Spain, northern half of Africa, the Middle East
Oct. 8 11	Uranus	North eastern Asia, northern Greenland, Arctic Ocean
Oct. 25 16	Saturn	N.E. Canada, southern Greenland, west and central Europe
Nov. 4 18	Uranus	Iceland, northern Greenland
Dec. 2 00	Uranus	Western Canada, eastern Alaska, Arctic Region
Dec. 29 05	Uranus	Japan, N.E. Russia, Arctic Ocean, north Canada and Alaska

Maps showing the areas of visibility may be found on AsA-Online.

OCCULTATIONS OF X-RAY SOURCES BY THE MOON

This table can be found on *The Astronomical Almanac Online* at http://asa.usno.navy.mil and http://asa.hmnao.com.

AVAILABILITY OF PREDICTIONS OF LUNAR OCCULTATIONS

IOTA, the International Occultation Timing Association is responsible for the predictions and reductions of timings of occultations of stars by the Moon. Their web address is http://lunar-occultations.com/iota.

GEOCENTRIC PHENOMENA

MERCURY

	d h		d h		d h
Greatest elongation East	Jan. 31 10 (18°)		May 25 07 (23°)		Sept. 21 22 (26°)
Stationary	Feb. 6 07		June 7 10		Oct. 4 18
Inferior conjunction ...	Feb. 15 20		June 19 23		Oct. 16 21
Stationary	Feb. 27 23		July 1 14		Oct. 25 07
Greatest elongation West	Mar. 14 07 (28°)		July 12 18 (21°)		Nov. 1 13 (19°)
Superior conjunction ...	Apr. 26 03		Aug. 8 16		Dec. 8 10

VENUS

	d h			d h
Inferior conjunction ...	Jan. 11 12	Greatest elongation West		Mar. 22 20 (47°)
Stationary	Jan. 31 19	Superior conjunction ...		Oct. 25 08
Greatest illuminated extent	Feb. 15 09			

SUPERIOR PLANETS

	Conjunction	Stationary	Opposition	Stationary
	d h	d h	d h	d h
Mars	—	Mar. 1 21	Apr. 8 21	May 21 09
Jupiter	July 24 21	Dec. 9 07 |	Jan. 5 21	Mar. 6 10
Saturn	Nov. 18 09 |	Mar. 3 04	May 10 18	July 21 15
Uranus	Apr. 2 07	July 22 09	Oct. 7 21	Dec. 22 06
Neptune	Feb. 23 18	June 10 06	Aug. 29 15	Nov. 16 11

The vertical bars indicate where the dates for the planet are not in chronological order.

OCCULTATIONS BY PLANETS AND SATELLITES

Details of predictions of occultations of stars by planets, minor planets and satellites are given in *The Handbook of the British Astronomical Association*.

HELIOCENTRIC PHENOMENA

	Perihelion	Aphelion	Ascending Node	Greatest Lat. North	Descending Node	Greatest Lat. South
Mercury	Feb. 3	Mar. 19	Jan. 30	Feb. 14	Mar. 9	Jan. 11
	May 2	June 15	Apr. 28	May 13	June 5	Apr. 9
	July 29	Sept. 11	July 25	Aug. 9	Sept. 1	July 6
	Oct. 25	Dec. 8	Oct. 21	Nov. 5	Nov. 28	Oct. 2
	—		—	—	—	Dec. 29
Venus	Jan. 24	May 16	—	Feb. 14	Apr. 11	June 7
	Sept. 5	Dec. 26	Aug. 2	Sept. 27	Nov. 22	—
Mars	Dec. 12 |	Jan. 3	—	—	June 11	Nov. 16

Jupiter, Saturn, Uranus, Neptune: None in 2014

ELONGATIONS AND MAGNITUDES OF PLANETS AT 0^h UT

Date	Mercury Elong.	Mag.	Venus Elong.	Mag.	Date	Mercury Elong.	Mag.	Venus Elong.	Mag.
Jan. −2	W. 2	−1·3	E. 21	−4·6	July 2	W. 16	+2·2	W. 30	−3·9
3	E. 3	−1·2	E. 14	−4·3	7	W. 20	+1·2	W. 29	−3·9
8	E. 6	−1·1	E. 7	−4·3	12	W. 21	+0·4	W. 28	−3·8
13	E. 9	−1·0	W. 6	·	17	W. 20	−0·2	W. 26	−3·8
18	E. 13	−0·9	W. 12	−4·2	22	W. 18	−0·7	W. 25	−3·8
23	E. 16	−0·9	W. 19	−4·5	27	W. 14	−1·1	W. 24	−3·8
28	E. 18	−0·8	W. 25	−4·7	Aug. 1	W. 9	−1·5	W. 22	−3·8
Feb. 2	E. 18	−0·5	W. 30	−4·8	6	W. 3	−2·0	W. 21	−3·8
7	E. 15	+0·7	W. 34	−4·8	11	E. 3	−1·8	W. 20	−3·8
12	E. 9	+3·2	W. 38	−4·9	16	E. 8	−1·2	W. 19	−3·8
17	W. 4	+5·0	W. 40	−4·8	21	E. 12	−0·8	W. 17	−3·8
22	W. 13	+2·5	W. 42	−4·8	26	E. 16	−0·5	W. 16	−3·9
27	W. 20	+1·1	W. 44	−4·8	31	E. 19	−0·3	W. 15	−3·9
Mar. 4	W. 25	+0·5	W. 45	−4·7	Sept. 5	E. 22	−0·1	W. 13	−3·9
9	W. 27	+0·2	W. 46	−4·7	10	E. 24	−0·1	W. 12	−3·9
14	W. 28	+0·1	W. 46	−4·6	15	E. 25	0·0	W. 11	−3·9
19	W. 27	0·0	W. 47	−4·6	20	E. 26	0·0	W. 9	−3·9
24	W. 26	0·0	W. 47	−4·5	25	E. 26	+0·1	W. 8	−3·9
29	W. 24	−0·1	W. 46	−4·5	30	E. 25	+0·2	W. 7	−3·9
Apr. 3	W. 21	−0·3	W. 46	−4·4	Oct. 5	E. 21	+0·7	W. 5	−3·9
8	W. 18	−0·5	W. 46	−4·3	10	E. 14	+2·0	W. 4	−4·0
13	W. 14	−0·8	W. 45	−4·3	15	E. 5	+4·9	W. 3	−4·0
18	W. 9	−1·2	W. 45	−4·3	20	W. 7	+3·8	W. 2	−4·0
23	W. 4	−1·9	W. 44	−4·2	25	W. 15	+0·8	W. 1	·
28	E. 2	−2·2	W. 43	−4·2	30	W. 18	−0·4	E. 1	·
May 3	E. 8	−1·6	W. 43	−4·1	Nov. 4	W. 18	−0·7	E. 3	−4·0
8	E. 13	−1·1	W. 42	−4·1	9	W. 17	−0·8	E. 4	−4·0
13	E. 18	−0·7	W. 41	−4·1	14	W. 14	−0·8	E. 5	−3·9
18	E. 21	−0·3	W. 40	−4·0	19	W. 11	−0·8	E. 6	−3·9
23	E. 23	+0·2	W. 39	−4·0	24	W. 8	−0·9	E. 7	−3·9
28	E. 22	+0·7	W. 38	−4·0	29	W. 5	−1·0	E. 9	−3·9
June 2	E. 21	+1·4	W. 37	−4·0	Dec. 4	W. 3	−1·2	E. 10	−3·9
7	E. 17	+2·3	W. 36	−3·9	9	E. 1	−1·3	E. 11	−3·9
12	E. 12	+3·7	W. 35	−3·9	14	E. 3	−1·1	E. 12	−3·9
17	E. 5	+5·4	W. 34	−3·9	19	E. 6	−1·0	E. 13	−3·9
22	W. 5	+5·4	W. 32	−3·9	24	E. 9	−0·9	E. 15	−3·9
27	W. 11	+3·7	W. 31	−3·9	29	E. 12	−0·8	E. 16	−3·9
July 2	W. 16	+2·2	W. 30	−3·9	34	E. 15	−0·8	E. 17	−3·9

SELECTED DWARF AND MINOR PLANETS

	Stationary	Opposition	Stationary	Conjunction
Ceres	Mar. 1	Apr. 15	June 7	Dec. 10
Pallas	Jan. 8	Feb. 22	Mar. 24	Oct. 26
Juno	Dec. 14	—	—	| Apr. 11
Vesta	Mar. 5	Apr. 13	June 1	—
Pluto	Apr. 15	July 4	Sept. 22	| Jan. 1

ELONGATIONS AND MAGNITUDES OF PLANETS AT 0ʰ UT

Date	Mars Elong.	Mag.	Jupiter Elong.	Mag.	Saturn Elong.	Mag.	Uranus Elong.	Mag.	Neptune Elong.	Mag.
Jan. −7	W. 84	+1·0	W. 165	−2·7	W. 43	+0·6	E. 96	+5·8	E. 61	+7·9
3	W. 90	+0·8	W. 177	−2·7	W. 52	+0·6	E. 86	+5·8	E. 51	+7·9
13	W. 96	+0·6	E. 172	−2·7	W. 61	+0·6	E. 76	+5·9	E. 41	+8·0
23	W. 103	+0·4	E. 160	−2·7	W. 71	+0·6	E. 66	+5·9	E. 31	+8·0
Feb. 2	W. 110	+0·2	E. 149	−2·6	W. 80	+0·5	E. 56	+5·9	E. 21	+8·0
12	W. 117	0·0	E. 138	−2·5	W. 90	+0·5	E. 47	+5·9	E. 11	+8·0
22	W. 126	−0·3	E. 127	−2·5	W. 100	+0·5	E. 37	+5·9	E. 2	+8·0
Mar. 4	W. 136	−0·6	E. 117	−2·4	W. 110	+0·4	E. 28	+5·9	W. 8	+8·0
14	W. 147	−0·9	E. 107	−2·3	W. 120	+0·4	E. 18	+5·9	W. 18	+8·0
24	W. 159	−1·1	E. 98	−2·3	W. 130	+0·3	E. 9	+5·9	W. 27	+8·0
Apr. 3	W. 172	−1·4	E. 88	−2·2	W. 141	+0·2	W. 1	+5·9	W. 37	+8·0
13	E. 174	−1·5	E. 80	−2·1	W. 151	+0·2	W. 10	+5·9	W. 46	+7·9
23	E. 161	−1·3	E. 71	−2·1	W. 161	+0·1	W. 19	+5·9	W. 56	+7·9
May 3	E. 148	−1·1	E. 63	−2·0	W. 172	+0·1	W. 28	+5·9	W. 65	+7·9
13	E. 137	−0·9	E. 55	−2·0	E. 177	+0·1	W. 38	+5·9	W. 75	+7·9
23	E. 127	−0·7	E. 47	−1·9	E. 167	+0·1	W. 47	+5·9	W. 84	+7·9
June 2	E. 119	−0·5	E. 39	−1·9	E. 157	+0·2	W. 56	+5·9	W. 94	+7·9
12	E. 111	−0·3	E. 32	−1·8	E. 147	+0·2	W. 65	+5·9	W. 103	+7·9
22	E. 105	−0·1	E. 24	−1·8	E. 137	+0·3	W. 74	+5·9	W. 113	+7·9
July 2	E. 99	0·0	E. 17	−1·8	E. 127	+0·4	W. 84	+5·8	W. 123	+7·9
12	E. 93	+0·2	E. 9	−1·8	E. 117	+0·4	W. 93	+5·8	W. 132	+7·8
22	E. 89	+0·3	E. 2	−1·8	E. 107	+0·5	W. 103	+5·8	W. 142	+7·8
Aug. 1	E. 84	+0·4	W. 5	−1·8	E. 98	+0·5	W. 112	+5·8	W. 152	+7·8
11	E. 81	+0·5	W. 13	−1·8	E. 89	+0·6	W. 122	+5·8	W. 162	+7·8
21	E. 77	+0·6	W. 20	−1·8	E. 80	+0·6	W. 132	+5·8	W. 171	+7·8
31	E. 73	+0·6	W. 28	−1·8	E. 70	+0·6	W. 142	+5·7	E. 178	+7·8
Sept. 10	E. 70	+0·7	W. 35	−1·8	E. 61	+0·6	W. 152	+5·7	E. 169	+7·8
20	E. 67	+0·7	W. 43	−1·9	E. 53	+0·6	W. 162	+5·7	E. 159	+7·8
30	E. 64	+0·8	W. 51	−1·9	E. 44	+0·6	W. 172	+5·7	E. 149	+7·8
Oct. 10	E. 61	+0·8	W. 59	−1·9	E. 35	+0·6	E. 178	+5·7	E. 139	+7·8
20	E. 59	+0·9	W. 68	−2·0	E. 26	+0·6	E. 167	+5·7	E. 128	+7·9
30	E. 56	+0·9	W. 76	−2·0	E. 17	+0·5	E. 157	+5·7	E. 118	+7·9
Nov. 9	E. 54	+0·9	W. 85	−2·1	E. 9	+0·5	E. 147	+5·7	E. 108	+7·9
19	E. 51	+1·0	W. 95	−2·2	W. 2	+0·5	E. 136	+5·7	E. 98	+7·9
29	E. 49	+1·0	W. 104	−2·2	W. 10	+0·5	E. 126	+5·8	E. 88	+7·9
Dec. 9	E. 46	+1·0	W. 114	−2·3	W. 19	+0·5	E. 116	+5·8	E. 78	+7·9
19	E. 44	+1·1	W. 125	−2·4	W. 28	+0·5	E. 106	+5·8	E. 68	+7·9
29	E. 42	+1·1	W. 135	−2·4	W. 37	+0·5	E. 95	+5·8	E. 58	+7·9
39	E. 39	+1·1	W. 146	−2·5	W. 46	+0·6	E. 85	+5·8	E. 48	+7·9

VISUAL MAGNITUDES OF SELECTED DWARF & MINOR PLANETS

	Jan. 3	Feb. 12	Mar. 24	May 3	June 12	July 22	Aug. 31	Oct. 10	Nov. 19	Dec. 29
Ceres	8·5	8·0	7·3	7·2	8·0	8·6	9·0	9·0	8·8	8·9
Pallas	7·9	7·1	7·4	8·4	9·1	9·4	9·6	9·5	9·7	9·9
Juno	10·1	10·0	9·7	9·6	9·7	9·7	9·7	9·5	9·1	8·5
Vesta	7·7	7·0	6·1	6·0	6·7	7·3	7·7	7·8	7·8	7·6
Pluto	14·2	14·2	14·1	14·1	14·1	14·1	14·1	14·1	14·2	14·2

VISIBILITY OF PLANETS

The planet diagram on page A7 shows, in graphical form for any date during the year, the local mean times of meridian passage of the Sun, of the five planets, Mercury, Venus, Mars, Jupiter and Saturn, and of every 2^h of right ascension. Intermediate lines, corresponding to particular stars, may be drawn in by the user if desired. The diagram is intended to provide a general picture of the availability of planets and stars for observation during the year.

On each side of the line marking the time of meridian passage of the Sun, a band 45^m wide is shaded to indicate that planets and most stars crossing the meridian within 45^m of the Sun are generally too close to the Sun for observation.

For any date the diagram provides immediately the local mean time of meridian passage of the Sun, planets and stars, and thus the following information:
    a) whether a planet or star is too close to the Sun for observation;
    b) visibility of a planet or star in the morning or evening;
    c) location of a planet or star during twilight;
    d) proximity of planets to stars or other planets.

When the meridian passage of a body occurs at midnight, it is close to opposition to the Sun and is visible all night, and may be observed in both morning and evening twilights. As the time of meridian passage decreases, the body ceases to be observable in the morning, but its altitude above the eastern horizon during evening twilight gradually increases until it is on the meridian at evening twilight. From then onwards the body is observable above the western horizon, its altitude at evening twilight gradually decreasing, until it becomes too close to the Sun for observation. When it again becomes visible, it is seen in the morning twilight, low in the east. Its altitude at morning twilight gradually increases until meridian passage occurs at the time of morning twilight, then as the time of meridian passage decreases to 0^h, the body is observable in the west in the morning twilight with a gradually decreasing altitude, until it once again reaches opposition.

Notes on the visibility of the planets are given on page A8. Further information on the visibility of planets may be obtained from the diagram below which shows, in graphical form for any date during the year, the declinations of the bodies plotted on the planet diagram on page A7.

DECLINATION OF SUN AND PLANETS, 2014

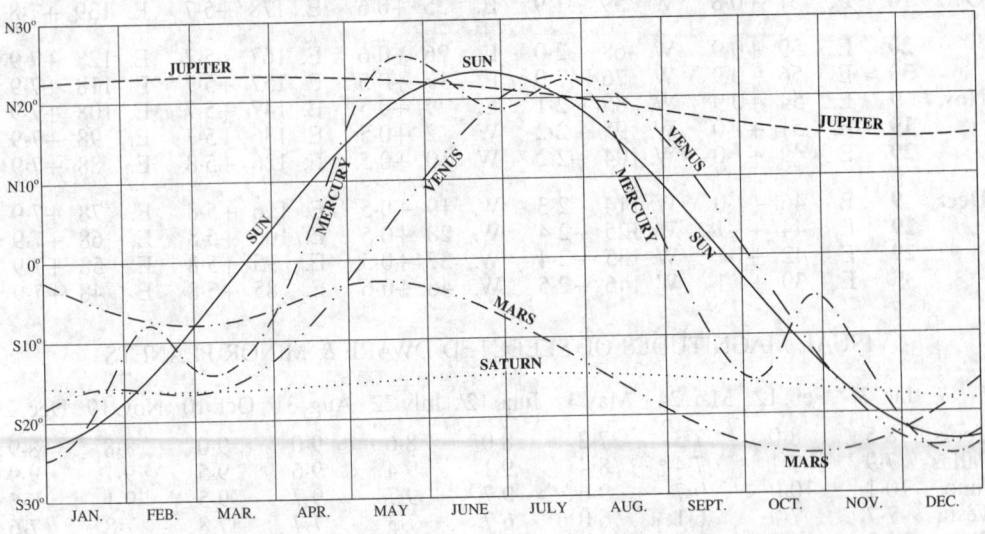

LOCAL MEAN TIME OF MERIDIAN PASSAGE

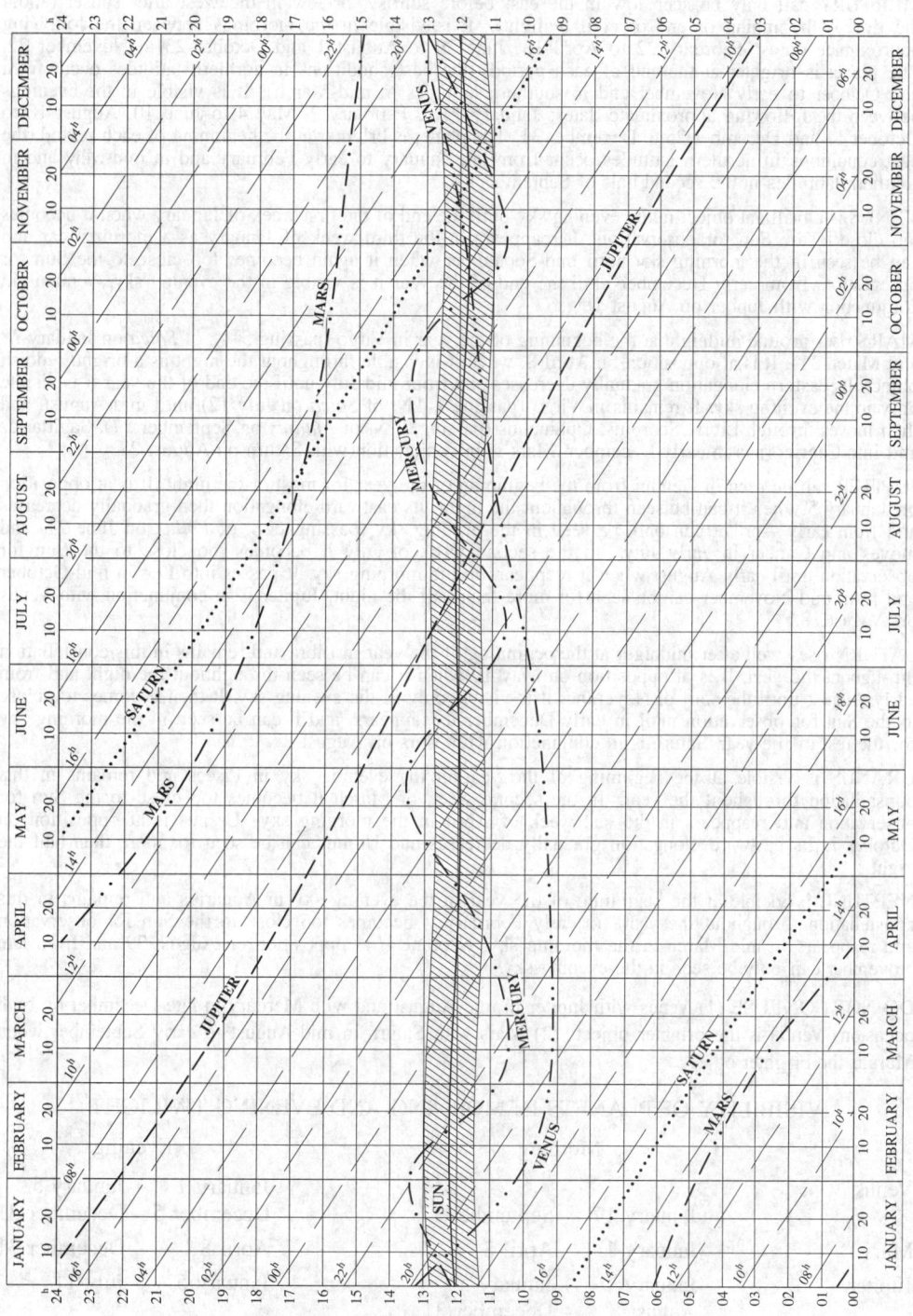

LOCAL MEAN TIME OF MERIDIAN PASSAGE

VISIBILITY OF PLANETS

MERCURY can only be seen low in the east before sunrise, or low in the west after sunset (about the time of beginning or end of civil twilight). It is visible in the mornings between the following approximate dates: February 22 to April 18, June 29 to August 1 and October 23 to November 22. The planet is brighter at the end of each period, (the best conditions in northern latitudes occur from late October to early November and in southern latitudes in mid-March). It is visible in the evenings between the following approximate dates: January 13 to February 9, May 4 to June 10, August 18 to October 11 and December 25 to December 31. The planet is brighter at the beginning of each period,(the best conditions in northern latitudes occur from late January to early February and in mid-May and in southern latitudes in the second half of September).

VENUS is a brilliant object in the evening sky until the end of the first week of January when it becomes too close to the Sun for observation. It reappears in the third week of January as a morning star and can be seen in the morning sky until mid-September when it again becomes too close to the Sun for observation; from early December until the end of the year it is visible in the evening sky. Venus is in conjunction with Jupiter on August 18.

MARS rises around midnight at the beginning of the year in Virgo (passing 5° N. of *Spica* on January 28 and March 31). It is at opposition on April 8, when it is visible throughout the night as a bright, reddish object. Its eastern elongation gradually decreases and from mid-July until the end of the year it is visible only in the evening sky. It remains in Virgo (passing 1°4 N. of *Spica* on July 12) until mid-August, and then moves through Libra, Scorpius, Ophiuchus (passing 3° N. of *Antares* on September 27), Sagittarius and into Capricornus in early December. Mars is in conjunction with Saturn on August 27.

JUPITER can be seen in Gemini from the beginning of the year for most of the night. It is at opposition on January 5 when it can be seen throughout the night. Its eastward elongation then gradually decreases and from early April it can only be seen in the evening sky (passing 6° S. of *Pollux* on June 21) and moves into Cancer in early July. In the second week of July it becomes too close to the Sun for observation until early August when it reappears in the morning sky. It passes into Leo in mid-October and from mid-November can be seen for more than half the night. Jupiter is in conjunction with Venus on August 18.

SATURN rises well after midnight at the beginning of the year in Libra and remains in this constellation throughout the year. It is at opposition on May 10 when it can be seen throughhout the night and from early August until the start of November it is visible only in the evening sky. It then becomes too close to the Sun for observation until in early December it reappears, and it can be seen in the morning sky for the rest of the year. Saturn is in conjunction with Mars on August 27.

URANUS is visible at the beginning of the year in the evening sky in Pisces and remains in this constellation throughout the year. In the second week of March it becomes too close to the Sun for observation and reappears in the last week of April in the morning sky. Uranus is at opposition on October 7. Its eastward elongation gradually decreases and Uranus can be seen for more than half the night.

NEPTUNE is visible at the beginning of the year in the evening sky in Aquarius and remains in this constellation throughout the year. In early February it becomes too close to the Sun for observation and reappears in mid-March in the morning sky. Neptune is at opposition on August 29 and from late November can only be seen in the evening sky.

DO NOT CONFUSE (1) Venus with Jupiter in mid-August and with Mercury in late December on both occasions Venus is the brighter object. (2) Mars with Saturn in mid-August to early September when Mars is the brighter object.

VISIBILITY OF PLANETS IN MORNING AND EVENING TWILIGHT

	Morning		Evening	
Venus			January 1	– January 5
	January 17	– September 17	December 5	– December 31
Mars	January 1	– April 8	April 8	– December 31
Jupiter	January 1	– January 5	January 5	– July 11
	August 8	– December 31		
Saturn	January 1	– May 10	May 10	– November 1
	December 6	– December 31		

CONFIGURATIONS OF SUN, MOON AND PLANETS

d	h	
Jan. 1	11	NEW MOON
1	19	Pluto in conjunction with Sun
1	21	Moon at perigee
4	12	Earth at perihelion
5	02	Neptune 5° S. of Moon
5	21	Jupiter at opposition
7	13	Uranus 3° S. of Moon
8	04	FIRST QUARTER
8	09	Pallas stationary
11	12	Venus in inferior conjunction
15	06	Jupiter 5° N. of Moon
16	02	Moon at apogee
16	05	FULL MOON
23	06	Mars 4° N. of Moon
24	05	LAST QUARTER
25	14	Saturn 0°.6 N. of Moon Occn.
28	20	Mars 5° N. of *Spica*
29	03	Venus 2° N. of Moon
30	10	Moon at perigee
30	22	NEW MOON
31	10	Mercury greatest elong. E. (18°)
31	19	Venus stationary
Feb. 1	07	Mercury 4° S. of Moon
1	14	Neptune 5° S. of Moon
3	23	Uranus 3° S. of Moon
6	07	Mercury stationary
6	19	FIRST QUARTER
11	06	Jupiter 5° N. of Moon
12	05	Moon at apogee
15	00	FULL MOON
15	09	Venus greatest illuminated extent
15	20	Mercury in inferior conjunction
20	00	Mars 3° N. of Moon
21	22	Saturn 0°.3 N. of Moon Occn.
22	09	Pallas at opposition
22	17	LAST QUARTER
23	18	Neptune in conjunction with Sun
26	05	Venus 0°.4 S. of Moon Occn.
27	20	Moon at perigee
27	21	Mercury 3° S. of Moon
27	23	Mercury stationary
Mar. 1	08	NEW MOON
1	20	Ceres stationary
1	21	Mars stationary
3	04	Saturn stationary
3	11	Uranus 2° S. of Moon
5	09	Vesta stationary
6	10	Jupiter stationary
8	13	FIRST QUARTER

d	h	
Mar. 10	11	Jupiter 5° N. of Moon
11	20	Moon at apogee
14	07	Mercury greatest elong. W. (28°)
16	17	FULL MOON
19	03	Mars 3° N. of Moon
20	17	Equinox
21	03	Saturn 0°.2 N. of Moon Occn.
22	12	Mercury 1°.2 S. of Neptune
22	20	Venus greatest elong. W. (47°)
24	02	LAST QUARTER
24	21	Pallas stationary
27	10	Venus 4° S. of Moon
27	19	Moon at perigee
28	14	Neptune 5° S. of Moon
29	05	Mercury 6° S. of Moon
30	19	NEW MOON
31	04	Mars 5° N. of *Spica*
Apr. 2	07	Uranus in conjunction with Sun
6	23	Jupiter 5° N. of Moon
7	09	FIRST QUARTER
8	15	Moon at apogee
8	21	Mars at opposition
11	07	Juno in conjunction with Sun
12	08	Venus 0°.7 N. of Neptune
13	12	Vesta at opposition
14	13	Mars closest approach
14	18	Mars 3° N. of Moon
15	01	Pluto stationary
15	06	Ceres at opposition
15	08	FULL MOON Eclipse
17	07	Saturn 0°.4 N. of Moon Occn.
22	08	LAST QUARTER
23	00	Moon at perigee
24	22	Neptune 5° S. of Moon
25	23	Venus 4° S. of Moon
26	03	Mercury in superior conjunction
27	11	Uranus 2° S. of Moon
29	06	NEW MOON Eclipse
May 4	14	Jupiter 5° N. of Moon
6	10	Moon at apogee
7	03	FIRST QUARTER
10	18	Saturn at opposition
11	14	Mars 3° N. of Moon
13	16	Mercury 8° N. of *Aldebaran*
14	12	Saturn 0°.6 N. of Moon Occn.
14	19	FULL MOON
15	13	Venus 1°.3 S. of Uranus
18	12	Moon at perigee
21	09	Mars stationary

CONFIGURATIONS OF SUN, MOON AND PLANETS

	d h		
May	21 13	LAST QUARTER	
	22 04	Neptune 5° S. of Moon	
	24 20	Uranus 1°9 S. of Moon	
	25 07	Mercury greatest elong. E. (23°)	
	25 16	Venus 2° S. of Moon	
	28 19	NEW MOON	
	30 16	Mercury 6° N. of Moon	
June	1 07	Vesta stationary	
	1 08	Jupiter 6° N. of Moon	
	3 04	Moon at apogee	
	5 21	FIRST QUARTER	
	7 10	Mercury stationary	
	7 22	Ceres stationary	
	8 01	Mars 1°6 N. of Moon	
	10 06	Neptune stationary	
	10 19	Saturn 0°6 N. of Moon	Occn.
	13 04	FULL MOON	
	15 03	Moon at perigee	
	18 10	Neptune 5° S. of Moon	
	19 19	LAST QUARTER	
	19 23	Mercury in inferior conjunction	
	21 03	Uranus 1°6 S. of Moon	
	21 11	Solstice	
	21 12	Jupiter 6° S. of *Pollux*	
	24 13	Venus 1°3 N. of Moon	
	27 08	NEW MOON	
	29 03	Jupiter 5° N. of Moon	
	30 19	Moon at apogee	
July	1 14	Mercury stationary	
	2 10	Venus 4° N. of *Aldebaran*	
	4 00	Earth at aphelion	
	4 08	Pluto at opposition	
	5 12	FIRST QUARTER	
	6 01	Mars 0°2 S. of Moon	Occn.
	8 02	Saturn 0°4 N. of Moon	Occn.
	12 11	FULL MOON	
	12 18	Mercury greatest elong. W. (21°)	
	12 23	Mars 1°4 N. of *Spica*	
	13 08	Moon at perigee	
	15 17	Neptune 5° S. of Moon	
	18 10	Uranus 1°4 S. of Moon	
	19 02	LAST QUARTER	
	21 15	Saturn stationary	
	22 09	Uranus stationary	
	24 18	Venus 4° N. of Moon	
	24 21	Jupiter in conjunction with Sun	
	26 23	NEW MOON	
	28 03	Moon at apogee	
	29 05	Mercury 6° S. of *Pollux*	

	d h		
Aug.	3 10	Mars 2° S. of Moon	
	4 01	FIRST QUARTER	
	4 11	Saturn 0°07 N. of Moon	Occn.
	7 21	Venus 7° S. of *Pollux*	
	8 16	Mercury in superior conjunction	
	10 18	FULL MOON	
	10 18	Moon at perigee	
	12 02	Neptune 5° S. of Moon	
	14 17	Uranus 1°2 S. of Moon	Occn.
	17 12	LAST QUARTER	
	18 04	Venus 0°2 N. of Jupiter	
	23 17	Jupiter 5° N. of Moon	
	24 06	Moon at apogee	
	24 06	Venus 6° N. of Moon	
	25 14	NEW MOON	
	27 06	Mercury 3° N. of Moon	
	27 13	Mars 4° S. of Saturn	
	29 15	Neptune at opposition	
	31 19	Saturn 0°4 S. of Moon	Occn.
Sept.	1 00	Mars 4° S. of Moon	
	2 11	FIRST QUARTER	
	5 12	Venus 0°8 N. of *Regulus*	
	8 04	Moon at perigee	
	8 12	Neptune 5° S. of Moon	
	9 02	FULL MOON	
	11 02	Uranus 1°1 S. of Moon	Occn.
	16 02	LAST QUARTER	
	20 11	Jupiter 5° N. of Moon	
	20 14	Moon at apogee	
	21 02	Mercury 0°6 S. of *Spica*	
	21 22	Mercury greatest elong. E. (26°)	
	22 13	Pluto stationary	
	23 02	Equinox	
	24 06	NEW MOON	
	26 10	Mercury 4° S. of Moon	
	27 21	Mars 3° N. of *Antares*	
	28 01	Ceres 0°1 N. of Moon	Occn.
	28 04	Saturn 0°7 S. of Moon	Occn.
	28 15	Vesta 0°5 S. of Moon	Occn.
	29 17	Mars 6° S. of Moon	
Oct.	1 20	FIRST QUARTER	
	4 18	Mercury stationary	
	5 21	Neptune 5° S. of Moon	
	6 10	Moon at perigee	
	7 21	Uranus at opposition	
	8 11	FULL MOON	Eclipse
	8 11	Uranus 1°2 S. of Moon	Occn.

CONFIGURATIONS OF SUN, MOON AND PLANETS

d	h	
Oct. 15	19	LAST QUARTER
16	21	Mercury in inferior conjunction
18	04	Jupiter 5° N. of Moon
18	06	Moon at apogee
23	22	NEW MOON Eclipse
25	07	Mercury stationary
25	08	Venus in superior conjunction
25	16	Saturn 1°.0 S. of Moon Occn.
26	16	Pallas in conjunction with Sun
28	13	Mars 7° S. of Moon
31	03	FIRST QUARTER
Nov. 1	13	Mercury greatest elong. W. (19°)
2	04	Neptune 5° S. of Moon
3	00	Moon at perigee
3	06	Mercury 5° N. of *Spica*
4	18	Uranus 1°.3 S. of Moon Occn.
6	22	FULL MOON
14	15	LAST QUARTER
14	18	Jupiter 5° N. of Moon
15	02	Moon at apogee
16	11	Neptune stationary
18	09	Saturn in conjunction with Sun
22	13	NEW MOON

d	h	
Nov. 26	10	Mars 7° S. of Moon
27	23	Moon at perigee
29	09	Neptune 4° S. of Moon
29	10	FIRST QUARTER
Dec. 2	00	Uranus 1°.2 S. of Moon Occn.
6	12	FULL MOON
8	10	Mercury in superior conjunction
9	07	Jupiter stationary
10	00	Ceres in conjunction with Sun
12	04	Jupiter 5° N. of Moon
12	23	Moon at apogee
14	13	LAST QUARTER
14	21	Juno stationary
19	21	Saturn 1°.5 S. of Moon
21	23	Solstice
22	02	NEW MOON
22	06	Uranus stationary
24	17	Moon at perigee
25	08	Mars 6° S. of Moon
26	15	Neptune 4° S. of Moon
28	19	FIRST QUARTER
29	05	Uranus 1°.0 S. of Moon Occn.

Arrangement and basis of the tabulations

The tabulations of risings, settings and twilights on pages A14–A77 refer to the instants when the true geocentric zenith distance of the central point of the disk of the Sun or Moon takes the value indicated in the following table. The tabular times are in universal time (UT) for selected latitudes on the meridian of Greenwich; the times for other latitudes and longitudes may be obtained by interpolation as described below and as exemplified on page A13.

	Phenomena	Zenith distance	Pages
SUN (interval 4 days):	sunrise and sunset	90° 50′	A14–A21
	civil twilight	96°	A22–A29
	nautical twilight	102°	A30–A37
	astronomical twilight	108°	A38–A45
MOON (interval 1 day):	moonrise and moonset	90° 34′ + $s - \pi$	A46–A77

(s = semidiameter, π =horizontal parallax)

The zenith distance at the times for rising and setting is such that under normal conditions the upper limb of the Sun and Moon appears to be on the horizon of an observer at sea-level. The parallax of the Sun is ignored. The observed time may differ from the tabular time because of a variation of the atmospheric refraction from the adopted value (34′) and because of a difference in height of the observer and the actual horizon.

Use of tabulations

The following procedure may be used to obtain times of the phenomena for a non-tabular place and date.

Step 1:　Interpolate linearly for latitude. The differences between adjacent values are usually small and so the required interpolates can often be obtained by inspection.

Step 2:　Interpolate linearly for date and longitude in order to obtain the local mean times of the phenomena at the longitude concerned. For the Sun the variations with longitude of the local mean times of the phenomena are small, but to obtain better precision the interpolation factor for date should be increased by

$$\text{west longitude in degrees } /1440$$

since the interval of tabulation is 4 days. For the Moon, the interpolating factor to be used is simply

$$\text{west longitude in degrees } /360$$

since the interval of tabulation is 1 day; backward interpolation should be carried out for east longitudes.

Step 3:　Convert the times so obtained (which are on the scale of local mean time for the local meridian) to universal time (UT) or to the appropriate clock time, which may differ from the time of the nearest standard meridian according to the customs of the country concerned. The UT of the phenomenon is obtained from the local mean time by applying the longitude expressed in time measure (1 hour for each 15° of longitude), adding for west longitudes and subtracting for east longitudes. The times so obtained may require adjustment by 24^h; if so, the corresponding date must be changed accordingly.

Approximate formulae for direct calculation

The approximate UT of rising or setting of a body with right ascension α and declination δ at latitude ϕ and *east* longitude λ may be calculated from

$$UT = 0 \cdot 997\ 27 \{\alpha - \lambda \pm \cos^{-1}(-\tan\phi\tan\delta) - (\text{GMST at } 0^h \text{ UT})\}$$

where each term is expressed in time measure and the GMST at 0^h UT is given in the tabulations on pages B13–B20. The negative sign corresponds to rising and the positive sign to setting. The formula ignores refraction, semi-diameter and any changes in α and δ during the day. If $\tan\phi\tan\delta$ is numerically greater than 1, there is no phenomenon.

Examples

The following examples of the calculations of the times of rising and setting phenomena use the procedure described on page A12.

1. To find the times of sunrise and sunset for Paris on 2014 July 18. Paris is at latitude N 48° 52′ (= +48°87), longitude E 2° 20′ (= E 2°33 = E 0^h 09^m), and in the summer the clocks are kept two hours in advance of UT. The relevant portions of the tabulation on page A19 and the results of the interpolation for latitude are as follows, where the interpolation factor is $(48·87 − 48)/2 = 0·43$:

	Sunrise			Sunset		
	+48°	+50°	+48°87	+48°	+50°	+48°87
	h m	h m	h m	h m	h m	h m
July 17	04 18	04 10	04 15	19 54	20 02	19 57
July 21	04 22	04 14	04 19	19 50	19 58	19 53

The interpolation factor for date and longitude is $(18 − 17)/4 − 2·33/1440 = 0·25$:

	Sunrise	Sunset
	d h m	d h m
Interpolate to obtain local mean time:	18 04 16	18 19 56
Subtract 0^h 09^m to obtain universal time:	18 04 07	18 19 47
Add 2^h to obtain clock time:	18 06 07	18 21 47

2. To find the times of beginning and end of astronomical twilight for Canberra, Australia on 2014 November 4. Canberra is at latitude S 35° 18′ (= −35°30), longitude E 149° 08′ (= E 149°13 = E 9^h 57^m), and in the summer the clocks are kept eleven hours in advance of UT. The relevant portions of the tabulation on page A44 and the results of the interpolation for latitude are as follows, where the interpolation factor is $(−35·30 − (−40))/5 = 0·94$:

	Astronomical Twilight					
	beginning			end		
	−40°	−35°	−35°30	−40°	−35°	−35°30
	h m	h m	h m	h m	h m	h m
Nov. 2	03 05	03 24	03 23	20 23	20 04	20 05
Nov. 6	02 59	03 18	03 17	20 30	20 10	20 11

The interpolation factor for date and longitude is $(4 − 2)/4 − 149·13/1440 = 0·40$

	Astronomical Twilight	
	beginning	end
	d h m	d h m
Interpolation to obtain local mean time:	4 03 21	4 20 07
Subtract 9^h 57^m to obtain universal time:	3 17 24	4 10 10
Add 11^h to obtain clock time:	4 04 24	4 21 10

3. To find the times of moonrise and moonset for Washington, D.C. on 2014 January 26. Washington is at latitude N 38° 55′ (= +38°92), longitude W 77° 00′ (= W 77°00 = W 5^h 08^m), and in the winter the clocks are kept five hours behind UT. The relevant portions of the tabulation on page A48 and the results of the interpolation for latitude are as follows, where the interpolation factor is $(38·92 − 35)/5 = 0·78$:

	Moonrise			Moonset		
	+35°	+40°	+38°92	+35°	+40°	+38°92
	h m	h m	h m	h m	h m	h m
Jan. 26	02 23	02 34	02 32	12 59	12 48	12 50
Jan. 27	03 26	03 38	03 35	13 56	13 43	13 46

The interpolation factor for longitude is $77·0/360 = 0·21$

	Moonrise	Moonset
	d h m	d h m
Interpolate to obtain local mean time:	26 02 45	26 13 02
Add 5^h 08^m to obtain universal time:	26 07 53	26 18 10
Subtract 5^h to obtain clock time:	26 02 53	26 13 10

SUNRISE AND SUNSET, 2014

UNIVERSAL TIME FOR MERIDIAN OF GREENWICH

SUNRISE

Lat.	−55°	−50°	−45°	−40°	−35°	−30°	−20°	−10°	0°	+10°	+20°	+30°	+35°	+40°
	h m	h m	h m	h m	h m	h m	h m	h m	h m	h m	h m	h m	h m	h m
Jan. −2	3 23	3 52	4 15	4 32	4 47	5 00	5 22	5 41	5 58	6 16	6 34	6 55	7 07	7 21
2	3 27	3 56	4 18	4 36	4 50	5 03	5 25	5 43	6 00	6 17	6 35	6 56	7 08	7 22
6	3 33	4 01	4 22	4 39	4 54	5 06	5 27	5 45	6 02	6 19	6 37	6 57	7 09	7 22
10	3 39	4 06	4 27	4 43	4 57	5 09	5 30	5 47	6 04	6 20	6 37	6 57	7 08	7 22
14	3 46	4 12	4 32	4 48	5 01	5 13	5 32	5 50	6 05	6 21	6 38	6 57	7 08	7 20
18	3 53	4 18	4 37	4 52	5 05	5 16	5 35	5 52	6 07	6 22	6 38	6 56	7 07	7 19
22	4 01	4 24	4 42	4 57	5 09	5 20	5 38	5 53	6 08	6 22	6 38	6 55	7 05	7 16
26	4 09	4 31	4 48	5 02	5 13	5 23	5 40	5 55	6 09	6 23	6 37	6 53	7 03	7 14
30	4 18	4 38	4 54	5 06	5 17	5 27	5 43	5 57	6 10	6 23	6 36	6 51	7 00	7 10
Feb. 3	4 27	4 45	4 59	5 11	5 21	5 30	5 45	5 58	6 10	6 22	6 35	6 49	6 57	7 07
7	4 35	4 52	5 05	5 16	5 26	5 34	5 48	6 00	6 11	6 22	6 33	6 46	6 54	7 03
11	4 44	4 59	5 11	5 21	5 30	5 37	5 50	6 01	6 11	6 21	6 31	6 43	6 50	6 58
15	4 53	5 06	5 17	5 26	5 34	5 40	5 52	6 02	6 11	6 20	6 29	6 40	6 46	6 53
19	5 01	5 13	5 23	5 31	5 37	5 43	5 54	6 02	6 10	6 18	6 27	6 36	6 42	6 48
23	5 10	5 20	5 28	5 35	5 41	5 46	5 55	6 03	6 10	6 17	6 24	6 32	6 37	6 42
27	5 18	5 27	5 34	5 40	5 45	5 49	5 57	6 03	6 09	6 15	6 21	6 28	6 32	6 37
Mar. 3	5 27	5 34	5 40	5 44	5 49	5 52	5 58	6 04	6 09	6 13	6 18	6 24	6 27	6 31
7	5 35	5 40	5 45	5 49	5 52	5 55	6 00	6 04	6 08	6 11	6 15	6 19	6 22	6 25
11	5 43	5 47	5 50	5 53	5 56	5 58	6 01	6 04	6 07	6 09	6 12	6 15	6 16	6 18
15	5 51	5 54	5 56	5 57	5 59	6 00	6 02	6 04	6 06	6 07	6 09	6 10	6 11	6 12
19	5 59	6 00	6 01	6 02	6 02	6 03	6 03	6 04	6 05	6 05	6 05	6 05	6 05	6 05
23	6 07	6 06	6 06	6 06	6 05	6 05	6 05	6 04	6 03	6 03	6 02	6 00	6 00	5 59
27	6 14	6 13	6 11	6 10	6 09	6 08	6 06	6 04	6 02	6 00	5 58	5 56	5 54	5 52
31	6 22	6 19	6 16	6 14	6 12	6 10	6 07	6 04	6 01	5 58	5 55	5 51	5 49	5 46
Apr. 4	6 30	6 25	6 21	6 18	6 15	6 12	6 08	6 04	6 00	5 56	5 51	5 46	5 43	5 40

SUNSET

Lat.	−55°	−50°	−45°	−40°	−35°	−30°	−20°	−10°	0°	+10°	+20°	+30°	+35°	+40°
	h m	h m	h m	h m	h m	h m	h m	h m	h m	h m	h m	h m	h m	h m
Jan. −2	20 41	20 12	19 49	19 32	19 17	19 04	18 42	18 23	18 06	17 49	17 30	17 09	16 57	16 43
2	20 40	20 11	19 50	19 32	19 17	19 05	18 43	18 25	18 08	17 51	17 33	17 12	17 00	16 46
6	20 38	20 10	19 49	19 32	19 18	19 05	18 44	18 26	18 10	17 53	17 35	17 15	17 03	16 50
10	20 35	20 08	19 48	19 31	19 18	19 06	18 45	18 28	18 11	17 55	17 38	17 18	17 07	16 54
14	20 31	20 06	19 46	19 30	19 17	19 05	18 45	18 28	18 13	17 57	17 40	17 22	17 11	16 58
18	20 26	20 02	19 43	19 28	19 15	19 04	18 45	18 29	18 14	17 59	17 43	17 25	17 14	17 02
22	20 21	19 58	19 40	19 26	19 14	19 03	18 45	18 30	18 15	18 01	17 46	17 28	17 18	17 07
26	20 14	19 53	19 36	19 23	19 11	19 01	18 44	18 30	18 16	18 03	17 48	17 32	17 22	17 12
30	20 07	19 48	19 32	19 19	19 09	18 59	18 43	18 30	18 17	18 04	17 51	17 35	17 27	17 17
Feb. 3	20 00	19 42	19 27	19 16	19 06	18 57	18 42	18 29	18 17	18 05	17 53	17 39	17 31	17 21
7	19 52	19 35	19 22	19 11	19 02	18 54	18 40	18 29	18 18	18 07	17 55	17 42	17 35	17 26
11	19 43	19 28	19 16	19 07	18 58	18 51	18 38	18 28	18 18	18 08	17 57	17 45	17 39	17 31
15	19 34	19 21	19 10	19 02	18 54	18 47	18 36	18 27	18 18	18 09	17 59	17 49	17 43	17 36
19	19 25	19 13	19 04	18 56	18 50	18 44	18 34	18 25	18 17	18 09	18 01	17 52	17 46	17 40
23	19 16	19 05	18 57	18 51	18 45	18 40	18 31	18 24	18 17	18 10	18 03	17 55	17 50	17 45
27	19 06	18 57	18 50	18 45	18 40	18 36	18 28	18 22	18 16	18 10	18 04	17 58	17 54	17 49
Mar. 3	18 56	18 49	18 43	18 39	18 35	18 31	18 25	18 20	18 15	18 11	18 06	18 00	17 57	17 54
7	18 46	18 41	18 36	18 32	18 29	18 27	18 22	18 18	18 14	18 11	18 07	18 03	18 01	17 58
11	18 36	18 32	18 29	18 26	18 24	18 22	18 19	18 16	18 13	18 11	18 08	18 06	18 04	18 02
15	18 26	18 23	18 21	18 20	18 18	18 17	18 15	18 14	18 12	18 11	18 10	18 08	18 07	18 07
19	18 16	18 15	18 14	18 13	18 13	18 12	18 12	18 11	18 11	18 11	18 11	18 11	18 11	18 11
23	18 05	18 06	18 06	18 07	18 07	18 08	18 08	18 09	18 10	18 11	18 12	18 13	18 14	18 15
27	17 55	17 57	17 59	18 00	18 02	18 03	18 05	18 07	18 09	18 11	18 13	18 16	18 17	18 19
31	17 45	17 49	17 51	17 54	17 56	17 58	18 01	18 04	18 07	18 11	18 14	18 18	18 20	18 23
Apr. 4	17 35	17 40	17 44	17 48	17 51	17 53	17 58	18 02	18 06	18 10	18 15	18 20	18 24	18 27

UNIVERSAL TIME FOR MERIDIAN OF GREENWICH

SUNRISE

Lat.	+40°	+42°	+44°	+46°	+48°	+50°	+52°	+54°	+56°	+58°	+60°	+62°	+64°	+66°
	h m	h m	h m	h m	h m	h m	h m	h m	h m	h m	h m	h m	h m	h m
Jan. −2	7 21	7 28	7 34	7 42	7 50	7 58	8 08	8 19	8 32	8 46	9 03	9 24	9 52	10 32
2	7 22	7 28	7 35	7 42	7 50	7 58	8 08	8 19	8 31	8 45	9 02	9 22	9 48	10 26
6	7 22	7 28	7 35	7 42	7 49	7 58	8 07	8 17	8 29	8 43	8 59	9 18	9 43	10 18
10	7 22	7 27	7 34	7 40	7 48	7 56	8 05	8 15	8 26	8 39	8 55	9 13	9 36	10 07
14	7 20	7 26	7 32	7 39	7 46	7 53	8 02	8 12	8 22	8 35	8 49	9 07	9 28	9 56
18	7 19	7 24	7 30	7 36	7 43	7 50	7 58	8 07	8 18	8 29	8 43	8 59	9 19	9 44
22	7 16	7 22	7 27	7 33	7 39	7 46	7 54	8 02	8 12	8 23	8 36	8 50	9 08	9 31
26	7 14	7 19	7 24	7 29	7 35	7 42	7 49	7 57	8 06	8 16	8 27	8 41	8 57	9 17
30	7 10	7 15	7 20	7 25	7 30	7 37	7 43	7 51	7 59	8 08	8 19	8 31	8 46	9 03
Feb. 3	7 07	7 11	7 15	7 20	7 25	7 31	7 37	7 44	7 51	8 00	8 09	8 20	8 34	8 49
7	7 03	7 06	7 10	7 15	7 19	7 25	7 30	7 36	7 43	7 51	7 59	8 09	8 21	8 35
11	6 58	7 01	7 05	7 09	7 13	7 18	7 23	7 28	7 35	7 41	7 49	7 58	8 08	8 20
15	6 53	6 56	6 59	7 03	7 07	7 11	7 15	7 20	7 26	7 32	7 38	7 46	7 55	8 06
19	6 48	6 51	6 53	6 57	7 00	7 03	7 07	7 12	7 16	7 21	7 27	7 34	7 42	7 51
23	6 42	6 45	6 47	6 50	6 53	6 56	6 59	7 03	7 07	7 11	7 16	7 22	7 28	7 36
27	6 37	6 39	6 41	6 43	6 45	6 48	6 50	6 53	6 57	7 01	7 05	7 09	7 15	7 21
Mar. 3	6 31	6 32	6 34	6 36	6 37	6 40	6 42	6 44	6 47	6 50	6 53	6 57	7 01	7 06
7	6 25	6 26	6 27	6 28	6 30	6 31	6 33	6 35	6 37	6 39	6 41	6 44	6 47	6 51
11	6 18	6 19	6 20	6 21	6 22	6 23	6 24	6 25	6 26	6 28	6 29	6 31	6 33	6 35
15	6 12	6 12	6 13	6 13	6 14	6 14	6 15	6 15	6 16	6 16	6 17	6 18	6 19	6 20
19	6 05	6 05	6 05	6 05	6 05	6 05	6 05	6 05	6 05	6 05	6 05	6 05	6 05	6 05
23	5 59	5 59	5 58	5 58	5 57	5 57	5 56	5 55	5 55	5 54	5 53	5 52	5 51	5 49
27	5 52	5 52	5 51	5 50	5 49	5 48	5 47	5 46	5 44	5 43	5 41	5 39	5 37	5 34
31	5 46	5 45	5 44	5 42	5 41	5 39	5 38	5 36	5 34	5 31	5 29	5 26	5 23	5 19
Apr. 4	5 40	5 38	5 36	5 35	5 33	5 31	5 28	5 26	5 23	5 20	5 17	5 13	5 08	5 03

SUNSET

Lat.	+40°	+42°	+44°	+46°	+48°	+50°	+52°	+54°	+56°	+58°	+60°	+62°	+64°	+66°
	h m	h m	h m	h m	h m	h m	h m	h m	h m	h m	h m	h m	h m	h m
Jan. −2	16 43	16 37	16 30	16 23	16 15	16 06	15 56	15 45	15 33	15 18	15 01	14 40	14 13	13 32
2	16 46	16 40	16 33	16 26	16 18	16 10	16 00	15 50	15 37	15 23	15 07	14 46	14 20	13 42
6	16 50	16 44	16 37	16 30	16 23	16 14	16 05	15 55	15 43	15 29	15 13	14 54	14 29	13 55
10	16 54	16 48	16 42	16 35	16 28	16 19	16 10	16 00	15 49	15 36	15 21	15 02	14 39	14 08
14	16 58	16 52	16 46	16 40	16 33	16 25	16 16	16 07	15 56	15 44	15 29	15 12	14 51	14 23
18	17 02	16 57	16 51	16 45	16 38	16 31	16 23	16 14	16 04	15 52	15 39	15 23	15 03	14 38
22	17 07	17 02	16 56	16 51	16 44	16 37	16 30	16 21	16 12	16 01	15 48	15 33	15 16	14 53
26	17 12	17 07	17 02	16 56	16 50	16 44	16 37	16 29	16 20	16 10	15 58	15 45	15 29	15 09
30	17 17	17 12	17 07	17 02	16 57	16 51	16 44	16 37	16 28	16 19	16 09	15 56	15 42	15 24
Feb. 3	17 21	17 17	17 13	17 08	17 03	16 57	16 51	16 45	16 37	16 29	16 19	16 08	15 55	15 39
7	17 26	17 22	17 18	17 14	17 09	17 04	16 59	16 53	16 46	16 38	16 30	16 20	16 08	15 54
11	17 31	17 28	17 24	17 20	17 16	17 11	17 06	17 01	16 55	16 48	16 40	16 32	16 21	16 09
15	17 36	17 33	17 29	17 26	17 22	17 18	17 14	17 09	17 04	16 58	16 51	16 43	16 34	16 24
19	17 40	17 38	17 35	17 32	17 29	17 25	17 21	17 17	17 12	17 07	17 01	16 55	16 47	16 38
23	17 45	17 43	17 40	17 38	17 35	17 32	17 29	17 25	17 21	17 17	17 12	17 06	17 00	16 52
27	17 49	17 47	17 45	17 43	17 41	17 39	17 36	17 33	17 30	17 26	17 22	17 17	17 12	17 06
Mar. 3	17 54	17 52	17 51	17 49	17 47	17 45	17 43	17 41	17 38	17 35	17 32	17 28	17 24	17 20
7	17 58	17 57	17 56	17 55	17 53	17 52	17 50	17 48	17 47	17 44	17 42	17 39	17 36	17 33
11	18 02	18 02	18 01	18 00	17 59	17 58	17 57	17 56	17 55	17 54	17 52	17 50	17 48	17 46
15	18 07	18 06	18 06	18 06	18 05	18 05	18 04	18 04	18 03	18 03	18 02	18 01	18 00	17 59
19	18 11	18 11	18 11	18 11	18 11	18 11	18 11	18 11	18 11	18 11	18 12	18 12	18 12	18 13
23	18 15	18 15	18 16	18 16	18 17	18 17	18 18	18 19	18 20	18 21	18 22	18 23	18 24	18 26
27	18 19	18 20	18 21	18 22	18 23	18 24	18 25	18 26	18 28	18 29	18 31	18 33	18 36	18 39
31	18 23	18 24	18 26	18 27	18 28	18 30	18 32	18 34	18 36	18 38	18 41	18 44	18 48	18 52
Apr. 4	18 27	18 29	18 30	18 32	18 34	18 36	18 39	18 41	18 44	18 47	18 51	18 55	19 00	19 05

SUNRISE AND SUNSET, 2014

UNIVERSAL TIME FOR MERIDIAN OF GREENWICH

SUNRISE

Lat.	−55°	−50°	−45°	−40°	−35°	−30°	−20°	−10°	0°	+10°	+20°	+30°	+35°	+40°
	h m	h m	h m	h m	h m	h m	h m	h m	h m	h m	h m	h m	h m	h m
Mar. 31	6 22	6 19	6 16	6 14	6 12	6 10	6 07	6 04	6 01	5 58	5 55	5 51	5 49	5 46
Apr. 4	6 30	6 25	6 21	6 18	6 15	6 12	6 08	6 04	6 00	5 56	5 51	5 46	5 43	5 40
8	6 38	6 31	6 26	6 22	6 18	6 15	6 09	6 04	5 59	5 53	5 48	5 41	5 38	5 33
12	6 45	6 37	6 31	6 26	6 21	6 17	6 10	6 04	5 57	5 51	5 45	5 37	5 32	5 27
16	6 53	6 44	6 36	6 30	6 24	6 20	6 11	6 04	5 56	5 49	5 41	5 32	5 27	5 21
20	7 00	6 50	6 41	6 34	6 28	6 22	6 12	6 04	5 56	5 47	5 38	5 28	5 22	5 15
24	7 08	6 56	6 46	6 38	6 31	6 24	6 14	6 04	5 55	5 45	5 35	5 24	5 17	5 10
28	7 16	7 02	6 51	6 42	6 34	6 27	6 15	6 04	5 54	5 44	5 33	5 20	5 13	5 04
May 2	7 23	7 08	6 56	6 46	6 37	6 29	6 16	6 05	5 54	5 42	5 30	5 16	5 08	4 59
6	7 30	7 14	7 01	6 50	6 40	6 32	6 18	6 05	5 53	5 41	5 28	5 13	5 04	4 54
10	7 38	7 20	7 05	6 53	6 43	6 35	6 19	6 06	5 53	5 40	5 26	5 10	5 01	4 50
14	7 45	7 25	7 10	6 57	6 47	6 37	6 21	6 06	5 53	5 39	5 24	5 07	4 57	4 46
18	7 51	7 31	7 14	7 01	6 50	6 40	6 22	6 07	5 53	5 38	5 23	5 05	4 54	4 42
22	7 58	7 36	7 18	7 04	6 52	6 42	6 24	6 08	5 53	5 38	5 22	5 03	4 52	4 39
26	8 04	7 40	7 22	7 08	6 55	6 44	6 25	6 09	5 53	5 38	5 21	5 01	4 50	4 36
30	8 09	7 45	7 26	7 11	6 58	6 47	6 27	6 10	5 54	5 38	5 20	5 00	4 48	4 34
June 3	8 14	7 49	7 29	7 14	7 00	6 49	6 29	6 11	5 54	5 38	5 20	4 59	4 47	4 33
7	8 18	7 52	7 32	7 16	7 03	6 51	6 30	6 12	5 55	5 38	5 20	4 58	4 46	4 31
11	8 22	7 55	7 35	7 18	7 04	6 52	6 31	6 13	5 56	5 39	5 20	4 58	4 46	4 31
15	8 24	7 57	7 37	7 20	7 06	6 54	6 33	6 14	5 57	5 39	5 20	4 58	4 46	4 31
19	8 26	7 59	7 38	7 21	7 07	6 55	6 34	6 15	5 58	5 40	5 21	4 59	4 46	4 31
23	8 27	8 00	7 39	7 22	7 08	6 56	6 35	6 16	5 59	5 41	5 22	5 00	4 47	4 32
27	8 27	8 00	7 39	7 23	7 09	6 56	6 35	6 17	5 59	5 42	5 23	5 01	4 48	4 33
July 1	8 26	8 00	7 39	7 23	7 09	6 57	6 36	6 17	6 00	5 43	5 24	5 02	4 50	4 35
5	8 24	7 58	7 38	7 22	7 08	6 56	6 36	6 18	6 01	5 44	5 25	5 04	4 51	4 37

SUNSET

Lat.	−55°	−50°	−45°	−40°	−35°	−30°	−20°	−10°	0°	+10°	+20°	+30°	+35°	+40°
	h m	h m	h m	h m	h m	h m	h m	h m	h m	h m	h m	h m	h m	h m
Mar. 31	17 45	17 49	17 51	17 54	17 56	17 58	18 01	18 04	18 07	18 11	18 14	18 18	18 20	18 23
Apr. 4	17 35	17 40	17 44	17 48	17 51	17 53	17 58	18 02	18 06	18 10	18 15	18 20	18 24	18 27
8	17 25	17 32	17 37	17 41	17 45	17 49	17 55	18 00	18 05	18 10	18 16	18 23	18 27	18 31
12	17 15	17 23	17 30	17 35	17 40	17 44	17 51	17 58	18 04	18 10	18 17	18 25	18 30	18 35
16	17 06	17 15	17 23	17 29	17 35	17 40	17 48	17 56	18 03	18 11	18 19	18 28	18 33	18 39
20	16 57	17 07	17 16	17 23	17 30	17 35	17 45	17 54	18 02	18 11	18 20	18 30	18 36	18 43
24	16 47	17 00	17 10	17 18	17 25	17 31	17 42	17 52	18 02	18 11	18 21	18 33	18 40	18 47
28	16 39	16 52	17 03	17 13	17 21	17 28	17 40	17 51	18 01	18 11	18 22	18 35	18 43	18 51
May 2	16 30	16 45	16 58	17 08	17 16	17 24	17 37	17 49	18 00	18 12	18 24	18 38	18 46	18 56
6	16 22	16 39	16 52	17 03	17 13	17 21	17 35	17 48	18 00	18 12	18 25	18 41	18 49	19 00
10	16 15	16 33	16 47	16 59	17 09	17 18	17 33	17 47	18 00	18 13	18 27	18 43	18 53	19 03
14	16 08	16 27	16 42	16 55	17 06	17 15	17 32	17 46	18 00	18 14	18 28	18 46	18 56	19 07
18	16 01	16 22	16 38	16 52	17 03	17 13	17 30	17 46	18 00	18 14	18 30	18 48	18 59	19 11
22	15 55	16 17	16 34	16 49	17 01	17 11	17 29	17 45	18 00	18 15	18 32	18 51	19 02	19 15
26	15 50	16 13	16 31	16 46	16 59	17 10	17 28	17 45	18 01	18 16	18 33	18 53	19 05	19 18
30	15 46	16 10	16 29	16 44	16 57	17 08	17 28	17 45	18 01	18 17	18 35	18 55	19 07	19 21
June 3	15 42	16 07	16 27	16 42	16 56	17 07	17 28	17 45	18 02	18 19	18 37	18 57	19 10	19 24
7	15 39	16 05	16 25	16 41	16 55	17 07	17 28	17 46	18 03	18 20	18 38	18 59	19 12	19 27
11	15 37	16 04	16 24	16 41	16 55	17 07	17 28	17 46	18 03	18 21	18 39	19 01	19 14	19 29
15	15 36	16 03	16 24	16 41	16 55	17 07	17 29	17 47	18 04	18 22	18 41	19 03	19 15	19 30
19	15 36	16 04	16 24	16 41	16 55	17 08	17 29	17 48	18 05	18 23	18 42	19 04	19 17	19 32
23	15 37	16 04	16 25	16 42	16 56	17 09	17 30	17 48	18 06	18 23	18 42	19 05	19 18	19 33
27	15 39	16 06	16 27	16 43	16 58	17 10	17 31	17 49	18 07	18 24	18 43	19 05	19 18	19 33
July 1	15 42	16 08	16 29	16 45	16 59	17 11	17 32	17 50	18 08	18 25	18 43	19 05	19 18	19 33
5	15 45	16 11	16 31	16 47	17 01	17 13	17 33	17 51	18 08	18 25	18 44	19 05	19 18	19 32

UNIVERSAL TIME FOR MERIDIAN OF GREENWICH

SUNRISE

Lat.	+40°	+42°	+44°	+46°	+48°	+50°	+52°	+54°	+56°	+58°	+60°	+62°	+64°	+66°
	h m	h m	h m	h m	h m	h m	h m	h m	h m	h m	h m	h m	h m	h m
Mar. 31	5 46	5 45	5 44	5 42	5 41	5 39	5 38	5 36	5 34	5 31	5 29	5 26	5 23	5 19
Apr. 4	5 40	5 38	5 36	5 35	5 33	5 31	5 28	5 26	5 23	5 20	5 17	5 13	5 08	5 03
8	5 33	5 31	5 29	5 27	5 25	5 22	5 19	5 16	5 13	5 09	5 05	5 00	4 54	4 48
12	5 27	5 25	5 22	5 20	5 17	5 14	5 10	5 07	5 03	4 58	4 53	4 47	4 40	4 32
16	5 21	5 18	5 15	5 12	5 09	5 05	5 02	4 57	4 52	4 47	4 41	4 34	4 26	4 17
20	5 15	5 12	5 09	5 05	5 02	4 57	4 53	4 48	4 42	4 36	4 29	4 21	4 12	4 01
24	5 10	5 06	5 02	4 59	4 54	4 50	4 45	4 39	4 33	4 26	4 18	4 09	3 58	3 45
28	5 04	5 00	4 56	4 52	4 47	4 42	4 36	4 30	4 23	4 16	4 07	3 56	3 44	3 30
May 2	4 59	4 55	4 51	4 46	4 41	4 35	4 29	4 22	4 14	4 06	3 56	3 44	3 31	3 14
6	4 54	4 50	4 45	4 40	4 34	4 28	4 21	4 14	4 05	3 56	3 45	3 32	3 17	2 58
10	4 50	4 45	4 40	4 34	4 28	4 22	4 14	4 06	3 57	3 47	3 35	3 21	3 04	2 42
14	4 46	4 41	4 35	4 29	4 23	4 16	4 08	3 59	3 49	3 38	3 25	3 10	2 51	2 27
18	4 42	4 37	4 31	4 25	4 18	4 10	4 02	3 53	3 42	3 30	3 16	2 59	2 38	2 11
22	4 39	4 33	4 27	4 21	4 13	4 05	3 57	3 47	3 35	3 23	3 07	2 49	2 26	1 54
26	4 36	4 30	4 24	4 17	4 10	4 01	3 52	3 41	3 30	3 16	3 00	2 40	2 14	1 38
30	4 34	4 28	4 21	4 14	4 06	3 58	3 48	3 37	3 24	3 10	2 53	2 31	2 03	1 21
June 3	4 33	4 26	4 19	4 12	4 04	3 55	3 45	3 33	3 20	3 05	2 47	2 24	1 53	1 04
7	4 31	4 25	4 18	4 10	4 02	3 52	3 42	3 30	3 17	3 01	2 42	2 18	1 45	0 45
11	4 31	4 24	4 17	4 09	4 00	3 51	3 40	3 28	3 14	2 58	2 38	2 13	1 38	0 22
15	4 31	4 24	4 17	4 09	4 00	3 50	3 39	3 27	3 13	2 56	2 36	2 10	1 33	□
19	4 31	4 24	4 17	4 09	4 00	3 50	3 39	3 27	3 13	2 56	2 36	2 09	1 31	□
23	4 32	4 25	4 18	4 10	4 01	3 51	3 40	3 28	3 14	2 57	2 36	2 10	1 32	□
27	4 33	4 26	4 19	4 11	4 02	3 53	3 42	3 30	3 15	2 59	2 38	2 12	1 35	□
July 1	4 35	4 28	4 21	4 13	4 04	3 55	3 44	3 32	3 18	3 02	2 42	2 17	1 41	0 19
5	4 37	4 30	4 23	4 16	4 07	3 58	3 47	3 36	3 22	3 06	2 47	2 23	1 49	0 47

SUNSET

Lat.	+40°	+42°	+44°	+46°	+48°	+50°	+52°	+54°	+56°	+58°	+60°	+62°	+64°	+66°
	h m	h m	h m	h m	h m	h m	h m	h m	h m	h m	h m	h m	h m	h m
Mar. 31	18 23	18 24	18 26	18 27	18 28	18 30	18 32	18 34	18 36	18 38	18 41	18 44	18 48	18 52
Apr. 4	18 27	18 29	18 30	18 32	18 34	18 36	18 39	18 41	18 44	18 47	18 51	18 55	19 00	19 05
8	18 31	18 33	18 35	18 38	18 40	18 43	18 46	18 49	18 52	18 56	19 01	19 06	19 11	19 18
12	18 35	18 38	18 40	18 43	18 46	18 49	18 52	18 56	19 00	19 05	19 10	19 17	19 24	19 32
16	18 39	18 42	18 45	18 48	18 51	18 55	18 59	19 04	19 09	19 14	19 20	19 27	19 36	19 45
20	18 43	18 46	18 50	18 53	18 57	19 01	19 06	19 11	19 17	19 23	19 30	19 38	19 48	19 59
24	18 47	18 51	18 55	18 59	19 03	19 08	19 13	19 19	19 25	19 32	19 40	19 49	20 00	20 13
28	18 51	18 55	18 59	19 04	19 09	19 14	19 20	19 26	19 33	19 41	19 50	20 01	20 13	20 28
May 2	18 56	19 00	19 04	19 09	19 14	19 20	19 26	19 33	19 41	19 50	20 00	20 12	20 26	20 43
6	19 00	19 04	19 09	19 14	19 20	19 26	19 33	19 41	19 49	19 59	20 10	20 23	20 39	20 58
10	19 03	19 08	19 14	19 19	19 25	19 32	19 39	19 48	19 57	20 08	20 20	20 34	20 52	21 13
14	19 07	19 12	19 18	19 24	19 31	19 38	19 46	19 55	20 05	20 16	20 29	20 45	21 04	21 29
18	19 11	19 17	19 22	19 29	19 36	19 43	19 52	20 01	20 12	20 24	20 39	20 56	21 17	21 46
22	19 15	19 20	19 27	19 33	19 41	19 49	19 58	20 08	20 19	20 32	20 48	21 06	21 30	22 02
26	19 18	19 24	19 30	19 37	19 45	19 54	20 03	20 14	20 26	20 39	20 56	21 16	21 42	22 20
30	19 21	19 27	19 34	19 41	19 49	19 58	20 08	20 19	20 32	20 46	21 04	21 25	21 54	22 38
June 3	19 24	19 30	19 37	19 45	19 53	20 02	20 12	20 24	20 37	20 52	21 11	21 34	22 05	22 56
7	19 27	19 33	19 40	19 48	19 56	20 06	20 16	20 28	20 42	20 57	21 17	21 41	22 15	23 17
11	19 29	19 35	19 43	19 50	19 59	20 09	20 19	20 31	20 45	21 02	21 22	21 47	22 23	23 46
15	19 30	19 37	19 45	19 52	20 01	20 11	20 22	20 34	20 48	21 05	21 25	21 51	22 29	□
19	19 32	19 39	19 46	19 54	20 03	20 12	20 23	20 36	20 50	21 07	21 27	21 54	22 32	□
23	19 33	19 39	19 47	19 55	20 04	20 13	20 24	20 36	20 51	21 07	21 28	21 54	22 32	□
27	19 33	19 40	19 47	19 55	20 04	20 13	20 24	20 36	20 50	21 07	21 27	21 53	22 30	□
July 1	19 33	19 39	19 47	19 54	20 03	20 13	20 23	20 35	20 49	21 05	21 25	21 50	22 25	23 40
5	19 32	19 39	19 46	19 53	20 02	20 11	20 21	20 33	20 47	21 02	21 21	21 45	22 18	23 18

□ indicates Sun continuously above horizon.

SUNRISE AND SUNSET, 2014

UNIVERSAL TIME FOR MERIDIAN OF GREENWICH

SUNRISE

Lat.	−55°	−50°	−45°	−40°	−35°	−30°	−20°	−10°	0°	+10°	+20°	+30°	+35°	+40°
	h m	h m	h m	h m	h m	h m	h m	h m	h m	h m	h m	h m	h m	h m
July 1	8 26	8 00	7 39	7 23	7 09	6 57	6 36	6 17	6 00	5 43	5 24	5 02	4 50	4 35
5	8 24	7 58	7 38	7 22	7 08	6 56	6 36	6 18	6 01	5 44	5 25	5 04	4 51	4 37
9	8 21	7 56	7 37	7 21	7 08	6 56	6 36	6 18	6 02	5 45	5 27	5 06	4 54	4 39
13	8 18	7 53	7 35	7 19	7 06	6 55	6 35	6 18	6 02	5 46	5 28	5 08	4 56	4 42
17	8 13	7 50	7 32	7 17	7 05	6 54	6 35	6 18	6 03	5 47	5 30	5 10	4 59	4 45
21	8 08	7 46	7 29	7 15	7 03	6 52	6 34	6 18	6 03	5 48	5 31	5 12	5 01	4 48
25	8 02	7 41	7 25	7 11	7 00	6 50	6 33	6 17	6 03	5 48	5 33	5 15	5 04	4 52
29	7 55	7 36	7 21	7 08	6 57	6 48	6 31	6 17	6 03	5 49	5 34	5 17	5 07	4 55
Aug. 2	7 48	7 30	7 16	7 04	6 54	6 45	6 29	6 16	6 03	5 50	5 36	5 20	5 10	4 59
6	7 41	7 24	7 11	7 00	6 50	6 42	6 27	6 15	6 02	5 50	5 37	5 22	5 13	5 03
10	7 33	7 17	7 05	6 55	6 46	6 38	6 25	6 13	6 02	5 51	5 38	5 24	5 16	5 07
14	7 24	7 10	6 59	6 50	6 42	6 35	6 22	6 12	6 01	5 51	5 40	5 27	5 19	5 10
18	7 15	7 03	6 53	6 44	6 37	6 31	6 20	6 10	6 00	5 51	5 41	5 29	5 22	5 14
22	7 06	6 55	6 46	6 39	6 32	6 27	6 17	6 08	6 00	5 51	5 42	5 31	5 25	5 18
26	6 57	6 47	6 39	6 33	6 27	6 22	6 14	6 06	5 59	5 51	5 43	5 34	5 28	5 22
30	6 47	6 39	6 32	6 27	6 22	6 18	6 10	6 04	5 57	5 51	5 44	5 36	5 31	5 26
Sept. 3	6 37	6 31	6 25	6 21	6 17	6 13	6 07	6 01	5 56	5 51	5 45	5 38	5 34	5 29
7	6 27	6 22	6 18	6 14	6 11	6 08	6 03	5 59	5 55	5 50	5 46	5 40	5 37	5 33
11	6 17	6 13	6 10	6 08	6 05	6 03	6 00	5 57	5 53	5 50	5 47	5 42	5 40	5 37
15	6 07	6 05	6 03	6 01	6 00	5 58	5 56	5 54	5 52	5 50	5 47	5 44	5 43	5 41
19	5 57	5 56	5 55	5 55	5 54	5 54	5 53	5 52	5 51	5 49	5 48	5 47	5 46	5 44
23	5 46	5 47	5 48	5 48	5 48	5 49	5 49	5 49	5 49	5 49	5 49	5 49	5 49	5 48
27	5 36	5 38	5 40	5 41	5 43	5 44	5 45	5 47	5 48	5 49	5 50	5 51	5 52	5 52
Oct. 1	5 26	5 29	5 32	5 35	5 37	5 39	5 42	5 44	5 46	5 49	5 51	5 53	5 55	5 56
5	5 16	5 21	5 25	5 28	5 31	5 34	5 38	5 42	5 45	5 48	5 52	5 56	5 58	6 00

SUNSET

Lat.	−55°	−50°	−45°	−40°	−35°	−30°	−20°	−10°	0°	+10°	+20°	+30°	+35°	+40°
	h m	h m	h m	h m	h m	h m	h m	h m	h m	h m	h m	h m	h m	h m
July 1	15 42	16 08	16 29	16 45	16 59	17 11	17 32	17 50	18 08	18 25	18 43	19 05	19 18	19 33
5	15 45	16 11	16 31	16 47	17 01	17 13	17 33	17 51	18 08	18 25	18 44	19 05	19 18	19 32
9	15 49	16 15	16 34	16 50	17 03	17 15	17 35	17 52	18 09	18 26	18 43	19 04	19 17	19 31
13	15 54	16 18	16 37	16 52	17 05	17 17	17 36	17 53	18 09	18 26	18 43	19 03	19 15	19 29
17	16 00	16 23	16 41	16 55	17 08	17 19	17 38	17 54	18 10	18 25	18 42	19 02	19 13	19 27
21	16 05	16 27	16 45	16 59	17 11	17 21	17 39	17 55	18 10	18 25	18 41	19 00	19 11	19 24
25	16 12	16 32	16 49	17 02	17 13	17 23	17 41	17 56	18 10	18 24	18 40	18 58	19 09	19 21
29	16 18	16 38	16 53	17 05	17 16	17 26	17 42	17 56	18 10	18 24	18 38	18 56	19 06	19 17
Aug. 2	16 25	16 43	16 57	17 09	17 19	17 28	17 43	17 57	18 10	18 23	18 37	18 53	19 02	19 13
6	16 32	16 49	17 02	17 13	17 22	17 30	17 45	17 57	18 09	18 21	18 34	18 49	18 58	19 08
10	16 39	16 54	17 06	17 16	17 25	17 33	17 46	17 58	18 09	18 20	18 32	18 46	18 54	19 03
14	16 46	17 00	17 11	17 20	17 28	17 35	17 47	17 58	18 08	18 18	18 29	18 42	18 50	18 58
18	16 53	17 06	17 16	17 24	17 31	17 37	17 48	17 58	18 07	18 17	18 27	18 38	18 45	18 53
22	17 01	17 11	17 20	17 28	17 34	17 40	17 49	17 58	18 06	18 15	18 24	18 34	18 40	18 47
26	17 08	17 17	17 25	17 31	17 37	17 42	17 50	17 58	18 05	18 13	18 20	18 30	18 35	18 41
30	17 15	17 23	17 30	17 35	17 40	17 44	17 51	17 58	18 04	18 10	18 17	18 25	18 30	18 35
Sept. 3	17 23	17 29	17 34	17 39	17 43	17 46	17 52	17 57	18 03	18 08	18 14	18 20	18 24	18 29
7	17 30	17 35	17 39	17 42	17 45	17 48	17 53	17 57	18 01	18 06	18 10	18 15	18 19	18 22
11	17 37	17 41	17 44	17 46	17 48	17 50	17 54	17 57	18 00	18 03	18 07	18 11	18 13	18 16
15	17 45	17 47	17 48	17 50	17 51	17 52	17 55	17 57	17 58	18 01	18 03	18 06	18 07	18 09
19	17 52	17 53	17 53	17 54	17 54	17 55	17 55	17 56	17 57	17 58	17 59	18 01	18 01	18 02
23	18 00	17 59	17 58	17 57	17 57	17 57	17 56	17 56	17 56	17 56	17 55	17 56	17 56	17 56
27	18 07	18 05	18 03	18 01	18 00	17 59	17 57	17 56	17 54	17 53	17 52	17 51	17 50	17 49
Oct. 1	18 15	18 11	18 08	18 05	18 03	18 01	17 58	17 55	17 53	17 51	17 48	17 46	17 44	17 43
5	18 22	18 17	18 13	18 09	18 06	18 04	17 59	17 55	17 52	17 48	17 45	17 41	17 39	17 36

UNIVERSAL TIME FOR MERIDIAN OF GREENWICH

SUNRISE

Lat.	+40°	+42°	+44°	+46°	+48°	+50°	+52°	+54°	+56°	+58°	+60°	+62°	+64°	+66°
	h m	h m	h m	h m	h m	h m	h m	h m	h m	h m	h m	h m	h m	h m
July 1	4 35	4 28	4 21	4 13	4 04	3 55	3 44	3 32	3 18	3 02	2 42	2 17	1 41	0 19
5	4 37	4 30	4 23	4 16	4 07	3 58	3 47	3 36	3 22	3 06	2 47	2 23	1 49	0 47
9	4 39	4 33	4 26	4 19	4 10	4 01	3 51	3 40	3 27	3 11	2 53	2 30	1 59	1 07
13	4 42	4 36	4 29	4 22	4 14	4 05	3 55	3 44	3 32	3 17	3 00	2 38	2 09	1 26
17	4 45	4 39	4 33	4 26	4 18	4 10	4 00	3 50	3 38	3 24	3 07	2 47	2 21	1 44
21	4 48	4 43	4 36	4 30	4 22	4 14	4 05	3 55	3 44	3 31	3 15	2 57	2 33	2 01
25	4 52	4 46	4 40	4 34	4 27	4 20	4 11	4 02	3 51	3 39	3 24	3 07	2 46	2 17
29	4 55	4 50	4 45	4 39	4 32	4 25	4 17	4 08	3 58	3 47	3 33	3 18	2 58	2 33
Aug. 2	4 59	4 54	4 49	4 43	4 37	4 30	4 23	4 15	4 06	3 55	3 43	3 28	3 11	2 49
6	5 03	4 58	4 53	4 48	4 42	4 36	4 29	4 22	4 13	4 03	3 52	3 39	3 23	3 04
10	5 07	5 02	4 58	4 53	4 48	4 42	4 36	4 29	4 21	4 12	4 02	3 50	3 36	3 19
14	5 10	5 07	5 02	4 58	4 53	4 48	4 42	4 36	4 29	4 21	4 11	4 01	3 48	3 33
18	5 14	5 11	5 07	5 03	4 59	4 54	4 49	4 43	4 36	4 29	4 21	4 12	4 01	3 47
22	5 18	5 15	5 12	5 08	5 04	5 00	4 55	4 50	4 44	4 38	4 31	4 22	4 13	4 01
26	5 22	5 19	5 16	5 13	5 10	5 06	5 02	4 57	4 52	4 47	4 40	4 33	4 25	4 15
30	5 26	5 23	5 21	5 18	5 15	5 12	5 08	5 04	5 00	4 55	4 50	4 44	4 36	4 28
Sept. 3	5 29	5 27	5 25	5 23	5 20	5 18	5 15	5 11	5 08	5 04	4 59	4 54	4 48	4 41
7	5 33	5 32	5 30	5 28	5 26	5 24	5 21	5 19	5 16	5 12	5 09	5 04	5 00	4 54
11	5 37	5 36	5 34	5 33	5 31	5 30	5 28	5 26	5 23	5 21	5 18	5 15	5 11	5 07
15	5 41	5 40	5 39	5 38	5 37	5 36	5 34	5 33	5 31	5 29	5 27	5 25	5 23	5 20
19	5 44	5 44	5 43	5 43	5 42	5 42	5 41	5 40	5 39	5 38	5 37	5 35	5 34	5 32
23	5 48	5 48	5 48	5 48	5 48	5 48	5 47	5 47	5 47	5 47	5 46	5 46	5 45	5 45
27	5 52	5 52	5 53	5 53	5 53	5 54	5 54	5 54	5 55	5 55	5 56	5 56	5 57	5 57
Oct. 1	5 56	5 57	5 57	5 58	5 59	6 00	6 01	6 02	6 03	6 04	6 05	6 07	6 08	6 10
5	6 00	6 01	6 02	6 03	6 05	6 06	6 07	6 09	6 11	6 13	6 15	6 17	6 20	6 23

SUNSET

Lat.	+40°	+42°	+44°	+46°	+48°	+50°	+52°	+54°	+56°	+58°	+60°	+62°	+64°	+66°
	h m	h m	h m	h m	h m	h m	h m	h m	h m	h m	h m	h m	h m	h m
July 1	19 33	19 39	19 47	19 54	20 03	20 13	20 23	20 35	20 49	21 05	21 25	21 50	22 25	23 40
5	19 32	19 39	19 46	19 53	20 02	20 11	20 21	20 33	20 47	21 02	21 21	21 45	22 18	23 18
9	19 31	19 37	19 44	19 52	20 00	20 09	20 19	20 30	20 43	20 58	21 17	21 39	22 10	22 59
13	19 29	19 35	19 42	19 49	19 57	20 06	20 15	20 26	20 39	20 53	21 11	21 32	22 00	22 42
17	19 27	19 33	19 39	19 46	19 54	20 02	20 11	20 22	20 34	20 47	21 04	21 24	21 49	22 25
21	19 24	19 30	19 36	19 42	19 50	19 58	20 06	20 16	20 28	20 41	20 56	21 14	21 37	22 09
25	19 21	19 26	19 32	19 38	19 45	19 53	20 01	20 10	20 21	20 33	20 47	21 04	21 25	21 53
29	19 17	19 22	19 28	19 34	19 40	19 47	19 55	20 04	20 14	20 25	20 38	20 53	21 12	21 37
Aug. 2	19 13	19 18	19 23	19 28	19 34	19 41	19 48	19 57	20 06	20 16	20 28	20 42	20 59	21 21
6	19 08	19 13	19 18	19 23	19 28	19 35	19 41	19 49	19 57	20 07	20 18	20 31	20 46	21 05
10	19 03	19 08	19 12	19 17	19 22	19 28	19 34	19 41	19 49	19 57	20 07	20 19	20 32	20 49
14	18 58	19 02	19 06	19 11	19 15	19 20	19 26	19 32	19 39	19 47	19 56	20 07	20 19	20 33
18	18 53	18 56	19 00	19 04	19 08	19 13	19 18	19 24	19 30	19 37	19 45	19 54	20 05	20 18
22	18 47	18 50	18 53	18 57	19 01	19 05	19 10	19 15	19 20	19 26	19 33	19 42	19 51	20 02
26	18 41	18 44	18 47	18 50	18 53	18 57	19 01	19 05	19 10	19 16	19 22	19 29	19 37	19 47
30	18 35	18 37	18 40	18 42	18 45	18 49	18 52	18 56	19 00	19 05	19 10	19 16	19 23	19 31
Sept. 3	18 29	18 31	18 33	18 35	18 37	18 40	18 43	18 46	18 50	18 54	18 58	19 03	19 09	19 15
7	18 22	18 24	18 25	18 27	18 29	18 31	18 34	18 36	18 39	18 42	18 46	18 50	18 55	19 00
11	18 16	18 17	18 18	18 20	18 21	18 23	18 24	18 26	18 29	18 31	18 34	18 37	18 40	18 44
15	18 09	18 10	18 11	18 12	18 13	18 14	18 15	18 17	18 18	18 20	18 22	18 24	18 26	18 29
19	18 02	18 03	18 03	18 04	18 04	18 05	18 06	18 07	18 07	18 08	18 09	18 11	18 12	18 14
23	17 56	17 56	17 56	17 56	17 56	17 56	17 56	17 57	17 57	17 57	17 57	17 58	17 58	17 58
27	17 49	17 49	17 49	17 48	17 48	17 48	17 47	17 47	17 46	17 46	17 45	17 44	17 44	17 43
Oct. 1	17 43	17 42	17 41	17 40	17 40	17 39	17 38	17 37	17 36	17 34	17 33	17 31	17 30	17 28
5	17 36	17 35	17 34	17 33	17 32	17 30	17 29	17 27	17 25	17 23	17 21	17 18	17 16	17 12

SUNRISE AND SUNSET, 2014

UNIVERSAL TIME FOR MERIDIAN OF GREENWICH

SUNRISE

Lat.	−55°	−50°	−45°	−40°	−35°	−30°	−20°	−10°	0°	+10°	+20°	+30°	+35°	+40°
	h m	h m	h m	h m	h m	h m	h m	h m	h m	h m	h m	h m	h m	h m
Oct. 1	5 26	5 29	5 32	5 35	5 37	5 39	5 42	5 44	5 46	5 49	5 51	5 53	5 55	5 56
5	5 16	5 21	5 25	5 28	5 31	5 34	5 38	5 42	5 45	5 48	5 52	5 56	5 58	6 00
9	5 06	5 12	5 18	5 22	5 26	5 29	5 35	5 40	5 44	5 48	5 53	5 58	6 01	6 04
13	4 56	5 04	5 10	5 16	5 20	5 24	5 31	5 37	5 43	5 48	5 54	6 00	6 04	6 08
17	4 46	4 55	5 03	5 10	5 15	5 20	5 28	5 35	5 42	5 49	5 55	6 03	6 07	6 12
21	4 36	4 47	4 56	5 04	5 10	5 16	5 25	5 34	5 41	5 49	5 57	6 06	6 11	6 17
25	4 27	4 40	4 50	4 58	5 05	5 12	5 23	5 32	5 41	5 49	5 58	6 09	6 14	6 21
29	4 18	4 32	4 44	4 53	5 01	5 08	5 20	5 31	5 40	5 50	6 00	6 11	6 18	6 25
Nov. 2	4 09	4 25	4 38	4 48	4 57	5 05	5 18	5 29	5 40	5 51	6 02	6 14	6 22	6 30
6	4 01	4 18	4 32	4 43	4 53	5 02	5 16	5 29	5 40	5 52	6 04	6 18	6 26	6 35
10	3 53	4 12	4 27	4 39	4 50	4 59	5 14	5 28	5 40	5 53	6 06	6 21	6 29	6 39
14	3 45	4 06	4 22	4 36	4 47	4 56	5 13	5 28	5 41	5 54	6 08	6 24	6 33	6 44
18	3 39	4 01	4 18	4 32	4 44	4 55	5 12	5 27	5 42	5 56	6 10	6 27	6 37	6 48
22	3 33	3 56	4 15	4 30	4 42	4 53	5 12	5 28	5 42	5 57	6 13	6 31	6 41	6 53
26	3 27	3 53	4 12	4 27	4 41	4 52	5 11	5 28	5 44	5 59	6 15	6 34	6 45	6 57
30	3 23	3 49	4 10	4 26	4 40	4 51	5 11	5 29	5 45	6 01	6 18	6 37	6 49	7 01
Dec. 4	3 20	3 47	4 08	4 25	4 39	4 51	5 12	5 30	5 46	6 03	6 20	6 40	6 52	7 05
8	3 17	3 46	4 07	4 24	4 39	4 52	5 13	5 31	5 48	6 05	6 23	6 43	6 55	7 09
12	3 16	3 45	4 07	4 25	4 39	4 52	5 14	5 33	5 50	6 07	6 25	6 46	6 58	7 12
16	3 15	3 45	4 08	4 26	4 41	4 53	5 15	5 34	5 52	6 09	6 28	6 49	7 01	7 15
20	3 16	3 46	4 09	4 27	4 42	4 55	5 17	5 36	5 54	6 11	6 30	6 51	7 03	7 18
24	3 18	3 48	4 11	4 29	4 44	4 57	5 19	5 38	5 56	6 13	6 32	6 53	7 05	7 20
28	3 21	3 51	4 14	4 32	4 47	4 59	5 21	5 40	5 58	6 15	6 34	6 55	7 07	7 21
32	3 26	3 55	4 17	4 35	4 49	5 02	5 24	5 42	6 00	6 17	6 35	6 56	7 08	7 22
36	3 31	3 59	4 21	4 38	4 53	5 05	5 26	5 45	6 02	6 18	6 36	6 57	7 08	7 22

SUNSET

Lat.	−55°	−50°	−45°	−40°	−35°	−30°	−20°	−10°	0°	+10°	+20°	+30°	+35°	+40°
	h m	h m	h m	h m	h m	h m	h m	h m	h m	h m	h m	h m	h m	h m
Oct. 1	18 15	18 11	18 08	18 05	18 03	18 01	17 58	17 55	17 53	17 51	17 48	17 46	17 44	17 43
5	18 22	18 17	18 13	18 09	18 06	18 04	17 59	17 55	17 52	17 48	17 45	17 41	17 39	17 36
9	18 30	18 23	18 18	18 13	18 09	18 06	18 00	17 55	17 51	17 46	17 41	17 36	17 33	17 30
13	18 38	18 30	18 23	18 18	18 13	18 09	18 01	17 55	17 50	17 44	17 38	17 32	17 28	17 24
17	18 46	18 36	18 28	18 22	18 16	18 11	18 03	17 55	17 49	17 42	17 35	17 27	17 23	17 18
21	18 54	18 43	18 34	18 26	18 20	18 14	18 04	17 56	17 48	17 40	17 32	17 23	17 18	17 12
25	19 03	18 50	18 39	18 31	18 23	18 17	18 06	17 56	17 47	17 39	17 30	17 19	17 13	17 07
29	19 11	18 56	18 45	18 35	18 27	18 20	18 08	17 57	17 47	17 37	17 27	17 16	17 09	17 01
Nov. 2	19 19	19 03	18 50	18 40	18 31	18 23	18 09	17 58	17 47	17 36	17 25	17 12	17 05	16 57
6	19 28	19 10	18 56	18 44	18 35	18 26	18 11	17 59	17 47	17 35	17 23	17 09	17 01	16 52
10	19 36	19 17	19 02	18 49	18 39	18 29	18 14	18 00	17 47	17 35	17 22	17 07	16 58	16 48
14	19 45	19 24	19 07	18 54	18 43	18 33	18 16	18 01	17 48	17 35	17 21	17 04	16 55	16 45
18	19 53	19 30	19 13	18 59	18 47	18 36	18 18	18 03	17 49	17 35	17 20	17 03	16 53	16 42
22	20 01	19 37	19 18	19 03	18 50	18 40	18 21	18 05	17 50	17 35	17 19	17 01	16 51	16 39
26	20 08	19 43	19 23	19 08	18 54	18 43	18 23	18 07	17 51	17 35	17 19	17 00	16 49	16 37
30	20 15	19 49	19 28	19 12	18 58	18 46	18 26	18 08	17 52	17 36	17 19	17 00	16 49	16 36
Dec. 4	20 22	19 54	19 33	19 16	19 02	18 49	18 28	18 11	17 54	17 37	17 20	17 00	16 48	16 35
8	20 27	19 59	19 37	19 20	19 05	18 52	18 31	18 13	17 56	17 39	17 21	17 00	16 48	16 35
12	20 32	20 03	19 41	19 23	19 08	18 55	18 33	18 15	17 57	17 40	17 22	17 01	16 49	16 35
16	20 36	20 06	19 44	19 26	19 11	18 58	18 36	18 17	17 59	17 42	17 23	17 02	16 50	16 36
20	20 39	20 09	19 46	19 28	19 13	19 00	18 38	18 19	18 01	17 44	17 25	17 04	16 52	16 37
24	20 41	20 11	19 48	19 30	19 15	19 02	18 40	18 21	18 03	17 46	17 27	17 06	16 54	16 40
28	20 41	20 11	19 49	19 31	19 16	19 03	18 42	18 23	18 05	17 48	17 30	17 08	16 56	16 42
32	20 41	20 12	19 50	19 32	19 17	19 05	18 43	18 24	18 07	17 50	17 32	17 11	16 59	16 45
36	20 39	20 11	19 49	19 32	19 18	19 05	18 44	18 26	18 09	17 52	17 34	17 14	17 02	16 49

UNIVERSAL TIME FOR MERIDIAN OF GREENWICH
SUNRISE

Lat.	+40°	+42°	+44°	+46°	+48°	+50°	+52°	+54°	+56°	+58°	+60°	+62°	+64°	+66°
	h m	h m	h m	h m	h m	h m	h m	h m	h m	h m	h m	h m	h m	h m
Oct. 1	5 56	5 57	5 57	5 58	5 59	6 00	6 01	6 02	6 03	6 04	6 05	6 07	6 08	6 10
5	6 00	6 01	6 02	6 03	6 05	6 06	6 07	6 09	6 11	6 13	6 15	6 17	6 20	6 23
9	6 04	6 05	6 07	6 09	6 10	6 12	6 14	6 16	6 19	6 21	6 24	6 28	6 31	6 36
13	6 08	6 10	6 12	6 14	6 16	6 18	6 21	6 24	6 27	6 30	6 34	6 38	6 43	6 49
17	6 12	6 14	6 17	6 19	6 22	6 25	6 28	6 31	6 35	6 39	6 44	6 49	6 55	7 02
21	6 17	6 19	6 22	6 25	6 28	6 31	6 35	6 39	6 43	6 48	6 54	7 00	7 07	7 16
25	6 21	6 24	6 27	6 30	6 34	6 38	6 42	6 47	6 52	6 58	7 04	7 11	7 20	7 30
29	6 25	6 29	6 32	6 36	6 40	6 44	6 49	6 54	7 00	7 07	7 14	7 23	7 32	7 44
Nov. 2	6 30	6 34	6 37	6 42	6 46	6 51	6 56	7 02	7 09	7 16	7 24	7 34	7 45	7 58
6	6 35	6 39	6 43	6 47	6 52	6 58	7 04	7 10	7 17	7 25	7 35	7 45	7 58	8 13
10	6 39	6 43	6 48	6 53	6 58	7 04	7 11	7 18	7 26	7 35	7 45	7 57	8 11	8 28
14	6 44	6 48	6 53	6 59	7 05	7 11	7 18	7 26	7 34	7 44	7 55	8 08	8 24	8 43
18	6 48	6 53	6 59	7 04	7 11	7 17	7 25	7 33	7 42	7 53	8 05	8 19	8 37	8 58
22	6 53	6 58	7 04	7 10	7 16	7 24	7 31	7 40	7 50	8 02	8 15	8 30	8 49	9 13
26	6 57	7 03	7 09	7 15	7 22	7 30	7 38	7 47	7 58	8 10	8 24	8 41	9 01	9 28
30	7 01	7 07	7 13	7 20	7 27	7 35	7 44	7 54	8 05	8 18	8 33	8 51	9 13	9 43
Dec. 4	7 05	7 11	7 18	7 25	7 32	7 40	7 49	8 00	8 11	8 25	8 40	9 00	9 24	9 57
8	7 09	7 15	7 22	7 29	7 37	7 45	7 54	8 05	8 17	8 31	8 47	9 07	9 33	10 09
12	7 12	7 19	7 25	7 32	7 40	7 49	7 59	8 10	8 22	8 36	8 53	9 14	9 41	10 20
16	7 15	7 22	7 28	7 36	7 44	7 53	8 02	8 13	8 26	8 41	8 58	9 19	9 47	10 29
20	7 18	7 24	7 31	7 38	7 46	7 55	8 05	8 16	8 29	8 44	9 01	9 23	9 51	10 34
24	7 20	7 26	7 33	7 40	7 48	7 57	8 07	8 18	8 31	8 46	9 03	9 25	9 53	10 35
28	7 21	7 27	7 34	7 41	7 49	7 58	8 08	8 19	8 32	8 46	9 03	9 25	9 52	10 33
32	7 22	7 28	7 35	7 42	7 50	7 59	8 08	8 19	8 31	8 45	9 02	9 23	9 50	10 28
36	7 22	7 28	7 35	7 42	7 49	7 58	8 07	8 18	8 30	8 44	9 00	9 20	9 45	10 20

SUNSET

Lat.	+40°	+42°	+44°	+46°	+48°	+50°	+52°	+54°	+56°	+58°	+60°	+62°	+64°	+66°
	h m	h m	h m	h m	h m	h m	h m	h m	h m	h m	h m	h m	h m	h m
Oct. 1	17 43	17 42	17 41	17 40	17 40	17 39	17 38	17 37	17 36	17 34	17 33	17 31	17 30	17 28
5	17 36	17 35	17 34	17 33	17 32	17 30	17 29	17 27	17 25	17 23	17 21	17 18	17 16	17 12
9	17 30	17 28	17 27	17 25	17 24	17 22	17 20	17 17	17 15	17 12	17 09	17 06	17 02	16 57
13	17 24	17 22	17 20	17 18	17 16	17 13	17 11	17 08	17 05	17 01	16 57	16 53	16 48	16 42
17	17 18	17 16	17 13	17 11	17 08	17 05	17 02	16 59	16 55	16 50	16 46	16 40	16 34	16 27
21	17 12	17 10	17 07	17 04	17 01	16 57	16 54	16 49	16 45	16 40	16 34	16 28	16 21	16 12
25	17 07	17 04	17 01	16 57	16 54	16 50	16 45	16 41	16 35	16 30	16 23	16 16	16 07	15 57
29	17 01	16 58	16 55	16 51	16 47	16 42	16 38	16 32	16 26	16 20	16 12	16 04	15 54	15 42
Nov. 2	16 57	16 53	16 49	16 45	16 40	16 35	16 30	16 24	16 18	16 10	16 02	15 52	15 41	15 28
6	16 52	16 48	16 44	16 39	16 34	16 29	16 23	16 16	16 09	16 01	15 52	15 41	15 28	15 13
10	16 48	16 44	16 39	16 34	16 29	16 23	16 16	16 09	16 01	15 52	15 42	15 30	15 16	14 59
14	16 45	16 40	16 35	16 30	16 24	16 17	16 10	16 03	15 54	15 44	15 33	15 20	15 04	14 45
18	16 42	16 37	16 31	16 26	16 19	16 12	16 05	15 57	15 47	15 37	15 25	15 10	14 53	14 31
22	16 39	16 34	16 28	16 22	16 15	16 08	16 00	15 51	15 41	15 30	15 17	15 01	14 42	14 18
26	16 37	16 32	16 26	16 19	16 12	16 05	15 56	15 47	15 36	15 24	15 10	14 53	14 33	14 06
30	16 36	16 30	16 24	16 17	16 10	16 02	15 53	15 43	15 32	15 19	15 04	14 46	14 24	13 54
Dec. 4	16 35	16 29	16 22	16 16	16 08	16 00	15 51	15 40	15 29	15 15	14 59	14 40	14 16	13 43
8	16 35	16 28	16 22	16 15	16 07	15 58	15 49	15 38	15 26	15 12	14 56	14 36	14 10	13 34
12	16 35	16 29	16 22	16 15	16 07	15 58	15 48	15 37	15 25	15 11	14 54	14 33	14 06	13 27
16	16 36	16 30	16 23	16 15	16 07	15 58	15 49	15 38	15 25	15 10	14 53	14 32	14 04	13 22
20	16 37	16 31	16 24	16 17	16 09	16 00	15 50	15 39	15 26	15 11	14 54	14 32	14 04	13 21
24	16 40	16 33	16 26	16 19	16 11	16 02	15 52	15 41	15 28	15 14	14 56	14 34	14 06	13 24
28	16 42	16 36	16 29	16 22	16 14	16 05	15 55	15 44	15 32	15 17	15 00	14 38	14 11	13 30
32	16 45	16 39	16 32	16 25	16 17	16 09	15 59	15 48	15 36	15 22	15 05	14 44	14 17	13 39
36	16 49	16 43	16 36	16 29	16 21	16 13	16 03	15 53	15 41	15 27	15 11	14 51	14 26	13 51

CIVIL TWILIGHT, 2014

UNIVERSAL TIME FOR MERIDIAN OF GREENWICH
BEGINNING OF MORNING CIVIL TWILIGHT

Lat.	−55°	−50°	−45°	−40°	−35°	−30°	−20°	−10°	0°	+10°	+20°	+30°	+35°	+40°
	h m	h m	h m	h m	h m	h m	h m	h m	h m	h m	h m	h m	h m	h m
Jan. −2	2 25	3 08	3 37	4 00	4 18	4 33	4 58	5 18	5 36	5 53	6 10	6 29	6 39	6 51
2	2 31	3 12	3 41	4 03	4 21	4 36	5 00	5 20	5 38	5 55	6 11	6 30	6 40	6 52
6	2 37	3 17	3 45	4 07	4 24	4 39	5 03	5 22	5 40	5 56	6 13	6 31	6 41	6 52
10	2 45	3 23	3 50	4 11	4 28	4 42	5 06	5 25	5 42	5 57	6 14	6 31	6 41	6 51
14	2 53	3 30	3 56	4 16	4 32	4 46	5 08	5 27	5 43	5 59	6 14	6 31	6 40	6 51
18	3 03	3 37	4 01	4 21	4 36	4 49	5 11	5 29	5 45	5 59	6 14	6 30	6 39	6 49
22	3 12	3 44	4 07	4 26	4 41	4 53	5 14	5 31	5 46	6 00	6 14	6 29	6 38	6 47
26	3 22	3 52	4 14	4 31	4 45	4 57	5 17	5 33	5 47	6 00	6 14	6 28	6 36	6 45
30	3 32	4 00	4 20	4 36	4 50	5 01	5 19	5 35	5 48	6 01	6 13	6 26	6 34	6 42
Feb. 3	3 42	4 07	4 26	4 42	4 54	5 05	5 22	5 36	5 49	6 00	6 12	6 24	6 31	6 38
7	3 52	4 15	4 33	4 47	4 58	5 08	5 24	5 38	5 49	6 00	6 11	6 22	6 28	6 34
11	4 02	4 23	4 39	4 52	5 03	5 12	5 27	5 39	5 49	5 59	6 09	6 19	6 24	6 30
15	4 12	4 31	4 46	4 57	5 07	5 15	5 29	5 40	5 50	5 58	6 07	6 16	6 20	6 25
19	4 21	4 38	4 52	5 02	5 11	5 19	5 31	5 41	5 49	5 57	6 04	6 12	6 16	6 20
23	4 31	4 46	4 58	5 07	5 15	5 22	5 33	5 42	5 49	5 56	6 02	6 08	6 12	6 15
27	4 40	4 53	5 04	5 12	5 19	5 25	5 35	5 42	5 48	5 54	5 59	6 04	6 07	6 09
Mar. 3	4 49	5 00	5 10	5 17	5 23	5 28	5 36	5 43	5 48	5 52	5 56	6 00	6 02	6 04
7	4 57	5 07	5 15	5 21	5 27	5 31	5 38	5 43	5 47	5 50	5 53	5 56	5 57	5 57
11	5 06	5 14	5 21	5 26	5 30	5 34	5 39	5 43	5 46	5 48	5 50	5 51	5 51	5 51
15	5 14	5 21	5 26	5 30	5 34	5 36	5 40	5 43	5 45	5 46	5 47	5 46	5 46	5 45
19	5 22	5 28	5 31	5 34	5 37	5 39	5 41	5 43	5 44	5 44	5 43	5 41	5 40	5 38
23	5 30	5 34	5 37	5 39	5 40	5 41	5 43	5 43	5 43	5 42	5 40	5 37	5 35	5 32
27	5 38	5 40	5 42	5 43	5 43	5 44	5 44	5 43	5 41	5 39	5 36	5 32	5 29	5 25
31	5 46	5 47	5 47	5 47	5 47	5 46	5 45	5 43	5 40	5 37	5 33	5 27	5 23	5 19
Apr. 4	5 54	5 53	5 52	5 51	5 50	5 48	5 46	5 43	5 39	5 35	5 29	5 22	5 17	5 12

END OF EVENING CIVIL TWILIGHT

Lat.	−55°	−50°	−45°	−40°	−35°	−30°	−20°	−10°	0°	+10°	+20°	+30°	+35°	+40°
	h m	h m	h m	h m	h m	h m	h m	h m	h m	h m	h m	h m	h m	h m
Jan. −2	21 39	20 56	20 27	20 04	19 46	19 31	19 07	18 46	18 28	18 11	17 54	17 36	17 25	17 14
2	21 37	20 55	20 27	20 05	19 47	19 32	19 08	18 48	18 30	18 13	17 57	17 38	17 28	17 17
6	21 33	20 54	20 26	20 04	19 47	19 33	19 09	18 49	18 32	18 16	17 59	17 41	17 31	17 20
10	21 29	20 51	20 24	20 03	19 47	19 32	19 09	18 50	18 33	18 18	18 02	17 44	17 35	17 24
14	21 23	20 47	20 22	20 02	19 46	19 32	19 10	18 51	18 35	18 20	18 04	17 47	17 38	17 28
18	21 17	20 43	20 19	20 00	19 44	19 31	19 09	18 52	18 36	18 21	18 07	17 51	17 42	17 32
22	21 09	20 38	20 15	19 57	19 42	19 29	19 09	18 52	18 37	18 23	18 09	17 54	17 46	17 36
26	21 01	20 32	20 10	19 53	19 39	19 28	19 08	18 52	18 38	18 25	18 11	17 57	17 49	17 41
30	20 53	20 26	20 06	19 50	19 36	19 25	19 07	18 52	18 38	18 26	18 14	18 01	17 53	17 45
Feb. 3	20 44	20 19	20 00	19 45	19 33	19 23	19 05	18 51	18 39	18 27	18 16	18 04	17 57	17 50
7	20 34	20 12	19 54	19 41	19 29	19 19	19 03	18 50	18 39	18 28	18 18	18 07	18 01	17 54
11	20 25	20 04	19 48	19 36	19 25	19 16	19 01	18 49	18 39	18 29	18 20	18 10	18 05	17 59
15	20 15	19 56	19 42	19 30	19 21	19 12	18 59	18 48	18 39	18 30	18 22	18 13	18 08	18 03
19	20 05	19 48	19 35	19 24	19 16	19 08	18 56	18 47	18 38	18 31	18 23	18 16	18 12	18 08
23	19 54	19 39	19 28	19 19	19 11	19 04	18 54	18 45	18 38	18 31	18 25	18 19	18 16	18 12
27	19 44	19 31	19 21	19 12	19 06	19 00	18 51	18 43	18 37	18 31	18 26	18 22	18 19	18 17
Mar. 3	19 34	19 22	19 13	19 06	19 00	18 55	18 47	18 41	18 36	18 32	18 28	18 24	18 23	18 21
7	19 23	19 13	19 06	19 00	18 55	18 51	18 44	18 39	18 35	18 32	18 29	18 27	18 26	18 25
11	19 13	19 05	18 58	18 53	18 49	18 46	18 41	18 37	18 34	18 32	18 30	18 30	18 29	18 29
15	19 02	18 56	18 51	18 47	18 44	18 41	18 37	18 35	18 33	18 32	18 32	18 32	18 33	18 34
19	18 52	18 47	18 43	18 40	18 38	18 36	18 34	18 32	18 32	18 32	18 33	18 35	18 36	18 38
23	18 41	18 38	18 36	18 34	18 32	18 31	18 30	18 30	18 30	18 32	18 34	18 37	18 39	18 42
27	18 31	18 29	18 28	18 27	18 27	18 27	18 27	18 28	18 29	18 32	18 35	18 40	18 43	18 46
31	18 21	18 21	18 21	18 21	18 21	18 22	18 23	18 25	18 28	18 32	18 36	18 42	18 46	18 50
Apr. 4	18 11	18 12	18 13	18 15	18 16	18 17	18 20	18 23	18 27	18 32	18 37	18 45	18 49	18 55

CIVIL TWILIGHT, 2014

UNIVERSAL TIME FOR MERIDIAN OF GREENWICH
BEGINNING OF MORNING CIVIL TWILIGHT

Lat.	+40°	+42°	+44°	+46°	+48°	+50°	+52°	+54°	+56°	+58°	+60°	+62°	+64°	+66°
	h m	h m	h m	h m	h m	h m	h m	h m	h m	h m	h m	h m	h m	h m
Jan. −2	6 51	6 56	7 01	7 07	7 13	7 20	7 27	7 35	7 44	7 55	8 06	8 19	8 35	8 54
2	6 52	6 57	7 02	7 08	7 14	7 20	7 27	7 35	7 44	7 54	8 05	8 18	8 34	8 52
6	6 52	6 57	7 02	7 07	7 13	7 20	7 27	7 34	7 43	7 52	8 03	8 16	8 31	8 48
10	6 51	6 56	7 01	7 07	7 12	7 18	7 25	7 33	7 41	7 50	8 00	8 12	8 26	8 43
14	6 51	6 55	7 00	7 05	7 11	7 16	7 23	7 30	7 38	7 46	7 56	8 07	8 21	8 36
18	6 49	6 53	6 58	7 03	7 08	7 14	7 20	7 26	7 34	7 42	7 51	8 02	8 14	8 28
22	6 47	6 51	6 56	7 00	7 05	7 10	7 16	7 22	7 29	7 37	7 45	7 55	8 06	8 19
26	6 45	6 48	6 52	6 57	7 01	7 06	7 11	7 17	7 23	7 30	7 38	7 47	7 57	8 10
30	6 42	6 45	6 49	6 53	6 57	7 01	7 06	7 11	7 17	7 24	7 31	7 39	7 48	7 59
Feb. 3	6 38	6 41	6 45	6 48	6 52	6 56	7 01	7 05	7 10	7 16	7 23	7 30	7 38	7 48
7	6 34	6 37	6 40	6 43	6 47	6 50	6 54	6 58	7 03	7 08	7 14	7 20	7 27	7 36
11	6 30	6 33	6 35	6 38	6 41	6 44	6 47	6 51	6 55	7 00	7 04	7 10	7 16	7 23
15	6 25	6 28	6 30	6 32	6 35	6 37	6 40	6 43	6 47	6 50	6 55	6 59	7 04	7 10
19	6 20	6 22	6 24	6 26	6 28	6 30	6 33	6 35	6 38	6 41	6 44	6 48	6 52	6 57
23	6 15	6 16	6 18	6 20	6 21	6 23	6 25	6 27	6 29	6 31	6 34	6 36	6 39	6 43
27	6 09	6 10	6 12	6 13	6 14	6 15	6 16	6 18	6 19	6 21	6 23	6 24	6 27	6 29
Mar. 3	6 04	6 04	6 05	6 06	6 06	6 07	6 08	6 09	6 10	6 10	6 11	6 12	6 13	6 14
7	5 57	5 58	5 58	5 58	5 59	5 59	5 59	5 59	6 00	6 00	6 00	6 00	6 00	6 00
11	5 51	5 51	5 51	5 51	5 51	5 51	5 50	5 50	5 49	5 49	5 48	5 47	5 46	5 45
15	5 45	5 44	5 44	5 43	5 43	5 42	5 41	5 40	5 39	5 38	5 36	5 34	5 32	5 29
19	5 38	5 38	5 37	5 36	5 35	5 33	5 32	5 30	5 28	5 26	5 24	5 21	5 18	5 14
23	5 32	5 31	5 29	5 28	5 26	5 24	5 22	5 20	5 18	5 15	5 11	5 08	5 03	4 58
27	5 25	5 24	5 22	5 20	5 18	5 16	5 13	5 10	5 07	5 03	4 59	4 54	4 48	4 42
31	5 19	5 17	5 15	5 12	5 10	5 07	5 03	5 00	4 56	4 51	4 46	4 40	4 33	4 25
Apr. 4	5 12	5 10	5 07	5 04	5 01	4 58	4 54	4 50	4 45	4 40	4 33	4 26	4 18	4 08

END OF EVENING CIVIL TWILIGHT

Lat.	+40°	+42°	+44°	+46°	+48°	+50°	+52°	+54°	+56°	+58°	+60°	+62°	+64°	+66°
	h m	h m	h m	h m	h m	h m	h m	h m	h m	h m	h m	h m	h m	h m
Jan. −2	17 14	17 08	17 03	16 57	16 51	16 44	16 37	16 29	16 20	16 10	15 58	15 45	15 29	15 10
2	17 17	17 12	17 06	17 01	16 55	16 48	16 41	16 33	16 24	16 14	16 03	15 50	15 35	15 16
6	17 20	17 15	17 10	17 04	16 59	16 52	16 45	16 38	16 29	16 20	16 09	15 56	15 42	15 24
10	17 24	17 19	17 14	17 09	17 03	16 57	16 50	16 43	16 35	16 26	16 15	16 03	15 49	15 33
14	17 28	17 23	17 18	17 13	17 08	17 02	16 56	16 49	16 41	16 32	16 22	16 11	15 58	15 42
18	17 32	17 28	17 23	17 18	17 13	17 08	17 02	16 55	16 48	16 40	16 30	16 20	16 08	15 53
22	17 36	17 32	17 28	17 23	17 19	17 13	17 08	17 02	16 55	16 47	16 39	16 29	16 18	16 05
26	17 41	17 37	17 33	17 29	17 24	17 19	17 14	17 09	17 02	16 55	16 48	16 39	16 28	16 16
30	17 45	17 42	17 38	17 34	17 30	17 26	17 21	17 16	17 10	17 04	16 57	16 49	16 39	16 29
Feb. 3	17 50	17 47	17 43	17 40	17 36	17 32	17 28	17 23	17 18	17 12	17 06	16 59	16 51	16 41
7	17 54	17 52	17 49	17 45	17 42	17 39	17 35	17 31	17 26	17 21	17 15	17 09	17 02	16 54
11	17 59	17 56	17 54	17 51	17 48	17 45	17 42	17 38	17 34	17 30	17 25	17 20	17 14	17 07
15	18 03	18 01	17 59	17 57	17 54	17 52	17 49	17 46	17 42	17 39	17 35	17 30	17 25	17 20
19	18 08	18 06	18 04	18 02	18 00	17 58	17 56	17 53	17 51	17 48	17 45	17 41	17 37	17 32
23	18 12	18 11	18 09	18 08	18 06	18 05	18 03	18 01	17 59	17 57	17 54	17 52	17 49	17 45
27	18 17	18 16	18 15	18 13	18 12	18 11	18 10	18 09	18 07	18 06	18 04	18 02	18 00	17 58
Mar. 3	18 21	18 20	18 20	18 19	18 18	18 18	18 17	18 16	18 15	18 15	18 14	18 13	18 12	18 11
7	18 25	18 25	18 25	18 24	18 24	18 24	18 24	18 24	18 24	18 24	18 24	18 24	18 24	18 24
11	18 29	18 30	18 30	18 30	18 30	18 30	18 31	18 31	18 32	18 33	18 34	18 35	18 36	18 37
15	18 34	18 34	18 35	18 35	18 36	18 37	18 38	18 39	18 40	18 42	18 43	18 45	18 48	18 51
19	18 38	18 39	18 40	18 41	18 42	18 43	18 45	18 47	18 49	18 51	18 53	18 56	19 00	19 04
23	18 42	18 43	18 45	18 46	18 48	18 50	18 52	18 54	18 57	19 00	19 03	19 07	19 12	19 18
27	18 46	18 48	18 50	18 52	18 54	18 56	18 59	19 02	19 05	19 09	19 14	19 19	19 25	19 31
31	18 50	18 52	18 55	18 57	19 00	19 03	19 06	19 10	19 14	19 19	19 24	19 30	19 37	19 46
Apr. 4	18 55	18 57	19 00	19 03	19 06	19 09	19 13	19 18	19 23	19 28	19 34	19 42	19 50	20 00

CIVIL TWILIGHT, 2014

UNIVERSAL TIME FOR MERIDIAN OF GREENWICH
BEGINNING OF MORNING CIVIL TWILIGHT

Lat.	−55°	−50°	−45°	−40°	−35°	−30°	−20°	−10°	0°	+10°	+20°	+30°	+35°	+40°
	h m	h m	h m	h m	h m	h m	h m	h m	h m	h m	h m	h m	h m	h m
Mar. 31	5 46	5 47	5 47	5 47	5 47	5 46	5 45	5 43	5 40	5 37	5 33	5 27	5 23	5 19
Apr. 4	5 54	5 53	5 52	5 51	5 50	5 48	5 46	5 43	5 39	5 35	5 29	5 22	5 17	5 12
8	6 01	5 59	5 57	5 55	5 53	5 51	5 47	5 42	5 38	5 32	5 26	5 17	5 12	5 06
12	6 08	6 05	6 02	5 59	5 56	5 53	5 48	5 42	5 37	5 30	5 22	5 12	5 06	4 59
16	6 16	6 11	6 06	6 02	5 59	5 55	5 49	5 42	5 35	5 28	5 19	5 08	5 01	4 53
20	6 23	6 17	6 11	6 06	6 02	5 58	5 50	5 42	5 34	5 26	5 16	5 03	4 56	4 47
24	6 30	6 22	6 16	6 10	6 05	6 00	5 51	5 42	5 34	5 24	5 13	4 59	4 51	4 41
28	6 37	6 28	6 20	6 14	6 08	6 02	5 52	5 43	5 33	5 22	5 10	4 55	4 46	4 35
May 2	6 44	6 34	6 25	6 17	6 11	6 05	5 53	5 43	5 32	5 21	5 07	4 51	4 41	4 30
6	6 51	6 39	6 29	6 21	6 14	6 07	5 55	5 43	5 32	5 19	5 05	4 48	4 37	4 25
10	6 57	6 44	6 34	6 25	6 17	6 09	5 56	5 44	5 31	5 18	5 03	4 44	4 33	4 20
14	7 04	6 50	6 38	6 28	6 20	6 12	5 58	5 44	5 31	5 17	5 01	4 41	4 29	4 15
18	7 10	6 54	6 42	6 32	6 22	6 14	5 59	5 45	5 31	5 16	4 59	4 39	4 26	4 11
22	7 15	6 59	6 46	6 35	6 25	6 16	6 00	5 46	5 31	5 15	4 58	4 36	4 23	4 08
26	7 21	7 03	6 50	6 38	6 28	6 18	6 02	5 47	5 31	5 15	4 57	4 34	4 21	4 05
30	7 25	7 08	6 53	6 41	6 30	6 21	6 03	5 47	5 32	5 15	4 56	4 33	4 19	4 02
June 3	7 30	7 11	6 56	6 44	6 32	6 23	6 05	5 48	5 32	5 15	4 56	4 32	4 17	4 00
7	7 33	7 14	6 59	6 46	6 35	6 24	6 06	5 49	5 33	5 15	4 55	4 31	4 16	3 59
11	7 37	7 17	7 01	6 48	6 36	6 26	6 07	5 50	5 33	5 16	4 55	4 31	4 16	3 58
15	7 39	7 19	7 03	6 50	6 38	6 27	6 09	5 51	5 34	5 16	4 56	4 31	4 16	3 58
19	7 41	7 21	7 04	6 51	6 39	6 29	6 10	5 52	5 35	5 17	4 56	4 32	4 16	3 58
23	7 42	7 21	7 05	6 52	6 40	6 29	6 11	5 53	5 36	5 18	4 57	4 32	4 17	3 59
27	7 42	7 22	7 06	6 52	6 40	6 30	6 11	5 54	5 37	5 19	4 58	4 34	4 18	4 00
July 1	7 41	7 21	7 05	6 52	6 41	6 30	6 12	5 55	5 38	5 20	5 00	4 35	4 20	4 02
5	7 39	7 20	7 05	6 52	6 40	6 30	6 12	5 55	5 39	5 21	5 01	4 37	4 22	4 04

END OF EVENING CIVIL TWILIGHT

Lat.	−55°	−50°	−45°	−40°	−35°	−30°	−20°	−10°	0°	+10°	+20°	+30°	+35°	+40°
	h m	h m	h m	h m	h m	h m	h m	h m	h m	h m	h m	h m	h m	h m
Mar. 31	18 21	18 21	18 21	18 21	18 21	18 22	18 23	18 25	18 28	18 32	18 36	18 42	18 46	18 50
Apr. 4	18 11	18 12	18 13	18 15	18 16	18 17	18 20	18 23	18 27	18 32	18 37	18 45	18 49	18 55
8	18 02	18 04	18 06	18 08	18 11	18 13	18 17	18 21	18 26	18 32	18 38	18 47	18 52	18 59
12	17 52	17 56	17 59	18 02	18 05	18 08	18 14	18 19	18 25	18 32	18 40	18 50	18 56	19 03
16	17 43	17 48	17 53	17 57	18 00	18 04	18 11	18 17	18 24	18 32	18 41	18 52	18 59	19 07
20	17 34	17 40	17 46	17 51	17 56	18 00	18 08	18 15	18 23	18 32	18 42	18 55	19 03	19 12
24	17 25	17 33	17 40	17 46	17 51	17 56	18 05	18 14	18 23	18 33	18 44	18 58	19 06	19 16
28	17 17	17 26	17 34	17 41	17 47	17 52	18 03	18 12	18 22	18 33	18 45	19 01	19 10	19 21
May 2	17 09	17 20	17 28	17 36	17 43	17 49	18 00	18 11	18 22	18 34	18 47	19 03	19 13	19 25
6	17 02	17 14	17 23	17 32	17 39	17 46	17 58	18 10	18 22	18 34	18 49	19 06	19 17	19 29
10	16 55	17 08	17 19	17 28	17 36	17 43	17 56	18 09	18 22	18 35	18 50	19 09	19 20	19 34
14	16 49	17 03	17 14	17 24	17 33	17 41	17 55	18 08	18 22	18 36	18 52	19 12	19 24	19 38
18	16 43	16 58	17 10	17 21	17 30	17 39	17 54	18 08	18 22	18 37	18 54	19 15	19 27	19 42
22	16 38	16 54	17 07	17 18	17 28	17 37	17 53	18 08	18 22	18 38	18 56	19 17	19 30	19 46
26	16 33	16 50	17 04	17 16	17 26	17 35	17 52	18 07	18 23	18 39	18 57	19 20	19 34	19 50
30	16 29	16 47	17 02	17 14	17 25	17 34	17 52	18 08	18 23	18 40	18 59	19 22	19 36	19 53
June 3	16 26	16 45	17 00	17 13	17 24	17 34	17 51	18 08	18 24	18 41	19 01	19 25	19 39	19 56
7	16 24	16 43	16 59	17 12	17 23	17 33	17 52	18 08	18 25	18 43	19 02	19 27	19 41	19 59
11	16 23	16 42	16 58	17 11	17 23	17 33	17 52	18 09	18 26	18 44	19 04	19 28	19 44	20 01
15	16 22	16 42	16 58	17 11	17 23	17 34	17 52	18 10	18 27	18 45	19 05	19 30	19 45	20 03
19	16 22	16 42	16 58	17 12	17 24	17 34	17 53	18 10	18 28	18 46	19 06	19 31	19 46	20 05
23	16 23	16 43	16 59	17 13	17 24	17 35	17 54	18 11	18 28	18 47	19 07	19 32	19 47	20 05
27	16 25	16 45	17 01	17 14	17 26	17 36	17 55	18 12	18 29	18 47	19 08	19 32	19 48	20 06
July 1	16 27	16 47	17 02	17 16	17 27	17 38	17 56	18 13	18 30	18 48	19 08	19 33	19 48	20 05
5	16 30	16 49	17 05	17 18	17 29	17 39	17 57	18 14	18 31	18 48	19 08	19 32	19 47	20 05

CIVIL TWILIGHT, 2014

UNIVERSAL TIME FOR MERIDIAN OF GREENWICH
BEGINNING OF MORNING CIVIL TWILIGHT

Lat.	+40°	+42°	+44°	+46°	+48°	+50°	+52°	+54°	+56°	+58°	+60°	+62°	+64°	+66°
	h m	h m	h m	h m	h m	h m	h m	h m	h m	h m	h m	h m	h m	h m
Mar. 31	5 19	5 17	5 15	5 12	5 10	5 07	5 03	5 00	4 56	4 51	4 46	4 40	4 33	4 25
Apr. 4	5 12	5 10	5 07	5 04	5 01	4 58	4 54	4 50	4 45	4 40	4 33	4 26	4 18	4 08
8	5 06	5 03	5 00	4 56	4 53	4 49	4 44	4 39	4 34	4 28	4 21	4 12	4 03	3 51
12	4 59	4 56	4 53	4 49	4 45	4 40	4 35	4 29	4 23	4 16	4 08	3 58	3 47	3 33
16	4 53	4 49	4 45	4 41	4 36	4 31	4 26	4 19	4 12	4 04	3 55	3 44	3 31	3 15
20	4 47	4 43	4 38	4 34	4 28	4 23	4 16	4 09	4 01	3 52	3 41	3 29	3 14	2 56
24	4 41	4 36	4 32	4 26	4 21	4 14	4 07	3 59	3 50	3 40	3 28	3 14	2 57	2 35
28	4 35	4 30	4 25	4 19	4 13	4 06	3 58	3 50	3 40	3 29	3 15	2 59	2 40	2 14
May 2	4 30	4 24	4 19	4 13	4 06	3 58	3 50	3 40	3 29	3 17	3 02	2 44	2 21	1 50
6	4 25	4 19	4 13	4 06	3 59	3 51	3 42	3 31	3 19	3 05	2 49	2 28	2 02	1 22
10	4 20	4 14	4 07	4 00	3 52	3 43	3 34	3 22	3 09	2 54	2 36	2 12	1 40	0 43
14	4 15	4 09	4 02	3 54	3 46	3 37	3 26	3 14	3 00	2 43	2 23	1 56	1 16	// //
18	4 11	4 05	3 57	3 49	3 40	3 30	3 19	3 06	2 51	2 33	2 10	1 39	0 44	// //
22	4 08	4 01	3 53	3 45	3 35	3 25	3 13	2 59	2 43	2 23	1 57	1 20	// //	// //
26	4 05	3 57	3 49	3 41	3 31	3 20	3 07	2 52	2 35	2 13	1 45	0 59	// //	// //
30	4 02	3 55	3 46	3 37	3 27	3 15	3 02	2 46	2 28	2 04	1 32	0 31	// //	// //
June 3	4 00	3 52	3 44	3 34	3 24	3 12	2 58	2 42	2 22	1 57	1 21	// //	// //	// //
7	3 59	3 51	3 42	3 32	3 21	3 09	2 54	2 38	2 17	1 50	1 10	// //	// //	// //
11	3 58	3 50	3 41	3 31	3 20	3 07	2 52	2 35	2 13	1 45	1 01	// //	// //	// //
15	3 58	3 49	3 40	3 30	3 19	3 06	2 51	2 33	2 11	1 42	0 53	// //	// //	□
19	3 58	3 50	3 40	3 30	3 19	3 06	2 51	2 33	2 10	1 40	0 50	// //	// //	□
23	3 59	3 50	3 41	3 31	3 20	3 06	2 51	2 33	2 11	1 41	0 50	// //	// //	□
27	4 00	3 52	3 43	3 33	3 21	3 08	2 53	2 35	2 13	1 44	0 55	// //	// //	□
July 1	4 02	3 54	3 45	3 35	3 23	3 11	2 56	2 38	2 17	1 48	1 03	// //	// //	// //
5	4 04	3 56	3 47	3 38	3 27	3 14	3 00	2 43	2 22	1 55	1 14	// //	// //	// //

END OF EVENING CIVIL TWILIGHT

Lat.	+40°	+42°	+44°	+46°	+48°	+50°	+52°	+54°	+56°	+58°	+60°	+62°	+64°	+66°
	h m	h m	h m	h m	h m	h m	h m	h m	h m	h m	h m	h m	h m	h m
Mar. 31	18 50	18 52	18 55	18 57	19 00	19 03	19 06	19 10	19 14	19 19	19 24	19 30	19 37	19 46
Apr. 4	18 55	18 57	19 00	19 03	19 06	19 09	19 13	19 18	19 23	19 28	19 34	19 42	19 50	20 00
8	18 59	19 02	19 05	19 08	19 12	19 16	19 21	19 26	19 31	19 38	19 45	19 54	20 04	20 16
12	19 03	19 06	19 10	19 14	19 18	19 23	19 28	19 34	19 40	19 48	19 56	20 06	20 17	20 31
16	19 07	19 11	19 15	19 20	19 24	19 30	19 35	19 42	19 49	19 58	20 07	20 18	20 32	20 48
20	19 12	19 16	19 20	19 25	19 31	19 36	19 43	19 50	19 58	20 08	20 18	20 31	20 47	21 06
24	19 16	19 21	19 26	19 31	19 37	19 43	19 50	19 58	20 08	20 18	20 30	20 45	21 02	21 25
28	19 21	19 26	19 31	19 37	19 43	19 50	19 58	20 07	20 17	20 28	20 42	20 58	21 19	21 46
May 2	19 25	19 30	19 36	19 42	19 49	19 57	20 06	20 15	20 26	20 39	20 54	21 13	21 37	22 10
6	19 29	19 35	19 41	19 48	19 56	20 04	20 13	20 24	20 36	20 50	21 07	21 28	21 56	22 39
10	19 34	19 40	19 46	19 54	20 02	20 11	20 21	20 32	20 45	21 01	21 20	21 44	22 17	23 25
14	19 38	19 44	19 51	19 59	20 08	20 17	20 28	20 40	20 54	21 11	21 32	22 00	22 43	// //
18	19 42	19 49	19 56	20 04	20 13	20 24	20 35	20 48	21 04	21 22	21 46	22 18	23 20	// //
22	19 46	19 53	20 01	20 09	20 19	20 30	20 42	20 56	21 12	21 33	21 59	22 38	// //	// //
26	19 50	19 57	20 05	20 14	20 24	20 35	20 48	21 03	21 21	21 43	22 12	23 01	// //	// //
30	19 53	20 01	20 09	20 19	20 29	20 41	20 54	21 10	21 29	21 52	22 25	23 34	// //	// //
June 3	19 56	20 04	20 13	20 23	20 33	20 45	20 59	21 16	21 36	22 01	22 38	// //	// //	// //
7	19 59	20 07	20 16	20 26	20 37	20 49	21 04	21 21	21 42	22 09	22 50	// //	// //	// //
11	20 01	20 10	20 19	20 29	20 40	20 53	21 08	21 25	21 47	22 15	23 01	// //	// //	// //
15	20 03	20 12	20 21	20 31	20 42	20 55	21 10	21 28	21 50	22 20	23 09	// //	// //	□
19	20 05	20 13	20 22	20 33	20 44	20 57	21 12	21 30	21 53	22 23	23 14	// //	// //	□
23	20 05	20 14	20 23	20 33	20 45	20 58	21 13	21 31	21 53	22 23	23 14	// //	// //	□
27	20 06	20 14	20 23	20 33	20 45	20 58	21 13	21 30	21 52	22 22	23 10	// //	// //	□
July 1	20 05	20 14	20 23	20 33	20 44	20 57	21 11	21 29	21 50	22 18	23 03	// //	// //	// //
5	20 05	20 13	20 21	20 31	20 42	20 55	21 09	21 26	21 46	22 13	22 53	// //	// //	// //

□ indicates Sun continuously above horizon.
// // indicates continuous twilight.

CIVIL TWILIGHT, 2014

UNIVERSAL TIME FOR MERIDIAN OF GREENWICH
BEGINNING OF MORNING CIVIL TWILIGHT

Lat.	−55°	−50°	−45°	−40°	−35°	−30°	−20°	−10°	0°	+10°	+20°	+30°	+35°	+40°
	h m	h m	h m	h m	h m	h m	h m	h m	h m	h m	h m	h m	h m	h m
July 1	7 41	7 21	7 05	6 52	6 41	6 30	6 12	5 55	5 38	5 20	5 00	4 35	4 20	4 02
5	7 39	7 20	7 05	6 52	6 40	6 30	6 12	5 55	5 39	5 21	5 01	4 37	4 22	4 04
9	7 37	7 18	7 03	6 51	6 40	6 30	6 12	5 56	5 39	5 22	5 03	4 39	4 24	4 07
13	7 34	7 16	7 02	6 49	6 39	6 29	6 12	5 56	5 40	5 23	5 04	4 41	4 27	4 10
17	7 30	7 13	6 59	6 47	6 37	6 28	6 11	5 56	5 40	5 24	5 06	4 43	4 30	4 13
21	7 26	7 09	6 56	6 45	6 35	6 26	6 10	5 56	5 41	5 25	5 07	4 46	4 33	4 17
25	7 20	7 05	6 53	6 42	6 33	6 24	6 09	5 55	5 41	5 26	5 09	4 48	4 36	4 21
29	7 14	7 00	6 49	6 39	6 30	6 22	6 08	5 55	5 41	5 27	5 11	4 51	4 39	4 25
Aug. 2	7 08	6 55	6 44	6 35	6 27	6 20	6 06	5 54	5 41	5 28	5 12	4 54	4 42	4 29
6	7 01	6 49	6 39	6 31	6 24	6 17	6 04	5 53	5 41	5 28	5 14	4 56	4 46	4 33
10	6 54	6 43	6 34	6 27	6 20	6 14	6 02	5 51	5 40	5 29	5 15	4 59	4 49	4 37
14	6 46	6 36	6 28	6 22	6 16	6 10	6 00	5 50	5 40	5 29	5 17	5 01	4 52	4 41
18	6 37	6 29	6 22	6 17	6 11	6 06	5 57	5 48	5 39	5 29	5 18	5 04	4 55	4 45
22	6 29	6 22	6 16	6 11	6 07	6 02	5 54	5 47	5 38	5 30	5 19	5 06	4 59	4 50
26	6 20	6 14	6 10	6 05	6 02	5 58	5 51	5 45	5 38	5 30	5 20	5 09	5 02	4 54
30	6 10	6 06	6 03	6 00	5 57	5 54	5 48	5 42	5 36	5 30	5 21	5 11	5 05	4 58
Sept. 3	6 01	5 58	5 56	5 53	5 51	5 49	5 45	5 40	5 35	5 29	5 23	5 14	5 08	5 02
7	5 51	5 50	5 48	5 47	5 46	5 44	5 41	5 38	5 34	5 29	5 23	5 16	5 11	5 06
11	5 41	5 41	5 41	5 41	5 40	5 40	5 38	5 36	5 33	5 29	5 24	5 18	5 14	5 10
15	5 31	5 33	5 34	5 34	5 35	5 35	5 34	5 33	5 31	5 29	5 25	5 20	5 17	5 14
19	5 21	5 24	5 26	5 28	5 29	5 30	5 31	5 31	5 30	5 28	5 26	5 23	5 20	5 17
23	5 10	5 15	5 18	5 21	5 23	5 25	5 27	5 28	5 28	5 28	5 27	5 25	5 23	5 21
27	5 00	5 06	5 11	5 14	5 17	5 20	5 23	5 26	5 27	5 28	5 28	5 27	5 26	5 25
Oct. 1	4 49	4 57	5 03	5 08	5 11	5 15	5 20	5 23	5 26	5 28	5 29	5 29	5 29	5 29
5	4 39	4 48	4 55	5 01	5 06	5 10	5 16	5 21	5 24	5 27	5 30	5 32	5 32	5 33

END OF EVENING CIVIL TWILIGHT

	−55°	−50°	−45°	−40°	−35°	−30°	−20°	−10°	0°	+10°	+20°	+30°	+35°	+40°
	h m	h m	h m	h m	h m	h m	h m	h m	h m	h m	h m	h m	h m	h m
July 1	16 27	16 47	17 02	17 16	17 27	17 38	17 56	18 13	18 30	18 48	19 08	19 33	19 48	20 05
5	16 30	16 49	17 05	17 18	17 29	17 39	17 57	18 14	18 31	18 48	19 08	19 32	19 47	20 05
9	16 34	16 52	17 07	17 20	17 31	17 41	17 59	18 15	18 31	18 48	19 08	19 31	19 46	20 03
13	16 38	16 56	17 10	17 22	17 33	17 43	18 00	18 16	18 32	18 48	19 07	19 30	19 44	20 01
17	16 43	17 00	17 14	17 25	17 35	17 45	18 01	18 17	18 32	18 48	19 06	19 29	19 42	19 58
21	16 48	17 04	17 17	17 28	17 38	17 47	18 03	18 17	18 32	18 48	19 05	19 27	19 40	19 55
25	16 53	17 08	17 21	17 31	17 41	17 49	18 04	18 18	18 32	18 47	19 04	19 24	19 37	19 52
29	16 59	17 13	17 25	17 35	17 43	17 51	18 05	18 19	18 32	18 46	19 02	19 22	19 33	19 47
Aug. 2	17 05	17 18	17 29	17 38	17 46	17 53	18 06	18 19	18 31	18 45	19 00	19 19	19 30	19 43
6	17 12	17 23	17 33	17 41	17 49	17 55	18 08	18 19	18 31	18 43	18 58	19 15	19 26	19 38
10	17 18	17 28	17 37	17 45	17 51	17 58	18 09	18 19	18 30	18 42	18 55	19 11	19 21	19 33
14	17 25	17 34	17 41	17 48	17 54	18 00	18 10	18 20	18 29	18 40	18 52	19 07	19 17	19 27
18	17 31	17 39	17 46	17 52	17 57	18 02	18 11	18 19	18 28	18 38	18 49	19 03	19 12	19 21
22	17 38	17 45	17 50	17 55	18 00	18 04	18 12	18 19	18 27	18 36	18 46	18 59	19 06	19 15
26	17 45	17 50	17 55	17 59	18 02	18 06	18 13	18 19	18 26	18 34	18 43	18 54	19 01	19 09
30	17 52	17 56	17 59	18 02	18 05	18 08	18 13	18 19	18 25	18 32	18 39	18 49	18 56	19 03
Sept. 3	17 59	18 02	18 04	18 06	18 08	18 10	18 14	18 19	18 23	18 29	18 36	18 45	18 50	18 56
7	18 06	18 07	18 08	18 10	18 11	18 12	18 15	18 18	18 22	18 27	18 32	18 40	18 44	18 50
11	18 13	18 13	18 13	18 13	18 14	18 14	18 16	18 18	18 21	18 24	18 29	18 35	18 38	18 43
15	18 21	18 19	18 18	18 17	18 16	18 16	18 17	18 18	18 19	18 22	18 25	18 30	18 33	18 36
19	18 28	18 25	18 22	18 21	18 19	18 18	18 17	18 17	18 18	18 19	18 21	18 24	18 27	18 29
23	18 36	18 31	18 27	18 25	18 22	18 21	18 18	18 17	18 16	18 16	18 17	18 19	18 21	18 23
27	18 44	18 37	18 32	18 28	18 25	18 23	18 19	18 17	18 15	18 14	18 14	18 14	18 15	18 16
Oct. 1	18 52	18 44	18 37	18 33	18 29	18 25	18 20	18 16	18 14	18 12	18 10	18 10	18 09	18 10
5	19 00	18 50	18 43	18 37	18 32	18 28	18 21	18 16	18 12	18 09	18 07	18 05	18 04	18 03

UNIVERSAL TIME FOR MERIDIAN OF GREENWICH
BEGINNING OF MORNING CIVIL TWILIGHT

Lat.	+40°	+42°	+44°	+46°	+48°	+50°	+52°	+54°	+56°	+58°	+60°	+62°	+64°	+66°
	h m	h m	h m	h m	h m	h m	h m	h m	h m	h m	h m	h m	h m	h m
July 1	4 02	3 54	3 45	3 35	3 23	3 11	2 56	2 38	2 17	1 48	1 03	// //	// //	// //
5	4 04	3 56	3 47	3 38	3 27	3 14	3 00	2 43	2 22	1 55	1 14	// //	// //	// //
9	4 07	3 59	3 50	3 41	3 30	3 18	3 04	2 48	2 28	2 02	1 25	// //	// //	// //
13	4 10	4 02	3 54	3 45	3 34	3 23	3 09	2 54	2 35	2 11	1 38	0 30	// //	// //
17	4 13	4 06	3 58	3 49	3 39	3 28	3 15	3 00	2 42	2 20	1 51	1 03	// //	// //
21	4 17	4 10	4 02	3 54	3 44	3 33	3 21	3 07	2 51	2 30	2 04	1 25	// //	// //
25	4 21	4 14	4 07	3 58	3 49	3 39	3 28	3 15	2 59	2 41	2 17	1 45	0 43	// //
29	4 25	4 18	4 11	4 04	3 55	3 46	3 35	3 23	3 08	2 51	2 30	2 02	1 19	// //
Aug. 2	4 29	4 23	4 16	4 09	4 01	3 52	3 42	3 31	3 17	3 02	2 43	2 19	1 45	0 35
6	4 33	4 27	4 21	4 14	4 07	3 58	3 49	3 39	3 27	3 12	2 55	2 34	2 06	1 23
10	4 37	4 32	4 26	4 20	4 13	4 05	3 56	3 47	3 36	3 23	3 07	2 49	2 25	1 52
14	4 41	4 36	4 31	4 25	4 19	4 12	4 04	3 55	3 45	3 33	3 19	3 03	2 42	2 15
18	4 45	4 41	4 36	4 31	4 25	4 18	4 11	4 03	3 54	3 43	3 31	3 16	2 58	2 36
22	4 50	4 45	4 41	4 36	4 31	4 25	4 18	4 11	4 03	3 53	3 42	3 29	3 14	2 54
26	4 54	4 50	4 46	4 41	4 37	4 31	4 25	4 19	4 11	4 03	3 53	3 42	3 28	3 12
30	4 58	4 54	4 51	4 47	4 43	4 38	4 33	4 27	4 20	4 13	4 04	3 54	3 42	3 28
Sept. 3	5 02	4 59	4 56	4 52	4 48	4 44	4 40	4 34	4 29	4 22	4 15	4 06	3 56	3 44
7	5 06	5 03	5 00	4 57	4 54	4 51	4 47	4 42	4 37	4 31	4 25	4 18	4 09	3 58
11	5 10	5 07	5 05	5 03	5 00	4 57	4 53	4 50	4 45	4 41	4 35	4 29	4 21	4 13
15	5 14	5 12	5 10	5 08	5 05	5 03	5 00	4 57	4 54	4 50	4 45	4 40	4 34	4 27
19	5 17	5 16	5 15	5 13	5 11	5 09	5 07	5 04	5 02	4 58	4 55	4 51	4 46	4 40
23	5 21	5 20	5 19	5 18	5 17	5 15	5 14	5 12	5 10	5 07	5 05	5 01	4 58	4 53
27	5 25	5 25	5 24	5 23	5 22	5 21	5 20	5 19	5 18	5 16	5 14	5 12	5 09	5 06
Oct. 1	5 29	5 29	5 29	5 28	5 28	5 27	5 27	5 26	5 26	5 25	5 25	5 24	5 22	5 19
5	5 33	5 33	5 33	5 33	5 34	5 34	5 34	5 34	5 34	5 33	5 33	5 33	5 32	5 32

END OF EVENING CIVIL TWILIGHT

Lat.	+40°	+42°	+44°	+46°	+48°	+50°	+52°	+54°	+56°	+58°	+60°	+62°	+64°	+66°
	h m	h m	h m	h m	h m	h m	h m	h m	h m	h m	h m	h m	h m	h m
July 1	20 05	20 14	20 23	20 33	20 44	20 57	21 11	21 29	21 50	22 18	23 03	// //	// //	// //
5	20 05	20 13	20 21	20 31	20 42	20 55	21 09	21 26	21 46	22 13	22 53	// //	// //	// //
9	20 03	20 11	20 20	20 29	20 40	20 52	21 06	21 22	21 41	22 07	22 42	// //	// //	// //
13	20 01	20 09	20 17	20 26	20 36	20 48	21 01	21 17	21 35	21 59	22 31	23 32	// //	// //
17	19 58	20 06	20 14	20 23	20 32	20 44	20 56	21 11	21 28	21 50	22 19	23 04	// //	// //
21	19 55	20 02	20 10	20 18	20 28	20 38	20 50	21 04	21 21	21 40	22 06	22 43	// //	// //
25	19 52	19 58	20 06	20 14	20 23	20 33	20 44	20 57	21 12	21 30	21 53	22 24	23 19	// //
29	19 47	19 54	20 01	20 08	20 17	20 26	20 37	20 49	21 03	21 20	21 40	22 07	22 47	// //
Aug. 2	19 43	19 49	19 56	20 03	20 11	20 19	20 29	20 41	20 53	21 09	21 27	21 51	22 23	23 22
6	19 38	19 44	19 50	19 57	20 04	20 12	20 21	20 32	20 44	20 57	21 14	21 35	22 02	22 42
10	19 33	19 38	19 44	19 50	19 57	20 05	20 13	20 22	20 33	20 46	21 01	21 19	21 42	22 14
14	19 27	19 32	19 37	19 43	19 50	19 57	20 04	20 13	20 23	20 34	20 48	21 04	21 24	21 50
18	19 21	19 26	19 31	19 36	19 42	19 48	19 55	20 03	20 12	20 23	20 35	20 49	21 06	21 28
22	19 15	19 20	19 24	19 29	19 34	19 40	19 46	19 53	20 01	20 11	20 21	20 34	20 49	21 08
26	19 09	19 13	19 17	19 21	19 26	19 31	19 37	19 43	19 51	19 59	20 08	20 19	20 33	20 49
30	19 03	19 06	19 10	19 13	19 18	19 22	19 27	19 33	19 40	19 47	19 55	20 05	20 16	20 30
Sept. 3	18 56	18 59	19 02	19 06	19 09	19 13	19 18	19 23	19 29	19 35	19 42	19 51	20 01	20 12
7	18 50	18 52	18 55	18 58	19 01	19 04	19 08	19 13	19 18	19 23	19 29	19 37	19 45	19 55
11	18 43	18 45	18 47	18 50	18 52	18 55	18 59	19 02	19 07	19 11	19 16	19 23	19 30	19 38
15	18 36	18 38	18 40	18 42	18 44	18 46	18 49	18 52	18 56	18 59	19 04	19 09	19 15	19 22
19	18 29	18 31	18 32	18 34	18 35	18 37	18 40	18 42	18 45	18 48	18 51	18 55	19 00	19 05
23	18 23	18 24	18 25	18 26	18 27	18 28	18 30	18 32	18 34	18 36	18 39	18 42	18 45	18 49
27	18 16	18 17	18 17	18 18	18 19	18 20	18 21	18 22	18 23	18 25	18 26	18 28	18 31	18 34
Oct. 1	18 10	18 10	18 10	18 10	18 11	18 11	18 11	18 12	18 13	18 13	18 14	18 15	18 17	18 18
5	18 03	18 03	18 03	18 03	18 02	18 02	18 02	18 02	18 02	18 02	18 02	18 02	18 03	18 03

// // indicates continuous twilight.

CIVIL TWILIGHT, 2014

UNIVERSAL TIME FOR MERIDIAN OF GREENWICH
BEGINNING OF MORNING CIVIL TWILIGHT

Lat.	−55°	−50°	−45°	−40°	−35°	−30°	−20°	−10°	0°	+10°	+20°	+30°	+35°	+40°
	h m	h m	h m	h m	h m	h m	h m	h m	h m	h m	h m	h m	h m	h m
Oct. 1	4 49	4 57	5 03	5 08	5 11	5 15	5 20	5 23	5 26	5 28	5 29	5 29	5 29	5 29
5	4 39	4 48	4 55	5 01	5 06	5 10	5 16	5 21	5 24	5 27	5 30	5 32	5 32	5 33
9	4 28	4 39	4 48	4 54	5 00	5 05	5 12	5 18	5 23	5 27	5 31	5 34	5 35	5 37
13	4 18	4 30	4 40	4 48	4 55	5 00	5 09	5 16	5 22	5 27	5 32	5 36	5 39	5 41
17	4 07	4 22	4 33	4 42	4 49	4 56	5 06	5 14	5 21	5 27	5 33	5 39	5 42	5 45
21	3 57	4 13	4 26	4 36	4 44	4 51	5 03	5 12	5 20	5 28	5 34	5 41	5 45	5 49
25	3 46	4 05	4 19	4 30	4 39	4 47	5 00	5 10	5 20	5 28	5 36	5 44	5 49	5 53
29	3 36	3 56	4 12	4 24	4 34	4 43	4 57	5 09	5 19	5 28	5 37	5 47	5 52	5 58
Nov. 2	3 27	3 49	4 05	4 19	4 30	4 39	4 55	5 08	5 19	5 29	5 39	5 50	5 56	6 02
6	3 17	3 41	3 59	4 14	4 26	4 36	4 53	5 07	5 19	5 30	5 41	5 53	5 59	6 06
10	3 08	3 34	3 54	4 09	4 22	4 33	4 51	5 06	5 19	5 31	5 43	5 56	6 03	6 10
14	2 59	3 27	3 49	4 05	4 19	4 30	4 50	5 05	5 19	5 32	5 45	5 59	6 06	6 15
18	2 51	3 21	3 44	4 02	4 16	4 28	4 48	5 05	5 20	5 33	5 47	6 02	6 10	6 19
22	2 43	3 16	3 40	3 58	4 14	4 27	4 48	5 05	5 20	5 35	5 49	6 05	6 14	6 23
26	2 36	3 11	3 36	3 56	4 12	4 25	4 47	5 05	5 21	5 37	5 52	6 08	6 17	6 27
30	2 30	3 07	3 34	3 54	4 11	4 24	4 47	5 06	5 23	5 38	5 54	6 11	6 21	6 31
Dec. 4	2 25	3 04	3 32	3 53	4 10	4 24	4 48	5 07	5 24	5 40	5 57	6 14	6 24	6 35
8	2 21	3 02	3 30	3 52	4 10	4 24	4 48	5 08	5 26	5 42	5 59	6 17	6 27	6 39
12	2 19	3 01	3 30	3 52	4 10	4 25	4 49	5 10	5 27	5 44	6 01	6 20	6 30	6 42
16	2 18	3 01	3 30	3 53	4 11	4 26	4 51	5 11	5 29	5 46	6 04	6 22	6 33	6 45
20	2 18	3 02	3 32	3 54	4 12	4 28	4 53	5 13	5 31	5 48	6 06	6 25	6 35	6 47
24	2 20	3 04	3 34	3 56	4 14	4 30	4 55	5 15	5 33	5 50	6 08	6 27	6 37	6 49
28	2 24	3 07	3 36	3 59	4 17	4 32	4 57	5 17	5 35	5 52	6 10	6 28	6 39	6 50
32	2 29	3 11	3 40	4 02	4 20	4 35	4 59	5 19	5 37	5 54	6 11	6 30	6 40	6 51
36	2 35	3 16	3 44	4 06	4 23	4 38	5 02	5 22	5 39	5 56	6 12	6 30	6 41	6 52

END OF EVENING CIVIL TWILIGHT

Lat.	−55°	−50°	−45°	−40°	−35°	−30°	−20°	−10°	0°	+10°	+20°	+30°	+35°	+40°
	h m	h m	h m	h m	h m	h m	h m	h m	h m	h m	h m	h m	h m	h m
Oct. 1	18 52	18 44	18 37	18 33	18 29	18 25	18 20	18 16	18 14	18 12	18 10	18 10	18 09	18 10
5	19 00	18 50	18 43	18 37	18 32	18 28	18 21	18 16	18 12	18 09	18 07	18 05	18 04	18 03
9	19 08	18 57	18 48	18 41	18 35	18 30	18 22	18 16	18 11	18 07	18 03	18 00	17 59	17 57
13	19 16	19 03	18 53	18 45	18 39	18 33	18 24	18 16	18 10	18 05	18 00	17 56	17 53	17 51
17	19 25	19 10	18 59	18 50	18 42	18 36	18 25	18 17	18 10	18 03	17 57	17 51	17 48	17 45
21	19 34	19 18	19 05	18 54	18 46	18 39	18 27	18 17	18 09	18 02	17 55	17 47	17 44	17 40
25	19 43	19 25	19 11	18 59	18 50	18 42	18 29	18 18	18 09	18 00	17 52	17 44	17 39	17 34
29	19 53	19 32	19 17	19 04	18 54	18 45	18 30	18 19	18 08	17 59	17 50	17 40	17 35	17 29
Nov. 2	20 02	19 40	19 23	19 09	18 58	18 48	18 33	18 20	18 08	17 58	17 48	17 37	17 31	17 25
6	20 12	19 47	19 29	19 14	19 02	18 52	18 35	18 21	18 09	17 57	17 46	17 34	17 28	17 21
10	20 22	19 55	19 35	19 19	19 06	18 55	18 37	18 22	18 09	17 57	17 45	17 32	17 25	17 17
14	20 32	20 03	19 41	19 24	19 11	18 59	18 39	18 24	18 10	17 57	17 44	17 30	17 22	17 14
18	20 41	20 10	19 47	19 29	19 15	19 02	18 42	18 25	18 11	17 57	17 43	17 28	17 20	17 11
22	20 51	20 17	19 53	19 34	19 19	19 06	18 45	18 27	18 12	17 57	17 43	17 27	17 18	17 09
26	21 00	20 24	19 59	19 39	19 23	19 10	18 47	18 29	18 13	17 58	17 43	17 26	17 17	17 07
30	21 09	20 31	20 04	19 44	19 27	19 13	18 50	18 31	18 15	17 59	17 43	17 26	17 16	17 06
Dec. 4	21 16	20 37	20 09	19 48	19 31	19 16	18 53	18 33	18 16	18 00	17 44	17 26	17 16	17 05
8	21 23	20 42	20 14	19 52	19 34	19 20	18 55	18 36	18 18	18 01	17 45	17 26	17 16	17 05
12	21 29	20 47	20 18	19 56	19 38	19 23	18 58	18 38	18 20	18 03	17 46	17 27	17 17	17 05
16	21 34	20 51	20 21	19 59	19 40	19 25	19 00	18 40	18 22	18 05	17 47	17 29	17 18	17 06
20	21 37	20 53	20 24	20 01	19 43	19 27	19 02	18 42	18 24	18 07	17 49	17 30	17 20	17 08
24	21 39	20 55	20 25	20 03	19 45	19 29	19 04	18 44	18 26	18 09	17 51	17 32	17 22	17 10
28	21 39	20 56	20 26	20 04	19 46	19 31	19 06	18 46	18 28	18 11	17 54	17 35	17 24	17 13
32	21 37	20 56	20 27	20 05	19 47	19 32	19 07	18 47	18 30	18 13	17 56	17 37	17 27	17 16
36	21 34	20 54	20 26	20 05	19 47	19 32	19 08	18 49	18 31	18 15	17 58	17 40	17 30	17 19

UNIVERSAL TIME FOR MERIDIAN OF GREENWICH
BEGINNING OF MORNING CIVIL TWILIGHT

Lat.	+40°	+42°	+44°	+46°	+48°	+50°	+52°	+54°	+56°	+58°	+60°	+62°	+64°	+66°
	h m	h m	h m	h m	h m	h m	h m	h m	h m	h m	h m	h m	h m	h m
Oct. 1	5 29	5 29	5 29	5 28	5 28	5 27	5 27	5 26	5 26	5 25	5 24	5 22	5 21	5 19
5	5 33	5 33	5 33	5 33	5 34	5 34	5 34	5 34	5 34	5 33	5 33	5 33	5 32	5 32
9	5 37	5 37	5 38	5 39	5 39	5 40	5 40	5 41	5 41	5 42	5 43	5 43	5 44	5 44
13	5 41	5 42	5 43	5 44	5 45	5 46	5 47	5 48	5 49	5 51	5 52	5 53	5 55	5 57
17	5 45	5 46	5 48	5 49	5 51	5 52	5 54	5 55	5 57	5 59	6 01	6 04	6 06	6 09
21	5 49	5 51	5 53	5 54	5 56	5 58	6 00	6 03	6 05	6 08	6 11	6 14	6 18	6 22
25	5 53	5 55	5 57	6 00	6 02	6 04	6 07	6 10	6 13	6 17	6 20	6 24	6 29	6 35
29	5 58	6 00	6 02	6 05	6 08	6 11	6 14	6 17	6 21	6 25	6 30	6 35	6 40	6 47
Nov. 2	6 02	6 05	6 07	6 10	6 14	6 17	6 21	6 25	6 29	6 34	6 39	6 45	6 52	6 59
6	6 06	6 09	6 12	6 16	6 19	6 23	6 27	6 32	6 37	6 42	6 48	6 55	7 03	7 12
10	6 10	6 14	6 17	6 21	6 25	6 29	6 34	6 39	6 44	6 51	6 57	7 05	7 14	7 24
14	6 15	6 18	6 22	6 26	6 31	6 35	6 40	6 46	6 52	6 59	7 06	7 15	7 25	7 36
18	6 19	6 23	6 27	6 32	6 36	6 41	6 47	6 53	6 59	7 07	7 15	7 24	7 35	7 48
22	6 23	6 28	6 32	6 37	6 42	6 47	6 53	6 59	7 07	7 14	7 23	7 34	7 45	7 59
26	6 27	6 32	6 37	6 42	6 47	6 53	6 59	7 06	7 13	7 22	7 31	7 42	7 55	8 10
30	6 31	6 36	6 41	6 46	6 52	6 58	7 04	7 12	7 20	7 29	7 39	7 50	8 04	8 20
Dec. 4	6 35	6 40	6 45	6 51	6 56	7 03	7 10	7 17	7 25	7 35	7 45	7 58	8 12	8 29
8	6 39	6 44	6 49	6 54	7 00	7 07	7 14	7 22	7 31	7 40	7 51	8 04	8 19	8 38
12	6 42	6 47	6 52	6 58	7 04	7 11	7 18	7 26	7 35	7 45	7 56	8 10	8 25	8 44
16	6 45	6 50	6 55	7 01	7 07	7 14	7 21	7 30	7 39	7 49	8 00	8 14	8 30	8 49
20	6 47	6 52	6 58	7 04	7 10	7 17	7 24	7 32	7 41	7 52	8 03	8 17	8 33	8 53
24	6 49	6 54	7 00	7 06	7 12	7 19	7 26	7 34	7 43	7 54	8 05	8 19	8 35	8 55
28	6 50	6 56	7 01	7 07	7 13	7 20	7 27	7 35	7 44	7 55	8 06	8 19	8 35	8 55
32	6 51	6 56	7 02	7 08	7 14	7 20	7 28	7 36	7 44	7 54	8 06	8 19	8 34	8 53
36	6 52	6 57	7 02	7 08	7 14	7 20	7 27	7 35	7 43	7 53	8 04	8 17	8 32	8 50

END OF EVENING CIVIL TWILIGHT

Lat.	+40°	+42°	+44°	+46°	+48°	+50°	+52°	+54°	+56°	+58°	+60°	+62°	+64°	+66°
	h m	h m	h m	h m	h m	h m	h m	h m	h m	h m	h m	h m	h m	h m
Oct. 1	18 10	18 10	18 10	18 10	18 11	18 11	18 11	18 12	18 13	18 13	18 14	18 15	18 17	18 18
5	18 03	18 03	18 03	18 03	18 02	18 02	18 02	18 02	18 02	18 02	18 02	18 03	18 03	18 03
9	17 57	17 56	17 56	17 55	17 55	17 54	17 53	17 53	17 52	17 51	17 51	17 50	17 49	17 48
13	17 51	17 50	17 49	17 48	17 47	17 46	17 45	17 43	17 42	17 41	17 39	17 38	17 36	17 34
17	17 45	17 44	17 42	17 41	17 39	17 38	17 36	17 34	17 32	17 30	17 28	17 26	17 23	17 20
21	17 40	17 38	17 36	17 34	17 32	17 30	17 28	17 26	17 23	17 20	17 17	17 14	17 10	17 06
25	17 34	17 32	17 30	17 28	17 25	17 23	17 20	17 17	17 14	17 11	17 07	17 03	16 58	16 52
29	17 29	17 27	17 24	17 22	17 19	17 16	17 13	17 09	17 06	17 01	16 57	16 52	16 46	16 39
Nov. 2	17 25	17 22	17 19	17 16	17 13	17 09	17 06	17 02	16 57	16 53	16 47	16 41	16 34	16 26
6	17 21	17 18	17 14	17 11	17 07	17 03	16 59	16 55	16 50	16 44	16 38	16 31	16 23	16 14
10	17 17	17 14	17 10	17 06	17 02	16 58	16 53	16 48	16 43	16 36	16 30	16 22	16 13	16 03
14	17 14	17 10	17 06	17 02	16 58	16 53	16 48	16 42	16 36	16 29	16 22	16 13	16 03	15 52
18	17 11	17 07	17 03	16 58	16 53	16 48	16 43	16 37	16 30	16 23	16 15	16 05	15 54	15 41
22	17 09	17 04	17 00	16 55	16 50	16 45	16 39	16 32	16 25	16 17	16 08	15 58	15 46	15 32
26	17 07	17 02	16 58	16 53	16 47	16 41	16 35	16 28	16 21	16 12	16 03	15 52	15 39	15 24
30	17 06	17 01	16 56	16 51	16 45	16 39	16 32	16 25	16 17	16 08	15 58	15 46	15 33	15 16
Dec. 4	17 05	17 00	16 55	16 50	16 44	16 37	16 30	16 23	16 15	16 05	15 55	15 42	15 28	15 10
8	17 05	17 00	16 55	16 49	16 43	16 36	16 29	16 22	16 13	16 03	15 52	15 39	15 24	15 06
12	17 05	17 00	16 55	16 49	16 43	16 36	16 29	16 21	16 12	16 02	15 51	15 37	15 22	15 03
16	17 06	17 01	16 56	16 50	16 44	16 37	16 30	16 21	16 12	16 02	15 51	15 37	15 21	15 02
20	17 08	17 03	16 57	16 51	16 45	16 38	16 31	16 23	16 14	16 03	15 52	15 38	15 22	15 02
24	17 10	17 05	16 59	16 54	16 47	16 40	16 33	16 25	16 16	16 05	15 54	15 40	15 24	15 04
28	17 13	17 08	17 02	16 56	16 50	16 43	16 36	16 28	16 19	16 09	15 57	15 44	15 28	15 08
32	17 16	17 11	17 05	16 59	16 53	16 47	16 39	16 32	16 23	16 13	16 01	15 48	15 33	15 14
36	17 19	17 14	17 09	17 03	16 57	16 51	16 44	16 36	16 27	16 18	16 07	15 54	15 39	15 21

NAUTICAL TWILIGHT, 2014

UNIVERSAL TIME FOR MERIDIAN OF GREENWICH

BEGINNING OF MORNING NAUTICAL TWILIGHT

Lat.	−55°	−50°	−45°	−40°	−35°	−30°	−20°	−10°	0°	+10°	+20°	+30°	+35°	+40°
	h m	h m	h m	h m	h m	h m	h m	h m	h m	h m	h m	h m	h m	h m
Jan. −2	// //	2 03	2 48	3 18	3 41	4 00	4 28	4 51	5 10	5 27	5 43	5 59	6 08	6 17
2	0 18	2 09	2 52	3 22	3 44	4 03	4 31	4 53	5 12	5 28	5 44	6 00	6 09	6 18
6	0 46	2 15	2 57	3 26	3 48	4 06	4 34	4 55	5 14	5 30	5 45	6 01	6 09	6 18
10	1 06	2 23	3 03	3 31	3 52	4 10	4 37	4 58	5 16	5 31	5 46	6 01	6 09	6 18
14	1 24	2 31	3 09	3 36	3 57	4 13	4 40	5 00	5 17	5 33	5 47	6 01	6 09	6 17
18	1 40	2 40	3 16	3 41	4 01	4 17	4 43	5 02	5 19	5 34	5 47	6 01	6 08	6 16
22	1 56	2 50	3 23	3 47	4 06	4 21	4 46	5 05	5 20	5 34	5 47	6 00	6 07	6 14
26	2 12	2 59	3 30	3 53	4 11	4 26	4 49	5 07	5 22	5 35	5 47	5 59	6 05	6 12
30	2 26	3 09	3 38	3 59	4 16	4 30	4 52	5 09	5 23	5 35	5 47	5 58	6 03	6 09
Feb. 3	2 40	3 19	3 45	4 05	4 21	4 34	4 55	5 10	5 24	5 35	5 46	5 56	6 01	6 06
7	2 53	3 28	3 52	4 11	4 26	4 38	4 57	5 12	5 24	5 35	5 44	5 53	5 58	6 02
11	3 06	3 37	4 00	4 17	4 31	4 42	5 00	5 14	5 25	5 34	5 43	5 51	5 54	5 58
15	3 18	3 46	4 07	4 23	4 35	4 46	5 02	5 15	5 25	5 33	5 41	5 47	5 51	5 54
19	3 30	3 55	4 14	4 28	4 40	4 49	5 04	5 16	5 25	5 32	5 39	5 44	5 46	5 49
23	3 41	4 04	4 21	4 34	4 44	4 53	5 06	5 17	5 25	5 31	5 36	5 40	5 42	5 44
27	3 52	4 12	4 27	4 39	4 48	4 56	5 08	5 17	5 24	5 30	5 34	5 36	5 37	5 38
Mar. 3	4 02	4 20	4 34	4 44	4 53	4 59	5 10	5 18	5 24	5 28	5 31	5 32	5 32	5 32
7	4 12	4 28	4 40	4 49	4 56	5 03	5 12	5 18	5 23	5 26	5 28	5 28	5 27	5 26
11	4 21	4 35	4 46	4 54	5 00	5 05	5 13	5 19	5 22	5 24	5 24	5 23	5 22	5 20
15	4 30	4 42	4 51	4 58	5 04	5 08	5 15	5 19	5 21	5 22	5 21	5 19	5 16	5 13
19	4 39	4 49	4 57	5 03	5 07	5 11	5 16	5 19	5 20	5 20	5 18	5 15	5 10	5 07
23	4 48	4 56	5 02	5 07	5 11	5 13	5 17	5 19	5 19	5 18	5 15	5 11	5 05	5 00
27	4 56	5 03	5 08	5 11	5 14	5 16	5 18	5 18	5 18	5 16	5 12	5 07	4 59	4 53
31	5 04	5 09	5 13	5 15	5 15	5 17	5 18	5 19	5 18	5 15	5 10	5 03	4 54	4 47
Apr. 4	5 12	5 15	5 18	5 19	5 20	5 21	5 20	5 18	5 15	5 10	5 03	4 54	4 47	4 40

END OF EVENING NAUTICAL TWILIGHT

Lat.	−55°	−50°	−45°	−40°	−35°	−30°	−20°	−10°	0°	+10°	+20°	+30°	+35°	+40°
	h m	h m	h m	h m	h m	h m	h m	h m	h m	h m	h m	h m	h m	h m
Jan. −2	// //	22 00	21 16	20 46	20 23	20 04	19 36	19 13	18 55	18 38	18 22	18 05	17 57	17 48
2	23 41	21 58	21 15	20 46	20 23	20 05	19 37	19 15	18 56	18 40	18 24	18 08	18 00	17 51
6	23 21	21 55	21 14	20 45	20 23	20 05	19 38	19 16	18 58	18 42	18 26	18 11	18 03	17 54
10	23 05	21 51	21 11	20 44	20 22	20 05	19 38	19 17	18 59	18 44	18 29	18 14	18 06	17 57
14	22 51	21 45	21 08	20 41	20 21	20 04	19 38	19 18	19 01	18 46	18 31	18 17	18 09	18 01
18	22 37	21 39	21 04	20 39	20 19	20 03	19 38	19 18	19 02	18 47	18 34	18 20	18 13	18 05
22	22 24	21 32	20 59	20 35	20 16	20 01	19 37	19 18	19 03	18 49	18 36	18 23	18 16	18 09
26	22 11	21 24	20 54	20 31	20 13	19 59	19 36	19 18	19 03	18 50	18 38	18 26	18 20	18 14
30	21 58	21 16	20 48	20 27	20 10	19 56	19 34	19 18	19 04	18 51	18 40	18 29	18 24	18 18
Feb. 3	21 45	21 07	20 41	20 22	20 06	19 53	19 33	19 17	19 04	18 53	18 42	18 32	18 27	18 22
7	21 32	20 58	20 35	20 16	20 02	19 50	19 31	19 16	19 04	18 54	18 44	18 35	18 31	18 26
11	21 20	20 49	20 27	20 11	19 57	19 46	19 28	19 15	19 04	18 54	18 46	18 38	18 35	18 31
15	21 08	20 40	20 20	20 05	19 52	19 42	19 26	19 13	19 03	18 55	18 48	18 41	18 38	18 35
19	20 56	20 31	20 13	19 58	19 47	19 38	19 23	19 12	19 03	18 55	18 49	18 44	18 42	18 39
23	20 44	20 21	20 05	19 52	19 42	19 33	19 20	19 10	19 02	18 56	18 51	18 47	18 45	18 44
27	20 32	20 12	19 57	19 46	19 36	19 29	19 17	19 08	19 01	18 56	18 52	18 49	18 49	18 48
Mar. 3	20 20	20 02	19 49	19 39	19 31	19 24	19 13	19 06	19 00	18 56	18 53	18 52	18 52	18 52
7	20 08	19 53	19 41	19 32	19 25	19 19	19 10	19 04	18 59	18 56	18 55	18 55	18 55	18 57
11	19 57	19 44	19 33	19 25	19 19	19 14	19 06	19 01	18 58	18 56	18 56	18 57	18 59	19 01
15	19 46	19 34	19 25	19 19	19 13	19 09	19 03	18 59	18 57	18 56	18 57	19 00	19 02	19 05
19	19 35	19 25	19 18	19 12	19 08	19 04	18 59	18 57	18 56	18 56	18 58	19 02	19 05	19 09
23	19 24	19 16	19 10	19 05	19 02	18 59	18 56	18 54	18 54	18 56	18 59	19 05	19 09	19 14
27	19 13	19 07	19 02	18 59	18 56	18 54	18 52	18 52	18 53	18 56	19 01	19 08	19 12	19 18
31	19 03	18 58	18 55	18 52	18 51	18 50	18 49	18 50	18 52	18 56	19 02	19 10	19 16	19 23
Apr. 4	18 53	18 50	18 47	18 46	18 45	18 45	18 46	18 48	18 51	18 56	19 03	19 13	19 19	19 27

// // indicates continuous twilight.

UNIVERSAL TIME FOR MERIDIAN OF GREENWICH
BEGINNING OF MORNING NAUTICAL TWILIGHT

Lat.	+40°	+42°	+44°	+46°	+48°	+50°	+52°	+54°	+56°	+58°	+60°	+62°	+64°	+66°
	h m	h m	h m	h m	h m	h m	h m	h m	h m	h m	h m	h m	h m	h m
Jan. −2	6 17	6 21	6 25	6 29	6 34	6 39	6 44	6 49	6 55	7 02	7 10	7 18	7 27	7 38
2	6 18	6 22	6 26	6 30	6 34	6 39	6 44	6 50	6 55	7 02	7 09	7 17	7 26	7 37
6	6 18	6 22	6 26	6 30	6 34	6 39	6 44	6 49	6 55	7 01	7 08	7 15	7 24	7 34
10	6 18	6 21	6 25	6 29	6 33	6 38	6 42	6 47	6 53	6 59	7 05	7 13	7 21	7 30
14	6 17	6 21	6 24	6 28	6 32	6 36	6 40	6 45	6 50	6 56	7 02	7 09	7 16	7 25
18	6 16	6 19	6 23	6 26	6 30	6 34	6 38	6 42	6 47	6 52	6 58	7 04	7 11	7 19
22	6 14	6 17	6 20	6 24	6 27	6 30	6 34	6 38	6 43	6 47	6 52	6 58	7 05	7 12
26	6 12	6 15	6 18	6 20	6 24	6 27	6 30	6 34	6 38	6 42	6 46	6 51	6 57	7 04
30	6 09	6 12	6 14	6 17	6 20	6 22	6 25	6 29	6 32	6 36	6 40	6 44	6 49	6 54
Feb. 3	6 06	6 08	6 10	6 13	6 15	6 17	6 20	6 23	6 26	6 29	6 32	6 36	6 40	6 44
7	6 02	6 04	6 06	6 08	6 10	6 12	6 14	6 16	6 19	6 21	6 24	6 27	6 30	6 34
11	5 58	6 00	6 01	6 03	6 04	6 06	6 08	6 09	6 11	6 13	6 15	6 17	6 20	6 22
15	5 54	5 55	5 56	5 57	5 58	6 00	6 01	6 02	6 03	6 05	6 06	6 07	6 08	6 10
19	5 49	5 50	5 50	5 51	5 52	5 53	5 53	5 54	5 55	5 55	5 56	5 56	5 57	5 57
23	5 44	5 44	5 44	5 45	5 45	5 45	5 46	5 46	5 46	5 46	5 45	5 45	5 45	5 44
27	5 38	5 38	5 38	5 38	5 38	5 38	5 38	5 37	5 36	5 36	5 35	5 33	5 32	5 30
Mar. 3	5 32	5 32	5 32	5 31	5 31	5 30	5 29	5 28	5 27	5 25	5 23	5 21	5 18	5 15
7	5 26	5 26	5 25	5 24	5 23	5 22	5 20	5 19	5 17	5 14	5 12	5 08	5 05	5 00
11	5 20	5 19	5 18	5 16	5 15	5 13	5 11	5 09	5 06	5 03	4 59	4 55	4 50	4 44
15	5 13	5 12	5 10	5 09	5 07	5 04	5 02	4 59	4 55	4 51	4 47	4 42	4 36	4 28
19	5 07	5 05	5 03	5 01	4 58	4 55	4 52	4 48	4 44	4 40	4 34	4 28	4 20	4 11
23	5 00	4 58	4 55	4 53	4 50	4 46	4 42	4 38	4 33	4 27	4 21	4 13	4 04	3 53
27	4 53	4 51	4 48	4 45	4 41	4 37	4 32	4 27	4 22	4 15	4 07	3 58	3 48	3 35
31	4 47	4 43	4 40	4 36	4 32	4 27	4 22	4 16	4 10	4 02	3 53	3 43	3 30	3 15
Apr. 4	4 40	4 36	4 32	4 28	4 23	4 18	4 12	4 05	3 58	3 49	3 39	3 27	3 12	2 54

END OF EVENING NAUTICAL TWILIGHT

Lat.	+40°	+42°	+44°	+46°	+48°	+50°	+52°	+54°	+56°	+58°	+60°	+62°	+64°	+66°
	h m	h m	h m	h m	h m	h m	h m	h m	h m	h m	h m	h m	h m	h m
Jan. −2	17 48	17 44	17 39	17 35	17 31	17 26	17 21	17 15	17 09	17 02	16 55	16 47	16 37	16 26
2	17 51	17 47	17 43	17 38	17 34	17 29	17 24	17 19	17 13	17 06	16 59	16 51	16 42	16 32
6	17 54	17 50	17 46	17 42	17 38	17 33	17 28	17 23	17 17	17 11	17 04	16 57	16 48	16 38
10	17 57	17 54	17 50	17 46	17 42	17 38	17 33	17 28	17 23	17 17	17 10	17 03	16 55	16 45
14	18 01	17 58	17 54	17 51	17 47	17 43	17 38	17 33	17 28	17 23	17 17	17 10	17 02	16 53
18	18 05	18 02	17 59	17 55	17 52	17 48	17 44	17 39	17 35	17 29	17 24	17 18	17 11	17 03
22	18 09	18 06	18 03	18 00	17 57	17 53	17 49	17 45	17 41	17 37	17 31	17 26	17 19	17 12
26	18 14	18 11	18 08	18 05	18 02	17 59	17 56	17 52	17 48	17 44	17 39	17 34	17 29	17 23
30	18 18	18 15	18 13	18 10	18 08	18 05	18 02	17 59	17 55	17 52	17 48	17 43	17 39	17 33
Feb. 3	18 22	18 20	18 18	18 16	18 13	18 11	18 08	18 06	18 03	18 00	17 56	17 53	17 49	17 44
7	18 26	18 25	18 23	18 21	18 19	18 17	18 15	18 13	18 10	18 08	18 05	18 02	17 59	17 56
11	18 31	18 29	18 28	18 26	18 25	18 23	18 22	18 20	18 18	18 16	18 14	18 12	18 10	18 08
15	18 35	18 34	18 33	18 32	18 31	18 29	18 28	18 27	18 26	18 25	18 24	18 22	18 21	18 20
19	18 39	18 39	18 38	18 37	18 36	18 36	18 35	18 34	18 34	18 33	18 33	18 33	18 32	18 32
23	18 44	18 43	18 43	18 43	18 42	18 42	18 42	18 42	18 42	18 42	18 43	18 43	18 44	18 45
27	18 48	18 48	18 48	18 48	18 48	18 49	18 49	18 49	18 50	18 51	18 52	18 54	18 55	18 58
Mar. 3	18 52	18 53	18 53	18 54	18 54	18 55	18 56	18 57	18 58	19 00	19 02	19 04	19 07	19 11
7	18 57	18 57	18 58	18 59	19 00	19 01	19 03	19 05	19 07	19 09	19 12	19 15	19 19	19 24
11	19 01	19 02	19 03	19 05	19 06	19 08	19 10	19 13	19 15	19 19	19 22	19 27	19 32	19 38
15	19 05	19 07	19 08	19 10	19 12	19 15	19 17	19 20	19 24	19 28	19 33	19 38	19 45	19 52
19	19 09	19 11	19 13	19 16	19 18	19 21	19 25	19 28	19 33	19 38	19 43	19 50	19 58	20 07
23	19 14	19 16	19 19	19 21	19 25	19 28	19 32	19 37	19 42	19 48	19 54	20 02	20 11	20 23
27	19 18	19 21	19 24	19 27	19 31	19 35	19 40	19 45	19 51	19 58	20 06	20 15	20 26	20 39
31	19 23	19 26	19 29	19 33	19 37	19 42	19 48	19 54	20 00	20 08	20 17	20 28	20 41	20 57
Apr. 4	19 27	19 31	19 35	19 39	19 44	19 49	19 55	20 02	20 10	20 19	20 30	20 42	20 57	21 16

NAUTICAL TWILIGHT, 2014

UNIVERSAL TIME FOR MERIDIAN OF GREENWICH
BEGINNING OF MORNING NAUTICAL TWILIGHT

Lat.	−55°	−50°	−45°	−40°	−35°	−30°	−20°	−10°	0°	+10°	+20°	+30°	+35°	+40°
	h m	h m	h m	h m	h m	h m	h m	h m	h m	h m	h m	h m	h m	h m
Mar. 31	5 04	5 09	5 13	5 15	5 17	5 18	5 19	5 18	5 16	5 12	5 07	4 59	4 53	4 47
Apr. 4	5 12	5 15	5 18	5 19	5 20	5 21	5 20	5 18	5 15	5 10	5 03	4 54	4 47	4 40
8	5 19	5 21	5 23	5 23	5 23	5 23	5 21	5 18	5 14	5 08	5 00	4 49	4 42	4 33
12	5 27	5 27	5 27	5 27	5 26	5 25	5 22	5 18	5 12	5 05	4 56	4 44	4 36	4 26
16	5 34	5 33	5 32	5 31	5 29	5 27	5 23	5 18	5 11	5 03	4 53	4 39	4 30	4 19
20	5 41	5 39	5 37	5 35	5 32	5 30	5 24	5 18	5 10	5 01	4 49	4 34	4 24	4 13
24	5 48	5 44	5 41	5 38	5 35	5 32	5 25	5 18	5 09	4 59	4 46	4 29	4 19	4 06
28	5 54	5 50	5 46	5 42	5 38	5 34	5 26	5 18	5 08	4 57	4 43	4 25	4 14	4 00
May 2	6 01	5 55	5 50	5 45	5 41	5 36	5 27	5 18	5 07	4 55	4 40	4 21	4 09	3 54
6	6 07	6 00	5 54	5 49	5 44	5 38	5 28	5 18	5 07	4 53	4 37	4 17	4 04	3 48
10	6 13	6 05	5 58	5 52	5 46	5 41	5 30	5 18	5 06	4 52	4 35	4 13	4 00	3 43
14	6 19	6 10	6 02	5 55	5 49	5 43	5 31	5 19	5 06	4 51	4 33	4 10	3 55	3 38
18	6 24	6 15	6 06	5 59	5 52	5 45	5 32	5 19	5 05	4 50	4 31	4 07	3 52	3 33
22	6 30	6 19	6 10	6 02	5 54	5 47	5 33	5 20	5 05	4 49	4 29	4 04	3 48	3 29
26	6 35	6 23	6 13	6 05	5 57	5 49	5 35	5 21	5 05	4 49	4 28	4 02	3 46	3 25
30	6 39	6 27	6 16	6 07	5 59	5 51	5 36	5 21	5 06	4 48	4 27	4 00	3 43	3 22
June 3	6 43	6 30	6 19	6 10	6 01	5 53	5 37	5 22	5 06	4 48	4 27	3 59	3 41	3 20
7	6 46	6 33	6 22	6 12	6 03	5 55	5 39	5 23	5 07	4 48	4 26	3 58	3 40	3 18
11	6 49	6 36	6 24	6 14	6 05	5 56	5 40	5 24	5 07	4 49	4 26	3 58	3 39	3 17
15	6 51	6 38	6 26	6 16	6 06	5 57	5 41	5 25	5 08	4 49	4 27	3 58	3 39	3 16
19	6 53	6 39	6 27	6 17	6 07	5 59	5 42	5 26	5 09	4 50	4 27	3 58	3 39	3 16
23	6 54	6 40	6 28	6 18	6 08	6 00	5 43	5 27	5 10	4 51	4 28	3 59	3 40	3 17
27	6 54	6 40	6 28	6 18	6 09	6 00	5 44	5 28	5 11	4 52	4 29	4 00	3 42	3 19
July 1	6 54	6 40	6 28	6 18	6 09	6 00	5 44	5 28	5 12	4 53	4 31	4 02	3 43	3 21
5	6 52	6 39	6 28	6 18	6 09	6 00	5 45	5 29	5 12	4 54	4 32	4 04	3 46	3 23

END OF EVENING NAUTICAL TWILIGHT

Lat.	−55°	−50°	−45°	−40°	−35°	−30°	−20°	−10°	0°	+10°	+20°	+30°	+35°	+40°
	h m	h m	h m	h m	h m	h m	h m	h m	h m	h m	h m	h m	h m	h m
Mar. 31	19 03	18 58	18 55	18 52	18 51	18 50	18 49	18 50	18 52	18 56	19 02	19 10	19 16	19 23
Apr. 4	18 53	18 50	18 47	18 46	18 45	18 45	18 46	18 48	18 51	18 56	19 03	19 13	19 19	19 27
8	18 43	18 41	18 40	18 40	18 40	18 40	18 42	18 46	18 50	18 56	19 05	19 16	19 23	19 32
12	18 34	18 33	18 33	18 34	18 35	18 36	18 39	18 44	18 49	18 57	19 06	19 19	19 27	19 36
16	18 25	18 26	18 27	18 28	18 30	18 32	18 36	18 42	18 49	18 57	19 07	19 21	19 30	19 41
20	18 16	18 18	18 20	18 23	18 25	18 28	18 34	18 40	18 48	18 57	19 09	19 24	19 34	19 46
24	18 08	18 11	18 14	18 18	18 21	18 24	18 31	18 39	18 47	18 58	19 11	19 27	19 38	19 51
28	18 00	18 04	18 09	18 13	18 17	18 21	18 29	18 37	18 47	18 58	19 12	19 31	19 42	19 56
May 2	17 52	17 58	18 03	18 08	18 13	18 17	18 27	18 36	18 47	18 59	19 14	19 34	19 46	20 01
6	17 45	17 52	17 58	18 04	18 09	18 14	18 25	18 35	18 47	19 00	19 16	19 37	19 50	20 06
10	17 39	17 47	17 54	18 00	18 06	18 12	18 23	18 34	18 47	19 01	19 18	19 40	19 54	20 11
14	17 33	17 42	17 50	17 57	18 03	18 10	18 22	18 34	18 47	19 02	19 20	19 43	19 58	20 16
18	17 28	17 38	17 46	17 54	18 01	18 08	18 21	18 34	18 47	19 03	19 22	19 46	20 02	20 21
22	17 23	17 34	17 43	17 51	17 59	18 06	18 20	18 33	18 48	19 04	19 24	19 49	20 05	20 25
26	17 19	17 31	17 40	17 49	17 57	18 05	18 19	18 33	18 49	19 06	19 26	19 52	20 09	20 29
30	17 16	17 28	17 38	17 48	17 56	18 04	18 19	18 34	18 49	19 07	19 28	19 55	20 12	20 33
June 3	17 13	17 26	17 37	17 46	17 55	18 03	18 19	18 34	18 50	19 08	19 30	19 57	20 15	20 37
7	17 11	17 24	17 36	17 46	17 55	18 03	18 19	18 35	18 51	19 09	19 31	20 00	20 18	20 40
11	17 10	17 24	17 35	17 45	17 54	18 03	18 19	18 35	18 52	19 11	19 33	20 02	20 20	20 43
15	17 09	17 23	17 35	17 45	17 55	18 03	18 20	18 36	18 53	19 12	19 34	20 03	20 22	20 45
19	17 10	17 24	17 35	17 46	17 55	18 04	18 21	18 37	18 54	19 13	19 35	20 05	20 23	20 46
23	17 11	17 25	17 36	17 47	17 56	18 05	18 21	18 38	18 55	19 14	19 36	20 05	20 24	20 47
27	17 12	17 26	17 38	17 48	17 57	18 06	18 22	18 39	18 55	19 14	19 37	20 06	20 24	20 47
July 1	17 14	17 28	17 39	17 50	17 59	18 07	18 24	18 39	18 56	19 15	19 37	20 06	20 24	20 47
5	17 17	17 30	17 42	17 51	18 00	18 09	18 25	18 40	18 57	19 15	19 37	20 05	20 23	20 46

UNIVERSAL TIME FOR MERIDIAN OF GREENWICH
BEGINNING OF MORNING NAUTICAL TWILIGHT

Lat.	+40°	+42°	+44°	+46°	+48°	+50°	+52°	+54°	+56°	+58°	+60°	+62°	+64°	+66°
	h m	h m	h m	h m	h m	h m	h m	h m	h m	h m	h m	h m	h m	h m
Mar. 31	4 47	4 43	4 40	4 36	4 32	4 27	4 22	4 16	4 10	4 02	3 53	3 43	3 30	3 15
Apr. 4	4 40	4 36	4 32	4 28	4 23	4 18	4 12	4 05	3 58	3 49	3 39	3 27	3 12	2 54
8	4 33	4 29	4 24	4 20	4 14	4 08	4 02	3 54	3 46	3 36	3 24	3 10	2 53	2 31
12	4 26	4 22	4 17	4 11	4 05	3 59	3 51	3 43	3 33	3 22	3 09	2 52	2 32	2 05
16	4 19	4 14	4 09	4 03	3 56	3 49	3 41	3 31	3 20	3 08	2 53	2 34	2 09	1 34
20	4 13	4 07	4 01	3 55	3 48	3 39	3 30	3 20	3 08	2 53	2 36	2 14	1 43	0 50
24	4 06	4 00	3 54	3 47	3 39	3 30	3 20	3 08	2 55	2 38	2 18	1 51	1 10	// //
28	4 00	3 54	3 47	3 39	3 30	3 20	3 09	2 57	2 41	2 23	1 59	1 25	// //	// //
May 2	3 54	3 47	3 40	3 31	3 22	3 11	2 59	2 45	2 28	2 06	1 38	0 50	// //	// //
6	3 48	3 41	3 33	3 24	3 14	3 02	2 49	2 33	2 14	1 49	1 13	// //	// //	// //
10	3 43	3 35	3 26	3 17	3 06	2 53	2 39	2 21	1 59	1 30	0 38	// //	// //	// //
14	3 38	3 29	3 20	3 10	2 58	2 45	2 29	2 10	1 45	1 08	// //	// //	// //	// //
18	3 33	3 24	3 15	3 04	2 51	2 37	2 19	1 58	1 29	0 39	// //	// //	// //	// //
22	3 29	3 20	3 09	2 58	2 45	2 29	2 10	1 46	1 12	// //	// //	// //	// //	// //
26	3 25	3 16	3 05	2 53	2 39	2 22	2 02	1 35	0 53	// //	// //	// //	// //	// //
30	3 22	3 12	3 01	2 48	2 33	2 16	1 54	1 24	0 28	// //	// //	// //	// //	// //
June 3	3 20	3 09	2 58	2 44	2 29	2 10	1 47	1 14	// //	// //	// //	// //	// //	// //
7	3 18	3 07	2 55	2 42	2 25	2 06	1 41	1 04	// //	// //	// //	// //	// //	// //
11	3 17	3 06	2 54	2 39	2 23	2 03	1 36	0 55	// //	// //	// //	// //	// //	// //
15	3 16	3 05	2 53	2 38	2 21	2 01	1 33	0 49	// //	// //	// //	// //	// //	□
19	3 16	3 05	2 53	2 38	2 21	2 00	1 32	0 45	// //	// //	// //	// //	// //	□
23	3 17	3 06	2 53	2 39	2 22	2 01	1 33	0 46	// //	// //	// //	// //	// //	□
27	3 19	3 08	2 55	2 41	2 24	2 03	1 35	0 50	// //	// //	// //	// //	// //	□
July 1	3 21	3 10	2 57	2 43	2 27	2 06	1 40	0 58	// //	// //	// //	// //	// //	// //
5	3 23	3 13	3 01	2 47	2 31	2 11	1 46	1 08	// //	// //	// //	// //	// //	// //

END OF EVENING NAUTICAL TWILIGHT

Lat.	+40°	+42°	+44°	+46°	+48°	+50°	+52°	+54°	+56°	+58°	+60°	+62°	+64°	+66°
	h m	h m	h m	h m	h m	h m	h m	h m	h m	h m	h m	h m	h m	h m
Mar. 31	19 23	19 26	19 29	19 33	19 37	19 42	19 48	19 54	20 00	20 08	20 17	20 28	20 41	20 57
Apr. 4	19 27	19 31	19 35	19 39	19 44	19 49	19 55	20 02	20 10	20 19	20 30	20 42	20 57	21 16
8	19 32	19 36	19 40	19 45	19 51	19 57	20 04	20 11	20 20	20 30	20 42	20 57	21 15	21 37
12	19 36	19 41	19 46	19 51	19 58	20 04	20 12	20 21	20 31	20 42	20 56	21 13	21 34	22 02
16	19 41	19 46	19 52	19 58	20 04	20 12	20 20	20 30	20 41	20 54	21 10	21 30	21 55	22 33
20	19 46	19 52	19 58	20 04	20 12	20 20	20 29	20 40	20 52	21 07	21 25	21 49	22 21	23 25
24	19 51	19 57	20 03	20 11	20 19	20 28	20 38	20 50	21 04	21 21	21 42	22 10	22 56	// //
28	19 56	20 02	20 09	20 17	20 26	20 36	20 47	21 01	21 16	21 35	22 00	22 37	// //	// //
May 2	20 01	20 08	20 16	20 24	20 34	20 44	20 57	21 11	21 29	21 51	22 21	23 16	// //	// //
6	20 06	20 13	20 22	20 31	20 41	20 53	21 06	21 22	21 42	22 08	22 47	// //	// //	// //
10	20 11	20 19	20 28	20 37	20 48	21 01	21 16	21 34	21 56	22 27	23 29	// //	// //	// //
14	20 16	20 24	20 33	20 44	20 56	21 09	21 26	21 45	22 11	22 50	// //	// //	// //	// //
18	20 21	20 29	20 39	20 50	21 03	21 18	21 35	21 57	22 27	23 23	// //	// //	// //	// //
22	20 25	20 34	20 45	20 56	21 10	21 26	21 45	22 09	22 45	// //	// //	// //	// //	// //
26	20 29	20 39	20 50	21 02	21 17	21 33	21 54	22 21	23 06	// //	// //	// //	// //	// //
30	20 33	20 44	20 55	21 08	21 23	21 41	22 03	22 33	23 36	// //	// //	// //	// //	// //
June 3	20 37	20 47	20 59	21 13	21 28	21 47	22 11	22 45	// //	// //	// //	// //	// //	// //
7	20 40	20 51	21 03	21 17	21 33	21 53	22 18	22 56	// //	// //	// //	// //	// //	// //
11	20 43	20 54	21 06	21 20	21 37	21 57	22 24	23 06	// //	// //	// //	// //	// //	// //
15	20 45	20 56	21 09	21 23	21 40	22 01	22 28	23 13	// //	// //	// //	// //	// //	□
19	20 46	20 58	21 10	21 25	21 42	22 03	22 31	23 18	// //	// //	// //	// //	// //	□
23	20 47	20 58	21 11	21 25	21 42	22 03	22 31	23 18	// //	// //	// //	// //	// //	□
27	20 47	20 58	21 11	21 25	21 42	22 03	22 30	23 14	// //	// //	// //	// //	// //	□
July 1	20 47	20 58	21 10	21 24	21 41	22 01	22 27	23 08	// //	// //	// //	// //	// //	// //
5	20 46	20 56	21 08	21 21	21 38	21 57	22 22	22 59	// //	// //	// //	// //	// //	// //

□ indicates Sun continuously above horizon.
// // indicates continuous twilight.

NAUTICAL TWILIGHT, 2014

UNIVERSAL TIME FOR MERIDIAN OF GREENWICH
BEGINNING OF MORNING NAUTICAL TWILIGHT

Lat.	−55°	−50°	−45°	−40°	−35°	−30°	−20°	−10°	0°	+10°	+20°	+30°	+35°	+40°
	h m	h m	h m	h m	h m	h m	h m	h m	h m	h m	h m	h m	h m	h m
July 1	6 54	6 40	6 28	6 18	6 09	6 00	5 44	5 28	5 12	4 53	4 31	4 02	3 43	3 21
5	6 52	6 39	6 28	6 18	6 09	6 00	5 45	5 29	5 12	4 54	4 32	4 04	3 46	3 23
9	6 50	6 37	6 27	6 17	6 08	6 00	5 45	5 29	5 13	4 55	4 34	4 06	3 48	3 26
13	6 48	6 35	6 25	6 16	6 07	5 59	5 44	5 30	5 14	4 56	4 35	4 08	3 51	3 30
17	6 44	6 33	6 23	6 14	6 06	5 58	5 44	5 30	5 15	4 58	4 37	4 11	3 54	3 34
21	6 40	6 29	6 20	6 12	6 04	5 57	5 43	5 30	5 15	4 59	4 39	4 14	3 58	3 38
25	6 35	6 25	6 17	6 09	6 02	5 55	5 42	5 29	5 16	5 00	4 41	4 17	4 01	3 42
29	6 30	6 21	6 13	6 06	6 00	5 53	5 41	5 29	5 16	5 01	4 43	4 20	4 05	3 47
Aug. 2	6 24	6 16	6 09	6 03	5 57	5 51	5 40	5 28	5 16	5 02	4 45	4 23	4 09	3 52
6	6 17	6 10	6 04	5 59	5 53	5 48	5 38	5 27	5 16	5 02	4 46	4 26	4 12	3 56
10	6 10	6 05	5 59	5 54	5 50	5 45	5 36	5 26	5 16	5 03	4 48	4 29	4 16	4 01
14	6 03	5 58	5 54	5 50	5 46	5 42	5 34	5 25	5 15	5 04	4 50	4 31	4 20	4 06
18	5 55	5 51	5 48	5 45	5 42	5 38	5 31	5 23	5 15	5 04	4 51	4 34	4 24	4 11
22	5 46	5 44	5 42	5 40	5 37	5 34	5 28	5 22	5 14	5 04	4 53	4 37	4 27	4 15
26	5 38	5 37	5 36	5 34	5 32	5 30	5 26	5 20	5 13	5 05	4 54	4 40	4 31	4 20
30	5 28	5 29	5 29	5 28	5 27	5 26	5 22	5 18	5 12	5 05	4 55	4 42	4 34	4 24
Sept. 3	5 19	5 21	5 22	5 22	5 22	5 21	5 19	5 16	5 11	5 05	4 56	4 45	4 38	4 29
7	5 09	5 12	5 15	5 16	5 17	5 17	5 16	5 14	5 10	5 05	4 58	4 48	4 41	4 33
11	4 59	5 04	5 07	5 09	5 11	5 12	5 12	5 11	5 09	5 05	4 59	4 50	4 44	4 37
15	4 49	4 55	5 00	5 03	5 05	5 07	5 09	5 09	5 07	5 04	5 00	4 52	4 48	4 41
19	4 38	4 46	4 52	4 56	4 59	5 02	5 05	5 06	5 06	5 04	5 00	4 55	4 51	4 46
23	4 27	4 37	4 44	4 49	4 54	4 57	5 01	5 04	5 04	5 04	5 01	4 57	4 54	4 50
27	4 16	4 28	4 36	4 43	4 48	4 52	4 58	5 01	5 03	5 03	5 02	4 59	4 57	4 54
Oct. 1	4 05	4 18	4 28	4 36	4 42	4 47	4 54	4 59	5 02	5 03	5 03	5 02	5 00	4 58
5	3 54	4 09	4 20	4 29	4 36	4 42	4 50	4 56	5 00	5 03	5 04	5 04	5 03	5 02

END OF EVENING NAUTICAL TWILIGHT

Lat.	−55°	−50°	−45°	−40°	−35°	−30°	−20°	−10°	0°	+10°	+20°	+30°	+35°	+40°
	h m	h m	h m	h m	h m	h m	h m	h m	h m	h m	h m	h m	h m	h m
July 1	17 14	17 28	17 39	17 50	17 59	18 07	18 24	18 39	18 56	19 15	19 37	20 06	20 24	20 47
5	17 17	17 30	17 42	17 51	18 00	18 09	18 25	18 40	18 57	19 15	19 37	20 05	20 23	20 46
9	17 21	17 33	17 44	17 54	18 02	18 10	18 26	18 41	18 57	19 15	19 37	20 04	20 22	20 44
13	17 24	17 37	17 47	17 56	18 04	18 12	18 27	18 42	18 58	19 15	19 36	20 03	20 20	20 41
17	17 29	17 40	17 50	17 59	18 07	18 14	18 28	18 43	18 58	19 15	19 35	20 01	20 18	20 38
21	17 33	17 44	17 53	18 01	18 09	18 16	18 30	18 43	18 58	19 14	19 34	19 59	20 15	20 34
25	17 38	17 48	17 57	18 04	18 11	18 18	18 31	18 44	18 58	19 13	19 32	19 56	20 11	20 30
29	17 44	17 53	18 00	18 07	18 14	18 20	18 32	18 44	18 57	19 12	19 30	19 53	20 07	20 25
Aug. 2	17 49	17 57	18 04	18 10	18 16	18 22	18 33	18 44	18 57	19 11	19 28	19 49	20 03	20 20
6	17 55	18 02	18 08	18 14	18 19	18 24	18 34	18 45	18 56	19 09	19 25	19 46	19 59	20 15
10	18 01	18 07	18 12	18 17	18 21	18 26	18 35	18 45	18 55	19 07	19 22	19 42	19 54	20 09
14	18 07	18 12	18 16	18 20	18 24	18 28	18 36	18 45	18 54	19 05	19 19	19 37	19 49	20 03
18	18 14	18 17	18 20	18 23	18 27	18 30	18 37	18 44	18 53	19 03	19 16	19 33	19 43	19 56
22	18 20	18 22	18 25	18 27	18 29	18 32	18 38	18 44	18 52	19 01	19 13	19 28	19 38	19 50
26	18 27	18 28	18 29	18 30	18 32	18 34	18 38	18 44	18 51	18 59	19 09	19 23	19 32	19 43
30	18 34	18 33	18 33	18 34	18 35	18 36	18 39	18 44	18 49	18 56	19 06	19 18	19 26	19 36
Sept. 3	18 41	18 39	18 38	18 37	18 37	18 38	18 40	18 43	18 48	18 54	19 02	19 13	19 20	19 29
7	18 48	18 45	18 42	18 41	18 40	18 40	18 41	18 43	18 46	18 51	18 58	19 09	19 14	19 22
11	18 56	18 51	18 47	18 45	18 43	18 42	18 41	18 42	18 45	18 49	18 54	19 03	19 08	19 15
15	19 03	18 57	18 52	18 48	18 46	18 44	18 42	18 42	18 43	18 46	18 51	18 58	19 02	19 08
19	19 11	19 03	18 57	18 52	18 49	18 46	18 43	18 42	18 42	18 43	18 47	18 52	18 56	19 01
23	19 19	19 09	19 02	18 56	18 52	18 48	18 44	18 41	18 40	18 41	18 43	18 47	18 50	18 54
27	19 27	19 16	19 07	19 00	18 55	18 51	18 45	18 41	18 39	18 38	18 39	18 42	18 44	18 48
Oct. 1	19 36	19 23	19 12	19 05	18 58	18 53	18 46	18 41	18 38	18 36	18 36	18 37	18 39	18 41
5	19 45	19 30	19 18	19 09	19 02	18 56	18 47	18 41	18 37	18 34	18 32	18 32	18 33	18 35

UNIVERSAL TIME FOR MERIDIAN OF GREENWICH
BEGINNING OF MORNING NAUTICAL TWILIGHT

Lat.	+40°	+42°	+44°	+46°	+48°	+50°	+52°	+54°	+56°	+58°	+60°	+62°	+64°	+66°
	h m	h m	h m	h m	h m	h m	h m	h m	h m	h m	h m	h m	h m	h m
July 1	3 21	3 10	2 57	2 43	2 27	2 06	1 40	0 58	// //	// //	// //	// //	// //	// //
5	3 23	3 13	3 01	2 47	2 31	2 11	1 46	1 08	// //	// //	// //	// //	// //	// //
9	3 26	3 16	3 04	2 51	2 35	2 16	1 53	1 18	// //	// //	// //	// //	// //	// //
13	3 30	3 20	3 08	2 56	2 41	2 23	2 01	1 30	0 28	// //	// //	// //	// //	// //
17	3 34	3 24	3 13	3 01	2 47	2 30	2 09	1 42	0 58	// //	// //	// //	// //	// //
21	3 38	3 29	3 18	3 07	2 53	2 37	2 18	1 54	1 18	// //	// //	// //	// //	// //
25	3 42	3 34	3 24	3 13	3 00	2 45	2 28	2 05	1 35	0 39	// //	// //	// //	// //
29	3 47	3 39	3 29	3 19	3 07	2 53	2 37	2 17	1 51	1 12	// //	// //	// //	// //
Aug. 2	3 52	3 44	3 35	3 25	3 14	3 01	2 46	2 29	2 06	1 35	0 32	// //	// //	// //
6	3 56	3 49	3 41	3 32	3 21	3 09	2 56	2 40	2 20	1 54	1 14	// //	// //	// //
10	4 01	3 54	3 47	3 38	3 28	3 18	3 05	2 50	2 33	2 11	1 40	0 44	// //	// //
14	4 06	3 59	3 52	3 44	3 36	3 26	3 14	3 01	2 45	2 26	2 01	1 24	// //	// //
18	4 11	4 05	3 58	3 51	3 43	3 33	3 23	3 11	2 57	2 40	2 19	1 50	1 03	// //
22	4 15	4 10	4 04	3 57	3 50	3 41	3 32	3 21	3 08	2 53	2 35	2 12	1 38	0 27
26	4 20	4 15	4 09	4 03	3 56	3 49	3 40	3 30	3 19	3 06	2 50	2 30	2 04	1 25
30	4 24	4 20	4 15	4 09	4 03	3 56	3 48	3 40	3 30	3 18	3 04	2 47	2 25	1 56
Sept. 3	4 29	4 25	4 20	4 15	4 10	4 03	3 56	3 49	3 40	3 29	3 17	3 02	2 44	2 21
7	4 33	4 29	4 25	4 21	4 16	4 10	4 04	3 57	3 49	3 40	3 30	3 17	3 01	2 42
11	4 37	4 34	4 30	4 27	4 22	4 17	4 12	4 06	3 59	3 51	3 41	3 30	3 17	3 01
15	4 41	4 39	4 36	4 32	4 28	4 24	4 19	4 14	4 08	4 01	3 53	3 43	3 32	3 18
19	4 46	4 43	4 41	4 38	4 34	4 31	4 27	4 22	4 17	4 11	4 04	3 56	3 46	3 34
23	4 50	4 48	4 45	4 43	4 40	4 37	4 34	4 30	4 25	4 20	4 14	4 08	3 59	3 50
27	4 54	4 52	4 50	4 48	4 46	4 44	4 41	4 38	4 34	4 30	4 25	4 19	4 12	4 04
Oct. 1	4 58	4 56	4 55	4 54	4 52	4 50	4 48	4 45	4 42	4 39	4 35	4 30	4 25	4 18
5	5 02	5 01	5 00	4 59	4 58	4 56	4 54	4 53	4 50	4 48	4 45	4 41	4 37	4 32

END OF EVENING NAUTICAL TWILIGHT

Lat.	+40°	+42°	+44°	+46°	+48°	+50°	+52°	+54°	+56°	+58°	+60°	+62°	+64°	+66°
	h m	h m	h m	h m	h m	h m	h m	h m	h m	h m	h m	h m	h m	h m
July 1	20 47	20 58	21 10	21 24	21 41	22 01	22 27	23 08	// //	// //	// //	// //	// //	// //
5	20 46	20 56	21 08	21 22	21 38	21 57	22 22	22 59	// //	// //	// //	// //	// //	// //
9	20 44	20 54	21 06	21 19	21 34	21 53	22 16	22 50	// //	// //	// //	// //	// //	// //
13	20 41	20 51	21 02	21 15	21 30	21 47	22 09	22 39	23 35	// //	// //	// //	// //	// //
17	20 38	20 48	20 58	21 10	21 25	21 41	22 01	22 28	23 10	// //	// //	// //	// //	// //
21	20 34	20 43	20 54	21 05	21 18	21 34	21 53	22 17	22 51	// //	// //	// //	// //	// //
25	20 30	20 39	20 48	20 59	21 12	21 26	21 44	22 05	22 34	23 24	// //	// //	// //	// //
29	20 25	20 33	20 43	20 53	21 05	21 18	21 34	21 53	22 18	22 55	// //	// //	// //	// //
Aug. 2	20 20	20 28	20 37	20 46	20 57	21 10	21 24	21 42	22 04	22 33	23 26	// //	// //	// //
6	20 15	20 22	20 30	20 39	20 49	21 01	21 14	21 30	21 49	22 14	22 51	// //	// //	// //
10	20 09	20 16	20 23	20 32	20 41	20 52	21 04	21 18	21 35	21 57	22 26	23 15	// //	// //
14	20 03	20 09	20 16	20 24	20 32	20 42	20 53	21 06	21 22	21 40	22 05	22 39	// //	// //
18	19 56	20 02	20 09	20 16	20 24	20 33	20 43	20 55	21 08	21 25	21 45	22 13	22 55	// //
22	19 50	19 55	20 01	20 08	20 15	20 23	20 32	20 43	20 55	21 10	21 28	21 50	22 21	23 18
26	19 43	19 48	19 53	19 59	20 06	20 13	20 22	20 31	20 42	20 55	21 11	21 30	21 55	22 31
30	19 36	19 41	19 45	19 51	19 57	20 04	20 11	20 20	20 30	20 41	20 55	21 11	21 32	22 00
Sept. 3	19 29	19 33	19 38	19 43	19 48	19 54	20 01	20 08	20 17	20 27	20 39	20 53	21 11	21 33
7	19 22	19 26	19 30	19 34	19 39	19 44	19 50	19 57	20 05	20 14	20 24	20 36	20 51	21 10
11	19 15	19 18	19 22	19 26	19 30	19 35	19 40	19 46	19 53	20 01	20 10	20 20	20 33	20 49
15	19 08	19 11	19 14	19 17	19 21	19 25	19 30	19 35	19 41	19 48	19 56	20 05	20 16	20 29
19	19 01	19 04	19 06	19 09	19 12	19 16	19 20	19 24	19 29	19 35	19 42	19 50	19 59	20 10
23	18 54	18 56	18 58	19 01	19 03	19 06	19 10	19 14	19 18	19 23	19 28	19 35	19 43	19 52
27	18 48	18 49	18 51	18 53	18 55	18 57	19 00	19 03	19 07	19 11	19 15	19 21	19 27	19 35
Oct. 1	18 41	18 42	18 43	18 45	18 47	18 48	18 51	18 53	18 56	18 59	19 03	19 07	19 12	19 19
5	18 35	18 35	18 36	18 37	18 38	18 40	18 41	18 43	18 45	18 48	18 51	18 54	18 58	19 03

// // indicates continuous twilight.

NAUTICAL TWILIGHT, 2014

UNIVERSAL TIME FOR MERIDIAN OF GREENWICH
BEGINNING OF MORNING NAUTICAL TWILIGHT

Lat.	−55°	−50°	−45°	−40°	−35°	−30°	−20°	−10°	0°	+10°	+20°	+30°	+35°	+40°
	h m	h m	h m	h m	h m	h m	h m	h m	h m	h m	h m	h m	h m	h m
Oct. 1	4 05	4 18	4 28	4 36	4 42	4 47	4 54	4 59	5 02	5 03	5 03	5 02	5 00	4 58
5	3 54	4 09	4 20	4 29	4 36	4 42	4 50	4 56	5 00	5 03	5 04	5 04	5 03	5 02
9	3 42	3 59	4 12	4 22	4 30	4 36	4 47	4 54	4 59	5 03	5 05	5 06	5 06	5 06
13	3 30	3 50	4 04	4 15	4 24	4 32	4 43	4 51	4 58	5 03	5 06	5 09	5 09	5 10
17	3 18	3 40	3 56	4 08	4 18	4 27	4 40	4 49	4 57	5 03	5 07	5 11	5 12	5 14
21	3 06	3 30	3 48	4 02	4 13	4 22	4 36	4 47	4 56	5 03	5 09	5 14	5 16	5 18
25	2 54	3 21	3 40	3 55	4 08	4 18	4 33	4 45	4 55	5 03	5 10	5 16	5 19	5 22
29	2 42	3 12	3 33	3 49	4 02	4 13	4 30	4 44	4 54	5 03	5 11	5 19	5 22	5 26
Nov. 2	2 30	3 02	3 26	3 43	3 58	4 09	4 28	4 42	4 54	5 04	5 13	5 21	5 26	5 30
6	2 17	2 53	3 19	3 38	3 53	4 06	4 26	4 41	4 54	5 05	5 15	5 24	5 29	5 34
10	2 04	2 45	3 12	3 33	3 49	4 02	4 24	4 40	4 54	5 06	5 16	5 27	5 32	5 38
14	1 52	2 36	3 06	3 28	3 45	3 59	4 22	4 39	4 54	5 07	5 18	5 30	5 36	5 42
18	1 38	2 28	3 00	3 23	3 42	3 57	4 20	4 39	4 54	5 08	5 20	5 33	5 39	5 46
22	1 25	2 21	2 55	3 20	3 39	3 55	4 19	4 39	4 55	5 09	5 23	5 36	5 43	5 50
26	1 12	2 14	2 51	3 17	3 37	3 53	4 19	4 39	4 56	5 11	5 25	5 39	5 46	5 54
30	0 57	2 08	2 47	3 14	3 35	3 52	4 19	4 39	4 57	5 12	5 27	5 42	5 50	5 58
Dec. 4	0 42	2 03	2 44	3 12	3 34	3 51	4 19	4 40	4 58	5 14	5 29	5 45	5 53	6 01
8	0 25	1 59	2 42	3 11	3 33	3 51	4 19	4 41	5 00	5 16	5 32	5 47	5 56	6 05
12	// //	1 57	2 41	3 11	3 33	3 52	4 20	4 43	5 01	5 18	5 34	5 50	5 59	6 08
16	// //	1 56	2 41	3 11	3 34	3 53	4 22	4 44	5 03	5 20	5 36	5 53	6 01	6 11
20	// //	1 56	2 42	3 12	3 36	3 54	4 23	4 46	5 05	5 22	5 38	5 55	6 04	6 13
24	// //	1 58	2 44	3 14	3 38	3 56	4 25	4 48	5 07	5 24	5 40	5 57	6 06	6 15
28	// //	2 02	2 47	3 17	3 40	3 59	4 28	4 50	5 09	5 26	5 42	5 58	6 07	6 16
32	// //	2 07	2 51	3 21	3 43	4 02	4 30	4 52	5 11	5 28	5 44	6 00	6 08	6 17
36	0 39	2 13	2 56	3 25	3 47	4 05	4 33	4 55	5 13	5 29	5 45	6 01	6 09	6 18

END OF EVENING NAUTICAL TWILIGHT

Lat.	−55°	−50°	−45°	−40°	−35°	−30°	−20°	−10°	0°	+10°	+20°	+30°	+35°	+40°
	h m	h m	h m	h m	h m	h m	h m	h m	h m	h m	h m	h m	h m	h m
Oct. 1	19 36	19 23	19 12	19 05	18 58	18 53	18 46	18 41	18 38	18 36	18 36	18 37	18 39	18 41
5	19 45	19 30	19 18	19 09	19 02	18 56	18 47	18 41	18 37	18 34	18 32	18 32	18 33	18 35
9	19 54	19 37	19 24	19 14	19 05	18 59	18 48	18 41	18 36	18 32	18 29	18 28	18 28	18 28
13	20 04	19 44	19 30	19 18	19 09	19 02	18 50	18 41	18 35	18 30	18 26	18 23	18 23	18 22
17	20 14	19 52	19 36	19 23	19 13	19 05	18 51	18 42	18 34	18 28	18 23	18 19	18 18	18 17
21	20 25	20 00	19 42	19 28	19 17	19 08	18 53	18 42	18 33	18 26	18 20	18 15	18 13	18 11
25	20 36	20 09	19 49	19 34	19 21	19 11	18 55	18 43	18 33	18 25	18 18	18 12	18 09	18 06
29	20 48	20 17	19 56	19 39	19 26	19 15	18 57	18 44	18 33	18 24	18 16	18 08	18 05	18 01
Nov. 2	21 00	20 26	20 03	19 45	19 30	19 18	19 00	18 45	18 33	18 23	18 14	18 05	18 01	17 57
6	21 13	20 36	20 10	19 50	19 35	19 22	19 02	18 46	18 34	18 23	18 12	18 03	17 58	17 53
10	21 26	20 45	20 17	19 56	19 40	19 26	19 05	18 48	18 34	18 22	18 11	18 00	17 55	17 49
14	21 40	20 54	20 24	20 02	19 44	19 30	19 07	18 50	18 35	18 22	18 10	17 59	17 53	17 46
18	21 55	21 04	20 31	20 08	19 49	19 34	19 10	18 52	18 36	18 22	18 10	17 57	17 51	17 44
22	22 10	21 13	20 38	20 13	19 54	19 38	19 13	18 54	18 37	18 23	18 10	17 56	17 49	17 42
26	22 26	21 22	20 45	20 19	19 58	19 42	19 16	18 56	18 39	18 24	18 10	17 55	17 48	17 40
30	22 44	21 30	20 51	20 24	20 03	19 46	19 19	18 58	18 40	18 25	18 10	17 55	17 47	17 39
Dec. 4	23 02	21 38	20 57	20 29	20 07	19 49	19 22	19 00	18 42	18 26	18 11	17 55	17 47	17 39
8	23 25	21 45	21 02	20 33	20 11	19 53	19 24	19 03	18 44	18 28	18 12	17 56	17 48	17 39
12	// //	21 51	21 07	20 37	20 14	19 56	19 27	19 05	18 46	18 29	18 13	17 57	17 49	17 39
16	// //	21 56	21 11	20 40	20 17	19 59	19 30	19 07	18 48	18 31	18 15	17 59	17 50	17 40
20	// //	21 59	21 13	20 43	20 20	20 01	19 32	19 09	18 50	18 33	18 17	18 00	17 52	17 42
24	// //	22 01	21 15	20 45	20 21	20 03	19 34	19 11	18 52	18 35	18 19	18 02	17 54	17 44
28	// //	22 01	21 16	20 46	20 23	20 04	19 35	19 13	18 54	18 37	18 21	18 05	17 56	17 47
32	23 52	21 59	21 16	20 46	20 23	20 05	19 37	19 14	18 56	18 39	18 23	18 07	17 59	17 50
36	23 27	21 56	21 14	20 45	20 23	20 05	19 37	19 16	18 57	18 41	18 26	18 10	18 02	17 53

// // indicates continuous twilight.

UNIVERSAL TIME FOR MERIDIAN OF GREENWICH
BEGINNING OF MORNING NAUTICAL TWILIGHT

Lat.	+40°	+42°	+44°	+46°	+48°	+50°	+52°	+54°	+56°	+58°	+60°	+62°	+64°	+66°
	h m	h m	h m	h m	h m	h m	h m	h m	h m	h m	h m	h m	h m	h m
Oct. 1	4 58	4 56	4 55	4 54	4 52	4 50	4 48	4 45	4 42	4 39	4 35	4 30	4 25	4 18
5	5 02	5 01	5 00	4 59	4 58	4 56	4 54	4 53	4 50	4 48	4 45	4 41	4 37	4 32
9	5 06	5 05	5 05	5 04	5 03	5 02	5 01	5 00	4 58	4 57	4 54	4 52	4 49	4 45
13	5 10	5 09	5 09	5 09	5 09	5 08	5 08	5 07	5 06	5 05	5 04	5 02	5 00	4 58
17	5 14	5 14	5 14	5 14	5 15	5 15	5 15	5 14	5 14	5 14	5 13	5 12	5 11	5 10
21	5 18	5 18	5 19	5 20	5 20	5 21	5 21	5 22	5 22	5 22	5 22	5 23	5 23	5 22
25	5 22	5 23	5 24	5 25	5 26	5 27	5 28	5 29	5 30	5 31	5 32	5 33	5 33	5 34
29	5 26	5 27	5 28	5 30	5 31	5 33	5 34	5 36	5 37	5 39	5 41	5 42	5 44	5 46
Nov. 2	5 30	5 31	5 33	5 35	5 37	5 39	5 41	5 43	5 45	5 47	5 49	5 52	5 55	5 58
6	5 34	5 36	5 38	5 40	5 42	5 45	5 47	5 50	5 52	5 55	5 58	6 01	6 05	6 09
10	5 38	5 40	5 43	5 45	5 48	5 50	5 53	5 56	5 59	6 03	6 06	6 11	6 15	6 20
14	5 42	5 45	5 47	5 50	5 53	5 56	5 59	6 03	6 06	6 10	6 15	6 19	6 25	6 31
18	5 46	5 49	5 52	5 55	5 58	6 02	6 05	6 09	6 13	6 18	6 23	6 28	6 34	6 41
22	5 50	5 53	5 57	6 00	6 03	6 07	6 11	6 15	6 20	6 25	6 30	6 36	6 43	6 51
26	5 54	5 57	6 01	6 05	6 08	6 12	6 17	6 21	6 26	6 31	6 37	6 44	6 51	7 00
30	5 58	6 01	6 05	6 09	6 13	6 17	6 22	6 27	6 32	6 38	6 44	6 51	6 59	7 08
Dec. 4	6 01	6 05	6 09	6 13	6 17	6 22	6 26	6 32	6 37	6 43	6 50	6 58	7 06	7 16
8	6 05	6 09	6 13	6 17	6 21	6 26	6 31	6 36	6 42	6 48	6 55	7 03	7 12	7 23
12	6 08	6 12	6 16	6 20	6 25	6 29	6 35	6 40	6 46	6 53	7 00	7 08	7 17	7 28
16	6 11	6 15	6 19	6 23	6 28	6 33	6 38	6 43	6 50	6 56	7 04	7 12	7 22	7 33
20	6 13	6 17	6 21	6 26	6 30	6 35	6 40	6 46	6 52	6 59	7 07	7 15	7 25	7 36
24	6 15	6 19	6 23	6 27	6 32	6 37	6 42	6 48	6 54	7 01	7 09	7 17	7 27	7 38
28	6 16	6 20	6 25	6 29	6 33	6 38	6 44	6 49	6 55	7 02	7 09	7 18	7 27	7 38
32	6 17	6 21	6 25	6 30	6 34	6 39	6 44	6 50	6 56	7 02	7 09	7 17	7 27	7 37
36	6 18	6 22	6 26	6 30	6 34	6 39	6 44	6 49	6 55	7 01	7 08	7 16	7 25	7 35

END OF EVENING NAUTICAL TWILIGHT

Lat.	+40°	+42°	+44°	+46°	+48°	+50°	+52°	+54°	+56°	+58°	+60°	+62°	+64°	+66°
	h m	h m	h m	h m	h m	h m	h m	h m	h m	h m	h m	h m	h m	h m
Oct. 1	18 41	18 42	18 43	18 45	18 47	18 48	18 51	18 53	18 56	18 59	19 03	19 07	19 12	19 19
5	18 35	18 35	18 36	18 37	18 38	18 40	18 41	18 43	18 45	18 48	18 51	18 54	18 58	19 03
9	18 28	18 29	18 29	18 30	18 30	18 31	18 32	18 33	18 35	18 37	18 39	18 41	18 44	18 48
13	18 22	18 22	18 22	18 22	18 23	18 23	18 24	18 24	18 25	18 26	18 27	18 29	18 31	18 33
17	18 17	18 16	18 16	18 16	18 15	18 15	18 15	18 15	18 15	18 16	18 16	18 17	18 18	18 19
21	18 11	18 10	18 10	18 09	18 08	18 08	18 07	18 07	18 06	18 06	18 06	18 05	18 05	18 05
25	18 06	18 05	18 04	18 03	18 02	18 01	18 00	17 59	17 57	17 56	17 55	17 54	17 53	17 52
29	18 01	18 00	17 58	17 57	17 55	17 54	17 52	17 51	17 49	17 48	17 46	17 44	17 42	17 40
Nov. 2	17 57	17 55	17 53	17 51	17 50	17 48	17 46	17 44	17 41	17 39	17 37	17 34	17 31	17 28
6	17 53	17 51	17 49	17 47	17 44	17 42	17 39	17 37	17 34	17 31	17 28	17 25	17 21	17 17
10	17 49	17 47	17 45	17 42	17 39	17 37	17 34	17 31	17 28	17 24	17 20	17 16	17 12	17 07
14	17 46	17 44	17 41	17 38	17 35	17 32	17 29	17 25	17 22	17 18	17 13	17 08	17 03	16 57
18	17 44	17 41	17 38	17 35	17 31	17 28	17 24	17 20	17 16	17 12	17 07	17 01	16 55	16 48
22	17 42	17 38	17 35	17 32	17 28	17 25	17 21	17 16	17 12	17 07	17 01	16 55	16 48	16 41
26	17 40	17 37	17 33	17 30	17 26	17 22	17 17	17 13	17 08	17 03	16 57	16 50	16 42	16 34
30	17 39	17 36	17 32	17 28	17 24	17 20	17 15	17 10	17 05	16 59	16 53	16 46	16 38	16 28
Dec. 4	17 39	17 35	17 31	17 27	17 23	17 18	17 14	17 08	17 03	16 57	16 50	16 42	16 34	16 24
8	17 39	17 35	17 31	17 27	17 22	17 18	17 13	17 07	17 01	16 55	16 48	16 40	16 31	16 21
12	17 39	17 35	17 31	17 27	17 23	17 18	17 13	17 07	17 01	16 54	16 47	16 39	16 30	16 19
16	17 40	17 36	17 32	17 28	17 23	17 18	17 13	17 08	17 01	16 55	16 47	16 39	16 29	16 18
20	17 42	17 38	17 34	17 29	17 25	17 20	17 15	17 09	17 03	16 56	16 48	16 40	16 30	16 19
24	17 44	17 40	17 36	17 32	17 27	17 22	17 17	17 11	17 05	16 58	16 51	16 42	16 33	16 21
28	17 47	17 43	17 39	17 34	17 30	17 25	17 20	17 14	17 08	17 01	16 54	16 45	16 36	16 25
32	17 50	17 46	17 42	17 37	17 33	17 28	17 23	17 17	17 12	17 05	16 58	16 50	16 40	16 30
36	17 53	17 49	17 45	17 41	17 37	17 32	17 27	17 22	17 16	17 10	17 03	16 55	16 46	16 36

ASTRONOMICAL TWILIGHT, 2014

UNIVERSAL TIME FOR MERIDIAN OF GREENWICH
BEGINNING OF MORNING ASTRONOMICAL TWILIGHT

Lat.	−55°	−50°	−45°	−40°	−35°	−30°	−20°	−10°	0°	+10°	+20°	+30°	+35°	+40°
	h m	h m	h m	h m	h m	h m	h m	h m	h m	h m	h m	h m	h m	h m
Jan. −2	// //	// //	1 43	2 30	3 01	3 24	3 58	4 23	4 43	5 00	5 15	5 30	5 37	5 44
2	// //	// //	1 48	2 34	3 04	3 27	4 01	4 26	4 45	5 02	5 17	5 31	5 38	5 45
6	// //	// //	1 55	2 39	3 08	3 31	4 04	4 28	4 48	5 04	5 18	5 32	5 39	5 45
10	// //	0 11	2 03	2 45	3 13	3 35	4 07	4 31	4 50	5 05	5 19	5 32	5 39	5 45
14	// //	0 53	2 12	2 51	3 18	3 39	4 10	4 33	4 51	5 07	5 20	5 33	5 39	5 45
18	// //	1 14	2 21	2 57	3 23	3 43	4 14	4 36	4 53	5 08	5 21	5 32	5 38	5 44
22	// //	1 33	2 30	3 04	3 29	3 48	4 17	4 38	4 55	5 09	5 21	5 32	5 37	5 42
26	// //	1 49	2 39	3 11	3 34	3 53	4 20	4 40	4 56	5 09	5 21	5 31	5 35	5 40
30	// //	2 04	2 49	3 18	3 40	3 57	4 23	4 42	4 58	5 10	5 20	5 29	5 33	5 37
Feb. 3	0 50	2 18	2 58	3 25	3 46	4 02	4 26	4 44	4 59	5 10	5 19	5 27	5 31	5 34
7	1 26	2 31	3 07	3 32	3 51	4 07	4 29	4 46	4 59	5 10	5 18	5 25	5 28	5 31
11	1 50	2 44	3 16	3 39	3 57	4 11	4 32	4 48	5 00	5 09	5 17	5 23	5 25	5 27
15	2 10	2 55	3 25	3 46	4 02	4 15	4 35	4 49	5 00	5 09	5 15	5 20	5 21	5 22
19	2 27	3 07	3 33	3 52	4 07	4 19	4 37	4 51	5 00	5 08	5 13	5 16	5 17	5 17
23	2 42	3 17	3 41	3 58	4 12	4 23	4 40	4 52	5 00	5 06	5 11	5 13	5 13	5 12
27	2 56	3 27	3 48	4 04	4 17	4 27	4 42	4 52	5 00	5 05	5 08	5 09	5 08	5 07
Mar. 3	3 09	3 36	3 56	4 10	4 21	4 30	4 44	4 53	4 59	5 03	5 05	5 05	5 03	5 01
7	3 21	3 45	4 03	4 15	4 26	4 34	4 46	4 54	4 59	5 02	5 02	5 00	4 58	4 55
11	3 33	3 54	4 09	4 21	4 30	4 37	4 47	4 54	4 58	5 00	4 59	4 56	4 52	4 48
15	3 43	4 02	4 15	4 26	4 34	4 40	4 49	4 54	4 57	4 57	4 55	4 51	4 47	4 42
19	3 53	4 10	4 22	4 30	4 37	4 43	4 50	4 54	4 56	4 55	4 52	4 46	4 41	4 35
23	4 03	4 17	4 27	4 35	4 41	4 45	4 51	4 54	4 55	4 53	4 48	4 41	4 35	4 28
27	4 12	4 24	4 33	4 39	4 44	4 48	4 53	4 54	4 53	4 50	4 45	4 35	4 29	4 21
31	4 20	4 31	4 38	4 44	4 48	4 51	4 54	4 54	4 52	4 48	4 41	4 30	4 23	4 14
Apr. 4	4 29	4 37	4 44	4 48	4 51	4 53	4 55	4 54	4 51	4 45	4 37	4 25	4 17	4 06

END OF EVENING ASTRONOMICAL TWILIGHT

Lat.	−55°	−50°	−45°	−40°	−35°	−30°	−20°	−10°	0°	+10°	+20°	+30°	+35°	+40°
	h m	h m	h m	h m	h m	h m	h m	h m	h m	h m	h m	h m	h m	h m
Jan. −2	// //	// //	22 21	21 34	21 03	20 40	20 06	19 41	19 21	19 04	18 49	18 35	18 28	18 20
2	// //	// //	22 19	21 33	21 03	20 41	20 07	19 42	19 23	19 06	18 51	18 37	18 30	18 23
6	// //	// //	22 15	21 32	21 03	20 40	20 08	19 43	19 24	19 08	18 53	18 40	18 33	18 27
10	// //	{00 04 / 23 47}	22 10	21 30	21 01	20 40	20 08	19 44	19 25	19 10	18 56	18 43	18 36	18 30
14	// //	23 20	22 05	21 26	20 59	20 39	20 08	19 45	19 27	19 11	18 58	18 46	18 40	18 34
18	// //	23 02	21 58	21 22	20 57	20 37	20 07	19 45	19 28	19 13	19 00	18 49	18 43	18 38
22	// //	22 47	21 51	21 18	20 53	20 34	20 06	19 45	19 28	19 14	19 02	18 52	18 46	18 41
26	// //	22 33	21 44	21 13	20 50	20 32	20 05	19 44	19 29	19 16	19 04	18 55	18 50	18 46
30	// //	22 20	21 36	21 07	20 46	20 28	20 03	19 44	19 29	19 17	19 06	18 58	18 54	18 50
Feb. 3	23 27	22 07	21 28	21 01	20 41	20 25	20 01	19 43	19 29	19 18	19 08	19 01	18 57	18 54
7	22 57	21 54	21 19	20 55	20 36	20 21	19 58	19 42	19 29	19 19	19 10	19 03	19 01	18 58
11	22 34	21 42	21 11	20 48	20 31	20 17	19 56	19 40	19 28	19 19	19 12	19 06	19 04	19 02
15	22 15	21 30	21 02	20 41	20 25	20 12	19 53	19 39	19 28	19 20	19 13	19 09	19 08	19 07
19	21 57	21 19	20 53	20 34	20 20	20 08	19 50	19 37	19 27	19 20	19 15	19 12	19 11	19 11
23	21 41	21 08	20 44	20 27	20 14	20 03	19 46	19 35	19 26	19 20	19 16	19 14	19 14	19 15
27	21 26	20 57	20 36	20 20	20 08	19 58	19 43	19 33	19 25	19 20	19 18	19 17	19 18	19 19
Mar. 3	21 12	20 46	20 27	20 13	20 02	19 53	19 40	19 30	19 24	19 21	19 19	19 20	19 21	19 24
7	20 58	20 35	20 18	20 06	19 56	19 48	19 36	19 28	19 23	19 21	19 20	19 22	19 25	19 28
11	20 45	20 25	20 10	19 58	19 49	19 42	19 32	19 26	19 22	19 21	19 21	19 25	19 28	19 33
15	20 33	20 14	20 01	19 51	19 43	19 37	19 29	19 23	19 21	19 21	19 23	19 28	19 32	19 37
19	20 20	20 04	19 53	19 44	19 37	19 32	19 25	19 21	19 20	19 21	19 25	19 33	19 39	19 46
23	20 09	19 55	19 45	19 37	19 31	19 27	19 21	19 19	19 19	19 21	19 26	19 36	19 43	19 51
27	19 57	19 45	19 37	19 30	19 26	19 22	19 18	19 16	19 17	19 21	19 28	19 39	19 46	19 56
31	19 46	19 36	19 29	19 24	19 20	19 17	19 14	19 14	19 16	19 21	19 29	19 42	19 50	19 56
Apr. 4	19 36	19 27	19 22	19 17	19 14	19 13	19 11	19 12	19 15	19 21	19 29	19 42	19 50	20 01

// // indicates continuous twilight.

UNIVERSAL TIME FOR MERIDIAN OF GREENWICH
BEGINNING OF MORNING ASTRONOMICAL TWILIGHT

Lat.	+40°	+42°	+44°	+46°	+48°	+50°	+52°	+54°	+56°	+58°	+60°	+62°	+64°	+66°
	h m	h m	h m	h m	h m	h m	h m	h m	h m	h m	h m	h m	h m	h m
Jan. −2	5 44	5 47	5 50	5 53	5 56	5 59	6 03	6 06	6 10	6 14	6 18	6 23	6 28	6 33
2	5 45	5 48	5 51	5 54	5 57	6 00	6 03	6 06	6 10	6 14	6 18	6 22	6 27	6 33
6	5 45	5 48	5 51	5 54	5 57	6 00	6 03	6 06	6 09	6 13	6 17	6 21	6 25	6 30
10	5 45	5 48	5 50	5 53	5 56	5 59	6 02	6 05	6 08	6 11	6 15	6 19	6 23	6 27
14	5 45	5 47	5 50	5 52	5 55	5 57	6 00	6 03	6 06	6 09	6 12	6 15	6 19	6 23
18	5 44	5 46	5 48	5 50	5 53	5 55	5 57	6 00	6 02	6 05	6 08	6 11	6 14	6 17
22	5 42	5 44	5 46	5 48	5 50	5 52	5 54	5 56	5 59	6 01	6 03	6 05	6 08	6 11
26	5 40	5 42	5 43	5 45	5 47	5 49	5 50	5 52	5 54	5 56	5 57	5 59	6 01	6 03
30	5 37	5 39	5 40	5 42	5 43	5 45	5 46	5 47	5 48	5 50	5 51	5 52	5 53	5 54
Feb. 3	5 34	5 35	5 37	5 38	5 39	5 40	5 41	5 42	5 42	5 43	5 44	5 44	5 45	5 45
7	5 31	5 32	5 32	5 33	5 34	5 34	5 35	5 35	5 36	5 36	5 36	5 36	5 35	5 34
11	5 27	5 27	5 28	5 28	5 28	5 29	5 29	5 29	5 28	5 28	5 27	5 26	5 25	5 23
15	5 22	5 22	5 23	5 23	5 23	5 22	5 22	5 21	5 20	5 19	5 18	5 16	5 14	5 11
19	5 17	5 17	5 17	5 17	5 16	5 15	5 14	5 13	5 12	5 10	5 08	5 05	5 02	4 58
23	5 12	5 12	5 11	5 10	5 09	5 08	5 07	5 05	5 03	5 00	4 57	4 54	4 49	4 44
27	5 07	5 06	5 05	5 04	5 02	5 00	4 58	4 56	4 53	4 50	4 46	4 41	4 36	4 29
Mar. 3	5 01	5 00	4 58	4 56	4 55	4 52	4 50	4 47	4 43	4 39	4 34	4 28	4 22	4 13
7	4 55	4 53	4 51	4 49	4 47	4 44	4 41	4 37	4 33	4 28	4 22	4 15	4 07	3 57
11	4 48	4 46	4 44	4 41	4 38	4 35	4 31	4 27	4 21	4 16	4 09	4 00	3 51	3 39
15	4 42	4 39	4 36	4 33	4 30	4 26	4 21	4 16	4 10	4 03	3 55	3 45	3 34	3 20
19	4 35	4 32	4 29	4 25	4 21	4 16	4 11	4 05	3 58	3 50	3 41	3 29	3 16	2 59
23	4 28	4 24	4 21	4 16	4 12	4 06	4 00	3 53	3 46	3 36	3 25	3 12	2 56	2 35
27	4 21	4 17	4 13	4 08	4 02	3 56	3 49	3 42	3 33	3 22	3 09	2 54	2 35	2 09
31	4 14	4 09	4 04	3 59	3 53	3 46	3 38	3 29	3 19	3 07	2 52	2 34	2 10	1 36
Apr. 4	4 06	4 01	3 56	3 50	3 43	3 35	3 27	3 17	3 05	2 51	2 34	2 12	1 41	0 45

END OF EVENING ASTRONOMICAL TWILIGHT

	h m	h m	h m	h m	h m	h m	h m	h m	h m	h m	h m	h m	h m	h m
Jan. −2	18 20	18 18	18 15	18 12	18 08	18 05	18 02	17 58	17 54	17 51	17 46	17 42	17 37	17 31
2	18 23	18 21	18 18	18 15	18 12	18 09	18 05	18 02	17 58	17 54	17 50	17 46	17 41	17 36
6	18 27	18 24	18 21	18 18	18 15	18 12	18 09	18 06	18 03	17 59	17 55	17 51	17 47	17 42
10	18 30	18 27	18 25	18 22	18 19	18 17	18 14	18 11	18 08	18 04	18 01	17 57	17 53	17 48
14	18 34	18 31	18 29	18 26	18 24	18 21	18 19	18 16	18 13	18 10	18 07	18 04	18 00	17 56
18	18 38	18 35	18 33	18 31	18 29	18 26	18 24	18 21	18 19	18 16	18 14	18 11	18 08	18 04
22	18 41	18 40	18 38	18 36	18 34	18 32	18 29	18 27	18 25	18 23	18 21	18 19	18 16	18 13
26	18 46	18 44	18 42	18 40	18 39	18 37	18 35	18 34	18 32	18 30	18 29	18 27	18 25	18 23
30	18 50	18 48	18 47	18 45	18 44	18 43	18 41	18 40	18 39	18 38	18 37	18 35	18 34	18 33
Feb. 3	18 54	18 53	18 52	18 51	18 50	18 49	18 48	18 47	18 46	18 45	18 45	18 44	18 44	18 44
7	18 58	18 57	18 56	18 56	18 55	18 55	18 54	18 54	18 54	18 53	18 54	18 54	18 54	18 55
11	19 02	19 02	19 01	19 01	19 01	19 01	19 01	19 01	19 01	19 02	19 03	19 04	19 05	19 07
15	19 07	19 06	19 06	19 06	19 07	19 07	19 07	19 08	19 09	19 10	19 12	19 14	19 16	19 19
19	19 11	19 11	19 11	19 12	19 12	19 13	19 14	19 15	19 17	19 19	19 21	19 24	19 28	19 32
23	19 15	19 16	19 16	19 17	19 18	19 20	19 21	19 23	19 25	19 28	19 31	19 35	19 39	19 45
27	19 19	19 20	19 21	19 23	19 24	19 26	19 28	19 31	19 34	19 37	19 41	19 46	19 52	19 59
Mar. 3	19 24	19 25	19 27	19 28	19 30	19 33	19 35	19 39	19 42	19 47	19 52	19 57	20 04	20 13
7	19 28	19 30	19 32	19 34	19 37	19 39	19 43	19 47	19 51	19 56	20 02	20 09	20 18	20 28
11	19 33	19 35	19 37	19 40	19 43	19 46	19 50	19 55	20 00	20 06	20 13	20 22	20 32	20 44
15	19 37	19 40	19 42	19 46	19 49	19 53	19 58	20 04	20 10	20 17	20 25	20 35	20 47	21 02
19	19 42	19 45	19 48	19 52	19 56	20 01	20 06	20 12	20 19	20 28	20 37	20 49	21 03	21 21
23	19 46	19 50	19 54	19 58	20 03	20 08	20 14	20 21	20 30	20 39	20 50	21 04	21 21	21 43
27	19 51	19 55	19 59	20 04	20 10	20 16	20 23	20 31	20 40	20 51	21 04	21 20	21 41	22 08
31	19 56	20 00	20 05	20 11	20 17	20 24	20 32	20 41	20 52	21 04	21 19	21 38	22 03	22 41
Apr. 4	20 01	20 06	20 11	20 18	20 24	20 32	20 41	20 51	21 04	21 18	21 36	21 59	22 32	23 49

UNIVERSAL TIME FOR MERIDIAN OF GREENWICH

BEGINNING OF MORNING ASTRONOMICAL TWILIGHT

Lat.	−55°	−50°	−45°	−40°	−35°	−30°	−20°	−10°	0°	+10°	+20°	+30°	+35°	+40°
	h m	h m	h m	h m	h m	h m	h m	h m	h m	h m	h m	h m	h m	h m
Mar. 31	4 20	4 31	4 38	4 44	4 48	4 51	4 54	4 54	4 52	4 48	4 41	4 30	4 23	4 14
Apr. 4	4 29	4 37	4 44	4 48	4 51	4 53	4 55	4 54	4 51	4 45	4 37	4 25	4 17	4 06
8	4 37	4 44	4 49	4 52	4 54	4 55	4 56	4 54	4 49	4 43	4 33	4 20	4 10	3 59
12	4 44	4 50	4 53	4 56	4 57	4 57	4 56	4 53	4 48	4 40	4 30	4 14	4 04	3 51
16	4 52	4 56	4 58	4 59	5 00	5 00	4 57	4 53	4 47	4 38	4 26	4 09	3 58	3 44
20	4 59	5 01	5 03	5 03	5 03	5 02	4 58	4 53	4 45	4 36	4 22	4 04	3 52	3 37
24	5 06	5 07	5 07	5 07	5 06	5 04	4 59	4 53	4 44	4 33	4 19	3 59	3 46	3 29
28	5 12	5 12	5 12	5 10	5 08	5 06	5 00	4 53	4 43	4 31	4 16	3 54	3 40	3 22
May 2	5 19	5 18	5 16	5 14	5 11	5 08	5 01	4 53	4 42	4 29	4 12	3 49	3 34	3 15
6	5 25	5 23	5 20	5 17	5 14	5 10	5 02	4 53	4 41	4 27	4 09	3 45	3 29	3 09
10	5 31	5 27	5 24	5 20	5 16	5 12	5 03	4 53	4 41	4 26	4 07	3 41	3 24	3 02
14	5 36	5 32	5 28	5 23	5 19	5 14	5 04	4 53	4 40	4 24	4 04	3 37	3 19	2 56
18	5 42	5 36	5 31	5 26	5 21	5 16	5 06	4 54	4 40	4 23	4 02	3 34	3 15	2 50
22	5 46	5 40	5 35	5 29	5 24	5 18	5 07	4 54	4 40	4 22	4 00	3 31	3 11	2 45
26	5 51	5 44	5 38	5 32	5 26	5 20	5 08	4 55	4 40	4 22	3 59	3 28	3 07	2 41
30	5 55	5 48	5 41	5 35	5 28	5 22	5 09	4 55	4 40	4 21	3 58	3 26	3 04	2 36
June 3	5 59	5 51	5 44	5 37	5 30	5 24	5 11	4 56	4 40	4 21	3 57	3 24	3 02	2 33
7	6 02	5 54	5 46	5 39	5 32	5 25	5 12	4 57	4 40	4 21	3 56	3 23	3 00	2 30
11	6 05	5 56	5 48	5 41	5 34	5 27	5 13	4 58	4 41	4 21	3 56	3 22	2 59	2 29
15	6 07	5 58	5 50	5 43	5 35	5 28	5 14	4 59	4 42	4 22	3 56	3 22	2 59	2 28
19	6 08	6 00	5 51	5 44	5 37	5 29	5 15	5 00	4 43	4 22	3 57	3 22	2 59	2 28
23	6 09	6 00	5 52	5 45	5 37	5 30	5 16	5 01	4 43	4 23	3 58	3 23	3 00	2 28
27	6 10	6 01	5 53	5 45	5 38	5 31	5 17	5 01	4 44	4 24	3 59	3 25	3 01	2 30
July 1	6 09	6 01	5 53	5 45	5 38	5 31	5 17	5 02	4 45	4 25	4 00	3 26	3 03	2 32
5	6 08	6 00	5 52	5 45	5 38	5 31	5 18	5 03	4 46	4 27	4 02	3 28	3 06	2 36

END OF EVENING ASTRONOMICAL TWILIGHT

Lat.	−55°	−50°	−45°	−40°	−35°	−30°	−20°	−10°	0°	+10°	+20°	+30°	+35°	+40°
	h m	h m	h m	h m	h m	h m	h m	h m	h m	h m	h m	h m	h m	h m
Mar. 31	19 46	19 36	19 29	19 24	19 20	19 17	19 14	19 14	19 16	19 21	19 28	19 39	19 46	19 56
Apr. 4	19 36	19 27	19 22	19 17	19 14	19 13	19 11	19 12	19 15	19 21	19 29	19 42	19 50	20 01
8	19 26	19 19	19 14	19 11	19 09	19 08	19 08	19 10	19 14	19 21	19 31	19 45	19 54	20 06
12	19 16	19 11	19 07	19 05	19 04	19 04	19 05	19 08	19 14	19 21	19 32	19 48	19 58	20 11
16	19 07	19 03	19 01	18 59	18 59	18 59	19 02	19 06	19 13	19 22	19 34	19 51	20 03	20 17
20	18 58	18 55	18 54	18 54	18 54	18 56	18 59	19 05	19 12	19 22	19 36	19 55	20 07	20 22
24	18 50	18 48	18 48	18 49	18 50	18 52	18 57	19 03	19 12	19 23	19 38	19 58	20 11	20 28
28	18 42	18 42	18 43	18 44	18 46	18 49	18 55	19 02	19 12	19 24	19 40	20 02	20 16	20 34
May 2	18 34	18 36	18 37	18 40	18 42	18 45	18 53	19 01	19 12	19 25	19 42	20 05	20 21	20 40
6	18 28	18 30	18 33	18 36	18 39	18 43	18 51	19 00	19 12	19 26	19 44	20 09	20 25	20 46
10	18 21	18 25	18 28	18 32	18 36	18 40	18 49	19 00	19 12	19 27	19 46	20 13	20 30	20 52
14	18 16	18 20	18 24	18 29	18 33	18 38	18 48	18 59	19 13	19 28	19 49	20 16	20 34	20 58
18	18 11	18 16	18 21	18 26	18 31	18 36	18 47	18 59	19 13	19 30	19 51	20 20	20 39	21 03
22	18 06	18 12	18 18	18 24	18 29	18 35	18 46	18 59	19 14	19 31	19 53	20 23	20 43	21 09
26	18 03	18 09	18 16	18 22	18 28	18 34	18 46	18 59	19 14	19 33	19 55	20 27	20 47	21 14
30	17 59	18 07	18 14	18 20	18 26	18 33	18 46	19 00	19 15	19 34	19 58	20 30	20 51	21 19
June 3	17 57	18 05	18 12	18 19	18 26	18 32	18 46	19 00	19 16	19 35	20 00	20 33	20 55	21 24
7	17 55	18 04	18 11	18 18	18 25	18 32	18 46	19 01	19 17	19 37	20 01	20 35	20 58	21 28
11	17 54	18 03	18 11	18 18	18 25	18 32	18 46	19 01	19 18	19 38	20 03	20 37	21 00	21 31
15	17 54	18 03	18 11	18 18	18 26	18 33	18 47	19 02	19 19	19 39	20 05	20 39	21 02	21 34
19	17 54	18 03	18 11	18 19	18 26	18 33	18 48	19 03	19 20	19 40	20 06	20 40	21 04	21 35
23	17 55	18 04	18 12	18 20	18 27	18 34	18 49	19 04	19 21	19 41	20 07	20 41	21 05	21 36
27	17 57	18 05	18 13	18 21	18 28	18 35	18 50	19 05	19 22	19 42	20 07	20 41	21 05	21 36
July 1	17 59	18 07	18 15	18 23	18 30	18 37	18 51	19 06	19 22	19 42	20 07	20 41	21 04	21 35
5	18 01	18 10	18 17	18 24	18 31	18 38	18 52	19 06	19 23	19 42	20 07	20 40	21 03	21 33

UNIVERSAL TIME FOR MERIDIAN OF GREENWICH
BEGINNING OF MORNING ASTRONOMICAL TWILIGHT

Lat.	+40°	+42°	+44°	+46°	+48°	+50°	+52°	+54°	+56°	+58°	+60°	+62°	+64°	+66°
	h m	h m	h m	h m	h m	h m	h m	h m	h m	h m	h m	h m	h m	h m
Mar. 31	4 14	4 09	4 04	3 59	3 53	3 46	3 38	3 29	3 19	3 07	2 52	2 34	2 10	1 36
Apr. 4	4 06	4 01	3 56	3 50	3 43	3 35	3 27	3 17	3 05	2 51	2 34	2 12	1 41	0 45
8	3 59	3 53	3 47	3 41	3 33	3 25	3 15	3 04	2 50	2 34	2 14	1 46	1 02	// //
12	3 51	3 45	3 39	3 31	3 23	3 14	3 03	2 50	2 35	2 16	1 51	1 14	// //	// //
16	3 44	3 37	3 30	3 22	3 13	3 02	2 50	2 36	2 18	1 55	1 24	// //	// //	// //
20	3 37	3 30	3 22	3 13	3 02	2 51	2 37	2 21	2 00	1 32	0 44	// //	// //	// //
24	3 29	3 22	3 13	3 03	2 52	2 39	2 24	2 05	1 40	1 03	// //	// //	// //	// //
28	3 22	3 14	3 04	2 54	2 41	2 27	2 10	1 47	1 16	// //	// //	// //	// //	// //
May 2	3 15	3 06	2 56	2 44	2 31	2 15	1 55	1 28	0 45	// //	// //	// //	// //	// //
6	3 09	2 59	2 48	2 35	2 20	2 02	1 39	1 06	// //	// //	// //	// //	// //	// //
10	3 02	2 52	2 40	2 26	2 10	1 49	1 22	0 34	// //	// //	// //	// //	// //	// //
14	2 56	2 45	2 32	2 17	1 59	1 36	1 02	// //	// //	// //	// //	// //	// //	// //
18	2 50	2 38	2 25	2 08	1 48	1 21	0 36	// //	// //	// //	// //	// //	// //	// //
22	2 45	2 33	2 18	2 00	1 38	1 06	// //	// //	// //	// //	// //	// //	// //	// //
26	2 41	2 27	2 11	1 52	1 27	0 49	// //	// //	// //	// //	// //	// //	// //	// //
30	2 36	2 22	2 06	1 45	1 17	0 26	// //	// //	// //	// //	// //	// //	// //	// //
June 3	2 33	2 18	2 01	1 39	1 08	// //	// //	// //	// //	// //	// //	// //	// //	// //
7	2 30	2 15	1 57	1 33	0 59	// //	// //	// //	// //	// //	// //	// //	// //	// //
11	2 29	2 13	1 54	1 29	0 51	// //	// //	// //	// //	// //	// //	// //	// //	// //
15	2 28	2 12	1 52	1 27	0 45	// //	// //	// //	// //	// //	// //	// //	// //	□
19	2 28	2 11	1 52	1 25	0 42	// //	// //	// //	// //	// //	// //	// //	// //	□
23	2 28	2 12	1 52	1 26	0 42	// //	// //	// //	// //	// //	// //	// //	// //	□
27	2 30	2 14	1 54	1 29	0 47	// //	// //	// //	// //	// //	// //	// //	// //	□
July 1	2 32	2 17	1 58	1 33	0 54	// //	// //	// //	// //	// //	// //	// //	// //	// //
5	2 36	2 20	2 02	1 38	1 03	// //	// //	// //	// //	// //	// //	// //	// //	// //

END OF EVENING ASTRONOMICAL TWILIGHT

Lat.	+40°	+42°	+44°	+46°	+48°	+50°	+52°	+54°	+56°	+58°	+60°	+62°	+64°	+66°
	h m	h m	h m	h m	h m	h m	h m	h m	h m	h m	h m	h m	h m	h m
Mar. 31	19 56	20 00	20 05	20 11	20 17	20 24	20 32	20 41	20 52	21 04	21 19	21 38	22 03	22 41
Apr. 4	20 01	20 06	20 11	20 18	20 24	20 32	20 41	20 51	21 04	21 18	21 36	21 59	22 32	23 49
8	20 06	20 12	20 18	20 24	20 32	20 41	20 51	21 03	21 16	21 33	21 54	22 23	23 15	// //
12	20 11	20 17	20 24	20 32	20 40	20 50	21 01	21 14	21 30	21 50	22 16	22 57	// //	// //
16	20 17	20 23	20 31	20 39	20 49	20 59	21 12	21 27	21 45	22 09	22 43	// //	// //	// //
20	20 22	20 30	20 38	20 47	20 57	21 09	21 23	21 40	22 02	22 31	23 29	// //	// //	// //
24	20 28	20 36	20 45	20 55	21 06	21 19	21 35	21 55	22 21	23 02	// //	// //	// //	// //
28	20 34	20 42	20 52	21 03	21 15	21 30	21 48	22 11	22 44	// //	// //	// //	// //	// //
May 2	20 40	20 49	20 59	21 11	21 25	21 42	22 02	22 30	23 20	// //	// //	// //	// //	// //
6	20 46	20 56	21 07	21 20	21 35	21 54	22 18	22 53	// //	// //	// //	// //	// //	// //
10	20 52	21 02	21 14	21 29	21 45	22 06	22 35	23 31	// //	// //	// //	// //	// //	// //
14	20 58	21 09	21 22	21 37	21 56	22 20	22 56	// //	// //	// //	// //	// //	// //	// //
18	21 03	21 16	21 30	21 46	22 07	22 35	23 26	// //	// //	// //	// //	// //	// //	// //
22	21 09	21 22	21 37	21 55	22 18	22 51	// //	// //	// //	// //	// //	// //	// //	// //
26	21 14	21 28	21 44	22 03	22 29	23 10	// //	// //	// //	// //	// //	// //	// //	// //
30	21 19	21 34	21 51	22 11	22 40	23 38	// //	// //	// //	// //	// //	// //	// //	// //
June 3	21 24	21 39	21 57	22 19	22 51	// //	// //	// //	// //	// //	// //	// //	// //	// //
7	21 28	21 43	22 02	22 26	23 01	// //	// //	// //	// //	// //	// //	// //	// //	// //
11	21 31	21 47	22 06	22 31	23 10	// //	// //	// //	// //	// //	// //	// //	// //	// //
15	21 34	21 50	22 09	22 35	23 17	// //	// //	// //	// //	// //	// //	// //	// //	□
19	21 35	21 51	22 11	22 37	23 21	// //	// //	// //	// //	// //	// //	// //	// //	□
23	21 36	21 52	22 12	22 38	23 21	// //	// //	// //	// //	// //	// //	// //	// //	□
27	21 36	21 52	22 11	22 37	23 18	// //	// //	// //	// //	// //	// //	// //	// //	□
July 1	21 35	21 51	22 10	22 34	23 12	// //	// //	// //	// //	// //	// //	// //	// //	// //
5	21 33	21 48	22 07	22 30	23 04	// //	// //	// //	// //	// //	// //	// //	// //	// //

□ indicates Sun continuously above horizon.
// // indicates continuous twilight.

ASTRONOMICAL TWILIGHT, 2014

UNIVERSAL TIME FOR MERIDIAN OF GREENWICH

BEGINNING OF MORNING ASTRONOMICAL TWILIGHT

Lat.	−55°	−50°	−45°	−40°	−35°	−30°	−20°	−10°	0°	+10°	+20°	+30°	+35°	+40°
	h m	h m	h m	h m	h m	h m	h m	h m	h m	h m	h m	h m	h m	h m
July 1	6 09	6 01	5 53	5 45	5 38	5 31	5 17	5 02	4 45	4 25	4 00	3 26	3 03	2 32
5	6 08	6 00	5 52	5 45	5 38	5 31	5 18	5 03	4 46	4 27	4 02	3 28	3 06	2 36
9	6 06	5 58	5 51	5 44	5 38	5 31	5 18	5 03	4 47	4 28	4 04	3 31	3 09	2 40
13	6 04	5 56	5 50	5 43	5 37	5 30	5 18	5 04	4 48	4 29	4 06	3 34	3 12	2 44
17	6 01	5 54	5 48	5 42	5 36	5 30	5 17	5 04	4 49	4 31	4 08	3 37	3 16	2 49
21	5 57	5 51	5 45	5 39	5 34	5 28	5 17	5 04	4 49	4 32	4 10	3 40	3 20	2 54
25	5 52	5 47	5 42	5 37	5 32	5 27	5 16	5 04	4 50	4 33	4 12	3 43	3 24	2 59
29	5 47	5 43	5 38	5 34	5 30	5 25	5 15	5 03	4 50	4 34	4 14	3 47	3 28	3 05
Aug. 2	5 41	5 38	5 34	5 31	5 27	5 23	5 13	5 03	4 51	4 35	4 16	3 50	3 33	3 11
6	5 35	5 33	5 30	5 27	5 24	5 20	5 12	5 02	4 51	4 36	4 18	3 54	3 37	3 17
10	5 28	5 27	5 25	5 23	5 20	5 17	5 10	5 01	4 51	4 37	4 20	3 57	3 42	3 22
14	5 21	5 21	5 20	5 18	5 16	5 14	5 08	5 00	4 50	4 38	4 22	4 00	3 46	3 28
18	5 13	5 14	5 14	5 13	5 12	5 10	5 05	4 59	4 50	4 39	4 24	4 04	3 50	3 34
22	5 05	5 07	5 08	5 08	5 08	5 07	5 03	4 57	4 49	4 39	4 26	4 07	3 54	3 39
26	4 56	4 59	5 02	5 03	5 03	5 02	5 00	4 55	4 49	4 40	4 27	4 10	3 59	3 44
30	4 46	4 52	4 55	4 57	4 58	4 58	4 57	4 53	4 48	4 40	4 29	4 13	4 02	3 49
Sept. 3	4 37	4 43	4 48	4 51	4 53	4 54	4 54	4 51	4 47	4 40	4 30	4 16	4 06	3 54
7	4 27	4 35	4 40	4 44	4 47	4 49	4 50	4 49	4 46	4 40	4 31	4 19	4 10	3 59
11	4 16	4 26	4 33	4 38	4 42	4 44	4 47	4 47	4 45	4 40	4 33	4 21	4 14	4 04
15	4 05	4 17	4 25	4 31	4 36	4 39	4 43	4 44	4 43	4 40	4 34	4 24	4 17	4 09
19	3 54	4 07	4 17	4 24	4 30	4 34	4 39	4 42	4 42	4 40	4 35	4 26	4 21	4 13
23	3 42	3 57	4 09	4 17	4 24	4 29	4 36	4 39	4 40	4 39	4 36	4 29	4 24	4 17
27	3 30	3 47	4 00	4 10	4 18	4 24	4 32	4 37	4 39	4 39	4 37	4 31	4 27	4 22
Oct. 1	3 17	3 37	3 52	4 03	4 11	4 18	4 28	4 34	4 38	4 39	4 38	4 34	4 30	4 26
5	3 04	3 27	3 43	3 56	4 05	4 13	4 24	4 32	4 36	4 39	4 39	4 36	4 34	4 30

END OF EVENING ASTRONOMICAL TWILIGHT

Lat.	−55°	−50°	−45°	−40°	−35°	−30°	−20°	−10°	0°	+10°	+20°	+30°	+35°	+40°
	h m	h m	h m	h m	h m	h m	h m	h m	h m	h m	h m	h m	h m	h m
July 1	17 59	18 07	18 15	18 23	18 30	18 37	18 51	19 06	19 22	19 42	20 07	20 41	21 04	21 35
5	18 01	18 10	18 17	18 24	18 31	18 38	18 52	19 06	19 23	19 42	20 06	20 40	21 03	21 33
9	18 05	18 12	18 20	18 26	18 33	18 40	18 53	19 07	19 23	19 42	20 06	20 39	21 01	21 30
13	18 08	18 15	18 22	18 29	18 35	18 41	18 54	19 08	19 24	19 42	20 06	20 37	20 59	21 27
17	18 12	18 19	18 25	18 31	18 37	18 43	18 55	19 08	19 24	19 42	20 04	20 35	20 56	21 23
21	18 17	18 23	18 28	18 34	18 39	18 45	18 56	19 09	19 23	19 41	20 03	20 32	20 52	21 18
25	18 21	18 27	18 32	18 36	18 41	18 47	18 57	19 09	19 23	19 40	20 01	20 29	20 48	21 13
29	18 26	18 31	18 35	18 39	18 44	18 48	18 58	19 10	19 23	19 38	19 59	20 26	20 44	21 07
Aug. 2	18 32	18 35	18 39	18 42	18 46	18 50	18 59	19 10	19 22	19 37	19 56	20 22	20 39	21 01
6	18 37	18 40	18 42	18 45	18 49	18 52	19 00	19 10	19 21	19 35	19 53	20 18	20 34	20 54
10	18 43	18 45	18 46	18 48	18 51	18 54	19 01	19 10	19 20	19 33	19 50	20 13	20 28	20 47
14	18 49	18 49	18 50	18 52	18 54	18 56	19 02	19 09	19 19	19 31	19 47	20 08	20 23	20 40
18	18 56	18 55	18 54	18 55	18 56	18 58	19 03	19 09	19 18	19 29	19 43	20 03	20 17	20 33
22	19 02	19 00	18 59	18 58	18 59	19 00	19 03	19 09	19 16	19 26	19 40	19 58	20 10	20 26
26	19 09	19 05	19 03	19 02	19 01	19 02	19 04	19 08	19 15	19 24	19 36	19 53	20 04	20 18
30	19 16	19 11	19 07	19 05	19 04	19 04	19 05	19 08	19 13	19 21	19 32	19 48	19 58	20 11
Sept. 3	19 23	19 17	19 12	19 09	19 07	19 06	19 05	19 08	19 12	19 19	19 28	19 42	19 52	20 03
7	19 31	19 23	19 17	19 12	19 09	19 08	19 06	19 07	19 10	19 16	19 24	19 37	19 45	19 56
11	19 39	19 29	19 21	19 16	19 12	19 10	19 07	19 07	19 09	19 13	19 20	19 31	19 39	19 48
15	19 47	19 35	19 26	19 20	19 15	19 12	19 08	19 06	19 07	19 10	19 16	19 26	19 32	19 41
19	19 56	19 42	19 32	19 24	19 18	19 14	19 09	19 06	19 06	19 08	19 12	19 21	19 26	19 34
23	20 05	19 49	19 37	19 28	19 22	19 17	19 09	19 06	19 04	19 05	19 09	19 15	19 20	19 26
27	20 14	19 56	19 43	19 33	19 25	19 19	19 11	19 05	19 03	19 03	19 05	19 10	19 14	19 19
Oct. 1	20 24	20 04	19 49	19 38	19 29	19 22	19 12	19 05	19 02	19 00	19 01	19 05	19 08	19 13
5	20 35	20 12	19 55	19 42	19 33	19 25	19 13	19 05	19 01	18 58	18 58	19 00	19 03	19 06

UNIVERSAL TIME FOR MERIDIAN OF GREENWICH
BEGINNING OF MORNING ASTRONOMICAL TWILIGHT

Lat.	+40°	+42°	+44°	+46°	+48°	+50°	+52°	+54°	+56°	+58°	+60°	+62°	+64°	+66°
	h m	h m	h m	h m	h m	h m	h m	h m	h m	h m	h m	h m	h m	h m
July 1	2 32	2 17	1 58	1 33	0 54	// //	// //	// //	// //	// //	// //	// //	// //	// //
5	2 36	2 20	2 02	1 38	1 03	// //	// //	// //	// //	// //	// //	// //	// //	// //
9	2 40	2 25	2 07	1 45	1 13	// //	// //	// //	// //	// //	// //	// //	// //	// //
13	2 44	2 30	2 13	1 52	1 23	0 26	// //	// //	// //	// //	// //	// //	// //	// //
17	2 49	2 35	2 19	2 00	1 34	0 53	// //	// //	// //	// //	// //	// //	// //	// //
21	2 54	2 41	2 26	2 08	1 45	1 12	// //	// //	// //	// //	// //	// //	// //	// //
25	2 59	2 47	2 33	2 17	1 56	1 28	0 36	// //	// //	// //	// //	// //	// //	// //
29	3 05	2 54	2 41	2 25	2 07	1 43	1 06	// //	// //	// //	// //	// //	// //	// //
Aug. 2	3 11	3 00	2 48	2 34	2 17	1 56	1 27	0 30	// //	// //	// //	// //	// //	// //
6	3 17	3 07	2 55	2 42	2 27	2 08	1 44	1 08	// //	// //	// //	// //	// //	// //
10	3 22	3 13	3 03	2 51	2 37	2 20	1 59	1 31	0 40	// //	// //	// //	// //	// //
14	3 28	3 19	3 10	2 59	2 46	2 31	2 13	1 50	1 16	// //	// //	// //	// //	// //
18	3 34	3 26	3 17	3 07	2 55	2 42	2 26	2 06	1 40	0 57	// //	// //	// //	// //
22	3 39	3 32	3 23	3 14	3 04	2 52	2 38	2 20	1 59	1 28	0 25	// //	// //	// //
26	3 44	3 38	3 30	3 22	3 12	3 01	2 49	2 34	2 15	1 51	1 15	// //	// //	// //
30	3 49	3 43	3 36	3 29	3 20	3 10	2 59	2 46	2 30	2 10	1 43	1 00	// //	// //
Sept. 3	3 54	3 49	3 43	3 36	3 28	3 19	3 09	2 57	2 43	2 26	2 04	1 34	0 37	// //
7	3 59	3 54	3 49	3 42	3 35	3 27	3 18	3 08	2 56	2 41	2 23	1 59	1 24	// //
11	4 04	3 59	3 54	3 49	3 43	3 35	3 27	3 18	3 07	2 54	2 39	2 19	1 53	1 13
15	4 09	4 05	4 00	3 55	3 49	3 43	3 36	3 28	3 18	3 07	2 54	2 37	2 16	1 47
19	4 13	4 10	4 06	4 01	3 56	3 51	3 44	3 37	3 29	3 19	3 07	2 53	2 36	2 13
23	4 17	4 14	4 11	4 07	4 03	3 58	3 52	3 46	3 38	3 30	3 20	3 08	2 53	2 35
27	4 22	4 19	4 16	4 13	4 09	4 05	4 00	3 54	3 48	3 41	3 32	3 22	3 09	2 54
Oct. 1	4 26	4 24	4 21	4 18	4 15	4 11	4 07	4 03	3 57	3 51	3 43	3 35	3 24	3 11
5	4 30	4 28	4 26	4 24	4 21	4 18	4 15	4 11	4 06	4 01	3 54	3 47	3 38	3 27

END OF EVENING ASTRONOMICAL TWILIGHT

Lat.	+40°	+42°	+44°	+46°	+48°	+50°	+52°	+54°	+56°	+58°	+60°	+62°	+64°	+66°
	h m	h m	h m	h m	h m	h m	h m	h m	h m	h m	h m	h m	h m	h m
July 1	21 35	21 51	22 10	22 34	23 12	// //	// //	// //	// //	// //	// //	// //	// //	// //
5	21 33	21 48	22 07	22 30	23 04	// //	// //	// //	// //	// //	// //	// //	// //	// //
9	21 30	21 45	22 02	22 25	22 55	// //	// //	// //	// //	// //	// //	// //	// //	// //
13	21 27	21 41	21 57	22 18	22 46	23 37	// //	// //	// //	// //	// //	// //	// //	// //
17	21 23	21 36	21 52	22 11	22 36	23 14	// //	// //	// //	// //	// //	// //	// //	// //
21	21 18	21 31	21 45	22 03	22 25	22 57	// //	// //	// //	// //	// //	// //	// //	// //
25	21 13	21 25	21 38	21 55	22 15	22 42	23 28	// //	// //	// //	// //	// //	// //	// //
29	21 07	21 18	21 31	21 46	22 04	22 27	23 01	// //	// //	// //	// //	// //	// //	// //
Aug. 2	21 01	21 11	21 23	21 37	21 53	22 14	22 41	23 30	// //	// //	// //	// //	// //	// //
6	20 54	21 04	21 15	21 28	21 43	22 01	22 24	22 58	// //	// //	// //	// //	// //	// //
10	20 47	20 56	21 07	21 18	21 32	21 48	22 08	22 35	23 20	// //	// //	// //	// //	// //
14	20 40	20 49	20 58	21 09	21 21	21 36	21 53	22 16	22 47	// //	// //	// //	// //	// //
18	20 33	20 41	20 50	20 59	21 11	21 24	21 39	21 59	22 24	23 02	// //	// //	// //	// //
22	20 26	20 33	20 41	20 50	21 00	21 12	21 26	21 42	22 03	22 32	23 23	// //	// //	// //
26	20 18	20 25	20 32	20 40	20 50	21 00	21 13	21 27	21 45	22 08	22 41	// //	// //	// //
30	20 11	20 17	20 24	20 31	20 39	20 49	21 00	21 13	21 29	21 48	22 13	22 52	// //	// //
Sept. 3	20 03	20 09	20 15	20 22	20 29	20 38	20 48	20 59	21 13	21 29	21 50	22 19	23 06	// //
7	19 56	20 01	20 06	20 12	20 19	20 27	20 36	20 46	20 58	21 12	21 30	21 52	22 24	23 29
11	19 48	19 53	19 58	20 03	20 09	20 16	20 24	20 33	20 44	20 56	21 11	21 30	21 55	22 31
15	19 41	19 45	19 49	19 54	20 00	20 06	20 13	20 21	20 30	20 41	20 54	21 10	21 30	21 57
19	19 34	19 37	19 41	19 45	19 50	19 56	20 02	20 09	20 17	20 27	20 38	20 51	21 08	21 30
23	19 26	19 29	19 33	19 37	19 41	19 46	19 51	19 57	20 04	20 13	20 22	20 34	20 48	21 06
27	19 19	19 22	19 25	19 28	19 32	19 36	19 41	19 46	19 52	19 59	20 08	20 18	20 30	20 45
Oct. 1	19 13	19 15	19 17	19 20	19 23	19 27	19 31	19 35	19 41	19 47	19 54	20 02	20 13	20 25
5	19 06	19 08	19 10	19 12	19 15	19 18	19 21	19 25	19 29	19 35	19 41	19 48	19 56	20 07

// // indicates continuous twilight.

ASTRONOMICAL TWILIGHT, 2014

UNIVERSAL TIME FOR MERIDIAN OF GREENWICH
BEGINNING OF MORNING ASTRONOMICAL TWILIGHT

Lat.	−55°	−50°	−45°	−40°	−35°	−30°	−20°	−10°	0°	+10°	+20°	+30°	+35°	+40°
	h m	h m	h m	h m	h m	h m	h m	h m	h m	h m	h m	h m	h m	h m
Oct. 1	3 17	3 37	3 52	4 03	4 11	4 18	4 28	4 34	4 38	4 39	4 38	4 34	4 30	4 26
5	3 04	3 27	3 43	3 56	4 05	4 13	4 24	4 32	4 36	4 39	4 39	4 36	4 34	4 30
9	2 51	3 16	3 34	3 48	3 59	4 08	4 20	4 29	4 35	4 38	4 40	4 39	4 37	4 34
13	2 37	3 05	3 26	3 41	3 53	4 02	4 17	4 27	4 34	4 38	4 41	4 41	4 40	4 38
17	2 22	2 54	3 17	3 33	3 47	3 57	4 13	4 24	4 32	4 38	4 42	4 43	4 43	4 42
21	2 06	2 43	3 08	3 26	3 41	3 52	4 10	4 22	4 31	4 38	4 43	4 46	4 46	4 46
25	1 49	2 31	2 59	3 19	3 35	3 47	4 06	4 20	4 30	4 38	4 44	4 48	4 49	4 50
29	1 31	2 20	2 50	3 12	3 29	3 43	4 03	4 18	4 30	4 39	4 46	4 51	4 53	4 54
Nov. 2	1 09	2 08	2 41	3 05	3 24	3 38	4 00	4 17	4 29	4 39	4 47	4 53	4 56	4 58
6	0 43	1 55	2 33	2 59	3 18	3 34	3 58	4 15	4 29	4 40	4 49	4 56	4 59	5 02
10	// //	1 43	2 24	2 53	3 14	3 30	3 55	4 14	4 28	4 40	4 50	4 59	5 03	5 06
14	// //	1 29	2 16	2 47	3 09	3 27	3 53	4 13	4 28	4 41	4 52	5 02	5 06	5 10
18	// //	1 16	2 09	2 41	3 05	3 24	3 52	4 12	4 29	4 42	4 54	5 04	5 09	5 14
22	// //	1 01	2 01	2 36	3 01	3 21	3 50	4 12	4 29	4 43	4 56	5 07	5 13	5 18
26	// //	0 44	1 55	2 32	2 59	3 19	3 50	4 12	4 30	4 45	4 58	5 10	5 16	5 22
30	// //	0 23	1 49	2 28	2 56	3 17	3 49	4 12	4 31	4 46	5 00	5 13	5 19	5 25
Dec. 4	// //	// //	1 43	2 26	2 54	3 16	3 49	4 13	4 32	4 48	5 02	5 16	5 22	5 29
8	// //	// //	1 39	2 24	2 53	3 16	3 49	4 14	4 33	4 50	5 05	5 18	5 25	5 32
12	// //	// //	1 37	2 23	2 53	3 16	3 50	4 15	4 35	4 52	5 07	5 21	5 28	5 35
16	// //	// //	1 35	2 23	2 54	3 17	3 51	4 17	4 37	4 54	5 09	5 23	5 30	5 38
20	// //	// //	1 36	2 24	2 55	3 18	3 53	4 18	4 39	4 56	5 11	5 25	5 33	5 40
24	// //	// //	1 38	2 26	2 57	3 21	3 55	4 20	4 41	4 58	5 13	5 27	5 35	5 42
28	// //	// //	1 41	2 29	3 00	3 23	3 57	4 23	4 43	5 00	5 15	5 29	5 36	5 43
32	// //	// //	1 47	2 33	3 03	3 26	4 00	4 25	4 45	5 02	5 17	5 31	5 37	5 45
36	// //	// //	1 53	2 37	3 07	3 30	4 03	4 27	4 47	5 03	5 18	5 32	5 38	5 45

END OF EVENING ASTRONOMICAL TWILIGHT

Lat.	−55°	−50°	−45°	−40°	−35°	−30°	−20°	−10°	0°	+10°	+20°	+30°	+35°	+40°
	h m	h m	h m	h m	h m	h m	h m	h m	h m	h m	h m	h m	h m	h m
Oct. 1	20 24	20 04	19 49	19 38	19 29	19 22	19 12	19 05	19 02	19 00	19 01	19 05	19 08	19 13
5	20 35	20 12	19 55	19 42	19 33	19 25	19 13	19 05	19 01	18 58	18 58	19 00	19 03	19 06
9	20 46	20 20	20 02	19 47	19 36	19 28	19 15	19 06	19 00	18 56	18 55	18 56	18 57	19 00
13	20 59	20 29	20 08	19 53	19 41	19 31	19 16	19 06	18 59	18 54	18 52	18 51	18 52	18 54
17	21 12	20 38	20 15	19 58	19 45	19 34	19 18	19 07	18 58	18 52	18 49	18 47	18 47	18 48
21	21 26	20 48	20 23	20 04	19 50	19 38	19 20	19 07	18 58	18 51	18 46	18 43	18 42	18 42
25	21 43	20 59	20 31	20 10	19 54	19 42	19 22	19 08	18 58	18 50	18 44	18 40	18 38	18 37
29	22 01	21 10	20 39	20 17	19 59	19 46	19 25	19 09	18 58	18 49	18 42	18 36	18 34	18 33
Nov. 2	22 23	21 22	20 47	20 23	20 04	19 50	19 27	19 11	18 58	18 48	18 40	18 33	18 31	18 28
6	22 52	21 35	20 56	20 30	20 10	19 54	19 30	19 12	18 59	18 48	18 39	18 31	18 28	18 25
10	// //	21 48	21 05	20 36	20 15	19 58	19 33	19 14	18 59	18 47	18 37	18 29	18 25	18 21
14	// //	22 02	21 14	20 43	20 21	20 03	19 36	19 16	19 00	18 48	18 37	18 27	18 23	18 18
18	// //	22 18	21 23	20 50	20 26	20 07	19 39	19 18	19 02	18 48	18 36	18 26	18 21	18 16
22	// //	22 35	21 33	20 57	20 31	20 12	19 42	19 20	19 03	18 49	18 36	18 25	18 19	18 14
26	// //	22 55	21 42	21 03	20 37	20 16	19 45	19 23	19 05	18 50	18 36	18 24	18 18	18 13
30	// //	23 22	21 50	21 10	20 42	20 20	19 48	19 25	19 06	18 51	18 37	18 24	18 18	18 12
Dec. 4	// //	// //	21 58	21 15	20 46	20 24	19 52	19 27	19 08	18 52	18 38	18 25	18 18	18 11
8	// //	// //	22 05	21 21	20 51	20 28	19 54	19 30	19 10	18 54	18 39	18 25	18 18	18 12
12	// //	// //	22 12	21 25	20 54	20 31	19 57	19 32	19 12	18 55	18 40	18 26	18 19	18 12
16	// //	// //	22 16	21 29	20 58	20 34	20 00	19 34	19 14	18 57	18 42	18 28	18 21	18 13
20	// //	// //	22 20	21 32	21 00	20 37	20 02	19 37	19 16	18 59	18 44	18 30	18 22	18 15
24	// //	// //	22 21	21 33	21 02	20 38	20 04	19 39	19 18	19 01	18 46	18 32	18 24	18 17
28	// //	// //	22 21	21 34	21 03	20 40	20 05	19 40	19 20	19 03	18 48	18 34	18 27	18 20
32	// //	// //	22 19	21 34	21 03	20 40	20 07	19 42	19 22	19 05	18 50	18 36	18 29	18 22
36	// //	// //	22 16	21 33	21 03	20 41	20 07	19 43	19 24	19 07	18 53	18 39	18 32	18 26

// // indicates continuous twilight.

UNIVERSAL TIME FOR MERIDIAN OF GREENWICH
BEGINNING OF MORNING ASTRONOMICAL TWILIGHT

Lat.	+40°	+42°	+44°	+46°	+48°	+50°	+52°	+54°	+56°	+58°	+60°	+62°	+64°	+66°
	h m	h m	h m	h m	h m	h m	h m	h m	h m	h m	h m	h m	h m	h m
Oct. 1	4 26	4 24	4 21	4 18	4 15	4 11	4 07	4 03	3 57	3 51	3 43	3 35	3 24	3 11
5	4 30	4 28	4 26	4 24	4 21	4 18	4 15	4 11	4 06	4 01	3 54	3 47	3 38	3 27
9	4 34	4 33	4 31	4 29	4 27	4 25	4 22	4 18	4 14	4 10	4 05	3 59	3 51	3 42
13	4 38	4 37	4 36	4 34	4 33	4 31	4 29	4 26	4 23	4 19	4 15	4 10	4 04	3 56
17	4 42	4 42	4 41	4 40	4 39	4 37	4 35	4 33	4 31	4 28	4 25	4 21	4 16	4 10
21	4 46	4 46	4 45	4 45	4 44	4 43	4 42	4 41	4 39	4 37	4 34	4 31	4 27	4 23
25	4 50	4 50	4 50	4 50	4 50	4 49	4 49	4 48	4 47	4 45	4 43	4 41	4 38	4 35
29	4 54	4 55	4 55	4 55	4 55	4 55	4 55	4 55	4 54	4 53	4 52	4 51	4 49	4 47
Nov. 2	4 58	4 59	5 00	5 00	5 01	5 01	5 01	5 02	5 02	5 01	5 01	5 01	5 00	4 58
6	5 02	5 03	5 04	5 05	5 06	5 07	5 08	5 08	5 09	5 09	5 10	5 10	5 10	5 10
10	5 06	5 08	5 09	5 10	5 11	5 13	5 14	5 15	5 16	5 17	5 18	5 19	5 19	5 20
14	5 10	5 12	5 13	5 15	5 17	5 18	5 20	5 21	5 23	5 24	5 26	5 27	5 29	5 30
18	5 14	5 16	5 18	5 20	5 22	5 24	5 25	5 27	5 29	5 31	5 33	5 35	5 38	5 40
22	5 18	5 20	5 22	5 24	5 26	5 29	5 31	5 33	5 36	5 38	5 41	5 43	5 46	5 49
26	5 22	5 24	5 26	5 29	5 31	5 34	5 36	5 39	5 41	5 44	5 47	5 50	5 54	5 58
30	5 25	5 28	5 30	5 33	5 36	5 38	5 41	5 44	5 47	5 50	5 54	5 57	6 01	6 05
Dec. 4	5 29	5 31	5 34	5 37	5 40	5 43	5 46	5 49	5 52	5 56	5 59	6 03	6 08	6 12
8	5 32	5 35	5 38	5 41	5 43	5 47	5 50	5 53	5 57	6 00	6 04	6 09	6 13	6 18
12	5 35	5 38	5 41	5 44	5 47	5 50	5 53	5 57	6 01	6 04	6 09	6 13	6 18	6 24
16	5 38	5 41	5 44	5 47	5 50	5 53	5 57	6 00	6 04	6 08	6 12	6 17	6 22	6 28
20	5 40	5 43	5 46	5 49	5 52	5 56	5 59	6 03	6 07	6 11	6 15	6 20	6 25	6 31
24	5 42	5 45	5 48	5 51	5 54	5 58	6 01	6 05	6 09	6 13	6 17	6 22	6 27	6 33
28	5 43	5 46	5 49	5 52	5 56	5 59	6 02	6 06	6 10	6 14	6 18	6 23	6 28	6 33
32	5 45	5 47	5 50	5 53	5 56	6 00	6 03	6 06	6 10	6 14	6 18	6 23	6 27	6 33
36	5 45	5 48	5 51	5 54	5 57	6 00	6 03	6 06	6 10	6 13	6 17	6 21	6 26	6 31

END OF EVENING ASTRONOMICAL TWILIGHT

Lat.	+40°	+42°	+44°	+46°	+48°	+50°	+52°	+54°	+56°	+58°	+60°	+62°	+64°	+66°
	h m	h m	h m	h m	h m	h m	h m	h m	h m	h m	h m	h m	h m	h m
Oct. 1	19 13	19 15	19 17	19 20	19 23	19 27	19 31	19 35	19 41	19 47	19 54	20 02	20 13	20 25
5	19 06	19 08	19 10	19 12	19 15	19 18	19 21	19 25	19 29	19 35	19 41	19 48	19 56	20 07
9	19 00	19 01	19 03	19 04	19 07	19 09	19 12	19 15	19 19	19 23	19 28	19 34	19 41	19 50
13	18 54	18 55	18 56	18 57	18 59	19 01	19 03	19 05	19 08	19 12	19 16	19 21	19 27	19 34
17	18 48	18 48	18 49	18 50	18 51	18 53	18 54	18 56	18 58	19 01	19 05	19 08	19 13	19 19
21	18 42	18 43	18 43	18 44	18 44	18 45	18 46	18 48	18 49	18 51	18 54	18 57	19 00	19 05
25	18 37	18 37	18 37	18 37	18 38	18 38	18 39	18 39	18 40	18 42	18 43	18 45	18 48	18 51
29	18 33	18 32	18 32	18 32	18 31	18 31	18 31	18 32	18 32	18 33	18 34	18 35	18 37	18 39
Nov. 2	18 28	18 28	18 27	18 26	18 26	18 25	18 25	18 25	18 24	18 25	18 25	18 25	18 26	18 27
6	18 25	18 23	18 22	18 21	18 20	18 20	18 19	18 18	18 17	18 17	18 17	18 16	18 16	18 16
10	18 21	18 20	18 18	18 17	18 16	18 15	18 13	18 12	18 11	18 10	18 09	18 08	18 07	18 06
14	18 18	18 17	18 15	18 13	18 12	18 10	18 08	18 07	18 05	18 04	18 02	18 01	17 59	17 57
18	18 16	18 14	18 12	18 10	18 08	18 06	18 04	18 02	18 00	17 58	17 56	17 54	17 52	17 49
22	18 14	18 12	18 10	18 07	18 05	18 03	18 01	17 58	17 56	17 54	17 51	17 48	17 45	17 42
26	18 13	18 10	18 08	18 05	18 03	18 00	17 58	17 55	17 52	17 50	17 47	17 43	17 40	17 36
30	18 12	18 09	18 07	18 04	18 01	17 59	17 56	17 53	17 50	17 47	17 43	17 39	17 36	17 31
Dec. 4	18 11	18 09	18 06	18 03	18 00	17 57	17 54	17 51	17 48	17 44	17 41	17 37	17 32	17 27
8	18 12	18 09	18 06	18 03	18 00	17 57	17 54	17 50	17 47	17 43	17 39	17 35	17 30	17 25
12	18 12	18 09	18 06	18 03	18 00	17 57	17 54	17 50	17 47	17 43	17 38	17 34	17 29	17 23
16	18 13	18 10	18 07	18 04	18 01	17 58	17 54	17 51	17 47	17 43	17 39	17 34	17 29	17 23
20	18 15	18 12	18 09	18 06	18 03	17 59	17 56	17 52	17 48	17 44	17 40	17 35	17 30	17 24
24	18 17	18 14	18 11	18 08	18 05	18 01	17 58	17 54	17 51	17 47	17 42	17 37	17 32	17 26
28	18 20	18 17	18 14	18 11	18 07	18 04	18 01	17 57	17 53	17 49	17 45	17 41	17 35	17 30
32	18 22	18 20	18 17	18 14	18 11	18 07	18 04	18 01	17 57	17 53	17 49	17 45	17 40	17 34
36	18 26	18 23	18 20	18 17	18 14	18 11	18 08	18 05	18 01	17 58	17 54	17 49	17 45	17 40

MOONRISE AND MOONSET, 2014

UNIVERSAL TIME FOR MERIDIAN OF GREENWICH

MOONRISE

Lat.	−55°	−50°	−45°	−40°	−35°	−30°	−20°	−10°	0°	+10°	+20°	+30°	+35°	+40°
	h m	h m	h m	h m	h m	h m	h m	h m	h m	h m	h m	h m	h m	h m
Jan. 0	2 40	3 02	3 20	3 34	3 46	3 57	4 15	4 31	4 46	5 01	5 17	5 36	5 46	5 59
1	3 48	4 09	4 26	4 40	4 52	5 02	5 19	5 35	5 49	6 03	6 19	6 36	6 47	6 58
2	5 06	5 25	5 39	5 51	6 01	6 10	6 25	6 39	6 51	7 04	7 17	7 32	7 41	7 51
3	6 30	6 44	6 55	7 04	7 12	7 19	7 31	7 41	7 51	8 01	8 11	8 23	8 30	8 38
4	7 55	8 04	8 11	8 17	8 22	8 27	8 34	8 41	8 48	8 54	9 01	9 09	9 13	9 18
5	9 18	9 22	9 25	9 28	9 30	9 32	9 35	9 38	9 41	9 44	9 47	9 51	9 53	9 55
6	10 38	10 37	10 36	10 36	10 35	10 35	10 34	10 33	10 32	10 32	10 31	10 30	10 30	10 29
7	11 55	11 50	11 45	11 41	11 38	11 35	11 30	11 26	11 22	11 17	11 13	11 08	11 06	11 03
8	13 10	12 59	12 51	12 44	12 39	12 33	12 25	12 17	12 10	12 03	11 55	11 47	11 42	11 36
9	14 21	14 07	13 55	13 46	13 38	13 30	13 18	13 08	12 58	12 48	12 37	12 26	12 19	12 11
10	15 28	15 10	14 56	14 44	14 35	14 26	14 11	13 58	13 46	13 34	13 21	13 06	12 58	12 48
11	16 31	16 10	15 54	15 41	15 29	15 19	15 02	14 48	14 34	14 20	14 06	13 49	13 39	13 28
12	17 27	17 05	16 48	16 33	16 21	16 11	15 53	15 37	15 22	15 08	14 52	14 34	14 24	14 12
13	18 16	17 54	17 36	17 22	17 10	17 00	16 41	16 26	16 11	15 56	15 40	15 22	15 12	15 00
14	18 58	18 37	18 20	18 07	17 55	17 45	17 28	17 13	16 59	16 44	16 29	16 12	16 02	15 50
15	19 32	19 14	18 59	18 47	18 37	18 28	18 12	17 58	17 45	17 33	17 19	17 03	16 54	16 44
16	20 01	19 46	19 34	19 23	19 15	19 07	18 54	18 42	18 31	18 20	18 09	17 55	17 47	17 39
17	20 26	20 14	20 05	19 57	19 50	19 44	19 34	19 24	19 16	19 07	18 58	18 48	18 41	18 35
18	20 47	20 39	20 33	20 28	20 23	20 19	20 12	20 05	19 59	19 54	19 47	19 40	19 36	19 31
19	21 07	21 03	21 00	20 57	20 55	20 53	20 49	20 46	20 43	20 40	20 36	20 33	20 30	20 28
20	21 27	21 26	21 26	21 26	21 26	21 26	21 26	21 26	21 26	21 26	21 26	21 26	21 26	21 26
21	21 46	21 50	21 53	21 56	21 58	22 00	22 04	22 07	22 10	22 13	22 16	22 20	22 22	22 24
22	22 07	22 15	22 22	22 27	22 32	22 36	22 43	22 49	22 55	23 01	23 08	23 15	23 19	23 24
23	22 32	22 44	22 53	23 01	23 08	23 14	23 25	23 34	23 43	23 52	.. ..	.. ..	.. ..	.. ..
24	23 01	23 17	23 29	23 40	23 49	23 57	.. ..	.. ..	.. ..	.. ..	0 02	0 13	0 19	0 26

MOONSET

	−55°	−50°	−45°	−40°	−35°	−30°	−20°	−10°	0°	+10°	+20°	+30°	+35°	+40°
	h m	h m	h m	h m	h m	h m	h m	h m	h m	h m	h m	h m	h m	h m
Jan. 0	19 20	18 58	18 41	18 27	18 15	18 05	17 47	17 31	17 16	17 01	16 45	16 27	16 16	16 04
1	20 11	19 51	19 36	19 23	19 13	19 03	18 47	18 32	18 19	18 05	17 51	17 34	17 24	17 13
2	20 51	20 36	20 23	20 13	20 04	19 57	19 43	19 31	19 20	19 09	18 57	18 43	18 35	18 25
3	21 23	21 13	21 04	20 57	20 50	20 45	20 35	20 27	20 18	20 10	20 01	19 51	19 45	19 39
4	21 50	21 44	21 40	21 35	21 32	21 29	21 23	21 18	21 14	21 09	21 04	20 58	20 55	20 51
5	22 14	22 13	22 12	22 11	22 10	22 09	22 08	22 07	22 06	22 05	22 03	22 02	22 01	22 00
6	22 37	22 40	22 42	22 45	22 46	22 48	22 51	22 54	22 56	22 58	23 01	23 04	23 05	23 07
7	22 59	23 07	23 13	23 18	23 22	23 26	23 33	23 39	23 45	23 50	23 56	.. ..	.. ..	.. ..
8	23 23	23 35	23 44	23 52	23 59	.. ..	.. ..	.. ..	.. ..	.. ..	.. ..	0 03	0 07	0 12
9	23 50	.. ..	.. ..	.. ..	.. ..	0 05	0 15	0 24	0 33	0 41	0 51	1 01	1 07	1 14
10	.. ..	0 05	0 18	0 28	0 37	0 45	0 58	1 10	1 21	1 32	1 44	1 57	2 05	2 14
11	0 21	0 39	0 54	1 07	1 17	1 26	1 42	1 56	2 09	2 22	2 36	2 52	3 01	3 12
12	0 57	1 18	1 35	1 49	2 00	2 10	2 28	2 43	2 57	3 12	3 27	3 44	3 55	4 06
13	1 40	2 03	2 20	2 34	2 47	2 57	3 15	3 31	3 46	4 01	4 16	4 35	4 45	4 57
14	2 30	2 52	3 09	3 24	3 36	3 46	4 04	4 19	4 34	4 49	5 04	5 22	5 32	5 44
15	3 26	3 47	4 03	4 16	4 27	4 37	4 53	5 08	5 21	5 35	5 49	6 06	6 15	6 26
16	4 27	4 44	4 58	5 10	5 20	5 28	5 43	5 56	6 08	6 20	6 32	6 47	6 55	7 05
17	5 31	5 45	5 56	6 05	6 13	6 20	6 33	6 43	6 53	7 03	7 13	7 25	7 32	7 39
18	6 36	6 46	6 55	7 02	7 08	7 13	7 22	7 30	7 37	7 44	7 52	8 01	8 06	8 11
19	7 43	7 49	7 54	7 58	8 02	8 05	8 11	8 16	8 20	8 25	8 30	8 35	8 38	8 42
20	8 50	8 52	8 54	8 56	8 57	8 58	9 00	9 02	9 03	9 05	9 07	9 08	9 09	9 11
21	9 58	9 57	9 55	9 54	9 53	9 52	9 50	9 48	9 47	9 45	9 44	9 42	9 41	9 40
22	11 08	11 02	10 57	10 53	10 49	10 46	10 41	10 36	10 31	10 27	10 22	10 17	10 13	10 10
23	12 20	12 09	12 01	11 54	11 48	11 42	11 33	11 25	11 18	11 10	11 02	10 53	10 48	10 42
24	13 32	13 18	13 06	12 56	12 48	12 41	12 28	12 17	12 07	11 57	11 46	11 34	11 27	11 18

.. .. indicates phenomenon will occur the next day.

UNIVERSAL TIME FOR MERIDIAN OF GREENWICH
MOONRISE

Lat.	+40°	+42°	+44°	+46°	+48°	+50°	+52°	+54°	+56°	+58°	+60°	+62°	+64°	+66°
	h m	h m	h m	h m	h m	h m	h m	h m	h m	h m	h m	h m	h m	h m
Jan. 0	5 59	6 04	6 10	6 17	6 24	6 31	6 40	6 49	7 00	7 12	7 26	7 42	8 03	8 29
1	6 58	7 03	7 09	7 15	7 22	7 29	7 37	7 45	7 55	8 06	8 19	8 34	8 53	9 15
2	7 51	7 56	8 00	8 06	8 11	8 17	8 24	8 31	8 39	8 48	8 59	9 11	9 25	9 43
3	8 38	8 41	8 45	8 49	8 53	8 57	9 02	9 08	9 14	9 21	9 28	9 37	9 47	9 59
4	9 18	9 21	9 23	9 25	9 28	9 31	9 34	9 38	9 42	9 46	9 51	9 56	10 03	10 10
5	9 55	9 56	9 57	9 58	10 00	10 01	10 02	10 04	10 06	10 08	10 10	10 12	10 15	10 18
6	10 29	10 29	10 29	10 29	10 29	10 28	10 28	10 28	10 27	10 27	10 27	10 26	10 26	10 25
7	11 03	11 01	11 00	10 58	10 57	10 55	10 53	10 51	10 48	10 46	10 43	10 40	10 36	10 32
8	11 36	11 34	11 31	11 28	11 25	11 22	11 19	11 15	11 10	11 06	11 00	10 54	10 48	10 40
9	12 11	12 08	12 04	12 00	11 56	11 51	11 46	11 41	11 35	11 28	11 20	11 11	11 01	10 49
10	12 48	12 44	12 39	12 34	12 29	12 23	12 17	12 10	12 02	11 54	11 44	11 32	11 19	11 02
11	13 28	13 23	13 18	13 13	13 06	13 00	12 52	12 44	12 35	12 25	12 13	11 59	11 42	11 22
12	14 12	14 07	14 01	13 55	13 48	13 41	13 33	13 24	13 14	13 03	12 50	12 34	12 15	11 51
13	15 00	14 54	14 49	14 42	14 36	14 28	14 20	14 11	14 01	13 49	13 35	13 19	13 00	12 34
14	15 50	15 45	15 40	15 34	15 27	15 20	15 12	15 04	14 54	14 43	14 30	14 15	13 56	13 33
15	16 44	16 39	16 34	16 29	16 23	16 16	16 09	16 02	15 53	15 43	15 32	15 18	15 02	14 43
16	17 39	17 35	17 30	17 26	17 21	17 16	17 10	17 03	16 56	16 48	16 39	16 28	16 15	16 00
17	18 35	18 31	18 28	18 25	18 21	18 17	18 12	18 07	18 02	17 55	17 48	17 40	17 31	17 20
18	19 31	19 29	19 27	19 24	19 22	19 19	19 16	19 12	19 09	19 05	19 00	18 55	18 48	18 41
19	20 28	20 27	20 26	20 25	20 23	20 22	20 20	20 19	20 17	20 15	20 12	20 10	20 07	20 03
20	21 26	21 26	21 26	21 26	21 26	21 26	21 26	21 26	21 26	21 26	21 26	21 26	21 26	21 26
21	22 24	22 25	22 27	22 28	22 29	22 31	22 32	22 34	22 36	22 38	22 40	22 43	22 46	22 50
22	23 24	23 27	23 29	23 31	23 34	23 37	23 40	23 44	23 47	23 52	23 57	.. ..	.. ..	.. ..
23	.. ..	.. ..	.. ..	.. ..	.. ..	.. ..	.. ..	.. ..	.. ..	.. ..	.. ..	0 02	0 09	0 16
24	0 26	0 29	0 33	0 37	0 41	0 45	0 50	0 55	1 01	1 07	1 15	1 23	1 33	1 45

MOONSET

Lat.	+40°	+42°	+44°	+46°	+48°	+50°	+52°	+54°	+56°	+58°	+60°	+62°	+64°	+66°
	h m	h m	h m	h m	h m	h m	h m	h m	h m	h m	h m	h m	h m	h m
Jan. 0	16 04	15 59	15 53	15 46	15 39	15 32	15 24	15 14	15 04	14 52	14 38	14 21	14 01	13 35
1	17 13	17 08	17 02	16 57	16 50	16 43	16 36	16 27	16 18	16 07	15 54	15 40	15 22	14 59
2	18 25	18 21	18 17	18 12	18 07	18 01	17 55	17 48	17 41	17 32	17 22	17 11	16 57	16 41
3	19 39	19 36	19 33	19 29	19 26	19 22	19 17	19 12	19 07	19 01	18 54	18 46	18 37	18 26
4	20 51	20 49	20 47	20 45	20 43	20 41	20 38	20 36	20 33	20 29	20 25	20 21	20 16	20 10
5	22 00	22 00	21 59	21 59	21 58	21 58	21 57	21 57	21 56	21 55	21 54	21 53	21 52	21 50
6	23 07	23 08	23 09	23 10	23 11	23 12	23 13	23 14	23 16	23 17	23 19	23 21	23 24	23 26
7	.. ..	.. ..	.. ..	.. ..	.. ..	.. ..	.. ..	.. ..	.. ..	.. ..	.. ..	.. ..	.. ..	.. ..
8	0 12	0 14	0 16	0 18	0 21	0 23	0 26	0 29	0 33	0 37	0 41	0 46	0 52	0 59
9	1 14	1 17	1 20	1 24	1 28	1 32	1 36	1 41	1 47	1 53	2 00	2 08	2 17	2 28
10	2 14	2 18	2 22	2 27	2 32	2 37	2 43	2 50	2 57	3 05	3 15	3 26	3 39	3 54
11	3 12	3 16	3 21	3 27	3 33	3 39	3 46	3 54	4 03	4 13	4 25	4 38	4 55	5 15
12	4 06	4 11	4 17	4 23	4 30	4 37	4 45	4 53	5 03	5 15	5 28	5 43	6 02	6 26
13	4 57	5 03	5 08	5 15	5 21	5 29	5 37	5 46	5 56	6 08	6 22	6 38	6 57	7 22
14	5 44	5 49	5 55	6 01	6 07	6 15	6 23	6 31	6 41	6 53	7 06	7 21	7 40	8 03
15	6 26	6 31	6 36	6 42	6 48	6 55	7 02	7 10	7 19	7 29	7 41	7 54	8 11	8 31
16	7 05	7 09	7 13	7 18	7 23	7 29	7 35	7 42	7 50	7 58	8 08	8 19	8 33	8 49
17	7 39	7 43	7 46	7 50	7 55	7 59	8 04	8 10	8 16	8 22	8 30	8 39	8 49	9 01
18	8 11	8 14	8 17	8 19	8 23	8 26	8 29	8 33	8 38	8 43	8 48	8 54	9 01	9 10
19	8 42	8 43	8 45	8 46	8 48	8 50	8 53	8 55	8 58	9 00	9 04	9 07	9 12	9 16
20	9 11	9 11	9 12	9 12	9 13	9 14	9 14	9 15	9 16	9 17	9 18	9 19	9 21	9 22
21	9 40	9 39	9 39	9 38	9 37	9 37	9 36	9 35	9 34	9 33	9 32	9 31	9 30	9 28
22	10 10	10 08	10 07	10 05	10 03	10 01	9 59	9 56	9 54	9 51	9 47	9 43	9 39	9 34
23	10 42	10 40	10 37	10 34	10 31	10 27	10 24	10 19	10 15	10 10	10 04	9 58	9 50	9 42
24	11 18	11 15	11 11	11 07	11 02	10 58	10 52	10 47	10 40	10 33	10 25	10 16	10 05	9 52

.. .. indicates phenomenon will occur the next day.

MOONRISE AND MOONSET, 2014

UNIVERSAL TIME FOR MERIDIAN OF GREENWICH

MOONRISE

Lat.	−55°	−50°	−45°	−40°	−35°	−30°	−20°	−10°	0°	+10°	+20°	+30°	+35°	+40°
	h m	h m	h m	h m	h m	h m	h m	h m	h m	h m	h m	h m	h m	h m
Jan. 23	22 32	22 44	22 53	23 01	23 08	23 14	23 25	23 34	23 43	23 52	.. ..	.. ..	.. ..	.. ..
24	23 01	23 17	23 29	23 40	23 49	23 57	.. ..	.. ..	.. ..	.. ..	0 02	0 13	0 19	0 26
25	23 37	23 57	.. ..	.. ..	.. ..	.. ..	0 11	0 23	0 34	0 46	0 58	1 12	1 20	1 30
26	.. ..	.. ..	0 12	0 24	0 35	0 45	1 01	1 15	1 29	1 42	1 57	2 13	2 23	2 34
27	0 24	0 46	1 02	1 16	1 28	1 39	1 56	2 12	2 27	2 41	2 57	3 15	3 26	3 38
28	1 23	1 45	2 02	2 16	2 28	2 39	2 57	3 12	3 27	3 42	3 58	4 16	4 26	4 38
29	2 34	2 54	3 10	3 23	3 34	3 44	4 01	4 15	4 29	4 42	4 57	5 14	5 23	5 34
30	3 55	4 11	4 24	4 35	4 44	4 52	5 06	5 19	5 30	5 41	5 54	6 07	6 15	6 24
31	5 20	5 32	5 41	5 49	5 56	6 02	6 12	6 21	6 29	6 38	6 46	6 57	7 02	7 09
Feb. 1	6 46	6 53	6 58	7 03	7 07	7 10	7 16	7 21	7 26	7 31	7 36	7 42	7 45	7 49
2	8 11	8 12	8 13	8 14	8 15	8 16	8 18	8 19	8 20	8 21	8 23	8 24	8 25	8 26
3	9 32	9 29	9 26	9 24	9 22	9 20	9 17	9 14	9 12	9 10	9 07	9 04	9 03	9 01
4	10 51	10 42	10 36	10 30	10 26	10 22	10 15	10 08	10 03	9 57	9 51	9 44	9 40	9 36
5	12 05	11 53	11 43	11 34	11 27	11 21	11 10	11 01	10 52	10 44	10 34	10 24	10 18	10 11
6	13 16	12 59	12 46	12 36	12 26	12 18	12 05	11 53	11 41	11 30	11 18	11 05	10 57	10 48
7	14 21	14 02	13 46	13 34	13 23	13 14	12 57	12 43	12 30	12 17	12 03	11 48	11 38	11 28
8	15 20	14 59	14 42	14 28	14 16	14 06	13 49	13 33	13 19	13 05	12 50	12 32	12 22	12 11
9	16 12	15 50	15 33	15 18	15 06	14 56	14 38	14 22	14 08	13 53	13 37	13 19	13 09	12 57
10	16 56	16 35	16 18	16 04	15 53	15 42	15 25	15 10	14 55	14 41	14 26	14 08	13 58	13 46
11	17 33	17 14	16 59	16 46	16 35	16 26	16 10	15 56	15 42	15 29	15 15	14 59	14 49	14 39
12	18 04	17 48	17 35	17 24	17 15	17 06	16 52	16 40	16 29	16 17	16 05	15 50	15 42	15 33
13	18 30	18 18	18 07	17 58	17 51	17 44	17 33	17 23	17 14	17 04	16 54	16 43	16 36	16 28
14	18 53	18 44	18 37	18 30	18 25	18 20	18 12	18 05	17 58	17 51	17 44	17 35	17 30	17 25
15	19 14	19 09	19 05	19 01	18 58	18 55	18 50	18 46	18 41	18 37	18 33	18 28	18 25	18 22
16	19 34	19 33	19 31	19 30	19 29	19 29	19 27	19 26	19 25	19 24	19 23	19 21	19 21	19 20

MOONSET

Lat.	−55°	−50°	−45°	−40°	−35°	−30°	−20°	−10°	0°	+10°	+20°	+30°	+35°	+40°
	h m	h m	h m	h m	h m	h m	h m	h m	h m	h m	h m	h m	h m	h m
Jan. 23	12 20	12 09	12 01	11 54	11 48	11 42	11 33	11 25	11 18	11 10	11 02	10 53	10 48	10 42
24	13 32	13 18	13 06	12 56	12 48	12 41	12 28	12 17	12 07	11 57	11 46	11 34	11 27	11 18
25	14 45	14 27	14 12	14 00	13 50	13 41	13 26	13 12	13 00	12 47	12 34	12 19	12 10	12 00
26	15 56	15 34	15 18	15 04	14 53	14 43	14 25	14 10	13 56	13 42	13 27	13 09	12 59	12 48
27	17 00	16 38	16 21	16 07	15 54	15 44	15 26	15 10	14 55	14 40	14 24	14 06	13 56	13 43
28	17 56	17 35	17 18	17 05	16 53	16 43	16 26	16 11	15 56	15 42	15 27	15 09	14 59	14 47
29	18 42	18 24	18 10	17 58	17 48	17 39	17 24	17 11	16 58	16 45	16 32	16 16	16 07	15 57
30	19 19	19 05	18 54	18 45	18 38	18 31	18 19	18 08	17 58	17 48	17 38	17 25	17 18	17 10
31	19 49	19 41	19 33	19 28	19 22	19 18	19 10	19 03	18 56	18 50	18 43	18 34	18 30	18 24
Feb. 1	20 16	20 12	20 09	20 06	20 04	20 02	19 58	19 55	19 52	19 49	19 46	19 42	19 40	19 37
2	20 40	20 41	20 41	20 42	20 42	20 43	20 44	20 44	20 45	20 46	20 46	20 47	20 47	20 48
3	21 03	21 09	21 13	21 17	21 20	21 23	21 28	21 32	21 36	21 40	21 45	21 50	21 53	21 56
4	21 27	21 37	21 45	21 52	21 58	22 03	22 11	22 19	22 26	22 34	22 41	22 50	22 55	23 01
5	21 54	22 08	22 19	22 28	22 36	22 43	22 55	23 06	23 16	23 26	23 37	23 49	23 56	.. ..
6	22 24	22 41	22 55	23 07	23 16	23 25	23 40	23 53	.. ..	.. ..	.. ..	.. ..	.. ..	0 04
7	22 59	23 19	23 35	23 48	23 59	.. ..	.. ..	.. ..	0 05	0 17	0 30	0 45	0 54	1 04
8	23 39	.. ..	.. ..	.. ..	.. ..	0 09	0 26	0 40	0 54	1 08	1 22	1 39	1 49	2 00
9	.. ..	0 01	0 18	0 32	0 44	0 55	1 12	1 28	1 43	1 57	2 13	2 30	2 41	2 53
10	0 27	0 49	1 06	1 20	1 32	1 43	2 01	2 16	2 31	2 45	3 01	3 19	3 29	3 41
11	1 20	1 41	1 58	2 11	2 23	2 33	2 50	3 04	3 18	3 32	3 47	4 04	4 14	4 25
12	2 19	2 38	2 52	3 04	3 15	3 24	3 39	3 52	4 05	4 17	4 31	4 46	4 54	5 04
13	3 22	3 37	3 49	3 59	4 08	4 16	4 29	4 40	4 50	5 01	5 12	5 25	5 32	5 41
14	4 27	4 38	4 48	4 55	5 02	5 08	5 18	5 27	5 35	5 43	5 52	6 02	6 07	6 14
15	5 33	5 41	5 47	5 52	5 57	6 01	6 07	6 13	6 19	6 24	6 30	6 37	6 41	6 45
16	6 41	6 44	6 47	6 50	6 52	6 54	6 57	7 00	7 02	7 05	7 08	7 11	7 13	7 15

.. .. indicates phenomenon will occur the next day.

UNIVERSAL TIME FOR MERIDIAN OF GREENWICH

MOONRISE

Lat.	+40°	+42°	+44°	+46°	+48°	+50°	+52°	+54°	+56°	+58°	+60°	+62°	+64°	+66°
	h m	h m	h m	h m	h m	h m	h m	h m	h m	h m	h m	h m	h m	h m
Jan. 23	.. ..	.. ..	.. ..	.. ..	.. ..	.. ..	.. ..	.. ..	.. ..	.. ..	.. ..	0 02	0 09	0 16
24	0 26	0 29	0 33	0 37	0 41	0 45	0 50	0 55	1 01	1 07	1 15	1 23	1 33	1 45
25	1 30	1 34	1 38	1 43	1 48	1 54	2 00	2 07	2 15	2 24	2 34	2 46	2 59	3 16
26	2 34	2 39	2 44	2 50	2 56	3 03	3 11	3 19	3 28	3 39	3 51	4 06	4 23	4 45
27	3 38	3 43	3 49	3 55	4 02	4 09	4 18	4 27	4 37	4 49	5 03	5 19	5 39	6 04
28	4 38	4 44	4 50	4 56	5 03	5 10	5 18	5 27	5 38	5 49	6 03	6 19	6 38	7 03
29	5 34	5 39	5 44	5 50	5 56	6 03	6 10	6 18	6 28	6 38	6 50	7 04	7 20	7 40
30	6 24	6 28	6 33	6 37	6 42	6 48	6 54	7 00	7 08	7 16	7 25	7 36	7 48	8 03
31	7 09	7 12	7 15	7 18	7 22	7 26	7 30	7 35	7 40	7 45	7 52	7 59	8 08	8 17
Feb. 1	7 49	7 51	7 52	7 54	7 56	7 59	8 01	8 04	8 07	8 10	8 14	8 18	8 22	8 28
2	8 26	8 26	8 27	8 27	8 28	8 28	8 29	8 30	8 30	8 31	8 32	8 33	8 34	8 36
3	9 01	9 00	8 59	8 59	8 58	8 57	8 55	8 54	8 53	8 51	8 50	8 48	8 46	8 43
4	9 36	9 34	9 32	9 30	9 27	9 25	9 22	9 19	9 15	9 12	9 08	9 03	8 58	8 51
5	10 11	10 08	10 05	10 02	9 58	9 54	9 50	9 45	9 40	9 34	9 27	9 20	9 11	9 01
6	10 48	10 44	10 40	10 36	10 31	10 26	10 20	10 14	10 07	9 59	9 50	9 39	9 27	9 13
7	11 28	11 23	11 18	11 13	11 07	11 01	10 54	10 46	10 38	10 28	10 17	10 04	9 49	9 31
8	12 11	12 06	12 00	11 54	11 48	11 41	11 33	11 25	11 15	11 04	10 51	10 37	10 19	9 57
9	12 57	12 52	12 46	12 40	12 33	12 26	12 18	12 09	11 59	11 47	11 34	11 18	10 59	10 35
10	13 46	13 41	13 36	13 30	13 23	13 16	13 08	12 59	12 49	12 38	12 25	12 10	11 51	11 27
11	14 39	14 34	14 29	14 23	14 17	14 10	14 03	13 55	13 46	13 36	13 24	13 10	12 53	12 33
12	15 33	15 29	15 24	15 19	15 14	15 08	15 02	14 55	14 47	14 39	14 29	14 17	14 03	13 47
13	16 28	16 25	16 21	16 17	16 13	16 09	16 04	15 58	15 52	15 45	15 37	15 28	15 18	15 06
14	17 25	17 22	17 20	17 17	17 14	17 11	17 07	17 03	16 59	16 54	16 48	16 42	16 35	16 26
15	18 22	18 21	18 19	18 17	18 16	18 14	18 12	18 09	18 07	18 04	18 01	17 57	17 53	17 48
16	19 20	19 19	19 19	19 19	19 18	19 18	19 17	19 16	19 16	19 15	19 14	19 13	19 12	19 11

MOONSET

Lat.	+40°	+42°	+44°	+46°	+48°	+50°	+52°	+54°	+56°	+58°	+60°	+62°	+64°	+66°
	h m	h m	h m	h m	h m	h m	h m	h m	h m	h m	h m	h m	h m	h m
Jan. 23	10 42	10 40	10 37	10 34	10 31	10 27	10 24	10 19	10 15	10 10	10 04	9 58	9 50	9 42
24	11 18	11 15	11 11	11 07	11 02	10 58	10 52	10 47	10 40	10 33	10 25	10 16	10 05	9 52
25	12 00	11 55	11 50	11 45	11 40	11 34	11 27	11 20	11 11	11 02	10 52	10 39	10 25	10 07
26	12 48	12 42	12 37	12 31	12 25	12 18	12 10	12 01	11 52	11 41	11 28	11 13	10 55	10 33
27	13 43	13 38	13 32	13 26	13 19	13 11	13 03	12 54	12 43	12 32	12 18	12 01	11 41	11 16
28	14 47	14 42	14 36	14 30	14 23	14 16	14 08	13 59	13 49	13 37	13 24	13 08	12 49	12 24
29	15 57	15 52	15 47	15 42	15 36	15 29	15 22	15 15	15 06	14 56	14 44	14 31	14 15	13 55
30	17 10	17 06	17 02	16 58	16 54	16 49	16 43	16 37	16 31	16 23	16 14	16 05	15 53	15 39
31	18 24	18 22	18 19	18 16	18 13	18 10	18 06	18 03	17 58	17 53	17 48	17 42	17 34	17 26
Feb. 1	19 37	19 36	19 35	19 33	19 32	19 31	19 29	19 27	19 25	19 23	19 20	19 18	19 14	19 11
2	20 48	20 48	20 48	20 48	20 49	20 49	20 49	20 49	20 50	20 50	20 50	20 51	20 51	20 52
3	21 56	21 57	21 59	22 00	22 02	22 04	22 06	22 08	22 11	22 14	22 17	22 21	22 25	22 29
4	23 01	23 04	23 07	23 10	23 13	23 16	23 20	23 24	23 29	23 34	23 40	23 47	23 54	.. ..
5	.. ..	.. ..	.. ..	.. ..	.. ..	.. ..	.. ..	.. ..	.. ..	.. ..	.. ..	.. ..	.. ..	0 03
6	0 04	0 08	0 11	0 16	0 20	0 25	0 30	0 36	0 43	0 50	0 58	1 08	1 19	1 33
7	1 04	1 08	1 13	1 18	1 24	1 30	1 36	1 44	1 52	2 01	2 12	2 24	2 39	2 57
8	2 00	2 05	2 10	2 16	2 23	2 29	2 37	2 45	2 55	3 06	3 18	3 33	3 50	4 12
9	2 53	2 58	3 04	3 10	3 16	3 24	3 32	3 41	3 51	4 02	4 15	4 31	4 50	5 15
10	3 41	3 46	3 52	3 58	4 04	4 12	4 20	4 29	4 39	4 50	5 03	5 19	5 38	6 01
11	4 25	4 30	4 35	4 41	4 47	4 54	5 01	5 09	5 19	5 29	5 41	5 55	6 12	6 33
12	5 04	5 09	5 14	5 19	5 24	5 30	5 37	5 44	5 52	6 01	6 11	6 24	6 38	6 55
13	5 41	5 44	5 48	5 52	5 57	6 02	6 07	6 13	6 20	6 27	6 36	6 45	6 56	7 09
14	6 14	6 17	6 20	6 23	6 26	6 30	6 34	6 39	6 43	6 49	6 55	7 02	7 10	7 20
15	6 45	6 47	6 49	6 51	6 53	6 56	6 58	7 01	7 04	7 08	7 12	7 17	7 22	7 28
16	7 15	7 15	7 16	7 17	7 18	7 20	7 21	7 22	7 24	7 25	7 27	7 29	7 32	7 34

.. .. indicates phenomenon will occur the next day.

UNIVERSAL TIME FOR MERIDIAN OF GREENWICH

MOONRISE

Lat.	−55°	−50°	−45°	−40°	−35°	−30°	−20°	−10°	0°	+10°	+20°	+30°	+35°	+40°
	h m	h m	h m	h m	h m	h m	h m	h m	h m	h m	h m	h m	h m	h m
Feb. 15	19 14	19 09	19 05	19 01	18 58	18 55	18 50	18 46	18 41	18 37	18 33	18 28	18 25	18 22
16	19 34	19 33	19 31	19 30	19 29	19 29	19 27	19 26	19 25	19 24	19 23	19 21	19 21	19 20
17	19 54	19 56	19 58	20 00	20 01	20 03	20 05	20 07	20 09	20 11	20 13	20 15	20 17	20 18
18	20 15	20 21	20 26	20 31	20 35	20 38	20 44	20 49	20 54	20 59	21 04	21 10	21 14	21 18
19	20 38	20 48	20 57	21 04	21 10	21 15	21 25	21 33	21 41	21 49	21 57	22 07	22 12	22 19
20	21 05	21 19	21 31	21 40	21 49	21 56	22 08	22 19	22 30	22 40	22 52	23 04	23 12	23 20
21	21 38	21 56	22 10	22 22	22 32	22 41	22 56	23 09	23 22	23 34	23 48	.. ..	.. ..	.. ..
22	22 19	22 40	22 56	23 09	23 20	23 30	23 47	.. ..	.. ..	.. ..	.. ..	0 03	0 13	0 23
23	23 10	23 32	23 49	.. ..	.. ..	.. ..	.. ..	0 02	0 16	0 31	0 46	1 03	1 13	1 25
24	.. ..	.. ..	.. ..	0 03	0 15	0 26	0 43	0 59	1 14	1 28	1 44	2 02	2 12	2 24
25	0 13	0 35	0 51	1 05	1 16	1 26	1 43	1 58	2 12	2 27	2 42	2 59	3 09	3 20
26	1 27	1 45	2 00	2 12	2 22	2 31	2 46	2 59	3 12	3 24	3 38	3 53	4 02	4 12
27	2 47	3 02	3 13	3 23	3 31	3 38	3 50	4 00	4 10	4 20	4 31	4 43	4 50	4 58
28	4 12	4 21	4 29	4 35	4 41	4 45	4 54	5 01	5 08	5 14	5 21	5 30	5 34	5 40
Mar. 1	5 37	5 41	5 45	5 48	5 50	5 52	5 56	6 00	6 03	6 06	6 10	6 13	6 16	6 18
2	7 01	7 00	6 59	6 59	6 59	6 58	6 58	6 57	6 57	6 56	6 56	6 55	6 55	6 55
3	8 22	8 17	8 12	8 08	8 05	8 02	7 57	7 53	7 49	7 45	7 41	7 36	7 34	7 31
4	9 41	9 31	9 23	9 16	9 10	9 05	8 56	8 48	8 41	8 34	8 26	8 17	8 12	8 07
5	10 56	10 41	10 30	10 20	10 12	10 05	9 53	9 42	9 32	9 22	9 11	8 59	8 52	8 45
6	12 06	11 47	11 33	11 21	11 11	11 03	10 48	10 35	10 22	10 10	9 57	9 43	9 34	9 24
7	13 09	12 48	12 32	12 19	12 07	11 58	11 41	11 26	11 12	10 59	10 44	10 28	10 18	10 07
8	14 04	13 42	13 25	13 11	13 00	12 49	12 32	12 16	12 02	11 47	11 32	11 14	11 04	10 53
9	14 52	14 30	14 13	14 00	13 48	13 38	13 20	13 05	12 50	12 36	12 21	12 03	11 53	11 41
10	15 32	15 12	14 56	14 43	14 32	14 22	14 06	13 51	13 38	13 24	13 10	12 53	12 44	12 33
11	16 05	15 47	15 34	15 22	15 13	15 04	14 49	14 36	14 24	14 12	13 59	13 44	13 36	13 26

MOONSET

Lat.	−55°	−50°	−45°	−40°	−35°	−30°	−20°	−10°	0°	+10°	+20°	+30°	+35°	+40°
	h m	h m	h m	h m	h m	h m	h m	h m	h m	h m	h m	h m	h m	h m
Feb. 15	5 33	5 41	5 47	5 52	5 57	6 01	6 07	6 13	6 19	6 24	6 30	6 37	6 41	6 45
16	6 41	6 44	6 47	6 50	6 52	6 54	6 57	7 00	7 02	7 05	7 08	7 11	7 13	7 15
17	7 49	7 48	7 48	7 48	7 48	7 47	7 47	7 46	7 46	7 46	7 45	7 45	7 44	7 44
18	8 58	8 54	8 50	8 47	8 44	8 42	8 37	8 34	8 30	8 27	8 23	8 19	8 17	8 14
19	10 09	10 00	9 53	9 47	9 42	9 37	9 29	9 23	9 16	9 10	9 03	8 55	8 51	8 46
20	11 20	11 07	10 57	10 48	10 41	10 34	10 23	10 13	10 04	9 55	9 45	9 34	9 28	9 20
21	12 32	12 15	12 01	11 50	11 41	11 33	11 18	11 06	10 54	10 43	10 30	10 16	10 08	9 59
22	13 41	13 21	13 05	12 52	12 41	12 32	12 15	12 01	11 48	11 34	11 20	11 03	10 54	10 43
23	14 46	14 24	14 07	13 53	13 41	13 31	13 13	12 58	12 43	12 29	12 13	11 56	11 45	11 34
24	15 43	15 22	15 05	14 51	14 39	14 29	14 11	13 56	13 42	13 27	13 11	12 54	12 43	12 31
25	16 32	16 12	15 57	15 45	15 34	15 25	15 08	14 54	14 41	14 27	14 13	13 56	13 47	13 35
26	17 12	16 56	16 44	16 33	16 24	16 17	16 03	15 51	15 40	15 28	15 16	15 02	14 54	14 45
27	17 45	17 34	17 25	17 17	17 11	17 05	16 55	16 46	16 38	16 29	16 20	16 10	16 04	15 57
28	18 14	18 07	18 02	17 58	17 54	17 50	17 44	17 39	17 34	17 29	17 24	17 17	17 14	17 10
Mar. 1	18 39	18 38	18 36	18 35	18 34	18 33	18 31	18 30	18 29	18 27	18 26	18 24	18 23	18 22
2	19 04	19 07	19 09	19 11	19 13	19 14	19 17	19 20	19 22	19 24	19 26	19 29	19 31	19 32
3	19 28	19 36	19 42	19 47	19 52	19 55	20 02	20 08	20 14	20 19	20 25	20 32	20 36	20 41
4	19 55	20 07	20 16	20 24	20 31	20 37	20 47	20 57	21 05	21 14	21 23	21 34	21 40	21 47
5	20 24	20 40	20 52	21 03	21 12	21 19	21 33	21 45	21 56	22 07	22 19	22 33	22 41	22 50
6	20 58	21 17	21 32	21 44	21 54	22 04	22 20	22 33	22 46	22 59	23 13	23 29	23 39	23 49
7	21 37	21 58	22 15	22 28	22 40	22 50	23 07	23 22	23 36	23 50	.. ..	.. ..	.. ..	.. ..
8	22 22	22 44	23 01	23 15	23 27	23 38	23 55	.. ..	.. ..	.. ..	0 05	0 23	0 33	0 44
9	23 14	23 35	23 52	.. ..	.. ..	.. ..	.. ..	0 11	0 25	0 40	0 55	1 13	1 23	1 35
10	.. ..	.. ..	.. ..	0 06	0 17	0 27	0 44	0 59	1 13	1 27	1 42	2 00	2 09	2 21
11	0 11	0 30	0 45	0 58	1 09	1 18	1 34	1 48	2 00	2 13	2 27	2 43	2 52	3 02

.. .. indicates phenomenon will occur the next day.

UNIVERSAL TIME FOR MERIDIAN OF GREENWICH

MOONRISE

Lat.	+40°	+42°	+44°	+46°	+48°	+50°	+52°	+54°	+56°	+58°	+60°	+62°	+64°	+66°
	h m	h m	h m	h m	h m	h m	h m	h m	h m	h m	h m	h m	h m	h m
Feb. 15	18 22	18 21	18 19	18 17	18 16	18 14	18 12	18 09	18 07	18 04	18 01	17 57	17 53	17 48
16	19 20	19 19	19 19	19 19	19 18	19 18	19 17	19 16	19 16	19 15	19 14	19 13	19 12	19 11
17	20 18	20 19	20 20	20 21	20 21	20 22	20 23	20 24	20 26	20 27	20 29	20 30	20 32	20 35
18	21 18	21 20	21 22	21 24	21 26	21 28	21 31	21 34	21 37	21 40	21 44	21 49	21 54	22 00
19	22 19	22 21	22 24	22 28	22 31	22 35	22 39	22 44	22 49	22 55	23 01	23 09	23 17	23 27
20	23 20	23 24	23 28	23 33	23 38	23 43	23 48	23 55	.. ..	.. ..	.. ..	.. ..	.. ..	.. ..
21	.. ..	.. ..	.. ..	.. ..	.. ..	.. ..	.. ..	.. ..	0 02	0 10	0 18	0 29	0 41	0 56
22	0 23	0 28	0 32	0 38	0 44	0 50	0 57	1 05	1 13	1 23	1 35	1 48	2 04	2 23
23	1 25	1 30	1 35	1 41	1 48	1 55	2 03	2 12	2 22	2 33	2 46	3 01	3 20	3 44
24	2 24	2 30	2 36	2 42	2 49	2 56	3 04	3 13	3 23	3 35	3 49	4 05	4 24	4 49
25	3 20	3 26	3 31	3 37	3 43	3 50	3 58	4 07	4 16	4 27	4 40	4 55	5 12	5 34
26	4 12	4 16	4 21	4 26	4 32	4 38	4 44	4 52	5 00	5 09	5 19	5 32	5 46	6 03
27	4 58	5 01	5 05	5 09	5 13	5 18	5 23	5 29	5 35	5 42	5 50	5 59	6 09	6 22
28	5 40	5 42	5 45	5 47	5 50	5 53	5 57	6 00	6 04	6 09	6 14	6 20	6 26	6 34
Mar. 1	6 18	6 19	6 21	6 22	6 23	6 25	6 26	6 28	6 30	6 32	6 35	6 37	6 40	6 44
2	6 55	6 55	6 55	6 55	6 54	6 54	6 54	6 54	6 54	6 53	6 53	6 53	6 53	6 52
3	7 31	7 29	7 28	7 26	7 25	7 23	7 21	7 19	7 17	7 14	7 12	7 08	7 05	7 01
4	8 07	8 04	8 02	7 59	7 56	7 53	7 49	7 45	7 41	7 36	7 31	7 25	7 18	7 10
5	8 45	8 41	8 37	8 33	8 29	8 25	8 19	8 14	8 08	8 01	7 53	7 44	7 34	7 22
6	9 24	9 20	9 15	9 11	9 05	8 59	8 53	8 46	8 38	8 29	8 19	8 08	7 54	7 38
7	10 07	10 02	9 57	9 51	9 45	9 38	9 31	9 23	9 14	9 04	8 52	8 38	8 21	8 01
8	10 53	10 47	10 42	10 36	10 29	10 22	10 14	10 06	9 56	9 44	9 32	9 16	8 58	8 35
9	11 41	11 36	11 30	11 24	11 18	11 11	11 03	10 54	10 44	10 33	10 20	10 04	9 46	9 22
10	12 33	12 28	12 22	12 17	12 10	12 04	11 56	11 48	11 39	11 28	11 16	11 02	10 44	10 23
11	13 26	13 22	13 17	13 12	13 06	13 00	12 54	12 46	12 38	12 29	12 19	12 06	11 52	11 34

MOONSET

Lat.	+40°	+42°	+44°	+46°	+48°	+50°	+52°	+54°	+56°	+58°	+60°	+62°	+64°	+66°
	h m	h m	h m	h m	h m	h m	h m	h m	h m	h m	h m	h m	h m	h m
Feb. 15	6 45	6 47	6 49	6 51	6 53	6 56	6 58	7 01	7 04	7 08	7 12	7 17	7 22	7 28
16	7 15	7 15	7 16	7 17	7 18	7 20	7 21	7 22	7 24	7 25	7 27	7 29	7 32	7 34
17	7 44	7 44	7 44	7 44	7 43	7 43	7 43	7 43	7 42	7 42	7 42	7 41	7 41	7 41
18	8 14	8 13	8 12	8 10	8 09	8 07	8 06	8 04	8 02	7 59	7 57	7 54	7 51	7 47
19	8 46	8 44	8 41	8 39	8 36	8 33	8 30	8 26	8 22	8 18	8 13	8 08	8 02	7 54
20	9 20	9 17	9 14	9 10	9 06	9 02	8 57	8 52	8 46	8 40	8 33	8 24	8 15	8 04
21	9 59	9 55	9 50	9 46	9 40	9 35	9 29	9 22	9 15	9 06	8 57	8 46	8 33	8 18
22	10 43	10 38	10 33	10 27	10 21	10 15	10 07	9 59	9 50	9 40	9 28	9 15	8 58	8 38
23	11 34	11 28	11 23	11 16	11 10	11 03	10 55	10 46	10 36	10 24	10 11	9 55	9 36	9 13
24	12 31	12 26	12 20	12 14	12 07	12 00	11 52	11 43	11 33	11 21	11 07	10 51	10 32	10 07
25	13 35	13 31	13 25	13 20	13 13	13 06	12 59	12 51	12 41	12 31	12 18	12 04	11 46	11 25
26	14 45	14 41	14 36	14 31	14 26	14 20	14 14	14 07	14 00	13 51	13 41	13 29	13 16	12 59
27	15 57	15 54	15 50	15 47	15 43	15 39	15 34	15 29	15 24	15 18	15 10	15 02	14 53	14 42
28	17 10	17 08	17 06	17 04	17 01	16 59	16 56	16 53	16 50	16 46	16 42	16 38	16 32	16 26
Mar. 1	18 22	18 21	18 21	18 20	18 19	18 19	18 18	18 17	18 16	18 15	18 14	18 12	18 11	18 09
2	19 32	19 33	19 34	19 35	19 36	19 37	19 38	19 39	19 40	19 42	19 43	19 45	19 47	19 50
3	20 41	20 43	20 45	20 47	20 50	20 52	20 55	20 58	21 02	21 06	21 10	21 15	21 21	21 28
4	21 47	21 50	21 53	21 57	22 01	22 05	22 09	22 14	22 20	22 26	22 33	22 41	22 51	23 02
5	22 50	22 54	22 58	23 03	23 08	23 13	23 19	23 26	23 33	23 42	23 51	.. ..	.. ..	.. ..
6	23 49	23 54	23 59	.. ..	.. ..	.. ..	.. ..	.. ..	.. ..	.. ..	.. ..	0 02	0 15	0 31
7	.. ..	.. ..	.. ..	0 04	0 10	0 17	0 24	0 32	0 41	0 51	1 02	1 16	1 32	1 52
8	0 44	0 50	0 55	1 01	1 07	1 14	1 22	1 31	1 41	1 52	2 05	2 20	2 38	3 01
9	1 35	1 40	1 46	1 52	1 58	2 06	2 14	2 22	2 32	2 44	2 57	3 12	3 31	3 55
10	2 21	2 26	2 31	2 37	2 43	2 50	2 58	3 06	3 16	3 27	3 39	3 53	4 11	4 33
11	3 02	3 07	3 12	3 17	3 23	3 29	3 36	3 43	3 52	4 01	4 12	4 25	4 40	4 58

.. .. indicates phenomenon will occur the next day.

MOONRISE AND MOONSET, 2014

UNIVERSAL TIME FOR MERIDIAN OF GREENWICH

MOONRISE

Lat.	−55°	−50°	−45°	−40°	−35°	−30°	−20°	−10°	0°	+10°	+20°	+30°	+35°	+40°
	h m	h m	h m	h m	h m	h m	h m	h m	h m	h m	h m	h m	h m	h m
Mar. 9	14 52	14 30	14 13	14 00	13 48	13 38	13 20	13 05	12 50	12 36	12 21	12 03	11 53	11 41
10	15 32	15 12	14 56	14 43	14 32	14 22	14 06	13 51	13 38	13 24	13 10	12 53	12 44	12 33
11	16 05	15 47	15 34	15 22	15 13	15 04	14 49	14 36	14 24	14 12	13 59	13 44	13 36	13 26
12	16 33	16 19	16 08	15 58	15 50	15 43	15 31	15 20	15 10	15 00	14 49	14 36	14 29	14 21
13	16 57	16 47	16 38	16 31	16 25	16 20	16 10	16 02	15 54	15 46	15 38	15 29	15 23	15 17
14	17 19	17 12	17 07	17 02	16 58	16 55	16 49	16 43	16 38	16 33	16 28	16 21	16 18	16 14
15	17 40	17 37	17 34	17 32	17 31	17 29	17 27	17 24	17 22	17 20	17 18	17 15	17 13	17 12
16	18 00	18 01	18 02	18 02	18 03	18 04	18 05	18 05	18 06	18 07	18 08	18 09	18 10	18 10
17	18 21	18 26	18 30	18 33	18 36	18 39	18 44	18 48	18 52	18 56	19 00	19 05	19 07	19 10
18	18 44	18 53	19 00	19 06	19 12	19 16	19 24	19 32	19 38	19 45	19 53	20 01	20 06	20 12
19	19 10	19 23	19 33	19 42	19 50	19 56	20 08	20 18	20 27	20 37	20 47	20 59	21 06	21 14
20	19 41	19 58	20 11	20 22	20 32	20 40	20 54	21 07	21 19	21 31	21 43	21 58	22 07	22 16
21	20 20	20 39	20 55	21 07	21 18	21 28	21 44	21 59	22 12	22 26	22 40	22 57	23 07	23 18
22	21 07	21 28	21 45	21 59	22 10	22 21	22 38	22 54	23 08	23 22	23 38	23 56	.. ..	.. ..
23	22 05	22 26	22 43	22 56	23 08	23 18	23 36	23 51	.. ..	.. ..	.. ..	.. ..	0 06	0 18
24	23 12	23 32	23 47	23 59	.. ..	.. ..	.. ..	.. ..	0 05	0 19	0 34	0 52	1 02	1 14
25	.. ..	.. ..	.. ..	.. ..	0 10	0 19	0 35	0 49	1 02	1 15	1 29	1 45	1 54	2 05
26	0 28	0 43	0 56	1 06	1 15	1 23	1 36	1 48	1 59	2 10	2 22	2 35	2 43	2 51
27	1 47	1 59	2 08	2 16	2 22	2 28	2 38	2 47	2 55	3 03	3 12	3 21	3 27	3 33
28	3 09	3 16	3 22	3 26	3 30	3 33	3 39	3 44	3 49	3 54	3 59	4 05	4 08	4 12
29	4 32	4 34	4 35	4 36	4 37	4 38	4 40	4 41	4 42	4 44	4 45	4 47	4 48	4 49
30	5 53	5 50	5 48	5 46	5 44	5 42	5 39	5 37	5 35	5 33	5 30	5 28	5 26	5 25
31	7 14	7 06	6 59	6 54	6 49	6 45	6 38	6 32	6 27	6 21	6 15	6 09	6 05	6 01
Apr. 1	8 31	8 18	8 09	8 00	7 53	7 47	7 36	7 27	7 19	7 10	7 01	6 51	6 45	6 38
2	9 44	9 28	9 15	9 04	8 55	8 47	8 33	8 21	8 10	7 59	7 47	7 34	7 26	7 17

MOONSET

Lat.	−55°	−50°	−45°	−40°	−35°	−30°	−20°	−10°	0°	+10°	+20°	+30°	+35°	+40°
	h m	h m	h m	h m	h m	h m	h m	h m	h m	h m	h m	h m	h m	h m
Mar. 9	23 14	23 35	23 52	.. ..	.. ..	.. ..	.. ..	0 11	0 25	0 40	0 55	1 13	1 23	1 35
10	.. ..	.. ..	.. ..	0 06	0 17	0 27	0 44	0 59	1 13	1 27	1 42	2 00	2 09	2 21
11	0 11	0 30	0 45	0 58	1 09	1 18	1 34	1 48	2 00	2 13	2 27	2 43	2 52	3 02
12	1 12	1 28	1 41	1 52	2 01	2 09	2 23	2 35	2 46	2 58	3 09	3 23	3 31	3 40
13	2 16	2 29	2 39	2 48	2 55	3 01	3 13	3 22	3 31	3 40	3 50	4 01	4 07	4 14
14	3 22	3 31	3 38	3 44	3 49	3 54	4 02	4 09	4 15	4 22	4 29	4 36	4 41	4 46
15	4 29	4 34	4 38	4 42	4 45	4 47	4 52	4 56	4 59	5 03	5 07	5 11	5 14	5 16
16	5 37	5 38	5 39	5 40	5 40	5 41	5 42	5 43	5 43	5 44	5 45	5 45	5 46	5 46
17	6 47	6 44	6 41	6 39	6 37	6 36	6 33	6 30	6 28	6 26	6 23	6 20	6 18	6 17
18	7 58	7 51	7 45	7 40	7 35	7 32	7 25	7 19	7 14	7 08	7 03	6 56	6 52	6 48
19	9 10	8 58	8 49	8 41	8 35	8 29	8 19	8 10	8 02	7 53	7 45	7 35	7 29	7 22
20	10 22	10 06	9 54	9 44	9 35	9 27	9 14	9 02	8 52	8 41	8 29	8 16	8 09	8 00
21	11 32	11 13	10 58	10 46	10 35	10 26	10 11	9 57	9 44	9 31	9 18	9 02	8 53	8 42
22	12 38	12 17	12 00	11 47	11 35	11 25	11 08	10 53	10 39	10 25	10 10	9 52	9 42	9 31
23	13 37	13 15	12 58	12 45	12 33	12 23	12 05	11 50	11 35	11 21	11 05	10 47	10 37	10 25
24	14 27	14 07	13 51	13 38	13 27	13 17	13 01	12 46	12 32	12 19	12 04	11 47	11 37	11 25
25	15 09	14 52	14 38	14 27	14 17	14 09	13 54	13 42	13 29	13 17	13 04	12 49	12 41	12 31
26	15 43	15 30	15 20	15 11	15 04	14 57	14 45	14 35	14 26	14 16	14 06	13 54	13 47	13 39
27	16 13	16 04	15 57	15 51	15 46	15 42	15 34	15 27	15 21	15 14	15 07	14 59	14 54	14 49
28	16 39	16 35	16 32	16 29	16 27	16 25	16 21	16 18	16 15	16 11	16 08	16 04	16 02	15 59
29	17 04	17 04	17 05	17 05	17 06	17 06	17 06	17 07	17 07	17 08	17 08	17 09	17 09	17 09
30	17 28	17 33	17 37	17 41	17 44	17 47	17 52	17 56	18 00	18 04	18 08	18 12	18 15	18 18
31	17 54	18 03	18 11	18 18	18 23	18 28	18 37	18 44	18 51	18 59	19 06	19 15	19 20	19 26
Apr. 1	18 22	18 36	18 47	18 56	19 04	19 11	19 23	19 33	19 43	19 53	20 04	20 16	20 23	20 31
2	18 54	19 11	19 25	19 37	19 46	19 55	20 10	20 23	20 35	20 47	21 00	21 15	21 24	21 33

.. .. indicates phenomenon will occur the next day.

UNIVERSAL TIME FOR MERIDIAN OF GREENWICH

MOONRISE

Lat.	+40°	+42°	+44°	+46°	+48°	+50°	+52°	+54°	+56°	+58°	+60°	+62°	+64°	+66°
	h m	h m	h m	h m	h m	h m	h m	h m	h m	h m	h m	h m	h m	h m
Mar. 9	11 41	11 36	11 30	11 24	11 18	11 11	11 03	10 54	10 44	10 33	10 20	10 04	9 46	9 22
10	12 33	12 28	12 22	12 17	12 10	12 04	11 56	11 48	11 39	11 28	11 16	11 02	10 44	10 23
11	13 26	13 22	13 17	13 12	13 06	13 00	12 54	12 46	12 38	12 29	12 19	12 06	11 52	11 34
12	14 21	14 17	14 13	14 09	14 05	14 00	13 54	13 48	13 42	13 34	13 26	13 16	13 04	12 51
13	15 17	15 14	15 11	15 08	15 05	15 01	14 57	14 52	14 47	14 42	14 35	14 28	14 20	14 10
14	16 14	16 12	16 10	16 08	16 06	16 03	16 01	15 58	15 55	15 51	15 47	15 43	15 38	15 31
15	17 12	17 11	17 10	17 09	17 08	17 07	17 06	17 05	17 04	17 02	17 01	16 59	16 57	16 54
16	18 10	18 11	18 11	18 11	18 12	18 12	18 13	18 13	18 14	18 14	18 15	18 16	18 17	18 18
17	19 10	19 12	19 13	19 15	19 17	19 19	19 21	19 23	19 25	19 28	19 31	19 35	19 39	19 44
18	20 12	20 14	20 17	20 20	20 23	20 26	20 30	20 34	20 38	20 43	20 49	20 55	21 02	21 11
19	21 14	21 17	21 21	21 25	21 29	21 34	21 39	21 45	21 51	21 58	22 07	22 16	22 27	22 40
20	22 16	22 21	22 25	22 30	22 36	22 42	22 48	22 56	23 04	23 13	23 23	23 36	23 50	.. ..
21	23 18	23 23	23 29	23 34	23 41	23 47	23 55	.. ..	.. ..	.. ..	.. ..	.. ..	.. ..	0 08
22	.. ..	.. ..	.. ..	.. ..	.. ..	.. ..	.. ..	0 03	0 13	0 24	0 36	0 51	1 08	1 30
23	0 18	0 23	0 29	0 35	0 42	0 49	0 57	1 06	1 16	1 27	1 41	1 56	2 16	2 40
24	1 14	1 19	1 24	1 30	1 37	1 44	1 52	2 01	2 10	2 22	2 34	2 50	3 08	3 31
25	2 05	2 10	2 15	2 20	2 26	2 32	2 39	2 47	2 56	3 06	3 17	3 30	3 45	4 04
26	2 51	2 55	2 59	3 04	3 09	3 14	3 20	3 26	3 33	3 41	3 49	4 00	4 11	4 26
27	3 33	3 36	3 39	3 43	3 46	3 50	3 54	3 59	4 03	4 09	4 15	4 22	4 31	4 40
28	4 12	4 14	4 16	4 18	4 20	4 22	4 24	4 27	4 30	4 33	4 37	4 41	4 46	4 51
29	4 49	4 49	4 50	4 50	4 51	4 52	4 52	4 53	4 54	4 55	4 56	4 57	4 58	5 00
30	5 25	5 24	5 23	5 22	5 21	5 21	5 20	5 18	5 17	5 16	5 14	5 13	5 11	5 08
31	6 01	5 59	5 57	5 55	5 52	5 50	5 47	5 44	5 41	5 37	5 33	5 29	5 24	5 18
Apr. 1	6 38	6 35	6 32	6 28	6 25	6 21	6 17	6 12	6 07	6 01	5 54	5 47	5 38	5 28
2	7 17	7 13	7 09	7 05	7 00	6 55	6 49	6 43	6 36	6 28	6 19	6 09	5 57	5 43

MOONSET

Lat.	+40°	+42°	+44°	+46°	+48°	+50°	+52°	+54°	+56°	+58°	+60°	+62°	+64°	+66°
	h m	h m	h m	h m	h m	h m	h m	h m	h m	h m	h m	h m	h m	h m
Mar. 9	1 35	1 40	1 46	1 52	1 58	2 06	2 14	2 22	2 32	2 44	2 57	3 12	3 31	3 55
10	2 21	2 26	2 31	2 37	2 43	2 50	2 58	3 06	3 16	3 27	3 39	3 53	4 11	4 33
11	3 02	3 07	3 12	3 17	3 23	3 29	3 36	3 43	3 52	4 01	4 12	4 25	4 40	4 58
12	3 40	3 44	3 48	3 52	3 57	4 02	4 08	4 15	4 22	4 30	4 39	4 49	5 01	5 15
13	4 14	4 17	4 20	4 24	4 28	4 32	4 36	4 41	4 47	4 53	5 00	5 08	5 17	5 28
14	4 46	4 48	4 50	4 53	4 56	4 59	5 02	5 05	5 09	5 13	5 18	5 23	5 30	5 37
15	5 16	5 18	5 19	5 20	5 22	5 23	5 25	5 27	5 29	5 32	5 34	5 37	5 40	5 44
16	5 46	5 46	5 47	5 47	5 47	5 47	5 48	5 48	5 48	5 49	5 49	5 50	5 50	5 51
17	6 17	6 16	6 15	6 14	6 13	6 12	6 11	6 09	6 08	6 06	6 05	6 03	6 00	5 58
18	6 48	6 46	6 44	6 42	6 40	6 37	6 35	6 32	6 29	6 25	6 21	6 16	6 11	6 05
19	7 22	7 19	7 16	7 13	7 10	7 06	7 02	6 57	6 52	6 46	6 40	6 33	6 24	6 15
20	8 00	7 56	7 52	7 48	7 43	7 38	7 32	7 26	7 19	7 12	7 03	6 53	6 41	6 27
21	8 42	8 38	8 33	8 28	8 22	8 16	8 09	8 01	7 53	7 43	7 32	7 20	7 05	6 46
22	9 31	9 26	9 20	9 14	9 08	9 01	8 53	8 44	8 35	8 24	8 11	7 56	7 38	7 16
23	10 25	10 20	10 14	10 08	10 01	9 54	9 46	9 37	9 27	9 15	9 02	8 46	8 27	8 03
24	11 25	11 20	11 15	11 09	11 03	10 56	10 48	10 39	10 30	10 19	10 06	9 51	9 33	9 11
25	12 31	12 26	12 21	12 16	12 11	12 05	11 58	11 51	11 42	11 33	11 22	11 10	10 55	10 36
26	13 39	13 36	13 32	13 28	13 23	13 19	13 13	13 08	13 01	12 54	12 46	12 36	12 25	12 12
27	14 49	14 47	14 44	14 41	14 38	14 35	14 32	14 28	14 24	14 19	14 13	14 07	14 00	13 52
28	15 59	15 58	15 57	15 56	15 54	15 53	15 51	15 49	15 47	15 45	15 42	15 40	15 36	15 32
29	17 09	17 09	17 10	17 10	17 10	17 10	17 10	17 10	17 11	17 11	17 11	17 11	17 12	17 12
30	18 18	18 20	18 21	18 23	18 24	18 26	18 28	18 30	18 33	18 35	18 38	18 42	18 46	18 50
31	19 26	19 28	19 31	19 34	19 37	19 40	19 44	19 48	19 53	19 58	20 04	20 10	20 18	20 27
Apr. 1	20 31	20 35	20 38	20 43	20 47	20 52	20 57	21 03	21 09	21 17	21 25	21 35	21 46	21 59
2	21 33	21 38	21 43	21 48	21 53	21 59	22 06	22 13	22 21	22 30	22 41	22 53	23 08	23 26

.. .. indicates phenomenon will occur the next day.

MOONRISE AND MOONSET, 2014

UNIVERSAL TIME FOR MERIDIAN OF GREENWICH

MOONRISE

Lat.	−55°	−50°	−45°	−40°	−35°	−30°	−20°	−10°	0°	+10°	+20°	+30°	+35°	+40°
	h m	h m	h m	h m	h m	h m	h m	h m	h m	h m	h m	h m	h m	h m
Apr. 1	8 31	8 18	8 09	8 00	7 53	7 47	7 36	7 27	7 19	7 10	7 01	6 51	6 45	6 38
2	9 44	9 28	9 15	9 04	8 55	8 47	8 33	8 21	8 10	7 59	7 47	7 34	7 26	7 17
3	10 52	10 32	10 17	10 05	9 54	9 45	9 29	9 15	9 02	8 49	8 35	8 19	8 10	8 00
4	11 52	11 31	11 14	11 01	10 49	10 39	10 22	10 07	9 52	9 38	9 23	9 06	8 56	8 45
5	12 44	12 22	12 06	11 52	11 40	11 30	11 12	10 57	10 42	10 28	10 13	9 55	9 45	9 33
6	13 28	13 07	12 51	12 38	12 26	12 17	12 00	11 45	11 31	11 17	11 02	10 45	10 35	10 24
7	14 04	13 45	13 31	13 19	13 09	13 00	12 44	12 31	12 18	12 06	11 52	11 36	11 27	11 17
8	14 34	14 19	14 06	13 56	13 47	13 40	13 27	13 15	13 04	12 53	12 41	12 28	12 20	12 12
9	15 00	14 48	14 38	14 30	14 23	14 17	14 07	13 57	13 49	13 40	13 31	13 20	13 14	13 07
10	15 22	15 14	15 07	15 02	14 57	14 53	14 45	14 39	14 33	14 27	14 20	14 13	14 08	14 03
11	15 43	15 39	15 35	15 32	15 30	15 27	15 23	15 20	15 16	15 13	15 10	15 06	15 03	15 01
12	16 04	16 03	16 03	16 02	16 02	16 02	16 01	16 01	16 01	16 00	16 00	15 59	15 59	15 59
13	16 25	16 28	16 31	16 33	16 35	16 37	16 40	16 43	16 46	16 48	16 51	16 55	16 57	16 59
14	16 47	16 54	17 00	17 06	17 10	17 14	17 21	17 27	17 33	17 38	17 44	17 51	17 56	18 00
15	17 12	17 24	17 33	17 41	17 48	17 53	18 04	18 13	18 21	18 30	18 39	18 50	18 56	19 03
16	17 42	17 58	18 10	18 20	18 29	18 37	18 50	19 02	19 13	19 24	19 36	19 50	19 58	20 07
17	18 19	18 38	18 52	19 05	19 15	19 24	19 40	19 54	20 07	20 20	20 34	20 50	21 00	21 10
18	19 04	19 25	19 41	19 55	20 06	20 16	20 34	20 49	21 03	21 17	21 33	21 50	22 00	22 12
19	19 59	20 21	20 38	20 51	21 03	21 13	21 31	21 46	22 00	22 15	22 30	22 48	22 58	23 10
20	21 04	21 24	21 40	21 53	22 04	22 13	22 30	22 44	22 58	23 11	23 26	23 42	23 52	.. ..
21	22 17	22 34	22 47	22 58	23 08	23 16	23 30	23 43	23 54	.. ..	.. ..	.. ..	.. ..	0 03
22	23 34	23 47	23 57	.. ..	.. ..	.. ..	.. ..	.. ..	.. ..	0 06	0 18	0 32	0 41	0 50
23	.. ..	.. ..	.. ..	0 06	0 13	0 19	0 31	0 40	0 49	0 58	1 08	1 19	1 25	1 33
24	0 53	1 02	1 08	1 14	1 19	1 23	1 30	1 37	1 43	1 49	1 55	2 02	2 07	2 11
25	2 13	2 17	2 20	2 22	2 24	2 26	2 29	2 32	2 35	2 37	2 40	2 43	2 45	2 47

MOONSET

Lat.	−55°	−50°	−45°	−40°	−35°	−30°	−20°	−10°	0°	+10°	+20°	+30°	+35°	+40°
	h m	h m	h m	h m	h m	h m	h m	h m	h m	h m	h m	h m	h m	h m
Apr. 1	18 22	18 36	18 47	18 56	19 04	19 11	19 23	19 33	19 43	19 53	20 04	20 16	20 23	20 31
2	18 54	19 11	19 25	19 37	19 46	19 55	20 10	20 23	20 35	20 47	21 00	21 15	21 24	21 33
3	19 32	19 52	20 07	20 20	20 32	20 41	20 58	21 12	21 26	21 40	21 54	22 11	22 21	22 32
4	20 15	20 37	20 54	21 07	21 19	21 29	21 47	22 02	22 17	22 31	22 46	23 04	23 14	23 26
5	21 05	21 27	21 43	21 57	22 09	22 19	22 37	22 52	23 06	23 20	23 35	23 53	.. ..	.. ..
6	22 01	22 21	22 36	22 49	23 00	23 10	23 26	23 41	23 54	.. ..	.. ..	.. ..	0 03	0 14
7	23 00	23 18	23 32	23 43	23 53	.. ..	.. ..	.. ..	.. ..	0 07	0 21	0 38	0 47	0 58
8	.. ..	.. ..	.. ..	.. ..	.. ..	0 01	0 16	0 29	0 41	0 52	1 05	1 19	1 28	1 37
9	0 03	0 17	0 29	0 38	0 46	0 53	1 05	1 16	1 26	1 36	1 46	1 58	2 05	2 12
10	1 08	1 18	1 27	1 34	1 40	1 45	1 55	2 03	2 10	2 17	2 25	2 34	2 39	2 45
11	2 14	2 21	2 26	2 31	2 35	2 38	2 44	2 49	2 54	2 59	3 04	3 09	3 12	3 16
12	3 22	3 25	3 27	3 29	3 30	3 31	3 34	3 36	3 38	3 39	3 41	3 44	3 45	3 46
13	4 31	4 30	4 29	4 28	4 27	4 26	4 24	4 23	4 22	4 21	4 20	4 18	4 17	4 16
14	5 42	5 37	5 32	5 28	5 25	5 22	5 17	5 12	5 08	5 04	4 59	4 54	4 51	4 48
15	6 55	6 45	6 37	6 30	6 24	6 19	6 11	6 03	5 56	5 48	5 41	5 32	5 27	5 21
16	8 08	7 54	7 43	7 34	7 25	7 18	7 06	6 56	6 46	6 36	6 25	6 13	6 06	5 58
17	9 21	9 03	8 49	8 37	8 27	8 19	8 04	7 51	7 38	7 26	7 13	6 58	6 50	6 40
18	10 30	10 09	9 53	9 40	9 29	9 19	9 02	8 47	8 34	8 20	8 05	7 48	7 38	7 27
19	11 32	11 10	10 54	10 40	10 28	10 18	10 00	9 45	9 30	9 16	9 01	8 43	8 32	8 21
20	12 25	12 05	11 48	11 35	11 24	11 14	10 57	10 42	10 28	10 14	9 59	9 41	9 31	9 20
21	13 09	12 51	12 37	12 25	12 15	12 06	11 51	11 38	11 25	11 12	10 59	10 43	10 34	10 23
22	13 45	13 31	13 20	13 10	13 02	12 55	12 42	12 31	12 21	12 10	11 59	11 46	11 39	11 30
23	14 16	14 06	13 57	13 51	13 45	13 40	13 30	13 22	13 15	13 07	12 59	12 50	12 44	12 38
24	14 42	14 36	14 32	14 28	14 25	14 22	14 16	14 12	14 08	14 03	13 58	13 53	13 50	13 46
25	15 06	15 05	15 04	15 03	15 03	15 02	15 01	15 00	14 59	14 58	14 57	14 56	14 55	14 54

.. .. indicates phenomenon will occur the next day.

UNIVERSAL TIME FOR MERIDIAN OF GREENWICH

MOONRISE

Lat.	+40°	+42°	+44°	+46°	+48°	+50°	+52°	+54°	+56°	+58°	+60°	+62°	+64°	+66°
	h m	h m	h m	h m	h m	h m	h m	h m	h m	h m	h m	h m	h m	h m
Apr. 1	6 38	6 35	6 32	6 28	6 25	6 21	6 17	6 12	6 07	6 01	5 54	5 47	5 38	5 28
2	7 17	7 13	7 09	7 05	7 00	6 55	6 49	6 43	6 36	6 28	6 19	6 09	5 57	5 43
3	8 00	7 55	7 50	7 45	7 39	7 33	7 26	7 18	7 10	7 00	6 49	6 36	6 21	6 03
4	8 45	8 40	8 34	8 29	8 22	8 15	8 08	7 59	7 50	7 39	7 26	7 12	6 54	6 32
5	9 33	9 28	9 22	9 16	9 10	9 03	8 55	8 46	8 36	8 25	8 12	7 57	7 38	7 15
6	10 24	10 19	10 14	10 08	10 02	9 55	9 47	9 39	9 29	9 18	9 06	8 51	8 33	8 11
7	11 17	11 13	11 08	11 02	10 57	10 50	10 43	10 36	10 27	10 17	10 06	9 53	9 38	9 19
8	12 12	12 08	12 03	11 59	11 54	11 49	11 43	11 36	11 29	11 21	11 12	11 01	10 48	10 33
9	13 07	13 04	13 01	12 57	12 53	12 49	12 44	12 39	12 34	12 27	12 20	12 12	12 03	11 51
10	14 03	14 01	13 59	13 56	13 54	13 51	13 48	13 44	13 40	13 36	13 31	13 26	13 19	13 12
11	15 01	14 59	14 58	14 57	14 55	14 54	14 52	14 50	14 48	14 46	14 43	14 41	14 37	14 33
12	15 59	15 59	15 59	15 59	15 59	15 58	15 58	15 58	15 58	15 58	15 57	15 57	15 57	15 57
13	16 59	17 00	17 01	17 02	17 03	17 04	17 06	17 07	17 09	17 11	17 13	17 16	17 19	17 22
14	18 00	18 02	18 05	18 07	18 09	18 12	18 15	18 19	18 22	18 26	18 31	18 36	18 42	18 50
15	19 03	19 06	19 10	19 13	19 17	19 21	19 26	19 31	19 37	19 43	19 50	19 58	20 08	20 19
16	20 07	20 11	20 15	20 20	20 25	20 31	20 37	20 44	20 51	21 00	21 09	21 20	21 34	21 50
17	21 10	21 15	21 20	21 26	21 32	21 39	21 46	21 54	22 03	22 13	22 25	22 39	22 56	23 16
18	22 12	22 17	22 23	22 29	22 35	22 43	22 51	22 59	23 09	23 21	23 34	23 49	.. ..	.. ..
19	23 10	23 15	23 21	23 27	23 33	23 41	23 49	23 57	.. ..	.. ..	.. ..	.. ..	0 08	0 32
20	.. ..	.. ..	.. ..	.. ..	.. ..	.. ..	.. ..	.. ..	0 07	0 19	0 32	0 47	1 06	1 29
21	0 03	0 07	0 13	0 18	0 24	0 31	0 38	0 46	0 55	1 06	1 17	1 31	1 47	2 08
22	0 50	0 54	0 59	1 03	1 08	1 14	1 20	1 27	1 34	1 43	1 52	2 03	2 16	2 32
23	1 33	1 36	1 39	1 43	1 47	1 51	1 56	2 01	2 06	2 13	2 20	2 28	2 37	2 48
24	2 11	2 13	2 16	2 18	2 20	2 23	2 26	2 30	2 33	2 37	2 42	2 47	2 53	2 59
25	2 47	2 48	2 49	2 50	2 52	2 53	2 54	2 56	2 57	2 59	3 01	3 03	3 06	3 09

MOONSET

Lat.	+40°	+42°	+44°	+46°	+48°	+50°	+52°	+54°	+56°	+58°	+60°	+62°	+64°	+66°
	h m	h m	h m	h m	h m	h m	h m	h m	h m	h m	h m	h m	h m	h m
Apr. 1	20 31	20 35	20 38	20 43	20 47	20 52	20 57	21 03	21 09	21 17	21 25	21 35	21 46	21 59
2	21 33	21 38	21 43	21 48	21 53	21 59	22 06	22 13	22 21	22 30	22 41	22 53	23 08	23 26
3	22 32	22 37	22 42	22 48	22 54	23 01	23 08	23 17	23 26	23 37	23 49	.. ..	.. ..	.. ..
4	23 26	23 31	23 36	23 42	23 49	23 56	.. ..	.. ..	.. ..	.. ..	.. ..	0 03	0 21	0 42
5	.. ..	.. ..	.. ..	.. ..	.. ..	.. ..	0 04	0 13	0 23	0 34	0 47	1 02	1 20	1 44
6	0 14	0 19	0 25	0 31	0 37	0 44	0 52	1 00	1 10	1 21	1 34	1 49	2 07	2 29
7	0 58	1 03	1 08	1 13	1 19	1 26	1 33	1 41	1 49	1 59	2 11	2 24	2 40	3 00
8	1 37	1 41	1 46	1 50	1 56	2 01	2 07	2 14	2 22	2 30	2 40	2 51	3 04	3 20
9	2 12	2 16	2 20	2 23	2 28	2 32	2 37	2 43	2 49	2 56	3 03	3 12	3 22	3 34
10	2 45	2 48	2 51	2 53	2 57	3 00	3 04	3 08	3 12	3 17	3 23	3 29	3 36	3 45
11	3 16	3 18	3 19	3 21	3 23	3 25	3 28	3 30	3 33	3 36	3 40	3 43	3 48	3 53
12	3 46	3 47	3 48	3 48	3 49	3 50	3 51	3 52	3 53	3 54	3 55	3 57	3 58	4 00
13	4 16	4 16	4 16	4 15	4 15	4 14	4 13	4 13	4 12	4 11	4 10	4 09	4 08	4 07
14	4 48	4 46	4 45	4 43	4 41	4 39	4 37	4 35	4 32	4 30	4 27	4 23	4 19	4 14
15	5 21	5 19	5 16	5 13	5 10	5 07	5 03	4 59	4 55	4 50	4 45	4 39	4 31	4 23
16	5 58	5 55	5 51	5 47	5 43	5 38	5 33	5 28	5 21	5 14	5 07	4 58	4 47	4 35
17	6 40	6 36	6 31	6 26	6 21	6 15	6 08	6 01	5 53	5 44	5 34	5 22	5 08	4 52
18	7 27	7 22	7 17	7 11	7 05	6 58	6 51	6 42	6 33	6 22	6 10	5 56	5 39	5 18
19	8 21	8 15	8 10	8 04	7 57	7 50	7 42	7 33	7 23	7 11	6 58	6 42	6 24	6 00
20	9 20	9 15	9 09	9 03	8 57	8 49	8 42	8 33	8 23	8 12	7 59	7 44	7 25	7 02
21	10 23	10 19	10 14	10 08	10 03	9 56	9 49	9 41	9 33	9 23	9 11	8 58	8 42	8 22
22	11 30	11 26	11 22	11 18	11 13	11 08	11 02	10 56	10 49	10 41	10 32	10 22	10 09	9 55
23	12 38	12 35	12 32	12 29	12 26	12 22	12 18	12 13	12 09	12 03	11 57	11 49	11 41	11 31
24	13 46	13 45	13 43	13 41	13 39	13 37	13 35	13 32	13 29	13 26	13 23	13 19	13 14	13 09
25	14 54	14 54	14 54	14 53	14 53	14 52	14 52	14 51	14 50	14 50	14 49	14 48	14 47	14 46

.. .. indicates phenomenon will occur the next day.

MOONRISE AND MOONSET, 2014

UNIVERSAL TIME FOR MERIDIAN OF GREENWICH

MOONRISE

Lat.	−55°	−50°	−45°	−40°	−35°	−30°	−20°	−10°	0°	+10°	+20°	+30°	+35°	+40°
	h m	h m	h m	h m	h m	h m	h m	h m	h m	h m	h m	h m	h m	h m
Apr. 24	0 53	1 02	1 08	1 14	1 19	1 23	1 30	1 37	1 43	1 49	1 55	2 02	2 07	2 11
25	2 13	2 17	2 20	2 22	2 24	2 26	2 29	2 32	2 35	2 37	2 40	2 43	2 45	2 47
26	3 33	3 31	3 31	3 30	3 29	3 28	3 27	3 27	3 26	3 25	3 24	3 23	3 23	3 22
27	4 51	4 46	4 41	4 37	4 33	4 30	4 25	4 21	4 17	4 12	4 08	4 03	4 00	3 57
28	6 09	5 58	5 50	5 43	5 37	5 32	5 23	5 15	5 07	5 00	4 52	4 44	4 39	4 33
29	7 23	7 09	6 57	6 47	6 39	6 32	6 20	6 09	5 59	5 49	5 38	5 26	5 19	5 11
30	8 34	8 16	8 01	7 49	7 39	7 31	7 16	7 02	6 50	6 38	6 25	6 10	6 02	5 52
May 1	9 38	9 17	9 01	8 48	8 37	8 27	8 10	7 55	7 42	7 28	7 13	6 57	6 47	6 36
2	10 34	10 13	9 56	9 42	9 30	9 20	9 02	8 47	8 33	8 18	8 03	7 45	7 35	7 24
3	11 22	11 01	10 44	10 31	10 19	10 09	9 52	9 37	9 22	9 08	8 53	8 36	8 26	8 14
4	12 02	11 42	11 27	11 14	11 04	10 54	10 38	10 24	10 11	9 58	9 43	9 27	9 18	9 07
5	12 34	12 18	12 05	11 54	11 44	11 36	11 22	11 09	10 58	10 46	10 33	10 19	10 11	10 01
6	13 02	12 48	12 38	12 29	12 21	12 14	12 03	11 52	11 43	11 33	11 23	11 11	11 04	10 56
7	13 26	13 16	13 08	13 01	12 56	12 51	12 42	12 34	12 27	12 20	12 12	12 03	11 58	11 52
8	13 47	13 41	13 36	13 32	13 28	13 25	13 20	13 15	13 10	13 06	13 01	12 55	12 52	12 48
9	14 07	14 05	14 03	14 02	14 00	13 59	13 57	13 55	13 54	13 52	13 50	13 48	13 47	13 46
10	14 28	14 29	14 31	14 32	14 33	14 34	14 35	14 37	14 38	14 39	14 41	14 42	14 43	14 44
11	14 49	14 55	14 59	15 03	15 06	15 09	15 15	15 19	15 24	15 28	15 33	15 38	15 41	15 45
12	15 13	15 22	15 30	15 37	15 43	15 48	15 56	16 04	16 12	16 19	16 27	16 36	16 41	16 47
13	15 41	15 54	16 05	16 15	16 23	16 30	16 42	16 52	17 02	17 13	17 23	17 36	17 43	17 51
14	16 15	16 32	16 46	16 57	17 07	17 16	17 31	17 44	17 56	18 09	18 22	18 37	18 46	18 56
15	16 57	17 17	17 33	17 46	17 58	18 07	18 24	18 39	18 53	19 07	19 22	19 39	19 49	20 01
16	17 50	18 11	18 28	18 42	18 54	19 04	19 22	19 37	19 52	20 06	20 22	20 39	20 50	21 02
17	18 53	19 14	19 30	19 44	19 55	20 05	20 22	20 37	20 51	21 05	21 20	21 37	21 47	21 58
18	20 05	20 23	20 38	20 49	20 59	21 08	21 23	21 37	21 49	22 01	22 15	22 30	22 38	22 48

MOONSET

Lat.	−55°	−50°	−45°	−40°	−35°	−30°	−20°	−10°	0°	+10°	+20°	+30°	+35°	+40°
	h m	h m	h m	h m	h m	h m	h m	h m	h m	h m	h m	h m	h m	h m
Apr. 24	14 42	14 36	14 32	14 28	14 25	14 22	14 16	14 12	14 08	14 03	13 58	13 53	13 50	13 46
25	15 06	15 05	15 04	15 03	15 03	15 02	15 01	15 00	14 59	14 58	14 57	14 56	14 55	14 54
26	15 30	15 33	15 36	15 38	15 40	15 42	15 45	15 48	15 50	15 52	15 55	15 58	16 00	16 02
27	15 54	16 02	16 08	16 13	16 18	16 22	16 29	16 35	16 41	16 47	16 53	17 00	17 04	17 08
28	16 21	16 33	16 42	16 50	16 57	17 03	17 14	17 23	17 32	17 41	17 50	18 01	18 07	18 14
29	16 51	17 07	17 19	17 30	17 39	17 46	18 00	18 12	18 23	18 35	18 47	19 00	19 08	19 17
30	17 26	17 45	18 00	18 12	18 23	18 32	18 48	19 02	19 15	19 28	19 42	19 58	20 07	20 18
May 1	18 07	18 28	18 45	18 58	19 10	19 20	19 37	19 52	20 06	20 20	20 35	20 53	21 03	21 14
2	18 55	19 16	19 33	19 47	19 59	20 09	20 27	20 42	20 57	21 11	21 26	21 44	21 54	22 06
3	19 49	20 09	20 26	20 39	20 50	21 00	21 17	21 32	21 46	22 00	22 14	22 31	22 41	22 52
4	20 47	21 06	21 21	21 33	21 43	21 52	22 08	22 21	22 34	22 46	22 59	23 15	23 23	23 33
5	21 49	22 05	22 17	22 28	22 36	22 44	22 57	23 09	23 20	23 30	23 42	23 55	.. ..	.. ..
6	22 53	23 05	23 15	23 23	23 30	23 36	23 46	23 56	.. ..	.. ..	.. ..	.. ..	0 02	0 11
7	23 58	.. ..	.. ..	.. ..	.. ..	.. ..	.. ..	.. ..	0 04	0 13	0 22	0 32	0 38	0 44
8	.. ..	0 07	0 13	0 19	0 24	0 28	0 35	0 42	0 48	0 54	1 00	1 07	1 11	1 16
9	1 05	1 09	1 13	1 16	1 18	1 21	1 25	1 28	1 31	1 34	1 37	1 41	1 43	1 46
10	2 13	2 13	2 14	2 14	2 14	2 14	2 14	2 15	2 15	2 15	2 15	2 15	2 15	2 15
11	3 23	3 19	3 16	3 13	3 11	3 09	3 05	3 02	3 00	2 57	2 54	2 50	2 48	2 46
12	4 35	4 26	4 20	4 14	4 10	4 06	3 58	3 52	3 46	3 40	3 34	3 27	3 23	3 18
13	5 48	5 36	5 26	5 18	5 11	5 04	4 54	4 44	4 36	4 27	4 17	4 07	4 01	3 54
14	7 03	6 46	6 33	6 22	6 13	6 05	5 51	5 39	5 28	5 16	5 04	4 51	4 43	4 34
15	8 15	7 55	7 40	7 27	7 16	7 07	6 51	6 36	6 23	6 10	5 56	5 39	5 30	5 19
16	9 22	9 00	8 44	8 30	8 18	8 08	7 50	7 35	7 21	7 06	6 51	6 34	6 23	6 12
17	10 20	9 59	9 42	9 29	9 17	9 07	8 49	8 34	8 20	8 05	7 50	7 32	7 22	7 10
18	11 09	10 50	10 35	10 22	10 12	10 02	9 46	9 32	9 19	9 05	8 51	8 35	8 25	8 14

.. .. indicates phenomenon will occur the next day.

UNIVERSAL TIME FOR MERIDIAN OF GREENWICH
MOONRISE

Lat.	+40°	+42°	+44°	+46°	+48°	+50°	+52°	+54°	+56°	+58°	+60°	+62°	+64°	+66°
	h m	h m	h m	h m	h m	h m	h m	h m	h m	h m	h m	h m	h m	h m
Apr. 24	2 11	2 13	2 16	2 18	2 20	2 23	2 26	2 30	2 33	2 37	2 42	2 47	2 53	2 59
25	2 47	2 48	2 49	2 50	2 52	2 53	2 54	2 56	2 57	2 59	3 01	3 03	3 06	3 09
26	3 22	3 22	3 22	3 22	3 21	3 21	3 21	3 20	3 20	3 19	3 19	3 18	3 18	3 17
27	3 57	3 56	3 54	3 53	3 51	3 49	3 47	3 45	3 43	3 40	3 37	3 34	3 30	3 26
28	4 33	4 31	4 28	4 25	4 22	4 19	4 15	4 11	4 07	4 02	3 57	3 50	3 43	3 35
29	5 11	5 08	5 04	5 00	4 56	4 51	4 46	4 40	4 34	4 27	4 19	4 10	4 00	3 48
30	5 52	5 48	5 43	5 38	5 33	5 27	5 20	5 13	5 06	4 57	4 47	4 35	4 21	4 05
May 1	6 36	6 31	6 26	6 20	6 14	6 07	6 00	5 52	5 43	5 33	5 21	5 07	4 50	4 30
2	7 24	7 18	7 13	7 07	7 00	6 53	6 45	6 37	6 27	6 16	6 03	5 48	5 29	5 06
3	8 14	8 09	8 03	7 57	7 51	7 44	7 36	7 27	7 18	7 07	6 54	6 39	6 20	5 57
4	9 07	9 02	8 57	8 51	8 45	8 39	8 31	8 23	8 14	8 04	7 52	7 38	7 22	7 01
5	10 01	9 57	9 52	9 47	9 42	9 36	9 30	9 23	9 15	9 06	8 56	8 45	8 31	8 14
6	10 56	10 53	10 49	10 45	10 41	10 36	10 31	10 25	10 19	10 12	10 04	9 55	9 44	9 31
7	11 52	11 49	11 47	11 44	11 41	11 37	11 33	11 29	11 25	11 19	11 14	11 07	10 59	10 50
8	12 48	12 47	12 45	12 43	12 41	12 39	12 37	12 34	12 31	12 28	12 25	12 21	12 16	12 11
9	13 46	13 45	13 45	13 44	13 43	13 42	13 42	13 41	13 40	13 39	13 37	13 36	13 34	13 32
10	14 44	14 45	14 45	14 46	14 47	14 47	14 48	14 49	14 50	14 51	14 52	14 53	14 54	14 56
11	15 45	15 46	15 48	15 50	15 52	15 54	15 56	15 59	16 02	16 05	16 08	16 12	16 17	16 22
12	16 47	16 50	16 53	16 56	16 59	17 03	17 07	17 11	17 16	17 21	17 27	17 34	17 42	17 51
13	17 51	17 55	17 59	18 03	18 08	18 13	18 18	18 24	18 31	18 39	18 47	18 57	19 09	19 23
14	18 56	19 01	19 06	19 11	19 17	19 23	19 30	19 37	19 46	19 56	20 07	20 19	20 35	20 54
15	20 01	20 06	20 11	20 17	20 24	20 31	20 38	20 47	20 57	21 08	21 21	21 36	21 54	22 17
16	21 02	21 07	21 13	21 19	21 26	21 33	21 41	21 50	22 00	22 12	22 25	22 41	23 00	23 24
17	21 58	22 03	22 08	22 14	22 21	22 28	22 35	22 44	22 53	23 04	23 16	23 31	23 48	.. ..
18	22 48	22 53	22 58	23 03	23 08	23 14	23 21	23 28	23 36	23 45	23 56	.. ..	.. ..	0 10

MOONSET

Lat.	+40°	+42°	+44°	+46°	+48°	+50°	+52°	+54°	+56°	+58°	+60°	+62°	+64°	+66°
	h m	h m	h m	h m	h m	h m	h m	h m	h m	h m	h m	h m	h m	h m
Apr. 24	13 46	13 45	13 43	13 41	13 39	13 37	13 35	13 32	13 29	13 26	13 23	13 19	13 14	13 09
25	14 54	14 54	14 54	14 53	14 53	14 52	14 52	14 51	14 50	14 50	14 49	14 48	14 47	14 46
26	16 02	16 03	16 04	16 05	16 06	16 07	16 08	16 09	16 11	16 12	16 14	16 16	16 19	16 22
27	17 08	17 10	17 13	17 15	17 17	17 20	17 23	17 26	17 30	17 34	17 39	17 44	17 50	17 57
28	18 14	18 17	18 20	18 24	18 28	18 32	18 37	18 42	18 47	18 54	19 01	19 09	19 19	19 30
29	19 17	19 21	19 26	19 30	19 35	19 41	19 47	19 54	20 01	20 10	20 19	20 30	20 43	20 59
30	20 18	20 23	20 28	20 33	20 39	20 46	20 53	21 01	21 09	21 20	21 31	21 45	22 01	22 21
May 1	21 14	21 19	21 25	21 31	21 37	21 44	21 52	22 01	22 10	22 22	22 34	22 49	23 08	23 30
2	22 06	22 11	22 17	22 23	22 29	22 36	22 44	22 53	23 03	23 14	23 27	23 42	.. ..	.. ..
3	22 52	22 57	23 02	23 08	23 14	23 21	23 28	23 37	23 46	23 56	.. ..	.. ..	0 00	0 24
4	23 33	23 38	23 43	23 48	23 53	23 59	.. ..	.. ..	.. ..	.. ..	0 09	0 23	0 40	1 00
5	.. ..	.. ..	.. ..	.. ..	.. ..	.. ..	0 06	0 13	0 21	0 31	0 41	0 53	1 08	1 25
6	0 11	0 14	0 18	0 23	0 27	0 32	0 38	0 44	0 51	0 58	1 07	1 17	1 28	1 42
7	0 44	0 47	0 50	0 54	0 57	1 01	1 06	1 10	1 15	1 21	1 28	1 35	1 43	1 53
8	1 16	1 18	1 20	1 22	1 25	1 27	1 30	1 33	1 37	1 41	1 45	1 50	1 56	2 02
9	1 46	1 47	1 48	1 49	1 50	1 52	1 53	1 55	1 57	1 59	2 01	2 03	2 06	2 10
10	2 15	2 16	2 16	2 16	2 16	2 16	2 16	2 16	2 16	2 16	2 16	2 16	2 16	2 16
11	2 46	2 45	2 44	2 43	2 42	2 40	2 39	2 37	2 36	2 34	2 32	2 29	2 26	2 23
12	3 18	3 16	3 14	3 12	3 09	3 07	3 04	3 00	2 57	2 53	2 48	2 43	2 38	2 31
13	3 54	3 51	3 47	3 44	3 40	3 36	3 32	3 27	3 21	3 15	3 08	3 01	2 52	2 41
14	4 34	4 30	4 25	4 21	4 16	4 10	4 05	3 58	3 51	3 43	3 33	3 23	3 10	2 56
15	5 19	5 15	5 09	5 04	4 58	4 52	4 44	4 36	4 28	4 18	4 06	3 53	3 37	3 18
16	6 12	6 06	6 01	5 55	5 48	5 41	5 33	5 24	5 14	5 03	4 50	4 35	4 16	3 53
17	7 10	7 05	6 59	6 53	6 47	6 39	6 31	6 22	6 12	6 01	5 47	5 32	5 13	4 48
18	8 14	8 09	8 04	7 58	7 52	7 46	7 38	7 30	7 21	7 10	6 58	6 44	6 27	6 05

.. .. indicates phenomenon will occur the next day.

MOONRISE AND MOONSET, 2014

UNIVERSAL TIME FOR MERIDIAN OF GREENWICH

MOONRISE

Lat.	−55°	−50°	−45°	−40°	−35°	−30°	−20°	−10°	0°	+10°	+20°	+30°	+35°	+40°
	h m	h m	h m	h m	h m	h m	h m	h m	h m	h m	h m	h m	h m	h m
May 17	18 53	19 14	19 30	19 44	19 55	20 05	20 22	20 37	20 51	21 05	21 20	21 37	21 47	21 58
18	20 05	20 23	20 38	20 49	20 59	21 08	21 23	21 37	21 49	22 01	22 15	22 30	22 38	22 48
19	21 22	21 37	21 48	21 57	22 06	22 13	22 25	22 36	22 46	22 55	23 06	23 18	23 25	23 33
20	22 42	22 52	22 59	23 06	23 12	23 17	23 25	23 33	23 40	23 47	23 54	.. ..	.. ..	.. ..
21	.. ..	.. ..	.. ..	.. ..	.. ..	.. ..	.. ..	.. ..	.. ..	.. ..	.. ..	0 03	0 08	0 13
22	0 01	0 06	0 11	0 14	0 17	0 20	0 24	0 28	0 32	0 36	0 40	0 44	0 47	0 50
23	1 20	1 20	1 21	1 21	1 21	1 21	1 22	1 22	1 22	1 23	1 23	1 24	1 24	1 24
24	2 38	2 33	2 30	2 27	2 24	2 22	2 19	2 15	2 12	2 09	2 06	2 03	2 01	1 58
25	3 54	3 45	3 38	3 32	3 27	3 22	3 15	3 08	3 02	2 56	2 49	2 42	2 38	2 33
26	5 08	4 55	4 44	4 36	4 28	4 22	4 11	4 01	3 52	3 43	3 33	3 22	3 16	3 09
27	6 19	6 02	5 49	5 38	5 28	5 20	5 06	4 54	4 42	4 31	4 19	4 05	3 57	3 48
28	7 25	7 06	6 50	6 37	6 26	6 17	6 01	5 46	5 33	5 20	5 06	4 50	4 41	4 30
29	8 25	8 03	7 47	7 33	7 21	7 11	6 53	6 38	6 24	6 10	5 55	5 37	5 27	5 16
30	9 16	8 55	8 38	8 24	8 12	8 02	7 44	7 29	7 14	7 00	6 45	6 27	6 17	6 05
31	10 00	9 39	9 23	9 10	8 59	8 49	8 32	8 17	8 04	7 50	7 35	7 18	7 08	6 57
June 1	10 35	10 17	10 03	9 51	9 41	9 32	9 17	9 04	8 51	8 39	8 25	8 10	8 01	7 51
2	11 05	10 50	10 38	10 28	10 20	10 12	9 59	9 48	9 37	9 27	9 15	9 02	8 55	8 46
3	11 30	11 18	11 09	11 01	10 55	10 49	10 39	10 30	10 22	10 13	10 04	9 54	9 48	9 42
4	11 52	11 44	11 38	11 33	11 28	11 24	11 17	11 11	11 05	10 59	10 53	10 46	10 42	10 38
5	12 12	12 08	12 05	12 02	12 00	11 58	11 54	11 51	11 48	11 45	11 42	11 38	11 36	11 34
6	12 32	12 32	12 32	12 32	12 31	12 31	12 31	12 31	12 31	12 31	12 31	12 31	12 31	12 31
7	12 52	12 56	12 59	13 02	13 04	13 06	13 09	13 12	13 15	13 18	13 21	13 25	13 27	13 30
8	13 14	13 22	13 28	13 34	13 38	13 42	13 49	13 55	14 01	14 07	14 14	14 21	14 25	14 30
9	13 39	13 51	14 01	14 09	14 15	14 22	14 32	14 41	14 50	14 59	15 08	15 19	15 25	15 33
10	14 10	14 26	14 38	14 48	14 57	15 05	15 19	15 31	15 42	15 53	16 06	16 20	16 28	16 37

MOONSET

Lat.	−55°	−50°	−45°	−40°	−35°	−30°	−20°	−10°	0°	+10°	+20°	+30°	+35°	+40°
	h m	h m	h m	h m	h m	h m	h m	h m	h m	h m	h m	h m	h m	h m
May 17	10 20	9 59	9 42	9 29	9 17	9 07	8 49	8 34	8 20	8 05	7 50	7 32	7 22	7 10
18	11 09	10 50	10 35	10 22	10 12	10 02	9 46	9 32	9 19	9 05	8 51	8 35	8 25	8 14
19	11 48	11 32	11 20	11 10	11 01	10 53	10 39	10 27	10 16	10 05	9 53	9 39	9 31	9 21
20	12 20	12 09	12 00	11 52	11 45	11 39	11 29	11 20	11 12	11 03	10 54	10 43	10 37	10 30
21	12 48	12 41	12 35	12 30	12 26	12 22	12 16	12 10	12 05	11 59	11 53	11 47	11 43	11 38
22	13 12	13 09	13 07	13 06	13 04	13 03	13 00	12 58	12 56	12 54	12 52	12 49	12 48	12 46
23	13 35	13 37	13 39	13 40	13 41	13 42	13 43	13 45	13 46	13 48	13 49	13 51	13 51	13 53
24	13 59	14 05	14 10	14 14	14 18	14 21	14 26	14 31	14 36	14 41	14 45	14 51	14 54	14 58
25	14 23	14 34	14 42	14 49	14 55	15 01	15 10	15 18	15 26	15 33	15 42	15 51	15 56	16 03
26	14 51	15 06	15 17	15 27	15 35	15 42	15 55	16 06	16 16	16 26	16 37	16 50	16 57	17 06
27	15 23	15 41	15 55	16 07	16 17	16 26	16 41	16 54	17 07	17 19	17 32	17 48	17 56	18 07
28	16 01	16 22	16 38	16 51	17 02	17 12	17 29	17 44	17 58	18 11	18 26	18 43	18 53	19 04
29	16 46	17 08	17 25	17 39	17 51	18 01	18 19	18 34	18 48	19 03	19 18	19 36	19 46	19 58
30	17 38	17 59	18 16	18 30	18 41	18 51	19 09	19 24	19 38	19 52	20 08	20 25	20 35	20 46
31	18 35	18 54	19 10	19 23	19 34	19 43	19 59	20 14	20 27	20 40	20 54	21 10	21 19	21 30
June 1	19 36	19 53	20 06	20 17	20 27	20 35	20 50	21 02	21 14	21 25	21 38	21 52	22 00	22 09
2	20 39	20 53	21 04	21 13	21 21	21 27	21 39	21 49	21 59	22 08	22 19	22 30	22 37	22 44
3	21 44	21 54	22 02	22 09	22 14	22 19	22 28	22 36	22 43	22 50	22 57	23 06	23 11	23 16
4	22 49	22 55	23 00	23 05	23 08	23 11	23 17	23 21	23 26	23 30	23 35	23 40	23 43	23 47
5	23 56	23 58	.. ..	.. ..	.. ..	.. ..	.. ..	.. ..	.. ..	.. ..	.. ..	.. ..	.. ..	.. ..
6	.. ..	.. ..	0 00	0 01	0 02	0 04	0 06	0 07	0 09	0 10	0 12	0 14	0 15	0 16
7	1 04	1 02	1 00	0 59	0 58	0 57	0 55	0 54	0 52	0 51	0 49	0 47	0 46	0 45
8	2 13	2 07	2 02	1 58	1 55	1 52	1 46	1 42	1 37	1 33	1 28	1 23	1 19	1 16
9	3 25	3 15	3 07	3 00	2 54	2 49	2 40	2 32	2 24	2 17	2 09	2 00	1 55	1 49
10	4 39	4 24	4 13	4 03	3 55	3 48	3 35	3 25	3 15	3 04	2 54	2 41	2 34	2 26

.. .. indicates phenomenon will occur the next day.

UNIVERSAL TIME FOR MERIDIAN OF GREENWICH

MOONRISE

Lat.	+40°	+42°	+44°	+46°	+48°	+50°	+52°	+54°	+56°	+58°	+60°	+62°	+64°	+66°
	h m	h m	h m	h m	h m	h m	h m	h m	h m	h m	h m	h m	h m	h m
May 17	21 58	22 03	22 08	22 14	22 21	22 28	22 35	22 44	22 53	23 04	23 16	23 31	23 48	.. ..
18	22 48	22 53	22 58	23 03	23 08	23 14	23 21	23 28	23 36	23 45	23 56	.. ..	.. ..	0 10
19	23 33	23 37	23 40	23 44	23 49	23 53	23 59	.. ..	.. ..	.. ..	.. ..	0 08	0 22	0 39
20	.. ..	.. ..	.. ..	.. ..	.. ..	.. ..	.. ..	0 04	0 10	0 17	0 25	0 34	0 45	0 57
21	0 13	0 16	0 18	0 21	0 24	0 27	0 31	0 35	0 39	0 44	0 49	0 55	1 02	1 10
22	0 50	0 51	0 52	0 54	0 55	0 57	0 59	1 01	1 03	1 06	1 09	1 12	1 15	1 19
23	1 24	1 24	1 25	1 25	1 25	1 25	1 25	1 25	1 26	1 26	1 26	1 27	1 27	1 28
24	1 58	1 57	1 56	1 55	1 54	1 53	1 51	1 50	1 48	1 46	1 44	1 41	1 39	1 36
25	2 33	2 31	2 28	2 26	2 23	2 21	2 18	2 14	2 11	2 07	2 02	1 57	1 51	1 44
26	3 09	3 06	3 03	2 59	2 55	2 51	2 46	2 41	2 36	2 30	2 23	2 15	2 06	1 55
27	3 48	3 44	3 40	3 35	3 30	3 25	3 19	3 12	3 05	2 57	2 48	2 37	2 25	2 10
28	4 30	4 25	4 20	4 15	4 09	4 03	3 56	3 48	3 39	3 29	3 18	3 05	2 50	2 31
29	5 16	5 11	5 05	4 59	4 53	4 46	4 38	4 30	4 20	4 09	3 56	3 42	3 24	3 01
30	6 05	6 00	5 54	5 48	5 42	5 34	5 27	5 18	5 08	4 57	4 43	4 28	4 09	3 46
31	6 57	6 52	6 47	6 41	6 35	6 28	6 20	6 12	6 02	5 51	5 39	5 24	5 07	4 45
June 1	7 51	7 47	7 42	7 36	7 31	7 25	7 18	7 10	7 02	6 52	6 41	6 29	6 13	5 55
2	8 46	8 42	8 38	8 34	8 29	8 24	8 18	8 12	8 05	7 57	7 48	7 38	7 25	7 11
3	9 42	9 39	9 35	9 32	9 28	9 24	9 20	9 15	9 10	9 04	8 57	8 49	8 40	8 29
4	10 38	10 35	10 33	10 31	10 28	10 26	10 23	10 19	10 16	10 12	10 07	10 02	9 56	9 49
5	11 34	11 33	11 32	11 30	11 29	11 28	11 26	11 25	11 23	11 21	11 19	11 16	11 13	11 10
6	12 31	12 31	12 31	12 31	12 31	12 31	12 31	12 31	12 31	12 31	12 31	12 31	12 31	12 31
7	13 30	13 31	13 32	13 33	13 34	13 36	13 37	13 39	13 41	13 43	13 45	13 48	13 51	13 55
8	14 30	14 32	14 34	14 37	14 40	14 42	14 46	14 49	14 53	14 57	15 02	15 07	15 14	15 21
9	15 33	15 36	15 39	15 43	15 47	15 51	15 56	16 01	16 07	16 13	16 21	16 29	16 39	16 51
10	16 37	16 41	16 46	16 50	16 56	17 01	17 07	17 14	17 22	17 31	17 40	17 52	18 06	18 22

MOONSET

Lat.	+40°	+42°	+44°	+46°	+48°	+50°	+52°	+54°	+56°	+58°	+60°	+62°	+64°	+66°
	h m	h m	h m	h m	h m	h m	h m	h m	h m	h m	h m	h m	h m	h m
May 17	7 10	7 05	6 59	6 53	6 47	6 39	6 31	6 22	6 12	6 01	5 47	5 32	5 13	4 48
18	8 14	8 09	8 04	7 58	7 52	7 46	7 38	7 30	7 21	7 10	6 58	6 44	6 27	6 05
19	9 21	9 17	9 13	9 08	9 03	8 57	8 51	8 44	8 37	8 28	8 18	8 07	7 53	7 37
20	10 30	10 27	10 24	10 20	10 16	10 12	10 07	10 02	9 57	9 50	9 43	9 35	9 25	9 14
21	11 38	11 36	11 34	11 32	11 30	11 27	11 24	11 21	11 18	11 14	11 09	11 04	10 58	10 52
22	12 46	12 45	12 44	12 44	12 43	12 42	12 41	12 39	12 38	12 36	12 35	12 33	12 31	12 28
23	13 53	13 53	13 53	13 54	13 55	13 55	13 56	13 56	13 57	13 58	13 59	14 00	14 01	14 03
24	14 58	15 00	15 01	15 03	15 05	15 07	15 10	15 12	15 15	15 18	15 22	15 26	15 31	15 36
25	16 03	16 05	16 08	16 11	16 15	16 18	16 22	16 27	16 32	16 37	16 43	16 50	16 59	17 08
26	17 06	17 09	17 13	17 18	17 22	17 27	17 33	17 39	17 46	17 53	18 02	18 12	18 24	18 38
27	18 07	18 11	18 16	18 21	18 27	18 33	18 40	18 47	18 55	19 05	19 16	19 28	19 44	20 02
28	19 04	19 09	19 15	19 20	19 27	19 34	19 41	19 50	19 59	20 10	20 22	20 37	20 55	21 17
29	19 58	20 03	20 09	20 15	20 21	20 28	20 36	20 45	20 55	21 06	21 19	21 35	21 54	22 17
30	20 46	20 52	20 57	21 03	21 09	21 16	21 24	21 33	21 42	21 53	22 06	22 21	22 38	23 01
31	21 30	21 35	21 40	21 45	21 51	21 58	22 05	22 12	22 21	22 31	22 42	22 55	23 11	23 30
June 1	22 09	22 13	22 17	22 22	22 27	22 33	22 39	22 45	22 53	23 01	23 11	23 21	23 34	23 50
2	22 44	22 47	22 51	22 55	22 59	23 03	23 08	23 13	23 19	23 26	23 33	23 42	23 51	.. ..
3	23 16	23 19	23 21	23 24	23 27	23 30	23 34	23 38	23 42	23 47	23 52	23 58	.. ..	0 03
4	23 47	23 48	23 50	23 51	23 53	23 55	23 57	.. ..	.. ..	.. ..	.. ..	.. ..	0 05	0 13
5	.. ..	.. ..	.. ..	.. ..	.. ..	.. ..	.. ..	0 00	0 02	0 05	0 08	0 12	0 16	0 20
6	0 16	0 16	0 17	0 17	0 18	0 19	0 19	0 20	0 21	0 22	0 23	0 24	0 26	0 27
7	0 45	0 45	0 44	0 44	0 43	0 42	0 42	0 41	0 40	0 39	0 38	0 37	0 35	0 34
8	1 16	1 14	1 13	1 11	1 09	1 07	1 05	1 03	1 00	0 57	0 54	0 50	0 46	0 41
9	1 49	1 47	1 44	1 41	1 38	1 34	1 31	1 27	1 22	1 17	1 12	1 05	0 58	0 49
10	2 26	2 23	2 19	2 15	2 11	2 06	2 01	1 55	1 49	1 41	1 33	1 24	1 14	1 01

.. .. indicates phenomenon will occur the next day.

MOONRISE AND MOONSET, 2014

UNIVERSAL TIME FOR MERIDIAN OF GREENWICH

MOONRISE

Lat.	−55°	−50°	−45°	−40°	−35°	−30°	−20°	−10°	0°	+10°	+20°	+30°	+35°	+40°
	h m	h m	h m	h m	h m	h m	h m	h m	h m	h m	h m	h m	h m	h m
June 8	13 14	13 22	13 28	13 34	13 38	13 42	13 49	13 55	14 01	14 07	14 14	14 21	14 25	14 30
9	13 39	13 51	14 01	14 09	14 15	14 22	14 32	14 41	14 50	14 59	15 08	15 19	15 25	15 33
10	14 10	14 26	14 38	14 48	14 57	15 05	15 19	15 31	15 42	15 53	16 06	16 20	16 28	16 37
11	14 48	15 07	15 22	15 34	15 45	15 54	16 10	16 24	16 38	16 51	17 05	17 22	17 31	17 42
12	15 36	15 57	16 14	16 27	16 39	16 49	17 07	17 22	17 36	17 51	18 06	18 24	18 34	18 46
13	16 35	16 57	17 14	17 27	17 39	17 49	18 07	18 22	18 37	18 51	19 06	19 24	19 34	19 46
14	17 46	18 05	18 21	18 33	18 44	18 54	19 10	19 24	19 37	19 51	20 05	20 21	20 30	20 41
15	19 04	19 20	19 33	19 43	19 52	20 00	20 14	20 26	20 37	20 48	21 00	21 13	21 21	21 30
16	20 25	20 37	20 46	20 54	21 01	21 06	21 17	21 25	21 34	21 42	21 51	22 01	22 06	22 13
17	21 47	21 54	22 00	22 04	22 08	22 12	22 18	22 23	22 28	22 33	22 38	22 44	22 48	22 52
18	23 08	23 10	23 11	23 13	23 14	23 15	23 17	23 18	23 20	23 21	23 23	23 25	23 26	23 27
19	.. ..	.. ..	.. ..	.. ..	.. ..	.. ..	.. ..	.. ..	.. ..	.. ..	.. ..	.. ..	.. ..	.. ..
20	0 26	0 24	0 21	0 20	0 18	0 17	0 14	0 12	0 10	0 09	0 07	0 04	0 03	0 02
21	1 43	1 36	1 30	1 25	1 21	1 17	1 11	1 05	1 00	0 55	0 49	0 43	0 40	0 36
22	2 57	2 46	2 36	2 29	2 22	2 16	2 06	1 57	1 49	1 41	1 33	1 23	1 17	1 11
23	4 09	3 53	3 41	3 30	3 22	3 14	3 01	2 49	2 39	2 28	2 17	2 04	1 57	1 48
24	5 16	4 57	4 42	4 30	4 20	4 11	3 55	3 41	3 29	3 16	3 03	2 47	2 39	2 28
25	6 17	5 56	5 40	5 26	5 15	5 05	4 48	4 33	4 19	4 05	3 50	3 33	3 23	3 12
26	7 12	6 50	6 33	6 19	6 07	5 57	5 39	5 23	5 09	4 55	4 39	4 22	4 11	4 00
27	7 58	7 37	7 20	7 06	6 55	6 45	6 28	6 12	5 58	5 44	5 29	5 12	5 02	4 50
28	8 36	8 17	8 02	7 49	7 39	7 30	7 14	7 00	6 46	6 33	6 19	6 03	5 54	5 43
29	9 08	8 52	8 39	8 28	8 19	8 11	7 57	7 45	7 33	7 22	7 09	6 55	6 47	6 38
30	9 35	9 22	9 11	9 03	8 55	8 49	8 37	8 28	8 18	8 09	7 59	7 47	7 41	7 33
July 1	9 58	9 48	9 41	9 35	9 29	9 24	9 16	9 09	9 02	8 55	8 48	8 39	8 34	8 29
2	10 19	10 13	10 08	10 05	10 01	9 58	9 53	9 49	9 45	9 41	9 36	9 31	9 28	9 25

MOONSET

Lat.	−55°	−50°	−45°	−40°	−35°	−30°	−20°	−10°	0°	+10°	+20°	+30°	+35°	+40°
	h m	h m	h m	h m	h m	h m	h m	h m	h m	h m	h m	h m	h m	h m
June 8	2 13	2 07	2 02	1 58	1 55	1 52	1 46	1 42	1 37	1 33	1 28	1 23	1 19	1 16
9	3 25	3 15	3 07	3 00	2 54	2 49	2 40	2 32	2 24	2 17	2 09	2 00	1 55	1 49
10	4 39	4 24	4 13	4 03	3 55	3 48	3 35	3 25	3 15	3 04	2 54	2 41	2 34	2 26
11	5 52	5 34	5 20	5 08	4 58	4 49	4 34	4 21	4 08	3 56	3 43	3 28	3 19	3 09
12	7 03	6 42	6 26	6 13	6 01	5 51	5 34	5 19	5 05	4 51	4 36	4 19	4 09	3 58
13	8 07	7 46	7 29	7 15	7 03	6 53	6 35	6 19	6 05	5 50	5 35	5 17	5 06	4 55
14	9 02	8 42	8 26	8 12	8 01	7 51	7 34	7 20	7 06	6 52	6 37	6 19	6 09	5 58
15	9 46	9 29	9 16	9 04	8 54	8 46	8 31	8 18	8 06	7 54	7 40	7 25	7 16	7 06
16	10 23	10 09	9 59	9 50	9 42	9 36	9 24	9 14	9 04	8 54	8 44	8 32	8 25	8 17
17	10 52	10 44	10 37	10 31	10 26	10 21	10 13	10 06	10 00	9 53	9 46	9 38	9 33	9 27
18	11 18	11 14	11 11	11 08	11 06	11 03	11 00	10 56	10 53	10 50	10 46	10 42	10 40	10 37
19	11 42	11 43	11 43	11 43	11 43	11 43	11 44	11 44	11 44	11 44	11 44	11 45	11 45	11 45
20	12 05	12 10	12 14	12 17	12 20	12 22	12 27	12 31	12 34	12 38	12 41	12 46	12 48	12 51
21	12 29	12 38	12 46	12 52	12 57	13 02	13 10	13 17	13 24	13 30	13 37	13 45	13 50	13 55
22	12 56	13 09	13 19	13 28	13 35	13 42	13 53	14 04	14 13	14 22	14 33	14 44	14 51	14 58
23	13 26	13 42	13 56	14 07	14 16	14 24	14 39	14 51	15 03	15 14	15 27	15 41	15 50	15 59
24	14 01	14 20	14 36	14 49	14 59	15 09	15 25	15 40	15 53	16 06	16 21	16 37	16 46	16 57
25	14 42	15 04	15 20	15 34	15 46	15 56	16 14	16 29	16 43	16 57	17 13	17 30	17 40	17 52
26	15 31	15 52	16 09	16 23	16 35	16 45	17 03	17 19	17 33	17 47	18 03	18 20	18 30	18 42
27	16 25	16 46	17 02	17 15	17 27	17 36	17 53	18 08	18 22	18 35	18 50	19 07	19 16	19 27
28	17 25	17 43	17 57	18 09	18 19	18 28	18 44	18 57	19 09	19 22	19 35	19 50	19 58	20 08
29	18 27	18 42	18 55	19 05	19 13	19 21	19 33	19 45	19 55	20 06	20 17	20 29	20 36	20 45
30	19 31	19 43	19 52	20 00	20 07	20 13	20 23	20 31	20 39	20 48	20 56	21 06	21 12	21 18
July 1	20 36	20 44	20 51	20 56	21 00	21 04	21 11	21 17	21 23	21 28	21 34	21 41	21 45	21 49
2	21 42	21 46	21 49	21 52	21 54	21 56	22 00	22 03	22 05	22 08	22 11	22 14	22 16	22 18

.. .. indicates phenomenon will occur the next day.

UNIVERSAL TIME FOR MERIDIAN OF GREENWICH
MOONRISE

Lat.	+40°	+42°	+44°	+46°	+48°	+50°	+52°	+54°	+56°	+58°	+60°	+62°	+64°	+66°
	h m	h m	h m	h m	h m	h m	h m	h m	h m	h m	h m	h m	h m	h m
June 8	14 30	14 32	14 34	14 37	14 40	14 42	14 46	14 49	14 53	14 57	15 02	15 07	15 14	15 21
9	15 33	15 36	15 39	15 43	15 47	15 51	15 56	16 01	16 07	16 13	16 21	16 29	16 39	16 51
10	16 37	16 41	16 46	16 50	16 56	17 01	17 07	17 14	17 22	17 31	17 40	17 52	18 06	18 22
11	17 42	17 47	17 52	17 58	18 04	18 11	18 18	18 26	18 36	18 46	18 58	19 12	19 30	19 51
12	18 46	18 51	18 57	19 03	19 10	19 17	19 25	19 34	19 44	19 56	20 09	20 25	20 44	21 08
13	19 46	19 52	19 57	20 03	20 10	20 17	20 25	20 34	20 44	20 55	21 08	21 24	21 42	22 06
14	20 41	20 46	20 51	20 56	21 02	21 09	21 16	21 24	21 33	21 43	21 54	22 07	22 23	22 43
15	21 30	21 34	21 38	21 42	21 47	21 53	21 58	22 05	22 12	22 20	22 29	22 39	22 51	23 05
16	22 13	22 16	22 19	22 22	22 26	22 29	22 34	22 38	22 43	22 49	22 55	23 02	23 11	23 20
17	22 52	22 53	22 55	22 57	22 59	23 01	23 04	23 07	23 10	23 13	23 17	23 21	23 26	23 31
18	23 27	23 28	23 28	23 29	23 30	23 30	23 31	23 32	23 33	23 34	23 35	23 37	23 38	23 40
19	.. ..	.. ..	.. ..	.. ..	23 59	23 58	23 57	23 56	23 55	23 54	23 53	23 51	23 50	23 48
20	0 02	0 01	0 00	0 00	.. ..	.. ..	.. ..	.. ..	.. ..	.. ..	.. ..	.. ..	.. ..	23 56
21	0 36	0 34	0 32	0 30	0 28	0 26	0 23	0 21	0 18	0 14	0 11	0 06	0 02	.. ..
22	1 11	1 08	1 05	1 02	0 59	0 55	0 51	0 46	0 42	0 36	0 30	0 23	0 15	0 06
23	1 48	1 45	1 41	1 36	1 32	1 27	1 21	1 15	1 09	1 01	0 53	0 43	0 32	0 19
24	2 28	2 24	2 19	2 14	2 08	2 02	1 56	1 48	1 40	1 31	1 20	1 08	0 54	0 36
25	3 12	3 07	3 02	2 56	2 50	2 43	2 35	2 27	2 18	2 07	1 55	1 41	1 24	1 02
26	4 00	3 54	3 49	3 43	3 36	3 29	3 21	3 12	3 02	2 51	2 38	2 23	2 04	1 41
27	4 50	4 45	4 40	4 34	4 27	4 20	4 12	4 04	3 54	3 43	3 30	3 15	2 57	2 34
28	5 43	5 39	5 33	5 28	5 22	5 15	5 08	5 00	4 51	4 41	4 30	4 16	4 00	3 39
29	6 38	6 34	6 29	6 25	6 19	6 14	6 08	6 01	5 53	5 44	5 35	5 23	5 10	4 53
30	7 33	7 30	7 26	7 23	7 18	7 14	7 09	7 03	6 57	6 51	6 43	6 34	6 24	6 11
July 1	8 29	8 27	8 24	8 21	8 18	8 15	8 11	8 07	8 03	7 58	7 53	7 46	7 39	7 31
2	9 25	9 23	9 22	9 20	9 18	9 16	9 14	9 12	9 09	9 06	9 03	8 59	8 55	8 50

MOONSET

Lat.	+40°	+42°	+44°	+46°	+48°	+50°	+52°	+54°	+56°	+58°	+60°	+62°	+64°	+66°
	h m	h m	h m	h m	h m	h m	h m	h m	h m	h m	h m	h m	h m	h m
June 8	1 16	1 14	1 13	1 11	1 09	1 07	1 05	1 03	1 00	0 57	0 54	0 50	0 46	0 41
9	1 49	1 47	1 44	1 41	1 38	1 34	1 31	1 27	1 22	1 17	1 12	1 05	0 58	0 49
10	2 26	2 23	2 19	2 15	2 11	2 06	2 01	1 55	1 49	1 41	1 33	1 24	1 14	1 01
11	3 09	3 04	3 00	2 55	2 49	2 43	2 37	2 29	2 21	2 12	2 02	1 50	1 35	1 18
12	3 58	3 53	3 48	3 42	3 35	3 28	3 21	3 12	3 03	2 52	2 40	2 25	2 08	1 46
13	4 55	4 49	4 43	4 37	4 31	4 23	4 15	4 06	3 56	3 44	3 31	3 15	2 56	2 31
14	5 58	5 53	5 47	5 41	5 35	5 28	5 20	5 11	5 01	4 50	4 37	4 22	4 04	3 40
15	7 06	7 02	6 57	6 52	6 46	6 40	6 33	6 25	6 17	6 07	5 56	5 43	5 28	5 09
16	8 17	8 13	8 09	8 05	8 01	7 56	7 51	7 45	7 38	7 31	7 23	7 13	7 02	6 48
17	9 27	9 25	9 22	9 20	9 17	9 13	9 10	9 06	9 02	8 57	8 51	8 45	8 38	8 29
18	10 37	10 36	10 35	10 33	10 32	10 30	10 28	10 26	10 24	10 22	10 19	10 16	10 13	10 09
19	11 45	11 45	11 45	11 45	11 45	11 45	11 45	11 45	11 45	11 45	11 45	11 45	11 46	11 46
20	12 51	12 52	12 54	12 55	12 56	12 58	13 00	13 02	13 04	13 06	13 09	13 12	13 16	13 20
21	13 55	13 58	14 00	14 03	14 06	14 09	14 13	14 16	14 21	14 25	14 31	14 37	14 44	14 52
22	14 58	15 02	15 05	15 09	15 13	15 18	15 23	15 29	15 35	15 42	15 49	15 58	16 09	16 21
23	15 59	16 03	16 08	16 13	16 18	16 24	16 30	16 37	16 45	16 54	17 04	17 16	17 30	17 47
24	16 57	17 02	17 07	17 13	17 19	17 26	17 33	17 41	17 50	18 01	18 13	18 27	18 44	19 05
25	17 52	17 57	18 03	18 09	18 15	18 22	18 30	18 39	18 49	19 00	19 13	19 28	19 47	20 10
26	18 42	18 47	18 53	18 59	19 05	19 12	19 20	19 29	19 39	19 50	20 03	20 18	20 37	21 00
27	19 27	19 32	19 38	19 43	19 49	19 56	20 03	20 12	20 21	20 31	20 43	20 57	21 14	21 34
28	20 08	20 13	20 17	20 22	20 28	20 34	20 40	20 47	20 55	21 04	21 14	21 26	21 40	21 57
29	20 45	20 48	20 52	20 56	21 01	21 06	21 11	21 17	21 24	21 31	21 39	21 49	22 00	22 13
30	21 18	21 21	21 24	21 27	21 30	21 34	21 38	21 43	21 48	21 53	21 59	22 06	22 14	22 24
July 1	21 49	21 51	21 53	21 55	21 57	22 00	22 02	22 05	22 09	22 12	22 16	22 21	22 26	22 32
2	22 18	22 19	22 20	22 21	22 22	22 24	22 25	22 26	22 28	22 30	22 32	22 34	22 36	22 39

.. .. indicates phenomenon will occur the next day.

MOONRISE AND MOONSET, 2014

UNIVERSAL TIME FOR MERIDIAN OF GREENWICH

MOONRISE

Lat.	−55°	−50°	−45°	−40°	−35°	−30°	−20°	−10°	0°	+10°	+20°	+30°	+35°	+40°
	h m	h m	h m	h m	h m	h m	h m	h m	h m	h m	h m	h m	h m	h m
July 1	9 58	9 48	9 41	9 35	9 29	9 24	9 16	9 09	9 02	8 55	8 48	8 39	8 34	8 29
2	10 19	10 13	10 08	10 05	10 01	9 58	9 53	9 49	9 45	9 41	9 36	9 31	9 28	9 25
3	10 38	10 36	10 35	10 34	10 33	10 32	10 30	10 29	10 27	10 26	10 25	10 23	10 22	10 21
4	10 58	11 00	11 01	11 03	11 04	11 05	11 07	11 09	11 10	11 12	11 14	11 16	11 17	11 18
5	11 19	11 24	11 29	11 33	11 37	11 40	11 45	11 50	11 54	11 59	12 04	12 09	12 13	12 16
6	11 41	11 51	11 59	12 06	12 12	12 17	12 25	12 33	12 41	12 48	12 56	13 05	13 10	13 16
7	12 08	12 22	12 33	12 42	12 50	12 57	13 09	13 20	13 30	13 40	13 51	14 03	14 10	14 18
8	12 41	12 59	13 12	13 24	13 34	13 42	13 57	14 10	14 22	14 35	14 48	15 03	15 12	15 22
9	13 23	13 43	13 59	14 12	14 23	14 33	14 50	15 05	15 19	15 32	15 47	16 04	16 14	16 26
10	14 16	14 38	14 54	15 08	15 20	15 30	15 48	16 03	16 18	16 32	16 48	17 06	17 16	17 28
11	15 21	15 42	15 58	16 12	16 23	16 33	16 50	17 05	17 19	17 33	17 48	18 05	18 15	18 26
12	16 37	16 55	17 09	17 21	17 31	17 40	17 55	18 08	18 20	18 32	18 46	19 01	19 09	19 19
13	17 59	18 13	18 24	18 33	18 41	18 48	19 00	19 10	19 20	19 30	19 40	19 52	19 59	20 06
14	19 24	19 33	19 40	19 46	19 51	19 56	20 04	20 11	20 17	20 24	20 31	20 39	20 43	20 49
15	20 48	20 52	20 55	20 58	21 00	21 03	21 06	21 09	21 12	21 15	21 19	21 22	21 25	21 27
16	22 10	22 09	22 08	22 08	22 07	22 07	22 06	22 06	22 05	22 05	22 04	22 04	22 03	22 03
17	23 29	23 24	23 19	23 16	23 12	23 09	23 05	23 00	22 56	22 53	22 48	22 44	22 41	22 38
18	.. ..	.. ..	.. ..	.. ..	.. ..	.. ..	.. ..	23 54	23 47	23 40	23 32	23 24	23 19	23 14
19	0 46	0 36	0 28	0 21	0 15	0 10	0 01	.. ..	.. ..	.. ..	.. ..	.. ..	23 58	23 50
20	1 59	1 45	1 33	1 24	1 16	1 09	0 57	0 46	0 37	0 27	0 17	0 05	.. ..	.. ..
21	3 08	2 50	2 36	2 24	2 15	2 06	1 51	1 38	1 26	1 15	1 02	0 47	0 39	0 30
22	4 11	3 51	3 35	3 22	3 11	3 01	2 44	2 30	2 16	2 03	1 49	1 32	1 23	1 12
23	5 07	4 46	4 29	4 15	4 03	3 53	3 36	3 20	3 06	2 52	2 37	2 19	2 09	1 58
24	5 56	5 34	5 18	5 04	4 52	4 42	4 25	4 09	3 55	3 41	3 26	3 08	2 58	2 47
25	6 37	6 17	6 01	5 48	5 37	5 28	5 11	4 57	4 43	4 30	4 15	3 59	3 49	3 38

MOONSET

Lat.	−55°	−50°	−45°	−40°	−35°	−30°	−20°	−10°	0°	+10°	+20°	+30°	+35°	+40°
	h m	h m	h m	h m	h m	h m	h m	h m	h m	h m	h m	h m	h m	h m
July 1	20 36	20 44	20 51	20 56	21 00	21 04	21 11	21 17	21 23	21 28	21 34	21 41	21 45	21 49
2	21 42	21 46	21 49	21 52	21 54	21 56	22 00	22 03	22 05	22 08	22 11	22 14	22 16	22 18
3	22 49	22 48	22 48	22 48	22 48	22 48	22 48	22 48	22 48	22 48	22 48	22 47	22 47	22 47
4	23 56	23 52	23 49	23 46	23 43	23 41	23 38	23 34	23 31	23 28	23 25	23 21	23 19	23 17
5	.. ..	.. ..	.. ..	.. ..	.. ..	.. ..	.. ..	.. ..	.. ..	.. ..	.. ..	23 57	23 53	23 48
6	1 05	0 57	0 50	0 45	0 40	0 36	0 29	0 22	0 16	0 10	0 04	.. ..	.. ..	.. ..
7	2 16	2 04	1 54	1 46	1 39	1 33	1 22	1 13	1 04	0 55	0 46	0 35	0 29	0 22
8	3 28	3 12	2 59	2 49	2 39	2 31	2 18	2 06	1 54	1 43	1 31	1 18	1 10	1 01
9	4 40	4 20	4 05	3 52	3 42	3 32	3 16	3 02	2 49	2 36	2 22	2 05	1 56	1 45
10	5 47	5 26	5 09	4 55	4 44	4 34	4 16	4 01	3 46	3 32	3 17	2 59	2 49	2 37
11	6 47	6 26	6 09	5 56	5 44	5 34	5 16	5 01	4 47	4 32	4 17	3 59	3 49	3 37
12	7 38	7 19	7 04	6 51	6 41	6 32	6 15	6 01	5 48	5 35	5 21	5 04	4 55	4 44
13	8 19	8 04	7 52	7 41	7 33	7 25	7 12	7 00	6 49	6 38	6 26	6 12	6 04	5 55
14	8 53	8 42	8 33	8 26	8 20	8 14	8 04	7 56	7 48	7 39	7 31	7 20	7 15	7 08
15	9 22	9 16	9 10	9 06	9 03	8 59	8 54	8 49	8 44	8 39	8 34	8 28	8 24	8 20
16	9 47	9 46	9 44	9 43	9 43	9 42	9 40	9 39	9 38	9 36	9 35	9 33	9 33	9 31
17	10 11	10 14	10 17	10 19	10 21	10 22	10 25	10 27	10 30	10 32	10 34	10 37	10 39	10 40
18	10 36	10 43	10 49	10 54	10 59	11 02	11 09	11 15	11 20	11 26	11 32	11 39	11 43	11 47
19	11 02	11 13	11 22	11 30	11 37	11 43	11 53	12 02	12 11	12 19	12 28	12 38	12 44	12 51
20	11 30	11 46	11 58	12 08	12 17	12 25	12 38	12 50	13 01	13 11	13 23	13 37	13 44	13 53
21	12 04	12 22	12 37	12 49	12 59	13 08	13 24	13 38	13 50	14 03	14 17	14 33	14 42	14 52
22	12 43	13 03	13 20	13 33	13 44	13 54	14 11	14 26	14 40	14 54	15 09	15 26	15 36	15 48
23	13 28	13 50	14 07	14 20	14 32	14 42	15 00	15 15	15 30	15 44	15 59	16 17	16 27	16 39
24	14 20	14 41	14 57	15 11	15 22	15 32	15 50	16 05	16 19	16 33	16 47	17 04	17 14	17 26
25	15 17	15 36	15 52	16 04	16 15	16 24	16 40	16 53	17 06	17 19	17 33	17 48	17 57	18 08

.. .. indicates phenomenon will occur the next day.

UNIVERSAL TIME FOR MERIDIAN OF GREENWICH
MOONRISE

Lat.	+40°	+42°	+44°	+46°	+48°	+50°	+52°	+54°	+56°	+58°	+60°	+62°	+64°	+66°
	h m	h m	h m	h m	h m	h m	h m	h m	h m	h m	h m	h m	h m	h m
July 1	8 29	8 27	8 24	8 21	8 18	8 15	8 11	8 07	8 03	7 58	7 53	7 46	7 39	7 31
2	9 25	9 23	9 22	9 20	9 18	9 16	9 14	9 12	9 09	9 06	9 03	8 59	8 55	8 50
3	10 21	10 21	10 20	10 20	10 19	10 18	10 18	10 17	10 16	10 15	10 14	10 13	10 12	10 10
4	11 18	11 19	11 19	11 20	11 21	11 21	11 22	11 23	11 24	11 25	11 27	11 28	11 30	11 32
5	12 16	12 18	12 20	12 22	12 24	12 26	12 28	12 31	12 34	12 37	12 41	12 45	12 49	12 55
6	13 16	13 19	13 22	13 25	13 28	13 32	13 36	13 40	13 45	13 50	13 56	14 03	14 11	14 21
7	14 18	14 22	14 26	14 30	14 35	14 40	14 45	14 51	14 58	15 05	15 14	15 24	15 35	15 49
8	15 22	15 26	15 31	15 37	15 42	15 48	15 55	16 03	16 11	16 21	16 32	16 44	17 00	17 18
9	16 26	16 31	16 36	16 42	16 49	16 56	17 04	17 12	17 22	17 33	17 46	18 01	18 19	18 42
10	17 28	17 33	17 39	17 45	17 52	17 59	18 07	18 16	18 26	18 38	18 51	19 07	19 26	19 51
11	18 26	18 31	18 37	18 43	18 49	18 56	19 04	19 12	19 22	19 32	19 45	19 59	20 17	20 39
12	19 19	19 24	19 28	19 33	19 39	19 45	19 51	19 58	20 07	20 16	20 26	20 38	20 52	21 09
13	20 06	20 10	20 13	20 17	20 22	20 26	20 31	20 37	20 43	20 49	20 57	21 06	21 16	21 28
14	20 49	20 51	20 53	20 56	20 59	21 02	21 05	21 08	21 12	21 17	21 22	21 27	21 34	21 41
15	21 27	21 28	21 29	21 30	21 32	21 33	21 35	21 36	21 38	21 40	21 42	21 45	21 48	21 51
16	22 03	22 03	22 03	22 03	22 02	22 02	22 02	22 02	22 01	22 01	22 01	22 01	22 00	22 00
17	22 38	22 37	22 35	22 34	22 32	22 31	22 29	22 27	22 24	22 22	22 19	22 16	22 12	22 08
18	23 14	23 11	23 09	23 06	23 03	23 00	22 56	22 52	22 48	22 44	22 38	22 32	22 26	22 18
19	23 50	23 47	23 43	23 39	23 35	23 31	23 26	23 20	23 14	23 08	23 00	22 51	22 41	22 30
20	.. ..	.. ..	.. ..	.. ..	.. ..	.. ..	23 59	23 52	23 44	23 36	23 26	23 15	23 02	22 46
21	0 30	0 25	0 21	0 16	0 11	0 05	.. ..	.. ..	.. ..	.. ..	23 58	23 44	23 28	23 08
22	1 12	1 07	1 02	0 56	0 50	0 44	0 37	0 29	0 20	0 10	.. ..	.. ..	.. ..	23 42
23	1 58	1 52	1 47	1 41	1 34	1 27	1 20	1 11	1 01	0 50	0 38	0 23	0 05	.. ..
24	2 47	2 41	2 36	2 30	2 23	2 16	2 08	2 00	1 50	1 39	1 26	1 11	0 52	0 29
25	3 38	3 33	3 28	3 22	3 16	3 10	3 02	2 54	2 45	2 34	2 22	2 08	1 51	1 30

MOONSET

	+40°	+42°	+44°	+46°	+48°	+50°	+52°	+54°	+56°	+58°	+60°	+62°	+64°	+66°
	h m	h m	h m	h m	h m	h m	h m	h m	h m	h m	h m	h m	h m	h m
July 1	21 49	21 51	21 53	21 55	21 57	22 00	22 02	22 05	22 09	22 12	22 16	22 21	22 26	22 32
2	22 18	22 19	22 20	22 21	22 22	22 24	22 25	22 26	22 28	22 30	22 32	22 34	22 36	22 39
3	22 47	22 47	22 47	22 47	22 47	22 47	22 47	22 47	22 47	22 46	22 46	22 46	22 46	22 46
4	23 17	23 16	23 15	23 13	23 12	23 11	23 09	23 07	23 06	23 04	23 01	22 59	22 56	22 52
5	23 48	23 46	23 44	23 41	23 39	23 36	23 33	23 30	23 26	23 22	23 18	23 13	23 07	23 00
6	.. ..	.. ..	.. ..	.. ..	.. ..	.. ..	.. ..	23 55	23 50	23 44	23 37	23 29	23 20	23 10
7	0 22	0 19	0 16	0 12	0 09	0 04	0 00	.. ..	.. ..	.. ..	.. ..	23 50	23 38	23 24
8	1 01	0 57	0 53	0 48	0 43	0 38	0 32	0 25	0 18	0 10	0 01	.. ..	.. ..	23 45
9	1 45	1 41	1 36	1 30	1 24	1 18	1 11	1 03	0 54	0 44	0 33	0 20	0 04	.. ..
10	2 37	2 32	2 27	2 21	2 14	2 07	1 59	1 50	1 40	1 29	1 16	1 01	0 42	0 19
11	3 37	3 32	3 26	3 20	3 13	3 06	2 58	2 49	2 39	2 27	2 14	1 58	1 39	1 15
12	4 44	4 39	4 33	4 28	4 22	4 15	4 07	3 59	3 50	3 39	3 27	3 13	2 56	2 35
13	5 55	5 51	5 46	5 42	5 36	5 31	5 25	5 18	5 10	5 02	4 52	4 41	4 28	4 11
14	7 08	7 05	7 02	6 58	6 54	6 50	6 46	6 41	6 36	6 30	6 23	6 15	6 06	5 55
15	8 20	8 19	8 17	8 15	8 13	8 10	8 08	8 05	8 02	7 58	7 54	7 50	7 45	7 39
16	9 31	9 31	9 30	9 30	9 29	9 29	9 28	9 27	9 26	9 25	9 24	9 23	9 22	9 20
17	10 40	10 41	10 42	10 43	10 44	10 45	10 46	10 47	10 48	10 50	10 52	10 54	10 56	10 58
18	11 47	11 49	11 51	11 53	11 56	11 58	12 01	12 04	12 08	12 12	12 16	12 21	12 27	12 33
19	12 51	12 54	12 58	13 01	13 05	13 09	13 13	13 18	13 24	13 30	13 37	13 45	13 54	14 05
20	13 53	13 57	14 01	14 06	14 11	14 16	14 22	14 29	14 36	14 44	14 53	15 04	15 17	15 32
21	14 52	14 57	15 02	15 07	15 13	15 19	15 26	15 34	15 43	15 53	16 04	16 17	16 33	16 52
22	15 48	15 53	15 58	16 04	16 10	16 17	16 25	16 34	16 43	16 54	17 07	17 21	17 39	18 02
23	16 39	16 44	16 50	16 56	17 02	17 09	17 17	17 26	17 36	17 47	18 00	18 15	18 34	18 57
24	17 26	17 31	17 36	17 42	17 48	17 55	18 02	18 11	18 20	18 31	18 43	18 58	19 15	19 36
25	18 08	18 12	18 17	18 22	18 28	18 34	18 41	18 49	18 57	19 07	19 18	19 30	19 45	20 03

.. .. indicates phenomenon will occur the next day.

MOONRISE AND MOONSET, 2014

UNIVERSAL TIME FOR MERIDIAN OF GREENWICH

MOONRISE

Lat.	−55°	−50°	−45°	−40°	−35°	−30°	−20°	−10°	0°	+10°	+20°	+30°	+35°	+40°
	h m	h m	h m	h m	h m	h m	h m	h m	h m	h m	h m	h m	h m	h m
July 24	5 56	5 34	5 18	5 04	4 52	4 42	4 25	4 09	3 55	3 41	3 26	3 08	2 58	2 47
25	6 37	6 17	6 01	5 48	5 37	5 28	5 11	4 57	4 43	4 30	4 15	3 59	3 49	3 38
26	7 11	6 53	6 40	6 28	6 19	6 10	5 55	5 42	5 30	5 18	5 05	4 51	4 42	4 32
27	7 39	7 25	7 14	7 04	6 56	6 49	6 37	6 26	6 16	6 06	5 55	5 42	5 35	5 27
28	8 04	7 53	7 44	7 37	7 31	7 26	7 16	7 08	7 00	6 52	6 44	6 34	6 29	6 23
29	8 25	8 18	8 13	8 08	8 04	8 00	7 54	7 49	7 43	7 38	7 33	7 26	7 23	7 18
30	8 46	8 42	8 40	8 37	8 36	8 34	8 31	8 28	8 26	8 23	8 21	8 18	8 16	8 14
31	9 05	9 06	9 06	9 06	9 07	9 07	9 08	9 08	9 08	9 09	9 09	9 10	9 10	9 11
Aug. 1	9 25	9 29	9 33	9 36	9 38	9 41	9 45	9 48	9 52	9 55	9 58	10 03	10 05	10 08
2	9 47	9 55	10 02	10 07	10 12	10 16	10 23	10 30	10 36	10 42	10 49	10 57	11 01	11 06
3	10 11	10 23	10 33	10 41	10 48	10 54	11 05	11 14	11 23	11 32	11 41	11 52	11 58	12 06
4	10 41	10 56	11 09	11 19	11 28	11 36	11 49	12 01	12 12	12 24	12 36	12 49	12 57	13 07
5	11 17	11 36	11 51	12 03	12 13	12 22	12 38	12 52	13 05	13 18	13 32	13 48	13 58	14 08
6	12 03	12 23	12 40	12 53	13 05	13 15	13 32	13 47	14 01	14 15	14 30	14 48	14 58	15 10
7	13 00	13 21	13 38	13 51	14 03	14 13	14 30	14 46	15 00	15 14	15 29	15 47	15 57	16 09
8	14 09	14 28	14 44	14 56	15 07	15 17	15 33	15 47	16 00	16 13	16 28	16 44	16 53	17 04
9	15 27	15 43	15 56	16 07	16 16	16 24	16 38	16 50	17 01	17 12	17 24	17 37	17 45	17 54
10	16 51	17 03	17 13	17 20	17 27	17 33	17 43	17 52	18 00	18 08	18 17	18 27	18 33	18 39
11	18 18	18 24	18 30	18 34	18 38	18 42	18 47	18 53	18 58	19 02	19 08	19 14	19 17	19 21
12	19 43	19 45	19 46	19 47	19 48	19 49	19 50	19 52	19 53	19 54	19 56	19 57	19 58	19 59
13	21 07	21 03	21 01	20 58	20 56	20 55	20 52	20 49	20 47	20 45	20 42	20 39	20 38	20 36
14	22 27	22 19	22 12	22 07	22 02	21 58	21 51	21 45	21 39	21 34	21 28	21 21	21 17	21 13
15	23 44	23 31	23 21	23 13	23 06	23 00	22 49	22 40	22 31	22 22	22 13	22 03	21 57	21 50
16	.. ..	.. ..	.. ..	.. ..	.. ..	23 59	23 45	23 33	23 22	23 11	22 59	22 46	22 38	22 29
17	0 56	0 40	0 27	0 16	0 07	.. ..	.. ..	.. ..	.. ..	.. ..	23 46	23 31	23 22	23 11

MOONSET

Lat.	−55°	−50°	−45°	−40°	−35°	−30°	−20°	−10°	0°	+10°	+20°	+30°	+35°	+40°
	h m	h m	h m	h m	h m	h m	h m	h m	h m	h m	h m	h m	h m	h m
July 24	14 20	14 41	14 57	15 11	15 22	15 32	15 50	16 05	16 19	16 33	16 47	17 04	17 14	17 26
25	15 17	15 36	15 52	16 04	16 15	16 24	16 40	16 53	17 06	17 19	17 33	17 48	17 57	18 08
26	16 18	16 35	16 48	16 58	17 08	17 16	17 29	17 41	17 53	18 04	18 16	18 29	18 37	18 46
27	17 22	17 35	17 45	17 54	18 01	18 08	18 19	18 28	18 37	18 46	18 56	19 07	19 13	19 20
28	18 27	18 36	18 43	18 49	18 55	18 59	19 08	19 15	19 21	19 28	19 35	19 42	19 47	19 52
29	19 32	19 37	19 42	19 45	19 48	19 51	19 56	20 00	20 04	20 08	20 12	20 16	20 19	20 22
30	20 38	20 39	20 40	20 41	20 42	20 43	20 44	20 45	20 46	20 47	20 48	20 50	20 50	20 51
31	21 44	21 42	21 40	21 38	21 37	21 35	21 33	21 31	21 29	21 27	21 25	21 23	21 22	21 20
Aug. 1	22 52	22 45	22 40	22 36	22 32	22 28	22 23	22 18	22 13	22 08	22 03	21 57	21 54	21 50
2	.. ..	23 50	23 41	23 34	23 28	23 23	23 14	23 06	22 58	22 51	22 43	22 34	22 28	22 22
3	0 01	.. ..	.. ..	.. ..	.. ..	.. ..	.. ..	23 56	23 46	23 36	23 25	23 13	23 06	22 58
4	1 10	0 56	0 44	0 35	0 26	0 19	0 07	.. ..	.. ..	.. ..	.. ..	23 57	23 48	23 39
5	2 20	2 02	1 48	1 36	1 26	1 17	1 02	0 49	0 37	0 25	0 12	.. ..	.. ..	.. ..
6	3 27	3 07	2 51	2 38	2 26	2 17	2 00	1 45	1 31	1 18	1 03	0 46	0 37	0 25
7	4 30	4 08	3 52	3 38	3 26	3 16	2 59	2 43	2 29	2 15	1 59	1 42	1 31	1 19
8	5 24	5 04	4 48	4 35	4 24	4 14	3 57	3 42	3 29	3 15	3 00	2 43	2 33	2 21
9	6 10	5 53	5 39	5 28	5 18	5 09	4 54	4 41	4 29	4 17	4 03	3 48	3 39	3 29
10	6 48	6 35	6 24	6 15	6 08	6 01	5 49	5 39	5 29	5 19	5 09	4 57	4 49	4 41
11	7 20	7 11	7 04	6 59	6 54	6 49	6 41	6 34	6 28	6 21	6 14	6 06	6 01	5 55
12	7 48	7 44	7 41	7 38	7 36	7 34	7 30	7 27	7 24	7 21	7 18	7 14	7 12	7 09
13	8 14	8 15	8 15	8 16	8 16	8 17	8 18	8 18	8 19	8 19	8 20	8 20	8 21	8 21
14	8 39	8 45	8 49	8 53	8 56	8 59	9 04	9 08	9 12	9 16	9 20	9 25	9 28	9 31
15	9 05	9 15	9 23	9 30	9 35	9 40	9 49	9 57	10 04	10 11	10 19	10 28	10 33	10 39
16	9 34	9 48	9 59	10 08	10 16	10 23	10 35	10 46	10 55	11 05	11 16	11 28	11 35	11 43
17	10 06	10 24	10 37	10 49	10 58	11 07	11 22	11 34	11 46	11 59	12 11	12 26	12 35	12 45

.. .. indicates phenomenon will occur the next day.

MOONRISE AND MOONSET, 2014

UNIVERSAL TIME FOR MERIDIAN OF GREENWICH

MOONRISE

Lat.	+40°	+42°	+44°	+46°	+48°	+50°	+52°	+54°	+56°	+58°	+60°	+62°	+64°	+66°
	h m	h m	h m	h m	h m	h m	h m	h m	h m	h m	h m	h m	h m	h m
July 24	2 47	2 41	2 36	2 30	2 23	2 16	2 08	2 00	1 50	1 39	1 26	1 11	0 52	0 29
25	3 38	3 33	3 28	3 22	3 16	3 10	3 02	2 54	2 45	2 34	2 22	2 08	1 51	1 30
26	4 32	4 28	4 23	4 18	4 13	4 07	4 00	3 53	3 45	3 35	3 25	3 13	2 58	2 41
27	5 27	5 23	5 20	5 15	5 11	5 06	5 00	4 54	4 48	4 40	4 32	4 22	4 11	3 57
28	6 23	6 20	6 17	6 14	6 10	6 06	6 02	5 58	5 53	5 47	5 41	5 34	5 25	5 16
29	7 18	7 17	7 15	7 12	7 10	7 08	7 05	7 02	6 59	6 55	6 51	6 46	6 41	6 35
30	8 14	8 13	8 13	8 12	8 11	8 09	8 08	8 07	8 05	8 04	8 02	8 00	7 57	7 55
31	9 11	9 11	9 11	9 11	9 11	9 12	9 12	9 12	9 12	9 13	9 13	9 14	9 14	9 15
Aug. 1	10 08	10 09	10 10	10 12	10 13	10 15	10 16	10 18	10 20	10 23	10 26	10 29	10 32	10 36
2	11 06	11 08	11 11	11 13	11 16	11 19	11 22	11 26	11 30	11 34	11 39	11 45	11 51	11 59
3	12 06	12 09	12 12	12 16	12 20	12 24	12 29	12 34	12 40	12 47	12 54	13 02	13 12	13 24
4	13 07	13 11	13 15	13 20	13 25	13 31	13 37	13 43	13 51	14 00	14 09	14 21	14 34	14 50
5	14 08	14 13	14 18	14 24	14 30	14 37	14 44	14 52	15 01	15 11	15 23	15 37	15 53	16 14
6	15 10	15 15	15 21	15 27	15 33	15 40	15 48	15 57	16 07	16 18	16 31	16 47	17 05	17 29
7	16 09	16 14	16 20	16 26	16 32	16 39	16 47	16 56	17 06	17 17	17 30	17 45	18 04	18 27
8	17 04	17 09	17 14	17 19	17 25	17 32	17 39	17 47	17 56	18 06	18 17	18 30	18 46	19 06
9	17 54	17 58	18 02	18 07	18 12	18 17	18 23	18 29	18 36	18 44	18 54	19 04	19 16	19 31
10	18 39	18 42	18 45	18 49	18 52	18 56	19 00	19 05	19 10	19 16	19 22	19 29	19 38	19 47
11	19 21	19 22	19 24	19 26	19 28	19 30	19 33	19 36	19 39	19 42	19 45	19 49	19 54	20 00
12	19 59	20 00	20 00	20 01	20 01	20 02	20 02	20 03	20 04	20 05	20 06	20 07	20 08	20 10
13	20 36	20 35	20 34	20 34	20 33	20 32	20 31	20 29	20 28	20 27	20 25	20 23	20 21	20 19
14	21 13	21 11	21 09	21 07	21 04	21 02	20 59	20 56	20 53	20 49	20 45	20 40	20 35	20 29
15	21 50	21 47	21 44	21 41	21 37	21 33	21 29	21 24	21 19	21 13	21 06	20 59	20 50	20 40
16	22 29	22 26	22 21	22 17	22 12	22 07	22 01	21 55	21 48	21 40	21 31	21 21	21 09	20 55
17	23 11	23 07	23 02	22 57	22 51	22 45	22 38	22 30	22 22	22 12	22 02	21 49	21 34	21 16

MOONSET

Lat.	+40°	+42°	+44°	+46°	+48°	+50°	+52°	+54°	+56°	+58°	+60°	+62°	+64°	+66°
	h m	h m	h m	h m	h m	h m	h m	h m	h m	h m	h m	h m	h m	h m
July 24	17 26	17 31	17 36	17 42	17 48	17 55	18 02	18 11	18 20	18 31	18 43	18 58	19 15	19 36
25	18 08	18 12	18 17	18 22	18 28	18 34	18 41	18 49	18 57	19 07	19 18	19 30	19 45	20 03
26	18 46	18 50	18 54	18 58	19 03	19 08	19 14	19 21	19 28	19 36	19 45	19 55	20 07	20 21
27	19 20	19 23	19 27	19 30	19 34	19 38	19 43	19 48	19 53	19 59	20 06	20 14	20 23	20 34
28	19 52	19 54	19 57	19 59	20 02	20 05	20 08	20 12	20 16	20 20	20 25	20 30	20 36	20 44
29	20 22	20 23	20 25	20 26	20 28	20 29	20 31	20 33	20 36	20 38	20 41	20 44	20 47	20 51
30	20 51	20 51	20 52	20 52	20 52	20 53	20 53	20 54	20 54	20 55	20 56	20 56	20 57	20 58
31	21 20	21 19	21 19	21 18	21 17	21 16	21 15	21 14	21 13	21 12	21 10	21 09	21 07	21 05
Aug. 1	21 50	21 48	21 47	21 45	21 43	21 41	21 38	21 36	21 33	21 30	21 26	21 22	21 18	21 12
2	22 22	22 20	22 17	22 14	22 11	22 07	22 03	21 59	21 55	21 50	21 44	21 37	21 30	21 21
3	22 58	22 55	22 51	22 47	22 42	22 38	22 32	22 27	22 20	22 13	22 05	21 56	21 45	21 33
4	23 39	23 34	23 30	23 25	23 19	23 13	23 07	23 00	22 52	22 43	22 32	22 21	22 07	21 50
5	.. ..	.. ..	.. ..	.. ..	.. ..	23 56	23 49	23 41	23 31	23 21	23 09	22 55	22 38	22 17
6	0 25	0 20	0 15	0 09	0 03	.. ..	.. ..	.. ..	.. ..	.. ..	23 57	23 42	23 23	22 59
7	1 19	1 14	1 09	1 03	0 56	0 49	0 41	0 32	0 22	0 11	.. ..	.. ..	.. ..	.. ..
8	2 21	2 16	2 10	2 05	1 58	1 51	1 43	1 35	1 25	1 14	1 01	0 46	0 28	0 05
9	3 29	3 25	3 20	3 14	3 09	3 03	2 56	2 48	2 40	2 30	2 19	2 06	1 51	1 32
10	4 41	4 38	4 34	4 30	4 25	4 20	4 15	4 09	4 03	3 55	3 47	3 37	3 26	3 12
11	5 55	5 53	5 50	5 48	5 45	5 41	5 38	5 34	5 30	5 25	5 19	5 13	5 06	4 57
12	7 09	7 08	7 07	7 05	7 04	7 03	7 01	6 59	6 57	6 55	6 52	6 49	6 46	6 42
13	8 21	8 21	8 22	8 22	8 22	8 22	8 22	8 23	8 23	8 23	8 24	8 24	8 24	8 25
14	9 31	9 33	9 34	9 36	9 38	9 39	9 41	9 44	9 46	9 49	9 52	9 56	10 00	10 05
15	10 39	10 41	10 44	10 47	10 50	10 54	10 57	11 02	11 06	11 11	11 17	11 24	11 31	11 40
16	11 43	11 47	11 51	11 55	11 59	12 04	12 09	12 15	12 22	12 29	12 37	12 47	12 58	13 11
17	12 45	12 49	12 54	12 59	13 04	13 10	13 17	13 24	13 32	13 41	13 52	14 04	14 18	14 36

.. .. indicates phenomenon will occur the next day.

MOONRISE AND MOONSET, 2014

UNIVERSAL TIME FOR MERIDIAN OF GREENWICH

MOONRISE

Lat.	−55°	−50°	−45°	−40°	−35°	−30°	−20°	−10°	0°	+10°	+20°	+30°	+35°	+40°
	h m	h m	h m	h m	h m	h m	h m	h m	h m	h m	h m	h m	h m	h m
Aug. 16	.. ..	.. ..	.. ..	.. ..	.. ..	23 59	23 45	23 33	23 22	23 11	22 59	22 46	22 38	22 29
17	0 56	0 40	0 27	0 16	0 07	.. ..	.. ..	.. ..	.. ..	.. ..	23 46	23 31	23 22	23 11
18	2 02	1 43	1 28	1 15	1 05	0 55	0 40	0 26	0 13	0 00	.. ..	.. ..	.. ..	23 56
19	3 01	2 40	2 24	2 10	1 59	1 49	1 32	1 17	1 03	0 49	0 34	0 17	0 07	.. ..
20	3 53	3 31	3 15	3 01	2 49	2 39	2 22	2 07	1 52	1 38	1 23	1 06	0 56	0 44
21	4 36	4 16	4 00	3 47	3 36	3 26	3 09	2 55	2 41	2 27	2 13	1 56	1 46	1 35
22	5 12	4 54	4 40	4 28	4 18	4 09	3 54	3 41	3 28	3 16	3 02	2 47	2 38	2 28
23	5 43	5 28	5 15	5 05	4 57	4 49	4 36	4 25	4 14	4 03	3 52	3 38	3 31	3 22
24	6 09	5 57	5 47	5 39	5 33	5 27	5 16	5 07	4 59	4 50	4 41	4 30	4 24	4 17
25	6 31	6 23	6 17	6 11	6 06	6 02	5 55	5 48	5 42	5 36	5 30	5 22	5 18	5 13
26	6 52	6 48	6 44	6 41	6 38	6 36	6 32	6 28	6 25	6 22	6 18	6 14	6 12	6 09
27	7 12	7 12	7 11	7 10	7 10	7 10	7 09	7 08	7 08	7 07	7 07	7 06	7 06	7 05
28	7 32	7 35	7 38	7 40	7 42	7 43	7 46	7 48	7 51	7 53	7 56	7 59	8 00	8 02
29	7 54	8 00	8 06	8 10	8 14	8 18	8 24	8 30	8 35	8 40	8 46	8 52	8 56	9 00
30	8 17	8 28	8 36	8 43	8 49	8 55	9 04	9 12	9 20	9 28	9 37	9 46	9 52	9 58
31	8 44	8 58	9 10	9 19	9 27	9 34	9 47	9 58	10 08	10 18	10 29	10 42	10 50	10 58
Sept. 1	9 17	9 35	9 48	10 00	10 10	10 18	10 33	10 46	10 58	11 11	11 24	11 39	11 48	11 58
2	9 58	10 18	10 33	10 46	10 57	11 07	11 23	11 38	11 51	12 05	12 20	12 37	12 46	12 58
3	10 48	11 09	11 25	11 39	11 50	12 01	12 18	12 33	12 47	13 01	13 16	13 34	13 44	13 56
4	11 49	12 10	12 26	12 39	12 50	13 00	13 16	13 31	13 45	13 58	14 13	14 30	14 40	14 51
5	13 01	13 19	13 33	13 44	13 54	14 03	14 18	14 31	14 43	14 55	15 08	15 23	15 32	15 42
6	14 20	14 34	14 45	14 55	15 03	15 09	15 21	15 32	15 42	15 51	16 02	16 14	16 21	16 28
7	15 44	15 54	16 01	16 07	16 13	16 17	16 25	16 33	16 39	16 46	16 53	17 01	17 06	17 11
8	17 10	17 14	17 18	17 21	17 23	17 25	17 29	17 33	17 36	17 39	17 42	17 46	17 49	17 51
9	18 35	18 35	18 34	18 33	18 33	18 33	18 32	18 32	18 31	18 31	18 30	18 30	18 30	18 29

MOONSET

Lat.	−55°	−50°	−45°	−40°	−35°	−30°	−20°	−10°	0°	+10°	+20°	+30°	+35°	+40°
	h m	h m	h m	h m	h m	h m	h m	h m	h m	h m	h m	h m	h m	h m
Aug. 16	9 34	9 48	9 59	10 08	10 16	10 23	10 35	10 46	10 55	11 05	11 16	11 28	11 35	11 43
17	10 06	10 24	10 37	10 49	10 58	11 07	11 22	11 34	11 46	11 59	12 11	12 26	12 35	12 45
18	10 44	11 04	11 19	11 32	11 43	11 53	12 09	12 24	12 37	12 51	13 05	13 21	13 31	13 42
19	11 27	11 48	12 05	12 19	12 30	12 40	12 58	13 13	13 27	13 41	13 56	14 13	14 24	14 35
20	12 17	12 38	12 54	13 08	13 20	13 30	13 47	14 02	14 16	14 30	14 45	15 02	15 12	15 23
21	13 12	13 32	13 47	14 00	14 11	14 20	14 37	14 51	15 04	15 17	15 31	15 47	15 56	16 07
22	14 11	14 29	14 42	14 54	15 03	15 12	15 26	15 39	15 50	16 02	16 14	16 29	16 37	16 46
23	15 14	15 28	15 39	15 49	15 57	16 03	16 15	16 26	16 36	16 45	16 56	17 07	17 14	17 22
24	16 18	16 29	16 37	16 44	16 50	16 55	17 04	17 12	17 20	17 27	17 35	17 44	17 49	17 55
25	17 23	17 30	17 35	17 40	17 44	17 47	17 53	17 58	18 03	18 08	18 13	18 18	18 22	18 25
26	18 29	18 32	18 34	18 36	18 38	18 39	18 41	18 44	18 46	18 48	18 50	18 52	18 53	18 55
27	19 35	19 34	19 33	19 33	19 32	19 31	19 30	19 29	19 28	19 27	19 25	19 25	19 25	19 24
28	20 42	20 37	20 33	20 30	20 27	20 24	20 20	20 16	20 12	20 08	20 04	19 59	19 57	19 54
29	21 50	21 41	21 34	21 28	21 23	21 18	21 10	21 03	20 56	20 50	20 43	20 35	20 31	20 25
30	22 59	22 46	22 35	22 27	22 19	22 13	22 02	21 52	21 43	21 34	21 24	21 13	21 07	20 59
31	.. ..	23 50	23 37	23 27	23 17	23 09	22 55	22 43	22 32	22 21	22 08	21 55	21 47	21 38
Sept. 1	0 07	.. ..	.. ..	.. ..	.. ..	.. ..	23 51	23 37	23 23	23 10	22 56	22 41	22 31	22 21
2	1 13	0 54	0 39	0 26	0 16	0 07	.. ..	.. ..	.. ..	.. ..	23 49	23 32	23 22	23 10
3	2 16	1 55	1 39	1 25	1 14	1 04	0 47	0 32	0 18	0 04	.. ..	.. ..	.. ..	.. ..
4	3 12	2 51	2 35	2 22	2 10	2 01	1 43	1 28	1 14	1 00	0 45	0 28	0 18	0 06
5	4 00	3 42	3 27	3 15	3 04	2 55	2 39	2 26	2 12	1 59	1 45	1 29	1 20	1 09
6	4 41	4 26	4 14	4 04	3 55	3 47	3 34	3 22	3 11	3 00	2 48	2 34	2 26	2 17
7	5 16	5 05	4 56	4 48	4 42	4 36	4 26	4 17	4 09	4 01	3 52	3 42	3 36	3 29
8	5 45	5 39	5 34	5 29	5 26	5 22	5 16	5 11	5 06	5 01	4 56	4 50	4 46	4 42
9	6 13	6 11	6 10	6 08	6 07	6 07	6 05	6 04	6 02	6 01	5 59	5 57	5 56	5 55

...... indicates phenomenon will occur the next day.

UNIVERSAL TIME FOR MERIDIAN OF GREENWICH

MOONRISE

Lat.	+40°	+42°	+44°	+46°	+48°	+50°	+52°	+54°	+56°	+58°	+60°	+62°	+64°	+66°
	h m	h m	h m	h m	h m	h m	h m	h m	h m	h m	h m	h m	h m	h m
Aug. 16	22 29	22 26	22 21	22 17	22 12	22 07	22 01	21 55	21 48	21 40	21 31	21 21	21 09	20 55
17	23 11	23 07	23 02	22 57	22 51	22 45	22 38	22 30	22 22	22 12	22 02	21 49	21 34	21 16
18	23 56	23 51	23 46	23 40	23 34	23 27	23 19	23 11	23 02	22 51	22 39	22 24	22 07	21 46
19	.. ..	.. ..	.. ..	.. ..	.. ..	.. ..	.. ..	23 58	23 48	23 37	23 24	23 09	22 51	22 28
20	0 44	0 39	0 34	0 28	0 21	0 14	0 06	.. ..	.. ..	.. ..	.. ..	.. ..	23 46	23 24
21	1 35	1 30	1 25	1 19	1 13	1 06	0 58	0 50	0 41	0 30	0 18	0 03	.. ..	.. ..
22	2 28	2 23	2 18	2 13	2 07	2 01	1 54	1 47	1 38	1 29	1 18	1 05	0 50	0 31
23	3 22	3 18	3 14	3 10	3 05	2 59	2 54	2 47	2 40	2 32	2 23	2 13	2 00	1 45
24	4 17	4 14	4 11	4 07	4 04	3 59	3 55	3 50	3 44	3 38	3 31	3 23	3 14	3 03
25	5 13	5 11	5 08	5 06	5 03	5 00	4 57	4 54	4 50	4 46	4 41	4 35	4 29	4 22
26	6 09	6 08	6 06	6 05	6 04	6 02	6 00	5 58	5 56	5 54	5 51	5 48	5 45	5 41
27	7 05	7 05	7 05	7 05	7 04	7 04	7 04	7 04	7 03	7 03	7 03	7 02	7 02	7 01
28	8 02	8 03	8 04	8 05	8 06	8 07	8 08	8 10	8 11	8 13	8 15	8 17	8 19	8 22
29	9 00	9 02	9 04	9 06	9 08	9 11	9 13	9 16	9 20	9 23	9 27	9 32	9 38	9 44
30	9 58	10 01	10 04	10 08	10 11	10 15	10 19	10 24	10 29	10 35	10 41	10 48	10 57	11 07
31	10 58	11 02	11 06	11 10	11 15	11 20	11 25	11 32	11 38	11 46	11 55	12 05	12 17	12 31
Sept. 1	11 58	12 03	12 07	12 13	12 18	12 24	12 31	12 39	12 47	12 57	13 07	13 20	13 35	13 54
2	12 58	13 03	13 08	13 14	13 20	13 27	13 35	13 43	13 53	14 03	14 16	14 31	14 48	15 10
3	13 56	14 01	14 06	14 12	14 19	14 26	14 34	14 43	14 53	15 04	15 17	15 32	15 50	16 14
4	14 51	14 56	15 01	15 07	15 13	15 20	15 27	15 35	15 45	15 55	16 07	16 21	16 38	16 59
5	15 42	15 46	15 51	15 56	16 01	16 07	16 13	16 21	16 28	16 37	16 48	16 59	17 13	17 30
6	16 28	16 32	16 35	16 39	16 44	16 48	16 53	16 59	17 05	17 12	17 19	17 28	17 38	17 50
7	17 11	17 13	17 16	17 19	17 21	17 25	17 28	17 32	17 36	17 40	17 45	17 51	17 57	18 05
8	17 51	17 52	17 53	17 55	17 56	17 57	17 59	18 01	18 03	18 05	18 07	18 10	18 13	18 17
9	18 29	18 29	18 29	18 29	18 29	18 29	18 28	18 28	18 28	18 28	18 28	18 27	18 27	18 27

MOONSET

Lat.	+40°	+42°	+44°	+46°	+48°	+50°	+52°	+54°	+56°	+58°	+60°	+62°	+64°	+66°
	h m	h m	h m	h m	h m	h m	h m	h m	h m	h m	h m	h m	h m	h m
Aug. 16	11 43	11 47	11 51	11 55	11 59	12 04	12 09	12 15	12 22	12 29	12 37	12 47	12 58	13 11
17	12 45	12 49	12 54	12 59	13 04	13 10	13 17	13 24	13 32	13 41	13 52	14 04	14 18	14 36
18	13 42	13 47	13 52	13 58	14 04	14 11	14 18	14 26	14 36	14 46	14 58	15 12	15 29	15 50
19	14 35	14 40	14 46	14 52	14 58	15 05	15 13	15 21	15 31	15 42	15 55	16 10	16 28	16 51
20	15 23	15 28	15 34	15 40	15 46	15 53	16 01	16 09	16 18	16 29	16 42	16 56	17 14	17 36
21	16 07	16 12	16 17	16 22	16 28	16 34	16 41	16 49	16 58	17 08	17 19	17 32	17 48	18 07
22	16 46	16 50	16 55	16 59	17 05	17 10	17 16	17 23	17 30	17 39	17 48	17 59	18 12	18 28
23	17 22	17 25	17 29	17 33	17 37	17 41	17 46	17 52	17 58	18 05	18 12	18 21	18 31	18 43
24	17 55	17 57	18 00	18 03	18 06	18 09	18 13	18 17	18 21	18 26	18 32	18 38	18 45	18 54
25	18 25	18 27	18 29	18 30	18 32	18 35	18 37	18 39	18 42	18 45	18 49	18 53	18 57	19 02
26	18 55	18 55	18 56	18 57	18 58	18 59	19 00	19 01	19 02	19 03	19 04	19 06	19 08	19 10
27	19 24	19 24	19 23	19 23	19 23	19 22	19 22	19 21	19 21	19 20	19 19	19 19	19 18	19 17
28	19 54	19 53	19 51	19 50	19 48	19 46	19 45	19 43	19 40	19 38	19 35	19 32	19 28	19 24
29	20 25	20 23	20 21	20 18	20 15	20 12	20 09	20 05	20 01	19 57	19 52	19 47	19 40	19 33
30	20 59	20 56	20 53	20 49	20 45	20 41	20 36	20 31	20 26	20 19	20 12	20 04	19 55	19 44
31	21 38	21 33	21 29	21 25	21 20	21 14	21 08	21 02	20 54	20 46	20 37	20 26	20 14	19 59
Sept. 1	22 21	22 16	22 11	22 06	22 00	21 53	21 46	21 38	21 30	21 20	21 09	20 55	20 40	20 21
2	23 10	23 05	22 59	22 54	22 47	22 40	22 32	22 24	22 14	22 03	21 51	21 36	21 18	20 56
3	.. ..	.. ..	23 56	23 50	23 43	23 36	23 28	23 19	23 10	22 59	22 46	22 30	22 12	21 49
4	0 06	0 01	.. ..	.. ..	.. ..	.. ..	.. ..	.. ..	.. ..	.. ..	23 54	23 41	23 24	23 03
5	1 09	1 04	0 59	0 54	0 47	0 41	0 34	0 26	0 17	0 06	.. ..	.. ..	.. ..	.. ..
6	2 17	2 13	2 09	2 04	1 59	1 53	1 47	1 41	1 33	1 25	1 15	1 04	0 50	0 34
7	3 29	3 26	3 23	3 19	3 15	3 11	3 07	3 02	2 56	2 50	2 43	2 35	2 26	2 15
8	4 42	4 40	4 38	4 36	4 34	4 32	4 29	4 26	4 23	4 19	4 15	4 10	4 05	3 59
9	5 55	5 55	5 54	5 54	5 53	5 52	5 51	5 51	5 50	5 49	5 48	5 46	5 45	5 43

.. .. indicates phenomenon will occur the next day.

MOONRISE AND MOONSET, 2014

UNIVERSAL TIME FOR MERIDIAN OF GREENWICH

MOONRISE

Lat.	−55°	−50°	−45°	−40°	−35°	−30°	−20°	−10°	0°	+10°	+20°	+30°	+35°	+40°
	h m	h m	h m	h m	h m	h m	h m	h m	h m	h m	h m	h m	h m	h m
Sept. 8	17 10	17 14	17 18	17 21	17 23	17 25	17 29	17 33	17 36	17 39	17 42	17 46	17 49	17 51
9	18 35	18 35	18 34	18 33	18 33	18 33	18 32	18 32	18 31	18 31	18 30	18 30	18 30	18 29
10	19 59	19 53	19 49	19 45	19 42	19 39	19 34	19 29	19 25	19 21	19 17	19 13	19 10	19 07
11	21 20	21 09	21 01	20 54	20 48	20 43	20 34	20 26	20 19	20 12	20 04	19 56	19 51	19 45
12	22 36	22 22	22 10	22 01	21 52	21 45	21 33	21 22	21 12	21 02	20 52	20 40	20 33	20 25
13	23 47	23 29	23 15	23 03	22 53	22 45	22 30	22 17	22 05	21 53	21 40	21 25	21 17	21 07
14	.. ..	.. ..	.. ..	.. ..	23 51	23 41	23 24	23 10	22 56	22 43	22 29	22 12	22 03	21 52
15	0 51	0 31	0 15	0 02	.. ..	.. ..	.. ..	.. ..	23 47	23 33	23 18	23 01	22 51	22 40
16	1 46	1 25	1 09	0 55	0 44	0 34	0 16	0 01	.. ..	.. ..	.. ..	23 51	23 41	23 30
17	2 33	2 13	1 56	1 43	1 32	1 22	1 05	0 50	0 37	0 23	0 08	.. ..	.. ..	.. ..
18	3 12	2 53	2 39	2 26	2 16	2 07	1 51	1 37	1 25	1 12	0 58	0 42	0 33	0 22
19	3 45	3 28	3 16	3 05	2 56	2 48	2 34	2 22	2 11	2 00	1 47	1 34	1 26	1 16
20	4 12	3 59	3 49	3 40	3 33	3 26	3 15	3 05	2 56	2 47	2 37	2 25	2 19	2 11
21	4 36	4 27	4 19	4 13	4 07	4 03	3 54	3 47	3 40	3 33	3 26	3 17	3 12	3 07
22	4 58	4 52	4 47	4 43	4 40	4 37	4 32	4 27	4 23	4 19	4 14	4 09	4 06	4 02
23	5 18	5 16	5 15	5 13	5 12	5 11	5 09	5 07	5 06	5 04	5 03	5 01	5 00	4 59
24	5 39	5 40	5 42	5 43	5 44	5 45	5 46	5 48	5 49	5 51	5 52	5 54	5 55	5 56
25	6 00	6 05	6 10	6 13	6 17	6 20	6 25	6 29	6 33	6 38	6 42	6 47	6 50	6 54
26	6 23	6 32	6 39	6 46	6 51	6 56	7 04	7 12	7 19	7 26	7 33	7 42	7 47	7 53
27	6 49	7 02	7 12	7 21	7 28	7 35	7 46	7 57	8 06	8 16	8 26	8 38	8 44	8 52
28	7 20	7 36	7 49	8 00	8 09	8 17	8 32	8 44	8 56	9 07	9 20	9 34	9 43	9 52
29	7 58	8 17	8 32	8 44	8 55	9 04	9 20	9 34	9 47	10 01	10 15	10 31	10 41	10 52
30	8 44	9 05	9 21	9 34	9 45	9 55	10 12	10 27	10 41	10 55	11 10	11 28	11 38	11 49
Oct. 1	9 40	10 01	10 17	10 30	10 41	10 51	11 08	11 23	11 37	11 51	12 05	12 22	12 32	12 44
2	10 46	11 04	11 19	11 31	11 42	11 51	12 07	12 20	12 33	12 46	12 59	13 15	13 24	13 34

MOONSET

Lat.	−55°	−50°	−45°	−40°	−35°	−30°	−20°	−10°	0°	+10°	+20°	+30°	+35°	+40°
	h m	h m	h m	h m	h m	h m	h m	h m	h m	h m	h m	h m	h m	h m
Sept. 8	5 45	5 39	5 34	5 29	5 26	5 22	5 16	5 11	5 06	5 01	4 56	4 50	4 46	4 42
9	6 13	6 11	6 10	6 08	6 07	6 07	6 05	6 04	6 02	6 01	5 59	5 57	5 56	5 55
10	6 39	6 42	6 44	6 46	6 48	6 50	6 52	6 55	6 57	6 59	7 02	7 04	7 06	7 08
11	7 05	7 13	7 19	7 24	7 29	7 33	7 39	7 45	7 51	7 57	8 03	8 10	8 14	8 18
12	7 34	7 46	7 55	8 03	8 10	8 16	8 27	8 36	8 44	8 53	9 02	9 13	9 19	9 26
13	8 05	8 21	8 34	8 44	8 53	9 01	9 14	9 26	9 37	9 48	10 00	10 14	10 22	10 31
14	8 42	9 01	9 15	9 28	9 38	9 47	10 03	10 17	10 30	10 43	10 56	11 12	11 21	11 32
15	9 24	9 45	10 01	10 14	10 25	10 35	10 52	11 07	11 21	11 35	11 50	12 07	12 16	12 28
16	10 12	10 33	10 50	11 03	11 15	11 25	11 42	11 57	12 11	12 25	12 40	12 57	13 07	13 19
17	11 06	11 26	11 42	11 55	12 06	12 16	12 32	12 46	13 00	13 13	13 28	13 44	13 53	14 04
18	12 04	12 22	12 36	12 48	12 58	13 07	13 22	13 35	13 47	13 59	14 12	14 27	14 36	14 45
19	13 06	13 21	13 33	13 43	13 51	13 59	14 11	14 22	14 33	14 43	14 54	15 07	15 14	15 22
20	14 09	14 21	14 30	14 38	14 44	14 50	15 00	15 09	15 17	15 25	15 34	15 44	15 49	15 56
21	15 14	15 22	15 28	15 33	15 38	15 42	15 49	15 55	16 01	16 06	16 12	16 19	16 23	16 27
22	16 19	16 24	16 27	16 30	16 32	16 34	16 38	16 41	16 44	16 47	16 50	16 53	16 55	16 57
23	17 26	17 26	17 26	17 26	17 26	17 26	17 27	17 27	17 27	17 27	17 27	17 27	17 27	17 27
24	18 33	18 29	18 26	18 24	18 21	18 19	18 16	18 13	18 10	18 07	18 04	18 01	17 59	17 57
25	19 41	19 33	19 27	19 22	19 17	19 13	19 07	19 01	18 55	18 49	18 43	18 36	18 33	18 28
26	20 50	20 38	20 29	20 21	20 14	20 09	19 58	19 50	19 41	19 33	19 24	19 14	19 08	19 02
27	21 59	21 43	21 31	21 21	21 12	21 05	20 52	20 40	20 30	20 19	20 08	19 55	19 47	19 39
28	23 05	22 47	22 32	22 21	22 10	22 01	21 46	21 33	21 20	21 08	20 54	20 39	20 30	20 20
29	.. ..	23 48	23 32	23 19	23 08	22 58	22 41	22 27	22 13	21 59	21 45	21 28	21 18	21 07
30	0 09	.. ..	.. ..	.. ..	.. ..	23 54	23 37	23 22	23 08	22 54	22 39	22 21	22 11	22 00
Oct. 1	1 06	0 45	0 29	0 15	0 04	.. ..	.. ..	.. ..	.. ..	23 50	23 36	23 19	23 09	22 58
2	1 55	1 36	1 21	1 08	0 57	0 48	0 31	0 17	0 04	.. ..	.. ..	.. ..	.. ..	.. ..

.. .. indicates phenomenon will occur the next day.

UNIVERSAL TIME FOR MERIDIAN OF GREENWICH

MOONRISE

Lat.	+40°	+42°	+44°	+46°	+48°	+50°	+52°	+54°	+56°	+58°	+60°	+62°	+64°	+66°
	h m	h m	h m	h m	h m	h m	h m	h m	h m	h m	h m	h m	h m	h m
Sept. 8	17 51	17 52	17 53	17 55	17 56	17 57	17 59	18 01	18 03	18 05	18 07	18 10	18 13	18 17
9	18 29	18 29	18 29	18 29	18 29	18 29	18 28	18 28	18 28	18 28	18 28	18 27	18 27	18 27
10	19 07	19 06	19 04	19 03	19 01	18 59	18 57	18 55	18 53	18 51	18 48	18 45	18 41	18 37
11	19 45	19 43	19 40	19 37	19 34	19 31	19 27	19 24	19 19	19 14	19 09	19 03	18 56	18 48
12	20 25	20 21	20 18	20 14	20 09	20 05	20 00	19 54	19 48	19 41	19 33	19 25	19 14	19 02
13	21 07	21 03	20 58	20 53	20 48	20 42	20 36	20 29	20 21	20 12	20 02	19 51	19 38	19 21
14	21 52	21 47	21 42	21 36	21 30	21 24	21 17	21 09	21 00	20 49	20 38	20 24	20 08	19 48
15	22 40	22 35	22 29	22 23	22 17	22 10	22 02	21 54	21 44	21 33	21 21	21 06	20 49	20 26
16	23 30	23 25	23 20	23 14	23 08	23 01	22 53	22 45	22 35	22 25	22 12	21 58	21 40	21 18
17	.. ..	.. ..	.. ..	.. ..	.. ..	23 55	23 48	23 40	23 32	23 22	23 10	22 57	22 41	22 22
18	0 22	0 18	0 13	0 07	0 02	.. ..	.. ..	.. ..	.. ..	.. ..	.. ..	.. ..	23 50	23 34
19	1 16	1 12	1 08	1 03	0 58	0 53	0 46	0 40	0 32	0 24	0 14	0 03	.. ..	.. ..
20	2 11	2 08	2 04	2 00	1 56	1 52	1 47	1 41	1 35	1 29	1 21	1 12	1 02	0 50
21	3 07	3 04	3 02	2 59	2 56	2 52	2 49	2 45	2 40	2 35	2 30	2 24	2 16	2 08
22	4 02	4 01	3 59	3 58	3 56	3 54	3 52	3 49	3 46	3 43	3 40	3 36	3 32	3 27
23	4 59	4 58	4 58	4 57	4 57	4 56	4 55	4 54	4 53	4 52	4 51	4 50	4 49	4 47
24	5 56	5 56	5 57	5 58	5 58	5 59	6 00	6 00	6 01	6 02	6 03	6 05	6 06	6 08
25	6 54	6 55	6 57	6 59	7 01	7 03	7 05	7 07	7 10	7 13	7 16	7 20	7 25	7 30
26	7 53	7 55	7 58	8 01	8 04	8 07	8 11	8 15	8 20	8 25	8 30	8 37	8 44	8 53
27	8 52	8 56	8 59	9 03	9 08	9 12	9 17	9 23	9 29	9 37	9 45	9 54	10 05	10 18
28	9 52	9 56	10 01	10 06	10 11	10 17	10 23	10 30	10 38	10 47	10 58	11 09	11 24	11 41
29	10 52	10 56	11 02	11 07	11 13	11 20	11 27	11 35	11 44	11 55	12 07	12 21	12 38	12 59
30	11 49	11 54	12 00	12 06	12 12	12 19	12 27	12 36	12 45	12 56	13 09	13 24	13 42	14 05
Oct. 1	12 44	12 49	12 54	13 00	13 06	13 13	13 21	13 29	13 39	13 50	14 02	14 16	14 34	14 56
2	13 34	13 39	13 44	13 49	13 55	14 01	14 08	14 16	14 24	14 34	14 45	14 57	15 12	15 30

MOONSET

Lat.	+40°	+42°	+44°	+46°	+48°	+50°	+52°	+54°	+56°	+58°	+60°	+62°	+64°	+66°
	h m	h m	h m	h m	h m	h m	h m	h m	h m	h m	h m	h m	h m	h m
Sept. 8	4 42	4 40	4 38	4 36	4 34	4 32	4 29	4 26	4 23	4 19	4 15	4 10	4 05	3 59
9	5 55	5 55	5 54	5 54	5 53	5 52	5 51	5 51	5 50	5 49	5 48	5 46	5 45	5 43
10	7 08	7 08	7 09	7 10	7 11	7 12	7 13	7 14	7 16	7 17	7 19	7 21	7 23	7 25
11	8 18	8 20	8 22	8 24	8 27	8 30	8 33	8 36	8 39	8 43	8 48	8 53	8 59	9 05
12	9 26	9 29	9 33	9 36	9 40	9 44	9 49	9 54	9 59	10 06	10 13	10 21	10 30	10 41
13	10 31	10 35	10 39	10 44	10 49	10 54	11 00	11 07	11 14	11 23	11 32	11 43	11 56	12 12
14	11 32	11 36	11 41	11 47	11 53	11 59	12 06	12 14	12 23	12 32	12 44	12 57	13 13	13 33
15	12 28	12 33	12 38	12 44	12 50	12 57	13 05	13 13	13 23	13 33	13 46	14 00	14 18	14 40
16	13 19	13 24	13 29	13 35	13 41	13 48	13 56	14 04	14 14	14 25	14 37	14 52	15 09	15 31
17	14 04	14 09	14 14	14 20	14 26	14 32	14 40	14 48	14 56	15 07	15 18	15 32	15 48	16 08
18	14 45	14 50	14 54	14 59	15 04	15 10	15 17	15 24	15 32	15 40	15 50	16 02	16 16	16 32
19	15 22	15 26	15 30	15 34	15 38	15 43	15 48	15 54	16 01	16 08	16 16	16 26	16 37	16 49
20	15 56	15 59	16 02	16 05	16 08	16 12	16 16	16 21	16 26	16 31	16 37	16 44	16 52	17 02
21	16 27	16 29	16 31	16 33	16 36	16 38	16 41	16 44	16 48	16 51	16 55	17 00	17 05	17 12
22	16 57	16 58	16 59	17 01	17 02	17 03	17 04	17 06	17 08	17 09	17 12	17 14	17 17	17 20
23	17 27	17 27	17 27	17 27	17 27	17 27	17 27	17 27	17 27	17 27	17 27	17 27	17 27	17 27
24	17 57	17 56	17 55	17 54	17 53	17 51	17 50	17 48	17 47	17 45	17 43	17 40	17 38	17 35
25	18 28	18 26	18 24	18 22	18 19	18 17	18 14	18 11	18 08	18 04	18 00	17 55	17 49	17 43
26	19 02	18 59	18 56	18 52	18 49	18 45	18 41	18 36	18 31	18 25	18 19	18 12	18 03	17 53
27	19 39	19 35	19 31	19 27	19 22	19 17	19 11	19 05	18 58	18 51	18 42	18 32	18 21	18 07
28	20 20	20 16	20 11	20 06	20 00	19 54	19 47	19 40	19 32	19 22	19 12	18 59	18 45	18 27
29	21 07	21 02	20 57	20 51	20 45	20 38	20 30	20 22	20 13	20 02	19 50	19 36	19 19	18 57
30	22 00	21 54	21 49	21 43	21 37	21 29	21 22	21 13	21 03	20 52	20 39	20 24	20 06	19 43
Oct. 1	22 58	22 53	22 48	22 42	22 36	22 29	22 22	22 14	22 04	21 54	21 42	21 27	21 10	20 48
2	.. ..	23 58	23 53	23 48	23 43	23 37	23 30	23 23	23 15	23 06	22 55	22 43	22 28	22 11

.. .. indicates phenomenon will occur the next day.

MOONRISE AND MOONSET, 2014

UNIVERSAL TIME FOR MERIDIAN OF GREENWICH

MOONRISE

Lat.	−55°	−50°	−45°	−40°	−35°	−30°	−20°	−10°	0°	+10°	+20°	+30°	+35°	+40°
	h m	h m	h m	h m	h m	h m	h m	h m	h m	h m	h m	h m	h m	h m
Oct. 1	9 40	10 01	10 17	10 30	10 41	10 51	11 08	11 23	11 37	11 51	12 05	12 22	12 32	12 44
2	10 46	11 04	11 19	11 31	11 42	11 51	12 07	12 20	12 33	12 46	12 59	13 15	13 24	13 34
3	11 59	12 15	12 27	12 37	12 46	12 54	13 07	13 19	13 29	13 40	13 52	14 05	14 12	14 21
4	13 18	13 30	13 39	13 46	13 53	13 59	14 09	14 17	14 25	14 33	14 42	14 52	14 57	15 04
5	14 41	14 47	14 53	14 57	15 01	15 05	15 10	15 16	15 21	15 25	15 31	15 37	15 40	15 44
6	16 04	16 06	16 07	16 09	16 10	16 11	16 12	16 14	16 15	16 16	16 18	16 20	16 21	16 22
7	17 28	17 25	17 22	17 20	17 18	17 17	17 14	17 11	17 09	17 07	17 05	17 02	17 01	16 59
8	18 50	18 42	18 36	18 30	18 26	18 22	18 15	18 09	18 03	17 58	17 52	17 45	17 41	17 37
9	20 10	19 57	19 47	19 39	19 32	19 26	19 15	19 06	18 57	18 49	18 40	18 29	18 23	18 17
10	21 25	21 09	20 56	20 45	20 36	20 28	20 14	20 02	19 51	19 40	19 28	19 15	19 07	18 58
11	22 34	22 15	22 00	21 47	21 37	21 27	21 12	20 58	20 45	20 32	20 18	20 02	19 53	19 43
12	23 35	23 14	22 58	22 44	22 33	22 23	22 06	21 51	21 37	21 24	21 09	20 52	20 42	20 31
13	.. ..	.. ..	23 49	23 36	23 25	23 15	22 58	22 43	22 29	22 15	22 00	21 43	21 33	21 21
14	0 27	0 06	.. ..	.. ..	.. ..	.. ..	23 46	23 31	23 18	23 05	22 51	22 34	22 25	22 14
15	1 09	0 50	0 35	0 22	0 11	0 02	.. ..	.. ..	.. ..	23 54	23 41	23 26	23 18	23 08
16	1 45	1 28	1 14	1 03	0 53	0 45	0 30	0 18	0 06	.. ..	.. ..	.. ..	.. ..	.. ..
17	2 14	2 00	1 49	1 40	1 32	1 25	1 12	1 02	0 51	0 41	0 31	0 18	0 11	0 03
18	2 39	2 29	2 20	2 13	2 07	2 01	1 52	1 44	1 36	1 28	1 20	1 10	1 04	0 58
19	3 02	2 55	2 49	2 44	2 40	2 36	2 30	2 24	2 19	2 14	2 08	2 02	1 58	1 54
20	3 23	3 19	3 17	3 14	3 12	3 10	3 07	3 05	3 02	3 00	2 57	2 54	2 52	2 50
21	3 43	3 43	3 44	3 44	3 44	3 44	3 45	3 45	3 45	3 46	3 46	3 46	3 46	3 47
22	4 04	4 08	4 11	4 14	4 17	4 19	4 23	4 26	4 29	4 32	4 36	4 40	4 42	4 45
23	4 26	4 34	4 41	4 46	4 51	4 55	5 02	5 09	5 15	5 21	5 27	5 35	5 39	5 44
24	4 52	5 03	5 13	5 21	5 28	5 34	5 44	5 53	6 02	6 11	6 20	6 31	6 37	6 44
25	5 21	5 37	5 49	5 59	6 08	6 15	6 29	6 40	6 51	7 03	7 14	7 28	7 36	7 45

MOONSET

Lat.	−55°	−50°	−45°	−40°	−35°	−30°	−20°	−10°	0°	+10°	+20°	+30°	+35°	+40°
	h m	h m	h m	h m	h m	h m	h m	h m	h m	h m	h m	h m	h m	h m
Oct. 1	1 06	0 45	0 29	0 15	0 04	.. ..	.. ..	.. ..	.. ..	23 50	23 36	23 19	23 09	22 58
2	1 55	1 36	1 21	1 08	0 57	0 48	0 31	0 17	0 04	.. ..	.. ..	.. ..	.. ..	.. ..
3	2 37	2 21	2 07	1 56	1 47	1 39	1 24	1 12	1 00	0 48	0 35	0 21	0 12	0 02
4	3 13	3 00	2 50	2 41	2 34	2 27	2 16	2 06	1 56	1 47	1 36	1 24	1 18	1 10
5	3 44	3 35	3 28	3 22	3 17	3 13	3 05	2 58	2 52	2 45	2 38	2 30	2 25	2 20
6	4 11	4 07	4 04	4 01	3 59	3 57	3 53	3 50	3 46	3 43	3 40	3 36	3 34	3 31
7	4 37	4 38	4 38	4 39	4 39	4 39	4 40	4 40	4 41	4 41	4 42	4 42	4 42	4 43
8	5 03	5 08	5 13	5 16	5 19	5 22	5 27	5 31	5 35	5 39	5 43	5 48	5 50	5 54
9	5 31	5 40	5 48	5 55	6 01	6 06	6 14	6 22	6 29	6 36	6 44	6 53	6 58	7 03
10	6 01	6 15	6 26	6 35	6 43	6 50	7 02	7 13	7 23	7 33	7 44	7 56	8 03	8 11
11	6 36	6 54	7 07	7 19	7 29	7 37	7 52	8 05	8 17	8 29	8 42	8 57	9 05	9 15
12	7 17	7 37	7 52	8 05	8 16	8 26	8 42	8 57	9 10	9 24	9 38	9 55	10 04	10 15
13	8 04	8 25	8 41	8 54	9 06	9 16	9 33	9 48	10 02	10 16	10 31	10 48	10 58	11 10
14	8 56	9 17	9 33	9 46	9 58	10 07	10 24	10 39	10 53	11 06	11 21	11 38	11 47	11 58
15	9 54	10 13	10 28	10 40	10 50	10 59	11 15	11 29	11 41	11 54	12 07	12 23	12 32	12 42
16	10 55	11 11	11 24	11 34	11 43	11 51	12 05	12 17	12 28	12 39	12 51	13 04	13 12	13 21
17	11 58	12 11	12 21	12 30	12 37	12 43	12 54	13 04	13 13	13 22	13 32	13 42	13 49	13 56
18	13 02	13 11	13 19	13 25	13 30	13 35	13 43	13 50	13 57	14 03	14 10	14 18	14 23	14 28
19	14 07	14 13	14 17	14 21	14 24	14 27	14 32	14 36	14 40	14 44	14 48	14 53	14 55	14 58
20	15 13	15 15	15 16	15 17	15 18	15 19	15 20	15 22	15 23	15 24	15 25	15 26	15 27	15 28
21	16 20	16 18	16 16	16 14	16 13	16 12	16 10	16 08	16 06	16 04	16 03	16 00	15 59	15 58
22	17 29	17 22	17 17	17 13	17 09	17 06	17 00	16 55	16 51	16 46	16 41	16 36	16 32	16 29
23	18 38	18 28	18 19	18 12	18 07	18 01	17 52	17 44	17 37	17 30	17 22	17 13	17 08	17 02
24	19 48	19 34	19 22	19 13	19 05	18 58	18 46	18 35	18 25	18 15	18 05	17 53	17 46	17 38
25	20 57	20 39	20 25	20 14	20 04	19 56	19 41	19 28	19 16	19 04	18 51	18 37	18 28	18 19

.. .. indicates phenomenon will occur the next day.

UNIVERSAL TIME FOR MERIDIAN OF GREENWICH

MOONRISE

Lat.	+40°	+42°	+44°	+46°	+48°	+50°	+52°	+54°	+56°	+58°	+60°	+62°	+64°	+66°
	h m	h m	h m	h m	h m	h m	h m	h m	h m	h m	h m	h m	h m	h m
Oct. 1	12 44	12 49	12 54	13 00	13 06	13 13	13 21	13 29	13 39	13 50	14 02	14 16	14 34	14 56
2	13 34	13 39	13 44	13 49	13 55	14 01	14 08	14 16	14 24	14 34	14 45	14 57	15 12	15 30
3	14 21	14 25	14 29	14 33	14 38	14 43	14 49	14 55	15 02	15 10	15 18	15 28	15 40	15 54
4	15 04	15 07	15 10	15 13	15 16	15 20	15 24	15 29	15 34	15 39	15 45	15 53	16 01	16 10
5	15 44	15 45	15 47	15 49	15 51	15 54	15 56	15 59	16 02	16 05	16 08	16 13	16 17	16 23
6	16 22	16 22	16 23	16 23	16 24	16 25	16 25	16 26	16 27	16 28	16 29	16 30	16 32	16 33
7	16 59	16 59	16 58	16 57	16 56	16 55	16 54	16 53	16 52	16 51	16 49	16 47	16 45	16 43
8	17 37	17 35	17 33	17 31	17 29	17 26	17 24	17 21	17 17	17 14	17 10	17 05	17 00	16 54
9	18 17	18 14	18 10	18 07	18 03	17 59	17 55	17 50	17 45	17 39	17 33	17 25	17 17	17 07
10	18 58	18 54	18 50	18 46	18 41	18 36	18 30	18 24	18 17	18 09	18 00	17 50	17 38	17 24
11	19 43	19 38	19 34	19 28	19 23	19 16	19 10	19 02	18 54	18 44	18 33	18 21	18 06	17 47
12	20 31	20 26	20 21	20 15	20 09	20 02	19 54	19 46	19 37	19 26	19 14	19 00	18 42	18 21
13	21 21	21 16	21 11	21 05	20 59	20 52	20 44	20 36	20 26	20 15	20 03	19 48	19 30	19 08
14	22 14	22 09	22 04	21 59	21 52	21 46	21 39	21 31	21 22	21 11	20 59	20 46	20 29	20 09
15	23 08	23 04	22 59	22 54	22 49	22 43	22 36	22 29	22 21	22 12	22 02	21 50	21 36	21 18
16	.. ..	23 59	23 55	23 51	23 47	23 42	23 37	23 31	23 24	23 17	23 08	22 58	22 47	22 33
17	0 03	.. ..	.. ..	.. ..	.. ..	.. ..	.. ..	.. ..	.. ..	.. ..	.. ..	.. ..	.. ..	23 51
18	0 58	0 55	0 52	0 49	0 46	0 42	0 38	0 33	0 28	0 23	0 17	0 09	0 01	.. ..
19	1 54	1 52	1 50	1 48	1 46	1 43	1 40	1 37	1 34	1 30	1 26	1 21	1 16	1 10
20	2 50	2 49	2 48	2 47	2 46	2 45	2 43	2 42	2 41	2 39	2 37	2 35	2 32	2 29
21	3 47	3 47	3 47	3 47	3 47	3 47	3 48	3 48	3 48	3 48	3 49	3 49	3 49	3 50
22	4 45	4 46	4 47	4 48	4 50	4 51	4 53	4 55	4 57	4 59	5 02	5 05	5 08	5 12
23	5 44	5 46	5 48	5 51	5 53	5 56	6 00	6 03	6 07	6 11	6 16	6 22	6 28	6 36
24	6 44	6 47	6 51	6 54	6 58	7 02	7 07	7 12	7 18	7 24	7 31	7 40	7 49	8 01
25	7 45	7 49	7 53	7 58	8 03	8 08	8 14	8 21	8 28	8 37	8 46	8 57	9 10	9 26

MOONSET

Lat.	+40°	+42°	+44°	+46°	+48°	+50°	+52°	+54°	+56°	+58°	+60°	+62°	+64°	+66°
	h m	h m	h m	h m	h m	h m	h m	h m	h m	h m	h m	h m	h m	h m
Oct. 1	22 58	22 53	22 48	22 42	22 36	22 29	22 22	22 14	22 04	21 54	21 42	21 27	21 10	20 48
2	.. ..	23 58	23 53	23 48	23 43	23 37	23 30	23 23	23 15	23 06	22 55	22 43	22 28	22 11
3	0 02	.. ..	.. ..	.. ..	.. ..	.. ..	.. ..	.. ..	.. ..	.. ..	.. ..	.. ..	23 57	23 44
4	1 10	1 06	1 03	0 59	0 54	0 50	0 44	0 39	0 32	0 25	0 17	0 08	.. ..	.. ..
5	2 20	2 17	2 15	2 12	2 09	2 06	2 03	1 59	1 54	1 50	1 44	1 38	1 31	1 23
6	3 31	3 30	3 29	3 27	3 26	3 24	3 23	3 21	3 19	3 16	3 14	3 11	3 08	3 04
7	4 43	4 43	4 43	4 43	4 43	4 43	4 43	4 43	4 44	4 44	4 44	4 44	4 45	4 45
8	5 54	5 55	5 56	5 58	6 00	6 01	6 03	6 06	6 08	6 11	6 14	6 17	6 21	6 26
9	7 03	7 06	7 09	7 12	7 15	7 18	7 22	7 26	7 30	7 36	7 41	7 48	7 55	8 04
10	8 11	8 15	8 18	8 22	8 27	8 32	8 37	8 43	8 49	8 57	9 05	9 15	9 26	9 39
11	9 15	9 20	9 24	9 29	9 35	9 41	9 47	9 55	10 03	10 12	10 22	10 35	10 49	11 07
12	10 15	10 20	10 25	10 31	10 37	10 44	10 51	10 59	11 08	11 19	11 31	11 45	12 02	12 23
13	11 10	11 15	11 20	11 26	11 32	11 39	11 47	11 55	12 05	12 16	12 28	12 43	13 01	13 23
14	11 58	12 03	12 09	12 14	12 21	12 27	12 35	12 43	12 52	13 02	13 14	13 28	13 45	14 06
15	12 42	12 46	12 51	12 56	13 02	13 08	13 15	13 22	13 31	13 40	13 51	14 03	14 18	14 35
16	13 21	13 25	13 29	13 33	13 38	13 43	13 49	13 55	14 02	14 10	14 19	14 29	14 41	14 55
17	13 56	13 59	14 02	14 06	14 10	14 14	14 18	14 23	14 29	14 35	14 42	14 50	14 59	15 10
18	14 28	14 30	14 33	14 35	14 38	14 41	14 44	14 48	14 52	14 56	15 01	15 06	15 13	15 20
19	14 58	15 00	15 01	15 03	15 04	15 06	15 08	15 10	15 12	15 15	15 18	15 21	15 25	15 29
20	15 28	15 28	15 29	15 29	15 30	15 30	15 31	15 31	15 32	15 33	15 33	15 34	15 35	15 36
21	15 58	15 57	15 57	15 56	15 55	15 54	15 53	15 53	15 51	15 50	15 49	15 48	15 46	15 44
22	16 29	16 27	16 25	16 24	16 22	16 20	16 17	16 15	16 12	16 09	16 05	16 02	15 57	15 52
23	17 02	16 59	16 57	16 54	16 50	16 47	16 43	16 39	16 35	16 30	16 24	16 18	16 10	16 02
24	17 38	17 35	17 31	17 27	17 23	17 18	17 13	17 07	17 01	16 54	16 46	16 37	16 27	16 14
25	18 19	18 14	18 10	18 05	18 00	17 54	17 47	17 40	17 33	17 24	17 14	17 02	16 49	16 32

.. .. indicates phenomenon will occur the next day.

MOONRISE AND MOONSET, 2014

UNIVERSAL TIME FOR MERIDIAN OF GREENWICH

MOONRISE

Lat.	−55°	−50°	−45°	−40°	−35°	−30°	−20°	−10°	0°	+10°	+20°	+30°	+35°	+40°
	h m	h m	h m	h m	h m	h m	h m	h m	h m	h m	h m	h m	h m	h m
Oct. 24	4 52	5 03	5 13	5 21	5 28	5 34	5 44	5 53	6 02	6 11	6 20	6 31	6 37	6 44
25	5 21	5 37	5 49	5 59	6 08	6 15	6 29	6 40	6 51	7 03	7 14	7 28	7 36	7 45
26	5 57	6 16	6 30	6 42	6 52	7 01	7 17	7 31	7 43	7 56	8 10	8 26	8 35	8 46
27	6 41	7 02	7 18	7 31	7 42	7 52	8 09	8 24	8 37	8 51	9 06	9 23	9 33	9 45
28	7 35	7 56	8 12	8 25	8 37	8 47	9 04	9 19	9 33	9 47	10 02	10 19	10 29	10 41
29	8 37	8 57	9 12	9 25	9 36	9 45	10 01	10 15	10 29	10 42	10 56	11 12	11 21	11 32
30	9 48	10 04	10 18	10 29	10 38	10 46	11 00	11 13	11 24	11 36	11 48	12 02	12 10	12 19
31	11 03	11 16	11 27	11 35	11 42	11 49	12 00	12 10	12 19	12 28	12 38	12 49	12 55	13 02
Nov. 1	12 22	12 31	12 37	12 43	12 48	12 52	13 00	13 06	13 13	13 19	13 25	13 33	13 37	13 42
2	13 42	13 46	13 49	13 52	13 54	13 56	14 00	14 03	14 05	14 08	14 11	14 15	14 17	14 19
3	15 03	15 02	15 02	15 01	15 00	15 00	14 59	14 58	14 58	14 57	14 57	14 56	14 56	14 55
4	16 24	16 18	16 14	16 10	16 07	16 04	15 59	15 54	15 50	15 46	15 42	15 37	15 35	15 31
5	17 44	17 33	17 25	17 18	17 12	17 07	16 58	16 50	16 43	16 36	16 28	16 20	16 15	16 09
6	19 01	18 46	18 35	18 25	18 17	18 10	17 57	17 47	17 37	17 27	17 16	17 04	16 57	16 49
7	20 14	19 56	19 41	19 30	19 20	19 11	18 56	18 43	18 30	18 18	18 05	17 51	17 42	17 33
8	21 19	20 59	20 43	20 30	20 19	20 09	19 52	19 38	19 24	19 11	18 56	18 40	18 30	18 19
9	22 16	21 55	21 39	21 25	21 14	21 03	20 46	20 31	20 17	20 03	19 48	19 31	19 21	19 09
10	23 04	22 44	22 28	22 15	22 03	21 54	21 37	21 22	21 08	20 55	20 40	20 23	20 13	20 02
11	23 43	23 25	23 10	22 58	22 48	22 39	22 24	22 10	21 58	21 45	21 31	21 16	21 07	20 57
12	.. ..	.. ..	23 48	23 37	23 29	23 21	23 08	22 56	22 45	22 34	22 22	22 09	22 01	21 52
13	0 15	0 00	.. ..	.. ..	.. ..	23 59	23 48	23 39	23 30	23 21	23 12	23 01	22 55	22 48
14	0 42	0 30	0 21	0 12	0 05	.. ..	.. ..	.. ..	.. ..	.. ..	.. ..	23 53	23 48	23 43
15	1 06	0 57	0 50	0 44	0 39	0 35	0 27	0 20	0 14	0 07	0 01	.. ..	.. ..	.. ..
16	1 27	1 22	1 18	1 15	1 12	1 09	1 05	1 01	0 57	0 53	0 49	0 44	0 42	0 39
17	1 47	1 46	1 45	1 44	1 43	1 43	1 41	1 40	1 39	1 39	1 38	1 36	1 36	1 35

MOONSET

Lat.	−55°	−50°	−45°	−40°	−35°	−30°	−20°	−10°	0°	+10°	+20°	+30°	+35°	+40°
	h m	h m	h m	h m	h m	h m	h m	h m	h m	h m	h m	h m	h m	h m
Oct. 24	19 48	19 34	19 22	19 13	19 05	18 58	18 46	18 35	18 25	18 15	18 05	17 53	17 46	17 38
25	20 57	20 39	20 25	20 14	20 04	19 56	19 41	19 28	19 16	19 04	18 51	18 37	18 28	18 19
26	22 02	21 42	21 27	21 14	21 03	20 53	20 37	20 22	20 09	19 56	19 41	19 25	19 15	19 04
27	23 02	22 41	22 25	22 11	22 00	21 50	21 33	21 18	21 04	20 50	20 35	20 17	20 07	19 56
28	23 54	23 34	23 18	23 05	22 54	22 44	22 28	22 13	21 59	21 46	21 31	21 14	21 04	20 53
29	.. ..	.. ..	.. ..	23 55	23 45	23 36	23 21	23 08	22 55	22 43	22 29	22 14	22 05	21 55
30	0 38	0 20	0 06	.. ..	.. ..	.. ..	.. ..	.. ..	23 50	23 40	23 29	23 16	23 08	23 00
31	1 15	1 00	0 49	0 40	0 31	0 24	0 12	0 01	.. ..	.. ..	.. ..	.. ..	.. ..	.. ..
Nov. 1	1 46	1 36	1 27	1 21	1 15	1 09	1 00	0 52	0 45	0 37	0 29	0 19	0 14	0 07
2	2 13	2 07	2 03	1 59	1 55	1 52	1 47	1 42	1 38	1 33	1 28	1 23	1 19	1 16
3	2 39	2 37	2 36	2 35	2 35	2 34	2 33	2 31	2 30	2 29	2 28	2 27	2 26	2 25
4	3 04	3 07	3 09	3 12	3 13	3 15	3 18	3 20	3 23	3 25	3 28	3 30	3 32	3 34
5	3 30	3 37	3 43	3 48	3 53	3 57	4 04	4 10	4 15	4 21	4 27	4 34	4 38	4 42
6	3 58	4 10	4 19	4 27	4 34	4 40	4 51	5 00	5 09	5 17	5 27	5 37	5 43	5 50
7	4 30	4 46	4 58	5 09	5 18	5 26	5 39	5 51	6 02	6 14	6 25	6 39	6 47	6 56
8	5 08	5 27	5 42	5 54	6 04	6 14	6 29	6 43	6 56	7 09	7 23	7 39	7 48	7 59
9	5 52	6 13	6 29	6 43	6 54	7 04	7 21	7 36	7 50	8 04	8 18	8 36	8 45	8 57
10	6 43	7 04	7 21	7 34	7 46	7 56	8 13	8 28	8 42	8 56	9 11	9 28	9 38	9 49
11	7 40	7 59	8 15	8 28	8 39	8 48	9 05	9 19	9 32	9 46	10 00	10 16	10 25	10 36
12	8 40	8 58	9 12	9 23	9 33	9 41	9 56	10 09	10 21	10 33	10 45	11 00	11 08	11 17
13	9 43	9 58	10 09	10 19	10 27	10 34	10 46	10 57	11 07	11 17	11 27	11 39	11 46	11 54
14	10 47	10 58	11 07	11 14	11 21	11 26	11 35	11 44	11 51	11 59	12 07	12 16	12 22	12 28
15	11 52	11 59	12 05	12 10	12 14	12 18	12 24	12 30	12 35	12 40	12 45	12 51	12 55	12 59
16	12 58	13 01	13 04	13 06	13 08	13 09	13 12	13 15	13 17	13 20	13 22	13 25	13 27	13 28
17	14 04	14 03	14 03	14 02	14 02	14 02	14 01	14 01	14 01	14 00	14 00	13 59	13 59	13 58

… … indicates phenomenon will occur the next day.

MOONRISE AND MOONSET, 2014

UNIVERSAL TIME FOR MERIDIAN OF GREENWICH

MOONRISE

Lat.	+40°	+42°	+44°	+46°	+48°	+50°	+52°	+54°	+56°	+58°	+60°	+62°	+64°	+66°
	h m	h m	h m	h m	h m	h m	h m	h m	h m	h m	h m	h m	h m	h m
Oct. 24	6 44	6 47	6 51	6 54	6 58	7 02	7 07	7 12	7 18	7 24	7 31	7 40	7 49	8 01
25	7 45	7 49	7 53	7 58	8 03	8 08	8 14	8 21	8 28	8 37	8 46	8 57	9 10	9 26
26	8 46	8 50	8 55	9 01	9 07	9 13	9 20	9 28	9 37	9 47	9 58	10 12	10 28	10 48
27	9 45	9 50	9 55	10 01	10 07	10 14	10 22	10 31	10 40	10 51	11 04	11 19	11 37	11 59
28	10 41	10 46	10 51	10 57	11 03	11 10	11 18	11 27	11 36	11 47	12 00	12 15	12 33	12 55
29	11 32	11 37	11 42	11 48	11 54	12 00	12 07	12 15	12 24	12 34	12 45	12 59	13 15	13 34
30	12 19	12 23	12 28	12 32	12 38	12 43	12 49	12 56	13 03	13 12	13 21	13 32	13 45	14 00
31	13 02	13 05	13 09	13 12	13 16	13 21	13 25	13 30	13 36	13 42	13 49	13 57	14 07	14 18
Nov. 1	13 42	13 44	13 46	13 48	13 51	13 54	13 57	14 00	14 04	14 08	14 13	14 18	14 24	14 31
2	14 19	14 20	14 21	14 22	14 23	14 25	14 26	14 28	14 29	14 31	14 33	14 36	14 38	14 41
3	14 55	14 55	14 55	14 55	14 54	14 54	14 54	14 54	14 53	14 53	14 53	14 52	14 52	14 51
4	15 31	15 30	15 29	15 27	15 26	15 24	15 22	15 20	15 17	15 15	15 12	15 09	15 05	15 01
5	16 09	16 07	16 04	16 01	15 58	15 55	15 52	15 48	15 43	15 39	15 33	15 27	15 20	15 12
6	16 49	16 46	16 42	16 38	16 34	16 29	16 24	16 19	16 13	16 06	15 58	15 49	15 39	15 27
7	17 33	17 28	17 24	17 19	17 13	17 08	17 01	16 54	16 47	16 38	16 28	16 16	16 03	15 46
8	18 19	18 14	18 09	18 04	17 58	17 51	17 44	17 36	17 27	17 17	17 05	16 51	16 35	16 15
9	19 09	19 04	18 59	18 53	18 47	18 40	18 32	18 23	18 14	18 03	17 50	17 36	17 18	16 56
10	20 02	19 57	19 52	19 46	19 40	19 33	19 25	19 17	19 08	18 57	18 45	18 30	18 13	17 51
11	20 57	20 52	20 47	20 42	20 36	20 30	20 23	20 15	20 07	19 57	19 46	19 33	19 17	18 58
12	21 52	21 48	21 44	21 39	21 34	21 29	21 23	21 17	21 09	21 01	20 52	20 41	20 28	20 13
13	22 48	22 44	22 41	22 37	22 33	22 29	22 24	22 19	22 14	22 07	22 00	21 52	21 42	21 30
14	23 43	23 41	23 38	23 36	23 33	23 30	23 27	23 23	23 19	23 14	23 09	23 04	22 57	22 49
15	.. ..	.. ..	.. ..	.. ..	.. ..	.. ..	.. ..	.. ..	.. ..	.. ..	.. ..	.. ..	.. ..	.. ..
16	0 39	0 38	0 36	0 35	0 33	0 31	0 29	0 27	0 25	0 22	0 19	0 16	0 12	0 08
17	1 35	1 35	1 34	1 34	1 34	1 33	1 33	1 32	1 32	1 31	1 30	1 30	1 29	1 28

MOONSET

Lat.	+40°	+42°	+44°	+46°	+48°	+50°	+52°	+54°	+56°	+58°	+60°	+62°	+64°	+66°
	h m	h m	h m	h m	h m	h m	h m	h m	h m	h m	h m	h m	h m	h m
Oct. 24	17 38	17 35	17 31	17 27	17 23	17 18	17 13	17 07	17 01	16 54	16 46	16 37	16 27	16 14
25	18 19	18 14	18 10	18 05	18 00	17 54	17 47	17 40	17 33	17 24	17 14	17 02	16 49	16 32
26	19 04	18 59	18 54	18 49	18 43	18 36	18 29	18 21	18 11	18 01	17 49	17 36	17 19	16 59
27	19 56	19 51	19 45	19 39	19 33	19 26	19 18	19 09	19 00	18 49	18 36	18 21	18 03	17 40
28	20 53	20 48	20 42	20 37	20 30	20 23	20 16	20 07	19 58	19 47	19 34	19 19	19 02	18 39
29	21 55	21 50	21 45	21 40	21 34	21 28	21 21	21 13	21 05	20 55	20 44	20 31	20 15	19 56
30	23 00	22 56	22 52	22 48	22 43	22 38	22 32	22 26	22 19	22 11	22 02	21 52	21 40	21 25
31	.. ..	.. ..	.. ..	23 58	23 55	23 51	23 47	23 43	23 37	23 32	23 26	23 18	23 10	23 00
Nov. 1	0 07	0 05	0 02	.. ..	.. ..	.. ..	.. ..	.. ..	.. ..	.. ..	.. ..	.. ..	.. ..	.. ..
2	1 16	1 14	1 12	1 11	1 09	1 06	1 04	1 01	0 58	0 55	0 51	0 47	0 43	0 37
3	2 25	2 24	2 24	2 23	2 23	2 22	2 22	2 21	2 20	2 19	2 18	2 17	2 16	2 15
4	3 34	3 35	3 35	3 36	3 37	3 38	3 40	3 41	3 42	3 44	3 46	3 48	3 50	3 52
5	4 42	4 44	4 47	4 49	4 51	4 54	4 57	5 00	5 04	5 08	5 12	5 17	5 23	5 30
6	5 50	5 53	5 57	6 00	6 04	6 08	6 13	6 18	6 23	6 30	6 37	6 45	6 54	7 06
7	6 56	7 00	7 05	7 09	7 14	7 20	7 26	7 32	7 40	7 48	7 58	8 09	8 22	8 37
8	7 59	8 03	8 08	8 14	8 20	8 26	8 33	8 41	8 50	9 00	9 11	9 25	9 41	10 00
9	8 57	9 02	9 07	9 13	9 19	9 26	9 34	9 42	9 52	10 03	10 15	10 30	10 48	11 10
10	9 49	9 54	10 00	10 06	10 12	10 19	10 26	10 35	10 44	10 55	11 08	11 22	11 40	12 01
11	10 36	10 41	10 46	10 51	10 57	11 04	11 11	11 19	11 27	11 37	11 49	12 02	12 18	12 37
12	11 17	11 22	11 26	11 31	11 36	11 42	11 48	11 55	12 02	12 11	12 21	12 32	12 45	13 01
13	11 54	11 58	12 01	12 05	12 10	12 14	12 19	12 25	12 31	12 38	12 46	12 55	13 05	13 17
14	12 28	12 30	12 33	12 36	12 39	12 43	12 47	12 51	12 56	13 01	13 06	13 13	13 21	13 29
15	12 59	13 00	13 02	13 04	13 06	13 09	13 11	13 14	13 17	13 20	13 24	13 28	13 33	13 39
16	13 28	13 29	13 30	13 31	13 32	13 33	13 34	13 35	13 37	13 38	13 40	13 42	13 44	13 46
17	13 58	13 58	13 57	13 57	13 57	13 57	13 57	13 56	13 56	13 56	13 55	13 55	13 54	13 54

.. .. indicates phenomenon will occur the next day.

MOONRISE AND MOONSET, 2014

UNIVERSAL TIME FOR MERIDIAN OF GREENWICH

MOONRISE

Lat.	−55°	−50°	−45°	−40°	−35°	−30°	−20°	−10°	0°	+10°	+20°	+30°	+35°	+40°
	h m	h m	h m	h m	h m	h m	h m	h m	h m	h m	h m	h m	h m	h m
Nov. 16	1 27	1 22	1 18	1 15	1 12	1 09	1 05	1 01	0 57	0 53	0 49	0 44	0 42	0 39
17	1 47	1 46	1 45	1 44	1 43	1 43	1 41	1 40	1 39	1 39	1 38	1 36	1 36	1 35
18	2 08	2 10	2 12	2 14	2 15	2 17	2 19	2 21	2 23	2 25	2 27	2 29	2 31	2 32
19	2 29	2 35	2 40	2 45	2 48	2 52	2 57	3 02	3 07	3 12	3 17	3 23	3 27	3 31
20	2 53	3 03	3 11	3 18	3 24	3 29	3 38	3 46	3 54	4 01	4 10	4 19	4 24	4 31
21	3 21	3 35	3 46	3 55	4 03	4 10	4 22	4 33	4 43	4 53	5 04	5 16	5 24	5 32
22	3 54	4 12	4 25	4 37	4 46	4 55	5 10	5 23	5 35	5 47	6 00	6 15	6 24	6 34
23	4 36	4 55	5 11	5 24	5 35	5 44	6 01	6 16	6 29	6 43	6 57	7 14	7 24	7 35
24	5 27	5 48	6 04	6 17	6 29	6 39	6 56	7 11	7 26	7 40	7 55	8 12	8 22	8 34
25	6 27	6 48	7 04	7 17	7 28	7 38	7 54	8 09	8 23	8 37	8 51	9 08	9 18	9 29
26	7 37	7 55	8 09	8 21	8 31	8 39	8 54	9 07	9 20	9 32	9 45	10 00	10 09	10 18
27	8 52	9 06	9 18	9 27	9 35	9 43	9 55	10 05	10 15	10 25	10 36	10 48	10 55	11 03
28	10 10	10 20	10 28	10 35	10 41	10 46	10 55	11 02	11 09	11 17	11 24	11 33	11 38	11 44
29	11 30	11 35	11 39	11 43	11 46	11 49	11 54	11 58	12 02	12 06	12 10	12 15	12 18	12 21
30	12 49	12 50	12 50	12 51	12 51	12 52	12 52	12 53	12 53	12 54	12 55	12 55	12 56	12 56
Dec. 1	14 08	14 04	14 00	13 58	13 56	13 54	13 50	13 47	13 44	13 42	13 39	13 36	13 34	13 32
2	15 26	15 17	15 10	15 04	15 00	14 55	14 48	14 41	14 35	14 30	14 23	14 16	14 12	14 07
3	16 42	16 29	16 19	16 10	16 03	15 57	15 46	15 36	15 27	15 18	15 09	14 58	14 52	14 45
4	17 55	17 39	17 25	17 14	17 05	16 57	16 43	16 31	16 20	16 08	15 56	15 43	15 35	15 26
5	19 04	18 44	18 29	18 16	18 05	17 56	17 40	17 26	17 13	17 00	16 46	16 30	16 21	16 10
6	20 05	19 43	19 27	19 13	19 02	18 52	18 35	18 20	18 06	17 52	17 37	17 20	17 10	16 58
7	20 57	20 36	20 19	20 06	19 54	19 44	19 27	19 12	18 58	18 44	18 29	18 11	18 01	17 50
8	21 40	21 21	21 05	20 53	20 42	20 32	20 16	20 02	19 48	19 35	19 21	19 04	18 55	18 44
9	22 16	21 59	21 45	21 34	21 25	21 16	21 02	20 49	20 37	20 25	20 12	19 58	19 49	19 40
10	22 45	22 31	22 20	22 11	22 03	21 56	21 44	21 34	21 24	21 14	21 03	20 51	20 44	20 36

MOONSET

Lat.	−55°	−50°	−45°	−40°	−35°	−30°	−20°	−10°	0°	+10°	+20°	+30°	+35°	+40°
	h m	h m	h m	h m	h m	h m	h m	h m	h m	h m	h m	h m	h m	h m
Nov. 16	12 58	13 01	13 04	13 06	13 08	13 09	13 12	13 15	13 17	13 20	13 22	13 25	13 27	13 28
17	14 04	14 03	14 03	14 02	14 02	14 02	14 01	14 01	14 00	14 00	13 59	13 59	13 58	13 58
18	15 11	15 07	15 03	15 00	14 57	14 55	14 51	14 47	14 44	14 41	14 37	14 33	14 31	14 28
19	16 20	16 12	16 05	15 59	15 54	15 50	15 42	15 36	15 29	15 23	15 17	15 09	15 05	15 00
20	17 31	17 18	17 08	17 00	16 53	16 46	16 35	16 26	16 17	16 08	15 59	15 48	15 42	15 35
21	18 41	18 25	18 12	18 01	17 52	17 44	17 31	17 19	17 07	16 56	16 44	16 30	16 23	16 14
22	19 50	19 31	19 16	19 03	18 53	18 43	18 27	18 13	18 00	17 47	17 34	17 18	17 08	16 58
23	20 54	20 33	20 17	20 03	19 52	19 42	19 25	19 10	18 56	18 42	18 27	18 10	18 00	17 48
24	21 51	21 30	21 14	21 00	20 49	20 39	20 22	20 07	19 53	19 39	19 24	19 06	18 56	18 45
25	22 38	22 20	22 05	21 53	21 42	21 33	21 17	21 03	20 50	20 37	20 23	20 07	19 57	19 47
26	23 18	23 02	22 50	22 40	22 31	22 23	22 10	21 58	21 46	21 35	21 23	21 09	21 01	20 52
27	23 51	23 39	23 30	23 22	23 15	23 09	22 59	22 50	22 41	22 33	22 23	22 13	22 07	21 59
28	.. ..	.. ..	.. ..	.. ..	23 57	23 53	23 46	23 40	23 35	23 29	23 23	23 16	23 12	23 07
29	0 19	0 12	0 06	0 01	.. ..	.. ..	.. ..	.. ..	.. ..	.. ..	.. ..	.. ..	.. ..	.. ..
30	0 44	0 42	0 39	0 37	0 35	0 34	0 31	0 29	0 27	0 24	0 22	0 19	0 17	0 15
Dec. 1	1 09	1 10	1 11	1 12	1 13	1 14	1 15	1 17	1 18	1 19	1 20	1 21	1 22	1 23
2	1 33	1 39	1 44	1 48	1 51	1 54	2 00	2 04	2 09	2 13	2 18	2 23	2 26	2 30
3	1 59	2 09	2 18	2 24	2 30	2 36	2 45	2 53	3 00	3 08	3 16	3 25	3 30	3 36
4	2 29	2 43	2 54	3 04	3 12	3 19	3 31	3 42	3 52	4 02	4 13	4 26	4 33	4 41
5	3 03	3 21	3 35	3 46	3 56	4 05	4 20	4 33	4 45	4 57	5 10	5 25	5 34	5 44
6	3 43	4 04	4 19	4 32	4 43	4 53	5 10	5 24	5 38	5 52	6 06	6 23	6 33	6 44
7	4 31	4 52	5 09	5 22	5 34	5 44	6 01	6 17	6 31	6 45	7 00	7 17	7 27	7 39
8	5 25	5 46	6 02	6 15	6 27	6 37	6 54	7 09	7 22	7 36	7 51	8 08	8 17	8 28
9	6 24	6 43	6 58	7 11	7 21	7 30	7 46	7 59	8 12	8 25	8 38	8 54	9 03	9 13
10	7 27	7 43	7 56	8 07	8 16	8 23	8 37	8 49	9 00	9 11	9 22	9 36	9 43	9 52

.. .. indicates phenomenon will occur the next day.

UNIVERSAL TIME FOR MERIDIAN OF GREENWICH

MOONRISE

Lat.	+40°	+42°	+44°	+46°	+48°	+50°	+52°	+54°	+56°	+58°	+60°	+62°	+64°	+66°
	h m	h m	h m	h m	h m	h m	h m	h m	h m	h m	h m	h m	h m	h m
Nov. 16	0 39	0 38	0 36	0 35	0 33	0 31	0 29	0 27	0 25	0 22	0 19	0 16	0 12	0 08
17	1 35	1 35	1 34	1 34	1 34	1 33	1 33	1 32	1 32	1 31	1 30	1 30	1 29	1 28
18	2 32	2 33	2 34	2 34	2 35	2 36	2 37	2 38	2 40	2 41	2 42	2 44	2 46	2 49
19	3 31	3 32	3 34	3 36	3 38	3 41	3 43	3 46	3 49	3 52	3 56	4 01	4 06	4 12
20	4 31	4 33	4 36	4 39	4 43	4 46	4 50	4 55	5 00	5 05	5 12	5 19	5 27	5 37
21	5 32	5 36	5 40	5 44	5 48	5 53	5 59	6 05	6 12	6 19	6 28	6 38	6 49	7 03
22	6 34	6 38	6 43	6 48	6 54	7 00	7 07	7 14	7 23	7 32	7 43	7 56	8 11	8 29
23	7 35	7 40	7 46	7 51	7 58	8 05	8 12	8 21	8 30	8 41	8 53	9 08	9 26	9 48
24	8 34	8 39	8 45	8 51	8 57	9 04	9 12	9 21	9 31	9 42	9 55	10 10	10 29	10 52
25	9 29	9 34	9 39	9 45	9 51	9 58	10 05	10 14	10 23	10 33	10 45	11 00	11 17	11 38
26	10 18	10 23	10 28	10 33	10 38	10 44	10 50	10 58	11 06	11 15	11 25	11 37	11 51	12 08
27	11 03	11 07	11 10	11 14	11 19	11 24	11 29	11 34	11 41	11 48	11 56	12 05	12 15	12 28
28	11 44	11 46	11 49	11 52	11 55	11 58	12 02	12 05	12 10	12 15	12 20	12 26	12 33	12 42
29	12 21	12 22	12 24	12 25	12 27	12 29	12 31	12 33	12 35	12 38	12 41	12 44	12 48	12 52
30	12 56	12 57	12 57	12 57	12 57	12 58	12 58	12 59	12 59	12 59	13 00	13 00	13 01	13 02
Dec. 1	13 32	13 31	13 30	13 29	13 28	13 26	13 25	13 24	13 22	13 20	13 18	13 16	13 14	13 11
2	14 07	14 05	14 03	14 01	13 58	13 56	13 53	13 50	13 46	13 42	13 38	13 33	13 27	13 21
3	14 45	14 42	14 39	14 35	14 32	14 28	14 23	14 18	14 13	14 07	14 00	13 52	13 44	13 33
4	15 26	15 22	15 18	15 13	15 08	15 03	14 57	14 51	14 44	14 36	14 27	14 16	14 04	13 50
5	16 10	16 06	16 01	15 55	15 49	15 43	15 36	15 29	15 20	15 10	14 59	14 47	14 31	14 13
6	16 58	16 53	16 48	16 42	16 36	16 29	16 21	16 13	16 03	15 53	15 40	15 26	15 09	14 47
7	17 50	17 45	17 39	17 33	17 27	17 20	17 12	17 04	16 54	16 43	16 31	16 16	15 58	15 35
8	18 44	18 39	18 34	18 28	18 22	18 16	18 08	18 00	17 51	17 41	17 29	17 15	16 58	16 38
9	19 40	19 35	19 31	19 26	19 20	19 15	19 08	19 01	18 53	18 44	18 34	18 22	18 08	17 50
10	20 36	20 32	20 28	20 24	20 20	20 15	20 10	20 04	19 57	19 50	19 42	19 32	19 21	19 08

MOONSET

Lat.	+40°	+42°	+44°	+46°	+48°	+50°	+52°	+54°	+56°	+58°	+60°	+62°	+64°	+66°
	h m	h m	h m	h m	h m	h m	h m	h m	h m	h m	h m	h m	h m	h m
Nov. 16	13 28	13 29	13 30	13 31	13 32	13 33	13 34	13 35	13 37	13 38	13 40	13 42	13 44	13 46
17	13 58	13 58	13 57	13 57	13 57	13 57	13 57	13 56	13 56	13 56	13 55	13 55	13 54	13 54
18	14 28	14 27	14 25	14 24	14 23	14 21	14 20	14 18	14 16	14 13	14 11	14 08	14 05	14 01
19	15 00	14 58	14 55	14 53	14 50	14 47	14 44	14 41	14 37	14 33	14 28	14 23	14 17	14 10
20	15 35	15 32	15 28	15 25	15 21	15 17	15 12	15 07	15 02	14 55	14 49	14 41	14 32	14 21
21	16 14	16 10	16 05	16 01	15 56	15 51	15 45	15 38	15 31	15 23	15 14	15 03	14 51	14 36
22	16 58	16 53	16 48	16 43	16 37	16 31	16 24	16 16	16 07	15 57	15 46	15 33	15 18	14 59
23	17 48	17 43	17 38	17 32	17 25	17 18	17 11	17 02	16 53	16 42	16 29	16 14	15 56	15 34
24	18 45	18 40	18 34	18 28	18 22	18 15	18 07	17 58	17 48	17 37	17 24	17 09	16 51	16 28
25	19 47	19 42	19 37	19 31	19 25	19 18	19 11	19 03	18 54	18 44	18 32	18 18	18 01	17 41
26	20 52	20 48	20 44	20 39	20 34	20 28	20 22	20 15	20 08	19 59	19 49	19 38	19 24	19 08
27	21 59	21 56	21 53	21 49	21 45	21 41	21 37	21 31	21 26	21 19	21 12	21 04	20 54	20 43
28	23 07	23 05	23 03	23 01	22 58	22 56	22 53	22 49	22 46	22 42	22 37	22 32	22 26	22 19
29	.. ..	.. ..	.. ..	.. ..	.. ..	.. ..	.. ..	.. ..	.. ..	.. ..	.. ..	.. ..	23 58	23 55
30	0 15	0 14	0 14	0 13	0 12	0 10	0 09	0 08	0 06	0 05	0 03	0 01	.. ..	.. ..
Dec. 1	1 23	1 23	1 23	1 24	1 24	1 25	1 25	1 26	1 26	1 27	1 28	1 29	1 30	1 31
2	2 30	2 31	2 33	2 35	2 37	2 39	2 41	2 43	2 46	2 49	2 52	2 56	3 01	3 06
3	3 36	3 39	3 41	3 45	3 48	3 51	3 55	4 00	4 04	4 10	4 16	4 23	4 30	4 40
4	4 41	4 45	4 49	4 53	4 57	5 02	5 08	5 14	5 20	5 28	5 36	5 46	5 58	6 11
5	5 44	5 49	5 53	5 58	6 04	6 10	6 17	6 24	6 32	6 42	6 52	7 05	7 20	7 38
6	6 44	6 49	6 54	7 00	7 06	7 13	7 20	7 28	7 38	7 48	8 01	8 15	8 32	8 54
7	7 39	7 44	7 49	7 55	8 02	8 09	8 17	8 25	8 35	8 46	8 58	9 13	9 31	9 54
8	8 28	8 33	8 39	8 44	8 51	8 57	9 05	9 13	9 22	9 33	9 45	9 59	10 16	10 37
9	9 13	9 17	9 22	9 27	9 33	9 39	9 46	9 53	10 01	10 11	10 21	10 34	10 48	11 06
10	9 52	9 56	10 00	10 04	10 09	10 14	10 20	10 26	10 33	10 41	10 50	11 00	11 12	11 26

.. .. indicates phenomenon will occur the next day.

UNIVERSAL TIME FOR MERIDIAN OF GREENWICH

MOONRISE

Lat.	−55°	−50°	−45°	−40°	−35°	−30°	−20°	−10°	0°	+10°	+20°	+30°	+35°	+40°
	h m	h m	h m	h m	h m	h m	h m	h m	h m	h m	h m	h m	h m	h m
Dec. 9	22 16	21 59	21 45	21 34	21 25	21 16	21 02	20 49	20 37	20 25	20 12	19 58	19 49	19 40
10	22 45	22 31	22 20	22 11	22 03	21 56	21 44	21 34	21 24	21 14	21 03	20 51	20 44	20 36
11	23 10	23 00	22 51	22 45	22 39	22 33	22 24	22 16	22 08	22 01	21 53	21 43	21 38	21 32
12	23 32	23 25	23 20	23 15	23 12	23 08	23 02	22 57	22 52	22 47	22 41	22 35	22 31	22 27
13	23 53	23 50	23 47	23 45	23 43	23 42	23 39	23 36	23 34	23 32	23 29	23 27	23 25	23 23
14	.. ..	.. ..	.. ..	.. ..	.. ..	.. ..	.. ..	.. ..	.. ..	.. ..	.. ..	.. ..	.. ..	.. ..
15	0 12	0 13	0 14	0 14	0 14	0 15	0 15	0 16	0 16	0 17	0 18	0 18	0 19	0 19
16	0 33	0 37	0 41	0 44	0 46	0 49	0 53	0 56	1 00	1 03	1 07	1 11	1 13	1 16
17	0 55	1 03	1 10	1 15	1 20	1 24	1 32	1 38	1 44	1 51	1 57	2 05	2 10	2 15
18	1 20	1 32	1 42	1 50	1 57	2 03	2 13	2 23	2 32	2 41	2 50	3 01	3 07	3 15
19	1 50	2 06	2 18	2 29	2 37	2 45	2 59	3 11	3 22	3 33	3 45	3 59	4 07	4 16
20	2 27	2 46	3 01	3 13	3 23	3 32	3 48	4 02	4 15	4 28	4 42	4 58	5 08	5 18
21	3 14	3 34	3 51	4 04	4 15	4 25	4 42	4 57	5 11	5 25	5 41	5 58	6 08	6 20
22	4 11	4 32	4 48	5 02	5 13	5 23	5 41	5 56	6 10	6 24	6 39	6 56	7 06	7 18
23	5 19	5 38	5 53	6 06	6 16	6 26	6 42	6 56	7 09	7 22	7 36	7 52	8 01	8 12
24	6 34	6 50	7 03	7 14	7 23	7 31	7 44	7 56	8 07	8 18	8 30	8 43	8 51	9 00
25	7 54	8 06	8 16	8 23	8 30	8 36	8 46	8 55	9 04	9 12	9 21	9 31	9 37	9 43
26	9 16	9 23	9 29	9 33	9 38	9 41	9 47	9 53	9 58	10 03	10 09	10 15	10 19	10 23
27	10 37	10 39	10 41	10 42	10 44	10 45	10 47	10 49	10 51	10 53	10 55	10 57	10 58	11 00
28	11 56	11 54	11 52	11 50	11 49	11 48	11 46	11 44	11 42	11 41	11 39	11 37	11 36	11 35
29	13 14	13 07	13 01	12 57	12 53	12 49	12 43	12 38	12 33	12 28	12 23	12 17	12 14	12 10
30	14 30	14 19	14 09	14 02	13 56	13 50	13 40	13 32	13 24	13 16	13 08	12 58	12 53	12 47
31	15 43	15 28	15 16	15 06	14 57	14 49	14 37	14 25	14 15	14 04	13 53	13 41	13 34	13 25
32	16 52	16 33	16 19	16 07	15 57	15 48	15 32	15 19	15 07	14 54	14 41	14 26	14 17	14 07
33	17 55	17 34	17 18	17 05	16 53	16 44	16 27	16 12	15 58	15 45	15 30	15 14	15 04	14 53

MOONSET

Lat.	−55°	−50°	−45°	−40°	−35°	−30°	−20°	−10°	0°	+10°	+20°	+30°	+35°	+40°
	h m	h m	h m	h m	h m	h m	h m	h m	h m	h m	h m	h m	h m	h m
Dec. 9	6 24	6 43	6 58	7 11	7 21	7 30	7 46	7 59	8 12	8 25	8 38	8 54	9 03	9 13
10	7 27	7 43	7 56	8 07	8 16	8 23	8 37	8 49	9 00	9 11	9 22	9 36	9 43	9 52
11	8 31	8 44	8 54	9 03	9 10	9 16	9 27	9 37	9 45	9 54	10 04	10 14	10 20	10 27
12	9 36	9 45	9 53	9 59	10 04	10 08	10 16	10 23	10 29	10 36	10 42	10 50	10 54	10 59
13	10 41	10 47	10 51	10 54	10 57	11 00	11 04	11 08	11 12	11 16	11 20	11 24	11 27	11 29
14	11 47	11 48	11 49	11 50	11 51	11 51	11 53	11 54	11 54	11 55	11 56	11 57	11 58	11 58
15	12 53	12 50	12 48	12 46	12 45	12 44	12 41	12 39	12 37	12 35	12 33	12 31	12 29	12 28
16	14 00	13 54	13 48	13 44	13 40	13 37	13 31	13 26	13 21	13 16	13 11	13 05	13 02	12 58
17	15 09	14 59	14 50	14 43	14 37	14 32	14 22	14 14	14 07	13 59	13 51	13 42	13 37	13 31
18	16 19	16 05	15 53	15 44	15 36	15 29	15 16	15 05	14 55	14 45	14 34	14 22	14 15	14 07
19	17 29	17 11	16 57	16 46	16 36	16 27	16 12	15 59	15 47	15 35	15 22	15 07	14 58	14 48
20	18 37	18 16	18 00	17 47	17 36	17 27	17 10	16 55	16 42	16 28	16 13	15 57	15 47	15 36
21	19 38	19 17	19 01	18 47	18 36	18 26	18 08	17 53	17 39	17 25	17 10	16 52	16 42	16 30
22	20 32	20 12	19 56	19 43	19 32	19 23	19 06	18 52	18 38	18 24	18 09	17 52	17 43	17 31
23	21 17	20 59	20 46	20 35	20 25	20 16	20 02	19 49	19 37	19 24	19 11	18 56	18 47	18 37
24	21 53	21 40	21 29	21 20	21 13	21 06	20 54	20 44	20 34	20 24	20 14	20 02	19 55	19 47
25	22 24	22 15	22 08	22 02	21 57	21 52	21 44	21 37	21 30	21 23	21 16	21 07	21 02	20 57
26	22 51	22 47	22 43	22 40	22 37	22 35	22 31	22 27	22 23	22 20	22 16	22 12	22 09	22 06
27	23 16	23 16	23 16	23 16	23 16	23 16	23 16	23 16	23 15	23 15	23 15	23 15	23 15	23 15
28	23 40	23 44	23 48	23 51	23 54	23 56	.. ..	.. ..	.. ..	.. ..	.. ..	.. ..	.. ..	.. ..
29	.. ..	.. ..	.. ..	.. ..	.. ..	.. ..	0 00	0 03	0 07	0 10	0 13	0 17	0 19	0 22
30	0 05	0 14	0 21	0 27	0 32	0 36	0 44	0 51	0 57	1 04	1 11	1 18	1 23	1 28
31	0 33	0 46	0 56	1 04	1 12	1 18	1 29	1 39	1 48	1 57	2 07	2 19	2 25	2 32
32	1 04	1 21	1 34	1 44	1 54	2 02	2 16	2 28	2 40	2 51	3 03	3 18	3 26	3 35
33	1 41	2 01	2 16	2 28	2 39	2 48	3 04	3 18	3 31	3 45	3 59	4 15	4 24	4 35

.. .. indicates phenomenon will occur the next day.

UNIVERSAL TIME FOR MERIDIAN OF GREENWICH

MOONRISE

Lat.	+40°	+42°	+44°	+46°	+48°	+50°	+52°	+54°	+56°	+58°	+60°	+62°	+64°	+66°
	h m	h m	h m	h m	h m	h m	h m	h m	h m	h m	h m	h m	h m	h m
Dec. 9	19 40	19 35	19 31	19 26	19 20	19 15	19 08	19 01	18 53	18 44	18 34	18 22	18 08	17 50
10	20 36	20 32	20 28	20 24	20 20	20 15	20 10	20 04	19 57	19 50	19 42	19 32	19 21	19 08
11	21 32	21 29	21 26	21 23	21 20	21 16	21 12	21 08	21 03	20 57	20 51	20 44	20 36	20 27
12	22 27	22 26	22 24	22 22	22 20	22 17	22 15	22 12	22 09	22 05	22 01	21 57	21 52	21 46
13	23 23	23 22	23 22	23 21	23 20	23 19	23 17	23 16	23 15	23 13	23 11	23 10	23 07	23 05
14	.. ..	.. ..	.. ..	.. ..	.. ..	.. ..	.. ..	.. ..	.. ..	.. ..	.. ..	.. ..	.. ..	.. ..
15	0 19	0 19	0 20	0 20	0 20	0 20	0 21	0 21	0 21	0 22	0 22	0 23	0 23	0 24
16	1 16	1 17	1 19	1 20	1 22	1 23	1 25	1 27	1 29	1 32	1 34	1 37	1 41	1 45
17	2 15	2 17	2 19	2 22	2 25	2 28	2 31	2 34	2 38	2 43	2 48	2 54	3 00	3 08
18	3 15	3 18	3 21	3 25	3 29	3 33	3 38	3 43	3 49	3 56	4 03	4 12	4 22	4 33
19	4 16	4 20	4 25	4 29	4 34	4 40	4 46	4 53	5 01	5 09	5 19	5 30	5 44	6 00
20	5 18	5 23	5 28	5 34	5 40	5 46	5 54	6 02	6 11	6 21	6 33	6 46	7 03	7 23
21	6 20	6 25	6 30	6 36	6 43	6 50	6 58	7 06	7 16	7 27	7 40	7 55	8 14	8 37
22	7 18	7 23	7 28	7 34	7 41	7 48	7 56	8 04	8 14	8 25	8 38	8 53	9 11	9 33
23	8 12	8 16	8 21	8 27	8 33	8 39	8 46	8 54	9 02	9 12	9 24	9 37	9 52	10 11
24	9 00	9 04	9 08	9 13	9 17	9 23	9 29	9 35	9 42	9 50	9 59	10 09	10 21	10 36
25	9 43	9 46	9 49	9 53	9 56	10 00	10 05	10 09	10 14	10 20	10 27	10 34	10 42	10 52
26	10 23	10 25	10 27	10 29	10 31	10 33	10 36	10 39	10 42	10 45	10 49	10 54	10 59	11 04
27	11 00	11 00	11 01	11 02	11 02	11 03	11 04	11 05	11 06	11 08	11 09	11 10	11 12	11 14
28	11 35	11 34	11 34	11 33	11 33	11 32	11 31	11 30	11 30	11 29	11 28	11 26	11 25	11 23
29	12 10	12 09	12 07	12 05	12 03	12 01	11 58	11 56	11 53	11 50	11 46	11 43	11 38	11 33
30	12 47	12 44	12 41	12 38	12 35	12 31	12 27	12 23	12 18	12 13	12 07	12 00	11 53	11 44
31	13 25	13 22	13 18	13 14	13 09	13 04	12 59	12 53	12 47	12 39	12 31	12 22	12 11	11 58
32	14 07	14 03	13 58	13 53	13 48	13 42	13 35	13 28	13 20	13 11	13 01	12 49	12 35	12 18
33	14 53	14 48	14 43	14 37	14 31	14 24	14 17	14 09	14 00	13 49	13 37	13 23	13 07	12 46

MOONSET

Lat.	+40°	+42°	+44°	+46°	+48°	+50°	+52°	+54°	+56°	+58°	+60°	+62°	+64°	+66°
	h m	h m	h m	h m	h m	h m	h m	h m	h m	h m	h m	h m	h m	h m
Dec. 9	9 13	9 17	9 22	9 27	9 33	9 39	9 46	9 53	10 01	10 11	10 21	10 34	10 48	11 06
10	9 52	9 56	10 00	10 04	10 09	10 14	10 20	10 26	10 33	10 41	10 50	11 00	11 12	11 26
11	10 27	10 30	10 33	10 37	10 41	10 45	10 49	10 54	10 59	11 05	11 12	11 20	11 29	11 39
12	10 59	11 01	11 04	11 06	11 09	11 12	11 15	11 18	11 22	11 26	11 31	11 36	11 42	11 49
13	11 29	11 31	11 32	11 33	11 35	11 36	11 38	11 40	11 42	11 45	11 47	11 50	11 54	11 58
14	11 58	11 59	11 59	11 59	12 00	12 00	12 01	12 01	12 01	12 02	12 03	12 03	12 04	12 05
15	12 28	12 27	12 26	12 26	12 25	12 24	12 23	12 22	12 20	12 19	12 18	12 16	12 14	12 12
16	12 58	12 56	12 55	12 53	12 51	12 48	12 46	12 43	12 41	12 37	12 34	12 30	12 25	12 20
17	13 31	13 28	13 25	13 22	13 19	13 16	13 12	13 08	13 03	12 58	12 52	12 45	12 38	12 29
18	14 07	14 04	14 00	13 56	13 51	13 47	13 41	13 36	13 29	13 22	13 14	13 05	12 54	12 42
19	14 48	14 44	14 39	14 34	14 29	14 23	14 17	14 09	14 02	13 53	13 42	13 30	13 17	13 00
20	15 36	15 31	15 26	15 20	15 14	15 07	15 00	14 51	14 42	14 32	14 20	14 06	13 49	13 28
21	16 30	16 25	16 19	16 13	16 07	16 00	15 52	15 43	15 33	15 22	15 09	14 54	14 35	14 12
22	17 31	17 26	17 21	17 15	17 09	17 02	16 54	16 46	16 36	16 25	16 13	15 58	15 40	15 18
23	18 37	18 33	18 28	18 23	18 17	18 11	18 05	17 57	17 49	17 39	17 28	17 16	17 01	16 42
24	19 47	19 43	19 39	19 35	19 31	19 26	19 20	19 15	19 08	19 01	18 52	18 43	18 31	18 18
25	20 57	20 54	20 52	20 49	20 46	20 42	20 39	20 35	20 30	20 25	20 20	20 13	20 06	19 57
26	22 06	22 05	22 04	22 02	22 01	21 59	21 57	21 55	21 53	21 50	21 47	21 44	21 40	21 36
27	23 15	23 15	23 15	23 15	23 15	23 14	23 14	23 14	23 14	23 14	23 14	23 14	23 14	23 13
28	.. ..	.. ..	.. ..	.. ..	.. ..	.. ..	.. ..	.. ..	.. ..	.. ..	.. ..	.. ..	.. ..	.. ..
29	0 22	0 23	0 24	0 26	0 27	0 29	0 30	0 32	0 34	0 36	0 39	0 42	0 45	0 49
30	1 28	1 30	1 33	1 35	1 38	1 41	1 44	1 48	1 52	1 57	2 02	2 08	2 14	2 22
31	2 32	2 36	2 39	2 43	2 47	2 52	2 57	3 02	3 08	3 15	3 22	3 31	3 41	3 53
32	3 35	3 39	3 44	3 48	3 54	3 59	4 05	4 12	4 20	4 29	4 39	4 50	5 04	5 20
33	4 35	4 40	4 45	4 50	4 56	5 03	5 10	5 18	5 27	5 37	5 49	6 02	6 19	6 39

.. .. indicates phenomenon will occur the next day.

CONTENTS OF THE ECLIPSE SECTION

SUMMARY OF ECLIPSES AND TRANSITS FOR 2014

There are four eclipses, two of the Sun and two of the Moon. All times are expressed in Universal Time using $\Delta T = 67^s.0$. There are no transits of Mercury or Venus across the Sun.

I. *A total eclipse of the Moon*, April 15. See map on page A84. The eclipse begins at $04^h\ 52^m$ and ends at $10^h\ 40^m$; the total phase begins at $07^h\ 06^m$ and ends at $08^h\ 25^m$. It is visible from eastern Asia, Australia, Oceania, North America, South America, Antarctica, western Africa, extreme western Europe, the Pacific Ocean and the Atlantic Ocean.

II. *An annular eclipse of the Sun*, April 29. See map on page A86. The eclipse begins at $03^h\ 52^m$ and ends at $08^h\ 15^m$. The maximum duration of annularity is $0^m\ 00^s$. It is visible from Antarctica, Australia, the south Indian Ocean, and the southwestern Pacific Ocean.

III. *A total eclipse of the Moon*, October 8. See map on page A88. The eclipse begins at $08^h\ 14^m$ and ends at $13^h\ 36^m$; the total phase begins at $10^h\ 24^m$ and ends at $11^h\ 25^m$. It is visible from Greenland, Asia, Australia, Oceania, Antarctica, North America, South America, the eastern Indian Ocean, the Pacific Ocean, and the western Atlantic Ocean.

IV. *A partial eclipse of the Sun*, October 23. See map on page A90. The eclipse begins at $19^h\ 37^m$ and ends at $23^h\ 52^m$. It is visible from North America, eastern Asia, and the northeastern Pacific Ocean.

Local circumstances and animations for upcoming eclipses can be found on *The Astronomical Almanac Online* at http://asa.hmnao.com or http://asa.usno.navy.mil.

Local circumstances and animations for upcoming eclipses can be found on *The Astronomical Almanac Online* at http://asa.hmnao.com or http://asa.usno.navy.mil.

General Information

The elements and circumstances are computed according to Bessel's method from apparent right ascensions and declinations of the Sun and Moon. Semidiameters of the Sun and Moon used in the calculation of eclipses do not include irradiation. The adopted semidiameter of the Sun at unit distance is $15'\ 59''.64$ from the IAU (1976) Astronomical Constants. The apparent semidiameter of the Moon is equal to arcsin $(k \sin \pi)$, where π is the Moon's horizontal parallax and k is an adopted constant. In 1982, the IAU adopted $k = 0.272\ 5076$, corresponding to the mean radius of Watts' datum as determined by observations of occultations and to the adopted radius of the Earth.

Standard corrections of $+0''.5$ and $-0''.25$ have been applied to the longitude and latitude of the Moon, respectively, to help correct for the difference between the center of figure and the center of mass.

Refraction is neglected in calculating solar and lunar eclipses. Because the circumstances of eclipses are calculated for the surface of the ellipsoid, refraction is not included in Besselian element polynomials. For local predictions, corrections for refraction are unnecessary; they are required only in precise comparisons of theory with observation in which many other refinements are also necessary.

All time arguments are given provisionally in Universal Time, using $\Delta T(A) = 67^s.0$. Once an updated value of ΔT is known, the data on these pages may be expressed in Universal Time as follows:

Define $\delta T = \Delta T - \Delta T(A)$, in units of seconds of time.

Change the times of circumstances given in preliminary Universal Time by subtracting δT.

Correct the tabulated longitudes, $\lambda(A)$, using $\lambda = \lambda(A) + 0.00417807 \times \delta T$ (longitudes are in degrees).

Leave all other quantities unchanged.

The correction of δT is included in the Besselian elements.

Longitude is positive to the east, and negative to the west.

Explanation of Solar Eclipse Diagram

The solar eclipse diagrams in *The Astronomical Almanac* show the region over which different phases of each eclipse may be seen and the times at which these phases occur. Each diagram has a series of dashed curves that show the outline of the Moon's penumbra on the Earth's surface at one-hour intervals. Short dashes show the leading edge and long dashes show the trailing edge. Except for certain extreme cases, the shadow outline moves generally from west to east. The Moon's shadow cone first contacts the Earth's surface where "First Contact" is indicated on the diagram. "Last Contact" is where the Moon's shadow cone last contacts the Earth's surface. The path of the central eclipse, whether for a total, annular, or annular-total eclipse, is marked by two closely spaced curves that cut across all of the dashed curves. These two curves mark the extent of the Moon's umbral shadow on the Earth's surface. Viewers within these boundaries will observe a total, annular, or annular-total eclipse and viewers outside these boundaries will see a partial eclipse.

Solid curves labeled "Northern" and "Southern Limit of Eclipse" represent the furthest extent north or south of the Moon's penumbra on the Earth's surface. Viewers outside of these boundaries will not experience any eclipse. When only one of these two curves appears, only part of the Moon's penumbra touches the Earth; the other part is projected into space north or south of the Earth, and the terminator defines the other limit.

Another set of solid curves appears on some diagrams as two teardrop shapes (or lobes) on either end of the eclipse path, and on other diagrams as a distorted figure eight. These lobes represent in time the intersection of the Moon's penumbra with the Earth's terminator as the eclipse progresses. As time elapses, the Earth's terminator moves east-to-west while the Moon's penumbra moves west-to-east. These lobes connect to form an elongated figure eight on a diagram when part of the Moon's penumbra stays in contact with the Earth's terminator throughout the eclipse. The lobes become two separate teardrop shapes when the Moon's penumbra breaks contact with the Earth's terminator during the beginning of the eclipse and reconnects with it near the end. In the east, the outer portion of the lobe is labeled "Eclipse begins at Sunset" and marks the first contact between the Moon's penumbra and Earth's terminator in the east. Observers on this curve just fail to see the eclipse. The inner part of the lobe is labeled "Eclipse ends at Sunset" and marks the last contact between the Moon's penumbra and the Earth's terminator in the east. Observers on this curve just see the whole eclipse. The curve bisecting this lobe is labeled "Maximum Eclipse at Sunset" and is part of the sunset terminator at maximum eclipse. Viewers in the eastern half of the lobe will see the Sun set before maximum eclipse; *i.e.* see less than half of the eclipse. Viewers in the western half of the lobe will see the Sun set after maximum eclipse; *i.e.* see more than half of the eclipse. A similar description holds for the western lobe except everything occurs at sunrise instead of sunset.

Computing Local Circumstances for Solar Eclipses

The solar eclipse maps show the path of the eclipse, beginning and ending times of the eclipse, and the region of visibility, including restrictions due to rising and setting of the Sun. The short-dash and long-dash lines show, respectively, the progress of the leading and trailing edge of the penumbra; thus, at a given location, the times of the first and last contact may be interpolated. If further precision is desired, Besselian elements can be utilized.

Besselian elements characterize the geometric position of the shadow of the Moon relative to the Earth. The exterior tangents to the surfaces of the Sun and Moon form the umbral cone; the interior tangents form the penumbral cone. The common axis of these two cones is the axis of the shadow. To form a system of geocentric rectangular coordinates, the geocentric plane perpendicular to the axis of the shadow is taken as the xy-plane. This is called the fundamental plane. The x-axis is the intersection of the fundamental plane with the plane of the equator; it is positive toward the east. The y-axis is positive toward the north. The z-axis is parallel to the axis of the shadow and is positive toward the Moon. The tabular values of x and y are the coordinates, in units of the Earth's equatorial radius, of the intersection of the axis of the shadow with the fundamental plane. The direction of the axis of the shadow is specified by the declination d and hour angle μ of the point on the celestial sphere toward which the axis is directed.

The radius of the umbral cone is regarded as positive for an annular eclipse and negative for a total eclipse. The angles f_1 and f_2 are the angles at which the tangents that form the penumbral and umbral cones, respectively, intersect the axis of the shadow.

To predict accurate local circumstances, calculate the geocentric coordinates $\rho \sin \phi'$ and $\rho \cos \phi'$ from the geodetic latitude ϕ and longitude λ, using the relationships given on pages K11–K12. Inclusion of the height h in this calculation is all that is necessary to obtain the local circumstances at high altitudes.

Obtain approximate times for the beginning, middle and end of the eclipse from the eclipse map. For each of these three times compute from the Besselian element polynomials, the values of x, y, $\sin d$, $\cos d$, μ and l_1 (the radius of the penumbra on the fundamental plane), except that at the approximate time of the middle of the eclipse l_2 (the radius of the umbra on the fundamental plane) is required instead of l_1 if the eclipse is central (i.e., total, annular or annular-total). The hourly variations x', y' of x and y are needed, and may be obtained by evaluating the derivative of the polynomial expressions for x and y. Values of μ', d', $\tan f_1$ and $\tan f_2$ are nearly constant throughout the eclipse and are given immediately following the Besselian polynomials.

For each of the three approximate times, calculate the coordinates ξ, η, ζ for the observer and the hourly variations ξ' and η' from

$$
\begin{aligned}
\xi &= \rho \cos \phi' \sin \theta, \\
\eta &= \rho \sin \phi' \cos d - \rho \cos \phi' \sin d \cos \theta, \\
\zeta &= \rho \sin \phi' \sin d + \rho \cos \phi' \cos d \cos \theta, \\
\xi' &= \mu' \rho \cos \phi' \cos \theta, \\
\eta' &= \mu' \xi \sin d - \zeta d',
\end{aligned}
$$

where

$$
\theta = \mu + \lambda
$$

for longitudes measured positive towards the east.

Next, calculate

$$
\begin{array}{ll}
u = x - \xi & u' = x' - \xi' \\
v = y - \eta & v' = y' - \eta' \\
m^2 = u^2 + v^2 & n^2 = u'^2 + v'^2
\end{array} \qquad (m, n > 0)
$$

$$
\begin{aligned}
L_i &= l_i - \zeta \tan f_i \\
D &= uu' + vv' \\
\Delta &= \tfrac{1}{n}(uv' - u'v) \\
\sin \psi &= \tfrac{\Delta}{L_i}
\end{aligned}
$$

where $i = 1, 2$.

At the approximate times of the beginning and end of the eclipse, L_1 is required. At the approximate time of the middle of the eclipse, L_2 is required if the eclipse is central; L_1 is required if the eclipse is partial.

Neglecting the variation of L, the correction τ to be applied to the approximate time of the middle of the eclipse to obtain the *Universal Time of greatest phase* is

$$
\tau = -\frac{D}{n^2},
$$

which may be expressed in minutes by multiplying by 60. The correction τ to be applied to the approximate times of the beginning and end of the eclipse to obtain the *Universal Times of the penumbral contacts* is

$$
\tau = \frac{L_1}{n} \cos \psi - \frac{D}{n^2},
$$

which may be expressed in minutes by multiplying by 60.

If the eclipse is central, use the approximate time for the middle of the eclipse as a first approximation to the times of umbral contact. The correction τ to be applied to obtain the *Universal Times of the umbral contacts* is

$$\tau = \frac{L_2}{n} \cos \psi - \frac{D}{n^2},$$

which may be expressed in minutes by multiplying by 60.

In the last two equations, the ambiguity in the quadrant of ψ is removed by noting that $\cos \psi$ must be *negative* for the beginning of the eclipse, for the beginning of the annular phase, or for the end of the total phase; $\cos \psi$ must be *positive* for the end of the eclipse, the end of the annular phase, or the beginning of the total phase.

For greater accuracy, the times resulting from the calculation outlined above should be used in place of the original approximate times, and the entire procedure repeated at least once. The calculations for each of the contact times and the time of greatest phase should be performed separately.

The *magnitude of greatest partial eclipse*, in units of the solar diameter is

$$M_1 = \frac{L_1 - m}{(2L_1 - 0.5459)},$$

where the value of m at the time of greatest phase is used. If the magnitude is negative at the time of greatest phase, no eclipse is visible from the location.

The *magnitude of the central phase*, in the same units is

$$M_2 = \frac{L_1 - L_2}{(L_1 + L_2)}.$$

The *position angle of a point of contact* measured eastward (counterclockwise) from the north point of the solar limb is given by

$$\tan P = \frac{u}{v},$$

where u and v are evaluated at the times of contacts computed in the final approximation. The quadrant of P is determined by noting that $\sin P$ has the algebraic sign of u, except for the contacts of the total phase, for which $\sin P$ has the opposite sign to u.

The position angle of the point of contact measured eastward from the vertex of the solar limb is given by

$$V = P - C,$$

where C, the parallactic angle, is obtained with sufficient accuracy from

$$\tan C = \frac{\xi}{\eta},$$

with $\sin C$ having the same algebraic sign as ξ, and the results of the final approximation again being used. The vertex point of the solar limb lies on a great circle arc drawn from the zenith to the center of the solar disk.

Lunar Eclipses

A calculator to produce local circumstances of recent and upcoming lunar eclipses is provided at http://aa.usno.navy.mil.

In calculating lunar eclipses the radius of the geocentric shadow of the Earth is increased by one-fiftieth part to allow for the effect of the atmosphere. Refraction is neglected in calculating solar and lunar eclipses. Standard corrections of $+0''.5$ and $-0''.25$ have been applied to the longitude and latitude of the Moon, respectively, to help correct for the difference between the center of figure and the center of mass.

Explanation of Lunar Eclipse Diagram

Information on lunar eclipses is presented in the form of a diagram consisting of two parts. The upper panel shows the path of the Moon relative to the penumbral and umbral shadows of the Earth. The lower panel shows the visibility of the eclipse from the surface of the Earth. The title of the upper panel includes the type of eclipse, its place in the sequence of eclipses for the year and the Greenwich calendar date of the eclipse. The inner darker circle is the umbral shadow of the Earth and the outer lighter circle is that of the penumbra. The axis of the shadow of the Earth is denoted by (+) with the ecliptic shown for reference purposes. A 30-arcminute scale bar is provided on the right hand side of the diagram and the orientation is given by the cardinal points displayed on the small graphic on the left hand side of the diagram. The position angle (PA) is measured from North point of the lunar disk along the limb of the Moon to the point of contact. It is shown on the graphic by the use of an arc extending anti-clockwise (eastwards) from North terminated with an arrow head.

Moon symbols are plotted at the principal phases of the eclipse to show its position relative to the umbral and penumbral shadows. The UT times of the different phases of the eclipse to the nearest tenth of a minute are printed above or below the Moon symbols as appropriate. P1 and P4 are the first and last external contacts of the penumbra respectively and denote the beginning and end of the penumbral eclipse respectively. U1 and U4 are the first and last external contacts of the umbra denoting the beginning and end of the partial phase of the eclipse respectively. U2 and U3 are the first and last internal contacts of the umbra and denote the beginning and end of the total phase respectively. MID is the middle of the eclipse. The position angle is given for P1 and P4 for penumbral eclipses and U1 and U4 for partial and total eclipses. The UT time of the geocentric opposition in right ascension of the Sun and Moon and the magnitude of the eclipse are given above or below the Moon symbols as appropriate.

The lower panel is a cylindrical equidistant map projection showing the Earth centered on the longitude at which the Moon is in the zenith at the middle of the eclipse. The visibility of the eclipse is displayed by plotting the Moon rise/set terminator for the principal phases of the eclipse for which timing information is provided in the upper panel. The terminator for the middle of the eclipse is not plotted for the sake of clarity.

The unshaded area indicates the region of the Earth from which all the eclipse is visible whereas the darkest shading indicates the area from which the eclipse is invisible. The different shades of gray indicate regions where the Moon is either rising or setting during the principal phases of the eclipse. The Moon is rising on the left hand side of the diagram after the eclipse has started and is setting on the right hand side of the diagram before the eclipse ends. Labels are provided to this effect.

Symbols are plotted showing the locations for which the Moon is in the zenith at the principal phases of the eclipse. The points at which the Moon is in the zenith at P1 and P4 are denoted by (+), at U1 and U4 by (⊙) and at U2 and U3 by (⊕). These symbols are also plotted on the upper panel where appropriate. The value of ΔT used for the calculation of the eclipse circumstances is given below the diagram. Country boundaries are also provided to assist the user in determining the visibility of the eclipse at a particular location.

I. - Total Eclipse of the Moon   2014 April 15

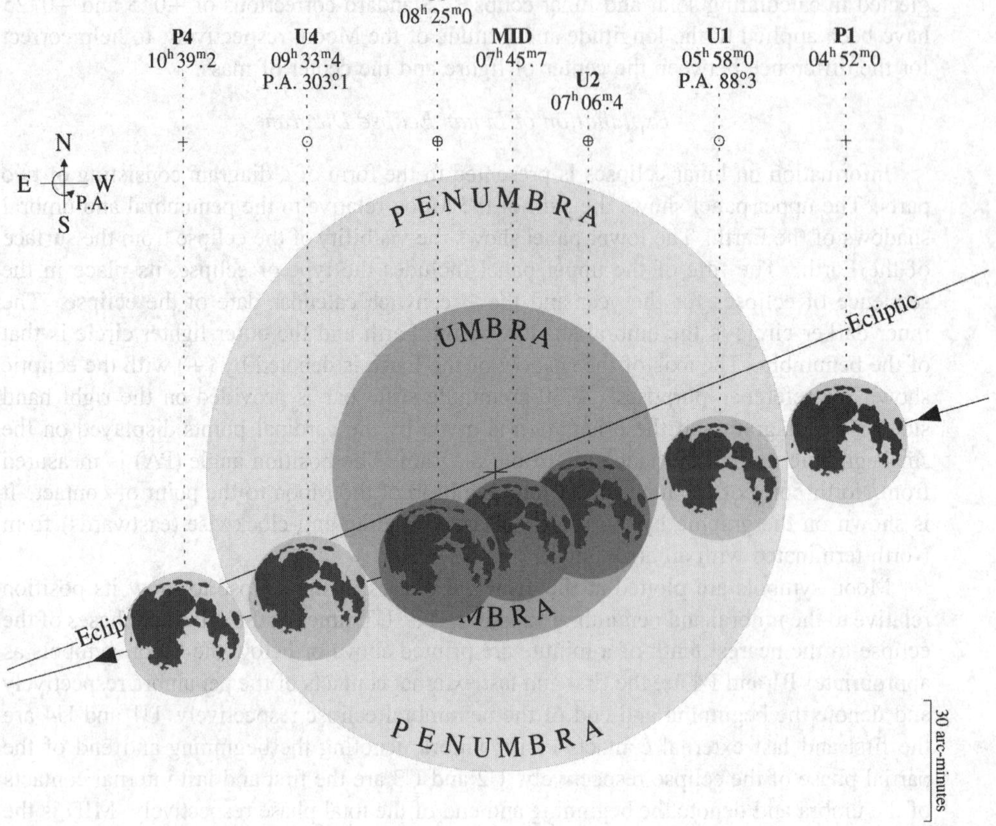

P4	U4	U3	MID	U2	U1	P1
$10^h 39^m.2$	$09^h 33^m.4$	$08^h 25^m.0$	$07^h 45^m.7$	$07^h 06^m.4$	$05^h 58^m.0$	$04^h 52^m.0$
	P.A. 303°.1				P.A. 88°.3	

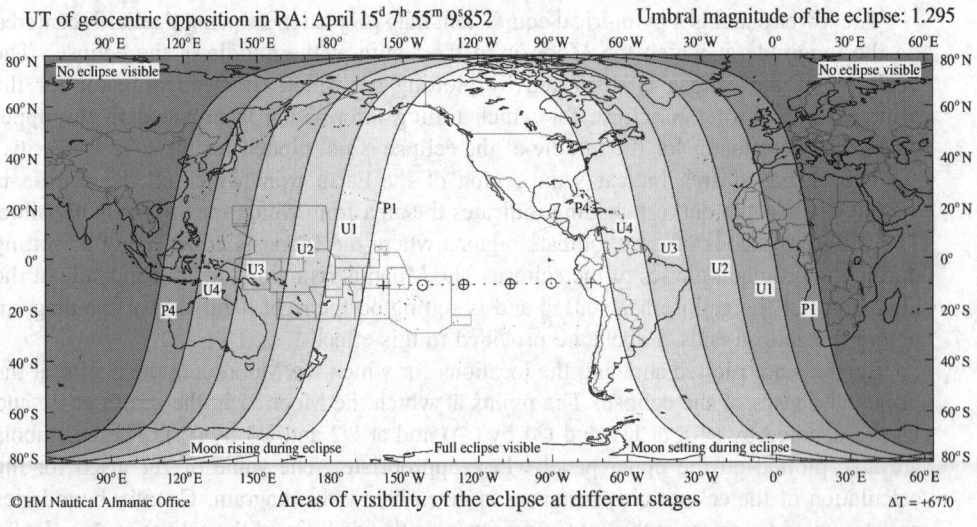

UT of geocentric opposition in RA: April $15^d 7^h 55^m 9^s.852$ Umbral magnitude of the eclipse: 1.295

©HM Nautical Almanac Office   Areas of visibility of the eclipse at different stages   ΔT = +67°.0

II. –Annular Eclipse of the Sun, April 29

CIRCUMSTANCES OF THE ECLIPSE

Universal Time of geocentric conjunction in right ascension, April 29^d 05^h 37^m $50\overset{s}{.}098$
Julian Date = 2456776.7346076140

	UT			Longitude	Latitude
	d	h	m	° ′	° ′
Eclipse begins	April 29	3	52.6	+ 49 45.1	−51 03.8
Beginning of northern limit of umbra	29	5	58.3	+125 46.3	−72 20.1
Greatest Eclipse	29	6	03.4	+131 07.1	−70 41.8
End of northern limit of umbra	29	6	08.9	+135 40.2	−68 43.5
Eclipse ends	29	8	14.5	+138 21.6	−26 22.9

BESSELIAN ELEMENTS

Let $t = (UT-4^h) + \delta T/3600$ in units of hours.

These equations are valid over the range $-0\overset{h}{.}208 \leq t \leq 4\overset{h}{.}408$. Do not use t outside the given range, and do not omit any terms in the series.

Intersection of the axis of shadow with the fundamental plane:

$$x = -0.86134897 + 0.52820335\, t + 0.00003801\, t^2 - 0.00000724\, t^3$$
$$y = -1.22567807 + 0.12228158\, t - 0.00003774\, t^2 - 0.00000161\, t^3$$

Direction of the axis of shadow:

$$\sin d = +0.24910732 + 0.00021419\, t - 0.00000007\, t^2$$
$$\cos d = +0.96847588 - 0.00005508\, t - 0.00000002\, t^2$$
$$\mu = 240\overset{\circ}{.}64978081 + 15.00276230\, t - 0.00000147\, t^2 - 0.00000006\, t^3 - 0.00417807\, \delta T$$

Radius of the shadow on the fundamental plane:

penumbra (l_1) = $+0.55028134 + 0.00016278\, t - 0.00001115\, t^2$
umbra (l_2) = $+0.00387636 + 0.00016202\, t - 0.00001110\, t^2$

Other important quantities:

$$\tan f_1 = +0.004643$$
$$\tan f_2 = +0.004620$$
$$\mu' = +0.261847 \text{ radians per hour}$$
$$d' = +0.000221 \text{ radians per hour}$$

All time arguments are given provisionally in Universal Time, using $\Delta T(A) = 67\overset{s}{.}0$.

NOTE: Annular phases of this eclipse will occur at all places within the area labeled "Northern Limit of Umbra" and limited on one side by the curve "Maximum Eclipse at Sunset".

ANNULAR SOLAR ECLIPSE OF 2014 APRIL 29

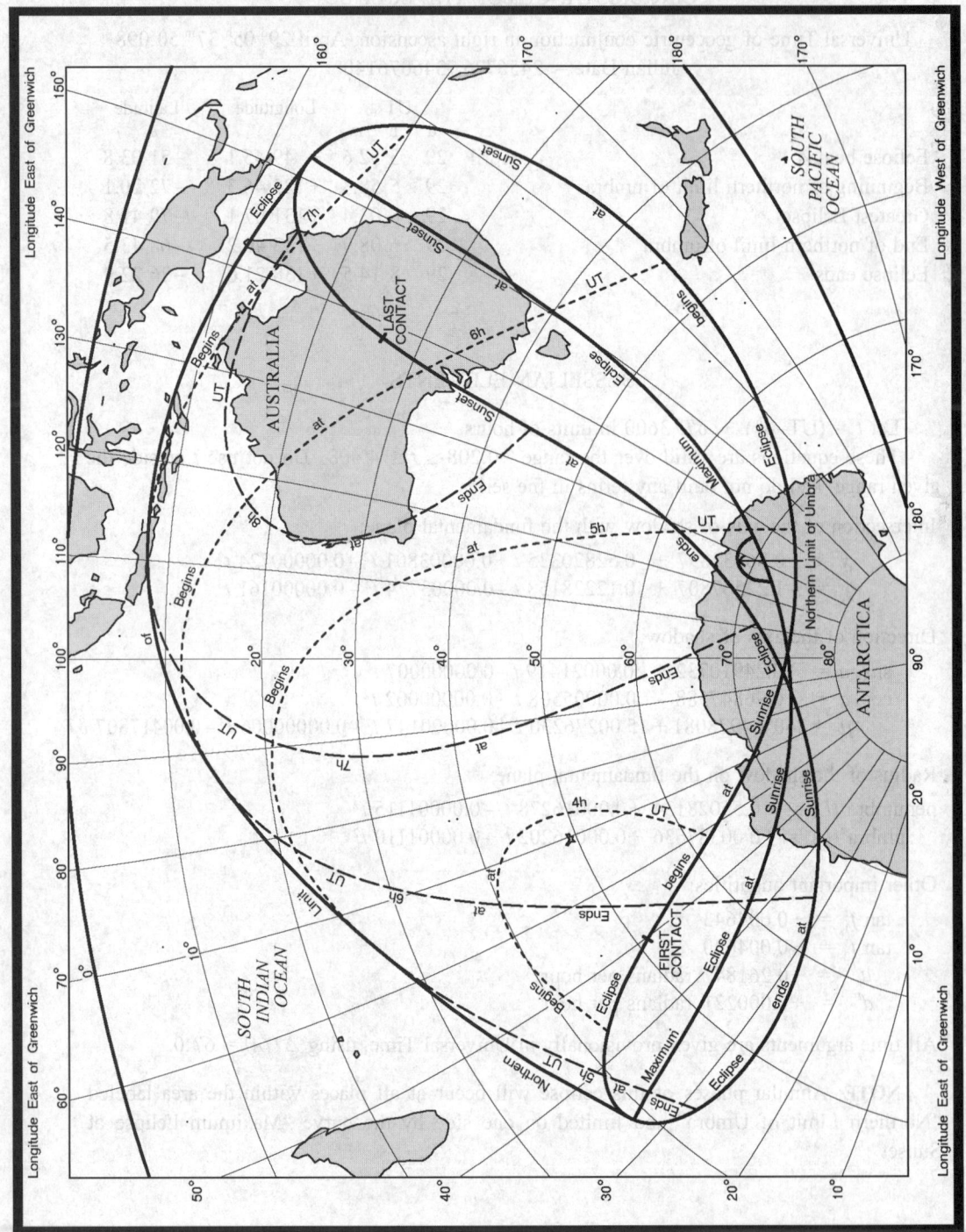

PATH OF CENTRAL PHASE: ANNULAR SOLAR ECLIPSE OF APRIL 29

For limits, see Circumstances of the Eclipse.

Longitude	Latitude of:			Universal Time at:			On Central Line		
	Northern Limit	Central Line	Southern Limit	Northern Limit	Central Line	Southern Limit	Maximum Duration	Sun's Alt.	Az.
° ′	° ′	° ′	° ′	h m s	h m s	h m s			
+125 00	−71 47.1			5 58 30.9					
+126 00	−73 07.5			5 57 26.5					
+127 00	−74 27.9	Shadow axis does		5 56 22.2	Shadow axis does				
+128 00	−75 48.2	not touch the Earth.		5 55 17.8	not touch the Earth.				
+129 00	−77 08.6	See note on p. A85		5 54 13.5	See note on p. A85				
+130 00	−78 29.0			5 53 09.1					
+131 00	−79 49.4			5 52 04.8					
+132 00	−81 09.8			5 51 00.4					
+133 00	−82 30.2			5 49 56.1					

For limits, see Circumstances of the Eclipse.

III. - Total Eclipse of the Moon

UT of geocentric opposition in RA: October $8^d\ 11^h\ 7^m\ 0\overset{s}{.}705$

2014 October 08

Umbral magnitude of the eclipse: 1.171

30 arc-minutes

P4
$13^h\ 35^m\!.2$

U4
$12^h\ 34^m\!.7$
P.A. $230°\!.9$

U3
$11^h\ 24^m\!.5$

MID
$10^h\ 54^m\!.6$

U2
$10^h\ 24^m\!.6$

U1
$09^h\ 14^m\!.5$
P.A. $94°\!.9$

P1
$08^h\ 14^m\!.1$

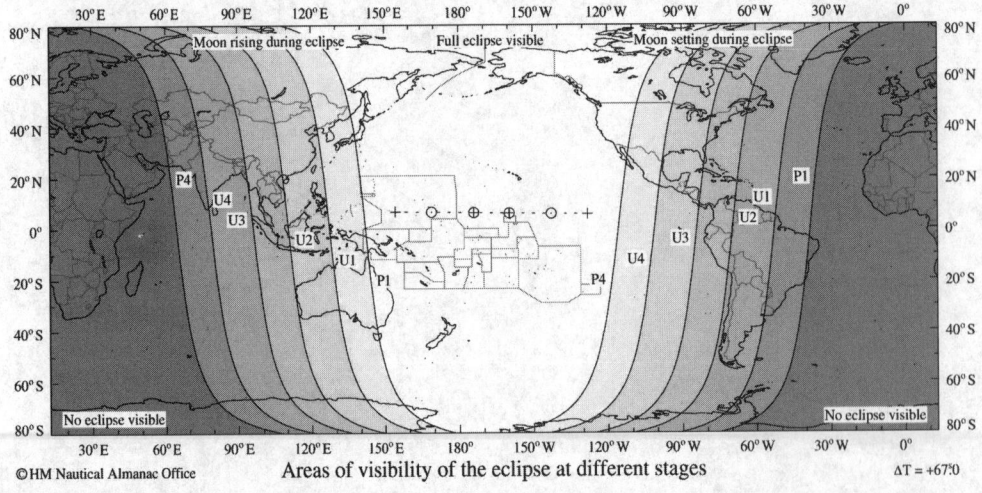

Areas of visibility of the eclipse at different stages

©HM Nautical Almanac Office

$\Delta T = +67\overset{s}{.}0$

IV. –Partial Eclipse of the Sun, October 23

CIRCUMSTANCES OF THE ECLIPSE

Universal Time of geocentric conjunction in right ascension, October $23^d 21^h 11^m 22^s\!.214$
Julian Date = 2456954.3828959930

	UT	Longitude	Latitude
	d h m	° ′	° ′
Eclipse begins	October 23 19 37.5	+170 30.9	+57 34.1
Greatest Eclipse	23 21 44.5	– 97 18.1	+71 14.4
Eclipse ends	23 23 51.7	– 98 23.7	+28 55.8

Magnitude of greatest eclipse: 0.8119

BESSELIAN ELEMENTS

Let $t = (UT-19^h) + \delta T/3600$ in units of hours.

These equations are valid over the range $0^h\!.542 \le t \le 5^h\!.033$. Do not use t outside the given range, and do not omit any terms in the series.

Intersection of the axis of shadow with the fundamental plane:

$$x = -1.11303326 + 0.50821961\ t + 0.00007339\ t^2 - 0.00000642\ t^3$$
$$y = +1.42564747 - 0.13559665\ t + 0.00000344\ t^2 + 0.00000163\ t^3$$

Direction of the axis of shadow:

$$\sin\ d = -0.20067019 - 0.00024311\ t + 0.00000008\ t^2$$
$$\cos\ d = +0.97965882 - 0.00004976\ t - 0.00000003\ t^2$$
$$\mu = 108°\!.92209939 + 15.00266473\ t - 0.00000230\ t^2 - 0.00000001\ t^3 - 0.00417807\ \delta T$$

Radius of the shadow on the fundamental plane:

penumbra $(l_1) = +0.56125552 - 0.00004733\ t - 0.00001068\ t^2 + 0.00000001\ t^3$

Other important quantities:

$$\tan f_1 = +0.004701$$
$$\mu' = +0.261846 \text{ radians per hour}$$
$$d' = -0.000248 \text{ radians per hour}$$

All time arguments are given provisionally in Universal Time, using $\Delta T(A) = 67^s\!.0$.

PARTIAL SOLAR ECLIPSE OF 2014 OCTOBER 23

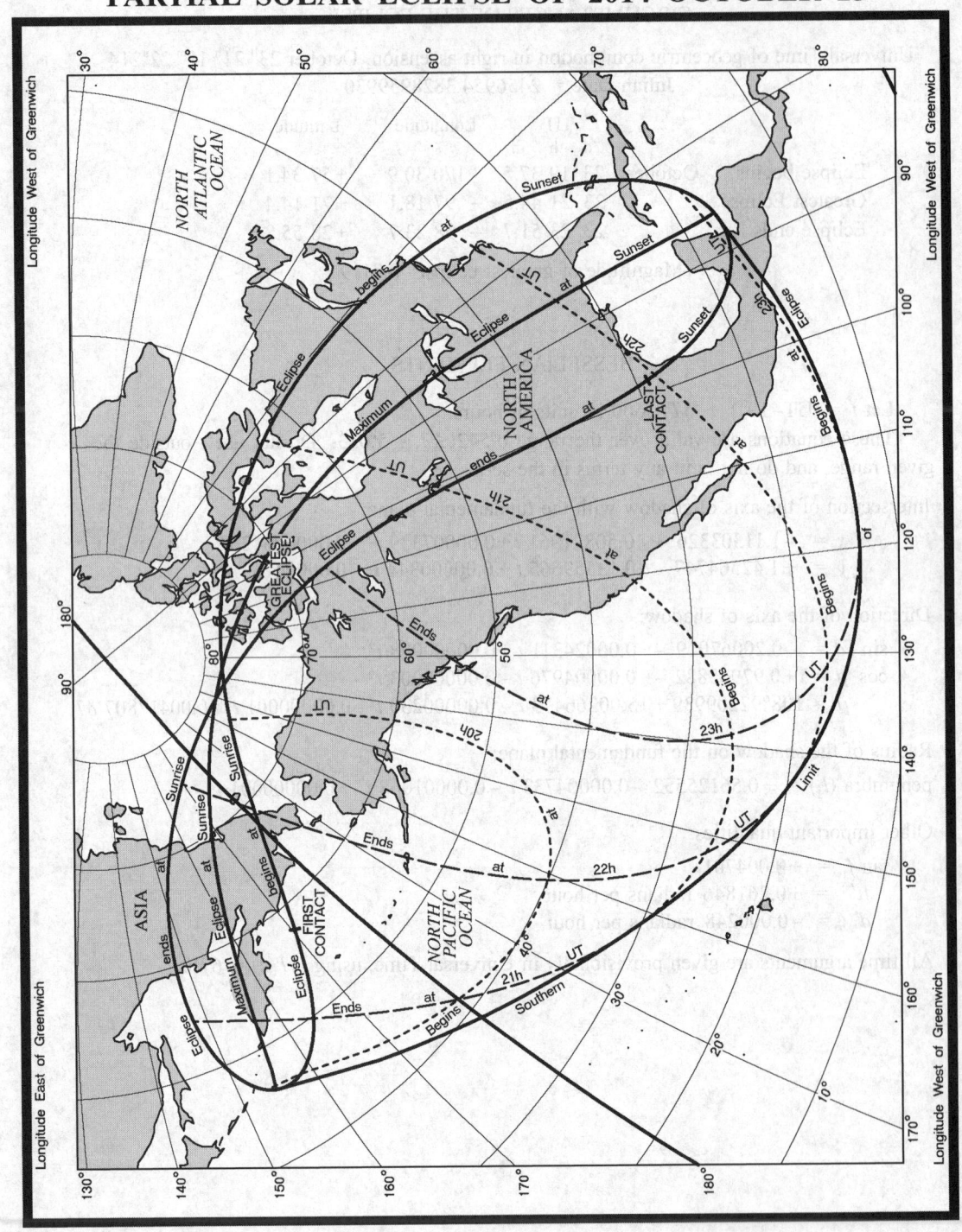

CONTENTS OF SECTION B

Introduction

The tables and formulae in this section are produced in accordance with the recommendations of the International Astronomical Union at its General Assemblies up to and including 2006. They are intended for use with relativistic coordinate time-scales, the International Celestial Reference System (ICRS), the Geocentric Celestial Reference System (GCRS) and the standard epoch of J2000·0 TT.

Because of its consistency with previous reference systems, implementation of the ICRS will be transparent to any applications with accuracy requirements of no better than $0.''1$ near epoch J2000·0. At this level of accuracy the distinctions between the International Celestial Reference Frame, FK5, and dynamical equator and equinox of J2000·0 are not significant.

Procedures are given to calculate both intermediate and apparent right ascension, declination and hour angle of planetary and stellar objects which are referred to the ICRS, e.g. the JPL DE405/LE405 Planetary and Lunar Ephemerides or the Hipparcos star catalogue. These procedures include the effects of the differences between time-scales, light-time and the relativistic effects of light deflection, parallax and aberration, and the rotations, i.e. frame bias, precession and nutation, to give the "of date" system.

In particular, the rotations from the GCRS to the Terrestrial Intermediate Reference System are illustrated using both equinox-based and CIO-based techniques. Both of these techniques require the position of the Celestial Intermediate Pole and involve the angles for frame bias, precession and nutation, whether applied individually or amalgamated, directly or indirectly. These angles, together with their appropriate rotations and the relationships between them, are given in this section.

The equinox-based and CIO-based techniques only differ in the location of the origin for right ascension, and thus whether Greenwich apparent sidereal time or Earth rotation angle, respectively, is used to calculate hour angle. Equinox-based techniques use the equinox as the origin for right ascension and the system is usually labelled the true equator and equinox of date. CIO-based techniques use the celestial intermediate origin (CIO) and the system is labelled the Celestial Intermediate Reference System. The term "Intermediate" is used to signify that it is the system "between" the GCRS and the International Terrestrial Reference System. It must be emphasized that the equator of date is the celestial intermediate equator, and that hour angle is independent of the origin of right ascension. However, it is essential that hour angle is calculated consistently within the system being used.

In particular, this section includes the long-standing daily tabulations of the nutation angles, $\Delta\psi$ and $\Delta\epsilon$, the true obliquity of the ecliptic, Greenwich mean and apparent sidereal time and the equation of the equinoxes, as well as the new parameters that define the Celestial Intermediate Reference System, $\mathcal{X}$, $\mathcal{Y}$, s, the Earth rotation angle and equation of the origins. Also tabulated daily are the matrices, both equinox and CIO based, for reduction from the GCRS, together with various useful formulae.

The 2006 IAU General Assembly adopted various resolutions, including the recommendations of the Working Group on Precession and the Ecliptic (WGPE), which in this section are designated IAU 2006. The WGPE report includes not only updated precession angles, but also Greenwich mean sidereal time and other related quantities. It should be noted that the IAU 2006 precession parameters are to be used with the IAU 2000A nutation series. However, for the highest precision, adjustments are required to the nutation in longitude and obliquity (see page B55). These adjustments are included in the IAU SOFA code which is used throughout this section.

The IAU SOFA code is available from the IAU Standards Of Fundamental Astronomy (SOFA) web site and contains code for all the fundamental quantities related to various systems (e.g., IAU 2006, IAU 2000). The *IERS Conventions 2010* (Technical Note 36), and their updates, in particular Chapter 5 that describes the ITRS to GCRS conversion is available from the IERS. See page x for the web site addresses.

Introduction (continued)

A detailed explanation and implementation of "The IAU Resolutions on Astronomical Reference Systems, Time Scales, and Earth Rotation Models" is published in *USNO Circular 179* (2005) (see page x). Background information about time-scales and coordinate reference systems recommended by the IAU and adopted in this almanac are given in Section L, *Notes and References* and in Section M, *Glossary*.

The definitions involving the relationship between universal time and sidereal time contain both universal and dynamical time scales, and thus require knowledge of ΔT. However, accurate values of ΔT (see pages K8–K9) are only available in retrospect via analysis of observations from the IERS (see page x). Therefore tables in this section adopt the most likely value at the time of production. The value used and the errors are stated in the text.

 This symbol indicates that these data or auxiliary material may also be found on *The Astronomical Almanac Online* at **http://asa.usno.navy.mil** and **http://asa.hmnao.com**

Julian date

A Julian date (JD) may be associated with any time scale (see page B6). A tabulation of Julian date (JD) at 0^h UT1 against calendar date is given with the ephemeris of universal and sidereal times on pages B13–B20. Similarly, pages B21–B24 tabulate the UT1 Julian date together with the Earth rotation angle. The following relationship holds during 2014:

UT1 Julian date $= \text{JD}_{\text{UT1}} = 245\ 6657 \cdot 5 + \text{day of year} + \text{fraction of day from } 0^h \text{ UT1}$

TT Julian date $= \text{JD}_{\text{TT}} = 245\ 6657 \cdot 5 + d + \text{fraction of day from } 0^h \text{ TT}$

where the day of the year (d) for the current year of the Gregorian calendar is given on pages B4–B5. The following table gives the Julian dates at day 0 of each month of 2014:

0^h	Julian Date	0^h	Julian Date	0^h	Julian Date
Jan. 0	245 6657·5	May 0	245 6777·5	Sept. 0	245 6900·5
Feb. 0	245 6688·5	June 0	245 6808·5	Oct. 0	245 6930·5
Mar. 0	245 6716·5	July 0	245 6838·5	Nov. 0	245 6961·5
Apr. 0	245 6747·5	Aug. 0	245 6869·5	Dec. 0	245 6991·5

Tabulations of Julian date against calendar date for other years are given on pages K2–K4.

A date may also be expressed in years as a Julian epoch, or for some purposes as a Besselian epoch, using:

Julian epoch $= \text{J}[2000 \cdot 0 + (\text{JD}_{\text{TT}} - 245\ 1545 \cdot 0)/365 \cdot 25]$

Besselian epoch $= \text{B}[1900 \cdot 0 + (\text{JD}_{\text{TT}} - 241\ 5020 \cdot 313\ 52)/365 \cdot 242\ 198\ 781]$

the prefixes J and B may be omitted only where the context, or precision, make them superfluous.

400-day date, JD 245 6800·5 = 2014 May 23·0

Standard epoch B1900·0 = 1900 Jan. 0·813 52 = JD 241 5020·313 52 TT

B1950·0 = 1950 Jan. 0·923 = JD 243 3282·423 TT

B2014·0 = 2014 Jan. 0·424 TT = JD 245 6657·924 TT

Standard epoch J2000·0 = 2000 Jan. 1·5 TT = JD 245 1545·0 TT

J2014·5 = 2014 July 2·625 TT = JD 245 6841·125 TT

For epochs B1900·0 and B1950·0 the TT time scale is used proleptically.

The *modified Julian date* (MJD) is the Julian date minus 240 0000·5 and in 2014 is given by: MJD $= 56657 \cdot 0 + \text{day of year} + \text{fraction of day from } 0^h$ in the time scale being used.

Day of Month	JANUARY Day of Week	JANUARY Day of Year	FEBRUARY Day of Week	FEBRUARY Day of Year	MARCH Day of Week	MARCH Day of Year	APRIL Day of Week	APRIL Day of Year	MAY Day of Week	MAY Day of Year	JUNE Day of Week	JUNE Day of Year
1	Wed.	1	Sat.	32	Sat.	60	Tue.	91	Thu.	121	Sun.	152
2	Thu.	2	Sun.	33	Sun.	61	Wed.	92	Fri.	122	Mon.	153
3	Fri.	3	Mon.	34	Mon.	62	Thu.	93	Sat.	123	Tue.	154
4	Sat.	4	Tue.	35	Tue.	63	Fri.	94	Sun.	124	Wed.	155
5	Sun.	5	Wed.	36	Wed.	64	Sat.	95	Mon.	125	Thu.	156
6	Mon.	6	Thu.	37	Thu.	65	Sun.	96	Tue.	126	Fri.	157
7	Tue.	7	Fri.	38	Fri.	66	Mon.	97	Wed.	127	Sat.	158
8	Wed.	8	Sat.	39	Sat.	67	Tue.	98	Thu.	128	Sun.	159
9	Thu.	9	Sun.	40	Sun.	68	Wed.	99	Fri.	129	Mon.	160
10	Fri.	10	Mon.	41	Mon.	69	Thu.	100	Sat.	130	Tue.	161
11	Sat.	11	Tue.	42	Tue.	70	Fri.	101	Sun.	131	Wed.	162
12	Sun.	12	Wed.	43	Wed.	71	Sat.	102	Mon.	132	Thu.	163
13	Mon.	13	Thu.	44	Thu.	72	Sun.	103	Tue.	133	Fri.	164
14	Tue.	14	Fri.	45	Fri.	73	Mon.	104	Wed.	134	Sat.	165
15	Wed.	15	Sat.	46	Sat.	74	Tue.	105	Thu.	135	Sun.	166
16	Thu.	16	Sun.	47	Sun.	75	Wed.	106	Fri.	136	Mon.	167
17	Fri.	17	Mon.	48	Mon.	76	Thu.	107	Sat.	137	Tue.	168
18	Sat.	18	Tue.	49	Tue.	77	Fri.	108	Sun.	138	Wed.	169
19	Sun.	19	Wed.	50	Wed.	78	Sat.	109	Mon.	139	Thu.	170
20	Mon.	20	Thu.	51	Thu.	79	Sun.	110	Tue.	140	Fri.	171
21	Tue.	21	Fri.	52	Fri.	80	Mon.	111	Wed.	141	Sat.	172
22	Wed.	22	Sat.	53	Sat.	81	Tue.	112	Thu.	142	Sun.	173
23	Thu.	23	Sun.	54	Sun.	82	Wed.	113	Fri.	143	Mon.	174
24	Fri.	24	Mon.	55	Mon.	83	Thu.	114	Sat.	144	Tue.	175
25	Sat.	25	Tue.	56	Tue.	84	Fri.	115	Sun.	145	Wed.	176
26	Sun.	26	Wed.	57	Wed.	85	Sat.	116	Mon.	146	Thu.	177
27	Mon.	27	Thu.	58	Thu.	86	Sun.	117	Tue.	147	Fri.	178
28	Tue.	28	Fri.	59	Fri.	87	Mon.	118	Wed.	148	Sat.	179
29	Wed.	29			Sat.	88	Tue.	119	Thu.	149	Sun.	180
30	Thu.	30			Sun.	89	Wed.	120	Fri.	150	Mon.	181
31	Fri.	31			Mon.	90			Sat.	151		

CHRONOLOGICAL CYCLES AND ERAS

Dominical Letter	... ...	E	Julian Period (year of)	6727
Epact	... ...	29	Roman Indiction	7
Golden Number (Lunar Cycle)	...	I	Solar Cycle	7

All dates are given in terms of the Gregorian calendar in which
2014 January 14 corresponds to 2014 January 1 of the Julian calendar.

ERA	YEAR	BEGINS	ERA	YEAR	BEGINS
Byzantine	7523	Sept. 14	Japanese	2674	Jan. 1
Jewish (A.M.)*	5775	Sept. 24	Seleucidæ (Grecian) ...	2326	Sept. 14
Chinese (jiǎ wǔ)		Jan. 31			(or Oct. 14)
Roman (A.U.C.)	2767	Jan. 14	Saka (Indian)	1936	Mar. 22
Nabonassar	2763	Apr. 20	Diocletian (Coptic) ...	1731	Sept. 11
			Islamic (Hegira)* ...	1436	Oct. 24

* Year begins at sunset

	JULY		AUGUST		SEPTEMBER		OCTOBER		NOVEMBER		DECEMBER	
Day of Month	Day of Week	Day of Year	Day of Week	Day of Year	Day of Week	Day of Year	Day of Week	Day of Year	Day of Week	Day of Year	Day of Week	Day of Year
1	Tue.	182	Fri.	213	Mon.	244	Wed.	274	Sat.	305	Mon.	335
2	Wed.	183	Sat.	214	Tue.	245	Thu.	275	Sun.	306	Tue.	336
3	Thu.	184	Sun.	215	Wed.	246	Fri.	276	Mon.	307	Wed.	337
4	Fri.	185	Mon.	216	Thu.	247	Sat.	277	Tue.	308	Thu.	338
5	Sat.	186	Tue.	217	Fri.	248	Sun.	278	Wed.	309	Fri.	339
6	Sun.	187	Wed.	218	Sat.	249	Mon.	279	Thu.	310	Sat.	340
7	Mon.	188	Thu.	219	Sun.	250	Tue.	280	Fri.	311	Sun.	341
8	Tue.	189	Fri.	220	Mon.	251	Wed.	281	Sat.	312	Mon.	342
9	Wed.	190	Sat.	221	Tue.	252	Thu.	282	Sun.	313	Tue.	343
10	Thu.	191	Sun.	222	Wed.	253	Fri.	283	Mon.	314	Wed.	344
11	Fri.	192	Mon.	223	Thu.	254	Sat.	284	Tue.	315	Thu.	345
12	Sat.	193	Tue.	224	Fri.	255	Sun.	285	Wed.	316	Fri.	346
13	Sun.	194	Wed.	225	Sat.	256	Mon.	286	Thu.	317	Sat.	347
14	Mon.	195	Thu.	226	Sun.	257	Tue.	287	Fri.	318	Sun.	348
15	Tue.	196	Fri.	227	Mon.	258	Wed.	288	Sat.	319	Mon.	349
16	Wed.	197	Sat.	228	Tue.	259	Thu.	289	Sun.	320	Tue.	350
17	Thu.	198	Sun.	229	Wed.	260	Fri.	290	Mon.	321	Wed.	351
18	Fri.	199	Mon.	230	Thu.	261	Sat.	291	Tue.	322	Thu.	352
19	Sat.	200	Tue.	231	Fri.	262	Sun.	292	Wed.	323	Fri.	353
20	Sun.	201	Wed.	232	Sat.	263	Mon.	293	Thu.	324	Sat.	354
21	Mon.	202	Thu.	233	Sun.	264	Tue.	294	Fri.	325	Sun.	355
22	Tue.	203	Fri.	234	Mon.	265	Wed.	295	Sat.	326	Mon.	356
23	Wed.	204	Sat.	235	Tue.	266	Thu.	296	Sun.	327	Tue.	357
24	Thu.	205	Sun.	236	Wed.	267	Fri.	297	Mon.	328	Wed.	358
25	Fri.	206	Mon.	237	Thu.	268	Sat.	298	Tue.	329	Thu.	359
26	Sat.	207	Tue.	238	Fri.	269	Sun.	299	Wed.	330	Fri.	360
27	Sun.	208	Wed.	239	Sat.	270	Mon.	300	Thu.	331	Sat.	361
28	Mon.	209	Thu.	240	Sun.	271	Tue.	301	Fri.	332	Sun.	362
29	Tue.	210	Fri.	241	Mon.	272	Wed.	302	Sat.	333	Mon.	363
30	Wed.	211	Sat.	242	Tue.	273	Thu.	303	Sun.	334	Tue.	364
31	Thu.	212	Sun.	243			Fri.	304			Wed.	365

RELIGIOUS CALENDARS

Epiphany	... ...	Jan.	6	Ascension Day	May 29
Ash Wednesday	... ...	Mar.	5	Whit Sunday—Pentecost ...	June 8
Palm Sunday	... ...	Apr.	13	Trinity Sunday	June 15
Good Friday	... ...	Apr.	18	First Sunday in Advent	Nov. 30
Easter Day	... ...	Apr.	20	Christmas Day (Thursday) ...	Dec. 25

First day of Passover (Pesach)	Apr.	15	Day of Atonement (Yom Kippur)	Oct. 4
Feast of Weeks (Shavuot) ...	June	4	First day of Tabernacles (Succoth)	Oct. 9
Jewish New Year (Rosh Hashanah)	Sept.	25	Festival of Lights (Hanukkah)	Dec. 17

First day of Ramadân	June	29	Islamic New Year	Oct. 25
First day of Shawwal (Eid ul-Fitr)	July	29		

The Jewish and Islamic dates above are tabular dates, which begin at sunset on the previous evening and end at sunset on the date tabulated. In practice, the dates of Islamic fasts and festivals are determined by an actual sighting of the appropriate new moon.

Notation for time-scales and related quantities

A summary of the notation for time-scales and related quantities used in this Almanac is given below. Additional information is given in the *Glossary* (section M and *The Astronomical Almanac Online*) and in the *Notes and References* (section L).

UT1	universal time (also UT); counted from 0^h (midnight); unit is second of mean solar time, affected by irregularities in the Earth's rate of rotation.
UT0	local approximation to universal time; not corrected for polar motion (rarely used).
GMST	Greenwich mean sidereal time; GHA of mean equinox of date.
GAST	Greenwich apparent sidereal time; GHA of true equinox of date.
E_e	Equation of the equinoxes: GAST − GMST.
E_o	Equation of the origins: ERA − GAST = θ − GAST.
ERA	Earth rotation angle (θ); the angle between the celestial and terrestrial intermediate origins; it is proportional to UT1.
TAI	international atomic time; unit is the SI second on the geoid.
UTC	coordinated universal time; differs from TAI by an integral number of seconds, and is the basis of most radio time signals and national and/or legal time systems.
ΔUT	= UT1−UTC; increment to be applied to UTC to give UT1.
DUT	predicted value of ΔUT, rounded to $0^s\!.1$, given in some radio time signals.
TDB	barycentric dynamical time; used as time-scale of ephemerides, referred to the barycentre of the solar system.
T_{eph}	the independent variable of the equations of motion used by the JPL ephemerides, in particular DE405/LE405. T_{eph} and TDB may be considered to be equivalent.
TT	terrestrial time; used as time-scale of ephemerides for observations from the Earth's surface (geoid). TT = TAI + $32^s\!.184$.
ΔT	= TT − UT1; increment to be applied to UT1 to give TT. = TAI + $32^s\!.184$ − UT1.
ΔAT	= TAI − UTC; increment to be applied to UTC to give TAI; an integral number of seconds.
ΔTT	= TT − UTC = ΔAT+$32^s\!.184$; increment to be applied to UTC to give TT.
JD$_{TT}$	= Julian date and fraction, where the time fraction is expressed in the terrestrial time scale, e.g. 2000 January 1, 12^h TT is JD 245 1545·0 TT.
JD$_{UT1}$	= Julian date and fraction, where the time fraction is expressed in the universal time scale, e.g. 2000 January 1, 12^h UT1 is JD 245 1545·0 UT1.

The following intervals are used in this section.

$$T = (\text{JD}_{TT} - 245\,1545\cdot0)/36\,525 = \text{Julian centuries of 365 25 days from J2000·0}$$
$$D = \text{JD} - 245\,1545\cdot0 = \text{days and fraction from J2000·0}$$
$$D_U = \text{JD}_{UT1} - 245\,1545\cdot0 = \text{days and UT1 fraction from J2000·0}$$
$$d = \text{Day of the year, January 1} = 1, \text{ etc., see B4–B5}$$

Note that the intervals above are based on different time scales. T implies the TT time scale while D_U implies the UT1 time scale. This is an important distinction when calculating Greenwich mean sidereal time. T is the number of Julian centuries from J2000·0 to the required epoch (TT), while D, D_U and d are all in days.

The name Greenwich mean time (GMT) is not used in this Almanac since it is ambiguous. It is now used, although not in astronomy, in the sense of UTC, in addition to the earlier sense of UT; prior to 1925 it was reckoned for astronomical purposes from Greenwich mean noon (12^h UT).

Relationships between time-scales

The unit of UTC is the SI second on the geoid, but step adjustments of 1 second (leap seconds) are occasionally introduced into UTC so that universal time (UT1) may be obtained directly from it with an accuracy of 1 second or better and so that international atomic time (TAI) may be obtained by the addition of an integral number of seconds. The step adjustments, when required, are usually inserted after the 60th second of the last minute of December 31 or June 30. Values of the differences ΔAT for 1972 onwards are given on page K9. Accurate values of the increment ΔUT to be applied to UTC to give UT1 are derived from observations, but predicted values are transmitted in code in some time signals. Wherever UT is used in this volume it always means UT1.

The difference between the terrestrial time scale (TT) and the barycentric dynamical time scale (TDB), or the equivalent T_{eph} of the DE405/LE405 ephemeris, is often ignored, since the two time scales differ by no more than 2 milliseconds.

An expression for the relationship between the barycentric and terrestrial time-scales (due to the variations in gravitational potential around the Earth's orbit) is:

and
$$\text{TDB} = \text{TT} + 0\overset{s}{.}001\,657\sin g + 0\overset{s}{.}000\,022\sin(L - L_J)$$
$$g = 357\overset{\circ}{.}53 + 0\cdot985\,600\,28(\text{JD} - 245\,1545\cdot0)$$
$$L - L_J = 246\overset{\circ}{.}11 + 0\cdot902\,517\,92(\text{JD} - 245\,1545\cdot0)$$

where g is the mean anomaly of the Earth in its orbit around the Sun, and $L - L_J$ is the difference in the mean ecliptic longitudes of the Sun and Jupiter. The above formula for TDB $-$ TT is accurate to about $\pm30\mu s$ over the period 1980 to 2050.

For 2014
$$g = 356\overset{\circ}{.}41 + 0\overset{\circ}{.}985\,60\,d \qquad \text{and} \qquad L - L_J = 180\overset{\circ}{.}24 + 0\overset{\circ}{.}902\,52\,d$$

where d is the day of the year and fraction of the day.

The TDB time scale should be used for quantities such as precession angles and the fundamental arguments. However, for these quantities, the difference between TDB and TT is negligible at the microarcsecond (μas) level.

Relationships between universal time, ERA, GMST and GAST

The following equations show the relationships between the Earth rotation angle (ERA=θ), Greenwich mean (GMST) and apparent (GAST) sidereal time, in terms of the equation of the origins (E_o) and the equation of the equinoxes (E_e):

$$\text{GMST}(D_U, T) = \theta(D_U) + \text{polynomial part}(T)$$
$$\text{GAST}(D_U, T) = \theta(D_U) - \text{equation of the origins}(T)$$
$$= \text{GMST}(D_U, T) + \text{equation of the equinoxes}(T)$$

The definition of these quantities follow. Note that ERA is a function of UT1, while GMST and GAST are functions of both UT1 and TT. A diagram showing the relationships between these concepts is given on page B9.

ERA is for use with intermediate right ascensions while GAST must be used with apparent (equinox based) right ascension.

Relationship between universal time and Earth rotation angle

The Earth rotation angle (θ) is measured in the Celestial Intermediate Reference System along its equator (the true equator of date) between the terrestrial and the celestial intermediate origins. It is proportional to UT1, and its time derivative is the Earth's adopted mean angular velocity; it is defined by the following relationship

$$\theta(D_U) = 2\pi(0.7790\,5727\,32640 + 1.0027\,3781\,1911\,35448\,D_U) \text{ radians}$$
$$= 360°(0.7790\,5727\,32640 + 0.0027\,3781\,1911\,35448\,D_U + D_U \bmod 1)$$

where D_U is the interval, in days, elapsed since the epoch 2000 January $1^d\,12^h$ UT1 (JD 245 1545·0 UT1), and $D_U \bmod 1$ is the fraction of the UT1 day remaining after removing all the whole days. The Earth rotation angle (ERA) is tabulated daily at 0^h UT1 on pages B21–B24.

During 2014, on day d, at t^h UT1, the Earth rotation angle, expressed in arc and time, respectively, is given by:

$$\theta = 99°403\,441 + 0°985\,612\,288\,d + 15°041\,0672\,t$$
$$= 6^h626\,8961 + 0^h065\,707\,4859\,d + 1^h002\,737\,81\,t$$

Relationship between universal and sidereal time

Greenwich Mean Sidereal Time

Universal time is defined in terms of Greenwich mean sidereal time (i.e. the hour angle of the mean equinox of date) by:

$$\text{GMST}(D_U, T) = \theta(D_U) + \text{GMST}_P(T)$$
$$\text{GMST}_P(T) = 0.''014\,506 + 4612.''156\,534\,T + 1.''391\,5817\,T^2$$
$$- 0.''000\,000\,44\,T^3 - 0.''000\,029\,956\,T^4 - 3.''68 \times 10^{-8}\,T^5$$

where θ is the Earth rotation angle. The polynomial part, $\text{GMST}_P(T)$ is due almost entirely to the effect of precession and is given separately as it also forms part of the equation of the origins (see page B10). The time interval D_U is measured in days elapsed since the epoch 2000 January $1^d\,12^h$ UT1 (JD 245 1545·0 UT1), whereas T is measured in the TT scale, in Julian centuries of 36 525 days, from JD 245 1545·0 TT.

The Earth rotation angle is expressed in degrees while the terms of the polynomial part (GMST_P) are in arcseconds. GMST is tabulated on pages B13–B20 and the equivalent expression in time units is

$$\text{GMST}(D_U, T) = 86400^s(0.7790\,5727\,32640 + 0.0027\,3781\,1911\,35448 D_U + D_U \bmod 1)$$
$$+ 0^s000\,967\,07 + 307^s477\,102\,27\,T + 0^s092\,772\,113\,T^2$$
$$- 0^s000\,000\,0293\,T^3 - 0^s000\,001\,997\,07\,T^4 - 2^s453 \times 10^{-9}\,T^5$$

It is necessary, in this formula, to distinguish TT from UT1 only for the most precise work. The table on pages B13–B20 is calculated assuming $\Delta T = 67^s$. An error of $\pm 1^s$ in ΔT introduces differences of $\mp 1.''5 \times 10^{-6}$ or equivalently $\mp 0^s10 \times 10^{-6}$ during 2014.

The following relationship holds during 2014:

on day of year d at t^h UT1, GMST $= 6^h638\,8520 + 0^h065\,709\,8245\,d + 1^h002\,737\,91\,t$

where the day of year d is tabulated on pages B4–B5. Add or subtract multiples of 24^h as necessary.

Relationship between universal and sidereal time (continued)

In 2014:   1 mean solar day $=$ 1·002 737 909 35   mean sidereal days

$= 24^h 03^m 56\overset{s}{\cdot}555\ 37$ of mean sidereal time

1 mean sidereal day $=$ 0·997 269 566 33   mean solar days

$= 23^h 56^m 04\overset{s}{\cdot}090\ 53$ of mean solar time

Greenwich Apparent Sidereal Time

The hour angle of the true equinox of date (GAST) is given by:

$$\text{GAST}(D_U, T) = \theta(D_U) - \text{equation of the origins} = \theta(D_U) - E_o(T)$$
$$= \text{GMST}(D_U, T) + \text{equation of the equinoxes} = \text{GMST}(D_U, T) + E_e(T)$$

where θ is the Earth rotation angle (ERA) and GMST, the Greenwich mean sidereal time are given above, while the equation of the origins (E_o) and the equation of the equinoxes (E_e) are given on page B10.

Pages B13–B20 tabulate GAST and the equation of the equinoxes daily at 0^h UT1. These quantities have been calculated using the IAU 2000A nutation model together with the tiny (μas level) amendments (see B55); they are expressed in time units and are based on a predicted $\Delta T = 67^s$. An error of $\pm 1^s$ in ΔT introduces a maximum error of $\pm 3\overset{''}{\cdot}2 \times 10^{-6}$ or equivalently $\pm 0\overset{s}{\cdot}21 \times 10^{-6}$ during 2014.

Interpolation may be used to obtain the equation of the equinoxes for another instant, or if full precision is required.

Relationships between origins

The difference between the CIO and true equinox of date is called the equation of the origins

$$E_o(T) = \theta - \text{GAST}$$

while the difference between the true and mean equinox is called the equation of the equinoxes is given by

$$E_e(T) = \text{GAST} - \text{GMST}$$

The following schematic diagram shows the relationship between the "zero longitude" defined by the terrestrial intermediate origin, the true equinox and the celestial intermediate origin.

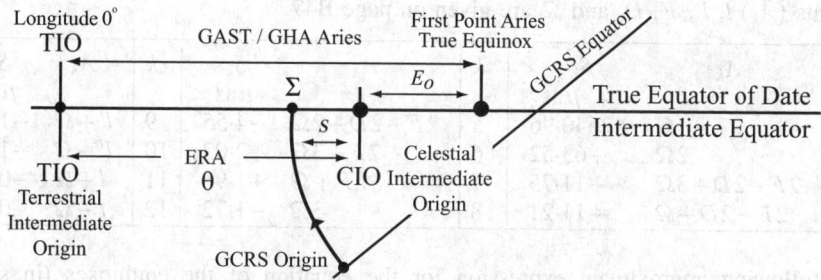

The diagram illustrates that the origin of Greenwich hour angle, the terrestrial intermediate origin (TIO), may be obtained from either Greenwich apparent sidereal time (GAST) or Earth rotation angle (ERA). The quantity s, the CIO locator, positions the GCRS origin (Σ) on the equator (see page B47). Note that the planes of intermediate equator and the true equator of date (the pole of which is the celestial intermediate pole) are identical.

Relationships between origins (continued)

Equation of the origins

The equation of the origins (E_o), the angular difference between the origin of intermediate right ascension (the CIO) and the origin of equinox right ascension (the true equinox) is defined to be

$$E_o(T) = \theta - \text{GAST} = s - \tan^{-1} \frac{\mathbf{M}_j \cdot \mathcal{R}_{\Sigma_i}}{\mathbf{M}_i \cdot \mathcal{R}_{\Sigma_i}}$$

where s is the CIO locator (see page B47). $\mathbf{M}_i$, and $\mathbf{M}_j$ are vectors formed from the top and middle rows of $\mathbf{M}$ (see page B50) which transforms positions from the GCRS to the equator and equinox of date, while the vector $\mathcal{R}_{\Sigma_i}$ which is formed from the top row of $\mathcal{R}_\Sigma$ is given on page B49. The symbol $\cdot$ denotes the scalar or dot product of the two vectors.

Alternatively,

$$E_o(T) = -(\text{GMST}_P(T) + E_e(T))$$

where GMST_P is the polynomial part of the Greenwich mean sidereal time formulae (see page B8), and E_e is the equation of the equinoxes given below. E_o is tabulated with the Earth rotation angle (θ) on pages B21–B24, and is calculated in the sense

$$E_o = \theta - \text{GAST} = \alpha_i - \alpha_e$$

and therefore

$$\alpha_i = E_o + \alpha_e$$

Thus, given an apparent right ascension (α_e) and the equation of the origins, the intermediate right ascension (α_i) may be calculated so that it can be used with the Earth rotation angle (θ) to form an hour angle.

Equation of the Equinoxes

The equation of the equinoxes (E_e) is the difference between Greenwich apparent (GAST) and mean (GMST) sidereal time.

$$E_e(T) = \text{GAST} - \text{GMST}$$

which can be expressed, less precisely, in series form as

$$= \Delta\psi \cos\epsilon_A + \sum_k S_k \times 10^{-6} \sin A_k - 0\overset{''}{.}87 \times 10^{-6}\, T \sin\Omega$$

GAST and GMST are given on pages B9 and B8, respectively. $\Delta\psi$ is the total nutation in longitude (in seconds of arc) and ϵ_A is the mean obliquity of the ecliptic (see pages B55 and B52, respectively). The coefficients (S_k) for all terms exceeding 0.5μas during 1975-2025 are given below and this series expression is accurate to $\pm 0\overset{''}{.}3 \times 10^{-5}$ during this period. The arguments (A_k) l, l', F, D, and Ω are given on page B47.

k	A_k	S_k μas	k	A_k	S_k μas	k	A_k	S_k μas
1	Ω	$+2640 \cdot 96$	5	$2F-2D+2\Omega$	$-4 \cdot 55$	9	$l'+\Omega$	$-1 \cdot 41$
2	2Ω	$+63 \cdot 52$	6	$2F+3\Omega$	$+2 \cdot 02$	10	$l'-\Omega$	$-1 \cdot 26$
3	$2F-2D+3\Omega$	$+11 \cdot 75$	7	$2F+\Omega$	$+1 \cdot 98$	11	$l+\Omega$	$-0 \cdot 63$
4	$2F-2D+\Omega$	$+11 \cdot 21$	8	3Ω	$-1 \cdot 72$	12	$l-\Omega$	$-0 \cdot 63$

The following approximate expression for the equation of the equinoxes (in seconds), incorporates the two largest terms, and is accurate to better than $2^s \times 10^{-6}$ assuming $\Delta\psi$ and ϵ_A are supplied with sufficient accuracy.

$$E_e^s = \tfrac{1}{15}\left(\Delta\psi \cos\epsilon_A + 0\overset{''}{.}002\,64 \sin\Omega + 0\overset{''}{.}000\,06 \sin 2\Omega\right)$$

During 2014, $\Omega = 214\overset{\circ}{.}32 - 0\overset{\circ}{.}052\,953\,75\,d$, and d is the day of the year and fraction of day (see page D2).

Relationships between local time and hour angle

The local hour angle of an object is the angle between two planes: the plane containing the geocentre, the CIP, and the observer; and the plane containing the geocentre, the CIP, and the object. Hour angle increases with time and is positive when the object is west of the observer as viewed from the geocentre. The plane defining the astronomical zero ("Greenwich") meridian (from which Greenwich hour angles are measured) contains the geocentre, the CIP, and the TIO; there, the observer's longitude λ (not λ_{ITRS}) = 0. This plane is now called the TIO meridian and it is a fundamental plane of the Terrestrial Intermediate Reference System.

The following general relationships are used to relate the right ascensions of celestial objects to locations on the Earth and universal time (UT1):

local mean solar time = universal time + east longitude

local hour angle (h) = Greenwich hour angle (H) + east longitude (λ)

Equinox-based

local mean sidereal time = Greenwich mean sidereal time + east longitude

local apparent sidereal time = local mean sidereal time + equation of equinoxes

= Greenwich apparent sidereal time + east longitude

Greenwich hour angle = Greenwich apparent sidereal time − apparent right ascension

local hour angle = local apparent sidereal time − apparent right ascension

CIO-based

Greenwich hour angle = Earth rotation angle − intermediate right ascension

local hour angle = Earth rotation angle − intermediate right ascension

+ east longitude

= Earth rotation angle − equation of origins

− apparent right ascension + east longitude

Note: ensure that the units of all quantities used are compatible.

Alternatively, use the rotation matrix $\mathbf{R}_3$ (see page K19) to rotate the equator and equinox of date system or the Celestial Intermediate Reference System about the z-axis (CIP) to the terrestrial system, resulting in either the TIO meridian and hour angle, or the local meridian and local hour angle.

Equinox-based	*CIO-based*
$\mathbf{r}_e$ = position with respect to the equator and equinox (mean or true) of date	$\mathbf{r}_i$ = position with respect to the Celestial Intermediate Reference System
$\mathbf{r} = \mathbf{R}_3(\text{GST})\,\mathbf{r}_e$ or $\mathbf{R}_3(\text{GST} + \lambda)\,\mathbf{r}_e$	$\mathbf{r} = \mathbf{R}_3(\theta)\,\mathbf{r}_i$ or $\mathbf{R}_3(\theta + \lambda)\,\mathbf{r}_i$

depending on whether the Greenwich (H) or local (h) hour angle is required, and then

$$H \text{ or } h = \tan^{-1}(-\mathbf{r}_y/\mathbf{r}_x) \qquad \text{positive to the west,}$$

and $\mathbf{r}_x$, $\mathbf{r}_y$ are components of $\mathbf{r}$ (see page K18). GST is the Greenwich mean (GMST) or apparent (GAST) sidereal time, as appropriate, and θ is the Earth rotation angle. Greenwich apparent and mean sidereal times, and the equation of the equinoxes are tabulated on pages B13–B20, while Earth rotation angle and equation of the origins are tabulated on pages B21–B24. Both tables are tabulated daily at 0^h UT1.

The relationships above, which result in a position with respect to the Terrestrial Intermediate Reference System (see page B26), require corrections for polar motion (see page B84) when the reduction of very precise observations are made with respect to a standard geodetic system such as the International Terrestrial Reference System (ITRS). These small corrections are (i) the alignment of the terrestrial intermediate origin (TIO) onto the longitude origin (λ_{ITRS} = 0) of the ITRS, and (ii) for positioning the pole (CIP) within the ITRS.

Examples of the use of the ephemeris of universal and sidereal times

1. *Conversion of universal time to local sidereal time*

To find the local apparent sidereal time at $09^h 44^m 30^s$ UT on 2014 July 8 in longitude 80° 22′ 55″79 west.

	h	m	s
Greenwich mean sidereal time on July 8 at 0^h UT (page B17)	19	03	28·8316
Add the equivalent mean sidereal time interval from 0^h to $09^h 44^m 30^s$ UT (multiply UT interval by 1·002 737 9094)	9	46	06·0185
Greenwich mean sidereal time at required UT:	4	49	34·8501
Add equation of equinoxes, interpolated using second-order differences to approximate UT $= 0^d41$			+0·4684
Greenwich apparent sidereal time:	4	49	35·3185
Subtract west longitude (add east longitude)	5	21	31·7193
Local apparent sidereal time:	23	28	03·5992

The calculation for local mean sidereal time is similar, but omit the step which allows for the equation of the equinoxes.

2. *Conversion of local sidereal time to universal time*

To find the universal time at $23^h 28^m 03^s5992$ local apparent sidereal time on 2014 July 8 in longitude 80° 22′ 55″79 west.

	h	m	s
Local apparent sidereal time:	23	28	03·5992
Add west longitude (subtract east longitude)	5	21	31·7193
Greenwich apparent sidereal time:	4	49	35·3185
Subtract equation of equinoxes, interpolated using second-order differences to approximate UT $= 0^d41$			+0·4684
Greenwich mean sidereal time:	4	49	34·8501
Subtract Greenwich mean sidereal time at 0^h UT	19	03	28·8316
Mean sidereal time interval from 0^h UT:	9	46	06·0185
Equivalent UT interval (multiply mean sidereal time interval by 0·997 269 5663)	9	44	30·0000

The conversion of mean sidereal time to universal time is carried out by a similar procedure; omit the step which allows for the equation of the equinoxes.

Date 0ʰ UT1	Julian Date	G. SIDEREAL TIME (GHA of the Equinox) Apparent	Mean	Equation of Equinoxes at 0ʰ UT1	GSD at 0ʰ GMST	UT1 at 0ʰ GMST (Greenwich Transit of the Mean Equinox)
	245	h m s	s	s	246	h m s
Jan. 0	6657·5	6 38 20·4925	19·8671	+0·6254	3385·0	Jan. 0 17 18 49·4805
1	6658·5	6 42 17·0580	16·4224	+0·6356	3386·0	1 17 14 53·5710
2	6659·5	6 46 13·6228	12·9778	+0·6450	3387·0	2 17 10 57·6615
3	6660·5	6 50 10·1848	09·5332	+0·6517	3388·0	3 17 07 01·7521
4	6661·5	6 54 06·7432	06·0885	+0·6547	3389·0	4 17 03 05·8426
5	6662·5	6 58 03·2981	02·6439	+0·6542	3390·0	5 16 59 09·9331
6	6663·5	7 01 59·8505	59·1993	+0·6513	3391·0	6 16 55 14·0237
7	6664·5	7 05 56·4022	55·7546	+0·6475	3392·0	7 16 51 18·1142
8	6665·5	7 09 52·9543	52·3100	+0·6443	3393·0	8 16 47 22·2047
9	6666·5	7 13 49·5079	48·8654	+0·6425	3394·0	9 16 43 26·2952
10	6667·5	7 17 46·0635	45·4207	+0·6427	3395·0	10 16 39 30·3858
11	6668·5	7 21 42·6211	41·9761	+0·6450	3396·0	11 16 35 34·4763
12	6669·5	7 25 39·1803	38·5315	+0·6488	3397·0	12 16 31 38·5668
13	6670·5	7 29 35·7407	35·0868	+0·6538	3398·0	13 16 27 42·6574
14	6671·5	7 33 32·3014	31·6422	+0·6592	3399·0	14 16 23 46·7479
15	6672·5	7 37 28·8617	28·1976	+0·6641	3400·0	15 16 19 50·8384
16	6673·5	7 41 25·4209	24·7530	+0·6680	3401·0	16 16 15 54·9290
17	6674·5	7 45 21·9785	21·3083	+0·6702	3402·0	17 16 11 59·0195
18	6675·5	7 49 18·5342	17·8637	+0·6705	3403·0	18 16 08 03·1100
19	6676·5	7 53 15·0879	14·4191	+0·6688	3404·0	19 16 04 07·2006
20	6677·5	7 57 11·6399	10·9744	+0·6655	3405·0	20 16 00 11·2911
21	6678·5	8 01 08·1908	07·5298	+0·6611	3406·0	21 15 56 15·3816
22	6679·5	8 05 04·7414	04·0852	+0·6563	3407·0	22 15 52 19·4721
23	6680·5	8 09 01·2926	00·6405	+0·6520	3408·0	23 15 48 23·5627
24	6681·5	8 12 57·8453	57·1959	+0·6494	3409·0	24 15 44 27·6532
25	6682·5	8 16 54·4003	53·7513	+0·6491	3410·0	25 15 40 31·7437
26	6683·5	8 20 50·9582	50·3066	+0·6516	3411·0	26 15 36 35·8343
27	6684·5	8 24 47·5189	46·8620	+0·6569	3412·0	27 15 32 39·9248
28	6685·5	8 28 44·0815	43·4174	+0·6641	3413·0	28 15 28 44·0153
29	6686·5	8 32 40·6444	39·9727	+0·6717	3414·0	29 15 24 48·1059
30	6687·5	8 36 37·2057	36·5281	+0·6776	3415·0	30 15 20 52·1964
31	6688·5	8 40 33·7638	33·0835	+0·6803	3416·0	31 15 16 56·2869
Feb. 1	6689·5	8 44 30·3181	29·6388	+0·6793	3417·0	Feb. 1 15 13 00·3775
2	6690·5	8 48 26·8692	26·1942	+0·6750	3418·0	2 15 09 04·4680
3	6691·5	8 52 23·4187	22·7496	+0·6691	3419·0	3 15 05 08·5585
4	6692·5	8 56 19·9680	19·3049	+0·6631	3420·0	4 15 01 12·6490
5	6693·5	9 00 16·5186	15·8603	+0·6583	3421·0	5 14 57 16·7396
6	6694·5	9 04 13·0712	12·4157	+0·6555	3422·0	6 14 53 20·8301
7	6695·5	9 08 09·6258	08·9710	+0·6547	3423·0	7 14 49 24·9206
8	6696·5	9 12 06·1822	05·5264	+0·6557	3424·0	8 14 45 29·0112
9	6697·5	9 16 02·7397	02·0818	+0·6579	3425·0	9 14 41 33·1017
10	6698·5	9 19 59·2978	58·6372	+0·6606	3426·0	10 14 37 37·1922
11	6699·5	9 23 55·8556	55·1925	+0·6631	3427·0	11 14 33 41·2828
12	6700·5	9 27 52·4125	51·7479	+0·6646	3428·0	12 14 29 45·3733
13	6701·5	9 31 48·9678	48·3033	+0·6646	3429·0	13 14 25 49·4638
14	6702·5	9 35 45·5213	44·8586	+0·6627	3430·0	14 14 21 53·5543
15	6703·5	9 39 42·0728	41·4140	+0·6589	3431·0	15 14 17 57·6449

Date 0ʰ UT1	Julian Date	G. SIDEREAL TIME (GHA of the Equinox)		Equation of Equinoxes at 0ʰ UT1	GSD at 0ʰ GMST	UT1 at 0ʰ GMST (Greenwich Transit of the Mean Equinox)
		Apparent	Mean			
	245	h m s	s	s	246	h m s
Feb. 15	6703·5	9 39 42·0728	41·4140	+0·6589	3431·0	Feb. 15 14 17 57·6449
16	6704·5	9 43 38·6226	37·9694	+0·6532	3432·0	16 14 14 01·7354
17	6705·5	9 47 35·1710	34·5247	+0·6463	3433·0	17 14 10 05·8259
18	6706·5	9 51 31·7189	31·0801	+0·6388	3434·0	18 14 06 09·9165
19	6707·5	9 55 28·2671	27·6355	+0·6316	3435·0	19 14 02 14·0070
20	6708·5	9 59 24·8166	24·1908	+0·6257	3436·0	20 13 58 18·0975
21	6709·5	10 03 21·3681	20·7462	+0·6219	3437·0	21 13 54 22·1881
22	6710·5	10 07 17·9222	17·3016	+0·6207	3438·0	22 13 50 26·2786
23	6711·5	10 11 14·4790	13·8569	+0·6220	3439·0	23 13 46 30·3691
24	6712·5	10 15 11·0377	10·4123	+0·6254	3440·0	24 13 42 34·4597
25	6713·5	10 19 07·5973	06·9677	+0·6296	3441·0	25 13 38 38·5502
26	6714·5	10 23 04·1562	03·5230	+0·6332	3442·0	26 13 34 42·6407
27	6715·5	10 27 00·7128	00·0784	+0·6344	3443·0	27 13 30 46·7312
28	6716·5	10 30 57·2661	56·6338	+0·6323	3444·0	28 13 26 50·8218
Mar. 1	6717·5	10 34 53·8160	53·1891	+0·6269	3445·0	Mar. 1 13 22 54·9123
2	6718·5	10 38 50·3636	49·7445	+0·6190	3446·0	2 13 18 59·0028
3	6719·5	10 42 46·9103	46·2999	+0·6104	3447·0	3 13 15 03·0934
4	6720·5	10 46 43·4579	42·8553	+0·6026	3448·0	4 13 11 07·1839
5	6721·5	10 50 40·0073	39·4106	+0·5967	3449·0	5 13 07 11·2744
6	6722·5	10 54 36·5590	35·9660	+0·5930	3450·0	6 13 03 15·3650
7	6723·5	10 58 33·1128	32·5214	+0·5914	3451·0	7 12 59 19·4555
8	6724·5	11 02 29·6681	29·0767	+0·5913	3452·0	8 12 55 23·5460
9	6725·5	11 06 26·2241	25·6321	+0·5920	3453·0	9 12 51 27·6366
10	6726·5	11 10 22·7801	22·1875	+0·5926	3454·0	10 12 47 31·7271
11	6727·5	11 14 19·3353	18·7428	+0·5925	3455·0	11 12 43 35·8176
12	6728·5	11 18 15·8892	15·2982	+0·5910	3456·0	12 12 39 39·9081
13	6729·5	11 22 12·4414	11·8536	+0·5879	3457·0	13 12 35 43·9987
14	6730·5	11 26 08·9918	08·4089	+0·5828	3458·0	14 12 31 48·0892
15	6731·5	11 30 05·5403	04·9643	+0·5760	3459·0	15 12 27 52·1797
16	6732·5	11 34 02·0874	01·5197	+0·5677	3460·0	16 12 23 56·2703
17	6733·5	11 37 58·6338	58·0750	+0·5587	3461·0	17 12 20 00·3608
18	6734·5	11 41 55·1803	54·6304	+0·5499	3462·0	18 12 16 04·4513
19	6735·5	11 45 51·7280	51·1858	+0·5423	3463·0	19 12 12 08·5419
20	6736·5	11 49 48·2777	47·7411	+0·5366	3464·0	20 12 08 12·6324
21	6737·5	11 53 44·8300	44·2965	+0·5335	3465·0	21 12 04 16·7229
22	6738·5	11 57 41·3849	40·8519	+0·5330	3466·0	22 12 00 20·8135
23	6739·5	12 01 37·9419	37·4072	+0·5346	3467·0	23 11 56 24·9040
24	6740·5	12 05 34·5000	33·9626	+0·5373	3468·0	24 11 52 28·9945
25	6741·5	12 09 31·0578	30·5180	+0·5398	3469·0	25 11 48 33·0850
26	6742·5	12 13 27·6139	27·0734	+0·5405	3470·0	26 11 44 37·1756
27	6743·5	12 17 24·1673	23·6287	+0·5385	3471·0	27 11 40 41·2661
28	6744·5	12 21 20·7176	20·1841	+0·5335	3472·0	28 11 36 45·3566
29	6745·5	12 25 17·2653	16·7395	+0·5258	3473·0	29 11 32 49·4472
30	6746·5	12 29 13·8117	13·2948	+0·5169	3474·0	30 11 28 53·5377
31	6747·5	12 33 10·3584	09·8502	+0·5082	3475·0	31 11 24 57·6282
Apr. 1	6748·5	12 37 06·9067	06·4056	+0·5011	3476·0	Apr. 1 11 21 01·7188
2	6749·5	12 41 03·4573	02·9609	+0·4963	3477·0	2 11 17 05·8093

Date 0ʰ UT1	Julian Date	G. SIDEREAL TIME (GHA of the Equinox) Apparent	Mean	Equation of Equinoxes at 0ʰ UT1	GSD at 0ʰ GMST	UT1 at 0ʰ GMST (Greenwich Transit of the Mean Equinox)
	245	h m s	s	s	246	h m s
Apr. 1	6748·5	12 37 06·9067	06·4056	+0·5011	3476·0	Apr. 1 11 21 01·7188
2	6749·5	12 41 03·4573	02·9609	+0·4963	3477·0	2 11 17 05·8093
3	6750·5	12 44 60·0102	59·5163	+0·4940	3478·0	3 11 13 09·8998
4	6751·5	12 48 56·5652	56·0717	+0·4935	3479·0	4 11 09 13·9904
5	6752·5	12 52 53·1213	52·6270	+0·4942	3480·0	5 11 05 18·0809
6	6753·5	12 56 49·6777	49·1824	+0·4953	3481·0	6 11 01 22·1714
7	6754·5	13 00 46·2336	45·7378	+0·4958	3482·0	7 10 57 26·2619
8	6755·5	13 04 42·7884	42·2931	+0·4953	3483·0	8 10 53 30·3525
9	6756·5	13 08 39·3416	38·8485	+0·4931	3484·0	9 10 49 34·4430
10	6757·5	13 12 35·8930	35·4039	+0·4892	3485·0	10 10 45 38·5335
11	6758·5	13 16 32·4427	31·9592	+0·4835	3486·0	11 10 41 42·6241
12	6759·5	13 20 28·9909	28·5146	+0·4763	3487·0	12 10 37 46·7146
13	6760·5	13 24 25·5382	25·0700	+0·4682	3488·0	13 10 33 50·8051
14	6761·5	13 28 22·0854	21·6253	+0·4601	3489·0	14 10 29 54·8957
15	6762·5	13 32 18·6336	18·1807	+0·4529	3490·0	15 10 25 58·9862
16	6763·5	13 36 15·1837	14·7361	+0·4476	3491·0	16 10 22 03·0767
17	6764·5	13 40 11·7364	11·2915	+0·4450	3492·0	17 10 18 07·1672
18	6765·5	13 44 08·2920	07·8468	+0·4451	3493·0	18 10 14 11·2578
19	6766·5	13 48 04·8499	04·4022	+0·4477	3494·0	19 10 10 15·3483
20	6767·5	13 52 01·4092	00·9576	+0·4517	3495·0	20 10 06 19·4388
21	6768·5	13 55 57·9686	57·5129	+0·4556	3496·0	21 10 02 23·5294
22	6769·5	13 59 54·5264	54·0683	+0·4581	3497·0	22 9 58 27·6199
23	6770·5	14 03 51·0818	50·6237	+0·4582	3498·0	23 9 54 31·7104
24	6771·5	14 07 47·6343	47·1790	+0·4553	3499·0	24 9 50 35·8010
25	6772·5	14 11 44·1843	43·7344	+0·4499	3500·0	25 9 46 39·8915
26	6773·5	14 15 40·7326	40·2898	+0·4429	3501·0	26 9 42 43·9820
27	6774·5	14 19 37·2808	36·8451	+0·4357	3502·0	27 9 38 48·0726
28	6775·5	14 23 33·8302	33·4005	+0·4297	3503·0	28 9 34 52·1631
29	6776·5	14 27 30·3816	29·9559	+0·4258	3504·0	29 9 30 56·2536
30	6777·5	14 31 26·9356	26·5112	+0·4243	3505·0	30 9 27 00·3441
May 1	6778·5	14 35 23·4918	23·0666	+0·4252	3506·0	May 1 9 23 04·4347
2	6779·5	14 39 20·0496	19·6220	+0·4276	3507·0	2 9 19 08·5252
3	6780·5	14 43 16·6081	16·1773	+0·4308	3508·0	3 9 15 12·6157
4	6781·5	14 47 13·1665	12·7327	+0·4338	3509·0	4 9 11 16·7063
5	6782·5	14 51 09·7239	09·2881	+0·4358	3510·0	5 9 07 20·7968
6	6783·5	14 55 06·2799	05·8434	+0·4364	3511·0	6 9 03 24·8873
7	6784·5	14 59 02·8341	02·3988	+0·4353	3512·0	7 8 59 28·9779
8	6785·5	15 02 59·3865	58·9542	+0·4323	3513·0	8 8 55 33·0684
9	6786·5	15 06 55·9374	55·5095	+0·4278	3514·0	9 8 51 37·1589
10	6787·5	15 10 52·4872	52·0649	+0·4223	3515·0	10 8 47 41·2495
11	6788·5	15 14 49·0366	48·6203	+0·4163	3516·0	11 8 43 45·3400
12	6789·5	15 18 45·5866	45·1757	+0·4110	3517·0	12 8 39 49·4305
13	6790·5	15 22 42·1382	41·7310	+0·4072	3518·0	13 8 35 53·5210
14	6791·5	15 26 38·6923	38·2864	+0·4060	3519·0	14 8 31 57·6116
15	6792·5	15 30 35·2494	34·8418	+0·4077	3520·0	15 8 28 01·7021
16	6793·5	15 34 31·8093	31·3971	+0·4122	3521·0	16 8 24 05·7926
17	6794·5	15 38 28·3712	27·9525	+0·4187	3522·0	17 8 20 09·8832

Date 0ʰ UT1		Julian Date	G. SIDEREAL TIME (GHA of the Equinox) Apparent	Mean	Equation of Equinoxes at 0ʰ UT1	GSD at 0ʰ GMST	UT1 at 0ʰ GMST (Greenwich Transit of the Mean Equinox)		
		245	h m s	s	s	**246**		h m s	
May	17	**6794·5**	15 38 28·3712	27·9525	+0·4187	**3522·0**	May 17	8 20 09·8832	
	18	**6795·5**	15 42 24·9334	24·5079	+0·4255	**3523·0**	18	8 16 13·9737	
	19	**6796·5**	15 46 21·4944	21·0632	+0·4312	**3524·0**	19	8 12 18·0642	
	20	**6797·5**	15 50 18·0530	17·6186	+0·4344	**3525·0**	20	8 08 22·1548	
	21	**6798·5**	15 54 14·6086	14·1740	+0·4346	**3526·0**	21	8 04 26·2453	
	22	**6799·5**	15 58 11·1613	10·7293	+0·4320	**3527·0**	22	8 00 30·3358	
	23	**6800·5**	16 02 07·7123	07·2847	+0·4276	**3528·0**	23	7 56 34·4263	
	24	**6801·5**	16 06 04·2627	03·8401	+0·4226	**3529·0**	24	7 52 38·5169	
	25	**6802·5**	16 10 00·8139	00·3954	+0·4185	**3530·0**	25	7 48 42·6074	
	26	**6803·5**	16 13 57·3669	56·9508	+0·4161	**3531·0**	26	7 44 46·6979	
	27	**6804·5**	16 17 53·9222	53·5062	+0·4160	**3532·0**	27	7 40 50·7885	
	28	**6805·5**	16 21 50·4799	50·0615	+0·4183	**3533·0**	28	7 36 54·8790	
	29	**6806·5**	16 25 47·0393	46·6169	+0·4224	**3534·0**	29	7 32 58·9695	
	30	**6807·5**	16 29 43·5998	43·1723	+0·4276	**3535·0**	30	7 29 03·0601	
	31	**6808·5**	16 33 40·1605	39·7276	+0·4328	**3536·0**	31	7 25 07·1506	
June	1	**6809·5**	16 37 36·7204	36·2830	+0·4374	**3537·0**	June 1	7 21 11·2411	
	2	**6810·5**	16 41 33·2790	32·8384	+0·4406	**3538·0**	2	7 17 15·3317	
	3	**6811·5**	16 45 29·8359	29·3938	+0·4421	**3539·0**	3	7 13 19·4222	
	4	**6812·5**	16 49 26·3909	25·9491	+0·4418	**3540·0**	4	7 09 23·5127	
	5	**6813·5**	16 53 22·9442	22·5045	+0·4397	**3541·0**	5	7 05 27·6032	
	6	**6814·5**	16 57 19·4962	19·0599	+0·4364	**3542·0**	6	7 01 31·6938	
	7	**6815·5**	17 01 16·0476	15·6152	+0·4324	**3543·0**	7	6 57 35·7843	
	8	**6816·5**	17 05 12·5991	12·1706	+0·4285	**3544·0**	8	6 53 39·8748	
	9	**6817·5**	17 09 09·1517	08·7260	+0·4257	**3545·0**	9	6 49 43·9654	
	10	**6818·5**	17 13 05·7064	05·2813	+0·4251	**3546·0**	10	6 45 48·0559	
	11	**6819·5**	17 17 02·2639	01·8367	+0·4272	**3547·0**	11	6 41 52·1464	
	12	**6820·5**	17 20 58·8244	58·3921	+0·4323	**3548·0**	12	6 37 56·2370	
	13	**6821·5**	17 24 55·3874	54·9474	+0·4400	**3549·0**	13	6 34 00·3275	
	14	**6822·5**	17 28 51·9516	51·5028	+0·4488	**3550·0**	14	6 30 04·4180	
	15	**6823·5**	17 32 48·5152	48·0582	+0·4570	**3551·0**	15	6 26 08·5086	
	16	**6824·5**	17 36 45·0765	44·6135	+0·4630	**3552·0**	16	6 22 12·5991	
	17	**6825·5**	17 40 41·6345	41·1689	+0·4656	**3553·0**	17	6 18 16·6896	
	18	**6826·5**	17 44 38·1894	37·7243	+0·4651	**3554·0**	18	6 14 20·7801	
	19	**6827·5**	17 48 34·7419	34·2796	+0·4622	**3555·0**	19	6 10 24·8707	
	20	**6828·5**	17 52 31·2934	30·8350	+0·4584	**3556·0**	20	6 06 28·9612	
	21	**6829·5**	17 56 27·8453	27·3904	+0·4549	**3557·0**	21	6 02 33·0517	
	22	**6830·5**	18 00 24·3988	23·9457	+0·4530	**3558·0**	22	5 58 37·1423	
	23	**6831·5**	18 04 20·9544	20·5011	+0·4532	**3559·0**	23	5 54 41·2328	
	24	**6832·5**	18 08 17·5122	17·0565	+0·4557	**3560·0**	24	5 50 45·3233	
	25	**6833·5**	18 12 14·0718	13·6119	+0·4600	**3561·0**	25	5 46 49·4139	
	26	**6834·5**	18 16 10·6327	10·1672	+0·4654	**3562·0**	26	5 42 53·5044	
	27	**6835·5**	18 20 07·1939	06·7226	+0·4713	**3563·0**	27	5 38 57·5949	
	28	**6836·5**	18 24 03·7546	03·2780	+0·4766	**3564·0**	28	5 35 01·6855	
	29	**6837·5**	18 27 60·3141	59·8333	+0·4807	**3565·0**	29	5 31 05·7760	
	30	**6838·5**	18 31 56·8719	56·3887	+0·4832	**3566·0**	30	5 27 09·8665	
July	1	**6839·5**	18 35 53·4277	52·9441	+0·4837	**3567·0**	July 1	5 23 13·9570	
	2	**6840·5**	18 39 49·9818	49·4994	+0·4824	**3568·0**	2	5 19 18·0476	

Date 0ʰ UT1	Julian Date	G. SIDEREAL TIME (GHA of the Equinox) Apparent	Mean	Equation of Equinoxes at 0ʰ UT1	GSD at 0ʰ GMST	UT1 at 0ʰ GMST (Greenwich Transit of the Mean Equinox)
	245	h m s	s	s	246	h m s
July 2	6840·5	18 39 49·9818	49·4994	+0·4824	3568·0	July 2 5 19 18·0476
3	6841·5	18 43 46·5343	46·0548	+0·4795	3569·0	3 5 15 22·1381
4	6842·5	18 47 43·0859	42·6102	+0·4758	3570·0	4 5 11 26·2286
5	6843·5	18 51 39·6373	39·1655	+0·4718	3571·0	5 5 07 30·3192
6	6844·5	18 55 36·1893	35·7209	+0·4684	3572·0	6 5 03 34·4097
7	6845·5	18 59 32·7429	32·2763	+0·4667	3573·0	7 4 59 38·5002
8	6846·5	19 03 29·2989	28·8316	+0·4673	3574·0	8 4 55 42·5908
9	6847·5	19 07 25·8577	25·3870	+0·4707	3575·0	9 4 51 46·6813
10	6848·5	19 11 22·4192	21·9424	+0·4768	3576·0	10 4 47 50·7718
11	6849·5	19 15 18·9826	18·4977	+0·4849	3577·0	11 4 43 54·8623
12	6850·5	19 19 15·5463	15·0531	+0·4932	3578·0	12 4 39 58·9529
13	6851·5	19 23 12·1085	11·6085	+0·5000	3579·0	13 4 36 03·0434
14	6852·5	19 27 08·6676	08·1638	+0·5037	3580·0	14 4 32 07·1339
15	6853·5	19 31 05·2230	04·7192	+0·5038	3581·0	15 4 28 11·2245
16	6854·5	19 35 01·7755	01·2746	+0·5009	3582·0	16 4 24 15·3150
17	6855·5	19 38 58·3263	57·8300	+0·4963	3583·0	17 4 20 19·4055
18	6856·5	19 42 54·8770	54·3853	+0·4917	3584·0	18 4 16 23·4961
19	6857·5	19 46 51·4290	50·9407	+0·4883	3585·0	19 4 12 27·5866
20	6858·5	19 50 47·9830	47·4961	+0·4870	3586·0	20 4 08 31·6771
21	6859·5	19 54 44·5392	44·0514	+0·4878	3587·0	21 4 04 35·7677
22	6860·5	19 58 41·0972	40·6068	+0·4904	3588·0	22 4 00 39·8582
23	6861·5	20 02 37·6565	37·1622	+0·4944	3589·0	23 3 56 43·9487
24	6862·5	20 06 34·2163	33·7175	+0·4987	3590·0	24 3 52 48·0392
25	6863·5	20 10 30·7757	30·2729	+0·5028	3591·0	25 3 48 52·1298
26	6864·5	20 14 27·3341	26·8283	+0·5058	3592·0	26 3 44 56·2203
27	6865·5	20 18 23·8908	23·3836	+0·5072	3593·0	27 3 41 00·3108
28	6866·5	20 22 20·4456	19·9390	+0·5066	3594·0	28 3 37 04·4014
29	6867·5	20 26 16·9985	16·4944	+0·5042	3595·0	29 3 33 08·4919
30	6868·5	20 30 13·5498	13·0497	+0·5001	3596·0	30 3 29 12·5824
31	6869·5	20 34 10·0999	09·6051	+0·4948	3597·0	31 3 25 16·6730
Aug. 1	6870·5	20 38 06·6495	06·1605	+0·4890	3598·0	Aug. 1 3 21 20·7635
2	6871·5	20 42 03·1994	02·7158	+0·4836	3599·0	2 3 17 24·8540
3	6872·5	20 45 59·7505	59·2712	+0·4793	3600·0	3 3 13 28·9446
4	6873·5	20 49 56·3036	55·8266	+0·4770	3601·0	4 3 09 33·0351
5	6874·5	20 53 52·8591	52·3819	+0·4771	3602·0	5 3 05 37·1256
6	6875·5	20 57 49·4172	48·9373	+0·4799	3603·0	6 3 01 41·2161
7	6876·5	21 01 45·9775	45·4927	+0·4848	3604·0	7 2 57 45·3067
8	6877·5	21 05 42·5388	42·0480	+0·4908	3605·0	8 2 53 49·3972
9	6878·5	21 09 39·0996	38·6034	+0·4962	3606·0	9 2 49 53·4877
10	6879·5	21 13 35·6580	35·1588	+0·4992	3607·0	10 2 45 57·5783
11	6880·5	21 17 32·2130	31·7142	+0·4989	3608·0	11 2 42 01·6688
12	6881·5	21 21 28·7646	28·2695	+0·4950	3609·0	12 2 38 05·7593
13	6882·5	21 25 25·3136	24·8249	+0·4888	3610·0	13 2 34 09·8499
14	6883·5	21 29 21·8620	21·3803	+0·4817	3611·0	14 2 30 13·9404
15	6884·5	21 33 18·4112	17·9356	+0·4756	3612·0	15 2 26 18·0309
16	6885·5	21 37 14·9624	14·4910	+0·4714	3613·0	16 2 22 22·1215
17	6886·5	21 41 11·5158	11·0464	+0·4694	3614·0	17 2 18 26·2120

Date 0ʰ UT1	Julian Date	G. SIDEREAL TIME (GHA of the Equinox) Apparent	Mean	Equation of Equinoxes at 0ʰ UT1	GSD at 0ʰ GMST	UT1 at 0ʰ GMST (Greenwich Transit of the Mean Equinox)		
	245	h m s	s	s	246		h m s	
Aug. 17	6886·5	21 41 11·5158	11·0464	+0·4694	3614·0	Aug. 17	2 18 26·2120	
18	6887·5	21 45 08·0712	07·6017	+0·4695	3615·0	18	2 14 30·3025	
19	6888·5	21 49 04·6281	04·1571	+0·4710	3616·0	19	2 10 34·3930	
20	6889·5	21 53 01·1855	00·7125	+0·4730	3617·0	20	2 06 38·4836	
21	6890·5	21 56 57·7428	57·2678	+0·4749	3618·0	21	2 02 42·5741	
22	6891·5	22 00 54·2991	53·8232	+0·4759	3619·0	22	1 58 46·6646	
23	6892·5	22 04 50·8539	50·3786	+0·4754	3620·0	23	1 54 50·7552	
24	6893·5	22 08 47·4070	46·9339	+0·4730	3621·0	24	1 50 54·8457	
25	6894·5	22 12 43·9580	43·4893	+0·4687	3622·0	25	1 46 58·9362	
26	6895·5	22 16 40·5074	40·0447	+0·4627	3623·0	26	1 43 03·0268	
27	6896·5	22 20 37·0554	36·6000	+0·4554	3624·0	27	1 39 07·1173	
28	6897·5	22 24 33·6028	33·1554	+0·4474	3625·0	28	1 35 11·2078	
29	6898·5	22 28 30·1504	29·7108	+0·4396	3626·0	29	1 31 15·2983	
30	6899·5	22 32 26·6989	26·2661	+0·4327	3627·0	30	1 27 19·3889	
31	6900·5	22 36 23·2491	22·8215	+0·4276	3628·0	31	1 23 23·4794	
Sept. 1	6901·5	22 40 19·8015	19·3769	+0·4246	3629·0	Sept. 1	1 19 27·5699	
2	6902·5	22 44 16·3564	15·9323	+0·4241	3630·0	2	1 15 31·6605	
3	6903·5	22 48 12·9134	12·4876	+0·4257	3631·0	3	1 11 35·7510	
4	6904·5	22 52 09·4717	09·0430	+0·4287	3632·0	4	1 07 39·8415	
5	6905·5	22 56 06·0302	05·5984	+0·4319	3633·0	5	1 03 43·9321	
6	6906·5	23 00 02·5873	02·1537	+0·4335	3634·0	6	0 59 48·0226	
7	6907·5	23 03 59·1416	58·7091	+0·4325	3635·0	7	0 55 52·1131	
8	6908·5	23 07 55·6926	55·2645	+0·4281	3636·0	8	0 51 56·2037	
9	6909·5	23 11 52·2407	51·8198	+0·4208	3637·0	9	0 48 00·2942	
10	6910·5	23 15 48·7872	48·3752	+0·4120	3638·0	10	0 44 04·3847	
11	6911·5	23 19 45·3341	44·9306	+0·4035	3639·0	11	0 40 08·4752	
12	6912·5	23 23 41·8826	41·4859	+0·3967	3640·0	12	0 36 12·5658	
13	6913·5	23 27 38·4336	38·0413	+0·3923	3641·0	13	0 32 16·6563	
14	6914·5	23 31 34·9869	34·5967	+0·3902	3642·0	14	0 28 20·7468	
15	6915·5	23 35 31·5420	31·1520	+0·3899	3643·0	15	0 24 24·8374	
16	6916·5	23 39 28·0980	27·7074	+0·3906	3644·0	16	0 20 28·9279	
17	6917·5	23 43 24·6540	24·2628	+0·3913	3645·0	17	0 16 33·0184	
18	6918·5	23 47 21·2093	20·8181	+0·3912	3646·0	18	0 12 37·1090	
19	6919·5	23 51 17·7633	17·3735	+0·3898	3647·0	19	0 08 41·1995	
20	6920·5	23 55 14·3155	13·9289	+0·3866	3648·0	20	0 04 45·2900	
21	6921·5	23 59 10·8658	10·4842	+0·3816	3649·0	21	0 00 49·3806	
					3650·0	21	23 56 53·4711	
22	6922·5	0 03 07·4144	07·0396	+0·3748	3651·0	22	23 52 57·5616	
23	6923·5	0 07 03·9617	03·5950	+0·3667	3652·0	23	23 49 01·6521	
24	6924·5	0 11 00·5081	00·1504	+0·3578	3653·0	24	23 45 05·7427	
25	6925·5	0 14 57·0546	56·7057	+0·3489	3654·0	25	23 41 09·8332	
26	6926·5	0 18 53·6019	53·2611	+0·3408	3655·0	26	23 37 13·9237	
27	6927·5	0 22 50·1508	49·8165	+0·3344	3656·0	27	23 33 18·0143	
28	6928·5	0 26 46·7020	46·3718	+0·3301	3657·0	28	23 29 22·1048	
29	6929·5	0 30 43·2555	42·9272	+0·3283	3658·0	29	23 25 26·1953	
30	6930·5	0 34 39·8113	39·4826	+0·3287	3659·0	30	23 21 30·2859	
Oct. 1	6931·5	0 38 36·3685	36·0379	+0·3306	3660·0	Oct. 1	23 17 34·3764	

Date 0ʰ UT1	Julian Date	G. SIDEREAL TIME (GHA of the Equinox) Apparent	Mean	Equation of Equinoxes at 0ʰ UT1	GSD at 0ʰ GMST	UT1 at 0ʰ GMST (Greenwich Transit of the Mean Equinox)
	245	h m s	s	s	246	h m s
Oct. 1	6931·5	0 38 36·3685	36·0379	+0·3306	3660·0	Oct. 1 23 17 34·3764
2	6932·5	0 42 32·9261	32·5933	+0·3328	3661·0	2 23 13 38·4669
3	6933·5	0 46 29·4829	29·1487	+0·3342	3662·0	3 23 09 42·5575
4	6934·5	0 50 26·0376	25·7040	+0·3335	3663·0	4 23 05 46·6480
5	6935·5	0 54 22·5894	22·2594	+0·3300	3664·0	5 23 01 50·7385
6	6936·5	0 58 19·1383	18·8148	+0·3236	3665·0	6 22 57 54·8290
7	6937·5	1 02 15·6854	15·3701	+0·3152	3666·0	7 22 53 58·9196
8	6938·5	1 06 12·2320	11·9255	+0·3065	3667·0	8 22 50 03·0101
9	6939·5	1 10 08·7798	08·4809	+0·2989	3668·0	9 22 46 07·1006
10	6940·5	1 14 05·3299	05·0362	+0·2937	3669·0	10 22 42 11·1912
11	6941·5	1 18 01·8827	01·5916	+0·2911	3670·0	11 22 38 15·2817
12	6942·5	1 21 58·4378	58·1470	+0·2909	3671·0	12 22 34 19·3722
13	6943·5	1 25 54·9944	54·7023	+0·2921	3672·0	13 22 30 23·4628
14	6944·5	1 29 51·5514	51·2577	+0·2937	3673·0	14 22 26 27·5533
15	6945·5	1 33 48·1079	47·8131	+0·2948	3674·0	15 22 22 31·6438
16	6946·5	1 37 44·6632	44·3685	+0·2947	3675·0	16 22 18 35·7343
17	6947·5	1 41 41·2169	40·9238	+0·2930	3676·0	17 22 14 39·8249
18	6948·5	1 45 37·7687	37·4792	+0·2895	3677·0	18 22 10 43·9154
19	6949·5	1 49 34·3188	34·0346	+0·2843	3678·0	19 22 06 48·0059
20	6950·5	1 53 30·8675	30·5899	+0·2776	3679·0	20 22 02 52·0965
21	6951·5	1 57 27·4153	27·1453	+0·2700	3680·0	21 21 58 56·1870
22	6952·5	2 01 23·9629	23·7007	+0·2623	3681·0	22 21 55 00·2775
23	6953·5	2 05 20·5112	20·2560	+0·2552	3682·0	23 21 51 04·3681
24	6954·5	2 09 17·0611	16·8114	+0·2497	3683·0	24 21 47 08·4586
25	6955·5	2 13 13·6131	13·3668	+0·2464	3684·0	25 21 43 12·5491
26	6956·5	2 17 10·1677	09·9221	+0·2456	3685·0	26 21 39 16·6397
27	6957·5	2 21 06·7247	06·4775	+0·2472	3686·0	27 21 35 20·7302
28	6958·5	2 25 03·2834	03·0329	+0·2506	3687·0	28 21 31 24·8207
29	6959·5	2 28 59·8428	59·5882	+0·2546	3688·0	29 21 27 28·9112
30	6960·5	2 32 56·4016	56·1436	+0·2580	3689·0	30 21 23 33·0018
31	6961·5	2 36 52·9585	52·6990	+0·2595	3690·0	31 21 19 37·0923
Nov. 1	6962·5	2 40 49·5128	49·2543	+0·2585	3691·0	Nov. 1 21 15 41·1828
2	6963·5	2 44 46·0645	45·8097	+0·2548	3692·0	2 21 11 45·2734
3	6964·5	2 48 42·6141	42·3651	+0·2490	3693·0	3 21 07 49·3639
4	6965·5	2 52 39·1628	38·9204	+0·2423	3694·0	4 21 03 53·4544
5	6966·5	2 56 35·7121	35·4758	+0·2363	3695·0	5 20 59 57·5450
6	6967·5	3 00 32·2634	32·0312	+0·2322	3696·0	6 20 56 01·6355
7	6968·5	3 04 28·8174	28·5866	+0·2308	3697·0	7 20 52 05·7260
8	6969·5	3 08 25·3740	25·1419	+0·2321	3698·0	8 20 48 09·8166
9	6970·5	3 12 21·9325	21·6973	+0·2353	3699·0	9 20 44 13·9071
10	6971·5	3 16 18·4921	18·2527	+0·2394	3700·0	10 20 40 17·9976
11	6972·5	3 20 15·0515	14·8080	+0·2435	3701·0	11 20 36 22·0881
12	6973·5	3 24 11·6100	11·3634	+0·2466	3702·0	12 20 32 26·1787
13	6974·5	3 28 08·1670	07·9188	+0·2482	3703·0	13 20 28 30·2692
14	6975·5	3 32 04·7221	04·4741	+0·2480	3704·0	14 20 24 34·3597
15	6976·5	3 36 01·2754	01·0295	+0·2459	3705·0	15 20 20 38·4503
16	6977·5	3 39 57·8271	57·5849	+0·2423	3706·0	16 20 16 42·5408

Date 0ʰ UT1	Julian Date	G. SIDEREAL TIME (GHA of the Equinox) Apparent	Mean	Equation of Equinoxes at 0ʰ UT1	GSD at 0ʰ GMST	UT1 at 0ʰ GMST (Greenwich Transit of the Mean Equinox)
	245	h m s	s	s	**246**	h m s
Nov. 16	**6977·5**	3 39 57·8271	57·5849	+0·2423	**3706·0**	Nov. 16 20 16 42·5408
17	**6978·5**	3 43 54·3778	54·1402	+0·2375	**3707·0**	17 20 12 46·6313
18	**6979·5**	3 47 50·9280	50·6956	+0·2324	**3708·0**	18 20 08 50·7219
19	**6980·5**	3 51 47·4786	47·2510	+0·2277	**3709·0**	19 20 04 54·8124
20	**6981·5**	3 55 44·0305	43·8063	+0·2242	**3710·0**	20 20 00 58·9029
21	**6982·5**	3 59 40·5845	40·3617	+0·2228	**3711·0**	21 19 57 02·9934
22	**6983·5**	4 03 37·1410	36·9171	+0·2239	**3712·0**	22 19 53 07·0840
23	**6984·5**	4 07 33·7002	33·4724	+0·2277	**3713·0**	23 19 49 11·1745
24	**6985·5**	4 11 30·2615	30·0278	+0·2337	**3714·0**	24 19 45 15·2650
25	**6986·5**	4 15 26·8239	26·5832	+0·2407	**3715·0**	25 19 41 19·3556
26	**6987·5**	4 19 23·3859	23·1385	+0·2474	**3716·0**	26 19 37 23·4461
27	**6988·5**	4 23 19·9462	19·6939	+0·2523	**3717·0**	27 19 33 27·5366
28	**6989·5**	4 27 16·5039	16·2493	+0·2546	**3718·0**	28 19 29 31·6272
29	**6990·5**	4 31 13·0588	12·8047	+0·2541	**3719·0**	29 19 25 35·7177
30	**6991·5**	4 35 09·6113	09·3600	+0·2513	**3720·0**	30 19 21 39·8082
Dec. 1	**6992·5**	4 39 06·1627	05·9154	+0·2473	**3721·0**	Dec. 1 19 17 43·8988
2	**6993·5**	4 43 02·7143	02·4708	+0·2435	**3722·0**	2 19 13 47·9893
3	**6994·5**	4 46 59·2673	59·0261	+0·2412	**3723·0**	3 19 09 52·0798
4	**6995·5**	4 50 55·8227	55·5815	+0·2412	**3724·0**	4 19 05 56·1703
5	**6996·5**	4 54 52·3807	52·1369	+0·2438	**3725·0**	5 19 02 00·2609
6	**6997·5**	4 58 48·9409	48·6922	+0·2487	**3726·0**	6 18 58 04·3514
7	**6998·5**	5 02 45·5025	45·2476	+0·2549	**3727·0**	7 18 54 08·4419
8	**6999·5**	5 06 42·0644	41·8030	+0·2614	**3728·0**	8 18 50 12·5325
9	**7000·5**	5 10 38·6257	38·3583	+0·2673	**3729·0**	9 18 46 16·6230
10	**7001·5**	5 14 35·1855	34·9137	+0·2718	**3730·0**	10 18 42 20·7135
11	**7002·5**	5 18 31·7436	31·4691	+0·2745	**3731·0**	11 18 38 24·8041
12	**7003·5**	5 22 28·2996	28·0244	+0·2752	**3732·0**	12 18 34 28·8946
13	**7004·5**	5 26 24·8539	24·5798	+0·2741	**3733·0**	13 18 30 32·9851
14	**7005·5**	5 30 21·4069	21·1352	+0·2717	**3734·0**	14 18 26 37·0757
15	**7006·5**	5 34 17·9591	17·6905	+0·2685	**3735·0**	15 18 22 41·1662
16	**7007·5**	5 38 14·5113	14·2459	+0·2654	**3736·0**	16 18 18 45·2567
17	**7008·5**	5 42 11·0643	10·8013	+0·2630	**3737·0**	17 18 14 49·3472
18	**7009·5**	5 46 07·6190	07·3566	+0·2623	**3738·0**	18 18 10 53·4378
19	**7010·5**	5 50 04·1760	03·9120	+0·2640	**3739·0**	19 18 06 57·5283
20	**7011·5**	5 54 00·7357	00·4674	+0·2683	**3740·0**	20 18 03 01·6188
21	**7012·5**	5 57 57·2978	57·0228	+0·2751	**3741·0**	21 17 59 05·7094
22	**7013·5**	6 01 53·8617	53·5781	+0·2835	**3742·0**	22 17 55 09·7999
23	**7014·5**	6 05 50·4257	50·1335	+0·2922	**3743·0**	23 17 51 13·8904
24	**7015·5**	6 09 46·9884	46·6889	+0·2995	**3744·0**	24 17 47 17·9810
25	**7016·5**	6 13 43·5484	43·2442	+0·3042	**3745·0**	25 17 43 22·0715
26	**7017·5**	6 17 40·1052	39·7996	+0·3056	**3746·0**	26 17 39 26·1620
27	**7018·5**	6 21 36·6592	36·3550	+0·3043	**3747·0**	27 17 35 30·2525
28	**7019·5**	6 25 33·2116	32·9103	+0·3013	**3748·0**	28 17 31 34·3431
29	**7020·5**	6 29 29·7637	29·4657	+0·2980	**3749·0**	29 17 27 38·4336
30	**7021·5**	6 33 26·3169	26·0211	+0·2959	**3750·0**	30 17 23 42·5241
31	**7022·5**	6 37 22·8722	22·5764	+0·2957	**3751·0**	31 17 19 46·6147
32	**7023·5**	6 41 19·4297	19·1318	+0·2979	**3752·0**	32 17 15 50·7052

Date 0^h UT1	Julian Date	Earth Rotation Angle θ	Equation of Origins E_o	Date 0^h UT1	Julian Date	Earth Rotation Angle θ	Equation of Origins E_o
		° ′ ″	′ ″			° ′ ″	′ ″
	245				**245**		
Jan. 0	**6657·5**	99 24 12·3884	− 10 54·9990	Feb. 15	**6703·5**	144 44 29·7833	− 11 01·3094
1	**6658·5**	100 23 20·5926	− 10 55·2775	16	**6704·5**	145 43 37·9875	− 11 01·3511
2	**6659·5**	101 22 28·7969	− 10 55·5445	17	**6705·5**	146 42 46·1918	− 11 01·3732
3	**6660·5**	102 21 37·0011	− 10 55·7713	18	**6706·5**	147 41 54·3960	− 11 01·3870
4	**6661·5**	103 20 45·2054	− 10 55·9427	19	**6707·5**	148 41 02·6003	− 11 01·4058
5	**6662·5**	104 19 53·4096	− 10 56·0614	20	**6708·5**	149 40 10·8045	− 11 01·4439
6	**6663·5**	105 19 01·6138	− 10 56·1443	21	**6709·5**	150 39 19·0087	− 11 01·5130
7	**6664·5**	106 18 09·8181	− 10 56·2142	22	**6710·5**	151 38 27·2130	− 11 01·6207
8	**6665·5**	107 17 18·0223	− 10 56·2918	23	**6711·5**	152 37 35·4172	− 11 01·7673
9	**6666·5**	108 16 26·2265	− 10 56·3918	24	**6712·5**	153 36 43·6214	− 11 01·9442
10	**6667·5**	109 15 34·4308	− 10 56·5214	25	**6713·5**	154 35 51·8257	− 11 02·1340
11	**6668·5**	110 14 42·6350	− 10 56·6810	26	**6714·5**	155 35 00·0299	− 11 02·3132
12	**6669·5**	111 13 50·8392	− 10 56·8656	27	**6715·5**	156 34 08·2342	− 11 02·4580
13	**6670·5**	112 12 59·0435	− 10 57·0666	28	**6716·5**	157 33 16·4384	− 11 02·5530
14	**6671·5**	113 12 07·2477	− 10 57·2730	Mar. 1	**6717·5**	158 32 24·6426	− 11 02·5976
15	**6672·5**	114 11 15·4520	− 10 57·4735	2	**6718·5**	159 31 32·8469	− 11 02·6065
16	**6673·5**	115 10 23·6562	− 10 57·6576	3	**6719·5**	160 30 41·0511	− 11 02·6036
17	**6674·5**	116 09 31·8604	− 10 57·8172	4	**6720·5**	161 29 49·2553	− 11 02·6127
18	**6675·5**	117 08 40·0647	− 10 57·9480	5	**6721·5**	162 28 57·4596	− 11 02·6499
19	**6676·5**	118 07 48·2689	− 10 58·0494	6	**6722·5**	163 28 05·6638	− 11 02·7213
20	**6677·5**	119 06 56·4731	− 10 58·1258	7	**6723·5**	164 27 13·8681	− 11 02·8237
21	**6678·5**	120 06 04·6774	− 10 58·1854	8	**6724·5**	165 26 22·0723	− 11 02·9486
22	**6679·5**	121 05 12·8816	− 10 58·2397	9	**6725·5**	166 25 30·2765	− 11 03·0847
23	**6680·5**	122 04 21·0859	− 10 58·3028	10	**6726·5**	167 24 38·4808	− 11 03·2203
24	**6681·5**	123 03 29·2901	− 10 58·3889	11	**6727·5**	168 23 46·6850	− 11 03·3447
25	**6682·5**	124 02 37·4943	− 10 58·5105	12	**6728·5**	169 22 54·8892	− 11 03·4493
26	**6683·5**	125 01 45·6986	− 10 58·6750	13	**6729·5**	170 22 03·0935	− 11 03·5282
27	**6684·5**	126 00 53·9028	− 10 58·8810	14	**6730·5**	171 21 11·2977	− 11 03·5786
28	**6685·5**	127 00 02·1070	− 10 59·1157	15	**6731·5**	172 20 19·5019	− 11 03·6021
29	**6686·5**	127 59 10·3113	− 10 59·3552	16	**6732·5**	173 19 27·7062	− 11 03·6045
30	**6687·5**	128 58 18·5155	− 10 59·5704	17	**6733·5**	174 18 35·9104	− 11 03·5961
31	**6688·5**	129 57 26·7198	− 10 59·7375	18	**6734·5**	175 17 44·1147	− 11 03·5903
Feb. 1	**6689·5**	130 56 34·9240	− 10 59·8477	19	**6735·5**	176 16 52·3189	− 11 03·6016
2	**6690·5**	131 55 43·1282	− 10 59·9103	20	**6736·5**	177 16 00·5231	− 11 03·6430
3	**6691·5**	132 54 51·3325	− 10 59·9473	21	**6737·5**	178 15 08·7274	− 11 03·7228
4	**6692·5**	133 53 59·5367	− 10 59·9835	22	**6738·5**	179 14 16·9316	− 11 03·8417
5	**6693·5**	134 53 07·7409	− 11 00·0383	23	**6739·5**	180 13 25·1358	− 11 03·9923
6	**6694·5**	135 52 15·9452	− 11 00·1222	24	**6740·5**	181 12 33·3401	− 11 04·1593
7	**6695·5**	136 51 24·1494	− 11 00·2372	25	**6741·5**	182 11 41·5443	− 11 04·3220
8	**6696·5**	137 50 32·3537	− 11 00·3787	26	**6742·5**	183 10 49·7486	− 11 04·4595
9	**6697·5**	138 49 40·5579	− 11 00·5381	27	**6743·5**	184 09 57·9528	− 11 04·5560
10	**6698·5**	139 48 48·7621	− 11 00·7048	28	**6744·5**	185 09 06·1570	− 11 04·6062
11	**6699·5**	140 47 56·9664	− 11 00·8677	29	**6745·5**	186 08 14·3613	− 11 04·6182
12	**6700·5**	141 47 05·1706	− 11 01·0165	30	**6746·5**	187 07 22·5655	− 11 04·6105
13	**6701·5**	142 46 13·3748	− 11 01·1427	31	**6747·5**	188 06 30·7697	− 11 04·6064
14	**6702·5**	143 45 21·5791	− 11 01·2409	Apr. 1	**6748·5**	189 05 38·9740	− 11 04·6260
15	**6703·5**	144 44 29·7833	− 11 01·3094	2	**6749·5**	190 04 47·1782	− 11 04·6806

$$\text{GHA} = \theta - \alpha_i, \qquad \alpha_i = \alpha_e + E_o$$

α_i, α_e are the right ascensions with respect to the CIO and the true equinox of date, respectively.

Date 0h UT1	Julian Date	Earth Rotation Angle θ	Equation of Origins E_o	Date 0h UT1	Julian Date	Earth Rotation Angle θ	Equation of Origins E_o
	245	° ′ ″	′ ″		245	° ′ ″	′ ″
Apr. 1	6748·5	189 05 38·9740	− 11 04·6260	May 17	6794·5	234 25 56·3689	− 11 09·1985
2	6749·5	190 04 47·1782	− 11 04·6806	18	6795·5	235 25 04·5731	− 11 09·4279
3	6750·5	191 03 55·3825	− 11 04·7712	19	6796·5	236 24 12·7774	− 11 09·6393
4	6751·5	192 03 03·5867	− 11 04·8910	20	6797·5	237 23 20·9816	− 11 09·8137
5	6752·5	193 02 11·7909	− 11 05·0283	21	6798·5	238 22 29·1858	− 11 09·9426
6	6753·5	194 01 19·9952	− 11 05·1701	22	6799·5	239 21 37·3901	− 11 10·0301
7	6754·5	195 00 28·1994	− 11 05·3046	23	6800·5	240 20 45·5943	− 11 10·0900
8	6755·5	195 59 36·4036	− 11 05·4222	24	6801·5	241 19 53·7985	− 11 10·1420
9	6756·5	196 58 44·6079	− 11 05·5162	25	6802·5	242 19 02·0028	− 11 10·2057
10	6757·5	197 57 52·8121	− 11 05·5834	26	6803·5	243 18 10·2070	− 11 10·2964
11	6758·5	198 57 01·0164	− 11 05·6241	27	6804·5	244 17 18·4113	− 11 10·4220
12	6759·5	199 56 09·2206	− 11 05·6427	28	6805·5	245 16 26·6155	− 11 10·5824
13	6760·5	200 55 17·4248	− 11 05·6480	29	6806·5	246 15 34·8197	− 11 10·7703
14	6761·5	201 54 25·6291	− 11 05·6523	30	6807·5	247 14 43·0240	− 11 10·9736
15	6762·5	202 53 33·8333	− 11 05·6708	31	6808·5	248 13 51·2282	− 11 11·1790
16	6763·5	203 52 42·0375	− 11 05·7179	June 1	6809·5	249 12 59·4324	− 11 11·3738
17	6764·5	204 51 50·2418	− 11 05·8043	2	6810·5	250 12 07·6367	− 11 11·5485
18	6765·5	205 50 58·4460	− 11 05·9333	3	6811·5	251 11 15·8409	− 11 11·6973
19	6766·5	206 50 06·6502	− 11 06·0983	4	6812·5	252 10 24·0452	− 11 11·8183
20	6767·5	207 49 14·8545	− 11 06·2840	5	6813·5	253 09 32·2494	− 11 11·9139
21	6768·5	208 48 23·0587	− 11 06·4695	6	6814·5	254 08 40·4536	− 11 11·9899
22	6769·5	209 47 31·2630	− 11 06·6336	7	6815·5	255 07 48·6579	− 11 12·0558
23	6770·5	210 46 39·4672	− 11 06·7603	8	6816·5	256 06 56·8621	− 11 12·1241
24	6771·5	211 45 47·6714	− 11 06·8436	9	6817·5	257 06 05·0663	− 11 12·2091
25	6772·5	212 44 55·8757	− 11 06·8884	10	6818·5	258 05 13·2706	− 11 12·3252
26	6773·5	213 44 04·0799	− 11 06·9097	11	6819·5	259 04 21·4748	− 11 12·4835
27	6774·5	214 43 12·2841	− 11 06·9283	12	6820·5	260 03 29·6791	− 11 12·6871
28	6775·5	215 42 20·4884	− 11 06·9641	13	6821·5	261 02 37·8833	− 11 12·9282
29	6776·5	216 41 28·6926	− 11 07·0318	14	6822·5	262 01 46·0875	− 11 13·1869
30	6777·5	217 40 36·8969	− 11 07·1368	15	6823·5	263 00 54·2918	− 11 13·4364
May 1	6778·5	218 39 45·1011	− 11 07·2758	16	6824·5	264 00 02·4960	− 11 13·6515
2	6779·5	219 38 53·3053	− 11 07·4387	17	6825·5	264 59 10·7002	− 11 13·8179
3	6780·5	220 38 01·5096	− 11 07·6123	18	6826·5	265 58 18·9045	− 11 13·9360
4	6781·5	221 37 09·7138	− 11 07·7832	19	6827·5	266 57 27·1087	− 11 14·0191
5	6782·5	222 36 17·9180	− 11 07·9403	20	6828·5	267 56 35·3129	− 11 14·0877
6	6783·5	223 35 26·1223	− 11 08·0755	21	6829·5	268 55 43·5172	− 11 14·1626
7	6784·5	224 34 34·3265	− 11 08·1846	22	6830·5	269 54 51·7214	− 11 14·2602
8	6785·5	225 33 42·5308	− 11 08·2670	23	6831·5	270 53 59·9257	− 11 14·3897
9	6786·5	226 32 50·7350	− 11 08·3260	24	6832·5	271 53 08·1299	− 11 14·5524
10	6787·5	227 31 58·9392	− 11 08·3686	25	6833·5	272 52 16·3341	− 11 14·7431
11	6788·5	228 31 07·1435	− 11 08·4059	26	6834·5	273 51 24·5384	− 11 14·9516
12	6789·5	229 30 15·3477	− 11 08·4518	27	6835·5	274 50 32·7426	− 11 15·1653
13	6790·5	230 29 23·5519	− 11 08·5217	28	6836·5	275 49 40·9468	− 11 15·3716
14	6791·5	231 28 31·7562	− 11 08·6290	29	6837·5	276 48 49·1511	− 11 15·5597
15	6792·5	232 27 39·9604	− 11 08·7811	30	6838·5	277 47 57·3553	− 11 15·7225
16	6793·5	233 26 48·1647	− 11 08·9755	July 1	6839·5	278 47 05·5596	− 11 15·8566
17	6794·5	234 25 56·3689	− 11 09·1985	2	6840·5	279 46 13·7638	− 11 15·9631

$$\text{GHA} = \theta - \alpha_i, \qquad \alpha_i = \alpha_e + E_o$$

α_i, α_e are the right ascensions with respect to the CIO and the true equinox of date, respectively.

Date 0ʰ UT1		Julian Date	Earth Rotation Angle θ	Equation of Origins E_o	Date 0ʰ UT1		Julian Date	Earth Rotation Angle θ	Equation of Origins E_o
			° ′ ″	′ ″				° ′ ″	′ ″
		245					245		
July	1	6839·5	278 47 05·5596	− 11 15·8566	Aug. 16		6885·5	324 07 22·9545	− 11 21·4811
	2	6840·5	279 46 13·7638	− 11 15·9631		17	6886·5	325 06 31·1587	− 11 21·5780
	3	6841·5	280 45 21·9680	− 11 16·0469		18	6887·5	326 05 39·3629	− 11 21·7053
	4	6842·5	281 44 30·1723	− 11 16·1165		19	6888·5	327 04 47·5672	− 11 21·8537
	5	6843·5	282 43 38·3765	− 11 16·1830		20	6889·5	328 03 55·7714	− 11 22·0113
	6	6844·5	283 42 46·5807	− 11 16·2593		21	6890·5	329 03 03·9757	− 11 22·1659
	7	6845·5	284 41 54·7850	− 11 16·3590		22	6891·5	330 02 12·1799	− 11 22·3067
	8	6846·5	285 41 02·9892	− 11 16·4941		23	6892·5	331 01 20·3841	− 11 22·4251
	9	6847·5	286 40 11·1935	− 11 16·6717		24	6893·5	332 00 28·5884	− 11 22·5161
	10	6848·5	287 39 19·3977	− 11 16·8905		25	6894·5	332 59 36·7926	− 11 22·5781
	11	6849·5	288 38 27·6019	− 11 17·1374		26	6895·5	333 58 44·9968	− 11 22·6141
	12	6850·5	289 37 35·8062	− 11 17·3890		27	6896·5	334 57 53·2011	− 11 22·6305
	13	6851·5	290 36 44·0104	− 11 17·6171		28	6897·5	335 57 01·4053	− 11 22·6372
	14	6852·5	291 35 52·2146	− 11 17·7989		29	6898·5	336 56 09·6095	− 11 22·6460
	15	6853·5	292 35 00·4189	− 11 17·9265		30	6899·5	337 55 17·8138	− 11 22·6692
	16	6854·5	293 34 08·6231	− 11 18·0087		31	6900·5	338 54 26·0180	− 11 22·7180
	17	6855·5	294 33 16·8274	− 11 18·0665	Sept. 1		6901·5	339 53 34·2223	− 11 22·8003
	18	6856·5	295 32 25·0316	− 11 18·1236		2	6902·5	340 52 42·4265	− 11 22·9189
	19	6857·5	296 31 33·2358	− 11 18·1995		3	6903·5	341 51 50·6307	− 11 23·0698
	20	6858·5	297 30 41·4401	− 11 18·3052		4	6904·5	342 50 58·8350	− 11 23·2411
	21	6859·5	298 29 49·6443	− 11 18·4435		5	6905·5	343 50 07·0392	− 11 23·4139
	22	6860·5	299 28 57·8485	− 11 18·6098		6	6906·5	344 49 15·2434	− 11 23·5656
	23	6861·5	300 28 06·0528	− 11 18·7949		7	6907·5	345 48 23·4477	− 11 23·6761
	24	6862·5	301 27 14·2570	− 11 18·9871		8	6908·5	346 47 31·6519	− 11 23·7366
	25	6863·5	302 26 22·4612	− 11 19·1742		9	6909·5	347 46 39·8562	− 11 23·7537
	26	6864·5	303 25 30·6655	− 11 19·3453		10	6910·5	348 45 48·0604	− 11 23·7482
	27	6865·5	304 24 38·8697	− 11 19·4923		11	6911·5	349 44 56·2646	− 11 23·7465
	28	6866·5	305 23 47·0740	− 11 19·6106		12	6912·5	350 44 04·4689	− 11 23·7703
	29	6867·5	306 22 55·2782	− 11 19·7000		13	6913·5	351 43 12·6731	− 11 23·8304
	30	6868·5	307 22 03·4824	− 11 19·7645		14	6914·5	352 42 20·8773	− 11 23·9260
	31	6869·5	308 21 11·6867	− 11 19·8114		15	6915·5	353 41 29·0816	− 11 24·0482
Aug.	1	6870·5	309 20 19·8909	− 11 19·8512		16	6916·5	354 40 37·2858	− 11 24·1842
	2	6871·5	310 19 28·0951	− 11 19·8961		17	6917·5	355 39 45·4901	− 11 24·3205
	3	6872·5	311 18 36·2994	− 11 19·9585		18	6918·5	356 38 53·6943	− 11 24·4456
	4	6873·5	312 17 44·5036	− 11 20·0500		19	6919·5	357 38 01·8985	− 11 24·5504
	5	6874·5	313 16 52·7079	− 11 20·1785		20	6920·5	358 37 10·1028	− 11 24·6294
	6	6875·5	314 16 00·9121	− 11 20·3461		21	6921·5	359 36 18·3070	− 11 24·6804
	7	6876·5	315 15 09·1163	− 11 20·5461		22	6922·5	0 35 26·5112	− 11 24·7052
	8	6877·5	316 14 17·3206	− 11 20·7618		23	6923·5	1 34 34·7155	− 11 24·7095
	9	6878·5	317 13 25·5248	− 11 20·9689		24	6924·5	2 33 42·9197	− 11 24·7022
	10	6879·5	318 12 33·7290	− 11 21·1414		25	6925·5	3 32 51·1239	− 11 24·6949
	11	6880·5	319 11 41·9333	− 11 21·2622		26	6926·5	4 31 59·3282	− 11 24·7004
	12	6881·5	320 10 50·1375	− 11 21·3307		27	6927·5	5 31 07·5324	− 11 24·7302
	13	6882·5	321 09 58·3418	− 11 21·3629		28	6928·5	6 30 15·7367	− 11 24·7930
	14	6883·5	322 09 06·5460	− 11 21·3840		29	6929·5	7 29 23·9409	− 11 24·8919
	15	6884·5	323 08 14·7502	− 11 21·4181		30	6930·5	8 28 32·1451	− 11 25·0236
	16	6885·5	324 07 22·9545	− 11 21·4811	Oct. 1		6931·5	9 27 40·3494	− 11 25·1779

$$\text{GHA} = \theta - \alpha_i, \qquad \alpha_i = \alpha_e + E_o$$

α_i, α_e are the right ascensions with respect to the CIO and the true equinox of date, respectively.

Date 0^h UT1	Julian Date	Earth Rotation Angle θ	Equation of Origins E_o	Date 0^h UT1	Julian Date	Earth Rotation Angle θ	Equation of Origins E_o
	245	° ′ ″	′ ″		**245**	° ′ ″	′ ″
Oct. 1	**6931·5**	9 27 40·3494	− 11 25·1779	Nov. 16	**6977·5**	54 47 57·7443	− 11 29·6626
2	**6932·5**	10 26 48·5536	− 11 25·3385	17	**6978·5**	55 47 05·9485	− 11 29·7182
3	**6933·5**	11 25 56·7578	− 11 25·4858	18	**6979·5**	56 46 14·1528	− 11 29·7675
4	**6934·5**	12 25 04·9621	− 11 25·6016	19	**6980·5**	57 45 22·3570	− 11 29·8226
5	**6935·5**	13 24 13·1663	− 11 25·6744	20	**6981·5**	58 44 30·5612	− 11 29·8966
6	**6936·5**	14 23 21·3706	− 11 25·7046	21	**6982·5**	59 43 38·7655	− 11 30·0015
7	**6937·5**	15 22 29·5748	− 11 25·7056	22	**6983·5**	60 42 46·9697	− 11 30·1452
8	**6938·5**	16 21 37·7790	− 11 25·7004	23	**6984·5**	61 41 55·1739	− 11 30·3289
9	**6939·5**	17 20 45·9833	− 11 25·7132	24	**6985·5**	62 41 03·3782	− 11 30·5446
10	**6940·5**	18 19 54·1875	− 11 25·7610	25	**6986·5**	63 40 11·5824	− 11 30·7760
11	**6941·5**	19 19 02·3917	− 11 25·8492	26	**6987·5**	64 39 19·7867	− 11 31·0022
12	**6942·5**	20 18 10·5960	− 11 25·9718	27	**6988·5**	65 38 27·9909	− 11 31·2026
13	**6943·5**	21 17 18·8002	− 11 26·1158	28	**6989·5**	66 37 36·1951	− 11 31·3636
14	**6944·5**	22 16 27·0045	− 11 26·2663	29	**6990·5**	67 36 44·3994	− 11 31·4822
15	**6945·5**	23 15 35·2087	− 11 26·4095	30	**6991·5**	68 35 52·6036	− 11 31·5664
16	**6946·5**	24 14 43·4129	− 11 26·5348	Dec. 1	**6992·5**	69 35 00·8078	− 11 31·6328
17	**6947·5**	25 13 51·6172	− 11 26·6357	2	**6993·5**	70 34 09·0121	− 11 31·7023
18	**6948·5**	26 12 59·8214	− 11 26·7094	3	**6994·5**	71 33 17·2163	− 11 31·7938
19	**6949·5**	27 12 08·0256	− 11 26·7569	4	**6995·5**	72 32 25·4205	− 11 31·9204
20	**6950·5**	28 11 16·2299	− 11 26·7829	5	**6996·5**	73 31 33·6248	− 11 32·0858
21	**6951·5**	29 10 24·4341	− 11 26·7954	6	**6997·5**	74 30 41·8290	− 11 32·2845
22	**6952·5**	30 09 32·6384	− 11 26·8055	7	**6998·5**	75 29 50·0333	− 11 32·5039
23	**6953·5**	31 08 40·8426	− 11 26·8258	8	**6999·5**	76 28 58·2375	− 11 32·7285
24	**6954·5**	32 07 49·0468	− 11 26·8691	9	**7000·5**	77 28 06·4417	− 11 32·9434
25	**6955·5**	33 06 57·2511	− 11 26·9457	10	**7001·5**	78 27 14·6460	− 11 33·1372
26	**6956·5**	34 06 05·4553	− 11 27·0604	11	**7002·5**	79 26 22·8502	− 11 33·3032
27	**6957·5**	35 05 13·6595	− 11 27·2111	12	**7003·5**	80 25 31·0544	− 11 33·4399
28	**6958·5**	36 04 21·8638	− 11 27·3878	13	**7004·5**	81 24 39·2587	− 11 33·5500
29	**6959·5**	37 03 30·0680	− 11 27·5743	14	**7005·5**	82 23 47·4629	− 11 33·6400
30	**6960·5**	38 02 38·2722	− 11 27·7513	15	**7006·5**	83 22 55·6672	− 11 33·7188
31	**6961·5**	39 01 46·4765	− 11 27·9010	16	**7007·5**	84 22 03·8714	− 11 33·7977
Nov. 1	**6962·5**	40 00 54·6807	− 11 28·0120	17	**7008·5**	85 21 12·0756	− 11 33·8891
2	**6963·5**	41 00 02·8850	− 11 28·0825	18	**7009·5**	86 20 20·2799	− 11 34·0051
3	**6964·5**	41 59 11·0892	− 11 28·1217	19	**7010·5**	87 19 28·4841	− 11 34·1559
4	**6965·5**	42 58 19·2934	− 11 28·1482	20	**7011·5**	88 18 36·6883	− 11 34·3469
5	**6966·5**	43 57 27·4977	− 11 28·1843	21	**7012·5**	89 17 44·8926	− 11 34·5751
6	**6967·5**	44 56 35·7019	− 11 28·2495	22	**7013·5**	90 16 53·0968	− 11 34·8280
7	**6968·5**	45 55 43·9061	− 11 28·3546	23	**7014·5**	91 16 01·3011	− 11 35·0845
8	**6969·5**	46 54 52·1104	− 11 28·4993	24	**7015·5**	92 15 09·5053	− 11 35·3204
9	**6970·5**	47 54 00·3146	− 11 28·6736	25	**7016·5**	93 14 17·7095	− 11 35·5163
10	**6971·5**	48 53 08·5189	− 11 28·8624	26	**7017·5**	94 13 25·9138	− 11 35·6645
11	**6972·5**	49 52 16·7231	− 11 29·0499	27	**7018·5**	95 12 34·1180	− 11 35·7707
12	**6973·5**	50 51 24·9273	− 11 29·2231	28	**7019·5**	96 11 42·3222	− 11 35·8519
13	**6974·5**	51 50 33·1316	− 11 29·3730	29	**7020·5**	97 10 50·5265	− 11 35·9294
14	**6975·5**	52 49 41·3358	− 11 29·4955	30	**7021·5**	98 09 58·7307	− 11 36·0234
15	**6976·5**	53 48 49·5400	− 11 29·5907	31	**7022·5**	99 09 06·9349	− 11 36·1474
16	**6977·5**	54 47 57·7443	− 11 29·6626	32	**7023·5**	100 08 15·1392	− 11 36·3069

$$\text{GHA} = \theta - \alpha_i, \qquad \alpha_i = \alpha_e + E_o$$

α_i, α_e are the right ascensions with respect to the CIO and the true equinox of date, respectively.

Purpose, explanation and arrangement

The formulae, tables and ephemerides in the remainder of this section are mainly intended to provide for the reduction of celestial coordinates (especially of right ascension, declination and hour angle) from one reference system to another; in particular from a position in the International Celestial Reference System (ICRS) to a geocentric apparent or intermediate position, but some of the data may be used for other purposes.

Formulae and numerical values are given for the separate steps in such reductions, i.e. for proper motion, parallax, light-deflection, aberration on pages B27–B29, and for frame bias, precession and nutation on pages B50–B56. Formulae are given for full-precision reductions using vectors and rotation matrices on pages B48–B50. The examples given use **both** the long-standing equator and equinox of date system, as well as the Celestial Intermediate Reference System (equator and CIO of date)(see pages B66–B75). Finally, formulae and numerical values are given for the reduction from geocentric to topocentric place on pages B84–B86. Background information is given in the *Notes and References* and in the *Glossary*, while vector and matrix algebra, including the rotation matrices, is given on pages K18–K19.

Notation and units

The following is a list of some frequently used coordinate systems and their designations and include the practical consequences of adoption of the ICRS, IAU 2000 resolutions B1.6, B1.7 and B1.8, and IAU 2006 resolutions 1 and 2.

1. Barycentric Celestial Reference System (BCRS): a system of barycentric space-time coordinates for the solar system within the framework of General Relativity. For all practical applications, the BCRS is assumed to be oriented according to the ICRS axes, the directions of which are realized by the International Celestial Reference Frame. The ICRS is not identical to the system defined by the dynamical mean equator and equinox of J2000·0, although the difference in orientation is only about $0.''02$.

2. The Geocentric Celestial Reference System (GCRS): is a system of geocentric space-time coordinates within the framework of General Relativity. The directions of the GCRS axes are obtained from those of the BCRS (ICRS) by a relativistic transformation. Positions of stars obtained from ICRS reference data, corrected for proper motion, parallax, light-bending, and aberration (for a geocentric observer) are with respect to the GCRS. The same is true for planetary positions, although the corrections are somewhat different.

3. The J2000·0 dynamical reference system; mean equator and equinox of J2000·0; a geocentric system where the origin of right ascension is the intersection of the mean ecliptic and equator of J2000·0; the system in which the IAU 2000 precession-nutation is defined. For precise applications a small rotation (frame bias, see B50) should be made to GCRS positions before precession and nutation are applied. The J2000·0 system may also be barycentric, for example as the reference system for catalogues.

4. The mean system of date (m); mean equator and equinox of date.

5. The true system of date (t); true equator and equinox of date: a geocentric system of date, the pole of which is the celestial intermediate pole (CIP), with the origin of right ascension at the equinox on the true equator of date (intermediate equator). It is a system "between" the GCRS and the Terrestrial Intermediate Reference System that separates the components labelled precession-nutation and polar motion.

6. The Celestial Intermediate Reference System (i): the IAU recommended geocentric system of date, the pole of which is the celestial intermediate pole (CIP), with the origin of right ascension at the celestial intermediate origin (CIO) which is located on the intermediate equator (true equator of date). It is a system "between" (*intermediate*) the GCRS and the Terrestrial Intermediate Reference System that separates the components labelled precession-nutation and polar motion.

Notation and units (continued)

7. The Terrestrial Intermediate Reference System: a rotating geocentric system of date, the pole of which is the celestial intermediate pole (CIP), with the origin of longitude the terrestrial intermediate origin (TIO), which is located on the intermediate equator (true equator of date). The plane containing the geocentre, the CIP, and TIO is the fundamental plane of this system and is called the TIO meridian and corresponds to the astronomical zero meridian.

8. The International Terrestrial Reference System (ITRS): a geodetic system realized by the International Terrestrial Reference Frame (ITRF2008), see page K11. The CIP and TIO of the Terrestrial Intermediate Reference System differ from the geodetic pole and zero-longitude point on the geodetic equator by the effects of polar motion (page B84).

Summary

No.	System	Equator/Pole	Origin on the Equator	Epoch
1	BCRS (ICRS)	ICRS equator and pole	ICRS (RA)	—
2	GCRS	ICRS (see 2 above)	ICRS (RA)	—
3	J2000·0	mean equator	mean equinox (RA)	J2000·0
4	Mean (m)	mean equator	mean equinox (RA)	date
5	True (t)	equator/CIP	true equinox (RA)	date
6	Intermediate (i)	equator/CIP	CIO (RA)	date
7	Terrestrial	equator/CIP	TIO (GHA)	date
8	ITRS	geodetic equator/pole	longitude (λ_{ITRS})	date

- The true equator of date, the intermediate equator, the instantaneous equator are all terms for the plane orthogonal to the direction of the CIP, which in this volume will be referred to as the "equator of date". Declinations, apparent or intermediate, derived using either equinox-based or CIO-based methods, respectively, are identical.

- The origin of the right ascension system may be one of five different locations (ICRS origin, J2000·0, mean equinox, true equinox, or the CIO). The notation will make it clear which is being referred to when necessary.

- The celestial intermediate origin (CIO) is the chosen origin of the Celestial Intermediate Reference System. It has no instantaneous motion along the equator as the equator's orientation in space changes, and is therefore referred to as a "non-rotating" origin. The CIO makes the relationship between UT1 and Earth rotation a simple linear function (see page B8). Right ascensions measured from this origin are called intermediate right ascensions or CIO right ascensions.

- The only difference between apparent and intermediate right ascensions is the position of the origin on the equator. When using the equator and equinox of date system, right ascension is measured from the equinox and is called apparent right ascension. When using the Celestial Intermediate Reference System, right ascension is measured from the CIO, and is called intermediate right ascension.

- Apparent right ascension is subtracted from Greenwich apparent sidereal time to give hour angle (GHA).

- Intermediate right ascension is subtracted from Earth rotation angle to give hour angle (GHA).

Matrices

$\mathbf{R}_1, \mathbf{R}_2, \mathbf{R}_3$ rotation matrices $\mathbf{R}_n(\phi)$, $n = 1, 2, 3$, where the original system is rotated about its x, y, or z-axis by the angle ϕ, counterclockwise as viewed from the $+x$, $+y$ or $+z$ direction, respectively (see page K19 for information on matrices).

$\mathscr{R}_\Sigma$ Matrix transformation of the GCRS to the equator and GCRS origin of date. An intermediary matrix which locates and relates origins, see pages B9 and B49.

Notation and units (continued)

Matrices for Equinox-Based Techniques

B   Bias matrix: transformation of the GCRS to J2000·0 system, mean equator and equinox of J2000·0, see page B50.

P   Precession matrix: transformation of the J2000·0 system to the mean equator and equinox of date, see page B51.

N   Nutation matrix: transformation of the mean equator and equinox of date to equator and equinox of date, see page B55.

M = NPB Celestial to equator and equinox of date matrix: transformation of the GCRS to the true equator and equinox of date, see page B50.

$\mathbf{R_3}$(GAST) Earth rotation matrix: transformation of the true equator and equinox of date to the Terrestrial Intermediate Reference System (origin is the TIO).

Matrices for CIO-Based Techniques

C   Celestial to Intermediate matrix: transformation of the GCRS to the Celestial Intermediate Reference System (equator and CIO of date). **C** includes frame bias and precession-nutation, see page B49.

$\mathbf{R_3}(\theta)$ Earth rotation matrix: transformation of the Celestial Intermediate Reference System to the Terrestrial Intermediate Reference System (origin is the TIO).

Other terms

t an epoch expressed in terms of the Julian year; (see page B3); the difference between two epochs represents a time-interval expressed in Julian years; subscripts zero and one are used to indicate the epoch of a catalogue place, usually the standard epoch of J2000·0, and the epoch of the middle of a Julian year (here shortened to "epoch of year"), respectively.

T an interval of time expressed in Julian centuries of 36 525 days; usually measured from J2000·0, i.e. from JD 245 1545·0 TT.

$\mathbf{r}_m, \mathbf{r}_t, \mathbf{r}_i$ column position vectors (see page K18), with respect to mean equinox, true equinox, and celestial intermediate system, respectively.

α, δ, π right ascension, declination and annual parallax; in the formulae for computation, right ascension and related quantities are expressed in time-measure ($1^h = 15°$, etc.), while declination and related quantities, including annual parallax, are expressed in angular measure, unless the contrary is indicated.

α_e, α_i equinox and intermediate right ascensions, respectively; α_e is measured from the equinox, while α_i is measured from the CIO.

μ_α, μ_δ components of proper motion in right ascension and declination. **Check the units** carefully. Modern catalogues usually use mas/year, where the $\cos \delta$ factor has been included in μ_α.

λ, β ecliptic longitude and latitude.

Ω, i, ω orbital elements referred to the ecliptic; longitude of ascending node, inclination, argument of perihelion.

X, Y, Z rectangular coordinates of the Earth with respect to the barycentre of the solar system, referred to the ICRS and expressed in astronomical units (au).

$\dot{X}, \dot{Y}, \dot{Z}$ first derivatives of X, Y, Z with respect to time expressed in TDB days.

Approximate reduction for proper motion

In its simplest form the reduction for the proper motion is given by:

$$\alpha = \alpha_0 + (t - t_0)\mu_\alpha \quad \text{or} \quad \alpha = \alpha_0 + (t - t_0)\mu_\alpha / \cos \delta$$
$$\delta = \delta_0 + (t - t_0)\mu_\delta$$

where the rate of the proper motions are per year. In some cases it is necessary to allow also for second-order terms, radial velocity and orbital motion, but appropriate formulae are usually given in the catalogue (see page B72).

Approximate reduction for annual parallax

The reduction for annual parallax from the catalogue place (α_0, δ_0) to the geocentric place (α, δ) is given by:

$$\alpha = \alpha_0 + (\pi/15 \cos \delta_0)(X \sin \alpha_0 - Y \cos \alpha_0)$$
$$\delta = \delta_0 + \pi(X \cos \alpha_0 \sin \delta_0 + Y \sin \alpha_0 \sin \delta_0 - Z \cos \delta_0)$$

where X, Y, Z are the coordinates of the Earth tabulated on pages B76-B83. Expressions for X, Y, Z may be obtained from page C5, since $X = -x, Y = -y, Z = -z$.

The times of reception of periodic phenomena, such as pulsar signals, may be reduced to a common origin at the barycentre by adding the light-time corresponding to the component of the Earth's position vector along the direction to the object; that is by adding to the observed times $(X \cos \alpha \cos \delta + Y \sin \alpha \cos \delta + Z \sin \delta)/c$, where the velocity of light, $c = 173 \cdot 14$ au/d, and the light time for 1 au, $1/c = 0^d005 \, 7755$.

Approximate reduction for light-deflection

The apparent direction of a star or a body in the solar system may be significantly affected by the deflection of light in the gravitational field of the Sun. The elongation (E) from the centre of the Sun is increased by an amount (ΔE) that, for a star, depends on the elongation in the following manner:

$$\Delta E = 0''004 \, 07/ \tan (E/2)$$

E	$0°25$	$0°5$	$1°$	$2°$	$5°$	$10°$	$20°$	$50°$	$90°$
ΔE	$1''866$	$0''933$	$0''466$	$0''233$	$0''093$	$0''047$	$0''023$	$0''009$	$0''004$

The body disappears behind the Sun when E is less than the limiting grazing value of about $0°25$. The effects in right ascension and declination may be calculated approximately from:

$$\cos E = \sin \delta \sin \delta_0 + \cos \delta \cos \delta_0 \cos (\alpha - \alpha_0)$$
$$\Delta \alpha = 0^s000 \, 271 \cos \delta_0 \sin (\alpha - \alpha_0)/(1 - \cos E) \cos \delta$$
$$\Delta \delta = 0''004 \, 07[\sin \delta \cos \delta_0 \cos (\alpha - \alpha_0) - \cos \delta \sin \delta_0]/(1 - \cos E)$$

where α, δ refer to the star, and α_0, δ_0 to the Sun. See also page B67 *Step 3*.

Approximate reduction for annual aberration

The reduction for annual aberration from a geometric geocentric place (α_0, δ_0) to an apparent geocentric place (α, δ) is given by:

$$\alpha = \alpha_0 + (-\dot{X} \sin \alpha_0 + \dot{Y} \cos \alpha_0)/(c \cos \delta_0)$$
$$\delta = \delta_0 + (-\dot{X} \cos \alpha_0 \sin \delta_0 - \dot{Y} \sin \alpha_0 \sin \delta_0 + \dot{Z} \cos \delta_0)/c$$

where $c = 173 \cdot 14$ au/d, and $\dot{X}, \dot{Y}, \dot{Z}$ are the velocity components of the Earth given on pages B76-B83. Alternatively, but to lower precision, it is possible to use the expressions

$$\dot{X} = +0 \cdot 0172 \sin \lambda \qquad \dot{Y} = -0 \cdot 0158 \cos \lambda \qquad \dot{Z} = -0 \cdot 0068 \cos \lambda$$

where the apparent longitude of the Sun, λ, is given by the expression on page C5. The reduction may also be carried out by using the vector-matrix technique (see page B67 *Step 4*) when full precision is required.

Measurements of radial velocity may be reduced to a common origin at the barycentre by adding the component of the Earth's velocity in the direction of the object; that is by adding

$$\dot{X} \cos \alpha_0 \cos \delta_0 + \dot{Y} \sin \alpha_0 \cos \delta_0 + \dot{Z} \sin \delta_0$$

Traditional reduction for planetary aberration

In the case of a body in the solar system, the apparent direction at the instant of observation (t) differs from the geometric direction at that instant because of (a) the motion of the body during the light-time and (b) the motion of the Earth relative to the reference system in which light propagation is computed. The reduction may be carried out in two stages: (i) by combining the barycentric position of the body at time $t - \Delta t$, where Δt is the light-time, with the barycentric position of the Earth at time t, and then (ii) by applying the correction for annual aberration as described above. Alternatively it is possible to interpolate the geometric (geocentric) ephemeris of the body to the time $t - \Delta t$; it is usually sufficient to subtract the product of the light-time and the first derivative of the coordinate. The light-time Δt in days is given by the distance in au between the body and the Earth, multiplied by 0·005 7755; strictly, the light-time corresponds to the distance from the position of the Earth at time t to the position of the body at time $t - \Delta t$ (i.e. some iteration is required), but it is usually sufficient to use the geocentric distance at time t.

Differential aberration

The corrections for differential annual aberration to be added to the observed differences (in the sense moving object minus star) of right ascension and declination to give the true differences are:

$$
\begin{array}{lll}
\text{in right ascension} & a\,\Delta\alpha + b\,\Delta\delta & \text{in units of } 0^\text{s}001 \\
\text{in declination} & c\,\Delta\alpha + d\,\Delta\delta & \text{in units of } 0''01
\end{array}
$$

where $\Delta\alpha$, $\Delta\delta$ are the observed differences in units of 1^m and $1'$ respectively, and where a, b, c, d are coefficients defined by:

$$
\begin{array}{ll}
a = -5\cdot701 \cos(H + \alpha) \sec\delta & b = -0\cdot380 \sin(H + \alpha) \sec\delta \tan\delta \\
c = +8\cdot552 \sin(H + \alpha) \sin\delta & d = -0\cdot570 \cos(H + \alpha) \cos\delta \\
H^\text{h} = 23\cdot4 - (\text{day of year}/15\cdot2) &
\end{array}
$$

The day of year is tabulated on pages B4–B5.

GCRS positions

For objects with reference data (catalogue coordinates or ephemerides) expressed in the ICRS, the application of corrections for proper motion and parallax (for stars), light-time (for solar system objects), light deflection, and annual aberration results in a position referred to the GCRS, which is sometimes called the *proper place*.

Astrometric positions

An astrometric place is the direction of a solar system body formed by applying the correction for the barycentric motion of this body during the light time to the geometric geocentric position referred to the ICRS. Such a position is then directly comparable with the astrometric position of a star formed by applying the corrections for proper motion and annual parallax to the ICRS (or J2000) catalog direction. The gravitational deflection of light is ignored since it will generally be similar (although not identical) for the solar system body and background stars. For high-accuracy applications, gravitational light deflection effects need to be considered, and the adopted policy declared.

MATRIX ELEMENTS FOR CONVERSION FROM
GCRS TO EQUATOR AND EQUINOX OF DATE
FOR 0^h TERRESTRIAL TIME

Date 0^h TT	$M_{1,1}-1$	$M_{1,2}$	$M_{1,3}$	$M_{2,1}$	$M_{2,2}-1$	$M_{2,3}$	$M_{3,1}$	$M_{3,2}$	$M_{3,3}-1$
Jan. 0	−59937	−3175 5272	−1379 6537	+3175 5827	−50429	+38 0001	+1379 5261	−42 3811	−9524
1	−59988	−3176 8777	−1380 2397	+3176 9331	−50472	+37 9927	+1380 1120	−42 3774	−9533
2	−60037	−3178 1721	−1380 8014	+3178 2274	−50513	+37 8651	+1380 6741	−42 2533	−9540
3	−60079	−3179 2717	−1381 2787	+3179 3267	−50548	+37 6499	+1381 1521	−42 0412	−9547
4	−60110	−3180 1027	−1381 6396	+3180 1574	−50574	+37 4074	+1381 5136	−41 8010	−9552
5	−60132	−3180 6784	−1381 8898	+3180 7329	−50592	+37 2007	+1381 7644	−41 5959	−9555
6	−60147	−3181 0807	−1382 0647	+3181 1349	−50605	+37 0736	+1381 9398	−41 4700	−9557
7	−60160	−3181 4194	−1382 2122	+3181 4736	−50616	+37 0409	+1382 0873	−41 4381	−9559
8	−60174	−3181 7956	−1382 3758	+3181 8499	−50628	+37 0916	+1382 2508	−41 4899	−9562
9	−60192	−3182 2803	−1382 5866	+3182 3348	−50643	+37 1985	+1382 4612	−41 5981	−9565
10	−60216	−3182 9085	−1382 8595	+3182 9632	−50663	+37 3278	+1382 7337	−41 7292	−9568
11	−60245	−3183 6821	−1383 1954	+3183 7369	−50688	+37 4468	+1383 0692	−41 8503	−9573
12	−60279	−3184 5771	−1383 5840	+3184 6321	−50717	+37 5279	+1383 4575	−41 9339	−9579
13	−60316	−3185 5513	−1384 0070	+3185 6063	−50748	+37 5520	+1383 8803	−41 9607	−9584
14	−60354	−3186 5520	−1384 4414	+3186 6070	−50779	+37 5096	+1384 3148	−41 9210	−9590
15	−60391	−3187 5240	−1384 8633	+3187 5788	−50810	+37 4010	+1384 7371	−41 8151	−9596
16	−60425	−3188 4165	−1385 2509	+3188 4712	−50839	+37 2361	+1385 1251	−41 6527	−9602
17	−60454	−3189 1907	−1385 5871	+3189 2451	−50863	+37 0328	+1385 4619	−41 4516	−9606
18	−60478	−3189 8245	−1385 8624	+3189 8786	−50884	+36 8143	+1385 7379	−41 2348	−9610
19	−60497	−3190 3166	−1386 0763	+3190 3704	−50899	+36 6063	+1385 9525	−41 0282	−9613
20	−60511	−3190 6870	−1386 2375	+3190 7405	−50911	+36 4333	+1386 1142	−40 8562	−9615
21	−60522	−3190 9757	−1386 3632	+3191 0291	−50920	+36 3155	+1386 2403	−40 7392	−9617
22	−60532	−3191 2392	−1386 4781	+3191 2925	−50928	+36 2654	+1386 3553	−40 6898	−9618
23	−60543	−3191 5448	−1386 6112	+3191 5982	−50938	+36 2852	+1386 4883	−40 7105	−9620
24	−60559	−3191 9621	−1386 7926	+3192 0156	−50952	+36 3646	+1386 6695	−40 7911	−9623
25	−60582	−3192 5516	−1387 0488	+3192 6053	−50970	+36 4798	+1386 9253	−40 9078	−9626
26	−60612	−3193 3490	−1387 3951	+3193 4028	−50996	+36 5936	+1387 2711	−41 0239	−9631
27	−60650	−3194 3477	−1387 8286	+3194 4016	−51028	+36 6614	+1387 7044	−41 0945	−9637
28	−60693	−3195 4853	−1388 3224	+3195 5393	−51064	+36 6411	+1388 1982	−41 0773	−9644
29	−60737	−3196 6462	−1388 8263	+3196 7000	−51101	+36 5088	+1388 7025	−40 9482	−9651
30	−60777	−3197 6897	−1389 2792	+3197 7432	−51135	+36 2731	+1389 1561	−40 7155	−9657
31	−60808	−3198 5000	−1389 6311	+3198 5531	−51160	+35 9781	+1389 5089	−40 4226	−9662
Feb. 1	−60828	−3199 0346	−1389 8634	+3199 0873	−51177	+35 6887	+1389 7421	−40 1348	−9665
2	−60839	−3199 3384	−1389 9957	+3199 3908	−51187	+35 4655	+1389 8751	−39 9124	−9667
3	−60846	−3199 5179	−1390 0741	+3199 5701	−51193	+35 3425	+1389 9539	−39 7899	−9668
4	−60853	−3199 6931	−1390 1507	+3199 7453	−51198	+35 3203	+1390 0305	−39 7683	−9669
5	−60863	−3199 9585	−1390 2663	+3200 0108	−51207	+35 3742	+1390 1460	−39 8228	−9670
6	−60879	−3200 3652	−1390 4432	+3200 4176	−51220	+35 4667	+1390 3226	−39 9165	−9673
7	−60900	−3200 9226	−1390 6854	+3200 9751	−51238	+35 5603	+1390 5645	−40 0116	−9676
8	−60926	−3201 6085	−1390 9834	+3201 6611	−51260	+35 6240	+1390 8622	−40 0772	−9681
9	−60955	−3202 3813	−1391 3190	+3202 4340	−51284	+35 6363	+1391 1977	−40 0917	−9685
10	−60986	−3203 1895	−1391 6699	+3203 2421	−51310	+35 5863	+1391 5488	−40 0439	−9690
11	−61016	−3203 9792	−1392 0129	+3204 0317	−51336	+35 4725	+1391 8921	−39 9324	−9695
12	−61044	−3204 7006	−1392 3262	+3204 7528	−51359	+35 3029	+1392 2059	−39 7647	−9699
13	−61067	−3205 3126	−1392 5921	+3205 3646	−51378	+35 0928	+1392 4725	−39 5564	−9703
14	−61085	−3205 7887	−1392 7991	+3205 8404	−51393	+34 8639	+1392 6802	−39 3288	−9706
15	−61098	−3206 1210	−1392 9437	+3206 1723	−51404	+34 6413	+1392 8255	−39 1071	−9707

$\mathbf{M} = \mathbf{NPB}$. Values are in units of 10^{-10}. Matrix used with GAST (B13–B20). CIP is $\mathcal{X} = \mathbf{M}_{3,1}$, $\mathcal{Y} = \mathbf{M}_{3,2}$.

MATRIX ELEMENTS FOR CONVERSION FROM
GCRS TO EQUATOR & CELESTIAL INTERMEDIATE ORIGIN OF DATE
FOR 0^h TERRESTRIAL TIME

Julian Date	$C_{1,1}-1$	$C_{1,2}$	$C_{1,3}$	$C_{2,1}$	$C_{2,2}-1$	$C_{2,3}$	$C_{3,1}$	$C_{3,2}$	$C_{3,3}-1$
245									
6657·5	− 9515	− 89	− 1379 5261	+ 674	− 9	+ 42 3810	+ 1379 5261	− 42 3811	− 9524
6658·5	− 9524	− 89	− 1380 1120	+ 674	− 9	+ 42 3774	+ 1380 1120	− 42 3774	− 9533
6659·5	− 9531	− 89	− 1380 6741	+ 672	− 9	+ 42 2533	+ 1380 6741	− 42 2533	− 9540
6660·5	− 9538	− 88	− 1381 1521	+ 669	− 9	+ 42 0411	+ 1381 1521	− 42 0412	− 9547
6661·5	− 9543	− 88	− 1381 5136	+ 666	− 9	+ 41 8009	+ 1381 5136	− 41 8010	− 9552
6662·5	− 9546	− 88	− 1381 7644	+ 663	− 9	+ 41 5959	+ 1381 7644	− 41 5959	− 9555
6663·5	− 9549	− 88	− 1381 9398	+ 661	− 9	+ 41 4699	+ 1381 9398	− 41 4700	− 9557
6664·5	− 9551	− 88	− 1382 0873	+ 661	− 9	+ 41 4381	+ 1382 0873	− 41 4381	− 9559
6665·5	− 9553	− 88	− 1382 2508	+ 661	− 9	+ 41 4898	+ 1382 2508	− 41 4899	− 9562
6666·5	− 9556	− 88	− 1382 4612	+ 663	− 9	+ 41 5980	+ 1382 4612	− 41 5981	− 9565
6667·5	− 9560	− 88	− 1382 7337	+ 665	− 9	+ 41 7291	+ 1382 7337	− 41 7292	− 9568
6668·5	− 9564	− 88	− 1383 0692	+ 666	− 9	+ 41 8502	+ 1383 0692	− 41 8503	− 9573
6669·5	− 9570	− 87	− 1383 4575	+ 668	− 9	+ 41 9338	+ 1383 4575	− 41 9339	− 9579
6670·5	− 9576	− 87	− 1383 8803	+ 668	− 9	+ 41 9607	+ 1383 8803	− 41 9607	− 9584
6671·5	− 9582	− 87	− 1384 3148	+ 667	− 9	+ 41 9210	+ 1384 3148	− 41 9210	− 9590
6672·5	− 9587	− 87	− 1384 7371	+ 666	− 9	+ 41 8151	+ 1384 7371	− 41 8151	− 9596
6673·5	− 9593	− 87	− 1385 1251	+ 664	− 9	+ 41 6527	+ 1385 1251	− 41 6527	− 9602
6674·5	− 9598	− 87	− 1385 4619	+ 661	− 9	+ 41 4515	+ 1385 4619	− 41 4516	− 9606
6675·5	− 9601	− 87	− 1385 7379	+ 658	− 9	+ 41 2348	+ 1385 7379	− 41 2348	− 9610
6676·5	− 9604	− 86	− 1385 9525	+ 655	− 8	+ 41 0281	+ 1385 9525	− 41 0282	− 9613
6677·5	− 9607	− 86	− 1386 1142	+ 653	− 8	+ 40 8562	+ 1386 1142	− 40 8562	− 9615
6678·5	− 9608	− 86	− 1386 2403	+ 651	− 8	+ 40 7392	+ 1386 2403	− 40 7392	− 9617
6679·5	− 9610	− 86	− 1386 3553	+ 650	− 8	+ 40 6898	+ 1386 3553	− 40 6898	− 9618
6680·5	− 9612	− 86	− 1386 4883	+ 651	− 8	+ 40 7104	+ 1386 4883	− 40 7105	− 9620
6681·5	− 9614	− 86	− 1386 6695	+ 652	− 8	+ 40 7910	+ 1386 6695	− 40 7911	− 9623
6682·5	− 9618	− 86	− 1386 9253	+ 653	− 8	+ 40 9078	+ 1386 9253	− 40 9078	− 9626
6683·5	− 9623	− 86	− 1387 2711	+ 655	− 8	+ 41 0239	+ 1387 2711	− 41 0239	− 9631
6684·5	− 9629	− 86	− 1387 7044	+ 656	− 8	+ 41 0944	+ 1387 7044	− 41 0945	− 9637
6685·5	− 9635	− 86	− 1388 1982	+ 656	− 8	+ 41 0773	+ 1388 1982	− 41 0773	− 9644
6686·5	− 9642	− 85	− 1388 7025	+ 654	− 8	+ 40 9482	+ 1388 7025	− 40 9482	− 9651
6687·5	− 9649	− 85	− 1389 1561	+ 651	− 8	+ 40 7154	+ 1389 1561	− 40 7155	− 9657
6688·5	− 9654	− 85	− 1389 5089	+ 647	− 8	+ 40 4226	+ 1389 5089	− 40 4226	− 9662
6689·5	− 9657	− 85	− 1389 7421	+ 643	− 8	+ 40 1347	+ 1389 7421	− 40 1348	− 9665
6690·5	− 9659	− 85	− 1389 8751	+ 640	− 8	+ 39 9123	+ 1389 8751	− 39 9124	− 9667
6691·5	− 9660	− 85	− 1389 9539	+ 638	− 8	+ 39 7898	+ 1389 9539	− 39 7899	− 9668
6692·5	− 9661	− 85	− 1390 0305	+ 638	− 8	+ 39 7682	+ 1390 0305	− 39 7683	− 9669
6693·5	− 9663	− 85	− 1390 1460	+ 638	− 8	+ 39 8228	+ 1390 1460	− 39 8228	− 9670
6694·5	− 9665	− 85	− 1390 3226	+ 640	− 8	+ 39 9164	+ 1390 3226	− 39 9165	− 9673
6695·5	− 9668	− 85	− 1390 5645	+ 641	− 8	+ 40 0116	+ 1390 5645	− 40 0116	− 9676
6696·5	− 9672	− 84	− 1390 8622	+ 642	− 8	+ 40 0771	+ 1390 8622	− 40 0772	− 9681
6697·5	− 9677	− 84	− 1391 1977	+ 642	− 8	+ 40 0916	+ 1391 1977	− 40 0917	− 9685
6698·5	− 9682	− 84	− 1391 5488	+ 641	− 8	+ 40 0438	+ 1391 5488	− 40 0439	− 9690
6699·5	− 9687	− 84	− 1391 8921	+ 640	− 8	+ 39 9323	+ 1391 8921	− 39 9324	− 9695
6700·5	− 9691	− 84	− 1392 2059	+ 638	− 8	+ 39 7647	+ 1392 2059	− 39 7647	− 9699
6701·5	− 9695	− 84	− 1392 4725	+ 635	− 8	+ 39 5563	+ 1392 4725	− 39 5564	− 9703
6702·5	− 9698	− 84	− 1392 6802	+ 631	− 8	+ 39 3287	+ 1392 6802	− 39 3288	− 9706
6703·5	− 9700	− 84	− 1392 8255	+ 628	− 8	+ 39 1071	+ 1392 8255	− 39 1071	− 9707

Values are in units of 10^{-10}. Matrix used with ERA (B21–B24). CIP is $\mathcal{X} = C_{3,1}$, $\mathcal{Y} = C_{3,2}$

MATRIX ELEMENTS FOR CONVERSION FROM
GCRS TO EQUATOR AND EQUINOX OF DATE
FOR 0^h TERRESTRIAL TIME

Date 0^h TT	$M_{1,1}-1$	$M_{1,2}$	$M_{1,3}$	$M_{2,1}$	$M_{2,2}-1$	$M_{2,3}$	$M_{3,1}$	$M_{3,2}$	$M_{3,3}-1$
Feb. 15	−61098	−3206 1210	−1392 9437	+3206 1723	−51404	+34 6413	+1392 8255	−39 1071	−9707
16	−61105	−3206 3231	−1393 0320	+3206 3742	−51410	+34 4507	+1392 9144	−38 9170	−9709
17	−61110	−3206 4306	−1393 0792	+3206 4815	−51414	+34 3140	+1392 9620	−38 7807	−9709
18	−61112	−3206 4972	−1393 1086	+3206 5480	−51416	+34 2460	+1392 9917	−38 7129	−9710
19	−61116	−3206 5888	−1393 1489	+3206 6396	−51419	+34 2507	+1393 0319	−38 7178	−9710
20	−61123	−3206 7730	−1393 2294	+3206 8240	−51425	+34 3195	+1393 1122	−38 7872	−9711
21	−61135	−3207 1082	−1393 3753	+3207 1593	−51435	+34 4310	+1393 2577	−38 8996	−9713
22	−61155	−3207 6301	−1393 6021	+3207 6814	−51452	+34 5526	+1393 4841	−39 0226	−9717
23	−61182	−3208 3405	−1393 9107	+3208 3919	−51475	+34 6455	+1393 7923	−39 1175	−9721
24	−61215	−3209 1981	−1394 2830	+3209 2495	−51503	+34 6716	+1394 1646	−39 1460	−9726
25	−61250	−3210 1184	−1394 6826	+3210 1698	−51532	+34 6045	+1394 5643	−39 0815	−9732
26	−61283	−3210 9870	−1395 0598	+3211 0382	−51560	+34 4397	+1394 9420	−38 9191	−9737
27	−61310	−3211 6892	−1395 3648	+3211 7401	−51582	+34 2017	+1395 2477	−38 6830	−9741
28	−61328	−3212 1503	−1395 5652	+3212 2007	−51597	+33 9410	+1395 4490	−38 4237	−9744
Mar. 1	−61336	−3212 3667	−1395 6596	+3212 4169	−51604	+33 7190	+1395 5441	−38 2022	−9745
2	−61338	−3212 4098	−1395 6789	+3212 4598	−51605	+33 5850	+1395 5638	−38 0684	−9745
3	−61337	−3212 3957	−1395 6734	+3212 4457	−51605	+33 5597	+1395 5584	−38 0430	−9745
4	−61339	−3212 4397	−1395 6931	+3212 4897	−51606	+33 6310	+1395 5778	−38 1144	−9745
5	−61346	−3212 6201	−1395 7719	+3212 6703	−51612	+33 7642	+1395 6562	−38 2481	−9747
6	−61359	−3212 9657	−1395 9223	+3213 0162	−51623	+33 9168	+1395 8061	−38 4017	−9749
7	−61378	−3213 4623	−1396 1382	+3213 5130	−51639	+34 0508	+1396 0215	−38 5371	−9752
8	−61401	−3214 0678	−1396 4012	+3214 1186	−51659	+34 1391	+1396 2843	−38 6271	−9756
9	−61426	−3214 7275	−1396 6878	+3214 7783	−51680	+34 1672	+1396 5708	−38 6570	−9760
10	−61451	−3215 3848	−1396 9733	+3215 4356	−51701	+34 1319	+1396 8564	−38 6235	−9764
11	−61474	−3215 9881	−1397 2355	+3216 0388	−51720	+34 0396	+1397 1188	−38 5329	−9767
12	−61494	−3216 4954	−1397 4560	+3216 5460	−51737	+33 9042	+1397 3397	−38 3990	−9770
13	−61508	−3216 8778	−1397 6224	+3216 9281	−51749	+33 7456	+1397 5066	−38 2415	−9772
14	−61518	−3217 1224	−1397 7290	+3217 1725	−51757	+33 5878	+1397 6137	−38 0844	−9774
15	−61522	−3217 2364	−1397 7790	+3217 2863	−51760	+33 4563	+1397 6641	−37 9532	−9775
16	−61523	−3217 2482	−1397 7847	+3217 2980	−51761	+33 3748	+1397 6701	−37 8717	−9775
17	−61521	−3217 2074	−1397 7676	+3217 2572	−51759	+33 3613	+1397 6531	−37 8581	−9774
18	−61520	−3217 1791	−1397 7559	+3217 2289	−51759	+33 4236	+1397 6412	−37 9203	−9774
19	−61522	−3217 2339	−1397 7803	+3217 2840	−51760	+33 5560	+1397 6651	−38 0529	−9775
20	−61530	−3217 4347	−1397 8679	+3217 4850	−51767	+33 7387	+1397 7521	−38 2362	−9776
21	−61545	−3217 8210	−1398 0360	+3217 8716	−51779	+33 9397	+1397 9195	−38 4382	−9778
22	−61567	−3218 3975	−1398 2865	+3218 4483	−51798	+34 1205	+1398 1694	−38 6206	−9782
23	−61595	−3219 1276	−1398 6036	+3219 1787	−51822	+34 2439	+1398 4861	−38 7461	−9786
24	−61626	−3219 9370	−1398 9551	+3219 9881	−51848	+34 2839	+1398 8375	−38 7883	−9791
25	−61656	−3220 7260	−1399 2977	+3220 7771	−51873	+34 2327	+1399 1802	−38 7394	−9796
26	−61681	−3221 3927	−1399 5873	+3221 4436	−51894	+34 1067	+1399 4702	−38 6152	−9800
27	−61699	−3221 8605	−1399 7907	+3221 9112	−51909	+33 9443	+1399 6741	−38 4541	−9803
28	−61709	−3222 1044	−1399 8971	+3222 1549	−51917	+33 7975	+1399 7809	−38 3080	−9804
29	−61711	−3222 1624	−1399 9228	+3222 2128	−51919	+33 7167	+1399 8069	−38 2273	−9805
30	−61709	−3222 1251	−1399 9072	+3222 1755	−51918	+33 7343	+1399 7913	−38 2448	−9804
31	−61709	−3222 1053	−1399 8992	+3222 1559	−51917	+33 8546	+1399 7829	−38 3651	−9804
Apr. 1	−61712	−3222 2001	−1399 9409	+3222 2510	−51920	+34 0547	+1399 8239	−38 5655	−9805
2	−61722	−3222 4645	−1400 0561	+3222 5157	−51929	+34 2947	+1399 9383	−38 8062	−9807

$M = NPB$. Values are in units of 10^{-10}. Matrix used with GAST (B13–B20). CIP is $\mathcal{X} = M_{3,1}$, $\mathcal{Y} = M_{3,2}$.

MATRIX ELEMENTS FOR CONVERSION FROM
GCRS TO EQUATOR & CELESTIAL INTERMEDIATE ORIGIN OF DATE
FOR 0^h TERRESTRIAL TIME

Julian Date	$C_{1,1}-1$	$C_{1,2}$	$C_{1,3}$	$C_{2,1}$	$C_{2,2}-1$	$C_{2,3}$	$C_{3,1}$	$C_{3,2}$	$C_{3,3}-1$
245									
6703·5	− 9700	− 84	− 1392 8255	+628	− 8	+39 1071	+1392 8255	− 39 1071	− 9707
6704·5	− 9701	− 84	− 1392 9144	+626	− 8	+38 9170	+1392 9144	− 38 9170	− 9709
6705·5	− 9702	− 84	− 1392 9620	+624	− 8	+38 7806	+1392 9620	− 38 7807	− 9709
6706·5	− 9702	− 84	− 1392 9917	+623	− 7	+38 7128	+1392 9917	− 38 7129	− 9710
6707·5	− 9703	− 84	− 1393 0319	+623	− 7	+38 7178	+1393 0319	− 38 7178	− 9710
6708·5	− 9704	− 84	− 1393 1122	+624	− 8	+38 7871	+1393 1122	− 38 7872	− 9711
6709·5	− 9706	− 83	− 1393 2577	+625	− 8	+38 8995	+1393 2577	− 38 8996	− 9713
6710·5	− 9709	− 83	− 1393 4841	+627	− 8	+39 0226	+1393 4841	− 39 0226	− 9717
6711·5	− 9713	− 83	− 1393 7923	+628	− 8	+39 1174	+1393 7923	− 39 1175	− 9721
6712·5	− 9718	− 83	− 1394 1646	+629	− 8	+39 1460	+1394 1646	− 39 1460	− 9726
6713·5	− 9724	− 83	− 1394 5643	+628	− 8	+39 0814	+1394 5643	− 39 0815	− 9732
6714·5	− 9729	− 83	− 1394 9420	+626	− 8	+38 9190	+1394 9420	− 38 9191	− 9737
6715·5	− 9734	− 83	− 1395 2477	+622	− 7	+38 6830	+1395 2477	− 38 6830	− 9741
6716·5	− 9736	− 83	− 1395 4490	+619	− 7	+38 4236	+1395 4490	− 38 4237	− 9744
6717·5	− 9738	− 83	− 1395 5441	+616	− 7	+38 2022	+1395 5441	− 38 2022	− 9745
6718·5	− 9738	− 83	− 1395 5638	+614	− 7	+38 0683	+1395 5638	− 38 0684	− 9745
6719·5	− 9738	− 83	− 1395 5584	+614	− 7	+38 0429	+1395 5584	− 38 0430	− 9745
6720·5	− 9738	− 83	− 1395 5778	+614	− 7	+38 1144	+1395 5778	− 38 1144	− 9745
6721·5	− 9739	− 83	− 1395 6562	+616	− 7	+38 2481	+1395 6562	− 38 2481	− 9747
6722·5	− 9741	− 82	− 1395 8061	+619	− 7	+38 4016	+1395 8061	− 38 4017	− 9749
6723·5	− 9744	− 82	− 1396 0215	+620	− 7	+38 5370	+1396 0215	− 38 5371	− 9752
6724·5	− 9748	− 82	− 1396 2843	+622	− 7	+38 6270	+1396 2843	− 38 6271	− 9756
6725·5	− 9752	− 82	− 1396 5708	+622	− 7	+38 6569	+1396 5708	− 38 6570	− 9760
6726·5	− 9756	− 82	− 1396 8564	+622	− 7	+38 6235	+1396 8564	− 38 6235	− 9764
6727·5	− 9760	− 82	− 1397 1188	+620	− 7	+38 5329	+1397 1188	− 38 5329	− 9767
6728·5	− 9763	− 82	− 1397 3397	+618	− 7	+38 3989	+1397 3397	− 38 3990	− 9770
6729·5	− 9765	− 82	− 1397 5066	+616	− 7	+38 2414	+1397 5066	− 38 2415	− 9772
6730·5	− 9767	− 82	− 1397 6137	+614	− 7	+38 0843	+1397 6137	− 38 0844	− 9774
6731·5	− 9767	− 82	− 1397 6641	+612	− 7	+37 9531	+1397 6641	− 37 9532	− 9775
6732·5	− 9767	− 82	− 1397 6701	+611	− 7	+37 8717	+1397 6701	− 37 8717	− 9775
6733·5	− 9767	− 82	− 1397 6531	+611	− 7	+37 8580	+1397 6531	− 37 8581	− 9774
6734·5	− 9767	− 82	− 1397 6412	+612	− 7	+37 9202	+1397 6412	− 37 9203	− 9774
6735·5	− 9767	− 82	− 1397 6651	+614	− 7	+38 0528	+1397 6651	− 38 0529	− 9775
6736·5	− 9769	− 82	− 1397 7521	+616	− 7	+38 2361	+1397 7521	− 38 2362	− 9776
6737·5	− 9771	− 82	− 1397 9195	+619	− 7	+38 4382	+1397 9195	− 38 4382	− 9778
6738·5	− 9774	− 82	− 1398 1694	+622	− 7	+38 6205	+1398 1694	− 38 6206	− 9782
6739·5	− 9779	− 81	− 1398 4861	+623	− 8	+38 7460	+1398 4861	− 38 7461	− 9786
6740·5	− 9784	− 81	− 1398 8375	+624	− 8	+38 7882	+1398 8375	− 38 7883	− 9791
6741·5	− 9789	− 81	− 1399 1802	+623	− 8	+38 7393	+1399 1802	− 38 7394	− 9796
6742·5	− 9793	− 81	− 1399 4702	+621	− 7	+38 6152	+1399 4702	− 38 6152	− 9800
6743·5	− 9795	− 81	− 1399 6741	+619	− 7	+38 4541	+1399 6741	− 38 4541	− 9803
6744·5	− 9797	− 81	− 1399 7809	+617	− 7	+38 3079	+1399 7809	− 38 3080	− 9804
6745·5	− 9797	− 81	− 1399 8069	+616	− 7	+38 2273	+1399 8069	− 38 2273	− 9805
6746·5	− 9797	− 81	− 1399 7913	+616	− 7	+38 2448	+1399 7913	− 38 2448	− 9804
6747·5	− 9797	− 81	− 1399 7829	+618	− 7	+38 3651	+1399 7829	− 38 3651	− 9804
6748·5	− 9798	− 81	− 1399 8239	+621	− 7	+38 5654	+1399 8239	− 38 5655	− 9805
6749·5	− 9799	− 81	− 1399 9383	+624	− 8	+38 8061	+1399 9383	− 38 8062	− 9807

Values are in units of 10^{-10}. Matrix used with ERA (B21–B24). CIP is $\mathcal{X} = C_{3,1}$, $\mathcal{Y} = C_{3,2}$

MATRIX ELEMENTS FOR CONVERSION FROM
GCRS TO EQUATOR AND EQUINOX OF DATE
FOR 0^h TERRESTRIAL TIME

Date 0^h TT	$M_{1,1}-1$	$M_{1,2}$	$M_{1,3}$	$M_{2,1}$	$M_{2,2}-1$	$M_{2,3}$	$M_{3,1}$	$M_{3,2}$	$M_{3,3}-1$
Apr. 1	−61712	−3222 2001	−1399 9409	+3222 2510	−51920	+34 0547	+1399 8239	−38 5655	−9805
2	−61722	−3222 4645	−1400 0561	+3222 5157	−51929	+34 2947	+1399 9383	−38 8062	−9807
3	−61739	−3222 9040	−1400 2473	+3222 9555	−51943	+34 5318	+1400 1287	−39 0445	−9809
4	−61761	−3223 4846	−1400 4995	+3223 5364	−51962	+34 7313	+1400 3803	−39 2456	−9813
5	−61787	−3224 1500	−1400 7886	+3224 2020	−51984	+34 8718	+1400 6689	−39 3880	−9817
6	−61813	−3224 8375	−1401 0872	+3224 8896	−52006	+34 9459	+1400 9672	−39 4640	−9821
7	−61838	−3225 4896	−1401 3705	+3225 5418	−52027	+34 9578	+1401 2505	−39 4778	−9825
8	−61860	−3226 0598	−1401 6183	+3226 1119	−52045	+34 9205	+1401 4983	−39 4420	−9829
9	−61878	−3226 5159	−1401 8166	+3226 5679	−52060	+34 8528	+1401 6968	−39 3756	−9832
10	−61890	−3226 8417	−1401 9585	+3226 8937	−52070	+34 7776	+1401 8389	−39 3014	−9833
11	−61898	−3227 0391	−1402 0446	+3227 0909	−52077	+34 7196	+1401 9253	−39 2440	−9835
12	−61901	−3227 1294	−1402 0844	+3227 1813	−52080	+34 7031	+1401 9651	−39 2277	−9835
13	−61902	−3227 1549	−1402 0960	+3227 2067	−52080	+34 7485	+1401 9765	−39 2732	−9835
14	−61903	−3227 1760	−1402 1057	+3227 2281	−52081	+34 8682	+1401 9859	−39 3929	−9836
15	−61906	−3227 2653	−1402 1450	+3227 3176	−52084	+35 0621	+1402 0246	−39 5870	−9836
16	−61915	−3227 4935	−1402 2446	+3227 5462	−52092	+35 3149	+1402 1233	−39 8405	−9838
17	−61931	−3227 9125	−1402 4268	+3227 9656	−52105	+35 5961	+1402 3046	−40 1229	−9840
18	−61955	−3228 5374	−1402 6983	+3228 5909	−52126	+35 8652	+1402 5752	−40 3937	−9844
19	−61986	−3229 3374	−1403 0457	+3229 3912	−52151	+36 0811	+1402 9218	−40 6119	−9849
20	−62021	−3230 2378	−1403 4366	+3230 2918	−52181	+36 2135	+1403 3123	−40 7468	−9855
21	−62055	−3231 1372	−1403 8271	+3231 1912	−52210	+36 2520	+1403 7026	−40 7878	−9860
22	−62086	−3231 9326	−1404 1725	+3231 9866	−52235	+36 2102	+1404 0482	−40 7482	−9865
23	−62109	−3232 5473	−1404 4396	+3232 6012	−52255	+36 1228	+1404 3155	−40 6626	−9869
24	−62125	−3232 9509	−1404 6151	+3233 0047	−52268	+36 0374	+1404 4913	−40 5783	−9871
25	−62133	−3233 1682	−1404 7099	+3233 2220	−52275	+36 0010	+1404 5862	−40 5425	−9873
26	−62137	−3233 2719	−1404 7555	+3233 3257	−52279	+36 0482	+1404 6316	−40 5900	−9873
27	−62141	−3233 3616	−1404 7950	+3233 4156	−52282	+36 1916	+1404 6706	−40 7336	−9874
28	−62147	−3233 5354	−1404 8709	+3233 5897	−52287	+36 4192	+1404 7458	−40 9617	−9875
29	−62160	−3233 8633	−1405 0136	+3233 9180	−52298	+36 6997	+1404 8876	−41 2431	−9877
30	−62179	−3234 3724	−1405 2349	+3234 4275	−52315	+36 9924	+1405 1079	−41 5373	−9880
May 1	−62205	−3235 0461	−1405 5276	+3235 1016	−52336	+37 2586	+1405 3997	−41 8054	−9884
2	−62236	−3235 8357	−1405 8705	+3235 8916	−52362	+37 4703	+1405 7419	−42 0193	−9889
3	−62268	−3236 6771	−1406 2358	+3236 7332	−52389	+37 6132	+1406 1067	−42 1646	−9895
4	−62300	−3237 5058	−1406 5957	+3237 5620	−52416	+37 6872	+1406 4663	−42 2409	−9900
5	−62329	−3238 2673	−1406 9264	+3238 3236	−52441	+37 7029	+1406 7969	−42 2587	−9904
6	−62355	−3238 9231	−1407 2113	+3238 9794	−52462	+37 6784	+1407 0819	−42 2361	−9908
7	−62375	−3239 4522	−1407 4412	+3239 5084	−52479	+37 6362	+1407 3119	−42 1954	−9912
8	−62390	−3239 8518	−1407 6151	+3239 9079	−52492	+37 6006	+1407 4858	−42 1609	−9914
9	−62401	−3240 1377	−1407 7396	+3240 1938	−52501	+37 5955	+1407 6104	−42 1566	−9916
10	−62409	−3240 3445	−1407 8298	+3240 4007	−52508	+37 6422	+1407 7005	−42 2039	−9917
11	−62416	−3240 5252	−1407 9088	+3240 5816	−52514	+37 7563	+1407 7790	−42 3185	−9918
12	−62425	−3240 7477	−1408 0058	+3240 8044	−52521	+37 9435	+1407 8755	−42 5063	−9920
13	−62438	−3241 0863	−1408 1532	+3241 1433	−52532	+38 1959	+1408 0220	−42 7597	−9922
14	−62458	−3241 6062	−1408 3792	+3241 6636	−52549	+38 4891	+1408 2470	−43 0544	−9925
15	−62486	−3242 3434	−1408 6994	+3242 4013	−52573	+38 7844	+1408 5662	−43 3517	−9930
16	−62523	−3243 2858	−1409 1085	+3243 3441	−52604	+39 0360	+1408 9745	−43 6060	−9936
17	−62564	−3244 3669	−1409 5778	+3244 4254	−52639	+39 2046	+1409 4432	−43 7777	−9942

$M = NPB$. Values are in units of 10^{-10}. Matrix used with GAST (B13–B20). CIP is $\mathcal{X} = M_{3,1}$, $\mathcal{Y} = M_{3,2}$.

MATRIX ELEMENTS FOR CONVERSION FROM
GCRS TO EQUATOR & CELESTIAL INTERMEDIATE ORIGIN OF DATE
FOR 0^h TERRESTRIAL TIME

Julian Date	$C_{1,1}-1$	$C_{1,2}$	$C_{1,3}$	$C_{2,1}$	$C_{2,2}-1$	$C_{2,3}$	$C_{3,1}$	$C_{3,2}$	$C_{3,3}-1$
245									
6748·5	− 9798	− 81	− 1399 8239	+621	− 7	+38 5654	+1399 8239	−38 5655	− 9805
6749·5	− 9799	− 81	− 1399 9383	+624	− 8	+38 8061	+1399 9383	−38 8062	− 9807
6750·5	− 9802	− 81	− 1400 1287	+627	− 8	+39 0445	+1400 1287	−39 0445	− 9809
6751·5	− 9805	− 81	− 1400 3803	+630	− 8	+39 2455	+1400 3803	−39 2456	− 9813
6752·5	− 9809	− 81	− 1400 6689	+632	− 8	+39 3879	+1400 6689	−39 3880	− 9817
6753·5	− 9814	− 80	− 1400 9672	+633	− 8	+39 4640	+1400 9672	−39 4640	− 9821
6754·5	− 9818	− 80	− 1401 2505	+634	− 8	+39 4777	+1401 2505	−39 4778	− 9825
6755·5	− 9821	− 80	− 1401 4983	+633	− 8	+39 4420	+1401 4983	−39 4420	− 9829
6756·5	− 9824	− 80	− 1401 6968	+632	− 8	+39 3756	+1401 6968	−39 3756	− 9832
6757·5	− 9826	− 80	− 1401 8389	+631	− 8	+39 3013	+1401 8389	−39 3014	− 9833
6758·5	− 9827	− 80	− 1401 9253	+630	− 8	+39 2439	+1401 9253	−39 2440	− 9835
6759·5	− 9828	− 80	− 1401 9651	+630	− 8	+39 2277	+1401 9651	−39 2277	− 9835
6760·5	− 9828	− 80	− 1401 9765	+631	− 8	+39 2731	+1401 9765	−39 2732	− 9835
6761·5	− 9828	− 80	− 1401 9859	+632	− 8	+39 3928	+1401 9859	−39 3929	− 9836
6762·5	− 9828	− 80	− 1402 0246	+635	− 8	+39 5870	+1402 0246	−39 5870	− 9836
6763·5	− 9830	− 80	− 1402 1233	+639	− 8	+39 8405	+1402 1233	−39 8405	− 9838
6764·5	− 9832	− 80	− 1402 3046	+643	− 8	+40 1228	+1402 3046	−40 1229	− 9840
6765·5	− 9836	− 80	− 1402 5752	+646	− 8	+40 3937	+1402 5752	−40 3937	− 9844
6766·5	− 9841	− 80	− 1402 9218	+649	− 8	+40 6118	+1402 9218	−40 6119	− 9849
6767·5	− 9846	− 80	− 1403 3123	+651	− 8	+40 7467	+1403 3123	−40 7468	− 9855
6768·5	− 9852	− 79	− 1403 7026	+652	− 8	+40 7878	+1403 7026	−40 7878	− 9860
6769·5	− 9857	− 79	− 1404 0482	+651	− 8	+40 7481	+1404 0482	−40 7482	− 9865
6770·5	− 9861	− 79	− 1404 3155	+650	− 8	+40 6626	+1404 3155	−40 6626	− 9869
6771·5	− 9863	− 79	− 1404 4913	+649	− 8	+40 5782	+1404 4913	−40 5783	− 9871
6772·5	− 9864	− 79	− 1404 5862	+648	− 8	+40 5424	+1404 5862	−40 5425	− 9873
6773·5	− 9865	− 79	− 1404 6316	+649	− 8	+40 5900	+1404 6316	−40 5900	− 9873
6774·5	− 9866	− 79	− 1404 6706	+651	− 8	+40 7336	+1404 6706	−40 7336	− 9874
6775·5	− 9867	− 79	− 1404 7458	+654	− 8	+40 9617	+1404 7458	−40 9617	− 9875
6776·5	− 9869	− 79	− 1404 8876	+658	− 9	+41 2431	+1404 8876	−41 2431	− 9877
6777·5	− 9872	− 79	− 1405 1079	+662	− 9	+41 5372	+1405 1079	−41 5373	− 9880
6778·5	− 9876	− 79	− 1405 3997	+666	− 9	+41 8054	+1405 3997	−41 8054	− 9884
6779·5	− 9881	− 79	− 1405 7419	+669	− 9	+42 0192	+1405 7419	−42 0193	− 9889
6780·5	− 9886	− 78	− 1406 1067	+671	− 9	+42 1645	+1406 1067	−42 1646	− 9895
6781·5	− 9891	− 78	− 1406 4663	+672	− 9	+42 2409	+1406 4663	−42 2409	− 9900
6782·5	− 9895	− 78	− 1406 7969	+673	− 9	+42 2587	+1406 7969	−42 2587	− 9904
6783·5	− 9899	− 78	− 1407 0819	+672	− 9	+42 2360	+1407 0819	−42 2361	− 9908
6784·5	− 9903	− 78	− 1407 3119	+672	− 9	+42 1953	+1407 3119	−42 1954	− 9912
6785·5	− 9905	− 78	− 1407 4858	+671	− 9	+42 1608	+1407 4858	−42 1609	− 9914
6786·5	− 9907	− 78	− 1407 6104	+671	− 9	+42 1565	+1407 6104	−42 1566	− 9916
6787·5	− 9908	− 78	− 1407 7005	+672	− 9	+42 2038	+1407 7005	−42 2039	− 9917
6788·5	− 9909	− 78	− 1407 7790	+673	− 9	+42 3184	+1407 7790	−42 3185	− 9918
6789·5	− 9911	− 78	− 1407 8755	+676	− 9	+42 5063	+1407 8755	−42 5063	− 9920
6790·5	− 9913	− 78	− 1408 0220	+680	− 9	+42 7596	+1408 0220	−42 7597	− 9922
6791·5	− 9916	− 77	− 1408 2470	+684	− 9	+43 0543	+1408 2470	−43 0544	− 9925
6792·5	− 9920	− 77	− 1408 5662	+688	− 9	+43 3517	+1408 5662	−43 3517	− 9930
6793·5	− 9926	− 77	− 1408 9745	+692	−10	+43 6059	+1408 9745	−43 6060	− 9936
6794·5	− 9933	− 77	− 1409 4432	+694	−10	+43 7776	+1409 4432	−43 7777	− 9942

Values are in units of 10^{-10}. Matrix used with ERA (B21–B24). CIP is $\mathcal{X} = C_{3,1}$, $\mathcal{Y} = C_{3,2}$

MATRIX ELEMENTS FOR CONVERSION FROM
GCRS TO EQUATOR AND EQUINOX OF DATE
FOR 0^h TERRESTRIAL TIME

Date 0^h TT	$M_{1,1}-1$	$M_{1,2}$	$M_{1,3}$	$M_{2,1}$	$M_{2,2}-1$	$M_{2,3}$	$M_{3,1}$	$M_{3,2}$	$M_{3,3}-1$
May 17	−62564	−3244 3669	−1409 5778	+3244 4254	−52639	+39 2046	+1409 4432	−43 7777	− 9942
18	−62607	−3245 4791	−1410 0605	+3245 5377	−52675	+39 2708	+1409 9256	−43 8470	− 9949
19	−62647	−3246 5041	−1410 5055	+3246 5627	−52709	+39 2430	+1410 3706	−43 8220	− 9955
20	−62679	−3247 3496	−1410 8726	+3247 4081	−52736	+39 1552	+1410 7380	−43 7366	− 9960
21	−62704	−3247 9750	−1411 1443	+3248 0333	−52756	+39 0565	+1411 0100	−43 6397	− 9964
22	−62720	−3248 3991	−1411 3287	+3248 4574	−52770	+38 9961	+1411 1946	−43 5805	− 9967
23	−62731	−3248 6899	−1411 4554	+3248 7482	−52780	+39 0102	+1411 3212	−43 5955	− 9969
24	−62741	−3248 9418	−1411 5652	+3249 0003	−52788	+39 1143	+1411 4306	−43 7002	− 9970
25	−62753	−3249 2504	−1411 6996	+3249 3091	−52798	+39 3014	+1411 5644	−43 8882	− 9972
26	−62770	−3249 6900	−1411 8907	+3249 7490	−52812	+39 5462	+1411 7547	−44 1342	− 9975
27	−62793	−3250 2991	−1412 1553	+3250 3585	−52832	+39 8127	+1412 0185	−44 4025	− 9979
28	−62823	−3251 0766	−1412 4930	+3251 1364	−52858	+40 0633	+1412 3553	−44 6553	− 9984
29	−62859	−3251 9871	−1412 8883	+3252 0472	−52887	+40 2668	+1412 7499	−44 8613	− 9989
30	−62897	−3252 9729	−1413 3163	+3253 0333	−52919	+40 4036	+1413 1774	−45 0009	− 9995
31	−62935	−3253 9685	−1413 7484	+3254 0289	−52952	+40 4680	+1413 6093	−45 0681	−10002
June 1	−62972	−3254 9131	−1414 1586	+3254 9736	−52983	+40 4665	+1414 0194	−45 0693	−10007
2	−63004	−3255 7602	−1414 5264	+3255 8206	−53010	+40 4152	+1414 3873	−45 0204	−10013
3	−63032	−3256 4814	−1414 8396	+3256 5417	−53034	+40 3360	+1414 7008	−44 9433	−10017
4	−63055	−3257 0683	−1415 0946	+3257 1285	−53053	+40 2532	+1414 9560	−44 8621	−10021
5	−63073	−3257 5316	−1415 2961	+3257 5918	−53068	+40 1909	+1415 1577	−44 8011	−10023
6	−63087	−3257 9003	−1415 4565	+3257 9605	−53080	+40 1706	+1415 3181	−44 7818	−10026
7	−63100	−3258 2201	−1415 5957	+3258 2803	−53090	+40 2091	+1415 4572	−44 8212	−10028
8	−63113	−3258 5510	−1415 7398	+3258 6114	−53101	+40 3155	+1415 6009	−44 9286	−10030
9	−63129	−3258 9630	−1415 9190	+3259 0236	−53115	+40 4882	+1415 7795	−45 1024	−10032
10	−63150	−3259 5258	−1416 1635	+3259 5867	−53133	+40 7114	+1416 0233	−45 3273	−10036
11	−63180	−3260 2927	−1416 4966	+3260 3540	−53158	+40 9540	+1416 3556	−45 5720	−10041
12	−63218	−3261 2800	−1416 9252	+3261 3416	−53190	+41 1723	+1416 7834	−45 7931	−10047
13	−63264	−3262 4487	−1417 4325	+3262 5106	−53229	+41 3203	+1417 2901	−45 9444	−10054
14	−63312	−3263 7029	−1417 9767	+3263 7648	−53270	+41 3647	+1417 8342	−45 9924	−10062
15	−63359	−3264 9122	−1418 5016	+3264 9741	−53309	+41 2999	+1418 3592	−45 9310	−10069
16	−63400	−3265 9554	−1418 9544	+3266 0171	−53343	+41 1530	+1418 8124	−45 7871	−10076
17	−63431	−3266 7623	−1419 3048	+3266 8238	−53369	+40 9755	+1419 1634	−45 6119	−10081
18	−63453	−3267 3350	−1419 5537	+3267 3962	−53388	+40 8242	+1419 4127	−45 4622	−10084
19	−63469	−3267 7380	−1419 7290	+3267 7991	−53401	+40 7430	+1419 5883	−45 3822	−10086
20	−63482	−3268 0705	−1419 8737	+3268 1316	−53412	+40 7525	+1419 7329	−45 3926	−10089
21	−63496	−3268 4336	−1420 0317	+3268 4949	−53424	+40 8481	+1419 8906	−45 4892	−10091
22	−63514	−3268 9067	−1420 2374	+3268 9683	−53439	+41 0064	+1420 0958	−45 6489	−10094
23	−63539	−3269 5342	−1420 5100	+3269 5960	−53460	+41 1932	+1420 3677	−45 8374	−10098
24	−63569	−3270 3230	−1420 8526	+3270 3851	−53486	+41 3720	+1420 7097	−46 0185	−10103
25	−63605	−3271 2474	−1421 2539	+3271 3097	−53516	+41 5115	+1421 1105	−46 1606	−10108
26	−63645	−3272 2581	−1421 6927	+3272 3206	−53549	+41 5898	+1421 5490	−46 2418	−10115
27	−63685	−3273 2943	−1422 1424	+3273 3567	−53583	+41 5970	+1421 9986	−46 2520	−10121
28	−63724	−3274 2944	−1422 5766	+3274 3568	−53616	+41 5356	+1422 4329	−46 1934	−10127
29	−63759	−3275 2066	−1422 9726	+3275 2689	−53646	+41 4184	+1422 8294	−46 0787	−10133
30	−63790	−3275 9956	−1423 3153	+3276 0577	−53671	+41 2654	+1423 1725	−45 9280	−10138
July 1	−63815	−3276 6459	−1423 5977	+3276 7077	−53693	+41 1008	+1423 4554	−45 7652	−10142
2	−63836	−3277 1623	−1423 8222	+3277 2239	−53710	+40 9490	+1423 6804	−45 6150	−10145

$\mathbf{M} = \mathbf{NPB}$. Values are in units of 10^{-10}. Matrix used with GAST (B13–B20). CIP is $\mathcal{X} = M_{3,1}$, $\mathcal{Y} = M_{3,2}$.

MATRIX ELEMENTS FOR CONVERSION FROM
GCRS TO EQUATOR & CELESTIAL INTERMEDIATE ORIGIN OF DATE
FOR 0^h TERRESTRIAL TIME

Julian Date	$C_{1,1}-1$	$C_{1,2}$	$C_{1,3}$	$C_{2,1}$	$C_{2,2}-1$	$C_{2,3}$	$C_{3,1}$	$C_{3,2}$	$C_{3,3}-1$
245									
6885·5	− 10301	− 65	− 1435 3111	+ 685	− 9	+ 43 1715	+ 1435 3111	− 43 1715	− 10310
6886·5	− 10304	− 65	− 1435 5150	+ 687	− 9	+ 43 2801	+ 1435 5150	− 43 2801	− 10313
6887·5	− 10307	− 65	− 1435 7827	+ 688	− 9	+ 43 3657	+ 1435 7827	− 43 3658	− 10317
6888·5	− 10312	− 65	− 1436 0950	+ 688	− 9	+ 43 4016	+ 1436 0950	− 43 4017	− 10321
6889·5	− 10317	− 65	− 1436 4269	+ 688	− 9	+ 43 3739	+ 1436 4269	− 43 3739	− 10326
6890·5	− 10321	− 65	− 1436 7528	+ 687	− 9	+ 43 2803	+ 1436 7528	− 43 2804	− 10331
6891·5	− 10326	− 65	− 1437 0497	+ 684	− 9	+ 43 1290	+ 1437 0497	− 43 1291	− 10335
6892·5	− 10329	− 64	− 1437 2999	+ 682	− 9	+ 42 9358	+ 1437 2999	− 42 9359	− 10338
6893·5	− 10332	− 64	− 1437 4924	+ 678	− 9	+ 42 7220	+ 1437 4924	− 42 7221	− 10341
6894·5	− 10334	− 64	− 1437 6242	+ 675	− 9	+ 42 5116	+ 1437 6242	− 42 5117	− 10343
6895·5	− 10335	− 64	− 1437 7009	+ 673	− 9	+ 42 3284	+ 1437 7009	− 42 3285	− 10344
6896·5	− 10335	− 64	− 1437 7365	+ 671	− 9	+ 42 1928	+ 1437 7365	− 42 1928	− 10344
6897·5	− 10336	− 64	− 1437 7514	+ 670	− 9	+ 42 1185	+ 1437 7514	− 42 1186	− 10345
6898·5	− 10336	− 64	− 1437 7705	+ 670	− 9	+ 42 1107	+ 1437 7705	− 42 1108	− 10345
6899·5	− 10337	− 64	− 1437 8197	+ 670	− 9	+ 42 1642	+ 1437 8197	− 42 1642	− 10346
6900·5	− 10338	− 64	− 1437 9225	+ 672	− 9	+ 42 2630	+ 1437 9225	− 42 2631	− 10347
6901·5	− 10341	− 64	− 1438 0955	+ 674	− 9	+ 42 3820	+ 1438 0955	− 42 3820	− 10350
6902·5	− 10344	− 64	− 1438 3449	+ 675	− 9	+ 42 4886	+ 1438 3449	− 42 4887	− 10353
6903·5	− 10349	− 64	− 1438 6623	+ 676	− 9	+ 42 5484	+ 1438 6623	− 42 5485	− 10358
6904·5	− 10354	− 64	− 1439 0231	+ 676	− 9	+ 42 5317	+ 1439 0231	− 42 5317	− 10363
6905·5	− 10359	− 64	− 1439 3872	+ 674	− 9	+ 42 4228	+ 1439 3872	− 42 4228	− 10368
6906·5	− 10364	− 63	− 1439 7071	+ 671	− 9	+ 42 2297	+ 1439 7071	− 42 2297	− 10373
6907·5	− 10367	− 63	− 1439 9410	+ 668	− 9	+ 41 9878	+ 1439 9410	− 41 9878	− 10376
6908·5	− 10369	− 63	− 1440 0695	+ 665	− 9	+ 41 7537	+ 1440 0695	− 41 7538	− 10378
6909·5	− 10370	− 63	− 1440 1066	+ 662	− 9	+ 41 5867	+ 1440 1066	− 41 5868	− 10378
6910·5	− 10369	− 63	− 1440 0959	+ 661	− 9	+ 41 5258	+ 1440 0959	− 41 5258	− 10378
6911·5	− 10369	− 63	− 1440 0928	+ 662	− 9	+ 41 5752	+ 1440 0928	− 41 5752	− 10378
6912·5	− 10370	− 63	− 1440 1429	+ 664	− 9	+ 41 7069	+ 1440 1429	− 41 7070	− 10379
6913·5	− 10372	− 63	− 1440 2691	+ 666	− 9	+ 41 8756	+ 1440 2691	− 41 8756	− 10381
6914·5	− 10375	− 63	− 1440 4701	+ 669	− 9	+ 42 0353	+ 1440 4701	− 42 0354	− 10384
6915·5	− 10378	− 63	− 1440 7270	+ 670	− 9	+ 42 1518	+ 1440 7270	− 42 1519	− 10387
6916·5	− 10383	− 63	− 1441 0131	+ 671	− 9	+ 42 2059	+ 1441 0131	− 42 2060	− 10392
6917·5	− 10387	− 63	− 1441 3003	+ 671	− 9	+ 42 1930	+ 1441 3003	− 42 1931	− 10396
6918·5	− 10391	− 63	− 1441 5640	+ 670	− 9	+ 42 1201	+ 1441 5640	− 42 1201	− 10399
6919·5	− 10394	− 63	− 1441 7854	+ 668	− 9	+ 42 0021	+ 1441 7854	− 42 0022	− 10403
6920·5	− 10396	− 62	− 1441 9524	+ 666	− 9	+ 41 8596	+ 1441 9524	− 41 8597	− 10405
6921·5	− 10398	− 62	− 1442 0607	+ 664	− 9	+ 41 7160	+ 1442 0607	− 41 7160	− 10406
6922·5	− 10398	− 62	− 1442 1139	+ 662	− 9	+ 41 5948	+ 1442 1139	− 41 5949	− 10407
6923·5	− 10399	− 62	− 1442 1237	+ 661	− 9	+ 41 5177	+ 1442 1237	− 41 5178	− 10407
6924·5	− 10398	− 62	− 1442 1090	+ 661	− 9	+ 41 5008	+ 1442 1090	− 41 5009	− 10407
6925·5	− 10398	− 62	− 1442 0942	+ 662	− 9	+ 41 5519	+ 1442 0942	− 41 5520	− 10407
6926·5	− 10398	− 62	− 1442 1058	+ 663	− 9	+ 41 6684	+ 1442 1058	− 41 6685	− 10407
6927·5	− 10399	− 62	− 1442 1685	+ 666	− 9	+ 41 8360	+ 1442 1685	− 41 8361	− 10408
6928·5	− 10401	− 62	− 1442 3003	+ 669	− 9	+ 42 0303	+ 1442 3003	− 42 0303	− 10410
6929·5	− 10404	− 62	− 1442 5081	+ 671	− 9	+ 42 2195	+ 1442 5081	− 42 2195	− 10413
6930·5	− 10408	− 62	− 1442 7850	+ 673	− 9	+ 42 3703	+ 1442 7850	− 42 3703	− 10417
6931·5	− 10413	− 62	− 1443 1095	+ 675	− 9	+ 42 4540	+ 1443 1095	− 42 4541	− 10422

Values are in units of 10^{-10}. Matrix used with ERA (B21–B24). CIP is $\mathcal{X} = C_{3,1}$, $\mathcal{Y} = C_{3,2}$

MATRIX ELEMENTS FOR CONVERSION FROM
GCRS TO EQUATOR & CELESTIAL INTERMEDIATE ORIGIN OF DATE
FOR 0^h TERRESTRIAL TIME

Julian Date	$C_{1,1}-1$	$C_{1,2}$	$C_{1,3}$	$C_{2,1}$	$C_{2,2}-1$	$C_{2,3}$	$C_{3,1}$	$C_{3,2}$	$C_{3,3}-1$
245									
6931·5	− 10413	− 62	− 1443 1095	+ 675	− 9	+ 42 4540	+ 1443 1095	− 42 4541	− 10422
6932·5	− 10418	− 62	− 1443 4475	+ 675	− 9	+ 42 4545	+ 1443 4475	− 42 4545	− 10427
6933·5	− 10422	− 62	− 1443 7580	+ 674	− 9	+ 42 3739	+ 1443 7580	− 42 3740	− 10431
6934·5	− 10426	− 62	− 1444 0024	+ 672	− 9	+ 42 2368	+ 1444 0024	− 42 2369	− 10435
6935·5	− 10428	− 62	− 1444 1567	+ 669	− 9	+ 42 0873	+ 1444 1567	− 42 0874	− 10437
6936·5	− 10429	− 62	− 1444 2211	+ 668	− 9	+ 41 9789	+ 1444 2211	− 41 9789	− 10438
6937·5	− 10429	− 62	− 1444 2239	+ 667	− 9	+ 41 9576	+ 1444 2239	− 41 9577	− 10438
6938·5	− 10429	− 62	− 1444 2132	+ 669	− 9	+ 42 0451	+ 1444 2132	− 42 0451	− 10438
6939·5	− 10429	− 62	− 1444 2400	+ 671	− 9	+ 42 2307	+ 1444 2400	− 42 2307	− 10438
6940·5	− 10431	− 61	− 1444 3403	+ 675	− 9	+ 42 4769	+ 1444 3403	− 42 4770	− 10440
6941·5	− 10433	− 61	− 1444 5253	+ 679	− 9	+ 42 7352	+ 1444 5253	− 42 7352	− 10442
6942·5	− 10437	− 61	− 1444 7826	+ 682	− 9	+ 42 9616	+ 1444 7826	− 42 9617	− 10446
6943·5	− 10441	− 61	− 1445 0854	+ 684	− 9	+ 43 1278	+ 1445 0854	− 43 1279	− 10451
6944·5	− 10446	− 61	− 1445 4020	+ 686	− 9	+ 43 2228	+ 1445 4020	− 43 2229	− 10455
6945·5	− 10450	− 61	− 1445 7034	+ 686	− 9	+ 43 2508	+ 1445 7034	− 43 2508	− 10460
6946·5	− 10454	− 61	− 1445 9675	+ 686	− 9	+ 43 2260	+ 1445 9675	− 43 2261	− 10463
6947·5	− 10457	− 61	− 1446 1803	+ 685	− 9	+ 43 1692	+ 1446 1803	− 43 1692	− 10467
6948·5	− 10459	− 61	− 1446 3360	+ 684	− 9	+ 43 1036	+ 1446 3360	− 43 1037	− 10469
6949·5	− 10461	− 61	− 1446 4366	+ 683	− 9	+ 43 0532	+ 1446 4366	− 43 0533	− 10470
6950·5	− 10462	− 61	− 1446 4918	+ 683	− 9	+ 43 0400	+ 1446 4918	− 43 0400	− 10471
6951·5	− 10462	− 61	− 1446 5187	+ 684	− 9	+ 43 0818	+ 1446 5187	− 43 0818	− 10471
6952·5	− 10462	− 61	− 1446 5400	+ 685	− 9	+ 43 1896	+ 1446 5400	− 43 1897	− 10472
6953·5	− 10463	− 61	− 1446 5828	+ 688	− 9	+ 43 3648	+ 1446 5828	− 43 3649	− 10472
6954·5	− 10464	− 60	− 1446 6736	+ 691	− 10	+ 43 5968	+ 1446 6736	− 43 5968	− 10474
6955·5	− 10467	− 60	− 1446 8341	+ 695	− 10	+ 43 8627	+ 1446 8341	− 43 8628	− 10476
6956·5	− 10470	− 60	− 1447 0748	+ 699	− 10	+ 44 1305	+ 1447 0748	− 44 1306	− 10480
6957·5	− 10475	− 60	− 1447 3913	+ 702	− 10	+ 44 3644	+ 1447 3913	− 44 3644	− 10485
6958·5	− 10480	− 60	− 1447 7627	+ 705	− 10	+ 44 5329	+ 1447 7627	− 44 5330	− 10490
6959·5	− 10486	− 60	− 1448 1549	+ 706	− 10	+ 44 6177	+ 1448 1549	− 44 6177	− 10496
6960·5	− 10491	− 60	− 1448 5274	+ 706	− 10	+ 44 6188	+ 1448 5274	− 44 6189	− 10501
6961·5	− 10496	− 60	− 1448 8430	+ 705	− 10	+ 44 5575	+ 1448 8430	− 44 5576	− 10506
6962·5	− 10499	− 59	− 1449 0771	+ 704	− 10	+ 44 4722	+ 1449 0771	− 44 4723	− 10509
6963·5	− 10501	− 59	− 1449 2260	+ 703	− 10	+ 44 4103	+ 1449 2260	− 44 4103	− 10511
6964·5	− 10502	− 59	− 1449 3091	+ 703	− 10	+ 44 4157	+ 1449 3091	− 44 4158	− 10512
6965·5	− 10503	− 59	− 1449 3649	+ 704	− 10	+ 44 5163	+ 1449 3649	− 44 5163	− 10513
6966·5	− 10504	− 59	− 1449 4407	+ 707	− 10	+ 44 7142	+ 1449 4407	− 44 7143	− 10514
6967·5	− 10506	− 59	− 1449 5774	+ 711	− 10	+ 44 9855	+ 1449 5774	− 44 9856	− 10516
6968·5	− 10510	− 59	− 1449 7978	+ 716	− 10	+ 45 2881	+ 1449 7978	− 45 2881	− 10520
6969·5	− 10514	− 59	− 1450 1014	+ 720	− 10	+ 45 5756	+ 1450 1014	− 45 5756	− 10524
6970·5	− 10519	− 59	− 1450 4675	+ 723	− 10	+ 45 8107	+ 1450 4675	− 45 8108	− 10530
6971·5	− 10525	− 59	− 1450 8643	+ 726	− 11	+ 45 9729	+ 1450 8643	− 45 9729	− 10536
6972·5	− 10531	− 58	− 1451 2588	+ 727	− 11	+ 46 0593	+ 1451 2588	− 46 0593	− 10541
6973·5	− 10536	− 58	− 1451 6232	+ 727	− 11	+ 46 0813	+ 1451 6232	− 46 0814	− 10547
6974·5	− 10541	− 58	− 1451 9389	+ 727	− 11	+ 46 0592	+ 1451 9389	− 46 0592	− 10551
6975·5	− 10544	− 58	− 1452 1971	+ 726	− 11	+ 46 0172	+ 1452 1971	− 46 0172	− 10555
6976·5	− 10547	− 58	− 1452 3980	+ 726	− 11	+ 45 9800	+ 1452 3980	− 45 9801	− 10558
6977·5	− 10550	− 58	− 1452 5497	+ 726	− 11	+ 45 9705	+ 1452 5497	− 45 9705	− 10560

Values are in units of 10^{-10}. Matrix used with ERA (B21–B24). CIP is $\mathcal{X} = C_{3,1}$, $\mathcal{Y} = C_{3,2}$

MATRIX ELEMENTS FOR CONVERSION FROM
GCRS TO EQUATOR AND EQUINOX OF DATE
FOR 0^h TERRESTRIAL TIME

Date 0^h TT	$M_{1,1}-1$	$M_{1,2}$	$M_{1,3}$	$M_{2,1}$	$M_{2,2}-1$	$M_{2,3}$	$M_{3,1}$	$M_{3,2}$	$M_{3,3}-1$
Nov. 16	−66449	−3343 5778	−1452 6952	+3343 6411	−55908	+41 1135	+1452 5497	−45 9705	−10560
17	−66460	−3343 8474	−1452 8127	+3343 9107	−55917	+41 1498	+1452 6670	−46 0076	−10562
18	−66470	−3344 0864	−1452 9169	+3344 1498	−55925	+41 2460	+1452 7708	−46 1045	−10563
19	−66480	−3344 3536	−1453 0333	+3344 4173	−55934	+41 4073	+1452 8867	−46 2665	−10565
20	−66495	−3344 7124	−1453 1895	+3344 7764	−55946	+41 6280	+1453 0421	−46 4883	−10567
21	−66515	−3345 2207	−1453 4104	+3345 2851	−55964	+41 8904	+1453 2621	−46 7522	−10571
22	−66542	−3345 9174	−1453 7130	+3345 9822	−55987	+42 1647	+1453 5638	−47 0285	−10575
23	−66578	−3346 8075	−1454 0995	+3346 8727	−56017	+42 4133	+1453 9494	−47 2797	−10581
24	−66619	−3347 8531	−1454 5534	+3347 9186	−56052	+42 5992	+1454 4026	−47 4686	−10588
25	−66664	−3348 9753	−1455 0404	+3349 0410	−56090	+42 6964	+1454 8893	−47 5691	−10595
26	−66708	−3350 0716	−1455 5163	+3350 1373	−56126	+42 6999	+1455 3651	−47 5758	−10602
27	−66746	−3351 0433	−1455 9381	+3351 1089	−56159	+42 6285	+1455 7871	−47 5072	−10608
28	−66778	−3351 8242	−1456 2773	+3351 8897	−56185	+42 5208	+1456 1266	−47 4018	−10613
29	−66800	−3352 3993	−1456 5271	+3352 4646	−56204	+42 4249	+1456 3767	−47 3076	−10616
30	−66817	−3352 8074	−1456 7047	+3352 8727	−56218	+42 3849	+1456 5544	−47 2688	−10619
Dec. 1	−66830	−3353 1296	−1456 8449	+3353 1950	−56229	+42 4296	+1456 6945	−47 3145	−10621
2	−66843	−3353 4662	−1456 9914	+3353 5317	−56240	+42 5655	+1456 8405	−47 4513	−10623
3	−66861	−3353 9100	−1457 1844	+3353 9759	−56255	+42 7762	+1457 0328	−47 6633	−10626
4	−66885	−3354 5237	−1457 4511	+3354 5900	−56276	+43 0276	+1457 2985	−47 9164	−10630
5	−66917	−3355 3254	−1457 7992	+3355 3921	−56303	+43 2775	+1457 6458	−48 1687	−10635
6	−66956	−3356 2884	−1458 2172	+3356 3553	−56335	+43 4869	+1458 0631	−48 3809	−10641
7	−66998	−3357 3521	−1458 6790	+3357 4193	−56371	+43 6283	+1458 5243	−48 5254	−10648
8	−67041	−3358 4411	−1459 1516	+3358 5084	−56408	+43 6911	+1458 9967	−48 5914	−10655
9	−67083	−3359 4829	−1459 6039	+3359 5502	−56443	+43 6802	+1459 4489	−48 5836	−10662
10	−67121	−3360 4222	−1460 0117	+3360 4894	−56474	+43 6131	+1459 8569	−48 5192	−10668
11	−67153	−3361 2272	−1460 3612	+3361 2943	−56501	+43 5138	+1460 2067	−48 4222	−10673
12	−67179	−3361 8900	−1460 6492	+3361 9570	−56523	+43 4084	+1460 4950	−48 3188	−10677
13	−67201	−3362 4242	−1460 8813	+3362 4910	−56541	+43 3212	+1460 7274	−48 2331	−10680
14	−67218	−3362 8603	−1461 0710	+3362 9271	−56556	+43 2725	+1460 9172	−48 1857	−10683
15	−67233	−3363 2426	−1461 2373	+3363 3094	−56569	+43 2769	+1461 0835	−48 1912	−10685
16	−67249	−3363 6251	−1461 4037	+3363 6920	−56582	+43 3417	+1461 2497	−48 2572	−10688
17	−67266	−3364 0677	−1461 5962	+3364 1348	−56597	+43 4659	+1461 4417	−48 3826	−10691
18	−67289	−3364 6300	−1461 8405	+3364 6973	−56616	+43 6377	+1461 6854	−48 5560	−10694
19	−67318	−3365 3612	−1462 1581	+3365 4289	−56640	+43 8338	+1462 0023	−48 7542	−10699
20	−67355	−3366 2868	−1462 5600	+3366 3548	−56672	+44 0204	+1462 4035	−48 9436	−10705
21	−67399	−3367 3932	−1463 0402	+3367 4614	−56709	+44 1582	+1462 8832	−49 0846	−10712
22	−67448	−3368 6192	−1463 5723	+3368 6875	−56750	+44 2122	+1463 4150	−49 1423	−10720
23	−67498	−3369 8627	−1464 1119	+3369 9310	−56792	+44 1646	+1463 9548	−49 0982	−10728
24	−67544	−3371 0065	−1464 6084	+3371 0746	−56831	+44 0241	+1464 4516	−48 9611	−10735
25	−67582	−3371 9565	−1465 0208	+3372 0243	−56863	+43 8270	+1464 8647	−48 7668	−10741
26	−67611	−3372 6747	−1465 3328	+3372 7423	−56887	+43 6261	+1465 1773	−48 5680	−10746
27	−67632	−3373 1900	−1465 5567	+3373 2573	−56904	+43 4730	+1465 4017	−48 4164	−10749
28	−67647	−3373 5834	−1465 7279	+3373 6507	−56917	+43 4026	+1465 5731	−48 3472	−10751
29	−67662	−3373 9596	−1465 8915	+3374 0268	−56930	+43 4248	+1465 7367	−48 3705	−10754
30	−67681	−3374 4149	−1466 0895	+3374 4824	−56945	+43 5255	+1465 9343	−48 4725	−10757
31	−67705	−3375 0162	1466 3508	+3375 0839	−56966	+43 6734	+1466 1950	−48 6222	−10760
32	−67736	−3375 7893	−1466 6865	+3375 8572	−56992	+43 8292	+1466 5302	−48 7802	−10765

$\mathbf{M} = \mathbf{NPB}$. Values are in units of 10^{-10}. Matrix used with GAST (B13–B20). CIP is $\mathcal{X} = \mathbf{M}_{3,1}$, $\mathcal{Y} = \mathbf{M}_{3,2}$.

MATRIX ELEMENTS FOR CONVERSION FROM
GCRS TO EQUATOR & CELESTIAL INTERMEDIATE ORIGIN OF DATE
FOR 0^h TERRESTRIAL TIME

Julian Date	$C_{1,1}-1$	$C_{1,2}$	$C_{1,3}$	$C_{2,1}$	$C_{2,2}-1$	$C_{2,3}$	$C_{3,1}$	$C_{3,2}$	$C_{3,3}-1$
245									
6977·5	− 10550	− 58	− 1452 5497	+726	−11	+45 9705	+1452 5497	−45 9705	−10560
6978·5	− 10551	− 58	− 1452 6670	+726	−11	+46 0075	+1452 6670	−46 0076	−10562
6979·5	− 10553	− 58	− 1452 7708	+727	−11	+46 1045	+1452 7708	−46 1045	−10563
6980·5	− 10554	− 58	− 1452 8867	+730	−11	+46 2665	+1452 8867	−46 2665	−10565
6981·5	− 10557	− 58	− 1453 0421	+733	−11	+46 4883	+1453 0421	−46 4883	−10567
6982·5	− 10560	− 57	− 1453 2621	+737	−11	+46 7521	+1453 2621	−46 7522	−10571
6983·5	− 10564	− 57	− 1453 5638	+741	−11	+47 0285	+1453 5638	−47 0285	−10575
6984·5	− 10570	− 57	− 1453 9494	+745	−11	+47 2797	+1453 9494	−47 2797	−10581
6985·5	− 10576	− 57	− 1454 4026	+747	−11	+47 4685	+1454 4026	−47 4686	−10588
6986·5	− 10584	− 57	− 1454 8893	+749	−11	+47 5691	+1454 8893	−47 5691	−10595
6987·5	− 10590	− 56	− 1455 3651	+749	−11	+47 5758	+1455 3651	−47 5758	−10602
6988·5	− 10597	− 56	− 1455 7871	+748	−11	+47 5071	+1455 7871	−47 5072	−10608
6989·5	− 10602	− 56	− 1456 1266	+746	−11	+47 4017	+1456 1266	−47 4018	−10613
6990·5	− 10605	− 56	− 1456 3767	+745	−11	+47 3075	+1456 3767	−47 3076	−10616
6991·5	− 10608	− 56	− 1456 5544	+744	−11	+47 2687	+1456 5544	−47 2688	−10619
6992·5	− 10610	− 56	− 1456 6945	+745	−11	+47 3144	+1456 6945	−47 3145	−10621
6993·5	− 10612	− 56	− 1456 8405	+747	−11	+47 4513	+1456 8405	−47 4513	−10623
6994·5	− 10615	− 56	− 1457 0328	+750	−11	+47 6632	+1457 0328	−47 6633	−10626
6995·5	− 10619	− 56	− 1457 2985	+754	−11	+47 9164	+1457 2985	−47 9164	−10630
6996·5	− 10624	− 55	− 1457 6458	+758	−12	+48 1687	+1457 6458	−48 1687	−10635
6997·5	− 10630	− 55	− 1458 0631	+761	−12	+48 3808	+1458 0631	−48 3809	−10641
6998·5	− 10636	− 55	− 1458 5243	+763	−12	+48 5254	+1458 5243	−48 5254	−10648
6999·5	− 10643	− 55	− 1458 9967	+764	−12	+48 5913	+1458 9967	−48 5914	−10655
7000·5	− 10650	− 55	− 1459 4489	+764	−12	+48 5835	+1459 4489	−48 5836	−10662
7001·5	− 10656	− 54	− 1459 8569	+763	−12	+48 5191	+1459 8569	−48 5192	−10668
7002·5	− 10661	− 54	− 1460 2067	+761	−12	+48 4222	+1460 2067	−48 4222	−10673
7003·5	− 10665	− 54	− 1460 4950	+760	−12	+48 3187	+1460 4950	−48 3188	−10677
7004·5	− 10669	− 54	− 1460 7274	+758	−12	+48 2331	+1460 7274	−48 2331	−10680
7005·5	− 10671	− 54	− 1460 9172	+758	−12	+48 1857	+1460 9172	−48 1857	−10683
7006·5	− 10674	− 54	− 1461 0835	+758	−12	+48 1911	+1461 0835	−48 1912	−10685
7007·5	− 10676	− 54	− 1461 2497	+759	−12	+48 2571	+1461 2497	−48 2572	−10688
7008·5	− 10679	− 54	− 1461 4417	+761	−12	+48 3826	+1461 4417	−48 3826	−10691
7009·5	− 10683	− 53	− 1461 6854	+763	−12	+48 5560	+1461 6854	−48 5560	−10694
7010·5	− 10687	− 53	− 1462 0023	+766	−12	+48 7542	+1462 0023	−48 7542	−10699
7011·5	− 10693	− 53	− 1462 4035	+769	−12	+48 9435	+1462 4035	−48 9436	−10705
7012·5	− 10700	− 53	− 1462 8832	+771	−12	+49 0846	+1462 8832	−49 0846	−10712
7013·5	− 10708	− 53	− 1463 4150	+772	−12	+49 1422	+1463 4150	−49 1423	−10720
7014·5	− 10716	− 52	− 1463 9548	+771	−12	+49 0982	+1463 9548	−49 0982	−10728
7015·5	− 10723	− 52	− 1464 4516	+769	−12	+48 9610	+1464 4516	−48 9611	−10735
7016·5	− 10729	− 52	− 1464 8647	+766	−12	+48 7668	+1464 8647	−48 7668	−10741
7017·5	− 10734	− 52	− 1465 1773	+763	−12	+48 5679	+1465 1773	−48 5680	−10746
7018·5	− 10737	− 52	− 1465 4017	+761	−12	+48 4164	+1465 4017	−48 4164	−10749
7019·5	− 10740	− 52	− 1465 5731	+760	−12	+48 3471	+1465 5731	−48 3472	−10751
7020·5	− 10742	− 51	− 1465 7367	+760	−12	+48 3704	+1465 7367	−48 3705	−10754
7021·5	− 10745	− 51	− 1465 9343	+762	−12	+48 4725	+1465 9343	−48 4725	−10757
7022·5	− 10749	− 51	− 1466 1950	+764	−12	+48 6221	+1466 1950	−48 6222	−10760
7023·5	− 10754	− 51	− 1466 5302	+766	−12	+48 7802	+1466 5302	−48 7802	−10765

Values are in units of 10^{-10}. Matrix used with ERA (B21–B24). CIP is $\mathcal{X} = C_{3,1}$, $\mathcal{Y} = C_{3,2}$

The Celestial Intermediate Reference System

The IAU 2000 and 2006 resolutions very precisely define the Celestial Intermediate Reference System by the direction of its pole (CIP) and the location of its origin of right ascension (CIO) at any date in the Geocentric Celestial Reference System (GCRS). This system is often denoted as the "equator and CIO of date" which has the same pole and equator as the equator and equinox of date, however, they have different origins for right ascension. This section includes the transformations using both origins and the relationships between them.

Pole of the Celestial Intermediate Reference System

The direction of the celestial intermediate pole (CIP), which is the pole of the Celestial Intermediate Reference System (the true celestial pole of date), at any instant is defined by the transformation from the GCRS that involves the rotations for frame bias and precession-nutation.

The unit vector components of the CIP (in radians) are given by elements one and two from the third row of the following rotation matrices, namely

$$\mathcal{X} = \mathbf{C}_{3,1} = \mathbf{M}_{3,1} \quad \text{and} \quad \mathcal{Y} = \mathbf{C}_{3,2} = \mathbf{M}_{3,2}$$

and the equations for calculating $\mathbf{C}$ are given on page B49, while those for $\mathbf{M}$ are given on page B50. Alternatively, $\mathcal{X}$ and $\mathcal{Y}$ may be calculated directly using

$$\mathcal{X} = \sin \epsilon \sin \psi \cos \bar{\gamma} - (\sin \epsilon \cos \psi \cos \bar{\phi} - \cos \epsilon \sin \bar{\phi}) \sin \bar{\gamma}$$
$$\mathcal{Y} = \sin \epsilon \sin \psi \sin \bar{\gamma} + (\sin \epsilon \cos \psi \cos \bar{\phi} - \cos \epsilon \sin \bar{\phi}) \cos \bar{\gamma}$$

where $\bar{\gamma}, \bar{\phi}, \psi$ and ϵ include the effects of frame bias, precession and nutation (see page B56). $\mathcal{X}$ and $\mathcal{Y}$ are tabulated, in radians, at 0^{h} TT on even pages B30–B44, on odd pages B31–B45, and in arcseconds on pages B58–B65. The equations above may also be used to calculate the coordinates of the mean pole by ignoring nutation, that is by replacing ψ by $\bar{\psi}$ and ϵ by ϵ_{A}.

The position $(\mathcal{X}, \mathcal{Y})$ of the CIP, expressed in arcseconds, accurate to $0.''0001$, may also be calculated from the following series expansions,

$$\mathcal{X} = -0.''016\,617 + 2004.''191\,898\,T - 0.''429\,7829\,T^2$$
$$- 0.''198\,618\,34\,T^3 + 7.''578 \times 10^{-6}\,T^4 + 5.''9285 \times 10^{-6}\,T^5$$
$$+ \sum_{j,i}[(a_{\text{s},j})_i\,T^j \sin(\text{ARGUMENT}) + (a_{\text{c},j})_i\,T^j \cos(\text{ARGUMENT})] + \cdots$$

$$\mathcal{Y} = -0.''006\,951 - 0.''025\,896\,T - 22.''407\,2747\,T^2$$
$$+ 0.''001\,900\,59\,T^3 + 0.''001\,112\,526\,T^4 + 0.''1358 \times 10^{-6}\,T^5$$
$$+ \sum_{j,i}[(b_{\text{c},j})_i\,T^j \cos(\text{ARGUMENT}) + (b_{\text{s},j})_i\,T^j \sin(\text{ARGUMENT})] + \cdots$$

where T is measured in TT Julian centuries from J2000·0 and the coefficients and arguments may be downloaded from the CDS (see *The Astronomical Almanac Online* for the web link).

Approximate formulae for the Celestial Intermediate Pole

The following formulae may be used to compute $\mathcal{X}$ and $\mathcal{Y}$ to a precision of $0.''2$ during 2014:

$$\mathcal{X} = 280.''50 + 0.''0549\,d \qquad\qquad \mathcal{Y} = -0.''45$$
$$- 6.''8 \sin \Omega - 0.''5 \sin 2L \qquad\qquad + 9.''2 \cos \Omega + 0.''6 \cos 2L$$

where $\Omega = 214^{\circ}\!.3 - 0.053\,d$, $L = 279^{\circ}\!.6 + 0.986\,d$ and d is the day of the year and fraction of the day in the TT time scale.

Origin of the Celestial Intermediate Reference System

The CIO locator s, positions the celestial intermediate origin (CIO) on the equator of the Celestial Intermediate Reference System. It is the difference in the right ascension of the node of the equators in the GCRS and the Celestial Intermediate Reference System (see page B9). The CIO locator s is tabulated daily at 0^h TT, in arcseconds, on pages B58–B65.

The location of the CIO may be represented by $s + \mathcal{X}\mathcal{Y}/2$, the series of which is downloadable from the CDS (see *The Astronomical Almanac Online* for the web link). However, the definition below includes all terms exceeding $0 \cdot 5\mu$as during the interval 1975–2025.

$$s = -\mathcal{X}\mathcal{Y}/2 + 94'' \times 10^{-6} + \sum_k C_k \sin A_k$$
$$+ (+0\rlap{.}''003\ 808\ 65 + 1\rlap{.}''73 \times 10^{-6} \sin \Omega + 3\rlap{.}''57 \times 10^{-6} \cos 2\Omega)\ T$$
$$+ (-0\rlap{.}''000\ 122\ 68 + 743\rlap{.}''52 \times 10^{-6} \sin \Omega - 8\rlap{.}''85 \times 10^{-6} \sin 2\Omega$$
$$+ 56\rlap{.}''91 \times 10^{-6} \sin 2(F - D + \Omega) + 9\rlap{.}''84 \times 10^{-6} \sin 2(F + \Omega))\ T^2$$
$$- 0\rlap{.}''072\ 574\ 11\ T^3 + 27\rlap{.}''98 \times 10^{-6}\ T^4 + 15\rlap{.}''62 \times 10^{-6}\ T^5$$

	Terms for $C_k \sin A_k$				
k	Argument A_k	Coefficient C_k	k	Argument A_k	Coefficient C_k
1	Ω	$-0 \cdot 002\ 640\ 73$	7	$2F + \Omega$	$-0 \cdot 000\ 001\ 98$
2	2Ω	$-0 \cdot 000\ 063\ 53$	8	3Ω	$+0 \cdot 000\ 001\ 72$
3	$2F - 2D + 3\Omega$	$-0 \cdot 000\ 011\ 75$	9	$l' + \Omega$	$+0 \cdot 000\ 001\ 41$
4	$2F - 2D + \Omega$	$-0 \cdot 000\ 011\ 21$	10	$l' - \Omega$	$+0 \cdot 000\ 001\ 26$
5	$2F - 2D + 2\Omega$	$+0 \cdot 000\ 004\ 57$	11	$l + \Omega$	$+0 \cdot 000\ 000\ 63$
6	$2F + 3\Omega$	$-0 \cdot 000\ 002\ 02$	12	$l - \Omega$	$+0 \cdot 000\ 000\ 63$

$\mathcal{X}, \mathcal{Y}$ (expressed in radians) is the position of the CIP at the required TT instant. The coefficients and arguments (C_k, A_k) are tabulated above and the expressions for the fundamental arguments are

$$l = 134\rlap{.}°963\ 402\ 51 + 1\ 717\ 915\ 923\rlap{.}''2178T + 31\rlap{.}''8792T^2 + 0\rlap{.}''051\ 635T^3 - 0\rlap{.}''000\ 244\ 70T^4$$
$$l' = 357\rlap{.}°529\ 109\ 18 + 129\ 596\ 581\rlap{.}''0481T - 0\rlap{.}''5532T^2 + 0\rlap{.}''000\ 136T^3 - 0\rlap{.}''000\ 011\ 49T^4$$
$$F = 93\rlap{.}°272\ 090\ 62 + 1\ 739\ 527\ 262\rlap{.}''8478T - 12\rlap{.}''7512T^2 - 0\rlap{.}''001\ 037T^3 + 0\rlap{.}''000\ 004\ 17T^4$$
$$D = 297\rlap{.}°850\ 195\ 47 + 1\ 602\ 961\ 601\rlap{.}''2090T - 6\rlap{.}''3706T^2 + 0\rlap{.}''006\ 593T^3 - 0\rlap{.}''000\ 031\ 69T^4$$
$$\Omega = 125\rlap{.}°044\ 555\ 01 - 6\ 962\ 890\rlap{.}''5431T + 7\rlap{.}''4722T^2 + 0\rlap{.}''007\ 702T^3 - 0\rlap{.}''000\ 059\ 39T^4$$

where T is the interval in TT Julian centuries from J2000·0 and is used in both the fundamental arguments and the expression for s itself.

These fundamental arguments are also used with the series expression for the complementary terms of the equation of the equinoxes (see page B10).

Approximate position of the Celestial Intermediate Origin

The CIO locator s may be ignored (i.e. set $s = 0$) in the interval 1963 to 2031 if accuracies no better than $0\rlap{.}''01$ are acceptable.

During 2014, $s + \mathcal{X}\mathcal{Y}/2$ may be computed to a precision of 6×10^{-5} arcseconds from

$$s + \mathcal{X}\mathcal{Y}/2 = 0\rlap{.}''000\ 43 - 0\rlap{.}''0026 \sin(214\rlap{.}°3 - 0 \cdot 053\,d) - 0\rlap{.}''0001 \sin(68\rlap{.}°6 - 0 \cdot 106\,d)$$

where $\mathcal{X}$ and $\mathcal{Y}$ are expressed in radians (page B46 gives an approximation) and d is the day of the year and fraction of the day in the TT time scale.

Reduction from the GCRS

The transformation from the GCRS to the terrestrial reference system applies rotations for frame bias, the effects of precession and nutation, and Earth rotation. It is only the origin of right ascension and whether ERA or GAST is used to obtain a position with respect to the terrestrial system, that differ.

The following shows the matrix transformations to both the Celestial Intermediate Reference System (based on the CIP and CIO) and the traditional equator and equinox of date system (based on the CIP and equinox). This is followed by considering frame bias, precession, nutation, and the angles and rotations that represent these effects.

Summary of the CIP and the relationships between various origins

The CIP is the pole of both the Celestial Intermediate Reference System and the system of the the equator and equinox of date. The transformation from the GCRS to either of these systems and to the Terrestrial Intermediate Reference System may be represented by

$$\mathscr{R}_\beta = \mathbf{R}_3(-\beta)\,\mathscr{R}_\Sigma$$

where the matrix $\mathscr{R}_\Sigma$ transforms position vectors from the GCRS equator and origin (see diagram on page B9) to the "of date" system defined by the CIP and β determines the origin to be used and thus the method (see Capitaine, N., and Wallace, P.T., *Astron. Astrophys.*, **450**, 855-872, 2006). Thus listing the matrix relationships by method (i.e. value of β) gives:

CIO Method	Equinox Method
$\beta = s$	$\beta = s - E_o$
$\mathscr{R}_\beta = \mathbf{R}_3(-s)\,\mathscr{R}_\Sigma$	$\mathscr{R}_\beta = \mathbf{R}_3(-s + E_o)\,\mathscr{R}_\Sigma$
$= \mathbf{C}$	$= \mathbf{M} \equiv \mathbf{NPB}$

where s is the CIO locator (see page B47), E_o is the equation of the origins (see page B10), and the matrices $\mathbf{C}$, $\mathscr{R}_\Sigma$ and $\mathbf{M}$ are defined on pages B49 and B50, respectively.

When β includes the Earth Rotation angle, or Greenwich apparent sidereal time, then coordinates with respect to the terrestrial intermediate origin are the result. Finally, longitude may be included, then the coordinates will be relative to the observers prime meridian.

CIO Method	Equinox Method
$\beta = s - \theta - \lambda$	$\beta = s - E_o - \text{GAST} - \lambda$
$\mathscr{R}_\beta = \mathbf{R}_3(\lambda + \theta - s)\,\mathscr{R}_\Sigma$	$\mathscr{R}_\beta = \mathbf{R}_3(\lambda + \text{GAST} - s + E_o)\,\mathscr{R}_\Sigma$
$= \mathbf{R}_3(\lambda + \theta)\,\mathbf{C}$	$= \mathbf{R}_3(\lambda + \text{GAST})\,\mathbf{M}$
$= \mathbf{Q}$	$= \mathbf{Q}$

where east longitudes are positive. The above ignores the small corrections for polar motion that are required in the reduction of very precise observations; they are (i) alignment of the terrestrial intermediate origin onto the longitude origin ($\lambda_{\text{ITRS}} = 0$) of the International Terrestrial Reference System, and (ii) for the positioning of the CIP within ITRS, (see page B84).

The equation of the origins, the relationship between the two systems may be calculated using

$$\mathbf{M} = \mathbf{R}_3(-s + E_o)\,\mathscr{R}_\Sigma \qquad \text{and thus} \qquad E_o = s - \tan^{-1}\frac{\mathbf{M}_j \cdot \mathscr{R}_{\Sigma_i}}{\mathbf{M}_i \cdot \mathscr{R}_{\Sigma_i}}$$

where $\mathbf{M}_i$ and $\mathbf{M}_j$ are the first two rows of $\mathbf{M}$, $\mathscr{R}_{\Sigma_i}$ is the first row of $\mathscr{R}_\Sigma$ and $\cdot$ denotes the dot or scalar product. See also page B10 for an alternative method.

CIO Method of Reduction from the GCRS — rigorous formulae

Given an equatorial geocentric position vector $\mathbf{r}$ of an object with respect to the GCRS, then $\mathbf{r}_i$, its position with respect to the Celestial Intermediate Reference System, is given by

$$\mathbf{r}_i = \mathbf{C}\,\mathbf{r} \qquad \text{and} \qquad \mathbf{r} = \mathbf{C}^{-1}\,\mathbf{r}_i = \mathbf{C}'\,\mathbf{r}_i$$

The matrix $\mathbf{C}$ is tabulated daily at 0^h TT on odd numbered pages B31–B45, and is calculated thus

$$\mathbf{C}(\mathcal{X}, \mathcal{Y}, s) = \mathbf{R}_3(-[E + s])\,\mathbf{R}_2(d)\,\mathbf{R}_3(E) = \mathbf{R}_3(-s)\,\mathcal{R}_\Sigma$$

where the quantities $\mathcal{X}$, $\mathcal{Y}$, are the coordinates of the CIP, (expressed in radians), and the relationships between $\mathcal{X}$, $\mathcal{Y}$, $\mathcal{Z}$, E and d are:

$$\mathcal{X} = \sin d \cos E = \mathbf{M}_{3,1} = \mathbf{C}_{3,1} \qquad\qquad E = \tan^{-1}(\mathcal{Y}/\mathcal{X})$$
$$\mathcal{Y} = \sin d \sin E = \mathbf{M}_{3,2} = \mathbf{C}_{3,2}$$
$$\mathcal{Z} = \cos d = \sqrt{(1 - \mathcal{X}^2 - \mathcal{Y}^2)} \qquad d = \tan^{-1}\left(\frac{\mathcal{X}^2 + \mathcal{Y}^2}{1 - \mathcal{X}^2 - \mathcal{Y}^2}\right)^{\frac{1}{2}}$$

$\mathcal{X}$, $\mathcal{Y}$ and s are given on pages B46-B47 and tabulated, in arcseconds, daily at 0^h TT on pages B58–B65.

The matrix $\mathbf{C}$ transforms positions to the Celestial Intermediate Reference System, with the CIO being located by the rotation $\mathbf{R}_3(-s)$, and $\mathcal{R}_\Sigma$, the transformation from the GCRS equator to the equator of date being given by

$$\mathcal{R}_\Sigma = \begin{pmatrix} 1 - a\mathcal{X}^2 & -a\mathcal{X}\mathcal{Y} & -\mathcal{X} \\ -a\mathcal{X}\mathcal{Y} & 1 - a\mathcal{Y}^2 & -\mathcal{Y} \\ \mathcal{X} & \mathcal{Y} & 1 - a(\mathcal{X}^2 + \mathcal{Y}^2) \end{pmatrix} = \begin{pmatrix} \mathcal{R}_{\Sigma_i} \\ \mathcal{R}_{\Sigma_k} \times \mathcal{R}_{\Sigma_i} \\ \mathcal{R}_{\Sigma_k} \end{pmatrix}$$

where $a = 1/(1 + \mathcal{Z})$. $\mathcal{R}_{\Sigma_i}$ is the unit vector pointing towards Σ (see diagram on page B9) that is obtained from the elements of the first row of $\mathcal{R}_\Sigma$ and similarly $\mathcal{R}_{\Sigma_k}$ is the unit vector pointing towards the CIP. Note that $\mathcal{R}_{\Sigma_k} = \mathbf{M}_k$ (see page B50).

Approximate reduction from GCRS to the Celestial Intermediate Reference System

The matrix $\mathbf{C}$ given below together with the approximate formulae for $\mathcal{X}$ and $\mathcal{Y}$ on page B46 (expressed in radians) may be used when the resulting position is required to no better than $0\!''\!2$ during 2014:

$$\mathbf{C} = \begin{pmatrix} 1 - \mathcal{X}^2/2 & 0 & -\mathcal{X} \\ 0 & 1 & -\mathcal{Y} \\ \mathcal{X} & \mathcal{Y} & 1 - \mathcal{X}^2/2 \end{pmatrix}$$

Thus the position vector $\mathbf{r}_i = (x_i, y_i, z_i)$ with respect to the Celestial Intermediate Reference System (equator and CIO of date) may be calculated from the geocentric position vector $\mathbf{r} = (r_x, r_y, r_z)$ with respect to the GCRS using

$$\mathbf{r}_i = \mathbf{C}\,\mathbf{r}$$

therefore using the approximate matrix

$$x_i = (1 - \mathcal{X}^2/2)\,r_x \qquad\qquad\qquad - \mathcal{X}\,r_z$$
$$y_i = \qquad\qquad\qquad r_y \qquad\qquad - \mathcal{Y}\,r_z$$
$$z_i = \qquad \mathcal{X}\,r_x + \mathcal{Y}\,r_y + (1 - \mathcal{X}^2/2)\,r_z$$

and thus

$$\alpha_i = \tan^{-1}(y_i/x_i) \qquad \delta = \tan^{-1}\left(z_i/\sqrt{(x_i^2 + y_i^2)}\right)$$

where α_i, δ, are the intermediate right ascension and declination, and the quadrant of α_i is determined by the signs of x_i and y_i.

During 2014, the $\mathcal{X}^2$ term may be dropped without significant loss of accuracy.

Equinox Method of reduction from the GCRS — rigorous formulae

The reduction from a geocentric position $\mathbf{r}$ with respect to the Geocentric Celestial Reference System (GCRS) to a position $\mathbf{r}_t$ with respect to the equator and equinox of date, and vice versa, is given by:

$$\mathbf{r}_t = \mathbf{M}\,\mathbf{r} \quad \text{and} \quad \mathbf{r} = \mathbf{M}^{-1}\,\mathbf{r}_t = \mathbf{M}'\,\mathbf{r}_t$$

Using the 4-rotation Fukishma-Willams (F-W) method, the rotation matrix $\mathbf{M}$ may be written as

$$\mathbf{M} = \mathbf{R}_1(-[\epsilon_A + \Delta\epsilon])\,\mathbf{R}_3(-[\bar{\psi} + \Delta\psi])\,\mathbf{R}_1(\bar{\phi})\,\mathbf{R}_3(\bar{\gamma}) = \begin{pmatrix} \mathbf{M}_i \\ \mathbf{M}_j \\ \mathbf{M}_k \end{pmatrix} = \mathbf{N}\,\mathbf{P}\,\mathbf{B}$$

where the angles $\bar{\gamma}$, $\bar{\phi}$, $\bar{\psi}$ combine the frame bias with the effects of precession (see page B56). Nutation is applied by adding the nutations in longitude ($\delta\psi$) and obliquity ($\Delta\epsilon$) (see page B55) to $\bar{\psi}$ and ϵ_A, respectively. Pages B50–B56 give the formulae for calculating the matrices $\mathbf{B}$, $\mathbf{P}$ and $\mathbf{N}$ individually using the traditional angles and rotations.

The elements of the rows of $\mathbf{M}$ represent unit vectors pointing in the directions of the x, y and z axes of the equator and equinox of date system. Thus the elements of the first row are the components of the unit vector in the direction of the true equinox,

$$\mathbf{M}_i = \begin{pmatrix} \mathbf{M}_{1,1} \\ \mathbf{M}_{1,2} \\ \mathbf{M}_{1,3} \end{pmatrix} = \begin{pmatrix} \cos\psi\cos\bar{\gamma} + \sin\psi\cos\bar{\phi}\sin\bar{\gamma} \\ \cos\psi\sin\bar{\gamma} - \sin\psi\cos\bar{\phi}\cos\bar{\gamma} \\ -\sin\psi\sin\bar{\phi} \end{pmatrix}$$

The second row of elements defines the unit vector in the direction of the y-axis, in the plane $90°$ from the x-z plane, i.e. the plane of the equator of date, and is given by

$$\mathbf{M}_j = \mathbf{M}_k \times \mathbf{M}_i$$

$$= \begin{pmatrix} \mathbf{M}_{2,1} \\ \mathbf{M}_{2,2} \\ \mathbf{M}_{2,3} \end{pmatrix} = \begin{pmatrix} \cos\epsilon\sin\psi\cos\bar{\gamma} - (\cos\epsilon\cos\psi\cos\bar{\phi} + \sin\epsilon\sin\bar{\phi})\sin\bar{\gamma} \\ \cos\epsilon\sin\psi\sin\bar{\gamma} + (\cos\epsilon\cos\psi\cos\bar{\phi} + \sin\epsilon\sin\bar{\phi})\cos\bar{\gamma} \\ \cos\epsilon\cos\psi\sin\bar{\phi} - \sin\epsilon\cos\bar{\phi} \end{pmatrix}$$

Lastly, the elements of the third row are the components of the unit vector pointing in the direction of the celestial intermediate pole, thus

$$\mathbf{M}_k = \begin{pmatrix} \mathbf{M}_{3,1} \\ \mathbf{M}_{3,2} \\ \mathbf{M}_{3,3} \end{pmatrix} = \begin{pmatrix} x \\ y \\ z \end{pmatrix} = \begin{pmatrix} \sin\epsilon\sin\psi\cos\bar{\gamma} - (\sin\epsilon\cos\psi\cos\bar{\phi} - \cos\epsilon\sin\bar{\phi})\sin\bar{\gamma} \\ \sin\epsilon\sin\psi\sin\bar{\gamma} + (\sin\epsilon\cos\psi\cos\bar{\phi} - \cos\epsilon\sin\bar{\phi})\cos\bar{\gamma} \\ \sin\epsilon\cos\psi\sin\bar{\phi} + \cos\epsilon\cos\bar{\phi} \end{pmatrix}$$

Reduction from GCRS to J2000 — frame bias — rigorous formulae

Positions of objects with respect to the GCRS must be rotated to the J2000·0 dynamical system before precession and nutation are applied. Objects whose positions are given with respect to another system, e.g. FK5, may first be transformed to the GCRS before using the methods given here. An GCRS position $\mathbf{r}$ may be transformed to a J2000·0 or FK5 position $\mathbf{r}_0$ and vice versa, as follows,

$$\mathbf{r}_0 = \mathbf{B}\mathbf{r} \quad \text{and} \quad \mathbf{r} = \mathbf{B}^{-1}\mathbf{r}_0 = \mathbf{B}'\mathbf{r}_0$$

where $\mathbf{B}$ is the frame bias matrix.

Reduction from GCRS to J2000 — frame bias — rigorous formulae (continued)

There are two sets of parameters that may be used to generate $\mathbf{B}$. There are η_0, ξ_0 and $d\alpha_0$ which appeared in the literature first, or those consistent with the Fukishma-Williams precession parameterization, γ_B, ϕ_B and ψ_B.

Offsets of the Pole and Origin at J2000·0

Rotation From	η_0 mas	ξ_0 mas	$d\alpha_0$ mas	F-W IAU 2006		
				γ_B mas	ϕ_B mas	ψ_B mas
GCRS to J2000·0	$-6\cdot8192$	$-16\cdot617$	$-14\cdot6$	$52\cdot928$	$6\cdot819$	$41\cdot775$
GCRS to FK5	$-19\cdot9$	$+9\cdot1$	$-22\cdot9$			

where η_0, ξ_0 are the offsets from the pole together with the shift in right ascension origin $(d\alpha_0)$. The IAU 2006 offsets, γ_B, ϕ_B and ψ_B are extracted from the IAU WGPE report and are consistent with F-W method of rotations:

$$\mathbf{B} = \mathbf{R}_3(-\psi_B)\,\mathbf{R}_1(\phi_B)\,\mathbf{R}_3(\gamma_B)$$

Alternatively

$$\mathbf{B} = \mathbf{R}_1(-\eta_0)\,\mathbf{R}_2(\xi_0)\,\mathbf{R}_3(d\alpha_0) \qquad \mathbf{B}^{-1} = \mathbf{R}_3(-d\alpha_0)\,\mathbf{R}_2(-\xi_0)\,\mathbf{R}_1(+\eta_0)$$

where in terms of corrections provided by the IAU 2000 precession-nutation theory, $\delta\epsilon_0 = \eta_0$ and $\xi_0 = -41\cdot775\sin(23°\,26'\,21''\!\cdot448) = -16\cdot617$ mas.

Evaluating the matrix for GCRS to J2000·0 gives

$$\mathbf{B} = \begin{pmatrix} +0\cdot9999\,9999\,9999\,9942 & -0\cdot0000\,0007\,1 & +0\cdot0000\,0008\,056 \\ +0\cdot0000\,0007\,1 & +0\cdot9999\,9999\,9999\,9969 & +0\cdot0000\,0003\,306 \\ -0\cdot0000\,0008\,056 & -0\cdot0000\,0003\,306 & +0\cdot9999\,9999\,9999\,9962 \end{pmatrix}$$

where the number of digits is determined by the accuracy of the offsets.

Approximate reduction from GCRS to J2000

Since the rotations to orient the GCRS to J2000·0 system are small the following approximate matrix, accurate to $2'' \times 10^{-9}$ (1×10^{-14} radians), may be used:

$$\mathbf{B} = \begin{pmatrix} 1 & d\alpha_0 & -\xi_0 \\ -d\alpha_0 & 1 & -\eta_0 \\ \xi_0 & \eta_0 & 1 \end{pmatrix}$$

where η_0, ξ_0 and $d\alpha_0$ are the offsets of the pole and the origin (expressed in radians) from J2000·0 given in the table above.

Reduction for precession—rigorous formulae

Rigorous formulae for the reduction of mean equatorial positions from J2000·0 (t_0) to epoch of date t, and vice versa, are as follows:

For equatorial rectangular coordinates (x_0, y_0, z_0), or direction cosines $(\mathbf{r}_0)$,

$$\mathbf{r}_m = \mathbf{P}\,\mathbf{r}_0 \qquad \mathbf{r}_0 = \mathbf{P}^{-1}\,\mathbf{r}_m = \mathbf{P}'\mathbf{r}_m$$

where

$$\begin{aligned} \mathbf{P} &= \mathbf{R}_1(-\epsilon_A)\,\mathbf{R}_3(-\psi_J)\,\mathbf{R}_1(\phi_J)\,\mathbf{R}_3(\gamma_J) \\ &= \mathbf{R}_3(\chi_A)\,\mathbf{R}_1(-\omega_A)\,\mathbf{R}_3(-\psi_A)\,\mathbf{R}_1(\epsilon_0) \\ &= \mathbf{R}_3(-z_A)\,\mathbf{R}_2(\theta_A)\,\mathbf{R}_3(-\zeta_A) \end{aligned}$$

and $\mathbf{r}_m$ is the position vector precessed from t_0 to the mean equinox at t.

The angles given in this section precess positions from J2000·0 to date and therefore do not include the frame bias, which is only needed when positions are with respect to the GCRS.

Reduction for precession—rigorous formulae (continued)

For all the precession angles given in this section the time argument T is given by

$$T = (t - 2000 \cdot 0)/100 = (\text{JD}_{\text{TT}} - 245\ 1545 \cdot 0)/36\ 525$$

which is a function of TT. Strictly speaking precession angles should be a function of TDB, but this makes no significant difference.

The 4-rotation Fukushima-Williams (F-W) method using angles γ_J, ϕ_J, ψ_J, and ϵ_A, are

$$\gamma_J = 10{\rlap{.}''}556\ 403\ T + 0{\rlap{.}''}493\ 2044\ T^2 - 0{\rlap{.}''}000\ 312\ 38\ T^3$$
$$- 2{\rlap{.}''}788 \times 10^{-6}\ T^4 + 2{\rlap{.}''}60 \times 10^{-8}\ T^5$$

$$\phi_J = \epsilon_0 - 46{\rlap{.}''}811\ 015\ T + 0{\rlap{.}''}051\ 1269\ T^2 + 0{\rlap{.}''}000\ 532\ 89\ T^3$$
$$- 0{\rlap{.}''}440 \times 10^{-6}\ T^4 - 1{\rlap{.}''}76 \times 10^{-8}\ T^5$$

$$\psi_J = 5038{\rlap{.}''}481\ 507\ T + 1{\rlap{.}''}558\ 4176\ T^2 - 0{\rlap{.}''}000\ 185\ 22\ T^3$$
$$- 26{\rlap{.}''}452 \times 10^{-6}\ T^4 - 1{\rlap{.}''}48 \times 10^{-8}\ T^5$$

$$\epsilon_A = \epsilon_0 - 46{\rlap{.}''}836\ 769\ T - 0{\rlap{.}''}000\ 1831\ T^2 + 0{\rlap{.}''}002\ 003\ 40\ T^3$$
$$- 0{\rlap{.}''}576 \times 10^{-6}\ T^4 - 4{\rlap{.}''}34 \times 10^{-8}\ T^5$$

where $\epsilon_0 = 84\ 381{\rlap{.}''}406 = 23° 26' 21{\rlap{.}''}406$ is the obliquity of the ecliptic with respect to the dynamical equinox at J2000 and ϵ_A is the obliquity of the ecliptic with respect to the mean equator of date; equivalently

$$\epsilon_A = 23{\overset{\circ}{.}}439\ 279\ 4444 - 0{\overset{\circ}{.}}013\ 010\ 213\ 61\ T - 5{\overset{\circ}{.}}0861 \times 10^{-8}\ T^2$$
$$+ 5{\overset{\circ}{.}}565 \times 10^{-7}\ T^3 - 1{\overset{\circ}{.}}6 \times 10^{-10}\ T^4 - 1{\overset{\circ}{.}}2056 \times 10^{-11}\ T^5$$

The precession matrix for the F-W precession angles, which includes how to incorporate the frame bias and nutation, is described on page B56.

The Capitaine *et al.* method, the formulation of which cleanly separates precession of the equator from precession of the ecliptic, is via the precession angles χ_A, ω_A, ψ_A, which are

$$\psi_A = 5038{\rlap{.}''}481\ 507\ T - 1{\rlap{.}''}079\ 0069\ T^2 - 0{\rlap{.}''}001\ 140\ 45\ T^3$$
$$+ 0{\rlap{.}''}000\ 132\ 851\ T^4 - 9{\rlap{.}''}51 \times 10^{-8}\ T^5$$

$$\omega_A = \epsilon_0 - 0{\rlap{.}''}025\ 754\ T + 0{\rlap{.}''}051\ 2623\ T^2 - 0{\rlap{.}''}007\ 725\ 03\ T^3$$
$$- 0{\rlap{.}''}000\ 000\ 467\ T^4 + 33{\rlap{.}''}37 \times 10^{-8}\ T^5$$

$$\chi_A = 10{\rlap{.}''}556\ 403\ T - 2{\rlap{.}''}381\ 4292\ T^2 - 0{\rlap{.}''}001\ 211\ 97\ T^3$$
$$+ 0{\rlap{.}''}000\ 170\ 663\ T^4 - 5{\rlap{.}''}60 \times 10^{-8}\ T^5$$

where the precession matrix using χ_A, ω_A, ψ_A and ϵ_0 is

$$\mathbf{P} = \begin{pmatrix} C_4C_2 - S_2S_4C_3 & C_4S_2C_1 + S_4C_3C_2C_1 - S_1S_4S_3 & C_4S_2S_1 + S_4C_3C_2S_1 + C_1S_4S_3 \\ -S_4C_2 - S_2C_4C_3 & -S_4S_2C_1 + C_4C_3C_2C_1 - S_1C_4S_3 & -S_4S_2S_1 + C_4C_3C_2S_1 + C_1C_4S_3 \\ S_2S_3 & -S_3C_2C_1 - S_1C_3 & -S_3C_2S_1 + C_3C_1 \end{pmatrix}$$

where
$$S_1 = \sin \epsilon_0 \quad S_2 = \sin(-\psi_A) \quad S_3 = \sin(-\omega_A) \quad S_4 = \sin \chi_A$$
$$C_1 = \cos \epsilon_0 \quad C_2 = \cos(-\psi_A) \quad C_3 = \cos(-\omega_A) \quad C_4 = \cos \chi_A$$

The traditional equatorial precession angles ζ_A, z_A, θ_A are

$$\zeta_A = +2{\rlap{.}''}650\ 545 + 2306{\rlap{.}''}083\ 227\ T + 0{\rlap{.}''}298\ 8499\ T^2 + 0{\rlap{.}''}018\ 018\ 28\ T^3$$
$$- 5{\rlap{.}''}971 \times 10^{-6}\ T^4 - 3{\rlap{.}''}173 \times 10^{-7}\ T^5$$

$$z_A = -2{\rlap{.}''}650\ 545 + 2306{\rlap{.}''}077\ 181\ T + 1{\rlap{.}''}092\ 7348\ T^2 + 0{\rlap{.}''}018\ 268\ 37\ T^3$$
$$- 28{\rlap{.}''}596 \times 10^{-6}\ T^4 - 2{\rlap{.}''}904 \times 10^{-7}\ T^5$$

$$\theta_A = 2004{\rlap{.}''}191\ 903\ T - 0{\rlap{.}''}429\ 4934\ T^2 - 0{\rlap{.}''}041\ 822\ 64\ T^3$$
$$- 7{\rlap{.}''}089 \times 10^{-6}\ T^4 - 1{\rlap{.}''}274 \times 10^{-7}\ T^5$$

Reduction for precession—rigorous formulae (continued)

The precession matrix using ζ_A, z_A, θ_A is

$$\mathbf{P} = \begin{pmatrix} \cos\zeta_A \cos\theta_A \cos z_A - \sin\zeta_A \sin z_A & -\sin\zeta_A \cos\theta_A \cos z_A - \cos\zeta_A \sin z_A & -\sin\theta_A \cos z_A \\ \cos\zeta_A \cos\theta_A \sin z_A + \sin\zeta_A \cos z_A & -\sin\zeta_A \cos\theta_A \sin z_A + \cos\zeta_A \cos z_A & -\sin\theta_A \sin z_A \\ \cos\zeta_A \sin\theta_A & -\sin\zeta_A \sin\theta_A & \cos\theta_A \end{pmatrix}$$

For right ascension and declination in terms of ζ_A, z_A, θ_A:

$$\sin(\alpha - z_A)\cos\delta = \sin(\alpha_0 + \zeta_A)\cos\delta_0$$
$$\cos(\alpha - z_A)\cos\delta = \cos(\alpha_0 + \zeta_A)\cos\theta_A \cos\delta_0 - \sin\theta_A \sin\delta_0$$
$$\sin\delta = \cos(\alpha_0 + \zeta_A)\sin\theta_A \cos\delta_0 + \cos\theta_A \sin\delta_0$$

$$\sin(\alpha_0 + \zeta_A)\cos\delta_0 = \sin(\alpha - z_A)\cos\delta$$
$$\cos(\alpha_0 + \zeta_A)\cos\delta_0 = \cos(\alpha - z_A)\cos\theta_A \cos\delta + \sin\theta_A \sin\delta$$
$$\sin\delta_0 = -\cos(\alpha - z_A)\sin\theta_A \cos\delta + \cos\theta_A \sin\delta$$

where ζ_A, z_A, θ_A, given above, are angles that serve to specify the position of the mean equator and equinox of date with respect to the mean equator and equinox of J2000·0.

Values of all the angles and the elements of $\mathbf{P}$ for reduction from J2000·0 to epoch and mean equinox of the middle of the year (J2014·5) are as follows:

F-W Precession Angles γ_J, ϕ_J, ψ_J, and ϵ_A

γ_J	=	$+1''54$ = $+0°000\ 428$	ϕ_J	=	$+843\ 74''62$ = $+23°437\ 394$
ψ_J	=	$+730''61$ = $+0°202\ 948$	ϵ_A	=	$23°\ 26'\ 14''61$ = $23°437\ 393$

Precession Angles ζ_A, z_A, θ_A

Precession Angles ψ_A, ω_A, χ_A

ζ_A	=	$+337''04$ = $+0°093\ 622$	ψ_A	=	$+730''56$ = $+0°202\ 933$
z_A	=	$+331''75$ = $+0°092\ 154$	ω_A	=	$+843\ 81''40$ = $+23°439\ 279$
θ_A	=	$+290''60$ = $+0°080\ 722$	χ_A	=	$+1''48$ = $+0°000\ 411$

The rotation matrix for precession from J2000·0 to J2014·5 is

$$\mathbf{P} = \begin{pmatrix} +0·999\ 993\ 751 & -0·003\ 242\ 391 & -0·001\ 408\ 860 \\ +0·003\ 242\ 391 & +0·999\ 994\ 743 & -0·000\ 002\ 266 \\ +0·001\ 408\ 860 & -0·000\ 002\ 302 & +0·999\ 999\ 008 \end{pmatrix}$$

The precessional motion of the ecliptic is specified by the inclination (π_A) and longitude of the node (Π_A) of the ecliptic of date with respect to the ecliptic and equinox of J2000·0; they are given by:

$$\sin\pi_A \sin\Pi_A = +\ 4''199\ 094\ T + 0''193\ 9873\ T^2 - 0''000\ 224\ 66\ T^3$$
$$- 9''12 \times 10^{-7}\ T^4 + 1''20 \times 10^{-8}\ T^5$$

$$\sin\pi_A \cos\Pi_A = -46''811\ 015\ T + 0''051\ 0283\ T^2 + 0''000\ 524\ 13\ T^3$$
$$- 6''46 \times 10^{-7}\ T^4 - 1''72 \times 10^{-8}\ T^5$$

π_A is a small angle, and often π_A replaces $\sin\pi_A$.

For epoch J2014·5
$$\pi_A = +6''814 = 0°001\ 8928$$
$$\Pi_A = 174°\ 50'3 = 174°839$$

Reduction for precession—approximate formulae

Approximate formulae for the reduction of coordinates and orbital elements referred to the mean equinox and equator or ecliptic of date (t) are as follows:

<table>
<tr><td>For reduction to J2000·0</td><td>For reduction from J2000·0</td></tr>
<tr><td>$\alpha_0 = \alpha - M - N \sin \alpha_{\mathrm{m}} \tan \delta_{\mathrm{m}}$</td><td>$\alpha = \alpha_0 + M + N \sin \alpha_{\mathrm{m}} \tan \delta_{\mathrm{m}}$</td></tr>
<tr><td>$\delta_0 = \delta - N \cos \alpha_{\mathrm{m}}$</td><td>$\delta = \delta_0 + N \cos \alpha_{\mathrm{m}}$</td></tr>
<tr><td>$\lambda_0 = \lambda - a + b \cos (\lambda + c') \tan \beta_0$</td><td>$\lambda = \lambda_0 + a - b \cos (\lambda_0 + c) \tan \beta$</td></tr>
<tr><td>$\beta_0 = \beta - b \sin (\lambda + c')$</td><td>$\beta = \beta_0 + b \sin (\lambda_0 + c)$</td></tr>
<tr><td>$\Omega_0 = \Omega - a + b \sin (\Omega + c') \cot i_0$</td><td>$\Omega = \Omega_0 + a - b \sin (\Omega_0 + c) \cot i$</td></tr>
<tr><td>$i_0 = i - b \cos (\Omega + c')$</td><td>$i = i_0 + b \cos (\Omega_0 + c)$</td></tr>
<tr><td>$\omega_0 = \omega - b \sin (\Omega + c') \operatorname{cosec} i_0$</td><td>$\omega = \omega_0 + b \sin (\Omega_0 + c) \operatorname{cosec} i$</td></tr>
</table>

where the subscript zero refers to epoch J2000·0 and α_{m}, δ_{m} refer to the mean epoch; with sufficient accuracy:

$$\alpha_{\mathrm{m}} = \alpha - \tfrac{1}{2}(M + N \sin \alpha \tan \delta)$$
$$\delta_{\mathrm{m}} = \delta - \tfrac{1}{2}N \cos \alpha_{\mathrm{m}}$$

or

$$\alpha_{\mathrm{m}} = \alpha_0 + \tfrac{1}{2}(M + N \sin \alpha_0 \tan \delta_0)$$
$$\delta_{\mathrm{m}} = \delta_0 + \tfrac{1}{2}N \cos \alpha_{\mathrm{m}}$$

The precessional constants M, N, etc., are given by:

$$M = 1°2811\,5566\,89\,T + 0°0003\,8655\,131\,T^2 + 0°0000\,1007\,9625\,T^3$$
$$- 9°60194 \times 10^{-9}\,T^4 - 1°68806 \times 10^{-10}\,T^5$$

$$N = 0°5567\,1997\,31\,T - 0°0001\,1930\,372\,T^2 - 0°0000\,1161\,7400\,T^3$$
$$- 1°96917 \times 10^{-9}\,T^4 - 3°5389 \times 10^{-11}\,T^5$$

$$a = 1°3968\,8783\,19\,T + 0°0003\,0706\,522\,T^2 + 2°2122 \times 10^{-8}\,T^3$$
$$- 6°62694 \times 10^{-9}\,T^4 + 1°0639 \times 10^{-11}\,T^5$$

$$b = 0°0130\,5527\,03\,T - 0°0000\,0930\,350\,T^2 + 3°4886 \times 10^{-8}\,T^3$$
$$+ 3°13889 \times 10^{-11}\,T^4 - 6°11 \times 10^{-13}\,T^5$$

$$c = 5°1258\,9067 + 0°8189\,93580\,T + 0°0001\,0425\,609\,T^2 - 0°0001\,0415\,5607\,T^3$$
$$- 2°480\,66 \times 10^{-9}\,T^4 + 4°694 \times 10^{-12}\,T^5$$

$$c' = 5°1258\,9067 - 0°5778\,94252\,T - 0°0001\,6450\,428\,T^2 - 0°0001\,0417\,7728\,T^3$$
$$+ 4°146\,28 \times 10^{-9}\,T^4 - 5°944 \times 10^{-12}\,T^5$$

Formulae for the reduction from the mean equinox and equator or ecliptic of the middle of year (t_1) to date (t) are as follows:

<table>
<tr><td>$\alpha = \alpha_1 + \tau (m + n \sin \alpha_1 \tan \delta_1)$</td><td>$\delta = \delta_1 + \tau n \cos \alpha_1$</td></tr>
<tr><td>$\lambda = \lambda_1 + \tau (p - \pi \cos (\lambda_1 + 6°) \tan \beta)$</td><td>$\beta = \beta_1 + \tau \pi \sin (\lambda_1 + 6°)$</td></tr>
<tr><td>$\Omega = \Omega_1 + \tau (p - \pi \sin (\Omega_1 + 6°) \cot i)$</td><td>$i = i_1 + \tau \pi \cos (\Omega_1 + 6°)$</td></tr>
<tr><td>$\omega = \omega_1 + \tau \pi \sin (\Omega_1 + 6°) \operatorname{cosec} i$</td><td></td></tr>
</table>

where $\tau = t - t_1$ and π is the annual rate of rotation of the ecliptic.

Reduction for precession—approximate formulae (continued)

The precessional constants p, m, etc., are as follows:

Annual	Epoch J2014·5		Epoch J2014·5
general precession	$p = +0°013\ 9698$	Annual rate of rotation	$\pi = +0°000\ 1305$
precession in R.A.	$m = +0°012\ 8127$	Longitude of axis	$\Pi = +174°8392$
precession in Dec.	$n = +0°005\ 5668$		$\gamma = 180° - \Pi = +5°1608$

where Π is the longitude of the instantaneous rotation axis of the ecliptic, measured from the mean equinox of date.

Reduction for nutation — rigorous formulae

Nutations in longitude ($\Delta\psi$) and obliquity ($\Delta\epsilon$) have been calculated using the IAU 2000A series definitions (order of 1μas) with the following adjustments which are required for use at the highest precision with the IAU 2006 precession, viz:

$$\Delta\psi = \Delta\psi_{2000A} + (0.4697 \times 10^{-6} - 2.7774 \times 10^{-6}\ T)\ \Delta\psi_{2000A}$$

$$\Delta\epsilon = \Delta\epsilon_{2000A} - 2.7774 \times 10^{-6}\ T\ \Delta\epsilon_{2000A}$$

where T is measured in Julian centuries from 245 1545·0 TT. $\Delta\psi$ and $\Delta\epsilon$ together with the true obliquity of the ecliptic (ϵ) are tabulated, daily at 0^h TT, on pages B58–B65. Web links are given on page x or on *The Astronomical Almanac Online* for series for evaluating $\Delta\psi_{2000A}$, $\Delta\epsilon_{2000A}$, and $\Delta\psi$, $\Delta\epsilon$.

A mean place ($\mathbf{r}_m$) may be transformed to a true place ($\mathbf{r}_t$), and vice versa, as follows:

$$\mathbf{r}_t = \mathbf{N}\,\mathbf{r}_m \qquad \mathbf{r}_m = \mathbf{N}^{-1}\,\mathbf{r}_t = \mathbf{N}'\,\mathbf{r}_t$$

where

$$\mathbf{N} = \mathbf{R}_1(-\epsilon)\,\mathbf{R}_3(-\Delta\psi)\,\mathbf{R}_1(+\epsilon_A)$$

$$\epsilon = \epsilon_A + \Delta\epsilon$$

and ϵ_A is given on page B52. The matrix for nutation is given by

$$\mathbf{N} = \begin{pmatrix} \cos\Delta\psi & -\sin\Delta\psi\cos\epsilon_A & -\sin\Delta\psi\sin\epsilon_A \\ \sin\Delta\psi\cos\epsilon & \cos\Delta\psi\cos\epsilon_A\cos\epsilon+\sin\epsilon_A\sin\epsilon & \cos\Delta\psi\sin\epsilon_A\cos\epsilon-\cos\epsilon_A\sin\epsilon \\ \sin\Delta\psi\sin\epsilon & \cos\Delta\psi\cos\epsilon_A\sin\epsilon-\sin\epsilon_A\cos\epsilon & \cos\Delta\psi\sin\epsilon_A\sin\epsilon+\cos\epsilon_A\cos\epsilon \end{pmatrix}$$

Approximate reduction for nutation

To first order, the contributions of the nutations in longitude ($\Delta\psi$) and in obliquity ($\Delta\epsilon$) to the reduction from mean place to true place are given by:

$$\Delta\alpha = (\cos\epsilon + \sin\epsilon\,\sin\alpha\,\tan\delta)\,\Delta\psi - \cos\alpha\,\tan\delta\,\Delta\epsilon \qquad \Delta\lambda = \Delta\psi$$

$$\Delta\delta = \sin\epsilon\,\cos\alpha\,\Delta\psi + \sin\alpha\,\Delta\epsilon \qquad\qquad\qquad \Delta\beta = 0$$

The following formulae may be used to compute $\Delta\psi$ and $\Delta\epsilon$ to a precision of about $0°0002$ (1″) during 2014.

$$\Delta\psi = -0°0048\sin(214°3 - 0.053\,d) \qquad \Delta\epsilon = +0°0026\cos(214°3 - 0.053\,d)$$

$$\quad\ -0°0004\sin(199°2 + 1.971\,d) \qquad\qquad +0°0002\cos(199°2 + 1.971\,d)$$

where $d = \mathrm{JD}_{TT} - 245\ 6657·5$ is the day of the year and fraction; for this precision

$$\epsilon = 23°44 \qquad \cos\epsilon = 0·917 \qquad \sin\epsilon = 0·398$$

Approximate reduction for nutation (continued)

The corrections to be added to the mean rectangular coordinates (x, y, z) to produce the true rectangular coordinates are given by:

$$\Delta x = -(y \cos \epsilon + z \sin \epsilon)\, \Delta \psi \quad \Delta y = +x\, \Delta \psi \, \cos \epsilon - z\, \Delta \epsilon \quad \Delta z = +x\, \Delta \psi \, \sin \epsilon + y\, \Delta \epsilon$$

where $\Delta \psi$ and $\Delta \epsilon$ are expressed in radians. The corresponding rotation matrix is

$$\mathbf{N} = \begin{pmatrix} 1 & -\Delta \psi \cos \epsilon & -\Delta \psi \sin \epsilon \\ +\Delta \psi \cos \epsilon & 1 & -\Delta \epsilon \\ +\Delta \psi \sin \epsilon & +\Delta \epsilon & 1 \end{pmatrix}$$

Combined reduction for frame bias, precession and nutation — rigorous formulae

The angles $\bar{\gamma}, \bar{\phi}, \bar{\psi}$ which combine frame bias with the effects of precession are given by

$$\bar{\gamma} = -0\rlap{.}''052\,928 + 10\rlap{.}''556\,378\,T + 0\rlap{.}''493\,2044\,T^2 - 0\rlap{.}''000\,312\,38\,T^3$$
$$- 2\rlap{.}''788 \times 10^{-6}\,T^4 + 2\rlap{.}''60 \times 10^{-8}\,T^5$$
$$\bar{\phi} = 84381\rlap{.}''412\,819 - 46\rlap{.}''811\,016\,T + 0\rlap{.}''051\,1268\,T^2 + 0\rlap{.}''000\,532\,89\,T^3$$
$$- 0\rlap{.}''440 \times 10^{-6}\,T^4 - 1\rlap{.}''76 \times 10^{-8}\,T^5$$
$$\bar{\psi} = -0\rlap{.}''041\,775 + 5038\rlap{.}''481\,484\,T + 1\rlap{.}''558\,4175\,T^2 - 0\rlap{.}''000\,185\,22\,T^3$$
$$- 26\rlap{.}''452 \times 10^{-6}\,T^4 - 1\rlap{.}''48 \times 10^{-8}\,T^5$$

Nutation (see page B55) is applied by adding the nutations in longitude ($\Delta \psi$) and obliquity ($\Delta \epsilon$) thus

$$\psi = \bar{\psi} + \Delta \psi \qquad \text{and} \qquad \epsilon = \epsilon_A + \Delta \epsilon$$

Values for $\Delta \psi$ and $\Delta \epsilon$ are tabulated daily on pages B58–B65 with ϵ, the true obliquity of the ecliptic, while ϵ_A is given on page B52.

Thus the reduction from a geocentric position $\mathbf{r}$ with respect to the GCRS to a position $\mathbf{r}_t$ with respect to the (true) equator and equinox of date, and vice versa, is given by:

$$\mathbf{r}_t = \mathbf{M}\,\mathbf{r} = \mathbf{N}\mathbf{P}\mathbf{B}\,\mathbf{r} \qquad \mathbf{r} = \mathbf{B}^{-1}\,\mathbf{P}^{-1}\,\mathbf{N}^{-1}\,\mathbf{r}_t = \mathbf{B}'\,\mathbf{P}'\,\mathbf{N}'\,\mathbf{r}_t$$

or where $\qquad \mathbf{M} = \mathbf{R}_1(-\epsilon)\,\mathbf{R}_3(-\psi)\,\mathbf{R}_1(\bar{\phi})\,\mathbf{R}_3(\bar{\gamma})$

and the matrices $\mathbf{B}$, $\mathbf{P}$ and $\mathbf{N}$ are defined in the preceding sections. The combined matrix $\mathbf{M}$ (see page B50) is tabulated daily at 0^{h} TT on even numbered pages B30–B44. There should be no significant difference between the various methods of calculating $\mathbf{M}$.

Values for the middle of the year, epoch J2014·5 for $\bar{\gamma}, \bar{\phi}, \bar{\psi}, \epsilon_A$, and the combined bias and precession matrices are

F-W Bias and Precession Angles $\bar{\gamma}, \bar{\phi}, \bar{\psi}$, and ϵ_A

$$\bar{\gamma} = +1\rlap{.}''49 = +0\rlap{.}°000\,413 \qquad \bar{\phi} = +843\,74\rlap{.}''63 = +23\rlap{.}°437\,396$$
$$\bar{\psi} = +730\rlap{.}''57 = +0\rlap{.}°202\,936 \qquad \epsilon_A = 23°\,26'\,14\rlap{.}''61 = 23\rlap{.}°437\,393$$

$$\mathbf{PB} = \begin{pmatrix} +0·999\,993\,751 & -0·003\,242\,462 & -0·001\,408\,779 \\ +0·003\,242\,462 & +0·999\,994\,743 & -0·000\,002\,233 \\ +0·001\,408\,779 & -0·000\,002\,335 & +0·999\,999\,008 \end{pmatrix}$$

where the combined frame bias and precession matrix has been calculated by ignoring the terms $\Delta \psi$ and $\Delta \epsilon$

Approximate reduction for precession and nutation

The following formulae and table may be used for the approximate reduction from the equator and equinox of J2000·0 (or from the GCRS if the small frame bias correction is ignored) to the true equator and equinox of date during 2014:

$$\alpha = \alpha_0 + f + g \sin(G + \alpha_0) \tan \delta_0$$
$$\delta = \delta_0 + g \cos(G + \alpha_0)$$

where the units of the correction to α_0 and δ_0 are seconds and arcminutes, respectively.

Date	f	g	g	G	Date	f	g	g	G
	s	s	′	h m		s	s	′	h m
Jan. −7	+43·6	19·0	4·74	00 07	July 2∗	+45·1	19·6	4·90	00 07
3	+43·7	19·0	4·75	00 07	12	+45·2	19·6	4·91	00 07
13	+43·8	19·0	4·76	00 07	22	+45·2	19·7	4·92	00 07
23∗	+43·9	19·1	4·77	00 07	Aug. 1	+45·3	19·7	4·93	00 07
Feb. 2	+44·0	19·1	4·78	00 07	11∗	+45·4	19·7	4·94	00 07
12	+44·1	19·2	4·79	00 07	21	+45·5	19·8	4·94	00 07
22	+44·1	19·2	4·79	00 06	31	+45·5	19·8	4·95	00 07
Mar. 4∗	+44·2	19·2	4·80	00 06	Sept. 10	+45·6	19·8	4·95	00 07
14	+44·2	19·2	4·81	00 06	20∗	+45·6	19·8	4·96	00 07
24	+44·3	19·2	4·81	00 06	30	+45·7	19·9	4·96	00 07
Apr. 3	+44·3	19·3	4·82	00 06	Oct. 10	+45·7	19·9	4·97	00 07
13∗	+44·4	19·3	4·82	00 06	20	+45·8	19·9	4·98	00 07
23	+44·4	19·3	4·83	00 07	30∗	+45·8	19·9	4·98	00 07
May 3	+44·5	19·3	4·84	00 07	Nov. 9	+45·9	20·0	4·99	00 07
13	+44·6	19·4	4·84	00 07	19	+46·0	20·0	5·00	00 07
23∗†	+44·7	19·4	4·85	00 07	29	+46·1	20·0	5·01	00 07
June 2	+44·8	19·5	4·87	00 07	Dec. 9∗	+46·2	20·1	5·02	00 08
12	+44·8	19·5	4·87	00 07	19	+46·3	20·1	5·03	00 08
22	+44·9	19·5	4·88	00 07	29	+46·4	20·2	5·04	00 08
July 2∗	+45·1	19·6	4·90	00 07					

∗ 40-day date   † 400-day date for osculation epoch

Differential precession and nutation

The corrections for differential precession and nutation are given below. These are to be added to the observed differences of the right ascension and declination, $\Delta\alpha$ and $\Delta\delta$, of an object relative to a comparison star to obtain the differences in the mean place for a standard epoch (e.g. J2000·0 or the beginning of the year). The differences $\Delta\alpha$ and $\Delta\delta$ are measured in the sense "object − comparison star", and the corrections are in the same units as $\Delta\alpha$ and $\Delta\delta$.

In the correction to right ascension the same units must be used for $\Delta\alpha$ and $\Delta\delta$.

correction to right ascension $e \tan\delta \, \Delta\alpha - f \sec^2\delta \, \Delta\delta$

correction to declination $f \, \Delta\alpha$

where $e = -\cos\alpha \, (nt + \sin\epsilon \, \Delta\psi) - \sin\alpha \, \Delta\epsilon$
$f = +\sin\alpha \, (nt + \sin\epsilon \, \Delta\psi) - \cos\alpha \, \Delta\epsilon$
$\epsilon = 23°44,\ \sin\epsilon = 0·3977,\ \text{and}\ n = 0·000\,0972\ \text{radians for epoch J2014·5}$

t is the time in years *from* the standard epoch *to* the time of observation. $\Delta\psi$, $\Delta\epsilon$ are nutations in longitude and obliquity at the time of observation, *expressed in radians*. $(1'' = 0·000\,004\,8481\,\text{rad})$.

The errors in arc units caused by using these formulae are of order $10^{-8} \, t^2 \sec^2\delta$ multiplied by the displacement in arc from the comparison star.

FOR 0^h TERRESTRIAL TIME

Date 0^h TT	NUTATION in Long. $\Delta\psi$	in Obl. $\Delta\epsilon$	True Obl. of Ecliptic ϵ 23° 26′	Julian Date 0^h TT 245	CELESTIAL INTERMEDIATE Pole x	y	Origin s
	″	″	″		″	″	″
Jan. 0	+ 10·2265	− 8·2795	06·5706	6657·5	+ 284·5477	− 8·7417	+ 0·0079
1	+ 10·3925	− 8·2784	06·5705	6658·5	+ 284·6685	− 8·7410	+ 0·0079
2	+ 10·5458	− 8·2524	06·5952	6659·5	+ 284·7845	− 8·7154	+ 0·0078
3	+ 10·6554	− 8·2083	06·6380	6660·5	+ 284·8831	− 8·6716	+ 0·0078
4	+ 10·7046	− 8·1585	06·6865	6661·5	+ 284·9576	− 8·6221	+ 0·0078
5	+ 10·6964	− 8·1161	06·7276	6662·5	+ 285·0094	− 8·5798	+ 0·0077
6	+ 10·6492	− 8·0900	06·7525	6663·5	+ 285·0455	− 8·5538	+ 0·0077
7	+ 10·5877	− 8·0833	06·7578	6664·5	+ 285·0760	− 8·5472	+ 0·0077
8	+ 10·5346	− 8·0939	06·7460	6665·5	+ 285·1097	− 8·5579	+ 0·0077
9	+ 10·5060	− 8·1161	06·7225	6666·5	+ 285·1531	− 8·5802	+ 0·0077
10	+ 10·5095	− 8·1429	06·6944	6667·5	+ 285·2093	− 8·6073	+ 0·0078
11	+ 10·5458	− 8·1677	06·6684	6668·5	+ 285·2785	− 8·6322	+ 0·0078
12	+ 10·6094	− 8·1847	06·6501	6669·5	+ 285·3586	− 8·6495	+ 0·0078
13	+ 10·6907	− 8·1899	06·6435	6670·5	+ 285·4458	− 8·6550	+ 0·0078
14	+ 10·7781	− 8·1815	06·6507	6671·5	+ 285·5354	− 8·6468	+ 0·0078
15	+ 10·8590	− 8·1593	06·6716	6672·5	+ 285·6225	− 8·6250	+ 0·0078
16	+ 10·9220	− 8·1256	06·7040	6673·5	+ 285·7026	− 8·5915	+ 0·0077
17	+ 10·9584	− 8·0839	06·7445	6674·5	+ 285·7720	− 8·5500	+ 0·0077
18	+ 10·9632	− 8·0390	06·7881	6675·5	+ 285·8290	− 8·5053	+ 0·0077
19	+ 10·9362	− 7·9962	06·8296	6676·5	+ 285·8732	− 8·4627	+ 0·0076
20	+ 10·8818	− 7·9606	06·8639	6677·5	+ 285·9066	− 8·4272	+ 0·0076
21	+ 10·8091	− 7·9364	06·8868	6678·5	+ 285·9326	− 8·4031	+ 0·0076
22	+ 10·7307	− 7·9261	06·8958	6679·5	+ 285·9563	− 8·3929	+ 0·0076
23	+ 10·6618	− 7·9303	06·8903	6680·5	+ 285·9837	− 8·3971	+ 0·0076
24	+ 10·6179	− 7·9468	06·8725	6681·5	+ 286·0211	− 8·4138	+ 0·0076
25	+ 10·6128	− 7·9707	06·8473	6682·5	+ 286·0739	− 8·4378	+ 0·0076
26	+ 10·6544	− 7·9945	06·8223	6683·5	+ 286·1452	− 8·4618	+ 0·0076
27	+ 10·7413	− 8·0087	06·8068	6684·5	+ 286·2346	− 8·4763	+ 0·0076
28	+ 10·8594	− 8·0049	06·8094	6685·5	+ 286·3364	− 8·4728	+ 0·0076
29	+ 10·9828	− 7·9779	06·8351	6686·5	+ 286·4404	− 8·4462	+ 0·0076
30	+ 11·0797	− 7·9296	06·8821	6687·5	+ 286·5340	− 8·3982	+ 0·0075
31	+ 11·1243	− 7·8690	06·9414	6688·5	+ 286·6068	− 8·3378	+ 0·0075
Feb. 1	+ 11·1068	− 7·8094	06·9997	6689·5	+ 286·6549	− 8·2784	+ 0·0075
2	+ 11·0375	− 7·7635	07·0444	6690·5	+ 286·6823	− 8·2325	+ 0·0075
3	+ 10·9402	− 7·7381	07·0684	6691·5	+ 286·6986	− 8·2073	+ 0·0075
4	+ 10·8419	− 7·7336	07·0716	6692·5	+ 286·7144	− 8·2028	+ 0·0074
5	+ 10·7640	− 7·7448	07·0592	6693·5	+ 286·7382	− 8·2140	+ 0·0075
6	+ 10·7177	− 7·7640	07·0387	6694·5	+ 286·7746	− 8·2334	+ 0·0075
7	+ 10·7054	− 7·7835	07·0179	6695·5	+ 286·8245	− 8·2530	+ 0·0075
8	+ 10·7220	− 7·7968	07·0033	6696·5	+ 286·8859	− 8·2665	+ 0·0075
9	+ 10·7581	− 7·7996	06·9993	6697·5	+ 286·9551	− 8·2695	+ 0·0075
10	+ 10·8021	− 7·7895	07·0081	6698·5	+ 287·0275	− 8·2596	+ 0·0075
11	+ 10·8420	− 7·7663	07·0300	6699·5	+ 287·0984	− 8·2366	+ 0·0075
12	+ 10·8666	− 7·7315	07·0635	6700·5	+ 287·1631	− 8·2021	+ 0·0074
13	+ 10·8665	− 7·6883	07·1054	6701·5	+ 287·2181	− 8·1591	+ 0·0074
14	+ 10·8359	− 7·6412	07·1512	6702·5	+ 287·2609	− 8·1121	+ 0·0074
15	+ 10·7730	− 7·5954	07·1957	6703·5	+ 287·2909	− 8·0664	+ 0·0073

FOR 0ʰ TERRESTRIAL TIME

Date 0ʰ TT	NUTATION in Long. $\Delta\psi$	in Obl. $\Delta\epsilon$	True Obl. of Ecliptic ϵ 23° 26′	Julian Date 0ʰ TT 245	CELESTIAL INTERMEDIATE Pole $\mathcal{X}$	$\mathcal{Y}$	Origin s
	″	″	″		″	″	″
Feb. 15	+ 10·7730	− 7·5954	07·1957	6703·5	+ 287·2909	− 8·0664	+ 0·0073
16	+ 10·6808	− 7·5561	07·2337	6704·5	+ 287·3092	− 8·0272	+ 0·0073
17	+ 10·5673	− 7·5280	07·2606	6705·5	+ 287·3190	− 7·9991	+ 0·0073
18	+ 10·4446	− 7·5140	07·2733	6706·5	+ 287·3252	− 7·9851	+ 0·0073
19	+ 10·3276	− 7·5150	07·2710	6707·5	+ 287·3335	− 7·9861	+ 0·0073
20	+ 10·2313	− 7·5292	07·2555	6708·5	+ 287·3500	− 8·0004	+ 0·0073
21	+ 10·1690	− 7·5523	07·2311	6709·5	+ 287·3800	− 8·0236	+ 0·0073
22	+ 10·1487	− 7·5775	07·2046	6710·5	+ 287·4267	− 8·0490	+ 0·0073
23	+ 10·1708	− 7·5969	07·1840	6711·5	+ 287·4903	− 8·0686	+ 0·0073
24	+ 10·2260	− 7·6025	07·1771	6712·5	+ 287·5671	− 8·0744	+ 0·0073
25	+ 10·2952	− 7·5890	07·1894	6713·5	+ 287·6495	− 8·0611	+ 0·0073
26	+ 10·3529	− 7·5552	07·2218	6714·5	+ 287·7274	− 8·0276	+ 0·0073
27	+ 10·3731	− 7·5063	07·2694	6715·5	+ 287·7905	− 7·9789	+ 0·0073
28	+ 10·3391	− 7·4527	07·3218	6716·5	+ 287·8320	− 7·9255	+ 0·0072
Mar. 1	+ 10·2501	− 7·4069	07·3662	6717·5	+ 287·8516	− 7·8798	+ 0·0072
2	+ 10·1222	− 7·3793	07·3926	6718·5	+ 287·8557	− 7·8522	+ 0·0072
3	+ 9·9814	− 7·3741	07·3965	6719·5	+ 287·8546	− 7·8469	+ 0·0072
4	+ 9·8536	− 7·3888	07·3805	6720·5	+ 287·8586	− 7·8617	+ 0·0072
5	+ 9·7565	− 7·4163	07·3517	6721·5	+ 287·8748	− 7·8892	+ 0·0072
6	+ 9·6966	− 7·4479	07·3189	6722·5	+ 287·9057	− 7·9209	+ 0·0072
7	+ 9·6706	− 7·4757	07·2898	6723·5	+ 287·9501	− 7·9488	+ 0·0072
8	+ 9·6691	− 7·4941	07·2701	6724·5	+ 288·0043	− 7·9674	+ 0·0073
9	+ 9·6797	− 7·5001	07·2629	6725·5	+ 288·0634	− 7·9736	+ 0·0073
10	+ 9·6898	− 7·4930	07·2687	6726·5	+ 288·1223	− 7·9667	+ 0·0073
11	+ 9·6878	− 7·4741	07·2863	6727·5	+ 288·1764	− 7·9480	+ 0·0072
12	+ 9·6643	− 7·4463	07·3128	6728·5	+ 288·2220	− 7·9204	+ 0·0072
13	+ 9·6126	− 7·4137	07·3441	6729·5	+ 288·2564	− 7·8879	+ 0·0072
14	+ 9·5299	− 7·3813	07·3753	6730·5	+ 288·2785	− 7·8555	+ 0·0072
15	+ 9·4179	− 7·3542	07·4011	6731·5	+ 288·2889	− 7·8284	+ 0·0072
16	+ 9·2829	− 7·3374	07·4166	6732·5	+ 288·2902	− 7·8116	+ 0·0071
17	+ 9·1361	− 7·3346	07·4181	6733·5	+ 288·2866	− 7·8088	+ 0·0071
18	+ 8·9921	− 7·3474	07·4040	6734·5	+ 288·2842	− 7·8216	+ 0·0072
19	+ 8·8668	− 7·3747	07·3754	6735·5	+ 288·2891	− 7·8490	+ 0·0072
20	+ 8·7743	− 7·4125	07·3364	6736·5	+ 288·3071	− 7·8868	+ 0·0072
21	+ 8·7235	− 7·4540	07·2935	6737·5	+ 288·3416	− 7·9285	+ 0·0072
22	+ 8·7155	− 7·4915	07·2548	6738·5	+ 288·3931	− 7·9661	+ 0·0073
23	+ 8·7420	− 7·5172	07·2278	6739·5	+ 288·4585	− 7·9920	+ 0·0073
24	+ 8·7863	− 7·5256	07·2181	6740·5	+ 288·5309	− 8·0007	+ 0·0073
25	+ 8·8260	− 7·5153	07·2271	6741·5	+ 288·6016	− 7·9906	+ 0·0073
26	+ 8·8383	− 7·4895	07·2516	6742·5	+ 288·6614	− 7·9650	+ 0·0072
27	+ 8·8058	− 7·4561	07·2837	6743·5	+ 288·7035	− 7·9317	+ 0·0072
28	+ 8·7230	− 7·4259	07·3126	6744·5	+ 288·7255	− 7·9016	+ 0·0072
29	+ 8·5984	− 7·4093	07·3280	6745·5	+ 288·7309	− 7·8850	+ 0·0072
30	+ 8·4524	− 7·4129	07·3231	6746·5	+ 288·7277	− 7·8886	+ 0·0072
31	+ 8·3103	− 7·4377	07·2970	6747·5	+ 288·7259	− 7·9134	+ 0·0072
Apr. 1	+ 8·1939	− 7·4790	07·2544	6748·5	+ 288·7344	− 7·9547	+ 0·0072
2	+ 8·1157	− 7·5286	07·2036	6749·5	+ 288·7580	− 8·0043	+ 0·0073

FOR 0^h TERRESTRIAL TIME

Date 0^h TT	NUTATION in Long. $\Delta\psi$	in Obl. $\Delta\epsilon$	True Obl. of Ecliptic ϵ 23° 26′	Julian Date 0^h TT 245	CELESTIAL INTERMEDIATE Pole x	y	Origin s
	″	″	″		″	″	″
Apr. 1	+ 8·1939	− 7·4790	07·2544	6748·5	+ 288·7344	− 7·9547	+ 0·0072
2	+ 8·1157	− 7·5286	07·2036	6749·5	+ 288·7580	− 8·0043	+ 0·0073
3	+ 8·0769	− 7·5776	07·1533	6750·5	+ 288·7973	− 8·0535	+ 0·0073
4	+ 8·0698	− 7·6189	07·1107	6751·5	+ 288·8492	− 8·0950	+ 0·0073
5	+ 8·0817	− 7·6481	07·0802	6752·5	+ 288·9087	− 8·1244	+ 0·0074
6	+ 8·0987	− 7·6636	07·0634	6753·5	+ 288·9702	− 8·1400	+ 0·0074
7	+ 8·1076	− 7·6662	07·0595	6754·5	+ 289·0287	− 8·1429	+ 0·0074
8	+ 8·0982	− 7·6587	07·0658	6755·5	+ 289·0798	− 8·1355	+ 0·0074
9	+ 8·0631	− 7·6449	07·0783	6756·5	+ 289·1207	− 8·1218	+ 0·0073
10	+ 7·9987	− 7·6295	07·0925	6757·5	+ 289·1500	− 8·1065	+ 0·0073
11	+ 7·9054	− 7·6176	07·1031	6758·5	+ 289·1678	− 8·0946	+ 0·0073
12	+ 7·7881	− 7·6142	07·1052	6759·5	+ 289·1761	− 8·0913	+ 0·0073
13	+ 7·6561	− 7·6235	07·0945	6760·5	+ 289·1784	− 8·1007	+ 0·0073
14	+ 7·5233	− 7·6482	07·0685	6761·5	+ 289·1804	− 8·1254	+ 0·0073
15	+ 7·4057	− 7·6883	07·0272	6762·5	+ 289·1883	− 8·1654	+ 0·0074
16	+ 7·3194	− 7·7405	06·9737	6763·5	+ 289·2087	− 8·2177	+ 0·0074
17	+ 7·2759	− 7·7986	06·9143	6764·5	+ 289·2461	− 8·2759	+ 0·0075
18	+ 7·2788	− 7·8543	06·8574	6765·5	+ 289·3019	− 8·3318	+ 0·0075
19	+ 7·3210	− 7·8990	06·8113	6766·5	+ 289·3734	− 8·3768	+ 0·0075
20	+ 7·3857	− 7·9266	06·7825	6767·5	+ 289·4539	− 8·4046	+ 0·0075
21	+ 7·4503	− 7·9348	06·7730	6768·5	+ 289·5345	− 8·4131	+ 0·0075
22	+ 7·4915	− 7·9264	06·7801	6769·5	+ 289·6057	− 8·4049	+ 0·0075
23	+ 7·4920	− 7·9086	06·7967	6770·5	+ 289·6609	− 8·3873	+ 0·0075
24	+ 7·4451	− 7·8911	06·8129	6771·5	+ 289·6971	− 8·3699	+ 0·0075
25	+ 7·3563	− 7·8836	06·8191	6772·5	+ 289·7167	− 8·3625	+ 0·0075
26	+ 7·2420	− 7·8934	06·8080	6773·5	+ 289·7261	− 8·3723	+ 0·0075
27	+ 7·1245	− 7·9230	06·7771	6774·5	+ 289·7341	− 8·4019	+ 0·0075
28	+ 7·0260	− 7·9700	06·7288	6775·5	+ 289·7496	− 8·4490	+ 0·0076
29	+ 6·9620	− 8·0279	06·6696	6776·5	+ 289·7789	− 8·5070	+ 0·0076
30	+ 6·9388	− 8·0885	06·6078	6777·5	+ 289·8243	− 8·5677	+ 0·0076
May 1	+ 6·9527	− 8·1436	06·5514	6778·5	+ 289·8845	− 8·6230	+ 0·0077
2	+ 6·9925	− 8·1874	06·5062	6779·5	+ 289·9551	− 8·6671	+ 0·0077
3	+ 7·0441	− 8·2172	06·4752	6780·5	+ 290·0303	− 8·6971	+ 0·0077
4	+ 7·0927	− 8·2327	06·4585	6781·5	+ 290·1045	− 8·7128	+ 0·0077
5	+ 7·1263	− 8·2361	06·4537	6782·5	+ 290·1727	− 8·7165	+ 0·0077
6	+ 7·1361	− 8·2313	06·4573	6783·5	+ 290·2315	− 8·7118	+ 0·0077
7	+ 7·1174	− 8·2227	06·4646	6784·5	+ 290·2789	− 8·7034	+ 0·0077
8	+ 7·0696	− 8·2155	06·4705	6785·5	+ 290·3148	− 8·6963	+ 0·0077
9	+ 6·9962	− 8·2145	06·4702	6786·5	+ 290·3405	− 8·6954	+ 0·0077
10	+ 6·9051	− 8·2242	06·4592	6787·5	+ 290·3591	− 8·7052	+ 0·0077
11	+ 6·8080	− 8·2478	06·4344	6788·5	+ 290·3753	− 8·7288	+ 0·0077
12	+ 6·7204	− 8·2865	06·3944	6789·5	+ 290·3952	− 8·7676	+ 0·0078
13	+ 6·6589	− 8·3386	06·3410	6790·5	+ 290·4254	− 8·8198	+ 0·0078
14	+ 6·6381	− 8·3993	06·2790	6791·5	+ 290·4718	− 8·8806	+ 0·0079
15	+ 6·6662	− 8·4604	06·2166	6792·5	+ 290·5376	− 8·9419	+ 0·0079
16	+ 6·7405	− 8·5126	06·1632	6793·5	+ 290·6218	− 8·9944	+ 0·0079
17	+ 6·8459	− 8·5477	06·1268	6794·5	+ 290·7185	− 9·0298	+ 0·0080

FOR 0ʰ TERRESTRIAL TIME

Date 0ʰ TT		NUTATION in Long. $\Delta\psi$	NUTATION in Obl. $\Delta\epsilon$	True Obl. of Ecliptic ϵ 23° 26′	Julian Date 0ʰ TT 245	CELESTIAL INTERMEDIATE Pole x	Pole y	Origin s
		″	″	″		″	″	″
May	17	+ 6·8459	− 8·5477	06·1268	6794·5	+ 290·7185	− 9·0298	+ 0·0080
	18	+ 6·9583	− 8·5616	06·1115	6795·5	+ 290·8180	− 9·0441	+ 0·0080
	19	+ 7·0511	− 8·5562	06·1157	6796·5	+ 290·9098	− 9·0389	+ 0·0080
	20	+ 7·1035	− 8·5383	06·1323	6797·5	+ 290·9856	− 9·0213	+ 0·0079
	21	+ 7·1064	− 8·5181	06·1512	6798·5	+ 291·0417	− 9·0013	+ 0·0079
	22	+ 7·0641	− 8·5058	06·1622	6799·5	+ 291·0798	− 8·9891	+ 0·0079
	23	+ 6·9919	− 8·5088	06·1580	6800·5	+ 291·1059	− 8·9922	+ 0·0079
	24	+ 6·9109	− 8·5303	06·1351	6801·5	+ 291·1285	− 9·0138	+ 0·0079
	25	+ 6·8426	− 8·5690	06·0952	6802·5	+ 291·1561	− 9·0526	+ 0·0080
	26	+ 6·8038	− 8·6196	06·0433	6803·5	+ 291·1953	− 9·1033	+ 0·0080
	27	+ 6·8031	− 8·6748	05·9868	6804·5	+ 291·2497	− 9·1587	+ 0·0080
	28	+ 6·8402	− 8·7267	05·9336	6805·5	+ 291·3192	− 9·2108	+ 0·0081
	29	+ 6·9073	− 8·7689	05·8901	6806·5	+ 291·4006	− 9·2533	+ 0·0081
	30	+ 6·9913	− 8·7975	05·8603	6807·5	+ 291·4888	− 9·2821	+ 0·0081
	31	+ 7·0775	− 8·8110	05·8455	6808·5	+ 291·5778	− 9·2960	+ 0·0081
June	1	+ 7·1522	− 8·8110	05·8442	6809·5	+ 291·6624	− 9·2962	+ 0·0081
	2	+ 7·2050	− 8·8007	05·8533	6810·5	+ 291·7383	− 9·2861	+ 0·0081
	3	+ 7·2295	− 8·7845	05·8681	6811·5	+ 291·8030	− 9·2702	+ 0·0081
	4	+ 7·2238	− 8·7676	05·8838	6812·5	+ 291·8556	− 9·2535	+ 0·0081
	5	+ 7·1903	− 8·7549	05·8952	6813·5	+ 291·8972	− 9·2409	+ 0·0081
	6	+ 7·1355	− 8·7508	05·8980	6814·5	+ 291·9303	− 9·2369	+ 0·0081
	7	+ 7·0698	− 8·7589	05·8887	6815·5	+ 291·9590	− 9·2450	+ 0·0081
	8	+ 7·0066	− 8·7809	05·8653	6816·5	+ 291·9886	− 9·2672	+ 0·0081
	9	+ 6·9615	− 8·8166	05·8283	6817·5	+ 292·0255	− 9·3030	+ 0·0081
	10	+ 6·9504	− 8·8629	05·7808	6818·5	+ 292·0758	− 9·3494	+ 0·0081
	11	+ 6·9852	− 8·9131	05·7293	6819·5	+ 292·1443	− 9·3999	+ 0·0082
	12	+ 7·0695	− 8·9584	05·6827	6820·5	+ 292·2326	− 9·4455	+ 0·0082
	13	+ 7·1946	− 8·9893	05·6505	6821·5	+ 292·3371	− 9·4767	+ 0·0082
	14	+ 7·3389	− 8·9988	05·6397	6822·5	+ 292·4493	− 9·4866	+ 0·0082
	15	+ 7·4732	− 8·9858	05·6515	6823·5	+ 292·5576	− 9·4739	+ 0·0082
	16	+ 7·5700	− 8·9558	05·6802	6824·5	+ 292·6511	− 9·4443	+ 0·0082
	17	+ 7·6138	− 8·9194	05·7153	6825·5	+ 292·7235	− 9·4081	+ 0·0082
	18	+ 7·6049	− 8·8884	05·7450	6826·5	+ 292·7749	− 9·3772	+ 0·0082
	19	+ 7·5579	− 8·8718	05·7604	6827·5	+ 292·8111	− 9·3607	+ 0·0081
	20	+ 7·4950	− 8·8738	05·7570	6828·5	+ 292·8409	− 9·3629	+ 0·0081
	21	+ 7·4390	− 8·8936	05·7359	6829·5	+ 292·8735	− 9·3828	+ 0·0082
	22	+ 7·4077	− 8·9264	05·7019	6830·5	+ 292·9158	− 9·4158	+ 0·0082
	23	+ 7·4111	− 8·9651	05·6619	6831·5	+ 292·9719	− 9·4546	+ 0·0082
	24	+ 7·4508	− 9·0023	05·6235	6832·5	+ 293·0424	− 9·4920	+ 0·0082
	25	+ 7·5210	− 9·0313	05·5931	6833·5	+ 293·1251	− 9·5213	+ 0·0082
	26	+ 7·6106	− 9·0477	05·5754	6834·5	+ 293·2155	− 9·5381	+ 0·0083
	27	+ 7·7059	− 9·0495	05·5723	6835·5	+ 293·3083	− 9·5402	+ 0·0083
	28	+ 7·7931	− 9·0372	05·5834	6836·5	+ 293·3979	− 9·5281	+ 0·0082
	29	+ 7·8605	− 9·0132	05·6061	6837·5	+ 293·4796	− 9·5044	+ 0·0082
	30	+ 7·9002	− 8·9819	05·6361	6838·5	+ 293·5504	− 9·4733	+ 0·0082
July	1	+ 7·9088	− 8·9482	05·6686	6839·5	+ 293·6088	− 9·4398	+ 0·0082
	2	+ 7·8872	− 8·9170	05·6985	6840·5	+ 293·6552	− 9·4088	+ 0·0082

FOR 0^h TERRESTRIAL TIME

Date	NUTATION		True Obl.	Julian	CELESTIAL INTERMEDIATE		
	in Long.	in Obl.	of Ecliptic	Date	Pole		Origin
0^h TT	$\Delta\psi$	$\Delta\epsilon$	ϵ 23° 26'	0^h TT 245	x	y	s
	"	"	"		"	"	"
July 1	+ 7·9088	− 8·9482	05·6686	6839·5	+ 293·6088	− 9·4398	+ 0·0082
2	+ 7·8872	− 8·9170	05·6985	6840·5	+ 293·6552	− 9·4088	+ 0·0082
3	+ 7·8410	− 8·8931	05·7211	6841·5	+ 293·6917	− 9·3849	+ 0·0081
4	+ 7·7792	− 8·8800	05·7329	6842·5	+ 293·7220	− 9·3719	+ 0·0081
5	+ 7·7140	− 8·8799	05·7317	6843·5	+ 293·7510	− 9·3720	+ 0·0081
6	+ 7·6595	− 8·8932	05·7172	6844·5	+ 293·7841	− 9·3853	+ 0·0081
7	+ 7·6305	− 8·9178	05·6912	6845·5	+ 293·8274	− 9·4101	+ 0·0081
8	+ 7·6401	− 8·9492	05·6586	6846·5	+ 293·8859	− 9·4417	+ 0·0082
9	+ 7·6960	− 8·9799	05·6266	6847·5	+ 293·9629	− 9·4727	+ 0·0082
10	+ 7·7968	− 9·0010	05·6042	6848·5	+ 294·0578	− 9·4941	+ 0·0082
11	+ 7·9283	− 9·0040	05·6000	6849·5	+ 294·1650	− 9·4974	+ 0·0082
12	+ 8·0649	− 8·9841	05·6185	6850·5	+ 294·2742	− 9·4779	+ 0·0082
13	+ 8·1758	− 8·9433	05·6581	6851·5	+ 294·3733	− 9·4374	+ 0·0082
14	+ 8·2364	− 8·8904	05·7097	6852·5	+ 294·4524	− 9·3847	+ 0·0081
15	+ 8·2378	− 8·8381	05·7607	6853·5	+ 294·5080	− 9·3327	+ 0·0081
16	+ 8·1899	− 8·7985	05·7990	6854·5	+ 294·5440	− 9·2931	+ 0·0080
17	+ 8·1152	− 8·7783	05·8179	6855·5	+ 294·5692	− 9·2731	+ 0·0080
18	+ 8·0398	− 8·7782	05·8167	6856·5	+ 294·5941	− 9·2730	+ 0·0080
19	+ 7·9848	− 8·7935	05·8001	6857·5	+ 294·6270	− 9·2885	+ 0·0080
20	+ 7·9624	− 8·8169	05·7755	6858·5	+ 294·6729	− 9·3120	+ 0·0081
21	+ 7·9754	− 8·8405	05·7506	6859·5	+ 294·7329	− 9·3358	+ 0·0081
22	+ 8·0190	− 8·8575	05·7323	6860·5	+ 294·8050	− 9·3530	+ 0·0081
23	+ 8·0831	− 8·8631	05·7254	6861·5	+ 294·8854	− 9·3589	+ 0·0081
24	+ 8·1550	− 8·8549	05·7324	6862·5	+ 294·9688	− 9·3510	+ 0·0081
25	+ 8·2213	− 8·8328	05·7532	6863·5	+ 295·0501	− 9·3291	+ 0·0081
26	+ 8·2701	− 8·7987	05·7860	6864·5	+ 295·1245	− 9·2953	+ 0·0080
27	+ 8·2926	− 8·7565	05·8269	6865·5	+ 295·1885	− 9·2533	+ 0·0080
28	+ 8·2840	− 8·7107	05·8715	6866·5	+ 295·2401	− 9·2077	+ 0·0080
29	+ 8·2439	− 8·6664	05·9144	6867·5	+ 295·2791	− 9·1635	+ 0·0079
30	+ 8·1765	− 8·6285	05·9510	6868·5	+ 295·3073	− 9·1257	+ 0·0079
31	+ 8·0900	− 8·6008	05·9774	6869·5	+ 295·3278	− 9·0981	+ 0·0079
Aug. 1	+ 7·9957	− 8·5858	05·9912	6870·5	+ 295·3453	− 9·0831	+ 0·0079
2	+ 7·9070	− 8·5841	05·9917	6871·5	+ 295·3648	− 9·0815	+ 0·0079
3	+ 7·8374	− 8·5942	05·9802	6872·5	+ 295·3920	− 9·0917	+ 0·0079
4	+ 7·7994	− 8·6126	05·9606	6873·5	+ 295·4317	− 9·1102	+ 0·0079
5	+ 7·8018	− 8·6333	05·9386	6874·5	+ 295·4874	− 9·1311	+ 0·0079
6	+ 7·8468	− 8·6487	05·9219	6875·5	+ 295·5601	− 9·1468	+ 0·0079
7	+ 7·9271	− 8·6509	05·9184	6876·5	+ 295·6469	− 9·1492	+ 0·0079
8	+ 8·0246	− 8·6335	05·9346	6877·5	+ 295·7406	− 9·1321	+ 0·0079
9	+ 8·1126	− 8·5947	05·9720	6878·5	+ 295·8306	− 9·0936	+ 0·0079
10	+ 8·1630	− 8·5394	06·0261	6879·5	+ 295·9057	− 9·0386	+ 0·0078
11	+ 8·1572	− 8·4785	06·0857	6880·5	+ 295·9585	− 8·9778	+ 0·0078
12	+ 8·0942	− 8·4254	06·1375	6881·5	+ 295·9885	− 8·9249	+ 0·0078
13	+ 7·9917	− 8·3908	06·1708	6882·5	+ 296·0027	− 8·8903	+ 0·0077
14	+ 7·8770	− 8·3786	06·1817	6883·5	+ 296·0120	− 8·8781	+ 0·0077
15	+ 7·7766	− 8·3859	06·1732	6884·5	+ 296·0268	− 8·8855	+ 0·0077
16	+ 7·7075	− 8·4051	06·1527	6885·5	+ 296·0542	− 8·9048	+ 0·0077

FOR 0^h TERRESTRIAL TIME

Date 0^h TT	NUTATION in Long. $\Delta\psi$	in Obl. $\Delta\epsilon$	True Obl. of Ecliptic ϵ 23° 26′	Julian Date 0^h TT 245	CELESTIAL INTERMEDIATE Pole x	y	Origin s
	″	″	″		″	″	″
Aug. 16	+ 7·7075	− 8·4051	06·1527	6885·5	+ 296·0542	− 8·9048	+ 0·0077
17	+ 7·6755	− 8·4274	06·1291	6886·5	+ 296·0962	− 8·9272	+ 0·0078
18	+ 7·6765	− 8·4448	06·1104	6887·5	+ 296·1514	− 8·9448	+ 0·0078
19	+ 7·7006	− 8·4520	06·1019	6888·5	+ 296·2159	− 8·9522	+ 0·0078
20	+ 7·7347	− 8·4461	06·1066	6889·5	+ 296·2843	− 8·9465	+ 0·0078
21	+ 7·7656	− 8·4266	06·1248	6890·5	+ 296·3515	− 8·9272	+ 0·0077
22	+ 7·7814	− 8·3952	06·1549	6891·5	+ 296·4128	− 8·8960	+ 0·0077
23	+ 7·7729	− 8·3551	06·1937	6892·5	+ 296·4644	− 8·8562	+ 0·0077
24	+ 7·7344	− 8·3109	06·2366	6893·5	+ 296·5041	− 8·8121	+ 0·0077
25	+ 7·6644	− 8·2674	06·2788	6894·5	+ 296·5313	− 8·7687	+ 0·0076
26	+ 7·5660	− 8·2296	06·3154	6895·5	+ 296·5471	− 8·7309	+ 0·0076
27	+ 7·4462	− 8·2016	06·3421	6896·5	+ 296·5544	− 8·7029	+ 0·0076
28	+ 7·3159	− 8·1862	06·3561	6897·5	+ 296·5575	− 8·6876	+ 0·0076
29	+ 7·1878	− 8·1846	06·3565	6898·5	+ 296·5614	− 8·6860	+ 0·0076
30	+ 7·0755	− 8·1956	06·3442	6899·5	+ 296·5716	− 8·6970	+ 0·0076
31	+ 6·9910	− 8·2159	06·3226	6900·5	+ 296·5928	− 8·7174	+ 0·0076
Sept. 1	+ 6·9430	− 8·2403	06·2969	6901·5	+ 296·6285	− 8·7419	+ 0·0076
2	+ 6·9346	− 8·2622	06·2738	6902·5	+ 296·6799	− 8·7639	+ 0·0076
3	+ 6·9614	− 8·2743	06·2604	6903·5	+ 296·7454	− 8·7763	+ 0·0076
4	+ 7·0105	− 8·2706	06·2628	6904·5	+ 296·8198	− 8·7728	+ 0·0076
5	+ 7·0612	− 8·2479	06·2842	6905·5	+ 296·8949	− 8·7503	+ 0·0076
6	+ 7·0889	− 8·2078	06·3230	6906·5	+ 296·9609	− 8·7105	+ 0·0076
7	+ 7·0718	− 8·1578	06·3718	6907·5	+ 297·0091	− 8·6606	+ 0·0075
8	+ 7·0001	− 8·1094	06·4189	6908·5	+ 297·0356	− 8·6123	+ 0·0075
9	+ 6·8811	− 8·0749	06·4521	6909·5	+ 297·0433	− 8·5779	+ 0·0075
10	+ 6·7375	− 8·0624	06·4633	6910·5	+ 297·0411	− 8·5653	+ 0·0075
11	+ 6·5980	− 8·0726	06·4519	6911·5	+ 297·0405	− 8·5755	+ 0·0075
12	+ 6·4863	− 8·0997	06·4234	6912·5	+ 297·0508	− 8·6027	+ 0·0075
13	+ 6·4141	− 8·1344	06·3875	6913·5	+ 297·0768	− 8·6375	+ 0·0075
14	+ 6·3806	− 8·1672	06·3534	6914·5	+ 297·1183	− 8·6704	+ 0·0075
15	+ 6·3762	− 8·1911	06·3282	6915·5	+ 297·1713	− 8·6944	+ 0·0076
16	+ 6·3867	− 8·2020	06·3160	6916·5	+ 297·2303	− 8·7056	+ 0·0076
17	+ 6·3976	− 8·1992	06·3176	6917·5	+ 297·2895	− 8·7029	+ 0·0076
18	+ 6·3963	− 8·1839	06·3315	6918·5	+ 297·3439	− 8·6879	+ 0·0076
19	+ 6·3730	− 8·1595	06·3547	6919·5	+ 297·3896	− 8·6636	+ 0·0075
20	+ 6·3214	− 8·1300	06·3829	6920·5	+ 297·4240	− 8·6342	+ 0·0075
21	+ 6·2394	− 8·1002	06·4114	6921·5	+ 297·4464	− 8·6045	+ 0·0075
22	+ 6·1288	− 8·0752	06·4351	6922·5	+ 297·4573	− 8·5796	+ 0·0075
23	+ 5·9958	− 8·0593	06·4497	6923·5	+ 297·4594	− 8·5637	+ 0·0075
24	+ 5·8502	− 8·0558	06·4519	6924·5	+ 297·4563	− 8·5602	+ 0·0075
25	+ 5·7047	− 8·0664	06·4401	6925·5	+ 297·4533	− 8·5707	+ 0·0075
26	+ 5·5730	− 8·0904	06·4148	6926·5	+ 297·4557	− 8·5947	+ 0·0075
27	+ 5·4678	− 8·1249	06·3790	6927·5	+ 297·4686	− 8·6293	+ 0·0075
28	+ 5·3985	− 8·1649	06·3377	6928·5	+ 297·4958	− 8·6694	+ 0·0075
29	+ 5·3687	− 8·2038	06·2976	6929·5	+ 297·5386	− 8·7084	+ 0·0076
30	+ 5·3746	− 8·2347	06·2654	6930·5	+ 297·5958	− 8·7395	+ 0·0076
Oct. 1	+ 5·4051	− 8·2518	06·2470	6931·5	+ 297·6627	− 8·7568	+ 0·0076

FOR 0^h TERRESTRIAL TIME

Date 0^h TT	NUTATION in Long. $\Delta\psi$	NUTATION in Obl. $\Delta\epsilon$	True Obl. of Ecliptic ϵ 23° 26′	Julian Date 0^h TT 245	CELESTIAL INTERMEDIATE Pole x	Pole y	Origin s
	"	"	"		"	"	"
Oct. 1	+ 5·4051	− 8·2518	06·2470	6931·5	+ 297·6627	− 8·7568	+ 0·0076
2	+ 5·4425	− 8·2516	06·2459	6932·5	+ 297·7324	− 8·7569	+ 0·0076
3	+ 5·4654	− 8·2348	06·2614	6933·5	+ 297·7965	− 8·7403	+ 0·0076
4	+ 5·4540	− 8·2063	06·2886	6934·5	+ 297·8469	− 8·7120	+ 0·0076
5	+ 5·3958	− 8·1754	06·3183	6935·5	+ 297·8787	− 8·6811	+ 0·0075
6	+ 5·2911	− 8·1530	06·3394	6936·5	+ 297·8920	− 8·6588	+ 0·0075
7	+ 5·1545	− 8·1486	06·3425	6937·5	+ 297·8926	− 8·6544	+ 0·0075
8	+ 5·0112	− 8·1666	06·3232	6938·5	+ 297·8904	− 8·6724	+ 0·0075
9	+ 4·8875	− 8·2049	06·2836	6939·5	+ 297·8959	− 8·7107	+ 0·0076
10	+ 4·8020	− 8·2556	06·2316	6940·5	+ 297·9166	− 8·7615	+ 0·0076
11	+ 4·7604	− 8·3088	06·1772	6941·5	+ 297·9547	− 8·8148	+ 0·0076
12	+ 4·7563	− 8·3553	06·1294	6942·5	+ 298·0078	− 8·8615	+ 0·0077
13	+ 4·7757	− 8·3894	06·0940	6943·5	+ 298·0703	− 8·8958	+ 0·0077
14	+ 4·8021	− 8·4087	06·0734	6944·5	+ 298·1356	− 8·9154	+ 0·0077
15	+ 4·8205	− 8·4143	06·0665	6945·5	+ 298·1977	− 8·9211	+ 0·0077
16	+ 4·8195	− 8·4090	06·0705	6946·5	+ 298·2522	− 8·9160	+ 0·0077
17	+ 4·7918	− 8·3971	06·0811	6947·5	+ 298·2961	− 8·9043	+ 0·0077
18	+ 4·7345	− 8·3835	06·0935	6948·5	+ 298·3282	− 8·8908	+ 0·0077
19	+ 4·6486	− 8·3731	06·1026	6949·5	+ 298·3490	− 8·8804	+ 0·0077
20	+ 4·5393	− 8·3703	06·1041	6950·5	+ 298·3604	− 8·8776	+ 0·0077
21	+ 4·4153	− 8·3789	06·0943	6951·5	+ 298·3659	− 8·8863	+ 0·0077
22	+ 4·2887	− 8·4011	06·0707	6952·5	+ 298·3703	8·9085	+ 0·0077
23	+ 4·1732	− 8·4372	06·0333	6953·5	+ 298·3791	− 8·9447	+ 0·0077
24	+ 4·0827	− 8·4850	05·9843	6954·5	+ 298·3979	− 8·9925	+ 0·0078
25	+ 4·0285	− 8·5397	05·9283	6955·5	+ 298·4310	− 9·0474	+ 0·0078
26	+ 4·0158	− 8·5948	05·8719	6956·5	+ 298·4806	− 9·1026	+ 0·0078
27	+ 4·0424	− 8·6428	05·8226	6957·5	+ 298·5459	− 9·1508	+ 0·0079
28	+ 4·0974	− 8·6773	05·7868	6958·5	+ 298·6225	− 9·1856	+ 0·0079
29	+ 4·1630	− 8·6945	05·7683	6959·5	+ 298·7034	− 9·2031	+ 0·0079
30	+ 4·2183	− 8·6945	05·7671	6960·5	+ 298·7802	− 9·2033	+ 0·0079
31	+ 4·2439	− 8·6817	05·7786	6961·5	+ 298·8453	− 9·1907	+ 0·0079
Nov. 1	+ 4·2272	− 8·6639	05·7951	6962·5	+ 298·8936	− 9·1731	+ 0·0079
2	+ 4·1664	− 8·6510	05·8067	6963·5	+ 298·9243	− 9·1603	+ 0·0079
3	+ 4·0715	− 8·6521	05·8044	6964·5	+ 298·9415	− 9·1614	+ 0·0079
4	+ 3·9627	− 8·6728	05·7824	6965·5	+ 298·9530	− 9·1822	+ 0·0079
5	+ 3·8644	− 8·7136	05·7403	6966·5	+ 298·9686	− 9·2230	+ 0·0079
6	+ 3·7978	− 8·7694	05·6832	6967·5	+ 298·9968	− 9·2789	+ 0·0079
7	+ 3·7747	− 8·8317	05·6196	6968·5	+ 299·0423	− 9·3413	+ 0·0080
8	+ 3·7947	− 8·8908	05·5593	6969·5	+ 299·1049	− 9·4007	+ 0·0080
9	+ 3·8470	− 8·9390	05·5097	6970·5	+ 299·1804	− 9·4491	+ 0·0081
10	+ 3·9152	− 8·9722	05·4753	6971·5	+ 299·2622	− 9·4826	+ 0·0081
11	+ 3·9819	− 8·9898	05·4564	6972·5	+ 299·3436	− 9·5004	+ 0·0081
12	+ 4·0330	− 8·9941	05·4509	6973·5	+ 299·4188	− 9·5050	+ 0·0081
13	+ 4·0588	− 8·9893	05·4544	6974·5	+ 299·4839	− 9·5004	+ 0·0081
14	+ 4·0547	− 8·9804	05·4619	6975·5	+ 299·5372	− 9·4917	+ 0·0081
15	+ 4·0209	− 8·9726	05·4685	6976·5	+ 299·5786	− 9·4841	+ 0·0081
16	+ 3·9616	− 8·9705	05·4693	6977·5	+ 299·6099	− 9·4821	+ 0·0081

FOR 0ʰ TERRESTRIAL TIME

Date 0ʰ TT	NUTATION in Long. $\Delta\psi$	in Obl. $\Delta\epsilon$	True Obl. of Ecliptic ϵ 23° 26′	Julian Date 0ʰ TT 245	CELESTIAL INTERMEDIATE Pole x	y	Origin s
	″	″	″		″	″	″
Nov. 16	+ 3·9616	− 8·9705	05·4693	6977·5	+ 299·6099	− 9·4821	+ 0·0081
17	+ 3·8845	− 8·9781	05·4604	6978·5	+ 299·6341	− 9·4897	+ 0·0081
18	+ 3·8006	− 8·9980	05·4392	6979·5	+ 299·6555	− 9·5097	+ 0·0081
19	+ 3·7230	− 9·0314	05·4046	6980·5	+ 299·6794	− 9·5432	+ 0·0081
20	+ 3·6661	− 9·0770	05·3577	6981·5	+ 299·7114	− 9·5889	+ 0·0082
21	+ 3·6427	− 9·1313	05·3021	6982·5	+ 299·7568	− 9·6433	+ 0·0082
22	+ 3·6617	− 9·1881	05·2440	6983·5	+ 299·8191	− 9·7003	+ 0·0082
23	+ 3·7241	− 9·2396	05·1912	6984·5	+ 299·8986	− 9·7521	+ 0·0083
24	+ 3·8216	− 9·2783	05·1513	6985·5	+ 299·9921	− 9·7911	+ 0·0083
25	+ 3·9362	− 9·2987	05·1296	6986·5	+ 300·0925	− 9·8118	+ 0·0083
26	+ 4·0450	− 9·2997	05·1273	6987·5	+ 300·1906	− 9·8132	+ 0·0083
27	+ 4·1258	− 9·2853	05·1404	6988·5	+ 300·2776	− 9·7991	+ 0·0083
28	+ 4·1638	− 9·2633	05·1611	6989·5	+ 300·3477	− 9·7773	+ 0·0083
29	+ 4·1554	− 9·2437	05·1794	6990·5	+ 300·3993	− 9·7579	+ 0·0083
30	+ 4·1095	− 9·2356	05·1863	6991·5	+ 300·4359	− 9·7499	+ 0·0083
Dec. 1	+ 4·0443	− 9·2449	05·1757	6992·5	+ 300·4648	− 9·7593	+ 0·0083
2	+ 3·9823	− 9·2730	05·1463	6993·5	+ 300·4949	− 9·7875	+ 0·0083
3	+ 3·9445	− 9·3166	05·1014	6994·5	+ 300·5346	− 9·8313	+ 0·0083
4	+ 3·9448	− 9·3686	05·0481	6995·5	+ 300·5894	− 9·8835	+ 0·0083
5	+ 3·9874	− 9·4204	04·9950	6996·5	+ 300·6610	− 9·9355	+ 0·0084
6	+ 4·0662	− 9·4639	04·9503	6997·5	+ 300·7471	− 9·9793	+ 0·0084
7	+ 4·1677	− 9·4934	04·9195	6998·5	+ 300·8422	− 10·0091	+ 0·0084
8	+ 4·2749	− 9·5067	04·9049	6999·5	+ 300·9397	− 10·0227	+ 0·0084
9	+ 4·3715	− 9·5047	04·9056	7000·5	+ 301·0329	− 10·0211	+ 0·0084
10	+ 4·4450	− 9·4912	04·9178	7001·5	+ 301·1171	− 10·0078	+ 0·0084
11	+ 4·4883	− 9·4709	04·9368	7002·5	+ 301·1893	− 9·9878	+ 0·0084
12	+ 4·4997	− 9·4494	04·9571	7003·5	+ 301·2487	− 9·9665	+ 0·0084
13	+ 4·4822	− 9·4316	04·9736	7004·5	+ 301·2967	− 9·9488	+ 0·0084
14	+ 4·4426	− 9·4217	04·9822	7005·5	+ 301·3358	− 9·9390	+ 0·0084
15	+ 4·3909	− 9·4227	04·9799	7006·5	+ 301·3701	− 9·9401	+ 0·0084
16	+ 4·3392	− 9·4362	04·9652	7007·5	+ 301·4044	− 9·9538	+ 0·0084
17	+ 4·3011	− 9·4619	04·9381	7008·5	+ 301·4440	− 9·9796	+ 0·0084
18	+ 4·2898	− 9·4975	04·9013	7009·5	+ 301·4943	− 10·0154	+ 0·0084
19	+ 4·3166	− 9·5382	04·8593	7010·5	+ 301·5596	− 10·0563	+ 0·0085
20	+ 4·3870	− 9·5769	04·8193	7011·5	+ 301·6424	− 10·0953	+ 0·0085
21	+ 4·4981	− 9·6057	04·7892	7012·5	+ 301·7413	− 10·1244	+ 0·0085
22	+ 4·6361	− 9·6172	04·7764	7013·5	+ 301·8510	− 10·1363	+ 0·0085
23	+ 4·7780	− 9·6078	04·7846	7014·5	+ 301·9624	− 10·1272	+ 0·0085
24	+ 4·8975	− 9·5791	04·8119	7015·5	+ 302·0648	− 10·0989	+ 0·0085
25	+ 4·9735	− 9·5388	04·8510	7016·5	+ 302·1500	− 10·0589	+ 0·0084
26	+ 4·9973	− 9·4975	04·8910	7017·5	+ 302·2145	− 10·0179	+ 0·0084
27	+ 4·9755	− 9·4661	04·9211	7018·5	+ 302·2608	− 9·9866	+ 0·0084
28	+ 4·9263	− 9·4517	04·9342	7019·5	+ 302·2962	− 9·9723	+ 0·0084
29	+ 4·8732	− 9·4564	04·9283	7020·5	+ 302·3299	− 9·9771	+ 0·0084
30	+ 4·8379	− 9·4773	04·9061	7021·5	+ 302·3707	− 9·9982	+ 0·0084
31	+ 4·8355	− 9·5080	04·8741	7022·5	+ 302·4244	− 10·0290	+ 0·0084
32	+ 4·8716	− 9·5404	04·8404	7023·5	+ 302·4936	− 10·0616	+ 0·0084

Planetary reduction overview

Data and formulae are provided for the precise computation of the geocentric apparent right ascension, intermediate right ascension, declination, and hour angle, at an instant of time, for an object within the solar system, ignoring polar motion (see page B84), from a barycentric ephemeris in rectangular coordinates and relativistic coordinate time referred to the International Celestial Reference System (ICRS).

1. Given an instant for which the position of the planet is required, obtain the dynamical time (TDB) to use with the ephemeris. If the position is required at a given Universal Time (UT1), or the hour angle is required, then obtain a value for ΔT, which may have to be predicted.

2. Calculate the geocentric rectangular coordinates of the planet from barycentric ephemerides of the planet and the Earth at coordinate time argument TDB, allowing for light time calculated from heliocentric coordinates.

3. Calculate the geocentric direction of the planet by allowing for light deflection due to solar gravitation.

4. Calculate the proper direction of the planet by applying the correction for the Earth's orbital velocity about the barycentre (i.e. annual aberration). The resulting vector (from steps 2-4) is in the Geocentric Celestial Reference System (GCRS), and is sometimes called the proper or virtual place.

Equinox Method	*CIO Method*
5. Apply frame bias, precession and nutation to convert from the GCRS to the system defined by the true equator and equinox of date.	5. Rotate from the GCRS to the intermediate system using $\mathcal{X}, \mathcal{Y}$ and s to apply frame bias and precession-nutation.
6. Convert to spherical coordinates, giving the geocentric apparent right ascension and declination with respect to the true equator and equinox of date.	6. Convert to spherical coordinates, giving the geocentric intermediate right ascension and declination with respect to the CIO and equator of date.
7. Calculate Greenwich apparent sidereal time and form the Greenwich hour angle for the given UT1.	7. Calculate the Earth rotation angle and form the Greenwich hour angle for the given UT1.

Alternatively, if right ascension is not required, combine Steps 5 and 7

*5. Apply frame bias, precession, nutation, and Greenwich apparent sidereal time to convert from the GCRS to the Terrestrial Intermediate Reference System; with origin of longitude at the TIO, and the equator of date.	*5. Rotate, using $\mathcal{X}$, $\mathcal{Y}$, s and θ to apply frame bias, precession-nutation and Earth rotation, from the GCRS to the Terrestrial Intermediate Reference System; with origin of longitude at the TIO, and equator of date.

*6. Convert to spherical coordinates, giving the Greenwich hour angle (H) and declination (δ) with respect Terrestrial Intermediate Reference System (TIO and equator of date).

Note: In *Steps 7* and *Steps *5* the effects of polar motion (see page B84) have been ignored; they are the very small difference between the International Terrestrial Reference Frame (ITRF) zero meridian and the TIO, and the position of the CIP within the ITRS.

Formulae and method for planetary reduction

Step 1.   Depending on the instant at which the planetary position is required, obtain the terrestrial or proper time (TT) and the barycentric dynamical time (TDB). Terrestrial time is related to UT1, whereas TDB is used as the time argument for the barycentric ephemeris. For calculating an apparent place the following approximate formulae are sufficient for converting from UT1 to TT and TDB:

$$\text{TT} = \text{UT1} + \varDelta T, \qquad \text{TDB} = \text{TT} + 0\overset{s}{.}001\,657 \sin g + 0.000\,022 \sin(L - L_J)$$

$$g = 357\overset{\circ}{.}53 + 0.985\,600\,28\,D \quad \text{and} \quad L - L_J = 246\overset{\circ}{.}11 + 0.902\,517\,92\,D$$

where $D = \text{JD} - 245\,1545.0$ and $\varDelta T$ may be obtained from page K9 and JD is the Julian date to two decimals of a day. The difference between TT and TDB may be ignored.

Step 2.   Obtain the Earth's barycentric position $\mathbf{E}_B(t)$ in au and velocity $\dot{\mathbf{E}}_B(t)$ in au/d, at coordinate time $t = \text{TDB}$, referred to the ICRS.

Using an ephemeris, obtain the barycentric ICRS position of the planet $\mathbf{Q}_B$ in au at time $(t - \tau)$ where τ is the light time, so that light emitted by the planet at the event $\mathbf{Q}_B(t - \tau)$ arrives at the Earth at the event $\mathbf{E}_B(t)$.

The light time equation is solved iteratively using the heliocentric position of the Earth ($\mathbf{E}$) and the planet ($\mathbf{Q}$), starting with the approximation $\tau = 0$, as follows:

Form $\mathbf{P}$, the vector from the Earth to the planet from the equation:

$$\mathbf{P} = \mathbf{Q}_B(t - \tau) - \mathbf{E}_B(t)$$

Form $\mathbf{E}$ and $\mathbf{Q}$ from the equations: $\mathbf{E} = \mathbf{E}_B(t) - \mathbf{S}_B(t)$

$$\mathbf{Q} = \mathbf{Q}_B(t - \tau) - \mathbf{S}_B(t - \tau)$$

where $\mathbf{S}_B$ is the barycentric position of the Sun.

Calculate τ from: $c\tau = P + (2\mu/c^2) \ln[(E + P + Q)/(E - P + Q)]$

where the light time (τ) includes the effect of gravitational retardation due to the Sun, and

$$\mu = GM_0 \qquad\qquad\qquad\qquad c = \text{velocity of light} = 173.1446\,\text{au/d}$$
$$G = \text{the gravitational constant} \qquad \mu/c^2 = 9.87 \times 10^{-9}\,\text{au}$$
$$M_0 = \text{mass of Sun} \qquad\qquad P = |\mathbf{P}|,\ \ Q = |\mathbf{Q}|,\ \ E = |\mathbf{E}|$$

where | | means calculate the square root of the sum of the squares of the components.

After convergence, form unit vectors $\mathbf{p}, \mathbf{q}, \mathbf{e}$ by dividing $\mathbf{P}, \mathbf{Q}, \mathbf{E}$ by P, Q, E respectively.

Step 3.   Calculate the geocentric direction ($\mathbf{p}_1$) of the planet, corrected for light deflection due to solar gravitation, from:

$$\mathbf{p}_1 = \mathbf{p} + (2\mu/c^2 E)((\mathbf{p} \cdot \mathbf{q})\,\mathbf{e} - (\mathbf{e} \cdot \mathbf{p})\,\mathbf{q})/(1 + \mathbf{q} \cdot \mathbf{e})$$

where the dot indicates a scalar product.

The vector $\mathbf{p}_1$ is a unit vector to order μ/c^2.

Step 4.   Calculate the proper direction of the planet ($\mathbf{p}_2$) in the GCRS that is moving with the instantaneous velocity ($\mathbf{V}$) of the Earth, from:

$$\mathbf{p}_2 = (\beta^{-1}\mathbf{p}_1 + (1 + (\mathbf{p}_1 \cdot \mathbf{V})/(1 + \beta^{-1}))\,\mathbf{V})/(1 + \mathbf{p}_1 \cdot \mathbf{V})$$

where $\mathbf{V} = \dot{\mathbf{E}}_B/c = 0.005\,7755\,\dot{\mathbf{E}}_B$ and $\beta = (1 - V^2)^{-1/2}$; the velocity ($\mathbf{V}$) is expressed in units of the velocity of light.

Formulae and method for planetary reduction (continued)

Equinox method	CIO method

Step 5. Apply frame bias, precession and nutation to the proper direction (p_2) by multiplying by the rotation matrix $M = NPB$ given on the even pages B30–B44 to obtain the apparent direction p_3 from:

$$p_3 = M\,p_2$$

Step 5. Apply the rotation from the GCRS to the Celestial Intermediate System by multiplying the proper direction (p_2) by the matrix $C(\mathcal{X}, \mathcal{Y}, s)$ given on the odd pages B31–B45 to obtain the intermediate direction p_3 from:

$$p_3 = C\,p_2$$

Step 6. Convert to spherical coordinates α_e, δ using:

$$\alpha_e = \tan^{-1}(\eta/\xi) \quad \delta = \tan^{-1}(\zeta/\beta)$$

Step 6. Convert to spherical coordinates α_i, δ using:

$$\alpha_i = \tan^{-1}(\eta/\xi) \quad \delta = \tan^{-1}(\zeta/\beta)$$

where $p_3 = (\xi, \eta, \zeta)$, $\beta = \sqrt{(\xi^2 + \eta^2)}$ and the quadrant of α_e or α_i is determined by the signs of ξ and η.

Step 7. Calculate Greenwich apparent sidereal time (GAST) for the required UT1 (B13–B20), and then form

$$H = \text{GAST} - \alpha_e$$

Note: H is usually given in arc measure, while GAST and right ascension are given in units of time.

Step 7. Calculate the Earth rotation angle (θ) for the required UT1 (B21–B24), and then form

$$H = \theta - \alpha_i$$

Note: H and θ are usually given in arc measure, while right ascension is given in units of time.

Alternatively combining steps 5 and 7 before forming spherical coordinates

Step *5. Apply frame bias, precession, nutation, and sidereal time, to the proper direction (p_2) by multiplying by the rotation matrix $R_3(\text{GAST})M$ to obtain the position (p_4) measured relative to the Terrestrial Intermediate Reference System:

$$p_4 = R_3(\text{GAST})M\,p_2$$

Step *5. Apply the rotation from the GCRS to the terrestrial system by multiplying the proper direction (p_2) by the matrix $R_3(\theta)C(\mathcal{X}, \mathcal{Y}, s)$ to obtain the position (p_4) measured with respect to the Terrestrial Intermediate Reference System:

$$p_4 = R_3(\theta)\,C\,p_2$$

Step *6. Convert to spherical coordinates Greenwich hour angle (H) and declination δ using:

$$H = \tan^{-1}(-\eta/\xi), \quad \delta = \tan^{-1}(\zeta/\beta)$$

where $p_4 = (\xi, \eta, \zeta)$, $\beta = \sqrt{(\xi^2 + \eta^2)}$, and H is measured from the TIO meridian positive to the west, and the quadrant is determined by the signs of ξ and $-\eta$.

Example of planetary reduction: Equinox Method

Calculate the apparent place, the apparent right ascension (right ascension with respect to the equinox) and declination and the Greenwich hour angle, of Venus on 2014 September 5 at $12^h\ 00^m\ 00^s$ UT1. Assume that $\Delta T = 67\overset{s}{.}0$.

Example of planetary reduction: Equinox Method (continued)

Step 1.   From page B18, on 2014 September 5 the tabular JD $= 245\ 6905 \cdot 5$ UT1.

$$\Delta T = \text{TT} - \text{UT1} = 67\overset{s}{\cdot}0 = 7 \cdot 754\ 630 \times 10^{-4} \text{ days.}$$

At $12^h\ 00^m\ 00^s$ UT1 the required TT instant is therefore

$$\text{TT} = 245\ 690\ 6 \cdot 000\ 78 = 245\ 6905 \cdot 5 + 0 \cdot 500\ 00 + 7 \cdot 754\ 630 \times 10^{-4}$$

and the equivalent TDB instant is calculated from

$$\text{TDB} - \text{TT} = -16 \cdot 64 \times 10^{-9} \text{ days, and thus}$$

$$\text{TDB} = 245\ 6906 \cdot 000\ 775\ 446$$

where $g = 241\overset{\circ}{\cdot}33$, and $L - L_J = 44\overset{\circ}{\cdot}51$. Thus the instant required is JD $245\ 690\ 6 \cdot 000\ 78$ TT, and the difference between TDB and TT may be neglected.

Step 2.   Tabular values, taken from the JPL DE405/LE405 barycentric ephemeris, referred to the ICRS at J2000·0, which are required for the calculation, are as follows:

Vector	Julian date (0^h TDB)	Rectangular components x	y	z
$\mathbf{Q}_B$	245 6903·5	−0·428 502 242	+0·512 373 448	+0·257 678 346
	245 6904·5	−0·444 570 779	+0·500 628 263	+0·253 410 672
	245 6905·5	−0·460 282 755	+0·488 482 634	+0·248 940 262
	245 6906·5	−0·475 625 623	+0·475 946 246	+0·244 270 682
	245 6907·5	−0·490 587 136	+0·463 029 105	+0·239 405 658
$\mathbf{S}_B$	245 6904·5	+0·002 319 721	−0·001 264 874	−0·000 684 240
	245 6905·5	+0·002 324 506	−0·001 260 767	−0·000 682 586
	245 6906·5	+0·002 329 286	−0·001 256 652	−0·000 680 929

Interpolating to the instant JD $245\ 6906 \cdot 000\ 775\ 446$ TDB gives:

$$\mathbf{S}_B = (+0 \cdot 002\ 326\ 901, \quad -0 \cdot 001\ 258\ 707, \quad -0 \cdot 000\ 681\ 757)$$
$$\mathbf{E}_B = (+0 \cdot 964\ 691\ 517, \quad -0 \cdot 277\ 008\ 763, \quad -0 \cdot 120\ 228\ 970)$$
$$\dot{\mathbf{E}}_B = (+0 \cdot 004\ 847\ 578, \quad +0 \cdot 015\ 009\ 028, \quad +0 \cdot 006\ 506\ 558)$$

where Stirling's central-difference formula has been used up to δ^2 for $\mathbf{S}_B$ and δ^4 for $\mathbf{E}_B$ and $\dot{\mathbf{E}}_B$, the tabular values of which may be found on page B81.

$$\mathbf{E} = (+0 \cdot 962\ 364\ 617, \quad -0 \cdot 275\ 750\ 056, \quad -0 \cdot 119\ 547\ 213) \qquad E = 1 \cdot 008\ 203\ 990$$

The first iteration, with $\tau = 0$, gives:

$$\mathbf{P} = (-1 \cdot 432\ 704\ 515, \quad +0 \cdot 759\ 261\ 708, \quad +0 \cdot 366\ 855\ 488) \qquad P = 1 \cdot 662\ 439\ 026$$
$$\mathbf{Q} = (-0 \cdot 470\ 339\ 898, \quad +0 \cdot 483\ 511\ 652, \quad +0 \cdot 247\ 308\ 274) \qquad Q = 0 \cdot 718\ 445\ 906$$
$$\tau = 0\overset{d}{\cdot}009\ 601\ 4475$$

The second iteration, with $\tau = 0\overset{d}{\cdot}009\ 601\ 4475$ using Stirling's central-difference formula up to δ^4 to interpolate $\mathbf{Q}_B$, and up to δ^2 to interpolate $\mathbf{S}_B$, gives:

$$\mathbf{P} = (-1 \cdot 432\ 557\ 182, \quad +0 \cdot 759\ 382\ 064, \quad +0 \cdot 366\ 900\ 316) \qquad P = 1 \cdot 662\ 376\ 925$$
$$\mathbf{Q} = (-0 \cdot 470\ 192\ 519, \quad +0 \cdot 483\ 632\ 048, \quad +0 \cdot 247\ 353\ 119) \qquad Q = 0 \cdot 718\ 445\ 912$$
$$\tau = 0\overset{d}{\cdot}009\ 601\ 0889$$

Iterate until P changes by less than 10^{-9}. Hence the unit vectors are:

$$\mathbf{p} = (-0 \cdot 861\ 752\ 328, \quad +0 \cdot 456\ 804\ 980, \quad +0 \cdot 220\ 708\ 257)$$
$$\mathbf{q} = (-0 \cdot 654\ 457\ 791, \quad +0 \cdot 673\ 164\ 166, \quad +0 \cdot 344\ 289\ 129)$$
$$\mathbf{e} = (+0 \cdot 954\ 533\ 633, \quad -0 \cdot 273\ 506\ 214, \quad -0 \cdot 118\ 574\ 430)$$

Example of planetary reduction: Equinox Method (continued)

Step 3.   Calculate the scalar products:

$\mathbf{p} \cdot \mathbf{q} = +0.947\ 472\ 723$ $\mathbf{e} \cdot \mathbf{p} = -0.973\ 680\ 936$ $\mathbf{q} \cdot \mathbf{e} = -0.849\ 640\ 442$ then

$$\frac{(2\mu/c^2 E)}{1 + \mathbf{q} \cdot \mathbf{e}}((\mathbf{p} \cdot \mathbf{q})\mathbf{e} - (\mathbf{e} \cdot \mathbf{p})\mathbf{q}) = (+0.000\ 000\ 035, +0.000\ 000\ 052, +0.000\ 000\ 029)$$

and $\mathbf{p}_1 = (-0.861\ 752\ 293, +0.456\ 805\ 032, +0.220\ 708\ 286)$

Step 4.   Take $\dot{\mathbf{E}}_B$, interpolated to JD 245 690 6.000 78 TT from *Step* 2 and calculate:

$\mathbf{V} = 0.005\ 775\ 518\ \dot{\mathbf{E}}_B = (+0.000\ 027\ 997,\quad +0.000\ 086\ 685,\quad +0.000\ 037\ 579)$

Then $V = 0.000\ 098\ 541$, $\beta = 1.000\ 000\ 005$ and $\beta^{-1} = 0.999\ 999\ 995$

Calculate the scalar product $\mathbf{p}_1 \cdot \mathbf{V} = +0.000\ 023\ 765$

Then $1 + (\mathbf{p}_1 \cdot \mathbf{V})/(1 + \beta^{-1}) = 1.000\ 011\ 883$

Hence $\mathbf{p}_2 = (-0.861\ 703\ 813,\quad +0.456\ 880\ 858,\quad +0.220\ 740\ 619)$

Step 5.   From page B40, the bias, precession and nutation matrix $\mathbf{M}$, interpolated to the required instant JD 245 690 6.000 78 TT, is given by:

$$\mathbf{M} = \mathbf{NPB} = \begin{bmatrix} +0.999\ 993\ 473 & -0.003\ 313\ 672 & -0.001\ 439\ 688 \\ +0.003\ 313\ 729 & +0.999\ 994\ 509 & +0.000\ 037\ 565 \\ +0.001\ 439\ 556 & -0.000\ 042\ 335 & +0.999\ 998\ 963 \end{bmatrix}$$

Hence $\mathbf{p}_3 = \mathbf{M}\mathbf{p}_2 = (-0.863\ 529\ 940, +0.454\ 031\ 188, +0.219\ 480\ 577)$

Step 6.   Converting to spherical coordinates $\alpha_e = 10^h\ 09^m\ 03\overset{s}{.}6659$, $\delta = +12° 40' 42\overset{''}{.}696$.

Step 7.   From page B18, interpolating in the daily values to the required UT1 instant gives

GAST $-$ UT1 $= 22^h\ 58^m\ 04\overset{s}{.}3090$,   and thus

$$H = (\text{GAST} - \text{UT1}) - \alpha_e + \text{UT1}$$

$$= 22^h\ 58^m\ 04\overset{s}{.}3090 - 10^h\ 09^m\ 03\overset{s}{.}6659 + 12^h\ 00^m\ 00^s$$

$$= 12° 15' 09\overset{''}{.}647$$

where H, the Greenwich hour angle of Venus, is expressed in angular measure.

Example of planetary reduction: **CIO Method**

Step 1-4.   Repeat Steps 1-4 of the planetary reduction given on page B66, calculating the proper direction of the planet ($\mathbf{p}_2$) in the GCRS, hence

$\mathbf{p}_2 = (-0.861\ 703\ 813,\quad +0.456\ 880\ 858,\quad +0.220\ 740\ 619)$

Step 5. From pages B41 extract $\mathbf{C}$, interpolated to the required TT time, that rotates the GCRS to the Celestial Intermediate Reference System, viz:

$$\mathbf{C} = \begin{bmatrix} +0.999\ 998\ 964 & -0.000\ 000\ 006 & -0.001\ 439\ 556 \\ +0.000\ 000\ 067 & +0.999\ 999\ 999 & +0.000\ 042\ 335 \\ +0.001\ 439\ 556 & -0.000\ 042\ 335 & +0.999\ 998\ 963 \end{bmatrix}$$

Hence $\mathbf{p}_3 = \mathbf{C}\mathbf{p}_2 = (-0.862\ 020\ 691, +0.456\ 890\ 145, +0.219\ 480\ 577)$

Example of planetary reduction: CIO Method   **(continued)**

Step 6. Converting to spherical coordinates $\alpha_i = 10^h\ 08^m\ 18\overset{s}{.}0996$, $\delta = +12°\ 40'\ 42\overset{''}{.}696$.

Step 7. From page B23, interpolating to the required UT1, gives

$$\theta - UT1 = 344°\ 19'\ 41\overset{''}{.}141$$

and thus the Greenwich hour angle (H) of Venus is

$$
\begin{aligned}
H &= (\theta - UT1) - \alpha_i + UT1 \\
&= 344°\ 19'\ 41\overset{''}{.}141 - (10^h\ 08^m\ 18\overset{s}{.}0996 + 12^h\ 00^m\ 00^s) \times 15 \\
&= 12°\ 15'\ 09\overset{''}{.}647
\end{aligned}
$$

Summary of planetary reduction examples

Thus on 2014 September 5 at $12^h\ 00^m\ 00^s$ UT1, Venus's position is

    $H = 12°\ 15'\ 09\overset{''}{.}647$ is the Greenwich hour angle ignoring polar motion,

    $\delta = +12°\ 40'\ 42\overset{''}{.}696$ is the apparent and intermediate declination,

    $\alpha_e = 10^h\ 09^m\ 03\overset{s}{.}6659$ is the apparent (equinox) right ascension, and

    $\alpha_i = 10^h\ 08^m\ 18\overset{s}{.}0996$ is the intermediate right ascension

The geometric distance between the Earth and Venus at time $t = \text{JD}\ 245\ 690\ 6\cdot000\ 78\ \text{TT}$ is the value of $P = 1\cdot662\ 439\ 026$ au in the first iteration in *Step 2*, where $\tau = 0$. The distance between the Earth at time t and Venus at time $(t - \tau)$ is the value of $P = 1\cdot662\ 376\ 927$ au in the final iteration in *Step 2*, where $\tau = 0\overset{d}{.}009\ 601\ 0889$.

Solar reduction

The method for solar reduction is identical to the method for planetary reduction, except for the following differences:

In *Step 2* set $\mathbf{Q_B} = \mathbf{S_B}$ and hence $\mathbf{P} = \mathbf{S_B}(t - \tau) - \mathbf{E_B}(t)$. Calculate the light time (τ) by iteration from $\tau = P/c$ and form the unit vector $\mathbf{p}$ only.

In *Step 3* set $\mathbf{p_1} = \mathbf{p}$ since there is no light deflection from the centre of the Sun's disk.

Stellar reduction overview

The method for planetary reduction may be applied with some modification to the calculation of the apparent places of stars.

The barycentric direction of a star at a particular epoch is calculated from its right ascension, declination and space motion at the catalogue epoch with respect to the ICRS. If the position of the star is not on the ICRS, and the accuracy of the data warrants it, convert it to the ICRS. See page B50 for FK5 to ICRS conversion.

The main modifications to the planetary reduction in the stellar case are: in *Step 1*, the distinction between TDB and TT is not significant; in *Step 2*, the space motion of the star is included but light time is ignored; in *Step 3*, the relativity term for light deflection is modified to the asymptotic case where the star is assumed to be at infinity.

Formulae and method for stellar reduction

The steps in the stellar reduction are as follows:

Step 1.　Set TDB = TT.

Step 2.　Obtain the Earth's barycentric position $\mathbf{E}_B$ in au and velocity $\dot{\mathbf{E}}_B$ in au/d, at coordinate time t = TDB, referred to the ICRS.

The barycentric direction ($\mathbf{q}$) of a star at epoch J2000·0, referred to the ICRS, is given by:

$$\mathbf{q} = (\cos\alpha_0\cos\delta_0,\ \sin\alpha_0\cos\delta_0,\ \sin\delta_0)$$

where α_0 and δ_0 are the ICRS right ascension and declination at epoch J2000·0.

The space motion vector $\mathbf{m} = (m_x, m_y, m_z)$ of the star, expressed in radians per century, is given by:

$$\begin{aligned}
m_x &= -\mu_\alpha\sin\alpha_0 - \mu_\delta\sin\delta_0\cos\alpha_0 + v\pi\cos\delta_0\cos\alpha_0 \\
m_y &= \mu_\alpha\cos\alpha_0 - \mu_\delta\sin\delta_0\sin\alpha_0 + v\pi\cos\delta_0\sin\alpha_0 \\
m_z &= \mu_\delta\cos\delta_0 + v\pi\sin\delta_0
\end{aligned}$$

where (μ_α, μ_δ), the proper motion in right ascension and declination, are in radians/century; μ_α is the measurement on the celestial sphere and **includes** the $15\cos\delta_0$ factor. Note: catalogues give proper motions in various units, e.g., arcseconds per century (″/cy), milliarcseonds per year (mas/yr). Use the factor 1/10 to convert from mas/yr to ″/cy. The radial velocity (v) is in au/century (1 km/s = 21·095 au/century), measured positively away from the Earth.

Calculate $\mathbf{P}$, the geocentric vector of the star at the required epoch, from:

$$\mathbf{P} = \mathbf{q} + T\mathbf{m} - \pi\,\mathbf{E}_B$$

where $T = (\text{JD}_{TT} - 245\ 1545\cdot0)/36\ 525$, which is the interval in Julian centuries from J2000·0, and JD$_{TT}$ is the Julian date to one decimal of a day.

Form the heliocentric position of the Earth ($\mathbf{E}$) from:

$$\mathbf{E} = \mathbf{E}_B - \mathbf{S}_B$$

where $\mathbf{S}_B$ is the barycentric position of the Sun at time t.

Form the geocentric direction ($\mathbf{p}$) of the star and the unit vector ($\mathbf{e}$) from $\mathbf{p} = \mathbf{P}/|\mathbf{P}|$ and $\mathbf{e} = \mathbf{E}/|\mathbf{E}|$.

Step 3.　Calculate the geocentric direction ($\mathbf{p}_1$) of the star, corrected for light deflection, from:

$$\mathbf{p}_1 = \mathbf{p} + (2\mu/c^2 E)(\mathbf{e} - (\mathbf{p}\cdot\mathbf{e})\mathbf{p})/(1 + \mathbf{p}\cdot\mathbf{e})$$

where the dot indicates a scalar product, $\mu/c^2 = 9\cdot87\times10^{-9}$ au and $E = |\mathbf{E}|$. Note that the expression is derived from the planetary case by substituting $\mathbf{q} = \mathbf{p}$ in the equation for light deflection (*Step* 3) given on page B67.

The vector $\mathbf{p}_1$ is a unit vector to order μ/c^2.

Step 4.　Calculate the proper direction ($\mathbf{p}_2$) in the GCRS that is moving with the instantaneous velocity ($\mathbf{V}$) of the Earth, from:

$$\mathbf{p}_2 = (\beta^{-1}\mathbf{p}_1 + (1 + (\mathbf{p}_1\cdot\mathbf{V})/(1 + \beta^{-1}))\mathbf{V})/(1 + \mathbf{p}_1\cdot\mathbf{V})$$

where $\mathbf{V} = \dot{\mathbf{E}}_B/c = 0\cdot005\ 7755\ \dot{\mathbf{E}}_B$ and $\beta = (1 - V^2)^{-1/2}$; the velocity ($\mathbf{V}$) is expressed in units of velocity of light.

Equinox method	*CIO method*

Step 5.　Follow the left-hand *Steps 5–7* or　　*Step* 5. Follow the right-hand *Steps 5–7* or
　　　　Steps *5–*6 on page B68.　　　　　　　*Steps *5–*6* on page B68.

Example of stellar reduction: Equinox Method

Calculate the apparent position of a fictitious star on 2014 January 1 at $0^h 00^m 00^s$ TT. The ICRS right ascension (α_0), declination (δ_0), proper motions (μ_α, μ_δ), parallax (π) and radial velocity (v) of the star at J2000·0 are given by:

$$\alpha_0 = 14^h 39^m 36^s\!\cdot\!4958 \qquad \delta_0 = -60° 50' 02''\!\cdot\!309 \qquad \pi = 0''\!\cdot\!742 = 3\cdot5973 \times 10^{-6}\,\text{rad}$$

$$\mu_\alpha = -367\,8\cdot06\,\text{mas/yr} \qquad \mu_\delta = +482\cdot87\,\text{mas/yr} \qquad v = -21\cdot6\,\text{km/s}$$

$$= -0\cdot001\,783\,174\,\text{rad/cy}, \qquad = +0\cdot000\,234\,102\,\text{rad/cy}, \qquad v\pi = -0\cdot001\,639\,121\,\text{rad/cy}$$

Note: $\mu_\alpha = -367\,8\cdot06$ mas/yr is the arc proper motion in right ascension in milliarcseconds per year that includes the $15\cos\delta_0$ factor.

Step 1. TDB = TT = JD 245 6658·5 TT.

Step 2. Tabular values of $\mathbf{E_B}$, $\dot{\mathbf{E}}_B$ and $\mathbf{S_B}$, taken from the JPL DE405/LE405 barycentric ephemeris, referred to the ICRS, which are required for the calculation, are as follows:

Vector	Julian date (0^h TDB)	Rectangular components		
		x	y	z
$\mathbf{E_B}$	245 6658·5	−0·174 604 201	+0·885 672 800	+0·383 849 825
$\dot{\mathbf{E}}_B$	245 6658·5	−0·017 209 537	−0·002 876 000	−0·001 247 306
$\mathbf{S_B}$	245 6658·5	+0·000 986 878	−0·002 052 799	−0·000 991 442

From the positional data, calculate:

$$\mathbf{q} = (-0\cdot373\,860\,494,\ -0\cdot312\,618\,798,\ -0\cdot873\,211\,210)$$

$$\mathbf{m} = (-0\cdot000\,687\,882,\ +0\cdot001\,749\,237,\ +0\cdot001\,545\,387)$$

Form $\quad \mathbf{P} = \mathbf{q} + T\,\mathbf{m} - \pi\,\mathbf{E_B} = (-0\cdot373\,956\,170,\ -0\cdot312\,377\,091,\ -0\cdot872\,996\,237)$

where $\quad T = (245\,6658\cdot5 - 245\,1545\cdot0)/36\,525 = +0\cdot140\,000\,000,$

and form $\quad \mathbf{E} = \mathbf{E_B} - \mathbf{S_B} = (-0\cdot175\,591\,079,\ +0\cdot887\,725\,599,\ +0\cdot384\,841\,267),$

$\quad E = 0\cdot983\,357\,395$

Hence the unit vectors are:

$$\mathbf{p} = (-0\cdot374\,041\,256,\ -0\cdot312\,448\,166,\ -0\cdot873\,194\,870)$$

$$\mathbf{e} = (-0\cdot178\,562\,829,\ +0\cdot902\,749\,706,\ +0\cdot391\,354\,424)$$

Step 3. Calculate the scalar product $\mathbf{p} \cdot \mathbf{e} = -0\cdot557\,001\,301$, then

$$\frac{(2\mu/c^2 E)}{(1+\mathbf{p}\cdot\mathbf{e})}\left(\mathbf{e} - (\mathbf{p}\cdot\mathbf{e})\mathbf{p}\right) = (-0\cdot000\,000\,018,\ +0\cdot000\,000\,033,\ -0\cdot000\,000\,004)$$

and $\quad \mathbf{p}_1 = (-0\cdot374\,041\,274,\ -0\cdot312\,448\,133,\ -0\cdot873\,194\,875)$

Step 4. Using $\dot{\mathbf{E}}_B$ given in the table in *Step* 2, calculate

$$\mathbf{V} = 0\cdot005\,775\,518\,\dot{\mathbf{E}}_B = (-0\cdot000\,099\,394,\ -0\cdot000\,016\,610,\ -0\cdot000\,007\,204)$$

Then $V = 0\cdot000\,101\,030$, $\beta = 1\cdot000\,000\,005$ and $\beta^{-1} = 0\cdot999\,999\,995$

Calculate the scalar product $\mathbf{p}_1 \cdot \mathbf{V} = +0\cdot000\,048\,658$

Then $1 + (\mathbf{p}_1 \cdot \mathbf{V})/(1 + \beta^{-1}) = 1\cdot000\,024\,329$

Hence $\quad \mathbf{p}_2 = (-0\cdot374\,122\,464,\ -0\cdot312\,449\,540,\ -0\cdot873\,159\,588)$

Example of stellar reduction: Equinox Method (continued)

Step 5. From page B30, the bias, precession and nutation matrix **M** is given by:

$$\mathbf{M} = \mathbf{NPB} = \begin{bmatrix} +0.999\,994\,001 & -0.003\,176\,878 & -0.001\,380\,240 \\ +0.003\,176\,933 & +0.999\,994\,953 & +0.000\,037\,993 \\ +0.001\,380\,112 & -0.000\,042\,377 & +0.999\,999\,047 \end{bmatrix}$$

hence $\mathbf{p}_3 = \mathbf{M}\,\mathbf{p}_2 = (-0.371\,922\,437, \ -0.313\,669\,698, \ -0.873\,661\,846)$

Step 6. Converting to spherical coordinates: $\alpha_e = 14^h\,40^m\,34\overset{s}{.}4188, \delta = -60° \,53'\,13\overset{''}{.}196$

Example of stellar reduction: CIO Method

Steps 1-4.   Repeat Steps 1-4 above, calculating the proper direction of the star ($\mathbf{p}_2$) in the GCRS. Hence

$$\mathbf{p}_2 = (-0.374\,122\,464, \quad -0.312\,449\,540, \quad -0.873\,159\,588)$$

Step 5. From page B31 extract **C** that rotates the GCRS to the CIO and equator of date,

$$\mathbf{C} = \begin{bmatrix} +0.999\,999\,048 & -0.000\,000\,009 & -0.001\,380\,112 \\ +0.000\,000\,067 & +0.999\,999\,999 & +0.000\,042\,377 \\ +0.001\,380\,112 & -0.000\,042\,377 & +0.999\,999\,047 \end{bmatrix}$$

hence $\mathbf{p}_3 = \mathbf{C}\,\mathbf{p}_2 = (-0.372\,917\,047, \ -0.312\,486\,567, \ -0.873\,661\,846)$

Step 6. Converting to spherical coordinates $\alpha_i = 14^h\,39^m\,50\overset{s}{.}7336, \delta = -60°\,53'\,13\overset{''}{.}196.$

Note: the intermediate right ascension (α_i) may also be calculated thus

$$\alpha_i = \alpha_e + E_o = 14^h\,40^m\,34\overset{s}{.}4188 - 43\overset{s}{.}6852$$

where α_e is the apparent (equinox) right ascension and E_o is the equation of the origins, which is tabulated daily at 0^h UT1 on pages B21–B24.

Approximate reduction to apparent geocentric altitude and azimuth

The following example illustrates an approximate procedure based on the CIO method for calculating the altitude and azimuth of a star for a specified UT1 instant. The procedure given is accurate to about $\pm1''$. It is valid for 2014 as it uses the relevant annual equations given earlier in this section. Strictly, all the parameters, except the Earth rotation angle (θ), should be evaluated for the equivalent TT (UT1+ΔT) instant.

Example On 2014 January 1 at $0^h\,00^m\,00^s$ UT1 calculate the local hour angle (h), declination (δ), and altitude and azimuth of the fictitious star given in the example on page B73, for an observer at W $60°\!.0$, S $30°\!.0$.

Step A The day of the year is 1; the time is $0\overset{h}{.}000\,00$ UT1; the ICRS barycentric direction (**q**) and space motion (**m**) of the star at epoch J2000·0 (see page B73) are

$$\mathbf{q} = (-0.373\,860\,494, \ -0.312\,618\,798, \ -0.873\,211\,210),$$

$$\mathbf{m} = (-0.000\,687\,882, \ +0.001\,749\,237, \ +0.001\,545\,387)\cdot$$

Apply space motion and ignore parallax to give the approximate geocentric position of the star at the epoch of date with respect to the GCRS

$$\mathbf{p} = \mathbf{q} + T\mathbf{m} = (-0.373\,956\,798, \ -0.312\,373\,905, \ -0.872\,994\,856)$$

where $T = +0.140\,000\,000$ centuries from 245 1545·0 TT and $\mathbf{p} = (p_x, p_y, p_z)$ is a column vector.

Approximate reduction to apparent geocentric altitude and azimuth (continued)

Step B Apply aberration and precession-nutation to form

$$x_i = v_x + (1 - \mathcal{X}^2/2)\, p_x \qquad - \qquad \mathcal{X}\, p_z = -0{\cdot}372\ 850$$
$$y_i = v_y + \qquad\qquad\qquad p_y - \qquad \mathcal{Y}\, p_z = -0{\cdot}312\ 427$$
$$z_i = v_z + \qquad\qquad \mathcal{X}\, p_x + \mathcal{Y}\, p_y + (1 - \mathcal{X}^2/2)\, p_z = -0{\cdot}873\ 504$$

where

$$\mathbf{v} = \frac{1}{c}(0{\cdot}0172 \sin L,\ -0{\cdot}0158 \cos L,\ -0{\cdot}0068 \cos L)$$

$$= \frac{1}{173{\cdot}14}(-0{\cdot}016\ 91,\ -0{\cdot}002\ 90,\ -0{\cdot}001\ 25)$$

where $\mathbf{v}$ in au/day is the approximate barycentric velocity of the Earth, $L = 280°\!{\cdot}6$ is the ecliptic longitude of the Sun, and the speed of light is given by $c = 173{\cdot}14$ au/d.

$\mathcal{X}, \mathcal{Y}$ are the approximate coordinates of the CIP, given in radians, and are evaluated using the approximate formulae on page B46, with arguments $\Omega = 214°\!{\cdot}2$ and $2L = 201°\!{\cdot}2$, thus giving

$$\mathcal{X} = +0{\cdot}001\ 380 \qquad \text{and} \qquad \mathcal{Y} = -0{\cdot}000\ 042$$

Therefore (x_i, y_i, z_i) is the position vector of the star with respect to the equator and CIO of date, i.e., the position of the star in the Celestial Intermediate Reference System.

Converting to spherical coordinates gives $\alpha_i = 14^{\mathrm{h}}\ 39^{\mathrm{m}}\ 50\overset{s}{\cdot}7$ and $\delta = -60°\ 53'\ 14''$ (see page B68 *Step 6*).

Step C Transform from the celestial intermediate origin and equator of date to the observer's meridian at longitude $\lambda = -60°\!{\cdot}0$ (west longitudes are negative)

$$x_g = +x_i \cos(\theta + \lambda) + y_i \sin(\theta + \lambda) = -0{\cdot}486\ 430$$
$$y_g = -x_i \sin(\theta + \lambda) + y_i \cos(\theta + \lambda) = +0{\cdot}003\ 633$$
$$z_g = +z_i \qquad\qquad\qquad\qquad\qquad = -0{\cdot}873\ 504$$

where the Earth rotation angle (see page B8) is

$$\theta = 99°\!{\cdot}403\ 441 + 0°\!{\cdot}985\ 6123 \times \text{day of year} + 15°\!{\cdot}041\ 067 \times \text{UT1}$$
$$= 100°\!{\cdot}389\ 053$$

Thus the local hour angle (h) and declination (δ) are calculated using

$$h = \tan^{-1}(-y_g/x_g)$$
$$= 180°\ 25'\ 41''$$
$$\delta = -60°\ 53'\ 14''$$

h is measured positive to the west of the local meridian and the declination is unchanged (from Step B) by the rotation.

Step D Transform to altitude and azimuth (also see page B86), for the observer at latitude $\phi = -30°\!{\cdot}0$:

$$x_t = -x_g \sin \phi + z_g \cos \phi = -0{\cdot}999\ 692$$
$$y_t = +y_g \qquad\qquad\qquad = +0{\cdot}003\ 633$$
$$z_t = +x_g \cos \phi + z_g \sin \phi = +0{\cdot}015\ 491$$

Thus

$$\text{Altitude} = \tan^{-1}\!\left(\frac{z_t}{\sqrt{x_t^2 + y_t^2}}\right) = +0°\ 53'\ 16''$$

$$\text{Azimuth} = \tan^{-1}\!\left(\frac{y_t}{x_t}\right) = 179°\ 47'\ 30''$$

where azimuth is measured from north through east in the plane of the horizon.

ICRS, ORIGIN AT SOLAR SYSTEM BARYCENTRE
FOR 0^h BARYCENTRIC DYNAMICAL TIME

Date 0^h TDB	X	Y	Z	$\dot{X}$	$\dot{Y}$	$\dot{Z}$
Jan. **0**	−0·157 368 262	+0·888 409 637	+0·385 036 875	−1726 1365	− 259 7544	− 112 6733
1	−0·174 604 201	+0·885 672 800	+0·383 849 825	−1720 9537	− 287 6000	− 124 7306
2	−0·191 785 381	+0·882 657 933	+0·382 542 400	−1715 1846	− 315 3567	− 136 7467
3	−0·208 905 953	+0·879 366 042	+0·381 115 058	−1708 8336	− 343 0010	− 148 7128
4	−0·225 960 145	+0·875 798 359	+0·379 568 338	−1701 9103	− 370 5115	− 160 6209
5	−0·242 942 298	+0·871 956 317	+0·377 902 854	−1694 4284	− 397 8704	− 172 4648
6	−0·259 846 902	+0·867 841 502	+0·376 119 271	−1686 4032	− 425 0645	− 184 2399
7	−0·276 668 600	+0·863 455 608	+0·374 218 296	−1677 8494	− 452 0846	− 195 9428
8	−0·293 402 172	+0·858 800 409	+0·372 200 663	−1668 7802	− 478 9248	− 207 5713
9	−0·310 042 523	+0·853 877 726	+0·370 067 125	−1659 2068	− 505 5808	− 219 1235
10	−0·326 584 659	+0·848 689 419	+0·367 818 452	−1649 1386	− 532 0491	− 230 5980
11	−0·343 023 670	+0·843 237 378	+0·365 455 429	−1638 5831	− 558 3270	− 241 9931
12	−0·359 354 719	+0·837 523 522	+0·362 978 859	−1627 5470	− 584 4117	− 253 3074
13	−0·375 573 026	+0·831 549 798	+0·360 389 556	−1616 0358	− 610 3003	− 264 5392
14	−0·391 673 866	+0·825 318 179	+0·357 688 354	−1604 0542	− 635 9902	− 275 6870
15	−0·407 652 556	+0·818 830 666	+0·354 876 102	−1591 6063	− 661 4785	− 286 7490
16	−0·423 504 450	+0·812 089 291	+0·351 953 666	−1578 6954	− 686 7624	− 297 7234
17	−0·439 224 929	+0·805 096 110	+0·348 921 932	−1565 3240	− 711 8388	− 308 6084
18	−0·454 809 400	+0·797 853 217	+0·345 781 803	−1551 4939	− 736 7046	− 319 4020
19	−0·470 253 283	+0·790 362 734	+0·342 534 204	−1537 2064	− 761 3560	− 330 1021
20	−0·485 552 005	+0·782 626 825	+0·339 180 081	−1522 4621	− 785 7890	− 340 7063
21	−0·500 701 001	+0·774 647 697	+0·335 720 406	−1507 2610	− 809 9991	− 351 2121
22	−0·515 695 701	+0·766 427 604	+0·332 156 175	−1491 6027	− 833 9811	− 361 6169
23	−0·530 531 528	+0·757 968 854	+0·328 488 416	−1475 4861	− 857 7295	371 9175
24	−0·545 203 889	+0·749 273 816	+0·324 718 184	−1458 9094	− 881 2375	− 382 1107
25	−0·559 708 174	+0·740 344 930	+0·320 846 572	−1441 8702	− 904 4974	− 392 1927
26	−0·574 039 741	+0·731 184 726	+0·316 874 714	−1424 3654	− 927 4996	− 402 1592
27	−0·588 193 920	+0·721 795 836	+0·312 803 791	−1406 3920	− 950 2322	− 412 0048
28	−0·602 166 011	+0·712 181 030	+0·308 635 041	−1387 9477	− 972 6802	− 421 7235
29	−0·615 951 306	+0·702 343 240	+0·304 369 768	−1369 0332	− 994 8256	− 431 3080
30	−0·629 545 121	+0·692 285 595	+0·300 009 354	−1349 6529	−1016 6481	− 440 7506
31	−0·642 942 844	+0·682 011 424	+0·295 555 256	−1329 8169	−1038 1271	− 450 0437
Feb. **1**	−0·656 139 992	+0·671 524 261	+0·291 009 000	−1309 5408	−1059 2438	− 459 1809
2	−0·669 132 258	+0·660 827 804	+0·286 372 176	−1288 8439	−1079 9838	− 468 1569
3	−0·681 915 537	+0·649 925 873	+0·281 646 409	−1267 7469	−1100 3375	− 476 9688
4	−0·694 485 931	+0·638 822 359	+0·276 833 352	−1246 2700	−1120 2997	− 485 6148
5	−0·706 839 730	+0·627 521 188	+0·271 934 667	−1224 4308	−1139 8690	− 494 0945
6	−0·718 973 390	+0·616 026 288	+0·266 952 018	−1202 2444	−1159 0456	− 502 4076
7	−0·730 883 502	+0·604 341 582	+0·261 887 069	−1179 7232	−1177 8303	− 510 5544
8	−0·742 566 774	+0·592 470 984	+0·256 741 484	−1156 8779	−1196 2242	− 518 5348
9	−0·754 020 011	+0·580 418 399	+0·251 516 928	−1133 7178	−1214 2280	− 526 3487
10	−0·765 240 109	+0·568 187 724	+0·246 215 067	−1110 2513	−1231 8420	− 533 9957
11	−0·776 224 041	+0·555 782 856	+0·240 837 572	−1086 4860	−1249 0667	− 541 4754
12	−0·786 968 856	+0·543 207 688	+0·235 386 118	−1062 4290	−1265 9021	− 548 7875
13	−0·797 471 670	+0·530 466 112	+0·229 862 383	−1038 0868	−1282 3483	− 555 9313
14	−0·807 729 661	+0·517 562 019	+0·224 268 053	−1013 4653	−1298 4054	− 562 9065
15	−0·817 740 061	+0·504 499 300	+0·218 604 817	− 988 5694	−1314 0735	− 569 7124

$\dot{X}$, $\dot{Y}$, $\dot{Z}$ are in units of 10^{-9} au / d.

ICRS, ORIGIN AT SOLAR SYSTEM BARYCENTRE
FOR 0^h BARYCENTRIC DYNAMICAL TIME

Date 0^h TDB	X	Y	Z	$\dot{X}$	$\dot{Y}$	$\dot{Z}$
Feb. 15	−0·817 740 061	+0·504 499 300	+0·218 604 817	− 988 5694	−1314 0735	− 569 7124
16	−0·827 500 149	+0·491 281 847	+0·212 874 372	− 963 4035	−1329 3522	− 576 3483
17	−0·837 007 242	+0·477 913 557	+0·207 078 420	− 937 9708	−1344 2408	− 582 8133
18	−0·846 258 685	+0·464 398 337	+0·201 218 678	− 912 2739	−1358 7378	− 589 1063
19	−0·855 251 846	+0·450 740 112	+0·195 296 872	− 886 3148	−1372 8412	− 595 2258
20	−0·863 984 111	+0·436 942 837	+0·189 314 747	− 860 0948	−1386 5474	− 601 1699
21	−0·872 452 876	+0·423 010 503	+0·183 274 066	− 833 6149	−1399 8521	− 606 9365
22	−0·880 655 547	+0·408 947 153	+0·177 176 619	− 806 8761	−1412 7493	− 612 5226
23	−0·888 589 537	+0·394 756 900	+0·171 024 225	− 779 8792	−1425 2313	− 617 9251
24	−0·896 252 275	+0·380 443 943	+0·164 818 741	− 752 6259	−1437 2884	− 623 1400
25	−0·903 641 211	+0·366 012 588	+0·158 562 066	− 725 1194	−1448 9088	− 628 1626
26	−0·910 753 838	+0·351 467 269	+0·152 256 148	− 697 3655	−1460 0786	− 632 9877
27	−0·917 587 727	+0·336 812 569	+0·145 902 988	− 669 3735	−1470 7826	− 637 6100
28	−0·924 140 560	+0·322 053 219	+0·139 504 641	− 641 1573	−1481 0061	− 642 0243
Mar. 1	−0·930 410 187	+0·307 194 092	+0·133 063 210	− 612 7354	−1490 7361	− 646 2264
2	−0·936 394 655	+0·292 240 173	+0·126 580 830	− 584 1293	−1499 9635	− 650 2136
3	−0·942 092 235	+0·277 196 511	+0·120 059 659	− 555 3617	−1508 6842	− 653 9848
4	−0·947 501 424	+0·262 068 178	+0·113 501 852	− 526 4546	−1516 8983	− 657 5406
5	−0·952 620 926	+0·246 860 223	+0·106 909 559	− 497 4272	−1524 6093	− 660 8825
6	−0·957 449 622	+0·231 577 650	+0·100 284 908	− 468 2960	−1531 8228	− 664 0126
7	−0·961 986 545	+0·216 225 406	+0·093 630 006	− 439 0745	−1538 5448	− 666 9330
8	−0·966 230 849	+0·200 808 372	+0·086 946 939	− 409 7739	−1544 7814	− 669 6458
9	−0·970 181 792	+0·185 331 377	+0·080 237 776	− 380 4039	−1550 5380	− 672 1527
10	−0·973 838 725	+0·169 799 196	+0·073 504 566	− 350 9734	−1555 8195	− 674 4553
11	−0·977 201 085	+0·154 216 557	+0·066 749 346	− 321 4903	−1560 6303	− 676 5550
12	−0·980 268 382	+0·138 588 145	+0·059 974 138	− 291 9623	−1564 9747	− 678 4530
13	−0·983 040 203	+0·122 918 603	+0·053 180 953	− 262 3963	−1568 8570	− 680 1507
14	−0·985 516 202	+0·107 212 532	+0·046 371 787	− 232 7987	−1572 2812	− 681 6493
15	−0·987 696 092	+0·091 474 493	+0·039 548 626	− 203 1752	−1575 2515	− 682 9500
16	−0·989 579 634	+0·075 709 003	+0·032 713 442	− 173 5301	−1577 7718	− 684 0540
17	−0·991 166 634	+0·059 920 544	+0·025 868 200	− 143 8670	−1579 8456	− 684 9620
18	−0·992 456 923	+0·044 113 571	+0·019 014 854	− 114 1883	−1581 4753	− 685 6746
19	−0·993 450 353	+0·028 292 513	+0·012 155 358	− 84 4955	−1582 6624	− 686 1921
20	−0·994 146 789	+0·012 461 799	+0·005 291 665	− 54 7896	−1583 4066	− 686 5139
21	−0·994 546 105	−0·003 374 135	−0·001 574 264	− 25 0717	−1583 7059	− 686 6391
22	−0·994 648 186	−0·019 210 824	−0·008 440 456	+ 4 6569	−1583 5566	− 686 5661
23	−0·994 452 938	−0·035 043 754	−0·015 304 919	+ 34 3938	−1582 9532	− 686 2928
24	−0·993 960 297	−0·050 868 351	−0·022 165 637	+ 64 1348	−1581 8885	− 685 8167
25	−0·993 170 248	−0·066 679 959	−0·029 020 567	+ 93 8740	−1580 3541	− 685 1348
26	−0·992 082 852	−0·082 473 835	−0·035 867 636	+ 123 6024	−1578 3405	− 684 2440
27	−0·990 698 276	−0·098 245 140	−0·042 704 741	+ 153 3080	−1575 8384	− 683 1415
28	−0·989 016 821	−0·113 988 948	−0·049 529 752	+ 182 9752	−1572 8396	− 681 8249
29	−0·987 038 960	−0·129 700 256	−0·056 340 520	+ 212 5857	−1569 3380	− 680 2927
30	−0·984 765 365	−0·145 374 023	−0·063 134 887	+ 242 1188	−1565 3311	− 678 5448
31	−0·982 196 913	−0·161 005 197	−0·069 910 702	+ 271 5534	−1560 8201	− 676 5825
Apr. 1	−0·979 334 692	−0·176 588 762	−0·076 665 831	+ 300 8695	−1555 8104	− 674 4082
2	−0·976 179 977	−0·192 119 770	−0·083 398 172	+ 330 0494	−1550 3100	− 672 0254

$\dot{X}$, $\dot{Y}$, $\dot{Z}$ are in units of 10^{-9} au / d.

ICRS, ORIGIN AT SOLAR SYSTEM BARYCENTRE
FOR 0ʰ BARYCENTRIC DYNAMICAL TIME

Date 0ʰ TDB	X	Y	Z	$\dot{X}$	$\dot{Y}$	$\dot{Z}$
Apr. 1	−0·979 334 692	−0·176 588 762	−0·076 665 831	+ 300 8695	−1555 8104	− 674 4082
2	−0·976 179 977	−0·192 119 770	−0·083 398 172	+ 330 0494	−1550 3100	− 672 0254
3	−0·972 734 208	−0·207 593 360	−0·090 105 657	+ 359 0783	−1544 3288	− 669 4379
4	−0·968 998 956	−0·223 004 779	−0·096 786 261	+ 387 9441	−1537 8773	− 666 6497
5	−0·964 975 901	−0·238 349 374	−0·103 437 995	+ 416 6374	−1530 9658	− 663 6646
6	−0·960 666 810	−0·253 622 594	−0·110 058 909	+ 445 1501	−1523 6039	− 660 4862
7	−0·956 073 524	−0·268 819 979	−0·116 647 085	+ 473 4754	−1515 8004	− 657 1176
8	−0·951 197 947	−0·283 937 158	−0·123 200 636	+ 501 6074	−1507 5638	− 653 5618
9	−0·946 042 041	−0·298 969 837	−0·129 717 707	+ 529 5402	−1498 9018	− 649 8219
10	−0·940 607 823	−0·313 913 802	−0·136 196 468	+ 557 2689	−1489 8223	− 645 9004
11	−0·934 897 359	−0·328 764 916	−0·142 635 120	+ 584 7889	−1480 3329	− 641 8003
12	−0·928 912 753	−0·343 519 119	−0·149 031 889	+ 612 0966	−1470 4412	− 637 5243
13	−0·922 656 144	−0·358 172 424	−0·155 385 028	+ 639 1894	−1460 1546	− 633 0749
14	−0·916 129 687	−0·372 720 917	−0·161 692 816	+ 666 0659	−1449 4799	− 628 4545
15	−0·909 335 546	−0·387 160 748	−0·167 953 554	+ 692 7263	−1438 4229	− 623 6651
16	−0·902 275 879	−0·401 488 116	−0·174 165 560	+ 719 1714	−1426 9879	− 618 7081
17	−0·894 952 830	−0·415 699 253	−0·180 327 161	+ 745 4028	−1415 1770	− 613 5843
18	−0·887 368 530	−0·429 790 403	−0·186 436 689	+ 771 4218	−1402 9901	− 608 2935
19	−0·879 525 101	−0·443 757 793	−0·192 492 472	+ 797 2286	−1390 4246	− 602 8350
20	−0·871 424 672	−0·457 597 620	−0·198 492 826	+ 822 8212	−1377 4764	− 597 2075
21	−0·863 069 404	−0·471 306 027	−0·204 436 054	+ 848 1954	−1364 1398	− 591 4094
22	−0·854 461 517	−0·484 879 101	−0·210 320 441	+ 873 3438	−1350 4088	− 585 4392
23	−0·845 603 314	−0·498 312 869	−0·216 144 259	+ 898 2564	−1336 2779	− 579 2954
24	−0·836 497 219	−0·511 603 310	−0·221 905 767	¦ 922 9201	1321 7426	572 9773
25	−0·827 145 792	−0·524 746 365	−0·227 603 224	+ 947 3199	−1306 8006	− 566 4850
26	−0·817 551 755	−0·537 737 967	−0·233 234 890	+ 971 4390	−1291 4521	− 559 8195
27	−0·807 718 005	−0·550 574 063	−0·238 799 043	+ 995 2600	−1275 7003	− 552 9828
28	−0·797 647 607	−0·563 250 650	−0·244 293 985	+1018 7656	−1259 5516	− 545 9781
29	−0·787 343 797	−0·575 763 801	−0·249 718 057	+1041 9400	−1243 0149	− 538 8093
30	−0·776 809 956	−0·588 109 694	−0·255 069 640	+1064 7697	−1226 1018	− 531 4812
May 1	−0·766 049 590	−0·600 284 625	−0·260 347 167	+1087 2434	−1208 8248	− 523 9988
2	−0·755 066 303	−0·612 285 020	−0·265 549 120	+1109 3527	−1191 1970	− 516 3672
3	−0·743 863 774	−0·624 107 438	−0·270 674 030	+1131 0909	−1173 2313	− 508 5913
4	−0·732 445 737	−0·635 748 560	−0·275 720 480	+1152 4535	−1154 9399	− 500 6757
5	−0·720 815 968	−0·647 205 189	−0·280 687 094	+1173 4369	−1136 3344	− 492 6248
6	−0·708 978 273	−0·658 474 236	−0·285 572 538	+1194 0382	−1117 4254	− 484 4426
7	−0·696 936 485	−0·669 552 719	−0·290 375 521	+1214 2552	−1098 2233	− 476 1330
8	−0·684 694 457	−0·680 437 757	−0·295 094 786	+1234 0861	−1078 7378	− 467 6998
9	−0·672 256 055	−0·691 126 564	−0·299 729 116	+1253 5297	−1058 9789	− 459 1466
10	−0·659 625 155	−0·701 616 454	−0·304 277 329	+1272 5856	−1038 9559	− 450 4770
11	−0·646 805 633	−0·711 904 835	−0·308 738 280	+1291 2544	−1018 6784	− 441 6946
12	−0·633 801 350	−0·721 989 202	−0·313 110 855	+1309 5382	− 998 1549	− 432 8025
13	−0·620 616 142	−0·731 867 138	−0·317 393 974	+1327 4402	− 977 3931	− 423 8036
14	−0·607 253 804	−0·741 536 289	−0·321 586 578	+1344 9649	− 956 3987	− 414 7000
15	−0·593 718 084	−0·750 994 347	−0·325 687 628	+1362 1175	− 935 1749	− 405 4929
16	−0·580 012 679	−0·760 239 025	−0·329 696 092	+1378 9025	− 913 7223	− 396 1826
17	−0·566 141 249	−0·769 268 022	−0·333 610 936	+1395 3227	− 892 0384	− 386 7688

$\dot{X}, \dot{Y}, \dot{Z}$ are in units of 10^{-9} au / d.

ICRS, ORIGIN AT SOLAR SYSTEM BARYCENTRE
FOR 0ʰ BARYCENTRIC DYNAMICAL TIME

Date 0^h TDB		X	Y	Z	$\dot{X}$	$\dot{Y}$	$\dot{Z}$
May	17	−0·566 141 249	−0·769 268 022	−0·333 610 936	+1395 3227	− 892 0384	− 386 7688
	18	−0·552 107 440	−0·778 079 007	−0·337 431 118	+1411 3780	− 870 1188	− 377 2502
	19	−0·537 914 917	−0·786 669 596	−0·341 155 587	+1427 0646	− 847 9584	− 367 6257
	20	−0·523 567 401	−0·795 037 356	−0·344 783 276	+1442 3751	− 825 5524	− 357 8945
	21	−0·509 068 703	−0·803 179 814	−0·348 313 119	+1457 2991	− 802 8977	− 348 0564
	22	−0·494 422 750	−0·811 094 480	−0·351 744 050	+1471 8239	− 779 9939	− 338 1122
	23	−0·479 633 601	−0·818 778 869	−0·355 075 016	+1485 9358	− 756 8431	− 328 0639
	24	−0·464 705 457	−0·826 230 535	−0·358 304 989	+1499 6208	− 733 4504	− 317 9141
	25	−0·449 642 653	−0·833 447 096	−0·361 432 973	+1512 8655	− 709 8234	− 307 6666
	26	−0·434 449 655	−0·840 426 256	−0·364 458 010	+1525 6577	− 685 9721	− 297 3258
	27	−0·419 131 043	−0·847 165 830	−0·367 379 193	+1537 9867	− 661 9082	− 286 8966
	28	−0·403 691 493	−0·853 663 756	−0·370 195 665	+1549 8440	− 637 6449	− 276 3843
	29	−0·388 135 756	−0·859 918 108	−0·372 906 621	+1561 2231	− 613 1958	− 265 7946
	30	−0·372 468 639	−0·865 927 101	−0·375 511 316	+1572 1197	− 588 5752	− 255 1327
	31	−0·356 694 980	−0·871 689 086	−0·378 009 054	+1582 5311	− 563 7967	− 244 4042
June	1	−0·340 819 637	−0·877 202 553	−0·380 399 194	+1592 4565	− 538 8736	− 233 6140
	2	−0·324 847 471	−0·882 466 118	−0·382 681 143	+1601 8958	− 513 8182	− 222 7668
	3	−0·308 783 338	−0·887 478 517	−0·384 854 356	+1610 8500	− 488 6424	− 211 8673
	4	−0·292 632 082	−0·892 238 602	−0·386 918 328	+1619 3207	− 463 3572	− 200 9196
	5	−0·276 398 529	−0·896 745 332	−0·388 872 600	+1627 3098	− 437 9733	− 189 9278
	6	−0·260 087 483	−0·900 997 772	−0·390 716 751	+1634 8198	− 412 5009	− 178 8960
	7	−0·243 703 718	−0·904 995 088	−0·392 450 400	+1641 8541	− 386 9501	− 167 8279
	8	−0·227 251 973	−0·908 736 545	−0·394 073 202	+1648 4168	− 361 3305	− 156 7273
	9	−0·210 736 936	−0·912 221 500	−0·395 584 850	+1654 5134	− 335 6512	− 145 5976
	10	−0·194 163 235	−0·915 449 396	−0·396 985 067	+1660 1507	− 309 9199	− 134 4417
	11	−0·177 535 425	−0·918 419 745	−0·398 273 604	+1665 3367	− 284 1425	− 123 2619
	12	−0·160 857 977	−0·921 132 103	−0·399 450 230	+1670 0799	− 258 3221	− 112 0595
	13	−0·144 135 278	−0·923 586 044	−0·400 514 721	+1674 3880	− 232 4587	− 100 8349
	14	−0·127 371 648	−0·925 781 123	−0·401 466 851	+1678 2667	− 206 5491	− 89 5872
	15	−0·110 571 369	−0·927 716 853	−0·402 306 384	+1681 7178	− 180 5878	− 78 3153
	16	−0·093 738 726	−0·929 392 689	−0·403 033 070	+1684 7386	− 154 5692	− 67 0178
	17	−0·076 878 054	−0·930 808 031	−0·403 646 652	+1687 3222	− 128 4887	− 55 6942
	18	−0·059 993 774	−0·931 962 251	−0·404 146 868	+1689 4582	− 102 3448	− 44 3450
	19	−0·043 090 421	−0·932 854 722	−0·404 533 472	+1691 1349	− 76 1395	− 32 9721
	20	−0·026 172 647	−0·933 484 854	−0·404 806 241	+1692 3405	− 49 8783	− 21 5785
	21	−0·009 245 218	−0·933 852 130	−0·404 964 986	+1693 0641	− 23 5698	− 10 1681
	22	+0·007 686 999	−0·933 956 127	−0·405 009 562	+1693 2969	+ 2 7755	+ 1 2543
	23	+0·024 619 058	−0·933 796 538	−0·404 939 876	+1693 0314	+ 29 1454	+ 12 6837
	24	+0·041 545 949	−0·933 373 181	−0·404 755 883	+1692 2625	+ 55 5267	+ 24 1147
	25	+0·058 462 618	−0·932 686 010	−0·404 457 594	+1690 9867	+ 81 9060	+ 35 5419
	26	+0·075 363 988	−0·931 735 115	−0·404 045 075	+1689 2025	+ 108 2692	+ 46 9599
	27	+0·092 244 972	−0·930 520 724	−0·403 518 446	+1686 9098	+ 134 6029	+ 58 3632
	28	+0·109 100 493	−0·929 043 200	−0·402 877 877	+1684 1100	+ 160 8936	+ 69 7468
	29	+0·125 925 492	−0·927 303 039	−0·402 123 592	+1680 8060	+ 187 1285	+ 81 1057
	30	+0·142 714 944	−0·925 300 857	−0·401 255 861	+1677 0014	+ 213 2955	+ 92 4353
July	1	+0·159 463 867	−0·923 037 393	−0·400 274 998	+1672 7009	+ 239 3832	+ 103 7312
	2	+0·176 167 326	−0·920 513 494	−0·399 181 362	+1667 9096	+ 265 3808	+ 114 9893

$\dot{X}$, $\dot{Y}$, $\dot{Z}$ are in units of 10^{-9} au / d.

POSITION AND VELOCITY OF THE EARTH, 2014

ICRS, ORIGIN AT SOLAR SYSTEM BARYCENTRE
FOR 0^h BARYCENTRIC DYNAMICAL TIME

Date 0^h TDB	X	Y	Z	$\dot{X}$	$\dot{Y}$	$\dot{Z}$
July 1	+0·159 463 867	−0·923 037 393	−0·400 274 998	+1672 7009	+ 239 3832	+ 103 7312
2	+0·176 167 326	−0·920 513 494	−0·399 181 362	+1667 9096	+ 265 3808	+ 114 9893
3	+0·192 820 442	−0·917 730 111	−0·397 975 352	+1662 6332	+ 291 2782	+ 126 2055
4	+0·209 418 395	−0·914 688 296	−0·396 657 404	+1656 8781	+ 317 0657	+ 137 3763
5	+0·225 956 430	−0·911 389 194	−0·395 227 990	+1650 6510	+ 342 7341	+ 148 4980
6	+0·242 429 868	−0·907 834 039	−0·393 687 619	+1643 9599	+ 368 2748	+ 159 5672
7	+0·258 834 110	−0·904 024 149	−0·392 036 830	+1636 8133	+ 393 6800	+ 170 5811
8	+0·275 164 649	−0·899 960 914	−0·390 276 191	+1629 2212	+ 418 9430	+ 181 5370
9	+0·291 417 084	−0·895 645 778	−0·388 406 291	+1621 1943	+ 444 0593	+ 192 4329
10	+0·307 587 124	−0·891 080 223	−0·386 427 735	+1612 7439	+ 469 0269	+ 203 2681
11	+0·323 670 585	−0·886 265 732	−0·384 341 132	+1603 8803	+ 493 8471	+ 214 0425
12	+0·339 663 380	−0·881 203 759	−0·382 147 083	+1594 6115	+ 518 5242	+ 224 7574
13	+0·355 561 477	−0·875 895 702	−0·379 846 178	+1584 9411	+ 543 0651	+ 235 4143
14	+0·371 360 860	−0·870 342 888	−0·377 438 986	+1574 8679	+ 567 4766	+ 246 0148
15	+0·387 057 471	−0·864 546 585	−0·374 926 067	+1564 3855	+ 591 7636	+ 256 5597
16	+0·402 647 174	−0·858 508 028	−0·372 307 979	+1553 4845	+ 615 9271	+ 267 0483
17	+0·418 125 730	−0·852 228 466	−0·369 585 296	+1542 1544	+ 639 9637	+ 277 4782
18	+0·433 488 799	−0·845 709 202	−0·366 758 623	+1530 3855	+ 663 8659	+ 287 8457
19	+0·448 731 953	−0·838 951 631	−0·363 828 604	+1518 1705	+ 687 6231	+ 298 1464
20	+0·463 850 705	−0·831 957 264	−0·360 795 935	+1505 5044	+ 711 2230	+ 308 3751
21	+0·478 840 530	−0·824 727 739	−0·357 661 360	+1492 3849	+ 734 6526	+ 318 5266
22	+0·493 696 891	−0·817 264 824	−0·354 425 678	+1478 8118	+ 757 8987	+ 328 5956
23	+0·508 415 258	−0·809 570 421	−0·351 089 741	+1464 7864	+ 780 9480	+ 338 5770
24	+0·522 991 121	−0·801 646 561	−0·347 654 447	+1450 3118	+ 803 7880	+ 348 4659
25	+0·537 420 010	−0·793 495 401	−0·344 120 747	+1435 3921	+ 826 4061	+ 358 2575
26	+0·551 697 498	−0·785 119 218	−0·340 489 636	+1420 0327	+ 848 7905	+ 367 9474
27	+0·565 819 220	−0·776 520 407	−0·336 762 154	+1404 2399	+ 870 9299	+ 377 5310
28	+0·579 780 875	−0·767 701 472	−0·332 939 383	+1388 0207	+ 892 8135	+ 387 0045
29	+0·593 578 239	−0·758 665 023	−0·329 022 445	+1371 3832	+ 914 4312	+ 396 3638
30	+0·607 207 173	−0·749 413 765	−0·325 012 499	+1354 3360	+ 935 7737	+ 405 6055
31	+0·620 663 625	−0·739 950 496	−0·320 910 738	+1336 8884	+ 956 8321	+ 414 7262
Aug. 1	+0·633 943 638	−0·730 278 096	−0·316 718 388	+1319 0501	+ 977 5987	+ 423 7229
2	+0·647 043 358	−0·720 399 520	−0·312 436 703	+1300 8314	+ 998 0660	+ 432 5928
3	+0·659 959 036	−0·710 317 794	−0·308 066 963	+1282 2435	+1018 2279	+ 441 3334
4	+0·672 687 036	−0·700 036 000	−0·303 610 473	+1263 2979	+1038 0787	+ 449 9425
5	+0·685 223 843	−0·689 557 271	−0·299 068 556	+1244 0071	+1057 6145	+ 458 4186
6	+0·697 566 070	−0·678 884 768	−0·294 442 547	+1224 3839	+1076 8331	+ 466 7607
7	+0·709 710 457	−0·668 021 666	−0·289 733 790	+1204 4414	+1095 7348	+ 474 9685
8	+0·721 653 873	−0·656 971 119	−0·284 943 621	+1184 1914	+1114 3228	+ 483 0430
9	+0·733 393 292	−0·645 736 235	−0·280 073 369	+1163 6432	+1132 6033	+ 490 9858
10	+0·744 925 760	−0·634 320 050	−0·275 124 338	+1142 8019	+1150 5843	+ 498 7990
11	+0·756 248 353	−0·622 725 520	−0·270 097 814	+1121 6676	+1168 2737	+ 506 4847
12	+0·767 358 120	−0·610 955 528	−0·264 995 065	+1100 2355	+1185 6773	+ 514 0440
13	+0·778 252 044	−0·599 012 921	−0·259 817 356	+1078 4975	+1202 7966	+ 521 4765
14	+0·788 927 022	−0·586 900 556	−0·254 565 966	+1056 4448	+1219 6279	+ 528 7798
15	+0·799 379 867	−0·574 621 349	−0·249 242 203	+1034 0702	+1236 1633	+ 535 9504
16	+0·809 607 337	−0·562 178 313	−0·243 847 416	+1011 3693	+1252 3916	+ 542 9837

$\dot{X}$, $\dot{Y}$, $\dot{Z}$ are in units of 10^{-9} au / d.

ICRS, ORIGIN AT SOLAR SYSTEM BARYCENTRE
FOR 0ʰ BARYCENTRIC DYNAMICAL TIME

Date 0ʰ TDB	X	Y	Z	$\dot{X}$	$\dot{Y}$	$\dot{Z}$
Aug. 16	+0·809 607 337	−0·562 178 313	−0·243 847 416	+1011 3693	+1252 3916	+ 542 9837
17	+0·819 606 161	−0·549 574 580	−0·238 383 002	+ 988 3411	+1268 3006	+ 549 8749
18	+0·829 373 074	−0·536 813 409	−0·232 850 409	+ 964 9876	+1283 8774	+ 556 6190
19	+0·838 904 842	−0·523 898 180	−0·227 251 129	+ 941 3129	+1299 1099	+ 563 2114
20	+0·848 198 282	−0·510 832 398	−0·221 586 701	+ 917 3230	+1313 9865	+ 569 6478
21	+0·857 250 274	−0·497 619 673	−0·215 858 706	+ 893 0248	+1328 4965	+ 575 9242
22	+0·866 057 776	−0·484 263 723	−0·210 068 763	+ 868 4263	+1342 6298	+ 582 0368
23	+0·874 617 827	−0·470 768 363	−0·204 218 528	+ 843 5361	+1356 3771	+ 587 9820
24	+0·882 927 558	−0·457 137 499	−0·198 309 692	+ 818 3639	+1369 7292	+ 593 7566
25	+0·890 984 198	−0·443 375 124	−0·192 343 975	+ 792 9197	+1382 6780	+ 599 3575
26	+0·898 785 081	−0·429 485 311	−0·186 323 129	+ 767 2144	+1395 2155	+ 604 7819
27	+0·906 327 656	−0·415 472 207	−0·180 248 934	+ 741 2599	+1407 3349	+ 610 0271
28	+0·913 609 489	−0·401 340 026	−0·174 123 192	+ 715 0683	+1419 0300	+ 615 0909
29	+0·920 628 275	−0·387 093 039	−0·167 947 727	+ 688 6526	+1430 2955	+ 619 9714
30	+0·927 381 839	−0·372 735 563	−0·161 724 380	+ 662 0262	+1441 1272	+ 624 6670
31	+0·933 868 143	−0·358 271 950	−0·155 455 006	+ 635 2029	+1451 5222	+ 629 1767
Sept. 1	+0·940 085 288	−0·343 706 580	−0·149 141 469	+ 608 1967	+1461 4787	+ 633 4996
2	+0·946 031 516	−0·329 043 840	−0·142 785 637	+ 581 0219	+1470 9964	+ 637 6357
3	+0·951 705 212	−0·314 288 110	−0·136 389 377	+ 553 6928	+1480 0770	+ 641 5853
4	+0·957 104 902	−0·299 443 744	−0·129 954 548	+ 526 2227	+1488 7243	+ 645 3497
5	+0·962 229 238	−0·284 515 048	−0·123 482 994	+ 498 6239	+1496 9444	+ 648 9307
6	+0·967 076 982	−0·269 506 253	−0·116 976 537	+ 470 9057	+1504 7455	+ 652 3308
7	+0·971 646 973	−0·254 421 504	−0·110 436 971	+ 443 0737	+1512 1370	+ 655 5529
8	+0·975 938 081	−0·239 264 848	−0·103 866 063	+ 415 1291	+1519 1282	+ 658 5996
9	+0·979 949 169	−0·224 040 252	−0·097 265 559	+ 387 0685	+1525 7257	+ 661 4724
10	+0·983 679 045	−0·208 751 636	−0·090 637 194	+ 358 8858	+1531 9323	+ 664 1716
11	+0·987 126 455	−0·193 402 916	−0·083 982 712	+ 330 5743	+1537 7456	+ 666 6956
12	+0·990 290 086	−0·177 998 056	−0·077 303 876	+ 302 1292	+1543 1588	+ 669 0416
13	+0·993 168 588	−0·162 541 105	−0·070 602 486	+ 273 5487	+1548 1623	+ 671 2057
14	+0·995 760 616	−0·147 036 213	−0·063 880 381	+ 244 8350	+1552 7451	+ 673 1840
15	+0·998 064 860	−0·131 487 642	−0·057 139 440	+ 215 9931	+1556 8963	+ 674 9724
16	+1·000 080 077	−0·115 899 758	−0·050 381 577	+ 187 0308	+1560 6061	+ 676 5675
17	+1·001 805 106	−0·100 277 020	−0·043 608 744	+ 157 9573	+1563 8657	+ 677 9662
18	+1·003 238 885	−0·084 623 969	−0·036 822 916	+ 128 7826	+1566 6675	+ 679 1659
19	+1·004 380 457	−0·068 945 219	−0·030 026 097	+ 99 5176	+1569 0046	+ 680 1642
20	+1·005 228 974	−0·053 245 447	−0·023 220 311	+ 70 1737	+1570 8710	+ 680 9590
21	+1·005 783 706	−0·037 529 386	−0·016 407 601	+ 40 7625	+1572 2615	+ 681 5486
22	+1·006 044 042	−0·021 801 821	−0·009 590 029	+ 11 2965	+1573 1709	+ 681 9313
23	+1·006 009 497	−0·006 067 584	−0·002 769 669	− 18 2113	+1573 5951	+ 682 1058
24	+1·005 679 722	+0·009 668 453	+0·004 051 389	− 47 7471	+1573 5305	+ 682 0709
25	+1·005 054 509	+0·025 401 388	+0·010 871 049	− 77 2965	+1572 9745	+ 681 8259
26	+1·004 133 797	+0·041 126 300	+0·017 687 206	− 106 8444	+1571 9256	+ 681 3705
27	+1·002 917 679	+0·056 838 258	+0·024 497 758	− 136 3752	+1570 3839	+ 680 7048
28	+1·001 406 403	+0·072 532 339	+0·031 300 605	− 165 8733	+1568 3507	+ 679 8296
29	+0·999 600 374	+0·088 203 644	+0·038 093 656	− 195 3232	+1565 8293	+ 678 7461
30	+0·997 500 150	+0·103 847 313	+0·044 874 838	− 224 7100	+1562 8246	+ 677 4560
Oct. 1	+0·995 106 431	+0·119 458 546	+0·051 642 096	− 254 0197	+1559 3432	+ 675 9619

$\dot{X}, \dot{Y}, \dot{Z}$ are in units of 10^{-9} au / d.

POSITION AND VELOCITY OF THE EARTH, 2014

ICRS, ORIGIN AT SOLAR SYSTEM BARYCENTRE
FOR 0^h BARYCENTRIC DYNAMICAL TIME

Date 0^h TDB		X	Y	Z	$\dot{X}$	$\dot{Y}$	$\dot{Z}$
Oct.	1	+0·995 106 431	+0·119 458 546	+0·051 642 096	− 254 0197	+1559 3432	+ 675 9619
	2	+0·992 420 055	+0·135 032 617	+0·058 393 406	− 283 2396	+1555 3935	+ 674 2667
	3	+0·989 441 973	+0·150 564 889	+0·065 126 771	− 312 3592	+1550 9855	+ 672 3736
	4	+0·986 173 231	+0·166 050 835	+0·071 840 232	− 341 3707	+1546 1301	+ 670 2866
	5	+0·982 614 935	+0·181 486 037	+0·078 531 867	− 370 2695	+1540 8386	+ 668 0091
	6	+0·978 768 220	+0·196 866 188	+0·085 199 790	− 399 0548	+1535 1215	+ 665 5446
	7	+0·974 634 209	+0·212 187 074	+0·091 842 143	− 427 7292	+1528 9867	+ 662 8953
	8	+0·970 213 992	+0·227 444 544	+0·098 457 085	− 456 2971	+1522 4385	+ 660 0625
	9	+0·965 508 607	+0·242 634 467	+0·105 042 780	− 484 7633	+1515 4769	+ 657 0458
	10	+0·960 519 054	+0·257 752 692	+0·111 597 382	− 513 1309	+1508 0980	+ 653 8436
	11	+0·955 246 318	+0·272 795 013	+0·118 119 026	− 541 3998	+1500 2951	+ 650 4536
	12	+0·949 691 399	+0·287 757 154	+0·124 605 819	− 569 5664	+1492 0605	+ 646 8732
	13	+0·943 855 353	+0·302 634 759	+0·131 055 847	− 597 6240	+1483 3868	+ 643 1001
	14	+0·937 739 313	+0·317 423 404	+0·137 467 171	− 625 5634	+1474 2675	+ 639 1322
	15	+0·931 344 515	+0·332 118 608	+0·143 837 838	− 653 3737	+1464 6977	+ 634 9683
	16	+0·924 672 306	+0·346 715 845	+0·150 165 881	− 681 0436	+1454 6737	+ 630 6074
	17	+0·917 724 153	+0·361 210 559	+0·156 449 329	− 708 5608	+1444 1929	+ 626 0490
	18	+0·910 501 640	+0·375 598 175	+0·162 686 203	− 735 9131	+1433 2537	+ 621 2929
	19	+0·903 006 481	+0·389 874 101	+0·168 874 528	− 763 0882	+1421 8549	+ 616 3392
	20	+0·895 240 511	+0·404 033 739	+0·175 012 328	− 790 0729	+1409 9961	+ 611 1880
	21	+0·887 205 701	+0·418 072 488	+0·181 097 631	− 816 8541	+1397 6772	+ 605 8398
	22	+0·878 904 156	+0·431 985 751	+0·187 128 469	− 843 4174	+1384 8990	+ 600 2953
	23	+0·870 338 128	+0·445 768 942	+0·193 102 886	− 869 7481	+1371 6631	+ 594 5556
	24	+0·861 510 020	+0·459 417 498	+0·199 018 937	− 895 8307	+1357 9727	+ 588 6224
	25	+0·852 422 393	+0·472 926 897	+0·204 874 696	− 921 6493	+1343 8326	+ 582 4977
	26	+0·843 077 966	+0·486 292 673	+0·210 668 263	− 947 1881	+1329 2495	+ 576 1845
	27	+0·833 479 613	+0·499 510 439	+0·216 397 769	− 972 4321	+1314 2322	+ 569 6862
	28	+0·823 630 353	+0·512 575 905	+0·222 061 384	− 997 3676	+1298 7916	+ 563 0071
	29	+0·813 533 330	+0·525 484 900	+0·227 657 323	−1021 9826	+1282 9401	+ 556 1517
	30	+0·803 191 800	+0·538 233 382	+0·233 183 848	−1046 2679	+1266 6912	+ 549 1252
	31	+0·792 609 095	+0·550 817 448	+0·238 639 273	−1070 2165	+1250 0593	+ 541 9326
Nov.	1	+0·781 788 605	+0·563 233 339	+0·244 021 963	−1093 8246	+1233 0584	+ 534 5789
	2	+0·770 733 741	+0·575 477 431	+0·249 330 329	−1117 0911	+1215 7018	+ 527 0688
	3	+0·759 447 916	+0·587 546 227	+0·254 562 831	−1140 0175	+1198 0009	+ 519 4064
	4	+0·747 934 512	+0·599 436 332	+0·259 717 959	−1162 6074	+1179 9648	+ 511 5947
	5	+0·736 196 875	+0·611 144 426	+0·264 794 235	−1184 8651	+1161 5994	+ 503 6360
	6	+0·724 238 304	+0·622 667 231	+0·269 790 192	−1206 7949	+1142 9071	+ 495 5311
	7	+0·712 062 062	+0·634 001 477	+0·274 704 370	−1228 3992	+1123 8874	+ 487 2801
	8	+0·699 671 404	+0·645 143 880	+0·279 535 305	−1249 6781	+1104 5378	+ 478 8825
	9	+0·687 069 596	+0·656 091 121	+0·284 281 528	−1270 6283	+1084 8546	+ 470 3375
	10	+0·674 259 954	+0·666 839 848	+0·288 941 562	−1291 2438	+1064 8346	+ 461 6445
	11	+0·661 245 863	+0·677 386 682	+0·293 513 925	−1311 5165	+1044 4755	+ 452 8035
	12	+0·648 030 799	+0·687 728 226	+0·297 997 140	−1331 4367	+1023 7765	+ 443 8149
	13	+0·634 618 338	+0·697 861 081	+0·302 389 733	−1350 9940	+1002 7381	+ 434 6794
	14	+0·621 012 163	+0·707 781 861	+0·306 690 243	−1370 1777	+ 981 3619	+ 425 3984
	15	+0·607 216 066	+0·717 487 202	+0·310 897 223	−1388 9767	+ 959 6506	+ 415 9737
	16	+0·593 233 947	+0·726 973 768	+0·315 009 243	−1407 3804	+ 937 6077	+ 406 4070

$\dot{X}$, $\dot{Y}$, $\dot{Z}$ are in units of 10^{-9} au / d.

ICRS, ORIGIN AT SOLAR SYSTEM BARYCENTRE
FOR 0^h BARYCENTRIC DYNAMICAL TIME

Date 0^h TDB	X	Y	Z	$\dot{X}$	$\dot{Y}$	$\dot{Z}$
Nov. 16	+0·593 233 947	+0·726 973 768	+0·315 009 243	−1407 3804	+ 937 6077	+ 406 4070
17	+0·579 069 813	+0·736 238 263	+0·319 024 897	−1425 3777	+ 915 2369	+ 396 7005
18	+0·564 727 786	+0·745 277 428	+0·322 942 795	−1442 9571	+ 892 5426	+ 386 8565
19	+0·550 212 103	+0·754 088 054	+0·326 761 576	−1460 1068	+ 869 5298	+ 376 8773
20	+0·535 527 124	+0·762 666 983	+0·330 479 902	−1476 8141	+ 846 2044	+ 366 7661
21	+0·520 677 339	+0·771 011 124	+0·334 096 467	−1493 0657	+ 822 5737	+ 356 5259
22	+0·505 667 375	+0·779 117 470	+0·337 610 004	−1508 8478	+ 798 6470	+ 346 1610
23	+0·490 501 994	+0·786 983 115	+0·341 019 288	−1524 1470	+ 774 4357	+ 335 6761
24	+0·475 186 087	+0·794 605 282	+0·344 323 145	−1538 9510	+ 749 9539	+ 325 0768
25	+0·459 724 659	+0·801 981 346	+0·347 520 464	−1553 2497	+ 725 2179	+ 314 3695
26	+0·444 122 801	+0·809 108 852	+0·350 610 197	−1567 0360	+ 700 2455	+ 303 5608
27	+0·428 385 660	+0·815 985 528	+0·353 591 365	−1580 3060	+ 675 0549	+ 292 6577
28	+0·412 518 404	+0·822 609 282	+0·356 463 058	−1593 0592	+ 649 6640	+ 281 6667
29	+0·396 526 189	+0·828 978 196	+0·359 224 427	−1605 2984	+ 624 0892	+ 270 5939
30	+0·380 414 133	+0·835 090 501	+0·361 874 681	−1617 0283	+ 598 3447	+ 259 4446
Dec. 1	+0·364 187 300	+0·840 944 563	+0·364 413 078	−1628 2551	+ 572 4421	+ 248 2231
2	+0·347 850 686	+0·846 538 846	+0·366 838 914	−1638 9855	+ 546 3904	+ 236 9329
3	+0·331 409 221	+0·851 871 895	+0·369 151 517	−1649 2264	+ 520 1960	+ 225 5767
4	+0·314 867 772	+0·856 942 302	+0·371 350 235	−1658 9832	+ 493 8626	+ 214 1563
5	+0·298 231 158	+0·861 748 691	+0·373 434 434	−1668 2598	+ 467 3923	+ 202 6730
6	+0·281 504 170	+0·866 289 695	+0·375 403 488	−1677 0581	+ 440 7857	+ 191 1277
7	+0·264 691 593	+0·870 563 950	+0·377 256 783	−1685 3774	+ 414 0427	+ 179 5211
8	+0·247 798 227	+0·874 570 095	+0·378 993 708	−1693 2150	+ 387 1637	+ 167 8541
9	+0·230 828 914	+0·878 306 774	+0·380 613 669	−1700 5661	+ 360 1498	+ 156 1282
10	+0·213 788 546	+0·881 772 648	+0·382 116 081	−1707 4249	+ 333 0032	+ 144 3450
11	+0·196 682 080	+0·884 966 408	+0·383 500 384	−1713 7846	+ 305 7276	+ 132 5065
12	+0·179 514 541	+0·887 886 784	+0·384 766 037	−1719 6383	+ 278 3275	+ 120 6156
13	+0·162 291 023	+0·890 532 562	+0·385 912 530	−1724 9791	+ 250 8087	+ 108 6749
14	+0·145 016 692	+0·892 902 584	+0·386 939 380	−1729 8000	+ 223 1775	+ 96 6877
15	+0·127 696 780	+0·894 995 759	+0·387 846 140	−1734 0941	+ 195 4407	+ 84 6573
16	+0·110 336 589	+0·896 811 070	+0·388 632 394	−1737 8544	+ 167 6056	+ 72 5872
17	+0·092 941 495	+0·898 347 570	+0·389 297 763	−1741 0735	+ 139 6801	+ 60 4809
18	+0·075 516 950	+0·899 604 400	+0·389 841 905	−1743 7433	+ 111 6729	+ 48 3425
19	+0·058 068 489	+0·900 580 788	+0·390 264 521	−1745 8551	+ 83 5938	+ 36 1764
20	+0·040 601 737	+0·901 276 074	+0·390 565 358	−1747 4000	+ 55 4546	+ 23 9877
21	+0·023 122 409	+0·901 689 726	+0·390 744 218	−1748 3691	+ 27 2695	+ 11 7821
22	+0·005 636 300	+0·901 821 368	+0·390 800 966	−1748 7550	− 9444	− 4336
23	−0·011 850 731	+0·901 670 806	+0·390 735 538	−1748 5531	− 29 1678	− 12 6518
24	−0·029 332 798	+0·901 238 050	+0·390 547 949	−1747 7624	− 57 3796	− 24 8646
25	−0·046 804 028	+0·900 523 322	+0·390 238 291	−1746 3866	− 85 5590	− 37 0641
26	−0·064 258 604	+0·899 527 044	+0·389 806 735	−1744 4332	− 113 6865	− 49 2433
27	−0·081 690 803	+0·898 249 821	+0·389 253 514	−1741 9131	− 141 7456	− 61 3959
28	−0·099 095 019	+0·896 692 403	+0·388 578 922	−1738 8385	− 169 7235	− 73 5170
29	−0·116 465 768	+0·894 855 653	+0·387 783 293	−1735 2219	− 197 6106	− 85 6027
30	−0·133 797 689	+0·892 740 517	+0·386 866 996	−1731 0749	− 225 4000	− 97 6502
31	−0·151 085 532	+0·890 347 994	+0·385 830 424	−1726 4078	− 253 0873	− 109 6573
32	−0·168 324 140	+0·887 679 121	+0·384 673 990	−1721 2292	− 280 6696	− 121 6223

$\dot{X}, \dot{Y}, \dot{Z}$ are in units of 10^{-9} au / d.

Reduction for polar motion

The rotation of the Earth can be represented by a diurnal rotation about a reference axis whose motion with respect to a space-fixed system is given by the theories of precession and nutation plus very small ($<$ 1 mas) corrections from observations. The pole of the reference axis is the celestial intermediate pole (CIP) and the system within which it moves is the GCRS (see page B25). The equator of date is orthogonal to the axis of the CIP. The axis of the CIP also moves with respect to the standard geodetic coordinate system, the ITRS (see below), which is fixed (in a specifically defined sense) with respect to the crust of the Earth. The motion of the CIP within the ITRS is known as polar motion; the path of the pole is quasi-circular with a maximum radius of about 10 m ($0''3$) and principal periods of 365 and 428 days. The longer period component is the Chandler wobble, which corresponds in rigid-body rotational dynamics to the motion of the axis of figure with respect to the axis of rotation. The annual component is driven by seasonal effects. Polar motion as a whole is affected by unpredictable geophysical forces and must be determined continuously from various kinds of observations.

The origin of the International Terrestrial Reference System (ITRS) is the geocentre and the directions of its axes are defined implicitly by the adoption of a set of coordinates of stations (instruments) used to determine UT1 and polar motion from observations. The ITRS is systematically within a few centimetres of WGS 84, the geodetic system provided by GPS. The orientation of the Terrestrial Intermediate Reference System (see page B26) with respect to the ITRS is given by successive rotations through the three small angles y, x, and $-s'$. The celestial reference system is then obtained by a rotation about the z-axis, either by Greenwich apparent sidereal time (GAST) if the celestial coordinates are with respect to the true equator and equinox of date; or by the Earth rotation angle (θ) if the celestial coordinates are with respect to the Celestial Intermediate Reference System.

The small angle s', called the TIO locator, is a measure of the secular drift of the terrestrial intermediate origin (TIO), with respect to geodetic zero longitude, that is, the very slow systematic rotation of the Terrestrial Intermediate Reference System with respect to the ITRS (due to polar motion). The value of s' (see below) is minuscule and may be set to zero unless very precise results are needed.

The quantities x, y correspond to the coordinates of the CIP with respect to the ITRS, measured along the meridians at longitudes $0°$ and $270°$ ($90°$ west). Current values of the coordinates, x, y, of the pole for use in the reduction of observations are published by the Central Bureau of the IERS (see *The Astronomical Almanac Online* for web links). Previous values, from 1970 January 1 onwards, are given on page K10 at 3-monthly intervals. For precise work the values at 5-day intervals from the IERS should be used. The coordinates x and y are usually measured in arcseconds.

The longitude and latitude of a terrestrial observer, λ and ϕ, used in astronomical formulae (e.g., for hour angle or the determination of astronomical time), should be expressed in the Terrestrial Intermediate Reference System, that is, corrected for polar motion:

$$\lambda = \lambda_{\text{ITRS}} + \left(x \sin \lambda_{\text{ITRS}} + y \cos \lambda_{\text{ITRS}}\right) \tan \phi_{\text{ITRS}}$$

$$\phi = \phi_{\text{ITRS}} + \left(x \cos \lambda_{\text{ITRS}} - y \sin \lambda_{\text{ITRS}}\right)$$

where λ_{ITRS} and ϕ_{ITRS} are the ITRS (geodetic) longitude and latitude of the observer, and x and y are the ITRS coordinates of the CIP, in the same units as λ and ϕ. These formulae are approximate and should not be used for places at polar latitudes.

Reduction for polar motion (continued)

The rigorous transformation of a vector $\mathbf{p}_3$ with respect to the celestial system to the corresponding vector $\mathbf{p}_4$ with respect to the ITRS is given by the formula:

$$\mathbf{p}_4 = \mathbf{R}_1(-y)\,\mathbf{R}_2(-x)\,\mathbf{R}_3(s')\,\mathbf{R}_3(\beta)\,\mathbf{p}_3$$

and conversely,

$$\mathbf{p}_3 = \mathbf{R}_3(-\beta)\,\mathbf{R}_3(-s')\,\mathbf{R}_2(x)\,\mathbf{R}_1(y)\,\mathbf{p}_4$$

where the TIO locator

$$s' = -0.''000\,047\,T$$

and T is measured in Julian centuries of 365 25 days from 245 1545·0 TT. Some previous values of x and y are tabulated on page K10. Note, the standard rotation matrices $\mathbf{R}_1$, $\mathbf{R}_2$, $\mathbf{R}_3$ are given on page K19 and correspond to rotations about the x, y and z axes, respectively.

The method to form the vector $\mathbf{p}_3$ for celestial objects is given on page B68. However, the vectors given above could represent, for example, the coordinates of a point on the Earth's surface or of a satellite in orbit around the Earth. The quantity β depends on whether the true equinox or the celestial intermediate origin (CIO) is used, viz:

Equinox method	CIO method
where $\beta = $ GAST, Greenwich apparent sidereal time, tabulated daily at 0^{h} UT1 on pages B13–B20. GAST must be used if $\mathbf{p}_3$ is an equinox based position,	or $\beta = \theta$, the Earth rotation angle, tabulated daily at 0^{h} UT1 on pages B21–B24. ERA must be used when $\mathbf{p}_3$ is a CIO based position.

Reduction for diurnal parallax and diurnal aberration

The computation of diurnal parallax and aberration due to the displacement of the observer from the centre of the Earth requires a knowledge of the geocentric coordinates (ρ, geocentric distance in units of the Earth's equatorial radius, and ϕ', geocentric latitude, see the explanation beginning on page K11) of the place of observation, and the local hour angle (h).

For bodies whose equatorial horizontal parallax (π) normally amounts to only a few arcseconds the corrections for diurnal parallax in right ascension and declination (in the sense geocentric place *minus* topocentric place) are given by:

$$\Delta\alpha = \pi(\rho\cos\phi'\sin h\,\sec\delta)$$
$$\Delta\delta = \pi(\rho\sin\phi'\cos\delta - \rho\cos\phi'\cos h\,\sin\delta)$$

and

$$h = \mathrm{GAST} - \alpha_e + \lambda$$
$$= \theta - \alpha_i + \lambda$$

where λ is the longitude. $\mathrm{GAST} - \alpha_e$ is the hour angle calculated from the Greenwich apparent sidereal time and the equinox right ascension, whereas $\theta - \alpha_i$ is the hour angle formed from the Earth rotation angle and the CIO right ascension. π may be calculated from $8.''794$ divided by the geocentric distance of the body (in au). For the Moon (and other very close bodies) more precise formulae are required (see page D3).

The corrections for diurnal aberration in right ascension and declination (in the sense apparent place *minus* mean place) are given by:

$$\Delta\alpha = 0.^{\mathrm{s}}0213\,\rho\cos\phi'\cos h\,\sec\delta$$
$$\Delta\delta = 0.''319\,\rho\cos\phi'\sin h\,\sin\delta$$

Reduction for diurnal parallax and diurnal aberration (continued)

For a body at transit the local hour angle (h) is zero and so $\Delta\delta$ is zero, but

$$\Delta\alpha = \pm 0^{\mathrm{s}}\!0213\,\rho\,\cos\phi'\,\sec\delta$$

where the plus and minus signs are used for the upper and lower transits, respectively; this may be regarded as a correction to the time of transit.

Alternatively, the effects may be computed in rectangular coordinates using the following expressions for the geocentric coordinates and velocity components of the observer with respect to the celestial equatorial reference system:

$$\text{position:} \quad (\ a_e\rho\cos\phi'\cos(\beta+\lambda),\ a_e\rho\cos\phi'\sin(\beta+\lambda),\ a_e\rho\sin\phi')$$
$$\text{velocity:} \quad (-a_e\omega\rho\cos\phi'\sin(\beta+\lambda),\ a_e\omega\rho\cos\phi'\cos(\beta+\lambda),\ 0)$$

where β is the Greenwich sidereal time (mean or apparent) or the Earth rotation angle (as appropriate), λ is the longitude of the observer (east longitudes are positive), a_e is the equatorial radius of the Earth and ω the angular velocity of the Earth.

$$a\omega = 0{\cdot}464\,\text{km/s} = 0{\cdot}268 \times 10^{-3}\,\text{au/d} \qquad c = 2{\cdot}998 \times 10^5\,\text{km/s} = 173{\cdot}14\,\text{au/d}$$
$$a\omega/c = 1{\cdot}55 \times 10^{-6}\,\text{rad} = 0{\cdot}''319 = 0^{\mathrm{s}}\!0213$$

These geocentric position and velocity vectors of the observer are added to the barycentric position and velocity of the Earth's centre, respectively, to obtain the corresponding barycentric vectors of the observer. Then, the procedures on pages B66–B75 may be followed using the barycentric position and velocity of the observer rather than $\mathbf{E}_\mathrm{B}$ and $\dot{\mathbf{E}}_\mathrm{B}$.

Conversion to altitude and azimuth

It is convenient to use the local hour angle (h) as an intermediary in the conversion from the right ascension $(\alpha_e$ or $\alpha_i)$ and declination (δ) to the azimuth (A_z) and altitude (a).

In order to determine the local hour angle (see page B11) corresponding to the UT1 of the observation, first obtain either Greenwich apparent sidereal time (GAST), see pages B13–B20, or the Earth rotation angle (θ) tabulated on pages B21–B24. This choice depends on whether the right ascension is with respect to the equinox or the CIO, respectively. The formulae are:

$$h = \text{GAST} + \lambda - \alpha_e = \theta + \lambda - \alpha_i$$

Then

$$\cos a \sin A_z = -\cos\delta\sin h$$
$$\cos a \cos A_z = \sin\delta\cos\phi - \cos\delta\cos h\sin\phi$$
$$\sin a = \sin\delta\sin\phi + \cos\delta\cos h\cos\phi$$

where azimuth (A_z) is measured from the north through east in the plane of the horizon, altitude (a) is measured perpendicular to the horizon, and λ, ϕ are the astronomical values (see page K13) of the east longitude and latitude of the place of observation. The plane of the horizon is defined to be perpendicular to the apparent direction of gravity. Zenith distance is given by $z = 90° - a$.

For most purposes the values of the geodetic longitude and latitude may be used but in some cases the effects of local gravity anomalies and polar motion (see page B84) must be included. For full precision, the values of α, δ must be corrected for diurnal parallax and diurnal aberration. The inverse formulae are:

$$\cos\delta\sin h = -\cos a\sin A_z$$
$$\cos\delta\cos h = \sin a\cos\phi - \cos a\cos A_z\sin\phi$$
$$\sin\delta = \sin a\sin\phi + \cos a\cos A_z\cos\phi$$

Correction for refraction

For most astronomical purposes the effect of refraction in the Earth's atmosphere is to decrease the zenith distance (computed by the formulae of the previous section) by an amount R that depends on the zenith distance and on the meteorological conditions at the site. A simple expression for R for zenith distances less than $75°$ (altitudes greater than $15°$) is:

$$R = 0°004\ 52\ P \tan z/(273 + T)$$
$$= 0°004\ 52\ P/((273 + T) \tan a)$$

where T is the temperature ($°C$) and P is the barometric pressure (millibars). This formula is usually accurate to about 0.1 for altitudes above $15°$, but the error increases rapidly at lower altitudes, especially in abnormal meteorological conditions. For observed apparent altitudes below $15°$ use the approximate formula:

$$R = P(0.1594 + 0.0196a + 0.000\ 02a^2)/[(273 + T)(1 + 0.505a + 0.0845a^2)]$$

where the altitude a is in degrees.

DETERMINATION OF LATITUDE AND AZIMUTH

Use of the Polaris Table

The table on pages B88-B91 gives data for obtaining latitude from an observed altitude of Polaris (suitably corrected for instrumental errors and refraction) and the azimuth of this star (measured from north, positive to the east and negative to the west), for all hour angles and northern latitudes. The six tabulated quantities, each given to a precision of 0.1, are a_0, a_1, a_2, referring to the correction to altitude, and b_0, b_1, b_2, to the azimuth.

$$\text{latitude} = \text{corrected observed altitude} + a_0 + a_1 + a_2$$
$$\text{azimuth} = (b_0 + b_1 + b_2)/\cos(\text{latitude})$$

The table is to be entered with the local apparent sidereal time of observation (LAST), and gives the values of a_0, b_0 directly; interpolation, with maximum differences of 0.7, can be done mentally. To the precision of these tables local mean sidereal time may be used instead of LAST. In the same vertical column, the values of a_1, b_1 are found with the latitude, and those of a_2, b_2 with the date, as argument. Thus all six quantities can, if desired, be extracted together. The errors due to the adoption of a mean value of the local sidereal time for each of the subsidiary tables have been reduced to a minimum, and the total error is not likely to exceed 0.2. Interpolation between columns should not be attempted.

The observed altitude must be corrected for refraction before being used to determine the astronomical latitude of the place of observation. Both the latitude and the azimuth so obtained are affected by local gravity anomalies if the altitude is measured with respect to a plane orthogonal to the local gravity vector, e.g., a liquid surface.

POLARIS TABLE, 2014

LST	0^h		1^h		2^h		3^h		4^h		5^h	
	a_0	b_0	a_0	b_0	a_0	b_0	a_0	b_0	a_0	b_0	a_0	b_0
m	′	′	′	′	′	′	′	′	′	′	′	′
0	− 29·7	+ 27·7	− 35·8	+ 19·0	− 39·5	+ 9·0	− 40·5	− 1·7	− 38·6	− 12·3	− 34·1	− 22·0
3	− 30·0	+ 27·3	− 36·1	+ 18·5	− 39·6	+ 8·4	− 40·4	− 2·3	− 38·5	− 12·8	− 33·8	− 22·4
6	− 30·4	+ 26·9	− 36·3	+ 18·0	− 39·7	+ 7·9	− 40·4	− 2·8	− 38·3	− 13·3	− 33·5	− 22·8
9	− 30·7	+ 26·5	− 36·5	+ 17·6	− 39·8	+ 7·4	− 40·4	− 3·3	− 38·1	− 13·8	− 33·2	− 23·3
12	− 31·1	+ 26·1	− 36·8	+ 17·1	− 39·9	+ 6·9	− 40·3	− 3·9	− 37·9	− 14·3	− 32·9	− 23·7
15	− 31·4	+ 25·7	− 37·0	+ 16·6	− 40·0	+ 6·3	− 40·3	− 4·4	− 37·7	− 14·8	− 32·6	− 24·2
18	− 31·8	+ 25·3	− 37·2	+ 16·1	− 40·1	+ 5·8	− 40·2	− 4·9	− 37·5	− 15·3	− 32·3	− 24·6
21	− 32·1	+ 24·8	− 37·4	+ 15·6	− 40·2	+ 5·3	− 40·1	− 5·5	− 37·3	− 15·8	− 32·0	− 25·0
24	− 32·4	+ 24·4	− 37·6	+ 15·1	− 40·2	+ 4·7	− 40·1	− 6·0	− 37·1	− 16·3	− 31·6	− 25·4
27	− 32·7	+ 24·0	− 37·8	+ 14·6	− 40·3	+ 4·2	− 40·0	− 6·5	− 36·9	− 16·8	− 31·3	− 25·8
30	− 33·0	+ 23·6	− 38·0	+ 14·1	− 40·3	+ 3·7	− 39·9	− 7·1	− 36·7	− 17·3	− 31·0	− 26·3
33	− 33·3	+ 23·1	− 38·2	+ 13·6	− 40·4	+ 3·1	− 39·8	− 7·6	− 36·5	− 17·7	− 30·6	− 26·7
36	− 33·6	+ 22·7	− 38·4	+ 13·1	− 40·4	+ 2·6	− 39·7	− 8·1	− 36·2	− 18·2	− 30·3	− 27·1
39	− 33·9	+ 22·2	− 38·5	+ 12·6	− 40·4	+ 2·0	− 39·6	− 8·6	− 36·0	− 18·7	− 29·9	− 27·5
42	− 34·2	+ 21·8	− 38·7	+ 12·1	− 40·5	+ 1·5	− 39·5	− 9·2	− 35·7	− 19·2	− 29·5	− 27·8
45	− 34·5	+ 21·3	− 38·8	+ 11·6	− 40·5	+ 1·0	− 39·3	− 9·7	− 35·5	− 19·7	− 29·2	− 28·2
48	− 34·8	+ 20·9	− 39·0	+ 11·0	− 40·5	+ 0·4	− 39·2	− 10·2	− 35·2	− 20·1	− 28·8	− 28·6
51	− 35·1	+ 20·4	− 39·1	+ 10·5	− 40·5	− 0·1	− 39·1	− 10·7	− 35·0	− 20·6	− 28·4	− 29·0
54	− 35·3	+ 19·9	− 39·3	+ 10·0	− 40·5	− 0·6	− 38·9	− 11·2	− 34·7	− 21·0	− 28·0	− 29·4
57	− 35·6	+ 19·5	− 39·4	+ 9·5	− 40·5	− 1·2	− 38·8	− 11·8	− 34·4	− 21·5	− 27·7	− 29·7
60	− 35·8	+ 19·0	− 39·5	+ 9·0	− 40·5	− 1·7	− 38·6	− 12·3	− 34·1	− 22·0	− 27·3	− 30·1

Lat.	a_1	b_1	a_1	b_1	a_1	b_1	a_1	b_1	a_1	b_1	a_1	b_1
°												
0	− 0·1	− 0·3	0·0	− 0·2	0·0	− 0·1	0·0	+ 0·1	− 0·1	+ 0·2	− 0·1	+ 0·3
10	− 0·1	− 0·2	0·0	− 0·2	0·0	0·0	0·0	+ 0·1	0·0	+ 0·2	− 0·1	+ 0·2
20	− 0·1	− 0·2	0·0	− 0·1	0·0	0·0	0·0	+ 0·1	0·0	+ 0·2	− 0·1	+ 0·2
30	0·0	− 0·1	0·0	− 0·1	0·0	0·0	0·0	0·0	0·0	+ 0·1	− 0·1	+ 0·1
40	0·0	− 0·1	0·0	− 0·1	0·0	0·0	0·0	0·0	0·0	+ 0·1	0·0	+ 0·1
45	0·0	0·0	0·0	0·0	0·0	0·0	0·0	0·0	0·0	0·0	0·0	0·0
50	0·0	0·0	0·0	0·0	0·0	0·0	0·0	0·0	0·0	0·0	0·0	0·0
55	0·0	+ 0·1	0·0	0·0	0·0	0·0	0·0	0·0	0·0	0·0	0·0	− 0·1
60	0·0	+ 0·1	0·0	+ 0·1	0·0	0·0	0·0	0·0	0·0	− 0·1	+ 0·1	− 0·1
62	+ 0·1	+ 0·2	0·0	+ 0·1	0·0	0·0	0·0	− 0·1	0·0	− 0·1	+ 0·1	− 0·2
64	+ 0·1	+ 0·2	0·0	+ 0·1	0·0	0·0	0·0	− 0·1	0·0	− 0·2	+ 0·1	− 0·2
66	+ 0·1	+ 0·2	0·0	+ 0·2	0·0	0·0	0·0	− 0·1	0·0	− 0·2	+ 0·1	− 0·2

Month	a_2	b_2	a_2	b_2	a_2	b_2	a_2	b_2	a_2	b_2	a_2	b_2
Jan.	+ 0·2	− 0·1	+ 0·2	− 0·1	+ 0·2	0·0	+ 0·2	0·0	+ 0·2	+ 0·1	+ 0·2	+ 0·1
Feb.	+ 0·1	− 0·3	+ 0·2	− 0·2	+ 0·2	− 0·2	+ 0·3	− 0·1	+ 0·3	0·0	+ 0·3	0·0
Mar.	0·0	− 0·3	0·0	− 0·3	+ 0·1	− 0·3	+ 0·2	− 0·3	+ 0·3	− 0·2	+ 0·3	− 0·1
Apr.	− 0·2	− 0·3	− 0·1	− 0·4	0·0	− 0·4	+ 0·1	− 0·4	+ 0·2	− 0·3	+ 0·3	− 0·3
May	− 0·3	− 0·2	− 0·2	− 0·3	− 0·2	− 0·3	− 0·1	− 0·4	0·0	− 0·4	+ 0·1	− 0·4
June	− 0·4	− 0·1	− 0·3	− 0·2	− 0·3	− 0·2	− 0·2	− 0·3	− 0·1	− 0·3	0·0	− 0·4
July	− 0·3	+ 0·1	− 0·3	0·0	− 0·3	− 0·1	− 0·3	− 0·2	− 0·2	− 0·2	− 0·2	− 0·3
Aug.	− 0·2	+ 0·2	− 0·2	+ 0·2	− 0·3	+ 0·1	− 0·3	0·0	− 0·3	− 0·1	− 0·3	− 0·1
Sept.	0·0	+ 0·3	− 0·1	+ 0·3	− 0·2	+ 0·2	− 0·2	+ 0·2	− 0·3	+ 0·1	− 0·3	0·0
Oct.	+ 0·2	+ 0·3	+ 0·1	+ 0·3	0·0	+ 0·3	− 0·1	+ 0·3	− 0·2	+ 0·3	− 0·2	+ 0·2
Nov.	+ 0·3	+ 0·2	+ 0·3	+ 0·3	+ 0·2	+ 0·4	+ 0·1	+ 0·4	0·0	+ 0·4	− 0·1	+ 0·4
Dec.	+ 0·4	+ 0·1	+ 0·4	+ 0·2	+ 0·3	+ 0·3	+ 0·2	+ 0·4	+ 0·1	+ 0·4	0·0	+ 0·4

Latitude = Corrected observed altitude of *Polaris* + $a_0 + a_1 + a_2$

Azimuth of *Polaris* = $(b_0 + b_1 + b_2) / \cos(\text{latitude})$

LST	6^h a_0	b_0	7^h a_0	b_0	8^h a_0	b_0	9^h a_0	b_0	10^h a_0	b_0	11^h a_0	b_0
m	′	′	′	′	′	′	′	′	′	′	′	′
0	− 27·3	− 30·1	− 18·5	− 36·1	− 8·6	− 39·6	+ 2·0	− 40·4	+ 12·4	− 38·5	+ 21·9	− 33·9
3	− 26·9	− 30·4	− 18·1	− 36·4	− 8·0	− 39·8	+ 2·5	− 40·4	+ 12·9	− 38·3	+ 22·3	− 33·7
6	− 26·5	− 30·8	− 17·6	− 36·6	− 7·5	− 39·8	+ 3·0	− 40·4	+ 13·4	− 38·1	+ 22·8	− 33·4
9	− 26·1	− 31·1	− 17·1	− 36·8	− 7·0	− 39·9	+ 3·6	− 40·3	+ 13·9	− 38·0	+ 23·2	− 33·1
12	− 25·7	− 31·5	− 16·6	− 37·0	− 6·5	− 40·0	+ 4·1	− 40·3	+ 14·4	− 37·8	+ 23·6	− 32·7
15	− 25·2	− 31·8	− 16·1	− 37·2	− 6·0	− 40·1	+ 4·6	− 40·2	+ 14·9	− 37·6	+ 24·1	− 32·4
18	− 24·8	− 32·1	− 15·7	− 37·5	− 5·4	− 40·2	+ 5·1	− 40·1	+ 15·3	− 37·4	+ 24·5	− 32·1
21	− 24·4	− 32·5	− 15·2	− 37·7	− 4·9	− 40·2	+ 5·7	− 40·1	+ 15·8	− 37·2	+ 24·9	− 31·8
24	− 24·0	− 32·8	− 14·7	− 37·8	− 4·4	− 40·3	+ 6·2	− 40·0	+ 16·3	− 37·0	+ 25·3	− 31·5
27	− 23·5	− 33·1	− 14·2	− 38·0	− 3·9	− 40·3	+ 6·7	− 39·9	+ 16·8	− 36·7	+ 25·7	− 31·1
30	− 23·1	− 33·4	− 13·7	− 38·2	− 3·3	− 40·4	+ 7·2	− 39·8	+ 17·3	− 36·5	+ 26·1	− 30·8
33	− 22·7	− 33·7	− 13·2	− 38·4	− 2·8	− 40·4	+ 7·8	− 39·7	+ 17·8	− 36·3	+ 26·5	− 30·5
36	− 22·2	− 34·0	− 12·7	− 38·6	− 2·3	− 40·5	+ 8·3	− 39·6	+ 18·2	− 36·1	+ 26·9	− 30·1
39	− 21·8	− 34·3	− 12·2	− 38·7	− 1·7	− 40·5	+ 8·8	− 39·5	+ 18·7	− 35·8	+ 27·3	− 29·7
42	− 21·3	− 34·6	− 11·7	− 38·9	− 1·2	− 40·5	+ 9·3	− 39·4	+ 19·2	− 35·6	+ 27·7	− 29·4
45	− 20·9	− 34·8	− 11·1	− 39·0	− 0·7	− 40·5	+ 9·8	− 39·2	+ 19·6	− 35·3	+ 28·1	− 29·0
48	− 20·4	− 35·1	− 10·6	− 39·2	− 0·1	− 40·5	+ 10·3	− 39·1	+ 20·1	− 35·0	+ 28·5	− 28·7
51	− 19·9	− 35·4	− 10·1	− 39·3	+ 0·4	− 40·5	+ 10·8	− 39·0	+ 20·5	− 34·8	+ 28·9	− 28·3
54	− 19·5	− 35·6	− 9·6	− 39·4	+ 0·9	− 40·5	+ 11·4	− 38·8	+ 21·0	− 34·5	+ 29·2	− 27·9
57	− 19·0	− 35·9	− 9·1	− 39·5	+ 1·4	− 40·5	+ 11·9	− 38·6	+ 21·5	− 34·2	+ 29·6	− 27·5
60	− 18·5	− 36·1	− 8·6	− 39·6	+ 2·0	− 40·4	+ 12·4	− 38·5	+ 21·9	− 33·9	+ 29·9	− 27·1

Lat.	a_1	b_1	a_1	b_1	a_1	b_1	a_1	b_1	a_1	b_1	a_1	b_1
° 0	− 0·2	+ 0·3	− 0·3	+ 0·2	− 0·3	+ 0·1	− 0·3	− 0·1	− 0·2	− 0·2	− 0·2	− 0·3
10	− 0·2	+ 0·2	− 0·2	+ 0·2	− 0·2	0·0	− 0·2	− 0·1	− 0·2	− 0·2	− 0·1	− 0·2
20	− 0·1	+ 0·2	− 0·2	+ 0·1	− 0·2	0·0	− 0·2	− 0·1	− 0·2	− 0·2	− 0·1	− 0·2
30	− 0·1	+ 0·1	− 0·1	+ 0·1	− 0·1	0·0	− 0·1	0·0	− 0·1	− 0·1	− 0·1	− 0·1
40	− 0·1	+ 0·1	− 0·1	+ 0·1	− 0·1	0·0	− 0·1	0·0	− 0·1	− 0·1	0·0	− 0·1
45	0·0	0·0	0·0	0·0	0·0	0·0	0·0	0·0	0·0	0·0	0·0	0·0
50	0·0	0·0	0·0	0·0	0·0	0·0	0·0	0·0	0·0	0·0	0·0	0·0
55	0·0	− 0·1	0·0	0·0	+ 0·1	0·0	+ 0·1	0·0	0·0	0·0	0·0	+ 0·1
60	+ 0·1	− 0·1	+ 0·1	− 0·1	+ 0·1	0·0	+ 0·1	0·0	+ 0·1	+ 0·1	+ 0·1	+ 0·1
62	+ 0·1	− 0·2	+ 0·1	− 0·1	+ 0·2	0·0	+ 0·2	+ 0·1	+ 0·1	+ 0·1	+ 0·1	+ 0·2
64	+ 0·1	− 0·2	+ 0·2	− 0·1	+ 0·2	0·0	+ 0·2	+ 0·1	+ 0·2	+ 0·2	+ 0·1	+ 0·2
66	+ 0·2	− 0·2	+ 0·2	− 0·2	+ 0·2	0·0	+ 0·2	+ 0·1	+ 0·2	+ 0·2	+ 0·1	+ 0·2

Month	a_2	b_2	a_2	b_2	a_2	b_2	a_2	b_2	a_2	b_2	a_2	b_2
Jan.	+ 0·1	+ 0·2	+ 0·1	+ 0·2	0·0	+ 0·2	0·0	+ 0·2	− 0·1	+ 0·2	− 0·1	+ 0·2
Feb.	+ 0·3	+ 0·1	+ 0·2	+ 0·2	+ 0·2	+ 0·2	+ 0·1	+ 0·3	0·0	+ 0·3	0·0	+ 0·3
Mar.	+ 0·3	0·0	+ 0·3	0·0	+ 0·3	+ 0·1	+ 0·3	+ 0·2	+ 0·2	+ 0·3	+ 0·1	+ 0·3
Apr.	+ 0·3	− 0·2	+ 0·4	− 0·1	+ 0·4	0·0	+ 0·4	+ 0·1	+ 0·3	+ 0·2	+ 0·3	+ 0·3
May	+ 0·2	− 0·3	+ 0·3	− 0·2	+ 0·3	− 0·2	+ 0·4	− 0·1	+ 0·4	0·0	+ 0·4	+ 0·1
June	+ 0·1	− 0·4	+ 0·2	− 0·3	+ 0·2	− 0·3	+ 0·3	− 0·2	+ 0·3	− 0·1	+ 0·4	0·0
July	− 0·1	− 0·3	0·0	− 0·3	+ 0·1	− 0·3	+ 0·2	− 0·3	+ 0·2	− 0·2	+ 0·3	− 0·2
Aug.	− 0·2	− 0·2	− 0·2	− 0·2	− 0·1	− 0·3	0·0	− 0·3	+ 0·1	− 0·3	+ 0·1	− 0·3
Sept.	− 0·3	0·0	− 0·3	− 0·1	− 0·2	− 0·2	− 0·2	− 0·2	− 0·1	− 0·3	0·0	− 0·3
Oct.	− 0·3	+ 0·2	− 0·3	+ 0·1	− 0·3	0·0	− 0·3	− 0·1	− 0·3	− 0·2	− 0·2	− 0·2
Nov.	− 0·2	+ 0·3	− 0·3	+ 0·3	− 0·4	+ 0·2	− 0·4	+ 0·1	− 0·4	0·0	− 0·4	− 0·1
Dec.	− 0·1	+ 0·4	− 0·2	+ 0·4	− 0·3	+ 0·3	− 0·4	+ 0·2	− 0·4	+ 0·1	− 0·4	0·0

Latitude = Corrected observed altitude of *Polaris* + a_0 + a_1 + a_2

Azimuth of *Polaris* = $(b_0 + b_1 + b_2)$ / cos (latitude)

POLARIS TABLE, 2014

LST	12^h		13^h		14^h		15^h		16^h		17^h	
	a_0	b_0	a_0	b_0	a_0	b_0	a_0	b_0	a_0	b_0	a_0	b_0
m	′	′	′	′	′	′	′	′	′	′	′	′
0	+29·9	−27·1	+35·9	−18·5	+39·5	−8·7	+40·5	+ 1·7	+38·7	+11·9	+34·3	+21·4
3	+30·3	−26·7	+36·2	−18·1	+39·6	−8·2	+40·4	+ 2·2	+38·5	+12·4	+34·0	+21·9
6	+30·6	−26·3	+36·4	−17·6	+39·8	−7·7	+40·4	+ 2·7	+38·3	+12·9	+33·7	+22·3
9	+31·0	−25·9	+36·7	−17·1	+39·8	−7·2	+40·4	+ 3·2	+38·2	+13·4	+33·4	+22·8
12	+31·3	−25·5	+36·9	−16·6	+39·9	−6·7	+40·3	+ 3·8	+38·0	+13·9	+33·1	+23·2
15	+31·6	−25·1	+37·1	−16·2	+40·0	−6·1	+40·3	+ 4·3	+37·8	+14·4	+32·8	+23·6
18	+32·0	−24·7	+37·3	−15·7	+40·1	−5·6	+40·2	+ 4·8	+37·6	+14·9	+32·5	+24·0
21	+32·3	−24·3	+37·5	−15·2	+40·2	−5·1	+40·1	+ 5·3	+37·4	+15·4	+32·2	+24·5
24	+32·6	−23·9	+37·7	−14·7	+40·2	−4·6	+40·1	+ 5·8	+37·2	+15·9	+31·9	+24·9
27	+32·9	−23·5	+37·9	−14·2	+40·3	−4·1	+40·0	+ 6·3	+37·0	+16·4	+31·5	+25·3
30	+33·2	−23·0	+38·1	−13·7	+40·3	−3·6	+39·9	+ 6·9	+36·8	+16·8	+31·2	+25·7
33	+33·5	−22·6	+38·2	−13·2	+40·4	−3·0	+39·8	+ 7·4	+36·6	+17·3	+30·9	+26·1
36	+33·8	−22·2	+38·4	−12·8	+40·4	−2·5	+39·7	+ 7·9	+36·3	+17·8	+30·5	+26·5
39	+34·1	−21·7	+38·6	−12·3	+40·5	−2·0	+39·6	+ 8·4	+36·1	+18·2	+30·2	+26·9
42	+34·4	−21·3	+38·7	−11·8	+40·5	−1·5	+39·5	+ 8·9	+35·9	+18·7	+29·8	+27·3
45	+34·7	−20·8	+38·9	−11·3	+40·5	−0·9	+39·4	+ 9·4	+35·6	+19·2	+29·4	+27·7
48	+34·9	−20·4	+39·0	−10·7	+40·5	−0·4	+39·2	+ 9·9	+35·4	+19·6	+29·1	+28·0
51	+35·2	−19·9	+39·2	−10·2	+40·5	+0·1	+39·1	+10·4	+35·1	+20·1	+28·7	+28·4
54	+35·5	−19·5	+39·3	− 9·7	+40·5	+0·6	+39·0	+10·9	+34·8	+20·5	+28·3	+28·8
57	+35·7	−19·0	+39·4	− 9·2	+40·5	+1·1	+38·8	+11·4	+34·6	+21·0	+28·0	+29·2
60	+35·9	−18·5	+39·5	− 8·7	+40·5	+1·7	+38·7	+11·9	+34·3	+21·4	+27·6	+29·5

Lat.	a_1	b_1	a_1	b_1	a_1	b_1	a_1	b_1	a_1	b_1	a_1	b_1
°												
0	− 0·1	− 0·3	0·0	− 0·2	0·0	−0·1	0·0	+ 0·1	− 0·1	+ 0·2	− 0·1	+ 0·3
10	− 0·1	− 0·2	0·0	− 0·2	0·0	0·0	0·0	+ 0·1	0·0	+ 0·2	− 0·1	+ 0·2
20	0·1	− 0·2	0·0	− 0·1	0·0	0·0	0·0	+ 0·1	0·0	+ 0·2	− 0·1	+ 0·2
30	0·0	− 0·1	0·0	− 0·1	0·0	0·0	0·0	0·0	0·0	+ 0·1	− 0·1	+ 0·1
40	0·0	− 0·1	0·0	− 0·1	0·0	0·0	0·0	0·0	0·0	+ 0·1	0·0	+ 0·1
45	0·0	0·0	0·0	0·0	0·0	0·0	0·0	0·0	0·0	0·0	0·0	0·0
50	0·0	0·0	0·0	0·0	0·0	0·0	0·0	0·0	0·0	0·0	0·0	0·0
55	0·0	+ 0·1	0·0	0·0	0·0	0·0	0·0	0·0	0·0	0·0	0·0	− 0·1
60	0·0	+ 0·1	0·0	+ 0·1	0·0	0·0	0·0	0·0	0·0	− 0·1	+ 0·1	− 0·1
62	+ 0·1	+ 0·2	0·0	+ 0·1	0·0	0·0	0·0	− 0·1	0·0	− 0·1	+ 0·1	− 0·2
64	+ 0·1	+ 0·2	0·0	+ 0·1	0·0	0·0	0·0	− 0·1	0·0	− 0·2	+ 0·1	− 0·2
66	+ 0·1	+ 0·2	0·0	+ 0·2	0·0	0·0	0·0	− 0·1	0·0	− 0·2	+ 0·1	− 0·2

Month	a_2	b_2	a_2	b_2	a_2	b_2	a_2	b_2	a_2	b_2	a_2	b_2
Jan.	− 0·2	+ 0·1	− 0·2	+ 0·1	− 0·2	0·0	− 0·2	0·0	− 0·2	− 0·1	− 0·2	− 0·1
Feb.	− 0·1	+ 0·3	− 0·2	+ 0·2	− 0·2	+0·2	− 0·3	+ 0·1	− 0·3	0·0	− 0·3	0·0
Mar.	0·0	+ 0·3	0·0	+ 0·3	− 0·1	+0·3	− 0·2	+ 0·3	− 0·3	+ 0·2	− 0·3	+ 0·1
Apr.	+ 0·2	+ 0·3	+ 0·1	+ 0·4	0·0	+0·4	− 0·1	+ 0·4	− 0·2	+ 0·3	− 0·3	+ 0·3
May	+ 0·3	+ 0·2	+ 0·2	+ 0·3	+ 0·2	+0·3	+ 0·1	+ 0·4	0·0	+ 0·4	− 0·1	+ 0·4
June	+ 0·4	+ 0·1	+ 0·3	+ 0·2	+ 0·3	+0·2	+ 0·2	+ 0·3	+ 0·1	+ 0·3	0·0	+ 0·4
July	+ 0·3	− 0·1	+ 0·3	0·0	+ 0·3	+0·1	+ 0·3	+ 0·2	+ 0·2	+ 0·2	+ 0·2	+ 0·3
Aug.	+ 0·2	− 0·2	+ 0·2	− 0·2	+ 0·3	−0·1	+ 0·3	0·0	+ 0·3	+ 0·1	+ 0·3	+ 0·1
Sept.	0·0	− 0·3	+ 0·1	− 0·3	+ 0·2	−0·2	+ 0·2	− 0·2	+ 0·3	− 0·1	+ 0·3	0·0
Oct.	− 0·2	− 0·3	− 0·1	− 0·3	0·0	−0·3	+ 0·1	− 0·3	+ 0·2	− 0·3	+ 0·2	− 0·2
Nov.	− 0·3	− 0·2	− 0·3	− 0·3	− 0·2	−0·4	− 0·1	− 0·4	0·0	− 0·4	+ 0·1	− 0·4
Dec.	− 0·4	− 0·1	− 0·4	− 0·2	− 0·3	−0·3	− 0·2	− 0·4	− 0·1	− 0·4	0·0	− 0·4

Latitude = Corrected observed altitude of *Polaris* + $a_0 + a_1 + a_2$

Azimuth of *Polaris* = $(b_0 + b_1 + b_2) / \cos(\text{latitude})$

LST	18h a_0	b_0	19h a_0	b_0	20h a_0	b_0	21h a_0	b_0	22h a_0	b_0	23h a_0	b_0
m	′	′	′	′	′	′	′	′	′	′	′	′
0	+27·6	+29·5	+19·0	+35·7	+9·1	+39·4	−1·4	+40·5	−11·8	+38·8	−21·5	+34·5
3	+27·2	+29·9	+18·5	+35·9	+8·6	+39·5	−1·9	+40·5	−12·4	+38·7	−21·9	+34·2
6	+26·8	+30·2	+18·1	+36·1	+8·1	+39·6	−2·5	+40·4	−12·9	+38·5	−22·4	+33·9
9	+26·4	+30·6	+17·6	+36·4	+7·6	+39·7	−3·0	+40·4	−13·4	+38·3	−22·8	+33·6
12	+26·0	+30·9	+17·1	+36·6	+7·0	+39·8	−3·5	+40·4	−13·9	+38·1	−23·3	+33·3
15	+25·6	+31·3	+16·6	+36·8	+6·5	+39·9	−4·1	+40·3	−14·4	+38·0	−23·7	+33·0
18	+25·2	+31·6	+16·1	+37·0	+6·0	+40·0	−4·6	+40·3	−14·9	+37·8	−24·1	+32·7
21	+24·8	+31·9	+15·6	+37·3	+5·5	+40·1	−5·1	+40·2	−15·3	+37·6	−24·6	+32·3
24	+24·3	+32·2	+15·2	+37·5	+4·9	+40·2	−5·6	+40·1	−15·8	+37·4	−25·0	+32·0
27	+23·9	+32·6	+14·7	+37·7	+4·4	+40·2	−6·2	+40·1	−16·3	+37·2	−25·4	+31·7
30	+23·5	+32·9	+14·2	+37·8	+3·9	+40·3	−6·7	+40·0	−16·8	+37·0	−25·8	+31·4
33	+23·1	+33·2	+13·7	+38·0	+3·4	+40·3	−7·2	+39·9	−17·3	+36·7	−26·2	+31·0
36	+22·6	+33·5	+13·2	+38·2	+2·8	+40·4	−7·7	+39·8	−17·8	+36·5	−26·6	+30·7
39	+22·2	+33·8	+12·7	+38·4	+2·3	+40·4	−8·2	+39·7	−18·3	+36·3	−27·0	+30·3
42	+21·7	+34·0	+12·2	+38·5	+1·8	+40·5	−8·8	+39·6	−18·7	+36·0	−27·4	+30·0
45	+21·3	+34·3	+11·7	+38·7	+1·2	+40·5	−9·3	+39·5	−19·2	+35·8	−27·8	+29·6
48	+20·8	+34·6	+11·2	+38·9	+0·7	+40·5	−9·8	+39·4	−19·7	+35·5	−28·2	+29·2
51	+20·4	+34·9	+10·7	+39·0	+0·2	+40·5	−10·3	+39·2	−20·1	+35·3	−28·6	+28·9
54	+19·9	+35·1	+10·1	+39·1	−0·3	+40·5	−10·8	+39·1	−20·6	+35·0	−28·9	+28·5
57	+19·5	+35·4	+9·6	+39·3	−0·9	+40·5	−11·3	+39·0	−21·0	+34·7	−29·3	+28·1
60	+19·0	+35·7	+9·1	+39·4	−1·4	+40·5	−11·8	+38·8	−21·5	+34·5	−29·7	+27·7

Lat.	a_1	b_1	a_1	b_1	a_1	b_1	a_1	b_1	a_1	b_1	a_1	b_1
°												
0	− 0·2	+ 0·3	− 0·3	+ 0·2	−0·3	+ 0·1	− 0·3	− 0·1	− 0·2	− 0·2	− 0·2	− 0·3
10	− 0·2	+ 0·2	− 0·2	+ 0·2	−0·2	0·0	− 0·2	− 0·1	− 0·2	− 0·2	− 0·1	− 0·2
20	− 0·1	+ 0·2	− 0·2	+ 0·1	−0·2	0·0	− 0·2	− 0·1	− 0·2	− 0·2	− 0·1	− 0·2
30	− 0·1	+ 0·1	− 0·1	+ 0·1	−0·1	0·0	− 0·1	0·0	− 0·1	− 0·1	− 0·1	− 0·1
40	− 0·1	+ 0·1	− 0·1	+ 0·1	−0·1	0·0	− 0·1	0·0	− 0·1	− 0·1	0·0	− 0·1
45	0·0	0·0	0·0	0·0	0·0	0·0	0·0	0·0	0·0	0·0	0·0	0·0
50	0·0	0·0	0·0	0·0	0·0	0·0	0·0	0·0	0·0	0·0	0·0	0·0
55	0·0	− 0·1	0·0	0·0	+0·1	0·0	+ 0·1	0·0	0·0	0·0	0·0	+ 0·1
60	+ 0·1	− 0·1	+ 0·1	− 0·1	+0·1	0·0	+ 0·1	0·0	+ 0·1	+ 0·1	+ 0·1	+ 0·1
62	+ 0·1	− 0·2	+ 0·1	− 0·1	+0·2	0·0	+ 0·2	+ 0·1	+ 0·1	+ 0·1	+ 0·1	+ 0·2
64	+ 0·1	− 0·2	+ 0·2	− 0·1	+0·2	0·0	+ 0·2	+ 0·1	+ 0·2	+ 0·2	+ 0·1	+ 0·2
66	+ 0·2	− 0·2	+ 0·2	− 0·2	+0·2	0·0	+ 0·2	+ 0·1	+ 0·2	+ 0·2	+ 0·1	+ 0·2

Month	a_2	b_2	a_2	b_2	a_2	b_2	a_2	b_2	a_2	b_2	a_2	b_2
Jan.	− 0·1	− 0·2	− 0·1	− 0·2	0·0	− 0·2	0·0	− 0·2	+ 0·1	− 0·2	+ 0·1	− 0·2
Feb.	− 0·3	− 0·1	− 0·2	− 0·2	−0·2	− 0·2	− 0·1	− 0·3	0·0	− 0·3	0·0	− 0·3
Mar.	− 0·3	0·0	− 0·3	0·0	−0·3	− 0·1	− 0·3	− 0·2	− 0·2	− 0·3	− 0·1	− 0·3
Apr.	− 0·3	+ 0·2	− 0·4	+ 0·1	−0·4	0·0	− 0·4	− 0·1	− 0·3	− 0·2	− 0·3	− 0·3
May	− 0·2	+ 0·3	− 0·3	+ 0·2	−0·3	+ 0·2	− 0·4	+ 0·1	− 0·4	0·0	− 0·4	− 0·1
June	− 0·1	+ 0·4	− 0·2	+ 0·3	−0·2	+ 0·3	− 0·3	+ 0·2	− 0·3	+ 0·1	− 0·4	0·0
July	+ 0·1	+ 0·3	0·0	+ 0·3	−0·1	+ 0·3	− 0·2	+ 0·3	− 0·2	+ 0·2	− 0·3	+ 0·2
Aug.	+ 0·2	+ 0·2	+ 0·2	+ 0·2	+0·1	+ 0·3	0·0	+ 0·3	− 0·1	+ 0·3	− 0·1	+ 0·3
Sept.	+ 0·3	0·0	+ 0·3	+ 0·1	+0·2	+ 0·2	+ 0·2	+ 0·2	+ 0·1	+ 0·3	0·0	+ 0·3
Oct.	+ 0·3	− 0·2	+ 0·3	− 0·1	+0·3	0·0	+ 0·3	+ 0·1	+ 0·3	+ 0·2	+ 0·2	+ 0·2
Nov.	+ 0·2	− 0·3	+ 0·3	− 0·3	+0·4	− 0·2	+ 0·4	− 0·1	+ 0·4	0·0	+ 0·4	+ 0·1
Dec.	+ 0·1	− 0·4	+ 0·2	− 0·4	+0·3	− 0·3	+ 0·4	− 0·2	+ 0·4	− 0·1	+ 0·4	0·0

Latitude = Corrected observed altitude of *Polaris* + a_0 + a_1 + a_2

Azimuth of *Polaris* = $(b_0 + b_1 + b_2)$ / cos (latitude)

Pole Star formulae

The formulae below provide a method for obtaining latitude from the observed altitude of one of the pole stars, *Polaris* or σ Octantis, and an assumed *east* longitude of the observer λ. In addition, the azimuth of a pole star may be calculated from an assumed *east* longitude λ and the observed altitude a, or from λ and an assumed latitude ϕ. An error of $0°002$ in a or $0°1$ in λ will produce an error of about $0°002$ in the calculated latitude. Likewise an error of $0°03$ in λ, a or ϕ will produce an error of about $0°002$ in the calculated azimuth for latitudes below $70°$.

Step 1. Calculate the hour angle HA and polar distance p, in degrees, from expressions of the form:

$$HA = a_0 + a_1 L + a_2 \sin L + a_3 \cos L + 15\,t$$
$$p = a_0 + a_1 L + a_2 \sin L + a_3 \cos L$$

where
$$L = 0°985\,65\,d$$
$$d = \text{day of year (from pages B4–B5)} + t/24$$

and where the coefficients a_0, a_1, a_2, a_3 are given in the table below, t is the universal time in hours, d is the interval in days from 2014 January 0 at 0^h UT1 to the time of observation, and the quantity L is in degrees. In the above formulae d is required to two decimals of a day, L to two decimals of a degree and t to three decimals of an hour.

Step 2. Calculate the local hour angle *LHA* from:

$$LHA = HA + \lambda \quad \text{(add or subtract multiples of } 360°)$$

where λ is the assumed longitude measured east from the Greenwich meridian.

Form the quantities: $S = p \sin(LHA)$ $C = p \cos(LHA)$

Step 3. The latitude of the place of observation, in degrees, is given by:

$$\text{latitude} = a - C + 0.0087\,S^2 \tan a$$

where a is the observed altitude of the pole star after correction for instrument error and atmospheric refraction.

Step 4. The azimuth of the pole star, in degrees, is given by:

$$\text{azimuth of } Polaris = -S/\cos a$$
$$\text{azimuth of } \sigma \text{ Octantis} = 180° + S/\cos a$$

where azimuth is measured eastwards around the horizon from north.

In *Step 4*, if a has not been observed, use the quantity:

$$a = \phi + C - 0.0087\,S^2 \tan \phi$$

where ϕ is an assumed latitude, taken to be positive in either hemisphere.

POLE STAR COEFFICIENTS FOR 2014

	Polaris GHA	Polaris p	σ Octantis GHA	σ Octantis p
	°	°	°	°
a_0	57·17	0·6767	139·50	1·1045
a_1	0·999 08	−0·0000 081	0·999 57	0·0000 103
a_2	0·37	−0·0026	0·18	0·0039
a_3	−0·27	−0·0047	0·22	−0·0038

CONTENTS OF SECTION C

NOTES AND FORMULAS

Mean orbital elements of the Sun

Mean elements of the orbit of the Sun, referred to the mean equinox and ecliptic of date, are given by the following expressions. The time argument d is the interval in days from 2014 January 0, 0^h TT. These expressions are intended for use only during the year of this volume.

d = JD − 245 6657.5 = day of year (from B4–B5) + fraction of day from 0^h TT.

Geometric mean longitude:	$279°588\,574 + 0.985\,647\,36\,d$
Mean longitude of perigee:	$283°178\,027 + 0.000\,047\,08\,d$
Mean anomaly:	$356°410\,547 + 0.985\,600\,28\,d$
Eccentricity:	$0.016\,702\,75 - 0.000\,000\,0012\,d$
Mean obliquity of the ecliptic (w.r.t. mean equator of date):	$23°437\,458 - 0.000\,000\,36\,d$

The position of the ecliptic of date with respect to the ecliptic of the standard epoch is given by formulas on page B53. Osculating elements of the Earth/Moon barycenter are on page E8.

NOTES AND FORMULAS

Lengths of principal years

The lengths of the principal years at 2014.0 as derived from the Sun's mean motion are:

		d	d h m s
tropical year	(equinox to equinox)	365.242 190	365 05 48 45.2
sidereal year	(fixed star to fixed star)	365.256 363	365 06 09 09.8
anomalistic year	(perigee to perigee)	365.259 636	365 06 13 52.6
eclipse year	(node to node)	346.620 080	346 14 52 54.9

Apparent ecliptic coordinates of the Sun

The apparent ecliptic longitude may be computed from the geometric ecliptic longitude tabulated on pages C6–C20 using:

apparent longitude = tabulated longitude + nutation in longitude $(\Delta\psi) - 20''.496/R$

where $\Delta\psi$ is tabulated on pages B58–B65 and R is the true geocentric distance tabulated on pages C6–C20. The apparent ecliptic latitude is equal to the geometric ecliptic latitude found on pages C6–C20 to the precision of tabulation.

Time of transit of the Sun

The quantity tabulated as "Ephemeris Transit" on pages C7–C21 is the TT of transit of the Sun over the ephemeris meridian, which is at the longitude $1.002\ 738\ \Delta T$ east of the prime (Greenwich) meridian; in this expression ΔT is the difference TT – UT. The TT of transit of the Sun over a local meridian is obtained by interpolation where the first differences are about 24 hours. The interpolation factor p is given by:

$$p = -\lambda + 1.002\ 738\ \Delta T$$

where λ is the east longitude and the right-hand side of the equation is expressed in days. (Divide longitude in degrees by 360 and ΔT in seconds by 86 400). During 2014 it is expected that ΔT will be about 67 seconds, so that the second term is about +0.000 78 days.

The UT of transit is obtained by subtracting ΔT from the TT of transit obtained by interpolation.

Equation of Time

Apparent solar time is the timescale based on the diurnal motion of the true Sun. The rate of solar diurnal motion has seasonal variations caused by the obliquity of the ecliptic and by the eccentricity of the Earth's orbit. Additional small variations arise from irregularities in the rotation of the Earth on its axis. Mean solar time is the timescale based on the diurnal motion of the fictitious mean Sun, a point with uniform motion along the celestial equator. The difference between apparent solar time and mean solar time is the Equation of Time.

Equation of Time = apparent solar time – mean solar time

To obtain the Equation of Time to a precision of about 1 second it is sufficient to use:

Equation of Time at 12^h UT = 12^h – tabulated value of ephem. transit found on C7–C21.

NOTES AND FORMULAS

Equation of Time (continued)

Alternatively, Equation of Time may be calculated for any instant during 2014 in seconds of time to a precision of about 3 seconds directly from the expression:

$$\text{Equation of Time} = -109.2 \sin L + 596.0 \sin 2L + 4.5 \sin 3L - 12.7 \sin 4L$$
$$- 428.0 \cos L - 2.1 \cos 2L + 19.2 \cos 3L$$

where L is the mean longitude of the Sun, corrected for aberration, given by:

$$L = 279°\!.583 + 0.985\ 647\ d$$

and where d is the interval in days from 2014 January 0 at 0^h UT, given by:

$$d = \text{day of year (from B4–B5)} + \text{fraction of day from } 0^h \text{ UT.}$$

ICRS geocentric rectangular coordinates of the Sun

The geocentric equatorial rectangular coordinates of the Sun in au, referred to the ICRS axes, are given on pages C22–C25. The direction of these axes have been defined by the International Astronomical Union and are realized in practice by the coordinates of several hundred extragalactic radio sources. A rigorous method of determining the apparent place of a solar system object is described beginning on page B66.

Elements of the rotation of the Sun

The mean elements of the rotation of the Sun for 2014.0 are given below. With the exception of the position of the ascending node of the solar equator on the ecliptic whose rate is $0°\!.014$ per year, the values change less than $0°\!.01$ per year and can be used for the entire year for most applications. Linear interpolation using values found in recent editions can be made if needed.

Position of the ascending node of the solar equator:
  on the ecliptic (longitude) = $75°\!.96$
  on the mean equator of 2014.0 (right ascension) = $16°\!.15$
Inclination of the solar equator:
  with respect to the "Carrington" ecliptic (1850) = $7°\!.25$
  with respect to the mean equator of 2014.0 = $26°\!.11$
Position of the pole of the solar equator, w.r.t. the mean equinox and equator of 2014.0:
  Right ascension = $286°\!.15$
  Declination = $63°\!.89$
Sidereal rotation rate of the prime meridian = $14°\!.1844$ per day.
Mean synodic period of rotation of the prime meridian = 27.2753 days.

These data are derived from elements originally given by R. C. Carrington (*Observations of the Spots on the Sun*, p. 244, 1863). They have been updated using values from Seidelmann et al. (*Explanatory Supplement to the Astronomical Almanac*), p. 397 1992 and Seidelmann et al., Celestial Mech Dyn Astr, 2007, **98** 155.

SUN, 2014

NOTES AND FORMULAS

Heliographic coordinates

Except for Ephemeris Transit, the quantities on the right-hand pages of C7–C21 are tabulated for 0^h TT. Except for L_0, the values are, to the accuracy given, essentially the same for 0^h UT. The value of L_0 at 0^h TT is approximately $0°.01$ greater than its value at 0^h UT.

If ρ_1, θ are the observed angular distance and position angle of a sunspot from the center of the disk of the Sun as seen from the Earth, and ρ is the heliocentric angular distance of the spot on the solar surface from the center of the Sun's disk, then

$$\sin(\rho + \rho_1) = \rho_1 / S$$

where S is the semidiameter of the Sun. The position angle is measured from the north point of the disk towards the east.

The formulas for the computation of the heliographic coordinates (L, B) of a sunspot (or other feature on the surface of the Sun) from (ρ, θ) are as follows:

$$\sin B = \sin B_0 \cos \rho + \cos B_0 \sin \rho \cos(P - \theta)$$
$$\cos B \sin(L - L_0) = \sin \rho \sin(P - \theta)$$
$$\cos B \cos(L - L_0) = \cos \rho \cos B_0 - \sin B_0 \sin \rho \cos(P - \theta)$$

where B is measured positive to the north of the solar equator and L is measured from $0°$ to $360°$ in the direction of rotation of the Sun, i.e., westwards on the apparent disk as seen from the Earth. Daily values for B_0 and L_0 are tabulated on pages C7–C21.

SYNODIC ROTATION NUMBERS, 2014

Number	Date of Commencement			Number	Date of Commencement		
2145	2013	Dec.	19.05	2153	2014	July	25.23
2146	2014	Jan.	15.38	2154		Aug.	21.46
2147		Feb.	11.73	2155		Sept	17.72
2148		Mar.	11.06	2156		Oct.	15.00
2149		Apr.	7.36	2157		Nov.	11.30
2150		May	4.61	2158	2014	Dec.	8.61
2151		May	31.83	2159	2015	Jan.	4.94
2152		June	28.03	2160		Feb.	1.28

At the date of commencement of each synodic rotation period the value of L_0 is zero; that is, the prime meridian passes through the central point of the disk.

NOTES AND FORMULAS

Low precision formulas for the Sun

The following formulas give the apparent coordinates of the Sun to a precision of $1''.0$ and the equation of time to a precision of $3^s.5$ between 1950 and 2050; on this page the time argument n is the number of days of TT from J2000.0 (UT can be used with negligible error).

$n = \text{JD} - 2451545.0 = 5112.5 + \text{day of year (from B4–B5)} + \text{fraction of day from } 0^h \text{ TT}$
Mean longitude of Sun, corrected for aberration: $L = 280°.460 + 0°.985\ 6474\ n$
Mean anomaly: $g = 357°.528 + 0°.985\ 6003\ n$

Put L and g in the range $0°$ to $360°$ by adding multiples of $360°$.

Ecliptic longitude: $\lambda = L + 1°.915 \sin g + 0°.020 \sin 2g$
Ecliptic latitude: $\beta = 0°$
Obliquity of ecliptic: $\epsilon = 23°.439 - 0°.000\ 0004\ n$
Right ascension: $\alpha = \tan^{-1}(\cos \epsilon \tan \lambda)$; ($\alpha$ in same quadrant as λ)

Alternatively, right ascension, α, may be calculated directly from:

Right ascension: $\alpha = \lambda - ft \sin 2\lambda + (f/2)t^2 \sin 4\lambda$
   where $f = 180/\pi$ and $t = \tan^2(\epsilon/2)$
Declination: $\delta = \sin^{-1}(\sin \epsilon \sin \lambda)$

Distance of Sun from Earth, R, in au:

$R = 1.000\ 14 - 0.016\ 71 \cos g - 0.000\ 14 \cos 2g$

Equatorial rectangular coordinates of the Sun, in au:

$x = R \cos \lambda$
$y = R \cos \epsilon \sin \lambda$
$z = R \sin \epsilon \sin \lambda$

Equation of time, in minutes:

$E = (L - \alpha)$, in degrees, multiplied by 4.

Other useful quantities:

Horizontal parallax: $0°.0024$
Semidiameter: $0°.2666/R$
Light-time: $0^d.0058$

SUN, 2014

FOR 0ʰ TERRESTRIAL TIME

Date		Julian Date	Geometric Ecliptic Coords. Mn Equinox & Ecliptic of Date		Apparent R. A.	Apparent Declination	True Geocentric Distance
			Longitude	Latitude			
		245	° ′ ″	″	h m s	° ′ ″	au
Jan.	0	6657.5	279 27 43.29	+0.24	18 41 10.09	−23 05 52.2	0.983 3718
	1	6658.5	280 28 53.88	+0.33	18 45 35.31	−23 01 17.4	0.983 3574
	2	6659.5	281 30 04.60	+0.40	18 50 00.23	−22 56 15.1	0.983 3465
	3	6660.5	282 31 15.34	+0.43	18 54 24.80	−22 50 45.4	0.983 3390
	4	6661.5	283 32 25.97	+0.42	18 58 48.99	−22 44 48.5	0.983 3352
	5	6662.5	284 33 36.39	+0.38	19 03 12.76	−22 38 24.5	0.983 3352
	6	6663.5	285 34 46.50	+0.31	19 07 36.09	−22 31 33.7	0.983 3394
	7	6664.5	286 35 56.23	+0.22	19 11 58.94	−22 24 16.2	0.983 3479
	8	6665.5	287 37 05.54	+0.11	19 16 21.28	−22 16 32.2	0.983 3612
	9	6666.5	288 38 14.38	−0.01	19 20 43.10	−22 08 22.0	0.983 3796
	10	6667.5	289 39 22.73	−0.14	19 25 04.36	−21 59 45.9	0.983 4033
	11	6668.5	290 40 30.57	−0.26	19 29 25.05	−21 50 44.0	0.983 4326
	12	6669.5	291 41 37.90	−0.37	19 33 45.15	−21 41 16.6	0.983 4676
	13	6670.5	292 42 44.72	−0.47	19 38 04.63	−21 31 24.0	0.983 5086
	14	6671.5	293 43 51.03	−0.55	19 42 23.47	−21 21 06.5	0.983 5556
	15	6672.5	294 44 56.85	−0.60	19 46 41.66	−21 10 24.3	0.983 6088
	16	6673.5	295 46 02.17	−0.63	19 50 59.18	−20 59 17.8	0.983 6681
	17	6674.5	296 47 07.01	−0.64	19 55 16.02	−20 47 47.3	0.983 7337
	18	6675.5	297 48 11.39	−0.62	19 59 32.15	−20 35 53.0	0.983 8054
	19	6676.5	298 49 15.32	−0.57	20 03 47.58	−20 23 35.2	0.983 8832
	20	6677.5	299 50 18.81	−0.49	20 08 02.29	−20 10 54.4	0.983 9670
	21	6678.5	300 51 21.85	−0.40	20 12 16.26	−19 57 50.7	0.984 0566
	22	6679.5	301 52 24.47	−0.29	20 16 29.49	−19 44 24.7	0.984 1518
	23	6680.5	302 53 26.65	−0.16	20 20 41.97	−19 30 36.5	0.984 2525
	24	6681.5	303 54 28.39	−0.03	20 24 53.70	−19 16 26.5	0.984 3583
	25	6682.5	304 55 29.67	+0.10	20 29 04.67	−19 01 55.2	0.984 4690
	26	6683.5	305 56 30.47	+0.23	20 33 14.86	−18 47 02.9	0.984 5841
	27	6684.5	306 57 30.73	+0.34	20 37 24.28	−18 31 50.0	0.984 7034
	28	6685.5	307 58 30.39	+0.44	20 41 32.92	−18 16 16.8	0.984 8265
	29	6686.5	308 59 29.38	+0.50	20 45 40.76	−18 00 23.9	0.984 9530
	30	6687.5	310 00 27.61	+0.53	20 49 47.79	−17 44 11.6	0.985 0827
	31	6688.5	311 01 24.94	+0.53	20 53 54.02	−17 27 40.3	0.985 2154
Feb.	1	6689.5	312 02 21.27	+0.49	20 57 59.42	−17 10 50.5	0.985 3509
	2	6690.5	313 03 16.48	+0.42	21 02 04.00	−16 53 42.6	0.985 4894
	3	6691.5	314 04 10.46	+0.32	21 06 07.74	−16 36 16.9	0.985 6309
	4	6692.5	315 05 03.13	+0.21	21 10 10.66	−16 18 34.0	0.985 7756
	5	6693.5	316 05 54.41	+0.08	21 14 12.75	−16 00 34.1	0.985 9239
	6	6694.5	317 06 44.25	−0.05	21 18 14.02	−15 42 17.8	0.986 0759
	7	6695.5	318 07 32.61	−0.18	21 22 14.46	−15 23 45.4	0.986 2320
	8	6696.5	319 08 19.48	−0.29	21 26 14.09	−15 04 57.4	0.986 3922
	9	6697.5	320 09 04.83	−0.40	21 30 12.91	−14 45 54.2	0.986 5569
	10	6698.5	321 09 48.66	−0.48	21 34 10.94	−14 26 36.1	0.986 7261
	11	6699.5	322 10 30.97	−0.54	21 38 08.17	−14 07 03.6	0.986 9001
	12	6700.5	323 11 11.77	−0.58	21 42 04.62	−13 47 17.2	0.987 0789
	13	6701.5	324 11 51.06	−0.59	21 46 00.29	−13 27 17.1	0.987 2626
	14	6702.5	325 12 28.86	−0.57	21 49 55.22	−13 07 03.9	0.987 4513
	15	6703.5	326 13 05.20	−0.52	21 53 49.39	−12 46 37.9	0.987 6449

FOR 0ʰ TERRESTRIAL TIME

Date		Pos. Angle of Axis P	Heliographic		Horiz. Parallax	Semi-Diameter	Ephemeris Transit
			Latitude B_0	Longitude L_0			
		°	°	°	″	′ ″	h m s
Jan.	0	+ 2.58	− 2.89	202.59	8.94	16 15.87	12 03 04.02
	1	+ 2.10	− 3.00	189.42	8.94	16 15.89	12 03 32.54
	2	+ 1.61	− 3.12	176.25	8.94	16 15.90	12 04 00.74
	3	+ 1.13	− 3.24	163.08	8.94	16 15.90	12 04 28.57
	4	+ 0.64	− 3.35	149.91	8.94	16 15.91	12 04 56.00
	5	+ 0.16	− 3.47	136.74	8.94	16 15.91	12 05 23.01
	6	− 0.33	− 3.58	123.57	8.94	16 15.90	12 05 49.55
	7	− 0.81	− 3.69	110.40	8.94	16 15.90	12 06 15.61
	8	− 1.29	− 3.80	97.23	8.94	16 15.88	12 06 41.14
	9	− 1.77	− 3.91	84.06	8.94	16 15.86	12 07 06.14
	10	− 2.25	− 4.02	70.89	8.94	16 15.84	12 07 30.57
	11	− 2.73	− 4.12	57.72	8.94	16 15.81	12 07 54.41
	12	− 3.21	− 4.23	44.56	8.94	16 15.78	12 08 17.64
	13	− 3.68	− 4.33	31.39	8.94	16 15.74	12 08 40.24
	14	− 4.15	− 4.43	18.22	8.94	16 15.69	12 09 02.20
	15	− 4.62	− 4.54	5.05	8.94	16 15.64	12 09 23.50
	16	− 5.09	− 4.64	351.88	8.94	16 15.58	12 09 44.12
	17	− 5.55	− 4.73	338.72	8.94	16 15.51	12 10 04.05
	18	− 6.01	− 4.83	325.55	8.94	16 15.44	12 10 23.28
	19	− 6.47	− 4.93	312.38	8.94	16 15.36	12 10 41.80
	20	− 6.93	− 5.02	299.21	8.94	16 15.28	12 10 59.58
	21	− 7.38	− 5.11	286.05	8.94	16 15.19	12 11 16.63
	22	− 7.83	− 5.20	272.88	8.94	16 15.10	12 11 32.94
	23	− 8.28	− 5.29	259.71	8.93	16 15.00	12 11 48.49
	24	− 8.72	− 5.38	246.55	8.93	16 14.89	12 12 03.28
	25	− 9.16	− 5.46	233.38	8.93	16 14.78	12 12 17.30
	26	− 9.60	− 5.55	220.21	8.93	16 14.67	12 12 30.54
	27	− 10.03	− 5.63	207.05	8.93	16 14.55	12 12 43.00
	28	− 10.46	− 5.71	193.88	8.93	16 14.43	12 12 54.67
	29	− 10.88	− 5.79	180.71	8.93	16 14.31	12 13 05.55
	30	− 11.30	− 5.87	167.55	8.93	16 14.18	12 13 15.61
	31	− 11.71	− 5.94	154.38	8.93	16 14.05	12 13 24.86
Feb.	1	− 12.12	− 6.01	141.22	8.92	16 13.91	12 13 33.29
	2	− 12.53	− 6.08	128.05	8.92	16 13.78	12 13 40.90
	3	− 12.93	− 6.15	114.88	8.92	16 13.64	12 13 47.67
	4	− 13.33	− 6.22	101.72	8.92	16 13.49	12 13 53.62
	5	− 13.72	− 6.29	88.55	8.92	16 13.35	12 13 58.74
	6	− 14.11	− 6.35	75.39	8.92	16 13.20	12 14 03.03
	7	− 14.49	− 6.41	62.22	8.92	16 13.04	12 14 06.50
	8	− 14.86	− 6.47	49.05	8.92	16 12.88	12 14 09.16
	9	− 15.24	− 6.53	35.89	8.91	16 12.72	12 14 11.02
	10	− 15.60	− 6.58	22.72	8.91	16 12.55	12 14 12.08
	11	− 15.96	− 6.63	9.55	8.91	16 12.38	12 14 12.35
	12	− 16.32	− 6.68	356.38	8.91	16 12.21	12 14 11.85
	13	− 16.67	− 6.73	343.22	8.91	16 12.03	12 14 10.59
	14	− 17.01	− 6.78	330.05	8.91	16 11.84	12 14 08.58
	15	− 17.35	− 6.82	316.88	8.90	16 11.65	12 14 05.83

SUN, 2014

FOR 0ʰ TERRESTRIAL TIME

Date	Julian Date	Geometric Ecliptic Coords. Mn Equinox & Ecliptic of Date		Apparent R. A.	Apparent Declination	True Geocentric Distance
		Longitude	Latitude			
	245	° ′ ″	″	h m s	° ′ ″	au
Feb. 15	6703.5	326 13 05.20	−0.52	21 53 49.39	−12 46 37.9	0.987 6449
16	6704.5	327 13 40.10	−0.45	21 57 42.84	−12 25 59.5	0.987 8435
17	6705.5	328 14 13.57	−0.36	22 01 35.58	−12 05 09.1	0.988 0470
18	6706.5	329 14 45.65	−0.25	22 05 27.62	−11 44 07.0	0.988 2552
19	6707.5	330 15 16.37	−0.13	22 09 18.98	−11 22 53.8	0.988 4680
20	6708.5	331 15 45.74	0.00	22 13 09.68	−11 01 29.8	0.988 6852
21	6709.5	332 16 13.78	+0.13	22 16 59.74	−10 39 55.4	0.988 9065
22	6710.5	333 16 40.51	+0.26	22 20 49.17	−10 18 10.9	0.989 1316
23	6711.5	334 17 05.92	+0.37	22 24 37.99	− 9 56 16.9	0.989 3602
24	6712.5	335 17 30.00	+0.46	22 28 26.22	− 9 34 13.6	0.989 5919
25	6713.5	336 17 52.73	+0.53	22 32 13.87	− 9 12 01.6	0.989 8262
26	6714.5	337 18 14.07	+0.56	22 36 00.96	− 8 49 41.3	0.990 0629
27	6715.5	338 18 33.94	+0.56	22 39 47.49	− 8 27 13.0	0.990 3014
28	6716.5	339 18 52.27	+0.53	22 43 33.48	− 8 04 37.2	0.990 5414
Mar. 1	6717.5	340 19 08.97	+0.46	22 47 18.95	− 7 41 54.4	0.990 7828
2	6718.5	341 19 23.93	+0.37	22 51 03.91	− 7 19 04.9	0.991 0252
3	6719.5	342 19 37.06	+0.26	22 54 48.36	− 6 56 09.2	0.991 2689
4	6720.5	343 19 48.27	+0.13	22 58 32.34	− 6 33 07.6	0.991 5136
5	6721.5	344 19 57.48	−0.01	23 02 15.84	− 6 10 00.6	0.991 7597
6	6722.5	345 20 04.63	−0.14	23 05 58.90	− 5 46 48.6	0.992 0073
7	6723.5	346 20 09.68	−0.27	23 09 41.52	− 5 23 31.9	0.992 2566
8	6724.5	347 20 12.59	−0.38	23 13 23.73	− 5 00 11.0	0.992 5077
9	6725.5	348 20 13.36	−0.47	23 17 05.54	− 4 36 46.2	0.992 7608
10	6726.5	349 20 11.97	0.53	23 20 46.98	− 4 13 18.0	0.993 0162
11	6727.5	350 20 08.42	−0.57	23 24 28.05	− 3 49 46.7	0.993 2739
12	6728.5	351 20 02.72	−0.59	23 28 08.79	− 3 26 12.6	0.993 5342
13	6729.5	352 19 54.88	−0.57	23 31 49.22	− 3 02 36.2	0.993 7970
14	6730.5	353 19 44.94	−0.53	23 35 29.35	− 2 38 57.8	0.994 0626
15	6731.5	354 19 32.90	−0.46	23 39 09.21	− 2 15 17.8	0.994 3309
16	6732.5	355 19 18.82	−0.37	23 42 48.83	− 1 51 36.5	0.994 6020
17	6733.5	356 19 02.72	−0.26	23 46 28.22	− 1 27 54.3	0.994 8759
18	6734.5	357 18 44.66	−0.14	23 50 07.41	− 1 04 11.6	0.995 1526
19	6735.5	358 18 24.69	0.00	23 53 46.43	− 0 40 28.6	0.995 4319
20	6736.5	359 18 02.85	+0.13	23 57 25.31	− 0 16 45.7	0.995 7138
21	6737.5	0 17 39.19	+0.26	0 01 04.06	+ 0 06 56.8	0.995 9979
22	6738.5	1 17 13.75	+0.38	0 04 42.71	+ 0 30 38.4	0.996 2840
23	6739.5	2 16 46.56	+0.48	0 08 21.28	+ 0 54 18.9	0.996 5718
24	6740.5	3 16 17.66	+0.55	0 11 59.80	+ 1 17 57.8	0.996 8608
25	6741.5	4 15 47.05	+0.59	0 15 38.28	+ 1 41 34.9	0.997 1508
26	6742.5	5 15 14.71	+0.60	0 19 16.74	+ 2 05 09.7	0.997 4412
27	6743.5	6 14 40.64	+0.58	0 22 55.21	+ 2 28 41.8	0.997 7317
28	6744.5	7 14 04.78	+0.52	0 26 33.69	+ 2 52 11.0	0.998 0217
29	6745.5	8 13 27.08	+0.43	0 30 12.20	+ 3 15 36.8	0.998 3111
30	6746.5	9 12 47.47	+0.32	0 33 50.77	+ 3 38 58.8	0.998 5994
31	6747.5	10 12 05.87	+0.19	0 37 29.41	+ 4 02 16.8	0.998 8866
Apr. 1	6748.5	11 11 22.21	+0.06	0 41 08.13	+ 4 25 30.2	0.999 1726
2	6749.5	12 10 36.43	−0.08	0 44 46.95	+ 4 48 38.9	0.999 4573

FOR 0ʰ TERRESTRIAL TIME

Date		Pos. Angle of Axis P	Heliographic		Horiz. Parallax	Semi-Diameter	Ephemeris Transit
			Latitude B_0	Longitude L_0			
		°	°	°	″	′　″	h　m　s
Feb.	15	− 17.35	− 6.82	316.88	8.90	16　11.65	12　14　05.83
	16	− 17.69	− 6.87	303.71	8.90	16　11.45	12　14　02.37
	17	− 18.01	− 6.91	290.54	8.90	16　11.25	12　13　58.20
	18	− 18.34	− 6.94	277.37	8.90	16　11.05	12　13　53.34
	19	− 18.65	− 6.98	264.21	8.90	16　10.84	12　13　47.81
	20	− 18.96	− 7.01	251.04	8.89	16　10.63	12　13　41.63
	21	− 19.27	− 7.05	237.87	8.89	16　10.41	12　13　34.82
	22	− 19.57	− 7.07	224.70	8.89	16　10.19	12　13　27.38
	23	− 19.86	− 7.10	211.53	8.89	16　09.97	12　13　19.34
	24	− 20.14	− 7.13	198.36	8.89	16　09.74	12　13　10.72
	25	− 20.43	− 7.15	185.19	8.88	16　09.51	12　13　01.52
	26	− 20.70	− 7.17	172.02	8.88	16　09.28	12　12　51.77
	27	− 20.97	− 7.19	158.84	8.88	16　09.04	12　12　41.47
	28	− 21.23	− 7.20	145.67	8.88	16　08.81	12　12　30.65
Mar.	1	− 21.49	− 7.22	132.50	8.88	16　08.57	12　12　19.30
	2	− 21.74	− 7.23	119.33	8.87	16　08.34	12　12　07.46
	3	− 21.98	− 7.24	106.16	8.87	16　08.10	12　11　55.12
	4	− 22.22	− 7.24	92.98	8.87	16　07.86	12　11　42.31
	5	− 22.45	− 7.25	79.81	8.87	16　07.62	12　11　29.04
	6	− 22.67	− 7.25	66.63	8.86	16　07.38	12　11　15.32
	7	− 22.89	− 7.25	53.46	8.86	16　07.13	12　11　01.18
	8	− 23.10	− 7.25	40.28	8.86	16　06.89	12　10　46.63
	9	− 23.31	− 7.25	27.11	8.86	16　06.64	12　10　31.69
	10	− 23.50	− 7.24	13.93	8.86	16　06.39	12　10　16.39
	11	− 23.69	− 7.23	0.75	8.85	16　06.14	12　10　00.74
	12	− 23.88	− 7.22	347.58	8.85	16　05.89	12　09　44.77
	13	− 24.06	− 7.21	334.40	8.85	16　05.63	12　09　28.50
	14	− 24.23	− 7.19	321.22	8.85	16　05.38	12　09　11.94
	15	− 24.39	− 7.17	308.04	8.84	16　05.12	12　08　55.13
	16	− 24.55	− 7.15	294.86	8.84	16　04.85	12　08　38.08
	17	− 24.70	− 7.13	281.68	8.84	16　04.59	12　08　20.83
	18	− 24.85	− 7.11	268.49	8.84	16　04.32	12　08　03.39
	19	− 24.99	− 7.08	255.31	8.83	16　04.05	12　07　45.79
	20	− 25.12	− 7.06	242.13	8.83	16　03.78	12　07　28.05
	21	− 25.24	− 7.03	228.94	8.83	16　03.50	12　07　10.20
	22	− 25.36	− 6.99	215.76	8.83	16　03.22	12　06　52.25
	23	− 25.47	− 6.96	202.57	8.82	16　02.95	12　06　34.24
	24	− 25.57	− 6.92	189.39	8.82	16　02.67	12　06　16.18
	25	− 25.67	− 6.88	176.20	8.82	16　02.39	12　05　58.10
	26	− 25.76	− 6.84	163.01	8.82	16　02.11	12　05　40.01
	27	− 25.84	− 6.80	149.83	8.81	16　01.83	12　05　21.93
	28	− 25.91	− 6.76	136.64	8.81	16　01.55	12　05　03.89
	29	− 25.98	− 6.71	123.45	8.81	16　01.27	12　04　45.88
	30	− 26.04	− 6.66	110.26	8.81	16　00.99	12　04　27.94
	31	− 26.10	− 6.61	97.07	8.80	16　00.71	12　04　10.07
Apr.	1	− 26.14	− 6.56	83.88	8.80	16　00.44	12　03　52.30
	2	− 26.18	− 6.50	70.69	8.80	16　00.17	12　03　34.63

SUN, 2014

FOR 0ʰ TERRESTRIAL TIME

Date		Julian Date	Geometric Ecliptic Coords. Mn Equinox & Ecliptic of Date		Apparent R. A.	Apparent Declination	True Geocentric Distance
			Longitude	Latitude			
		245	° ′ ″	″	h m s	° ′ ″	au
Apr.	1	6748.5	11 11 22.21	+0.06	0 41 08.13	+ 4 25 30.2	0.999 1726
	2	6749.5	12 10 36.43	−0.08	0 44 46.95	+ 4 48 38.9	0.999 4573
	3	6750.5	13 09 48.47	−0.21	0 48 25.89	+ 5 11 42.3	0.999 7408
	4	6751.5	14 08 58.27	−0.33	0 52 04.95	+ 5 34 40.2	1.000 0234
	5	6752.5	15 08 05.82	−0.42	0 55 44.17	+ 5 57 32.1	1.000 3050
	6	6753.5	16 07 11.08	−0.50	0 59 23.54	+ 6 20 17.8	1.000 5859
	7	6754.5	17 06 14.06	−0.55	1 03 03.10	+ 6 42 56.8	1.000 8662
	8	6755.5	18 05 14.74	−0.57	1 06 42.85	+ 7 05 28.9	1.001 1460
	9	6756.5	19 04 13.15	−0.56	1 10 22.81	+ 7 27 53.7	1.001 4256
	10	6757.5	20 03 09.28	−0.53	1 14 03.01	+ 7 50 10.8	1.001 7051
	11	6758.5	21 02 03.18	−0.47	1 17 43.45	+ 8 12 20.0	1.001 9846
	12	6759.5	22 00 54.86	−0.38	1 21 24.16	+ 8 34 20.8	1.002 2642
	13	6760.5	22 59 44.38	−0.27	1 25 05.17	+ 8 56 13.0	1.002 5441
	14	6761.5	23 58 31.77	−0.15	1 28 46.48	+ 9 17 56.2	1.002 8243
	15	6762.5	24 57 17.11	−0.02	1 32 28.11	+ 9 39 30.2	1.003 1048
	16	6763.5	25 56 00.45	+0.12	1 36 10.10	+10 00 54.5	1.003 3858
	17	6764.5	26 54 41.86	+0.25	1 39 52.45	+10 22 08.9	1.003 6670
	18	6765.5	27 53 21.43	+0.38	1 43 35.19	+10 43 13.1	1.003 9485
	19	6766.5	28 51 59.22	+0.48	1 47 18.34	+11 04 06.8	1.004 2299
	20	6767.5	29 50 35.29	+0.56	1 51 01.91	+11 24 49.6	1.004 5110
	21	6768.5	30 49 09.72	+0.62	1 54 45.91	+11 45 21.2	1.004 7914
	22	6769.5	31 47 42.52	+0.63	1 58 30.37	+12 05 41.2	1.005 0709
	23	6770.5	32 46 13.75	+0.62	2 02 15.29	+12 25 49.4	1.005 3489
	24	6771.5	33 44 43.39	+0.57	2 06 00.69	+12 45 45.4	1.005 6250
	25	6772.5	34 43 11.46	+0.50	2 09 46.57	+13 05 28.8	1.005 8988
	26	6773.5	35 41 37.92	+0.39	2 13 32.94	+13 24 59.4	1.006 1700
	27	6774.5	36 40 02.74	+0.27	2 17 19.82	+13 44 16.7	1.006 4382
	28	6775.5	37 38 25.87	+0.14	2 21 07.22	+14 03 20.5	1.006 7031
	29	6776.5	38 36 47.27	0.00	2 24 55.13	+14 22 10.4	1.006 9646
	30	6777.5	39 35 06.88	−0.13	2 28 43.56	+14 40 46.1	1.007 2226
May	1	6778.5	40 33 24.66	−0.25	2 32 32.52	+14 59 07.2	1.007 4771
	2	6779.5	41 31 40.57	−0.35	2 36 22.01	+15 17 13.5	1.007 7280
	3	6780.5	42 29 54.58	−0.44	2 40 12.03	+15 35 04.5	1.007 9756
	4	6781.5	43 28 06.66	−0.50	2 44 02.59	+15 52 40.1	1.008 2198
	5	6782.5	44 26 16.81	−0.53	2 47 53.68	+16 09 59.8	1.008 4609
	6	6783.5	45 24 25.02	−0.53	2 51 45.31	+16 27 03.3	1.008 6989
	7	6784.5	46 22 31.30	−0.50	2 55 37.49	+16 43 50.4	1.008 9341
	8	6785.5	47 20 35.65	−0.45	2 59 30.21	+17 00 20.6	1.009 1666
	9	6786.5	48 18 38.11	−0.38	3 03 23.48	+17 16 33.8	1.009 3966
	10	6787.5	49 16 38.70	−0.28	3 07 17.31	+17 32 29.6	1.009 6243
	11	6788.5	50 14 37.46	−0.16	3 11 11.69	+17 48 07.8	1.009 8497
	12	6789.5	51 12 34.44	−0.03	3 15 06.63	+18 03 28.0	1.010 0732
	13	6790.5	52 10 29.70	+0.10	3 19 02.13	+18 18 29.9	1.010 2948
	14	6791.5	53 08 23.30	+0.24	3 22 58.19	+18 33 13.3	1.010 5147
	15	6792.5	54 06 15.35	+0.36	3 26 54.83	+18 47 38.0	1.010 7329
	16	6793.5	55 04 05.91	+0.47	3 30 52.04	+19 01 43.6	1.010 9494
	17	6794.5	56 01 55.09	+0.56	3 34 49.82	+19 15 30.0	1.011 1642

FOR 0^h TERRESTRIAL TIME

Date	Pos. Angle of Axis P	Heliographic		Horiz. Parallax	Semi-Diameter	Ephemeris Transit
		Latitude B_0	Longitude L_0			
	°	°	°	″	′ ″	h m s
Apr. 1	− 26.14	− 6.56	83.88	8.80	16 00.44	12 03 52.30
2	− 26.18	− 6.50	70.69	8.80	16 00.17	12 03 34.63
3	− 26.21	− 6.45	57.49	8.80	15 59.89	12 03 17.07
4	− 26.24	− 6.39	44.30	8.79	15 59.62	12 02 59.66
5	− 26.26	− 6.33	31.10	8.79	15 59.35	12 02 42.40
6	− 26.27	− 6.27	17.91	8.79	15 59.08	12 02 25.31
7	− 26.27	− 6.20	4.71	8.79	15 58.81	12 02 08.41
8	− 26.27	− 6.14	351.51	8.78	15 58.55	12 01 51.71
9	− 26.26	− 6.07	338.32	8.78	15 58.28	12 01 35.24
10	− 26.24	− 6.00	325.12	8.78	15 58.01	12 01 19.01
11	− 26.21	− 5.93	311.92	8.78	15 57.74	12 01 03.04
12	− 26.18	− 5.86	298.72	8.77	15 57.48	12 00 47.35
13	− 26.14	− 5.78	285.51	8.77	15 57.21	12 00 31.96
14	− 26.09	− 5.71	272.31	8.77	15 56.94	12 00 16.89
15	− 26.03	− 5.63	259.11	8.77	15 56.67	12 00 02.15
16	− 25.97	− 5.55	245.90	8.76	15 56.41	11 59 47.77
17	− 25.90	− 5.47	232.70	8.76	15 56.14	11 59 33.76
18	− 25.82	− 5.39	219.49	8.76	15 55.87	11 59 20.15
19	− 25.74	− 5.31	206.29	8.76	15 55.60	11 59 06.95
20	− 25.65	− 5.22	193.08	8.75	15 55.34	11 58 54.18
21	− 25.55	− 5.13	179.87	8.75	15 55.07	11 58 41.85
22	− 25.44	− 5.05	166.66	8.75	15 54.80	11 58 29.98
23	− 25.33	− 4.96	153.45	8.75	15 54.54	11 58 18.58
24	− 25.21	− 4.87	140.24	8.74	15 54.28	11 58 07.67
25	− 25.08	− 4.77	127.03	8.74	15 54.02	11 57 57.25
26	− 24.94	− 4.68	113.82	8.74	15 53.76	11 57 47.33
27	− 24.80	− 4.58	100.61	8.74	15 53.51	11 57 37.92
28	− 24.65	− 4.49	87.40	8.74	15 53.26	11 57 29.02
29	− 24.49	− 4.39	74.18	8.73	15 53.01	11 57 20.64
30	− 24.32	− 4.29	60.97	8.73	15 52.76	11 57 12.78
May 1	− 24.15	− 4.19	47.75	8.73	15 52.52	11 57 05.44
2	− 23.97	− 4.09	34.54	8.73	15 52.29	11 56 58.64
3	− 23.78	− 3.99	21.32	8.72	15 52.05	11 56 52.37
4	− 23.59	− 3.89	8.10	8.72	15 51.82	11 56 46.63
5	− 23.39	− 3.78	354.88	8.72	15 51.59	11 56 41.44
6	− 23.18	− 3.68	341.66	8.72	15 51.37	11 56 36.79
7	− 22.97	− 3.57	328.44	8.72	15 51.15	11 56 32.68
8	− 22.74	− 3.47	315.22	8.71	15 50.93	11 56 29.12
9	− 22.51	− 3.36	302.00	8.71	15 50.71	11 56 26.12
10	− 22.28	− 3.25	288.78	8.71	15 50.50	11 56 23.67
11	− 22.04	− 3.14	275.56	8.71	15 50.28	11 56 21.78
12	− 21.79	− 3.03	262.33	8.71	15 50.07	11 56 20.45
13	− 21.53	− 2.92	249.11	8.70	15 49.87	11 56 19.68
14	− 21.27	− 2.81	235.88	8.70	15 49.66	11 56 19.47
15	− 21.00	− 2.69	222.66	8.70	15 49.45	11 56 19.83
16	− 20.72	− 2.58	209.43	8.70	15 49.25	11 56 20.76
17	− 20.44	− 2.47	196.21	8.70	15 49.05	11 56 22.27

SUN, 2014

FOR 0ʰ TERRESTRIAL TIME

Date		Julian Date	Geometric Ecliptic Coords. Mn Equinox & Ecliptic of Date		Apparent R. A.	Apparent Declination	True Geocentric Distance
			Longitude	Latitude			
		245	° ′ ″	″	h m s	° ′ ″	au
May	17	6794.5	56 01 55.09	+0.56	3 34 49.82	+19 15 30.0	1.011 1642
	18	6795.5	56 59 42.99	+0.62	3 38 48.17	+19 28 56.7	1.011 3770
	19	6796.5	57 57 29.68	+0.65	3 42 47.09	+19 42 03.7	1.011 5876
	20	6797.5	58 55 15.24	+0.65	3 46 46.57	+19 54 50.5	1.011 7957
	21	6798.5	59 52 59.72	+0.61	3 50 46.61	+20 07 17.0	1.012 0008
	22	6799.5	60 50 43.17	+0.54	3 54 47.21	+20 19 22.9	1.012 2026
	23	6800.5	61 48 25.62	+0.45	3 58 48.35	+20 31 07.9	1.012 4008
	24	6801.5	62 46 07.05	+0.33	4 02 50.04	+20 42 31.8	1.012 5948
	25	6802.5	63 43 47.47	+0.21	4 06 52.25	+20 53 34.4	1.012 7843
	26	6803.5	64 41 26.86	+0.08	4 10 54.97	+21 04 15.3	1.012 9692
	27	6804.5	65 39 05.19	−0.05	4 14 58.20	+21 14 34.5	1.013 1491
	28	6805.5	66 36 42.43	−0.18	4 19 01.91	+21 24 31.7	1.013 3239
	29	6806.5	67 34 18.54	−0.28	4 23 06.08	+21 34 06.7	1.013 4935
	30	6807.5	68 31 53.51	−0.37	4 27 10.70	+21 43 19.2	1.013 6578
	31	6808.5	69 29 27.29	−0.43	4 31 15.75	+21 52 09.1	1.013 8170
June	1	6809.5	70 26 59.88	−0.47	4 35 21.21	+22 00 36.2	1.013 9710
	2	6810.5	71 24 31.25	−0.48	4 39 27.06	+22 08 40.2	1.014 1199
	3	6811.5	72 22 01.40	−0.47	4 43 33.28	+22 16 21.1	1.014 2640
	4	6812.5	73 19 30.34	−0.42	4 47 39.84	+22 23 38.6	1.014 4033
	5	6813.5	74 16 58.05	−0.36	4 51 46.74	+22 30 32.6	1.014 5380
	6	6814.5	75 14 24.57	−0.27	4 55 53.95	+22 37 02.9	1.014 6682
	7	6815.5	76 11 49.91	−0.16	5 00 01.45	+22 43 09.4	1.014 7943
	8	6816.5	77 09 14.10	−0.04	5 04 09.23	+22 48 51.9	1.014 9164
	9	6817.5	78 06 37.18	+0.09	5 08 17.26	+22 54 10.4	1.015 0347
	10	6818.5	79 03 59.19	+0.22	5 12 25.53	+22 59 04.7	1.015 1495
	11	6819.5	80 01 20.22	+0.35	5 16 34.02	+23 03 34.7	1.015 2610
	12	6820.5	80 58 40.33	+0.46	5 20 42.71	+23 07 40.4	1.015 3694
	13	6821.5	81 55 59.61	+0.55	5 24 51.58	+23 11 21.6	1.015 4748
	14	6822.5	82 53 18.18	+0.61	5 29 00.62	+23 14 38.2	1.015 5774
	15	6823.5	83 50 36.14	+0.65	5 33 09.81	+23 17 30.3	1.015 6770
	16	6824.5	84 47 53.59	+0.65	5 37 19.12	+23 19 57.8	1.015 7735
	17	6825.5	85 45 10.64	+0.62	5 41 28.54	+23 22 00.5	1.015 8667
	18	6826.5	86 42 27.37	+0.56	5 45 38.05	+23 23 38.4	1.015 9563
	19	6827.5	87 39 43.84	+0.47	5 49 47.63	+23 24 51.6	1.016 0419
	20	6828.5	88 37 00.09	+0.36	5 53 57.25	+23 25 39.9	1.016 1231
	21	6829.5	89 34 16.17	+0.24	5 58 06.90	+23 26 03.4	1.016 1997
	22	6830.5	90 31 32.07	+0.11	6 02 16.55	+23 26 02.1	1.016 2712
	23	6831.5	91 28 47.81	−0.02	6 06 26.18	+23 25 36.0	1.016 3374
	24	6832.5	92 26 03.37	−0.14	6 10 35.75	+23 24 45.0	1.016 3980
	25	6833.5	93 23 18.75	−0.25	6 14 45.25	+23 23 29.4	1.016 4529
	26	6834.5	94 20 33.91	−0.33	6 18 54.64	+23 21 49.0	1.016 5019
	27	6835.5	95 17 48.84	−0.40	6 23 03.90	+23 19 44.0	1.016 5449
	28	6836.5	96 15 03.53	−0.44	6 27 13.00	+23 17 14.4	1.016 5820
	29	6837.5	97 12 17.94	−0.46	6 31 21.91	+23 14 20.4	1.016 6130
	30	6838.5	98 09 32.08	−0.45	6 35 30.60	+23 11 01.8	1.016 6381
July	1	6839.5	99 06 45.91	−0.41	6 39 39.05	+23 07 19.0	1.016 6574
	2	6840.5	100 03 59.44	−0.35	6 43 47.24	+23 03 11.9	1.016 6709

FOR 0ʰ TERRESTRIAL TIME

Date	Pos. Angle of Axis P	Heliographic Latitude B_0	Heliographic Longitude L_0	Horiz. Parallax	Semi-Diameter	Ephemeris Transit
	°	°	°	″	′ ″	h m s
May 17	− 20.44	− 2.47	196.21	8.70	15 49.05	11 56 22.27
18	− 20.15	− 2.35	182.98	8.70	15 48.85	11 56 24.34
19	− 19.85	− 2.24	169.75	8.69	15 48.65	11 56 26.98
20	− 19.55	− 2.12	156.52	8.69	15 48.46	11 56 30.18
21	− 19.24	− 2.00	143.29	8.69	15 48.26	11 56 33.95
22	− 18.93	− 1.89	130.07	8.69	15 48.08	11 56 38.27
23	− 18.61	− 1.77	116.84	8.69	15 47.89	11 56 43.13
24	− 18.28	− 1.65	103.61	8.68	15 47.71	11 56 48.53
25	− 17.95	− 1.53	90.38	8.68	15 47.53	11 56 54.44
26	− 17.61	− 1.41	77.15	8.68	15 47.36	11 57 00.86
27	− 17.27	− 1.29	63.92	8.68	15 47.19	11 57 07.78
28	− 16.92	− 1.17	50.68	8.68	15 47.03	11 57 15.16
29	− 16.57	− 1.05	37.45	8.68	15 46.87	11 57 23.00
30	− 16.21	− 0.93	24.22	8.68	15 46.71	11 57 31.28
31	− 15.84	− 0.81	10.99	8.67	15 46.57	11 57 39.98
June 1	− 15.47	− 0.69	357.75	8.67	15 46.42	11 57 49.07
2	− 15.10	− 0.57	344.52	8.67	15 46.28	11 57 58.55
3	− 14.72	− 0.45	331.29	8.67	15 46.15	11 58 08.39
4	− 14.34	− 0.33	318.05	8.67	15 46.02	11 58 18.57
5	− 13.95	− 0.21	304.82	8.67	15 45.89	11 58 29.08
6	− 13.55	− 0.09	291.58	8.67	15 45.77	11 58 39.88
7	− 13.16	+ 0.03	278.35	8.67	15 45.65	11 58 50.97
8	− 12.76	+ 0.15	265.11	8.66	15 45.54	11 59 02.33
9	− 12.35	+ 0.27	251.88	8.66	15 45.43	11 59 13.93
10	− 11.94	+ 0.39	238.64	8.66	15 45.32	11 59 25.76
11	− 11.53	+ 0.51	225.41	8.66	15 45.22	11 59 37.79
12	− 11.11	+ 0.63	212.17	8.66	15 45.12	11 59 50.01
13	− 10.70	+ 0.75	198.93	8.66	15 45.02	12 00 02.41
14	− 10.27	+ 0.87	185.70	8.66	15 44.93	12 00 14.97
15	− 9.85	+ 0.99	172.46	8.66	15 44.83	12 00 27.66
16	− 9.42	+ 1.11	159.22	8.66	15 44.74	12 00 40.47
17	− 8.99	+ 1.23	145.99	8.66	15 44.66	12 00 53.38
18	− 8.55	+ 1.35	132.75	8.66	15 44.57	12 01 06.38
19	− 8.12	+ 1.47	119.51	8.66	15 44.49	12 01 19.43
20	− 7.68	+ 1.59	106.28	8.65	15 44.42	12 01 32.52
21	− 7.24	+ 1.70	93.04	8.65	15 44.35	12 01 45.62
22	− 6.80	+ 1.82	79.80	8.65	15 44.28	12 01 58.71
23	− 6.35	+ 1.94	66.57	8.65	15 44.22	12 02 11.76
24	− 5.90	+ 2.05	53.33	8.65	15 44.16	12 02 24.74
25	− 5.46	+ 2.17	40.09	8.65	15 44.11	12 02 37.63
26	− 5.01	+ 2.28	26.86	8.65	15 44.07	12 02 50.40
27	− 4.56	+ 2.40	13.62	8.65	15 44.03	12 03 03.02
28	− 4.11	+ 2.51	0.38	8.65	15 43.99	12 03 15.47
29	− 3.65	+ 2.62	347.15	8.65	15 43.96	12 03 27.72
30	− 3.20	+ 2.73	333.91	8.65	15 43.94	12 03 39.74
July 1	− 2.75	+ 2.85	320.67	8.65	15 43.92	12 03 51.50
2	− 2.29	+ 2.96	307.44	8.65	15 43.91	12 04 03.00

SUN, 2014

FOR 0ʰ TERRESTRIAL TIME

Date		Julian Date	Geometric Ecliptic Coords. Mn Equinox & Ecliptic of Date		Apparent R. A.	Apparent Declination	True Geocentric Distance
			Longitude	Latitude			
		245	° ′ ″	″	h m s	° ′ ″	au
July	1	6839.5	99 06 45.91	−0.41	6 39 39.05	+23 07 19.0	1.016 6574
	2	6840.5	100 03 59.44	−0.35	6 43 47.24	+23 03 11.9	1.016 6709
	3	6841.5	101 01 12.66	−0.27	6 47 55.13	+22 58 40.6	1.016 6790
	4	6842.5	101 58 25.58	−0.17	6 52 02.72	+22 53 45.3	1.016 6816
	5	6843.5	102 55 38.20	−0.05	6 56 09.97	+22 48 26.1	1.016 6791
	6	6844.5	103 52 50.54	+0.07	7 00 16.87	+22 42 43.2	1.016 6718
	7	6845.5	104 50 02.63	+0.20	7 04 23.40	+22 36 36.6	1.016 6597
	8	6846.5	105 47 14.50	+0.32	7 08 29.53	+22 30 06.5	1.016 6433
	9	6847.5	106 44 26.19	+0.43	7 12 35.27	+22 23 13.1	1.016 6228
	10	6848.5	107 41 37.78	+0.52	7 16 40.58	+22 15 56.6	1.016 5986
	11	6849.5	108 38 49.34	+0.59	7 20 45.45	+22 08 17.0	1.016 5709
	12	6850.5	109 36 00.96	+0.63	7 24 49.88	+22 00 14.7	1.016 5399
	13	6851.5	110 33 12.76	+0.63	7 28 53.84	+21 51 49.7	1.016 5057
	14	6852.5	111 30 24.84	+0.60	7 32 57.33	+21 43 02.3	1.016 4685
	15	6853.5	112 27 37.34	+0.54	7 37 00.34	+21 33 52.6	1.016 4280
	16	6854.5	113 24 50.33	+0.46	7 41 02.86	+21 24 20.8	1.016 3841
	17	6855.5	114 22 03.92	+0.35	7 45 04.88	+21 14 27.1	1.016 3365
	18	6856.5	115 19 18.17	+0.22	7 49 06.40	+21 04 11.7	1.016 2849
	19	6857.5	116 16 33.13	+0.09	7 53 07.40	+20 53 34.9	1.016 2290
	20	6858.5	117 13 48.82	−0.03	7 57 07.88	+20 42 36.9	1.016 1685
	21	6859.5	118 11 05.26	−0.16	8 01 07.83	+20 31 17.9	1.016 1030
	22	6860.5	119 08 22.47	−0.26	8 05 07.23	+20 19 38.2	1.016 0324
	23	6861.5	120 05 40.43	−0.36	8 09 06.08	+20 07 38.0	1.015 9565
	24	6862.5	121 02 59.14	−0.42	8 13 04.36	+19 55 17.7	1.015 8750
	25	6863.5	122 00 18.59	−0.47	8 17 02.06	+19 42 37.4	1.015 7879
	26	6864.5	122 57 38.75	−0.49	8 20 59.18	+19 29 37.5	1.015 6951
	27	6865.5	123 54 59.62	−0.48	8 24 55.71	+19 16 18.3	1.015 5966
	28	6866.5	124 52 21.17	−0.44	8 28 51.63	+19 02 39.9	1.015 4924
	29	6867.5	125 49 43.39	−0.38	8 32 46.94	+18 48 42.7	1.015 3825
	30	6868.5	126 47 06.26	−0.30	8 36 41.64	+18 34 27.0	1.015 2670
	31	6869.5	127 44 29.76	−0.21	8 40 35.72	+18 19 53.1	1.015 1462
Aug.	1	6870.5	128 41 53.89	−0.10	8 44 29.18	+18 05 01.2	1.015 0200
	2	6871.5	129 39 18.64	+0.02	8 48 22.01	+17 49 51.6	1.014 8889
	3	6872.5	130 36 44.00	+0.15	8 52 14.23	+17 34 24.7	1.014 7529
	4	6873.5	131 34 09.99	+0.26	8 56 05.82	+17 18 40.7	1.014 6123
	5	6874.5	132 31 36.62	+0.37	8 59 56.79	+17 02 39.9	1.014 4675
	6	6875.5	133 29 03.91	+0.47	9 03 47.14	+16 46 22.7	1.014 3188
	7	6876.5	134 26 31.91	+0.54	9 07 36.88	+16 29 49.3	1.014 1666
	8	6877.5	135 24 00.66	+0.58	9 11 26.01	+16 13 00.0	1.014 0112
	9	6878.5	136 21 30.24	+0.59	9 15 14.54	+15 55 55.1	1.013 8529
	10	6879.5	137 19 00.75	+0.57	9 19 02.48	+15 38 35.0	1.013 6921
	11	6880.5	138 16 32.28	+0.51	9 22 49.83	+15 20 59.8	1.013 5289
	12	6881.5	139 14 04.96	+0.42	9 26 36.61	+15 03 09.9	1.013 3635
	13	6882.5	140 11 38.90	+0.31	9 30 22.83	+14 45 05.6	1.013 1956
	14	6883.5	141 09 14.18	+0.19	9 34 08.51	+14 26 47.1	1.013 0253
	15	6884.5	142 06 50.90	+0.05	9 37 53.66	+14 08 14.8	1.012 8523
	16	6885.5	143 04 29.11	−0.08	9 41 38.30	+13 49 28.8	1.012 6763

FOR 0ʰ TERRESTRIAL TIME

Date		Pos. Angle of Axis P	Heliographic		Horiz. Parallax	Semi-Diameter	Ephemeris Transit
			Latitude B_0	Longitude L_0			
		°	°	°	"	′ "	h m s
July	1	− 2.75	+ 2.85	320.67	8.65	15 43.92	12 03 51.50
	2	− 2.29	+ 2.96	307.44	8.65	15 43.91	12 04 03.00
	3	− 1.84	+ 3.07	294.20	8.65	15 43.90	12 04 14.19
	4	− 1.39	+ 3.17	280.97	8.65	15 43.90	12 04 25.06
	5	− 0.93	+ 3.28	267.73	8.65	15 43.90	12 04 35.58
	6	− 0.48	+ 3.39	254.50	8.65	15 43.91	12 04 45.75
	7	− 0.03	+ 3.49	241.26	8.65	15 43.92	12 04 55.53
	8	+ 0.42	+ 3.60	228.03	8.65	15 43.93	12 05 04.91
	9	+ 0.88	+ 3.70	214.79	8.65	15 43.95	12 05 13.87
	10	+ 1.33	+ 3.81	201.56	8.65	15 43.98	12 05 22.40
	11	+ 1.78	+ 3.91	188.32	8.65	15 44.00	12 05 30.49
	12	+ 2.22	+ 4.01	175.09	8.65	15 44.03	12 05 38.12
	13	+ 2.67	+ 4.11	161.85	8.65	15 44.06	12 05 45.28
	14	+ 3.12	+ 4.21	148.62	8.65	15 44.10	12 05 51.98
	15	+ 3.56	+ 4.31	135.39	8.65	15 44.13	12 05 58.19
	16	+ 4.00	+ 4.40	122.15	8.65	15 44.18	12 06 03.90
	17	+ 4.44	+ 4.50	108.92	8.65	15 44.22	12 06 09.12
	18	+ 4.88	+ 4.59	95.69	8.65	15 44.27	12 06 13.83
	19	+ 5.32	+ 4.68	82.46	8.65	15 44.32	12 06 18.02
	20	+ 5.75	+ 4.78	69.23	8.65	15 44.38	12 06 21.67
	21	+ 6.19	+ 4.87	56.00	8.65	15 44.44	12 06 24.79
	22	+ 6.62	+ 4.96	42.76	8.66	15 44.50	12 06 27.36
	23	+ 7.04	+ 5.04	29.53	8.66	15 44.57	12 06 29.36
	24	+ 7.47	+ 5.13	16.31	8.66	15 44.65	12 06 30.79
	25	+ 7.89	+ 5.21	3.08	8.66	15 44.73	12 06 31.64
	26	+ 8.31	+ 5.30	349.85	8.66	15 44.82	12 06 31.91
	27	+ 8.72	+ 5.38	336.62	8.66	15 44.91	12 06 31.57
	28	+ 9.14	+ 5.46	323.39	8.66	15 45.00	12 06 30.63
	29	+ 9.55	+ 5.54	310.17	8.66	15 45.11	12 06 29.08
	30	+ 9.95	+ 5.62	296.94	8.66	15 45.21	12 06 26.92
	31	+ 10.36	+ 5.69	283.71	8.66	15 45.33	12 06 24.14
Aug.	1	+ 10.76	+ 5.77	270.49	8.66	15 45.44	12 06 20.73
	2	+ 11.15	+ 5.84	257.26	8.67	15 45.57	12 06 16.70
	3	+ 11.55	+ 5.91	244.04	8.67	15 45.69	12 06 12.05
	4	+ 11.93	+ 5.98	230.81	8.67	15 45.82	12 06 06.78
	5	+ 12.32	+ 6.05	217.59	8.67	15 45.96	12 06 00.88
	6	+ 12.70	+ 6.11	204.36	8.67	15 46.10	12 05 54.36
	7	+ 13.08	+ 6.18	191.14	8.67	15 46.24	12 05 47.24
	8	+ 13.45	+ 6.24	177.92	8.67	15 46.38	12 05 39.50
	9	+ 13.82	+ 6.30	164.70	8.67	15 46.53	12 05 31.17
	10	+ 14.18	+ 6.36	151.47	8.68	15 46.68	12 05 22.26
	11	+ 14.54	+ 6.42	138.25	8.68	15 46.84	12 05 12.77
	12	+ 14.90	+ 6.47	125.03	8.68	15 46.99	12 05 02.72
	13	+ 15.25	+ 6.53	111.81	8.68	15 47.15	12 04 52.12
	14	+ 15.60	+ 6.58	98.59	8.68	15 47.31	12 04 40.98
	15	+ 15.94	+ 6.63	85.37	8.68	15 47.47	12 04 29.32
	16	+ 16.28	+ 6.68	72.15	8.68	15 47.63	12 04 17.15

SUN, 2014

FOR 0^h TERRESTRIAL TIME

Date		Julian Date	Geometric Ecliptic Coords. Mn Equinox & Ecliptic of Date		Apparent R. A.	Apparent Declination	True Geocentric Distance
			Longitude	Latitude			
		245	° ′ ″	″	h m s	° ′ ″	au
Aug.	16	6885.5	143 04 29.11	−0.08	9 41 38.30	+13 49 28.8	1.012 6763
	17	6886.5	144 02 08.86	−0.21	9 45 22.43	+13 30 29.6	1.012 4971
	18	6887.5	144 59 50.19	−0.32	9 49 06.07	+13 11 17.5	1.012 3144
	19	6888.5	145 57 33.10	−0.42	9 52 49.23	+12 51 52.8	1.012 1279
	20	6889.5	146 55 17.61	−0.49	9 56 31.91	+12 32 15.8	1.011 9375
	21	6890.5	147 53 03.70	−0.54	10 00 14.12	+12 12 26.8	1.011 7430
	22	6891.5	148 50 51.38	−0.56	10 03 55.88	+11 52 26.3	1.011 5443
	23	6892.5	149 48 40.62	−0.56	10 07 37.20	+11 32 14.4	1.011 3412
	24	6893.5	150 46 31.42	−0.53	10 11 18.08	+11 11 51.6	1.011 1337
	25	6894.5	151 44 23.75	−0.47	10 14 58.54	+10 51 18.1	1.010 9218
	26	6895.5	152 42 17.58	−0.39	10 18 38.58	+10 30 34.4	1.010 7055
	27	6896.5	153 40 12.89	−0.29	10 22 18.22	+10 09 40.7	1.010 4848
	28	6897.5	154 38 09.65	−0.18	10 25 57.47	+ 9 48 37.3	1.010 2598
	29	6898.5	155 36 07.83	−0.06	10 29 36.35	+ 9 27 24.7	1.010 0306
	30	6899.5	156 34 07.42	+0.07	10 33 14.87	+ 9 06 03.0	1.009 7975
	31	6900.5	157 32 08.39	+0.19	10 36 53.03	+ 8 44 32.7	1.009 5606
Sept.	1	6901.5	158 30 10.72	+0.30	10 40 30.87	+ 8 22 54.1	1.009 3202
	2	6902.5	159 28 14.40	+0.40	10 44 08.38	+ 8 01 07.6	1.009 0766
	3	6903.5	160 26 19.44	+0.47	10 47 45.59	+ 7 39 13.3	1.008 8302
	4	6904.5	161 24 25.84	+0.52	10 51 22.52	+ 7 17 11.8	1.008 5813
	5	6905.5	162 22 33.63	+0.54	10 54 59.18	+ 6 55 03.2	1.008 3303
	6	6906.5	163 20 42.85	+0.52	10 58 35.58	+ 6 32 47.9	1.008 0777
	7	6907.5	164 18 53.57	+0.47	11 02 11.75	+ 6 10 26.3	1.007 8238
	8	6908.5	165 17 05.86	+0.39	11 05 47.71	+ 5 47 58.6	1.007 5690
	9	6909.5	166 15 19.82	+0.28	11 09 23.48	+ 5 25 25.2	1.007 3134
	10	6910.5	167 13 35.54	+0.15	11 12 59.08	+ 5 02 46.3	1.007 0573
	11	6911.5	168 11 53.14	+0.01	11 16 34.56	+ 4 40 02.2	1.006 8005
	12	6912.5	169 10 12.68	−0.13	11 20 09.92	+ 4 17 13.2	1.006 5431
	13	6913.5	170 08 34.25	−0.27	11 23 45.19	+ 3 54 19.6	1.006 2849
	14	6914.5	171 06 57.90	−0.39	11 27 20.40	+ 3 31 21.8	1.006 0256
	15	6915.5	172 05 23.67	−0.50	11 30 55.56	+ 3 08 20.1	1.005 7651
	16	6916.5	173 03 51.59	−0.58	11 34 30.70	+ 2 45 14.8	1.005 5030
	17	6917.5	174 02 21.65	−0.64	11 38 05.83	+ 2 22 06.2	1.005 2394
	18	6918.5	175 00 53.88	−0.66	11 41 40.97	+ 1 58 54.7	1.004 9738
	19	6919.5	175 59 28.25	−0.66	11 45 16.14	+ 1 35 40.7	1.004 7063
	20	6920.5	176 58 04.76	−0.64	11 48 51.37	+ 1 12 24.4	1.004 4366
	21	6921.5	177 56 43.38	−0.58	11 52 26.65	+ 0 49 06.3	1.004 1648
	22	6922.5	178 55 24.10	−0.51	11 56 02.03	+ 0 25 46.6	1.003 8906
	23	6923.5	179 54 06.88	−0.41	11 59 37.51	+ 0 02 25.8	1.003 6141
	24	6924.5	180 52 51.68	−0.30	12 03 13.11	− 0 20 55.8	1.003 3352
	25	6925.5	181 51 38.46	−0.17	12 06 48.84	− 0 44 18.0	1.003 0540
	26	6926.5	182 50 27.18	−0.05	12 10 24.74	− 1 07 40.2	1.002 7706
	27	6927.5	183 49 17.80	+0.08	12 14 00.81	− 1 31 02.2	1.002 4851
	28	6928.5	184 48 10.27	+0.20	12 17 37.08	− 1 54 23.6	1.002 1976
	29	6929.5	185 47 04.54	+0.30	12 21 13.55	− 2 17 44.0	1.001 9084
	30	6930.5	186 46 00.58	+0.38	12 24 50.25	− 2 41 03.2	1.001 6177
Oct.	1	6931.5	187 44 58.37	+0.44	12 28 27.20	− 3 04 20.6	1.001 3259

FOR 0ʰ TERRESTRIAL TIME

Date		Pos. Angle of Axis P	Heliographic		Horiz. Parallax	Semi- Diameter	Ephemeris Transit
			Latitude B_0	Longitude L_0			
		°	°	°	"	′ "	h m s
Aug.	16	+ 16.28	+ 6.68	72.15	8.68	15 47.63	12 04 17.15
	17	+ 16.61	+ 6.73	58.94	8.69	15 47.80	12 04 04.48
	18	+ 16.94	+ 6.77	45.72	8.69	15 47.97	12 03 51.32
	19	+ 17.26	+ 6.81	32.50	8.69	15 48.15	12 03 37.68
	20	+ 17.58	+ 6.85	19.28	8.69	15 48.32	12 03 23.57
	21	+ 17.90	+ 6.89	6.07	8.69	15 48.51	12 03 09.01
	22	+ 18.21	+ 6.93	352.85	8.69	15 48.69	12 02 53.99
	23	+ 18.51	+ 6.96	339.64	8.70	15 48.88	12 02 38.53
	24	+ 18.81	+ 7.00	326.43	8.70	15 49.08	12 02 22.65
	25	+ 19.11	+ 7.03	313.21	8.70	15 49.28	12 02 06.35
	26	+ 19.39	+ 7.06	300.00	8.70	15 49.48	12 01 49.65
	27	+ 19.68	+ 7.09	286.79	8.70	15 49.69	12 01 32.55
	28	+ 19.96	+ 7.11	273.58	8.70	15 49.90	12 01 15.07
	29	+ 20.23	+ 7.13	260.37	8.71	15 50.11	12 00 57.22
	30	+ 20.50	+ 7.15	247.16	8.71	15 50.33	12 00 39.01
	31	+ 20.76	+ 7.17	233.95	8.71	15 50.56	12 00 20.46
Sept.	1	+ 21.02	+ 7.19	220.74	8.71	15 50.78	12 00 01.58
	2	+ 21.27	+ 7.21	207.53	8.72	15 51.01	11 59 42.39
	3	+ 21.52	+ 7.22	194.32	8.72	15 51.25	11 59 22.91
	4	+ 21.76	+ 7.23	181.11	8.72	15 51.48	11 59 03.14
	5	+ 21.99	+ 7.24	167.90	8.72	15 51.72	11 58 43.12
	6	+ 22.22	+ 7.24	154.69	8.72	15 51.96	11 58 22.85
	7	+ 22.44	+ 7.25	141.49	8.73	15 52.19	11 58 02.36
	8	+ 22.66	+ 7.25	128.28	8.73	15 52.44	11 57 41.68
	9	+ 22.87	+ 7.25	115.07	8.73	15 52.68	11 57 20.82
	10	+ 23.08	+ 7.25	101.87	8.73	15 52.92	11 56 59.82
	11	+ 23.28	+ 7.25	88.66	8.73	15 53.16	11 56 38.69
	12	+ 23.47	+ 7.24	75.46	8.74	15 53.41	11 56 17.46
	13	+ 23.66	+ 7.23	62.26	8.74	15 53.65	11 55 56.15
	14	+ 23.84	+ 7.22	49.05	8.74	15 53.90	11 55 34.78
	15	+ 24.01	+ 7.21	35.85	8.74	15 54.14	11 55 13.38
	16	+ 24.18	+ 7.20	22.65	8.75	15 54.39	11 54 51.96
	17	+ 24.35	+ 7.18	9.44	8.75	15 54.64	11 54 30.55
	18	+ 24.50	+ 7.16	356.24	8.75	15 54.90	11 54 09.15
	19	+ 24.65	+ 7.14	343.04	8.75	15 55.15	11 53 47.80
	20	+ 24.80	+ 7.12	329.84	8.76	15 55.41	11 53 26.51
	21	+ 24.94	+ 7.09	316.64	8.76	15 55.66	11 53 05.29
	22	+ 25.07	+ 7.07	303.44	8.76	15 55.93	11 52 44.17
	23	+ 25.19	+ 7.04	290.24	8.76	15 56.19	11 52 23.17
	24	+ 25.31	+ 7.01	277.05	8.76	15 56.45	11 52 02.29
	25	+ 25.42	+ 6.97	263.85	8.77	15 56.72	11 51 41.56
	26	+ 25.53	+ 6.94	250.65	8.77	15 56.99	11 51 21.00
	27	+ 25.62	+ 6.90	237.45	8.77	15 57.27	11 51 00.62
	28	+ 25.71	+ 6.86	224.26	8.77	15 57.54	11 50 40.44
	29	+ 25.80	+ 6.82	211.06	8.78	15 57.82	11 50 20.47
	30	+ 25.88	+ 6.78	197.86	8.78	15 58.09	11 50 00.74
Oct.	1	+ 25.95	+ 6.73	184.67	8.78	15 58.37	11 49 41.26

SUN, 2014

FOR 0ʰ TERRESTRIAL TIME

Date		Julian Date	Geometric Ecliptic Coords. Mn Equinox & Ecliptic of Date		Apparent R. A.	Apparent Declination	True Geocentric Distance
			Longitude	Latitude			
		245	° ′ ″	″	h m s	° ′ ″	au
Oct.	1	6931.5	187 44 58.37	+0.44	12 28 27.20	− 3 04 20.6	1.001 3259
	2	6932.5	188 43 57.87	+0.47	12 32 04.41	− 3 27 36.0	1.001 0334
	3	6933.5	189 42 59.08	+0.46	12 35 41.90	− 3 50 49.0	1.000 7405
	4	6934.5	190 42 02.02	+0.42	12 39 19.70	− 4 13 59.3	1.000 4477
	5	6935.5	191 41 06.70	+0.35	12 42 57.81	− 4 37 06.4	1.000 1554
	6	6936.5	192 40 13.17	+0.25	12 46 36.27	− 5 00 10.1	0.999 8641
	7	6937.5	193 39 21.49	+0.12	12 50 15.09	− 5 23 09.9	0.999 5740
	8	6938.5	194 38 31.74	−0.02	12 53 54.31	− 5 46 05.7	0.999 2854
	9	6939.5	195 37 43.99	−0.16	12 57 33.95	− 6 08 56.9	0.998 9985
	10	6940.5	196 36 58.32	−0.31	13 01 14.03	− 6 31 43.4	0.998 7134
	11	6941.5	197 36 14.80	−0.44	13 04 54.59	− 6 54 24.7	0.998 4299
	12	6942.5	198 35 33.49	−0.56	13 08 35.63	− 7 17 00.4	0.998 1480
	13	6943.5	199 34 54.43	−0.65	13 12 17.19	− 7 39 30.4	0.997 8675
	14	6944.5	200 34 17.66	−0.72	13 15 59.28	− 8 01 54.0	0.997 5882
	15	6945.5	201 33 43.17	−0.76	13 19 41.92	− 8 24 11.1	0.997 3101
	16	6946.5	202 33 10.99	−0.77	13 23 25.14	− 8 46 21.1	0.997 0328
	17	6947.5	203 32 41.09	−0.75	13 27 08.93	− 9 08 23.8	0.996 7563
	18	6948.5	204 32 13.48	−0.70	13 30 53.33	− 9 30 18.6	0.996 4804
	19	6949.5	205 31 48.12	−0.63	13 34 38.35	− 9 52 05.3	0.996 2049
	20	6950.5	206 31 25.00	−0.54	13 38 24.01	−10 13 43.4	0.995 9298
	21	6951.5	207 31 04.06	−0.43	13 42 10.31	−10 35 12.6	0.995 6549
	22	6952.5	208 30 45.27	−0.31	13 45 57.28	−10 56 32.3	0.995 3802
	23	6953.5	209 30 28.58	−0.18	13 49 44.92	−11 17 42.4	0.995 1056
	24	6954.5	210 30 13.92	−0.05	13 53 33.26	−11 38 42.2	0.994 8311
	25	6955.5	211 30 01.24	+0.08	13 57 22.29	−11 59 31.5	0.994 5567
	26	6956.5	212 29 50.46	+0.19	14 01 12.04	−12 20 09.8	0.994 2826
	27	6957.5	213 29 41.52	+0.28	14 05 02.51	−12 40 36.6	0.994 0088
	28	6958.5	214 29 34.34	+0.34	14 08 53.71	−13 00 51.7	0.993 7356
	29	6959.5	215 29 28.86	+0.38	14 12 45.64	−13 20 54.6	0.993 4633
	30	6960.5	216 29 25.03	+0.38	14 16 38.32	−13 40 44.8	0.993 1922
	31	6961.5	217 29 22.82	+0.35	14 20 31.75	−14 00 22.0	0.992 9227
Nov.	1	6962.5	218 29 22.18	+0.29	14 24 25.94	−14 19 45.7	0.992 6552
	2	6963.5	219 29 23.11	+0.20	14 28 20.91	−14 38 55.5	0.992 3901
	3	6964.5	220 29 25.62	+0.08	14 32 16.65	−14 57 51.1	0.992 1279
	4	6965.5	221 29 29.72	−0.05	14 36 13.19	−15 16 32.0	0.991 8689
	5	6966.5	222 29 35.47	−0.19	14 40 10.54	−15 34 57.8	0.991 6135
	6	6967.5	223 29 42.90	−0.34	14 44 08.71	−15 53 08.1	0.991 3619
	7	6968.5	224 29 52.07	−0.47	14 48 07.70	−16 11 02.7	0.991 1143
	8	6969.5	225 30 03.03	−0.60	14 52 07.54	−16 28 41.0	0.990 8707
	9	6970.5	226 30 15.84	−0.70	14 56 08.23	−16 46 02.8	0.990 6312
	10	6971.5	227 30 30.53	−0.77	15 00 09.77	−17 03 07.5	0.990 3957
	11	6972.5	228 30 47.12	−0.82	15 04 12.17	−17 19 54.9	0.990 1640
	12	6973.5	229 31 05.65	−0.84	15 08 15.43	−17 36 24.5	0.989 9362
	13	6974.5	230 31 26.10	−0.83	15 12 19.55	−17 52 35.9	0.989 7118
	14	6975.5	231 31 48.49	−0.79	15 16 24.55	−18 08 28.7	0.989 4910
	15	6976.5	232 32 12.79	−0.73	15 20 30.40	−18 24 02.6	0.989 2733
	16	6977.5	233 32 38.98	−0.64	15 24 37.12	−18 39 17.1	0.989 0588

FOR 0ʰ TERRESTRIAL TIME

Date	Pos. Angle of Axis P	Heliographic		Horiz. Parallax	Semi-Diameter	Ephemeris Transit
		Latitude B_0	Longitude L_0			
	°	°	°	″	′ ″	h m s
Oct. 1	+ 25.95	+ 6.73	184.67	8.78	15 58.37	11 49 41.26
2	+ 26.01	+ 6.68	171.47	8.79	15 58.65	11 49 22.06
3	+ 26.07	+ 6.63	158.28	8.79	15 58.93	11 49 03.14
4	+ 26.12	+ 6.58	145.08	8.79	15 59.22	11 48 44.54
5	+ 26.16	+ 6.53	131.89	8.79	15 59.50	11 48 26.27
6	+ 26.20	+ 6.47	118.69	8.80	15 59.78	11 48 08.36
7	+ 26.23	+ 6.42	105.50	8.80	16 00.05	11 47 50.84
8	+ 26.25	+ 6.36	92.30	8.80	16 00.33	11 47 33.71
9	+ 26.26	+ 6.30	79.11	8.80	16 00.61	11 47 17.02
10	+ 26.27	+ 6.23	65.92	8.81	16 00.88	11 47 00.79
11	+ 26.27	+ 6.17	52.72	8.81	16 01.15	11 46 45.03
12	+ 26.26	+ 6.10	39.53	8.81	16 01.43	11 46 29.77
13	+ 26.25	+ 6.03	26.34	8.81	16 01.70	11 46 15.03
14	+ 26.22	+ 5.96	13.15	8.82	16 01.96	11 46 00.84
15	+ 26.19	+ 5.89	359.96	8.82	16 02.23	11 45 47.20
16	+ 26.16	+ 5.82	346.77	8.82	16 02.50	11 45 34.15
17	+ 26.11	+ 5.74	333.57	8.82	16 02.77	11 45 21.69
18	+ 26.06	+ 5.66	320.38	8.83	16 03.03	11 45 09.84
19	+ 26.00	+ 5.58	307.19	8.83	16 03.30	11 44 58.62
20	+ 25.93	+ 5.50	294.00	8.83	16 03.57	11 44 48.04
21	+ 25.85	+ 5.42	280.82	8.83	16 03.83	11 44 38.12
22	+ 25.77	+ 5.34	267.63	8.83	16 04.10	11 44 28.87
23	+ 25.68	+ 5.25	254.44	8.84	16 04.36	11 44 20.31
24	+ 25.58	+ 5.16	241.25	8.84	16 04.63	11 44 12.43
25	+ 25.47	+ 5.07	228.06	8.84	16 04.90	11 44 05.26
26	+ 25.36	+ 4.98	214.87	8.84	16 05.16	11 43 58.80
27	+ 25.24	+ 4.89	201.69	8.85	16 05.43	11 43 53.07
28	+ 25.11	+ 4.80	188.50	8.85	16 05.69	11 43 48.07
29	+ 24.97	+ 4.70	175.31	8.85	16 05.96	11 43 43.81
30	+ 24.82	+ 4.60	162.12	8.85	16 06.22	11 43 40.30
31	+ 24.67	+ 4.50	148.94	8.86	16 06.48	11 43 37.54
Nov. 1	+ 24.51	+ 4.40	135.75	8.86	16 06.75	11 43 35.56
2	+ 24.34	+ 4.30	122.57	8.86	16 07.00	11 43 34.35
3	+ 24.16	+ 4.20	109.38	8.86	16 07.26	11 43 33.93
4	+ 23.98	+ 4.10	96.19	8.87	16 07.51	11 43 34.32
5	+ 23.79	+ 3.99	83.01	8.87	16 07.76	11 43 35.51
6	+ 23.58	+ 3.89	69.82	8.87	16 08.01	11 43 37.53
7	+ 23.38	+ 3.78	56.64	8.87	16 08.25	11 43 40.38
8	+ 23.16	+ 3.67	43.45	8.88	16 08.49	11 43 44.08
9	+ 22.94	+ 3.56	30.27	8.88	16 08.72	11 43 48.62
10	+ 22.70	+ 3.45	17.08	8.88	16 08.95	11 43 54.02
11	+ 22.47	+ 3.34	3.90	8.88	16 09.18	11 44 00.28
12	+ 22.22	+ 3.22	350.71	8.88	16 09.40	11 44 07.41
13	+ 21.96	+ 3.11	337.53	8.89	16 09.62	11 44 15.41
14	+ 21.70	+ 2.99	324.35	8.89	16 09.84	11 44 24.26
15	+ 21.43	+ 2.88	311.16	8.89	16 10.05	11 44 33.99
16	+ 21.15	+ 2.76	297.98	8.89	16 10.26	11 44 44.58

FOR 0ʰ TERRESTRIAL TIME

Date	Julian Date	Geometric Ecliptic Coords. Mn Equinox & Ecliptic of Date		Apparent R. A.	Apparent Declination	True Geocentric Distance
		Longitude	Latitude			
	245	° ′ ″	″	h m s	° ′ ″	au
Nov. 16	6977.5	233 32 38.98	−0.64	15 24 37.12	−18 39 17.1	0.989 0588
17	6978.5	234 33 07.03	−0.54	15 28 44.69	−18 54 11.8	0.988 8472
18	6979.5	235 33 36.92	−0.42	15 32 53.12	−19 08 46.4	0.988 6384
19	6980.5	236 34 08.58	−0.29	15 37 02.39	−19 23 00.4	0.988 4323
20	6981.5	237 34 41.97	−0.16	15 41 12.50	−19 36 53.6	0.988 2286
21	6982.5	238 35 17.01	−0.03	15 45 23.44	−19 50 25.5	0.988 0273
22	6983.5	239 35 53.63	+0.08	15 49 35.20	−20 03 35.7	0.987 8284
23	6984.5	240 36 31.76	+0.18	15 53 47.76	−20 16 24.0	0.987 6316
24	6985.5	241 37 11.28	+0.25	15 58 01.11	−20 28 49.9	0.987 4372
25	6986.5	242 37 52.12	+0.30	16 02 15.22	−20 40 53.1	0.987 2452
26	6987.5	243 38 34.17	+0.31	16 06 30.08	−20 52 33.2	0.987 0557
27	6988.5	244 39 17.35	+0.29	16 10 45.66	−21 03 50.0	0.986 8691
28	6989.5	245 40 01.58	+0.24	16 15 01.96	−21 14 43.0	0.986 6857
29	6990.5	246 40 46.80	+0.15	16 19 18.93	−21 25 11.9	0.986 5058
30	6991.5	247 41 32.97	+0.05	16 23 36.58	−21 35 16.4	0.986 3298
Dec. 1	6992.5	248 42 20.06	−0.08	16 27 54.87	−21 44 56.3	0.986 1581
2	6993.5	249 43 08.06	−0.21	16 32 13.80	−21 54 11.2	0.985 9911
3	6994.5	250 43 56.97	−0.35	16 36 33.34	−22 03 00.8	0.985 8292
4	6995.5	251 44 46.81	−0.48	16 40 53.48	−22 11 24.9	0.985 6726
5	6996.5	252 45 37.61	−0.61	16 45 14.20	−22 19 23.3	0.985 5216
6	6997.5	253 46 29.39	−0.71	16 49 35.47	−22 26 55.7	0.985 3763
7	6998.5	254 47 22.19	−0.79	16 53 57.27	−22 34 01.9	0.985 2368
8	6999.5	255 48 16.04	−0.84	16 58 19.59	−22 40 41.6	0.985 1031
9	7000.5	256 49 10.96	−0.86	17 02 42.40	−22 46 54.7	0.984 9752
10	7001.5	257 50 06.97	−0.86	17 07 05.67	−22 52 40.9	0.984 8529
11	7002.5	258 51 04.07	−0.82	17 11 29.37	−22 58 00.1	0.984 7362
12	7003.5	259 52 02.26	−0.77	17 15 53.48	−23 02 52.0	0.984 6249
13	7004.5	260 53 01.54	−0.68	17 20 17.97	−23 07 16.6	0.984 5188
14	7005.5	261 54 01.89	−0.58	17 24 42.82	−23 11 13.6	0.984 4178
15	7006.5	262 55 03.29	−0.47	17 29 07.98	−23 14 42.9	0.984 3217
16	7007.5	263 56 05.70	−0.34	17 33 33.43	−23 17 44.4	0.984 2302
17	7008.5	264 57 09.08	−0.21	17 37 59.14	−23 20 17.9	0.984 1432
18	7009.5	265 58 13.38	−0.09	17 42 25.07	−23 22 23.5	0.984 0605
19	7010.5	266 59 18.56	+0.03	17 46 51.20	−23 24 01.0	0.983 9818
20	7011.5	268 00 24.52	+0.13	17 51 17.47	−23 25 10.4	0.983 9069
21	7012.5	269 01 31.19	+0.21	17 55 43.87	−23 25 51.5	0.983 8356
22	7013.5	270 02 38.46	+0.26	18 00 10.34	−23 26 04.5	0.983 7679
23	7014.5	271 03 46.23	+0.28	18 04 36.84	−23 25 49.3	0.983 7037
24	7015.5	272 04 54.39	+0.26	18 09 03.34	−23 25 05.8	0.983 6429
25	7016.5	273 06 02.82	+0.22	18 13 29.79	−23 23 54.1	0.983 5858
26	7017.5	274 07 11.42	+0.14	18 17 56.15	−23 22 14.3	0.983 5325
27	7018.5	275 08 20.09	+0.04	18 22 22.39	−23 20 06.3	0.983 4833
28	7019.5	276 09 28.77	−0.08	18 26 48.47	−23 17 30.1	0.983 4386
29	7020.5	277 10 37.40	−0.21	18 31 14.36	−23 14 26.0	0.983 3987
30	7021.5	278 11 45.95	−0.35	18 35 40.02	−23 10 53.9	0.983 3640
31	7022.5	279 12 54.38	−0.48	18 40 05.43	−23 06 54.0	0.983 3348
32	7023.5	280 14 02.71	−0.60	18 44 30.55	−23 02 26.3	0.983 3113

FOR 0^h TERRESTRIAL TIME

Date		Pos. Angle of Axis P	Heliographic		Horiz. Parallax	Semi- Diameter	Ephemeris Transit
			Latitude B_0	Longitude L_0			
		°	°	°	"	' "	h m s
Nov.	16	+ 21.15	+ 2.76	297.98	8.89	16 10.26	11 44 44.58
	17	+ 20.87	+ 2.64	284.80	8.89	16 10.47	11 44 56.02
	18	+ 20.58	+ 2.52	271.61	8.90	16 10.67	11 45 08.31
	19	+ 20.28	+ 2.40	258.43	8.90	16 10.88	11 45 21.45
	20	+ 19.97	+ 2.28	245.25	8.90	16 11.08	11 45 35.42
	21	+ 19.66	+ 2.16	232.07	8.90	16 11.27	11 45 50.21
	22	+ 19.34	+ 2.04	218.89	8.90	16 11.47	11 46 05.81
	23	+ 19.01	+ 1.92	205.71	8.90	16 11.66	11 46 22.20
	24	+ 18.67	+ 1.79	192.53	8.91	16 11.85	11 46 39.36
	25	+ 18.33	+ 1.67	179.35	8.91	16 12.04	11 46 57.29
	26	+ 17.98	+ 1.54	166.17	8.91	16 12.23	11 47 15.95
	27	+ 17.63	+ 1.42	152.99	8.91	16 12.41	11 47 35.33
	28	+ 17.26	+ 1.29	139.81	8.91	16 12.59	11 47 55.41
	29	+ 16.90	+ 1.17	126.63	8.91	16 12.77	11 48 16.17
	30	+ 16.52	+ 1.04	113.45	8.92	16 12.95	11 48 37.59
Dec.	1	+ 16.14	+ 0.91	100.27	8.92	16 13.11	11 48 59.65
	2	+ 15.76	+ 0.79	87.09	8.92	16 13.28	11 49 22.33
	3	+ 15.36	+ 0.66	73.91	8.92	16 13.44	11 49 45.62
	4	+ 14.97	+ 0.53	60.73	8.92	16 13.59	11 50 09.50
	5	+ 14.56	+ 0.40	47.55	8.92	16 13.74	11 50 33.94
	6	+ 14.15	+ 0.28	34.38	8.92	16 13.89	11 50 58.93
	7	+ 13.74	+ 0.15	21.20	8.93	16 14.02	11 51 24.43
	8	+ 13.32	+ 0.02	8.02	8.93	16 14.16	11 51 50.44
	9	+ 12.90	− 0.11	354.84	8.93	16 14.28	11 52 16.93
	10	+ 12.47	− 0.24	341.67	8.93	16 14.40	11 52 43.86
	11	+ 12.04	− 0.36	328.49	8.93	16 14.52	11 53 11.23
	12	+ 11.60	− 0.49	315.31	8.93	16 14.63	11 53 38.98
	13	+ 11.16	− 0.62	302.14	8.93	16 14.73	11 54 07.11
	14	+ 10.71	− 0.75	288.96	8.93	16 14.84	11 54 35.57
	15	+ 10.26	− 0.88	275.79	8.93	16 14.93	11 55 04.34
	16	+ 9.81	− 1.00	262.61	8.94	16 15.02	11 55 33.38
	17	+ 9.35	− 1.13	249.44	8.94	16 15.11	11 56 02.66
	18	+ 8.89	− 1.26	236.26	8.94	16 15.19	11 56 32.14
	19	+ 8.43	− 1.38	223.09	8.94	16 15.27	11 57 01.80
	20	+ 7.96	− 1.51	209.92	8.94	16 15.34	11 57 31.59
	21	+ 7.49	− 1.63	196.74	8.94	16 15.41	11 58 01.47
	22	+ 7.02	− 1.76	183.57	8.94	16 15.48	11 58 31.41
	23	+ 6.55	− 1.88	170.40	8.94	16 15.54	11 59 01.37
	24	+ 6.07	− 2.01	157.22	8.94	16 15.60	11 59 31.29
	25	+ 5.59	− 2.13	144.05	8.94	16 15.66	12 00 01.16
	26	+ 5.11	− 2.25	130.88	8.94	16 15.71	12 00 30.92
	27	+ 4.63	− 2.38	117.71	8.94	16 15.76	12 01 00.54
	28	+ 4.15	− 2.50	104.54	8.94	16 15.81	12 01 29.98
	29	+ 3.67	− 2.62	91.36	8.94	16 15.85	12 01 59.22
	30	+ 3.18	− 2.74	78.19	8.94	16 15.88	12 02 28.21
	31	+ 2.70	− 2.86	65.02	8.94	16 15.91	12 02 56.93
	32	+ 2.22	− 2.97	51.85	8.94	16 15.93	12 03 25.35

SUN, 2014

ICRS GEOCENTRIC RECTANGULAR COORDINATES
FOR 0^h TERRESTRIAL TIME

Date		x	y	z	Date		x	y	z
		au	au	au			au	au	au
Jan.	0	+0.158 3491	−0.890 4646	−0.386 0291	Feb.	15	+0.818 9954	−0.506 4429	−0.219 5557
	1	+0.175 5911	−0.887 7256	−0.384 8413		16	+0.828 7613	−0.493 2228	−0.213 8242
	2	+0.192 7783	−0.884 7085	−0.383 5330		17	+0.838 2742	−0.479 8518	−0.208 0273
	3	+0.209 9049	−0.881 4144	−0.382 1049		18	+0.847 5315	−0.466 3339	−0.202 1665
	4	+0.226 9652	−0.877 8445	−0.380 5574		19	+0.856 5305	−0.452 6730	−0.196 2437
	5	+0.243 9534	−0.874 0003	−0.378 8911		20	+0.865 2686	−0.438 8730	−0.190 2606
	6	+0.260 8640	−0.869 8832	−0.377 1067		21	+0.873 7432	−0.424 9380	−0.184 2188
	7	+0.277 6918	−0.865 4951	−0.375 2049		22	+0.881 9516	−0.410 8719	−0.178 1204
	8	+0.294 4314	−0.860 8376	−0.373 1864		23	+0.889 8914	−0.396 6789	−0.171 9669
	9	+0.311 0778	−0.855 9126	−0.371 0520		24	+0.897 5600	−0.382 3633	−0.165 7604
	10	+0.327 6259	−0.850 7221	−0.368 8025		25	+0.904 9547	−0.367 9292	−0.159 5027
	11	+0.344 0710	−0.845 2677	−0.366 4387		26	+0.912 0731	−0.353 3811	−0.153 1957
	12	+0.360 4081	−0.839 5516	−0.363 9612		27	+0.918 9128	−0.338 7236	−0.146 8415
	13	+0.376 6324	−0.833 5755	−0.361 3711		28	+0.925 4714	−0.323 9615	−0.140 4421
	14	+0.392 7392	−0.827 3416	−0.358 6690	Mar.	1	+0.931 7467	−0.309 0996	−0.133 9996
	15	+0.408 7239	−0.820 8517	−0.355 8559		2	+0.937 7370	−0.294 1429	−0.127 5162
	16	+0.424 5818	−0.814 1080	−0.352 9326		3	+0.943 4403	−0.279 0965	−0.120 9940
	17	+0.440 3083	−0.807 1125	−0.349 9000		4	+0.948 8552	−0.263 9653	−0.114 4351
	18	+0.455 8988	−0.799 8672	−0.346 7590		5	+0.953 9805	−0.248 7546	−0.107 8417
	19	+0.471 3487	−0.792 3744	−0.343 5105		6	+0.958 8149	−0.233 4692	−0.101 2160
	20	+0.486 6534	−0.784 6361	−0.340 1555		7	+0.963 3575	−0.218 1141	−0.094 5600
	21	+0.501 8084	−0.776 6545	−0.336 6950		8	+0.967 6075	−0.202 6943	−0.087 8759
	22	+0.516 8090	−0.768 4320	−0.333 1298		9	+0.971 5642	−0.187 2144	−0.081 1656
	23	+0.531 6508	−0.759 9709	−0.329 4612		10	+0.975 2268	−0.171 6794	−0.074 4313
	24	+0.546 3292	−0.751 2734	−0.325 6901		11	+0.978 5949	−0.156 0939	−0.067 6750
	25	+0.560 8394	−0.742 3421	−0.321 8175		12	+0.981 6679	−0.140 4626	−0.060 8987
	26	+0.575 1769	−0.733 1794	−0.317 8448		13	+0.984 4454	−0.124 7902	−0.054 1044
	27	+0.589 3371	−0.723 7881	−0.313 7729		14	+0.986 9270	−0.109 0813	−0.047 2941
	28	+0.603 3151	−0.714 1708	−0.309 6033		15	+0.989 1126	−0.093 3403	−0.040 4699
	29	+0.617 1064	−0.704 3305	−0.305 3371		16	+0.991 0018	−0.077 5720	−0.033 6336
	30	+0.630 7061	−0.694 2704	−0.300 9757		17	+0.992 5944	−0.061 7806	−0.026 7872
	31	+0.644 1098	−0.683 9937	−0.296 5207		18	+0.993 8904	−0.045 9707	−0.019 9327
Feb.	1	+0.657 3129	−0.673 5041	−0.291 9735		19	+0.994 8895	−0.030 1467	−0.013 0721
	2	+0.670 3111	−0.662 8051	−0.287 3357		20	+0.995 5915	−0.014 3131	−0.006 2073
	3	+0.683 1003	−0.651 9006	−0.282 6090		21	+0.995 9965	+0.001 5257	+0.000 6598
	4	+0.695 6766	−0.640 7946	−0.277 7950		22	+0.996 1042	+0.017 3654	+0.007 5271
	5	+0.708 0363	−0.629 4908	−0.272 8954		23	+0.995 9145	+0.033 2012	+0.014 3927
	6	+0.720 1758	−0.617 9934	−0.267 9118		24	+0.995 4275	+0.049 0288	+0.021 2545
	7	+0.732 0918	−0.606 3061	−0.262 8458		25	+0.994 6431	+0.064 8434	+0.028 1106
	8	+0.743 7810	−0.594 4329	−0.257 6993		26	+0.993 5613	+0.080 6402	+0.034 9588
	9	+0.755 2401	−0.582 3777	−0.252 4738		27	+0.992 1823	+0.096 4145	+0.041 7971
	10	+0.766 4661	−0.570 1445	−0.247 1709		28	+0.990 5064	+0.112 1613	+0.048 6232
	11	+0.777 4559	−0.557 7370	−0.241 7924		29	+0.988 5341	+0.127 8756	+0.055 4352
	12	+0.788 2066	−0.545 1592	−0.236 3400		30	+0.986 2661	+0.143 5523	+0.062 2307
	13	+0.798 7153	−0.532 4150	−0.230 8153		31	+0.983 7032	+0.159 1865	+0.069 0076
	14	+0.808 9791	−0.519 5082	−0.225 2199	Apr.	1	+0.980 8466	+0.174 7731	+0.075 7639
	15	+0.818 9954	−0.506 4429	−0.219 5557		2	+0.977 6974	+0.190 3071	+0.082 4974

ICRS GEOCENTRIC RECTANGULAR COORDINATES
FOR 0^h TERRESTRIAL TIME

Date		x	y	z	Date		x	y	z
		au	au	au			au	au	au
Apr.	1	+0.980 8466	+0.174 7731	+0.075 7639	May	17	+0.567 9031	+0.767 5976	+0.332 7656
	2	+0.977 6974	+0.190 3071	+0.082 4974		18	+0.553 8746	+0.776 4119	+0.336 5871
	3	+0.974 2572	+0.205 7837	+0.089 2061		19	+0.539 6874	+0.785 0058	+0.340 3129
	4	+0.970 5275	+0.221 1981	+0.095 8879		20	+0.525 3452	+0.793 3769	+0.343 9419
	5	+0.966 5100	+0.236 5458	+0.102 5408		21	+0.510 8518	+0.801 5227	+0.347 4730
	6	+0.962 2064	+0.251 8220	+0.109 1629		22	+0.496 2112	+0.809 4407	+0.350 9053
	7	+0.957 6187	+0.267 0224	+0.115 7522		23	+0.481 4273	+0.817 1284	+0.354 2375
	8	+0.952 7486	+0.282 1427	+0.122 3070		24	+0.466 5044	+0.824 5834	+0.357 4688
	9	+0.947 5982	+0.297 1784	+0.128 8252		25	+0.451 4469	+0.831 8033	+0.360 5981
	10	+0.942 1695	+0.312 1254	+0.135 3052		26	+0.436 2592	+0.838 7858	+0.363 6245
	11	+0.936 4645	+0.326 9796	+0.141 7450		27	+0.420 9459	+0.845 5288	+0.366 5470
	12	+0.930 4854	+0.341 7369	+0.148 1430		28	+0.405 5116	+0.852 0301	+0.369 3648
	13	+0.924 2343	+0.356 3933	+0.154 4973		29	+0.389 9611	+0.858 2878	+0.372 0771
	14	+0.917 7133	+0.370 9449	+0.160 8063		30	+0.374 2992	+0.864 3002	+0.374 6831
	15	+0.910 9247	+0.385 3878	+0.167 0682		31	+0.358 5308	+0.870 0656	+0.377 1822
	16	+0.903 8705	+0.399 7183	+0.173 2815	June	1	+0.342 6607	+0.875 5824	+0.379 5737
	17	+0.896 5529	+0.413 9325	+0.179 4443		2	+0.326 6938	+0.880 8494	+0.381 8569
	18	+0.888 9741	+0.428 0268	+0.185 5550		3	+0.310 6349	+0.885 8652	+0.384 0315
	19	+0.881 1361	+0.441 9973	+0.191 6120		4	+0.294 4889	+0.890 6287	+0.386 0968
	20	+0.873 0411	+0.455 8402	+0.197 6136		5	+0.278 2606	+0.895 1389	+0.388 0524
	21	+0.864 6913	+0.469 5518	+0.203 5580		6	+0.261 9548	+0.899 3947	+0.389 8979
	22	+0.856 0889	+0.483 1280	+0.209 4436		7	+0.245 5762	+0.903 3955	+0.391 6329
	23	+0.847 2361	+0.496 5649	+0.215 2687		8	+0.229 1297	+0.907 1404	+0.393 2571
	24	+0.838 1355	+0.509 8585	+0.221 0314		9	+0.212 6199	+0.910 6288	+0.394 7701
	25	+0.828 7895	+0.523 0047	+0.226 7301		10	+0.196 0514	+0.913 8602	+0.396 1717
	26	+0.819 2009	+0.535 9995	+0.232 3630		11	+0.179 4288	+0.916 8340	+0.397 4616
	27	+0.809 3725	+0.548 8388	+0.237 9284		12	+0.162 7565	+0.919 5498	+0.398 6396
	28	+0.799 3075	+0.561 5185	+0.243 4246		13	+0.146 0390	+0.922 0072	+0.399 7054
	29	+0.789 0091	+0.574 0349	+0.248 8499		14	+0.129 2806	+0.924 2058	+0.400 6590
	30	+0.778 4807	+0.586 3840	+0.254 2027		15	+0.112 4855	+0.926 1450	+0.401 4999
May	1	+0.767 7257	+0.598 5621	+0.259 4815		16	+0.095 6580	+0.927 8243	+0.402 2279
	2	+0.756 7478	+0.610 5657	+0.264 6847		17	+0.078 8026	+0.929 2432	+0.402 8429
	3	+0.745 5507	+0.622 3913	+0.269 8109		18	+0.061 9235	+0.930 4009	+0.403 3445
	4	+0.734 1381	+0.634 0357	+0.274 8586		19	+0.045 0253	+0.931 2969	+0.403 7325
	5	+0.722 5137	+0.645 4955	+0.279 8264		20	+0.028 1127	+0.931 9305	+0.404 0066
	6	+0.710 6814	+0.656 7678	+0.284 7131		21	+0.011 1904	+0.932 3013	+0.404 1668
	7	+0.698 6449	+0.667 8495	+0.289 5174		22	−0.005 7367	+0.932 4089	+0.404 2128
	8	+0.686 4083	+0.678 7378	+0.294 2379		23	−0.022 6636	+0.932 2528	+0.404 1445
	9	+0.673 9752	+0.689 4299	+0.298 8735		24	−0.039 5853	+0.931 8330	+0.403 9619
	10	+0.661 3497	+0.699 9230	+0.303 4230		25	−0.056 4968	+0.931 1494	+0.403 6650
	11	+0.648 5355	+0.710 2147	+0.307 8852		26	−0.073 3931	+0.930 2021	+0.403 2539
	12	+0.635 5366	+0.720 3023	+0.312 2591		27	−0.090 2689	+0.928 9912	+0.402 7287
	13	+0.622 3567	+0.730 1835	+0.316 5435		28	−0.107 1193	+0.927 5173	+0.402 0895
	14	+0.608 9997	+0.739 8559	+0.320 7374		29	−0.123 9391	+0.925 7807	+0.401 3366
	15	+0.595 4693	+0.749 3173	+0.324 8397		30	−0.140 7235	+0.923 7821	+0.400 4703
	16	+0.581 7692	+0.758 5653	+0.328 8495	July	1	−0.157 4673	+0.921 5223	+0.399 4909
	17	+0.567 9031	+0.767 5976	+0.332 7656		2	−0.174 1656	+0.919 0020	+0.398 3987

SUN, 2014

ICRS GEOCENTRIC RECTANGULAR COORDINATES
FOR 0ʰ TERRESTRIAL TIME

Date		x	y	z	Date		x	y	z
		au	au	au			au	au	au
July	1	−0.157 4673	+0.921 5223	+0.399 4909	Aug.	16	−0.807 3797	+0.560 8368	+0.243 1324
	2	−0.174 1656	+0.919 0020	+0.398 3987		17	−0.817 3737	+0.548 2371	+0.237 6696
	3	−0.190 8136	+0.916 2222	+0.397 1941		18	−0.827 1357	+0.535 4799	+0.232 1386
	4	−0.207 4065	+0.913 1840	+0.395 8776		19	−0.836 6626	+0.522 5686	+0.226 5409
	5	−0.223 9394	+0.909 8885	+0.394 4496		20	−0.845 9511	+0.509 5068	+0.220 8781
	6	−0.240 4077	+0.906 3370	+0.392 9107		21	−0.854 9982	+0.496 2981	+0.215 1517
	7	−0.256 8069	+0.902 5308	+0.391 2613		22	−0.863 8008	+0.482 9461	+0.209 3633
	8	−0.273 1323	+0.898 4712	+0.389 5021		23	−0.872 3560	+0.469 4548	+0.203 5147
	9	−0.289 3797	+0.894 1597	+0.387 6337		24	−0.880 6609	+0.455 8279	+0.197 6075
	10	−0.305 5446	+0.889 5978	+0.385 6566		25	−0.888 7127	+0.442 0696	+0.191 6434
	11	−0.321 6230	+0.884 7870	+0.383 5714		26	−0.896 5087	+0.428 1838	+0.185 6242
	12	−0.337 6107	+0.879 7287	+0.381 3789		27	−0.904 0465	+0.414 1747	+0.179 5516
	13	−0.353 5037	+0.874 4243	+0.379 0794		28	−0.911 3234	+0.400 0466	+0.173 4275
	14	−0.369 2980	+0.868 8752	+0.376 6737		29	−0.918 3374	+0.385 8037	+0.167 2536
	15	−0.384 9896	+0.863 0826	+0.374 1622		30	−0.925 0861	+0.371 4503	+0.161 0319
	16	−0.400 5742	+0.857 0477	+0.371 5456		31	−0.931 5676	+0.356 9907	+0.154 7642
	17	−0.416 0477	+0.850 7719	+0.368 8244	Sept.	1	−0.937 7800	+0.342 4294	+0.148 4523
	18	−0.431 4057	+0.844 2563	+0.365 9992		2	−0.943 7214	+0.327 7708	+0.142 0981
	19	−0.446 6438	+0.837 5025	+0.363 0707		3	−0.949 3903	+0.313 0191	+0.135 7035
	20	−0.461 7576	+0.830 5119	+0.360 0395		4	−0.954 7852	+0.298 1789	+0.129 2703
	21	−0.476 7423	+0.823 2861	+0.356 9064		5	−0.959 9047	+0.283 2543	+0.122 8004
	22	−0.491 5937	+0.815 8269	+0.353 6722		6	−0.964 7477	+0.268 2496	+0.116 2956
	23	−0.506 3070	+0.808 1363	+0.350 3378		7	−0.969 3129	+0.253 1690	+0.109 7577
	24	−0.520 8778	+0.800 2162	+0.346 9040		8	−0.973 5993	+0.238 0164	+0.103 1885
	25	−0.535 3017	+0.792 0688	+0.343 3718		9	−0.977 6056	+0.222 7960	+0.096 5896
	26	−0.549 5742	+0.783 6964	+0.339 7422		10	−0.981 3307	+0.207 5115	+0.089 9629
	27	−0.563 6909	+0.775 1014	+0.336 0162		11	−0.984 7734	+0.192 1669	+0.083 3101
	28	−0.577 6475	+0.766 2862	+0.332 1949		12	−0.987 9323	+0.176 7662	+0.076 6330
	29	−0.591 4399	+0.757 2536	+0.328 2795		13	−0.990 8060	+0.161 3135	+0.069 9333
	30	−0.605 0638	+0.748 0062	+0.324 2711		14	−0.993 3933	+0.145 8127	+0.063 2128
	31	−0.618 5153	+0.738 5467	+0.320 1709		15	−0.995 6929	+0.130 2684	+0.056 4736
Aug.	1	−0.631 7903	+0.728 8781	+0.315 9800		16	−0.997 7034	+0.114 6847	+0.049 7174
	2	−0.644 8850	+0.719 0034	+0.311 6999		17	−0.999 4237	+0.099 0661	+0.042 9463
	3	−0.657 7957	+0.708 9255	+0.307 3317		18	−1.000 8528	+0.083 4173	+0.036 1621
	4	−0.670 5187	+0.698 6476	+0.302 8767		19	−1.001 9896	+0.067 7427	+0.029 3670
	5	−0.683 0506	+0.688 1727	+0.298 3363		20	−1.002 8335	+0.052 0472	+0.022 5629
	6	−0.695 3878	+0.677 5041	+0.293 7119		21	−1.003 3835	+0.036 3353	+0.015 7519
	7	−0.707 5273	+0.666 6449	+0.289 0047		22	−1.003 6392	+0.020 6120	+0.008 9361
	8	−0.719 4657	+0.655 5982	+0.284 2161		23	−1.003 6000	+0.004 8820	+0.002 1174
	9	−0.731 2002	+0.644 3672	+0.279 3474		24	−1.003 2655	−0.010 8498	−0.004 7019
	10	−0.742 7277	+0.632 9550	+0.274 3999		25	−1.002 6357	−0.026 5785	−0.011 5199
	11	−0.754 0454	+0.621 3644	+0.269 3749		26	−1.001 7103	−0.042 2991	−0.018 3343
	12	−0.765 1502	+0.609 5983	+0.264 2738		27	−1.000 4896	−0.058 0068	−0.025 1431
	13	−0.776 0392	+0.597 6596	+0.259 0976		28	−0.998 9737	−0.073 6966	−0.031 9442
	14	−0.786 7092	+0.585 5512	+0.253 8478		29	−0.997 1630	−0.089 3637	−0.038 7356
	15	−0.797 1572	+0.573 2759	+0.248 5256		30	−0.995 0582	−0.105 0031	−0.045 5150
	16	−0.807 3797	+0.560 8368	+0.243 1324	Oct.	1	−0.992 6598	−0.120 6100	−0.052 2805

ICRS GEOCENTRIC RECTANGULAR COORDINATES
FOR 0ʰ TERRESTRIAL TIME

Date		x	y	z	Date		x	y	z
		au	au	au			au	au	au
Oct.	1	−0.992 6598	−0.120 6100	−0.052 2805	Nov.	16	−0.590 5827	−0.727 9207	−0.315 5644
	2	−0.989 9688	−0.136 1798	−0.059 0301		17	−0.576 4143	−0.737 1806	−0.319 5782
	3	−0.986 9862	−0.151 7077	−0.065 7617		18	−0.562 0680	−0.746 2152	−0.323 4942
	4	−0.983 7128	−0.167 1894	−0.072 4734		19	−0.547 5480	−0.755 0212	−0.327 3111
	5	−0.980 1499	−0.182 6203	−0.079 1633		20	−0.532 8588	−0.763 5955	−0.331 0275
	6	−0.976 2987	−0.197 9961	−0.085 8295		21	−0.518 0047	−0.771 9351	−0.334 6422
	7	−0.972 1601	−0.213 3126	−0.092 4701		22	−0.502 9905	−0.780 0368	−0.338 1538
	8	−0.967 7353	−0.228 5658	−0.099 0833		23	−0.487 8209	−0.787 8978	−0.341 5612
	9	−0.963 0254	−0.243 7513	−0.105 6672		24	−0.472 5008	−0.795 5153	−0.344 8632
	10	−0.958 0312	−0.258 8652	−0.112 2200		25	−0.457 0351	−0.802 8868	−0.348 0586
	11	−0.952 7540	−0.273 9032	−0.118 7399		26	−0.441 4291	−0.810 0096	−0.351 1464
	12	−0.947 1945	−0.288 8610	−0.125 2249		27	−0.425 6877	−0.816 8817	−0.354 1257
	13	−0.941 3539	−0.303 7342	−0.131 6732		28	−0.409 8162	−0.823 5008	−0.356 9955
	14	−0.935 2334	−0.318 5185	−0.138 0827		29	−0.393 8198	−0.829 8650	−0.359 7549
	15	−0.928 8341	−0.333 2093	−0.144 4516		30	−0.377 7036	−0.835 9727	−0.362 4033
	16	−0.922 1573	−0.347 8021	−0.150 7779	Dec.	1	−0.361 4726	−0.841 8220	−0.364 9397
	17	−0.915 2047	−0.362 2924	−0.157 0595		2	−0.345 1318	−0.847 4117	−0.367 3637
	18	−0.907 9777	−0.376 6757	−0.163 2946		3	−0.328 6862	−0.852 7400	−0.369 6743
	19	−0.900 4780	−0.390 9472	−0.169 4811		4	−0.312 1405	−0.857 8057	−0.371 8711
	20	−0.892 7076	−0.405 1024	−0.175 6171		5	−0.295 4998	−0.862 6074	−0.373 9534
	21	−0.884 6683	−0.419 1367	−0.181 7006		6	−0.278 7686	−0.867 1437	−0.375 9205
	22	−0.876 3623	−0.433 0455	−0.187 7297		7	−0.261 9519	−0.871 4133	−0.377 7719
	23	−0.867 7918	−0.446 8243	−0.193 7023		8	−0.245 0544	−0.875 4147	−0.379 5069
	24	−0.858 9592	−0.460 4684	−0.199 6165		9	−0.228 0810	−0.879 1467	−0.381 1249
	25	−0.849 8671	−0.473 9734	−0.205 4705		10	−0.211 0365	−0.882 6079	−0.382 6254
	26	−0.840 5183	−0.487 3347	−0.211 2622		11	−0.193 9259	−0.885 7969	−0.384 0078
	27	−0.830 9155	−0.500 5480	−0.216 9899		12	−0.176 7543	−0.888 7125	−0.385 2715
	28	−0.821 0618	−0.513 6090	−0.222 6517		13	−0.159 5267	−0.891 3536	−0.386 4160
	29	−0.810 9604	−0.526 5135	−0.228 2458		14	−0.142 2482	−0.893 7189	−0.387 4409
	30	−0.800 6144	−0.539 2575	−0.233 7705		15	−0.124 9242	−0.895 8073	−0.388 3457
	31	−0.790 0273	−0.551 8371	−0.239 2241		16	−0.107 5600	−0.897 6178	−0.389 1300
Nov.	1	−0.779 2024	−0.564 2485	−0.244 6050		17	−0.090 1608	−0.899 1496	−0.389 7934
	2	−0.768 1432	−0.576 4881	−0.249 9115		18	−0.072 7322	−0.900 4017	−0.390 3356
	3	−0.756 8530	−0.588 5523	−0.255 1422		19	−0.055 2797	−0.901 3733	−0.390 7563
	4	−0.745 3352	−0.600 4379	−0.260 2954		20	−0.037 8089	−0.902 0638	−0.391 0552
	5	−0.733 5932	−0.612 1415	−0.265 3699		21	−0.020 3255	−0.902 4727	−0.391 2321
	6	−0.721 6302	−0.623 6598	−0.270 3640		22	−0.002 8353	−0.902 5995	−0.391 2868
	7	−0.709 4496	−0.634 9895	−0.275 2763		23	+0.014 6557	−0.902 4442	−0.391 2194
	8	−0.697 0546	−0.646 1274	−0.280 1054		24	+0.032 1418	−0.902 0066	−0.391 0299
	9	−0.684 4485	−0.657 0701	−0.284 8497		25	+0.049 6171	−0.901 2871	−0.390 7182
	10	−0.671 6345	−0.667 8142	−0.289 5079		26	+0.067 0757	−0.900 2860	−0.390 2847
	11	−0.658 6161	−0.678 3565	−0.294 0784		27	+0.084 5119	−0.899 0040	−0.389 7295
	12	−0.645 3967	−0.688 6935	−0.298 5598		28	+0.101 9201	−0.897 4417	−0.389 0529
	13	−0.631 9800	−0.698 8218	−0.302 9505		29	+0.119 2948	−0.895 6002	−0.388 2553
	14	−0.618 3695	−0.708 7380	−0.307 2491		30	+0.136 6308	−0.893 4802	−0.387 3370
	15	−0.604 5691	−0.718 4387	−0.311 4542		31	+0.153 9226	−0.891 0828	−0.386 2985
	16	−0.590 5827	−0.727 9207	−0.315 5644		32	+0.171 1652	−0.888 4091	−0.385 1400

CONTENTS OF SECTION D

> **WWW** This symbol indicates that these data or auxiliary material may also be found on *The Astronomical Almanac Online* at **http://asa.usno.navy.mil** and **http://asa.hmnao.com**

NOTE: All the times on this page are expressed in Universal Time (UT1).

PHASES OF THE MOON

Lunation	New Moon				First Quarter				Full Moon				Last Quarter			
		d	h	m		d	h	m		d	h	m		d	h	m
1126	Jan.	1	11	14	Jan.	8	03	39	Jan.	16	04	52	Jan.	24	05	19
1127	Jan.	30	21	39	Feb.	6	19	22	Feb.	14	23	53	Feb.	22	17	15
1128	Mar.	1	08	00	Mar.	8	13	27	Mar.	16	17	08	Mar.	24	01	46
1129	Mar.	30	18	45	Apr.	7	08	31	Apr.	15	07	42	Apr.	22	07	52
1130	Apr.	29	06	14	May	7	03	15	May	14	19	16	May	21	12	59
1131	May	28	18	40	June	5	20	39	June	13	04	11	June	19	18	39
1132	June	27	08	08	July	5	11	59	July	12	11	25	July	19	02	08
1133	July	26	22	42	Aug.	4	00	50	Aug.	10	18	09	Aug.	17	12	26
1134	Aug.	25	14	13	Sept.	2	11	11	Sept.	9	01	38	Sept.	16	02	05
1135	Sept.	24	06	14	Oct.	1	19	33	Oct.	8	10	51	Oct.	15	19	12
1136	Oct.	23	21	57	Oct.	31	02	48	Nov.	6	22	23	Nov.	14	15	16
1137	Nov.	22	12	32	Nov.	29	10	06	Dec.	6	12	27	Dec.	14	12	51
1138	Dec.	22	01	36	Dec.	28	18	31								

MOON AT PERIGEE

	d	h		d	h		d	h
Jan.	1	21	May	18	12	Oct.	6	10
Jan.	30	10	June	15	03	Nov.	3	00
Feb.	27	20	July	13	08	Nov.	27	23
Mar.	27	19	Aug.	10	18	Dec.	24	17
Apr.	23	00	Sept.	8	04			

MOON AT APOGEE

	d	h		d	h		d	h
Jan.	16	02	June	3	04	Oct.	18	06
Feb.	12	05	June	30	19	Nov.	15	02
Mar.	11	20	July	28	03	Dec.	12	23
Apr.	8	15	Aug.	24	06			
May	6	10	Sept.	20	14			

NOTES AND FORMULAE

Mean elements of the orbit of the Moon

The following expressions for the mean elements of the Moon are based on the fundamental arguments developed by Simon *et al.* (*Astron. & Astrophys.*, **282**, 663, 1994). The angular elements are referred to the mean equinox and ecliptic of date. The time argument (d) is the interval in days from 2014 January 0 at 0^h TT. These expressions are intended for use during 2014 only.

$$d = JD - 245\,6657 \cdot 5 = \text{day of year (from B4–B5)} + \text{fraction of day from } 0^h \text{ TT}$$

Mean longitude of the Moon, measured in the ecliptic to the mean ascending node and then along the mean orbit:
$$L' = 262°643\,588 + 13 \cdot 176\,396\,46\,d$$

Mean longitude of the lunar perigee, measured as for L':
$$\Gamma' = 292°903\,546 + 0 \cdot 111\,403\,44\,d$$

Mean longitude of the mean ascending node of the lunar orbit on the ecliptic:
$$\Omega = 214°318\,473 - 0 \cdot 052\,953\,75\,d$$

Mean elongation of the Moon from the Sun:
$$D = L' - L = 343°055\,014 + 12 \cdot 190\,749\,10\,d$$

Mean inclination of the lunar orbit to the ecliptic: $5°156\,6898$.

Mean elements of the rotation of the Moon

The following expressions give the mean elements of the mean equator of the Moon, referred to the true equator of the Earth, during 2014 to a precision of about $0°001$; the time-argument d is as defined above for the orbital elements.

Inclination of the mean equator of the Moon to the true equator of the Earth:
$$i = 24°7236 + 0 \cdot 000\,769\,d - 0 \cdot 000\,000\,573\,d^2$$

Arc of the mean equator of the Moon from its ascending node on the true equator of the Earth to its ascending node on the ecliptic of date:
$$\Delta = 32°4216 - 0 \cdot 050\,299\,d + 0 \cdot 000\,000\,496\,d^2$$

Arc of the true equator of the Earth from the true equinox of date to the ascending node of the mean equator of the Moon:
$$\Omega' = +2°0808 - 0 \cdot 002\,908\,d - 0 \cdot 000\,000\,553\,d^2$$

The inclination (I) of the mean lunar equator to the ecliptic: $1° 32' 33''6$

The ascending node of the mean lunar equator on the ecliptic is at the descending node of the mean lunar orbit on the ecliptic, that is at longitude $\Omega + 180°$.

Lengths of mean months

The lengths of the mean months at 2014·0, as derived from the mean orbital elements are:

		d	d h m s
synodic month	(new moon to new moon)	29·530 589	29 12 44 02·9
tropical month	(equinox to equinox)	27·321 582	27 07 43 04·7
sidereal month	(fixed star to fixed star)	27·321 662	27 07 43 11·6
anomalistic month	(perigee to perigee)	27·554 550	27 13 18 33·1
draconic month	(node to node)	27·212 221	27 05 05 35·9

NOTES AND FORMULAE

Geocentric coordinates

The apparent longitude (λ) and latitude (β) of the Moon given on pages D6–D20 are referred to the true ecliptic and equinox of date: the apparent right ascension (α) and declination (δ) are referred to the true equator and equinox of date. These coordinates are primarily intended for planning purposes. The true distance r in kilometres and the horizonal parallax (π) are also tabulated. The semidiameter s may be formed from

$$\sin s = \frac{R_M}{r} = \frac{R_M}{a_E} \sin \pi = 0{\cdot}272\,399 \sin \pi$$

where π is the horizontal parallax, $R_M = 1737{\cdot}4$ km is the mean radius of the Moon, and $a_E = 6378{\cdot}1366$ km is the equatorial radius of the Earth. The semidiameter is tabulated on pages D7–D21. The distance r_e in Earth radii may be obtained from

$$r_e = \frac{r}{a_E} = r/6378{\cdot}1366$$

More precise values of right ascension, declination and horizontal parallax for any time may be obtained by using the polynomial coefficients given on *The Astronomical Almanac Online*.

The tabulated values are all referred to the centre of the Earth, and may differ from the topocentric values by up to about 1 degree in angle and 2 per cent in distance.

Time of transit of the Moon

The TT of upper (or lower) transit of the Moon over a local meridian may be obtained by interpolation in the tabulation of the time of upper (or lower) transit over the ephemeris meridian given on pages D6–D20, where the first differences are about 25 hours. The interpolation factor p is given by:

$$p = -\lambda + 1{\cdot}002\,738\,\Delta T$$

where λ is the *east* longitude and the right-hand side is expressed in days. (Divide longitude in degrees by 360 and ΔT in seconds by 86 400). During 2014 it is expected that ΔT will be about 67 seconds, so that the second term is about $+0{\cdot}000\,78$ days. In general, second-order differences are sufficient to give times to a few seconds, but higher-order differences must be taken into account if a precision of better than 1 second is required. The UT1 of transit is obtained by subtracting ΔT from the TT of transit, which is obtained by interpolation.

Topocentric coordinates

The topocentric equatorial rectangular coordinates of the Moon (x', y', z'), referred to the true equinox of date, are equal to the geocentric equatorial rectangular coordinates of the Moon *minus* the geocentric equatorial rectangular coordinates of the observer. Hence, the topocentric right ascension (α'), declination (δ') and distance (r') of the Moon may be calculated from the formulae:

$$\begin{aligned}
x' &= r' \cos \delta' \cos \alpha' = r \cos \delta \cos \alpha - \rho \cos \phi' \cos \theta_0 \\
y' &= r' \cos \delta' \sin \alpha' = r \cos \delta \sin \alpha - \rho \cos \phi' \sin \theta_0 \\
z' &= r' \sin \delta' \qquad\quad = r \sin \delta \qquad\; - \rho \sin \phi'
\end{aligned}$$

where θ_0 is the local apparent sidereal time (see B11) and ρ and ϕ' are the geocentric distance and latitude of the observer.

Then $\qquad r'^2 = x'^2 + y'^2 + z'^2, \quad \alpha' = \tan^{-1}(y'/x'), \quad \delta' = \sin^{-1}(z'/r')$

The topocentric hour angle (h') may be calculated from $h' = \theta_0 - \alpha'$.

Physical ephemeris

See page D4 for notes on the physical ephemeris of the Moon on pages D7–D21.

NOTES AND FORMULAE

Appearance of the Moon

The quantities tabulated in the ephemeris for physical observations of the Moon on odd pages D7–D21 represent the geocentric aspect and illumination of the Moon's disk. The semidiameter of the Moon is also included on these pages. For most purposes it is sufficient to regard the instant of tabulation as 0^h UT1. The fraction illuminated (or phase) is the ratio of the illuminated area to the total area of the lunar disk; it is also the fraction of the diameter illuminated perpendicular to the line of cusps. This quantity indicates the general aspect of the Moon, while the precise times of the four principal phases are given on pages A1 and D1; they are the times when the apparent longitudes of the Moon and Sun differ by 0°, 90°, 180° and 270°.

The position angle of the bright limb is measured anticlockwise around the disk from the north point (of the hour circle through the centre of the apparent disk) to the midpoint of the bright limb. Before full moon the morning terminator is visible and the position angle of the northern cusp is 90° greater than the position angle of the bright limb; after full moon the evening terminator is visible and the position angle of the northern cusp is 90° less than the position angle of the bright limb.

The brightness of the Moon is determined largely by the fraction illuminated, but it also depends on the distance of the Moon, on the nature of the part of the lunar surface that is illuminated, and on other factors. The integrated visual magnitude of the full Moon at mean distance is about -12.7. The crescent Moon is not normally visible to the naked eye when the phase is less than 0.01, but much depends on the conditions of observation.

Selenographic coordinates

The positions of points on the Moon's surface are specified by a system of selenographic coordinates, in which latitude is measured positively to the north from the equator of the pole of rotation, and longitude is measured positively to the east on the selenocentric celestial sphere from the lunar meridian through the mean centre of the apparent disk. Selenographic longitudes are measured positive to the west (towards Mare Crisium) on the apparent disk; this sign convention implies that the longitudes of the Sun and of the terminators are decreasing functions of time, and so for some purposes it is convenient to use colongitude which is 90° (or 450°) minus longitude.

The tabulated values of the Earth's selenographic longitude and latitude specify the sub-terrestrial point on the Moon's surface (that is, the centre of the apparent disk). The position angle of the axis of rotation is measured anticlockwise from the north point, and specifies the orientation of the lunar meridian through the sub-terrestrial point, which is the pole of the great circle that corresponds to the limb of the Moon.

The tabulated values of the Sun's selenographic colongitude and latitude specify the sub-solar point of the Moon's surface (that is at the pole of the great circle that bounds the illuminated hemisphere). The following relations hold approximately:

longitude of morning terminator = 360° − colongitude of Sun
longitude of evening terminator = 180° (or 540°) − colongitude of Sun

The altitude (a) of the Sun above the lunar horizon at a point at selenographic longitude and latitude (l, b) may be calculated from:

$$\sin a = \sin b_0 \sin b + \cos b_0 \cos b \sin (c_0 + l)$$

where (c_0, b_0) are the Sun's colongitude and latitude at the time.

NOTES AND FORMULAE

Librations of the Moon

On average the same hemisphere of the Moon is always turned to the Earth but there is a periodic oscillation or libration of the apparent position of the lunar surface that allows about 59 per cent of the surface to be seen from the Earth. The libration is due partly to a physical libration, which is an oscillation of the actual rotational motion about its mean rotation, but mainly to the much larger geocentric optical libration, which results from the non-uniformity of the revolution of the Moon around the centre of the Earth. Both of these effects are taken into account in the computation of the Earth's selenographic longitude (l) and latitude (b) and of the position angle (C) of the axis of rotation. There is a further contribution to the optical libration due to the difference between the viewpoints of the observer on the surface of the Earth and of the hypothetical observer at the centre of the Earth. These topocentric optical librations may be as much as $1°$ and have important effects on the apparent contour of the limb.

When the libration in longitude, that is the selenographic longitude of the Earth, is positive the mean centre of the disk is displaced eastwards on the celestial sphere, exposing to view a region on the west limb. When the libration in latitude, or selenographic latitude of the Earth, is positive the mean centre of the disk is displaced towards the south, and a region on the north limb is exposed to view. In a similar way the selenographic coordinates of the Sun show which regions of the lunar surface are illuminated.

Differential corrections to be applied to the tabular geocentric librations to form the topocentric librations may be computed from the following formulae:

$$\Delta l = -\pi' \sin(Q - C) \sec b$$
$$\Delta b = +\pi' \cos(Q - C)$$
$$\Delta C = +\sin(b + \Delta b)\, \Delta l - \pi' \sin Q \tan \delta$$

where Q is the geocentric parallactic angle of the Moon and π' is the topocentric horizontal parallax. The latter is obtained from the geocentric horizontal parallax (π), which is tabulated on even pages D6–D20 by using:

$$\pi' = \pi\,(\sin z + 0\cdot 0084 \sin 2z)$$

where z is the geocentric zenith distance of the Moon. The values of z and Q may be calculated from the geocentric right ascension (α) and declination (δ) of the Moon by using:

$$\sin z \sin Q = \cos \phi \sin h$$
$$\sin z \cos Q = \cos \delta \sin \phi - \sin \delta \cos \phi \cos h$$
$$\cos z = \sin \delta \sin \phi + \cos \delta \cos \phi \cos h$$

where ϕ is the geocentric latitude of the observer and h is the local hour angle of the Moon, given by:

$$h = \text{local apparent sidereal time} - \alpha$$

Second differences must be taken into account in the interpolation of the tabular geocentric librations to the time of observation.

MOON, 2014

FOR 0ʰ TERRESTRIAL TIME

Date 0ʰ TT	Apparent Longitude	Latitude	Apparent R.A.	Dec.	True Distance	Horiz. Parallax	Ephemeris Transit for date Upper	Lower
	° ′ ″	° ′ ″	h m s	° ′ ″	km	′ ″	h	h
Jan. 0	258 38 54	+3 27 11	17 11 52·55	−19 30 33·6	360 376·145	60 50·78	11·0177	23·5424
1	273 47 06	+4 17 48	18 15 58·61	−19 05 10·2	357 691·645	61 18·18	12·0661	...
2	289 06 09	+4 50 31	19 19 52·42	−17 16 44·1	356 938·328	61 25·95	13·0950	00·5849
3	304 24 31	+5 02 26	20 22 01·46	−14 15 18·8	358 172·168	61 13·25	14·0799	01·5939
4	319 30 52	+4 53 01	21 21 30·81	−10 19 17·5	361 214·447	60 42·31	15·0113	02·5523
5	334 16 03	+4 24 07	22 18 08·75	− 5 50 22·5	365 695·753	59 57·67	15·8927	03·4577
6	348 34 26	+3 39 17	23 12 15·81	− 1 09 15·5	371 135·787	59 04·93	16·7348	04·3179
7	2 24 00	+2 42 48	0 04 29·35	+ 3 26 38·1	377 030·838	58 09·50	17·5510	05·1454
8	15 45 49	+1 39 04	0 55 31·01	+ 7 43 34·5	382 925·340	57 15·78	18·3538	05·9534
9	28 43 01	+0 32 04	1 45 58·48	+11 30 57·8	388 456·325	56 26·85	19·1531	06·7534
10	41 19 46	−0 34 45	2 36 20·40	+14 40 34·0	393 370·860	55 44·54	19·9551	07·5536
11	53 40 35	−1 38 26	3 26 53·16	+17 05 57·6	397 522·423	55 09·60	20·7613	08·3577
12	65 49 45	−2 36 29	4 17 39·61	+18 42 22·5	400 853·602	54 42·10	21·5693	09·1654
13	77 50 56	−3 26 45	5 08 29·98	+19 26 52·5	403 371·485	54 21·61	22·3735	09·9723
14	89 47 08	−4 07 26	5 59 05·61	+19 18 40·0	405 120·696	54 07·52	23·1669	10·7719
15	101 40 39	−4 37 04	6 49 04·82	+18 19 17·7	406 157·838	53 59·23	23·9438	11·5577
16	113 33 11	−4 54 32	7 38 09·54	+16 32 33·1	406 530·301	53 56·26	...	12·3251
17	125 26 03	−4 59 11	8 26 10·42	+14 04 04·4	406 261·730	53 58·40	00·7013	13·0728
18	137 20 28	−4 50 47	9 13 09·50	+11 00 45·3	405 345·751	54 05·72	01·4401	13·8037
19	149 17 47	−4 29 32	9 59 20·37	+ 7 30 11·7	403 748·641	54 18·56	02·1645	14·5237
20	161 19 49	−3 56 08	10 45 06·82	+ 3 40 18·4	401 420·687	54 37·46	02·8823	15·2419
21	173 28 59	−3 11 38	11 31 00·90	− 0 20 47·6	398 314·980	55 03·02	03·6038	15·9697
22	185 48 24	−2 17 31	12 17 40·89	− 4 24 36·5	394 411·610	55 35·71	04·3411	16·7199
23	198 21 49	−1 15 40	13 05 48·96	− 8 21 50·6	389 744·497	56 15·66	05·1076	17·5061
24	211 13 27	−0 08 30	13 56 07·70	−12 01 50·4	384 427·332	57 02·35	05·9168	18·3410
25	224 27 30	+1 01 04	14 49 14·21	−15 12 04·9	378 674·060	57 54·35	06·7798	19·2336
26	238 07 33	+2 09 22	15 45 30·75	−17 38 12·6	372 807·939	58 49·03	07·7022	20·1849
27	252 15 36	+3 12 03	16 44 53·04	−19 05 07·5	367 252·003	59 42·42	08·6799	21·1846
28	266 51 07	+4 04 18	17 46 41·29	−19 19 38·2	362 494·188	60 29·45	09·6959	22·2103
29	281 50 06	+4 41 16	18 49 42·82	−18 14 17·8	359 024·625	61 04·52	10·7241	23·2339
30	297 04 54	+4 59 04	19 52 30·88	−15 50 45·3	357 252·179	61 22·71	11·7367	...
31	312 24 52	+4 55 33	20 53 51·36	−12 20 33·4	357 419·994	61 20·98	12·7140	00·2306
Feb. 1	327 38 13	+4 31 04	21 53 01·77	− 8 02 43·1	359 547·772	60 59·19	13·6482	01·1866
2	342 34 10	+3 48 19	22 49 53·81	− 3 19 26·3	363 423·140	60 20·17	14·5417	02·0996
3	357 04 49	+2 51 41	23 44 44·15	+ 1 27 54·2	368 645·463	59 28·88	15·4027	02·9756
4	11 06 00	+1 46 14	0 38 01·86	+ 6 01 13·0	374 704·423	58 31·16	16·2414	03·8242
5	24 37 11	+0 36 51	1 30 18·13	+10 06 30·1	381 066·134	57 32·54	17·0670	04·6554
6	37 40 32	−0 32 15	2 21 59·37	+13 33 35·1	387 244·386	56 37·45	17·8859	05·4770
7	50 20 04	−1 37 43	3 13 23·21	+16 15 26·4	392 846·606	55 49·00	18·7014	06·2940
8	62 40 39	−2 36 56	4 04 36·87	+18 07 32·8	397 594·627	55 09·00	19·5134	07·1080
9	74 47 18	−3 27 52	4 55 37·58	+19 07 30·4	401 325·698	54 38·24	20·3190	07·9172
10	86 44 49	−4 08 56	5 46 15·14	+19 14 51·5	403 980·214	54 16·69	21·1139	08·7180
11	98 37 20	−4 38 51	6 36 16·03	+18 31 00·5	405 581·542	54 03·83	21·8944	09·5062
12	110 28 20	−4 56 39	7 25 28·17	+16 59 08·3	406 211·883	53 58·80	22·6580	10·2783
13	122 20 29	−5 01 39	8 13 44·94	+14 44 00·4	405 986·996	54 00·59	23·4050	11·0334
14	134 15 46	−4 53 30	9 01 07·72	+11 51 41·0	405 032·222	54 08·23	...	11·7732
15	146 15 37	−4 32 20	9 47 46·64	+ 8 29 15·8	403 462·057	54 20·88	00·1387	12·5022

EPHEMERIS FOR PHYSICAL OBSERVATIONS
FOR 0^h TERRESTRIAL TIME

Date 0ʰ TT	The Earth's Selenographic Long.	Lat.	The Sun's Selenographic Colong.	Lat.	Position Angle Axis	Bright Limb	Semi-diameter	Fraction Illum.
	°	°	°	°	°	°	′ ″	
Jan. 0	− 4·074	− 4·498	253·15	+ 1·36	5·858	103·77	16 34·42	0·034
1	− 2·104	− 5·593	265·33	+ 1·37	359·183	120·96	16 41·88	0·005
2	+ 0·066	− 6·298	277·52	+ 1·38	352·562	229·86	16 44·00	0·006
3	+ 2·237	− 6·549	289·71	+ 1·39	346·580	244·26	16 40·54	0·038
4	+ 4·206	− 6·336	301·90	+ 1·41	341·678	245·41	16 32·11	0·097
5	+ 5·812	− 5·700	314·08	+ 1·42	338·110	245·17	16 19·96	0·178
6	+ 6·952	− 4·718	326·26	+ 1·44	335·966	245·19	16 05·59	0·274
7	+ 7·594	− 3·485	338·43	+ 1·45	335·228	245·86	15 50·49	0·379
8	+ 7·758	− 2·096	350·59	+ 1·47	335·815	247·22	15 35·86	0·485
9	+ 7·502	− 0·637	2·75	+ 1·49	337·616	249·24	15 22·54	0·589
10	+ 6·903	+ 0·817	14·90	+ 1·50	340·493	251·79	15 11·01	0·686
11	+ 6·043	+ 2·201	27·05	+ 1·52	344·284	254·67	15 01·50	0·773
12	+ 4·997	+ 3·463	39·19	+ 1·54	348·795	257·57	14 54·01	0·849
13	+ 3·831	+ 4·556	51·32	+ 1·55	353·800	259·97	14 48·43	0·910
14	+ 2·595	+ 5·440	63·46	+ 1·56	359·049	260·71	14 44·59	0·956
15	+ 1·327	+ 6·084	75·59	+ 1·57	4·286	255·74	14 42·33	0·986
16	+ 0·052	+ 6·463	87·72	+ 1·58	9·273	213·83	14 41·52	0·998
17	− 1·214	+ 6·562	99·85	+ 1·58	13·801	133·49	14 42·11	0·992
18	− 2·454	+ 6·377	111·98	+ 1·58	17·703	120·73	14 44·10	0·970
19	− 3·652	+ 5·912	124·11	+ 1·57	20·847	117·76	14 47·60	0·930
20	− 4·781	+ 5·183	136·25	+ 1·57	23·127	116·62	14 52·74	0·874
21	− 5·805	+ 4·212	148·39	+ 1·56	24·452	115·71	14 59·70	0·804
22	− 6·672	+ 3·033	160·53	+ 1·55	24·740	114·50	15 08·61	0·721
23	− 7·317	+ 1·686	172·68	+ 1·54	23·906	112·75	15 19·49	0·627
24	− 7·667	+ 0·224	184·84	+ 1·53	21·877	110·36	15 32·21	0·525
25	− 7·644	− 1·291	197·00	+ 1·52	18·606	107·28	15 46·37	0·418
26	− 7·183	− 2·779	209·17	+ 1·51	14·115	103·61	16 01·26	0·312
27	− 6·241	− 4·146	221·35	+ 1·50	8·551	99·63	16 15·80	0·212
28	− 4·822	− 5·286	233·53	+ 1·49	2·227	95·98	16 28·61	0·125
29	− 2·993	− 6·095	245·72	+ 1·49	355·620	94·13	16 38·17	0·057
30	− 0·885	− 6·486	257·91	+ 1·48	349·299	99·89	16 43·12	0·015
31	+ 1·313	− 6·412	270·11	+ 1·48	343·797	179·88	16 42·65	0·002
Feb. 1	+ 3·394	− 5·881	282·30	+ 1·48	339·512	234·41	16 36·71	0·020
2	+ 5·167	− 4·952	294·49	+ 1·48	336·668	240·98	16 26·08	0·066
3	+ 6·498	− 3·721	306·68	+ 1·48	335·334	243·53	16 12·12	0·135
4	+ 7·321	− 2·297	318·87	+ 1·48	335·462	245·70	15 56·40	0·222
5	+ 7·632	− 0·789	331·04	+ 1·48	336·932	248·21	15 40·43	0·318
6	+ 7·475	+ 0·715	343·22	+ 1·48	339·578	251·20	15 25·43	0·419
7	+ 6·926	+ 2·140	355·38	+ 1·48	343·206	254·60	15 12·23	0·521
8	+ 6·070	+ 3·430	7·55	+ 1·49	347·600	258·30	15 01·33	0·618
9	+ 4·994	+ 4·542	19·70	+ 1·49	352·525	262·07	14 52·95	0·709
10	+ 3·779	+ 5·440	31·85	+ 1·49	357·736	265·67	14 47·09	0·791
11	+ 2·494	+ 6·096	44·00	+ 1·49	2·989	268·73	14 43·58	0·862
12	+ 1·193	+ 6·489	56·14	+ 1·48	8·051	270·72	14 42·21	0·920
13	− 0·084	+ 6·604	68·28	+ 1·47	12·716	270·38	14 42·70	0·962
14	− 1·309	+ 6·432	80·42	+ 1·46	16·804	262·68	14 44·78	0·989
15	− 2·464	+ 5·977	92·56	+ 1·45	20·169	198·97	14 48·23	0·998

MOON, 2014

FOR 0ʰ TERRESTRIAL TIME

Date 0ʰ TT	Apparent Longitude	Apparent Latitude	R.A.	Dec.	True Distance	Horiz. Parallax	Ephemeris Transit for date Upper	Lower
	° ′ ″	° ′ ″	h m s	° ′ ″	km	′ ″	h	h
Feb. 15	146 15 37	− 4 32 20	9 47 46·64	+ 8 29 15·8	403 462·057	54 20·88	00·1387	12·5022
16	158 21 09	− 3 58 44	10 34 00·00	+ 4 44 36·8	401 365·567	54 37·91	00·8646	13·2271
17	170 33 26	− 3 13 49	11 20 13·00	+ 0 46 13·8	398 799·622	54 59·00	01·5907	13·9568
18	182 53 44	− 2 19 13	12 06 56·12	− 3 16 48·6	395 791·242	55 24·08	02·3267	14·7016
19	195 23 43	− 1 17 05	12 54 43·07	− 7 14 45·3	392 349·253	55 53·24	03·0831	15·4724
20	208 05 38	− 0 10 01	13 44 08·13	− 10 57 02·0	388 484·009	56 26·61	03·8708	16·2794
21	221 02 08	+ 0 58 58	14 35 42·01	− 14 12 06·0	384 232·476	57 04·09	04·6992	17·1309
22	234 16 08	+ 2 06 24	15 29 45·82	− 16 47 32·3	379 684·561	57 45·11	05·5747	18·0303
23	247 50 24	+ 3 08 32	16 26 23·56	− 18 30 40·5	375 005·226	58 28·35	06·4971	18·9737
24	261 46 47	+ 4 01 15	17 25 15·66	− 19 10 01·5	370 445·873	59 11·53	07·4583	19·9487
25	276 05 33	+ 4 40 28	18 25 38·20	− 18 37 31·5	366 338·077	59 51·36	08·4423	20·9366
26	290 44 33	+ 5 02 29	19 26 31·42	− 16 51 00·1	363 064·186	60 23·75	09·4291	21·9177
27	305 38 48	+ 5 04 39	20 26 55·89	− 13 55 45·3	361 003·952	60 44·43	10·4008	22·8772
28	320 40 37	+ 4 45 59	21 26 08·28	− 10 04 26·0	360 464·771	60 49·88	11·3464	23·8082
Mar. 1	335 40 40	+ 4 07 41	22 23 48·85	− 5 35 08·0	361 612·677	60 38·29	12·2630	...
2	350 29 24	+ 3 13 03	23 19 59·39	− 0 48 30·1	364 426·132	60 10·20	13·1538	00·7113
3	4 58 46	+ 2 06 53	0 14 55·27	+ 3 55 09·8	368 689·310	59 28·45	14·0249	01·5914
4	19 03 18	+ 0 54 33	1 08 56·56	+ 8 18 06·0	374 026·984	58 37·52	14·8825	02·4550
5	32 40 36	− 0 18 50	2 02 20·86	+ 12 06 16·3	379 967·776	57 42·52	15·7310	03·3077
6	45 51 00	− 1 28 56	2 55 18·85	+ 15 09 40·6	386 015·378	56 48·27	16·5721	04·1524
7	58 37 02	− 2 32 29	3 47 52·53	+ 17 22 05·8	391 710·370	55 58·71	17·4046	04·9896
8	71 02 37	− 3 27 06	4 39 56·17	+ 18 40 34·6	396 673·639	55 16·69	18·2257	05·8168
9	83 12 28	− 4 11 09	5 31 19·23	+ 19 04 50·6	400 630·184	54 43·93	19·0316	06·6308
10	95 11 30	− 4 43 29	6 21 50·49	+ 18 36 44·7	403 416·545	54 21·24	19·8197	07·4280
11	107 04 31	− 5 03 18	7 11 22·07	+ 17 19 44·5	404 976·219	54 08·68	20·5889	08·2066
12	118 55 53	− 5 10 07	7 59 52·31	+ 15 18 29·0	405 346·872	54 05·71	21·3408	08·9668
13	130 49 21	− 5 03 37	8 47 27·10	+ 12 38 32·1	404 642·042	54 11·37	22·0794	09·7114
14	142 48 02	− 4 43 51	9 34 19·83	+ 9 26 13·8	403 029·169	54 24·38	22·8107	10·4455
15	154 54 16	− 4 11 11	10 20 50·44	+ 5 48 40·4	400 705·529	54 43·31	23·5425	11·1760
16	167 09 45	− 3 26 34	11 07 24·01	+ 1 53 50·6	397 873·894	55 06·68	...	11·9113
17	179 35 34	− 2 31 30	11 54 29·19	− 2 09 16·8	394 720·314	55 33·10	00·2837	12·6609
18	192 12 27	− 1 28 08	12 42 36·19	− 6 10 35·4	391 397·000	56 01·40	01·0439	13·4340
19	205 00 56	− 0 19 16	13 32 14·10	− 9 58 51·3	388 013·273	56 30·72	01·8323	14·2395
20	218 01 33	+ 0 51 47	14 23 47·08	− 13 21 52·9	384 636·774	57 00·49	02·6563	15·0833
21	231 14 53	+ 2 01 20	15 17 29·20	− 16 06 59·9	381 305·371	57 30·37	03·5204	15·9673
22	244 41 41	+ 3 05 26	16 13 18·93	− 18 01 57·8	378 047·862	58 00·11	04·4233	16·8872
23	258 22 33	+ 4 00 10	17 10 55·43	− 18 56 19·8	374 909·167	58 29·25	05·3576	17·8324
24	272 17 47	+ 4 41 51	18 09 39·96	− 18 43 07·3	371 973·864	58 56·94	06·3098	18·7876
25	286 26 52	+ 5 07 15	19 08 44·08	− 17 20 20·0	369 381·079	59 21·77	07·2641	19·7376
26	300 48 07	+ 5 14 01	20 07 22·25	− 14 51 43·8	367 324·367	59 41·72	08·2069	20·6711
27	315 18 24	+ 5 01 01	21 05 03·12	− 11 26 38·4	366 032·621	59 54·36	09·1298	21·5831
28	329 53 01	+ 4 28 37	22 01 34·61	− 7 18 55·3	365 732·634	59 57·30	10·0313	22·4750
29	344 26 10	+ 3 38 56	22 57 01·94	− 2 45 26·2	366 600·078	59 48·79	10·9148	23·3516
30	358 51 35	+ 2 35 38	23 51 41·29	+ 1 55 35·8	368 711·363	59 28·24	11·7862	...
31	13 03 24	+ 1 23 33	0 45 52·08	+ 6 26 15·1	372 010·886	58 56·59	12·6513	00·2192
Apr. 1	26 56 53	+ 0 07 53	1 39 50·04	+ 10 30 22·3	376 304·232	58 16·24	13·5141	01·0829
2	40 29 08	− 1 06 25	2 33 42·25	+ 13 54 45·8	381 279·176	57 30·61	14·3748	01·9448

EPHEMERIS FOR PHYSICAL OBSERVATIONS
FOR 0ʰ TERRESTRIAL TIME

Date 0ʰ TT	The Earth's Selenographic Long.	Lat.	The Sun's Selenographic Colong.	Lat.	Position Angle Axis	Bright Limb	Semi-diameter	Frac-tion Illum.
	°	°	°	°	°	°	′ ″	
Feb. 15	− 2·464	+ 5·977	92·56	+ 1·45	20·169	198·97	14 48·23	0·998
16	− 3·534	+ 5·252	104·70	+ 1·44	22·686	131·21	14 52·87	0·989
17	− 4·505	+ 4·280	116·84	+ 1·42	24·255	120·92	14 58·61	0·962
18	− 5·356	+ 3·097	128·98	+ 1·39	24·786	116·92	15 05·44	0·916
19	− 6·058	+ 1·750	141·12	+ 1·37	24·208	114·02	15 13·38	0·853
20	− 6·569	+ 0·295	153·28	+ 1·35	22·466	111·05	15 22·47	0·774
21	− 6·839	− 1·202	165·43	+ 1·32	19·536	107·64	15 32·68	0·682
22	− 6·813	− 2·669	177·59	+ 1·30	15·453	103·71	15 43·85	0·579
23	− 6·436	− 4·023	189·76	+ 1·27	10·337	99·30	15 55·63	0·470
24	− 5·674	− 5·175	201·94	+ 1·25	4·431	94·64	16 07·39	0·360
25	− 4·519	− 6·035	214·12	+ 1·23	358·102	90·12	16 18·24	0·253
26	− 3·012	− 6·524	226·31	+ 1·21	351·817	86·29	16 27·06	0·158
27	− 1·243	− 6·582	238·51	+ 1·19	346·063	84·04	16 32·69	0·081
28	+ 0·649	− 6·187	250·71	+ 1·17	341·274	85·63	16 34·18	0·028
Mar. 1	+ 2·497	− 5·364	262·92	+ 1·15	337·770	110·23	16 31·02	0·003
2	+ 4·137	− 4·187	275·12	+ 1·14	335·734	227·73	16 23·37	0·007
3	+ 5·434	− 2·758	287·33	+ 1·12	335·220	241·55	16 12·00	0·039
4	+ 6·303	− 1·194	299·53	+ 1·11	336·171	246·41	15 58·13	0·095
5	+ 6·711	+ 0·394	311·73	+ 1·09	338·445	250·26	15 43·15	0·168
6	+ 6·673	+ 1·914	323·92	+ 1·08	341·839	254·16	15 28·37	0·255
7	+ 6·239	+ 3·293	336·11	+ 1·07	346·109	258·28	15 14·87	0·349
8	+ 5·476	+ 4·481	348·29	+ 1·06	350·989	262·54	15 03·43	0·447
9	+ 4·465	+ 5·442	0·47	+ 1·05	356·210	266·79	14 54·50	0·544
10	+ 3·288	+ 6·150	12·65	+ 1·04	1·513	270·84	14 48·33	0·637
11	+ 2·020	+ 6·588	24·81	+ 1·03	6·665	274·48	14 44·91	0·725
12	+ 0·731	+ 6·743	36·98	+ 1·01	11·462	277·54	14 44·10	0·805
13	− 0·523	+ 6·611	49·14	+ 1·00	15·729	279·76	14 45·64	0·874
14	− 1·695	+ 6·190	61·29	+ 0·98	19·317	280·77	14 49·18	0·930
15	− 2·751	+ 5·490	73·45	+ 0·95	22·096	279·52	14 54·34	0·970
16	− 3·666	+ 4·531	85·60	+ 0·93	23·949	270·10	15 00·70	0·994
17	− 4·423	+ 3·345	97·75	+ 0·90	24·771	151·02	15 07·90	0·999
18	− 5·009	+ 1·979	109·90	+ 0·87	24·473	118·52	15 15·61	0·983
19	− 5·411	+ 0·493	122·06	+ 0·84	22·991	112·10	15 23·59	0·947
20	− 5·613	− 1·041	134·21	+ 0·81	20·302	107·71	15 31·70	0·891
21	− 5·599	− 2·545	146·38	+ 0·77	16·449	103·38	15 39·84	0·816
22	− 5·349	− 3·934	158·54	+ 0·74	11·562	98·75	15 47·94	0·724
23	− 4·848	− 5·122	170·72	+ 0·70	5·881	93·87	15 55·87	0·621
24	− 4·089	− 6·030	182·90	+ 0·67	359·750	88·96	16 03·42	0·510
25	− 3·083	− 6·587	195·09	+ 0·64	353·582	84·33	16 10·18	0·396
26	− 1·864	− 6·742	207·28	+ 0·61	347·808	80·33	16 15·61	0·286
27	− 0·497	− 6·469	219·49	+ 0·58	342·820	77·29	16 19·05	0·187
28	+ 0·933	− 5·776	231·70	+ 0·55	338·930	75·55	16 19·86	0·104
29	+ 2·319	− 4·709	243·91	+ 0·52	336·361	75·66	16 17·54	0·044
30	+ 3·557	− 3·348	256·13	+ 0·50	335·235	80·47	16 11·94	0·009
31	+ 4·550	− 1·797	268·35	+ 0·47	335·582	221·10	16 03·32	0·001
Apr. 1	+ 5·229	− 0·167	280·57	+ 0·45	337·334	248·40	15 52·33	0·019
2	+ 5·553	+ 1·435	292·79	+ 0·43	340·339	253·90	15 39·90	0·060

MOON, 2014

FOR 0ʰ TERRESTRIAL TIME

Date 0ʰ TT	Apparent Longitude	Latitude	Apparent R.A.	Dec.	True Distance	Horiz. Parallax	Ephemeris Transit for date Upper	Lower
	° ′ ″	° ′ ″	h m s	° ′ ″	km	′ ″	h	h
Apr. 1	26 56 53	+0 07 53	1 39 50·04	+10 30 22·3	376 304·232	58 16·24	13·5141	01·0829
2	40 29 08	−1 06 25	2 33 42·25	+13 54 45·8	381 279·176	57 30·61	14·3748	01·9448
3	53 39 05	−2 15 12	3 27 24·86	+16 29 58·2	386 547·316	56 43·58	15·2302	02·8035
4	66 27 32	−3 15 17	4 20 44·21	+18 10 32·9	391 694·325	55 58·85	16·0749	03·6543
5	78 56 49	−4 04 30	5 13 20·99	+18 54 50·5	396 327·560	55 19·58	16·9024	04·4911
6	91 10 22	−4 41 29	6 04 56·21	+18 44 20·3	400 113·870	54 48·17	17·7079	05·3081
7	103 12 21	−5 05 26	6 55 16·81	+17 42 48·2	402 805·116	54 26·20	18·4894	06·1016
8	115 07 21	−5 16 00	7 44 19·28	+15 55 23·9	404 252·017	54 14·50	19·2485	06·8716
9	127 00 02	−5 13 02	8 32 10·66	+13 27 59·5	404 408·257	54 13·25	19·9898	07·6210
10	138 54 54	−4 56 39	9 19 07·54	+10 26 47·8	403 326·759	54 21·97	20·7205	08·3560
11	150 56 04	−4 27 12	10 05 34·12	+ 6 58 20·1	401 149·378	54 39·68	21·4498	09·0847
12	163 07 06	−3 45 21	10 52 00·11	+ 3 09 40·0	398 090·628	55 04·88	22·1878	09·8170
13	175 30 51	−2 52 18	11 38 58·57	− 0 51 13·1	394 415·823	55 35·67	22·9454	10·5635
14	188 09 17	−1 49 50	12 27 03·73	− 4 54 57·2	390 414·393	56 09·86	23·7328	11·3348
15	201 03 26	−0 40 31	13 16 47·92	− 8 50 29·1	386 370·291	56 45·14	...	12·1404
16	214 13 27	+0 32 22	14 08 37·17	−12 25 04·0	382 532·978	57 19·30	00·5585	12·9873
17	227 38 35	+1 44 51	15 02 45·24	−15 24 47·8	379 093·841	57 50·51	01·4269	13·8770
18	241 17 23	+2 52 35	15 59 07·05	−17 35 52·6	376 173·216	58 17·45	02·3365	14·8040
19	255 07 54	+3 51 14	16 57 14·74	−18 46 31·7	373 821·537	58 39·46	03·2777	15·7553
20	269 07 51	+4 36 48	17 56 20·36	−18 49 09·0	372 034·808	58 56·36	04·2346	16·7131
21	283 14 52	+5 06 06	18 55 27·03	−17 41 54·4	370 780·457	59 08·33	05·1888	17·6599
22	297 26 29	+5 16 59	19 53 44·51	−15 29 04·9	370 026·382	59 15·56	06·1250	18·5835
23	311 40 17	+5 08 35	20 50 41·83	−12 20 07·9	369 764·827	59 18·07	07·0351	19·4799
24	325 53 46	+4 41 20	21 46 11·44	− 8 28 02·8	370 024·046	59 15·58	07·9185	20·3519
25	340 04 19	+3 57 02	22 40 25·68	− 4 07 48·0	370 863·961	59 07·53	08·7809	21·2069
26	354 09 15	+2 58 42	23 33 49·07	+ 0 24 48·6	372 356·466	58 53·31	09·6308	22·0539
27	8 05 43	+1 50 16	0 26 49·90	+ 4 53 56·8	374 555·458	58 32·56	10·4771	22·9010
28	21 51 00	+0 36 19	1 19 52·81	+ 9 04 25·2	377 464·961	58 05·48	11·3264	23·7533
29	35 22 38	−0 38 27	2 13 12·70	+12 42 28·6	381 014·565	57 33·01	12·1816	...
30	48 38 46	−1 49 40	3 06 50·80	+15 36 43·4	385 049·218	56 56·82	13·0409	00·6111
May 1	61 38 17	−2 53 37	4 00 33·79	+17 39 01·3	389 335·987	56 19·20	13·8979	01·4703
2	74 21 08	−3 47 29	4 53 57·09	+18 45 05·4	393 585·498	55 42·71	14·7437	02·3228
3	86 48 17	−4 29 20	5 46 31·81	+18 54 32·5	397 482·506	55 09·94	15·5695	03·1595
4	99 01 45	−4 58 02	6 37 53·09	+18 10 17·5	400 719·198	54 43·20	16·3695	03·9729
5	111 04 28	−5 13 07	7 27 46·79	+16 37 32·5	403 026·085	54 24·40	17·1422	04·7592
6	123 00 11	−5 14 30	8 16 12·47	+14 22 41·7	404 197·420	54 14·94	17·8905	05·5191
7	134 53 08	−5 02 25	9 03 23·08	+11 32 31·0	404 109·964	54 15·65	18·6211	06·2575
8	146 47 56	−4 37 21	9 49 42·50	+ 8 13 43·8	402 734·972	54 26·76	19·3436	06·9827
9	158 49 16	−3 59 58	10 35 42·68	+ 4 33 02·5	400 143·554	54 47·92	20·0692	07·7052
10	171 01 43	−3 11 14	11 22 00·93	+ 0 37 30·5	396 505·165	55 18·10	20·8106	08·4371
11	183 29 21	−2 12 34	12 09 17·55	− 3 24 52·5	392 078·391	55 55·56	21·5805	09·1912
12	196 15 29	−1 06 00	12 58 12·87	− 7 24 29·3	387 192·786	56 37·91	22·3906	09·9798
13	209 22 18	+0 05 43	13 49 22·99	−11 09 34·3	382 220·854	57 22·11	23·2495	10·8136
14	222 50 28	+1 18 55	14 43 13·01	−14 26 09·9	377 540·818	58 04·78	...	11·6983
15	236 38 57	+2 29 14	15 39 48·04	−16 58 58·1	373 493·772	58 42·55	00·1595	12·6319
16	250 44 54	+3 31 54	16 38 45·03	−18 33 23·1	370 342·356	59 12·52	01·1136	13·6021
17	265 03 56	+4 22 15	17 39 11·14	−18 58 30·5	368 240·511	59 32·80	02·0946	14·5878

EPHEMERIS FOR PHYSICAL OBSERVATIONS
FOR 0^h TERRESTRIAL TIME

Date 0^h TT	The Earth's Selenographic Long.	Lat.	The Sun's Selenographic Colong.	Lat.	Position Angle Axis	Bright Limb	Semi-diameter	Frac-tion Illum.
	°	°	°	°	°	°	′ ″	
Apr. 1	+5·229	−0·167	280·57	+0·45	337·334	248·40	15 52·33	0·019
2	+5·553	+1·435	292·79	+0·43	340·339	253·90	15 39·90	0·060
3	+5·513	+2·919	305·01	+0·41	344·371	258·40	15 27·09	0·121
4	+5·127	+4·217	317·22	+0·39	349·152	262·89	15 14·91	0·196
5	+4·437	+5·282	329·43	+0·37	354·383	267·38	15 04·22	0·281
6	+3·499	+6·084	341·63	+0·35	359·770	271·74	14 55·66	0·373
7	+2·380	+6·605	353·83	+0·33	5·050	275·82	14 49·67	0·468
8	+1·151	+6·837	6·02	+0·32	10·007	279·46	14 46·49	0·562
9	−0·115	+6·777	18·21	+0·30	14·462	282·56	14 46·15	0·655
10	−1·348	+6·426	30·40	+0·27	18·273	285·03	14 48·52	0·742
11	−2·484	+5·793	42·57	+0·25	21·317	286·79	14 53·35	0·821
12	−3·469	+4·892	54·75	+0·23	23·478	287·76	15 00·21	0·889
13	−4·257	+3·750	66·92	+0·20	24·645	287·86	15 08·60	0·943
14	−4·815	+2·406	79·09	+0·17	24·711	286·84	15 17·91	0·981
15	−5·121	+0·914	91·26	+0·14	23·582	282·24	15 27·52	0·999
16	−5·167	−0·655	103·42	+0·10	21·203	105·98	15 36·82	0·995
17	−4·959	−2·216	115·59	+0·07	17·589	101·53	15 45·32	0·968
18	−4·512	−3·676	127·76	+0·03	12·855	97·21	15 52·66	0·917
19	−3·853	−4·941	139·94	0·00	7·245	92·51	15 58·65	0·846
20	−3·017	−5·924	152·12	−0·04	1·121	87·63	16 03·26	0·755
21	−2·048	−6·557	164·31	−0·07	354·914	82·90	16 06·52	0·651
22	−0·991	−6·792	176·50	−0·11	349·062	78·63	16 08·49	0·539
23	+0·103	−6·610	188·70	−0·14	343·940	75·10	16 09·17	0·424
24	+1·182	−6·021	200·91	−0·17	339·838	72·46	16 08·49	0·313
25	+2·197	−5·065	213·13	−0·20	336·957	70·78	16 06·30	0·212
26	+3·098	−3·806	225·35	−0·23	335·420	70·05	16 02·43	0·127
27	+3·841	−2·332	237·58	−0·26	335·281	70·09	15 56·78	0·061
28	+4·385	−0·738	249·81	−0·29	336·526	70·19	15 49·40	0·019
29	+4·698	+0·872	262·05	−0·31	339·066	59·38	15 40·56	0·001
30	+4·758	+2·405	274·28	−0·34	342·734	265·47	15 30·70	0·007
May 1	+4·552	+3·782	286·52	−0·36	347·290	266·02	15 20·45	0·034
2	+4·084	+4·942	298·75	−0·39	352·440	269·35	15 10·52	0·081
3	+3·369	+5·843	310·98	−0·41	357·868	273·24	15 01·59	0·144
4	+2·438	+6·460	323·21	−0·43	3·275	277·16	14 54·31	0·219
5	+1·338	+6·782	335·43	−0·44	8·409	280·83	14 49·19	0·304
6	+0·123	+6·809	347·65	−0·46	13·070	284·07	14 46·61	0·394
7	−1·141	+6·544	359·86	−0·48	17·107	286·78	14 46·80	0·488
8	−2·381	+5·999	12·07	−0·50	20·404	288·88	14 49·83	0·583
9	−3·524	+5·188	24·27	−0·52	22·859	290·35	14 55·59	0·676
10	−4·496	+4·133	36·46	−0·54	24·372	291·16	15 03·81	0·764
11	−5·229	+2·864	48·65	−0·56	24·838	291·36	15 14·02	0·843
12	−5·665	+1·427	60·84	−0·59	24·151	291·07	15 25·55	0·910
13	−5·764	−0·120	73·02	−0·62	22·220	290·91	15 37·59	0·961
14	−5·506	−1·699	85·21	−0·64	19·003	294·73	15 49·21	0·992
15	−4·901	−3·214	97·39	−0·67	14·553	58·94	15 59·50	0·999
16	−3·990	−4·563	109·57	−0·70	9·065	85·58	16 07·66	0·981
17	−2·841	−5·646	121·75	−0·73	2·890	84·26	16 13·18	0·936

MOON, 2014

FOR 0ʰ TERRESTRIAL TIME

Date 0ʰ TT	Apparent Longitude	Latitude	R.A.	Dec.	True Distance	Horiz. Parallax	Ephemeris Transit for date Upper	Lower
	° ′ ″	° ′ ″	h m s	° ′ ″	km	′ ″	h	h
May 17	265 03 56	+4 22 15	17 39 11·14	−18 58 30·5	368 240·511	59 32·80	02·0946	14·5878
18	279 30 38	+4 56 25	18 39 54·45	−18 09 58·0	367 222·991	59 42·70	03·0789	15·5651
19	293 59 20	+5 11 49	19 39 44·56	−16 11 09·6	367 218·234	59 42·75	04·0442	16·5148
20	308 24 51	+5 07 29	20 37 52·63	−13 12 14·1	368 080·809	59 34·35	04·9760	17·4279
21	322 43 06	+4 44 06	21 34 00·57	− 9 27 33·8	369 633·417	59 19·34	05·8706	18·3052
22	336 51 14	+4 03 40	22 28 17·99	− 5 13 07·4	371 706·361	58 59·49	06·7328	19·1547
23	350 47 45	+3 09 18	23 21 12·67	− 0 44 45·8	374 164·748	58 36·23	07·5723	19·9873
24	4 31 58	+2 04 46	0 13 20·15	+ 3 42 35·4	376 918·666	58 10·54	08·4009	20·8144
25	18 03 51	+0 54 12	1 05 15·01	+ 7 55 07·9	379 916·785	57 42·99	09·2288	21·6449
26	31 23 28	−0 18 13	1 57 24·03	+11 40 16·1	383 127·814	57 13·96	10·0632	22·4838
27	44 30 54	−1 28 26	2 50 00·98	+14 46 55·1	386 516·440	56 43·85	10·9065	23·3308
28	57 26 08	−2 32 51	3 43 03·58	+17 06 06·5	390 020·703	56 13·27	11·7557	...
29	70 09 08	−3 28 28	4 36 13·84	+18 31 45·5	393 536·543	55 43·13	12·6032	00·1803
30	82 40 00	−4 13 00	5 29 02·81	+19 01 17·1	396 912·871	55 14·69	13·4389	01·0231
31	94 59 16	−4 44 56	6 20 58·84	+18 35 43·0	399 957·724	54 49·45	14·2536	01·8493
June 1	107 08 03	−5 03 26	7 11 36·64	+17 19 09·5	402 453·692	54 29·05	15·0415	02·6511
2	119 08 12	−5 08 18	8 00 43·70	+15 17 47·5	404 179·464	54 15·09	15·8017	03·4249
3	131 02 23	−4 59 45	8 48 22·60	+12 38 47·2	404 934·049	54 09·02	16·5379	04·1724
4	142 54 02	−4 38 22	9 34 49·89	+ 9 29 29·1	404 560·801	54 12·02	17·2579	04·8994
5	154 47 16	−4 04 57	10 20 33·29	+ 5 57 00·0	402 969·210	54 24·86	17·9722	05·6151
6	166 46 45	−3 20 34	11 06 08·61	+ 2 08 16·6	400 153·040	54 47·84	18·6934	06·3311
7	178 57 25	−2 26 28	11 52 17·27	− 1 49 30·1	396 203·569	55 20·62	19·4352	07·0608
8	191 24 14	−1 24 22	12 39 43·74	− 5 48 14·7	391 316·346	56 02·10	20·2117	07·8182
9	204 11 43	−0 16 28	13 29 12·41	− 9 38 10·3	385 789·045	56 50·27	21·0359	08·6172
10	217 23 25	+0 54 17	14 21 22·15	−13 07 10·7	380 007·303	57 42·16	21·9168	09·4690
11	231 01 18	+2 04 08	15 16 37·68	−16 00 45·0	374 415·477	58 33·87	22·8555	10·3793
12	245 05 06	+3 08 33	16 14 58·12	−18 03 01·7	369 471·241	59 20·90	23·8415	11·3437
13	259 31 49	+4 02 38	17 15 47·57	−18 59 25·5	365 587·566	59 58·73	...	12·3455
14	274 15 42	+4 41 43	18 17 56·14	−18 40 24·3	363 072·269	60 23·67	00·8524	13·3583
15	289 08 53	+5 02 13	19 19 57·07	−17 04 45·6	362 080·716	60 33·59	01·8600	14·3545
16	304 02 34	+5 02 20	20 20 33·74	−14 20 26·3	362 596·992	60 28·42	02·8397	15·3144
17	318 48 31	+4 42 19	21 19 00·64	−10 42 22·2	364 450·607	60 09·96	03·7780	16·2309
18	333 20 16	+4 04 20	22 15 08·39	− 6 28 48·4	367 363·052	59 41·34	04·6736	17·1074
19	347 33 51	+3 11 50	23 09 15·66	− 1 58 03·8	371 008·458	59 06·15	05·5337	17·9541
20	1 27 45	+2 09 03	0 01 56·63	+ 2 33 18·0	375 070·520	58 27·74	06·3700	18·7830
21	15 02 20	+1 00 19	0 53 49·72	+ 6 51 01·4	379 282·954	57 48·77	07·1945	19·6057
22	28 19 14	−0 10 12	1 45 29·25	+10 42 59·6	383 448·658	57 11·09	08·0175	20·4305
23	41 20 34	−1 18 43	2 37 19·51	+13 58 58·7	387 439·291	56 35·74	08·8453	21·2616
24	54 08 31	−2 21 56	3 29 30·73	+16 30 36·1	391 180·622	56 03·26	09·6794	22·0979
25	66 44 54	−3 17 04	4 21 57·45	+18 11 38·8	394 630·194	55 33·86	10·5164	22·9336
26	79 11 10	−4 01 53	5 14 20·43	+18 58 33·6	397 753·487	55 07·68	11·3486	23·7601
27	91 28 21	−4 34 46	6 06 12·21	+18 50 50·8	400 503·625	54 44·97	12·1671	...
28	103 37 20	−4 54 42	6 57 05·21	+17 51 03·6	402 808·166	54 26·17	12·9641	00·5687
29	115 39 04	−5 01 15	7 46 39·52	+16 04 17·9	404 564·769	54 11·99	13·7353	01·3531
30	127 34 51	−4 54 30	8 34 47·79	+13 37 20·1	405 645·895	54 03·32	14·4810	02·1112
July 1	139 26 31	−4 35 02	9 21 36·53	+10 37 43·2	405 911·351	54 01·20	15·2055	02·8454
2	151 16 38	−4 03 44	10 07 24·72	+ 7 13 06·2	405 226·665	54 06·68	15·9169	03·5622

EPHEMERIS FOR PHYSICAL OBSERVATIONS
FOR 0^h TERRESTRIAL TIME

Date 0^h TT	The Earth's Selenographic Long.	The Earth's Selenographic Lat.	The Sun's Selenographic Colong.	The Sun's Selenographic Lat.	Position Angle Axis	Position Angle Bright Limb	Semi-diameter	Fraction Illum.
May 17	− 2·841	− 5·646	121·75	− 0·73	2·890	84·26	16 13·18	0·936
18	− 1·545	− 6·378	133·93	− 0·76	356·499	80·67	16 15·88	0·868
19	− 0·205	− 6·704	146·13	− 0·79	350·388	76·82	16 15·89	0·779
20	+ 1·085	− 6·603	158·32	− 0·82	344·989	73·38	16 13·61	0·675
21	+ 2·246	− 6·089	170·53	− 0·85	340·617	70·69	16 09·52	0·563
22	+ 3·223	− 5·207	182·74	− 0·87	337·466	68·88	16 04·11	0·449
23	+ 3·987	− 4·026	194·96	− 0·90	335·639	67·97	15 57·78	0·339
24	+ 4·530	− 2·627	207·19	− 0·92	335·171	67·88	15 50·78	0·238
25	+ 4·853	− 1·099	219·42	− 0·95	336·044	68·44	15 43·27	0·151
26	+ 4·968	+ 0·466	231·66	− 0·97	338·192	69·25	15 35·37	0·082
27	+ 4·882	+ 1·983	243·90	− 1·00	341·489	69·14	15 27·17	0·034
28	+ 4·602	+ 3·374	256·14	− 1·02	345·745	61·67	15 18·84	0·007
29	+ 4·132	+ 4·573	268·39	− 1·04	350·706	315·14	15 10·63	0·001
30	+ 3·475	+ 5·532	280·64	− 1·06	356·073	283·19	15 02·88	0·017
31	+ 2·639	+ 6·218	292·88	− 1·07	1·535	281·94	14 56·01	0·051
June 1	+ 1·637	+ 6·612	305·13	− 1·09	6·811	283·80	14 50·45	0·101
2	+ 0·495	+ 6·711	317·37	− 1·10	11·665	286·23	14 46·65	0·166
3	− 0·747	+ 6·518	329·60	− 1·12	15·924	288·56	14 45·00	0·242
4	− 2·038	+ 6·047	341·84	− 1·13	19·460	290·49	14 45·81	0·327
5	− 3·314	+ 5·316	354·06	− 1·14	22·176	291·89	14 49·31	0·419
6	− 4·498	+ 4·348	6·28	− 1·15	23·990	292·71	14 55·57	0·515
7	− 5·510	+ 3·172	18·50	− 1·17	24·815	292·89	15 04·50	0·612
8	− 6·265	+ 1·823	30·70	− 1·18	24·559	292·44	15 15·80	0·706
9	− 6·683	+ 0·350	42·91	− 1·19	23·125	291·39	15 28·92	0·795
10	− 6·700	− 1·184	55·10	− 1·21	20·437	289·95	15 43·05	0·874
11	− 6·274	− 2·696	67·30	− 1·23	16·476	288·81	15 57·13	0·937
12	− 5·403	− 4·089	79·49	− 1·24	11·339	291·05	16 09·94	0·980
13	− 4·132	− 5·258	91·67	− 1·26	5·293	333·67	16 20·25	0·998
14	− 2·555	− 6·100	103·86	− 1·28	358·775	66·08	16 27·04	0·989
15	− 0·808	− 6·538	116·05	− 1·30	352·330	71·64	16 29·74	0·950
16	+ 0·952	− 6·532	128·24	− 1·31	346·487	70·58	16 28·33	0·886
17	+ 2·577	− 6·088	140·44	− 1·33	341·657	68·74	16 23·30	0·800
18	+ 3·951	− 5·255	152·64	− 1·34	338·096	67·28	16 15·51	0·699
19	+ 5·003	− 4·108	164·85	− 1·36	335·920	66·56	16 05·92	0·589
20	+ 5·708	− 2·739	177·07	− 1·38	335·147	66·66	15 55·46	0·476
21	+ 6·079	− 1·244	189·29	− 1·39	335·736	67·52	15 44·85	0·368
22	+ 6·149	+ 0·289	201·52	− 1·41	337·599	69·04	15 34·59	0·268
23	+ 5·962	+ 1·776	213·76	− 1·42	340·612	70·98	15 24·96	0·180
24	+ 5·560	+ 3·148	226·00	− 1·44	344·601	72·94	15 16·11	0·108
25	+ 4·978	+ 4·344	238·25	− 1·45	349·347	73·97	15 08·10	0·054
26	+ 4·242	+ 5·316	250·50	− 1·46	354·581	70·92	15 00·97	0·019
27	+ 3·369	+ 6·027	262·75	− 1·47	0·013	40·53	14 54·79	0·003
28	+ 2·368	+ 6·457	275·00	− 1·48	5·354	309·13	14 49·67	0·006
29	+ 1·252	+ 6·595	287·25	− 1·49	10·352	295·02	14 45·81	0·028
30	+ 0·036	+ 6·444	299·50	− 1·50	14·802	293·08	14 43·44	0·066
July 1	− 1·254	+ 6·016	311·75	− 1·50	18·557	293·28	14 42·87	0·121
2	− 2·580	+ 5·331	323·99	− 1·50	21·508	293·84	14 44·36	0·188

MOON, 2014

FOR 0ʰ TERRESTRIAL TIME

Date 0ʰ TT	Apparent Longitude	Latitude	R.A.	Apparent Dec.	True Distance	Horiz. Parallax	Ephemeris Transit for date Upper	Lower
	° ′ ″	° ′ ″	h m s	° ′ ″	km	′ ″	h	h
July 1	139 26 31	− 4 35 02	9 21 36·53	+10 37 43·2	405 911·351	54 01·20	15·2055	02·8454
2	151 16 38	− 4 03 44	10 07 24·72	+ 7 13 06·2	405 226·665	54 06·68	15·9169	03·5622
3	163 08 30	− 3 21 46	10 52 41·30	+ 3 30 55·5	403 485·000	54 20·69	16·6259	04·2710
4	175 06 13	− 2 30 35	11 38 02·61	− 0 21 31·9	400 630·348	54 43·93	17·3449	04·9833
5	187 14 26	− 1 31 50	12 24 10·22	− 4 16 44·6	396 679·901	55 16·63	18·0877	05·7124
6	199 38 14	− 0 27 32	13 11 48·57	− 8 06 20·1	391 743·347	55 58·43	18·8684	06·4724
7	212 22 41	+ 0 39 52	14 01 41·57	−11 40 21·7	386 036·270	56 48·09	19·6997	07·2770
8	225 32 20	+ 1 47 16	14 54 26·71	−14 46 44·2	379 883·761	57 43·29	20·5901	08·1372
9	239 10 26	+ 2 50 55	15 50 25·63	−17 11 15·1	373 709·245	58 40·51	21·5397	09·0579
10	253 18 01	+ 3 46 24	16 49 32·42	−18 38 46·5	368 003·405	59 35·11	22·5368	10·0336
11	267 53 08	+ 4 29 02	17 51 05·12	−18 56 04·6	363 270·680	60 21·69	23·5580	11·0462
12	282 50 18	+ 4 54 30	18 53 49·28	−17 55 44·1	359 957·448	60 55·03	. . .	12·0686
13	298 00 52	+ 4 59 48	19 56 17·72	−15 39 21·8	358 375·907	61 11·16	00·5747	13·0736
14	313 14 09	+ 4 43 57	20 57 17·66	−12 18 06·5	358 645·676	61 08·40	01·5633	14·0426
15	328 19 27	+ 4 08 24	21 56 09·10	− 8 10 01·4	360 674·104	60 47·76	02·5113	14·9696
16	343 07 52	+ 3 16 37	22 52 46·83	− 3 35 56·3	364 183·285	60 12·61	03·4182	15·8582
17	357 33 34	+ 2 13 19	23 47 30·63	+ 1 04 07·2	368 773·445	59 27·64	04·2910	16·7179
18	11 33 59	+ 1 03 35	0 40 52·52	+ 5 32 56·7	374 000·203	58 37·78	05·1404	17·5597
19	25 09 21	− 0 07 50	1 33 26·11	+ 9 36 41·6	379 443·308	57 47·31	05·9770	18·3931
20	38 21 50	− 1 16 52	2 25 39·08	+13 04 38·1	384 753·421	56 59·45	06·8088	19·2245
21	51 14 37	− 2 20 11	3 17 48·44	+15 48 42·0	389 673·885	56 16·27	07·6403	20·0561
22	63 51 14	− 3 15 12	4 09 58·19	+17 43 12·1	394 041·298	55 38·84	08·4714	20·8858
23	76 14 58	− 3 59 55	5 01 59·71	+18 44 49·3	397 771·393	55 07·53	09·2983	21·7082
24	88 28 40	− 4 32 52	5 53 35·13	+18 52 43·7	400 836·734	54 42·24	10·1147	22·5168
25	100 34 37	− 4 53 05	6 44 23·10	+18 08 37·5	403 241·702	54 22·66	10·9138	23·3054
26	112 34 33	− 5 00 06	7 34 05·22	+16 36 32·4	404 999·061	54 08·50	11·6911	. . .
27	124 29 56	− 4 53 55	8 22 31·30	+14 22 20·1	406 111·352	53 59·60	12·4449	00·0709
28	136 22 05	− 4 34 57	9 09 41·95	+11 33 04·6	406 559·355	53 56·03	13·1771	00·8134
29	148 12 31	− 4 04 06	9 55 48·77	+ 8 16 25·3	406 298·846	53 58·11	13·8931	01·5367
30	160 03 06	− 3 22 36	10 41 12·95	+ 4 40 10·3	405 265·830	54 06·36	14·6011	02·2475
31	171 56 21	− 2 32 01	11 26 23·32	+ 0 52 05·8	403 389·473	54 21·46	15·3111	02·9551
Aug. 1	183 55 24	− 1 34 11	12 11 54·42	− 3 00 00·5	400 611·195	54 44·08	16·0347	03·6704
2	196 04 09	− 0 31 12	12 58 24·68	− 6 48 01·1	396 907·828	55 14·73	16·7844	04·4055
3	208 27 00	+ 0 34 32	13 46 34·06	−10 23 01·3	392 316·324	55 53·53	17·5727	05·1730
4	221 08 43	+ 1 40 17	14 37 00·40	−13 34 49·3	386 956·967	56 39·98	18·4100	05·9847
5	234 13 52	+ 2 42 49	15 30 13·45	−16 11 39·0	381 051·149	57 32·68	19·3025	06·8493
6	247 46 15	+ 3 38 27	16 26 26·27	−18 00 27·3	374 928·519	58 29·07	20·2484	07·7693
7	261 47 56	+ 4 23 06	17 25 26·08	−18 48 16·0	369 017·104	59 25·28	21·2356	08·7380
8	276 18 24	+ 4 52 35	18 26 29·80	−18 24 48·9	363 810·181	60 16·32	22·2434	09·7384
9	291 13 38	+ 5 03 20	19 28 30·56	−16 45 49·8	359 807·188	60 56·55	23·2479	10·7474
10	306 26 07	+ 4 53 09	20 30 15·87	−13 55 32·0	357 434·466	61 20·83	. . .	11·7426
11	321 45 33	+ 4 21 57	21 30 48·60	−10 06 50·4	356 963·315	61 25·69	00·2301	12·7095
12	337 00 33	+ 3 32 12	22 29 39·20	− 5 38 58·6	358 451·205	61 10·39	01·1805	13·6432
13	352 00 44	+ 2 28 21	23 26 45·23	− 0 53 45·0	361 728·416	60 37·13	02·0984	14·5468
14	6 38 21	+ 1 16 02	0 22 22·46	+ 3 47 57·5	366 435·565	59 50·40	02·9894	15·4271
15	20 49 05	+ 0 00 58	1 16 54·20	+ 8 08 26·4	372 097·072	58 55·77	03·8610	16·2917
16	34 31 53	− 1 11 52	2 10 42·49	+11 54 02·8	378 204·752	57 58·66	04·7201	17·1464

EPHEMERIS FOR PHYSICAL OBSERVATIONS
FOR 0ʰ TERRESTRIAL TIME

Date 0ʰ TT	The Earth's Selenographic Long.	Lat.	The Sun's Selenographic Colong.	Lat.	Position Angle Axis	Bright Limb	Semi-diameter	Frac-tion Illum.
	°	°	°	°	°	°	′ ″	
July 1	− 1·254	+ 6·016	311·75	− 1·50	18·557	293·28	14 42·87	0·121
2	− 2·580	+ 5·331	323·99	− 1·50	21·508	293·84	14 44·36	0·188
3	− 3·890	+ 4·415	336·23	− 1·50	23·575	294·19	14 48·18	0·268
4	− 5·115	+ 3·298	348·47	− 1·50	24·688	294·11	14 54·50	0·356
5	− 6·177	+ 2·018	0·69	− 1·51	24·776	293·46	15 03·41	0·452
6	− 6·988	+ 0·619	12·91	− 1·51	23·765	292·19	15 14·80	0·551
7	− 7·458	− 0·848	25·13	− 1·51	21·581	290·27	15 28·32	0·652
8	− 7·504	− 2·315	37·34	− 1·51	18·179	287·77	15 43·36	0·749
9	− 7·066	− 3·700	49·54	− 1·51	13·581	284·92	15 58·94	0·838
10	− 6·119	− 4·907	61·73	− 1·51	7·939	282·42	16 13·81	0·912
11	− 4·694	− 5·836	73·92	− 1·52	1·575	282·54	16 26·50	0·966
12	− 2·884	− 6·390	86·11	− 1·52	354·976	300·50	16 35·58	0·995
13	− 0·843	− 6·504	98·30	− 1·52	348·711	45·20	16 39·97	0·994
14	+ 1·241	− 6·157	110·49	− 1·52	343·305	62·11	16 39·22	0·963
15	+ 3·179	− 5·381	122·68	− 1·52	339·140	64·30	16 33·60	0·905
16	+ 4·816	− 4·251	134·88	− 1·52	336·423	64·81	16 24·03	0·823
17	+ 6·054	− 2·872	147·08	− 1·52	335·212	65·46	16 11·78	0·726
18	+ 6·856	− 1·354	159·29	− 1·52	335·461	66·69	15 58·20	0·620
19	+ 7·234	+ 0·201	171·50	− 1·52	337·059	68·59	15 44·45	0·511
20	+ 7·232	+ 1·704	183·72	− 1·53	339·852	71·08	15 31·42	0·405
21	+ 6·910	+ 3·083	195·95	− 1·53	343·651	74·01	15 19·66	0·305
22	+ 6·331	+ 4·282	208·19	− 1·53	348·234	77·15	15 09·46	0·217
23	+ 5·552	+ 5·257	220·42	− 1·53	353·347	80·12	15 00·93	0·141
24	+ 4·619	+ 5·977	232·67	− 1·54	358·718	82·28	14 54·04	0·080
25	+ 3·567	+ 6·420	244·92	− 1·54	4·072	82·16	14 48·71	0·036
26	+ 2·421	+ 6·576	257·17	− 1·54	9·156	73·72	14 44·86	0·010
27	+ 1·198	+ 6·443	269·42	− 1·53	13·755	6·62	14 42·43	0·002
28	− 0·083	+ 6·032	281·67	− 1·53	17·700	308·53	14 41·46	0·012
29	− 1·404	+ 5·363	293·91	− 1·53	20·866	299·75	14 42·02	0·039
30	− 2·734	+ 4·461	306·16	− 1·52	23·161	297·16	14 44·27	0·083
31	− 4·033	+ 3·362	318·40	− 1·51	24·515	295·80	14 48·39	0·143
Aug. 1	− 5·247	+ 2·106	330·64	− 1·50	24·868	294·50	14 54·55	0·216
2	− 6·308	+ 0·737	342·87	− 1·49	24·165	292·86	15 02·89	0·301
3	− 7·137	− 0·692	355·10	− 1·48	22·357	290·70	15 13·46	0·396
4	− 7·650	− 2·123	7·32	− 1·46	19·409	287·93	15 26·11	0·498
5	− 7·762	− 3·485	19·53	− 1·45	15·326	284·57	15 40·47	0·603
6	− 7·407	− 4·700	31·74	− 1·44	10·197	280·74	15 55·82	0·706
7	− 6·544	− 5·677	43·94	− 1·43	4·233	276·78	16 11·14	0·803
8	− 5·185	− 6·325	56·13	− 1·41	357·801	273·33	16 25·04	0·887
9	− 3·401	− 6·567	68·32	− 1·40	351·394	271·99	16 35·99	0·951
10	− 1·327	− 6·352	80·50	− 1·38	345·551	279·82	16 42·61	0·989
11	+ 0·852	− 5·681	92·68	− 1·37	340·753	20·17	16 43·93	0·998
12	+ 2·938	− 4·605	104·87	− 1·35	337·341	57·52	16 39·76	0·975
13	+ 4·755	− 3·222	117·05	− 1·34	335·485	62·83	16 30·70	0·925
14	+ 6·179	− 1·654	129·24	− 1·32	335·208	65·43	16 17·98	0·851
15	+ 7·146	− 0·026	141·43	− 1·31	336·419	67·93	16 03·10	0·761
16	+ 7·647	+ 1·556	153·63	− 1·29	338·948	70·84	15 47·54	0·660

MOON, 2014

FOR 0ʰ TERRESTRIAL TIME

Date 0ʰ TT	Apparent Longitude	Latitude	Apparent R.A.	Dec.	True Distance	Horiz. Parallax	Ephemeris Transit for date Upper	Lower
	° ′ ″	° ′ ″	h m s	° ′ ″	km	′ ″	h	h
Aug. 16	34 31 53	− 1 11 52	2 10 42·49	+11 54 02·8	378 204·752	57 58·66	04·7201	17·1464
17	47 48 14	− 2 18 30	3 04 02·32	+14 55 07·5	384 288·808	57 03·59	05·5709	17·9937
18	60 41 15	− 3 16 05	3 56 58·90	+17 05 33·7	389 964·562	56 13·75	06·4145	18·8330
19	73 14 54	− 4 02 39	4 49 27·68	+18 22 16·9	394 953·902	55 31·13	07·2488	19·6611
20	85 33 19	− 4 36 56	5 41 17·02	+18 44 50·2	399 086·359	54 56·63	08·0695	20·4735
21	97 40 25	− 4 58 11	6 32 12·49	+18 15 04·3	402 286·327	54 30·41	08·8724	21·2660
22	109 39 39	− 5 06 02	7 22 01·77	+16 56 45·1	404 552·247	54 12·09	09·6540	22·0364
23	121 33 54	− 5 00 33	8 10 38·52	+14 55 09·9	405 932·196	54 01·03	10·4134	22·7852
24	133 25 33	− 4 42 06	8 58 04·47	+12 16 42·8	406 499·310	53 56·51	11·1522	23·5153
25	145 16 32	− 4 11 28	9 44 29·86	+ 9 08 32·0	406 329·786	53 57·86	11·8750	...
26	157 08 33	− 3 29 51	10 30 12·49	+ 5 38 13·8	405 485·826	54 04·60	12·5881	00·2323
27	169 03 16	− 2 38 48	11 15 36·34	+ 1 53 42·4	404 005·484	54 16·49	13·3000	00·9436
28	181 02 33	− 1 40 16	12 01 10·00	− 1 56 51·9	401 900·752	54 33·55	14·0201	01·6584
29	193 08 38	− 0 36 31	12 47 25·18	− 5 44 58·3	399 164·360	54 55·99	14·7586	02·3864
30	205 24 12	+ 0 29 52	13 34 54·78	− 9 21 35·6	395 784·699	55 24·14	15·5259	03·1380
31	217 52 27	+ 1 36 05	14 24 10·30	−12 37 00·5	391 767·204	55 58·23	16·3310	03·9232
Sept. 1	230 36 56	+ 2 39 04	15 15 37·86	−15 20 41·0	387 159·440	56 38·20	17·1803	04·7499
2	243 41 14	+ 3 35 28	16 09 32·73	−17 21 26·7	382 076·090	57 23·41	18·0754	05·6223
3	257 08 35	+ 4 21 48	17 05 53·24	−18 28 12·0	376 718·915	58 12·39	19·0111	06·5388
4	271 01 05	+ 4 54 29	18 04 16·74	−18 31 24·1	371 385·520	59 02·54	19·9751	07·4905
5	285 19 01	+ 5 10 09	19 04 01·34	−17 25 08·6	366 460·100	59 50·16	20·9510	08·4626
6	300 00 05	+ 5 06 15	20 04 15·17	−15 09 16·9	362 380·317	60 30·59	21·9228	09·4383
7	314 59 00	+ 4 41 39	21 04 10·29	−11 50 44·0	359 579·063	60 58·87	22·8793	10·4034
8	330 07 46	+ 3 57 13	22 03 14·26	− 7 43 14·2	358 408·776	61 10·82	23·8160	11·3502
9	345 16 42	+ 2 56 06	23 01 14·39	− 3 05 35·2	359 066·743	61 04·09	...	12·2771
10	0 15 57	+ 1 43 18	23 58 14·17	+ 1 41 07·1	361 545·627	60 38·97	00·7339	13·1869
11	14 57 09	+ 0 24 53	0 54 25·64	+ 6 16 20·5	365 627·732	59 58·34	01·6369	14·0841
12	29 14 26	− 0 53 09	1 50 01·24	+10 22 24·3	370 924·964	59 06·94	02·5289	14·9716
13	43 04 54	− 2 05 43	2 45 07·70	+13 45 50·4	376 949·046	58 10·25	03·4120	15·8500
14	56 28 22	− 3 09 01	3 39 43·08	+16 17 49·7	383 188·774	57 13·41	04·2852	16·7170
15	69 26 46	− 4 00 32	4 33 37·20	+17 53 56·0	389 175·159	56 20·60	05·1449	17·5681
16	82 03 25	− 4 38 50	5 26 35·07	+18 33 27·9	394 525·142	55 34·75	05·9861	18·3984
17	94 22 29	− 5 03 18	6 18 21·75	+18 18 37·7	398 963·371	54 57·65	06·8045	19·2043
18	106 28 21	− 5 13 46	7 08 47·01	+17 13 40·9	402 326·217	54 30·08	07·5975	19·9844
19	118 25 19	− 5 10 27	7 57 48·29	+15 24 10·3	404 553·284	54 12·08	08·3651	20·7402
20	130 17 22	− 4 53 51	8 45 31·69	+12 56 24·3	405 670·879	54 03·12	09·1102	21·4759
21	142 08 00	− 4 24 43	9 32 11·22	+ 9 57 07·0	405 770·709	54 02·32	09·8381	22·1977
22	154 00 11	− 3 44 07	10 18 07·28	+ 6 33 23·3	404 986·244	54 08·60	10·5557	22·9133
23	165 56 24	− 2 53 30	11 03 44·96	+ 2 52 41·2	403 468·847	54 20·82	11·2714	23·6314
24	177 58 40	− 1 54 41	11 49 32·33	− 0 56 59·5	401 365·889	54 37·91	11·9943	...
25	190 08 42	− 0 49 59	12 35 58·93	− 4 46 59·1	398 803·327	54 58·97	12·7336	00·3613
26	202 28 03	+ 0 17 57	13 23 33·85	− 8 27 51·8	395 875·191	55 23·38	13·4980	01·1121
27	214 58 13	+ 1 26 05	14 12 43·27	−11 49 26·2	392 641·983	55 50·74	14·2951	01·8921
28	227 40 46	+ 2 31 08	15 03 47·09	−14 40 55·8	389 138·810	56 20·91	15·1295	02·7075
29	240 37 23	+ 3 29 42	15 56 54·67	−16 51 26·3	385 392·503	56 53·78	16·0016	03·5610
30	253 49 46	+ 4 18 26	16 52 00·99	−18 10 44·0	381 445·054	57 29·11	16·9067	04·4506
Oct. 1	267 19 24	+ 4 54 06	17 48 45·04	−18 30 26·3	377 378·984	58 06·28	17·8350	05·3687

EPHEMERIS FOR PHYSICAL OBSERVATIONS
FOR 0ʰ TERRESTRIAL TIME

Date 0ʰ TT	The Earth's Selenographic Long.	Lat.	The Sun's Selenographic Colong.	Lat.	Position Angle Axis	Bright Limb	Semi-diameter	Fraction Illum.
	°	°	°	°	°	°	′ ″	
Aug. 16	+7·647	+1·556	153·63	−1·29	338·948	70·84	15 47·54	0·660
17	+7·716	+3·004	165·84	−1·28	342·577	74·20	15 32·54	0·555
18	+7·409	+4·258	178·05	−1·27	347·055	77·92	15 18·97	0·452
19	+6·793	+5·275	190·27	−1·26	352·108	81·80	15 07·36	0·353
20	+5·938	+6·026	202·49	−1·25	357·459	85·62	14 57·97	0·262
21	+4·905	+6·494	214·72	−1·24	2·836	89·08	14 50·82	0·182
22	+3·747	+6·671	226·96	−1·23	7·991	91·82	14 45·83	0·115
23	+2·507	+6·559	239·19	−1·22	12·713	93·21	14 42·82	0·062
24	+1·218	+6·165	251·43	−1·21	16·827	91·54	14 41·59	0·024
25	−0·092	+5·506	263·68	−1·20	20·195	76·50	14 41·96	0·005
26	−1·397	+4·609	275·92	−1·19	22·714	329·76	14 43·79	0·002
27	−2·671	+3·507	288·16	−1·17	24·301	302·52	14 47·03	0·019
28	−3·880	+2·242	300·40	−1·15	24·891	296·81	14 51·68	0·053
29	−4·986	+0·864	312·63	−1·13	24·434	293·70	14 57·79	0·104
30	−5·937	−0·572	324·86	−1·11	22·891	290·92	15 05·46	0·172
31	−6·675	−2·007	337·09	−1·09	20·246	287·85	15 14·74	0·254
Sept. 1	−7·134	−3·373	349·31	−1·07	16·519	284·32	15 25·63	0·348
2	−7·250	−4·599	1·52	−1·05	11·789	280·28	15 37·94	0·451
3	−6·964	−5·609	13·73	−1·02	6·226	275·87	15 51·28	0·559
4	−6·242	−6·325	25·93	−1·00	0·113	271·32	16 04·94	0·668
5	−5·082	−6·673	38·12	−0·97	353·843	267·02	16 17·91	0·772
6	−3·532	−6·598	50·30	−0·94	347·879	263·50	16 28·92	0·863
7	−1·691	−6·074	62·48	−0·91	342·689	261·59	16 36·63	0·935
8	+0·298	−5·120	74·65	−0·89	338·670	263·92	16 39·88	0·982
9	+2·269	−3·805	86·82	−0·86	336·103	318·98	16 38·05	0·999
10	+4·058	−2·236	98·99	−0·83	335·127	59·16	16 31·21	0·987
11	+5·533	−0·545	111·17	−0·80	335·744	66·44	16 20·14	0·947
12	+6·606	+1·140	123·34	−0·77	337·835	70·39	16 06·14	0·883
13	+7·239	+2·708	135·52	−0·74	341·190	74·18	15 50·70	0·802
14	+7·435	+4·079	147·71	−0·72	345·535	78·21	15 35·22	0·709
15	+7·230	+5·196	159·90	−0·70	350·561	82·46	15 20·83	0·610
16	+6·677	+6·029	172·09	−0·68	355·954	86·76	15 08·35	0·510
17	+5·843	+6·563	184·30	−0·66	1·415	90·91	14 58·24	0·412
18	+4·796	+6·795	196·51	−0·64	6·686	94·73	14 50·73	0·319
19	+3·602	+6·728	208·72	−0·63	11·551	98·04	14 45·83	0·234
20	+2·321	+6·374	220·94	−0·61	15·839	100·70	14 43·39	0·159
21	+1·008	+5·749	233·16	−0·59	19·413	102·50	14 43·17	0·096
22	−0·292	+4·876	245·38	−0·57	22·165	103·11	14 44·88	0·048
23	−1·539	+3·787	257·61	−0·55	24·005	101·25	14 48·21	0·015
24	−2·697	+2·521	269·84	−0·53	24·855	80·05	14 52·87	0·001
25	−3·737	+1·127	282·07	−0·51	24·654	298·83	14 58·60	0·005
26	−4·626	−0·336	294·29	−0·49	23·355	290·97	15 05·25	0·029
27	−5·334	−1·804	306·52	−0·46	20·941	287·08	15 12·70	0·073
28	−5·827	−3·207	318·74	−0·43	17·439	283·36	15 20·92	0·135
29	−6·074	−4·472	330·95	−0·41	12·938	279·30	15 29·87	0·213
30	−6·040	−5·526	343·16	−0·38	7·610	274·87	15 39·49	0·307
Oct. 1	−5·702	−6·298	355·36	−0·35	1·721	270·22	15 49·62	0·411

MOON, 2014

FOR 0ʰ TERRESTRIAL TIME

Date 0ʰ TT	Apparent Longitude	Apparent Latitude	Apparent R.A.	Dec.	True Distance	Horiz. Parallax	Ephemeris Transit for date Upper	Lower
	° ′ ″	° ′ ″	h m s	° ′ ″	km	′ ″	h	h
Oct. 1	267 19 24	+4 54 06	17 48 45·04	−18 30 26·3	377 378·984	58 06·28	17·8350	05·3687
2	281 07 18	+5 13 49	18 46 32·72	−17 45 24·6	373 338·782	58 44·01	18·7739	06·3039
3	295 13 27	+5 15 20	19 44 44·66	−15 54 58·6	369 541·747	59 20·22	19·7118	07·2436
4	309 36 28	+4 57 24	20 42 46·42	−13 03 39·2	366 271·773	59 52·01	20·6407	08·1776
5	324 13 10	+4 20 08	21 40 16·50	− 9 21 08·8	363 851·733	60 15·90	21·5579	09·1007
6	338 58 37	+3 25 22	22 37 09·10	− 5 01 40·7	362 595·062	60 28·44	22·4653	10·0126
7	353 46 19	+2 16 45	23 33 31·29	− 0 22 46·1	362 744·616	60 26·94	23·3672	10·9167
8	8 29 05	+0 59 23	0 29 36·66	+ 4 16 24·8	364 414·388	60 10·32	...	11·8175
9	22 59 52	−0 20 52	1 25 37·74	+ 8 36 57·7	367 552·393	59 39·49	00·2677	12·7181
10	37 12 46	−1 38 12	2 21 39·30	+12 22 11·6	371 937·502	58 57·29	01·1683	13·6181
11	51 03 43	−2 47 44	3 17 34·34	+15 19 16·7	377 210·896	58 07·83	02·0667	14·5132
12	64 30 42	−3 45 52	4 13 04·07	+17 20 12·5	382 930·898	57 15·73	02·9566	15·3957
13	77 33 51	−4 30 24	5 07 42·37	+18 21 57·1	388 634·717	56 25·30	03·8295	16·2570
14	90 15 02	−5 00 18	6 01 03·13	+18 25 47·1	393 893·060	55 40·10	04·6773	17·0901
15	102 37 24	−5 15 24	6 52 47·47	+17 36 07·5	398 350·027	55 02·73	05·4948	17·8916
16	114 45 03	−5 16 02	7 42 48·28	+15 59 13·0	401 746·848	54 34·80	06·2806	18·6624
17	126 42 29	−5 02 56	8 31 11·13	+13 42 03·5	403 931·555	54 17·09	07·0376	19·4070
18	138 34 22	−4 37 00	9 18 12·55	+10 51 44·3	404 857·799	54 09·63	07·7717	20·1328
19	150 25 13	−3 59 18	10 04 17·23	+ 7 35 13·6	404 575·620	54 11·90	08·4915	20·8489
20	162 19 13	−3 11 08	10 49 55·12	+ 3 59 29·4	403 216·085	54 22·87	09·2065	21·5656
21	174 20 01	−2 14 09	11 35 39·13	+ 0 11 50·0	400 971·071	54 41·14	09·9274	22·2933
22	186 30 38	−1 10 22	12 22 03·08	− 3 39 42·1	398 069·298	55 05·06	10·6646	23·0424
23	198 53 20	−0 02 17	13 09 39·46	− 7 25 58·3	394 750·194	55 32·85	11·4279	23·8219
24	211 29 37	+1 07 04	13 58 56·55	−10 56 33·4	391 238·095	56 02·77	12·2252	...
25	224 20 13	+2 14 17	14 50 14·31	−13 59 56·3	387 720·293	56 33·28	13·0613	00·6383
26	237 25 09	+3 15 41	15 43 39·58	−16 24 08·2	384 332·875	57 03·19	13·9356	01·4940
27	250 43 56	+4 07 35	16 39 01·77	−17 57 54·2	381 157·682	57 31·71	14·8416	02·3853
28	264 15 40	+4 46 35	17 35 52·05	−18 32 19·0	378 231·698	57 58·42	15·7671	03·3028
29	277 59 11	+5 09 51	18 33 28·28	−18 02 20·6	375 567·259	58 23·10	16·6976	04·2327
30	291 53 14	+5 15 26	19 31 05·58	−16 27 51·4	373 178·415	58 45·52	17·6203	05·1606
31	305 56 25	+5 02 23	20 28 08·34	−13 53 43·6	371 106·581	59 05·21	18·5276	06·0761
Nov. 1	320 07 09	+4 30 56	21 24 18·41	−10 29 06·5	369 437·978	59 21·22	19·4182	06·9748
2	334 23 27	+3 42 38	22 19 36·63	− 6 26 24·1	368 306·511	59 32·16	20·2966	07·8585
3	348 42 52	+2 40 18	23 14 18·89	− 2 00 16·2	367 878·721	59 36·32	21·1700	08·7334
4	3 02 14	+1 27 59	0 08 48·97	+ 2 33 10·6	368 322·012	59 32·01	22·0461	09·6073
5	17 17 47	+0 10 32	1 03 30·63	+ 6 57 10·9	369 762·703	59 18·09	22·9306	10·4871
6	31 25 23	−1 06 45	1 58 39·90	+10 55 23·3	372 244·805	58 54·37	23·8242	11·3764
7	45 20 51	−2 18 50	2 54 18·84	+14 13 12·4	375 701·594	58 21·84	...	12·2733
8	59 00 31	−3 21 26	3 50 12·42	+16 39 20·1	379 948·562	57 42·70	00·7224	13·1704
9	72 21 43	−4 11 25	4 45 50·57	+18 07 00·3	384 699·488	56 59·93	01·6155	14·0564
10	85 23 10	−4 46 57	5 40 35·75	+18 34 28·5	389 600·323	56 16·91	02·4915	14·9195
11	98 05 04	−5 07 19	6 33 53·50	+18 04 31·4	394 271·663	55 36·89	03·3395	15·7508
12	110 29 06	−5 12 41	7 25 21·58	+16 43 08·5	398 350·739	55 02·72	04·1532	16·5468
13	122 38 15	−5 03 47	8 14 54·30	+14 37 59·3	401 526·731	54 36·59	04·9319	17·3092
14	134 36 25	−4 41 43	9 02 42·09	+11 57 06·3	403 566·701	54 20·03	05·6797	18·0445
15	146 28 16	−4 07 45	9 49 08·06	+ 8 48 11·2	404 331·978	54 13·86	06·4048	18·7620
16	158 18 47	−3 23 16	10 34 44·04	+ 5 18 24·5	403 785·997	54 18·26	07·1176	19·4730

EPHEMERIS FOR PHYSICAL OBSERVATIONS
FOR 0ʰ TERRESTRIAL TIME

Date 0ʰ TT	The Earth's Selenographic Long.	Lat.	The Sun's Selenographic Colong.	Lat.	Position Angle Axis	Bright Limb	Semi- diameter	Frac- tion Illum.
	°	°	°	°	°	°	′ ″	
Oct.　1	− 5·702	− 6·298	355·36	− 0·35	1·721	270·22	15 49·62	0·411
2	− 5·046	− 6·726	7·55	− 0·32	355·620	265·60	15 59·89	0·522
3	− 4·080	− 6·762	19·74	− 0·28	349·708	261·31	16 09·76	0·634
4	− 2·835	− 6·377	31·92	− 0·25	344·394	257·65	16 18·42	0·742
5	− 1·375	− 5·576	44·09	− 0·22	340·046	254·88	16 24·92	0·838
6	+ 0·211	− 4·397	56·25	− 0·18	336·960	253·24	16 28·34	0·916
7	+ 1·814	− 2·920	68·41	− 0·14	335·337	252·99	16 27·93	0·970
8	+ 3·319	− 1·255	80·57	− 0·11	335·272	255·87	16 23·40	0·997
9	+ 4·616	+ 0·472	92·73	− 0·07	336·748	70·95	16 15·01	0·996
10	+ 5·619	+ 2·137	104·88	− 0·04	339·631	75·42	16 03·51	0·968
11	+ 6·267	+ 3·633	117·04	0·00	343·687	79·20	15 50·04	0·917
12	+ 6·532	+ 4·886	129·21	+ 0·03	348·603	83·31	15 35·85	0·848
13	+ 6·417	+ 5·845	141·37	+ 0·06	354·030	87·64	15 22·11	0·765
14	+ 5·950	+ 6·489	153·55	+ 0·08	359·622	91·96	15 09·80	0·674
15	+ 5·178	+ 6·814	165·72	+ 0·11	5·074	96·06	14 59·62	0·579
16	+ 4·162	+ 6·826	177·91	+ 0·13	10·144	99·77	14 52·02	0·482
17	+ 2·974	+ 6·542	190·09	+ 0·15	14·649	102·98	14 47·19	0·388
18	+ 1·684	+ 5·981	202·29	+ 0·17	18·454	105·62	14 45·16	0·298
19	+ 0·365	+ 5·166	214·49	+ 0·19	21·458	107·64	14 45·78	0·216
20	− 0·916	+ 4·126	226·69	+ 0·21	23·574	109·05	14 48·77	0·143
21	− 2·096	+ 2·897	238·90	+ 0·23	24·725	109·90	14 53·74	0·082
22	− 3·124	+ 1·523	251·11	+ 0·25	24·837	110·43	15 00·26	0·037
23	− 3·957	+ 0·056	263·32	+ 0·27	23·846	112·10	15 07·83	0·009
24	− 4·564	− 1·437	275·53	+ 0·29	21·713	241·87	15 15·98	0·000
25	− 4·927	− 2·883	287·74	+ 0·31	18·440	277·33	15 24·29	0·013
26	− 5·037	− 4·204	299·95	+ 0·34	14·106	275·92	15 32·44	0·048
27	− 4·900	− 5·320	312·16	+ 0·36	8·881	272·52	15 40·20	0·103
28	− 4·531	− 6·157	324·36	+ 0·39	3·043	268·38	15 47·48	0·179
29	− 3·950	− 6·655	336·55	+ 0·42	356·954	263·99	15 54·20	0·271
30	− 3·186	− 6·770	348·74	+ 0·45	351·018	259·74	16 00·31	0·376
31	− 2·272	− 6·482	0·92	+ 0·48	345·624	255·95	16 05·67	0·488
Nov.　1	− 1·243	− 5·797	13·09	+ 0·51	341·111	252·85	16 10·03	0·602
2	− 0·138	− 4·749	25·26	+ 0·55	337·740	250·56	16 13·01	0·711
3	+ 0·999	− 3·400	37·42	+ 0·58	335·700	249·13	16 14·14	0·810
4	+ 2·118	− 1·837	49·57	+ 0·62	335·103	248·42	16 12·97	0·892
5	+ 3·164	− 0·167	61·72	+ 0·65	335·987	247·88	16 09·18	0·953
6	+ 4·076	+ 1·499	73·86	+ 0·69	338·300	244·59	16 02·72	0·989
7	+ 4·795	+ 3·051	86·00	+ 0·72	341·892	142·97	15 53·86	1·000
8	+ 5·266	+ 4·398	98·14	+ 0·76	346·515	91·35	15 43·20	0·985
9	+ 5·446	+ 5·472	110·29	+ 0·79	351·839	91·29	15 31·55	0·949
10	+ 5·313	+ 6·234	122·43	+ 0·81	357·497	94·18	15 19·83	0·894
11	+ 4·864	+ 6·667	134·58	+ 0·84	3·134	97·72	15 08·93	0·824
12	+ 4·122	+ 6·775	146·74	+ 0·86	8·451	101·24	14 59·62	0·743
13	+ 3·130	+ 6·575	158·89	+ 0·88	13·227	104·44	14 52·51	0·654
14	+ 1·947	+ 6·090	171·06	+ 0·89	17·307	107·16	14 48·00	0·561
15	+ 0·648	+ 5·349	183·23	+ 0·91	20·588	109·32	14 46·32	0·467
16	− 0·687	+ 4·382	195·40	+ 0·92	22·996	110·89	14 47·51	0·374

MOON, 2014

FOR 0ʰ TERRESTRIAL TIME

Date 0ʰ TT	Apparent Longitude	Apparent Latitude	R.A.	Dec.	True Distance	Horiz. Parallax	Ephemeris Transit for date Upper	Lower
	° ′ ″	° ′ ″	h m s	° ′ ″	km	′ ″	h	h
Nov. 16	158 18 47	− 3 23 16	10 34 44·04	+ 5 18 24·5	403 785·997	54 18·26	07·1176	19·4730
17	170 13 02	− 2 29 49	11 20 07·09	+ 1 34 40·6	401 994·632	54 32·78	07·8299	20·1899
18	182 15 54	− 1 29 11	12 05 56·90	− 2 15 51·6	399 119·513	54 56·36	08·5544	20·9251
19	194 31 42	− 0 23 29	12 52 53·39	− 6 05 11·6	395 404·155	55 27·34	09·3033	21·6906
20	207 03 58	+ 0 44 40	13 41 33·72	− 9 43 52·5	391 152·475	56 03·51	10·0879	22·4962
21	219 55 03	+ 1 52 05	14 32 27·83	− 13 00 43·7	386 699·793	56 42·24	10·9162	23·3479
22	233 05 53	+ 2 55 07	15 25 52·13	− 15 43 04·6	382 377·931	57 20·70	11·7910	...
23	246 35 45	+ 3 49 48	16 21 42·34	− 17 37 50·9	378 478·450	57 56·15	12·7076	00·2447
24	260 22 21	+ 4 32 16	17 19 29·07	− 18 33 33·0	375 220·474	58 26·33	13·6526	01·1776
25	274 22 06	+ 4 59 11	18 18 20·71	− 18 22 43·8	372 730·581	58 49·76	14·6069	02·1298
26	288 30 41	+ 5 08 14	19 17 15·88	− 17 03 53·7	371 040·502	59 05·84	15·5516	03·0815
27	302 43 40	+ 4 58 28	20 15 20·96	− 14 41 58·1	370 103·851	59 14·81	16·4734	04·0158
28	316 57 12	+ 4 30 21	21 12 03·97	− 11 27 08·1	369 827·296	59 17·47	17·3676	04·9239
29	331 08 19	+ 3 45 45	22 07 18·92	− 7 32 51·0	370 107·173	59 14·78	18·2376	05·8052
30	345 15 07	+ 2 47 37	23 01 21·63	− 3 14 00·8	370 861·261	59 07·55	19·0919	06·6661
Dec. 1	359 16 23	+ 1 39 46	23 54 41·23	+ 1 14 11·8	372 047·523	58 56·24	19·9412	07·5165
2	13 11 24	+ 0 26 32	0 47 51·08	+ 5 36 51·0	373 665·751	58 40·92	20·7951	08·3670
3	26 59 22	− 0 47 32	1 41 20·51	+ 9 39 33·2	375 742·873	58 21·46	21·6601	09·2260
4	40 39 12	− 1 57 58	2 35 27·56	+ 13 08 52·2	378 306·802	57 57·73	22·5373	10·0974
5	54 09 24	− 3 00 46	3 30 13·52	+ 15 53 08·0	381 356·476	57 29·91	23·4216	10·9792
6	67 28 08	− 3 52 37	4 25 20·76	+ 17 43 34·6	384 836·381	56 58·71	...	11·8632
7	80 33 36	− 4 31 09	5 20 15·94	+ 18 35 26·0	388 622·249	56 25·41	00·3024	12·7375
8	93 24 24	− 4 55 04	6 14 18·90	+ 18 28 28·9	392 521·204	55 51·78	01·1669	13·5894
9	105 59 56	− 5 04 00	7 06 53·95	+ 17 26 39·1	396 285·688	55 19·93	02·0039	14·4099
10	118 20 39	− 4 58 25	7 57 39·14	+ 15 36 51·2	399 637·411	54 52·09	02·8069	15·1952
11	130 28 14	− 4 39 23	8 46 30·25	+ 13 07 28·2	402 296·326	54 30·33	03·5752	15·9476
12	142 25 30	− 4 08 16	9 33 39·71	+ 10 07 06·4	404 009·992	54 16·45	04·3135	16·6739
13	154 16 18	− 3 26 41	10 19 32·95	+ 6 43 51·1	404 580·081	54 11·86	05·0303	17·3841
14	166 05 17	− 2 36 18	11 04 44·34	+ 3 05 06·8	403 884·269	54 17·47	05·7368	18·0902
15	177 57 41	− 1 38 55	11 49 53·81	− 0 42 07·5	401 892·693	54 33·61	06·4459	18·8056
16	189 58 59	− 0 36 28	12 35 44·35	− 4 30 44·7	398 678·440	55 00·01	07·1710	19·5438
17	202 14 34	+ 0 28 47	13 22 59·56	− 8 12 47·7	394 421·125	55 35·63	07·9257	20·3181
18	214 49 20	+ 1 34 12	14 12 20·20	− 11 38 48·4	389 401·847	56 18·63	08·7223	21·1394
19	227 47 06	+ 2 36 38	15 04 18·56	− 14 37 22·7	383 987·133	57 06·28	09·5699	22·0140
20	241 10 02	+ 3 32 22	15 59 10·37	− 16 55 23·9	378 599·577	57 55·04	10·4710	22·9398
21	254 58 04	+ 4 17 27	16 56 45·59	− 18 19 21·9	373 674·723	58 40·84	11·4184	23·9045
22	269 08 31	+ 4 47 59	17 56 23·47	− 18 37 55·7	369 607·724	59 19·59	12·3951	...
23	283 36 13	+ 5 00 52	18 56 58·07	− 17 45 01·5	366 698·852	59 47·83	13·3774	00·8870
24	298 14 07	+ 4 54 18	19 57 15·96	− 15 42 09·6	365 111·346	60 03·43	14·3434	01·8636
25	312 54 27	+ 4 28 24	20 56 18·14	− 12 38 29·1	364 854·696	60 05·96	15·2790	02·8155
26	327 30 09	+ 3 45 04	21 53 34·25	− 8 48 41·7	365 799·569	59 56·65	16·1806	03·7339
27	341 55 46	+ 2 47 44	22 49 03·84	− 4 30 01·4	367 719·644	59 37·86	17·0532	04·6200
28	356 08 01	+ 1 40 44	23 43 08·51	+ 0 00 15·5	370 346·747	59 12·48	17·9066	05·4816
29	10 05 39	+ 0 28 43	0 36 21·15	+ 4 26 14·2	373 423·095	58 43·21	18·7520	06·3297
30	23 48 52	− 0 43 44	1 29 16·10	+ 8 33 47·2	376 738·444	58 12·21	19·5989	07·1748
31	37 18 43	− 1 52 29	2 22 21·24	+ 12 10 35·4	380 146·764	57 40·89	20·4531	08·0249
32	50 36 24	− 2 53 57	3 15 51·93	+ 15 06 09·6	383 563·390	57 10·06	21·3152	08·8834

EPHEMERIS FOR PHYSICAL OBSERVATIONS
FOR 0ʰ TERRESTRIAL TIME

Date 0ʰ TT	The Earth's Selenographic Long.	Lat.	The Sun's Selenographic Colong.	Lat.	Position Angle Axis	Bright Limb	Semi-diameter	Fraction Illum.
	°	°	°	°	°	°	′ ″	
Nov. 16	−0·687	+4·382	195·40	+0·92	22·996	110·89	14 47·51	0·374
17	−1·974	+3·222	207·58	+0·94	24·465	111·88	14 51·47	0·285
18	−3·128	+1·908	219·77	+0·95	24·931	112·33	14 57·89	0·202
19	−4·074	+0·486	231·96	+0·97	24·324	112·34	15 06·33	0·129
20	−4·748	−0·986	244·15	+0·98	22·582	112·32	15 16·18	0·070
21	−5·104	−2·442	256·35	+1·00	19·671	113·76	15 26·73	0·027
22	−5·121	−3·802	268·54	+1·01	15·618	128·46	15 37·20	0·004
23	−4·803	−4·980	280·74	+1·03	10·550	247·07	15 46·86	0·004
24	−4·189	−5·893	292·94	+1·05	4·723	260·91	15 55·08	0·028
25	−3·340	−6·468	305·13	+1·07	358·515	260·17	16 01·46	0·077
26	−2·335	−6·655	317·32	+1·09	352·374	257·27	16 05·84	0·148
27	−1·257	−6·433	329·51	+1·11	346·742	254·06	16 08·28	0·238
28	−0·180	−5·813	341·68	+1·13	341·983	251·23	16 09·01	0·341
29	+0·841	−4·838	353·86	+1·15	338·361	249·07	16 08·28	0·453
30	+1·770	−3·571	6·02	+1·18	336·041	247·71	16 06·31	0·567
Dec. 1	+2·591	−2·096	18·17	+1·20	335·106	247·19	16 03·23	0·677
2	+3·297	−0·506	30·32	+1·23	335·583	247·40	15 59·05	0·777
3	+3·883	+1·099	42·46	+1·26	337·435	248·10	15 53·75	0·862
4	+4·340	+2·624	54·60	+1·28	340·563	248·69	15 47·29	0·928
5	+4·649	+3·982	66·74	+1·31	344·787	247·11	15 39·71	0·973
6	+4·783	+5·102	78·87	+1·33	349·843	229·31	15 31·22	0·996
7	+4·712	+5·933	91·00	+1·35	355·402	123·98	15 22·14	0·996
8	+4·409	+6·445	103·13	+1·37	1·103	106·54	15 12·98	0·975
9	+3·857	+6·632	115·26	+1·39	6·611	105·58	15 04·31	0·935
10	+3·058	+6·504	127·40	+1·40	11·651	107·10	14 56·73	0·879
11	+2·034	+6·083	139·54	+1·41	16·026	109·05	14 50·80	0·810
12	+0·827	+5·400	151·68	+1·42	19·606	110·82	14 47·02	0·731
13	−0·501	+4·491	163·83	+1·42	22·313	112·17	14 45·77	0·644
14	−1·872	+3·393	175·99	+1·43	24·093	113·01	14 47·30	0·552
15	−3·198	+2·143	188·15	+1·43	24·897	113·28	14 51·69	0·457
16	−4·384	+0·786	200·31	+1·43	24·676	112·96	14 58·88	0·363
17	−5·335	−0·632	212·49	+1·44	23·373	112·08	15 08·59	0·272
18	−5·964	−2·053	224·66	+1·44	20·936	110·74	15 20·30	0·187
19	−6·200	−3·409	236·84	+1·44	17·345	109·23	15 33·28	0·113
20	−6·003	−4·619	249·03	+1·45	12·654	108·52	15 46·56	0·055
21	−5·370	−5·596	261·22	+1·45	7·033	112·88	15 59·03	0·016
22	−4·347	−6·258	273·41	+1·45	0·805	169·76	16 09·58	0·002
23	−3·024	−6·534	285·60	+1·46	354·423	242·92	16 17·28	0·014
24	−1·530	−6·386	297·79	+1·46	348·396	248·85	16 21·52	0·053
25	−0·003	−5·817	309·97	+1·47	343·186	248·54	16 22·22	0·118
26	+1·430	−4·870	322·15	+1·48	339·133	247·37	16 19·68	0·203
27	+2·676	−3·618	334·33	+1·49	336·438	246·51	16 14·56	0·304
28	+3·681	−2·158	346·49	+1·50	335·182	246·33	16 07·65	0·414
29	+4·431	−0·590	358·65	+1·51	335·360	246·90	15 59·68	0·527
30	+4·939	+0·987	10·80	+1·52	336·908	248·21	15 51·23	0·636
31	+5·229	+2·483	22·95	+1·53	339·713	250·12	15 42·70	0·736
32	+5·328	+3·821	35·09	+1·54	343·611	252·38	15 34·31	0·824

NOTES AND FORMULAE

Low-precision formulae for geocentric coordinates of the Moon

The following formulae give approximate geocentric coordinates of the Moon. During the period 1900 to 2100 the errors will rarely exceed $0°3$ in ecliptic longitude (λ), $0°2$ in ecliptic latitude (β), $0°003$ in horizontal parallax (π), $0°001$ in semidiameter (SD), $0·2$ Earth radii in distance (r), $0°3$ in right ascension (α) and $0°2$ in declination (δ).

On this page the time argument T is the number of Julian centuries from J2000·0.

$$T = (\text{JD} - 245\ 1545·0)/36\ 525 = (5112·5 + \text{day of year} + (\text{UT1} + \Delta T)/24)/36\ 525$$

where day of year is given on pages B4–B5. The Universal Time (UT1) and $\Delta T = \text{TT} - \text{UT1}$ (see pages K8–K9), are expressed in hours. To the precision quoted ΔT may be ignored.

$$\lambda = 218°32 + 481\ 267°881\ T$$
$$+ 6°29 \sin(135°0 + 477\ 198°87\ T) - 1°27 \sin(259°3 - 413\ 335°36\ T)$$
$$+ 0°66 \sin(235°7 + 890\ 534°22\ T) + 0°21 \sin(269°9 + 954\ 397°74\ T)$$
$$- 0°19 \sin(357°5 + 35\ 999°05\ T) - 0°11 \sin(186°5 + 966\ 404°03\ T)$$
$$\beta = + 5°13 \sin(93°3 + 483\ 202°02\ T) + 0°28 \sin(228°2 + 960\ 400°89\ T)$$
$$- 0°28 \sin(318°3 + 6\ 003°15\ T) - 0°17 \sin(217°6 - 407\ 332°21\ T)$$
$$\pi = + 0°9508 + 0°0518 \cos(135°0 + 477\ 198°87\ T) + 0°0095 \cos(259°3 - 413\ 335°36\ T)$$
$$+ 0°0078 \cos(235°7 + 890\ 534°22\ T) + 0°0028 \cos(269°9 + 954\ 397°74\ T)$$

$$SD = 0·2724\,\pi \qquad \text{and} \qquad r = 1/\sin\pi$$

Form the geocentric direction cosines (l, m, n) from:

$$l = \cos\beta \cos\lambda \qquad\qquad\qquad = \cos\delta \cos\alpha$$
$$m = +0·9175 \cos\beta \sin\lambda - 0·3978 \sin\beta = \cos\delta \sin\alpha$$
$$n = +0·3978 \cos\beta \sin\lambda + 0·9175 \sin\beta = \sin\delta$$

Then

$$\alpha = \tan^{-1}(m/l) \qquad \text{and} \qquad \delta = \sin^{-1}(n)$$

where the quadrant of α is determined by the signs of l and m, and where α, δ are referred to the mean equator and equinox of date.

Low-precision formulae for topocentric coordinates of the Moon

The following formulae give approximate topocentric values of right ascension (α'), declination (δ'), distance (r'), parallax (π') and semidiameter (SD').

Form the geocentric rectangular coordinates (x, y, z) from:

$$x = rl = r \cos\delta \cos\alpha$$
$$y = rm = r \cos\delta \sin\alpha$$
$$z = rn = r \sin\delta$$

Form the topocentric rectangular coordinates (x', y', z') from:

$$x' = x - \cos\phi' \cos\theta_0$$
$$y' = y - \cos\phi' \sin\theta_0$$
$$z' = z - \sin\phi'$$

where (ϕ', λ') are the observer's geocentric latitude and longitude (east positive). The local sidereal time (see page B8) may be approximated by

$$\theta_0 = 100°46 + 36\ 000°77\ T_U + \lambda' + 15\ \text{UT1}$$

where $T_U = (\text{JD} - 245\ 1545·0)/36\ 525 = (5112·5 + \text{day of year} + \text{UT1}/24)/36\ 525$

Then
$$r' = (x'^2 + y'^2 + z'^2)^{1/2} \qquad \alpha' = \tan^{-1}(y'/x') \quad \delta' = \sin^{-1}(z'/r')$$
$$\pi' = \sin^{-1}(1/r') \qquad\qquad SD' = 0·2724\pi'$$

CONTENTS OF SECTION E

PLANETS
NOTES AND FORMULAS

Orbital elements

The heliocentric osculating orbital elements for the Earth given on page E8 and the heliocentric coordinates and velocity of the Earth on page E7 actually refer to the Earth/Moon barycenter. The heliocentric coordinates and velocity of the Earth itself are given by:

$$\text{(Earth's center)} = \text{(Earth/Moon barycenter)} - (0.0000312 \cos L, 0.0000286 \sin L,$$
$$0.0000124 \sin L, -0.00000718 \sin L, 0.00000657 \cos L, 0.00000285 \cos L)$$

where $L = 218° + 481268° T$, with T in Julian centuries from JD 245 1545.0. This estimate is accurate to the fifth decimal palace in position and the sixth decimal place in velocity. The units of position are in au and the units of velocity are in au/day. The position and velocity are in the mean equator and equinox coordinate system.

Linear interpolation of the heliocentric osculating orbital elements usually leads to errors of about $1''$ or $2''$ in the resulting geocentric positions of the Sun and planets; the errors may, however, reach about $7''$ for Venus at inferior conjunction and about $3''$ for Mars at opposition.

Heliocentric coordinates

The heliocentric ecliptic coordinates of the Earth may be obtained from the geocentric ecliptic coordinates of the Sun given on pages C6–C20 by adding $\pm 180°$ to the longitude, and reversing the sign of the latitude.

Invariable plane of the solar system

Approximate coordinates of the north pole of the invariable plane are:

$$\alpha_0 = 273°.8527 \qquad \delta_0 = 66°.9911$$

This is the direction of the total angular momentum vector of the solar system (Sun and major planets) with respect to the ICRS coordinate axes.

Semidiameter and horizontal parallax

The apparent angular semidiameter, s, of a planet is given by:

$$s = \text{semidiameter at 1 au / distance in au}$$

where the distance in au is given in the daily geocentric ephemeris on pages E18–E45. Unless otherwise specified, the semidiameters at unit distance (1 au) are for equatorial radii. They are:

	$''$			$''$			$''$
Mercury	3.36	Jupiter:	equatorial	98.57	Uranus	35.24
Venus	8.34		polar	92.18	Neptune	34.14
Mars	4.68	Saturn:	equatorial	83.10		
			polar	74.96		

The difference in transit times of the limb and center of a planet in seconds of time is given approximately by:

$$\text{difference in transit time} = (s \text{ in seconds of arc}) / 15 \cos \delta$$

where the sidereal motion of the planet is ignored.

The equatorial horizontal parallax of a planet is given by $8''.794 143$ divided by its distance in au; formulas for the corrections for diurnal parallax are given on page B85.

Time of transit of a planet

The transit times that are tabulated on pages E46–E53 are expressed in terrestrial time (TT) and refer to the transits over the ephemeris meridian; for most purposes this may be regarded as giving the universal time (UT) of transit over the Greenwich meridian.

The UT of transit over a local meridian is given by:

$$\text{time of ephemeris transit} - (\lambda/24) \times \text{first difference}$$

with an error that is usually less than 1 second, where λ is the *east* longitude in hours and the first difference is about 24 hours.

Times of rising and setting

Approximate times of the rising and setting of a planet at a place with latitude φ may be obtained from the time of transit by applying the value of the hour angle h of the point on the horizon at the same declination δ as the planet; h is given by:

$$\cos h = -\tan \varphi \tan \delta$$

This ignores the sidereal motion of the planet during the interval between transit and rising or setting and the effects of refraction (~ 2.25 minutes). Similarly, the time at which a planet reaches a zenith distance z may be obtained by determining the corresponding hour angle h:

$$\cos h = -\tan \varphi \tan \delta + \sec \varphi \sec \delta \cos z$$

and applying h to the time of transit.

Ephemeris for physical observations

Explanatory information for data presented in the ephemeris for physical observations (E54–E79) of the planets and the planetary central meridians (E80–E87) is given here. Additional information is given in the Notes and References section, on page L10.

The tabulated surface brightness is the average visual magnitude of an area of one square arcsecond of the illuminated portion of the apparent disk. For a few days around inferior and superior conjunctions, the tabulated surface brightness and magnitude of Mercury and Venus are unknown; surface brightness values are given for phase angles $2°1 < \phi < 169°5$ for Mercury and $2°2 < \phi < 170°2$ for Venus. For Saturn the magnitude includes the contribution due to the rings, but the surface brightness applies only to the disk of the planet.

The diagram illustrates many of the quantities tabulated. The primary reference points are the sub-Earth point, e (center of disk); the sub-solar point, s; and the north pole, n. Points e and s are on the lines of sight (taking into account light-time and aberration) between the center of a planet and the centers of the Earth and Sun, respectively. (For an oblate planet, the Earth and Sun would not appear exactly at the zeniths of these two points). For points e and s, planetographic longitudes, λ_e and λ_s, and planetographic latitudes, β_e and β_s, are given. For points s and n, apparent distances from the center of the disk, d_s and d_n, and apparent position angles, p_s and p_n, are given.

The phase is the ratio of the apparent illuminated area of the disk to the total area of the disk, as seen from the Earth. The phase angle is the planetocentric elongation of the Earth from the Sun. The defect of illumination, q, is the length of the unilluminated section of the diameter passing through e and s. The position angle of q can be computed by adding $180°$ to p_s. Phase and q are based on the geometric terminator, defined by the plane crossing through the planet's center of mass, orthogonal to the direction of the Sun. Both the phase and length of q assume that the change in their values caused by the flattening of the planet is insignificant.

The angle W of the prime meridian is measured counterclockwise (when viewed from above the planet's north pole) along the planet's equator from the ascending node of the planet's equator

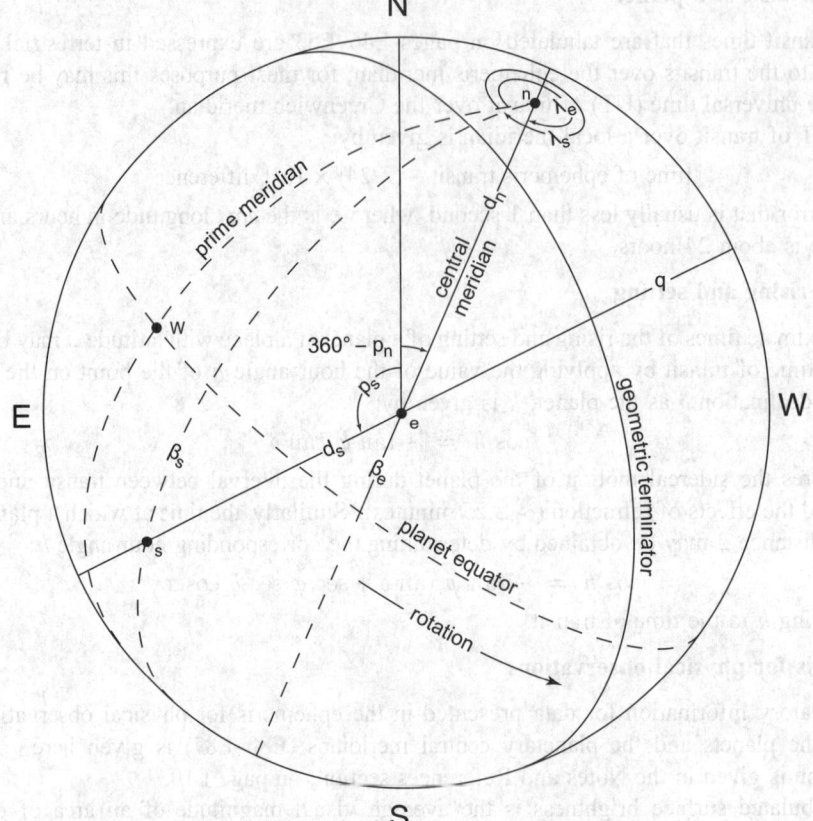

Diagram illustrating the Planetocentric Coordinate System

on the ICRS equator. For a planet with direct rotation (counterclockwise viewed from the planet's north pole), W increases with time. Values of W and its rate of change are given on page E5.

Position angles are measured east from north on the celestial sphere, with north defined by the great circle on the celestial sphere passing through the center of the planet's apparent disk and the true celestial pole of date. Planetographic longitude is reckoned from the prime meridian and increases from $0°$ to $360°$ in the direction opposite rotation. Planetographic latitude is the angle between the planet's equator and the normal to the reference spheroid at the point. Latitudes north of the equator are positive. For points near the limb, sign of the distance may change abruptly as distances are positive in the visible hemisphere and negative on the far side of the planet. Distance and position angle vary rapidly at points close to e and may appear to be discontinuous.

The planetocentric orbital longitude of the Sun, L_s, is measured eastward in the planet's orbital plane from the planet's vernal equinox. Instantaneous orbital and equatorial planes are used in computing L_s. Values of L_s of $0,°$ $90,°$ $180,°$ and $270°$ correspond to the beginning of spring, summer, autumn and winter, for the planet's northern hemisphere.

Planetary central meridians are sub-Earth planetocentric longitudes; none are given for Uranus and Neptune since their rotational periods are not well known. Jupiter has three longitude systems, corresponding to different apparent rates of rotation: System I applies to the visible cloud layer in the equatorial region; System II applies to the visible cloud layer at higher latitudes; System III, used in the physical ephemeris, applies to the origin of the radio emissions. For Saturn, data from the Cassini mission calls into question its rotation rate.

ROTATION ELEMENTS REFERRED TO THE ICRS
at 2014 JANUARY 0, 0^h TDB

Planet	North Pole Right Ascension α_1 °	North Pole Declination δ_1 °	Argument of Prime Meridian at epoch W_0 °	Argument of Prime Meridian var./day $\dot{W}$ °	Longitude of Central Meridian λ_e °	Inclination of Equator to Orbit °
Mercury	281.01	+ 61.41	32.63	+ 6.1385025	302.29	+ 0.04
Venus	272.76	+ 67.16	146.70	− 1.4813688	327.79	+ 2.64
Mars	317.67	+ 52.88	231.89	+ 350.8919823	258.50	+ 25.19
Jupiter I	268.06	+ 64.50	210.85	+ 877.9000000	261.64	+ 3.12
II	268.06	+ 64.50	58.68	+ 870.2700000	109.65	+ 3.12
III	268.06	+ 64.50	220.25	+ 870.5360000	271.22	+ 3.12
Saturn	40.58	+ 83.54	182.73	+ 810.7939024	215.64	+ 26.73
Uranus	257.31	− 15.18	142.84	− 501.1600928	336.35	+ 82.23
Neptune	299.42	+ 42.95	32.58	+ 536.3128492	167.90	+ 28.34

These data were derived from the "Report of the IAU/IAG Working Group on Cartographic Coordinates and Rotational Elements: 2009" (Archinal *et al.*, *Celest. Mech.*, **109**, 101, 2011) and its erratum (Archinal *et al.*, *Celest. Mech.*, **110**, 401, 2011). There is evidence that the variation in the radio emissions of Saturn are not anchored in the bulk of Saturn, and show variation in its period on the order of 1% over a time span of several years.

DEFINITIONS AND FORMULAS

α_1, δ_1 right ascension and declination of the north pole of the planet; variations during one year are negligible.

W_0 the angle measured from the planet's equator in the positive sense with respect to the planet's north pole from the ascending node of the planet's equator on the Earth's mean equator of date to the prime meridian of the planet.

$\dot{W}$ the daily rate of change of W_0. Sidereal periods of rotation are given on page E6.

Given:

α, δ: apparent right ascension and declination of planet, i.e., the center of the disk (pages E18–E45).
s: apparent equatorial diameter (pages E54–E79).
p_n: position angle of north pole (or central meridian or axis) (pages E54–E79).
λ_e: planetographic longitude of sub-Earth point (or central meridian) (pages E54–E77 or E80–E87).
β_e: planetographic latitude of sub-Earth point (pages E54–E77).
$\dot{W}$: from the above table and the flattening f from the table on page E6.

To compute the displacements $\Delta\alpha$, $\Delta\delta$ in right ascension and declination, measured from the center of the disk, of a feature at planetographic longitude λ and planetographic latitude ϕ, first compute the planetocentric quantities ϕ', β_e', λ', and λ_e', and the quantity s'. The formulas on the right may be used for planets where the flattening f is small and can be ignored [1]:

$$\tan\phi' = (1-f)^2 \tan\phi \qquad\qquad \phi' = \phi$$
$$\tan\beta_e' = (1-f)^2 \tan\beta_e \qquad\qquad \beta_e' = \beta_e$$
$$\lambda' = 360° - \lambda \quad \text{if } \dot{W} \text{ is positive;} \quad \lambda' = \lambda \quad \text{if } \dot{W} \text{ is negative} \qquad \lambda' \quad \text{as at left}$$
$$\lambda_e' = 360° - \lambda_e \quad \text{if } \dot{W} \text{ is positive;} \quad \lambda_e' = \lambda_e \quad \text{if } \dot{W} \text{ is negative} \qquad \lambda_e' \quad \text{as at left}$$
$$s' = \tfrac{1}{2} s (1 - f \sin^2\phi') \qquad\qquad s' = \tfrac{1}{2} s$$

Then compute the quantities X, Y, and Z:

$$X = s' \cos\phi' \sin(\lambda' - \lambda_e')$$
$$Y = s' (\sin\phi' \cos\beta_e' - \cos\phi' \sin\beta_e' \cos(\lambda' - \lambda_e'))$$
$$Z = s' (\sin\phi' \sin\beta_e' + \cos\phi' \cos\beta_e' \cos(\lambda' - \lambda_e'))$$

Finally,

$$\Delta\alpha \cos\delta = -X \cos p_n + Y \sin p_n$$
$$\Delta\delta = X \sin p_n + Y \cos p_n$$

If Z is positive, the feature is on the near (visible) side of the planet; if Z is negative, it is on the far side. If $|Z| < 0.1 s'$, the feature is on or very near the limb.

---

[1] The flattening is negligible if only one apparent diameter is given, or if the difference between the apparent equatorial and polar diameters is not significant to the precision required.

PLANETS

PHYSICAL AND PHOTOMETRIC DATA

Planet	Mass[1]	Mean Equatorial Radius	Minimum Geocentric Distance[2]	Flattening[3,4] (geometric)	Coefficients of the Potential		
					J_2	J_3	J_4
	kg	km	au		10^{-3}	10^{-6}	10^{-6}
Mercury	$3.301\,0 \times 10^{23}$	2 439.7	0.549	0	—	—	—
Venus	$4.867\,3 \times 10^{24}$	6 051.8	0.265	0	0.027	—	—
Earth	$5.972\,1 \times 10^{24}$	6 378.14	—	0.003 352 81	1.082 64	− 2.54	− 1.61
(Moon)	$7.345\,8 \times 10^{22}$	1 737.4	0.002 38	0	0.202 7	—	—
Mars	$6.416\,9 \times 10^{23}$	3 396.19	0.373	0.005 886	1.964	36	—
Jupiter	$1.898\,1 \times 10^{27}$	71 492	3.945	0.064 874	14.75	—	− 580
Saturn	$5.683\,1 \times 10^{26}$	60 268	8.032	0.097 962	16.45	—	− 1 000
Uranus	$8.680\,9 \times 10^{25}$	25 559	17.292	0.022 927	12	—	—
Neptune	$1.024\,1 \times 10^{26}$	24 764	28.814	0.017 081	4	—	—

Planet	Period of Rotation[5]	Mean Density	Maximum Angular Diameter[6]	Geometric Albedo[7]	Visual Magnitude[8]		Color Indices	
					$V(1,0)$	V_0	$B-V$	$U-B$
	d	g/cm³	″					
Mercury	+ 58.646 225 2	5.43	12.3	0.106	− 0.60	—	0.93	0.41
Venus	− 243.018 5	5.24	63.0	0.65	− 4.47	—	0.82	0.50
Earth	+ 0.997 269 566	5.513	—	0.367	− 3.86	—	—	—
(Moon)	+ 27.321 66	3.34	2 010.7	0.12	+ 0.21	− 12.74	0.92	0.46
Mars	+ 1.025 956 76	3.93	25.1	0.150	− 1.52	− 2.01	1.36	0.58
Jupiter	+ 0.413 54 (System III)	1.33	49.9	0.52	− 9.40	− 2.70	0.83	0.49
Saturn	+ 0.444 01	0.69	20.7	0.47	− 8.88	+ 0.67	1.04	0.58
Uranus	− 0.718 33	1.27	4.1	0.51	− 7.19	+ 5.52	0.56	0.28
Neptune	+ 0.671 25	1.64	2.4	0.41	− 6.87	+ 7.84	0.41	0.21

NOTES TO TABLE

[1] Values for the masses include the atmospheres but exclude satellites. Values are derived from mass ratios found on page K6.

[2] The tabulated minimum geocentric distance applies to the interval 1950 to 2050.

[3] The flattening is the ratio of the difference of the mean equatorial and polar radii to the equatorial radius.

[4] The flattening for Mars is calculated by using the average of the two values given for its north polar radius.

[5] Except for the Earth, the period of rotation is the time required for the zero meridian of the planet to twice cross the XY-plane of the ICRS. The length of the sidereal day is given for the Earth because its equator is nearly coincident with the XY-plane (see B9). A negative sign indicates that the rotation is retrograde with respect to the pole that lies north of the invariable plane of the solar system. The period is measured in days of 86 400 SI seconds. Rotation elements are tabulated on page E5. The rotation rates of Uranus and Neptune were determined from the Voyager mission in 1986 and 1989. The uncertainty of those rotation rates are such that the uncertainty in the rotation angle is more than a complete rotation in each case.

[6] The tabulated maximum angular diameter is based on the equatorial diameter when the planet is at the tabulated minimum geocentric distance.

[7] The geometric albedo is the ratio of the illumination of the planet at zero phase angle to the illumination produced by a plane, absolutely white Lambert surface of the same radius and position as the planet.

[8] $V(1,0)$ is the visual magnitude of the planet reduced to a distance of 1 au from both the Sun and Earth and with phase angle zero. V_0 is the mean opposition magnitude. For Saturn the photometric quantities refer to the disk only. Mercury and Venus values are valid over a range in phase angles (see page E3).

Data for the mean equatorial radius, flattening and sidereal period of rotation are based on the "Report of the IAU/IAG Working Group on Cartographic Coordinates and Rotational Elements: 2009" (Archinal *et al.*, *Celest. Mech.*, **109**, 101, 2011) and its erratum (Archinal *et al.*, *Celest. Mech.*, **110**, 401, 2011).

HELIOCENTRIC COORDINATES AND VELOCITY COMPONENTS
REFERRED TO THE MEAN EQUATOR AND EQUINOX OF J2000.0

Julian Date (TDB) 245	x	y	z	$\dot{x}$	$\dot{y}$	$\dot{z}$
MERCURY	au	au	au	au/day	au/day	au/day
6680.5	+ 0.341 9845	+ 0.053 8716	− 0.006 6776	− 0.009 248 39	+ 0.025 445 14	+ 0.014 551 18
6717.5	− 0.389 1387	− 0.148 8737	− 0.039 1824	+ 0.004 426 13	− 0.021 948 81	− 0.012 183 57
6754.5	+ 0.273 0198	− 0.272 2326	− 0.173 7271	+ 0.015 777 91	+ 0.017 964 91	+ 0.007 960 81
6791.5	− 0.269 4825	+ 0.171 8122	+ 0.119 7174	− 0.022 786 96	− 0.019 611 51	− 0.008 113 75
6828.5	− 0.012 0337	− 0.409 9950	− 0.217 7651	+ 0.022 481 95	+ 0.001 449 72	− 0.001 556 35
6865.5	+ 0.159 7613	+ 0.241 0615	+ 0.112 2083	− 0.029 723 63	+ 0.012 736 60	+ 0.009 885 21
6902.5	− 0.293 4266	− 0.316 2907	− 0.138 5373	+ 0.015 731 27	− 0.014 396 71	− 0.009 321 39
6939.5	+ 0.359 3801	− 0.072 0635	− 0.075 7528	+ 0.001 817 78	+ 0.025 235 27	+ 0.013 291 83
6976.5	− 0.390 5420	− 0.035 4519	+ 0.021 5503	− 0.004 130 60	− 0.023 932 08	− 0.012 355 92
7013.5	+ 0.184 5809	− 0.346 9882	− 0.204 4913	+ 0.019 911 25	+ 0.012 412 58	+ 0.004 566 39
VENUS						
6680.5	− 0.457 9143	+ 0.493 4464	+ 0.250 9915	− 0.015 644 64	− 0.012 229 00	− 0.004 512 24
6717.5	− 0.709 4020	− 0.126 7740	− 0.012 1512	+ 0.003 276 31	− 0.018 190 14	− 0.008 391 62
6754.5	− 0.260 2797	− 0.623 6501	− 0.264 1302	+ 0.018 742 04	− 0.006 266 26	− 0.004 005 32
6791.5	+ 0.443 4122	− 0.515 7542	− 0.260 1115	+ 0.015 899 75	+ 0.011 544 80	+ 0.004 188 29
6828.5	+ 0.720 6984	+ 0.088 3348	− 0.005 8584	− 0.002 275 78	+ 0.018 202 36	+ 0.008 333 82
6865.5	+ 0.299 9062	+ 0.605 1315	+ 0.253 2908	− 0.018 460 95	+ 0.007 162 78	+ 0.004 390 90
6902.5	− 0.414 4001	+ 0.524 9819	+ 0.262 4274	− 0.016 584 57	− 0.011 131 53	− 0.003 959 03
6939.5	− 0.716 2014	− 0.077 3579	+ 0.010 5123	+ 0.001 753 75	− 0.018 407 95	− 0.008 393 29
6976.5	− 0.310 1081	− 0.604 9938	− 0.252 5838	+ 0.018 144 53	− 0.007 552 65	− 0.004 546 29
7013.5	+ 0.399 2711	− 0.545 4719	− 0.270 6894	+ 0.016 772 11	+ 0.010 445 99	+ 0.003 638 72
EARTH*						
6680.5	− 0.531 6809	+ 0.759 9621	+ 0.329 4566	− 0.014 758 27	− 0.008 585 96	− 0.003 722 12
6717.5	− 0.931 7201	+ 0.309 0876	+ 0.133 9968	− 0.006 129 77	− 0.014 903 68	− 0.006 460 95
6754.5	− 0.957 6260	− 0.266 9922	− 0.115 7422	+ 0.004 722 57	− 0.015 162 25	− 0.006 573 07
6791.5	− 0.609 0222	− 0.739 8753	− 0.320 7449	+ 0.013 449 54	− 0.009 572 22	− 0.004 149 74
6828.5	− 0.028 0822	− 0.931 9304	− 0.404 0053	+ 0.016 918 44	− 0.000 495 38	− 0.000 214 80
6865.5	+ 0.563 6724	− 0.775 0753	− 0.336 0080	+ 0.014 031 71	+ 0.008 701 99	+ 0.003 772 40
6902.5	+ 0.943 7076	− 0.327 7969	− 0.142 1074	+ 0.005 812 03	+ 0.014 703 14	+ 0.006 374 01
6939.5	+ 0.963 0529	+ 0.243 7621	+ 0.105 6715	− 0.004 854 81	+ 0.015 157 14	+ 0.006 570 85
6976.5	+ 0.604 5418	+ 0.718 4564	+ 0.311 4592	− 0.013 897 85	+ 0.009 586 63	+ 0.004 155 98
7013.5	+ 0.002 8347	+ 0.902 5711	+ 0.391 2772	− 0.017 484 10	− 0.000 014 15	− 0.000 006 08
MARS						
6680.5	− 1.605 742	+ 0.378 924	+ 0.217 155	− 0.003 127 969	− 0.011 225 110	− 0.005 064 196
6753.5	− 1.549 640	− 0.457 332	− 0.167 927	+ 0.004 714 091	− 0.011 005 002	− 0.005 174 971
6826.5	− 0.938 937	− 1.123 674	− 0.490 049	+ 0.011 637 597	− 0.006 531 850	− 0.003 310 177
6899.5	+ 0.051 475	− 1.317 480	− 0.605 681	+ 0.014 515 034	+ 0.001 687 525	+ 0.000 382 148
6972.5	+ 1.001 888	− 0.862 948	− 0.422 859	+ 0.010 214 141	+ 0.010 376 397	+ 0.004 483 611
JUPITER						
6680.5	− 1.492 713	+ 4.565 328	+ 1.993 169	− 0.007 326 333	− 0.001 729 347	− 0.000 562 882
6753.5	− 2.018 210	+ 4.413 854	+ 1.941 036	− 0.007 058 184	− 0.002 414 973	− 0.000 863 292
6826.5	− 2.521 429	+ 4.213 642	+ 1.867 471	− 0.006 716 904	− 0.003 063 634	− 0.001 149 632
6899.5	− 2.997 238	+ 3.967 598	+ 1.773 594	− 0.006 308 208	− 0.003 669 761	− 0.001 419 386
6972.5	− 3.440 932	+ 3.679 019	+ 1.660 702	− 0.005 838 101	− 0.004 228 188	− 0.001 670 194
SATURN						
6680.5	− 6.803 520	− 6.727 256	− 2.485 698	+ 0.003 735 470	− 0.003 507 751	− 0.001 609 854
6753.5	− 6.525 344	− 6.977 793	− 2.601 170	+ 0.003 884 648	− 0.003 355 387	− 0.001 553 348
6826.5	− 6.236 534	− 7.217 025	− 2.712 430	+ 0.004 026 740	− 0.003 198 149	− 0.001 494 518
6899.5	− 5.937 614	− 7.444 616	− 2.819 318	+ 0.004 161 691	− 0.003 036 536	− 0.001 433 579
6972.5	− 5.629 101	− 7.660 255	− 2.921 682	+ 0.004 289 520	− 0.002 870 676	− 0.001 370 579
URANUS						
6680.5	+19.627 13	+ 3.768 20	+ 1.372 85	− 0.000 820 307	+ 0.003 355 594	+ 0.001 481 341
6802.5	+19.521 72	+ 4.176 45	+ 1.553 16	− 0.000 907 660	+ 0.003 336 800	+ 0.001 474 344
6924.5	+19.405 67	+ 4.582 30	+ 1.732 56	− 0.000 994 702	+ 0.003 316 193	+ 0.001 466 549
NEPTUNE						
6680.5	+27.092 51	−11.627 28	− 5.433 49	+ 0.001 316 777	+ 0.002 653 120	+ 0.001 053 097
6802.5	+27.250 98	−11.302 72	− 5.304 60	+ 0.001 281 019	+ 0.002 667 569	+ 0.001 059 882
6924.5	+27.405 06	−10.976 42	− 5.174 88	+ 0.001 244 967	+ 0.002 681 632	+ 0.001 066 516

*Values labelled for the Earth are actually for the Earth/Moon barycenter (see note on page E2).

PLANETS, 2014

HELIOCENTRIC OSCULATING ORBITAL ELEMENTS
REFERRED TO THE MEAN EQUINOX AND ECLIPTIC OF J2000.0

Julian Date (TDB) 245	Inclin- ation i	Longitude Asc. Node Ω	Longitude Perihelion ϖ	Semimajor Axis a	Daily Motion n	Eccen- tricity e	Mean Longitude L
MERCURY	°	°	°	au	°		°
6680.5	7.004 13	48.3135	77.4805	0.387 0983	4.092 345	0.205 6329	28.455 87
6705.5	7.004 12	48.3134	77.4806	0.387 0991	4.092 331	0.205 6350	130.764 32
6730.5	7.004 14	48.3132	77.4800	0.387 0981	4.092 348	0.205 6404	233.072 32
6755.5	7.004 12	48.3131	77.4803	0.387 0974	4.092 359	0.205 6421	335.381 12
6780.5	7.004 12	48.3131	77.4803	0.387 0976	4.092 356	0.205 6428	77.690 11
6805.5	7.004 12	48.3130	77.4798	0.387 0973	4.092 361	0.205 6433	179.998 94
6830.5	7.004 11	48.3130	77.4802	0.387 0978	4.092 353	0.205 6419	282.307 71
6855.5	7.004 10	48.3128	77.4809	0.387 0970	4.092 365	0.205 6423	24.616 58
6880.5	7.004 09	48.3127	77.4801	0.387 0973	4.092 361	0.205 6430	126.925 38
6905.5	7.004 09	48.3127	77.4799	0.387 0970	4.092 365	0.205 6421	229.234 58
6930.5	7.004 08	48.3126	77.4798	0.387 0979	4.092 352	0.205 6393	331.543 42
6955.5	7.004 09	48.3125	77.4798	0.387 0976	4.092 356	0.205 6376	73.852 07
6980.5	7.004 09	48.3125	77.4796	0.387 0974	4.092 359	0.205 6376	176.160 97
7005.5	7.004 06	48.3124	77.4802	0.387 0994	4.092 327	0.205 6317	278.469 55
7030.5	7.004 04	48.3118	77.4812	0.387 0989	4.092 335	0.205 6255	20.776 91
VENUS							
6680.5	3.394 54	76.6425	131.433	0.723 3455	1.602 087	0.006 7697	129.720 39
6705.5	3.394 52	76.6412	131.336	0.723 3332	1.602 127	0.006 7553	169.772 34
6730.5	3.394 52	76.6408	131.291	0.723 3276	1.602 146	0.006 7492	209.826 02
6755.5	3.394 53	76.6407	131.297	0.723 3281	1.602 144	0.006 7477	249.879 80
6780.5	3.394 52	76.6407	131.314	0.723 3289	1.602 142	0.006 7479	289.933 18
6805.5	3.394 52	76.6406	131.335	0.723 3280	1.602 145	0.006 7493	329.986 47
6830.5	3.394 52	76.6405	131.350	0.723 3262	1.602 151	0.006 7513	10.040 14
6855.5	3.394 52	76.6405	131.336	0.723 3271	1.602 148	0.006 7528	50.094 08
6880.5	3.394 51	76.6405	131.292	0.723 3315	1.602 133	0.006 7561	90.147 62
6905.5	3.394 50	76.6404	131.247	0.723 3338	1.602 125	0.006 7575	130.200 36
6930.5	3.394 49	76.6402	131.205	0.723 3307	1.602 136	0.006 7547	170.253 18
6955.5	3.394 49	76.6401	131.179	0.723 3283	1.602 144	0.006 7531	210.306 65
6980.5	3.394 49	76.6401	131.201	0.723 3303	1.602 137	0.006 7522	250.360 20
7005.5	3.394 49	76.6400	131.229	0.723 3325	1.602 130	0.006 7508	290.413 35
7030.5	3.394 48	76.6399	131.251	0.723 3321	1.602 131	0.006 7514	330.466 31
EARTH*							
6680.5	0.001 79	176.4	102.9698	1.000 0052	0.985 602 7	0.016 6931	122.057 99
6705.5	0.001 83	175.2	102.9808	1.000 0043	0.985 604 1	0.016 6901	146.698 57
6730.5	0.001 84	175.1	102.9722	0.999 9986	0.985 612 5	0.016 6838	171.339 24
6755.5	0.001 85	175.1	102.9637	0.999 9953	0.985 617 4	0.016 6792	195.980 09
6780.5	0.001 85	175.2	102.9658	0.999 9965	0.985 615 6	0.016 6766	220.620 77
6805.5	0.001 85	175.2	102.9777	1.000 0010	0.985 609 0	0.016 6736	245.261 07
6830.5	0.001 85	175.3	102.9897	1.000 0038	0.985 604 8	0.016 6720	269.900 95
6855.5	0.001 85	175.5	103.0059	1.000 0032	0.985 605 8	0.016 6727	294.540 54
6880.5	0.001 85	175.4	103.0324	0.999 9981	0.985 613 2	0.016 6748	319.180 05
6905.5	0.001 86	175.3	103.0625	0.999 9915	0.985 623 1	0.016 6751	343.819 84
6930.5	0.001 87	175.3	103.0906	0.999 9840	0.985 634 1	0.016 6741	8.460 15
6955.5	0.001 87	175.4	103.1090	0.999 9785	0.985 642 2	0.016 6726	33.101 00
6980.5	0.001 88	175.5	103.1110	0.999 9778	0.985 643 3	0.016 6722	57.742 06
7005.5	0.001 88	175.4	103.0938	0.999 9851	0.985 632 4	0.016 6776	82.382 87
7030.5	0.001 88	175.1	103.0721	0.999 9974	0.985 614 4	0.016 6889	107.022 93

*Values labelled for the Earth are actually for the Earth/Moon barycenter (see note on page E2).

FORMULAS

Mean anomaly, $M = L - \varpi$

Argument of perihelion, measured from node, $\omega = \varpi - \Omega$

True anomaly, $\quad \nu = M + (2e - e^3/4) \sin M + (5e^2/4) \sin 2M + (13e^3/12) \sin 3M + \dots$ in radians.

Planet-Sun distance, $\quad r = a(1 - e^2)/(1 + e \cos \nu)$

Heliocentric rectangular coordinates, referred to the ecliptic, may be computed from these elements by:

$$x = r\{\cos(\nu + \omega) \cos \Omega - \sin(\nu + \omega) \cos i \sin \Omega\}$$
$$y = r\{\cos(\nu + \omega) \sin \Omega + \sin(\nu + \omega) \cos i \cos \Omega\}$$
$$z = r \sin(\nu + \omega) \sin i$$

HELIOCENTRIC OSCULATING ORBITAL ELEMENTS
REFERRED TO THE MEAN EQUINOX AND ECLIPTIC OF J2000.0

Julian Date (TDB) 245	Inclin- ation i	Longitude		Semimajor Axis a	Daily Motion n	Eccen- tricity e	Mean Longitude L
		Asc. Node Ω	Perihelion ϖ				
MARS	°	°	°	au	°		°
6680.5	1.848 44	49.5153	336.1334	1.523 6312	0.524 065 5	0.093 4822	166.608 68
6717.5	1.848 45	49.5148	336.1263	1.523 6150	0.524 073 9	0.093 4990	186.001 27
6754.5	1.848 46	49.5146	336.1188	1.523 6089	0.524 077 0	0.093 5146	205.394 37
6791.5	1.848 45	49.5146	336.1106	1.523 6200	0.524 071 3	0.093 5218	224.786 76
6828.5	1.848 43	49.5147	336.1024	1.523 6389	0.524 061 6	0.093 5231	244.177 85
6865.5	1.848 41	49.5145	336.0948	1.523 6569	0.524 052 3	0.093 5199	263.567 55
6902.5	1.848 40	49.5143	336.0843	1.523 6787	0.524 041 0	0.093 5166	282.956 24
6939.5	1.848 39	49.5140	336.0753	1.523 6940	0.524 033 1	0.093 5154	302.344 45
6976.5	1.848 39	49.5137	336.0687	1.523 6962	0.524 032 0	0.093 5121	321.732 46
7013.5	1.848 39	49.5133	336.0645	1.523 6856	0.524 037 5	0.093 5050	341.120 94
JUPITER							
6680.5	1.303 77	100.5139	14.3955	5.202 591	0.083 096 57	0.048 8909	101.078 68
6717.5	1.303 75	100.5138	14.3721	5.202 485	0.083 099 10	0.048 8828	104.154 30
6754.5	1.303 75	100.5138	14.3419	5.202 351	0.083 102 32	0.048 8865	107.228 85
6791.5	1.303 76	100.5139	14.3268	5.202 281	0.083 104 00	0.048 8951	110.302 90
6828.5	1.303 77	100.5141	14.3235	5.202 261	0.083 104 48	0.048 9036	113.376 85
6865.5	1.303 78	100.5142	14.3340	5.202 304	0.083 103 43	0.048 9056	116.451 22
6902.5	1.303 76	100.5138	14.3368	5.202 321	0.083 103 03	0.048 9017	119.526 39
6939.5	1.303 75	100.5135	14.3309	5.202 297	0.083 103 61	0.048 9011	122.601 47
6976.5	1.303 73	100.5131	14.3235	5.202 264	0.083 104 40	0.048 9026	125.676 46
7013.5	1.303 73	100.5132	14.3189	5.202 236	0.083 105 08	0.048 9076	128.751 00
SATURN							
6680.5	2.487 87	113.5732	91.8250	9.528 854	0.033 528 46	0.055 6003	221.776 57
6717.5	2.487 88	113.5723	91.9613	9.530 213	0.033 521 29	0.055 5275	223.012 53
6754.5	2.487 88	113.5723	92.0722	9.531 382	0.033 515 12	0.055 4570	224.249 75
6791.5	2.487 88	113.5725	92.1689	9.532 369	0.033 509 92	0.055 4000	225.486 55
6828.5	2.487 87	113.5727	92.2611	9.533 281	0.033 505 11	0.055 3494	226.722 78
6865.5	2.487 88	113.5727	92.3603	9.534 223	0.033 500 14	0.055 2999	227.957 93
6902.5	2.487 89	113.5719	92.4717	9.535 359	0.033 494 16	0.055 2315	229.193 10
6939.5	2.487 91	113.5715	92.5765	9.536 503	0.033 488 13	0.055 1548	230.428 99
6976.5	2.487 92	113.5711	92.6754	9.537 626	0.033 482 21	0.055 0753	231.665 13
7013.5	2.487 91	113.5714	92.7631	9.538 646	0.033 476 85	0.055 0007	232.901 45
URANUS							
6680.5	0.772 49	73.9201	169.7656	19.172 92	0.011 747 67	0.048 6502	13.665 26
6753.5	0.772 48	73.9223	170.0235	19.165 87	0.011 754 15	0.048 9721	14.513 86
6826.5	0.772 50	73.9192	170.2269	19.160 47	0.011 759 12	0.049 2159	15.364 61
6899.5	0.772 50	73.9195	170.4461	19.154 21	0.011 764 89	0.049 5041	16.216 70
6972.5	0.772 45	73.9252	170.7027	19.148 11	0.011 770 51	0.049 7659	17.064 68
NEPTUNE							
6680.5	1.771 01	131.8014	66.462	29.972 47	0.006 010 512	0.009 5075	335.759 98
6753.5	1.771 24	131.8047	68.160	29.964 27	0.006 012 978	0.009 2963	336.173 51
6826.5	1.771 34	131.8061	69.477	29.958 14	0.006 014 825	0.009 1346	336.592 71
6899.5	1.771 53	131.8088	71.202	29.950 30	0.006 017 187	0.008 9706	337.010 85
6972.5	1.771 77	131.8122	72.548	29.944 57	0.006 018 914	0.008 7714	337.425 22

MERCURY, 2014

HELIOCENTRIC POSITIONS FOR 0ʰ BARYCENTRIC DYNAMICAL TIME
MEAN EQUINOX AND ECLIPTIC OF DATE

Date		Longitude	Latitude	True Heliocentric Distance	Date		Longitude	Latitude	True Heliocentric Distance
		° ′ ″	° ′ ″	au			° ′ ″	° ′ ″	au
Jan.	0	282 41 31.3	− 5 41 27.6	0.455 4611	Feb.	15	142 44 27.2	+ 6 59 10.4	0.341 1201
	1	285 36 33.5	− 5 53 28.2	0.452 8535		16	147 51 21.0	+ 6 54 46.5	0.346 4890
	2	288 33 51.1	− 6 04 41.9	0.449 9843		17	152 48 36.2	+ 6 47 23.6	0.352 0305
	3	291 33 38.5	− 6 15 05.7	0.446 8578		18	157 36 21.7	+ 6 37 22.1	0.357 6992
	4	294 36 11.2	− 6 24 36.2	0.443 4789		19	162 14 51.7	+ 6 25 01.9	0.363 4524
	5	297 41 44.9	− 6 33 09.7	0.439 8533		20	166 44 24.5	+ 6 10 41.6	0.369 2507
	6	300 50 36.0	− 6 40 42.1	0.435 9874		21	171 05 21.6	+ 5 54 38.6	0.375 0580
	7	304 03 01.6	− 6 47 08.9	0.431 8885		22	175 18 06.7	+ 5 37 08.8	0.380 8412
	8	307 19 19.4	− 6 52 25.2	0.427 5652		23	179 23 04.7	+ 5 18 26.6	0.386 5706
	9	310 39 47.9	− 6 56 25.7	0.423 0267		24	183 20 41.4	+ 4 58 44.6	0.392 2190
	10	314 04 46.2	− 6 59 04.6	0.418 2840		25	187 11 22.7	+ 4 38 14.4	0.397 7623
	11	317 34 34.2	− 7 00 15.5	0.413 3491		26	190 55 34.5	+ 4 17 05.9	0.403 1787
	12	321 09 32.5	− 6 59 51.8	0.408 2358		27	194 33 42.0	+ 3 55 27.7	0.408 4487
	13	324 50 02.3	− 6 57 46.2	0.402 9595		28	198 06 09.9	+ 3 33 27.6	0.413 5551
	14	328 36 25.3	− 6 53 51.0	0.397 5376	Mar.	1	201 33 22.2	+ 3 11 12.1	0.418 4825
	15	332 29 03.7	− 6 47 58.2	0.391 9897		2	204 55 41.8	+ 2 48 46.9	0.423 2172
	16	336 28 20.1	− 6 39 59.3	0.386 3375		3	208 13 30.8	+ 2 26 17.0	0.427 7471
	17	340 34 36.8	− 6 29 45.8	0.380 6055		4	211 27 10.4	+ 2 03 46.6	0.432 0616
	18	344 48 16.3	− 6 17 09.1	0.374 8207		5	214 37 00.6	+ 1 41 19.3	0.436 1511
	19	349 09 40.1	− 6 02 00.7	0.369 0132		6	217 43 20.8	+ 1 18 58.3	0.440 0074
	20	353 39 09.0	− 5 44 12.9	0.363 2161		7	220 46 29.4	+ 0 56 46.3	0.443 6232
	21	358 17 01.8	− 5 23 38.7	0.357 4656		8	223 46 44.0	+ 0 34 45.6	0.446 9919
	22	3 03 35.2	− 5 00 12.3	0.351 8014		9	226 44 21.4	+ 0 12 58.4	0.450 1080
	23	7 59 02.6	− 4 33 50.2	0.346 2660		10	229 39 37.7	− 0 08 33.6	0.452 9666
	24	13 03 33.5	− 4 04 31.1	0.340 9052		11	232 32 48.4	− 0 29 48.9	0.455 5634
	25	18 17 12.2	− 3 32 17.2	0.335 7674		12	235 24 08.4	− 0 50 46.0	0.457 8947
	26	23 39 56.9	− 2 57 14.6	0.330 9030		13	238 13 51.9	− 1 11 23.6	0.459 9574
	27	29 11 38.5	− 2 19 34.0	0.326 3638		14	241 02 13.0	− 1 31 40.6	0.461 7488
	28	34 51 59.3	− 1 39 31.6	0.322 2023		15	243 49 25.0	− 1 51 35.9	0.463 2666
	29	40 40 32.6	− 0 57 29.2	0.318 4699		16	246 35 41.1	− 2 11 08.4	0.464 5091
	30	46 36 41.1	− 0 13 54.4	0.315 2160		17	249 21 14.1	− 2 30 17.0	0.465 4747
	31	52 39 37.2	+ 0 30 39.5	0.312 4861		18	252 06 16.7	− 2 49 00.8	0.466 1623
Feb.	1	58 48 22.5	+ 1 15 34.6	0.310 3205		19	254 51 01.2	− 3 07 18.7	0.466 5712
	2	65 01 48.5	+ 2 00 09.0	0.308 7523		20	257 35 40.0	− 3 25 09.7	0.466 7009
	3	71 18 38.0	+ 2 43 39.3	0.307 8065		21	260 20 25.3	− 3 42 32.4	0.466 5513
	4	77 37 26.7	+ 3 25 21.6	0.307 4982		22	263 05 29.2	− 3 59 25.9	0.466 1224
	5	83 56 45.4	+ 4 04 34.4	0.307 8327		23	265 51 04.0	− 4 15 48.6	0.465 4148
	6	90 15 03.0	+ 4 40 40.2	0.308 8043		24	268 37 22.0	− 4 31 39.3	0.464 4294
	7	96 30 49.5	+ 5 13 07.6	0.310 3973		25	271 24 35.6	− 4 46 56.2	0.463 1672
	8	102 42 38.7	+ 5 41 32.1	0.312 5867		26	274 12 57.4	− 5 01 37.8	0.461 6297
	9	108 49 11.2	+ 6 05 37.2	0.315 3388		27	277 02 40.3	− 5 15 42.1	0.459 8188
	10	114 49 16.4	+ 6 25 14.5	0.318 6132		28	279 53 57.4	− 5 29 07.1	0.457 7368
	11	120 41 54.1	+ 6 40 22.7	0.322 3641		29	282 47 02.0	− 5 41 50.5	0.455 3863
	12	126 26 15.6	+ 6 51 07.5	0.326 5421		30	285 42 08.1	− 5 53 49.6	0.452 7707
	13	132 01 43.8	+ 6 57 39.8	0.331 0955		31	288 39 29.9	− 6 05 01.9	0.449 8935
	14	137 27 52.8	+ 7 00 14.7	0.335 9721	Apr.	1	291 39 22.1	− 6 15 24.1	0.446 7591
	15	142 44 27.2	+ 6 59 10.4	0.341 1201		2	294 42 00.0	− 6 24 52.9	0.443 3725

HELIOCENTRIC POSITIONS FOR 0ʰ BARYCENTRIC DYNAMICAL TIME
MEAN EQUINOX AND ECLIPTIC OF DATE

Date	Longitude	Latitude	True Heliocentric Distance	Date	Longitude	Latitude	True Heliocentric Distance
	° ′ ″	° ′ ″	au		° ′ ″	° ′ ″	au
Apr. 1	291 39 22.1	− 6 15 24.1	0.446 7591	May 17	157 45 21.8	+ 6 37 01.1	0.357 8746
2	294 42 00.0	− 6 24 52.9	0.443 3725	18	162 23 34.9	+ 6 24 36.8	0.363 6300
3	297 47 39.4	− 6 33 24.6	0.439 7393	19	166 52 51.5	+ 6 10 13.0	0.369 4293
4	300 56 36.7	− 6 40 55.0	0.435 8660	20	171 13 33.0	+ 5 54 07.1	0.375 2366
5	304 09 09.1	− 6 47 19.7	0.431 7600	21	175 26 03.3	+ 5 36 34.8	0.381 0188
6	307 25 34.2	− 6 52 33.8	0.427 4298	22	179 30 47.2	+ 5 17 50.5	0.386 7463
7	310 46 10.6	− 6 56 31.9	0.422 8848	23	183 28 10.7	+ 4 58 06.9	0.392 3920
8	314 11 17.4	− 6 59 08.2	0.418 1358	24	187 18 39.5	+ 4 37 35.3	0.397 9318
9	317 41 14.6	− 7 00 16.3	0.413 1950	25	191 02 39.5	+ 4 16 25.7	0.403 3441
10	321 16 22.7	− 6 59 49.6	0.408 0762	26	194 40 36.1	+ 3 54 46.8	0.408 6094
11	324 57 03.0	− 6 57 40.8	0.402 7950	27	198 12 53.9	+ 3 32 46.1	0.413 7106
12	328 43 37.1	− 6 53 42.1	0.397 3688	28	201 39 56.7	+ 3 10 30.2	0.418 6323
13	332 36 27.4	− 6 47 45.5	0.391 8171	29	205 02 07.5	+ 2 48 04.8	0.423 3610
14	336 35 56.3	− 6 39 42.6	0.386 1618	30	208 19 48.4	+ 2 25 34.8	0.427 8844
15	340 42 26.3	− 6 29 24.8	0.380 4275	31	211 33 20.5	+ 2 03 04.4	0.432 1921
16	344 56 19.7	− 6 16 43.6	0.374 6413	June 1	214 43 03.9	+ 1 40 37.2	0.436 2746
17	349 17 58.3	− 6 01 30.5	0.368 8333	2	217 49 17.8	+ 1 18 16.5	0.440 1236
18	353 47 42.4	− 5 43 37.7	0.363 0368	3	220 52 20.8	+ 0 56 04.8	0.443 7318
19	358 25 51.1	− 5 22 58.2	0.357 2881	4	223 52 30.2	+ 0 34 04.6	0.447 0928
20	3 12 40.9	− 4 59 26.5	0.351 6268	5	226 50 02.9	+ 0 12 17.8	0.450 2010
21	8 08 25.0	− 4 32 58.9	0.346 0958	6	229 45 15.1	− 0 09 13.8	0.453 0515
22	13 13 13.0	− 4 03 34.4	0.340 7409	7	232 38 22.1	− 0 30 28.5	0.455 6401
23	18 27 08.8	− 3 31 15.2	0.335 6104	8	235 29 38.8	− 0 51 25.0	0.457 9631
24	23 50 10.5	− 2 56 07.4	0.330 7549	9	238 19 19.5	− 1 12 02.0	0.460 0174
25	29 22 08.7	− 2 18 22.2	0.326 2264	10	241 07 38.2	− 1 32 18.3	0.461 8003
26	35 02 45.5	− 1 38 15.7	0.322 0771	11	243 54 48.2	− 1 52 12.9	0.463 3097
27	40 51 33.9	− 0 56 10.0	0.318 3585	12	246 41 02.8	− 2 11 44.6	0.464 5435
28	46 47 56.2	− 0 12 32.8	0.315 1199	13	249 26 34.7	− 2 30 52.5	0.465 5005
29	52 51 04.4	+ 0 32 02.5	0.312 4066	14	252 11 36.5	− 2 49 35.5	0.466 1795
30	58 59 59.9	+ 1 16 57.6	0.310 2588	15	254 56 20.6	− 3 07 52.6	0.466 5797
May 1	65 13 34.0	+ 2 01 30.8	0.308 7094	16	257 40 59.4	− 3 25 42.7	0.466 7007
2	71 30 29.1	+ 2 44 58.4	0.307 7830	17	260 25 45.1	− 3 43 04.6	0.466 5424
3	77 49 20.6	+ 3 26 36.8	0.307 4946	18	263 10 49.8	− 3 59 57.1	0.466 1048
4	84 08 39.3	+ 4 05 44.4	0.307 8488	19	265 56 25.7	− 4 16 18.8	0.465 3886
5	90 26 54.2	+ 4 41 44.0	0.308 8400	20	268 42 45.3	− 4 32 08.4	0.464 3946
6	96 42 35.1	+ 5 14 04.2	0.310 4520	21	271 30 00.8	− 4 47 24.3	0.463 1238
7	102 54 16.2	+ 5 42 20.9	0.312 6595	22	274 18 24.9	− 5 02 04.8	0.461 5778
8	109 00 38.2	+ 6 06 17.9	0.315 4286	23	277 08 10.5	− 5 16 07.9	0.459 7584
9	115 00 30.9	+ 6 25 46.8	0.318 7186	24	279 59 30.7	− 5 29 31.6	0.457 6680
10	120 52 54.3	+ 6 40 46.7	0.322 4837	25	282 52 38.9	− 5 42 13.6	0.455 3093
11	126 37 00.2	+ 6 51 23.5	0.326 6743	26	285 47 49.0	− 5 54 11.4	0.452 6855
12	132 12 11.8	+ 6 57 48.1	0.331 2388	27	288 45 15.2	− 6 05 22.1	0.449 8003
13	137 38 03.4	+ 7 00 16.0	0.336 1249	28	291 45 12.3	− 6 15 42.7	0.446 6580
14	142 54 20.1	+ 6 59 05.1	0.341 2807	29	294 47 55.6	− 6 25 09.8	0.443 2636
15	148 00 56.1	+ 6 54 35.3	0.346 6560	30	297 53 40.9	− 6 33 39.6	0.439 6229
16	152 57 53.7	+ 6 47 07.2	0.352 2024	July 1	301 02 44.6	− 6 41 08.0	0.435 7423
17	157 45 21.8	+ 6 37 01.1	0.357 8746	2	304 15 23.9	− 6 47 30.6	0.431 6292

MERCURY, 2014

HELIOCENTRIC POSITIONS FOR 0ʰ BARYCENTRIC DYNAMICAL TIME
MEAN EQUINOX AND ECLIPTIC OF DATE

Date	Longitude	Latitude	True Heliocentric Distance	Date	Longitude	Latitude	True Heliocentric Distance
	° ′ ″	° ′ ″	au		° ′ ″	° ′ ″	au
July 1	301 02 44.6	− 6 41 08.0	0.435 7423	Aug. 16	171 21 42.9	+ 5 53 35.5	0.375 4163
2	304 15 23.9	− 6 47 30.6	0.431 6292	17	175 33 58.3	+ 5 36 00.7	0.381 1972
3	307 31 56.5	− 6 52 42.4	0.427 2922	18	179 38 28.2	+ 5 17 14.4	0.386 9225
4	310 52 41.0	− 6 56 38.0	0.422 7407	19	183 35 38.4	+ 4 57 29.1	0.392 5653
5	314 17 56.5	− 6 59 11.6	0.417 9855	20	187 25 54.8	+ 4 36 56.2	0.398 1015
6	317 48 03.0	− 7 00 16.9	0.413 0390	21	191 09 43.2	+ 4 15 45.6	0.403 5095
7	321 23 21.1	− 6 59 47.2	0.407 9150	22	194 47 28.9	+ 3 54 05.8	0.408 7699
8	325 04 12.0	− 6 57 35.0	0.402 6290	23	198 19 36.6	+ 3 32 04.5	0.413 8658
9	328 50 57.4	− 6 53 32.8	0.397 1986	24	201 46 30.0	+ 3 09 48.3	0.418 7817
10	332 43 59.7	− 6 47 32.4	0.391 6434	25	205 08 32.1	+ 2 47 22.7	0.423 5041
11	336 43 41.3	− 6 39 25.4	0.385 9853	26	208 26 05.0	+ 2 24 52.6	0.428 0210
12	340 50 24.7	− 6 29 03.3	0.380 2489	27	211 39 29.7	+ 2 02 22.2	0.432 3218
13	345 04 32.3	− 6 16 17.4	0.374 4616	28	214 49 06.3	+ 1 39 55.2	0.436 3972
14	349 26 25.5	− 6 00 59.5	0.368 6534	29	217 55 14.1	+ 1 17 34.7	0.440 2388
15	353 56 25.0	− 5 43 01.6	0.362 8578	30	220 58 11.4	+ 0 55 23.3	0.443 8394
16	358 34 49.6	− 5 22 16.8	0.357 1112	31	223 58 15.7	+ 0 33 23.5	0.447 1926
17	3 21 55.7	− 4 58 39.7	0.351 4533	Sept. 1	226 55 43.9	+ 0 11 37.1	0.450 2928
18	8 17 56.6	− 4 32 06.6	0.345 9271	2	229 50 51.9	− 0 09 53.9	0.453 1353
19	13 23 01.5	− 4 02 36.6	0.340 5783	3	232 43 55.3	− 0 31 08.1	0.455 7156
20	18 37 14.2	− 3 30 12.0	0.335 4556	4	235 35 08.8	− 0 52 04.0	0.458 0304
21	24 00 32.7	− 2 54 59.2	0.330 6094	5	238 24 46.9	− 1 12 40.4	0.460 0763
22	29 32 47.3	− 2 17 09.3	0.326 0919	6	241 13 03.2	− 1 32 56.0	0.461 8507
23	35 13 39.9	− 1 36 58.8	0.321 9551	7	244 00 11.4	− 1 52 49.9	0.463 3514
24	41 02 42.9	− 0 54 49.7	0.318 2506	8	246 46 24.4	− 2 12 20.9	0.464 5767
25	46 59 18.6	− 0 11 10.2	0.315 0276	9	249 31 55.2	− 2 31 28.1	0.465 5250
26	53 02 38.5	+ 0 33 26.2	0.312 3313	10	252 16 56.3	− 2 50 10.3	0.466 1954
27	59 11 43.7	+ 1 18 21.3	0.310 2016	11	255 01 40.2	− 3 08 26.5	0.466 5869
28	65 25 25.2	+ 2 02 53.2	0.308 6712	12	257 46 19.0	− 3 26 15.7	0.466 6992
29	71 42 25.2	+ 2 46 18.0	0.307 7644	13	260 31 05.1	− 3 43 36.7	0.466 5321
30	78 01 19.0	+ 3 27 52.3	0.307 4958	14	263 16 10.6	− 4 00 28.3	0.466 0859
31	84 20 37.1	+ 4 06 54.6	0.307 8700	15	266 01 47.8	− 4 16 49.1	0.465 3610
Aug. 1	90 38 48.6	+ 4 42 47.8	0.308 8807	16	268 48 08.9	− 4 32 37.6	0.464 3583
2	96 54 23.4	+ 5 15 00.8	0.310 5116	17	271 35 26.4	− 4 47 52.4	0.463 0788
3	103 05 55.7	+ 5 43 09.6	0.312 7370	18	274 23 53.0	− 5 02 31.8	0.461 5243
4	109 12 06.7	+ 6 06 58.3	0.315 5229	19	277 13 41.3	− 5 16 33.7	0.459 6964
5	115 11 46.3	+ 6 26 18.8	0.318 8284	20	280 05 04.7	− 5 29 56.1	0.457 5976
6	121 03 55.0	+ 6 41 10.4	0.322 6074	21	282 58 16.6	− 5 42 36.8	0.455 2306
7	126 47 44.8	+ 6 51 39.1	0.326 8104	22	285 53 30.7	− 5 54 33.1	0.452 5985
8	132 22 39.3	+ 6 57 56.2	0.331 3857	23	288 51 01.5	− 6 05 42.3	0.449 7052
9	137 48 13.3	+ 7 00 17.0	0.336 2809	24	291 51 03.6	− 6 16 01.3	0.446 5550
10	143 04 12.1	+ 6 58 59.6	0.341 4442	25	294 53 52.4	− 6 25 26.6	0.443 1528
11	148 10 30.0	+ 6 54 23.9	0.346 8255	26	297 59 43.6	− 6 33 54.6	0.439 5045
12	153 07 09.8	+ 6 46 50.5	0.352 3765	27	301 08 53.9	− 6 41 21.0	0.435 6165
13	157 54 20.5	+ 6 36 39.8	0.358 0519	28	304 21 40.2	− 6 47 41.5	0.431 4964
14	162 32 16.7	+ 6 24 11.5	0.363 8092	29	307 38 20.5	− 6 52 51.0	0.427 1525
15	167 01 16.9	+ 6 09 44.3	0.369 6093	30	310 59 13.2	− 6 56 44.1	0.422 5945
16	171 21 42.9	+ 5 53 35.5	0.375 4163	Oct. 1	314 24 37.6	− 6 59 15.1	0.417 8332

HELIOCENTRIC POSITIONS FOR 0ʰ BARYCENTRIC DYNAMICAL TIME
MEAN EQUINOX AND ECLIPTIC OF DATE

Date	Longitude	Latitude	True Heliocentric Distance	Date	Longitude	Latitude	True Heliocentric Distance
	° ′ ″	° ′ ″	au		° ′ ″	° ′ ″	au
Oct. 1	314 24 37.6	− 6 59 15.1	0.417 8332	Nov. 16	187 33 08.0	+ 4 36 17.3	0.398 2719
2	317 54 53.6	− 7 00 17.5	0.412 8810	17	191 16 44.8	+ 4 15 05.6	0.403 6754
3	321 30 21.7	− 6 59 44.6	0.407 7517	18	194 54 19.6	+ 3 53 25.1	0.408 9309
4	325 11 23.4	− 6 57 29.1	0.402 4610	19	198 26 17.2	+ 3 31 23.3	0.414 0212
5	328 58 20.4	− 6 53 23.3	0.397 0264	20	201 53 01.2	+ 3 09 06.6	0.418 9312
6	332 51 34.8	− 6 47 19.1	0.391 4677	21	205 14 54.7	+ 2 46 40.8	0.423 6473
7	336 51 29.3	− 6 39 08.0	0.385 8068	22	208 32 19.6	+ 2 24 10.6	0.428 1575
8	340 58 26.3	− 6 28 41.5	0.380 0686	23	211 45 37.0	+ 2 01 40.3	0.432 4514
9	345 12 48.1	− 6 15 51.0	0.374 2802	24	214 55 06.9	+ 1 39 13.5	0.436 5195
10	349 34 56.3	− 6 00 28.2	0.368 4720	25	218 01 08.5	+ 1 16 53.2	0.440 3536
11	354 05 11.3	− 5 42 25.1	0.362 6775	26	221 04 00.2	+ 0 54 42.1	0.443 9465
12	358 43 52.0	− 5 21 35.1	0.356 9332	27	224 03 59.5	+ 0 32 42.7	0.447 2919
13	3 31 14.6	− 4 57 52.5	0.351 2789	28	227 01 23.2	+ 0 10 56.8	0.450 3841
14	8 27 32.4	− 4 31 13.8	0.345 7576	29	229 56 27.2	− 0 10 33.8	0.453 2184
15	13 32 54.3	− 4 01 38.3	0.340 4153	30	232 49 27.0	− 0 31 47.4	0.455 7905
16	18 47 24.1	− 3 29 08.4	0.335 3006	Dec. 1	235 40 37.4	− 0 52 42.7	0.458 0969
17	24 10 59.4	− 2 53 50.5	0.330 4641	2	238 30 12.8	− 1 13 18.5	0.460 1344
18	29 43 30.4	− 2 15 55.9	0.325 9578	3	241 18 26.9	− 1 33 33.5	0.461 9003
19	35 24 38.6	− 1 35 41.3	0.321 8340	4	244 05 33.2	− 1 53 26.7	0.463 3925
20	41 13 56.3	− 0 53 29.0	0.318 1440	5	246 51 44.8	− 2 12 57.0	0.464 6092
21	47 10 45.2	− 0 09 47.2	0.314 9369	6	249 37 14.6	− 2 32 03.4	0.465 5489
22	53 14 16.6	+ 0 34 50.5	0.312 2578	7	252 22 15.1	− 2 50 44.9	0.466 2105
23	59 23 31.4	+ 1 19 45.4	0.310 1465	8	255 06 58.7	− 3 09 00.3	0.466 5934
24	65 37 20.0	+ 2 04 15.8	0.308 6353	9	257 51 37.6	− 3 26 48.6	0.466 6970
25	71 54 24.6	+ 2 47 37.9	0.307 7483	10	260 36 24.2	− 3 44 08.7	0.466 5213
26	78 13 20.2	+ 3 29 08.0	0.307 4999	11	263 21 30.6	− 4 00 59.3	0.466 0665
27	84 32 37.4	+ 4 08 04.9	0.307 8941	12	266 07 09.1	− 4 17 19.1	0.465 3330
28	90 50 45.0	+ 4 43 51.6	0.308 9244	13	268 53 31.8	− 4 33 06.7	0.464 3217
29	97 06 13.2	+ 5 15 57.3	0.310 5743	14	271 40 51.4	− 4 48 20.4	0.463 0338
30	103 17 36.4	+ 5 43 58.2	0.312 8177	15	274 29 20.3	− 5 02 58.6	0.461 4709
31	109 23 35.9	+ 6 07 38.6	0.315 6204	16	277 19 11.6	− 5 16 59.3	0.459 6347
Nov. 1	115 23 02.0	+ 6 26 50.6	0.318 9412	17	280 10 38.2	− 5 30 20.5	0.457 5276
2	121 14 55.6	+ 6 41 34.0	0.322 7342	18	283 03 53.7	− 5 42 59.8	0.455 1524
3	126 58 29.0	+ 6 51 54.6	0.326 9494	19	285 59 11.9	− 5 54 54.7	0.452 5124
4	132 33 06.2	+ 6 58 04.1	0.331 5353	20	288 56 47.2	− 6 06 02.4	0.449 6112
5	137 58 22.3	+ 7 00 17.8	0.336 4395	21	291 56 54.3	− 6 16 19.8	0.446 4533
6	143 14 02.8	+ 6 58 53.9	0.341 6103	22	294 59 48.6	− 6 25 43.4	0.443 0436
7	148 20 02.6	+ 6 54 12.5	0.346 9974	23	298 05 45.8	− 6 34 09.5	0.439 3880
8	153 16 24.4	+ 6 46 33.9	0.352 5527	24	301 15 02.5	− 6 41 33.9	0.435 4929
9	158 03 17.5	+ 6 36 18.6	0.358 2311	25	304 27 55.9	− 6 47 52.2	0.431 3660
10	162 40 56.6	+ 6 23 46.3	0.363 9902	26	307 44 43.7	− 6 52 59.4	0.427 0156
11	167 09 40.5	+ 6 09 15.7	0.369 7909	27	311 05 44.5	− 6 56 50.0	0.422 4514
12	171 29 50.8	+ 5 53 04.0	0.375 5974	28	314 31 17.6	− 6 59 18.3	0.417 6843
13	175 41 51.3	+ 5 35 26.8	0.381 3769	29	318 01 42.9	− 7 00 17.8	0.412 7267
14	179 46 07.1	+ 5 16 38.4	0.387 0999	30	321 37 21.0	− 6 59 41.9	0.407 5926
15	183 43 04.0	+ 4 56 51.5	0.392 7395	31	325 18 33.3	− 6 57 23.0	0.402 2975
16	187 33 08.0	+ 4 36 17.3	0.398 2719	32	329 05 41.4	− 6 53 13.7	0.396 8591

VENUS, 2014

HELIOCENTRIC POSITIONS FOR 0ʰ BARYCENTRIC DYNAMICAL TIME
MEAN EQUINOX AND ECLIPTIC OF DATE

Date		Longitude	Latitude	True Heliocentric Distance	Date		Longitude	Latitude	True Heliocentric Distance
		° ′ ″	° ′ ″	au			° ′ ″	° ′ ″	au
Jan.	−1	90 56 18.8	+ 0 49 46.9	0.719 6214	Apr.	1	239 37 42.2	+ 1 00 13.8	0.724 8150
	1	94 10 18.9	+ 1 00 51.2	0.719 4483		3	242 48 49.0	+ 0 49 18.8	0.725 0720
	3	97 24 25.8	+ 1 11 44.2	0.719 2874		5	245 59 46.8	+ 0 38 15.2	0.725 3234
	5	100 38 39.2	+ 1 22 23.7	0.719 1394		7	249 10 35.9	+ 0 27 05.0	0.725 5686
	7	103 52 58.9	+ 1 32 47.8	0.719 0048		9	252 21 16.8	+ 0 15 50.3	0.725 8067
	9	107 07 24.6	+ 1 42 54.2	0.718 8839		11	255 31 49.9	+ 0 04 33.0	0.726 0370
	11	110 21 56.0	+ 1 52 41.1	0.718 7772		13	258 42 15.9	− 0 06 44.7	0.726 2589
	13	113 36 32.8	+ 2 02 06.5	0.718 6851		15	261 52 35.1	− 0 18 00.7	0.726 4716
	15	116 51 14.6	+ 2 11 08.6	0.718 6077		17	265 02 48.2	− 0 29 13.0	0.726 6745
	17	120 06 01.0	+ 2 19 45.6	0.718 5455		19	268 12 55.8	− 0 40 19.6	0.726 8670
	19	123 20 51.4	+ 2 27 55.7	0.718 4985		21	271 22 58.3	− 0 51 18.5	0.727 0485
	21	126 35 45.4	+ 2 35 37.4	0.718 4669		23	274 32 56.4	− 1 02 07.7	0.727 2185
	23	129 50 42.5	+ 2 42 49.2	0.718 4508		25	277 42 50.6	− 1 12 45.2	0.727 3763
	25	133 05 42.1	+ 2 49 29.7	0.718 4503		27	280 52 41.6	− 1 23 09.1	0.727 5217
	27	136 20 43.6	+ 2 55 37.4	0.718 4653		29	284 02 29.8	− 1 33 17.6	0.727 6540
	29	139 35 46.4	+ 3 01 11.3	0.718 4959	May	1	287 12 16.0	− 1 43 08.8	0.727 7730
	31	142 50 49.8	+ 3 06 10.2	0.718 5418		3	290 22 00.5	− 1 52 41.0	0.727 8783
Feb.	2	146 05 53.2	+ 3 10 33.2	0.718 6030		5	293 31 44.0	− 2 01 52.5	0.727 9695
	4	149 20 55.9	+ 3 14 19.4	0.718 6792		7	296 41 27.0	− 2 10 41.6	0.728 0464
	6	152 35 57.2	+ 3 17 28.2	0.718 7701		9	299 51 09.9	− 2 19 06.8	0.728 1087
	8	155 50 56.4	+ 3 19 58.9	0.718 8755		11	303 00 53.4	− 2 27 06.5	0.728 1563
	10	159 05 52.8	+ 3 21 51.0	0.718 9951		13	306 10 37.8	− 2 34 39.3	0.728 1889
	12	162 20 45.7	+ 3 23 04.3	0.719 1284		15	309 20 23.6	− 2 41 43.8	0.728 2066
	14	165 35 34.4	+ 3 23 38.5	0.719 2749		17	312 30 11.2	− 2 48 18.8	0.728 2093
	16	168 50 18.2	+ 3 23 33.5	0.719 4343		19	315 40 01.0	− 2 54 23.1	0.728 1969
	18	172 04 56.4	+ 3 22 49.6	0.719 6060		21	318 49 53.4	− 2 59 55.6	0.728 1695
	20	175 19 28.5	+ 3 21 26.7	0.719 7893		23	321 59 48.7	− 3 04 55.2	0.728 1271
	22	178 33 53.8	+ 3 19 25.4	0.719 9839		25	325 09 47.2	− 3 09 21.1	0.728 0700
	24	181 48 11.6	+ 3 16 46.0	0.720 1889		27	328 19 49.3	− 3 13 12.4	0.727 9982
	26	185 02 21.5	+ 3 13 29.0	0.720 4038		29	331 29 55.2	− 3 16 28.4	0.727 9120
	28	188 16 22.9	+ 3 09 35.3	0.720 6278		31	334 40 05.1	− 3 19 08.4	0.727 8116
Mar.	2	191 30 15.4	+ 3 05 05.7	0.720 8603	June	2	337 50 19.3	− 3 21 12.0	0.727 6974
	4	194 43 58.6	+ 3 00 01.0	0.721 1004		4	341 00 38.0	− 3 22 38.8	0.727 5697
	6	197 57 31.9	+ 2 54 22.3	0.721 3475		6	344 11 01.3	− 3 23 28.4	0.727 4288
	8	201 10 55.2	+ 2 48 10.8	0.721 6007		8	347 21 29.5	− 3 23 40.7	0.727 2752
	10	204 24 08.1	+ 2 41 27.7	0.721 8592		10	350 32 02.6	− 3 23 15.5	0.727 1094
	12	207 37 10.5	+ 2 34 14.4	0.722 1222		12	353 42 40.8	− 3 22 12.9	0.726 9318
	14	210 50 02.0	+ 2 26 32.4	0.722 3889		14	356 53 24.3	− 3 20 33.0	0.726 7431
	16	214 02 42.8	+ 2 18 23.1	0.722 6585		16	0 04 13.2	− 3 18 16.2	0.726 5436
	18	217 15 12.6	+ 2 09 48.1	0.722 9300		18	3 15 07.5	− 3 15 22.6	0.726 3342
	20	220 27 31.5	+ 2 00 49.2	0.723 2027		20	6 26 07.3	− 3 11 52.9	0.726 1154
	22	223 39 39.5	+ 1 51 28.0	0.723 4757		22	9 37 12.8	− 3 07 47.5	0.725 8878
	24	226 51 36.7	+ 1 41 46.4	0.723 7480		24	12 48 24.0	− 3 03 07.3	0.725 6522
	26	230 03 23.4	+ 1 31 46.3	0.724 0190		26	15 59 40.9	− 2 57 52.9	0.725 4093
	28	233 14 59.7	+ 1 21 29.5	0.724 2877		28	19 11 03.8	− 2 52 05.3	0.725 1599
	30	236 26 25.8	+ 1 10 58.0	0.724 5533		30	22 22 32.7	− 2 45 45.5	0.724 9046
Apr.	1	239 37 42.2	+ 1 00 13.8	0.724 8150	July	2	25 34 07.6	− 2 38 54.6	0.724 6443

HELIOCENTRIC POSITIONS FOR 0ʰ BARYCENTRIC DYNAMICAL TIME
MEAN EQUINOX AND ECLIPTIC OF DATE

Date	Longitude	Latitude	True Heliocentric Distance	Date	Longitude	Latitude	True Heliocentric Distance
	° ′ ″	° ′ ″	au		° ′ ″	° ′ ″	au
July 2	25 34 07.6	− 2 38 54.6	0.724 6443	Oct. 2	174 12 00.4	+ 3 22 00.0	0.719 7293
4	28 45 48.6	− 2 31 33.8	0.724 3798	4	177 26 27.9	+ 3 20 12.0	0.719 9205
6	31 57 35.9	− 2 23 44.4	0.724 1120	6	180 40 48.2	+ 3 17 45.8	0.720 1223
8	35 09 29.4	− 2 15 27.8	0.723 8415	8	183 55 00.7	+ 3 14 41.9	0.720 3343
10	38 21 29.4	− 2 06 45.6	0.723 5694	10	187 09 04.9	+ 3 11 01.0	0.720 5556
12	41 33 35.8	− 1 57 39.3	0.723 2964	12	190 23 00.4	+ 3 06 43.8	0.720 7855
14	44 45 48.8	− 1 48 10.5	0.723 0234	14	193 36 46.6	+ 3 01 51.2	0.721 0234
16	47 58 08.5	− 1 38 20.9	0.722 7512	16	196 50 23.1	+ 2 56 24.2	0.721 2685
18	51 10 34.9	− 1 28 12.5	0.722 4807	18	200 03 49.7	+ 2 50 24.1	0.721 5200
20	54 23 08.2	− 1 17 47.0	0.722 2128	20	203 17 06.0	+ 2 43 51.9	0.721 7771
22	57 35 48.4	− 1 07 06.5	0.721 9482	22	206 30 11.7	+ 2 36 49.0	0.722 0389
24	60 48 35.5	− 0 56 12.8	0.721 6879	24	209 43 06.8	+ 2 29 16.8	0.722 3047
26	64 01 29.8	− 0 45 08.0	0.721 4327	26	212 55 51.0	+ 2 21 16.9	0.722 5736
28	67 14 31.1	− 0 33 54.2	0.721 1833	28	216 08 24.4	+ 2 12 50.7	0.722 8448
30	70 27 39.7	− 0 22 33.5	0.720 9405	30	219 20 46.8	+ 2 03 59.9	0.723 1174
Aug. 1	73 40 55.4	− 0 11 08.2	0.720 7052	Nov. 1	222 32 58.2	+ 1 54 46.4	0.723 3905
3	76 54 18.3	+ 0 00 19.8	0.720 4781	3	225 44 58.9	+ 1 45 11.7	0.723 6633
5	80 07 48.4	+ 0 11 48.1	0.720 2600	5	228 56 49.0	+ 1 35 17.9	0.723 9350
7	83 21 25.6	+ 0 23 14.5	0.720 0514	7	232 08 28.5	+ 1 25 06.7	0.724 2047
9	86 35 10.0	+ 0 34 36.9	0.719 8531	9	235 19 57.8	+ 1 14 40.1	0.724 4716
11	89 49 01.3	+ 0 45 53.1	0.719 6658	11	238 31 17.2	+ 1 04 00.2	0.724 7348
13	93 02 59.5	+ 0 57 00.9	0.719 4900	13	241 42 27.0	+ 0 53 08.8	0.724 9935
15	96 17 04.5	+ 1 07 58.1	0.719 3263	15	244 53 27.6	+ 0 42 08.0	0.725 2470
17	99 31 16.0	+ 1 18 42.5	0.719 1753	17	248 04 19.4	+ 0 30 59.9	0.725 4944
19	102 45 33.8	+ 1 29 12.2	0.719 0374	19	251 15 02.8	+ 0 19 46.5	0.725 7350
21	105 59 57.8	+ 1 39 25.0	0.718 9131	21	254 25 38.2	+ 0 08 29.9	0.725 9680
23	109 14 27.5	+ 1 49 18.9	0.718 8027	23	257 36 06.3	− 0 02 47.9	0.726 1928
25	112 29 02.6	+ 1 58 52.0	0.718 7067	25	260 46 27.6	− 0 14 04.7	0.726 4087
27	115 43 42.9	+ 2 08 02.4	0.718 6254	27	263 56 42.5	− 0 25 18.5	0.726 6150
29	118 58 27.8	+ 2 16 48.3	0.718 5590	29	267 06 51.6	− 0 36 27.3	0.726 8110
31	122 13 17.0	+ 2 25 08.0	0.718 5077	Dec. 1	270 16 55.5	− 0 47 29.1	0.726 9962
Sept. 2	125 28 09.8	+ 2 32 59.8	0.718 4717	3	273 26 54.8	− 0 58 21.9	0.727 1700
4	128 43 06.0	+ 2 40 22.2	0.718 4512	5	276 36 50.0	− 1 09 03.6	0.727 3319
6	131 58 04.8	+ 2 47 13.7	0.718 4461	7	279 46 41.8	− 1 19 32.5	0.727 4815
8	135 13 05.7	+ 2 53 33.0	0.718 4565	9	282 56 30.7	− 1 29 46.6	0.727 6181
10	138 28 08.0	+ 2 59 18.8	0.718 4825	11	286 06 17.2	− 1 39 44.0	0.727 7415
12	141 43 11.3	+ 3 04 30.0	0.718 5238	13	289 16 02.0	− 1 49 23.1	0.727 8513
14	144 58 14.7	+ 3 09 05.6	0.718 5803	15	292 25 45.6	− 1 58 42.0	0.727 9471
16	148 13 17.6	+ 3 13 04.7	0.718 6519	17	295 35 28.5	− 2 07 39.1	0.728 0287
18	151 28 19.4	+ 3 16 26.6	0.718 7384	19	298 45 11.2	− 2 16 12.8	0.728 0958
20	154 43 19.3	+ 3 19 10.6	0.718 8394	21	301 54 54.2	− 2 24 21.6	0.728 1482
22	157 58 16.6	+ 3 21 16.2	0.718 9546	23	305 04 38.1	− 2 32 03.9	0.728 1857
24	161 13 10.6	+ 3 22 43.1	0.719 0837	25	308 14 23.2	− 2 39 18.5	0.728 2082
26	164 28 00.7	+ 3 23 30.9	0.719 2262	27	311 24 09.9	− 2 46 04.0	0.728 2158
28	167 42 46.2	+ 3 23 39.7	0.719 3816	29	314 33 58.8	− 2 52 19.2	0.728 2082
30	170 57 26.3	+ 3 23 09.3	0.719 5495	31	317 43 50.1	− 2 58 02.9	0.728 1857
Oct. 2	174 12 00.4	+ 3 22 00.0	0.719 7293	33	320 53 44.2	− 3 03 14.1	0.728 1481

MARS, 2014

HELIOCENTRIC POSITIONS FOR 0ʰ BARYCENTRIC DYNAMICAL TIME
MEAN EQUINOX AND ECLIPTIC OF DATE

Date	Longitude	Latitude	True Heliocentric Distance	Date	Longitude	Latitude	True Heliocentric Distance
	° ′ ″	° ′ ″	au		° ′ ″	° ′ ″	au
Jan. −1	154 35 08.7	+ 1 47 13.8	1.665 9825	July 2	239 56 42.2	− 0 19 48.1	1.526 1095
3	156 19 56.0	+ 1 46 18.6	1.666 0629	6	242 01 54.0	− 0 23 45.9	1.520 8960
7	158 04 43.2	+ 1 45 17.5	1.665 9839	10	244 07 57.5	− 0 27 43.5	1.515 6683
11	159 49 31.5	+ 1 44 10.5	1.665 7454	14	246 14 53.7	− 0 31 40.4	1.510 4333
15	161 34 22.1	+ 1 42 57.7	1.665 3477	18	248 22 43.0	− 0 35 36.4	1.505 1982
19	163 19 16.1	+ 1 41 39.1	1.664 7910	22	250 31 25.9	− 0 39 31.0	1.499 9703
23	165 04 14.7	+ 1 40 14.7	1.664 0758	26	252 41 03.1	− 0 43 23.9	1.494 7569
27	166 49 19.3	+ 1 38 44.7	1.663 2025	30	254 51 34.7	− 0 47 14.7	1.489 5657
31	168 34 30.8	+ 1 37 09.0	1.662 1718	Aug. 3	257 03 01.3	− 0 51 02.9	1.484 4043
Feb. 4	170 19 50.7	+ 1 35 27.7	1.660 9845	7	259 15 22.9	− 0 54 48.2	1.479 2805
8	172 05 19.9	+ 1 33 40.8	1.659 6414	11	261 28 39.8	− 0 58 30.2	1.474 2022
12	173 50 59.9	+ 1 31 48.5	1.658 1436	15	263 42 52.0	− 1 02 08.4	1.469 1773
16	175 36 51.7	+ 1 29 50.8	1.656 4921	19	265 57 59.5	− 1 05 42.3	1.464 2140
20	177 22 56.5	+ 1 27 47.7	1.654 6883	23	268 14 02.0	− 1 09 11.5	1.459 3203
24	179 09 15.7	+ 1 25 39.3	1.652 7334	27	270 30 59.4	− 1 12 35.5	1.454 5044
28	180 55 50.3	+ 1 23 25.6	1.650 6291	31	272 48 51.2	− 1 15 53.9	1.449 7745
Mar. 4	182 42 41.6	+ 1 21 06.7	1.648 3769	Sept. 4	275 07 37.0	− 1 19 06.2	1.445 1387
8	184 29 50.8	+ 1 18 42.8	1.645 9787	8	277 27 16.1	− 1 22 11.9	1.440 6054
12	186 17 19.1	+ 1 16 13.8	1.643 4363	12	279 47 47.9	− 1 25 10.6	1.436 1825
16	188 05 07.7	+ 1 13 39.8	1.640 7518	16	282 09 11.4	− 1 28 01.7	1.431 8783
20	189 53 17.9	+ 1 11 01.0	1.637 9273	20	284 31 25.7	− 1 30 44.9	1.427 7006
24	191 41 50.9	+ 1 08 17.3	1.634 9652	24	286 54 29.6	− 1 33 19.6	1.423 6576
28	193 30 47.8	+ 1 05 28.9	1.631 8679	28	289 18 21.9	− 1 35 45.4	1.419 7568
Apr. 1	195 20 09.9	+ 1 02 36.0	1.628 6381	Oct. 2	291 43 01.2	− 1 38 01.8	1.416 0060
5	197 09 58.4	+ 0 59 38.5	1.625 2784	6	294 08 26.0	− 1 40 08.5	1.412 4126
9	199 00 14.5	+ 0 56 36.5	1.621 7919	10	296 34 34.5	− 1 42 04.9	1.408 9838
13	200 50 59.4	+ 0 53 30.3	1.618 1815	14	299 01 25.0	− 1 43 50.8	1.405 7267
17	202 42 14.4	+ 0 50 19.8	1.614 4504	18	301 28 55.6	− 1 45 25.7	1.402 6480
21	204 34 00.6	+ 0 47 05.3	1.610 6020	22	303 57 04.2	− 1 46 49.3	1.399 7542
25	206 26 19.2	+ 0 43 46.8	1.606 6399	26	306 25 48.7	− 1 48 01.3	1.397 0513
29	208 19 11.4	+ 0 40 24.5	1.602 5678	30	308 55 06.6	− 1 49 01.4	1.394 5453
May 3	210 12 38.5	+ 0 36 58.6	1.598 3894	Nov. 3	311 24 55.7	− 1 49 49.3	1.392 2415
7	212 06 41.5	+ 0 33 29.1	1.594 1088	7	313 55 13.3	− 1 50 24.7	1.390 1450
11	214 01 21.6	+ 0 29 56.2	1.589 7302	11	316 25 56.8	− 1 50 47.6	1.388 2604
15	215 56 40.1	+ 0 26 20.1	1.585 2579	15	318 57 03.6	− 1 50 57.7	1.386 5919
19	217 52 37.9	+ 0 22 41.0	1.580 6965	19	321 28 30.9	− 1 50 55.0	1.385 1433
23	219 49 16.4	+ 0 18 59.1	1.576 0506	23	324 00 15.6	− 1 50 39.2	1.383 9178
27	221 46 36.5	+ 0 15 14.5	1.571 3252	27	326 32 14.9	− 1 50 10.6	1.382 9182
31	223 44 39.3	+ 0 11 27.5	1.566 5253	Dec. 1	329 04 25.8	− 1 49 28.9	1.382 1468
June 4	225 43 25.9	+ 0 07 38.2	1.561 6561	5	331 36 45.3	− 1 48 34.3	1.381 6052
8	227 42 57.4	+ 0 03 47.0	1.556 7231	9	334 09 10.2	− 1 47 26.9	1.381 2949
12	229 43 14.7	− 0 00 06.0	1.551 7318	13	336 41 37.5	− 1 46 06.8	1.381 2164
16	231 44 18.9	− 0 04 00.5	1.546 6880	17	339 14 04.1	− 1 44 34.2	1.381 3700
20	233 46 10.9	− 0 07 56.3	1.541 5977	21	341 46 26.8	− 1 42 49.4	1.381 7553
24	235 48 51.5	− 0 11 53.0	1.536 4670	25	344 18 42.6	− 1 40 52.5	1.382 3714
28	237 52 21.7	− 0 15 50.4	1.531 3021	29	346 50 48.4	− 1 38 43.8	1.383 2168
July 2	239 56 42.2	− 0 19 48.1	1.526 1095	33	349 22 41.2	− 1 36 23.8	1.384 2897

HELIOCENTRIC POSITIONS FOR 0ʰ BARYCENTRIC DYNAMICAL TIME
MEAN EQUINOX AND ECLIPTIC OF DATE

Date	Longitude	Latitude	True Heliocentric Distance	Date	Longitude	Latitude	True Heliocentric Distance
		JUPITER				SATURN	
	° ′ ″	° ′ ″	au		° ′ ″	° ′ ″	au
Jan. −7	104 22 46.4	+ 0 05 06.7	5.189 223	Jan. −7	225 43 36.9	+ 2 18 22.2	9.878 792
3	105 12 48.2	+ 0 06 14.8	5.192 917	3	226 02 20.0	+ 2 18 03.9	9.881 029
13	106 02 45.7	+ 0 07 22.7	5.196 610	13	226 21 02.6	+ 2 17 45.3	9.883 256
23	106 52 39.0	+ 0 08 30.5	5.200 301	23	226 39 44.7	+ 2 17 26.5	9.885 472
Feb. 2	107 42 28.0	+ 0 09 38.0	5.203 991	Feb. 2	226 58 26.4	+ 2 17 07.4	9.887 676
12	108 32 12.8	+ 0 10 45.3	5.207 677	12	227 17 07.5	+ 2 16 48.1	9.889 870
22	109 21 53.4	+ 0 11 52.4	5.211 359	22	227 35 48.2	+ 2 16 28.6	9.892 052
Mar. 4	110 11 29.8	+ 0 12 59.2	5.215 036	Mar. 4	227 54 28.4	+ 2 16 08.8	9.894 222
14	111 01 02.0	+ 0 14 05.8	5.218 709	14	228 13 08.1	+ 2 15 48.8	9.896 381
24	111 50 30.0	+ 0 15 12.1	5.222 375	24	228 31 47.4	+ 2 15 28.6	9.898 528
Apr. 3	112 39 53.8	+ 0 16 18.1	5.226 035	Apr. 3	228 50 26.2	+ 2 15 08.2	9.900 664
13	113 29 13.5	+ 0 17 23.8	5.229 687	13	229 09 04.5	+ 2 14 47.5	9.902 787
23	114 18 29.1	+ 0 18 29.2	5.233 331	23	229 27 42.3	+ 2 14 26.6	9.904 899
May 3	115 07 40.6	+ 0 19 34.3	5.236 966	May 3	229 46 19.7	+ 2 14 05.4	9.906 999
13	115 56 48.0	+ 0 20 39.1	5.240 592	13	230 04 56.6	+ 2 13 44.1	9.909 087
23	116 45 51.3	+ 0 21 43.6	5.244 207	23	230 23 33.0	+ 2 13 22.5	9.911 163
June 2	117 34 50.6	+ 0 22 47.6	5.247 812	June 2	230 42 09.0	+ 2 13 00.7	9.913 228
12	118 23 45.9	+ 0 23 51.4	5.251 404	12	231 00 44.5	+ 2 12 38.6	9.915 280
22	119 12 37.1	+ 0 24 54.7	5.254 985	22	231 19 19.6	+ 2 12 16.4	9.917 320
July 2	120 01 24.5	+ 0 25 57.6	5.258 552	July 2	231 37 54.2	+ 2 11 53.9	9.919 348
12	120 50 07.8	+ 0 27 00.2	5.262 105	12	231 56 28.4	+ 2 11 31.2	9.921 364
22	121 38 47.3	+ 0 28 02.3	5.265 643	22	232 15 02.1	+ 2 11 08.3	9.923 369
Aug. 1	122 27 22.8	+ 0 29 04.1	5.269 167	Aug. 1	232 33 35.4	+ 2 10 45.1	9.925 361
11	123 15 54.5	+ 0 30 05.4	5.272 674	11	232 52 08.3	+ 2 10 21.8	9.927 340
21	124 04 22.4	+ 0 31 06.2	5.276 164	21	233 10 40.7	+ 2 09 58.2	9.929 308
31	124 52 46.4	+ 0 32 06.6	5.279 637	31	233 29 12.7	+ 2 09 34.4	9.931 264
Sept. 10	125 41 06.7	+ 0 33 06.6	5.283 092	Sept. 10	233 47 44.3	+ 2 09 10.4	9.933 207
20	126 29 23.1	+ 0 34 06.1	5.286 528	20	234 06 15.4	+ 2 08 46.1	9.935 137
30	127 17 35.9	+ 0 35 05.1	5.289 944	30	234 24 46.1	+ 2 08 21.7	9.937 055
Oct. 10	128 05 44.9	+ 0 36 03.6	5.293 341	Oct. 10	234 43 16.4	+ 2 07 57.0	9.938 961
20	128 53 50.3	+ 0 37 01.6	5.296 716	20	235 01 46.3	+ 2 07 32.2	9.940 854
30	129 41 52.0	+ 0 37 59.1	5.300 071	30	235 20 15.8	+ 2 07 07.1	9.942 734
Nov. 9	130 29 50.1	+ 0 38 56.0	5.303 403	Nov. 9	235 38 44.9	+ 2 06 41.8	9.944 602
19	131 17 44.6	+ 0 39 52.5	5.306 713	19	235 57 13.5	+ 2 06 16.3	9.946 457
29	132 05 35.5	+ 0 40 48.4	5.310 000	29	236 15 41.8	+ 2 05 50.6	9.948 298
Dec. 9	132 53 23.0	+ 0 41 43.8	5.313 263	Dec. 9	236 34 09.6	+ 2 05 24.6	9.950 127
19	133 41 06.9	+ 0 42 38.6	5.316 502	19	236 52 37.1	+ 2 04 58.5	9.951 943
29	134 28 47.4	+ 0 43 32.9	5.319 716	29	237 11 04.2	+ 2 04 32.2	9.953 747
39	135 16 24.5	+ 0 44 26.6	5.322 904	39	237 29 30.8	+ 2 04 05.6	9.955 537
		URANUS				NEPTUNE	
	° ′ ″	° ′ ″	au		° ′ ″	° ′ ″	au
Jan. −17	11 17 36.5	− 0 41 12.1	20.035 50	Jan. −17	334 36 56.4	− 0 40 55.1	29.979 87
Jan. 23	11 43 29.7	− 0 41 02.5	20.032 68	Jan. 23	334 51 26.8	− 0 41 19.7	29.978 67
Mar. 4	12 09 23.1	− 0 40 52.6	20.029 82	Mar. 4	335 05 57.1	− 0 41 44.3	29.977 48
Apr. 13	12 35 16.9	− 0 40 42.7	20.026 91	Apr. 13	335 20 27.4	− 0 42 08.9	29.976 31
May 23	13 01 10.9	− 0 40 32.6	20.023 95	May 23	335 34 57.8	− 0 42 33.4	29.975 15
July 2	13 27 05.3	− 0 40 22.4	20.020 95	July 2	335 49 28.2	− 0 42 57.9	29.974 00
Aug. 11	13 53 00.0	− 0 40 12.0	20.017 89	Aug. 11	336 03 58.6	− 0 43 22.3	29.972 87
Sept. 20	14 18 55.0	− 0 40 01.5	20.014 79	Sept. 20	336 18 29.0	− 0 43 46.7	29.971 74
Oct. 30	14 44 50.4	− 0 39 50.9	20.011 64	Oct. 30	336 32 59.4	− 0 44 11.1	29.970 63
Dec. 9	15 10 46.1	− 0 39 40.1	20.008 45	Dec. 9	336 47 29.8	− 0 44 35.4	29.969 54
Dec. 49	15 36 42.1	− 0 39 29.2	20.005 21	Dec. 49	337 02 00.3	− 0 44 59.6	29.968 46

MERCURY, 2014

GEOCENTRIC COORDINATES FOR 0^h TERRESTRIAL TIME

Date	Apparent Right Ascension	Apparent Declination	True Geocentric Distance	Date	Apparent Right Ascension	Apparent Declination	True Geocentric Distance
	h m s	° ′ ″	au		h m s	° ′ ″	au
Jan. 0	18 46 10.536	−24 49 02.83	1.436 8051	Feb. 15	21 55 43.988	− 8 43 27.28	0.651 3280
1	18 53 15.938	−24 44 10.69	1.433 3361	16	21 51 20.479	− 9 03 31.27	0.645 2541
2	19 00 22.018	−24 37 49.62	1.429 2600	17	21 46 56.367	− 9 25 49.19	0.641 5565
3	19 07 28.625	−24 29 58.73	1.424 5653	18	21 42 38.245	− 9 49 42.01	0.640 1414
4	19 14 35.600	−24 20 37.21	1.419 2394	19	21 38 32.124	−10 14 31.51	0.640 8835
5	19 21 42.773	−24 09 44.32	1.413 2685	20	21 34 43.216	−10 39 42.01	0.643 6336
6	19 28 49.964	−23 57 19.40	1.406 6372	21	21 31 15.798	−11 04 41.57	0.648 2259
7	19 35 56.980	−23 43 21.89	1.399 3289	22	21 28 13.162	−11 29 02.74	0.654 4855
8	19 43 03.612	−23 27 51.33	1.391 3255	23	21 25 37.634	−11 52 22.83	0.662 2349
9	19 50 09.632	−23 10 47.43	1.382 6074	24	21 23 30.654	−12 14 23.79	0.671 2993
10	19 57 14.790	−22 52 10.02	1.373 1539	25	21 21 52.886	−12 34 51.86	0.681 5110
11	20 04 18.811	−22 31 59.13	1.362 9427	26	21 20 44.348	−12 53 36.95	0.692 7122
12	20 11 21.390	−22 10 14.99	1.351 9505	27	21 20 04.546	−13 10 32.14	0.704 7570
13	20 18 22.186	−21 46 58.11	1.340 1527	28	21 19 52.597	−13 25 33.00	0.717 5125
14	20 25 20.821	−21 22 09.27	1.327 5241	Mar. 1	21 20 07.343	−13 38 37.07	0.730 8591
15	20 32 16.865	−20 55 49.63	1.314 0389	2	21 20 47.444	−13 49 43.43	0.744 6901
16	20 39 09.837	−20 28 00.74	1.299 6714	3	21 21 51.453	−13 58 52.22	0.758 9111
17	20 45 59.190	−19 58 44.68	1.284 3960	4	21 23 17.877	−14 06 04.43	0.773 4396
18	20 52 44.303	−19 28 04.08	1.268 1885	5	21 25 05.222	−14 11 21.57	0.788 2034
19	20 59 24.470	−18 56 02.29	1.251 0265	6	21 27 12.021	−14 14 45.54	0.803 1398
20	21 05 58.884	−18 22 43.45	1.232 8906	7	21 29 36.862	−14 16 18.44	0.818 1946
21	21 12 26.626	−17 48 12.62	1.213 7659	8	21 32 18.403	−14 16 02.50	0.833 3214
22	21 18 46.650	−17 12 35.97	1.193 6430	9	21 35 15.376	−14 14 00.02	0.848 4802
23	21 24 57.763	−16 36 00.90	1.172 5204	10	21 38 26.598	−14 10 13.25	0.863 6368
24	21 30 58.615	−15 58 36.22	1.150 4061	11	21 41 50.971	−14 04 44.43	0.878 7623
25	21 36 47.681	−15 20 32.32	1.127 3200	12	21 45 27.477	−13 57 35.73	0.893 8319
26	21 42 23.249	−14 42 01.36	1.103 2965	13	21 49 15.184	−13 48 49.24	0.908 8249
27	21 47 43.411	−14 03 17.37	1.078 3870	14	21 53 13.235	−13 38 26.96	0.923 7237
28	21 52 46.064	−13 24 36.42	1.052 6625	15	21 57 20.849	−13 26 30.82	0.938 5134
29	21 57 28.912	−12 46 16.68	1.026 2161	16	22 01 37.315	−13 13 02.64	0.953 1818
30	22 01 49.486	−12 08 38.40	0.999 1647	17	22 06 01.989	−12 58 04.17	0.967 7183
31	22 05 45.181	−11 32 03.82	0.971 6506	18	22 10 34.288	−12 41 37.08	0.982 1141
Feb. 1	22 09 13.298	−10 56 57.00	0.943 8421	19	22 15 13.686	−12 23 42.96	0.996 3619
2	22 12 11.120	−10 23 43.45	0.915 9325	20	22 19 59.712	−12 04 23.33	1.010 4552
3	22 14 36.001	− 9 52 49.65	0.888 1383	21	22 24 51.943	−11 43 39.65	1.024 3887
4	22 16 25.473	− 9 24 42.43	0.860 6959	22	22 29 50.000	−11 21 33.34	1.038 1573
5	22 17 37.378	− 8 59 48.17	0.833 8570	23	22 34 53.551	−10 58 05.76	1.051 7567
6	22 18 10.019	− 8 38 31.80	0.807 8824	24	22 40 02.298	−10 33 18.21	1.065 1829
7	22 18 02.314	− 8 21 15.75	0.783 0357	25	22 45 15.985	−10 07 11.98	1.078 4317
8	22 17 13.956	− 8 08 18.73	0.759 5753	26	22 50 34.388	− 9 39 48.29	1.091 4991
9	22 15 45.566	− 7 59 54.53	0.737 7468	27	22 55 57.318	− 9 11 08.34	1.104 3809
10	22 13 38.804	− 7 56 10.82	0.717 7750	28	23 01 24.616	− 8 41 13.30	1.117 0726
11	22 10 56.451	− 7 57 08.17	0.699 8566	29	23 06 56.157	− 8 10 04.30	1.129 5693
12	22 07 42.411	− 8 02 39.38	0.684 1533	30	23 12 31.842	− 7 37 42.47	1.141 8653
13	22 04 01.642	− 8 12 29.29	0.670 7867	31	23 18 11.603	− 7 04 08.89	1.153 9544
14	21 59 59.998	− 8 26 15.08	0.659 8344	Apr. 1	23 23 55.396	− 6 29 24.67	1.165 8295
15	21 55 43.988	− 8 43 27.28	0.651 3280	2	23 29 43.204	− 5 53 30.91	1.177 4821

GEOCENTRIC COORDINATES FOR 0ʰ TERRESTRIAL TIME

Date	Apparent Right Ascension	Apparent Declination	True Geocentric Distance	Date	Apparent Right Ascension	Apparent Declination	True Geocentric Distance
	h m s	° ′ ″	au		h m s	° ′ ″	au
Apr. 1	23 23 55.396	− 6 29 24.67	1.165 8295	May 17	4 59 42.508	+25 04 58.09	1.002 2194
2	23 29 43.204	− 5 53 30.91	1.177 4821	18	5 06 06.724	+25 14 27.95	0.980 3232
3	23 35 35.033	− 5 16 28.70	1.188 9027	19	5 12 16.353	+25 21 51.20	0.958 5453
4	23 41 30.913	− 4 38 19.18	1.200 0800	20	5 18 10.885	+25 27 13.26	0.936 9469
5	23 47 30.894	− 3 59 03.51	1.211 0013	21	5 23 49.841	+25 30 39.70	0.915 5830
6	23 53 35.051	− 3 18 42.90	1.221 6518	22	5 29 12.762	+25 32 16.12	0.894 5029
7	23 59 43.478	− 2 37 18.62	1.232 0143	23	5 34 19.210	+25 32 08.14	0.873 7510
8	0 05 56.288	− 1 54 52.02	1.242 0696	24	5 39 08.757	+25 30 21.36	0.853 3677
9	0 12 13.615	− 1 11 24.53	1.251 7955	25	5 43 40.985	+25 27 01.33	0.833 3898
10	0 18 35.607	− 0 26 57.74	1.261 1671	26	5 47 55.488	+25 22 13.52	0.813 8510
11	0 25 02.430	+ 0 18 26.63	1.270 1562	27	5 51 51.865	+25 16 03.31	0.794 7832
12	0 31 34.265	+ 1 04 46.69	1.278 7311	28	5 55 29.728	+25 08 35.97	0.776 2162
13	0 38 11.303	+ 1 52 00.30	1.286 8567	29	5 58 48.699	+24 59 56.68	0.758 1787
14	0 44 53.745	+ 2 40 05.09	1.294 4936	30	6 01 48.422	+24 50 10.53	0.740 6989
15	0 51 41.797	+ 3 28 58.36	1.301 5984	31	6 04 28.565	+24 39 22.48	0.723 8043
16	0 58 35.666	+ 4 18 37.07	1.308 1234	June 1	6 06 48.830	+24 27 37.44	0.707 5226
17	1 05 35.556	+ 5 08 57.73	1.314 0163	2	6 08 48.963	+24 15 00.24	0.691 8816
18	1 12 41.660	+ 5 59 56.40	1.319 2207	3	6 10 28.770	+24 01 35.66	0.676 9098
19	1 19 54.150	+ 6 51 28.56	1.323 6755	4	6 11 48.125	+23 47 28.46	0.662 6361
20	1 27 13.173	+ 7 43 29.08	1.327 3160	5	6 12 46.990	+23 32 43.43	0.649 0904
21	1 34 38.839	+ 8 35 52.13	1.330 0739	6	6 13 25.432	+23 17 25.37	0.636 3034
22	1 42 11.209	+ 9 28 31.12	1.331 8786	7	6 13 43.643	+23 01 39.21	0.624 3064
23	1 49 50.283	+10 21 18.66	1.332 6577	8	6 13 41.957	+22 45 29.97	0.613 1315
24	1 57 35.989	+11 14 06.51	1.332 3391	9	6 13 20.869	+22 29 02.86	0.602 8115
25	2 05 28.167	+12 06 45.54	1.330 8525	10	6 12 41.059	+22 12 23.32	0.593 3791
26	2 13 26.559	+12 59 05.64	1.328 1318	11	6 11 43.402	+21 55 37.04	0.584 8672
27	2 21 30.795	+13 50 56.70	1.324 1173	12	6 10 28.983	+21 38 50.03	0.577 3079
28	2 29 40.359	+14 42 06.51	1.318 7584	13	6 08 59.103	+21 22 08.62	0.570 7325
29	2 37 54.639	+15 32 23.35	1.312 0165	14	6 07 15.283	+21 05 39.45	0.565 1707
30	2 46 12.876	+16 21 34.84	1.303 8675	15	6 05 19.255	+20 49 29.51	0.560 6497
May 1	2 54 34.184	+17 09 28.52	1.294 3037	16	6 03 12.946	+20 33 46.04	0.557 1945
2	3 02 57.563	+17 55 52.10	1.283 3357	17	6 00 58.461	+20 18 36.51	0.554 8263
3	3 11 21.908	+18 40 33.73	1.270 9932	18	5 58 38.045	+20 04 08.51	0.553 5631
4	3 19 46.040	+19 23 22.38	1.257 3247	19	5 56 14.049	+19 50 29.60	0.553 4184
5	3 28 08.723	+20 04 08.01	1.242 3965	20	5 53 48.885	+19 37 47.25	0.554 4017
6	3 36 28.693	+20 42 41.91	1.226 2910	21	5 51 24.985	+19 26 08.57	0.556 5177
7	3 44 44.684	+21 18 56.77	1.209 1040	22	5 49 04.747	+19 15 40.23	0.559 7669
8	3 52 55.455	+21 52 46.88	1.190 9414	23	5 46 50.502	+19 06 28.25	0.564 1452
9	4 00 59.807	+22 24 08.07	1.171 9161	24	5 44 44.466	+18 58 37.84	0.569 6444
10	4 08 56.600	+22 52 57.75	1.152 1449	25	5 42 48.710	+18 52 13.30	0.576 2523
11	4 16 44.767	+23 19 14.80	1.131 7447	26	5 41 05.136	+18 47 17.91	0.583 9532
12	4 24 23.317	+23 42 59.44	1.110 8309	27	5 39 35.456	+18 43 53.85	0.592 7281
13	4 31 51.339	+24 04 13.07	1.089 5144	28	5 38 21.185	+18 42 02.18	0.602 5555
14	4 39 07.998	+24 22 58.13	1.067 9004	29	5 37 23.638	+18 41 42.84	0.613 4116
15	4 46 12.533	+24 39 17.91	1.046 0873	30	5 36 43.931	+18 42 54.68	0.625 2707
16	4 53 04.249	+24 53 16.39	1.024 1659	July 1	5 36 22.996	+18 45 35.50	0.638 1056
17	4 59 42.508	+25 04 58.09	1.002 2194	2	5 36 21.592	+18 49 42.15	0.651 8880

GEOCENTRIC COORDINATES FOR 0ʰ TERRESTRIAL TIME

Date	Apparent Right Ascension	Apparent Declination	True Geocentric Distance	Date	Apparent Right Ascension	Apparent Declination	True Geocentric Distance
	h m s	° ′ ″	au		h m s	° ′ ″	au
July 1	5 36 22.996	+18 45 35.50	0.638 1056	Aug. 16	10 12 55.290	+12 47 34.86	1.353 6854
2	5 36 21.592	+18 49 42.15	0.651 8880	17	10 20 05.007	+12 03 54.02	1.351 0289
3	5 36 40.322	+18 55 10.57	0.666 5885	18	10 27 06.493	+11 19 42.45	1.347 6759
4	5 37 19.650	+19 01 55.90	0.682 1771	19	10 33 59.947	+10 35 05.81	1.343 6726
5	5 38 19.923	+19 09 52.53	0.698 6226	20	10 40 45.591	+ 9 50 09.35	1.339 0617
6	5 39 41.387	+19 18 54.22	0.715 8932	21	10 47 23.664	+ 9 04 57.86	1.333 8820
7	5 41 24.204	+19 28 54.14	0.733 9561	22	10 53 54.407	+ 8 19 35.79	1.328 1689
8	5 43 28.469	+19 39 44.92	0.752 7771	23	11 00 18.071	+ 7 34 07.21	1.321 9542
9	5 45 54.224	+19 51 18.72	0.772 3205	24	11 06 34.901	+ 6 48 35.91	1.315 2665
10	5 48 41.465	+20 03 27.24	0.792 5485	25	11 12 45.140	+ 6 03 05.37	1.308 1317
11	5 51 50.155	+20 16 01.78	0.813 4204	26	11 18 49.024	+ 5 17 38.81	1.300 5725
12	5 55 20.224	+20 28 53.21	0.834 8927	27	11 24 46.779	+ 4 32 19.25	1.292 6092
13	5 59 11.577	+20 41 52.00	0.856 9177	28	11 30 38.619	+ 3 47 09.50	1.284 2598
14	6 03 24.090	+20 54 48.26	0.879 4431	29	11 36 24.746	+ 3 02 12.21	1.275 5399
15	6 07 57.607	+21 07 31.67	0.902 4111	30	11 42 05.348	+ 2 17 29.85	1.266 4634
16	6 12 51.936	+21 19 51.58	0.925 7578	31	11 47 40.595	+ 1 33 04.79	1.257 0423
17	6 18 06.837	+21 31 36.99	0.949 4124	Sept. 1	11 53 10.642	+ 0 48 59.30	1.247 2870
18	6 23 42.012	+21 42 36.58	0.973 2967	2	11 58 35.626	+ 0 05 15.56	1.237 2063
19	6 29 37.086	+21 52 38.78	0.997 3244	3	12 03 55.664	− 0 38 04.33	1.226 8081
20	6 35 51.597	+22 01 31.82	1.021 4008	4	12 09 10.855	− 1 20 58.31	1.216 0989
21	6 42 24.974	+22 09 03.86	1.045 4230	5	12 14 21.277	− 2 03 24.34	1.205 0842
22	6 49 16.522	+22 15 03.11	1.069 2801	6	12 19 26.984	− 2 45 20.42	1.193 7688
23	6 56 25.405	+22 19 18.02	1.092 8541	7	12 24 28.011	− 3 26 44.53	1.182 1566
24	7 03 50.633	+22 21 37.46	1.116 0210	8	12 29 24.370	− 4 07 34.65	1.170 2508
25	7 11 31.056	+22 21 51.01	1.138 6534	9	12 34 16.049	− 4 47 48.74	1.158 0544
26	7 19 25.358	+22 19 49.19	1.160 6221	10	12 39 03.011	− 5 27 24.71	1.145 5694
27	7 27 32.068	+22 15 23.72	1.181 8000	11	12 43 45.187	− 6 06 20.42	1.132 7980
28	7 35 49.570	+22 08 27.83	1.202 0649	12	12 48 22.481	− 6 44 33.61	1.119 7416
29	7 44 16.135	+21 58 56.41	1.221 3030	13	12 52 54.759	− 7 22 01.95	1.106 4020
30	7 52 49.948	+21 46 46.23	1.239 4127	14	12 57 21.847	− 7 58 42.93	1.092 7809
31	8 01 29.151	+21 31 56.06	1.256 3070	15	13 01 43.534	− 8 34 33.91	1.078 8804
Aug. 1	8 10 11.889	+21 14 26.59	1.271 9161	16	13 05 59.559	− 9 09 32.04	1.064 7030
2	8 18 56.349	+20 54 20.48	1.286 1889	17	13 10 09.616	− 9 43 34.28	1.050 2519
3	8 27 40.806	+20 31 42.10	1.299 0936	18	13 14 13.347	−10 16 37.33	1.035 5314
4	8 36 23.660	+20 06 37.41	1.310 6169	19	13 18 10.334	−10 48 37.63	1.020 5468
5	8 45 03.459	+19 39 13.62	1.320 7633	20	13 22 00.099	−11 19 31.27	1.005 3050
6	8 53 38.924	+19 09 38.95	1.329 5530	21	13 25 42.096	−11 49 14.01	0.989 8147
7	9 02 08.954	+18 38 02.34	1.337 0193	22	13 29 15.705	−12 17 41.19	0.974 0868
8	9 10 32.632	+18 04 33.16	1.343 2068	23	13 32 40.225	−12 44 47.66	0.958 1350
9	9 18 49.217	+17 29 20.94	1.348 1679	24	13 35 54.871	−13 10 27.78	0.941 9758
10	9 26 58.128	+16 52 35.21	1.351 9611	25	13 38 58.763	−13 34 35.28	0.925 6297
11	9 34 58.944	+16 14 25.37	1.354 6480	26	13 41 50.926	−13 57 03.23	0.909 1215
12	9 42 51.378	+15 35 00.42	1.356 2923	27	13 44 30.280	−14 17 43.95	0.892 4810
13	9 50 35.260	+14 54 29.00	1.356 9572	28	13 46 55.640	−14 36 28.94	0.875 7442
14	9 58 10.521	+14 12 59.24	1.356 7049	29	13 49 05.713	−14 53 08.77	0.858 9541
15	10 05 37.172	+13 30 38.82	1.355 5953	30	13 50 59.107	−15 07 33.03	0.842 1615
16	10 12 55.290	+12 47 34.86	1.353 6854	Oct. 1	13 52 34.332	−15 19 30.28	0.825 4268

GEOCENTRIC COORDINATES FOR 0ʰ TERRESTRIAL TIME

Date	Apparent Right Ascension	Apparent Declination	True Geocentric Distance	Date	Apparent Right Ascension	Apparent Declination	True Geocentric Distance
	h m s	° ′ ″	au		h m s	° ′ ″	au
Oct. 1	13 52 34.332	−15 19 30.28	0.825 4268	Nov. 16	14 35 22.652	−13 43 23.17	1.297 0900
2	13 53 49.822	−15 28 48.00	0.808 8208	17	14 41 26.694	−14 18 26.65	1.311 6582
3	13 54 43.962	−15 35 12.63	0.792 4265	18	14 47 33.457	−14 53 05.69	1.325 3818
4	13 55 15.121	−15 38 29.64	0.776 3402	19	14 53 42.723	−15 27 15.53	1.338 2826
5	13 55 21.717	−15 38 23.77	0.760 6733	20	14 59 54.318	−16 00 51.96	1.350 3821
6	13 55 02.281	−15 34 39.38	0.745 5532	21	15 06 08.106	−16 33 51.22	1.361 7020
7	13 54 15.559	−15 27 01.00	0.731 1248	22	15 12 23.981	−17 06 09.93	1.372 2629
8	13 53 00.625	−15 15 14.13	0.717 5505	23	15 18 41.859	−17 37 45.05	1.382 0849
9	13 51 17.025	−14 59 06.35	0.705 0105	24	15 25 01.681	−18 08 33.81	1.391 1873
10	13 49 04.925	−14 38 28.77	0.693 7013	25	15 31 23.398	−18 38 33.68	1.399 5882
11	13 46 25.279	−14 13 17.69	0.683 8334	26	15 37 46.980	−19 07 42.33	1.407 3048
12	13 43 19.981	−13 43 36.62	0.675 6266	27	15 44 12.402	−19 35 57.60	1.414 3531
13	13 39 51.982	−13 09 38.20	0.669 3046	28	15 50 39.653	−20 03 17.48	1.420 7481
14	13 36 05.362	−12 31 45.91	0.665 0861	29	15 57 08.724	−20 29 40.08	1.426 5035
15	13 32 05.301	−11 50 35.25	0.663 1754	30	16 03 39.614	−20 55 03.61	1.431 6318
16	13 27 57.959	−11 06 53.77	0.663 7510	Dec. 1	16 10 12.323	−21 19 26.36	1.436 1444
17	13 23 50.237	−10 21 39.91	0.666 9545	2	16 16 46.853	−21 42 46.73	1.440 0516
18	13 19 49.441	− 9 36 00.45	0.672 8801	3	16 23 23.205	−22 05 03.14	1.443 3621
19	13 16 02.892	− 8 51 06.75	0.681 5659	4	16 30 01.377	−22 26 14.09	1.446 0838
20	13 12 37.503	− 8 08 10.25	0.692 9896	5	16 36 41.363	−22 46 18.10	1.448 2233
21	13 09 39.406	− 7 28 17.90	0.707 0666	6	16 43 23.154	−23 05 13.74	1.449 7857
22	13 07 13.650	− 6 52 28.14	0.723 6535	7	16 50 06.733	−23 22 59.60	1.450 7754
23	13 05 24.016	− 6 21 28.04	0.742 5541	8	16 56 52.082	−23 39 34.27	1.451 1953
24	13 04 12.948	− 5 55 51.64	0.763 5290	9	17 03 39.167	−23 54 56.28	1.451 0472
25	13 03 41.592	− 5 35 59.73	0.786 3067	10	17 10 27.946	−24 09 04.30	1.450 3318
26	13 03 49.922	− 5 22 00.59	0.810 5953	11	17 17 18.375	−24 21 57.02	1.449 0488
27	13 04 36.925	− 5 13 51.63	0.836 0940	12	17 24 10.400	−24 33 33.11	1.447 1965
28	13 06 00.809	− 5 11 21.28	0.862 5043	13	17 31 03.956	−24 43 51.23	1.444 7724
29	13 07 59.220	− 5 14 11.21	0.889 5384	14	17 37 58.969	−24 52 50.08	1.441 7727
30	13 10 29.443	− 5 21 58.26	0.916 9271	15	17 44 55.352	−25 00 28.37	1.438 1925
31	13 13 28.572	− 5 34 16.27	0.944 4248	16	17 51 53.007	−25 06 44.84	1.434 0258
Nov. 1	13 16 53.662	− 5 50 37.63	0.971 8131	17	17 58 51.823	−25 11 38.26	1.429 2655
2	13 20 41.831	− 6 10 34.42	0.998 9024	18	18 05 51.673	−25 15 07.42	1.423 9032
3	13 24 50.346	− 6 33 39.34	1.025 5321	19	18 12 52.417	−25 17 11.17	1.417 9295
4	13 29 16.671	− 6 59 26.37	1.051 5693	20	18 19 53.897	−25 17 48.39	1.411 3338
5	13 33 58.497	− 7 27 31.16	1.076 9073	21	18 26 55.937	−25 16 58.03	1.404 1042
6	13 38 53.758	− 7 57 31.23	1.101 4628	22	18 33 58.341	−25 14 39.09	1.396 2280
7	13 44 00.626	− 8 29 06.17	1.125 1732	23	18 41 00.889	−25 10 50.67	1.387 6910
8	13 49 17.499	− 9 01 57.51	1.147 9938	24	18 48 03.339	−25 05 31.91	1.378 4783
9	13 54 42.994	− 9 35 48.77	1.169 8952	25	18 55 05.423	−24 58 42.10	1.368 5737
10	14 00 15.920	−10 10 25.24	1.190 8603	26	19 02 06.847	−24 50 20.62	1.357 9603
11	14 05 55.263	−10 45 33.92	1.210 8824	27	19 09 07.284	−24 40 27.03	1.346 6199
12	14 11 40.165	−11 21 03.32	1.229 9630	28	19 16 06.374	−24 29 01.03	1.334 5341
13	14 17 29.907	−11 56 43.33	1.248 1097	29	19 23 03.715	−24 16 02.57	1.321 6833
14	14 23 23.886	−12 32 25.03	1.265 3352	30	19 29 58.860	−24 01 31.84	1.308 0478
15	14 29 21.605	−13 08 00.61	1.281 6558	31	19 36 51.308	−23 45 29.33	1.293 6074
16	14 35 22.652	−13 43 23.17	1.297 0900	32	19 43 40.497	−23 27 55.87	1.278 3424

VENUS, 2014

GEOCENTRIC COORDINATES FOR 0ʰ TERRESTRIAL TIME

Date	Apparent Right Ascension	Apparent Declination	True Geocentric Distance	Date	Apparent Right Ascension	Apparent Declination	True Geocentric Distance
	h m s	° ′ ″	au		h m s	° ′ ″	au
Jan. 0	19 55 27.027	−18 23 51.51	0.282 9541	Feb. 15	19 11 19.054	−16 25 32.28	0.410 6887
1	19 53 38.594	−18 12 57.12	0.280 0709	16	19 13 23.822	−16 27 49.31	0.417 4566
2	19 51 41.598	−18 02 19.59	0.277 4386	17	19 15 35.121	−16 29 56.57	0.424 2966
3	19 49 36.603	−17 51 59.85	0.275 0648	18	19 17 52.706	−16 31 52.72	0.431 2047
4	19 47 24.250	−17 41 58.87	0.272 9567	19	19 20 16.337	−16 33 36.45	0.438 1769
5	19 45 05.262	−17 32 17.56	0.271 1211	20	19 22 45.776	−16 35 06.56	0.445 2094
6	19 42 40.439	−17 22 56.87	0.269 5641	21	19 25 20.792	−16 36 21.87	0.452 2985
7	19 40 10.657	−17 13 57.71	0.268 2914	22	19 28 01.155	−16 37 21.27	0.459 4408
8	19 37 36.857	−17 05 20.99	0.267 3077	23	19 30 46.641	−16 38 03.72	0.466 6329
9	19 35 00.034	−16 57 07.62	0.266 6169	24	19 33 37.028	−16 38 28.24	0.473 8716
10	19 32 21.230	−16 49 18.47	0.266 2220	25	19 36 32.099	−16 38 33.91	0.481 1541
11	19 29 41.510	−16 41 54.41	0.266 1249	26	19 39 31.640	−16 38 19.86	0.488 4775
12	19 27 01.959	−16 34 56.23	0.266 3263	27	19 42 35.444	−16 37 45.27	0.495 8393
13	19 24 23.659	−16 28 24.68	0.266 8260	28	19 45 43.309	−16 36 49.36	0.503 2373
14	19 21 47.677	−16 22 20.46	0.267 6226	Mar. 1	19 48 55.042	−16 35 31.42	0.510 6692
15	19 19 15.051	−16 16 44.13	0.268 7138	2	19 52 10.459	−16 33 50.77	0.518 1333
16	19 16 46.778	−16 11 36.18	0.270 0961	3	19 55 29.385	−16 31 46.75	0.525 6278
17	19 14 23.798	−16 06 56.96	0.271 7652	4	19 58 51.654	−16 29 18.78	0.533 1512
18	19 12 06.987	−16 02 46.68	0.273 7157	5	20 02 17.106	−16 26 26.30	0.540 7021
19	19 09 57.148	−15 59 05.42	0.275 9416	6	20 05 45.590	−16 23 08.81	0.548 2789
20	19 07 55.005	−15 55 53.06	0.278 4361	7	20 09 16.960	−16 19 25.84	0.555 8805
21	19 06 01.196	−15 53 09.37	0.281 1917	8	20 12 51.076	−16 15 16.94	0.563 5053
22	19 04 16.277	−15 50 53.92	0.284 2005	9	20 16 27.802	−16 10 41.73	0.571 1522
23	19 02 40.714	−15 49 06.12	0.287 4541	10	20 20 07.008	−16 05 39.86	0.578 8197
24	19 01 14.889	−15 47 45.24	0.290 9438	11	20 23 48.568	−16 00 10.99	0.586 5067
25	18 59 59.102	−15 46 50.39	0.294 6606	12	20 27 32.361	−15 54 14.87	0.594 2119
26	18 58 53.574	−15 46 20.55	0.298 5955	13	20 31 18.272	−15 47 51.23	0.601 9340
27	18 57 58.450	−15 46 14.56	0.302 7393	14	20 35 06.187	−15 40 59.88	0.609 6718
28	18 57 13.807	−15 46 31.16	0.307 0831	15	20 38 56.000	−15 33 40.65	0.617 4242
29	18 56 39.660	−15 47 08.99	0.311 6179	16	20 42 47.605	−15 25 53.41	0.625 1898
30	18 56 15.967	−15 48 06.59	0.316 3350	17	20 46 40.904	−15 17 38.05	0.632 9674
31	18 56 02.643	−15 49 22.42	0.321 2261	18	20 50 35.801	−15 08 54.52	0.640 7560
Feb. 1	18 55 59.567	−15 50 54.87	0.326 2831	19	20 54 32.202	−14 59 42.80	0.648 5541
2	18 56 06.585	−15 52 42.26	0.331 4984	20	20 58 30.017	−14 50 02.90	0.656 3607
3	18 56 23.525	−15 54 42.90	0.336 8646	21	21 02 29.159	−14 39 54.88	0.664 1745
4	18 56 50.193	−15 56 55.04	0.342 3746	22	21 06 29.542	−14 29 18.84	0.671 9942
5	18 57 26.381	−15 59 16.94	0.348 0216	23	21 10 31.080	−14 18 14.91	0.679 8186
6	18 58 11.866	−16 01 46.84	0.353 7991	24	21 14 33.693	−14 06 43.25	0.687 6468
7	18 59 06.416	−16 04 22.98	0.359 7006	25	21 18 37.299	−13 54 44.07	0.695 4774
8	19 00 09.787	−16 07 03.60	0.365 7201	26	21 22 41.820	−13 42 17.59	0.703 3095
9	19 01 21.731	−16 09 46.99	0.371 8515	27	21 26 47.180	−13 29 24.07	0.711 1423
10	19 02 41.993	−16 12 31.44	0.378 0893	28	21 30 53.309	−13 16 03.77	0.718 9747
11	19 04 10.315	−16 15 15.27	0.384 4280	29	21 35 00.138	−13 02 17.00	0.726 8062
12	19 05 46.441	−16 17 56.84	0.390 8622	30	21 39 07.605	−12 48 04.07	0.734 6361
13	19 07 30.110	−16 20 34.56	0.397 3869	31	21 43 15.651	−12 33 25.29	0.742 4640
14	19 09 21.066	−16 23 06.88	0.403 9973	Apr. 1	21 47 24.224	−12 18 21.02	0.750 2894
15	19 11 19.054	−16 25 32.28	0.410 6887	2	21 51 33.273	−12 02 51.63	0.758 1120

GEOCENTRIC COORDINATES FOR 0ʰ TERRESTRIAL TIME

Date	Apparent Right Ascension	Apparent Declination	True Geocentric Distance	Date	Apparent Right Ascension	Apparent Declination	True Geocentric Distance
	h m s	° ′ ″	au		h m s	° ′ ″	au
Apr. 1	21 47 24.224	−12 18 21.02	0.750 2894	May 17	1 01 42.531	+ 4 33 59.20	1.099 3831
2	21 51 33.273	−12 02 51.63	0.758 1120	18	1 06 01.581	+ 4 59 17.12	1.106 5591
3	21 55 42.752	−11 46 57.47	0.765 9314	19	1 10 21.158	+ 5 24 33.40	1.113 7103
4	21 59 52.620	−11 30 38.95	0.773 7473	20	1 14 41.287	+ 5 49 47.35	1.120 8361
5	22 04 02.837	−11 13 56.47	0.781 5594	21	1 19 01.991	+ 6 14 58.29	1.127 9356
6	22 08 13.369	−10 56 50.44	0.789 3672	22	1 23 23.294	+ 6 40 05.54	1.135 0082
7	22 12 24.182	−10 39 21.28	0.797 1706	23	1 27 45.221	+ 7 05 08.42	1.142 0531
8	22 16 35.248	−10 21 29.44	0.804 9689	24	1 32 07.795	+ 7 30 06.24	1.149 0698
9	22 20 46.542	−10 03 15.37	0.812 7619	25	1 36 31.040	+ 7 54 58.32	1.156 0577
10	22 24 58.039	− 9 44 39.52	0.820 5491	26	1 40 54.979	+ 8 19 43.98	1.163 0165
11	22 29 09.720	− 9 25 42.35	0.828 3299	27	1 45 19.634	+ 8 44 22.54	1.169 9455
12	22 33 21.568	− 9 06 24.36	0.836 1040	28	1 49 45.027	+ 9 08 53.31	1.176 8447
13	22 37 33.568	− 8 46 46.03	0.843 8708	29	1 54 11.180	+ 9 33 15.59	1.183 7136
14	22 41 45.708	− 8 26 47.86	0.851 6298	30	1 58 38.115	+ 9 57 28.71	1.190 5520
15	22 45 57.979	− 8 06 30.36	0.859 3803	31	2 03 05.853	+10 21 31.96	1.197 3598
16	22 50 10.373	− 7 45 54.04	0.867 1217	June 1	2 07 34.415	+10 45 24.66	1.204 1367
17	22 54 22.883	− 7 24 59.44	0.874 8534	2	2 12 03.824	+11 09 06.11	1.210 8825
18	22 58 35.504	− 7 03 47.12	0.882 5745	3	2 16 34.102	+11 32 35.62	1.217 5971
19	23 02 48.231	− 6 42 17.63	0.890 2843	4	2 21 05.270	+11 55 52.51	1.224 2803
20	23 07 01.058	− 6 20 31.57	0.897 9821	5	2 25 37.351	+12 18 56.09	1.230 9319
21	23 11 13.982	− 5 58 29.51	0.905 6669	6	2 30 10.367	+12 41 45.66	1.237 5517
22	23 15 26.999	− 5 36 12.08	0.913 3380	7	2 34 44.340	+13 04 20.55	1.244 1395
23	23 19 40.105	− 5 13 39.88	0.920 9946	8	2 39 19.291	+13 26 40.07	1.250 6951
24	23 23 53.298	− 4 50 53.53	0.928 6361	9	2 43 55.241	+13 48 43.53	1.257 2183
25	23 28 06.580	− 4 27 53.65	0.936 2618	10	2 48 32.210	+14 10 30.25	1.263 7088
26	23 32 19.953	− 4 04 40.86	0.943 8711	11	2 53 10.220	+14 31 59.56	1.270 1663
27	23 36 33.420	− 3 41 15.78	0.951 4636	12	2 57 49.287	+14 53 10.77	1.276 5906
28	23 40 46.987	− 3 17 39.04	0.959 0389	13	3 02 29.428	+15 14 03.21	1.282 9811
29	23 45 00.662	− 2 53 51.27	0.966 5966	14	3 07 10.659	+15 34 36.18	1.289 3373
30	23 49 14.452	− 2 29 53.08	0.974 1367	15	3 11 52.991	+15 54 49.00	1.295 6587
May 1	23 53 28.369	− 2 05 45.12	0.981 6587	16	3 16 36.435	+16 14 40.96	1.301 9446
2	23 57 42.424	− 1 41 28.01	0.989 1626	17	3 21 21.000	+16 34 11.37	1.308 1942
3	0 01 56.630	− 1 17 02.38	0.996 6482	18	3 26 06.692	+16 53 19.53	1.314 4069
4	0 06 11.003	− 0 52 28.86	1.004 1152	19	3 30 53.518	+17 12 04.75	1.320 5818
5	0 10 25.559	− 0 27 48.08	1.011 5635	20	3 35 41.481	+17 30 26.34	1.326 7183
6	0 14 40.316	− 0 03 00.66	1.018 9929	21	3 40 30.583	+17 48 23.63	1.332 8157
7	0 18 55.295	+ 0 21 52.76	1.026 4031	22	3 45 20.821	+18 05 55.96	1.338 8734
8	0 23 10.516	+ 0 46 51.56	1.033 7939	23	3 50 12.193	+18 23 02.65	1.344 8910
9	0 27 26.003	+ 1 11 55.11	1.041 1651	24	3 55 04.692	+18 39 43.05	1.350 8680
10	0 31 41.779	+ 1 37 02.78	1.048 5162	25	3 59 58.310	+18 55 56.51	1.356 8040
11	0 35 57.870	+ 2 02 13.95	1.055 8471	26	4 04 53.034	+19 11 42.38	1.362 6987
12	0 40 14.301	+ 2 27 28.00	1.063 1573	27	4 09 48.854	+19 27 00.03	1.368 5518
13	0 44 31.101	+ 2 52 44.29	1.070 4465	28	4 14 45.753	+19 41 48.82	1.374 3630
14	0 48 48.296	+ 3 18 02.19	1.077 7142	29	4 19 43.717	+19 56 08.13	1.380 1321
15	0 53 05.914	+ 3 43 21.07	1.084 9600	30	4 24 42.728	+20 09 57.36	1.385 8590
16	0 57 23.984	+ 4 08 40.29	1.092 1831	July 1	4 29 42.768	+20 23 15.91	1.391 5434
17	1 01 42.531	+ 4 33 59.20	1.099 3831	2	4 34 43.816	+20 36 03.20	1.397 1854

VENUS, 2014

GEOCENTRIC COORDINATES FOR 0ʰ TERRESTRIAL TIME

Date	Apparent Right Ascension	Apparent Declination	True Geocentric Distance	Date	Apparent Right Ascension	Apparent Declination	True Geocentric Distance
	h m s	° ′ ″	au		h m s	° ′ ″	au
July 1	4 29 42.768	+20 23 15.91	1.391 5434	Aug. 16	8 27 57.224	+19 39 43.93	1.602 9865
2	4 34 43.816	+20 36 03.20	1.397 1854	17	8 33 02.059	+19 24 08.60	1.606 4105
3	4 39 45.851	+20 48 18.65	1.402 7846	18	8 38 06.050	+19 07 59.82	1.609 7816
4	4 44 48.850	+21 00 01.72	1.408 3410	19	8 43 09.175	+18 51 18.13	1.613 0993
5	4 49 52.789	+21 11 11.86	1.413 8545	20	8 48 11.415	+18 34 04.06	1.616 3635
6	4 54 57.642	+21 21 48.56	1.419 3250	21	8 53 12.753	+18 16 18.19	1.619 5739
7	5 00 03.381	+21 31 51.32	1.424 7525	22	8 58 13.175	+17 58 01.07	1.622 7303
8	5 05 09.979	+21 41 19.66	1.430 1367	23	9 03 12.667	+17 39 13.30	1.625 8327
9	5 10 17.404	+21 50 13.11	1.435 4777	24	9 08 11.221	+17 19 55.47	1.628 8809
10	5 15 25.624	+21 58 31.24	1.440 7752	25	9 13 08.827	+17 00 08.18	1.631 8748
11	5 20 34.604	+22 06 13.61	1.446 0292	26	9 18 05.481	+16 39 52.05	1.634 8145
12	5 25 44.309	+22 13 19.82	1.451 2393	27	9 23 01.180	+16 19 07.72	1.637 6999
13	5 30 54.699	+22 19 49.48	1.456 4051	28	9 27 55.923	+15 57 55.80	1.640 5312
14	5 36 05.735	+22 25 42.21	1.461 5262	29	9 32 49.712	+15 36 16.94	1.643 3085
15	5 41 17.375	+22 30 57.66	1.466 6021	30	9 37 42.551	+15 14 11.80	1.646 0319
16	5 46 29.579	+22 35 35.48	1.471 6322	31	9 42 34.446	+14 51 41.04	1.648 7016
17	5 51 42.303	+22 39 35.39	1.476 6158	Sept. 1	9 47 25.405	+14 28 45.31	1.651 3178
18	5 56 55.502	+22 42 57.11	1.481 5522	2	9 52 15.438	+14 05 25.30	1.653 8809
19	6 02 09.128	+22 45 40.40	1.486 4409	3	9 57 04.557	+13 41 41.68	1.656 3911
20	6 07 23.132	+22 47 45.05	1.491 2814	4	10 01 52.774	+13 17 35.14	1.658 8486
21	6 12 37.463	+22 49 10.87	1.496 0732	5	10 06 40.105	+12 53 06.36	1.661 2540
22	6 17 52.068	+22 49 57.70	1.500 8158	6	10 11 26.567	+12 28 16.04	1.663 6075
23	6 23 06.893	+22 50 05.42	1.505 5090	7	10 16 12.178	+12 03 04.86	1.665 9093
24	6 28 21.883	+22 49 33.92	1.510 1523	8	10 20 56.962	+11 37 33.50	1.668 1598
25	6 33 36.984	+22 48 23.11	1.514 7455	9	10 25 40.941	+11 11 42.65	1.670 3590
26	6 38 52.142	+22 46 32.95	1.519 2883	10	10 30 24.145	+10 45 32.99	1.672 5070
27	6 44 07.301	+22 44 03.42	1.523 7808	11	10 35 06.602	+10 19 05.19	1.674 6038
28	6 49 22.409	+22 40 54.50	1.528 2225	12	10 39 48.341	+ 9 52 19.96	1.676 6491
29	6 54 37.413	+22 37 06.24	1.532 6136	13	10 44 29.392	+ 9 25 18.00	1.678 6428
30	6 59 52.260	+22 32 38.68	1.536 9539	14	10 49 09.783	+ 8 58 00.02	1.680 5847
31	7 05 06.900	+22 27 31.93	1.541 2433	15	10 53 49.544	+ 8 30 26.75	1.682 4746
Aug. 1	7 10 21.285	+22 21 46.07	1.545 4819	16	10 58 28.704	+ 8 02 38.91	1.684 3124
2	7 15 35.365	+22 15 21.27	1.549 6697	17	11 03 07.292	+ 7 34 37.23	1.686 0978
3	7 20 49.093	+22 08 17.68	1.553 8068	18	11 07 45.340	+ 7 06 22.44	1.687 8308
4	7 26 02.426	+22 00 35.51	1.557 8931	19	11 12 22.877	+ 6 37 55.26	1.689 5113
5	7 31 15.319	+21 52 14.97	1.561 9288	20	11 16 59.937	+ 6 09 16.43	1.691 1393
6	7 36 27.729	+21 43 16.32	1.565 9141	21	11 21 36.553	+ 5 40 26.67	1.692 7147
7	7 41 39.615	+21 33 39.83	1.569 8489	22	11 26 12.759	+ 5 11 26.72	1.694 2375
8	7 46 50.939	+21 23 25.80	1.573 7335	23	11 30 48.590	+ 4 42 17.30	1.695 7079
9	7 52 01.661	+21 12 34.54	1.577 5678	24	11 35 24.081	+ 4 12 59.15	1.697 1259
10	7 57 11.747	+21 01 06.40	1.581 3518	25	11 39 59.268	+ 3 43 32.99	1.698 4917
11	8 02 21.163	+20 49 01.71	1.585 0854	26	11 44 34.190	+ 3 13 59.56	1.699 8053
12	8 07 29.880	+20 36 20.86	1.588 7684	27	11 49 08.882	+ 2 44 19.60	1.701 0670
13	8 12 37.869	+20 23 04.22	1.592 4004	28	11 53 43.383	+ 2 14 33.83	1.702 2772
14	8 17 45.105	+20 09 12.22	1.595 9810	29	11 58 17.731	+ 1 44 42.99	1.703 4361
15	8 22 51.564	+19 54 45.30	1.599 5099	30	12 02 51.964	+ 1 14 47.82	1.704 5440
16	8 27 57.224	+19 39 43.93	1.602 9865	Oct. 1	12 07 26.119	+ 0 44 49.06	1.705 6015

GEOCENTRIC COORDINATES FOR 0^h TERRESTRIAL TIME

Date	Apparent Right Ascension	Apparent Declination	True Geocentric Distance	Date	Apparent Right Ascension	Apparent Declination	True Geocentric Distance
	h m s	° ′ ″	au		h m s	° ′ ″	au
Oct. 1	12 07 26.119	+ 0 44 49.06	1.705 6015	Nov. 16	15 47 22.255	−19 40 43.30	1.703 7508
2	12 12 00.236	+ 0 14 47.46	1.706 6089	17	15 52 32.878	−19 59 07.52	1.702 6888
3	12 16 34.354	− 0 15 16.25	1.707 5667	18	15 57 44.710	−20 16 58.24	1.701 5858
4	12 21 08.511	− 0 45 21.33	1.708 4755	19	16 02 57.738	−20 34 14.73	1.700 4418
5	12 25 42.750	− 1 15 27.02	1.709 3357	20	16 08 11.945	−20 50 56.30	1.699 2567
6	12 30 17.113	− 1 45 32.62	1.710 1478	21	16 13 27.309	−21 07 02.26	1.698 0306
7	12 34 51.644	− 2 15 37.37	1.710 9122	22	16 18 43.807	−21 22 31.94	1.696 7634
8	12 39 26.389	− 2 45 40.57	1.711 6292	23	16 24 01.412	−21 37 24.68	1.695 4551
9	12 44 01.393	− 3 15 41.47	1.712 2991	24	16 29 20.091	−21 51 39.86	1.694 1059
10	12 48 36.700	− 3 45 39.36	1.712 9219	25	16 34 39.809	−22 05 16.84	1.692 7160
11	12 53 12.355	− 4 15 33.50	1.713 4978	26	16 40 00.529	−22 18 15.02	1.691 2854
12	12 57 48.399	− 4 45 23.13	1.714 0268	27	16 45 22.208	−22 30 33.82	1.689 8146
13	13 02 24.875	− 5 15 07.49	1.714 5087	28	16 50 44.806	−22 42 12.67	1.688 3039
14	13 07 01.821	− 5 44 45.83	1.714 9436	29	16 56 08.277	−22 53 11.03	1.686 7537
15	13 11 39.278	− 6 14 17.38	1.715 3315	30	17 01 32.577	−23 03 28.39	1.685 1645
16	13 16 17.284	− 6 43 41.36	1.715 6721	Dec. 1	17 06 57.660	−23 13 04.26	1.683 5366
17	13 20 55.879	− 7 12 57.00	1.715 9657	2	17 12 23.479	−23 21 58.19	1.681 8707
18	13 25 35.100	− 7 42 03.53	1.716 2121	3	17 17 49.984	−23 30 09.76	1.680 1670
19	13 30 14.984	− 8 11 00.15	1.716 4113	4	17 23 17.124	−23 37 38.58	1.678 4260
20	13 34 55.570	− 8 39 46.09	1.716 5635	5	17 28 44.845	−23 44 24.30	1.676 6480
21	13 39 36.894	− 9 08 20.57	1.716 6685	6	17 34 13.093	−23 50 26.58	1.674 8333
22	13 44 18.991	− 9 36 42.79	1.716 7266	7	17 39 41.809	−23 55 45.13	1.672 9820
23	13 49 01.896	−10 04 51.97	1.716 7377	8	17 45 10.934	−24 00 19.68	1.671 0942
24	13 53 45.644	−10 32 47.33	1.716 7020	9	17 50 40.406	−24 04 09.98	1.669 1701
25	13 58 30.266	−11 00 28.08	1.716 6196	10	17 56 10.165	−24 07 15.83	1.667 2097
26	14 03 15.792	−11 27 53.43	1.716 4908	11	18 01 40.146	−24 09 37.05	1.665 2129
27	14 08 02.251	−11 55 02.59	1.716 3159	12	18 07 10.287	−24 11 13.50	1.663 1797
28	14 12 49.670	−12 21 54.72	1.716 0951	13	18 12 40.522	−24 12 05.09	1.661 1100
29	14 17 38.075	−12 48 29.02	1.715 8290	14	18 18 10.789	−24 12 11.73	1.659 0037
30	14 22 27.491	−13 14 44.66	1.715 5178	15	18 23 41.021	−24 11 33.40	1.656 8607
31	14 27 17.943	−13 40 40.85	1.715 1621	16	18 29 11.154	−24 10 10.10	1.654 6808
Nov. 1	14 32 09.455	−14 06 16.75	1.714 7625	17	18 34 41.123	−24 08 01.86	1.652 4640
2	14 37 02.050	−14 31 31.58	1.714 3194	18	18 40 10.863	−24 05 08.78	1.650 2100
3	14 41 55.751	−14 56 24.53	1.713 8334	19	18 45 40.310	−24 01 30.96	1.647 9186
4	14 46 50.582	−15 20 54.80	1.713 3051	20	18 51 09.397	−23 57 08.57	1.645 5896
5	14 51 46.564	−15 45 01.61	1.712 7347	21	18 56 38.061	−23 52 01.78	1.643 2229
6	14 56 43.718	−16 08 44.16	1.712 1228	22	19 02 06.236	−23 46 10.84	1.640 8183
7	15 01 42.061	−16 32 01.67	1.711 4696	23	19 07 33.857	−23 39 36.00	1.638 3757
8	15 06 41.608	−16 54 53.37	1.710 7754	24	19 13 00.859	−23 32 17.54	1.635 8950
9	15 11 42.372	−17 17 18.45	1.710 0402	25	19 18 27.180	−23 24 15.80	1.633 3762
10	15 16 44.362	−17 39 16.14	1.709 2642	26	19 23 52.760	−23 15 31.09	1.630 8196
11	15 21 47.585	−18 00 45.65	1.708 4474	27	19 29 17.543	−23 06 03.81	1.628 2253
12	15 26 52.045	−18 21 46.20	1.707 5897	28	19 34 41.477	−22 55 54.35	1.625 5936
13	15 31 57.744	−18 42 17.00	1.706 6913	29	19 40 04.511	−22 45 03.14	1.622 9248
14	15 37 04.681	−19 02 17.30	1.705 7520	30	19 45 26.600	−22 33 30.64	1.620 2191
15	15 42 12.854	−19 21 46.32	1.704 7718	31	19 50 47.700	−22 21 17.35	1.617 4770
16	15 47 22.255	−19 40 43.30	1.703 7508	32	19 56 07.769	−22 08 23.77	1.614 6987

MARS, 2014

GEOCENTRIC COORDINATES FOR 0ʰ TERRESTRIAL TIME

Date	Apparent Right Ascension	Apparent Declination	True Geocentric Distance	Date	Apparent Right Ascension	Apparent Declination	True Geocentric Distance
	h m s	° ′ ″	au		h m s	° ′ ″	au
Jan. 0	12 44 33.815	− 2 26 25.09	1.374 9454	Feb. 15	13 41 28.108	− 7 38 00.31	0.926 2954
1	12 46 13.451	− 2 36 13.93	1.364 9687	16	13 42 04.578	− 7 40 48.75	0.917 3789
2	12 47 52.288	− 2 45 56.41	1.354 9812	17	13 42 38.827	− 7 43 24.81	0.908 5303
3	12 49 30.307	− 2 55 32.39	1.344 9848	18	13 43 10.808	− 7 45 48.35	0.899 7520
4	12 51 07.492	− 3 05 01.77	1.334 9808	19	13 43 40.473	− 7 47 59.21	0.891 0466
5	12 52 43.825	− 3 14 24.43	1.324 9710	20	13 44 07.775	− 7 49 57.24	0.882 4166
6	12 54 19.292	− 3 23 40.28	1.314 9566	21	13 44 32.664	− 7 51 42.26	0.873 8647
7	12 55 53.880	− 3 32 49.23	1.304 9392	22	13 44 55.092	− 7 53 14.14	0.865 3939
8	12 57 27.573	− 3 41 51.18	1.294 9199	23	13 45 15.009	− 7 54 32.70	0.857 0069
9	12 59 00.357	− 3 50 46.05	1.284 9001	24	13 45 32.365	− 7 55 37.81	0.848 7070
10	13 00 32.213	− 3 59 33.71	1.274 8809	25	13 45 47.112	− 7 56 29.30	0.840 4974
11	13 02 03.124	− 4 08 14.08	1.264 8634	26	13 45 59.202	− 7 57 07.03	0.832 3816
12	13 03 33.069	− 4 16 47.04	1.254 8487	27	13 46 08.591	− 7 57 30.86	0.824 3630
13	13 05 02.028	− 4 25 12.46	1.244 8380	28	13 46 15.238	− 7 57 40.68	0.816 4453
14	13 06 29.978	− 4 33 30.23	1.234 8324	Mar. 1	13 46 19.106	− 7 57 36.38	0.808 6321
15	13 07 56.896	− 4 41 40.23	1.224 8329	2	13 46 20.166	− 7 57 17.88	0.800 9270
16	13 09 22.758	− 4 49 42.32	1.214 8407	3	13 46 18.390	− 7 56 45.14	0.793 3337
17	13 10 47.536	− 4 57 36.37	1.204 8569	4	13 46 13.756	− 7 55 58.11	0.785 8557
18	13 12 11.206	− 5 05 22.25	1.194 8826	5	13 46 06.244	− 7 54 56.77	0.778 4964
19	13 13 33.740	− 5 12 59.83	1.184 9192	6	13 45 55.835	− 7 53 41.11	0.771 2592
20	13 14 55.108	− 5 20 28.95	1.174 9679	7	13 45 42.512	− 7 52 11.10	0.764 1474
21	13 16 15.281	− 5 27 49.50	1.165 0298	8	13 45 26.261	− 7 50 26.75	0.757 1642
22	13 17 34.230	− 5 35 01.32	1.155 1066	9	13 45 07.071	− 7 48 28.06	0.750 3130
23	13 18 51.921	− 5 42 04.28	1.145 1995	10	13 44 44.933	− 7 46 15.04	0.743 5969
24	13 20 08.322	− 5 48 58.23	1.135 3100	11	13 44 19.841	− 7 43 47.73	0.737 0193
25	13 21 23.398	− 5 55 43.04	1.125 4399	12	13 43 51.793	− 7 41 06.18	0.730 5833
26	13 22 37.113	− 6 02 18.55	1.115 5908	13	13 43 20.792	− 7 38 10.45	0.724 2922
27	13 23 49.431	− 6 08 44.61	1.105 7646	14	13 42 46.843	− 7 35 00.63	0.718 1492
28	13 25 00.311	− 6 15 01.08	1.095 9633	15	13 42 09.958	− 7 31 36.82	0.712 1575
29	13 26 09.714	− 6 21 07.79	1.086 1889	16	13 41 30.151	− 7 27 59.16	0.706 3204
30	13 27 17.601	− 6 27 04.58	1.076 4437	17	13 40 47.443	− 7 24 07.81	0.700 6411
31	13 28 23.931	− 6 32 51.32	1.066 7301	18	13 40 01.859	− 7 20 02.95	0.695 1229
Feb. 1	13 29 28.670	− 6 38 27.85	1.057 0502	19	13 39 13.431	− 7 15 44.79	0.689 7690
2	13 30 31.781	− 6 43 54.05	1.047 4066	20	13 38 22.193	− 7 11 13.57	0.684 5827
3	13 31 33.233	− 6 49 09.82	1.037 8013	21	13 37 28.187	− 7 06 29.58	0.679 5674
4	13 32 32.992	− 6 54 15.03	1.028 2367	22	13 36 31.463	− 7 01 33.11	0.674 7263
5	13 33 31.025	− 6 59 09.58	1.018 7149	23	13 35 32.074	− 6 56 24.52	0.670 0630
6	13 34 27.297	− 7 03 53.35	1.009 2379	24	13 34 30.084	− 6 51 04.19	0.665 5806
7	13 35 21.772	− 7 08 26.22	0.999 8077	25	13 33 25.563	− 6 45 32.54	0.661 2827
8	13 36 14.412	− 7 12 48.06	0.990 4264	26	13 32 18.593	− 6 39 50.03	0.657 1724
9	13 37 05.179	− 7 16 58.74	0.981 0959	27	13 31 09.262	− 6 33 57.19	0.653 2531
10	13 37 54.031	− 7 20 58.12	0.971 8183	28	13 29 57.673	− 6 27 54.60	0.649 5276
11	13 38 40.929	− 7 24 46.05	0.962 5955	29	13 28 43.937	− 6 21 42.87	0.645 9991
12	13 39 25.829	− 7 28 22.38	0.953 4298	30	13 27 28.178	− 6 15 22.70	0.642 6700
13	13 40 08.688	− 7 31 46.98	0.944 3230	31	13 26 10.526	− 6 08 54.82	0.639 5428
14	13 40 49.463	− 7 34 59.67	0.935 2775	Apr. 1	13 24 51.120	− 6 02 19.99	0.636 6195
15	13 41 28.108	− 7 38 00.31	0.926 2954	2	13 23 30.106	− 5 55 39.01	0.633 9019

GEOCENTRIC COORDINATES FOR 0^h TERRESTRIAL TIME

Date	Apparent Right Ascension	Apparent Declination	True Geocentric Distance	Date	Apparent Right Ascension	Apparent Declination	True Geocentric Distance
	h m s	° ′ ″	au		h m s	° ′ ″	au
Apr. 1	13 24 51.120	− 6 02 19.99	0.636 6195	May 17	12 34 49.542	− 2 45 44.76	0.709 7238
2	13 23 30.106	− 5 55 39.01	0.633 9019	18	12 34 38.392	− 2 47 13.23	0.714 8046
3	13 22 07.631	− 5 48 52.72	0.631 3914	19	12 34 30.139	− 2 48 58.71	0.719 9757
4	13 20 43.851	− 5 42 01.96	0.629 0891	20	12 34 24.763	− 2 51 01.04	0.725 2338
5	13 19 18.920	− 5 35 07.58	0.626 9959	21	12 34 22.243	− 2 53 20.02	0.730 5760
6	13 17 52.999	− 5 28 10.46	0.625 1125	22	12 34 22.558	− 2 55 55.50	0.735 9991
7	13 16 26.249	− 5 21 11.50	0.623 4391	23	12 34 25.689	− 2 58 47.29	0.741 5001
8	13 14 58.834	− 5 14 11.60	0.621 9759	24	12 34 31.614	− 3 01 55.20	0.747 0758
9	13 13 30.919	− 5 07 11.66	0.620 7227	25	12 34 40.309	− 3 05 19.06	0.752 7231
10	13 12 02.671	− 5 00 12.61	0.619 6793	26	12 34 51.749	− 3 08 58.66	0.758 4388
11	13 10 34.257	− 4 53 15.35	0.618 8449	27	12 35 05.906	− 3 12 53.77	0.764 2198
12	13 09 05.842	− 4 46 20.82	0.618 2189	28	12 35 22.750	− 3 17 04.18	0.770 0628
13	13 07 37.592	− 4 39 29.91	0.617 8003	29	12 35 42.247	− 3 21 29.64	0.775 9647
14	13 06 09.671	− 4 32 43.53	0.617 5878	30	12 36 04.361	− 3 26 09.90	0.781 9225
15	13 04 42.239	− 4 26 02.57	0.617 5800	31	12 36 29.056	− 3 31 04.68	0.787 9329
16	13 03 15.455	− 4 19 27.91	0.617 7755	June 1	12 36 56.291	− 3 36 13.71	0.793 9932
17	13 01 49.475	− 4 13 00.40	0.618 1727	2	12 37 26.028	− 3 41 36.71	0.800 1002
18	13 00 24.448	− 4 06 40.88	0.618 7697	3	12 37 58.223	− 3 47 13.41	0.806 2514
19	12 59 00.525	− 4 00 30.17	0.619 5647	4	12 38 32.836	− 3 53 03.51	0.812 4439
20	12 57 37.848	− 3 54 29.05	0.620 5558	5	12 39 09.825	− 3 59 06.73	0.818 6751
21	12 56 16.559	− 3 48 38.28	0.621 7407	6	12 39 49.148	− 4 05 22.78	0.824 9425
22	12 54 56.797	− 3 42 58.62	0.623 1174	7	12 40 30.761	− 4 11 51.39	0.831 2438
23	12 53 38.697	− 3 37 30.78	0.624 6832	8	12 41 14.622	− 4 18 32.25	0.837 5767
24	12 52 22.392	− 3 32 15.46	0.626 4357	9	12 42 00.690	− 4 25 25.10	0.843 9389
25	12 51 08.010	− 3 27 13.33	0.628 3720	10	12 42 48.921	− 4 32 29.64	0.850 3285
26	12 49 55.677	− 3 22 25.05	0.630 4891	11	12 43 39.275	− 4 39 45.60	0.856 7435
27	12 48 45.512	− 3 17 51.21	0.632 7838	12	12 44 31.708	− 4 47 12.69	0.863 1823
28	12 47 37.628	− 3 13 32.39	0.635 2524	13	12 45 26.180	− 4 54 50.64	0.869 6432
29	12 46 32.130	− 3 09 29.11	0.637 8913	14	12 46 22.649	− 5 02 39.16	0.876 1249
30	12 45 29.114	− 3 05 41.84	0.640 6966	15	12 47 21.078	− 5 10 37.99	0.882 6259
May 1	12 44 28.666	− 3 02 10.98	0.643 6641	16	12 48 21.429	− 5 18 46.87	0.889 1452
2	12 43 30.865	− 2 58 56.90	0.646 7898	17	12 49 23.671	− 5 27 05.55	0.895 6814
3	12 42 35.777	− 2 55 59.90	0.650 0693	18	12 50 27.774	− 5 35 33.80	0.902 2335
4	12 41 43.464	− 2 53 20.22	0.653 4982	19	12 51 33.711	− 5 44 11.41	0.908 8002
5	12 40 53.975	− 2 50 58.09	0.657 0722	20	12 52 41.457	− 5 52 58.15	0.915 3803
6	12 40 07.355	− 2 48 53.67	0.660 7869	21	12 53 50.988	− 6 01 53.83	0.921 9724
7	12 39 23.639	− 2 47 07.07	0.664 6379	22	12 55 02.279	− 6 10 58.24	0.928 5752
8	12 38 42.855	− 2 45 38.39	0.668 6209	23	12 56 15.308	− 6 20 11.17	0.935 1872
9	12 38 05.028	− 2 44 27.68	0.672 7316	24	12 57 30.048	− 6 29 32.41	0.941 8072
10	12 37 30.171	− 2 43 34.94	0.676 9658	25	12 58 46.476	− 6 39 01.73	0.948 4335
11	12 36 58.296	− 2 43 00.18	0.681 3192	26	13 00 04.565	− 6 48 38.92	0.955 0649
12	12 36 29.406	− 2 42 43.34	0.685 7878	27	13 01 24.290	− 6 58 23.75	0.961 6998
13	12 36 03.500	− 2 42 44.36	0.690 3676	28	13 02 45.623	− 7 08 16.00	0.968 3370
14	12 35 40.573	− 2 43 03.13	0.695 0547	29	13 04 08.541	− 7 18 15.42	0.974 9749
15	12 35 20.614	− 2 43 39.55	0.699 8455	30	13 05 33.017	− 7 28 21.80	0.981 6124
16	12 35 03.609	− 2 44 33.48	0.704 7363	July 1	13 06 59.025	− 7 38 34.90	0.988 2482
17	12 34 49.542	− 2 45 44.76	0.709 7238	2	13 08 26.540	− 7 48 54.49	0.994 8811

MARS, 2014

GEOCENTRIC COORDINATES FOR 0ʰ TERRESTRIAL TIME

Date	Apparent Right Ascension	Apparent Declination	True Geocentric Distance	Date	Apparent Right Ascension	Apparent Declination	True Geocentric Distance
	h m s	° ′ ″	au		h m s	° ′ ″	au
July 1	13 06 59.025	− 7 38 34.90	0.988 2482	Aug. 16	14 35 32.440	−16 29 19.19	1.280 7815
2	13 08 26.540	− 7 48 54.49	0.994 8811	17	14 37 53.471	−16 40 55.83	1.286 7314
3	13 09 55.540	− 7 59 20.35	1.001 5099	18	14 40 15.495	−16 52 29.52	1.292 6625
4	13 11 25.999	− 8 09 52.25	1.008 1335	19	14 42 38.512	−17 04 00.05	1.298 5748
5	13 12 57.893	− 8 20 29.98	1.014 7510	20	14 45 02.519	−17 15 27.23	1.304 4681
6	13 14 31.201	− 8 31 13.30	1.021 3614	21	14 47 27.515	−17 26 50.87	1.310 3421
7	13 16 05.900	− 8 42 01.99	1.027 9639	22	14 49 53.496	−17 38 10.76	1.316 1967
8	13 17 41.967	− 8 52 55.84	1.034 5577	23	14 52 20.460	−17 49 26.69	1.322 0316
9	13 19 19.379	− 9 03 54.63	1.041 1421	24	14 54 48.404	−18 00 38.46	1.327 8466
10	13 20 58.116	− 9 14 58.13	1.047 7166	25	14 57 17.324	−18 11 45.85	1.333 6416
11	13 22 38.154	− 9 26 06.12	1.054 2807	26	14 59 47.216	−18 22 48.67	1.339 4161
12	13 24 19.474	− 9 37 18.38	1.060 8342	27	15 02 18.077	−18 33 46.70	1.345 1702
13	13 26 02.055	− 9 48 34.68	1.067 3768	28	15 04 49.903	−18 44 39.73	1.350 9034
14	13 27 45.881	− 9 59 54.82	1.073 9085	29	15 07 22.689	−18 55 27.55	1.356 6158
15	13 29 30.938	−10 11 18.60	1.080 4290	30	15 09 56.431	−19 06 09.96	1.362 3071
16	13 31 17.215	−10 22 45.81	1.086 9382	31	15 12 31.124	−19 16 46.75	1.367 9773
17	13 33 04.705	−10 34 16.30	1.093 4360	Sept. 1	15 15 06.760	−19 27 17.70	1.373 6263
18	13 34 53.400	−10 45 49.88	1.099 9220	2	15 17 43.334	−19 37 42.61	1.379 2541
19	13 36 43.295	−10 57 26.39	1.106 3959	3	15 20 20.838	−19 48 01.26	1.384 8609
20	13 38 34.381	−11 09 05.65	1.112 8571	4	15 22 59.262	−19 58 13.43	1.390 4468
21	13 40 26.652	−11 20 47.50	1.119 3052	5	15 25 38.599	−20 08 18.92	1.396 0119
22	13 42 20.099	−11 32 31.75	1.125 7396	6	15 28 18.838	−20 18 17.48	1.401 5568
23	13 44 14.714	−11 44 18.21	1.132 1598	7	15 30 59.972	−20 28 08.90	1.407 0818
24	13 46 10.488	−11 56 06.69	1.138 5652	8	15 33 41.994	−20 37 52.94	1.412 5875
25	13 48 07.412	−12 07 57.00	1.144 9550	9	15 36 24.901	−20 47 29.39	1.418 0744
26	13 50 05.476	−12 19 48.95	1.151 3289	10	15 39 08.688	−20 56 58.04	1.423 5430
27	13 52 04.671	−12 31 42.32	1.157 6861	11	15 41 53.356	−21 06 18.69	1.428 9940
28	13 54 04.987	−12 43 36.93	1.164 0261	12	15 44 38.904	−21 15 31.15	1.434 4277
29	13 56 06.417	−12 55 32.58	1.170 3483	13	15 47 25.331	−21 24 35.21	1.439 8444
30	13 58 08.950	−13 07 29.05	1.176 6522	14	15 50 12.633	−21 33 30.69	1.445 2445
31	14 00 12.579	−13 19 26.16	1.182 9374	15	15 53 00.808	−21 42 17.39	1.450 6280
Aug. 1	14 02 17.293	−13 31 23.70	1.189 2034	16	15 55 49.852	−21 50 55.12	1.455 9951
2	14 04 23.085	−13 43 21.47	1.195 4497	17	15 58 39.758	−21 59 23.66	1.461 3458
3	14 06 29.946	−13 55 19.26	1.201 6761	18	16 01 30.523	−22 07 42.83	1.466 6801
4	14 08 37.867	−14 07 16.89	1.207 8823	19	16 04 22.139	−22 15 52.40	1.471 9981
5	14 10 46.839	−14 19 14.13	1.214 0680	20	16 07 14.601	−22 23 52.18	1.477 2997
6	14 12 56.852	−14 31 10.80	1.220 2330	21	16 10 07.902	−22 31 41.96	1.482 5848
7	14 15 07.896	−14 43 06.67	1.226 3775	22	16 13 02.034	−22 39 21.55	1.487 8534
8	14 17 19.961	−14 55 01.54	1.232 5013	23	16 15 56.991	−22 46 50.74	1.493 1055
9	14 19 33.037	−15 06 55.19	1.238 6047	24	16 18 52.762	−22 54 09.33	1.498 3409
10	14 21 47.116	−15 18 47.41	1.244 6880	25	16 21 49.341	−23 01 17.13	1.503 5596
11	14 24 02.191	−15 30 37.97	1.250 7513	26	16 24 46.718	−23 08 13.95	1.508 7615
12	14 26 18.257	−15 42 26.68	1.256 7952	27	16 27 44.882	−23 14 59.59	1.513 9466
13	14 28 35.314	−15 54 13.34	1.262 8200	28	16 30 43.821	−23 21 33.88	1.519 1150
14	14 30 53.363	−16 05 57.76	1.268 8258	29	16 33 43.524	−23 27 56.61	1.524 2666
15	14 33 12.405	−16 17 39.77	1.274 8130	30	16 36 43.976	−23 34 07.62	1.529 4015
16	14 35 32.440	−16 29 19.19	1.280 7815	Oct. 1	16 39 45.163	−23 40 06.72	1.534 5199

GEOCENTRIC COORDINATES FOR 0^h TERRESTRIAL TIME

Date	Apparent Right Ascension	Apparent Declination	True Geocentric Distance	Date	Apparent Right Ascension	Apparent Declination	True Geocentric Distance
	h m s	° ′ ″	au		h m s	° ′ ″	au
Oct. 1	16 39 45.163	−23 40 06.72	1.534 5199	Nov. 16	19 07 37.110	−23 59 38.05	1.757 6139
2	16 42 47.069	−23 45 53.72	1.539 6220	17	19 10 55.263	−23 53 58.37	1.762 2844
3	16 45 49.677	−23 51 28.43	1.544 7082	18	19 14 13.365	−23 48 02.85	1.766 9509
4	16 48 52.971	−23 56 50.68	1.549 7788	19	19 17 31.400	−23 41 51.52	1.771 6132
5	16 51 56.935	−24 02 00.26	1.554 8344	20	19 20 49.354	−23 35 24.46	1.776 2714
6	16 55 01.556	−24 06 57.01	1.559 8755	21	19 24 07.210	−23 28 41.73	1.780 9254
7	16 58 06.820	−24 11 40.73	1.564 9026	22	19 27 24.954	−23 21 43.41	1.785 5749
8	17 01 12.717	−24 16 11.26	1.569 9165	23	19 30 42.568	−23 14 29.58	1.790 2198
9	17 04 19.235	−24 20 28.45	1.574 9178	24	19 34 00.036	−23 07 00.34	1.794 8601
10	17 07 26.365	−24 24 32.14	1.579 9069	25	19 37 17.340	−22 59 15.79	1.799 4956
11	17 10 34.094	−24 28 22.18	1.584 8845	26	19 40 34.460	−22 51 16.03	1.804 1264
12	17 13 42.412	−24 31 58.44	1.589 8508	27	19 43 51.378	−22 43 01.16	1.808 7525
13	17 16 51.306	−24 35 20.77	1.594 8062	28	19 47 08.076	−22 34 31.30	1.813 3740
14	17 20 00.761	−24 38 29.03	1.599 7509	29	19 50 24.538	−22 25 46.54	1.817 9912
15	17 23 10.765	−24 41 23.09	1.604 6851	30	19 53 40.748	−22 16 46.99	1.822 6045
16	17 26 21.302	−24 44 02.81	1.609 6089	Dec. 1	19 56 56.693	−22 07 32.76	1.827 2140
17	17 29 32.359	−24 46 28.05	1.614 5223	2	20 00 12.361	−21 58 03.98	1.831 8204
18	17 32 43.920	−24 48 38.68	1.619 4256	3	20 03 27.741	−21 48 20.76	1.836 4241
19	17 35 55.971	−24 50 34.59	1.624 3186	4	20 06 42.822	−21 38 23.24	1.841 0255
20	17 39 08.496	−24 52 15.65	1.629 2014	5	20 09 57.594	−21 28 11.55	1.845 6252
21	17 42 21.479	−24 53 41.75	1.634 0740	6	20 13 12.048	−21 17 45.83	1.850 2234
22	17 45 34.905	−24 54 52.79	1.638 9363	7	20 16 26.174	−21 07 06.22	1.854 8206
23	17 48 48.756	−24 55 48.65	1.643 7884	8	20 19 39.963	−20 56 12.88	1.859 4172
24	17 52 03.015	−24 56 29.26	1.648 6302	9	20 22 53.408	−20 45 05.94	1.864 0132
25	17 55 17.664	−24 56 54.52	1.653 4615	10	20 26 06.500	−20 33 45.56	1.868 6090
26	17 58 32.684	−24 57 04.36	1.658 2825	11	20 29 19.232	−20 22 11.88	1.873 2046
27	18 01 48.055	−24 56 58.70	1.663 0931	12	20 32 31.600	−20 10 25.05	1.877 8002
28	18 05 03.754	−24 56 37.49	1.667 8933	13	20 35 43.596	−19 58 25.22	1.882 3957
29	18 08 19.759	−24 56 00.65	1.672 6834	14	20 38 55.217	−19 46 12.56	1.886 9911
30	18 11 36.047	−24 55 08.13	1.677 4634	15	20 42 06.458	−19 33 47.23	1.891 5864
31	18 14 52.595	−24 53 59.87	1.682 2337	16	20 45 17.314	−19 21 09.39	1.896 1814
Nov. 1	18 18 09.379	−24 52 35.80	1.686 9946	17	20 48 27.784	−19 08 19.21	1.900 7761
2	18 21 26.380	−24 50 55.87	1.691 7466	18	20 51 37.862	−18 55 16.86	1.905 3702
3	18 24 43.576	−24 49 00.03	1.696 4901	19	20 54 47.546	−18 42 02.54	1.909 9635
4	18 28 00.949	−24 46 48.24	1.701 2258	20	20 57 56.831	−18 28 36.41	1.914 5558
5	18 31 18.482	−24 44 20.47	1.705 9541	21	21 01 05.715	−18 14 58.69	1.919 1468
6	18 34 36.158	−24 41 36.69	1.710 6758	22	21 04 14.190	−18 01 09.57	1.923 7361
7	18 37 53.960	−24 38 36.89	1.715 3914	23	21 07 22.252	−17 47 09.25	1.928 3236
8	18 41 11.873	−24 35 21.07	1.720 1012	24	21 10 29.893	−17 32 57.95	1.932 9090
9	18 44 29.878	−24 31 49.21	1.724 8059	25	21 13 37.108	−17 18 35.87	1.937 4921
10	18 47 47.959	−24 28 01.33	1.729 5057	26	21 16 43.890	−17 04 03.20	1.942 0728
11	18 51 06.098	−24 23 57.43	1.734 2009	27	21 19 50.236	−16 49 20.16	1.946 6513
12	18 54 24.281	−24 19 37.51	1.738 8918	28	21 22 56.143	−16 34 26.93	1.951 2277
13	18 57 42.489	−24 15 01.60	1.743 5784	29	21 26 01.609	−16 19 23.71	1.955 8021
14	19 01 00.707	−24 10 09.70	1.748 2609	30	21 29 06.635	−16 04 10.71	1.960 3748
15	19 04 18.919	−24 05 01.84	1.752 9394	31	21 32 11.220	−15 48 48.12	1.964 9462
16	19 07 37.110	−23 59 38.05	1.757 6139	32	21 35 15.365	−15 33 16.16	1.969 5165

JUPITER, 2014

GEOCENTRIC COORDINATES FOR 0ʰ TERRESTRIAL TIME

Date	Apparent Right Ascension	Apparent Declination	True Geocentric Distance	Date	Apparent Right Ascension	Apparent Declination	True Geocentric Distance
	h m s	° ′ ″	au		h m s	° ′ ″	au
Jan. 0	7 10 33.894	+22 34 00.50	4.214 0229	Feb. 15	6 48 11.890	+23 11 21.78	4.465 0694
1	7 09 59.406	+22 35 06.91	4.212 6694	16	6 47 55.923	+23 11 45.99	4.476 7305
2	7 09 24.781	+22 36 13.05	4.211 6344	17	6 47 40.754	+23 12 09.12	4.488 5946
3	7 08 50.046	+22 37 18.88	4.210 9188	18	6 47 26.391	+23 12 31.16	4.500 6573
4	7 08 15.227	+22 38 24.33	4.210 5228	19	6 47 12.842	+23 12 52.13	4.512 9143
5	7 07 40.353	+22 39 29.34	4.210 4467	20	6 47 00.115	+23 13 12.03	4.525 3611
6	7 07 05.454	+22 40 33.84	4.210 6903	21	6 46 48.216	+23 13 30.86	4.537 9933
7	7 06 30.558	+22 41 37.79	4.211 2532	22	6 46 37.151	+23 13 48.64	4.550 8066
8	7 05 55.695	+22 42 41.14	4.212 1350	23	6 46 26.927	+23 14 05.38	4.563 7963
9	7 05 20.892	+22 43 43.85	4.213 3349	24	6 46 17.547	+23 14 21.10	4.576 9579
10	7 04 46.178	+22 44 45.90	4.214 8521	25	6 46 09.015	+23 14 35.80	4.590 2868
11	7 04 11.577	+22 45 47.25	4.216 6857	26	6 46 01.334	+23 14 49.48	4.603 7783
12	7 03 37.115	+22 46 47.87	4.218 8347	27	6 45 54.505	+23 15 02.16	4.617 4274
13	7 03 02.819	+22 47 47.74	4.221 2980	28	6 45 48.532	+23 15 13.82	4.631 2292
14	7 02 28.710	+22 48 46.82	4.224 0743	Mar. 1	6 45 43.416	+23 15 24.46	4.645 1785
15	7 01 54.815	+22 49 45.10	4.227 1624	2	6 45 39.161	+23 15 34.07	4.659 2701
16	7 01 21.157	+22 50 42.53	4.230 5607	3	6 45 35.770	+23 15 42.65	4.673 4986
17	7 00 47.758	+22 51 39.09	4.234 2678	4	6 45 33.245	+23 15 50.21	4.687 8588
18	7 00 14.644	+22 52 34.75	4.238 2821	5	6 45 31.587	+23 15 56.75	4.702 3452
19	6 59 41.838	+22 53 29.48	4.242 6019	6	6 45 30.795	+23 16 02.30	4.716 9527
20	6 59 09.364	+22 54 23.26	4.247 2254	7	6 45 30.868	+23 16 06.86	4.731 6762
21	6 58 37.245	+22 55 16.05	4.252 1508	8	6 45 31.801	+23 16 10.45	4.746 5104
22	6 58 05.507	+22 56 07.83	4.257 3760	9	6 45 33.591	+23 16 13.08	4.761 4506
23	6 57 34.172	+22 56 58.58	4.262 8990	10	6 45 36.235	+23 16 14.74	4.776 4917
24	6 57 03.265	+22 57 48.29	4.268 7177	11	6 45 39.727	+23 16 15.45	4.791 6290
25	6 56 32.808	+22 58 36.93	4.274 8296	12	6 45 44.062	+23 16 15.20	4.806 8577
26	6 56 02.826	+22 59 24.51	4.281 2325	13	6 45 49.237	+23 16 13.99	4.822 1731
27	6 55 33.340	+23 00 11.01	4.287 9237	14	6 45 55.247	+23 16 11.82	4.837 5707
28	6 55 04.370	+23 00 56.43	4.294 9006	15	6 46 02.085	+23 16 08.68	4.853 0460
29	6 54 35.937	+23 01 40.76	4.302 1601	16	6 46 09.749	+23 16 04.57	4.868 5946
30	6 54 08.060	+23 02 24.00	4.309 6992	17	6 46 18.235	+23 15 59.47	4.884 2120
31	6 53 40.758	+23 03 06.13	4.317 5144	18	6 46 27.536	+23 15 53.39	4.899 8941
Feb. 1	6 53 14.049	+23 03 47.13	4.325 6020	19	6 46 37.651	+23 15 46.32	4.915 6366
2	6 52 47.954	+23 04 26.98	4.333 9581	20	6 46 48.574	+23 15 38.26	4.931 4353
3	6 52 22.493	+23 05 05.68	4.342 5786	21	6 47 00.302	+23 15 29.20	4.947 2861
4	6 51 57.684	+23 05 43.21	4.351 4594	22	6 47 12.828	+23 15 19.16	4.963 1850
5	6 51 33.545	+23 06 19.58	4.360 5959	23	6 47 26.148	+23 15 08.13	4.979 1276
6	6 51 10.092	+23 06 54.81	4.369 9840	24	6 47 40.255	+23 14 56.11	4.995 1100
7	6 50 47.340	+23 07 28.90	4.379 6193	25	6 47 55.142	+23 14 43.11	5.011 1279
8	6 50 25.300	+23 08 01.87	4.389 4973	26	6 48 10.803	+23 14 29.10	5.027 1771
9	6 50 03.986	+23 08 33.72	4.399 6136	27	6 48 27.230	+23 14 14.08	5.043 2531
10	6 49 43.407	+23 09 04.46	4.409 9638	28	6 48 44.418	+23 13 58.03	5.059 3516
11	6 49 23.575	+23 09 34.10	4.420 5436	29	6 49 02.361	+23 13 40.93	5.075 4682
12	6 49 04.498	+23 10 02.65	4.431 3485	30	6 49 21.054	+23 13 22.77	5.091 5983
13	6 48 46.186	+23 10 30.12	4.442 3740	31	6 49 40.492	+23 13 03.53	5.107 7374
14	6 48 28.647	+23 10 56.49	4.453 6158	Apr. 1	6 50 00.669	+23 12 43.22	5.123 8810
15	6 48 11.890	+23 11 21.78	4.465 0694	2	6 50 21.579	+23 12 21.84	5.140 0247

GEOCENTRIC COORDINATES FOR 0ʰ TERRESTRIAL TIME

Date	Apparent Right Ascension	Apparent Declination	True Geocentric Distance	Date	Apparent Right Ascension	Apparent Declination	True Geocentric Distance
	h m s	° ′ ″	au		h m s	° ′ ″	au
Apr. 1	6 50 00.669	+23 12 43.22	5.123 8810	May 17	7 16 23.046	+22 35 39.47	5.810 6017
2	6 50 21.579	+23 12 21.84	5.140 0247	18	7 17 08.626	+22 34 19.65	5.823 2112
3	6 50 43.214	+23 11 59.39	5.156 1642	19	7 17 54.557	+22 32 58.40	5.835 6847
4	6 51 05.564	+23 11 35.87	5.172 2954	20	7 18 40.831	+22 31 35.68	5.848 0203
5	6 51 28.620	+23 11 11.28	5.188 4141	21	7 19 27.441	+22 30 11.50	5.860 2159
6	6 51 52.373	+23 10 45.62	5.204 5164	22	7 20 14.381	+22 28 45.82	5.872 2694
7	6 52 16.812	+23 10 18.87	5.220 5984	23	7 21 01.647	+22 27 18.64	5.884 1787
8	6 52 41.928	+23 09 51.03	5.236 6565	24	7 21 49.231	+22 25 49.96	5.895 9417
9	6 53 07.712	+23 09 22.09	5.252 6870	25	7 22 37.131	+22 24 19.75	5.907 5561
10	6 53 34.155	+23 08 52.04	5.268 6863	26	7 23 25.340	+22 22 48.04	5.919 0198
11	6 54 01.248	+23 08 20.86	5.284 6510	27	7 24 13.852	+22 21 14.81	5.930 3307
12	6 54 28.981	+23 07 48.54	5.300 5778	28	7 25 02.659	+22 19 40.07	5.941 4869
13	6 54 57.348	+23 07 15.06	5.316 4633	29	7 25 51.754	+22 18 03.84	5.952 4863
14	6 55 26.341	+23 06 40.41	5.332 3045	30	7 26 41.129	+22 16 26.12	5.963 3271
15	6 55 55.952	+23 06 04.58	5.348 0982	31	7 27 30.775	+22 14 46.91	5.974 0076
16	6 56 26.174	+23 05 27.55	5.363 8414	June 1	7 28 20.685	+22 13 06.21	5.984 5262
17	6 56 57.001	+23 04 49.33	5.379 5311	2	7 29 10.849	+22 11 24.02	5.994 8812
18	6 57 28.424	+23 04 09.90	5.395 1645	3	7 30 01.260	+22 09 40.35	6.005 0713
19	6 58 00.435	+23 03 29.27	5.410 7386	4	7 30 51.912	+22 07 55.18	6.015 0949
20	6 58 33.027	+23 02 47.42	5.426 2505	5	7 31 42.796	+22 06 08.52	6.024 9509
21	6 59 06.189	+23 02 04.36	5.441 6972	6	7 32 33.907	+22 04 20.35	6.034 6379
22	6 59 39.914	+23 01 20.06	5.457 0757	7	7 33 25.238	+22 02 30.68	6.044 1549
23	7 00 14.193	+23 00 34.51	5.472 3828	8	7 34 16.784	+22 00 39.51	6.053 5006
24	7 00 49.019	+22 59 47.70	5.487 6155	9	7 35 08.540	+21 58 46.83	6.062 6742
25	7 01 24.383	+22 58 59.59	5.502 7704	10	7 36 00.499	+21 56 52.65	6.071 6747
26	7 02 00.280	+22 58 10.18	5.517 8445	11	7 36 52.658	+21 54 56.97	6.080 5012
27	7 02 36.705	+22 57 19.45	5.532 8343	12	7 37 45.010	+21 52 59.79	6.089 1528
28	7 03 13.649	+22 56 27.39	5.547 7367	13	7 38 37.550	+21 51 01.14	6.097 6287
29	7 03 51.107	+22 55 33.99	5.562 5485	14	7 39 30.270	+21 49 01.02	6.105 9280
30	7 04 29.070	+22 54 39.26	5.577 2666	15	7 40 23.164	+21 46 59.43	6.114 0500
May 1	7 05 07.530	+22 53 43.20	5.591 8879	16	7 41 16.226	+21 44 56.38	6.121 9934
2	7 05 46.477	+22 52 45.80	5.606 4095	17	7 42 09.448	+21 42 51.87	6.129 7573
3	7 06 25.902	+22 51 47.06	5.620 8287	18	7 43 02.826	+21 40 45.88	6.137 3403
4	7 07 05.793	+22 50 46.99	5.635 1427	19	7 43 56.357	+21 38 38.41	6.144 7414
5	7 07 46.143	+22 49 45.56	5.649 3489	20	7 44 50.036	+21 36 29.45	6.151 9590
6	7 08 26.942	+22 48 42.78	5.663 4450	21	7 45 43.859	+21 34 19.02	6.158 9920
7	7 09 08.180	+22 47 38.63	5.677 4284	22	7 46 37.824	+21 32 07.11	6.165 8389
8	7 09 49.849	+22 46 33.10	5.691 2968	23	7 47 31.925	+21 29 53.74	6.172 4985
9	7 10 31.941	+22 45 26.17	5.705 0481	24	7 48 26.156	+21 27 38.93	6.178 9696
10	7 11 14.448	+22 44 17.84	5.718 6802	25	7 49 20.511	+21 25 22.68	6.185 2510
11	7 11 57.363	+22 43 08.09	5.732 1909	26	7 50 14.983	+21 23 05.02	6.191 3416
12	7 12 40.680	+22 41 56.92	5.745 5783	27	7 51 09.566	+21 20 45.97	6.197 2405
13	7 13 24.390	+22 40 44.31	5.758 8405	28	7 52 04.252	+21 18 25.52	6.202 9466
14	7 14 08.489	+22 39 30.26	5.771 9757	29	7 52 59.035	+21 16 03.70	6.208 4592
15	7 14 52.969	+22 38 14.77	5.784 9822	30	7 53 53.908	+21 13 40.52	6.213 7775
16	7 15 37.824	+22 36 57.84	5.797 8581	July 1	7 54 48.864	+21 11 15.97	6.218 9009
17	7 16 23.046	+22 35 39.47	5.810 6017	2	7 55 43.897	+21 08 50.07	6.223 8287

JUPITER, 2014

GEOCENTRIC COORDINATES FOR 0^h TERRESTRIAL TIME

Date	Apparent Right Ascension	Apparent Declination	True Geocentric Distance	Date	Apparent Right Ascension	Apparent Declination	True Geocentric Distance
	h m s	° ′ ″	au		h m s	° ′ ″	au
July 1	7 54 48.864	+21 11 15.97	6.218 9009	Aug. 16	8 37 02.605	+18 59 53.54	6.238 6152
2	7 55 43.897	+21 08 50.07	6.223 8287	17	8 37 56.016	+18 56 42.48	6.234 3251
3	7 56 39.003	+21 06 22.83	6.228 5605	18	8 38 49.285	+18 53 30.96	6.229 8373
4	7 57 34.176	+21 03 54.25	6.233 0957	19	8 39 42.408	+18 50 19.01	6.225 1522
5	7 58 29.411	+21 01 24.34	6.237 4341	20	8 40 35.378	+18 47 06.66	6.220 2700
6	7 59 24.704	+20 58 53.10	6.241 5752	21	8 41 28.188	+18 43 53.95	6.215 1912
7	8 00 20.049	+20 56 20.56	6.245 5189	22	8 42 20.834	+18 40 40.91	6.209 9162
8	8 01 15.444	+20 53 46.72	6.249 2650	23	8 43 13.308	+18 37 27.58	6.204 4457
9	8 02 10.883	+20 51 11.60	6.252 8132	24	8 44 05.605	+18 34 13.99	6.198 7803
10	8 03 06.362	+20 48 35.22	6.256 1636	25	8 44 57.719	+18 31 00.16	6.192 9207
11	8 04 01.876	+20 45 57.59	6.259 3160	26	8 45 49.644	+18 27 46.13	6.186 8678
12	8 04 57.418	+20 43 18.75	6.262 2703	27	8 46 41.376	+18 24 31.93	6.180 6225
13	8 05 52.981	+20 40 38.70	6.265 0263	28	8 47 32.910	+18 21 17.58	6.174 1858
14	8 06 48.562	+20 37 57.46	6.267 5837	29	8 48 24.240	+18 18 03.12	6.167 5587
15	8 07 44.154	+20 35 15.02	6.269 9422	30	8 49 15.363	+18 14 48.57	6.160 7424
16	8 08 39.754	+20 32 31.39	6.272 1012	31	8 50 06.275	+18 11 33.97	6.153 7381
17	8 09 35.360	+20 29 46.57	6.274 0601	Sept. 1	8 50 56.970	+18 08 19.36	6.146 5471
18	8 10 30.970	+20 27 00.58	6.275 8184	2	8 51 47.443	+18 05 04.77	6.139 1706
19	8 11 26.580	+20 24 13.42	6.277 3753	3	8 52 37.691	+18 01 50.24	6.131 6102
20	8 12 22.187	+20 21 25.13	6.278 7303	4	8 53 27.706	+17 58 35.81	6.123 8671
21	8 13 17.787	+20 18 35.72	6.279 8828	5	8 54 17.484	+17 55 21.52	6.115 9428
22	8 14 13.374	+20 15 45.22	6.280 8324	6	8 55 07.018	+17 52 07.42	6.107 8386
23	8 15 08.945	+20 12 53.68	6.281 5785	7	8 55 56.302	+17 48 53.52	6.099 5560
24	8 16 04.500	+20 10 01.23	6.282 1209	8	8 56 45.331	+17 45 39.87	6.091 0961
25	8 16 59.971	+20 07 08.38	6.282 4592	9	8 57 34.102	+17 42 26.48	6.082 4601
26	8 17 55.418	+20 04 13.09	6.282 5933	10	8 58 22.612	+17 39 13.38	6.073 6491
27	8 18 50.852	+20 01 17.36	6.282 5231	11	8 59 10.857	+17 36 00.59	6.064 6639
28	8 19 46.231	+19 58 20.78	6.282 2486	12	8 59 58.836	+17 32 48.15	6.055 5056
29	8 20 41.553	+19 55 23.29	6.281 7697	13	9 00 46.544	+17 29 36.09	6.046 1751
30	8 21 36.814	+19 52 24.90	6.281 0867	14	9 01 33.976	+17 26 24.48	6.036 6734
31	8 22 32.009	+19 49 25.62	6.280 1996	15	9 02 21.125	+17 23 13.35	6.027 0015
Aug. 1	8 23 27.134	+19 46 25.45	6.279 1089	16	9 03 07.985	+17 20 02.75	6.017 1606
2	8 24 22.185	+19 43 24.43	6.277 8147	17	9 03 54.549	+17 16 52.74	6.007 1520
3	8 25 17.157	+19 40 22.57	6.276 3176	18	9 04 40.811	+17 13 43.35	5.996 9771
4	8 26 12.047	+19 37 19.89	6.274 6179	19	9 05 26.762	+17 10 34.63	5.986 6372
5	8 27 06.851	+19 34 16.42	6.272 7162	20	9 06 12.397	+17 07 26.63	5.976 1338
6	8 28 01.564	+19 31 12.19	6.270 6131	21	9 06 57.710	+17 04 19.38	5.965 4687
7	8 28 56.181	+19 28 07.23	6.268 3092	22	9 07 42.693	+17 01 12.93	5.954 6435
8	8 29 50.697	+19 25 01.56	6.265 8050	23	9 08 27.341	+16 58 07.31	5.943 6600
9	8 30 45.106	+19 21 55.22	6.263 1012	24	9 09 11.649	+16 55 02.57	5.932 5202
10	8 31 39.403	+19 18 48.23	6.260 1982	25	9 09 55.610	+16 51 58.74	5.921 2259
11	8 32 33.582	+19 15 40.61	6.257 0966	26	9 10 39.219	+16 48 55.87	5.909 7793
12	8 33 27.640	+19 12 32.37	6.253 7965	27	9 11 22.471	+16 45 54.00	5.898 1825
13	8 34 21.573	+19 09 23.53	6.250 2982	28	9 12 05.361	+16 42 53.17	5.886 4378
14	8 35 15.380	+19 06 14.09	6.246 6019	29	9 12 47.882	+16 39 53.43	5.874 5475
15	8 36 09.058	+19 03 04.08	6.242 7075	30	9 13 30.028	+16 36 54.84	5.862 5140
16	8 37 02.605	+18 59 53.54	6.238 6152	Oct. 1	9 14 11.794	+16 33 57.43	5.850 3396

GEOCENTRIC COORDINATES FOR 0ʰ TERRESTRIAL TIME

Date	Apparent Right Ascension	Apparent Declination	True Geocentric Distance	Date	Apparent Right Ascension	Apparent Declination	True Geocentric Distance
	h m s	° ′ ″	au		h m s	° ′ ″	au
Oct. 1	9 14 11.794	+16 33 57.43	5.850 3396	Nov. 16	9 37 33.648	+14 52 43.35	5.182 6286
2	9 14 53.172	+16 31 01.26	5.838 0268	17	9 37 50.394	+14 51 34.43	5.166 9576
3	9 15 34.156	+16 28 06.38	5.825 5781	18	9 38 06.453	+14 50 28.91	5.151 2965
4	9 16 14.738	+16 25 12.84	5.812 9957	19	9 38 21.817	+14 49 26.82	5.135 6498
5	9 16 54.913	+16 22 20.67	5.800 2822	20	9 38 36.482	+14 48 28.21	5.120 0221
6	9 17 34.676	+16 19 29.90	5.787 4398	21	9 38 50.442	+14 47 33.10	5.104 4181
7	9 18 14.022	+16 16 40.58	5.774 4707	22	9 39 03.694	+14 46 41.53	5.088 8426
8	9 18 52.947	+16 13 52.72	5.761 3770	23	9 39 16.230	+14 45 53.53	5.073 3004
9	9 19 31.448	+16 11 06.38	5.748 1608	24	9 39 28.047	+14 45 09.15	5.057 7965
10	9 20 09.521	+16 08 21.60	5.734 8242	25	9 39 39.138	+14 44 28.41	5.042 3359
11	9 20 47.159	+16 05 38.42	5.721 3692	26	9 39 49.497	+14 43 51.36	5.026 9235
12	9 21 24.357	+16 02 56.91	5.707 7980	27	9 39 59.121	+14 43 18.02	5.011 5642
13	9 22 01.107	+16 00 17.13	5.694 1127	28	9 40 08.003	+14 42 48.40	4.996 2630
14	9 22 37.401	+15 57 39.12	5.680 3158	29	9 40 16.141	+14 42 22.53	4.981 0246
15	9 23 13.230	+15 55 02.96	5.666 4097	30	9 40 23.533	+14 42 00.41	4.965 8539
16	9 23 48.588	+15 52 28.67	5.652 3968	Dec. 1	9 40 30.177	+14 41 42.05	4.950 7554
17	9 24 23.466	+15 49 56.33	5.638 2798	2	9 40 36.073	+14 41 27.46	4.935 7337
18	9 24 57.858	+15 47 25.98	5.624 0614	3	9 40 41.218	+14 41 16.64	4.920 7934
19	9 25 31.755	+15 44 57.66	5.609 7446	4	9 40 45.613	+14 41 09.61	4.905 9389
20	9 26 05.150	+15 42 31.43	5.595 3322	5	9 40 49.255	+14 41 06.39	4.891 1749
21	9 26 38.038	+15 40 07.33	5.580 8272	6	9 40 52.142	+14 41 06.99	4.876 5056
22	9 27 10.411	+15 37 45.40	5.566 2329	7	9 40 54.270	+14 41 11.44	4.861 9358
23	9 27 42.263	+15 35 25.70	5.551 5524	8	9 40 55.637	+14 41 19.74	4.847 4700
24	9 28 13.587	+15 33 08.27	5.536 7892	9	9 40 56.238	+14 41 31.92	4.833 1129
25	9 28 44.378	+15 30 53.15	5.521 9466	10	9 40 56.072	+14 41 47.97	4.818 8692
26	9 29 14.629	+15 28 40.41	5.507 0281	11	9 40 55.136	+14 42 07.91	4.804 7438
27	9 29 44.333	+15 26 30.09	5.492 0375	12	9 40 53.429	+14 42 31.74	4.790 7415
28	9 30 13.483	+15 24 22.24	5.476 9784	13	9 40 50.949	+14 42 59.44	4.776 8673
29	9 30 42.071	+15 22 16.93	5.461 8544	14	9 40 47.697	+14 43 31.01	4.763 1263
30	9 31 10.090	+15 20 14.20	5.446 6693	15	9 40 43.672	+14 44 06.44	4.749 5236
31	9 31 37.532	+15 18 14.09	5.431 4268	16	9 40 38.876	+14 44 45.71	4.736 0642
Nov. 1	9 32 04.392	+15 16 16.66	5.416 1305	17	9 40 33.309	+14 45 28.81	4.722 7533
2	9 32 30.663	+15 14 21.94	5.400 7840	18	9 40 26.975	+14 46 15.72	4.709 5962
3	9 32 56.340	+15 12 29.96	5.385 3910	19	9 40 19.875	+14 47 06.41	4.696 5982
4	9 33 21.418	+15 10 40.76	5.369 9548	20	9 40 12.012	+14 48 00.87	4.683 7645
5	9 33 45.895	+15 08 54.37	5.354 4790	21	9 40 03.390	+14 48 59.08	4.671 1005
6	9 34 09.765	+15 07 10.83	5.338 9668	22	9 39 54.009	+14 50 01.01	4.658 6116
7	9 34 33.023	+15 05 30.19	5.323 4218	23	9 39 43.875	+14 51 06.63	4.646 3029
8	9 34 55.663	+15 03 52.50	5.307 8473	24	9 39 32.990	+14 52 15.92	4.634 1798
9	9 35 17.679	+15 02 17.82	5.292 2468	25	9 39 21.358	+14 53 28.83	4.622 2474
10	9 35 39.062	+15 00 46.19	5.276 6238	26	9 39 08.987	+14 54 45.31	4.610 5105
11	9 35 59.804	+14 59 17.67	5.260 9822	27	9 38 55.883	+14 56 05.31	4.598 9740
12	9 36 19.899	+14 57 52.31	5.245 3255	28	9 38 42.055	+14 57 28.76	4.587 6425
13	9 36 39.337	+14 56 30.16	5.229 6578	29	9 38 27.512	+14 58 55.60	4.576 5205
14	9 36 58.113	+14 55 11.25	5.213 9830	30	9 38 12.266	+15 00 25.76	4.565 6123
15	9 37 16.218	+14 53 55.64	5.198 3052	31	9 37 56.325	+15 01 59.19	4.554 9221
16	9 37 33.648	+14 52 43.35	5.182 6286	32	9 37 39.699	+15 03 35.83	4.544 4540

SATURN, 2014

GEOCENTRIC COORDINATES FOR 0ʰ TERRESTRIAL TIME

Date	Apparent Right Ascension	Apparent Declination	True Geocentric Distance	Date	Apparent Right Ascension	Apparent Declination	True Geocentric Distance
	h m s	° ′ ″	au		h m s	° ′ ″	au
Jan. 0	15 13 42.403	−15 43 09.99	10.494 4417	Feb. 15	15 25 16.108	−16 19 03.80	9.787 6575
1	15 14 04.463	−15 44 28.93	10.481 7351	16	15 25 22.617	−16 19 15.17	9.771 0397
2	15 14 26.274	−15 45 46.57	10.468 8542	17	15 25 28.719	−16 19 24.98	9.754 4420
3	15 14 47.827	−15 47 02.89	10.455 8026	18	15 25 34.414	−16 19 33.25	9.737 8690
4	15 15 09.117	−15 48 17.87	10.442 5838	19	15 25 39.699	−16 19 39.97	9.721 3256
5	15 15 30.140	−15 49 31.49	10.429 2018	20	15 25 44.576	−16 19 45.15	9.704 8162
6	15 15 50.892	−15 50 43.74	10.415 6603	21	15 25 49.043	−16 19 48.80	9.688 3457
7	15 16 11.371	−15 51 54.60	10.401 9631	22	15 25 53.100	−16 19 50.92	9.671 9190
8	15 16 31.574	−15 53 04.09	10.388 1139	23	15 25 56.744	−16 19 51.53	9.655 5408
9	15 16 51.498	−15 54 12.20	10.374 1166	24	15 25 59.975	−16 19 50.63	9.639 2162
10	15 17 11.140	−15 55 18.93	10.359 9747	25	15 26 02.788	−16 19 48.23	9.622 9504
11	15 17 30.495	−15 56 24.27	10.345 6921	26	15 26 05.183	−16 19 44.31	9.606 7484
12	15 17 49.560	−15 57 28.23	10.331 2722	27	15 26 07.155	−16 19 38.88	9.590 6157
13	15 18 08.330	−15 58 30.79	10.316 7188	28	15 26 08.704	−16 19 31.93	9.574 5576
14	15 18 26.799	−15 59 31.95	10.302 0355	Mar. 1	15 26 09.831	−16 19 23.45	9.558 5795
15	15 18 44.964	−16 00 31.69	10.287 2259	2	15 26 10.535	−16 19 13.45	9.542 6870
16	15 19 02.820	−16 01 30.01	10.272 2937	3	15 26 10.820	−16 19 01.93	9.526 8854
17	15 19 20.361	−16 02 26.89	10.257 2425	4	15 26 10.688	−16 18 48.91	9.511 1801
18	15 19 37.585	−16 03 22.32	10.242 0761	5	15 26 10.141	−16 18 34.41	9.495 5761
19	15 19 54.486	−16 04 16.29	10.226 7981	6	15 26 09.182	−16 18 18.45	9.480 0787
20	15 20 11.063	−16 05 08.79	10.211 4123	7	15 26 07.811	−16 18 01.04	9.464 6926
21	15 20 27.310	−16 05 59.81	10.195 9224	8	15 26 06.030	−16 17 42.20	9.449 4229
22	15 20 43.225	−16 06 49.35	10.180 3324	9	15 26 03.839	−16 17 21.93	9.434 2741
23	15 20 58.805	−16 07 37.41	10.164 6461	10	15 26 01.240	−16 17 00.25	9.419 2511
24	15 21 14.046	−16 08 23.97	10.148 8674	11	15 25 58.233	−16 16 37.16	9.404 3584
25	15 21 28.947	−16 09 09.05	10.133 0005	12	15 25 54.820	−16 16 12.66	9.389 6006
26	15 21 43.502	−16 09 52.64	10.117 0496	13	15 25 51.004	−16 15 46.77	9.374 9823
27	15 21 57.707	−16 10 34.75	10.101 0188	14	15 25 46.786	−16 15 19.49	9.360 5077
28	15 22 11.558	−16 11 15.36	10.084 9127	15	15 25 42.169	−16 14 50.82	9.346 1814
29	15 22 25.049	−16 11 54.48	10.068 7359	16	15 25 37.155	−16 14 20.79	9.332 0076
30	15 22 38.172	−16 12 32.09	10.052 4930	17	15 25 31.749	−16 13 49.41	9.317 9908
31	15 22 50.924	−16 13 08.16	10.036 1891	18	15 25 25.954	−16 13 16.68	9.304 1351
Feb. 1	15 23 03.300	−16 13 42.69	10.019 8290	19	15 25 19.774	−16 12 42.63	9.290 4449
2	15 23 15.298	−16 14 15.66	10.003 4180	20	15 25 13.213	−16 12 07.28	9.276 9244
3	15 23 26.916	−16 14 47.07	9.986 9610	21	15 25 06.273	−16 11 30.64	9.263 5780
4	15 23 38.155	−16 15 16.92	9.970 4630	22	15 24 58.958	−16 10 52.75	9.250 4099
5	15 23 49.011	−16 15 45.22	9.953 9291	23	15 24 51.271	−16 10 13.62	9.237 4246
6	15 23 59.485	−16 16 11.98	9.937 3640	24	15 24 43.214	−16 09 33.26	9.224 6264
7	15 24 09.574	−16 16 37.21	9.920 7726	25	15 24 34.788	−16 08 51.68	9.212 0199
8	15 24 19.275	−16 17 00.91	9.904 1596	26	15 24 25.997	−16 08 08.90	9.199 6095
9	15 24 28.586	−16 17 23.08	9.887 5298	27	15 24 16.843	−16 07 24.93	9.187 3999
10	15 24 37.504	−16 17 43.71	9.870 8878	28	15 24 07.330	−16 06 39.76	9.175 3955
11	15 24 46.026	−16 18 02.81	9.854 2383	29	15 23 57.464	−16 05 53.42	9.163 6008
12	15 24 54.150	−16 18 20.38	9.837 5859	30	15 23 47.252	−16 05 05.92	9.152 0203
13	15 25 01.873	−16 18 36.40	9.820 9352	31	15 23 36.700	−16 04 17.30	9.140 6583
14	15 25 09.193	−16 18 50.87	9.804 2909	Apr. 1	15 23 25.817	−16 03 27.58	9.129 5188
15	15 25 16.108	−16 19 03.80	9.787 6575	2	15 23 14.609	−16 02 36.79	9.118 6060

GEOCENTRIC COORDINATES FOR 0^h TERRESTRIAL TIME

Date	Apparent Right Ascension	Apparent Declination	True Geocentric Distance	Date	Apparent Right Ascension	Apparent Declination	True Geocentric Distance
	h m s	° ′ ″	au		h m s	° ′ ″	au
Apr. 1	15 23 25.817	−16 03 27.58	9.129 5188	May 17	15 11 11.360	−15 13 49.32	8.905 4138
2	15 23 14.609	−16 02 36.79	9.118 6060	18	15 10 53.498	−15 12 41.86	8.907 4149
3	15 23 03.082	−16 01 44.98	9.107 9236	19	15 10 35.696	−15 11 34.85	8.909 7134
4	15 22 51.243	−16 00 52.16	9.097 4752	20	15 10 17.962	−15 10 28.33	8.912 3085
5	15 22 39.096	−15 59 58.37	9.087 2643	21	15 10 00.305	−15 09 22.31	8.915 1997
6	15 22 26.649	−15 59 03.61	9.077 2943	22	15 09 42.733	−15 08 16.83	8.918 3862
7	15 22 13.906	−15 58 07.93	9.067 5683	23	15 09 25.257	−15 07 11.92	8.921 8672
8	15 22 00.874	−15 57 11.33	9.058 0895	24	15 09 07.887	−15 06 07.62	8.925 6417
9	15 21 47.560	−15 56 13.85	9.048 8608	25	15 08 50.634	−15 05 03.98	8.929 7085
10	15 21 33.970	−15 55 15.49	9.039 8851	26	15 08 33.508	−15 04 01.03	8.934 0663
11	15 21 20.112	−15 54 16.29	9.031 1652	27	15 08 16.518	−15 02 58.83	8.938 7136
12	15 21 05.993	−15 53 16.28	9.022 7037	28	15 07 59.674	−15 01 57.41	8.943 6485
13	15 20 51.622	−15 52 15.46	9.014 5033	29	15 07 42.984	−15 00 56.81	8.948 8693
14	15 20 37.005	−15 51 13.89	9.006 5664	30	15 07 26.455	−14 59 57.07	8.954 3737
15	15 20 22.153	−15 50 11.58	8.998 8955	31	15 07 10.095	−14 58 58.21	8.960 1597
16	15 20 07.072	−15 49 08.58	8.991 4929	June 1	15 06 53.912	−14 58 00.27	8.966 2247
17	15 19 51.772	−15 48 04.92	8.984 3611	2	15 06 37.913	−14 57 03.27	8.972 5663
18	15 19 36.259	−15 47 00.63	8.977 5022	3	15 06 22.105	−14 56 07.24	8.979 1820
19	15 19 20.541	−15 45 55.76	8.970 9188	4	15 06 06.497	−14 55 12.21	8.986 0689
20	15 19 04.623	−15 44 50.32	8.964 6130	5	15 05 51.095	−14 54 18.20	8.993 2242
21	15 18 48.513	−15 43 44.35	8.958 5874	6	15 05 35.909	−14 53 25.24	9.000 6451
22	15 18 32.216	−15 42 37.88	8.952 8441	7	15 05 20.944	−14 52 33.37	9.008 3286
23	15 18 15.740	−15 41 30.91	8.947 3856	8	15 05 06.210	−14 51 42.60	9.016 2717
24	15 17 59.092	−15 40 23.48	8.942 2140	9	15 04 51.714	−14 50 52.98	9.024 4713
25	15 17 42.282	−15 39 15.61	8.937 3317	10	15 04 37.463	−14 50 04.53	9.032 9242
26	15 17 25.320	−15 38 07.33	8.932 7406	11	15 04 23.464	−14 49 17.30	9.041 6274
27	15 17 08.217	−15 36 58.69	8.928 4426	12	15 04 09.723	−14 48 31.30	9.050 5777
28	15 16 50.983	−15 35 49.72	8.924 4396	13	15 03 56.245	−14 47 46.58	9.059 7720
29	15 16 33.629	−15 34 40.48	8.920 7330	14	15 03 43.033	−14 47 03.14	9.069 2073
30	15 16 16.165	−15 33 31.01	8.917 3242	15	15 03 30.092	−14 46 21.01	9.078 8806
May 1	15 15 58.601	−15 32 21.34	8.914 2143	16	15 03 17.425	−14 45 40.20	9.088 7890
2	15 15 40.945	−15 31 11.52	8.911 4042	17	15 03 05.036	−14 45 00.71	9.098 9295
3	15 15 23.206	−15 30 01.59	8.908 8948	18	15 02 52.932	−14 44 22.57	9.109 2992
4	15 15 05.393	−15 28 51.57	8.906 6865	19	15 02 41.119	−14 43 45.79	9.119 8950
5	15 14 47.516	−15 27 41.50	8.904 7799	20	15 02 29.603	−14 43 10.39	9.130 7138
6	15 14 29.582	−15 26 31.41	8.903 1751	21	15 02 18.393	−14 42 36.40	9.141 7521
7	15 14 11.601	−15 25 21.34	8.901 8724	22	15 02 07.494	−14 42 03.85	9.153 0066
8	15 13 53.583	−15 24 11.31	8.900 8717	23	15 01 56.912	−14 41 32.78	9.164 4737
9	15 13 35.537	−15 23 01.37	8.900 1731	24	15 01 46.653	−14 41 03.20	9.176 1496
10	15 13 17.474	−15 21 51.54	8.899 7763	25	15 01 36.720	−14 40 35.14	9.188 0304
11	15 12 59.402	−15 20 41.86	8.899 6809	26	15 01 27.119	−14 40 08.61	9.200 1123
12	15 12 41.334	−15 19 32.37	8.899 8867	27	15 01 17.853	−14 39 43.63	9.212 3909
13	15 12 23.277	−15 18 23.12	8.900 3931	28	15 01 08.925	−14 39 20.22	9.224 8623
14	15 12 05.243	−15 17 14.15	8.901 1995	29	15 01 00.338	−14 38 58.37	9.237 5220
15	15 11 47.240	−15 16 05.50	8.902 3055	30	15 00 52.096	−14 38 38.10	9.250 3658
16	15 11 29.277	−15 14 57.21	8.903 7105	July 1	15 00 44.202	−14 38 19.42	9.263 3893
17	15 11 11.360	−15 13 49.32	8.905 4138	2	15 00 36.660	−14 38 02.33	9.276 5879

SATURN, 2014

GEOCENTRIC COORDINATES FOR 0ʰ TERRESTRIAL TIME

Date	Apparent Right Ascension	Apparent Declination	True Geocentric Distance	Date	Apparent Right Ascension	Apparent Declination	True Geocentric Distance
	h m s	° ′ ″	au		h m s	° ′ ″	au
July 1	15 00 44.202	−14 38 19.42	9.263 3893	Aug. 16	15 01 26.969	−14 53 38.03	9.980 7388
2	15 00 36.660	−14 38 02.33	9.276 5879	17	15 01 36.772	−14 54 35.04	9.997 2409
3	15 00 29.473	−14 37 46.85	9.289 9574	18	15 01 46.937	−14 55 33.48	10.013 7132
4	15 00 22.645	−14 37 32.98	9.303 4931	19	15 01 57.463	−14 56 33.32	10.030 1515
5	15 00 16.179	−14 37 20.74	9.317 1905	20	15 02 08.346	−14 57 34.55	10.046 5515
6	15 00 10.079	−14 37 10.13	9.331 0453	21	15 02 19.584	−14 58 37.15	10.062 9087
7	15 00 04.347	−14 37 01.17	9.345 0527	22	15 02 31.174	−14 59 41.11	10.079 2189
8	14 59 58.986	−14 36 53.87	9.359 2085	23	15 02 43.113	−15 00 46.39	10.095 4777
9	14 59 53.999	−14 36 48.24	9.373 5080	24	15 02 55.398	−15 01 52.98	10.111 6808
10	14 59 49.387	−14 36 44.29	9.387 9471	25	15 03 08.028	−15 03 00.86	10.127 8238
11	14 59 45.149	−14 36 42.03	9.402 5213	26	15 03 20.999	−15 04 10.01	10.143 9024
12	14 59 41.286	−14 36 41.46	9.417 2266	27	15 03 34.310	−15 05 20.40	10.159 9123
13	14 59 37.797	−14 36 42.57	9.432 0588	28	15 03 47.958	−15 06 32.02	10.175 8494
14	14 59 34.681	−14 36 45.34	9.447 0140	29	15 04 01.942	−15 07 44.86	10.191 7094
15	14 59 31.938	−14 36 49.77	9.462 0882	30	15 04 16.259	−15 08 58.89	10.207 4882
16	14 59 29.572	−14 36 55.85	9.477 2774	31	15 04 30.907	−15 10 14.11	10.223 1818
17	14 59 27.585	−14 37 03.59	9.492 5776	Sept. 1	15 04 45.883	−15 11 30.49	10.238 7862
18	14 59 25.981	−14 37 12.99	9.507 9847	2	15 05 01.183	−15 12 48.03	10.254 2975
19	14 59 24.761	−14 37 24.06	9.523 4945	3	15 05 16.805	−15 14 06.70	10.269 7121
20	14 59 23.928	−14 37 36.82	9.539 1026	4	15 05 32.743	−15 15 26.49	10.285 0262
21	14 59 23.484	−14 37 51.27	9.554 8046	5	15 05 48.993	−15 16 47.37	10.300 2365
22	14 59 23.428	−14 38 07.41	9.570 5958	6	15 06 05.549	−15 18 09.31	10.315 3394
23	14 59 23.761	−14 38 25.24	9.586 4718	7	15 06 22.408	−15 19 32.28	10.330 3319
24	14 59 24.483	−14 38 44.76	9.602 4279	8	15 06 39.564	−15 20 56.25	10.345 2106
25	14 59 25.593	−14 39 05.96	9.618 4593	9	15 06 57.016	−15 22 21.19	10.359 9727
26	14 59 27.091	−14 39 28.82	9.634 5612	10	15 07 14.762	−15 23 47.08	10.374 6150
27	14 59 28.977	−14 39 53.35	9.650 7289	11	15 07 32.801	−15 25 13.91	10.389 1343
28	14 59 31.249	−14 40 19.53	9.666 9577	12	15 07 51.132	−15 26 41.66	10.403 5276
29	14 59 33.908	−14 40 47.34	9.683 2425	13	15 08 09.752	−15 28 10.34	10.417 7915
30	14 59 36.953	−14 41 16.79	9.699 5788	14	15 08 28.660	−15 29 39.92	10.431 9227
31	14 59 40.385	−14 41 47.85	9.715 9616	15	15 08 47.851	−15 31 10.40	10.445 9178
Aug. 1	14 59 44.204	−14 42 20.53	9.732 3863	16	15 09 07.321	−15 32 41.74	10.459 7734
2	14 59 48.408	−14 42 54.82	9.748 8481	17	15 09 27.067	−15 34 13.93	10.473 4860
3	14 59 52.999	−14 43 30.71	9.765 3423	18	15 09 47.084	−15 35 46.93	10.487 0521
4	14 59 57.975	−14 44 08.19	9.781 8644	19	15 10 07.368	−15 37 20.74	10.500 4683
5	15 00 03.335	−14 44 47.27	9.798 4096	20	15 10 27.916	−15 38 55.31	10.513 7311
6	15 00 09.078	−14 45 27.93	9.814 9737	21	15 10 48.724	−15 40 30.63	10.526 8372
7	15 00 15.201	−14 46 10.17	9.831 5521	22	15 11 09.789	−15 42 06.66	10.539 7831
8	15 00 21.702	−14 46 53.97	9.848 1407	23	15 11 31.107	−15 43 43.39	10.552 5656
9	15 00 28.576	−14 47 39.31	9.864 7354	24	15 11 52.676	−15 45 20.80	10.565 1813
10	15 00 35.820	−14 48 26.17	9.881 3321	25	15 12 14.493	−15 46 58.86	10.577 6271
11	15 00 43.432	−14 49 14.51	9.897 9270	26	15 12 36.554	−15 48 37.55	10.589 8997
12	15 00 51.408	−14 50 04.33	9.914 5162	27	15 12 58.856	−15 50 16.87	10.601 9961
13	15 00 59.750	−14 50 55.59	9.931 0959	28	15 13 21.396	−15 51 56.78	10.613 9133
14	15 01 08.457	−14 51 48.30	9.947 6622	29	15 13 44.169	−15 53 37.28	10.625 6485
15	15 01 17.530	−14 52 42.45	9.964 2112	30	15 14 07.172	−15 55 18.35	10.637 1989
16	15 01 26.969	−14 53 38.03	9.980 7388	Oct. 1	15 14 30.398	−15 56 59.96	10.648 5619

GEOCENTRIC COORDINATES FOR 0ʰ TERRESTRIAL TIME

Date	Apparent Right Ascension	Apparent Declination	True Geocentric Distance	Date	Apparent Right Ascension	Apparent Declination	True Geocentric Distance
	h m s	° ′ ″	au		h m s	° ′ ″	au
Oct. 1	15 14 30.398	−15 56 59.96	10.648 5619	Nov. 16	15 35 09.712	−17 18 19.49	10.933 6169
2	15 14 53.843	−15 58 42.08	10.659 7349	17	15 35 38.781	−17 20 02.50	10.934 0803
3	15 15 17.501	−16 00 24.70	10.670 7156	18	15 36 07.866	−17 21 45.07	10.934 2850
4	15 15 41.365	−16 02 07.78	10.681 5018	19	15 36 36.965	−17 23 27.25	10.934 2305
5	15 16 05.433	−16 03 51.28	10.692 0914	20	15 37 06.079	−17 25 09.03	10.933 9164
6	15 16 29.699	−16 05 35.18	10.702 4823	21	15 37 35.204	−17 26 50.35	10.933 3425
7	15 16 54.161	−16 07 19.46	10.712 6726	22	15 38 04.335	−17 28 31.16	10.932 5085
8	15 17 18.816	−16 09 04.08	10.722 6602	23	15 38 33.464	−17 30 11.48	10.931 4145
9	15 17 43.664	−16 10 49.05	10.732 4433	24	15 39 02.586	−17 31 51.28	10.930 0606
10	15 18 08.702	−16 12 34.35	10.742 0196	25	15 39 31.695	−17 33 30.56	10.928 4469
11	15 18 33.926	−16 14 19.97	10.751 3872	26	15 40 00.782	−17 35 09.30	10.926 5740
12	15 18 59.333	−16 16 05.90	10.760 5438	27	15 40 29.843	−17 36 47.46	10.924 4424
13	15 19 24.918	−16 17 52.11	10.769 4871	28	15 40 58.870	−17 38 25.04	10.922 0529
14	15 19 50.676	−16 19 38.59	10.778 2149	29	15 41 27.858	−17 40 02.00	10.919 4061
15	15 20 16.603	−16 21 25.31	10.786 7250	30	15 41 56.805	−17 41 38.33	10.916 5032
16	15 20 42.694	−16 23 12.25	10.795 0150	Dec. 1	15 42 25.705	−17 43 14.00	10.913 3449
17	15 21 08.944	−16 24 59.37	10.803 0827	2	15 42 54.556	−17 44 49.01	10.909 9323
18	15 21 35.350	−16 26 46.66	10.810 9260	3	15 43 23.356	−17 46 23.36	10.906 2663
19	15 22 01.907	−16 28 34.09	10.818 5426	4	15 43 52.099	−17 47 57.03	10.902 3479
20	15 22 28.612	−16 30 21.64	10.825 9305	5	15 44 20.784	−17 49 30.04	10.898 1780
21	15 22 55.460	−16 32 09.28	10.833 0876	6	15 44 49.403	−17 51 02.35	10.893 7575
22	15 23 22.450	−16 33 57.00	10.840 0118	7	15 45 17.953	−17 52 33.98	10.889 0872
23	15 23 49.576	−16 35 44.78	10.846 7014	8	15 45 46.427	−17 54 04.90	10.884 1680
24	15 24 16.836	−16 37 32.60	10.853 1544	9	15 46 14.820	−17 55 35.10	10.879 0008
25	15 24 44.225	−16 39 20.45	10.859 3691	10	15 46 43.126	−17 57 04.55	10.873 5862
26	15 25 11.740	−16 41 08.31	10.865 3439	11	15 47 11.341	−17 58 33.25	10.867 9254
27	15 25 39.374	−16 42 56.17	10.871 0772	12	15 47 39.459	−18 00 01.17	10.862 0190
28	15 26 07.122	−16 44 44.00	10.876 5677	13	15 48 07.476	−18 01 28.31	10.855 8682
29	15 26 34.979	−16 46 31.80	10.881 8142	14	15 48 35.388	−18 02 54.64	10.849 4740
30	15 27 02.938	−16 48 19.52	10.886 8156	15	15 49 03.190	−18 04 20.15	10.842 8374
31	15 27 30.994	−16 50 07.14	10.891 5709	16	15 49 30.879	−18 05 44.84	10.835 9597
Nov. 1	15 27 59.140	−16 51 54.64	10.896 0794	17	15 49 58.449	−18 07 08.70	10.828 8421
2	15 28 27.372	−16 53 41.98	10.900 3403	18	15 50 25.896	−18 08 31.71	10.821 4859
3	15 28 55.687	−16 55 29.14	10.904 3530	19	15 50 53.217	−18 09 53.88	10.813 8926
4	15 29 24.082	−16 57 16.10	10.908 1168	20	15 51 20.406	−18 11 15.20	10.806 0637
5	15 29 52.554	−16 59 02.85	10.911 6311	21	15 51 47.457	−18 12 35.67	10.798 0010
6	15 30 21.101	−17 00 49.38	10.914 8953	22	15 52 14.363	−18 13 55.27	10.789 7062
7	15 30 49.719	−17 02 35.68	10.917 9087	23	15 52 41.119	−18 15 13.99	10.781 1814
8	15 31 18.405	−17 04 21.75	10.920 6706	24	15 53 07.715	−18 16 31.82	10.772 4287
9	15 31 47.153	−17 06 07.56	10.923 1803	25	15 53 34.146	−18 17 48.74	10.763 4506
10	15 32 15.958	−17 07 53.11	10.925 4369	26	15 54 00.407	−18 19 04.72	10.754 2495
11	15 32 44.816	−17 09 38.37	10.927 4395	27	15 54 26.491	−18 20 19.75	10.744 8279
12	15 33 13.720	−17 11 23.31	10.929 1875	28	15 54 52.397	−18 21 33.81	10.735 1885
13	15 33 42.666	−17 13 07.92	10.930 6799	29	15 55 18.121	−18 22 46.90	10.725 3340
14	15 34 11.650	−17 14 52.17	10.931 9161	30	15 55 43.659	−18 23 59.02	10.715 2669
15	15 34 40.667	−17 16 36.03	10.932 8953	31	15 56 09.008	−18 25 10.17	10.704 9900
16	15 35 09.712	−17 18 19.49	10.933 6169	32	15 56 34.165	−18 26 20.35	10.694 5058

URANUS, 2014

GEOCENTRIC COORDINATES FOR 0ʰ TERRESTRIAL TIME

Date	Apparent Right Ascension	Apparent Declination	True Geocentric Distance	Date	Apparent Right Ascension	Apparent Declination	True Geocentric Distance
	h m s	o ′ ″	au		h m s	o ′ ″	au
Jan. 0	0 32 55.264	+ 2 48 16.23	20.023 868	Feb. 15	0 37 51.077	+ 3 21 33.98	20.732 179
1	0 32 57.828	+ 2 48 35.26	20.041 106	16	0 38 00.971	+ 3 22 38.92	20.744 065
2	0 33 00.580	+ 2 48 55.51	20.058 334	17	0 38 10.978	+ 3 23 44.55	20.755 742
3	0 33 03.519	+ 2 49 16.94	20.075 548	18	0 38 21.098	+ 3 24 50.86	20.767 207
4	0 33 06.643	+ 2 49 39.55	20.092 741	19	0 38 31.330	+ 3 25 57.84	20.778 457
5	0 33 09.951	+ 2 50 03.33	20.109 907	20	0 38 41.672	+ 3 27 05.49	20.789 490
6	0 33 13.443	+ 2 50 28.27	20.127 042	21	0 38 52.122	+ 3 28 13.78	20.800 303
7	0 33 17.120	+ 2 50 54.39	20.144 140	22	0 39 02.680	+ 3 29 22.72	20.810 892
8	0 33 20.982	+ 2 51 21.68	20.161 195	23	0 39 13.343	+ 3 30 32.29	20.821 255
9	0 33 25.029	+ 2 51 50.14	20.178 203	24	0 39 24.109	+ 3 31 42.47	20.831 389
10	0 33 29.260	+ 2 52 19.77	20.195 159	25	0 39 34.973	+ 3 32 53.24	20.841 292
11	0 33 33.673	+ 2 52 50.56	20.212 057	26	0 39 45.932	+ 3 34 04.57	20.850 959
12	0 33 38.268	+ 2 53 22.50	20.228 894	27	0 39 56.981	+ 3 35 16.44	20.860 389
13	0 33 43.043	+ 2 53 55.57	20.245 664	28	0 40 08.118	+ 3 36 28.82	20.869 578
14	0 33 47.995	+ 2 54 29.78	20.262 363	Mar. 1	0 40 19.340	+ 3 37 41.69	20.878 524
15	0 33 53.123	+ 2 55 05.09	20.278 985	2	0 40 30.644	+ 3 38 55.04	20.887 224
16	0 33 58.424	+ 2 55 41.50	20.295 528	3	0 40 42.031	+ 3 40 08.86	20.895 676
17	0 34 03.897	+ 2 56 19.00	20.311 985	4	0 40 53.498	+ 3 41 23.15	20.903 878
18	0 34 09.540	+ 2 56 57.58	20.328 353	5	0 41 05.044	+ 3 42 37.88	20.911 828
19	0 34 15.352	+ 2 57 37.21	20.344 626	6	0 41 16.666	+ 3 43 53.06	20.919 524
20	0 34 21.331	+ 2 58 17.91	20.360 801	7	0 41 28.362	+ 3 45 08.66	20.926 965
21	0 34 27.478	+ 2 58 59.65	20.376 873	8	0 41 40.128	+ 3 46 24.66	20.934 149
22	0 34 33.791	+ 2 59 42.44	20.392 838	9	0 41 51.962	+ 3 47 41.04	20.941 074
23	0 34 40.270	+ 3 00 26.26	20.408 690	10	0 42 03.858	+ 3 48 57.78	20.947 740
24	0 34 46.915	+ 3 01 11.13	20.424 426	11	0 42 15.815	+ 3 50 14.86	20.954 145
25	0 34 53.725	+ 3 01 57.02	20.440 041	12	0 42 27.828	+ 3 51 32.25	20.960 288
26	0 35 00.699	+ 3 02 43.95	20.455 530	13	0 42 39.896	+ 3 52 49.94	20.966 168
27	0 35 07.836	+ 3 03 31.89	20.470 889	14	0 42 52.015	+ 3 54 07.91	20.971 784
28	0 35 15.132	+ 3 04 20.83	20.486 114	15	0 43 04.183	+ 3 55 26.14	20.977 135
29	0 35 22.585	+ 3 05 10.75	20.501 198	16	0 43 16.398	+ 3 56 44.62	20.982 219
30	0 35 30.191	+ 3 06 01.62	20.516 138	17	0 43 28.659	+ 3 58 03.34	20.987 037
31	0 35 37.947	+ 3 06 53.43	20.530 929	18	0 43 40.963	+ 3 59 22.28	20.991 586
Feb. 1	0 35 45.850	+ 3 07 46.15	20.545 567	19	0 43 53.310	+ 4 00 41.43	20.995 867
2	0 35 53.899	+ 3 08 39.76	20.560 046	20	0 44 05.698	+ 4 02 00.80	20.999 878
3	0 36 02.092	+ 3 09 34.27	20.574 363	21	0 44 18.124	+ 4 03 20.35	21.003 619
4	0 36 10.429	+ 3 10 29.66	20.588 514	22	0 44 30.588	+ 4 04 40.09	21.007 088
5	0 36 18.910	+ 3 11 25.94	20.602 495	23	0 44 43.085	+ 4 06 00.00	21.010 285
6	0 36 27.533	+ 3 12 23.09	20.616 302	24	0 44 55.613	+ 4 07 20.04	21.013 208
7	0 36 36.295	+ 3 13 21.10	20.629 931	25	0 45 08.167	+ 4 08 40.21	21.015 857
8	0 36 45.194	+ 3 14 19.95	20.643 380	26	0 45 20.743	+ 4 10 00.46	21.018 231
9	0 36 54.227	+ 3 15 19.63	20.656 644	27	0 45 33.339	+ 4 11 20.78	21.020 329
10	0 37 03.391	+ 3 16 20.11	20.669 720	28	0 45 45.950	+ 4 12 41.15	21.022 150
11	0 37 12.683	+ 3 17 21.38	20.682 606	29	0 45 58.576	+ 4 14 01.54	21.023 694
12	0 37 22.100	+ 3 18 23.43	20.695 298	30	0 46 11.215	+ 4 15 21.95	21.024 961
13	0 37 31.640	+ 3 19 26.22	20.707 793	31	0 46 23.866	+ 4 16 42.37	21.025 949
14	0 37 41.300	+ 3 20 29.74	20.720 087	Apr. 1	0 46 36.531	+ 4 18 02.74	21.026 660
15	0 37 51.077	+ 3 21 33.98	20.732 179	2	0 46 49.203	+ 4 19 22.74	21.027 092

GEOCENTRIC COORDINATES FOR 0ʰ TERRESTRIAL TIME

Date	Apparent Right Ascension	Apparent Declination	True Geocentric Distance	Date	Apparent Right Ascension	Apparent Declination	True Geocentric Distance
	h m s	° ′ ″	au		h m s	° ′ ″	au
Apr. 1	0 46 36.531	+ 4 18 02.74	21.026 660	May 17	0 55 43.646	+ 5 15 05.81	20.774 423
2	0 46 49.203	+ 4 19 22.74	21.027 092	18	0 55 53.887	+ 5 16 08.73	20.763 340
3	0 47 01.828	+ 4 20 43.11	21.027 248	19	0 56 04.022	+ 5 17 10.95	20.752 055
4	0 47 14.498	+ 4 22 03.72	21.027 126	20	0 56 14.046	+ 5 18 12.45	20.740 570
5	0 47 27.168	+ 4 23 24.07	21.026 727	21	0 56 23.958	+ 5 19 13.20	20.728 889
6	0 47 39.831	+ 4 24 44.29	21.026 053	22	0 56 33.755	+ 5 20 13.19	20.717 013
7	0 47 52.484	+ 4 26 04.39	21.025 104	23	0 56 43.436	+ 5 21 12.41	20.704 945
8	0 48 05.124	+ 4 27 24.36	21.023 880	24	0 56 53.001	+ 5 22 10.86	20.692 689
9	0 48 17.748	+ 4 28 44.17	21.022 382	25	0 57 02.449	+ 5 23 08.53	20.680 247
10	0 48 30.355	+ 4 30 03.81	21.020 612	26	0 57 11.777	+ 5 24 05.43	20.667 622
11	0 48 42.940	+ 4 31 23.27	21.018 570	27	0 57 20.986	+ 5 25 01.53	20.654 819
12	0 48 55.503	+ 4 32 42.53	21.016 257	28	0 57 30.072	+ 5 25 56.84	20.641 840
13	0 49 08.042	+ 4 34 01.59	21.013 674	29	0 57 39.033	+ 5 26 51.33	20.628 689
14	0 49 20.555	+ 4 35 20.42	21.010 822	30	0 57 47.866	+ 5 27 44.99	20.615 370
15	0 49 33.041	+ 4 36 39.03	21.007 703	31	0 57 56.568	+ 5 28 37.82	20.601 886
16	0 49 45.498	+ 4 37 57.40	21.004 316	June 1	0 58 05.136	+ 5 29 29.78	20.588 241
17	0 49 57.925	+ 4 39 15.53	21.000 664	2	0 58 13.569	+ 5 30 20.87	20.574 440
18	0 50 10.320	+ 4 40 33.40	20.996 747	3	0 58 21.864	+ 5 31 11.07	20.560 485
19	0 50 22.680	+ 4 41 51.00	20.992 566	4	0 58 30.019	+ 5 32 00.37	20.546 381
20	0 50 35.003	+ 4 43 08.32	20.988 122	5	0 58 38.033	+ 5 32 48.76	20.532 132
21	0 50 47.283	+ 4 44 25.32	20.983 416	6	0 58 45.904	+ 5 33 36.23	20.517 742
22	0 50 59.518	+ 4 45 41.98	20.978 449	7	0 58 53.632	+ 5 34 22.78	20.503 214
23	0 51 11.703	+ 4 46 58.28	20.973 222	8	0 59 01.217	+ 5 35 08.41	20.488 553
24	0 51 23.836	+ 4 48 14.21	20.967 735	9	0 59 08.657	+ 5 35 53.10	20.473 762
25	0 51 35.915	+ 4 49 29.73	20.961 991	10	0 59 15.952	+ 5 36 36.87	20.458 845
26	0 51 47.939	+ 4 50 44.85	20.955 990	11	0 59 23.103	+ 5 37 19.71	20.443 807
27	0 51 59.905	+ 4 51 59.55	20.949 734	12	0 59 30.107	+ 5 38 01.61	20.428 650
28	0 52 11.813	+ 4 53 13.83	20.943 225	13	0 59 36.962	+ 5 38 42.57	20.413 379
29	0 52 23.661	+ 4 54 27.68	20.936 465	14	0 59 43.667	+ 5 39 22.58	20.397 997
30	0 52 35.447	+ 4 55 41.09	20.929 455	15	0 59 50.218	+ 5 40 01.61	20.382 507
May 1	0 52 47.168	+ 4 56 54.04	20.922 197	16	0 59 56.612	+ 5 40 39.64	20.366 914
2	0 52 58.821	+ 4 58 06.52	20.914 694	17	1 00 02.846	+ 5 41 16.66	20.351 221
3	0 53 10.402	+ 4 59 18.50	20.906 948	18	1 00 08.920	+ 5 41 52.67	20.335 432
4	0 53 21.908	+ 5 00 29.97	20.898 962	19	1 00 14.833	+ 5 42 27.64	20.319 549
5	0 53 33.336	+ 5 01 40.91	20.890 738	20	1 00 20.584	+ 5 43 01.59	20.303 579
6	0 53 44.683	+ 5 02 51.29	20.882 279	21	1 00 26.174	+ 5 43 34.51	20.287 523
7	0 53 55.947	+ 5 04 01.11	20.873 586	22	1 00 31.602	+ 5 44 06.40	20.271 388
8	0 54 07.126	+ 5 05 10.35	20.864 663	23	1 00 36.867	+ 5 44 37.26	20.255 176
9	0 54 18.217	+ 5 06 19.00	20.855 512	24	1 00 41.968	+ 5 45 07.10	20.238 892
10	0 54 29.219	+ 5 07 27.04	20.846 136	25	1 00 46.904	+ 5 45 35.89	20.222 542
11	0 54 40.132	+ 5 08 34.47	20.836 538	26	1 00 51.672	+ 5 46 03.63	20.206 129
12	0 54 50.952	+ 5 09 41.27	20.826 720	27	1 00 56.270	+ 5 46 30.31	20.189 658
13	0 55 01.681	+ 5 10 47.46	20.816 685	28	1 01 00.697	+ 5 46 55.92	20.173 135
14	0 55 12.317	+ 5 11 53.01	20.806 435	29	1 01 04.950	+ 5 47 20.44	20.156 562
15	0 55 22.858	+ 5 12 57.93	20.795 973	30	1 01 09.029	+ 5 47 43.88	20.139 947
16	0 55 33.302	+ 5 14 02.20	20.785 301	July 1	1 01 12.932	+ 5 48 06.22	20.123 292
17	0 55 43.646	+ 5 15 05.81	20.774 423	2	1 01 16.659	+ 5 48 27.46	20.106 603

URANUS, 2014

GEOCENTRIC COORDINATES FOR 0ʰ TERRESTRIAL TIME

Date	Apparent Right Ascension	Apparent Declination	True Geocentric Distance	Date	Apparent Right Ascension	Apparent Declination	True Geocentric Distance
	h m s	° ′ ″	au		h m s	° ′ ″	au
July 1	1 01 12.932	+ 5 48 06.22	20.123 292	Aug. 16	1 01 00.266	+ 5 45 23.49	19.394 282
2	1 01 16.659	+ 5 48 27.46	20.106 603	17	1 00 55.932	+ 5 44 55.05	19.380 957
3	1 01 20.210	+ 5 48 47.59	20.089 885	18	1 00 51.442	+ 5 44 25.65	19.367 809
4	1 01 23.583	+ 5 49 06.61	20.073 142	19	1 00 46.798	+ 5 43 55.33	19.354 843
5	1 01 26.781	+ 5 49 24.54	20.056 379	20	1 00 41.999	+ 5 43 24.07	19.342 062
6	1 01 29.802	+ 5 49 41.36	20.039 600	21	1 00 37.049	+ 5 42 51.90	19.329 472
7	1 01 32.648	+ 5 49 57.09	20.022 811	22	1 00 31.946	+ 5 42 18.81	19.317 076
8	1 01 35.318	+ 5 50 11.72	20.006 016	23	1 00 26.693	+ 5 41 44.81	19.304 879
9	1 01 37.814	+ 5 50 25.26	19.989 219	24	1 00 21.292	+ 5 41 09.91	19.292 885
10	1 01 40.135	+ 5 50 37.72	19.972 425	25	1 00 15.744	+ 5 40 34.13	19.281 098
11	1 01 42.279	+ 5 50 49.08	19.955 637	26	1 00 10.053	+ 5 39 57.48	19.269 522
12	1 01 44.244	+ 5 50 59.35	19.938 861	27	1 00 04.220	+ 5 39 19.97	19.258 161
13	1 01 46.029	+ 5 51 08.49	19.922 101	28	0 59 58.249	+ 5 38 41.63	19.247 020
14	1 01 47.632	+ 5 51 16.51	19.905 360	29	0 59 52.143	+ 5 38 02.47	19.236 101
15	1 01 49.052	+ 5 51 23.40	19.888 643	30	0 59 45.906	+ 5 37 22.52	19.225 408
16	1 01 50.289	+ 5 51 29.14	19.871 953	31	0 59 39.542	+ 5 36 41.79	19.214 945
17	1 01 51.344	+ 5 51 33.76	19.855 297	Sept. 1	0 59 33.052	+ 5 36 00.31	19.204 716
18	1 01 52.219	+ 5 51 37.25	19.838 677	2	0 59 26.441	+ 5 35 18.10	19.194 723
19	1 01 52.914	+ 5 51 39.62	19.822 099	3	0 59 19.711	+ 5 34 35.18	19.184 970
20	1 01 53.431	+ 5 51 40.89	19.805 566	4	0 59 12.863	+ 5 33 51.56	19.175 460
21	1 01 53.767	+ 5 51 41.05	19.789 086	5	0 59 05.900	+ 5 33 07.24	19.166 195
22	1 01 53.925	+ 5 51 40.11	19.772 660	6	0 58 58.822	+ 5 32 22.25	19.157 179
23	1 01 53.902	+ 5 51 38.06	19.756 296	7	0 58 51.632	+ 5 31 36.58	19.148 413
24	1 01 53.697	+ 5 51 34.89	19.739 998	8	0 58 44.331	+ 5 30 50.25	19.139 901
25	1 01 53.312	+ 5 51 30.62	19.723 771	9	0 58 36.922	+ 5 30 03.27	19.131 644
26	1 01 52.743	+ 5 51 25.23	19.707 619	10	0 58 29.411	+ 5 29 15.67	19.123 646
27	1 01 51.993	+ 5 51 18.72	19.691 548	11	0 58 21.801	+ 5 28 27.48	19.115 909
28	1 01 51.061	+ 5 51 11.10	19.675 563	12	0 58 14.096	+ 5 27 38.72	19.108 435
29	1 01 49.947	+ 5 51 02.36	19.659 668	13	0 58 06.300	+ 5 26 49.42	19.101 228
30	1 01 48.652	+ 5 50 52.51	19.643 869	14	0 57 58.416	+ 5 25 59.59	19.094 290
31	1 01 47.178	+ 5 50 41.55	19.628 170	15	0 57 50.446	+ 5 25 09.27	19.087 624
Aug. 1	1 01 45.526	+ 5 50 29.51	19.612 577	16	0 57 42.393	+ 5 24 18.46	19.081 233
2	1 01 43.698	+ 5 50 16.38	19.597 093	17	0 57 34.257	+ 5 23 27.17	19.075 118
3	1 01 41.696	+ 5 50 02.18	19.581 724	18	0 57 26.043	+ 5 22 35.43	19.069 284
4	1 01 39.521	+ 5 49 46.92	19.566 473	19	0 57 17.753	+ 5 21 43.25	19.063 731
5	1 01 37.175	+ 5 49 30.62	19.551 346	20	0 57 09.390	+ 5 20 50.64	19.058 463
6	1 01 34.660	+ 5 49 13.28	19.536 347	21	0 57 00.957	+ 5 19 57.63	19.053 482
7	1 01 31.976	+ 5 48 54.91	19.521 480	22	0 56 52.458	+ 5 19 04.24	19.048 790
8	1 01 29.123	+ 5 48 35.51	19.506 749	23	0 56 43.897	+ 5 18 10.49	19.044 388
9	1 01 26.101	+ 5 48 15.09	19.492 159	24	0 56 35.279	+ 5 17 16.41	19.040 279
10	1 01 22.909	+ 5 47 53.63	19.477 712	25	0 56 26.608	+ 5 16 22.03	19.036 465
11	1 01 19.548	+ 5 47 31.13	19.463 414	26	0 56 17.888	+ 5 15 27.37	19.032 946
12	1 01 16.018	+ 5 47 07.61	19.449 267	27	0 56 09.125	+ 5 14 32.47	19.029 726
13	1 01 12.322	+ 5 46 43.07	19.435 277	28	0 56 00.322	+ 5 13 37.35	19.026 803
14	1 01 08.463	+ 5 46 17.52	19.421 446	29	0 55 51.485	+ 5 12 42.05	19.024 181
15	1 01 04.444	+ 5 45 50.99	19.407 780	30	0 55 42.616	+ 5 11 46.58	19.021 859
16	1 01 00.266	+ 5 45 23.49	19.394 282	Oct. 1	0 55 33.718	+ 5 10 50.97	19.019 839

GEOCENTRIC COORDINATES FOR 0ʰ TERRESTRIAL TIME

Date	Apparent Right Ascension	Apparent Declination	True Geocentric Distance	Date	Apparent Right Ascension	Apparent Declination	True Geocentric Distance
	h m s	° ′ ″	au		h m s	° ′ ″	au
Oct. 1	0 55 33.718	+ 5 10 50.97	19.019 839	Nov. 16	0 49 16.512	+ 4 32 08.40	19.247 417
2	0 55 24.796	+ 5 09 55.23	19.018 121	17	0 49 10.355	+ 4 31 31.48	19.258 779
3	0 55 15.850	+ 5 08 59.39	19.016 705	18	0 49 04.337	+ 4 30 55.45	19.270 372
4	0 55 06.884	+ 5 08 03.45	19.015 592	19	0 48 58.459	+ 4 30 20.33	19.282 194
5	0 54 57.900	+ 5 07 07.43	19.014 782	20	0 48 52.727	+ 4 29 46.16	19.294 239
6	0 54 48.903	+ 5 06 11.36	19.014 274	21	0 48 47.144	+ 4 29 12.94	19.306 505
7	0 54 39.897	+ 5 05 15.25	19.014 070	22	0 48 41.712	+ 4 28 40.70	19.318 987
8	0 54 30.887	+ 5 04 19.14	19.014 169	23	0 48 36.435	+ 4 28 09.46	19.331 682
9	0 54 21.879	+ 5 03 23.07	19.014 571	24	0 48 31.314	+ 4 27 39.23	19.344 584
10	0 54 12.876	+ 5 02 27.07	19.015 276	25	0 48 26.351	+ 4 27 10.03	19.357 689
11	0 54 03.883	+ 5 01 31.15	19.016 286	26	0 48 21.547	+ 4 26 41.85	19.370 992
12	0 53 54.902	+ 5 00 35.36	19.017 598	27	0 48 16.903	+ 4 26 14.70	19.384 489
13	0 53 45.938	+ 4 59 39.69	19.019 215	28	0 48 12.419	+ 4 25 48.58	19.398 175
14	0 53 36.991	+ 4 58 44.18	19.021 135	29	0 48 08.097	+ 4 25 23.51	19.412 045
15	0 53 28.066	+ 4 57 48.84	19.023 359	30	0 48 03.940	+ 4 24 59.49	19.426 094
16	0 53 19.166	+ 4 56 53.69	19.025 887	Dec. 1	0 47 59.950	+ 4 24 36.55	19.440 318
17	0 53 10.292	+ 4 55 58.75	19.028 718	2	0 47 56.131	+ 4 24 14.69	19.454 711
18	0 53 01.451	+ 4 55 04.04	19.031 852	3	0 47 52.485	+ 4 23 53.94	19.469 269
19	0 52 52.645	+ 4 54 09.58	19.035 288	4	0 47 49.014	+ 4 23 34.31	19.483 988
20	0 52 43.879	+ 4 53 15.41	19.039 026	5	0 47 45.720	+ 4 23 15.82	19.498 862
21	0 52 35.157	+ 4 52 21.54	19.043 064	6	0 47 42.604	+ 4 22 58.46	19.513 888
22	0 52 26.484	+ 4 51 28.02	19.047 402	7	0 47 39.666	+ 4 22 42.26	19.529 060
23	0 52 17.865	+ 4 50 34.85	19.052 039	8	0 47 36.906	+ 4 22 27.20	19.544 374
24	0 52 09.304	+ 4 49 42.09	19.056 973	9	0 47 34.325	+ 4 22 13.29	19.559 826
25	0 52 00.807	+ 4 48 49.75	19.062 203	10	0 47 31.923	+ 4 22 00.52	19.575 411
26	0 51 52.377	+ 4 47 57.87	19.067 726	11	0 47 29.701	+ 4 21 48.92	19.591 124
27	0 51 44.019	+ 4 47 06.47	19.073 542	12	0 47 27.660	+ 4 21 38.47	19.606 961
28	0 51 35.734	+ 4 46 15.56	19.079 648	13	0 47 25.802	+ 4 21 29.18	19.622 916
29	0 51 27.527	+ 4 45 25.18	19.086 042	14	0 47 24.127	+ 4 21 21.07	19.638 985
30	0 51 19.399	+ 4 44 35.32	19.092 722	15	0 47 22.638	+ 4 21 14.14	19.655 162
31	0 51 11.352	+ 4 43 46.02	19.099 685	16	0 47 21.337	+ 4 21 08.40	19.671 444
Nov. 1	0 51 03.390	+ 4 42 57.27	19.106 928	17	0 47 20.225	+ 4 21 03.87	19.687 824
2	0 50 55.516	+ 4 42 09.10	19.114 449	18	0 47 19.303	+ 4 21 00.54	19.704 297
3	0 50 47.733	+ 4 41 21.53	19.122 245	19	0 47 18.575	+ 4 20 58.44	19.720 859
4	0 50 40.046	+ 4 40 34.59	19.130 314	20	0 47 18.039	+ 4 20 57.58	19.737 503
5	0 50 32.459	+ 4 39 48.30	19.138 653	21	0 47 17.698	+ 4 20 57.94	19.754 225
6	0 50 24.977	+ 4 39 02.70	19.147 258	22	0 47 17.551	+ 4 20 59.54	19.771 018
7	0 50 17.604	+ 4 38 17.81	19.156 129	23	0 47 17.596	+ 4 21 02.36	19.787 877
8	0 50 10.342	+ 4 37 33.65	19.165 261	24	0 47 17.833	+ 4 21 06.40	19.804 797
9	0 50 03.193	+ 4 36 50.24	19.174 652	25	0 47 18.261	+ 4 21 11.65	19.821 771
10	0 49 56.160	+ 4 36 07.59	19.184 300	26	0 47 18.878	+ 4 21 18.10	19.838 794
11	0 49 49.245	+ 4 35 25.71	19.194 202	27	0 47 19.686	+ 4 21 25.75	19.855 859
12	0 49 42.449	+ 4 34 44.62	19.204 355	28	0 47 20.685	+ 4 21 34.61	19.872 963
13	0 49 35.774	+ 4 34 04.32	19.214 756	29	0 47 21.877	+ 4 21 44.68	19.890 098
14	0 49 29.225	+ 4 33 24.85	19.225 402	30	0 47 23.262	+ 4 21 55.97	19.907 260
15	0 49 22.803	+ 4 32 46.20	19.236 290	31	0 47 24.841	+ 4 22 08.47	19.924 443
16	0 49 16.512	+ 4 32 08.40	19.247 417	32	0 47 26.614	+ 4 22 22.20	19.941 642

NEPTUNE, 2014

GEOCENTRIC COORDINATES FOR 0ʰ TERRESTRIAL TIME

Date	Apparent Right Ascension	Apparent Declination	True Geocentric Distance	Date	Apparent Right Ascension	Apparent Declination	True Geocentric Distance
	h m s	° ′ ″	au		h m s	° ′ ″	au
Jan. 0	22 21 31.634	−10 57 23.14	30.550 437	Feb. 15	22 27 15.659	−10 24 19.32	30.954 359
1	22 21 37.444	−10 56 49.41	30.564 334	16	22 27 24.223	−10 23 30.11	30.956 938
2	22 21 43.354	−10 56 15.13	30.578 051	17	22 27 32.802	−10 22 40.82	30.959 230
3	22 21 49.359	−10 55 40.33	30.591 584	18	22 27 41.393	−10 21 51.46	30.961 237
4	22 21 55.457	−10 55 05.00	30.604 927	19	22 27 49.998	−10 21 02.02	30.962 956
5	22 22 01.646	−10 54 29.16	30.618 077	20	22 27 58.613	−10 20 12.52	30.964 388
6	22 22 07.926	−10 53 52.80	30.631 031	21	22 28 07.241	−10 19 22.96	30.965 531
7	22 22 14.295	−10 53 15.93	30.643 784	22	22 28 15.879	−10 18 33.39	30.966 387
8	22 22 20.755	−10 52 38.54	30.656 334	23	22 28 24.532	−10 17 43.92	30.966 954
9	22 22 27.304	−10 52 00.64	30.668 676	24	22 28 33.149	−10 16 54.75	30.967 232
10	22 22 33.941	−10 51 22.24	30.680 808	25	22 28 41.779	−10 16 04.73	30.967 220
11	22 22 40.665	−10 50 43.35	30.692 726	26	22 28 50.427	−10 15 14.99	30.966 919
12	22 22 47.473	−10 50 03.99	30.704 427	27	22 28 59.067	−10 14 25.38	30.966 328
13	22 22 54.364	−10 49 24.17	30.715 909	28	22 29 07.698	−10 13 35.86	30.965 448
14	22 23 01.335	−10 48 43.91	30.727 168	Mar. 1	22 29 16.316	−10 12 46.43	30.964 278
15	22 23 08.383	−10 48 03.21	30.738 202	2	22 29 24.921	−10 11 57.07	30.962 819
16	22 23 15.507	−10 47 22.09	30.749 007	3	22 29 33.512	−10 11 07.79	30.961 072
17	22 23 22.703	−10 46 40.57	30.759 581	4	22 29 42.090	−10 10 18.60	30.959 038
18	22 23 29.970	−10 45 58.64	30.769 921	5	22 29 50.653	−10 09 29.49	30.956 718
19	22 23 37.307	−10 45 16.32	30.780 024	6	22 29 59.199	−10 08 40.48	30.954 112
20	22 23 44.711	−10 44 33.62	30.789 887	7	22 30 07.726	−10 07 51.59	30.951 223
21	22 23 52.181	−10 43 50.54	30.799 509	8	22 30 16.233	−10 07 02.84	30.948 051
22	22 23 59.717	−10 43 07.07	30.808 885	9	22 30 24.716	−10 06 14.23	30.944 598
23	22 24 07.319	−10 42 23.24	30.818 013	10	22 30 33.173	−10 05 25.79	30.940 866
24	22 24 14.984	−10 41 39.03	30.826 892	11	22 30 41.601	−10 04 37.53	30.936 855
25	22 24 22.713	−10 40 54.47	30.835 517	12	22 30 49.998	−10 03 49.46	30.932 568
26	22 24 30.503	−10 40 09.55	30.843 886	13	22 30 58.361	−10 03 01.60	30.928 006
27	22 24 38.355	−10 39 24.30	30.851 997	14	22 31 06.689	−10 02 13.95	30.923 171
28	22 24 46.264	−10 38 38.73	30.859 847	15	22 31 14.979	−10 01 26.52	30.918 063
29	22 24 54.227	−10 37 52.87	30.867 433	16	22 31 23.231	−10 00 39.33	30.912 686
30	22 25 02.241	−10 37 06.74	30.874 753	17	22 31 31.444	− 9 59 52.36	30.907 041
31	22 25 10.301	−10 36 20.35	30.881 805	18	22 31 39.615	− 9 59 05.63	30.901 128
Feb. 1	22 25 18.404	−10 35 33.72	30.888 586	19	22 31 47.746	− 9 58 19.14	30.894 951
2	22 25 26.550	−10 34 46.84	30.895 095	20	22 31 55.835	− 9 57 32.90	30.888 510
3	22 25 34.736	−10 33 59.73	30.901 330	21	22 32 03.881	− 9 56 46.92	30.881 807
4	22 25 42.964	−10 33 12.38	30.907 289	22	22 32 11.883	− 9 56 01.21	30.874 845
5	22 25 51.231	−10 32 24.80	30.912 971	23	22 32 19.838	− 9 55 15.79	30.867 624
6	22 25 59.538	−10 31 37.00	30.918 376	24	22 32 27.744	− 9 54 30.67	30.860 146
7	22 26 07.881	−10 30 48.99	30.923 501	25	22 32 35.598	− 9 53 45.87	30.852 414
8	22 26 16.259	−10 30 00.79	30.928 347	26	22 32 43.395	− 9 53 01.43	30.844 429
9	22 26 24.669	−10 29 12.41	30.932 911	27	22 32 51.134	− 9 52 17.33	30.836 194
10	22 26 33.109	−10 28 23.88	30.937 194	28	22 32 58.812	− 9 51 33.61	30.827 709
11	22 26 41.575	−10 27 35.20	30.941 194	29	22 33 06.427	− 9 50 50.25	30.818 979
12	22 26 50.066	−10 26 46.39	30.944 912	30	22 33 13.980	− 9 50 07.27	30.810 005
13	22 26 58.578	−10 25 57.47	30.948 345	31	22 33 21.468	− 9 49 24.66	30.800 790
14	22 27 07.110	−10 25 08.44	30.951 495	Apr. 1	22 33 28.893	− 9 48 42.43	30.791 337
15	22 27 15.659	−10 24 19.32	30.954 359	2	22 33 36.254	− 9 48 00.59	30.781 650

GEOCENTRIC COORDINATES FOR 0^h TERRESTRIAL TIME

Date	Apparent Right Ascension	Apparent Declination	True Geocentric Distance	Date	Apparent Right Ascension	Apparent Declination	True Geocentric Distance
	h m s	° ′ ″	au		h m s	° ′ ″	au
Apr. 1	22 33 28.893	− 9 48 42.43	30.791 337	May 17	22 37 36.200	− 9 25 46.00	30.158 946
2	22 33 36.254	− 9 48 00.59	30.781 650	18	22 37 39.107	− 9 25 30.89	30.142 370
3	22 33 43.548	− 9 47 19.14	30.771 731	19	22 37 41.896	− 9 25 16.49	30.125 741
4	22 33 50.774	− 9 46 38.11	30.761 583	20	22 37 44.563	− 9 25 02.83	30.109 065
5	22 33 57.929	− 9 45 57.50	30.751 211	21	22 37 47.108	− 9 24 49.90	30.092 345
6	22 34 05.011	− 9 45 17.34	30.740 616	22	22 37 49.530	− 9 24 37.71	30.075 585
7	22 34 12.018	− 9 44 37.64	30.729 803	23	22 37 51.829	− 9 24 26.24	30.058 791
8	22 34 18.948	− 9 43 58.40	30.718 775	24	22 37 54.007	− 9 24 15.49	30.041 967
9	22 34 25.799	− 9 43 19.64	30.707 535	25	22 37 56.063	− 9 24 05.47	30.025 118
10	22 34 32.568	− 9 42 41.37	30.696 087	26	22 37 57.999	− 9 23 56.15	30.008 249
11	22 34 39.255	− 9 42 03.59	30.684 434	27	22 37 59.814	− 9 23 47.55	29.991 365
12	22 34 45.859	− 9 41 26.30	30.672 579	28	22 38 01.509	− 9 23 39.67	29.974 471
13	22 34 52.378	− 9 40 49.52	30.660 526	29	22 38 03.083	− 9 23 32.52	29.957 572
14	22 34 58.813	− 9 40 13.24	30.648 278	30	22 38 04.534	− 9 23 26.10	29.940 674
15	22 35 05.164	− 9 39 37.45	30.635 839	31	22 38 05.863	− 9 23 20.42	29.923 780
16	22 35 11.429	− 9 39 02.18	30.623 212	June 1	22 38 07.067	− 9 23 15.49	29.906 897
17	22 35 17.609	− 9 38 27.41	30.610 400	2	22 38 08.146	− 9 23 11.30	29.890 029
18	22 35 23.702	− 9 37 53.17	30.597 406	3	22 38 09.100	− 9 23 07.85	29.873 182
19	22 35 29.708	− 9 37 19.46	30.584 234	4	22 38 09.928	− 9 23 05.16	29.856 359
20	22 35 35.623	− 9 36 46.29	30.570 887	5	22 38 10.631	− 9 23 03.20	29.839 567
21	22 35 41.446	− 9 36 13.70	30.557 369	6	22 38 11.209	− 9 23 01.98	29.822 809
22	22 35 47.173	− 9 35 41.69	30.543 682	7	22 38 11.664	− 9 23 01.49	29.806 090
23	22 35 52.802	− 9 35 10.27	30.529 831	8	22 38 11.996	− 9 23 01.72	29.789 416
24	22 35 58.331	− 9 34 39.45	30.515 818	9	22 38 12.206	− 9 23 02.66	29.772 791
25	22 36 03.759	− 9 34 09.24	30.501 648	10	22 38 12.296	− 9 23 04.31	29.756 218
26	22 36 09.086	− 9 33 39.63	30.487 325	11	22 38 12.267	− 9 23 06.67	29.739 704
27	22 36 14.311	− 9 33 10.62	30.472 853	12	22 38 12.120	− 9 23 09.72	29.723 251
28	22 36 19.435	− 9 32 42.21	30.458 236	13	22 38 11.854	− 9 23 13.49	29.706 865
29	22 36 24.458	− 9 32 14.40	30.443 478	14	22 38 11.469	− 9 23 17.97	29.690 548
30	22 36 29.378	− 9 31 47.21	30.428 585	15	22 38 10.963	− 9 23 23.17	29.674 307
May 1	22 36 34.196	− 9 31 20.64	30.413 559	16	22 38 10.334	− 9 23 29.11	29.658 144
2	22 36 38.908	− 9 30 54.71	30.398 407	17	22 38 09.582	− 9 23 35.78	29.642 065
3	22 36 43.514	− 9 30 29.42	30.383 131	18	22 38 08.707	− 9 23 43.17	29.626 073
4	22 36 48.011	− 9 30 04.78	30.367 738	19	22 38 07.710	− 9 23 51.27	29.610 173
5	22 36 52.398	− 9 29 40.81	30.352 232	20	22 38 06.593	− 9 24 00.08	29.594 370
6	22 36 56.673	− 9 29 17.52	30.336 617	21	22 38 05.357	− 9 24 09.57	29.578 668
7	22 37 00.835	− 9 28 54.90	30.320 897	22	22 38 04.004	− 9 24 19.75	29.563 072
8	22 37 04.884	− 9 28 32.96	30.305 078	23	22 38 02.535	− 9 24 30.61	29.547 586
9	22 37 08.818	− 9 28 11.70	30.289 164	24	22 38 00.951	− 9 24 42.14	29.532 217
10	22 37 12.639	− 9 27 51.12	30.273 158	25	22 37 59.253	− 9 24 54.34	29.516 968
11	22 37 16.345	− 9 27 31.21	30.257 067	26	22 37 57.440	− 9 25 07.22	29.501 844
12	22 37 19.937	− 9 27 11.99	30.240 893	27	22 37 55.512	− 9 25 20.77	29.486 850
13	22 37 23.416	− 9 26 53.43	30.224 642	28	22 37 53.470	− 9 25 35.00	29.471 990
14	22 37 26.782	− 9 26 35.55	30.208 317	29	22 37 51.313	− 9 25 49.90	29.457 270
15	22 37 30.035	− 9 26 18.35	30.191 924	30	22 37 49.042	− 9 26 05.47	29.442 693
16	22 37 33.175	− 9 26 01.83	30.175 465	July 1	22 37 46.657	− 9 26 21.70	29.428 264
17	22 37 36.200	− 9 25 46.00	30.158 946	2	22 37 44.161	− 9 26 38.57	29.413 987

GEOCENTRIC COORDINATES FOR 0ʰ TERRESTRIAL TIME

Date	Apparent Right Ascension	Apparent Declination	True Geocentric Distance	Date	Apparent Right Ascension	Apparent Declination	True Geocentric Distance
	h m s	° ′ ″	au		h m s	° ′ ″	au
July 1	22 37 46.657	− 9 26 21.70	29.428 264	Aug. 16	22 34 19.738	− 9 48 00.17	28.987 069
2	22 37 44.161	− 9 26 38.57	29.413 987	17	22 34 13.759	− 9 48 36.43	28.983 425
3	22 37 41.553	− 9 26 56.09	29.399 867	18	22 34 07.752	− 9 49 12.83	28.980 068
4	22 37 38.836	− 9 27 14.24	29.385 908	19	22 34 01.716	− 9 49 49.36	28.977 000
5	22 37 36.012	− 9 27 33.00	29.372 114	20	22 33 55.654	− 9 50 26.01	28.974 223
6	22 37 33.083	− 9 27 52.36	29.358 488	21	22 33 49.568	− 9 51 02.77	28.971 737
7	22 37 30.051	− 9 28 12.32	29.345 035	22	22 33 43.459	− 9 51 39.64	28.969 544
8	22 37 26.917	− 9 28 32.85	29.331 759	23	22 33 37.328	− 9 52 16.59	28.967 644
9	22 37 23.685	− 9 28 53.95	29.318 662	24	22 33 31.179	− 9 52 53.62	28.966 040
10	22 37 20.355	− 9 29 15.62	29.305 749	25	22 33 25.012	− 9 53 30.71	28.964 731
11	22 37 16.928	− 9 29 37.85	29.293 023	26	22 33 18.831	− 9 54 07.85	28.963 718
12	22 37 13.404	− 9 30 00.66	29.280 487	27	22 33 12.639	− 9 54 45.00	28.963 003
13	22 37 09.781	− 9 30 24.03	29.268 145	28	22 33 06.438	− 9 55 22.16	28.962 584
14	22 37 06.060	− 9 30 47.98	29.255 999	29	22 33 00.233	− 9 55 59.31	28.962 464
15	22 37 02.241	− 9 31 12.48	29.244 054	30	22 32 54.026	− 9 56 36.41	28.962 640
16	22 36 58.325	− 9 31 37.53	29.232 313	31	22 32 47.820	− 9 57 13.47	28.963 115
17	22 36 54.315	− 9 32 03.11	29.220 778	Sept. 1	22 32 41.620	− 9 57 50.46	28.963 886
18	22 36 50.215	− 9 32 29.20	29.209 455	2	22 32 35.427	− 9 58 27.36	28.964 955
19	22 36 46.026	− 9 32 55.78	29.198 346	3	22 32 29.244	− 9 59 04.18	28.966 319
20	22 36 41.752	− 9 33 22.84	29.187 456	4	22 32 23.073	− 9 59 40.89	28.967 980
21	22 36 37.393	− 9 33 50.38	29.176 787	5	22 32 16.914	−10 00 17.51	28.969 936
22	22 36 32.951	− 9 34 18.38	29.166 344	6	22 32 10.768	−10 00 54.01	28.972 186
23	22 36 28.428	− 9 34 46.85	29.156 130	7	22 32 04.637	−10 01 30.40	28.974 730
24	22 36 23.823	− 9 35 15.77	29.146 148	8	22 31 58.521	−10 02 06.66	28.977 566
25	22 36 19.139	− 9 35 45.15	29.136 402	9	22 31 52.423	−10 02 42.77	28.980 694
26	22 36 14.375	− 9 36 14.97	29.126 896	10	22 31 46.347	−10 03 18.71	28.984 113
27	22 36 09.534	− 9 36 45.22	29.117 631	11	22 31 40.296	−10 03 54.46	28.987 823
28	22 36 04.617	− 9 37 15.90	29.108 612	12	22 31 34.275	−10 04 29.98	28.991 822
29	22 35 59.625	− 9 37 46.99	29.099 842	13	22 31 28.286	−10 05 05.28	28.996 110
30	22 35 54.561	− 9 38 18.47	29.091 323	14	22 31 22.331	−10 05 40.33	29.000 686
31	22 35 49.427	− 9 38 50.32	29.083 057	15	22 31 16.413	−10 06 15.14	29.005 550
Aug. 1	22 35 44.227	− 9 39 22.54	29.075 048	16	22 31 10.533	−10 06 49.70	29.010 700
2	22 35 38.962	− 9 39 55.10	29.067 298	17	22 31 04.692	−10 07 24.00	29.016 135
3	22 35 33.636	− 9 40 27.98	29.059 809	18	22 30 58.892	−10 07 58.02	29.021 855
4	22 35 28.252	− 9 41 01.17	29.052 584	19	22 30 53.134	−10 08 31.76	29.027 857
5	22 35 22.813	− 9 41 34.66	29.045 624	20	22 30 47.421	−10 09 05.21	29.034 141
6	22 35 17.321	− 9 42 08.43	29.038 931	21	22 30 41.755	−10 09 38.34	29.040 705
7	22 35 11.777	− 9 42 42.48	29.032 508	22	22 30 36.138	−10 10 11.16	29.047 546
8	22 35 06.182	− 9 43 16.80	29.026 355	23	22 30 30.572	−10 10 43.62	29.054 664
9	22 35 00.538	− 9 43 51.39	29.020 474	24	22 30 25.062	−10 11 15.73	29.062 055
10	22 34 54.844	− 9 44 26.25	29.014 868	25	22 30 19.610	−10 11 47.46	29.069 718
11	22 34 49.100	− 9 45 01.37	29.009 536	26	22 30 14.218	−10 12 18.79	29.077 651
12	22 34 43.310	− 9 45 36.74	29.004 482	27	22 30 08.891	−10 12 49.71	29.085 851
13	22 34 37.474	− 9 46 12.32	28.999 707	28	22 30 03.631	−10 13 20.20	29.094 315
14	22 34 31.598	− 9 46 48.10	28.995 211	29	22 29 58.440	−10 13 50.26	29.103 040
15	22 34 25.685	− 9 47 24.06	28.990 998	30	22 29 53.322	−10 14 19.87	29.112 024
16	22 34 19.738	− 9 48 00.17	28.987 069	Oct. 1	22 29 48.276	−10 14 49.03	29.121 264

GEOCENTRIC COORDINATES FOR 0ʰ TERRESTRIAL TIME

Date	Apparent Right Ascension	Apparent Declination	True Geocentric Distance	Date	Apparent Right Ascension	Apparent Declination	True Geocentric Distance
	h m s	° ′ ″	au		h m s	° ′ ″	au
Oct. 1	22 29 48.276	−10 14 49.03	29.121 264	Nov. 16	22 27 41.522	−10 26 33.40	29.761 465
2	22 29 43.304	−10 15 17.73	29.130 756	17	22 27 41.525	−10 26 32.38	29.778 462
3	22 29 38.407	−10 15 45.98	29.140 498	18	22 27 41.658	−10 26 30.61	29.795 515
4	22 29 33.585	−10 16 13.77	29.150 485	19	22 27 41.921	−10 26 28.06	29.812 617
5	22 29 28.839	−10 16 41.08	29.160 716	20	22 27 42.316	−10 26 24.75	29.829 764
6	22 29 24.170	−10 17 07.92	29.171 186	21	22 27 42.844	−10 26 20.65	29.846 949
7	22 29 19.582	−10 17 34.25	29.181 893	22	22 27 43.506	−10 26 15.77	29.864 168
8	22 29 15.078	−10 18 00.05	29.192 833	23	22 27 44.302	−10 26 10.12	29.881 414
9	22 29 10.660	−10 18 25.32	29.204 004	24	22 27 45.232	−10 26 03.70	29.898 682
10	22 29 06.332	−10 18 50.03	29.215 402	25	22 27 46.295	−10 25 56.52	29.915 967
11	22 29 02.096	−10 19 14.18	29.227 024	26	22 27 47.489	−10 25 48.58	29.933 262
12	22 28 57.952	−10 19 37.76	29.238 868	27	22 27 48.812	−10 25 39.90	29.950 562
13	22 28 53.903	−10 20 00.77	29.250 929	28	22 27 50.263	−10 25 30.49	29.967 862
14	22 28 49.949	−10 20 23.22	29.263 206	29	22 27 51.842	−10 25 20.33	29.985 156
15	22 28 46.091	−10 20 45.09	29.275 694	30	22 27 53.549	−10 25 09.43	30.002 438
16	22 28 42.328	−10 21 06.37	29.288 389	Dec. 1	22 27 55.383	−10 24 57.79	30.019 704
17	22 28 38.664	−10 21 27.07	29.301 289	2	22 27 57.347	−10 24 45.38	30.036 949
18	22 28 35.099	−10 21 47.17	29.314 390	3	22 27 59.441	−10 24 32.22	30.054 166
19	22 28 31.634	−10 22 06.66	29.327 687	4	22 28 01.665	−10 24 18.30	30.071 352
20	22 28 28.273	−10 22 25.53	29.341 177	5	22 28 04.019	−10 24 03.63	30.088 502
21	22 28 25.016	−10 22 43.76	29.354 856	6	22 28 06.503	−10 23 48.21	30.105 610
22	22 28 21.866	−10 23 01.34	29.368 719	7	22 28 09.116	−10 23 32.06	30.122 673
23	22 28 18.825	−10 23 18.26	29.382 762	8	22 28 11.854	−10 23 15.18	30.139 684
24	22 28 15.897	−10 23 34.51	29.396 981	9	22 28 14.718	−10 22 57.59	30.156 640
25	22 28 13.082	−10 23 50.07	29.411 371	10	22 28 17.706	−10 22 39.29	30.173 536
26	22 28 10.383	−10 24 04.95	29.425 927	11	22 28 20.816	−10 22 20.28	30.190 366
27	22 28 07.801	−10 24 19.13	29.440 644	12	22 28 24.048	−10 22 00.57	30.207 126
28	22 28 05.336	−10 24 32.62	29.455 519	13	22 28 27.401	−10 21 40.15	30.223 810
29	22 28 02.989	−10 24 45.42	29.470 545	14	22 28 30.876	−10 21 19.04	30.240 415
30	22 28 00.760	−10 24 57.54	29.485 718	15	22 28 34.472	−10 20 57.22	30.256 934
31	22 27 58.647	−10 25 08.97	29.501 033	16	22 28 38.189	−10 20 34.69	30.273 363
Nov. 1	22 27 56.651	−10 25 19.71	29.516 484	17	22 28 42.028	−10 20 11.46	30.289 696
2	22 27 54.773	−10 25 29.75	29.532 068	18	22 28 45.987	−10 19 47.53	30.305 929
3	22 27 53.014	−10 25 39.09	29.547 778	19	22 28 50.069	−10 19 22.89	30.322 057
4	22 27 51.375	−10 25 47.70	29.563 611	20	22 28 54.271	−10 18 57.56	30.338 074
5	22 27 49.859	−10 25 55.59	29.579 562	21	22 28 58.593	−10 18 31.55	30.353 976
6	22 27 48.468	−10 26 02.73	29.595 626	22	22 29 03.032	−10 18 04.87	30.369 756
7	22 27 47.204	−10 26 09.12	29.611 798	23	22 29 07.588	−10 17 37.53	30.385 411
8	22 27 46.066	−10 26 14.77	29.628 075	24	22 29 12.256	−10 17 09.55	30.400 934
9	22 27 45.056	−10 26 19.68	29.644 451	25	22 29 17.034	−10 16 40.95	30.416 322
10	22 27 44.172	−10 26 23.84	29.660 921	26	22 29 21.920	−10 16 11.73	30.431 568
11	22 27 43.415	−10 26 27.28	29.677 482	27	22 29 26.913	−10 15 41.89	30.446 670
12	22 27 42.784	−10 26 29.98	29.694 127	28	22 29 32.013	−10 15 11.44	30.461 621
13	22 27 42.278	−10 26 31.95	29.710 854	29	22 29 37.219	−10 14 40.36	30.476 419
14	22 27 41.899	−10 26 33.17	29.727 655	30	22 29 42.532	−10 14 08.66	30.491 058
15	22 27 41.647	−10 26 33.66	29.744 527	31	22 29 47.951	−10 13 36.35	30.505 535
16	22 27 41.522	−10 26 33.40	29.761 465	32	22 29 53.475	−10 13 03.43	30.519 846

Date	Mercury	Venus	Mars	Jupiter	Saturn	Uranus	Neptune
	h m s	h m s	h m s	h m s	h m s	h m s	h m s
Jan. 0	12 09 26	13 13 57	6 05 39	0 32 07	8 34 05	17 51 41	15 40 40
1	12 12 35	13 08 09	6 03 22	0 27 37	8 30 31	17 47 47	15 36 50
2	12 15 45	13 02 13	6 01 04	0 23 07	8 26 57	17 43 54	15 33 00
3	12 18 56	12 56 08	5 58 45	0 18 36	8 23 22	17 40 01	15 29 10
4	12 22 07	12 49 57	5 56 26	0 14 06	8 19 48	17 36 09	15 25 21
5	12 25 18	12 43 40	5 54 06	0 09 35	8 16 13	17 32 16	15 21 31
6	12 28 29	12 37 18	5 51 45	0 05 05	8 12 37	17 28 24	15 17 41
7	12 31 40	12 30 51	5 49 23	0 00 34	8 09 02	17 24 32	15 13 52
8	12 34 50	12 24 21	5 47 00	23 51 33	8 05 26	17 20 40	15 10 02
9	12 38 00	12 17 48	5 44 36	23 47 03	8 01 49	17 16 48	15 06 13
10	12 41 08	12 11 14	5 42 12	23 42 32	7 58 13	17 12 57	15 02 24
11	12 44 15	12 04 39	5 39 46	23 38 02	7 54 36	17 09 05	14 58 35
12	12 47 21	11 58 06	5 37 19	23 33 32	7 50 59	17 05 14	14 54 46
13	12 50 24	11 51 34	5 34 52	23 29 02	7 47 22	17 01 23	14 50 57
14	12 53 25	11 45 04	5 32 23	23 24 33	7 43 44	16 57 32	14 47 08
15	12 56 24	11 38 39	5 29 54	23 20 03	7 40 06	16 53 41	14 43 19
16	12 59 18	11 32 18	5 27 23	23 15 34	7 36 28	16 49 51	14 39 30
17	13 02 09	11 26 03	5 24 51	23 11 05	7 32 49	16 46 01	14 35 41
18	13 04 56	11 19 55	5 22 18	23 06 37	7 29 11	16 42 10	14 31 53
19	13 07 36	11 13 53	5 19 44	23 02 09	7 25 31	16 38 20	14 28 04
20	13 10 11	11 08 00	5 17 09	22 57 41	7 21 52	16 34 31	14 24 16
21	13 12 38	11 02 15	5 14 33	22 53 13	7 18 12	16 30 41	14 20 27
22	13 14 57	10 56 39	5 11 55	22 48 46	7 14 32	16 26 51	14 16 39
23	13 17 07	10 51 12	5 09 16	22 44 19	7 10 51	16 23 02	14 12 50
24	13 19 05	10 45 56	5 06 36	22 39 53	7 07 10	16 19 13	14 09 02
25	13 20 50	10 40 49	5 03 55	22 35 28	7 03 29	16 15 24	14 05 14
26	13 22 21	10 35 53	5 01 12	22 31 02	6 59 48	16 11 35	14 01 26
27	13 23 35	10 31 06	4 58 28	22 26 37	6 56 06	16 07 46	13 57 38
28	13 24 30	10 26 31	4 55 42	22 22 13	6 52 24	16 03 58	13 53 50
29	13 25 05	10 22 05	4 52 55	22 17 50	6 48 41	16 00 09	13 50 02
30	13 25 15	10 17 50	4 50 06	22 13 26	6 44 58	15 56 21	13 46 14
31	13 24 59	10 13 45	4 47 16	22 09 04	6 41 15	15 52 33	13 42 26
Feb. 1	13 24 14	10 09 51	4 44 24	22 04 42	6 37 31	15 48 45	13 38 38
2	13 22 57	10 06 06	4 41 31	22 00 21	6 33 47	15 44 57	13 34 50
3	13 21 06	10 02 31	4 38 36	21 56 00	6 30 03	15 41 10	13 31 03
4	13 18 39	9 59 06	4 35 39	21 51 40	6 26 18	15 37 22	13 27 15
5	13 15 33	9 55 50	4 32 41	21 47 21	6 22 32	15 33 35	13 23 27
6	13 11 48	9 52 43	4 29 40	21 43 02	6 18 47	15 29 47	13 19 40
7	13 07 22	9 49 45	4 26 38	21 38 44	6 15 01	15 26 00	13 15 52
8	13 02 16	9 46 55	4 23 34	21 34 27	6 11 15	15 22 13	13 12 05
9	12 56 32	9 44 15	4 20 29	21 30 11	6 07 28	15 18 26	13 08 17
10	12 50 10	9 41 42	4 17 21	21 25 55	6 03 41	15 14 40	13 04 30
11	12 43 16	9 39 17	4 14 11	21 21 40	5 59 53	15 10 53	13 00 42
12	12 35 53	9 37 00	4 11 00	21 17 26	5 56 05	15 07 07	12 56 55
13	12 28 06	9 34 50	4 07 46	21 13 13	5 52 17	15 03 20	12 53 07
14	12 20 03	9 32 48	4 04 30	21 09 00	5 48 28	14 59 34	12 49 20
15	12 11 48	9 30 52	4 01 13	21 04 48	5 44 39	14 55 48	12 45 32

Second transit: Jupiter, Jan. $7^d 23^h 56^m 03^s$.

Date	Mercury	Venus	Mars	Jupiter	Saturn	Uranus	Neptune
	h m s	h m s	h m s	h m s	h m s	h m s	h m s
Feb. 15	12 11 48	9 30 52	4 01 13	21 04 48	5 44 39	14 55 48	12 45 32
16	12 03 30	9 29 03	3 57 53	21 00 37	5 40 49	14 52 02	12 41 45
17	11 55 14	9 27 20	3 54 30	20 56 27	5 37 00	14 48 16	12 37 58
18	11 47 08	9 25 44	3 51 06	20 52 17	5 33 09	14 44 30	12 34 10
19	11 39 15	9 24 13	3 47 39	20 48 08	5 29 18	14 40 45	12 30 23
20	11 31 42	9 22 48	3 44 10	20 44 01	5 25 27	14 36 59	12 26 36
21	11 24 32	9 21 29	3 40 39	20 39 54	5 21 36	14 33 14	12 22 48
22	11 17 47	9 20 15	3 37 05	20 35 47	5 17 44	14 29 28	12 19 01
23	11 11 30	9 19 06	3 33 28	20 31 42	5 13 51	14 25 43	12 15 14
24	11 05 41	9 18 02	3 29 49	20 27 38	5 09 59	14 21 58	12 11 26
25	11 00 22	9 17 02	3 26 08	20 23 34	5 06 05	14 18 13	12 07 39
26	10 55 31	9 16 07	3 22 23	20 19 31	5 02 12	14 14 28	12 03 52
27	10 51 08	9 15 15	3 18 36	20 15 29	4 58 18	14 10 43	12 00 04
28	10 47 12	9 14 28	3 14 47	20 11 28	4 54 23	14 06 58	11 56 17
Mar. 1	10 43 43	9 13 45	3 10 54	20 07 28	4 50 28	14 03 14	11 52 30
2	10 40 37	9 13 05	3 06 59	20 03 28	4 46 33	13 59 29	11 48 42
3	10 37 55	9 12 29	3 03 01	19 59 30	4 42 37	13 55 44	11 44 55
4	10 35 35	9 11 56	2 59 00	19 55 32	4 38 41	13 52 00	11 41 08
5	10 33 35	9 11 26	2 54 56	19 51 35	4 34 45	13 48 16	11 37 20
6	10 31 53	9 10 59	2 50 50	19 47 39	4 30 48	13 44 31	11 33 33
7	10 30 29	9 10 35	2 46 40	19 43 44	4 26 51	13 40 47	11 29 45
8	10 29 21	9 10 14	2 42 28	19 39 50	4 22 53	13 37 03	11 25 58
9	10 28 28	9 09 55	2 38 13	19 35 56	4 18 55	13 33 19	11 22 10
10	10 27 48	9 09 38	2 33 54	19 32 04	4 14 56	13 29 35	11 18 23
11	10 27 21	9 09 24	2 29 33	19 28 12	4 10 57	13 25 51	11 14 35
12	10 27 06	9 09 12	2 25 09	19 24 21	4 06 58	13 22 07	11 10 48
13	10 27 02	9 09 02	2 20 42	19 20 31	4 02 58	13 18 23	11 07 00
14	10 27 08	9 08 54	2 16 12	19 16 42	3 58 58	13 14 39	11 03 13
15	10 27 23	9 08 48	2 11 39	19 12 53	3 54 57	13 10 55	10 59 25
16	10 27 47	9 08 44	2 07 04	19 09 06	3 50 56	13 07 12	10 55 37
17	10 28 18	9 08 41	2 02 25	19 05 19	3 46 55	13 03 28	10 51 49
18	10 28 57	9 08 40	1 57 43	19 01 33	3 42 53	12 59 44	10 48 02
19	10 29 43	9 08 41	1 52 59	18 57 48	3 38 51	12 56 01	10 44 14
20	10 30 35	9 08 43	1 48 12	18 54 03	3 34 49	12 52 17	10 40 26
21	10 31 33	9 08 46	1 43 22	18 50 20	3 30 46	12 48 34	10 36 38
22	10 32 37	9 08 50	1 38 30	18 46 37	3 26 43	12 44 50	10 32 50
23	10 33 47	9 08 55	1 33 35	18 42 55	3 22 39	12 41 07	10 29 02
24	10 35 01	9 09 02	1 28 37	18 39 13	3 18 35	12 37 23	10 25 14
25	10 36 21	9 09 09	1 23 37	18 35 33	3 14 31	12 33 40	10 21 26
26	10 37 44	9 09 17	1 18 34	18 31 53	3 10 26	12 29 56	10 17 38
27	10 39 13	9 09 27	1 13 29	18 28 14	3 06 21	12 26 13	10 13 49
28	10 40 46	9 09 36	1 08 22	18 24 36	3 02 15	12 22 30	10 10 01
29	10 42 23	9 09 47	1 03 13	18 20 58	2 58 10	12 18 46	10 06 13
30	10 44 04	9 09 58	0 58 02	18 17 22	2 54 04	12 15 03	10 02 24
31	10 45 49	9 10 10	0 52 49	18 13 46	2 49 57	12 11 20	9 58 36
Apr. 1	10 47 38	9 10 22	0 47 34	18 10 10	2 45 50	12 07 37	9 54 47
2	10 49 31	9 10 35	0 42 17	18 06 36	2 41 43	12 03 53	9 50 59

Date	Mercury	Venus	Mars	Jupiter	Saturn	Uranus	Neptune
	h m s	h m s	h m s	h m s	h m s	h m s	h m s
Apr. 1	10 47 38	9 10 22	0 47 34	18 10 10	2 45 50	12 07 37	9 54 47
2	10 49 31	9 10 35	0 42 17	18 06 36	2 41 43	12 03 53	9 50 59
3	10 51 29	9 10 48	0 36 59	18 03 02	2 37 36	12 00 10	9 47 10
4	10 53 30	9 11 01	0 31 40	17 59 29	2 33 28	11 56 27	9 43 21
5	10 55 35	9 11 15	0 26 20	17 55 56	2 29 20	11 52 43	9 39 32
6	10 57 45	9 11 29	0 20 59	17 52 25	2 25 12	11 49 00	9 35 44
7	10 59 59	9 11 43	0 15 37	17 48 54	2 21 03	11 45 17	9 31 55
8	11 02 18	9 11 58	0 10 14	17 45 23	2 16 54	11 41 33	9 28 06
9	11 04 41	9 12 13	0 04 50	17 41 53	2 12 45	11 37 50	9 24 16
10	11 07 09	9 12 28	23 54 03	17 38 24	2 08 36	11 34 07	9 20 27
11	11 09 42	9 12 43	23 48 39	17 34 56	2 04 26	11 30 23	9 16 38
12	11 12 20	9 12 58	23 43 16	17 31 28	2 00 16	11 26 40	9 12 49
13	11 15 03	9 13 14	23 37 53	17 28 01	1 56 06	11 22 56	9 08 59
14	11 17 52	9 13 30	23 32 30	17 24 34	1 51 55	11 19 13	9 05 10
15	11 20 46	9 13 45	23 27 08	17 21 08	1 47 45	11 15 29	9 01 20
16	11 23 47	9 14 01	23 21 46	17 17 43	1 43 34	11 11 46	8 57 30
17	11 26 53	9 14 17	23 16 26	17 14 18	1 39 23	11 08 02	8 53 40
18	11 30 06	9 14 33	23 11 07	17 10 54	1 35 11	11 04 19	8 49 51
19	11 33 26	9 14 50	23 05 48	17 07 30	1 31 00	11 00 35	8 46 01
20	11 36 52	9 15 06	23 00 32	17 04 07	1 26 48	10 56 51	8 42 11
21	11 40 25	9 15 22	22 55 16	17 00 44	1 22 36	10 53 08	8 38 20
22	11 44 05	9 15 39	22 50 03	16 57 22	1 18 24	10 49 24	8 34 30
23	11 47 51	9 15 55	22 44 51	16 54 01	1 14 12	10 45 40	8 30 40
24	11 51 44	9 16 12	22 39 41	16 50 40	1 09 59	10 41 56	8 26 49
25	11 55 43	9 16 29	22 34 33	16 47 20	1 05 47	10 38 12	8 22 59
26	11 59 49	9 16 46	22 29 27	16 44 00	1 01 34	10 34 28	8 19 08
27	12 04 00	9 17 03	22 24 24	16 40 41	0 57 21	10 30 44	8 15 17
28	12 08 16	9 17 20	22 19 23	16 37 22	0 53 08	10 27 00	8 11 27
29	12 12 37	9 17 37	22 14 24	16 34 04	0 48 55	10 23 16	8 07 36
30	12 17 01	9 17 54	22 09 28	16 30 46	0 44 41	10 19 32	8 03 45
May 1	12 21 28	9 18 12	22 04 34	16 27 28	0 40 28	10 15 48	7 59 53
2	12 25 56	9 18 29	21 59 43	16 24 12	0 36 14	10 12 03	7 56 02
3	12 30 25	9 18 47	21 54 55	16 20 55	0 32 01	10 08 19	7 52 11
4	12 34 53	9 19 05	21 50 10	16 17 39	0 27 47	10 04 34	7 48 19
5	12 39 18	9 19 23	21 45 27	16 14 24	0 23 34	10 00 50	7 44 28
6	12 43 41	9 19 41	21 40 48	16 11 09	0 19 20	9 57 05	7 40 36
7	12 47 58	9 20 00	21 36 11	16 07 54	0 15 06	9 53 20	7 36 44
8	12 52 10	9 20 18	21 31 37	16 04 40	0 10 52	9 49 35	7 32 52
9	12 56 14	9 20 38	21 27 06	16 01 26	0 06 38	9 45 51	7 29 00
10	13 00 11	9 20 57	21 22 38	15 58 13	0 02 25	9 42 06	7 25 08
11	13 03 58	9 21 17	21 18 13	15 55 00	23 53 57	9 38 20	7 21 16
12	13 07 35	9 21 37	21 13 51	15 51 48	23 49 43	9 34 35	7 17 24
13	13 11 01	9 21 57	21 09 32	15 48 35	23 45 29	9 30 50	7 13 31
14	13 14 15	9 22 18	21 05 16	15 45 24	23 41 15	9 27 05	7 09 38
15	13 17 16	9 22 39	21 01 03	15 42 12	23 37 02	9 23 19	7 05 46
16	13 20 04	9 23 01	20 56 53	15 39 01	23 32 48	9 19 34	7 01 53
17	13 22 38	9 23 23	20 52 46	15 35 51	23 28 34	9 15 48	6 58 00

Second transits: Mars, Apr. $9^d 23^h 59^m 27^s$; Saturn, May $10^d 23^h 58^m 11^s$.

Date	Mercury	Venus	Mars	Jupiter	Saturn	Uranus	Neptune
	h m s	h m s	h m s	h m s	h m s	h m s	h m s
May 17	13 22 38	9 23 23	20 52 46	15 35 51	23 28 34	9 15 48	6 58 00
18	13 24 58	9 23 46	20 48 41	15 32 40	23 24 20	9 12 02	6 54 07
19	13 27 03	9 24 09	20 44 39	15 29 30	23 20 07	9 08 16	6 50 14
20	13 28 52	9 24 33	20 40 41	15 26 21	23 15 53	9 04 30	6 46 20
21	13 30 26	9 24 57	20 36 45	15 23 11	23 11 40	9 00 44	6 42 27
22	13 31 43	9 25 22	20 32 51	15 20 02	23 07 27	8 56 58	6 38 34
23	13 32 44	9 25 48	20 29 01	15 16 54	23 03 14	8 53 12	6 34 40
24	13 33 27	9 26 14	20 25 13	15 13 45	22 59 01	8 49 25	6 30 46
25	13 33 53	9 26 41	20 21 28	15 10 37	22 54 48	8 45 39	6 26 52
26	13 34 00	9 27 09	20 17 46	15 07 29	22 50 35	8 41 52	6 22 58
27	13 33 50	9 27 37	20 14 07	15 04 22	22 46 22	8 38 05	6 19 04
28	13 33 20	9 28 06	20 10 30	15 01 15	22 42 10	8 34 18	6 15 10
29	13 32 32	9 28 36	20 06 55	14 58 08	22 37 57	8 30 31	6 11 15
30	13 31 24	9 29 07	20 03 24	14 55 01	22 33 45	8 26 44	6 07 21
31	13 29 57	9 29 38	19 59 54	14 51 55	22 29 33	8 22 57	6 03 26
June 1	13 28 09	9 30 11	19 56 28	14 48 49	22 25 21	8 19 09	5 59 32
2	13 26 02	9 30 44	19 53 03	14 45 43	22 21 10	8 15 22	5 55 37
3	13 23 34	9 31 18	19 49 41	14 42 37	22 16 58	8 11 34	5 51 42
4	13 20 45	9 31 53	19 46 22	14 39 32	22 12 47	8 07 46	5 47 47
5	13 17 37	9 32 29	19 43 05	14 36 27	22 08 36	8 03 58	5 43 51
6	13 14 08	9 33 06	19 39 50	14 33 22	22 04 25	8 00 10	5 39 56
7	13 10 19	9 33 43	19 36 37	14 30 17	22 00 15	7 56 22	5 36 01
8	13 06 11	9 34 22	19 33 27	14 27 13	21 56 04	7 52 33	5 32 05
9	13 01 44	9 35 02	19 30 18	14 24 09	21 51 54	7 48 45	5 28 09
10	12 56 59	9 35 43	19 27 12	14 21 05	21 47 44	7 44 56	5 24 13
11	12 51 56	9 36 25	19 24 08	14 18 01	21 43 35	7 41 07	5 20 17
12	12 46 38	9 37 08	19 21 06	14 14 57	21 39 25	7 37 18	5 16 21
13	12 41 05	9 37 52	19 18 06	14 11 53	21 35 16	7 33 29	5 12 25
14	12 35 20	9 38 37	19 15 08	14 08 50	21 31 07	7 29 40	5 08 29
15	12 29 23	9 39 23	19 12 11	14 05 47	21 26 59	7 25 50	5 04 32
16	12 23 17	9 40 11	19 09 17	14 02 44	21 22 51	7 22 01	5 00 36
17	12 17 04	9 40 59	19 06 25	13 59 41	21 18 43	7 18 11	4 56 39
18	12 10 47	9 41 49	19 03 34	13 56 38	21 14 35	7 14 21	4 52 42
19	12 04 27	9 42 39	19 00 45	13 53 36	21 10 28	7 10 31	4 48 45
20	11 58 08	9 43 31	18 57 58	13 50 33	21 06 20	7 06 41	4 44 48
21	11 51 50	9 44 24	18 55 13	13 47 31	21 02 14	7 02 50	4 40 51
22	11 45 38	9 45 19	18 52 29	13 44 29	20 58 07	6 59 00	4 36 54
23	11 39 32	9 46 14	18 49 47	13 41 27	20 54 01	6 55 09	4 32 56
24	11 33 36	9 47 10	18 47 07	13 38 25	20 49 55	6 51 18	4 28 59
25	11 27 51	9 48 08	18 44 29	13 35 23	20 45 50	6 47 27	4 25 01
26	11 22 18	9 49 07	18 41 52	13 32 22	20 41 44	6 43 36	4 21 04
27	11 17 00	9 50 06	18 39 16	13 29 20	20 37 40	6 39 45	4 17 06
28	11 11 58	9 51 07	18 36 43	13 26 19	20 33 35	6 35 53	4 13 08
29	11 07 13	9 52 09	18 34 10	13 23 17	20 29 31	6 32 01	4 09 10
30	11 02 46	9 53 12	18 31 40	13 20 16	20 25 27	6 28 09	4 05 11
July 1	10 58 38	9 54 16	18 29 11	13 17 15	20 21 24	6 24 17	4 01 13
2	10 54 50	9 55 21	18 26 43	13 14 14	20 17 21	6 20 25	3 57 15

Date	Mercury	Venus	Mars	Jupiter	Saturn	Uranus	Neptune
	h m s	h m s	h m s	h m s	h m s	h m s	h m s
July 1	10 58 38	9 54 16	18 29 11	13 17 15	20 21 24	6 24 17	4 01 13
2	10 54 50	9 55 21	18 26 43	13 14 14	20 17 21	6 20 25	3 57 15
3	10 51 22	9 56 27	18 24 17	13 11 13	20 13 18	6 16 33	3 53 16
4	10 48 15	9 57 34	18 21 52	13 08 12	20 09 15	6 12 40	3 49 18
5	10 45 28	9 58 41	18 19 29	13 05 11	20 05 13	6 08 47	3 45 19
6	10 43 03	9 59 50	18 17 07	13 02 10	20 01 12	6 04 54	3 41 20
7	10 40 59	10 01 00	18 14 46	12 59 09	19 57 10	6 01 01	3 37 21
8	10 39 16	10 02 10	18 12 27	12 56 09	19 53 10	5 57 08	3 33 22
9	10 37 55	10 03 21	18 10 09	12 53 08	19 49 09	5 53 15	3 29 23
10	10 36 55	10 04 34	18 07 52	12 50 07	19 45 09	5 49 21	3 25 24
11	10 36 17	10 05 46	18 05 37	12 47 06	19 41 09	5 45 27	3 21 24
12	10 36 00	10 07 00	18 03 23	12 44 06	19 37 09	5 41 33	3 17 25
13	10 36 04	10 08 14	18 01 10	12 41 05	19 33 10	5 37 39	3 13 25
14	10 36 29	10 09 29	17 58 59	12 38 05	19 29 12	5 33 44	3 09 26
15	10 37 15	10 10 44	17 56 48	12 35 04	19 25 13	5 29 50	3 05 26
16	10 38 22	10 12 00	17 54 39	12 32 03	19 21 15	5 25 55	3 01 26
17	10 39 50	10 13 17	17 52 31	12 29 03	19 17 18	5 22 00	2 57 26
18	10 41 38	10 14 33	17 50 24	12 26 02	19 13 21	5 18 05	2 53 26
19	10 43 45	10 15 51	17 48 19	12 23 02	19 09 24	5 14 10	2 49 26
20	10 46 12	10 17 08	17 46 14	12 20 01	19 05 27	5 10 15	2 45 26
21	10 48 57	10 18 26	17 44 11	12 17 01	19 01 31	5 06 19	2 41 26
22	10 52 00	10 19 45	17 42 09	12 14 00	18 57 36	5 02 23	2 37 26
23	10 55 21	10 21 03	17 40 08	12 10 59	18 53 40	4 58 27	2 33 25
24	10 58 57	10 22 22	17 38 08	12 07 59	18 49 46	4 54 31	2 29 25
25	11 02 48	10 23 40	17 36 10	12 04 58	18 45 51	4 50 35	2 25 24
26	11 06 52	10 24 59	17 34 12	12 01 57	18 41 57	4 46 38	2 21 23
27	11 11 09	10 26 18	17 32 16	11 58 57	18 38 03	4 42 41	2 17 23
28	11 15 35	10 27 36	17 30 20	11 55 56	18 34 10	4 38 45	2 13 22
29	11 20 09	10 28 55	17 28 26	11 52 55	18 30 17	4 34 48	2 09 21
30	11 24 50	10 30 13	17 26 33	11 49 54	18 26 24	4 30 50	2 05 20
31	11 29 36	10 31 31	17 24 41	11 46 53	18 22 32	4 26 53	2 01 19
Aug. 1	11 34 24	10 32 49	17 22 50	11 43 52	18 18 40	4 22 55	1 57 18
2	11 39 13	10 34 06	17 21 00	11 40 51	18 14 49	4 18 58	1 53 17
3	11 44 01	10 35 23	17 19 12	11 37 49	18 10 58	4 15 00	1 49 16
4	11 48 47	10 36 40	17 17 24	11 34 48	18 07 07	4 11 02	1 45 14
5	11 53 29	10 37 56	17 15 37	11 31 47	18 03 17	4 07 03	1 41 13
6	11 58 07	10 39 12	17 13 52	11 28 45	17 59 27	4 03 05	1 37 12
7	12 02 38	10 40 27	17 12 07	11 25 44	17 55 37	3 59 06	1 33 10
8	12 07 02	10 41 42	17 10 23	11 22 42	17 51 48	3 55 07	1 29 09
9	12 11 19	10 42 55	17 08 41	11 19 40	17 47 59	3 51 09	1 25 07
10	12 15 28	10 44 09	17 06 59	11 16 38	17 44 11	3 47 09	1 21 06
11	12 19 29	10 45 21	17 05 18	11 13 36	17 40 23	3 43 10	1 17 04
12	12 23 21	10 46 33	17 03 39	11 10 34	17 36 35	3 39 11	1 13 02
13	12 27 04	10 47 44	17 02 00	11 07 32	17 32 48	3 35 11	1 09 01
14	12 30 39	10 48 55	17 00 22	11 04 29	17 29 01	3 31 11	1 04 59
15	12 34 05	10 50 04	16 58 46	11 01 27	17 25 14	3 27 11	1 00 57
16	12 37 23	10 51 13	16 57 10	10 58 24	17 21 28	3 23 11	0 56 55

Date	Mercury	Venus	Mars	Jupiter	Saturn	Uranus	Neptune
	h m s	h m s	h m s	h m s	h m s	h m s	h m s
Aug. 16	12 37 23	10 51 13	16 57 10	10 58 24	17 21 28	3 23 11	0 56 55
17	12 40 32	10 52 21	16 55 35	10 55 21	17 17 42	3 19 11	0 52 53
18	12 43 33	10 53 28	16 54 01	10 52 18	17 13 57	3 15 11	0 48 51
19	12 46 26	10 54 35	16 52 29	10 49 15	17 10 11	3 11 10	0 44 50
20	12 49 12	10 55 40	16 50 57	10 46 12	17 06 27	3 07 09	0 40 48
21	12 51 49	10 56 44	16 49 26	10 43 08	17 02 42	3 03 09	0 36 46
22	12 54 20	10 57 48	16 47 56	10 40 05	16 58 58	2 59 08	0 32 44
23	12 56 44	10 58 50	16 46 28	10 37 01	16 55 14	2 55 06	0 28 42
24	12 59 01	10 59 52	16 45 00	10 33 57	16 51 31	2 51 05	0 24 40
25	13 01 11	11 00 53	16 43 33	10 30 53	16 47 48	2 47 04	0 20 38
26	13 03 15	11 01 52	16 42 07	10 27 49	16 44 05	2 43 02	0 16 36
27	13 05 13	11 02 51	16 40 42	10 24 44	16 40 22	2 39 00	0 12 33
28	13 07 06	11 03 49	16 39 18	10 21 39	16 36 40	2 34 59	0 08 31
29	13 08 52	11 04 46	16 37 55	10 18 34	16 32 59	2 30 57	0 04 29
30	13 10 33	11 05 42	16 36 33	10 15 29	16 29 17	2 26 54	0 00 27
31	13 12 09	11 06 36	16 35 12	10 12 24	16 25 36	2 22 52	23 52 23
Sept. 1	13 13 40	11 07 31	16 33 52	10 09 18	16 21 55	2 18 50	23 48 21
2	13 15 06	11 08 24	16 32 32	10 06 13	16 18 15	2 14 47	23 44 19
3	13 16 27	11 09 16	16 31 14	10 03 07	16 14 35	2 10 45	23 40 17
4	13 17 43	11 10 07	16 29 57	10 00 00	16 10 55	2 06 42	23 36 15
5	13 18 54	11 10 57	16 28 40	9 56 54	16 07 15	2 02 39	23 32 13
6	13 20 01	11 11 47	16 27 24	9 53 47	16 03 36	1 58 36	23 28 11
7	13 21 03	11 12 36	16 26 10	9 50 40	15 59 57	1 54 33	23 24 09
8	13 22 00	11 13 24	16 24 56	9 47 33	15 56 18	1 50 30	23 20 07
9	13 22 53	11 14 11	16 23 43	9 44 26	15 52 40	1 46 27	23 16 05
10	13 23 40	11 14 57	16 22 31	9 41 18	15 49 02	1 42 23	23 12 03
11	13 24 23	11 15 43	16 21 20	9 38 10	15 45 24	1 38 20	23 08 01
12	13 25 01	11 16 27	16 20 09	9 35 02	15 41 47	1 34 16	23 03 59
13	13 25 34	11 17 12	16 19 00	9 31 53	15 38 09	1 30 13	22 59 57
14	13 26 02	11 17 55	16 17 51	9 28 44	15 34 33	1 26 09	22 55 56
15	13 26 24	11 18 38	16 16 43	9 25 35	15 30 56	1 22 05	22 51 54
16	13 26 40	11 19 21	16 15 37	9 22 26	15 27 20	1 18 01	22 47 52
17	13 26 50	11 20 02	16 14 30	9 19 16	15 23 43	1 13 57	22 43 50
18	13 26 53	11 20 44	16 13 25	9 16 06	15 20 08	1 09 53	22 39 49
19	13 26 50	11 21 24	16 12 21	9 12 56	15 16 32	1 05 49	22 35 47
20	13 26 39	11 22 05	16 11 18	9 09 45	15 12 57	1 01 45	22 31 46
21	13 26 19	11 22 45	16 10 15	9 06 34	15 09 22	0 57 40	22 27 44
22	13 25 52	11 23 24	16 09 13	9 03 23	15 05 47	0 53 36	22 23 43
23	13 25 14	11 24 03	16 08 12	9 00 11	15 02 12	0 49 32	22 19 41
24	13 24 26	11 24 42	16 07 12	8 56 59	14 58 38	0 45 27	22 15 40
25	13 23 27	11 25 21	16 06 12	8 53 47	14 55 04	0 41 23	22 11 39
26	13 22 16	11 25 59	16 05 14	8 50 34	14 51 30	0 37 18	22 07 38
27	13 20 51	11 26 37	16 04 16	8 47 21	14 47 57	0 33 13	22 03 36
28	13 19 12	11 27 15	16 03 19	8 44 08	14 44 23	0 29 09	21 59 35
29	13 17 16	11 27 52	16 02 23	8 40 54	14 40 50	0 25 04	21 55 34
30	13 15 04	11 28 30	16 01 27	8 37 40	14 37 17	0 20 59	21 51 33
Oct. 1	13 12 32	11 29 08	16 00 32	8 34 26	14 33 45	0 16 54	21 47 33

Second transit: Neptune, Aug. $30^d23^h56^m25^s$.

Date		Mercury	Venus	Mars	Jupiter	Saturn	Uranus	Neptune
		h m s	h m s	h m s	h m s	h m s	h m s	h m s
Oct.	1	13 12 32	11 29 08	16 00 32	8 34 26	14 33 45	0 16 54	21 47 33
	2	13 09 40	11 29 45	15 59 38	8 31 11	14 30 12	0 12 50	21 43 32
	3	13 06 25	11 30 23	15 58 45	8 27 56	14 26 40	0 08 45	21 39 31
	4	13 02 47	11 31 01	15 57 52	8 24 40	14 23 08	0 04 40	21 35 30
	5	12 58 44	11 31 38	15 57 00	8 21 24	14 19 36	0 00 35	21 31 30
	6	12 54 14	11 32 16	15 56 08	8 18 07	14 16 04	23 52 26	21 27 29
	7	12 49 17	11 32 54	15 55 17	8 14 50	14 12 33	23 48 21	21 23 29
	8	12 43 52	11 33 33	15 54 27	8 11 33	14 09 02	23 44 16	21 19 29
	9	12 37 58	11 34 11	15 53 38	8 08 15	14 05 31	23 40 11	21 15 29
	10	12 31 36	11 34 50	15 52 49	8 04 57	14 02 00	23 36 06	21 11 28
	11	12 24 48	11 35 29	15 52 00	8 01 39	13 58 29	23 32 01	21 07 28
	12	12 17 36	11 36 09	15 51 12	7 58 20	13 54 59	23 27 56	21 03 28
	13	12 10 04	11 36 49	15 50 25	7 55 00	13 51 28	23 23 52	20 59 29
	14	12 02 16	11 37 30	15 49 38	7 51 40	13 47 58	23 19 47	20 55 29
	15	11 54 18	11 38 11	15 48 52	7 48 20	13 44 28	23 15 42	20 51 29
	16	11 46 15	11 38 53	15 48 07	7 44 59	13 40 58	23 11 37	20 47 30
	17	11 38 16	11 39 35	15 47 21	7 41 37	13 37 28	23 07 33	20 43 30
	18	11 30 27	11 40 18	15 46 37	7 38 16	13 33 59	23 03 28	20 39 31
	19	11 22 56	11 41 02	15 45 53	7 34 53	13 30 29	22 59 23	20 35 31
	20	11 15 48	11 41 46	15 45 09	7 31 30	13 27 00	22 55 19	20 31 32
	21	11 09 10	11 42 32	15 44 26	7 28 07	13 23 31	22 51 14	20 27 33
	22	11 03 06	11 43 18	15 43 43	7 24 43	13 20 02	22 47 10	20 23 34
	23	10 57 38	11 44 04	15 43 01	7 21 19	13 16 33	22 43 05	20 19 35
	24	10 52 49	11 44 52	15 42 18	7 17 54	13 13 05	22 39 01	20 15 37
	25	10 48 40	11 45 41	15 41 37	7 14 29	13 09 36	22 34 57	20 11 38
	26	10 45 10	11 46 30	15 40 56	7 11 03	13 06 08	22 30 52	20 07 40
	27	10 42 18	11 47 20	15 40 15	7 07 36	13 02 39	22 26 48	20 03 41
	28	10 40 01	11 48 12	15 39 34	7 04 09	12 59 11	22 22 44	19 59 43
	29	10 38 17	11 49 04	15 38 54	7 00 41	12 55 43	22 18 40	19 55 45
	30	10 37 04	11 49 58	15 38 14	6 57 13	12 52 15	22 14 36	19 51 47
	31	10 36 19	11 50 52	15 37 34	6 53 44	12 48 47	22 10 32	19 47 49
Nov.	1	10 35 58	11 51 48	15 36 54	6 50 15	12 45 19	22 06 29	19 43 51
	2	10 35 59	11 52 44	15 36 15	6 46 45	12 41 51	22 02 25	19 39 53
	3	10 36 19	11 53 42	15 35 35	6 43 15	12 38 23	21 58 22	19 35 56
	4	10 36 56	11 54 41	15 34 56	6 39 43	12 34 56	21 54 18	19 31 58
	5	10 37 47	11 55 41	15 34 18	6 36 12	12 31 28	21 50 15	19 28 01
	6	10 38 51	11 56 42	15 33 39	6 32 39	12 28 01	21 46 11	19 24 04
	7	10 40 06	11 57 44	15 33 00	6 29 06	12 24 33	21 42 08	19 20 07
	8	10 41 31	11 58 48	15 32 22	6 25 33	12 21 06	21 38 05	19 16 10
	9	10 43 03	11 59 53	15 31 43	6 21 59	12 17 39	21 34 02	19 12 13
	10	10 44 43	12 00 59	15 31 05	6 18 24	12 14 12	21 30 00	19 08 16
	11	10 46 28	12 02 06	15 30 26	6 14 48	12 10 44	21 25 57	19 04 20
	12	10 48 19	12 03 15	15 29 48	6 11 12	12 07 17	21 21 54	19 00 23
	13	10 50 14	12 04 25	15 29 10	6 07 36	12 03 50	21 17 52	18 56 27
	14	10 52 14	12 05 36	15 28 31	6 03 58	12 00 23	21 13 50	18 52 31
	15	10 54 17	12 06 48	15 27 53	6 00 20	11 56 56	21 09 47	18 48 35
	16	10 56 23	12 08 02	15 27 15	5 56 41	11 53 29	21 05 45	18 44 39

Second transit: Uranus, Oct. $5^d23^h56^m30^s$.

Date	Mercury	Venus	Mars	Jupiter	Saturn	Uranus	Neptune
	h m s	h m s	h m s	h m s	h m s	h m s	h m s
Nov. 16	10 56 23	12 08 02	15 27 15	5 56 41	11 53 29	21 05 45	18 44 39
17	10 58 32	12 09 16	15 26 36	5 53 02	11 50 02	21 01 43	18 40 43
18	11 00 43	12 10 32	15 25 58	5 49 22	11 46 35	20 57 42	18 36 47
19	11 02 57	12 11 50	15 25 19	5 45 41	11 43 08	20 53 40	18 32 52
20	11 05 13	12 13 08	15 24 40	5 42 00	11 39 41	20 49 39	18 28 57
21	11 07 32	12 14 27	15 24 02	5 38 17	11 36 14	20 45 37	18 25 01
22	11 09 52	12 15 48	15 23 23	5 34 35	11 32 47	20 41 36	18 21 06
23	11 12 15	12 17 10	15 22 44	5 30 51	11 29 20	20 37 35	18 17 11
24	11 14 39	12 18 32	15 22 05	5 27 07	11 25 54	20 33 34	18 13 16
25	11 17 05	12 19 56	15 21 25	5 23 22	11 22 27	20 29 33	18 09 21
26	11 19 34	12 21 21	15 20 46	5 19 36	11 19 00	20 25 33	18 05 27
27	11 22 04	12 22 47	15 20 06	5 15 49	11 15 33	20 21 32	18 01 32
28	11 24 35	12 24 13	15 19 26	5 12 02	11 12 05	20 17 32	17 57 38
29	11 27 09	12 25 41	15 18 46	5 08 14	11 08 38	20 13 32	17 53 44
30	11 29 45	12 27 09	15 18 05	5 04 25	11 05 11	20 09 32	17 49 50
Dec. 1	11 32 22	12 28 38	15 17 25	5 00 36	11 01 44	20 05 33	17 45 56
2	11 35 01	12 30 08	15 16 43	4 56 46	10 58 17	20 01 33	17 42 02
3	11 37 42	12 31 38	15 16 02	4 52 55	10 54 50	19 57 34	17 38 08
4	11 40 25	12 33 09	15 15 20	4 49 03	10 51 22	19 53 34	17 34 14
5	11 43 09	12 34 40	15 14 39	4 45 11	10 47 55	19 49 35	17 30 21
6	11 45 56	12 36 12	15 13 56	4 41 17	10 44 27	19 45 36	17 26 28
7	11 48 44	12 37 45	15 13 14	4 37 24	10 41 00	19 41 38	17 22 34
8	11 51 34	12 39 18	15 12 31	4 33 29	10 37 32	19 37 39	17 18 41
9	11 54 26	12 40 51	15 11 47	4 29 33	10 34 05	19 33 41	17 14 48
10	11 57 19	12 42 24	15 11 04	4 25 37	10 30 37	19 29 43	17 10 55
11	12 00 14	12 43 58	15 10 20	4 21 40	10 27 09	19 25 45	17 07 03
12	12 03 11	12 45 32	15 09 35	4 17 42	10 23 41	19 21 47	17 03 10
13	12 06 09	12 47 06	15 08 50	4 13 44	10 20 13	19 17 49	16 59 18
14	12 09 08	12 48 39	15 08 05	4 09 45	10 16 45	19 13 52	16 55 25
15	12 12 09	12 50 13	15 07 20	4 05 45	10 13 16	19 09 55	16 51 33
16	12 15 11	12 51 47	15 06 34	4 01 44	10 09 48	19 05 58	16 47 41
17	12 18 15	12 53 20	15 05 48	3 57 42	10 06 19	19 02 01	16 43 49
18	12 21 19	12 54 53	15 05 01	3 53 40	10 02 51	18 58 04	16 39 57
19	12 24 24	12 56 26	15 04 14	3 49 37	9 59 22	18 54 08	16 36 05
20	12 27 29	12 57 58	15 03 26	3 45 33	9 55 53	18 50 11	16 32 13
21	12 30 35	12 59 30	15 02 38	3 41 28	9 52 24	18 46 15	16 28 22
22	12 33 42	13 01 02	15 01 50	3 37 23	9 48 55	18 42 19	16 24 31
23	12 36 48	13 02 33	15 01 01	3 33 17	9 45 25	18 38 24	16 20 39
24	12 39 54	13 04 03	15 00 12	3 29 10	9 41 56	18 34 28	16 16 48
25	12 43 00	13 05 32	14 59 23	3 25 02	9 38 26	18 30 33	16 12 57
26	12 46 05	13 07 01	14 58 33	3 20 54	9 34 56	18 26 38	16 09 06
27	12 49 08	13 08 29	14 57 42	3 16 45	9 31 26	18 22 43	16 05 15
28	12 52 10	13 09 56	14 56 51	3 12 35	9 27 56	18 18 48	16 01 24
29	12 55 10	13 11 22	14 56 00	3 08 25	9 24 26	18 14 53	15 57 34
30	12 58 08	13 12 47	14 55 08	3 04 14	9 20 55	18 10 59	15 53 43
31	13 01 03	13 14 11	14 54 16	3 00 02	9 17 24	18 07 05	15 49 53
32	13 03 53	13 15 34	14 53 23	2 55 49	9 13 53	18 03 11	15 46 02

MERCURY, 2014

EPHEMERIS FOR PHYSICAL OBSERVATIONS
FOR 0ʰ TERRESTRIAL TIME

Date		Light-time	Magnitude	Surface Brightness	Diameter	Phase	Phase Angle	Defect of Illumination
		m		mag./arcsec^2	″		°	″
Jan.	−1	11.97	− 1.3	+ 1.8	4.67	0.999	3.8	0.01
	1	11.92	− 1.3	+ 1.8	4.69	0.998	5.3	0.01
	3	11.85	− 1.2	+ 1.9	4.72	0.996	7.5	0.02
	5	11.75	− 1.2	+ 1.9	4.76	0.992	10.1	0.04
	7	11.64	− 1.1	+ 2.0	4.81	0.987	13.0	0.06
	9	11.50	− 1.1	+ 2.1	4.87	0.980	16.1	0.10
	11	11.34	− 1.0	+ 2.1	4.94	0.971	19.6	0.14
	13	11.15	− 1.0	+ 2.2	5.02	0.959	23.4	0.21
	15	10.93	− 1.0	+ 2.2	5.12	0.943	27.6	0.29
	17	10.68	− 1.0	+ 2.3	5.24	0.923	32.2	0.40
	19	10.41	− 0.9	+ 2.3	5.38	0.897	37.4	0.55
	21	10.10	− 0.9	+ 2.4	5.54	0.865	43.2	0.75
	23	9.75	− 0.9	+ 2.4	5.74	0.824	49.6	1.01
	25	9.38	− 0.9	+ 2.4	5.97	0.774	56.8	1.35
	27	8.97	− 0.9	+ 2.5	6.24	0.713	64.8	1.79
	29	8.54	− 0.8	+ 2.5	6.55	0.641	73.6	2.35
	31	8.08	− 0.7	+ 2.6	6.92	0.559	83.2	3.05
Feb.	2	7.62	− 0.5	+ 2.8	7.34	0.468	93.7	3.91
	4	7.16	− 0.1	+ 3.0	7.82	0.371	104.9	4.91
	6	6.72	+ 0.3	+ 3.3	8.33	0.276	116.7	6.03
	8	6.32	+ 1.1	+ 3.7	8.86	0.186	128.9	7.21
	10	5.97	+ 2.0	+ 4.2	9.37	0.110	141.3	8.34
	12	5.69	+ 3.2	+ 4.7	9.83	0.053	153.4	9.31
	14	5.49	+ 4.5	+ 5.0	10.20	0.019	164.3	10.00
	16	5.37	+ 5.3	+ 4.9	10.43	0.009	169.3	10.34
	18	5.32	+ 4.5	+ 5.1	10.51	0.021	163.4	10.29
	20	5.35	+ 3.4	+ 5.0	10.45	0.051	153.9	9.92
	22	5.44	+ 2.5	+ 4.7	10.28	0.094	144.4	9.32
	24	5.58	+ 1.8	+ 4.4	10.02	0.144	135.4	8.58
	26	5.76	+ 1.3	+ 4.2	9.71	0.197	127.2	7.80
	28	5.97	+ 0.9	+ 4.0	9.38	0.251	119.9	7.02
Mar.	2	6.19	+ 0.7	+ 3.9	9.04	0.303	113.2	6.30
	4	6.43	+ 0.5	+ 3.8	8.70	0.352	107.3	5.64
	6	6.68	+ 0.3	+ 3.7	8.38	0.397	101.9	5.05
	8	6.93	+ 0.3	+ 3.6	8.07	0.439	97.0	4.53
	10	7.18	+ 0.2	+ 3.6	7.79	0.477	92.6	4.07
	12	7.43	+ 0.1	+ 3.5	7.53	0.513	88.5	3.67
	14	7.68	+ 0.1	+ 3.5	7.28	0.546	84.7	3.31
	16	7.93	+ 0.1	+ 3.5	7.06	0.576	81.2	2.99
	18	8.17	+ 0.1	+ 3.4	6.85	0.604	77.9	2.71
	20	8.40	0.0	+ 3.4	6.66	0.631	74.8	2.46
	22	8.63	0.0	+ 3.3	6.48	0.656	71.8	2.23
	24	8.86	0.0	+ 3.3	6.32	0.680	68.9	2.02
	26	9.08	− 0.1	+ 3.2	6.16	0.703	66.0	1.83
	28	9.29	− 0.1	+ 3.2	6.02	0.725	63.2	1.65
	30	9.50	− 0.1	+ 3.1	5.89	0.747	60.4	1.49
Apr.	1	9.69	− 0.2	+ 3.1	5.77	0.769	57.5	1.33

EPHEMERIS FOR PHYSICAL OBSERVATIONS
FOR 0^h TERRESTRIAL TIME

Date		Sub-Earth Point		Sub-Solar Point			North Pole	
		Long.	Lat.	Long.	Dist.	P.A.	Dist.	P.A.
		°	°	°	″	°	″	°
Jan.	−1	297.76	− 3.69	296.56	+0.16	342.42	−2.33	0.61
	1	306.82	− 3.81	303.05	+0.22	313.96	−2.34	358.91
	3	315.85	− 3.94	309.40	+0.31	298.28	−2.36	357.21
	5	324.86	− 4.07	315.57	+0.42	288.80	−2.37	355.52
	7	333.85	− 4.21	321.53	+0.54	282.26	−2.40	353.83
	9	342.82	− 4.35	327.24	+0.68	277.28	−2.43	352.17
	11	351.76	− 4.50	332.66	+0.83	273.21	−2.46	350.54
	13	0.69	− 4.66	337.74	+1.00	269.72	−2.50	348.95
	15	9.62	− 4.83	342.42	+1.19	266.64	−2.55	347.40
	17	18.54	− 5.01	346.66	+1.40	263.87	−2.61	345.92
	19	27.48	− 5.21	350.39	+1.63	261.32	−2.68	344.50
	21	36.46	− 5.44	353.57	+1.90	258.97	−2.76	343.17
	23	45.51	− 5.69	356.15	+2.18	256.78	−2.85	341.93
	25	54.68	− 5.97	358.11	+2.50	254.72	−2.97	340.80
	27	64.02	− 6.29	359.43	+2.82	252.78	−3.10	339.79
	29	73.61	− 6.66	0.15	+3.14	250.90	−3.26	338.92
	31	83.54	− 7.07	0.36	+3.44	249.07	−3.43	338.21
Feb.	2	93.91	− 7.53	0.18	−3.66	247.19	−3.64	337.66
	4	104.84	− 8.04	359.80	−3.78	245.17	−3.87	337.29
	6	116.42	− 8.59	359.42	−3.72	242.81	−4.12	337.12
	8	128.71	− 9.14	359.25	−3.45	239.75	−4.37	337.16
	10	141.74	− 9.67	359.46	−2.93	235.21	−4.62	337.41
	12	155.45	−10.13	0.19	−2.20	227.04	−4.84	337.86
	14	169.67	−10.47	1.52	−1.38	207.66	−5.01	338.48
	16	184.21	−10.66	3.48	−0.96	155.28	−5.12	339.23
	18	198.81	−10.69	6.07	−1.50	109.32	−5.16	340.01
	20	213.24	−10.56	9.26	−2.30	93.11	−5.14	340.76
	22	227.32	−10.30	13.00	−3.00	86.05	−5.06	341.40
	24	240.95	− 9.94	17.24	−3.52	82.10	−4.94	341.88
	26	254.08	− 9.53	21.93	−3.87	79.50	−4.79	342.18
	28	266.73	− 9.09	27.01	−4.07	77.55	−4.63	342.29
Mar.	2	278.91	− 8.64	32.43	−4.15	75.96	−4.47	342.22
	4	290.69	− 8.19	38.14	−4.15	74.56	−4.31	341.99
	6	302.10	− 7.76	44.11	−4.10	73.29	−4.15	341.63
	8	313.20	− 7.34	50.28	−4.01	72.09	−4.00	341.17
	10	324.03	− 6.95	56.63	−3.89	70.94	−3.87	340.61
	12	334.62	− 6.57	63.12	+3.76	69.83	−3.74	339.98
	14	345.00	− 6.22	69.72	+3.63	68.76	−3.62	339.31
	16	355.21	− 5.88	76.40	+3.49	67.72	−3.51	338.60
	18	5.25	− 5.56	83.14	+3.35	66.72	−3.41	337.88
	20	15.15	− 5.25	89.90	+3.21	65.75	−3.32	337.15
	22	24.92	− 4.96	96.66	+3.08	64.83	−3.23	336.43
	24	34.57	− 4.68	103.39	+2.95	63.95	−3.15	335.72
	26	44.11	− 4.41	110.07	+2.82	63.12	−3.07	335.05
	28	53.54	− 4.15	116.67	+2.69	62.34	−3.00	334.40
	30	62.87	− 3.90	123.15	+2.56	61.62	−2.94	333.80
Apr.	1	72.10	− 3.65	129.50	+2.43	60.96	−2.88	333.25

MERCURY, 2014
EPHEMERIS FOR PHYSICAL OBSERVATIONS
FOR 0ʰ TERRESTRIAL TIME

Date		Light-time	Magnitude	Surface Brightness	Diameter	Phase	Phase Angle	Defect of Illumination
		m		mag./arcsec²	″		°	″
Apr.	1	9.69	− 0.2	+ 3.1	5.77	0.769	57.5	1.33
	3	9.89	− 0.3	+ 3.0	5.66	0.790	54.5	1.19
	5	10.07	− 0.3	+ 2.9	5.56	0.812	51.4	1.05
	7	10.25	− 0.4	+ 2.8	5.46	0.833	48.2	0.91
	9	10.41	− 0.5	+ 2.7	5.37	0.855	44.8	0.78
	11	10.56	− 0.6	+ 2.6	5.30	0.877	41.1	0.65
	13	10.70	− 0.8	+ 2.5	5.23	0.899	37.1	0.53
	15	10.82	− 0.9	+ 2.3	5.17	0.920	32.8	0.41
	17	10.93	− 1.1	+ 2.1	5.12	0.941	28.1	0.30
	19	11.01	− 1.3	+ 1.9	5.08	0.960	22.9	0.20
	21	11.06	− 1.6	+ 1.7	5.06	0.977	17.3	0.11
	23	11.08	− 1.9	+ 1.4	5.05	0.991	11.1	0.05
	25	11.07	− 2.2	+ 1.1	5.06	0.999	4.4	0.01
	27	11.01	− 2.3	+ 0.9	5.08	0.999	3.2	0.00
	29	10.91	− 2.0	+ 1.2	5.13	0.991	10.8	0.05
May	1	10.77	− 1.8	+ 1.5	5.20	0.973	19.0	0.14
	3	10.57	− 1.6	+ 1.7	5.29	0.944	27.4	0.30
	5	10.33	− 1.4	+ 1.9	5.41	0.905	35.8	0.51
	7	10.06	− 1.2	+ 2.1	5.56	0.859	44.2	0.79
	9	9.75	− 1.0	+ 2.3	5.74	0.806	52.3	1.12
	11	9.41	− 0.9	+ 2.4	5.94	0.749	60.1	1.49
	13	9.06	− 0.7	+ 2.6	6.17	0.691	67.5	1.91
	15	8.70	− 0.6	+ 2.7	6.43	0.633	74.5	2.36
	17	8.34	− 0.4	+ 2.9	6.71	0.577	81.1	2.84
	19	7.97	− 0.2	+ 3.1	7.02	0.523	87.4	3.35
	21	7.62	0.0	+ 3.2	7.35	0.471	93.3	3.89
	23	7.27	+ 0.2	+ 3.4	7.70	0.422	99.0	4.45
	25	6.93	+ 0.4	+ 3.6	8.07	0.375	104.5	5.05
	27	6.61	+ 0.6	+ 3.7	8.46	0.330	109.9	5.67
	29	6.31	+ 0.8	+ 3.9	8.87	0.287	115.2	6.32
	31	6.02	+ 1.1	+ 4.1	9.29	0.247	120.4	7.00
June	2	5.75	+ 1.4	+ 4.3	9.72	0.208	125.8	7.70
	4	5.51	+ 1.7	+ 4.6	10.15	0.171	131.1	8.42
	6	5.29	+ 2.1	+ 4.8	10.57	0.136	136.7	9.13
	8	5.10	+ 2.5	+ 5.0	10.97	0.104	142.3	9.83
	10	4.94	+ 3.1	+ 5.3	11.34	0.076	148.1	10.48
	12	4.80	+ 3.7	+ 5.5	11.65	0.051	153.9	11.06
	14	4.70	+ 4.3	+ 5.7	11.90	0.031	159.8	11.54
	16	4.63	+ 5.0	+ 5.7	12.07	0.016	165.5	11.88
	18	4.60	−	−	12.15	0.007	170.2	12.06
	20	4.61	−	−	12.14	0.005	171.7	12.07
	22	4.66	+ 5.4	+ 5.6	12.02	0.010	168.5	11.90
	24	4.74	+ 4.7	+ 5.7	11.81	0.021	163.2	11.56
	26	4.86	+ 4.0	+ 5.5	11.52	0.039	157.2	11.07
	28	5.01	+ 3.3	+ 5.3	11.17	0.063	151.0	10.47
	30	5.20	+ 2.7	+ 5.0	10.76	0.091	144.8	9.78
July	2	5.42	+ 2.2	+ 4.8	10.32	0.125	138.7	9.04

EPHEMERIS FOR PHYSICAL OBSERVATIONS
FOR 0ʰ TERRESTRIAL TIME

Date		Sub-Earth Point		Sub-Solar Point			North Pole	
		Long.	Lat.	Long.	Dist.	P.A.	Dist.	P.A.
		°	°	°	″	°	″	°
Apr.	1	72.10	− 3.65	129.50	+2.43	60.96	−2.88	333.25
	3	81.23	− 3.42	135.67	+2.30	60.36	−2.82	332.76
	5	90.27	− 3.20	141.63	+2.17	59.82	−2.77	332.33
	7	99.21	− 2.98	147.33	+2.04	59.35	−2.73	331.97
	9	108.05	− 2.76	152.74	+1.89	58.95	−2.68	331.70
	11	116.80	− 2.56	157.81	+1.74	58.62	−2.65	331.51
	13	125.44	− 2.36	162.49	+1.58	58.35	−2.61	331.42
	15	133.98	− 2.16	166.72	+1.40	58.12	−2.58	331.43
	17	142.41	− 1.97	170.44	+1.21	57.90	−2.56	331.55
	19	150.75	− 1.79	173.62	+0.99	57.61	−2.54	331.79
	21	158.98	− 1.61	176.19	+0.75	57.04	−2.53	332.17
	23	167.12	− 1.43	178.13	+0.49	55.41	−2.52	332.69
	25	175.19	− 1.26	179.44	+0.20	46.93	−2.53	333.35
	27	183.19	− 1.08	180.16	+0.14	263.92	−2.54	334.16
	29	191.16	− 0.91	180.35	+0.48	249.98	−2.56	335.13
May	1	199.13	− 0.74	180.17	+0.85	248.46	−2.60	336.24
	3	207.14	− 0.57	179.79	+1.22	248.64	−2.65	337.48
	5	215.23	− 0.39	179.41	+1.58	249.43	−2.71	338.84
	7	223.44	− 0.20	179.24	+1.94	250.54	−2.78	340.29
	9	231.80	0.00	179.46	+2.27	251.84	−2.87	341.79
	11	240.34	+ 0.21	180.20	+2.58	253.25	+2.97	343.33
	13	249.09	+ 0.44	181.54	+2.85	254.72	+3.09	344.87
	15	258.05	+ 0.68	183.51	+3.10	256.22	+3.21	346.38
	17	267.25	+ 0.95	186.11	+3.32	257.72	+3.36	347.85
	19	276.69	+ 1.24	189.31	+3.51	259.20	+3.51	349.24
	21	286.38	+ 1.55	193.06	−3.67	260.65	+3.67	350.54
	23	296.31	+ 1.89	197.31	−3.80	262.06	+3.85	351.74
	25	306.51	+ 2.26	202.00	−3.91	263.42	+4.03	352.83
	27	316.97	+ 2.66	207.09	−3.98	264.75	+4.23	353.78
	29	327.71	+ 3.08	212.51	−4.02	266.05	+4.43	354.60
	31	338.74	+ 3.54	218.23	−4.01	267.34	+4.64	355.26
June	2	350.06	+ 4.02	224.20	−3.94	268.67	+4.85	355.77
	4	1.69	+ 4.53	230.38	−3.82	270.08	+5.06	356.13
	6	13.62	+ 5.05	236.73	−3.63	271.67	+5.27	356.32
	8	25.87	+ 5.59	243.23	−3.36	273.59	+5.46	356.35
	10	38.42	+ 6.12	249.83	−3.00	276.09	+5.64	356.22
	12	51.25	+ 6.64	256.51	−2.56	279.68	+5.79	355.95
	14	64.32	+ 7.14	263.25	−2.05	285.42	+5.91	355.57
	16	77.59	+ 7.59	270.01	−1.51	295.94	+5.98	355.08
	18	90.99	+ 7.99	276.77	−1.04	318.34	+6.02	354.53
	20	104.45	+ 8.31	283.50	−0.88	0.47	+6.00	353.95
	22	117.88	+ 8.55	290.18	−1.19	35.77	+5.94	353.39
	24	131.22	+ 8.71	296.78	−1.71	52.51	+5.84	352.87
	26	144.39	+ 8.79	303.26	−2.23	60.95	+5.69	352.44
	28	157.33	+ 8.79	309.60	−2.70	65.97	+5.52	352.12
	30	169.98	+ 8.72	315.77	−3.10	69.42	+5.32	351.93
July	2	182.33	+ 8.60	321.72	−3.41	72.05	+5.10	351.89

MERCURY, 2014

EPHEMERIS FOR PHYSICAL OBSERVATIONS
FOR 0ʰ TERRESTRIAL TIME

Date		Light-time	Magnitude	Surface Brightness	Diameter	Phase	Phase Angle	Defect of Illumination
		m		mag./arcsec^2	"		°	"
July	2	5.42	+2.2	+4.8	10.32	0.125	138.7	9.04
	4	5.67	+1.8	+4.5	9.86	0.162	132.5	8.26
	6	5.95	+1.3	+4.2	9.40	0.203	126.4	7.49
	8	6.26	+1.0	+4.0	8.94	0.248	120.2	6.72
	10	6.59	+0.7	+3.7	8.49	0.297	114.0	5.97
	12	6.94	+0.4	+3.5	8.06	0.349	107.6	5.25
	14	7.31	+0.1	+3.3	7.65	0.404	101.0	4.56
	16	7.70	−0.1	+3.1	7.27	0.463	94.2	3.90
	18	8.09	−0.3	+2.9	6.91	0.525	87.1	3.28
	20	8.49	−0.5	+2.7	6.59	0.590	79.7	2.70
	22	8.89	−0.7	+2.6	6.29	0.656	71.9	2.17
	24	9.28	−0.9	+2.4	6.03	0.721	63.7	1.68
	26	9.65	−1.0	+2.3	5.80	0.785	55.3	1.25
	28	10.00	−1.2	+2.1	5.60	0.843	46.7	0.88
	30	10.31	−1.3	+2.0	5.43	0.893	38.1	0.58
Aug.	1	10.58	−1.5	+1.8	5.29	0.934	29.7	0.35
	3	10.80	−1.7	+1.6	5.18	0.965	21.6	0.18
	5	10.98	−1.9	+1.4	5.09	0.985	14.1	0.08
	7	11.12	−2.0	+1.2	5.03	0.995	7.8	0.02
	9	11.21	−2.1	+1.2	4.99	0.998	5.4	0.01
	11	11.27	−1.8	+1.4	4.97	0.994	9.0	0.03
	13	11.29	−1.6	+1.6	4.96	0.985	13.9	0.07
	15	11.27	−1.3	+1.9	4.96	0.973	18.8	0.13
	17	11.24	−1.1	+2.1	4.98	0.959	23.4	0.20
	19	11.18	−0.9	+2.2	5.01	0.943	27.5	0.28
	21	11.09	−0.8	+2.4	5.04	0.927	31.4	0.37
	23	11.00	−0.6	+2.5	5.09	0.910	35.0	0.46
	25	10.88	−0.5	+2.6	5.14	0.892	38.4	0.55
	27	10.75	−0.4	+2.8	5.20	0.874	41.5	0.65
	29	10.61	−0.3	+2.8	5.27	0.857	44.5	0.76
	31	10.46	−0.3	+2.9	5.35	0.839	47.4	0.86
Sept.	2	10.29	−0.2	+3.0	5.44	0.820	50.2	0.98
	4	10.11	−0.2	+3.1	5.53	0.801	52.9	1.10
	6	9.93	−0.1	+3.1	5.64	0.782	55.6	1.23
	8	9.73	−0.1	+3.2	5.75	0.762	58.4	1.37
	10	9.53	−0.1	+3.2	5.87	0.741	61.1	1.52
	12	9.31	0.0	+3.2	6.01	0.719	64.0	1.69
	14	9.09	0.0	+3.3	6.16	0.696	66.9	1.87
	16	8.86	0.0	+3.3	6.32	0.671	70.0	2.08
	18	8.61	0.0	+3.3	6.50	0.644	73.2	2.31
	20	8.36	0.0	+3.4	6.69	0.615	76.7	2.58
	22	8.10	0.0	+3.4	6.91	0.583	80.5	2.88
	24	7.84	+0.1	+3.4	7.14	0.548	84.5	3.23
	26	7.56	+0.1	+3.5	7.40	0.509	89.0	3.63
	28	7.28	+0.2	+3.5	7.68	0.466	93.9	4.10
	30	7.00	+0.2	+3.6	7.99	0.419	99.3	4.64
Oct.	2	6.73	+0.4	+3.6	8.32	0.367	105.4	5.26

EPHEMERIS FOR PHYSICAL OBSERVATIONS
FOR 0ʰ TERRESTRIAL TIME

Date		Sub-Earth Point		Sub-Solar Point			North Pole	
		Long.	Lat.	Long.	Dist.	P.A.	Dist.	P.A.
		°	°	°	″	°	″	°
July	2	182.33	+ 8.60	321.72	−3.41	72.05	+5.10	351.89
	4	194.35	+ 8.43	327.43	−3.64	74.25	+4.88	352.01
	6	206.03	+ 8.22	332.83	−3.78	76.22	+4.65	352.29
	8	217.36	+ 8.00	337.89	−3.86	78.08	+4.43	352.74
	10	228.36	+ 7.75	342.56	−3.88	79.92	+4.21	353.35
	12	239.03	+ 7.50	346.78	−3.84	81.78	+4.00	354.14
	14	249.37	+ 7.25	350.50	−3.75	83.71	+3.80	355.10
	16	259.40	+ 7.00	353.66	−3.62	85.73	+3.61	356.24
	18	269.12	+ 6.76	356.22	+3.45	87.89	+3.43	357.54
	20	278.55	+ 6.53	358.16	+3.24	90.20	+3.27	359.00
	22	287.70	+ 6.31	359.46	+2.99	92.69	+3.13	0.61
	24	296.59	+ 6.11	0.16	+2.70	95.38	+3.00	2.36
	26	305.25	+ 5.94	0.35	+2.38	98.33	+2.88	4.22
	28	313.71	+ 5.78	0.17	+2.04	101.60	+2.78	6.16
	30	322.01	+ 5.65	359.78	+1.68	105.35	+2.70	8.15
Aug.	1	330.19	+ 5.54	359.41	+1.31	109.87	+2.63	10.14
	3	338.30	+ 5.45	359.24	+0.95	115.95	+2.58	12.10
	5	346.39	+ 5.38	359.47	+0.62	125.84	+2.54	13.99
	7	354.49	+ 5.33	0.21	+0.34	148.40	+2.51	15.78
	9	2.62	+ 5.29	1.56	+0.23	208.90	+2.48	17.46
	11	10.82	+ 5.27	3.54	+0.39	253.46	+2.47	19.01
	13	19.10	+ 5.25	6.15	+0.60	268.81	+2.47	20.42
	15	27.45	+ 5.25	9.35	+0.80	276.14	+2.47	21.70
	17	35.91	+ 5.25	13.11	+0.99	280.62	+2.48	22.85
	19	44.45	+ 5.25	17.37	+1.16	283.76	+2.49	23.88
	21	53.09	+ 5.26	22.07	+1.31	286.13	+2.51	24.78
	23	61.82	+ 5.27	27.16	+1.46	288.01	+2.53	25.58
	25	70.64	+ 5.29	32.59	+1.60	289.55	+2.56	26.27
	27	79.54	+ 5.30	38.31	+1.72	290.83	+2.59	26.85
	29	88.54	+ 5.32	44.28	+1.85	291.91	+2.63	27.35
	31	97.62	+ 5.33	50.46	+1.97	292.82	+2.66	27.76
Sept.	2	106.79	+ 5.35	56.82	+2.09	293.60	+2.71	28.09
	4	116.04	+ 5.36	63.31	+2.21	294.25	+2.75	28.34
	6	125.38	+ 5.38	69.92	+2.33	294.81	+2.81	28.52
	8	134.80	+ 5.39	76.60	+2.45	295.28	+2.86	28.64
	10	144.32	+ 5.40	83.34	+2.57	295.68	+2.92	28.70
	12	153.94	+ 5.42	90.10	+2.70	296.02	+2.99	28.70
	14	163.65	+ 5.43	96.86	+2.83	296.30	+3.06	28.66
	16	173.48	+ 5.45	103.59	+2.97	296.54	+3.14	28.57
	18	183.43	+ 5.46	110.27	+3.11	296.76	+3.23	28.44
	20	193.52	+ 5.48	116.87	+3.26	296.95	+3.33	28.29
	22	203.76	+ 5.49	123.35	+3.41	297.15	+3.44	28.11
	24	214.18	+ 5.51	129.69	+3.55	297.35	+3.55	27.92
	26	224.82	+ 5.52	135.86	+3.70	297.60	+3.68	27.73
	28	235.69	+ 5.53	141.81	−3.83	297.89	+3.82	27.55
	30	246.86	+ 5.54	147.51	−3.94	298.28	+3.98	27.40
Oct.	2	258.36	+ 5.54	152.91	−4.01	298.78	+4.14	27.29

MERCURY, 2014
EPHEMERIS FOR PHYSICAL OBSERVATIONS
FOR 0ʰ TERRESTRIAL TIME

Date		Light-time	Magnitude	Surface Brightness	Diameter	Phase	Phase Angle	Defect of Illumination
		m		mag./arcsec^2	''		°	''
Oct.	2	6.73	+0.4	+3.6	8.32	0.367	105.4	5.26
	4	6.46	+0.6	+3.7	8.66	0.311	112.2	5.97
	6	6.20	+0.9	+3.9	9.02	0.251	119.8	6.76
	8	5.97	+1.3	+4.1	9.37	0.189	128.4	7.60
	10	5.77	+2.0	+4.4	9.70	0.128	138.1	8.46
	12	5.62	+2.9	+4.7	9.96	0.073	148.7	9.23
	14	5.53	+4.1	+5.0	10.12	0.029	160.4	9.82
	16	5.52	–	–	10.14	0.005	172.3	10.09
	18	5.60	–	–	10.00	0.005	171.6	9.95
	20	5.76	+3.8	+4.8	9.71	0.034	158.6	9.37
	22	6.02	+2.3	+4.3	9.30	0.091	144.9	8.45
	24	6.35	+1.2	+3.8	8.81	0.169	131.4	7.32
	26	6.74	+0.5	+3.3	8.30	0.262	118.4	6.13
	28	7.17	–0.1	+3.0	7.80	0.361	106.2	4.99
	30	7.62	–0.4	+2.8	7.34	0.458	94.8	3.98
Nov.	1	8.08	–0.6	+2.7	6.92	0.549	84.4	3.12
	3	8.53	–0.7	+2.6	6.56	0.630	75.0	2.43
	5	8.95	–0.8	+2.6	6.25	0.700	66.5	1.88
	7	9.36	–0.8	+2.5	5.98	0.759	58.9	1.44
	9	9.73	–0.8	+2.5	5.75	0.807	52.1	1.11
	11	10.07	–0.8	+2.5	5.56	0.847	46.0	0.85
	13	10.38	–0.8	+2.5	5.39	0.880	40.5	0.65
	15	10.66	–0.8	+2.4	5.25	0.906	35.7	0.49
	17	10.91	–0.8	+2.4	5.13	0.927	31.2	0.37
	19	11.13	–0.8	+2.4	5.03	0.945	27.2	0.28
	21	11.32	–0.9	+2.3	4.94	0.958	23.6	0.21
	23	11.49	–0.9	+2.3	4.87	0.969	20.2	0.15
	25	11.64	–0.9	+2.2	4.81	0.978	17.1	0.11
	27	11.76	–1.0	+2.1	4.76	0.985	14.2	0.07
	29	11.86	–1.0	+2.1	4.72	0.990	11.5	0.05
Dec.	1	11.94	–1.1	+2.0	4.68	0.994	8.9	0.03
	3	12.00	–1.2	+1.9	4.66	0.997	6.5	0.02
	5	12.04	–1.3	+1.8	4.65	0.999	4.3	0.01
	7	12.07	–1.3	+1.7	4.64	1.000	2.5	0.00
	9	12.07	–1.3	+1.7	4.64	1.000	2.4	0.00
	11	12.05	–1.3	+1.8	4.64	0.999	4.1	0.01
	13	12.02	–1.2	+1.9	4.66	0.997	6.2	0.01
	15	11.96	–1.1	+2.0	4.68	0.994	8.6	0.03
	17	11.89	–1.0	+2.1	4.71	0.991	11.0	0.04
	19	11.79	–1.0	+2.1	4.74	0.986	13.6	0.07
	21	11.68	–0.9	+2.2	4.79	0.980	16.4	0.10
	23	11.54	–0.9	+2.3	4.85	0.972	19.3	0.14
	25	11.38	–0.8	+2.3	4.92	0.962	22.4	0.19
	27	11.20	–0.8	+2.4	5.00	0.950	25.7	0.25
	29	10.99	–0.8	+2.4	5.09	0.936	29.4	0.33
	31	10.76	–0.8	+2.4	5.20	0.917	33.4	0.43
	33	10.50	–0.8	+2.5	5.33	0.895	37.9	0.56

EPHEMERIS FOR PHYSICAL OBSERVATIONS
FOR 0ʰ TERRESTRIAL TIME

Date		Sub-Earth Point		Sub-Solar Point			North Pole	
		Long.	Lat.	Long.	Dist.	P.A.	Dist.	P.A.
		°	°	°	″	°	″	°
Oct.	2	258.36	+ 5.54	152.91	−4.01	298.78	+4.14	27.29
	4	270.26	+ 5.52	157.97	−4.01	299.45	+4.31	27.23
	6	282.61	+ 5.49	162.63	−3.91	300.36	+4.49	27.23
	8	295.48	+ 5.43	166.84	−3.67	301.61	+4.67	27.31
	10	308.88	+ 5.32	170.55	−3.24	303.38	+4.83	27.46
	12	322.83	+ 5.15	173.70	−2.58	306.17	+4.96	27.66
	14	337.23	+ 4.92	176.26	−1.70	311.81	+5.04	27.89
	16	351.94	+ 4.60	178.18	−0.68	334.33	+5.05	28.10
	18	6.70	+ 4.21	179.47	−0.73	88.22	+4.99	28.28
	20	21.25	+ 3.77	180.16	−1.77	108.70	+4.84	28.40
	22	35.30	+ 3.29	180.35	−2.67	113.74	+4.64	28.46
	24	48.69	+ 2.82	180.16	−3.30	115.97	+4.40	28.49
	26	61.32	+ 2.37	179.77	−3.65	117.16	+4.15	28.48
	28	73.20	+ 1.96	179.40	−3.75	117.84	+3.90	28.45
	30	84.41	+ 1.58	179.24	−3.66	118.21	+3.67	28.37
Nov.	1	95.06	+ 1.25	179.47	+3.45	118.35	+3.46	28.26
	3	105.26	+ 0.95	180.23	+3.17	118.30	+3.28	28.08
	5	115.11	+ 0.68	181.59	+2.86	118.10	+3.12	27.84
	7	124.71	+ 0.43	183.58	+2.56	117.74	+2.99	27.52
	9	134.13	+ 0.21	186.19	+2.27	117.24	+2.88	27.11
	11	143.42	0.00	189.41	+2.00	116.59	−2.78	26.62
	13	152.63	− 0.20	193.17	+1.75	115.79	−2.70	26.05
	15	161.78	− 0.39	197.44	+1.53	114.83	−2.62	25.39
	17	170.90	− 0.56	202.14	+1.33	113.70	−2.56	24.64
	19	180.00	− 0.73	207.24	+1.15	112.38	−2.51	23.82
	21	189.10	− 0.90	212.67	+0.99	110.85	−2.47	22.92
	23	198.19	− 1.06	218.40	+0.84	109.07	−2.43	21.94
	25	207.29	− 1.22	224.37	+0.71	106.95	−2.40	20.89
	27	216.39	− 1.37	230.56	+0.58	104.38	−2.38	19.77
	29	225.50	− 1.53	236.91	+0.47	101.13	−2.36	18.58
Dec.	1	234.62	− 1.68	243.41	+0.36	96.71	−2.34	17.32
	3	243.74	− 1.83	250.02	+0.26	89.99	−2.33	16.01
	5	252.87	− 1.98	256.70	+0.17	77.62	−2.32	14.64
	7	262.00	− 2.13	263.44	+0.10	47.53	−2.32	13.21
	9	271.13	− 2.28	270.20	+0.10	349.14	−2.32	11.73
	11	280.26	− 2.43	276.96	+0.17	316.12	−2.32	10.20
	13	289.39	− 2.58	283.69	+0.25	302.64	−2.33	8.64
	15	298.51	− 2.73	290.37	+0.35	295.25	−2.34	7.03
	17	307.62	− 2.89	296.96	+0.45	290.22	−2.35	5.40
	19	316.73	− 3.05	303.44	+0.56	286.29	−2.37	3.74
	21	325.83	− 3.21	309.78	+0.67	282.97	−2.39	2.06
	23	334.92	− 3.38	315.94	+0.80	280.02	−2.42	0.38
	25	344.00	− 3.56	321.89	+0.94	277.30	−2.45	358.69
	27	353.08	− 3.75	327.58	+1.09	274.74	−2.49	357.02
	29	2.16	− 3.94	332.98	+1.25	272.31	−2.54	355.36
	31	11.24	− 4.15	338.03	+1.43	269.98	−2.59	353.73
	33	20.35	− 4.37	342.69	+1.64	267.74	−2.66	352.14

VENUS, 2014

EPHEMERIS FOR PHYSICAL OBSERVATIONS
FOR 0ʰ TERRESTRIAL TIME

Date		Light-time	Magnitude	Surface Brightness	Diameter	Phase	Phase Angle	Defect of Illumination
		m		mag./arcsec^2	″		°	″
Jan.	−1	2.38	−4.5	+0.9	58.33	0.054	153.1	55.19
	3	2.29	−4.3	+0.4	60.67	0.028	160.9	59.00
	7	2.23	−4.3	−0.6	62.20	0.010	168.5	61.57
	11	2.21	−	−	62.71	0.004	172.9	62.47
	15	2.23	−4.3	−0.7	62.11	0.009	168.8	61.52
	19	2.29	−4.3	+0.4	60.48	0.026	161.3	58.89
	23	2.39	−4.5	+0.9	58.06	0.052	153.6	55.03
	27	2.52	−4.6	+1.1	55.13	0.084	146.3	50.49
	31	2.67	−4.8	+1.3	51.96	0.120	139.5	45.74
Feb.	4	2.85	−4.8	+1.3	48.75	0.156	133.4	41.12
	8	3.04	−4.9	+1.4	45.64	0.193	127.8	36.81
	12	3.25	−4.9	+1.4	42.70	0.229	122.8	32.91
	16	3.47	−4.9	+1.4	39.98	0.264	118.2	29.44
	20	3.70	−4.8	+1.5	37.49	0.296	114.1	26.39
	24	3.94	−4.8	+1.5	35.22	0.327	110.2	23.70
	28	4.18	−4.8	+1.5	33.17	0.356	106.7	21.36
Mar.	4	4.43	−4.7	+1.4	31.30	0.384	103.5	19.30
	8	4.69	−4.7	+1.4	29.62	0.410	100.4	17.49
	12	4.94	−4.6	+1.4	28.09	0.434	97.5	15.89
	16	5.20	−4.6	+1.4	26.70	0.458	94.8	14.47
	20	5.46	−4.6	+1.4	25.43	0.480	92.3	13.22
	24	5.72	−4.5	+1.4	24.27	0.501	89.8	12.10
	28	5.98	−4.5	+1.4	23.21	0.522	87.5	11.10
Apr.	1	6.24	−4.4	+1.4	22.25	0.541	85.3	10.20
	5	6.50	−4.4	+1.4	21.36	0.560	83.1	9.40
	9	6.76	−4.3	+1.4	20.54	0.578	81.0	8.66
	13	7.02	−4.3	+1.4	19.78	0.596	79.0	8.00
	17	7.28	−4.3	+1.3	19.08	0.612	77.0	7.39
	21	7.53	−4.2	+1.3	18.43	0.629	75.1	6.84
	25	7.79	−4.2	+1.3	17.83	0.644	73.2	6.34
	29	8.04	−4.2	+1.3	17.27	0.660	71.4	5.87
May	3	8.29	−4.1	+1.3	16.75	0.675	69.6	5.45
	7	8.54	−4.1	+1.3	16.26	0.689	67.8	5.05
	11	8.78	−4.1	+1.3	15.81	0.703	66.0	4.69
	15	9.02	−4.0	+1.3	15.38	0.717	64.3	4.35
	19	9.26	−4.0	+1.2	14.99	0.730	62.6	4.04
	23	9.50	−4.0	+1.2	14.61	0.743	60.9	3.75
	27	9.73	−4.0	+1.2	14.27	0.756	59.2	3.48
	31	9.96	−4.0	+1.2	13.94	0.768	57.5	3.23
June	4	10.18	−3.9	+1.2	13.63	0.780	55.9	2.99
	8	10.40	−3.9	+1.2	13.34	0.792	54.3	2.77
	12	10.62	−3.9	+1.2	13.07	0.804	52.6	2.57
	16	10.83	−3.9	+1.2	12.82	0.815	51.0	2.37
	20	11.03	−3.9	+1.1	12.58	0.826	49.4	2.19
	24	11.23	−3.9	+1.1	12.35	0.836	47.8	2.02
	28	11.43	−3.9	+1.1	12.14	0.846	46.1	1.86
July	2	11.62	−3.9	+1.1	11.95	0.856	44.5	1.72

EPHEMERIS FOR PHYSICAL OBSERVATIONS
FOR 0ʰ TERRESTRIAL TIME

Date		L_s	Sub-Earth Point		Sub-Solar Point				North Pole	
			Long.	Lat.	Long.	Lat.	Dist.	P.A.	Dist.	P.A.
		°	°	°	°	°	″	°	″	°
Jan.	−1	213.00	326.67	− 2.03	120.03	− 1.44	− 13.17	252.81	− 29.15	350.01
	3	219.48	330.96	− 3.03	132.43	− 1.68	− 9.93	246.64	− 30.29	350.67
	7	225.96	334.76	− 4.01	144.84	− 1.90	− 6.22	230.90	− 31.02	351.52
	11	232.45	338.27	− 4.89	157.26	− 2.09	− 3.85	180.72	− 31.24	352.47
	15	238.94	341.75	− 5.61	169.67	− 2.26	− 6.01	128.05	− 30.90	353.43
	19	245.44	345.47	− 6.14	182.10	− 2.40	− 9.68	111.05	− 30.07	354.30
	23	251.93	349.66	− 6.47	194.52	− 2.51	− 12.90	104.11	− 28.84	354.99
	27	258.43	354.46	− 6.61	206.95	− 2.58	− 15.30	100.24	− 27.38	355.44
	31	264.93	359.91	− 6.60	219.38	− 2.63	− 16.86	97.56	− 25.81	355.63
Feb.	4	271.42	6.02	− 6.46	231.80	− 2.64	− 17.71	95.38	− 24.22	355.55
	8	277.91	12.73	− 6.22	244.22	− 2.61	− 18.02	93.44	− 22.68	355.24
	12	284.39	19.99	− 5.93	256.64	− 2.56	− 17.95	91.61	− 21.24	354.70
	16	290.88	27.73	− 5.58	269.05	− 2.46	− 17.61	89.81	− 19.90	353.98
	20	297.35	35.88	− 5.21	281.46	− 2.34	− 17.12	88.02	− 18.67	353.11
	24	303.82	44.38	− 4.82	293.85	− 2.19	− 16.52	86.23	− 17.55	352.11
	28	310.28	53.19	− 4.42	306.24	− 2.01	− 15.88	84.45	− 16.53	351.01
Mar.	4	316.73	62.25	− 4.02	318.62	− 1.81	− 15.22	82.67	− 15.61	349.84
	8	323.17	71.52	− 3.62	330.99	− 1.58	− 14.57	80.91	− 14.78	348.63
	12	329.61	80.98	− 3.23	343.34	− 1.33	− 13.92	79.18	− 14.02	347.40
	16	336.03	90.59	− 2.85	355.69	− 1.07	− 13.30	77.50	− 13.33	346.18
	20	342.45	100.34	− 2.49	8.02	− 0.80	− 12.70	75.87	− 12.70	344.97
	24	348.85	110.21	− 2.14	20.35	− 0.51	+ 12.14	74.32	− 12.13	343.81
	28	355.25	120.18	− 1.80	32.66	− 0.22	+ 11.60	72.85	− 11.60	342.71
Apr.	1	1.64	130.23	− 1.48	44.97	+ 0.08	+ 11.08	71.47	− 11.12	341.67
	5	8.01	140.36	− 1.19	57.26	+ 0.37	+ 10.60	70.21	− 10.68	340.73
	9	14.38	150.55	− 0.91	69.55	+ 0.65	+ 10.14	69.07	− 10.27	339.88
	13	20.74	160.80	− 0.65	81.83	+ 0.93	+ 9.71	68.05	− 9.89	339.13
	17	27.10	171.10	− 0.42	94.11	+ 1.20	+ 9.29	67.17	− 9.54	338.50
	21	33.44	181.45	− 0.21	106.37	+ 1.45	+ 8.90	66.42	− 9.21	337.98
	25	39.78	191.83	− 0.02	118.64	+ 1.69	+ 8.53	65.82	− 8.91	337.59
	29	46.12	202.25	+ 0.15	130.90	+ 1.90	+ 8.18	65.37	+ 8.63	337.32
May	3	52.45	212.70	+ 0.30	143.15	+ 2.09	+ 7.85	65.07	+ 8.37	337.18
	7	58.77	223.18	+ 0.43	155.41	+ 2.26	+ 7.53	64.92	+ 8.13	337.18
	11	65.10	233.68	+ 0.54	167.66	+ 2.39	+ 7.22	64.93	+ 7.90	337.31
	15	71.42	244.20	+ 0.62	179.91	+ 2.50	+ 6.93	65.09	+ 7.69	337.57
	19	77.74	254.74	+ 0.69	192.17	+ 2.58	+ 6.65	65.42	+ 7.49	337.97
	23	84.07	265.31	+ 0.74	204.42	+ 2.62	+ 6.38	65.90	+ 7.31	338.50
	27	90.39	275.89	+ 0.77	216.68	+ 2.64	+ 6.13	66.55	+ 7.13	339.16
	31	96.72	286.48	+ 0.78	228.94	+ 2.62	+ 5.88	67.36	+ 6.97	339.96
June	4	103.05	297.09	+ 0.78	241.20	+ 2.57	+ 5.64	68.32	+ 6.82	340.90
	8	109.39	307.72	+ 0.76	253.47	+ 2.49	+ 5.42	69.44	+ 6.67	341.96
	12	115.73	318.35	+ 0.73	265.74	+ 2.38	+ 5.19	70.72	+ 6.54	343.16
	16	122.08	329.00	+ 0.69	278.02	+ 2.24	+ 4.98	72.15	+ 6.41	344.48
	20	128.43	339.66	+ 0.63	290.30	+ 2.07	+ 4.77	73.74	+ 6.29	345.92
	24	134.80	350.34	+ 0.57	302.59	+ 1.87	+ 4.57	75.46	+ 6.18	347.47
	28	141.17	1.02	+ 0.50	314.89	+ 1.65	+ 4.38	77.32	+ 6.07	349.13
July	2	147.55	11.72	+ 0.42	327.19	+ 1.42	+ 4.19	79.30	+ 5.97	350.89

VENUS, 2014
EPHEMERIS FOR PHYSICAL OBSERVATIONS
FOR 0ʰ TERRESTRIAL TIME

Date		Light-time	Magnitude	Surface Brightness	Diameter	Phase	Phase Angle	Defect of Illumination
		m		mag./arcsec^2	″		°	″
July	2	11.62	−3.9	+1.1	11.95	0.856	44.5	1.72
	6	11.80	−3.9	+1.1	11.76	0.866	42.9	1.57
	10	11.98	−3.8	+1.1	11.58	0.875	41.3	1.44
	14	12.15	−3.8	+1.0	11.42	0.885	39.7	1.32
	18	12.32	−3.8	+1.0	11.26	0.893	38.1	1.20
	22	12.48	−3.8	+1.0	11.12	0.902	36.5	1.09
	26	12.63	−3.8	+1.0	10.99	0.910	34.9	0.99
	30	12.78	−3.8	+1.0	10.86	0.918	33.4	0.89
Aug.	3	12.92	−3.8	+1.0	10.74	0.925	31.8	0.80
	7	13.06	−3.8	+1.0	10.63	0.932	30.2	0.72
	11	13.18	−3.8	+0.9	10.53	0.939	28.6	0.64
	15	13.30	−3.8	+0.9	10.43	0.945	27.0	0.57
	19	13.42	−3.8	+0.9	10.35	0.951	25.5	0.50
	23	13.52	−3.9	+0.9	10.26	0.957	23.9	0.44
	27	13.62	−3.9	+0.9	10.19	0.962	22.3	0.38
	31	13.71	−3.9	+0.9	10.12	0.967	20.8	0.33
Sept.	4	13.80	−3.9	+0.9	10.06	0.972	19.2	0.28
	8	13.87	−3.9	+0.8	10.00	0.976	17.7	0.24
	12	13.94	−3.9	+0.8	9.95	0.980	16.2	0.20
	16	14.01	−3.9	+0.8	9.91	0.984	14.6	0.16
	20	14.06	−3.9	+0.8	9.87	0.987	13.1	0.13
	24	14.11	−3.9	+0.8	9.83	0.990	11.6	0.10
	28	14.16	−3.9	+0.8	9.80	0.992	10.2	0.08
Oct.	2	14.19	−3.9	+0.8	9.78	0.994	8.7	0.06
	6	14.22	−3.9	+0.7	9.76	0.996	7.2	0.04
	10	14.25	−4.0	+0.7	9.74	0.997	5.8	0.03
	14	14.26	−4.0	+0.7	9.73	0.999	4.4	0.01
	18	14.27	−4.0	+0.7	9.72	0.999	3.1	0.01
	22	14.28	−	−	9.72	1.000	1.9	0.00
	26	14.28	−	−	9.72	1.000	1.4	0.00
	30	14.27	−	−	9.73	1.000	2.0	0.00
Nov.	3	14.25	−4.0	+0.7	9.74	0.999	3.2	0.01
	7	14.23	−4.0	+0.7	9.75	0.998	4.5	0.01
	11	14.21	−3.9	+0.7	9.77	0.997	5.8	0.03
	15	14.18	−3.9	+0.8	9.79	0.996	7.1	0.04
	19	14.14	−3.9	+0.8	9.81	0.995	8.5	0.05
	23	14.10	−3.9	+0.8	9.84	0.993	9.8	0.07
	27	14.05	−3.9	+0.8	9.88	0.991	11.1	0.09
Dec.	1	14.00	−3.9	+0.8	9.91	0.988	12.4	0.12
	5	13.94	−3.9	+0.8	9.95	0.986	13.8	0.14
	9	13.88	−3.9	+0.8	10.00	0.983	15.1	0.17
	13	13.82	−3.9	+0.9	10.05	0.980	16.4	0.20
	17	13.74	−3.9	+0.9	10.10	0.976	17.7	0.24
	21	13.67	−3.9	+0.9	10.16	0.973	19.0	0.28
	25	13.58	−3.9	+0.9	10.22	0.969	20.3	0.32
	29	13.50	−3.9	+0.9	10.28	0.965	21.6	0.36
	33	13.41	−3.9	+0.9	10.35	0.960	22.9	0.41

EPHEMERIS FOR PHYSICAL OBSERVATIONS
FOR 0ʰ TERRESTRIAL TIME

Date		L_S	Sub-Earth Point		Sub-Solar Point				North Pole	
			Long.	Lat.	Long.	Lat.	Dist.	P.A.	Dist.	P.A.
		°	°	°	°	°	″	°	″	°
July	2	147.55	11.72	+ 0.42	327.19	+ 1.42	+ 4.19	79.30	+ 5.97	350.89
	6	153.94	22.43	+ 0.34	339.50	+ 1.16	+ 4.00	81.40	+ 5.88	352.74
	10	160.34	33.15	+ 0.25	351.82	+ 0.89	+ 3.83	83.60	+ 5.79	354.65
	14	166.74	43.88	+ 0.17	4.15	+ 0.61	+ 3.65	85.88	+ 5.71	356.62
	18	173.16	54.62	+ 0.08	16.49	+ 0.31	+ 3.48	88.23	+ 5.63	358.63
	22	179.59	65.37	− 0.01	28.83	+ 0.02	+ 3.31	90.62	− 5.56	0.66
	26	186.03	76.14	− 0.09	41.19	− 0.28	+ 3.15	93.05	− 5.49	2.70
	30	192.47	86.91	− 0.18	53.55	− 0.57	+ 2.99	95.48	− 5.43	4.71
Aug.	3	198.93	97.70	− 0.25	65.93	− 0.86	+ 2.83	97.90	− 5.37	6.68
	7	205.39	108.49	− 0.32	78.31	− 1.13	+ 2.67	100.29	− 5.32	8.60
	11	211.86	119.30	− 0.39	90.70	− 1.39	+ 2.52	102.63	− 5.26	10.44
	15	218.34	130.11	− 0.44	103.10	− 1.64	+ 2.37	104.92	− 5.22	12.19
	19	224.82	140.94	− 0.49	115.51	− 1.86	+ 2.22	107.13	− 5.17	13.83
	23	231.31	151.77	− 0.53	127.92	− 2.06	+ 2.08	109.25	− 5.13	15.36
	27	237.80	162.62	− 0.56	140.34	− 2.23	+ 1.94	111.28	− 5.10	16.76
	31	244.29	173.47	− 0.58	152.76	− 2.38	+ 1.80	113.21	− 5.06	18.03
Sept.	4	250.79	184.34	− 0.58	165.19	− 2.49	+ 1.66	115.05	− 5.03	19.15
	8	257.29	195.21	− 0.58	177.62	− 2.57	+ 1.52	116.79	− 5.00	20.13
	12	263.78	206.08	− 0.56	190.04	− 2.62	+ 1.39	118.45	− 4.98	20.96
	16	270.27	216.97	− 0.54	202.47	− 2.64	+ 1.25	120.05	− 4.95	21.64
	20	276.76	227.86	− 0.50	214.89	− 2.62	+ 1.12	121.60	− 4.93	22.17
	24	283.25	238.76	− 0.45	227.31	− 2.57	+ 0.99	123.14	− 4.92	22.54
	28	289.73	249.67	− 0.39	239.72	− 2.48	+ 0.86	124.74	− 4.90	22.77
Oct.	2	296.21	260.58	− 0.32	252.13	− 2.37	+ 0.74	126.51	− 4.89	22.83
	6	302.68	271.49	− 0.25	264.53	− 2.22	+ 0.61	128.64	− 4.88	22.75
	10	309.14	282.41	− 0.16	276.92	− 2.05	+ 0.49	131.50	− 4.87	22.51
	14	315.59	293.34	− 0.07	289.30	− 1.85	+ 0.37	135.92	− 4.87	22.12
	18	322.04	304.27	+ 0.03	301.67	− 1.62	+ 0.26	144.09	+ 4.86	21.57
	22	328.47	315.20	+ 0.14	314.03	− 1.38	+ 0.16	163.17	+ 4.86	20.88
	26	334.90	326.13	+ 0.25	326.37	− 1.12	+ 0.12	209.98	+ 4.86	20.03
	30	341.32	337.07	+ 0.36	338.71	− 0.85	+ 0.17	252.78	+ 4.86	19.02
Nov.	3	347.73	348.01	+ 0.47	351.04	− 0.56	+ 0.27	269.09	+ 4.87	17.87
	7	354.12	358.95	+ 0.58	3.36	− 0.27	+ 0.38	275.64	+ 4.88	16.58
	11	0.51	9.90	+ 0.69	15.66	+ 0.02	+ 0.49	278.55	+ 4.88	15.14
	15	6.89	20.84	+ 0.80	27.96	+ 0.32	+ 0.61	279.72	+ 4.89	13.57
	19	13.26	31.79	+ 0.90	40.25	+ 0.60	+ 0.72	279.91	+ 4.91	11.87
	23	19.62	42.74	+ 1.00	52.53	+ 0.89	+ 0.84	279.46	+ 4.92	10.06
	27	25.98	53.69	+ 1.09	64.81	+ 1.15	+ 0.95	278.57	+ 4.94	8.15
Dec.	1	32.32	64.64	+ 1.18	77.08	+ 1.41	+ 1.07	277.36	+ 4.96	6.15
	5	38.67	75.59	+ 1.25	89.34	+ 1.65	+ 1.18	275.90	+ 4.98	4.08
	9	45.00	86.53	+ 1.32	101.60	+ 1.86	+ 1.30	274.26	+ 5.00	1.97
	13	51.33	97.48	+ 1.37	113.86	+ 2.06	+ 1.42	272.49	+ 5.02	359.84
	17	57.66	108.43	+ 1.41	126.11	+ 2.23	+ 1.53	270.62	+ 5.05	357.71
	21	63.98	119.38	+ 1.44	138.37	+ 2.37	+ 1.65	268.71	+ 5.08	355.60
	25	70.31	130.32	+ 1.45	150.62	+ 2.48	+ 1.77	266.78	+ 5.11	353.54
	29	76.63	141.26	+ 1.45	162.88	+ 2.57	+ 1.89	264.86	+ 5.14	351.54
	33	82.95	152.20	+ 1.43	175.13	+ 2.62	+ 2.02	262.98	+ 5.17	349.64

MARS, 2014

EPHEMERIS FOR PHYSICAL OBSERVATIONS
FOR 0ʰ TERRESTRIAL TIME

Date		Light-time	Magnitude	Surface Brightness	Diameter		Phase	Phase Angle	Defect of Illumination
					Eq.	Polar			
		m		mag./arcsec^2	ʺ	ʺ		°	ʺ
Jan.	−1	11.52	+0.9	+4.6	6.76	6.73	0.904	36.1	0.65
	3	11.19	+0.8	+4.6	6.96	6.93	0.904	36.2	0.67
	7	10.85	+0.7	+4.6	7.18	7.14	0.904	36.1	0.69
	11	10.52	+0.7	+4.6	7.40	7.37	0.904	36.0	0.71
	15	10.19	+0.6	+4.6	7.65	7.61	0.905	35.9	0.72
	19	9.85	+0.5	+4.6	7.90	7.86	0.906	35.6	0.74
	23	9.52	+0.4	+4.6	8.18	8.14	0.908	35.3	0.75
	27	9.20	+0.4	+4.6	8.47	8.43	0.910	34.8	0.76
	31	8.87	+0.3	+4.6	8.78	8.73	0.913	34.3	0.76
Feb.	4	8.55	+0.2	+4.6	9.11	9.06	0.916	33.6	0.76
	8	8.24	+0.1	+4.6	9.46	9.41	0.920	32.8	0.76
	12	7.93	0.0	+4.6	9.82	9.77	0.924	31.9	0.74
	16	7.63	−0.1	+4.6	10.21	10.16	0.929	30.8	0.72
	20	7.34	−0.2	+4.6	10.61	10.56	0.935	29.6	0.69
	24	7.06	−0.3	+4.5	11.04	10.98	0.941	28.2	0.65
	28	6.79	−0.4	+4.5	11.47	11.41	0.947	26.6	0.61
Mar.	4	6.54	−0.6	+4.5	11.92	11.85	0.954	24.8	0.55
	8	6.30	−0.7	+4.5	12.37	12.30	0.961	22.8	0.48
	12	6.08	−0.8	+4.4	12.82	12.75	0.968	20.6	0.41
	16	5.87	−0.9	+4.4	13.26	13.19	0.975	18.2	0.33
	20	5.69	−1.0	+4.4	13.68	13.61	0.982	15.6	0.25
	24	5.54	−1.1	+4.3	14.07	14.00	0.988	12.8	0.17
	28	5.40	−1.2	+4.3	14.42	14.34	0.993	9.8	0.11
Apr.	1	5.29	−1.3	+4.2	14.71	14.64	0.997	6.7	0.05
	5	5.21	−1.4	+4.2	14.94	14.86	0.999	3.6	0.01
	9	5.16	−1.5	+4.1	15.09	15.01	1.000	1.5	0.00
	13	5.14	−1.5	+4.2	15.16	15.08	0.999	3.8	0.02
	17	5.14	−1.4	+4.2	15.15	15.07	0.996	7.0	0.06
	21	5.17	−1.4	+4.3	15.06	14.99	0.992	10.2	0.12
	25	5.23	−1.3	+4.3	14.90	14.83	0.986	13.4	0.20
	29	5.31	−1.2	+4.3	14.68	14.61	0.980	16.4	0.30
May	3	5.41	−1.1	+4.4	14.41	14.34	0.972	19.3	0.40
	7	5.53	−1.0	+4.4	14.09	14.02	0.964	22.0	0.51
	11	5.67	−1.0	+4.4	13.75	13.68	0.955	24.5	0.62
	15	5.82	−0.9	+4.4	13.38	13.32	0.946	26.8	0.72
	19	5.99	−0.8	+4.5	13.01	12.94	0.938	28.8	0.81
	23	6.17	−0.7	+4.5	12.63	12.57	0.930	30.7	0.89
	27	6.36	−0.6	+4.5	12.25	12.19	0.922	32.4	0.96
	31	6.55	−0.5	+4.5	11.89	11.83	0.915	34.0	1.01
June	4	6.76	−0.4	+4.5	11.53	11.47	0.908	35.3	1.06
	8	6.97	−0.4	+4.5	11.18	11.13	0.902	36.5	1.10
	12	7.18	−0.3	+4.5	10.85	10.80	0.896	37.6	1.13
	16	7.40	−0.2	+4.5	10.53	10.48	0.891	38.5	1.15
	20	7.61	−0.1	+4.5	10.23	10.18	0.887	39.4	1.16
	24	7.83	−0.1	+4.5	9.94	9.90	0.883	40.1	1.17
	28	8.05	0.0	+4.5	9.67	9.62	0.879	40.7	1.17
July	2	8.27	0.0	+4.5	9.41	9.37	0.876	41.2	1.16

EPHEMERIS FOR PHYSICAL OBSERVATIONS
FOR 0^h TERRESTRIAL TIME

Date		L_s	Sub-Earth Point		Sub-Solar Point				North Pole	
			Long.	Lat.	Long.	Lat.	Dist.	P.A.	Dist.	P.A.
		°	°	°	°	°	″	°	″	°
Jan.	−1	69.35	268.07	+23.49	307.57	+23.72	+1.99	113.11	+3.09	31.56
	3	71.10	229.82	+23.16	269.34	+24.00	+2.05	112.88	+3.19	32.23
	7	72.84	191.65	+22.83	231.10	+24.25	+2.11	112.63	+3.29	32.85
	11	74.59	153.56	+22.48	192.85	+24.48	+2.18	112.36	+3.41	33.41
	15	76.34	115.56	+22.12	154.60	+24.69	+2.24	112.08	+3.53	33.91
	19	78.08	77.64	+21.77	116.33	+24.87	+2.30	111.78	+3.65	34.37
	23	79.83	39.83	+21.42	78.07	+25.03	+2.36	111.47	+3.79	34.78
	27	81.58	2.12	+21.07	39.79	+25.16	+2.42	111.15	+3.93	35.13
	31	83.34	324.53	+20.74	1.51	+25.27	+2.47	110.82	+4.09	35.45
Feb.	4	85.09	287.06	+20.43	323.22	+25.36	+2.52	110.48	+4.25	35.71
	8	86.85	249.72	+20.14	284.92	+25.41	+2.56	110.14	+4.42	35.94
	12	88.61	212.52	+19.88	246.62	+25.45	+2.59	109.80	+4.60	36.12
	16	90.37	175.47	+19.66	208.31	+25.45	+2.61	109.45	+4.79	36.26
	20	92.14	138.58	+19.48	170.00	+25.44	+2.62	109.09	+4.98	36.37
	24	93.91	101.86	+19.35	131.68	+25.39	+2.60	108.73	+5.18	36.44
	28	95.69	65.32	+19.27	93.35	+25.32	+2.57	108.35	+5.39	36.47
Mar.	4	97.47	28.98	+19.25	55.02	+25.23	+2.50	107.95	+5.60	36.46
	8	99.25	352.83	+19.29	16.68	+25.10	+2.40	107.50	+5.81	36.42
	12	101.05	316.88	+19.40	338.34	+24.95	+2.26	106.98	+6.02	36.33
	16	102.84	281.13	+19.57	299.99	+24.78	+2.07	106.34	+6.22	36.20
	20	104.65	245.58	+19.80	261.63	+24.58	+1.84	105.47	+6.41	36.02
	24	106.46	210.23	+20.10	223.27	+24.35	+1.56	104.20	+6.58	35.79
	28	108.27	175.04	+20.44	184.90	+24.09	+1.23	102.10	+6.73	35.50
Apr.	1	110.09	140.00	+20.83	146.53	+23.81	+0.86	97.92	+6.84	35.16
	5	111.92	105.08	+21.26	108.15	+23.51	+0.47	86.09	+6.93	34.77
	9	113.76	70.22	+21.70	69.76	+23.17	+0.20	18.45	+6.98	34.34
	13	115.61	35.38	+22.14	31.37	+22.81	+0.50	314.88	+6.99	33.88
	17	117.46	0.51	+22.58	352.98	+22.43	+0.92	303.64	+6.97	33.41
	21	119.33	325.56	+23.00	314.58	+22.02	+1.33	299.59	+6.90	32.93
	25	121.20	290.50	+23.39	276.17	+21.58	+1.72	297.53	+6.81	32.47
	29	123.08	255.28	+23.76	237.76	+21.12	+2.07	296.30	+6.69	32.05
May	3	124.97	219.86	+24.09	199.35	+20.64	+2.38	295.48	+6.55	31.69
	7	126.87	184.23	+24.38	160.94	+20.13	+2.63	294.90	+6.39	31.39
	11	128.79	148.37	+24.64	122.52	+19.59	+2.84	294.47	+6.22	31.17
	15	130.71	112.28	+24.86	84.10	+19.03	+3.01	294.14	+6.05	31.03
	19	132.64	75.95	+25.05	45.68	+18.45	+3.14	293.88	+5.87	30.98
	23	134.59	39.40	+25.20	7.26	+17.85	+3.23	293.67	+5.69	31.01
	27	136.54	2.63	+25.32	328.84	+17.22	+3.29	293.49	+5.52	31.13
	31	138.51	325.65	+25.40	290.42	+16.57	+3.32	293.34	+5.35	31.32
June	4	140.49	288.47	+25.44	252.00	+15.89	+3.33	293.21	+5.19	31.58
	8	142.48	251.11	+25.45	213.58	+15.20	+3.33	293.09	+5.03	31.91
	12	144.49	213.58	+25.42	175.15	+14.48	+3.31	292.97	+4.88	32.29
	16	146.51	175.90	+25.35	136.73	+13.74	+3.28	292.85	+4.74	32.71
	20	148.54	138.07	+25.24	98.30	+12.99	+3.24	292.72	+4.61	33.17
	24	150.59	100.12	+25.09	59.88	+12.21	+3.20	292.58	+4.49	33.66
	28	152.64	62.04	+24.89	21.45	+11.41	+3.15	292.43	+4.37	34.17
July	2	154.72	23.86	+24.65	343.02	+10.60	+3.10	292.26	+4.26	34.69

MARS, 2014

EPHEMERIS FOR PHYSICAL OBSERVATIONS
FOR 0ʰ TERRESTRIAL TIME

Date		Light-time	Magnitude	Surface Brightness	Diameter		Phase	Phase Angle	Defect of Illumination
					Eq.	Polar			
		m		mag./arcsec^2	″	″		°	″
July	2	8.27	0.0	+4.5	9.41	9.37	0.876	41.2	1.16
	6	8.49	+0.1	+4.5	9.17	9.12	0.874	41.6	1.16
	10	8.71	+0.2	+4.5	8.94	8.89	0.872	42.0	1.15
	14	8.93	+0.2	+4.5	8.72	8.68	0.870	42.2	1.13
	18	9.15	+0.3	+4.5	8.51	8.47	0.869	42.5	1.12
	22	9.36	+0.3	+4.5	8.32	8.28	0.868	42.6	1.10
	26	9.58	+0.3	+4.5	8.13	8.09	0.867	42.7	1.08
	30	9.79	+0.4	+4.5	7.96	7.92	0.867	42.8	1.06
Aug.	3	9.99	+0.4	+4.5	7.79	7.75	0.867	42.8	1.04
	7	10.20	+0.5	+4.4	7.64	7.60	0.867	42.8	1.01
	11	10.40	+0.5	+4.4	7.49	7.45	0.868	42.7	0.99
	15	10.60	+0.5	+4.4	7.35	7.31	0.868	42.6	0.97
	19	10.80	+0.6	+4.4	7.21	7.17	0.869	42.4	0.94
	23	11.00	+0.6	+4.4	7.08	7.05	0.870	42.3	0.92
	27	11.19	+0.6	+4.4	6.96	6.92	0.871	42.1	0.90
	31	11.38	+0.6	+4.4	6.85	6.81	0.872	41.9	0.87
Sept.	4	11.56	+0.7	+4.4	6.74	6.70	0.874	41.6	0.85
	8	11.75	+0.7	+4.4	6.63	6.59	0.875	41.3	0.83
	12	11.93	+0.7	+4.4	6.53	6.49	0.877	41.0	0.80
	16	12.11	+0.7	+4.4	6.43	6.40	0.879	40.7	0.78
	20	12.29	+0.7	+4.4	6.34	6.30	0.881	40.4	0.76
	24	12.46	+0.8	+4.3	6.25	6.21	0.883	40.1	0.73
	28	12.63	+0.8	+4.3	6.16	6.13	0.885	39.7	0.71
Oct.	2	12.81	+0.8	+4.3	6.08	6.05	0.887	39.3	0.69
	6	12.97	+0.8	+4.3	6.00	5.97	0.889	38.9	0.67
	10	13.14	+0.8	+4.3	5.93	5.89	0.891	38.5	0.64
	14	13.31	+0.8	+4.3	5.85	5.82	0.894	38.1	0.62
	18	13.47	+0.9	+4.3	5.78	5.75	0.896	37.6	0.60
	22	13.63	+0.9	+4.3	5.71	5.68	0.898	37.2	0.58
	26	13.79	+0.9	+4.3	5.65	5.61	0.901	36.7	0.56
	30	13.95	+0.9	+4.3	5.58	5.55	0.903	36.3	0.54
Nov.	3	14.11	+0.9	+4.3	5.52	5.49	0.906	35.8	0.52
	7	14.27	+0.9	+4.2	5.46	5.43	0.908	35.3	0.50
	11	14.42	+0.9	+4.2	5.40	5.37	0.911	34.8	0.48
	15	14.58	+1.0	+4.2	5.34	5.31	0.913	34.3	0.46
	19	14.73	+1.0	+4.2	5.29	5.26	0.916	33.8	0.45
	23	14.89	+1.0	+4.2	5.23	5.20	0.918	33.2	0.43
	27	15.04	+1.0	+4.2	5.18	5.15	0.921	32.7	0.41
Dec.	1	15.20	+1.0	+4.2	5.13	5.10	0.923	32.1	0.39
	5	15.35	+1.0	+4.2	5.07	5.05	0.926	31.6	0.38
	9	15.50	+1.0	+4.2	5.02	5.00	0.928	31.0	0.36
	13	15.66	+1.0	+4.2	4.97	4.95	0.931	30.5	0.34
	17	15.81	+1.1	+4.2	4.93	4.90	0.933	29.9	0.33
	21	15.96	+1.1	+4.2	4.88	4.85	0.936	29.3	0.31
	25	16.11	+1.1	+4.2	4.83	4.81	0.938	28.7	0.30
	29	16.27	+1.1	+4.2	4.79	4.76	0.941	28.1	0.28
	33	16.42	+1.1	+4.2	4.74	4.72	0.943	27.5	0.27

EPHEMERIS FOR PHYSICAL OBSERVATIONS
FOR 0ʰ TERRESTRIAL TIME

Date		L_s	Sub-Earth Point		Sub-Solar Point				North Pole	
			Long.	Lat.	Long.	Lat.	Dist.	P.A.	Dist.	P.A.
		°	°	°	°	°	″	°	″	°
July	2	154.72	23.86	+24.65	343.02	+10.60	+3.10	292.26	+4.26	34.69
	6	156.81	345.58	+24.37	304.58	+ 9.77	+3.04	292.07	+4.16	35.21
	10	158.91	307.21	+24.04	266.15	+ 8.92	+2.99	291.86	+4.07	35.73
	14	161.02	268.76	+23.65	227.70	+ 8.05	+2.93	291.62	+3.98	36.23
	18	163.15	230.25	+23.23	189.26	+ 7.17	+2.87	291.35	+3.90	36.71
	22	165.30	191.68	+22.75	150.81	+ 6.28	+2.82	291.04	+3.82	37.16
	26	167.46	153.05	+22.22	112.35	+ 5.37	+2.76	290.70	+3.75	37.57
	30	169.64	114.37	+21.64	73.88	+ 4.45	+2.70	290.33	+3.68	37.93
Aug.	3	171.83	75.65	+21.01	35.40	+ 3.51	+2.65	289.91	+3.62	38.25
	7	174.03	36.89	+20.33	356.92	+ 2.57	+2.59	289.46	+3.56	38.51
	11	176.26	358.10	+19.60	318.43	+ 1.61	+2.54	288.96	+3.51	38.71
	15	178.49	319.28	+18.82	279.92	+ 0.65	+2.49	288.42	+3.46	38.85
	19	180.75	280.44	+18.00	241.40	− 0.32	+2.43	287.84	+3.41	38.91
	23	183.01	241.57	+17.12	202.87	− 1.30	+2.38	287.20	+3.37	38.89
	27	185.30	202.69	+16.21	164.32	− 2.28	+2.33	286.52	+3.33	38.80
	31	187.59	163.79	+15.24	125.76	− 3.26	+2.28	285.80	+3.29	38.62
Sept.	4	189.91	124.87	+14.24	87.18	− 4.25	+2.24	285.02	+3.25	38.35
	8	192.23	85.95	+13.20	48.59	− 5.23	+2.19	284.20	+3.21	38.00
	12	194.57	47.01	+12.11	9.97	− 6.22	+2.14	283.33	+3.17	37.55
	16	196.93	8.06	+11.00	331.33	− 7.20	+2.10	282.41	+3.14	37.02
	20	199.30	329.09	+ 9.84	292.67	− 8.18	+2.05	281.45	+3.11	36.39
	24	201.68	290.12	+ 8.66	253.99	− 9.15	+2.01	280.44	+3.07	35.66
	28	204.08	251.13	+ 7.45	215.29	− 10.12	+1.97	279.39	+3.04	34.85
Oct.	2	206.49	212.13	+ 6.21	176.56	− 11.07	+1.93	278.30	+3.01	33.94
	6	208.91	173.12	+ 4.94	137.81	− 12.01	+1.89	277.17	+2.97	32.94
	10	211.35	134.10	+ 3.66	99.03	− 12.94	+1.84	276.01	+2.94	31.85
	14	213.79	95.06	+ 2.36	60.22	− 13.85	+1.80	274.83	+2.91	30.68
	18	216.25	56.00	+ 1.04	21.38	− 14.74	+1.77	273.61	+2.87	29.43
	22	218.72	16.92	− 0.28	342.52	− 15.62	+1.73	272.37	−2.84	28.09
	26	221.20	337.82	− 1.62	303.62	− 16.46	+1.69	271.12	−2.81	26.68
	30	223.68	298.70	− 2.96	264.70	− 17.29	+1.65	269.86	−2.77	25.20
Nov.	3	226.18	259.56	− 4.30	225.74	− 18.08	+1.61	268.59	−2.74	23.66
	7	228.68	220.39	− 5.64	186.76	− 18.85	+1.58	267.32	−2.70	22.05
	11	231.19	181.19	− 6.96	147.75	− 19.58	+1.54	266.06	−2.66	20.38
	15	233.71	141.97	− 8.28	108.71	− 20.28	+1.50	264.81	−2.63	18.66
	19	236.23	102.71	− 9.59	69.64	− 20.95	+1.47	263.58	−2.59	16.90
	23	238.76	63.41	− 10.87	30.55	− 21.57	+1.43	262.37	−2.55	15.09
	27	241.29	24.08	− 12.14	351.43	− 22.16	+1.40	261.18	−2.52	13.24
Dec.	1	243.83	344.71	− 13.37	312.28	− 22.70	+1.36	260.03	−2.48	11.36
	5	246.37	305.30	− 14.57	273.11	− 23.20	+1.33	258.91	−2.44	9.45
	9	248.90	265.86	− 15.74	233.92	− 23.65	+1.29	257.84	−2.41	7.51
	13	251.44	226.37	− 16.87	194.72	− 24.05	+1.26	256.81	−2.37	5.56
	17	253.98	186.84	− 17.95	155.50	− 24.40	+1.23	255.82	−2.33	3.58
	21	256.52	147.26	− 18.98	116.26	− 24.71	+1.19	254.89	−2.30	1.60
	25	259.06	107.65	− 19.96	77.02	− 24.96	+1.16	254.00	−2.26	359.60
	29	261.59	67.99	− 20.89	37.77	− 25.16	+1.13	253.17	−2.23	357.61
	33	264.12	28.29	− 21.75	358.51	− 25.31	+1.10	252.40	−2.19	355.61

JUPITER, 2014

EPHEMERIS FOR PHYSICAL OBSERVATIONS
FOR 0ʰ TERRESTRIAL TIME

Date		Light-time	Magnitude	Surface Brightness	Diameter		Phase Angle	Defect of Illumination
					Eq.	Polar		
		m		mag./arcsec^2	″	″	°	″
Jan.	−1	35.06	−2.7	+ 5.3	46.76	43.73	1.5	0.01
	3	35.02	−2.7	+ 5.3	46.82	43.78	0.6	0.00
	7	35.02	−2.7	+ 5.3	46.81	43.78	0.2	0.00
	11	35.07	−2.7	+ 5.3	46.75	43.72	1.1	0.00
	15	35.16	−2.7	+ 5.3	46.64	43.61	2.0	0.01
	19	35.28	−2.7	+ 5.3	46.47	43.46	2.8	0.03
	23	35.45	−2.7	+ 5.3	46.25	43.25	3.6	0.05
	27	35.66	−2.6	+ 5.3	45.98	43.00	4.4	0.07
	31	35.91	−2.6	+ 5.3	45.66	42.70	5.2	0.09
Feb.	4	36.19	−2.6	+ 5.3	45.31	42.37	5.9	0.12
	8	36.51	−2.6	+ 5.4	44.91	42.00	6.6	0.15
	12	36.85	−2.5	+ 5.4	44.49	41.60	7.3	0.18
	16	37.23	−2.5	+ 5.4	44.04	41.18	7.9	0.21
	20	37.64	−2.5	+ 5.4	43.56	40.74	8.4	0.23
	24	38.07	−2.5	+ 5.4	43.07	40.28	8.9	0.26
	28	38.52	−2.4	+ 5.4	42.57	39.81	9.3	0.28
Mar.	4	38.99	−2.4	+ 5.4	42.05	39.33	9.7	0.30
	8	39.48	−2.4	+ 5.4	41.53	38.84	10.1	0.32
	12	39.98	−2.4	+ 5.4	41.01	38.35	10.4	0.33
	16	40.49	−2.3	+ 5.4	40.49	37.87	10.6	0.34
	20	41.01	−2.3	+ 5.4	39.98	37.39	10.8	0.35
	24	41.54	−2.3	+ 5.4	39.47	36.91	10.9	0.36
	28	42.08	−2.2	+ 5.4	38.97	36.44	11.0	0.36
Apr.	1	42.61	−2.2	+ 5.4	38.48	35.98	11.0	0.35
	5	43.15	−2.2	+ 5.4	38.00	35.53	11.0	0.35
	9	43.69	−2.2	+ 5.4	37.53	35.10	11.0	0.34
	13	44.22	−2.1	+ 5.4	37.08	34.68	10.9	0.33
	17	44.74	−2.1	+ 5.4	36.65	34.27	10.7	0.32
	21	45.26	−2.1	+ 5.4	36.23	33.88	10.6	0.31
	25	45.77	−2.1	+ 5.4	35.83	33.50	10.4	0.29
	29	46.26	−2.0	+ 5.4	35.44	33.14	10.1	0.28
May	3	46.75	−2.0	+ 5.4	35.07	32.80	9.9	0.26
	7	47.22	−2.0	+ 5.4	34.72	32.47	9.6	0.24
	11	47.67	−2.0	+ 5.4	34.39	32.16	9.2	0.22
	15	48.11	−1.9	+ 5.4	34.08	31.87	8.9	0.20
	19	48.53	−1.9	+ 5.4	33.78	31.59	8.5	0.19
	23	48.94	−1.9	+ 5.4	33.50	31.33	8.1	0.17
	27	49.32	−1.9	+ 5.4	33.24	31.09	7.7	0.15
	31	49.68	−1.9	+ 5.4	33.00	30.86	7.2	0.13
June	4	50.03	−1.9	+ 5.4	32.78	30.65	6.8	0.11
	8	50.35	−1.9	+ 5.4	32.57	30.46	6.3	0.10
	12	50.64	−1.8	+ 5.4	32.38	30.28	5.8	0.08
	16	50.92	−1.8	+ 5.4	32.20	30.11	5.3	0.07
	20	51.16	−1.8	+ 5.4	32.05	29.97	4.8	0.06
	24	51.39	−1.8	+ 5.4	31.91	29.84	4.3	0.04
	28	51.59	−1.8	+ 5.4	31.78	29.72	3.7	0.03
July	2	51.76	−1.8	+ 5.4	31.68	29.62	3.2	0.02

EPHEMERIS FOR PHYSICAL OBSERVATIONS
FOR 0ʰ TERRESTRIAL TIME

Date		L_s	Sub-Earth Point		Sub-Solar Point				North Pole	
			Long.	Lat.	Long.	Lat.	Dist.	P.A.	Dist.	P.A.
		°	°	°	°	°	″	°	″	°
Jan.	−1	147.46	120.54	+1.85	122.05	+1.92	+0.61	96.13	+21.86	8.35
	3	147.80	3.25	+1.85	3.89	+1.90	+0.26	94.57	+21.88	8.12
	7	148.13	245.93	+1.86	245.70	+1.88	+0.10	282.80	+21.88	7.88
	11	148.46	128.59	+1.86	127.48	+1.86	+0.45	277.74	+21.85	7.64
	15	148.80	11.21	+1.87	9.24	+1.85	+0.80	276.94	+21.80	7.40
	19	149.13	253.79	+1.87	250.97	+1.83	+1.14	276.49	+21.72	7.17
	23	149.46	136.33	+1.87	132.68	+1.81	+1.47	276.16	+21.61	6.95
	27	149.79	18.81	+1.88	14.37	+1.79	+1.78	275.88	+21.49	6.74
	31	150.12	261.24	+1.88	256.03	+1.78	+2.07	275.64	+21.34	6.55
Feb.	4	150.46	143.61	+1.88	137.67	+1.76	+2.34	275.43	+21.17	6.37
	8	150.79	25.92	+1.88	19.29	+1.74	+2.59	275.24	+20.99	6.20
	12	151.12	268.17	+1.88	260.90	+1.72	+2.81	275.08	+20.79	6.06
	16	151.45	150.35	+1.88	142.48	+1.70	+3.01	274.95	+20.58	5.94
	20	151.78	32.46	+1.88	24.05	+1.69	+3.19	274.83	+20.36	5.85
	24	152.11	274.51	+1.87	265.60	+1.67	+3.33	274.74	+20.13	5.77
	28	152.44	156.50	+1.87	147.15	+1.65	+3.46	274.67	+19.90	5.72
Mar.	4	152.77	38.41	+1.86	28.67	+1.63	+3.56	274.63	+19.66	5.69
	8	153.10	280.27	+1.86	270.19	+1.61	+3.63	274.61	+19.41	5.69
	12	153.43	162.06	+1.85	151.70	+1.59	+3.69	274.61	+19.17	5.71
	16	153.76	43.80	+1.84	33.21	+1.58	+3.72	274.63	+18.93	5.76
	20	154.09	285.48	+1.83	274.71	+1.56	+3.74	274.68	+18.68	5.83
	24	154.42	167.10	+1.82	156.20	+1.54	+3.73	274.75	+18.45	5.92
	28	154.75	48.68	+1.81	37.69	+1.52	+3.71	274.83	+18.21	6.03
Apr.	1	155.08	290.21	+1.80	279.18	+1.50	+3.68	274.94	+17.98	6.16
	5	155.41	171.69	+1.79	160.68	+1.48	+3.63	275.07	+17.76	6.32
	9	155.74	53.13	+1.78	42.17	+1.46	+3.57	275.21	+17.54	6.49
	13	156.07	294.53	+1.76	283.66	+1.45	+3.50	275.37	+17.33	6.68
	17	156.40	175.90	+1.74	165.16	+1.43	+3.41	275.54	+17.13	6.89
	21	156.72	57.23	+1.73	46.67	+1.41	+3.32	275.73	+16.93	7.11
	25	157.05	298.54	+1.71	288.17	+1.39	+3.22	275.93	+16.75	7.35
	29	157.38	179.81	+1.69	169.69	+1.37	+3.12	276.15	+16.57	7.60
May	3	157.71	61.07	+1.67	51.21	+1.35	+3.00	276.37	+16.39	7.87
	7	158.04	302.30	+1.65	292.75	+1.33	+2.88	276.61	+16.23	8.15
	11	158.36	183.51	+1.63	174.29	+1.31	+2.76	276.85	+16.08	8.44
	15	158.69	64.71	+1.60	55.84	+1.30	+2.63	277.10	+15.93	8.74
	19	159.02	305.90	+1.58	297.40	+1.28	+2.50	277.35	+15.79	9.04
	23	159.34	187.07	+1.55	178.98	+1.26	+2.36	277.61	+15.66	9.36
	27	159.67	68.24	+1.53	60.56	+1.24	+2.22	277.88	+15.54	9.68
	31	160.00	309.40	+1.50	302.16	+1.22	+2.08	278.14	+15.43	10.01
June	4	160.32	190.55	+1.47	183.77	+1.20	+1.93	278.40	+15.32	10.34
	8	160.65	71.70	+1.44	65.40	+1.18	+1.79	278.66	+15.22	10.68
	12	160.97	312.85	+1.41	307.04	+1.16	+1.64	278.91	+15.13	11.03
	16	161.30	194.00	+1.38	188.69	+1.14	+1.49	279.16	+15.05	11.37
	20	161.63	75.16	+1.35	70.36	+1.12	+1.34	279.38	+14.98	11.72
	24	161.95	316.31	+1.32	312.04	+1.10	+1.19	279.59	+14.91	12.06
	28	162.28	197.48	+1.29	193.74	+1.09	+1.04	279.76	+14.86	12.41
July	2	162.60	78.65	+1.25	75.45	+1.07	+0.88	279.88	+14.81	12.76

JUPITER, 2014

EPHEMERIS FOR PHYSICAL OBSERVATIONS
FOR 0ʰ TERRESTRIAL TIME

Date		Light-time	Magnitude	Surface Brightness	Diameter		Phase Angle	Defect of Illumination
					Eq.	Polar		
		m		mag./arcsec²	"	"	°	"
July	2	51.76	−1.8	+ 5.4	31.68	29.62	3.2	0.02
	6	51.91	−1.8	+ 5.4	31.59	29.54	2.6	0.02
	10	52.03	−1.8	+ 5.4	31.51	29.47	2.1	0.01
	14	52.13	−1.8	+ 5.4	31.45	29.41	1.5	0.01
	18	52.19	−1.8	+ 5.4	31.41	29.38	1.0	0.00
	22	52.24	−1.8	+ 5.3	31.39	29.35	0.4	0.00
	26	52.25	−1.8	+ 5.3	31.38	29.34	0.2	0.00
	30	52.24	−1.8	+ 5.4	31.39	29.35	0.7	0.00
Aug.	3	52.20	−1.8	+ 5.4	31.41	29.37	1.3	0.00
	7	52.13	−1.8	+ 5.4	31.45	29.41	1.8	0.01
	11	52.04	−1.8	+ 5.4	31.51	29.46	2.4	0.01
	15	51.92	−1.8	+ 5.4	31.58	29.53	3.0	0.02
	19	51.77	−1.8	+ 5.4	31.67	29.62	3.5	0.03
	23	51.60	−1.8	+ 5.4	31.78	29.71	4.0	0.04
	27	51.40	−1.8	+ 5.4	31.90	29.83	4.6	0.05
	31	51.18	−1.8	+ 5.4	32.04	29.96	5.1	0.06
Sept.	4	50.93	−1.8	+ 5.4	32.19	30.10	5.6	0.08
	8	50.66	−1.8	+ 5.4	32.37	30.27	6.1	0.09
	12	50.36	−1.8	+ 5.4	32.56	30.44	6.5	0.11
	16	50.04	−1.9	+ 5.4	32.76	30.64	7.0	0.12
	20	49.70	−1.9	+ 5.4	32.99	30.85	7.4	0.14
	24	49.34	−1.9	+ 5.4	33.23	31.08	7.9	0.16
	28	48.96	−1.9	+ 5.4	33.49	31.32	8.3	0.17
Oct.	2	48.55	−1.9	+ 5.4	33.77	31.58	8.6	0.19
	6	48.13	−1.9	+ 5.4	34.06	31.85	9.0	0.21
	10	47.69	−1.9	+ 5.4	34.38	32.15	9.3	0.23
	14	47.24	−2.0	+ 5.4	34.71	32.46	9.6	0.24
	18	46.77	−2.0	+ 5.4	35.05	32.78	9.9	0.26
	22	46.29	−2.0	+ 5.4	35.42	33.12	10.1	0.28
	26	45.80	−2.0	+ 5.4	35.80	33.48	10.3	0.29
	30	45.30	−2.0	+ 5.4	36.20	33.85	10.5	0.30
Nov.	3	44.79	−2.1	+ 5.4	36.61	34.23	10.6	0.31
	7	44.27	−2.1	+ 5.4	37.03	34.63	10.7	0.32
	11	43.75	−2.1	+ 5.4	37.47	35.04	10.7	0.33
	15	43.23	−2.1	+ 5.4	37.93	35.46	10.7	0.33
	19	42.71	−2.2	+ 5.4	38.39	35.90	10.7	0.33
	23	42.19	−2.2	+ 5.4	38.86	36.34	10.6	0.33
	27	41.68	−2.2	+ 5.4	39.34	36.79	10.5	0.33
Dec.	1	41.17	−2.2	+ 5.4	39.82	37.24	10.3	0.32
	5	40.68	−2.3	+ 5.4	40.31	37.69	10.0	0.31
	9	40.20	−2.3	+ 5.4	40.79	38.14	9.7	0.29
	13	39.73	−2.3	+ 5.4	41.27	38.59	9.4	0.28
	17	39.28	−2.4	+ 5.4	41.74	39.04	9.0	0.26
	21	38.85	−2.4	+ 5.4	42.21	39.47	8.5	0.23
	25	38.44	−2.4	+ 5.4	42.65	39.88	8.0	0.21
	29	38.06	−2.4	+ 5.4	43.08	40.28	7.5	0.18
	33	37.71	−2.5	+ 5.4	43.48	40.66	6.9	0.16

EPHEMERIS FOR PHYSICAL OBSERVATIONS
FOR 0ʰ TERRESTRIAL TIME

Date		L_s	Sub-Earth Point		Sub-Solar Point				North Pole	
			Long.	Lat.	Long.	Lat.	Dist.	P.A.	Dist.	P.A.
		°	°	°	°	°	″	°	″	°
July	2	162.60	78.65	+ 1.25	75.45	+ 1.07	+ 0.88	279.88	+ 14.81	12.76
	6	162.93	319.83	+ 1.22	317.18	+ 1.05	+ 0.73	279.92	+ 14.77	13.11
	10	163.25	201.02	+ 1.18	198.93	+ 1.03	+ 0.58	279.80	+ 14.73	13.45
	14	163.58	82.23	+ 1.14	80.69	+ 1.01	+ 0.42	279.35	+ 14.70	13.80
	18	163.90	323.44	+ 1.11	322.47	+ 0.99	+ 0.27	278.02	+ 14.69	14.14
	22	164.22	204.67	+ 1.07	204.27	+ 0.97	+ 0.11	272.22	+ 14.67	14.47
	26	164.55	85.92	+ 1.03	86.08	+ 0.95	+ 0.05	128.96	+ 14.67	14.81
	30	164.87	327.18	+ 0.99	327.91	+ 0.93	+ 0.20	109.45	+ 14.67	15.14
Aug.	3	165.20	208.46	+ 0.95	209.75	+ 0.91	+ 0.35	107.11	+ 14.69	15.46
	7	165.52	89.76	+ 0.91	91.61	+ 0.89	+ 0.51	106.37	+ 14.70	15.78
	11	165.84	331.09	+ 0.87	333.49	+ 0.87	+ 0.66	106.11	+ 14.73	16.09
	15	166.17	212.43	+ 0.83	215.38	+ 0.85	+ 0.81	106.05	+ 14.76	16.40
	19	166.49	93.80	+ 0.79	97.29	+ 0.83	+ 0.97	106.09	+ 14.81	16.70
	23	166.81	335.19	+ 0.75	339.22	+ 0.81	+ 1.12	106.19	+ 14.86	16.99
	27	167.13	216.60	+ 0.71	221.16	+ 0.79	+ 1.27	106.32	+ 14.91	17.27
	31	167.46	98.04	+ 0.67	103.12	+ 0.77	+ 1.42	106.47	+ 14.98	17.55
Sept.	4	167.78	339.51	+ 0.63	345.09	+ 0.75	+ 1.57	106.64	+ 15.05	17.82
	8	168.10	221.01	+ 0.58	227.08	+ 0.74	+ 1.71	106.81	+ 15.13	18.08
	12	168.42	102.53	+ 0.54	109.08	+ 0.72	+ 1.86	106.98	+ 15.22	18.33
	16	168.74	344.09	+ 0.50	351.09	+ 0.70	+ 2.00	107.15	+ 15.32	18.57
	20	169.07	225.68	+ 0.46	233.12	+ 0.68	+ 2.14	107.32	+ 15.42	18.81
	24	169.39	107.30	+ 0.42	115.17	+ 0.66	+ 2.28	107.49	+ 15.54	19.03
	28	169.71	348.95	+ 0.38	357.22	+ 0.64	+ 2.41	107.65	+ 15.66	19.24
Oct.	2	170.03	230.64	+ 0.34	239.29	+ 0.62	+ 2.54	107.80	+ 15.79	19.45
	6	170.35	112.37	+ 0.30	121.36	+ 0.60	+ 2.66	107.94	+ 15.93	19.64
	10	170.67	354.13	+ 0.26	3.45	+ 0.58	+ 2.79	108.08	+ 16.07	19.82
	14	170.99	235.93	+ 0.22	245.55	+ 0.56	+ 2.90	108.21	+ 16.23	20.00
	18	171.31	117.77	+ 0.18	127.66	+ 0.54	+ 3.01	108.33	+ 16.39	20.16
	22	171.63	359.65	+ 0.14	9.77	+ 0.52	+ 3.11	108.43	+ 16.56	20.31
	26	171.95	241.57	+ 0.11	251.89	+ 0.50	+ 3.21	108.53	+ 16.74	20.45
	30	172.27	123.54	+ 0.07	134.02	+ 0.48	+ 3.30	108.62	+ 16.92	20.58
Nov.	3	172.59	5.54	+ 0.04	16.16	+ 0.46	+ 3.37	108.69	+ 17.12	20.69
	7	172.91	247.60	+ 0.01	258.29	+ 0.44	+ 3.44	108.75	+ 17.32	20.80
	11	173.23	129.69	− 0.03	140.43	+ 0.42	+ 3.49	108.80	− 17.52	20.89
	15	173.55	11.83	− 0.06	22.57	+ 0.40	+ 3.54	108.84	− 17.73	20.98
	19	173.87	254.02	− 0.08	264.71	+ 0.38	+ 3.57	108.86	− 17.95	21.05
	23	174.19	136.25	− 0.11	146.85	+ 0.36	+ 3.58	108.87	− 18.17	21.10
	27	174.51	18.53	− 0.14	28.99	+ 0.34	+ 3.57	108.86	− 18.39	21.15
Dec.	1	174.83	260.85	− 0.16	271.12	+ 0.32	+ 3.55	108.83	− 18.62	21.18
	5	175.15	143.22	− 0.18	153.24	+ 0.30	+ 3.51	108.79	− 18.85	21.20
	9	175.46	25.63	− 0.20	35.36	+ 0.28	+ 3.45	108.73	− 19.07	21.21
	13	175.78	268.09	− 0.22	277.47	+ 0.26	+ 3.37	108.65	− 19.30	21.20
	17	176.10	150.58	− 0.23	159.57	+ 0.24	+ 3.26	108.54	− 19.52	21.18
	21	176.42	33.12	− 0.24	41.65	+ 0.22	+ 3.14	108.41	− 19.73	21.15
	25	176.74	275.70	− 0.26	283.73	+ 0.20	+ 2.98	108.26	− 19.94	21.11
	29	177.05	158.30	− 0.26	165.78	+ 0.18	+ 2.81	108.07	− 20.14	21.05
	33	177.37	40.94	− 0.27	47.82	+ 0.16	+ 2.61	107.85	− 20.33	20.98

SATURN, 2014

EPHEMERIS FOR PHYSICAL OBSERVATIONS
FOR 0ʰ TERRESTRIAL TIME

Date		Light-time	Magnitude	Surface Brightness	Diameter		Phase Angle	Defect of Illumination
					Eq.	Polar		
		m		mag./arcsec²	"	"	°	"
Jan.	−1	87.38	+0.6	+6.9	15.82	14.49	4.3	0.02
	3	86.96	+0.6	+6.9	15.90	14.56	4.5	0.02
	7	86.51	+0.6	+6.9	15.98	14.64	4.7	0.03
	11	86.04	+0.6	+6.9	16.06	14.72	4.9	0.03
	15	85.56	+0.6	+6.9	16.16	14.80	5.1	0.03
	19	85.05	+0.6	+6.9	16.25	14.89	5.3	0.03
	23	84.54	+0.6	+6.9	16.35	14.98	5.4	0.04
	27	84.01	+0.5	+6.9	16.45	15.08	5.5	0.04
	31	83.47	+0.5	+6.9	16.56	15.18	5.6	0.04
Feb.	4	82.92	+0.5	+6.9	16.67	15.28	5.7	0.04
	8	82.37	+0.5	+6.9	16.78	15.38	5.7	0.04
	12	81.82	+0.5	+6.9	16.89	15.48	5.7	0.04
	16	81.26	+0.5	+6.9	17.01	15.59	5.7	0.04
	20	80.71	+0.5	+6.9	17.13	15.70	5.7	0.04
	24	80.17	+0.4	+6.9	17.24	15.80	5.6	0.04
	28	79.63	+0.4	+6.9	17.36	15.91	5.5	0.04
Mar.	4	79.10	+0.4	+6.9	17.47	16.01	5.4	0.04
	8	78.59	+0.4	+6.9	17.59	16.12	5.3	0.04
	12	78.09	+0.4	+6.9	17.70	16.22	5.1	0.03
	16	77.61	+0.3	+6.9	17.81	16.32	4.9	0.03
	20	77.15	+0.3	+6.9	17.91	16.42	4.7	0.03
	24	76.72	+0.3	+6.9	18.02	16.51	4.4	0.03
	28	76.31	+0.3	+6.9	18.11	16.60	4.1	0.02
Apr.	1	75.93	+0.3	+6.9	18.20	16.68	3.8	0.02
	5	75.58	+0.2	+6.9	18.29	16.76	3.5	0.02
	9	75.26	+0.2	+6.9	18.37	16.83	3.2	0.01
	13	74.97	+0.2	+6.9	18.44	16.89	2.8	0.01
	17	74.72	+0.2	+6.9	18.50	16.94	2.5	0.01
	21	74.51	+0.2	+6.9	18.55	16.99	2.1	0.01
	25	74.33	+0.1	+6.9	18.60	17.03	1.7	0.00
	29	74.19	+0.1	+6.9	18.63	17.06	1.3	0.00
May	3	74.09	+0.1	+6.9	18.65	17.08	0.9	0.00
	7	74.03	+0.1	+6.8	18.67	17.09	0.5	0.00
	11	74.02	+0.1	+6.8	18.67	17.09	0.3	0.00
	15	74.04	+0.1	+6.9	18.67	17.09	0.5	0.00
	19	74.10	+0.1	+6.9	18.65	17.07	0.9	0.00
	23	74.20	+0.1	+6.9	18.63	17.05	1.3	0.00
	27	74.34	+0.1	+6.9	18.59	17.01	1.7	0.00
	31	74.52	+0.2	+6.9	18.55	16.97	2.1	0.01
June	4	74.73	+0.2	+6.9	18.49	16.92	2.5	0.01
	8	74.99	+0.2	+6.9	18.43	16.86	2.9	0.01
	12	75.27	+0.2	+6.9	18.36	16.80	3.2	0.01
	16	75.59	+0.3	+6.9	18.29	16.73	3.6	0.02
	20	75.94	+0.3	+6.9	18.20	16.65	3.9	0.02
	24	76.32	+0.3	+6.9	18.11	16.57	4.2	0.02
	28	76.72	+0.4	+6.9	18.02	16.48	4.4	0.03
July	2	77.15	+0.4	+6.9	17.92	16.39	4.7	0.03

SATURN, 2014

EPHEMERIS FOR PHYSICAL OBSERVATIONS
FOR 0ʰ TERRESTRIAL TIME

Date		L_s	Sub-Earth Point		Sub-Solar Point				North Pole	
			Long.	Lat.	Long.	Lat.	Dist.	P.A.	Dist.	P.A.
		°	°	°	°	°	″	°	″	°
Jan.	−1	52.10	124.88	+ 26.47	129.25	+ 25.01	+ 0.58	107.28	+ 6.61	0.85
	3	52.22	127.92	+ 26.56	132.54	+ 25.06	+ 0.62	106.93	+ 6.64	0.90
	7	52.35	130.98	+ 26.65	135.84	+ 25.10	+ 0.65	106.61	+ 6.67	0.94
	11	52.47	134.08	+ 26.73	139.15	+ 25.14	+ 0.68	106.32	+ 6.70	0.98
	15	52.60	137.20	+ 26.80	142.48	+ 25.18	+ 0.71	106.04	+ 6.74	1.01
	19	52.72	140.36	+ 26.86	145.81	+ 25.22	+ 0.74	105.77	+ 6.78	1.05
	23	52.85	143.55	+ 26.92	149.15	+ 25.27	+ 0.76	105.52	+ 6.82	1.08
	27	52.97	146.77	+ 26.97	152.49	+ 25.31	+ 0.78	105.29	+ 6.86	1.11
	31	53.10	150.01	+ 27.02	155.84	+ 25.35	+ 0.80	105.06	+ 6.90	1.14
Feb.	4	53.22	153.29	+ 27.05	159.20	+ 25.39	+ 0.81	104.84	+ 6.94	1.16
	8	53.34	156.60	+ 27.08	162.56	+ 25.43	+ 0.82	104.63	+ 6.99	1.18
	12	53.47	159.94	+ 27.10	165.92	+ 25.47	+ 0.83	104.43	+ 7.03	1.20
	16	53.59	163.30	+ 27.12	169.28	+ 25.51	+ 0.84	104.23	+ 7.08	1.21
	20	53.72	166.69	+ 27.13	172.64	+ 25.56	+ 0.84	104.04	+ 7.13	1.23
	24	53.84	170.11	+ 27.13	175.99	+ 25.60	+ 0.83	103.85	+ 7.18	1.23
	28	53.97	173.55	+ 27.12	179.34	+ 25.64	+ 0.83	103.67	+ 7.23	1.24
Mar.	4	54.09	177.01	+ 27.11	182.69	+ 25.68	+ 0.81	103.48	+ 7.28	1.24
	8	54.21	180.50	+ 27.09	186.02	+ 25.72	+ 0.80	103.28	+ 7.32	1.24
	12	54.34	184.00	+ 27.06	189.35	+ 25.76	+ 0.77	103.08	+ 7.37	1.23
	16	54.46	187.52	+ 27.02	192.67	+ 25.80	+ 0.75	102.87	+ 7.42	1.22
	20	54.59	191.06	+ 26.98	195.97	+ 25.84	+ 0.72	102.65	+ 7.46	1.21
	24	54.71	194.61	+ 26.94	199.27	+ 25.88	+ 0.68	102.40	+ 7.51	1.19
	28	54.83	198.18	+ 26.89	202.54	+ 25.92	+ 0.64	102.12	+ 7.55	1.17
Apr.	1	54.96	201.75	+ 26.83	205.81	+ 25.96	+ 0.60	101.79	+ 7.59	1.15
	5	55.08	205.32	+ 26.77	209.05	+ 26.00	+ 0.55	101.41	+ 7.63	1.13
	9	55.21	208.90	+ 26.70	212.28	+ 26.04	+ 0.50	100.93	+ 7.67	1.10
	13	55.33	212.48	+ 26.63	215.49	+ 26.08	+ 0.45	100.32	+ 7.70	1.08
	17	55.45	216.06	+ 26.55	218.67	+ 26.12	+ 0.39	99.52	+ 7.73	1.05
	21	55.58	219.63	+ 26.48	221.84	+ 26.15	+ 0.33	98.39	+ 7.75	1.01
	25	55.70	223.20	+ 26.40	224.99	+ 26.19	+ 0.27	96.70	+ 7.78	0.98
	29	55.83	226.75	+ 26.31	228.11	+ 26.23	+ 0.20	93.89	+ 7.80	0.95
May	3	55.95	230.29	+ 26.23	231.22	+ 26.27	+ 0.14	88.38	+ 7.81	0.91
	7	56.07	233.81	+ 26.15	234.30	+ 26.31	+ 0.08	73.43	+ 7.82	0.87
	11	56.20	237.30	+ 26.06	237.35	+ 26.35	+ 0.04	11.27	+ 7.83	0.84
	15	56.32	240.78	+ 25.98	240.39	+ 26.39	+ 0.08	315.16	+ 7.83	0.80
	19	56.45	244.23	+ 25.90	243.40	+ 26.42	+ 0.14	301.69	+ 7.82	0.77
	23	56.57	247.66	+ 25.82	246.39	+ 26.46	+ 0.21	296.53	+ 7.82	0.73
	27	56.69	251.05	+ 25.74	249.36	+ 26.50	+ 0.27	293.85	+ 7.81	0.70
	31	56.82	254.42	+ 25.67	252.31	+ 26.54	+ 0.34	292.22	+ 7.79	0.66
June	4	56.94	257.75	+ 25.60	255.23	+ 26.58	+ 0.40	291.13	+ 7.77	0.63
	8	57.06	261.04	+ 25.53	258.14	+ 26.61	+ 0.45	290.34	+ 7.75	0.60
	12	57.19	264.30	+ 25.47	261.02	+ 26.65	+ 0.51	289.75	+ 7.72	0.57
	16	57.31	267.52	+ 25.42	263.89	+ 26.69	+ 0.56	289.28	+ 7.69	0.55
	20	57.44	270.71	+ 25.38	266.74	+ 26.73	+ 0.61	288.90	+ 7.66	0.52
	24	57.56	273.86	+ 25.34	269.57	+ 26.76	+ 0.65	288.58	+ 7.62	0.50
	28	57.68	276.97	+ 25.31	272.39	+ 26.80	+ 0.69	288.31	+ 7.58	0.48
July	2	57.81	280.04	+ 25.28	275.20	+ 26.84	+ 0.72	288.07	+ 7.54	0.46

SATURN, 2014

EPHEMERIS FOR PHYSICAL OBSERVATIONS
FOR 0ʰ TERRESTRIAL TIME

Date		Light-time	Magnitude	Surface Brightness	Diameter		Phase Angle	Defect of Illumination
					Eq.	Polar		
		m		mag./arcsec^2	″	″	°	″
July	2	77.15	+0.4	+6.9	17.92	16.39	4.7	0.03
	6	77.60	+0.4	+6.9	17.81	16.29	4.9	0.03
	10	78.08	+0.4	+6.9	17.70	16.19	5.1	0.04
	14	78.57	+0.4	+6.9	17.59	16.09	5.3	0.04
	18	79.08	+0.5	+6.9	17.48	15.99	5.5	0.04
	22	79.60	+0.5	+6.9	17.37	15.88	5.6	0.04
	26	80.13	+0.5	+6.9	17.25	15.78	5.7	0.04
	30	80.67	+0.5	+6.9	17.13	15.67	5.8	0.04
Aug.	3	81.22	+0.5	+6.9	17.02	15.57	5.8	0.04
	7	81.77	+0.5	+6.9	16.90	15.46	5.9	0.04
	11	82.32	+0.6	+6.9	16.79	15.36	5.9	0.04
	15	82.87	+0.6	+6.9	16.68	15.26	5.8	0.04
	19	83.42	+0.6	+6.9	16.57	15.16	5.8	0.04
	23	83.96	+0.6	+6.9	16.46	15.06	5.7	0.04
	27	84.50	+0.6	+6.9	16.36	14.97	5.6	0.04
	31	85.02	+0.6	+6.9	16.26	14.88	5.5	0.04
Sept.	4	85.54	+0.6	+6.9	16.16	14.79	5.4	0.04
	8	86.04	+0.6	+6.9	16.06	14.71	5.2	0.03
	12	86.52	+0.6	+6.9	15.97	14.63	5.0	0.03
	16	86.99	+0.6	+6.9	15.89	14.55	4.8	0.03
	20	87.44	+0.6	+6.9	15.81	14.48	4.6	0.03
	24	87.87	+0.6	+6.9	15.73	14.41	4.4	0.02
	28	88.27	+0.6	+6.9	15.66	14.34	4.1	0.02
Oct.	2	88.65	+0.6	+6.9	15.59	14.28	3.9	0.02
	6	89.01	+0.6	+6.9	15.53	14.23	3.6	0.02
	10	89.34	+0.6	+6.9	15.47	14.18	3.3	0.01
	14	89.64	+0.6	+6.9	15.42	14.13	3.0	0.01
	18	89.91	+0.6	+6.9	15.37	14.09	2.7	0.01
	22	90.15	+0.6	+6.9	15.33	14.06	2.4	0.01
	26	90.36	+0.6	+6.9	15.30	14.03	2.0	0.00
	30	90.54	+0.5	+6.9	15.27	14.00	1.7	0.00
Nov.	3	90.69	+0.5	+6.9	15.24	13.98	1.4	0.00
	7	90.80	+0.5	+6.9	15.22	13.96	1.0	0.00
	11	90.88	+0.5	+6.9	15.21	13.95	0.7	0.00
	15	90.93	+0.5	+6.9	15.20	13.95	0.4	0.00
	19	90.94	+0.5	+6.9	15.20	13.95	0.2	0.00
	23	90.91	+0.5	+6.9	15.20	13.96	0.4	0.00
	27	90.86	+0.5	+6.9	15.21	13.97	0.8	0.00
Dec.	1	90.76	+0.5	+6.9	15.23	13.98	1.1	0.00
	5	90.64	+0.5	+6.9	15.25	14.00	1.5	0.00
	9	90.48	+0.5	+6.9	15.28	14.03	1.8	0.00
	13	90.29	+0.5	+6.9	15.31	14.06	2.1	0.01
	17	90.06	+0.5	+6.9	15.35	14.10	2.5	0.01
	21	89.80	+0.5	+6.9	15.39	14.14	2.8	0.01
	25	89.52	+0.5	+6.9	15.44	14.19	3.1	0.01
	29	89.20	+0.5	+6.9	15.50	14.24	3.4	0.01
	33	88.85	+0.6	+6.9	15.56	14.29	3.7	0.02

EPHEMERIS FOR PHYSICAL OBSERVATIONS
FOR 0^h TERRESTRIAL TIME

Date		L_s	Sub-Earth Point		Sub-Solar Point				North Pole	
			Long.	Lat.	Long.	Lat.	Dist.	P.A.	Dist.	P.A.
		°	°	°	°	°	″	°	″	°
July	2	57.81	280.04	+25.28	275.20	+26.84	+0.72	288.07	+7.54	0.46
	6	57.93	283.08	+25.27	277.99	+26.87	+0.75	287.85	+7.50	0.45
	10	58.05	286.08	+25.26	280.77	+26.91	+0.78	287.65	+7.45	0.44
	14	58.18	289.04	+25.26	283.54	+26.95	+0.80	287.46	+7.41	0.43
	18	58.30	291.97	+25.27	286.30	+26.98	+0.82	287.28	+7.36	0.43
	22	58.42	294.86	+25.29	289.05	+27.02	+0.84	287.11	+7.31	0.43
	26	58.55	297.72	+25.31	291.80	+27.05	+0.84	286.94	+7.26	0.43
	30	58.67	300.55	+25.35	294.54	+27.09	+0.85	286.77	+7.21	0.43
Aug.	3	58.79	303.35	+25.39	297.28	+27.12	+0.85	286.60	+7.16	0.44
	7	58.92	306.12	+25.44	300.02	+27.16	+0.85	286.42	+7.11	0.45
	11	59.04	308.86	+25.50	302.75	+27.20	+0.84	286.25	+7.06	0.47
	15	59.17	311.58	+25.56	305.49	+27.23	+0.84	286.06	+7.01	0.49
	19	59.29	314.27	+25.63	308.22	+27.27	+0.82	285.88	+6.96	0.51
	23	59.41	316.94	+25.71	310.96	+27.30	+0.81	285.68	+6.91	0.53
	27	59.54	319.60	+25.80	313.71	+27.34	+0.79	285.48	+6.87	0.55
	31	59.66	322.23	+25.89	316.46	+27.37	+0.77	285.27	+6.82	0.58
Sept.	4	59.78	324.85	+25.99	319.21	+27.41	+0.74	285.04	+6.77	0.61
	8	59.91	327.45	+26.09	321.98	+27.44	+0.72	284.81	+6.73	0.65
	12	60.03	330.04	+26.19	324.75	+27.47	+0.69	284.56	+6.69	0.68
	16	60.15	332.62	+26.30	327.53	+27.51	+0.66	284.29	+6.65	0.72
	20	60.27	335.20	+26.42	330.33	+27.54	+0.63	284.01	+6.61	0.76
	24	60.40	337.76	+26.54	333.13	+27.58	+0.59	283.70	+6.57	0.80
	28	60.52	340.33	+26.66	335.95	+27.61	+0.55	283.37	+6.54	0.85
Oct.	2	60.64	342.88	+26.78	338.78	+27.64	+0.52	283.00	+6.50	0.90
	6	60.77	345.44	+26.90	341.63	+27.68	+0.48	282.59	+6.47	0.94
	10	60.89	348.00	+27.03	344.49	+27.71	+0.44	282.14	+6.44	0.99
	14	61.01	350.56	+27.15	347.36	+27.74	+0.40	281.61	+6.42	1.05
	18	61.14	353.13	+27.28	350.25	+27.78	+0.35	280.99	+6.39	1.10
	22	61.26	355.70	+27.41	353.16	+27.81	+0.31	280.24	+6.37	1.15
	26	61.38	358.28	+27.53	356.09	+27.84	+0.27	279.29	+6.35	1.21
	30	61.51	0.88	+27.66	359.03	+27.88	+0.22	278.03	+6.33	1.26
Nov.	3	61.63	3.48	+27.78	2.00	+27.91	+0.18	276.22	+6.32	1.32
	7	61.75	6.09	+27.91	4.98	+27.94	+0.13	273.30	+6.31	1.38
	11	61.88	8.72	+28.03	7.98	+27.97	+0.09	267.59	+6.29	1.44
	15	62.00	11.37	+28.15	11.00	+28.01	+0.05	251.37	+6.29	1.50
	19	62.12	14.03	+28.26	14.04	+28.04	+0.03	178.25	+6.28	1.55
	23	62.24	16.71	+28.38	17.10	+28.07	+0.06	128.37	+6.28	1.61
	27	62.37	19.41	+28.48	20.18	+28.10	+0.10	117.09	+6.28	1.67
Dec.	1	62.49	22.13	+28.59	23.27	+28.13	+0.15	112.52	+6.28	1.73
	5	62.61	24.87	+28.69	26.39	+28.17	+0.19	110.01	+6.28	1.79
	9	62.74	27.64	+28.79	29.52	+28.20	+0.24	108.39	+6.29	1.84
	13	62.86	30.43	+28.89	32.68	+28.23	+0.28	107.23	+6.30	1.90
	17	62.98	33.25	+28.98	35.85	+28.26	+0.32	106.33	+6.31	1.96
	21	63.10	36.09	+29.06	39.04	+28.29	+0.37	105.61	+6.33	2.01
	25	63.23	38.96	+29.14	42.24	+28.32	+0.41	105.00	+6.34	2.06
	29	63.35	41.86	+29.22	45.47	+28.35	+0.45	104.48	+6.36	2.12
	33	63.47	44.79	+29.29	48.71	+28.38	+0.49	104.02	+6.38	2.17

URANUS, 2014

EPHEMERIS FOR PHYSICAL OBSERVATIONS
FOR 0ʰ TERRESTRIAL TIME

Date		Light-time	Magnitude	Equatorial Diameter	Phase Angle	L_s	Sub-Earth Lat.	North Pole	
								Dist.	P.A.
		m		″	°	°	°	″	°
Jan.	−7	165.53	+5.8	3.54	2.8	23.66	+21.56	+1.62	254.81
	3	166.96	+5.8	3.51	2.8	23.77	+21.65	+1.60	254.82
	13	168.38	+5.9	3.48	2.7	23.88	+21.84	+1.59	254.84
	23	169.73	+5.9	3.45	2.6	23.98	+22.10	+1.57	254.87
Feb.	2	170.99	+5.9	3.43	2.4	24.09	+22.45	+1.56	254.90
	12	172.12	+5.9	3.41	2.1	24.20	+22.86	+1.54	254.95
	22	173.08	+5.9	3.39	1.7	24.31	+23.32	+1.53	255.00
Mar.	4	173.85	+5.9	3.37	1.3	24.41	+23.84	+1.52	255.06
	14	174.42	+5.9	3.36	0.9	24.52	+24.38	+1.51	255.13
	24	174.76	+5.9	3.35	0.4	24.63	+24.95	+1.50	255.20
Apr.	3	174.88	+5.9	3.35	0.0	24.74	+25.53	+1.49	255.28
	13	174.77	+5.9	3.35	0.5	24.84	+26.11	+1.48	255.35
	23	174.43	+5.9	3.36	0.9	24.95	+26.68	+1.48	255.43
May	3	173.88	+5.9	3.37	1.4	25.06	+27.22	+1.48	255.51
	13	173.13	+5.9	3.39	1.8	25.17	+27.73	+1.48	255.59
	23	172.20	+5.9	3.40	2.1	25.27	+28.20	+1.48	255.66
June	2	171.11	+5.9	3.43	2.4	25.38	+28.61	+1.48	255.72
	12	169.90	+5.9	3.45	2.6	25.49	+28.95	+1.49	255.78
	22	168.59	+5.9	3.48	2.8	25.60	+29.23	+1.50	255.82
July	2	167.22	+5.8	3.51	2.9	25.70	+29.44	+1.51	255.86
	12	165.83	+5.8	3.53	2.9	25.81	+29.56	+1.52	255.87
	22	164.44	+5.8	3.56	2.8	25.92	+29.60	+1.53	255.88
Aug.	1	163.11	+5.8	3.59	2.7	26.03	+29.56	+1.54	255.87
	11	161.87	+5.8	3.62	2.5	26.13	+29.44	+1.56	255.85
	21	160.76	+5.8	3.65	2.2	26.24	+29.25	+1.57	255.81
	31	159.81	+5.7	3.67	1.8	26.35	+28.98	+1.58	255.77
Sept.	10	159.05	+5.7	3.69	1.4	26.46	+28.66	+1.60	255.71
	20	158.50	+5.7	3.70	0.9	26.56	+28.30	+1.61	255.65
	30	158.20	+5.7	3.71	0.4	26.67	+27.90	+1.62	255.59
Oct.	10	158.15	+5.7	3.71	0.1	26.78	+27.49	+1.62	255.53
	20	158.34	+5.7	3.70	0.6	26.89	+27.08	+1.63	255.47
	30	158.79	+5.7	3.69	1.1	26.99	+26.70	+1.63	255.41
Nov.	9	159.47	+5.7	3.68	1.5	27.10	+26.35	+1.62	255.37
	19	160.37	+5.7	3.66	1.9	27.21	+26.05	+1.62	255.33
	29	161.45	+5.8	3.63	2.3	27.32	+25.82	+1.61	255.30
Dec.	9	162.67	+5.8	3.60	2.5	27.43	+25.67	+1.60	255.28
	19	164.01	+5.8	3.57	2.7	27.53	+25.60	+1.59	255.27
	29	165.42	+5.8	3.54	2.8	27.64	+25.61	+1.57	255.28
	39	166.85	+5.8	3.51	2.8	27.75	+25.72	+1.56	255.30

EPHEMERIS FOR PHYSICAL OBSERVATIONS
FOR 0ʰ TERRESTRIAL TIME

Date		Light-time	Magnitude	Equatorial Diameter	Phase Angle	L_s	Sub-Earth Lat.	North Pole	
								Dist.	P.A.
		m		″	°	°	°	″	°
Jan.	−7	253.23	+7.9	2.24	1.6	288.87	−27.73	−0.98	331.41
	3	254.42	+7.9	2.23	1.5	288.93	−27.70	−0.98	331.24
	13	255.46	+8.0	2.22	1.2	288.99	−27.66	−0.97	331.05
	23	256.31	+8.0	2.22	1.0	289.05	−27.62	−0.97	330.83
Feb.	2	256.95	+8.0	2.21	0.7	289.11	−27.57	−0.97	330.60
	12	257.36	+8.0	2.21	0.4	289.17	−27.52	−0.97	330.35
	22	257.54	+8.0	2.21	0.1	289.23	−27.46	−0.97	330.10
Mar.	4	257.48	+8.0	2.21	0.3	289.29	−27.40	−0.97	329.85
	14	257.18	+8.0	2.21	0.6	289.35	−27.34	−0.97	329.60
	24	256.66	+8.0	2.21	0.9	289.41	−27.28	−0.97	329.37
Apr.	3	255.92	+8.0	2.22	1.1	289.46	−27.23	−0.98	329.15
	13	255.00	+7.9	2.23	1.4	289.52	−27.17	−0.98	328.96
	23	253.91	+7.9	2.24	1.6	289.58	−27.12	−0.99	328.78
May	3	252.69	+7.9	2.25	1.7	289.64	−27.08	−0.99	328.64
	13	251.37	+7.9	2.26	1.9	289.70	−27.05	−1.00	328.53
	23	249.99	+7.9	2.27	1.9	289.76	−27.02	−1.00	328.45
June	2	248.59	+7.9	2.28	1.9	289.82	−27.00	−1.01	328.41
	12	247.20	+7.9	2.30	1.9	289.88	−26.99	−1.01	328.40
	22	245.87	+7.9	2.31	1.8	289.94	−27.00	−1.02	328.42
July	2	244.63	+7.9	2.32	1.6	290.00	−27.01	−1.02	328.48
	12	243.52	+7.8	2.33	1.4	290.06	−27.02	−1.03	328.57
	22	242.57	+7.8	2.34	1.2	290.12	−27.05	−1.03	328.69
Aug.	1	241.81	+7.8	2.35	0.9	290.18	−27.08	−1.03	328.83
	11	241.26	+7.8	2.35	0.6	290.24	−27.12	−1.04	328.98
	21	240.95	+7.8	2.36	0.3	290.30	−27.16	−1.04	329.16
	31	240.88	+7.8	2.36	0.0	290.36	−27.20	−1.04	329.34
Sept.	10	241.05	+7.8	2.36	0.4	290.42	−27.24	−1.04	329.51
	20	241.47	+7.8	2.35	0.7	290.48	−27.28	−1.03	329.68
	30	242.12	+7.8	2.35	1.0	290.54	−27.32	−1.03	329.84
Oct.	10	242.98	+7.8	2.34	1.3	290.60	−27.35	−1.03	329.98
	20	244.02	+7.9	2.33	1.5	290.66	−27.38	−1.02	330.09
	30	245.23	+7.9	2.32	1.7	290.72	−27.40	−1.02	330.17
Nov.	9	246.55	+7.9	2.30	1.8	290.78	−27.41	−1.01	330.22
	19	247.94	+7.9	2.29	1.9	290.84	−27.42	−1.01	330.23
	29	249.38	+7.9	2.28	1.9	290.90	−27.41	−1.00	330.20
Dec.	9	250.81	+7.9	2.26	1.8	290.96	−27.40	−1.00	330.13
	19	252.18	+7.9	2.25	1.7	291.02	−27.38	−0.99	330.03
	29	253.46	+7.9	2.24	1.6	291.08	−27.35	−0.99	329.89
	39	254.62	+7.9	2.23	1.4	291.14	−27.31	−0.98	329.72

PLANETARY CENTRAL MERIDIANS, 2014

FOR 0ʰ TERRESTRIAL TIME

Date		Mars	Jupiter			Saturn
			System I	System II	System III	
		°	°	°	°	°
Jan.	0	258.50	261.64	109.65	271.22	215.64
	1	248.94	59.68	260.07	61.90	306.40
	2	239.38	217.72	50.48	212.58	37.16
	3	229.82	15.76	200.88	3.25	127.92
	4	220.27	173.80	351.29	153.92	218.68
	5	210.73	331.84	141.70	304.60	309.45
	6	201.19	129.87	292.10	95.27	40.21
	7	191.65	287.90	82.50	245.93	130.98
	8	182.12	85.93	232.90	36.60	221.75
	9	172.59	243.96	23.30	187.27	312.53
	10	163.07	41.99	173.70	337.93	43.30
	11	153.56	200.01	324.10	128.59	134.08
	12	144.05	358.04	114.49	279.25	224.86
	13	134.55	156.06	264.88	69.90	315.64
	14	125.05	314.08	55.27	220.56	46.42
	15	115.56	112.09	205.65	11.21	137.20
	16	106.07	270.10	356.04	161.86	227.99
	17	96.59	68.11	146.42	312.51	318.78
	18	87.11	226.12	296.79	103.15	49.57
	19	77.64	24.13	87.17	253.79	140.36
	20	68.18	182.13	237.54	44.43	231.15
	21	58.72	340.13	27.91	195.07	321.95
	22	49.27	138.12	178.28	345.70	52.75
	23	39.83	296.12	328.64	136.33	143.55
	24	30.39	94.11	119.00	286.95	234.35
	25	20.96	252.09	269.36	77.58	325.15
	26	11.54	50.08	59.71	228.20	55.96
	27	2.12	208.06	210.06	18.81	146.77
	28	352.71	6.03	0.41	169.43	237.58
	29	343.31	164.01	150.75	320.03	328.39
	30	333.92	321.98	301.09	110.64	59.20
	31	324.53	119.94	91.43	261.24	150.01
Feb.	1	315.15	277.91	241.76	51.84	240.83
	2	305.78	75.86	32.09	202.44	331.65
	3	296.42	233.82	182.41	353.03	62.47
	4	287.06	31.77	332.74	143.61	153.29
	5	277.71	189.72	123.05	294.20	244.12
	6	268.37	347.66	273.37	84.78	334.94
	7	259.04	145.60	63.68	235.35	65.77
	8	249.72	303.53	213.98	25.92	156.60
	9	240.41	101.46	4.28	176.49	247.43
	10	231.10	259.39	154.58	327.05	338.26
	11	221.81	57.31	304.87	117.61	69.10
	12	212.52	215.23	95.16	268.17	159.94
	13	203.25	13.15	245.45	58.72	250.77
	14	193.98	171.06	35.73	209.27	341.61
	15	184.72	328.96	186.01	359.81	72.46

FOR 0ʰ TERRESTRIAL TIME

Date		Mars	Jupiter			Saturn
			System I	System II	System III	
		°	°	°	°	°
Feb.	15	184.72	328.96	186.01	359.81	72.46
	16	175.47	126.87	336.28	150.35	163.30
	17	166.23	284.76	126.55	300.88	254.14
	18	157.01	82.66	276.81	91.41	344.99
	19	147.79	240.55	67.07	241.94	75.84
	20	138.58	38.43	217.33	32.46	166.69
	21	129.39	196.32	7.58	182.98	257.54
	22	120.20	354.19	157.83	333.50	348.39
	23	111.02	152.07	308.07	124.01	79.25
	24	101.86	309.94	98.31	274.51	170.11
	25	92.71	107.80	248.55	65.01	260.96
	26	83.57	265.66	38.78	215.51	351.82
	27	74.44	63.52	189.01	6.01	82.68
	28	65.32	221.37	339.23	156.50	173.55
Mar.	1	56.22	19.22	129.45	306.98	264.41
	2	47.12	177.07	279.67	97.46	355.28
	3	38.04	334.91	69.88	247.94	86.14
	4	28.98	132.75	220.09	38.41	177.01
	5	19.92	290.58	10.29	188.88	267.88
	6	10.88	88.41	160.49	339.35	358.75
	7	1.84	246.23	310.69	129.81	89.62
	8	352.83	44.06	100.88	280.27	180.50
	9	343.82	201.87	251.07	70.72	271.37
	10	334.83	359.69	41.25	221.17	2.25
	11	325.85	157.50	191.43	11.62	93.12
	12	316.88	315.30	341.61	162.06	184.00
	13	307.92	113.11	131.78	312.50	274.88
	14	298.98	270.90	281.95	102.94	5.76
	15	290.05	68.70	72.12	253.37	96.64
	16	281.13	226.49	222.28	43.80	187.52
	17	272.23	24.28	12.44	194.22	278.41
	18	263.33	182.06	162.60	344.65	9.29
	19	254.45	339.85	312.75	135.06	100.18
	20	245.58	137.62	102.90	285.48	191.06
	21	236.73	295.40	253.04	75.89	281.95
	22	227.88	93.17	43.18	226.30	12.84
	23	219.05	250.94	193.32	16.70	103.72
	24	210.23	48.70	343.46	167.10	194.61
	25	201.41	206.47	133.59	317.50	285.50
	26	192.61	4.22	283.72	107.90	16.39
	27	183.82	161.98	73.85	258.29	107.28
	28	175.04	319.73	223.97	48.68	198.18
	29	166.27	117.48	14.09	199.07	289.07
	30	157.51	275.23	164.21	349.45	19.96
	31	148.75	72.97	314.32	139.83	110.85
Apr.	1	140.00	230.71	104.43	290.21	201.75
	2	131.26	28.45	254.54	80.58	292.64

FOR 0ʰ TERRESTRIAL TIME

Date		Mars	Jupiter			Saturn
			System I	System II	System III	
		°	°	°	°	°
Apr.	1	140.00	230.71	104.43	290.21	201.75
	2	131.26	28.45	254.54	80.58	292.64
	3	122.53	186.19	44.65	230.95	23.54
	4	113.80	343.92	194.75	21.32	114.43
	5	105.08	141.65	344.85	171.69	205.32
	6	96.36	299.37	134.95	322.05	296.22
	7	87.64	97.10	285.04	112.41	27.11
	8	78.93	254.82	75.14	262.77	118.01
	9	70.22	52.54	225.23	53.13	208.90
	10	61.51	210.26	15.32	203.48	299.80
	11	52.80	7.97	165.40	353.83	30.69
	12	44.09	165.69	315.48	144.18	121.59
	13	35.38	323.40	105.57	294.53	212.48
	14	26.66	121.10	255.64	84.87	303.38
	15	17.95	278.81	45.72	235.22	34.27
	16	9.23	76.51	195.80	25.56	125.17
	17	0.51	234.22	345.87	175.90	216.06
	18	351.78	31.92	135.94	326.23	306.96
	19	343.05	189.61	286.01	116.57	37.85
	20	334.31	347.31	76.07	266.90	128.74
	21	325.56	145.00	226.14	57.23	219.63
	22	316.81	302.70	16.20	207.56	310.53
	23	308.05	100.39	166.26	357.89	41.42
	24	299.28	258.07	316.32	148.21	132.31
	25	290.50	55.76	106.38	298.54	223.20
	26	281.71	213.45	256.43	88.86	314.09
	27	272.91	11.13	46.49	239.18	44.97
	28	264.10	168.81	196.54	29.50	135.86
	29	255.28	326.49	346.59	179.81	226.75
	30	246.44	124.17	136.64	330.13	317.63
May	1	237.59	281.85	286.69	120.44	48.52
	2	228.73	79.53	76.74	270.76	139.40
	3	219.86	237.20	226.78	61.07	230.29
	4	210.97	34.87	16.83	211.38	321.17
	5	202.07	192.55	166.87	1.69	52.05
	6	193.16	350.22	316.91	151.99	142.93
	7	184.23	147.89	106.95	302.30	233.81
	8	175.29	305.55	256.99	92.60	324.68
	9	166.33	103.22	47.03	242.91	55.56
	10	157.36	260.89	197.07	33.21	146.43
	11	148.37	58.55	347.10	183.51	237.30
	12	139.37	216.22	137.14	333.82	328.18
	13	130.35	13.88	287.17	124.12	59.05
	14	121.32	171.55	77.20	274.41	149.91
	15	112.28	329.21	227.24	64.71	240.78
	16	103.22	126.87	17.27	215.01	331.65
	17	94.14	284.53	167.30	5.31	62.51

FOR 0^h TERRESTRIAL TIME

Date		Mars	Jupiter			Saturn
			System I	System II	System III	
		°	°	°	°	°
May	17	94.14	284.53	167.30	5.31	62.51
	18	85.06	82.19	317.33	155.60	153.37
	19	75.95	239.85	107.36	305.90	244.23
	20	66.84	37.50	257.39	96.19	335.09
	21	57.71	195.16	47.41	246.49	65.95
	22	48.56	352.82	197.44	36.78	156.80
	23	39.40	150.47	347.47	187.07	247.66
	24	30.23	308.13	137.49	337.36	338.51
	25	21.04	105.78	287.52	127.66	69.36
	26	11.84	263.44	77.55	277.95	160.21
	27	2.63	61.09	227.57	68.24	251.05
	28	353.41	218.75	17.59	218.53	341.90
	29	344.17	16.40	167.62	8.82	72.74
	30	334.92	174.05	317.64	159.11	163.58
	31	325.65	331.71	107.66	309.40	254.42
June	1	316.38	129.36	257.69	99.68	345.25
	2	307.09	287.01	47.71	249.97	76.08
	3	297.79	84.66	197.73	40.26	166.92
	4	288.47	242.31	347.75	190.55	257.75
	5	279.15	39.96	137.78	340.84	348.57
	6	269.82	197.62	287.80	131.12	79.40
	7	260.47	355.27	77.82	281.41	170.22
	8	251.11	152.92	227.84	71.70	261.04
	9	241.75	310.57	17.86	221.99	351.86
	10	232.37	108.22	167.88	12.27	82.68
	11	222.98	265.87	317.90	162.56	173.49
	12	213.58	63.52	107.93	312.85	264.30
	13	204.17	221.17	257.95	103.14	355.11
	14	194.76	18.83	47.97	253.43	85.92
	15	185.33	176.48	197.99	43.71	176.72
	16	175.90	334.13	348.01	194.00	267.52
	17	166.45	131.78	138.04	344.29	358.32
	18	157.00	289.43	288.06	134.58	89.12
	19	147.54	87.09	78.08	284.87	179.92
	20	138.07	244.74	228.10	75.16	270.71
	21	128.59	42.39	18.13	225.44	1.50
	22	119.11	200.04	168.15	15.73	92.29
	23	109.62	357.70	318.17	166.02	183.08
	24	100.12	155.35	108.20	316.31	273.86
	25	90.61	313.01	258.22	106.60	4.64
	26	81.09	110.66	48.25	256.89	95.42
	27	71.57	268.31	198.27	47.19	186.20
	28	62.04	65.97	348.30	197.48	276.97
	29	52.50	223.63	138.32	347.77	7.74
	30	42.96	21.28	288.35	138.06	98.51
July	1	33.41	178.94	78.38	288.36	189.28
	2	23.86	336.60	228.41	78.65	280.04

FOR 0ʰ TERRESTRIAL TIME

Date		Mars	Jupiter			Saturn
			System I	System II	System III	
		°	°	°	°	°
July	1	33.41	178.94	78.38	288.36	189.28
	2	23.86	336.60	228.41	78.65	280.04
	3	14.30	134.25	18.43	228.94	10.81
	4	4.73	291.91	168.46	19.24	101.57
	5	355.16	89.57	318.49	169.53	192.32
	6	345.58	247.23	108.52	319.83	283.08
	7	335.99	44.89	258.55	110.13	13.83
	8	326.40	202.55	48.59	260.42	104.58
	9	316.81	0.22	198.62	50.72	195.33
	10	307.21	157.88	348.65	201.02	286.08
	11	297.60	315.54	138.68	351.32	16.82
	12	288.00	113.21	288.72	141.62	107.56
	13	278.38	270.87	78.75	291.92	198.30
	14	268.76	68.54	228.79	82.23	289.04
	15	259.14	226.21	18.83	232.53	19.78
	16	249.52	23.87	168.86	22.83	110.51
	17	239.89	181.54	318.90	173.14	201.24
	18	230.25	339.21	108.94	323.44	291.97
	19	220.61	136.88	258.98	113.75	22.69
	20	210.97	294.55	49.02	264.06	113.42
	21	201.33	92.22	199.07	54.36	204.14
	22	191.68	249.90	349.11	204.67	294.86
	23	182.03	47.57	139.15	354.98	25.58
	24	172.37	205.25	289.20	145.29	116.30
	25	162.71	2.92	79.24	295.61	207.01
	26	153.05	160.60	229.29	85.92	297.72
	27	143.38	318.28	19.34	236.23	28.43
	28	133.71	115.96	169.39	26.55	119.14
	29	124.04	273.64	319.44	176.86	209.85
	30	114.37	71.32	109.49	327.18	300.55
	31	104.69	229.00	259.54	117.50	31.25
Aug.	1	95.01	26.69	49.60	267.82	121.95
	2	85.33	184.37	199.65	58.14	212.65
	3	75.65	342.06	349.71	208.46	303.35
	4	65.96	139.74	139.77	358.79	34.04
	5	56.27	297.43	289.82	149.11	124.74
	6	46.58	95.12	79.88	299.44	215.43
	7	36.89	252.81	229.95	89.76	306.12
	8	27.19	50.51	20.01	240.09	36.81
	9	17.50	208.20	170.07	30.42	127.49
	10	7.80	5.90	320.14	180.75	218.18
	11	358.10	163.59	110.20	331.09	308.86
	12	348.40	321.29	260.27	121.42	39.54
	13	338.69	118.99	50.34	271.76	130.22
	14	328.99	276.69	200.41	62.09	220.90
	15	319.28	74.39	350.48	212.43	311.58
	16	309.57	232.10	140.56	2.77	42.25

FOR 0ʰ TERRESTRIAL TIME

Date		Mars	Jupiter			Saturn
			System I	System II	System III	
		°	°	°	°	°
Aug.	16	309.57	232.10	140.56	2.77	42.25
	17	299.86	29.80	290.63	153.11	132.93
	18	290.15	187.51	80.71	303.45	223.60
	19	280.44	345.21	230.78	93.80	314.27
	20	270.72	142.92	20.86	244.14	44.94
	21	261.01	300.64	170.94	34.49	135.61
	22	251.29	98.35	321.03	184.84	226.28
	23	241.57	256.06	111.11	335.19	316.94
	24	231.85	53.78	261.20	125.54	47.61
	25	222.13	211.49	51.28	275.89	138.27
	26	212.41	9.21	201.37	66.24	228.93
	27	202.69	166.93	351.46	216.60	319.60
	28	192.97	324.66	141.55	6.96	50.26
	29	183.24	122.38	291.65	157.32	140.91
	30	173.52	280.10	81.74	307.68	231.57
	31	163.79	77.83	231.84	98.04	322.23
Sept.	1	154.06	235.56	21.94	248.41	52.89
	2	144.33	33.29	172.04	38.77	143.54
	3	134.60	191.02	322.14	189.14	234.19
	4	124.87	348.76	112.24	339.51	324.85
	5	115.14	146.49	262.35	129.88	55.50
	6	105.41	304.23	52.45	280.25	146.15
	7	95.68	101.97	202.56	70.63	236.80
	8	85.95	259.71	352.67	221.01	327.45
	9	76.21	57.45	142.79	11.39	58.10
	10	66.48	215.20	292.90	161.77	148.75
	11	56.74	12.95	83.02	312.15	239.40
	12	47.01	170.70	233.14	102.53	330.04
	13	37.27	328.45	23.26	252.92	60.69
	14	27.53	126.20	173.38	43.31	151.33
	15	17.79	283.95	323.50	193.70	241.98
	16	8.06	81.71	113.63	344.09	332.62
	17	358.32	239.47	263.76	134.48	63.27
	18	348.58	37.23	53.89	284.88	153.91
	19	338.84	194.99	204.02	75.28	244.55
	20	329.09	352.75	354.15	225.68	335.20
	21	319.35	150.52	144.29	16.08	65.84
	22	309.61	308.29	294.43	166.48	156.48
	23	299.86	106.06	84.57	316.89	247.12
	24	290.12	263.83	234.71	107.30	337.76
	25	280.37	61.61	24.85	257.71	68.40
	26	270.63	219.39	175.00	48.12	159.04
	27	260.88	17.16	325.15	198.54	249.69
	28	251.13	174.95	115.30	348.95	340.33
	29	241.38	332.73	265.45	139.37	70.97
	30	231.63	130.52	55.61	289.79	161.60
Oct.	1	221.88	288.30	205.77	80.22	252.24

PLANETARY CENTRAL MERIDIANS, 2014

FOR 0ʰ TERRESTRIAL TIME

Date		Mars	Jupiter			Saturn
			System I	System II	System III	
		°	°	°	°	°
Oct.	1	221.88	288.30	205.77	80.22	252.24
	2	212.13	86.09	355.93	230.64	342.88
	3	202.38	243.89	146.09	21.07	73.52
	4	192.63	41.68	296.25	171.50	164.16
	5	182.88	199.48	86.42	321.93	254.80
	6	173.12	357.28	236.59	112.37	345.44
	7	163.37	155.08	26.76	262.81	76.08
	8	153.61	312.88	176.93	53.24	166.72
	9	143.85	110.69	327.11	203.69	257.36
	10	134.10	268.50	117.29	354.13	348.00
	11	124.34	66.31	267.47	144.58	78.64
	12	114.58	224.12	57.65	295.03	169.28
	13	104.82	21.94	207.84	85.48	259.92
	14	95.06	179.76	358.02	235.93	350.56
	15	85.29	337.58	148.21	26.39	81.21
	16	75.53	135.40	298.41	176.85	171.85
	17	65.76	293.23	88.60	327.31	262.49
	18	56.00	91.06	238.80	117.77	353.13
	19	46.23	248.89	29.00	268.24	83.77
	20	36.46	46.72	179.20	58.71	174.42
	21	26.69	204.56	329.41	209.18	265.06
	22	16.92	2.39	119.62	359.65	355.70
	23	7.15	160.24	269.83	150.13	86.35
	24	357.37	318.08	60.04	300.61	176.99
	25	347.60	115.93	210.25	91.09	267.64
	26	337.82	273.78	0.47	241.57	358.28
	27	328.05	71.63	150.69	32.06	88.93
	28	318.27	229.48	300.92	182.55	179.58
	29	308.49	27.34	91.14	333.04	270.23
	30	298.70	185.20	241.37	123.54	0.88
	31	288.92	343.06	31.60	274.03	91.52
Nov.	1	279.13	140.93	181.84	64.54	182.17
	2	269.35	298.79	332.08	215.04	272.83
	3	259.56	96.66	122.32	5.54	3.48
	4	249.77	254.54	272.56	156.05	94.13
	5	239.98	52.41	62.80	306.56	184.78
	6	230.18	210.29	213.05	97.08	275.44
	7	220.39	8.17	3.30	247.60	6.09
	8	210.59	166.06	153.56	38.11	96.75
	9	200.79	323.94	303.81	188.64	187.40
	10	190.99	121.83	94.07	339.16	278.06
	11	181.19	279.73	244.33	129.69	8.72
	12	171.39	77.62	34.60	280.22	99.38
	13	161.58	235.52	184.87	70.75	190.04
	14	151.78	33.42	335.14	221.29	280.70
	15	141.97	191.32	125.41	11.83	11.37
	16	132.15	349.23	275.69	162.37	102.03

FOR 0ʰ TERRESTRIAL TIME

Date		Mars	Jupiter			Saturn
			System I	System II	System III	
		°	°	°	°	°
Nov.	16	132.15	349.23	275.69	162.37	102.03
	17	122.34	147.14	65.96	312.92	192.69
	18	112.52	305.05	216.25	103.47	283.36
	19	102.71	102.97	6.53	254.02	14.03
	20	92.89	260.89	156.82	44.57	104.70
	21	83.06	58.81	307.11	195.13	195.36
	22	73.24	216.73	97.40	345.69	286.04
	23	63.41	14.66	247.70	136.25	16.71
	24	53.58	172.59	38.00	286.81	107.38
	25	43.75	330.52	188.30	77.38	198.05
	26	33.92	128.46	338.60	227.95	288.73
	27	24.08	286.40	128.91	18.53	19.41
	28	14.24	84.34	279.22	169.10	110.09
	29	4.40	242.28	69.54	319.68	200.77
	30	354.56	40.23	219.85	110.26	291.45
Dec.	1	344.71	198.18	10.17	260.85	22.13
	2	334.86	356.13	160.49	51.44	112.81
	3	325.01	154.09	310.82	202.03	203.50
	4	315.16	312.04	101.15	352.62	294.18
	5	305.30	110.01	251.48	143.22	24.87
	6	295.45	267.97	41.81	293.82	115.56
	7	285.59	65.94	192.14	84.42	206.25
	8	275.72	223.90	342.48	235.02	296.95
	9	265.86	21.88	132.82	25.63	27.64
	10	255.99	179.85	283.17	176.24	118.34
	11	246.12	337.83	73.51	326.85	209.03
	12	236.24	135.81	223.86	117.47	299.73
	13	226.37	293.79	14.22	268.09	30.43
	14	216.49	91.78	164.57	58.71	121.13
	15	206.61	249.76	314.93	209.33	211.84
	16	196.72	47.75	105.29	359.95	302.54
	17	186.84	205.75	255.65	150.58	33.25
	18	176.95	3.74	46.01	301.21	123.96
	19	167.06	161.74	196.38	91.85	214.67
	20	157.16	319.74	346.75	242.48	305.38
	21	147.26	117.74	137.12	33.12	36.09
	22	137.36	275.75	287.50	183.76	126.81
	23	127.46	73.75	77.87	334.40	217.52
	24	117.56	231.76	228.25	125.05	308.24
	25	107.65	29.77	18.63	275.70	38.96
	26	97.74	187.79	169.02	66.34	129.69
	27	87.82	345.80	319.40	217.00	220.41
	28	77.91	143.82	109.79	7.65	311.14
	29	67.99	301.84	260.18	158.30	41.86
	30	58.07	99.86	50.57	308.96	132.59
	31	48.15	257.89	200.96	99.62	223.32
	32	38.22	55.91	351.36	250.28	314.06

CONTENTS OF SECTION F

The satellite ephemerides were calculated using $\Delta T = 67.0$ seconds.

Satellite		Orbital Period (R = Retrograde)	Max. Elong. at Mean Opposition	Semimajor Axis	Orbital Eccentricity	Inclination of Orbit to Planet's Equator	Motion of Node on Fixed Plane[2]
		d	° ′ ″	×10³ km		°	°/yr
Earth							
	Moon	27.321 661		384.400	0.054 900 489	18.2–28.58	19.34[7]
Mars							
I	Phobos[1]	0.318 910 11	25	9.376	0.015 1	1.075	158.8
II	Deimos[1]	1.262 440 8	1 02	23.458	0.000 2	1.788	6.260
Jupiter							
I	Io[1]	1.769 137 761	2 18	421.80	0.004 1	0.036	48.6
II	Europa[1]	3.551 181 055	3 40	671.10	0.009 4	0.466	12.0
III	Ganymede[1]	7.154 553 25	5 51	1 070.40	0.001 3	0.177	2.63
IV	Callisto[1]	16.689 017 0	10 18	1 882.70	0.007 4	0.192	0.643
V	Amalthea[1]	0.498 179 08	59	181.40	0.003 2	0.380	914.6
VI	Himalia[1]	250.56	1 02 34	11 461.00	0.162 3	27.496	524.4
VII	Elara[1]	259.64	1 04 03	11 741.00	0.217 4	26.627	506.1
VIII	Pasiphae[1]	743.63 R	2 09 18	23 624.00	0.409 0	151.431	185.6
IX	Sinope[1]	758.90 R	2 10 20	23 939.00	0.249 5	158.109	181.4
X	Lysithea[1]	259.20	1 03 58	11 717.00	0.112 4	28.302	506.9
XI	Carme[1]	734.17 R	2 07 14	23 404.00	0.253 3	164.907	187.1
XII	Ananke[1]	629.77 R	1 55 03	21 276.00	0.243 5	148.889	215.2
XIII	Leda[1]	240.92	1 00 58	11 165.00	0.163 6	27.457	545.4
XIV	Thebe[1]	0.675	1 13	221.90	0.017 6	1.080	
XV	Adrastea[1]	0.298	42	129.00	0.001 8	0.054	
XVI	Metis[1]	0.295	42	128.00	0.001 2	0.019	
XVII	Callirrhoe	736 R	2 14 25	24 596.24	0.206	143[9]	
XVIII	Themisto	130	40 44	7 450.00	0.20	46[9]	
XIX	Megaclite	734.1 R	2 08 06	23 439.08	0.527 7	151.700[9]	
XX	Taygete	650.1 R	1 58 27	21 671.85	0.246 0	163.545[9]	
XXI	Chaldene	591.7 R	1 50 57	20 299.46	0.155 3	165.620[9]	
XXII	Harpalyke	617.3 R	1 54 20	20 917.72	0.200 3	149.288[9]	
XXIII	Kalyke	767 R	2 11 54	24 135.61	0.317 7	165.792[9]	
XXIV	Iocaste	606.3 R	1 52 50	20 642.86	0.268 6	149.906[9]	
XXV	Erinome	661.1 R	1 59 31	21 867.75	0.346 5	160.909[9]	
XXVI	Isonoe	704.9 R	2 04 38	22 804.70	0.280 9	165.039[9]	
XXVII	Praxidike	624.6 R	1 55 19	21 098.10	0.145 8	146.353[9]	
XXVIII	Autonoe	778.0 R	2 13 25	24 413.09	0.458 6	152.056[9]	
XXIX	Thyone	610.0 R	1 53 31	20 769.90	0.283 3	148.286[9]	
XXX	Hermippe	624.6 R	1 55 03	21 047.99	0.247 9	149.785[9]	
XXXI	Aitne	679.3 R	2 01 44	22 274.41	0.311 2	164.343[9]	
XXXII	Eurydome	752.4 R	2 10 14	23 830.94	0.325 5	150.430[9]	
XXXIII	Euanthe	620.9 R	1 54 41	20 983.14	0.142 7	146.030[9]	
XXXVI	Sponde	690.3 R	2 03 14	22 548.24	0.518 9	155.220[9]	
XXXVII	Kale	679.4 R	2 01 53	22 300.64	0.325 0	164.794[9]	
XXXIX	Hegemone	715 R	2 05 44	23 006.33	0.249 4	152.330[9]	
XLI	Aoede	747 R	2 09 46	23 743.83	0.405 1	159.408[9]	
XLIII	Arche	748.7 R	2 09 53	23 765.12	0.223 7	163.254[9]	
XLV	Helike	601.40 R	1 52 16	20 540.27	0.137 5	154.587[9]	
XLVI	Carpo	455.07	1 33 14	17 056.04	0.294 9	55.147[9]	
XLVII	Eukelade	735.27 R	2 08 21	23 485.28	0.282 8	164.000[9]	
Saturn							
I	Mimas[1]	0.942 421 952	30	185.539	0.019 6	1.574	365.0
II	Enceladus[1]	1.370 218 092	38	238.042	0.000 0	0.003	156.2[8]
III	Tethys[1]	1.887 802 533	48	294.672	0.000 1	1.091	72.25
IV	Dione[1]	2.736 915 569	1 01	377.415	0.002 2	0.028	30.85[8]
V	Rhea[1]	4.517 502 73	1 25	527.068	0.000 2	0.333	10.16
VI	Titan[1]	15.945 448 4	3 17	1 221.865	0.028 8	0.306	0.521 3[8]
VII	Hyperion[1]	21.276 658 2	4 02	1 500.933	0.023 2	0.615	
VIII	Iapetus[1]	79.331 122	9 35	3 560.854	0.029 3	8.298	
IX	Phoebe[1]	546.414 R	34 42	12 893.24	0.175 6	173.73[9]	

[1] Mean orbital data given with respect to the local Laplace plane.
[2] Rate of decrease (or increase) in the longitude of the ascending node.
[3] S = Synchronous, rotation period same as orbital period. C = Chaotic.
[4] V(Sun) = −26.75
[5] $V(1, 0)$ is the visual magnitude of the satellite reduced to a distance of 1 au from both the Sun and Earth and with phase angle of zero.
[6] V_0 is the mean opposition magnitude of the satellite.

Satellite		Mass Ratio (sat./planet)	Radius	Sid. Rot. Per. [3]	Geom. Alb. (V) [4]	$V(1,0)$ [5]	V_0 [6]	$B-V$	$U-B$
			km	d					
Earth									
	Moon	0.012 300 0371	1737.4	S	0.11	+ 0.21	−12.74	0.92	0.46
Mars									
I	Phobos	1.672×10^{-8}	$13.4 \times 11.2 \times 9.2$	S	0.07	+11.8	+11.4	0.6	
II	Deimos	2.43×10^{-9}	$7.5 \times 6.1 \times 5.2$	S	0.07	+12.89	+12.5	0.65	0.18
Jupiter									
I	Io	4.704×10^{-5}	$1829 \times 1819 \times 1816$	S	0.62	− 1.68	+ 5.0	1.17	1.30
II	Europa	2.528×10^{-5}	$1564 \times 1561 \times 1561$	S	0.68	− 1.41	+ 5.3	0.87	0.52
III	Ganymede	7.805×10^{-5}	2632.3	S	0.44	− 2.09	+ 4.6	0.83	0.50
IV	Callisto	5.667×10^{-5}	2409.3	S	0.19	− 1.05	+ 5.7	0.86	0.55
V	Amalthea	1.10×10^{-9}	$125 \times 73 \times 64$	S	0.09	+ 6.3	+14.1	1.50	
VI	Himalia	2.2×10^{-9}	85	0.40	0.04	+ 8.1	+14.6	0.67	0.30
VII	Elara	4.58×10^{-10}	40		0.04 :	+10.0	+16.3	0.69	0.28
VIII	Pasiphae	1.58×10^{-10}	18 :		0.04 :	+ 9.9	+17.0	0.74	0.34
IX	Sinope	3.95×10^{-11}	14 :	0.548	0.04 :	+11.6	+18.1	0.84	
X	Lysithea	3.31×10^{-11}	12 :	0.533	0.04 :	+11.1	+18.3	0.72	
XI	Carme	6.94×10^{-11}	15 :	0.433	0.04 :	+10.9	+17.6	0.76	
XII	Ananke	1.58×10^{-11}	10 :	0.35	0.04 :	+11.9	+18.8	0.90	
XIII	Leda	5.76×10^{-12}	5 :		0.04 :	+13.5	+19.0	0.7	
XIV	Thebe	7.89×10^{-10}	$58 \times 49 \times 42$	S	0.05	+ 9.0	+16.0	1.3	
XV	Adrastea	3.95×10^{-12}	$10 \times 8 \times 7$	S	0.1 :	+12.4	+18.7		
XVI	Metis	6.31×10^{-11}	$30 \times 20 \times 17$	S	0.06	+10.8	+17.5		
XVII	Callirrhoe		4.3 :		0.04 :	+13.9	+20.7	0.72	
XVIII	Themisto		4.0 :		0.04 :	+12.9	+20.3	0.83	
XIX	Megaclite		2.7 :		0.04 :	+15.1	+22.1	0.94	
XX	Taygete		2.5 :		0.04 :	+15.6	+22.9	0.56	
XXI	Chaldene		1.9 :		0.04 :	+15.7	+22.5		
XXII	Harpalyke		2.2 :		0.04 :	+15.2	+22.2		
XXIII	Kalyke		2.6 :		0.04 :	+15.3	+21.8	0.94	
XXIV	Iocaste		2.6 :		0.04 :	+15.3	+22.5	0.63	
XXV	Erinome		1.6 :		0.04 :	+16.0	+22.8		
XXVI	Isonoe		1.9 :		0.04 :	+15.9	+22.5		
XXVII	Praxidike		3.4 :		0.04 :	+15.2	+22.5	0.77	
XXVIII	Autonoe		2.0 :		0.04 :	+15.4	+22.0		
XXIX	Thyone		2.0 :		0.04 :	+15.7	+22.3		
XXX	Hermippe		2.0 :		0.04 :	+15.5	+22.1		
XXXI	Aitne		1.5 :		0.04 :	+16.1	+22.7		
XXXII	Eurydome		1.5 :		0.04 :	+16.1	+22.7		
XXXIII	Euanthe		1.5 :		0.04 :	+16.2	+22.8		
XXXVI	Sponde		1.0 :		0.04 :	+16.4	+23.0		
XXXVII	Kale		1.0 :		0.04 :	+16.4	+23.0		
XXXIX	Hegemone		1.5 :		0.04 :	+15.9	+22.8		
XLI	Aoede		2.0 :		0.04 :	+15.8	+22.5		
XLIII	Arche		1.5 :		0.04 :	+16.4	+22.8		
XLV	Helike		2.0 :		0.04 :	+16.0	+22.6		
XLVI	Carpo		1.5 :		0.04 :	+15.6	+23.0		
XLVII	Eukelade		2.0 :		0.04 :	+15.0	+22.6		
Saturn									
I	Mimas	6.61×10^{-8}	$207.8 \times 196.7 \times 190.6$	S	0.6	+ 3.3	+12.8		
II	Enceladus	1.90×10^{-7}	$256.6 \times 251.4 \times 248.3$	S	1.0	+ 2.2	+11.8	0.70	0.28
III	Tethys	1.09×10^{-6}	$538.4 \times 528.3 \times 526.3$	S	0.8	+ 0.7	+10.3	0.73	0.30
IV	Dione	1.93×10^{-6}	$563.4 \times 561.3 \times 559.6$	S	0.6	+ 0.88	+10.4	0.71	0.31
V	Rhea	4.06×10^{-6}	$765.0 \times 763.1 \times 762.4$	S	0.6	+ 0.16	+ 9.7	0.78	0.38
VI	Titan	2.366×10^{-4}	2574.73	S	0.2	− 1.20	+ 8.4	1.28	0.75
VII	Hyperion	1.00×10^{-8}	$180.1 \times 133.0 \times 102.7$	C	0.25	+ 4.6	+14.4	0.78	0.33
VIII	Iapetus	3.177×10^{-6}	$745.7 \times 745.7 \times 712.1$	S	0.2^{10}	+ 1.6	+11.0	0.72	0.30
IX	Phoebe	1.454×10^{-8}	$109.4 \times 108.5 \times 101.8$	0.4	0.08	+ 6.63	+16.7	0.63	0.34

[7] Motion on the ecliptic plane.
[8] Rate of increase in the longitude of the apse.
[9] Measured from the ecliptic plane.
[10] Bright side, 0.5; faint side, 0.05.
[11] Measured relative to Earth's J2000.0 equator.
: Quantity is uncertain.

Satellite		Orbital Period (R = Retrograde)	Max. Elong. at Mean Opposition	Semimajor Axis	Orbital Eccentricity	Inclination of Orbit to Planet's Equator	Motion of Node on Fixed Plane[2]
		d	° ′ ″	×10³ km		°	°/yr
Saturn							
X	Janus	0.695	24	151.46	0.006 8	0.163	
XI	Epimetheus	0.694	24	151.41	0.009 8	0.351	
XII	Helene	2.74	1 01	377.40	0.000	0.212	
XIII	Telesto	1.888	48	294.66	0.001	1.158	
XIV	Calypso	1.888	48	294.66	0.001	1.473	
XV	Atlas	0.602	22	137.67	0.001 2	0.003	
XVI	Prometheus	0.613	23	139.38	0.002 2	0.008	
XVII	Pandora	0.629	23	141.72	0.004 2	0.050	
XVIII	Pan[1]	0.575	22	133.585	0.000 0	0.000	
XIX	Ymir	1315.13 R	1 02 14	23 128	0.333 8	173.496	
XX	Paaliaq	686.95	40 55	15 204	0.332 5	46.230	
XXI	Tarvos	926.35	49 06	18 243	0.538 2	33.725	
XXII	Ijiraq	451.42	30 42	11 408	0.272 1	47.483	
XXIV	Kiviuq	449.22	30 38	11 384	0.332 5	46.766	
XXVI	Albiorix	783.46	44 07	16 393	0.479 7	34.059	
XXIX	Siarnaq	895.51	48 56	18 182	0.280 1	45.809	
Uranus							
I	Ariel	2.520 379 052	14	190.9	0.001 2	0.041	6.8
II	Umbriel	4.144 176 46	20	266.0	0.003 9	0.128	3.6
III	Titania	8.705 866 93	33	436.3	0.001 1	0.079	2.0
IV	Oberon	13.463 234 2	44	583.5	0.001 4	0.068	1.4
V	Miranda	1.413 479 408	10	129.9	0.001 3	4.338	19.8
VII	Ophelia	0.376 400 393	4	53.8	0.009 9	0.104	417.9
VIII	Bianca	0.434 578 986	4	59.2	0.000 9	0.193	298.7
IX	Cressida	0.463 569 601	5	61.8	0.000 4	0.006	256.9
X	Desdemona	0.473 649 597	5	62.7	0.000 1	0.113	244.3
XI	Juliet	0.493 065 489	5	64.4	0.000 7	0.065	222.5
XII	Portia	0.513 195 920	5	66.1	0.000 1	0.059	202.6
XIII	Rosalind	0.558 459 529	5	69.9	0.000 1	0.279	166.4
XIV	Belinda	0.623 527 470	6	75.3	0.000 1	0.031	128.8
XV	Puck	0.761 832 871	7	86.0	0.000 1	0.319	80.91
XVI	Caliban	579.73 R	9 08	7 231.000	0.18	141.53[9]	
XVII	Sycorax	1288.38 R	15 24	12 179.000	0.52	159.42[9]	
Neptune							
I	Triton[1]	5.876 854 07 R	17	354.759	0.000 0	156.865	0.523 2
II	Nereid[1]	360.13	4 22	5 513.818	0.750 7	7.090	0.039
V	Despina[1]	0.334 66	2	52.526	0.000 14	0.07	466.0
VI	Galatea[1]	0.428 75	3	61.953	0.000 12	0.05	261.3
VII	Larissa[1]	0.554 65	3	73.548	0.001 39	0.20	143.5
VIII	Proteus[1]	1.122	6	117.646	0.000 5	0.075	28.80
Pluto							
I	Charon	6.387 23	1	19.571	0.000 0	96.145[11]	

[1] Mean orbital data given with respect to the local Laplace plane.
[2] Rate of decrease (or increase) in the longitude of the ascending node.
[3] S = Synchronous, rotation period same as orbital period. C = Chaotic.
[4] V(Sun) = −26.75
[5] $V(1, 0)$ is the visual magnitude of the satellite reduced to a distance of 1 au from both the Sun and Earth and with phase angle of zero.
[6] V_0 is the mean opposition magnitude of the satellite.

A Note on the Satellite Diagrams

The satellite orbit diagrams have been designed to assist observers in locating many of the shorter period (< 21 days) satellites of the planets. Each diagram depicts a planet and the apparent orbits of its satellites at 0 hours UT on that planet's opposition date, unless no opposition date occurs during the year. In that case, the diagram depicts the planet and orbits at 0 hours UT on January 1 or December 31 depending on which date provides the better view. The diagrams are inverted to reproduce what an observer would normally see through a telescope. Two arrows or text in the diagram indicate the apparent motion of the satellite(s); for most satellites in the solar system, the orbital motion is counterclockwise when viewed from the northern side of the orbital plane. In the case of Jupiter, Saturn, and Uranus, the diagram may have an expanded scale in one direction to better clarify the relative positions of the orbits.

Satellite		Mass Ratio (sat./planet)	Radius	Sid. Rot. Per. [3]	Geom. Alb. (V) [4]	$V(1,0)$ [5]	V_0 [6]	$B-V$	$U-B$
			km	d					
Saturn									
X	Janus	3.338×10^{-9}	$101.5 \times 92.5 \times 76.3$	S	0.71	$+ 4$:	$+14.4$		
XI	Epimetheus	9.263×10^{-10}	$64.9 \times 57.0 \times 53.1$	S	0.73	$+ 5.4$:	$+15.6$		
XII	Helene	4.480×10^{-11}	$21.7 \times 19.1 \times 13.0$		1.67	$+ 8.4$:	$+18.4$		
XIII	Telesto	1.265×10^{-11}	$16.3 \times 11.8 \times 10.0$		1.0	$+ 8.9$:	$+18.5$		
XIV	Calypso	6.325×10^{-12}	$15.1 \times 11.5 \times 7.0$		0.7	$+ 9.1$:	$+18.7$		
XV	Atlas	1.161×10^{-11}	$20.4 \times 17.7 \times 9.4$		0.4	$+ 8.4$:	$+19.0$		
XVI	Prometheus	2.806×10^{-10}	$67.8 \times 39.7 \times 29.7$	S	0.6	$+ 6.4$:	$+15.8$		
XVII	Pandora	2.412×10^{-10}	$52.0 \times 40.5 \times 32.0$	S	0.5	$+ 6.4$:	$+16.4$		
XVIII	Pan	8.707×10^{-12}	$17.2 \times 15.7 \times 10.4$		0.5 :		$+19.4$		
XIX	Ymir		10 :		0.08 :	$+12.4$	$+21.9$	0.80	
XX	Paaliaq		13 :		0.08 :	$+11.8$	$+21.2$	0.86	
XXI	Tarvos		7 :		0.08 :	$+12.6$	$+23.0$	0.78	
XXII	Ijiraq		6 :		0.08 :	$+13.6$	$+22.6$	1.05	
XXIV	Kiviuq		8 :		0.08 :	$+12.7$	$+22.6$	0.92	
XXVI	Albiorix		16 :		0.08 :		$+20.5$	0.80	
XXIX	Siarnaq		21 :		0.08 :	$+10.7$	$+20.1$	0.87	
Uranus									
I	Ariel	1.56×10^{-5}	$581.1 \times 577.9 \times 577.7$	S	0.39	$+ 1.7$	$+13.2$	0.65	
II	Umbriel	1.35×10^{-5}	584.7	S	0.21	$+ 2.6$	$+14.0$	0.68	
III	Titania	4.06×10^{-5}	788.9	S	0.27	$+ 1.3$	$+13.0$	0.70	0.28
IV	Oberon	3.47×10^{-5}	761.4	S	0.23	$+ 1.5$	$+13.2$	0.68	0.20
V	Miranda	0.08×10^{-5}	$240.4 \times 234.2 \times 232.9$	S	0.32	$+ 3.8$	$+15.3$		
VII	Ophelia	6.21×10^{-10}	21.4 :		0.07 :	$+11.1$	$+22.8$		
VIII	Bianca	1.07×10^{-9}	25.7 :		0.07 :	$+10.3$	$+22.0$		
IX	Cressida	3.95×10^{-9}	39.8 :		0.07 :	$+ 9.5$	$+21.1$		
X	Desdemona	2.05×10^{-9}	32.0 :		0.07 :	$+ 9.8$	$+21.5$		
XI	Juliet	6.42×10^{-9}	46.8 :		0.07 :	$+ 8.8$	$+20.6$		
XII	Portia	1.92×10^{-8}	67.6 :		0.07 :	$+ 8.3$	$+19.9$		
XIII	Rosalind	2.93×10^{-9}	36 :		0.07 :	$+ 9.8$	$+21.3$		
XIV	Belinda	4.11×10^{-9}	40.3 :		0.07 :	$+ 9.4$	$+21.0$		
XV	Puck	3.33×10^{-8}	81 :		0.07 :	$+ 7.5$	$+19.2$		
XVI	Caliban	8.45×10^{-9}	36 :		0.04 :	$+ 9.7$	$+22.4$		
XVII	Sycorax	6.19×10^{-8}	75 :		0.04 :	$+ 8.2$	$+20.8$		
Neptune									
I	Triton	2.089×10^{-4}	1353	S	0.719	$- 1.2$	$+13.0$	0.72	0.29
II	Nereid	3.01×10^{-7}	170		0.155	$+ 4.0$	$+19.7$	0.65	
V	Despina	2.05×10^{-8}	74		0.090	$+ 7.9$	$+22.0$		
VI	Galatea	3.66×10^{-8}	79		0.079	$+ 7.6$:	$+21.9$		
VII	Larissa	4.83×10^{-8}	96		0.091	$+ 7.3$	$+21.5$		
VIII	Proteus	4.914×10^{-7}	$218 \times 208 \times 201$	S	0.096	$+ 5.6$	$+19.8$		
Pluto									
I	Charon	0.1165	606	S	0.372	$+ 0.9$	$+18.0$	0.71	

[7] Motion on the ecliptic plane.
[8] Rate of increase in the longitude of the apse.
[9] Measured from the ecliptic plane.
[10] Bright side, 0.5; faint side, 0.05.
[11] Measured relative to Earth's J2000.0 equator.
: Quantity is uncertain.

A Note on Selection Criteria for the Satellite Data Tables

Due to the recent proliferation of known satellites associated with the gas giant planets, a set of selection criteria has been established under which satellites will be included in the data tables presented on pages F2-F5. These criteria are the following: The value of the visual magnitude of the satellite must not be greater than 23.0 and the satellite must be sanctioned by the IAU with a roman numeral and a name designation. Satellites that have yet to receive IAU approval shall be designated as "works in progress" and shall be included at a later time should such approval be granted, provided their visual magnitudes are not dimmer than 23.0. A more complete version of this table, including satellites with visual magnitude values larger than 23.0, is to be found at *The Astronomical Almanac Online* (**http://asa.usno.navy.mil** and **http://asa.hmnao.com**).

SATELLITES OF MARS, 2014

APPARENT ORBITS OF THE SATELLITES AT 0ʰ UNIVERSAL TIME
ON THE DATE OF OPPOSITION APRIL 8

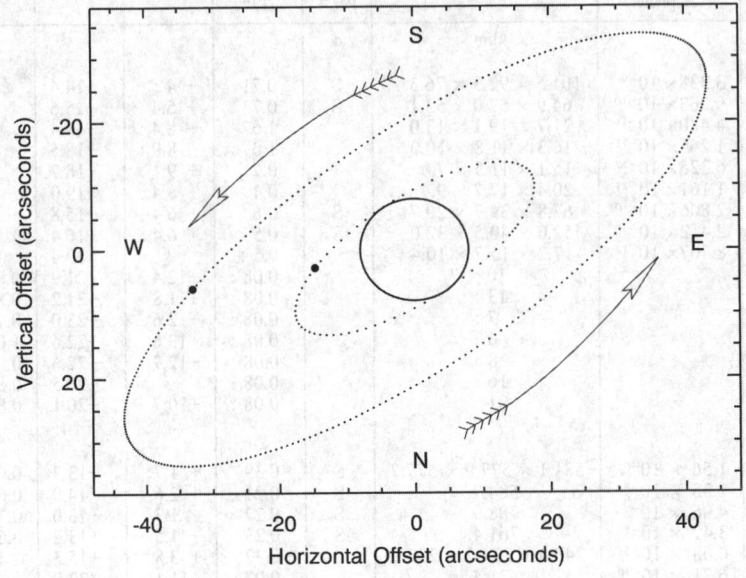

NAME		SIDEREAL PERIOD
		d
I	Phobos	0.318 910 11
II	Deimos	1.262 440 8

II Deimos

UNIVERSAL TIME OF GREATEST EASTERN ELONGATION

Jan.	Feb.	Mar.	Apr.	May	June	July	Aug.	Sept.	Oct.	Nov.	Dec.
d h	d h	d h	d h	d h	d h	d h	d h	d h	d h	d h	d h
-1 01.6	2 04.7	1 23.6	1 06.2	1 12.5	2 01.9	1 03.6	1 18.4	1 03.1	1 11.8	2 03.0	1 05.7
0 08.0	3 11.0	3 05.9	2 12.5	2 18.8	3 08.2	2 09.9	3 00.7	2 09.4	2 18.2	3 09.4	2 12.0
1 14.3	4 17.4	4 12.2	3 18.8	4 01.0	4 14.5	3 16.2	4 07.1	3 15.8	4 00.6	4 15.8	3 18.4
2 20.6	5 23.7	5 18.5	5 01.0	5 07.3	5 20.9	4 22.6	5 13.5	4 22.1	5 06.9	5 22.2	5 00.8
4 03.0	7 06.0	7 00.8	6 07.3	6 13.6	7 03.2	6 04.9	6 19.8	6 04.5	6 13.3	7 04.5	6 07.2
5 09.3	8 12.3	8 07.1	7 13.5	7 19.9	8 09.5	7 11.3	8 02.2	7 10.9	7 19.7	8 10.9	7 13.6
6 15.7	9 18.7	9 13.3	8 19.8	9 02.2	9 15.8	8 17.6	9 08.5	8 17.2	9 02.0	9 17.3	8 19.9
7 22.0	11 01.0	10 19.6	10 02.0	10 08.5	10 22.2	10 00.0	10 14.9	9 23.6	10 08.4	10 23.7	10 02.3
9 04.4	12 07.3	12 01.9	11 08.3	11 14.7	12 04.5	11 06.3	11 21.3	11 06.0	11 14.8	12 06.0	11 08.7
10 10.7	13 13.6	13 08.2	12 14.6	12 21.0	13 10.8	12 12.7	13 03.6	12 12.3	12 21.1	13 12.4	12 15.1
11 17.0	14 19.9	14 14.5	13 20.8	14 03.3	14 17.1	13 19.0	14 10.0	13 18.7	14 03.5	14 18.8	13 21.5
12 23.4	16 02.2	15 20.8	15 03.1	15 09.6	15 23.5	15 01.4	15 16.3	15 01.1	15 09.9	16 01.1	15 03.9
14 05.7	17 08.6	17 03.0	16 09.3	16 15.9	17 05.8	16 07.7	16 22.7	16 07.4	16 16.2	17 07.5	16 10.2
15 12.1	18 14.9	18 09.3	17 15.6	17 22.2	18 12.1	17 14.1	18 05.1	17 13.8	17 22.6	18 13.9	17 16.6
16 18.4	19 21.2	19 15.6	18 21.9	19 04.5	19 18.5	18 20.5	19 11.4	18 20.2	19 05.0	19 20.3	18 23.0
18 00.7	21 03.5	20 21.9	20 04.1	20 10.8	21 00.8	20 02.8	20 17.8	20 02.5	20 11.3	21 02.7	20 05.4
19 07.1	22 09.8	22 04.1	21 10.4	21 17.1	22 07.2	21 09.2	22 00.1	21 08.9	21 17.7	22 09.0	21 11.8
20 13.4	23 16.1	23 10.4	22 16.6	22 23.4	23 13.5	22 15.5	23 06.5	22 15.3	23 00.1	23 15.4	22 18.2
21 19.7	24 22.4	24 16.7	23 22.9	24 05.7	24 19.8	23 21.9	24 12.9	23 21.6	24 06.5	24 21.8	24 00.5
23 02.1	26 04.7	25 22.9	25 05.2	25 12.0	26 02.2	25 04.2	25 19.2	25 04.0	25 12.8	26 04.2	25 06.9
24 08.4	27 11.0	27 05.2	26 11.4	26 18.3	27 08.5	26 10.6	27 01.6	26 10.4	26 19.2	27 10.5	26 13.3
25 14.7	28 17.3	28 11.5	27 17.7	28 00.6	28 14.9	27 16.9	28 08.0	27 16.7	28 01.6	28 16.9	27 19.7
26 21.1		29 17.7	29 00.0	29 06.9	29 21.2	28 23.3	29 14.3	28 23.1	29 07.9	29 23.3	29 02.1
28 03.4		31 00.0	30 06.2	30 13.3		30 05.7	30 20.7	30 05.5	30 14.3		30 08.5
29 09.7				31 19.6		31 12.0			31 20.7		31 14.9
30 16.1											32 21.2
31 22.4											

SATELLITES OF MARS, 2014

I Phobos

UNIVERSAL TIME OF EVERY THIRD GREATEST EASTERN ELONGATION

Jan.	Feb.	Mar.	Apr.	May	June	July	Aug.	Sept.	Oct.	Nov.	Dec.
d h	d h	d h	d h	d h	d h	d h	d h	d h	d h	d h	d h
−1 15.8	1 04.7	1 21.6	1 12.2	1 03.8	1 17.5	1 09.6	1 00.7	1 14.8	1 07.1	1 21.2	1 13.5
0 14.8	2 03.7	2 20.6	2 11.2	2 02.8	2 16.5	2 08.5	1 23.7	2 13.8	2 06.0	2 20.2	2 12.5
1 13.7	3 02.6	3 19.5	3 10.1	3 01.7	3 15.5	3 07.5	2 22.6	3 12.8	3 05.0	3 19.2	3 11.5
2 12.7	4 01.6	4 18.5	4 09.1	4 00.7	4 14.4	4 06.5	3 21.6	4 11.8	4 04.0	4 18.2	4 10.4
3 11.7	5 00.6	5 17.5	5 08.0	4 23.6	5 13.4	5 05.5	4 20.6	5 10.7	5 03.0	5 17.1	5 09.4
4 10.6	5 23.5	6 16.4	6 07.0	5 22.6	6 12.4	6 04.4	5 19.6	6 09.7	6 01.9	6 16.1	6 08.4
5 09.6	6 22.5	7 15.4	7 05.9	6 21.6	7 11.3	7 03.4	6 18.5	7 08.7	7 00.9	7 15.1	7 07.4
6 08.6	7 21.5	8 14.3	8 04.9	7 20.5	8 10.3	8 02.4	7 17.5	8 07.7	7 23.9	8 14.1	8 06.4
7 07.5	8 20.4	9 13.3	9 03.9	8 19.5	9 09.3	9 01.3	8 16.5	9 06.6	8 22.9	9 13.1	9 05.3
8 06.5	9 19.4	10 12.2	10 02.8	9 18.4	10 08.2	10 00.3	9 15.5	10 05.6	9 21.8	10 12.0	10 04.3
9 05.5	10 18.4	11 11.2	11 01.8	10 17.4	11 07.2	10 23.3	10 14.4	11 04.6	10 20.8	11 11.0	11 03.3
10 04.5	11 17.3	12 10.2	12 00.7	11 16.3	12 06.2	11 22.3	11 13.4	12 03.6	11 19.8	12 10.0	12 02.3
11 03.4	12 16.3	13 09.1	12 23.7	12 15.3	13 05.1	12 21.2	12 12.4	13 02.5	12 18.8	13 09.0	13 01.2
12 02.4	13 15.3	14 08.1	13 22.6	13 14.3	14 04.1	13 20.2	13 11.4	14 01.5	13 17.7	14 07.9	14 00.2
13 01.4	14 14.2	15 07.0	14 21.6	14 13.2	15 03.1	14 19.2	14 10.3	15 00.5	14 16.7	15 06.9	14 23.2
14 00.3	15 13.2	16 06.0	15 20.5	15 12.2	16 02.0	15 18.2	15 09.3	15 23.5	15 15.7	16 05.9	15 22.2
14 23.3	16 12.1	17 04.9	16 19.5	16 11.2	17 01.0	16 17.1	16 08.3	16 22.4	16 14.7	17 04.9	16 21.2
15 22.3	17 11.1	18 03.9	17 18.4	17 10.1	18 00.0	17 16.1	17 07.3	17 21.4	17 13.6	18 03.8	17 20.1
16 21.2	18 10.1	19 02.9	18 17.4	18 09.1	18 23.0	18 15.1	18 06.2	18 20.4	18 12.6	19 02.8	18 19.1
17 20.2	19 09.0	20 01.8	19 16.3	19 08.0	19 21.9	19 14.0	19 05.2	19 19.4	19 11.6	20 01.8	19 18.1
18 19.2	20 08.0	21 00.8	20 15.3	20 07.0	20 20.9	20 13.0	20 04.2	20 18.3	20 10.6	21 00.8	20 17.1
19 18.1	21 07.0	21 23.7	21 14.3	21 06.0	21 19.9	21 12.0	21 03.2	21 17.3	21 09.5	21 23.7	21 16.1
20 17.1	22 05.9	22 22.7	22 13.2	22 04.9	22 18.8	22 11.0	22 02.1	22 16.3	22 08.5	22 22.7	22 15.0
21 16.1	23 04.9	23 21.6	23 12.2	23 03.9	23 17.8	23 09.9	23 01.1	23 15.3	23 07.5	23 21.7	23 14.0
22 15.0	24 03.8	24 20.6	24 11.1	24 02.9	24 16.8	24 08.9	24 00.1	24 14.2	24 06.5	24 20.7	24 13.0
23 14.0	25 02.8	25 19.5	25 10.1	25 01.8	25 15.7	25 07.9	24 23.0	25 13.2	25 05.4	25 19.7	25 12.0
24 13.0	26 01.8	26 18.5	26 09.0	26 00.8	26 14.7	26 06.9	25 22.0	26 12.2	26 04.4	26 18.6	26 10.9
25 11.9	27 00.7	27 17.5	27 08.0	26 23.7	27 13.7	27 05.8	26 21.0	27 11.2	27 03.4	27 17.6	27 09.9
26 10.9	27 23.7	28 16.4	28 06.9	27 22.7	28 12.7	28 04.8	27 20.0	28 10.1	28 02.4	28 16.6	28 08.9
27 09.9	28 22.7	29 15.4	29 05.9	28 21.7	29 11.6	29 03.8	28 18.9	29 09.1	29 01.3	29 15.6	29 07.9
28 08.8		30 14.3	30 04.9	29 20.6	30 10.6	30 02.7	29 17.9	30 08.1	30 00.3	30 14.5	30 06.9
29 07.8		31 13.3		30 19.6		31 01.7	30 16.9		30 23.3		31 05.8
30 06.8				31 18.6			31 15.9		31 22.3		32 04.8
31 05.7											

SATELLITES OF JUPITER, 2014

APPARENT ORBITS OF SATELLITES I-IV AT 0ʰ UNIVERSAL TIME ON THE DATE OF OPPOSITION, JANUARY 5

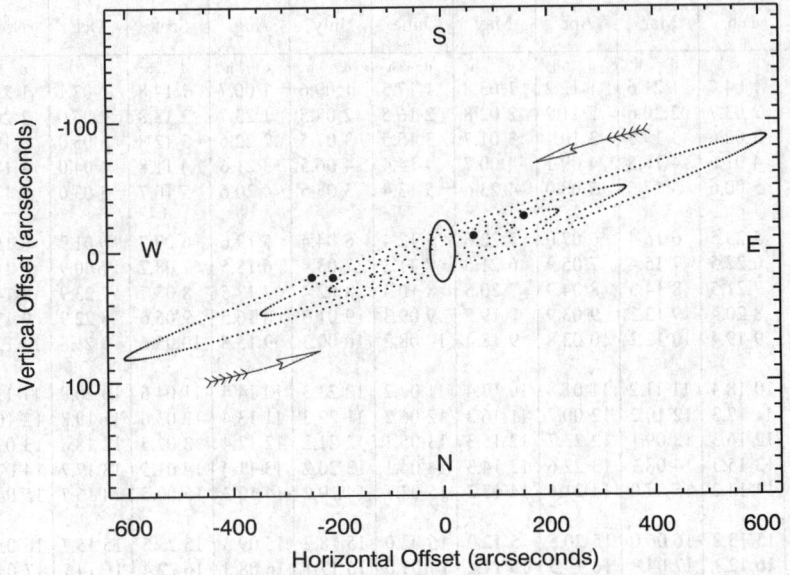

Orbits elongated in ratio of 2.3 to 1 in the North-South direction.

NAME	MEAN SIDEREAL PERIOD		NAME	SIDEREAL PERIOD
	d h m s	d		d
V Amalthea	0 11 57 22.673 =	0.498 179 08	XIII Leda	240.92
I Io	1 18 27 33.503 =	1.769 137 761	X Lysithea	259.20
II Europa	3 13 13 42.043 =	3.551 181 055	XII Ananke	629.77 R
III Ganymede	7 03 42 33.401 =	7.154 553 25	XI Carme	734.17 R
IV Callisto	16 16 32 11.069 =	16.689 017 0	VIII Pasiphae	743.63 R
VI Himalia		250.56	IX Sinope	758.90 R
VII Elara		259.64		

V Amalthea

UNIVERSAL TIME OF EVERY TWENTIETH GREATEST EASTERN ELONGATION

	d h		d h		d h		d h		d h
Jan.	0 12.7	Mar.	21 05.6	June	8 23.2	Aug.	27 16.8	Nov.	15 10.0
	10 11.8		31 04.8		18 22.4	Sept.	6 15.9		25 09.2
	20 10.9	Apr.	10 04.0		28 21.6		16 15.1	Dec.	5 08.3
	30 10.0		20 03.2	July	8 20.8		26 14.3		15 07.4
Feb.	9 09.1		30 02.3		18 20.0	Oct.	6 13.5		25 06.5
	19 08.2	May	10 01.5		28 19.2		16 12.6		35 05.6
Mar.	1 07.3		20 00.7	Aug.	7 18.4		26 11.8		
	11 06.5		29 23.9		17 17.6	Nov.	5 10.9		

MULTIPLES OF THE MEAN SYNODIC PERIOD

	d	h		d	h		d	h		d	h
1	0	12.0	6	2	23.7	11	5	11.5	16	7	23.3
2	0	23.9	7	3	11.7	12	5	23.5	17	8	11.3
3	1	11.9	8	3	23.7	13	6	11.4	18	8	23.2
4	1	23.8	9	4	11.6	14	6	23.4	19	9	11.2
5	2	11.8	10	4	23.6	15	7	11.4	20	9	23.2

DIFFERENTIAL COORDINATES FOR 0ʰ UNIVERSAL TIME

Date		VI Himalia		VII Elara		Date		VI Himalia		VII Elara	
		$\Delta\alpha$	$\Delta\delta$	$\Delta\alpha$	$\Delta\delta$			$\Delta\alpha$	$\Delta\delta$	$\Delta\alpha$	$\Delta\delta$
		m s	′	m s	′			m s	′	m s	′
Jan.	−1	+ 3 21	− 15.0	+ 0 20	+ 8.4	July	2	+ 2 22	+ 12.2	− 3 01	− 12.6
	3	+ 3 01	− 16.9	+ 0 42	+ 10.2		6	+ 2 32	+ 10.8	− 3 02	− 11.7
	7	+ 2 39	− 18.7	+ 1 05	+ 12.0		10	+ 2 42	+ 9.2	− 3 02	− 10.6
	11	+ 2 15	− 20.3	+ 1 26	+ 13.8		14	+ 2 50	+ 7.4	− 3 01	− 9.4
	15	+ 1 51	− 21.9	+ 1 47	+ 15.5		18	+ 2 57	+ 5.6	− 2 59	− 8.2
	19	+ 1 25	− 23.2	+ 2 07	+ 17.2		22	+ 3 03	+ 3.7	− 2 56	− 6.9
	23	+ 0 59	− 24.4	+ 2 25	+ 18.8		26	+ 3 08	+ 1.8	− 2 53	− 5.5
	27	+ 0 33	− 25.5	+ 2 42	+ 20.2		30	+ 3 12	− 0.2	− 2 49	− 4.2
	31	+ 0 08	− 26.3	+ 2 56	+ 21.5	Aug.	3	+ 3 14	− 2.2	− 2 44	− 2.8
Feb.	4	− 0 18	− 27.0	+ 3 10	+ 22.6		7	+ 3 15	− 4.3	− 2 38	− 1.3
	8	− 0 42	− 27.5	+ 3 21	+ 23.6		11	+ 3 16	− 6.3	− 2 32	+ 0.1
	12	− 1 06	− 27.7	+ 3 29	+ 24.4		15	+ 3 15	− 8.3	− 2 25	+ 1.6
	16	− 1 27	− 27.7	+ 3 36	+ 25.0		19	+ 3 13	− 10.3	− 2 18	+ 3.0
	20	− 1 48	− 27.5	+ 3 41	+ 25.4		23	+ 3 11	− 12.3	− 2 10	+ 4.4
	24	− 2 07	− 27.0	+ 3 43	+ 25.5		27	+ 3 07	− 14.2	− 2 02	+ 5.8
	28	− 2 23	− 26.3	+ 3 44	+ 25.4		31	+ 3 02	− 16.0	− 1 53	+ 7.1
Mar.	4	− 2 38	− 25.3	+ 3 42	+ 25.0	Sept.	4	+ 2 56	− 17.7	− 1 43	+ 8.5
	8	− 2 51	− 24.1	+ 3 37	+ 24.4		8	+ 2 49	− 19.4	− 1 33	+ 9.7
	12	− 3 01	− 22.6	+ 3 31	+ 23.5		12	+ 2 42	− 20.9	− 1 23	+ 10.9
	16	− 3 09	− 21.0	+ 3 23	+ 22.4		16	+ 2 33	− 22.3	− 1 12	+ 12.1
	20	− 3 15	− 19.1	+ 3 13	+ 21.1		20	+ 2 24	− 23.5	− 1 00	+ 13.2
	24	− 3 19	− 17.1	+ 3 01	+ 19.4		24	+ 2 13	− 24.6	− 0 48	+ 14.2
	28	− 3 20	− 14.8	+ 2 47	+ 17.6		28	+ 2 02	− 25.6	− 0 36	+ 15.0
Apr.	1	− 3 19	− 12.5	+ 2 31	+ 15.6	Oct.	2	+ 1 50	− 26.3	− 0 23	+ 15.8
	5	− 3 16	− 10.0	+ 2 14	+ 13.4		6	+ 1 37	− 26.9	− 0 10	+ 16.6
	9	− 3 10	− 7.5	+ 1 55	+ 11.0		10	+ 1 23	− 27.2	+ 0 04	+ 17.1
	13	− 3 03	− 4.8	+ 1 35	+ 8.6		14	+ 1 08	− 27.3	+ 0 18	+ 17.6
	17	− 2 53	− 2.2	+ 1 15	+ 6.0		18	+ 0 53	− 27.2	+ 0 32	+ 17.9
	21	− 2 41	+ 0.3	+ 0 53	+ 3.4		22	+ 0 37	− 26.9	+ 0 47	+ 18.1
	25	− 2 28	+ 2.9	+ 0 32	+ 0.9		26	+ 0 20	− 26.3	+ 1 02	+ 18.2
	29	− 2 13	+ 5.2	+ 0 10	− 1.6		30	+ 0 03	− 25.4	+ 1 17	+ 18.1
May	3	− 1 56	+ 7.5	− 0 11	− 3.9	Nov.	3	− 0 15	− 24.2	+ 1 32	+ 17.8
	7	− 1 39	+ 9.6	− 0 32	− 6.2		7	− 0 33	− 22.8	+ 1 47	+ 17.4
	11	− 1 20	+ 11.4	− 0 52	− 8.2		11	− 0 51	− 21.1	+ 2 02	+ 16.8
	15	− 1 01	+ 13.1	− 1 10	− 9.9		15	− 1 09	− 19.0	+ 2 16	+ 16.0
	19	− 0 42	+ 14.4	− 1 28	− 11.5		19	− 1 28	− 16.8	+ 2 30	+ 15.0
	23	− 0 22	+ 15.5	− 1 44	− 12.8		23	− 1 45	− 14.2	+ 2 43	+ 13.9
	27	− 0 03	+ 16.4	− 1 58	− 13.8		27	− 2 03	− 11.4	+ 2 54	+ 12.6
	31	+ 0 17	+ 16.9	− 2 11	− 14.5	Dec.	1	− 2 19	− 8.4	+ 3 05	+ 11.1
June	4	+ 0 35	+ 17.2	− 2 22	− 15.0		5	− 2 34	− 5.2	+ 3 14	+ 9.4
	8	+ 0 53	+ 17.2	− 2 32	− 15.2		9	− 2 47	− 1.9	+ 3 21	+ 7.6
	12	+ 1 11	+ 16.9	− 2 40	− 15.3		13	− 2 59	+ 1.5	+ 3 26	+ 5.7
	16	+ 1 27	+ 16.4	− 2 47	− 15.1		17	− 3 08	+ 5.0	+ 3 28	+ 3.6
	20	+ 1 42	+ 15.7	− 2 52	− 14.7		21	− 3 15	+ 8.4	+ 3 27	+ 1.5
	24	+ 1 57	+ 14.7	− 2 56	− 14.2		25	− 3 19	+ 11.8	+ 3 23	− 0.7
	28	+ 2 10	+ 13.5	− 2 59	− 13.4		29	− 3 20	+ 15.0	+ 3 16	− 2.9
July	2	+ 2 22	+ 12.2	− 3 01	− 12.6		33	− 3 18	+ 18.1	+ 3 04	− 5.1

Differential coordinates are given in the sense "satellite minus planet."

SATELLITES OF JUPITER, 2014
DIFFERENTIAL COORDINATES FOR 0^h UNIVERSAL TIME

Date		VIII Pasiphae $\Delta\alpha$	$\Delta\delta$	IX Sinope $\Delta\alpha$	$\Delta\delta$	X Lysithea $\Delta\alpha$	$\Delta\delta$
		m s	'	m s	'	m s	'
Jan.	−7	− 2 01	+ 86.1	+ 8 44	+ 21.0	+ 0 44	− 33.2
	3	− 1 41	+ 86.3	+ 9 09	+ 18.9	− 0 18	− 29.2
	13	− 1 21	+ 85.5	+ 9 27	+ 16.6	− 1 20	− 24.0
	23	− 0 59	+ 83.9	+ 9 39	+ 14.2	− 2 17	− 17.9
Feb.	2	− 0 34	+ 81.5	+ 9 45	+ 11.5	− 3 04	− 11.4
	12	− 0 06	+ 78.3	+ 9 45	+ 8.6	− 3 37	− 4.6
	22	+ 0 25	+ 74.6	+ 9 40	+ 5.4	− 3 54	+ 2.1
Mar.	4	+ 0 57	+ 70.4	+ 9 31	+ 2.1	− 3 54	+ 8.3
	14	+ 1 30	+ 65.8	+ 9 18	− 1.3	− 3 39	+ 13.6
	24	+ 2 03	+ 60.9	+ 9 02	− 4.7	− 3 10	+ 17.8
Apr.	3	+ 2 36	+ 55.8	+ 8 42	− 8.2	− 2 29	+ 20.3
	13	+ 3 07	+ 50.5	+ 8 20	− 11.6	− 1 40	+ 21.0
	23	+ 3 35	+ 44.9	+ 7 55	− 14.8	− 0 47	+ 19.8
May	3	+ 4 00	+ 39.2	+ 7 28	− 17.9	+ 0 06	+ 16.7
	13	+ 4 22	+ 33.4	+ 6 58	− 20.8	+ 0 54	+ 12.1
	23	+ 4 39	+ 27.5	+ 6 27	− 23.4	+ 1 35	+ 6.4
June	2	+ 4 51	+ 21.5	+ 5 53	− 25.8	+ 2 07	+ 0.2
	12	+ 4 57	+ 15.6	+ 5 18	− 27.8	+ 2 30	− 6.1
	22	+ 4 57	+ 9.7	+ 4 42	− 29.4	+ 2 44	− 12.1
July	2	+ 4 51	+ 4.0	+ 4 04	− 30.8	+ 2 51	− 17.5
	12	+ 4 38	− 1.5	+ 3 25	− 31.7	+ 2 51	− 22.1
	22	+ 4 18	− 6.6	+ 2 45	− 32.4	+ 2 45	− 25.8
Aug.	1	+ 3 51	− 11.3	+ 2 04	− 32.6	+ 2 35	− 28.5
	11	+ 3 17	− 15.4	+ 1 23	− 32.6	+ 2 21	− 30.1
	21	+ 2 37	− 18.8	+ 0 42	− 32.3	+ 2 04	− 30.6
	31	+ 1 51	− 21.5	0 00	− 31.8	+ 1 43	− 29.9
Sept.	10	+ 1 00	− 23.3	− 0 41	− 31.0	+ 1 21	− 28.1
	20	+ 0 07	− 24.3	− 1 23	− 30.0	+ 0 56	− 25.0
	30	− 0 48	− 24.5	− 2 04	− 28.8	+ 0 30	− 20.6
Oct.	10	− 1 43	− 23.9	− 2 44	− 27.6	+ 0 01	− 15.1
	20	− 2 36	− 22.6	− 3 24	− 26.3	− 0 28	− 8.5
	30	− 3 26	− 20.6	− 4 03	− 25.0	− 0 58	− 0.9
Nov.	9	− 4 12	− 18.3	− 4 41	− 23.7	− 1 28	+ 7.2
	19	− 4 55	− 15.5	− 5 18	− 22.4	− 1 55	+ 15.6
	29	− 5 34	− 12.4	− 5 53	− 21.2	− 2 17	+ 23.5
Dec.	9	− 6 08	− 8.9	− 6 27	− 20.1	− 2 32	+ 30.1
	19	− 6 38	− 5.3	− 6 57	− 19.1	− 2 36	+ 34.6
	29	− 7 05	− 1.4	− 7 25	− 18.1	− 2 26	+ 36.1
	39	− 7 27	+ 2.6	− 7 48	− 17.1	− 2 01	+ 34.2

Differential coordinates are given in the sense "satellite minus planet."

DIFFERENTIAL COORDINATES FOR 0ʰ UNIVERSAL TIME

Date		XI Carme		XII Ananke		XIII Leda	
		$\Delta\alpha$	$\Delta\delta$	$\Delta\alpha$	$\Delta\delta$	$\Delta\alpha$	$\Delta\delta$
		m s	′	m s	′	m s	′
Jan.	−7	+ 7 59	− 48.2	− 5 57	+ 51.2	− 3 39	− 6.6
	3	+ 8 20	− 46.4	− 5 41	+ 52.9	− 2 44	− 13.8
	13	+ 8 35	− 43.9	− 5 18	+ 53.3	− 1 31	− 19.4
	23	+ 8 45	− 41.0	− 4 49	+ 52.5	− 0 09	− 22.6
Feb.	2	+ 8 51	− 37.8	− 4 14	+ 50.6	+ 1 12	− 22.6
	12	+ 8 52	− 34.5	− 3 34	+ 47.6	+ 2 19	− 19.6
	22	+ 8 51	− 31.4	− 2 49	+ 43.8	+ 3 05	− 14.2
Mar.	4	+ 8 46	− 28.5	− 2 00	+ 39.1	+ 3 26	− 7.5
	14	+ 8 39	− 25.9	− 1 10	+ 33.8	+ 3 25	− 0.4
	24	+ 8 29	− 23.6	− 0 19	+ 27.9	+ 3 06	+ 6.2
Apr.	3	+ 8 18	− 21.5	+ 0 32	+ 21.8	+ 2 37	+ 12.0
	13	+ 8 03	− 19.8	+ 1 20	+ 15.3	+ 2 01	+ 16.6
	23	+ 7 47	− 18.2	+ 2 04	+ 8.7	+ 1 23	+ 20.1
May	3	+ 7 28	− 16.7	+ 2 44	+ 2.0	+ 0 44	+ 22.5
	13	+ 7 06	− 15.3	+ 3 19	− 4.6	+ 0 06	+ 23.9
	23	+ 6 42	− 13.9	+ 3 49	− 11.0	− 0 29	+ 24.4
June	2	+ 6 15	− 12.4	+ 4 12	− 17.3	− 1 01	+ 24.1
	12	+ 5 45	− 10.7	+ 4 30	− 23.3	− 1 29	+ 23.2
	22	+ 5 13	− 8.8	+ 4 41	− 28.9	− 1 55	+ 21.6
July	2	+ 4 38	− 6.7	+ 4 47	− 34.1	− 2 16	+ 19.4
	12	+ 4 02	− 4.3	+ 4 48	− 39.0	− 2 33	+ 16.6
	22	+ 3 23	− 1.6	+ 4 43	− 43.3	− 2 46	+ 13.4
Aug.	1	+ 2 42	+ 1.5	+ 4 34	− 47.2	− 2 54	+ 9.8
	11	+ 2 00	+ 4.8	+ 4 21	− 50.5	− 2 55	+ 5.8
	21	+ 1 17	+ 8.4	+ 4 04	− 53.4	− 2 48	+ 1.5
	31	+ 0 33	+ 12.3	+ 3 43	− 55.8	− 2 33	− 2.8
Sept.	10	− 0 10	+ 16.3	+ 3 20	− 57.6	− 2 08	− 7.0
	20	− 0 54	+ 20.3	+ 2 53	− 59.0	− 1 32	− 10.6
	30	− 1 35	+ 24.3	+ 2 25	− 59.9	− 0 46	− 13.3
Oct.	10	− 2 15	+ 28.1	+ 1 54	− 60.4	+ 0 06	− 14.6
	20	− 2 53	+ 31.6	+ 1 22	− 60.4	+ 1 01	− 14.4
	30	− 3 27	+ 34.5	+ 0 49	− 60.1	+ 1 52	− 12.8
Nov.	9	− 3 57	+ 37.0	+ 0 16	− 59.4	+ 2 36	− 9.8
	19	− 4 24	+ 38.6	− 0 19	− 58.4	+ 3 10	− 5.8
	29	− 4 46	+ 39.5	− 0 53	− 57.0	+ 3 33	− 1.2
Dec.	9	− 5 03	+ 39.5	− 1 26	− 55.3	+ 3 42	+ 3.9
	19	− 5 15	+ 38.5	− 1 58	− 53.2	+ 3 37	+ 9.3
	29	− 5 23	+ 36.7	− 2 28	− 50.8	+ 3 18	+ 14.7
	39	− 5 26	+ 34.0	− 2 55	− 48.0	+ 2 46	+ 19.7

Differential coordinates are given in the sense "satellite minus planet."

SATELLITES OF JUPITER, 2014

TERRESTRIAL TIME OF SUPERIOR GEOCENTRIC CONJUNCTION

I Io

	d	h m		d	h m		d	h m		d	h m
Jan.	0	18 23	Mar.	21	08 32	June	9	00 37	Oct.	19	20 08
	2	12 49		23	03 00		10	19 07		21	14 37
	4	07 15		24	21 29		12	13 37		23	09 06
	6	01 41		26	15 57		14	08 07		25	03 35
	7	20 07		28	10 26		16	02 37		26	22 04
	9	14 33		30	04 54		17	21 08		28	16 33
	11	08 59		31	23 23		19	15 38		30	11 02
	13	03 25	Apr.	2	17 52		21	10 08	Nov.	1	05 31
	14	21 51		4	12 21		23	04 38		2	23 59
	16	16 17		6	06 50		24	23 09		4	18 28
	18	10 43		8	01 19		26	17 39		6	12 56
	20	05 09		9	19 47		..	.. ..		8	07 25
	21	23 35		11	14 17	Aug.	22	09 47		10	01 54
	23	18 01		13	08 46		24	04 17		11	20 22
	25	12 27		15	03 15		25	22 47		13	14 51
	27	06 53		16	21 44		27	17 17		15	09 19
	29	01 20		18	16 13		29	11 47		17	03 47
	30	19 46		20	10 42		31	06 17		18	22 15
Feb.	1	14 12		22	05 12	Sept.	2	00 47		20	16 44
	3	08 39		23	23 41		3	19 17		22	11 12
	5	03 05		25	18 11		5	13 47		24	05 40
	6	21 32		27	12 40		7	08 17		26	00 08
	8	15 59		29	07 10		9	02 47		27	18 36
	10	10 25	May	1	01 39		10	21 17		29	13 03
	12	04 52		2	20 09		12	15 47	Dec.	1	07 31
	13	23 19		4	14 38		14	10 17		3	01 59
	15	17 46		6	09 08		16	04 47		4	20 26
	17	12 13		8	03 38		17	23 17		6	14 54
	19	06 40		9	22 07		19	17 46		8	09 21
	21	01 07		11	16 37		21	12 16		10	03 49
	22	19 34		13	11 07		23	06 46		11	22 16
	24	14 02		15	05 37		25	01 16		13	16 44
	26	08 29		17	00 07		26	19 45		15	11 11
	28	02 57		18	18 37		28	14 15		17	05 38
Mar.	1	21 24		20	13 06		30	08 45		19	00 05
	3	15 52		22	07 36	Oct.	2	03 14		20	18 32
	5	10 19		24	02 06		3	21 44		22	12 59
	7	04 47		25	20 36		5	16 13		24	07 26
	8	23 15		27	15 06		7	10 43		26	01 52
	10	17 43		29	09 36		9	05 12		27	20 19
	12	12 11		31	04 06		10	23 41		29	14 46
	14	06 39	June	1	22 36		12	18 11		31	09 12
	16	01 07		3	17 06		14	12 40			
	17	19 35		5	11 37		16	07 09			
	19	14 03		7	06 07		18	01 39			

".. .. .." indicates Jupiter too close to the Sun for observations between June 27 and August 21.

TERRESTRIAL TIME OF SUPERIOR GEOCENTRIC CONJUNCTION

II Europa

	d	h m		d	h m		d	h m		d	h m
Jan.	0	03 55	Mar.	22	18 59	June	12	14 29	Oct.	22	06 18
	3	17 01		26	08 17		16	03 54		25	19 37
	7	06 08		29	21 35		19	17 20		29	08 56
	10	19 14	Apr.	2	10 53		23	06 45	Nov.	1	22 14
	14	08 21		6	00 12		26	20 11		5	11 32
	17	21 28		9	13 32		..	.. ..		9	00 49
	21	10 36		13	02 52	Aug.	22	18 57		12	14 06
	24	23 43		16	16 13		26	08 22		16	03 22
	28	12 51		20	05 33		29	21 46		19	16 38
Feb.	1	02 00		23	18 55	Sept.	2	11 10		23	05 54
	4	15 09		27	08 17		6	00 34		26	19 08
	8	04 18		30	21 39		9	13 58		30	08 23
	11	17 28	May	4	11 02		13	03 21	Dec.	3	21 36
	15	06 39		8	00 25		16	16 44		7	10 49
	18	19 50		11	13 48		20	06 07		11	00 02
	22	09 02		15	03 12		23	19 29		14	13 14
	25	22 14		18	16 35		27	08 52		18	02 25
Mar.	1	11 27		22	06 00		30	22 14		21	15 36
	5	00 41		25	19 24	Oct.	4	11 35		25	04 46
	8	13 55		29	08 49		8	00 56		28	17 56
	12	03 11	June	1	22 13		11	14 17			
	15	16 26		5	11 38		15	03 38			
	19	05 43		9	01 03		18	16 58			

III Ganymede

	d	h m		d	h m		d	h m		d	h m
Jan.	0	18 18	Mar.	20	08 38	June	7	06 45	Oct.	14	14 05
	7	21 33		27	12 32		14	11 10		21	18 17
	15	00 49	Apr.	3	16 31		21	15 36		28	22 25
	22	04 06		10	20 34		..	.. ..	Nov.	5	02 30
	29	07 25		18	00 41	Aug.	25	07 43		12	06 31
Feb.	5	10 47		25	04 52	Sept.	1	12 09		19	10 27
	12	14 14	May	2	09 05		8	16 33		26	14 19
	19	17 45		9	13 20		15	20 56	Dec.	3	18 06
	26	21 21		16	17 38		23	01 17		10	21 49
Mar.	6	01 02		23	21 58		30	05 36		18	01 27
	13	04 48		31	02 20	Oct.	7	09 52		25	05 01

IV Callisto

	d	h m		d	h m		d	h m		d	h m
Jan.	12	04 28	Apr.	5	12 13		..	.. ..	Nov.	10	07 23
	28	18 44		22	06 53	Sept.	4	01 32		27	01 05
Feb.	14	09 40	May	9	02 15		20	21 46	Dec.	13	17 47
Mar.	3	01 31		25	22 08	Oct.	7	17 35		30	09 29
	19	18 23	June	11	18 24		24	12 51			

".. .. .." indicates Jupiter too close to the Sun for observations between June 27 and August 21.

SATELLITES OF JUPITER, 2014

UNIVERSAL TIME OF GEOCENTRIC PHENOMENA

JANUARY

d	h m		d	h m		d	h m		d	h m	
0	2 16	II Ec D	8	16 05	I Tr I	16	5 16	II Sh E	24	16 14	I Tr E
	5 14	II Oc R		16 09	I Sh I		15 07	I Oc D		16 42	I Sh E
	16 09	III Ec D		18 20	I Tr E		17 40	I Ec R		22 22	II Oc D
	17 06	I Ec D		18 25	I Sh E						
	19 30	I Oc R		23 48	II Tr I	17	12 14	I Tr I	25	2 01	II Ec R
	19 52	III Oc R		23 58	II Sh I		12 32	I Sh I		11 18	I Oc D
							14 30	I Tr E		14 03	I Ec R
1	14 15	I Sh I	9	2 29	II Tr E		14 48	I Sh E		16 11	III Tr I
	14 22	I Tr I		2 40	II Sh E		20 07	II Oc D		18 09	III Sh I
	16 30	I Sh E		13 23	I Oc D		23 25	II Ec R		19 21	III Tr E
	16 37	I Tr E		15 45	I Ec R					21 22	III Sh E
	21 21	II Sh I				18	9 33	I Oc D			
	21 33	II Tr I	10	10 31	I Tr I		12 09	I Ec R	26	8 25	I Tr I
				10 38	I Sh I		12 53	III Tr I		8 55	I Sh I
2	0 03	II Sh E		12 46	I Tr E		14 10	III Sh I		10 40	I Tr E
	0 15	II Tr E		12 53	I Sh E		16 03	III Tr E		11 11	I Sh E
	11 35	I Ec D		17 53	II Oc D		17 22	III Sh E		17 26	II Tr I
	13 56	I Oc R		20 49	II Ec R					18 28	II Sh I
						19	6 40	I Tr I		20 07	II Tr E
3	8 43	I Sh I	11	7 49	I Oc D		7 01	I Sh I		21 10	II Sh E
	8 47	I Tr I		9 37	III Tr I		8 56	I Tr E			
	10 59	I Sh E		10 11	III Sh I		9 16	I Sh E	27	5 44	I Oc D
	11 03	I Tr E		10 14	I Ec R		15 10	II Tr I		8 32	I Ec R
	15 33	II Ec D		12 47	III Tr E		15 52	II Sh I			
	18 21	II Oc R		13 22	III Sh E		17 51	II Tr E	28	2 51	I Tr I
	21 02	IV Sh I					18 34	II Sh E		3 24	I Sh I
	21 28	IV Tr I	12	2 42	IV Oc D					5 06	I Tr E
				4 56	I Tr I	20	3 59	I Oc D		5 40	I Sh E
4	0 25	IV Sh E		5 06	I Sh I		6 37	I Ec R		11 30	II Oc D
	0 54	IV Tr E		7 12	I Tr E		11 36	IV Tr I		15 19	II Ec R
	6 03	I Ec D		7 22	I Sh E		15 01	IV Tr E		16 58	IV Oc D
	6 12	III Sh I		7 43	IV Ec R		15 03	IV Sh I		20 25	IV Oc R
	6 22	III Tr I		12 55	II Tr I		18 35	IV Sh E		22 15	IV Ec D
	8 22	I Oc R		13 16	II Sh I						
	9 22	III Sh E		15 36	II Tr E	21	1 06	I Tr I	29	0 10	I Oc D
	9 32	III Tr E		15 58	II Sh E		1 29	I Sh I		1 53	IV Ec R
							3 22	I Tr E		3 01	I Ec R
5	3 12	I Sh I	13	2 15	I Oc D		3 45	I Sh E		5 48	III Oc D
	3 13	I Tr I		4 43	I Ec R		9 14	II Oc D		11 22	III Ec R
	5 27	I Sh E		23 22	I Tr I		12 43	II Ec R		21 18	I Tr I
	5 28	I Tr E		23 35	I Sh I		22 25	I Oc D		21 53	I Sh I
	10 39	II Sh I								23 33	I Tr E
	10 40	II Tr I	14	1 38	I Tr E	22	1 06	I Ec R			
	13 21	II Sh E		1 50	I Sh E		2 29	III Oc D	30	0 08	I Sh E
	13 22	II Tr E		7 00	II Oc D		7 22	III Ec R		6 35	II Tr I
				10 07	II Ec R		19 33	I Tr I		7 47	II Sh I
6	0 32	I Oc D		20 41	I Oc D		19 58	I Sh I		9 16	II Tr E
	2 48	I Ec R		23 11	I Ec R		21 48	I Tr E		10 29	II Sh E
	21 39	I Tr I		23 12	III Oc D		22 14	I Sh E		18 37	I Oc D
	21 40	I Sh I								21 30	I Ec R
	23 54	I Tr E	15	3 21	III Ec R	23	4 18	II Tr I			
	23 56	I Sh E		17 48	I Tr I		5 10	II Sh I	31	15 44	I Tr I
				18 03	I Sh I		6 59	II Tr E		16 21	I Sh I
7	4 46	II Oc D		20 04	I Tr E		7 52	II Sh E		17 59	I Tr E
	7 32	II Ec R		20 19	I Sh E		16 52	I Oc D		18 37	I Sh E
	18 57	I Oc D					19 35	I Ec R			
	19 57	III Oc D	16	2 03	II Tr I						
	21 17	I Ec R		2 34	II Sh I	24	13 59	I Tr I			
	23 21	III Ec R		4 44	II Tr E		14 27	I Sh I			

I. Jan. 14	II. Jan. 14	III. Jan. 15	IV. Jan. 12
$x_2 = +1.2,\ y_2 = +0.2$	$x_2 = +1.2,\ y_2 = +0.3$	$x_2 = +1.4,\ y_2 = +0.5$	$x_2 = +1.4,\ y_2 = +0.7$

NOTE.–I denotes ingress; E, egress; D, disappearance; R, reappearance; Ec, eclipse; Oc, occultation; Tr, transit of the satellite; Sh, transit of the shadow.

CONFIGURATIONS OF SATELLITES I-IV FOR JANUARY

UNIVERSAL TIME

PHASES OF THE ECLIPSES

SATELLITES OF JUPITER, 2014

UNIVERSAL TIME OF GEOCENTRIC PHENOMENA

FEBRUARY

d	h m			
1	0 38	II	Oc	D
	4 37	II	Ec	R
	13 03	I	Oc	D
	15 58	I	Ec	R
	19 33	III	Tr	I
	22 10	III	Sh	I
	22 42	III	Tr	E
2	1 23	III	Sh	E
	10 10	I	Tr	I
	10 50	I	Sh	I
	12 26	I	Tr	E
	13 06	I	Sh	E
	19 44	II	Tr	I
	21 05	II	Sh	I
	22 25	II	Tr	E
	23 47	II	Sh	E
3	7 30	I	Oc	D
	10 27	I	Ec	R
4	4 37	I	Tr	I
	5 19	I	Sh	I
	6 52	I	Tr	E
	7 34	I	Sh	E
	13 47	II	Oc	D
	17 55	II	Ec	R
5	1 56	I	Oc	D
	4 56	I	Ec	R
	9 11	III	Oc	D
	15 22	III	Ec	R
	23 03	I	Tr	I
	23 47	I	Sh	I
6	1 19	I	Tr	E
	2 03	I	Sh	E
	2 10	IV	Tr	I
	5 34	IV	Tr	E
	8 53	II	Tr	I
	9 05	IV	Sh	I
	10 23	II	Sh	I
	11 34	II	Tr	E
	12 44	IV	Sh	E
	13 05	II	Sh	E
	20 23	I	Oc	D
	23 25	I	Ec	R
7	17 30	I	Tr	I
	18 16	I	Sh	I
	19 45	I	Tr	E
	20 32	I	Sh	E

d	h m			
8	2 57	II	Oc	D
	7 14	II	Ec	R
	14 49	I	Oc	D
	17 53	I	Ec	R
	22 58	III	Tr	I
9	2 07	III	Tr	E
	2 09	III	Sh	I
	5 23	III	Sh	E
	11 57	I	Tr	I
	12 45	I	Sh	I
	14 12	I	Tr	E
	15 00	I	Sh	E
	22 03	II	Tr	I
	23 41	II	Sh	I
10	0 44	II	Tr	E
	2 23	II	Sh	E
	9 16	I	Oc	D
	12 22	I	Ec	R
11	6 23	I	Tr	I
	7 13	I	Sh	I
	8 39	I	Tr	E
	9 29	I	Sh	E
	16 07	II	Oc	D
	20 32	II	Ec	R
12	3 43	I	Oc	D
	6 51	I	Ec	R
	12 37	III	Oc	D
	15 48	III	Oc	R
	16 07	III	Ec	D
	19 23	III	Ec	R
13	0 50	I	Tr	I
	1 42	I	Sh	I
	3 05	I	Tr	E
	3 58	I	Sh	E
	11 14	II	Tr	I
	12 59	II	Sh	I
	13 54	II	Tr	E
	15 41	II	Sh	E
	22 10	I	Oc	D
14	1 20	I	Ec	R
	7 54	IV	Oc	D
	11 21	IV	Oc	R
	16 18	IV	Ec	D
	19 17	I	Tr	I
	20 04	IV	Ec	R
	20 11	I	Sh	I
	21 32	I	Tr	E

d	h m			
14	22 27	I	Sh	E
15	5 17	II	Oc	D
	9 50	II	Ec	R
	16 37	I	Oc	D
	19 48	I	Ec	R
16	2 27	III	Tr	I
	5 36	III	Tr	E
	6 09	III	Sh	I
	9 24	III	Sh	E
	13 44	I	Tr	I
	14 40	I	Sh	I
	15 59	I	Tr	E
	16 55	I	Sh	E
17	0 25	II	Tr	I
	2 17	II	Sh	I
	3 05	II	Tr	E
	4 59	II	Sh	E
	11 04	I	Oc	D
	14 17	I	Ec	R
18	8 11	I	Tr	I
	9 09	I	Sh	I
	10 26	I	Tr	E
	11 24	I	Sh	E
	18 28	II	Oc	D
	23 09	II	Ec	R
19	5 31	I	Oc	D
	8 46	I	Ec	R
	16 08	III	Oc	D
	19 19	III	Oc	R
	20 06	III	Ec	D
	23 23	III	Ec	R
20	2 39	I	Tr	I
	3 37	I	Sh	I
	4 54	I	Tr	E
	5 53	I	Sh	E
	13 37	II	Tr	I
	15 35	II	Sh	I
	16 17	II	Tr	E
	18 17	II	Sh	E
	23 58	I	Oc	D
21	3 15	I	Ec	R
	21 06	I	Tr	I
	22 06	I	Sh	I
	23 21	I	Tr	E
22	0 22	I	Sh	E

d	h m			
22	7 40	II	Oc	D
	12 27	II	Ec	R
	17 33	IV	Tr	I
	18 25	I	Oc	D
	20 57	IV	Tr	E
	21 43	I	Ec	R
23	3 07	IV	Sh	I
	6 00	III	Tr	I
	6 53	IV	Sh	E
	9 10	III	Tr	E
	10 09	III	Sh	I
	13 24	III	Sh	E
	15 33	I	Tr	I
	16 35	I	Sh	I
	17 48	I	Tr	E
	18 50	I	Sh	E
24	2 49	II	Tr	I
	4 53	II	Sh	I
	5 29	II	Tr	E
	7 35	II	Sh	E
	12 53	I	Oc	D
	16 12	I	Ec	R
25	10 00	I	Tr	I
	11 04	I	Sh	I
	12 15	I	Tr	E
	13 19	I	Sh	E
	20 53	II	Oc	D
26	1 46	II	Ec	R
	7 20	I	Oc	D
	10 41	I	Ec	R
	19 44	III	Oc	D
	22 56	III	Oc	R
27	0 07	III	Ec	D
	3 25	III	Ec	R
	4 28	I	Tr	I
	5 32	I	Sh	I
	6 43	I	Tr	E
	7 48	I	Sh	E
	16 01	II	Tr	I
	18 11	II	Sh	I
	18 41	II	Tr	E
	20 54	II	Sh	E
28	1 47	I	Oc	D
	5 10	I	Ec	R
	22 55	I	Tr	I

I. Feb. 15	II. Feb. 15	III. Feb. 12	IV. Feb. 14
		$x_1 = +1.0, y_1 = +0.5$	$x_1 = +2.8, y_1 = +0.7$
$x_2 = +1.8, y_2 = +0.2$	$x_2 = +2.2, y_2 = +0.3$	$x_2 = +2.9, y_2 = +0.5$	$x_2 = +4.3, y_2 = +0.7$

NOTE.–I denotes ingress; E, egress; D, disappearance; R, reappearance; Ec, eclipse; Oc, occultation; Tr, transit of the satellite; Sh, transit of the shadow.

CONFIGURATIONS OF SATELLITES I-IV FOR FEBRUARY

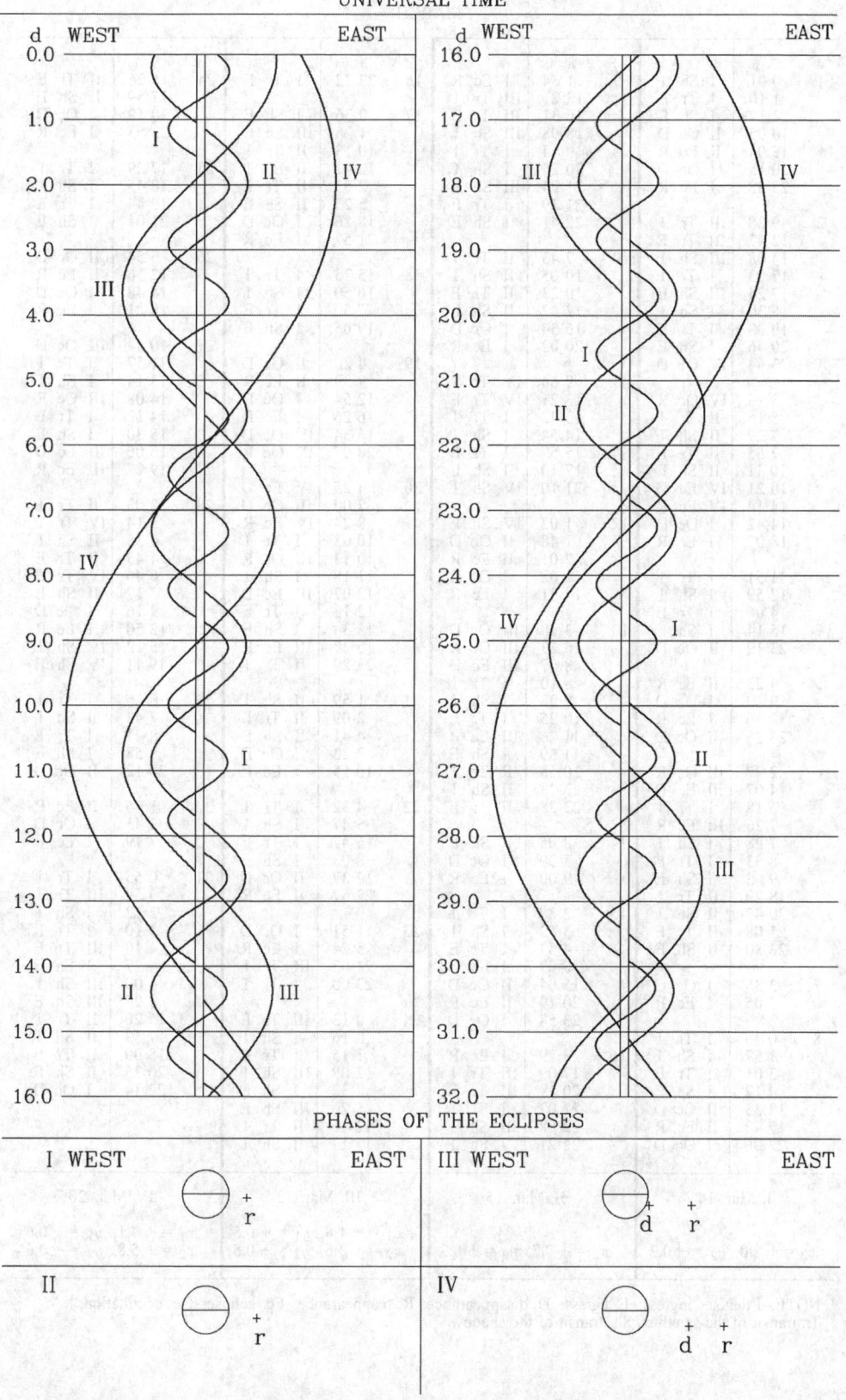

UNIVERSAL TIME

PHASES OF THE ECLIPSES

SATELLITES OF JUPITER, 2014

UNIVERSAL TIME OF GEOCENTRIC PHENOMENA

MARCH

d	h m			d	h m			d	h m			d	h m		
1	0 01	I	Sh I	9	1 34	I	Ec R	16	23 22	I	Tr E	24	15 26	II	Tr E
	1 10	I	Tr E		13 21	III	Tr I	17	0 36	I	Sh E		17 59	II	Sh E
	2 17	I	Sh E		16 31	III	Tr E		1 25	III	Sh E		20 19	I	Oc D
	10 05	II	Oc D		18 08	III	Sh I		10 13	II	Tr I		23 53	I	Ec R
	15 04	II	Ec R		19 14	I	Tr I		12 41	II	Sh I	25	17 29	I	Tr I
	20 15	I	Oc D		20 25	I	Sh I		12 53	II	Tr E		18 45	I	Sh I
	23 38	I	Ec R		21 24	III	Sh E		15 23	II	Sh E		19 44	I	Tr E
2	9 38	III	Tr I		21 29	I	Tr E		18 26	I	Oc D		21 01	I	Sh E
	12 47	III	Tr E		22 41	I	Sh E		21 57	I	Ec R	26	6 54	II	Oc D
	14 08	III	Sh I	10	7 43	II	Tr I	18	15 35	I	Tr I		12 16	II	Ec R
	17 23	I	Tr I		10 05	II	Sh I		16 50	I	Sh I		14 48	I	Oc D
	17 24	III	Sh E		10 23	II	Tr E		17 50	I	Tr E		18 21	I	Ec R
	18 30	I	Sh I		12 47	II	Sh E		19 05	I	Sh E	27	10 54	III	Oc D
	19 38	I	Tr E		16 34	I	Oc D	19	4 20	II	Oc D		11 57	I	Tr I
	20 46	I	Sh E		20 02	I	Ec R		9 39	II	Ec R		13 14	I	Sh I
	23 44	IV	Oc D	11	9 54	IV	Tr I		12 54	I	Oc D		14 08	III	Oc R
3	3 13	IV	Oc R		13 21	IV	Tr E		16 26	I	Ec R		14 12	I	Tr E
	5 15	II	Tr I		13 42	I	Tr I		16 34	IV	Oc D		15 30	I	Sh E
	7 29	II	Sh I		14 54	I	Sh I		20 07	IV	Oc R		16 06	III	Ec D
	7 55	II	Tr E		15 57	I	Tr E	20	4 25	IV	Ec D		19 27	III	Ec R
	10 11	II	Sh E		17 10	I	Sh E		7 00	III	Oc D	28	2 03	II	Tr I
	10 21	IV	Ec D		21 10	IV	Sh I		8 24	IV	Ec R		3 14	IV	Tr I
	14 14	IV	Ec R	12	1 02	IV	Sh E		10 03	I	Tr I		4 35	II	Sh I
	14 42	I	Oc D		1 48	II	Oc D		10 13	III	Oc R		4 43	II	Tr E
	18 07	I	Ec R		7 01	II	Ec R		11 18	I	Sh I		6 46	IV	Tr E
4	11 51	I	Tr I		11 02	I	Oc D		12 07	III	Ec D		7 17	II	Sh E
	12 59	I	Sh I		14 31	I	Ec R		12 18	I	Tr E		9 16	I	Oc D
	14 06	I	Tr E	13	3 10	III	Oc D		13 34	I	Sh E		12 50	I	Ec R
	15 14	I	Sh E		6 23	III	Oc R		15 27	III	Ec R		15 12	IV	Sh I
	23 19	II	Oc D		8 07	III	Ec D		23 29	II	Tr I		19 11	IV	Sh E
5	4 23	II	Ec R		8 10	I	Tr I	21	1 59	II	Sh I	29	6 26	I	Tr I
	9 10	I	Oc D		9 23	I	Sh I		2 09	II	Tr E		7 43	I	Sh I
	12 36	I	Ec R		10 25	I	Tr E		4 41	II	Sh E		8 41	I	Tr E
	23 25	III	Oc D		11 26	III	Ec R		7 23	I	Oc D		9 58	I	Sh E
6	2 37	III	Oc R		11 39	I	Sh E		10 55	I	Ec R		20 12	II	Oc D
	4 07	III	Ec D		20 58	II	Tr I	22	4 32	I	Tr I	30	1 35	II	Ec R
	6 18	I	Tr I		23 23	II	Sh I		5 47	I	Sh I		3 45	I	Oc D
	7 26	III	Ec R		23 38	II	Tr E		6 47	I	Tr E		7 19	I	Ec R
	7 28	I	Sh I	14	2 05	II	Sh E		8 03	I	Sh E	31	0 55	I	Tr I
	8 33	I	Tr E		5 30	I	Oc D		17 37	II	Oc D		0 59	III	Tr I
	9 43	I	Sh E		9 00	I	Ec R		22 57	II	Ec R		2 12	I	Sh I
	18 29	II	Tr I	15	2 38	I	Tr I	23	1 51	I	Oc D		3 10	I	Tr E
	20 47	II	Sh I		3 52	I	Sh I		5 24	I	Ec R		4 10	III	Tr E
	21 08	II	Tr E		4 53	I	Tr E		21 02	III	Tr I		4 27	I	Sh E
	23 30	II	Sh E		6 07	I	Sh E		23 00	I	Tr I		6 09	III	Sh I
7	3 38	I	Oc D		15 04	II	Oc D	24	0 13	III	Tr E		9 27	III	Sh E
	7 05	I	Ec R		20 19	II	Ec R		0 16	I	Sh I		15 20	II	Tr I
8	0 46	I	Tr I		23 58	I	Oc D		1 15	I	Tr E		17 53	II	Sh I
	1 57	I	Sh I	16	3 29	I	Ec R		2 09	III	Sh I		18 00	II	Tr E
	3 01	I	Tr E		17 09	III	Tr I		2 32	I	Sh E		20 35	II	Sh E
	4 12	I	Sh E		20 19	III	Tr E		5 26	III	Sh E		22 14	I	Oc D
	12 33	II	Oc D		21 07	I	Tr I		12 46	II	Tr I				
	17 42	II	Ec R		22 08	III	Sh I		15 17	II	Sh I				
	22 06	I	Oc D		22 21	I	Sh I								

I. Mar. 14	II. Mar. 15	III. Mar. 13	IV. Mar. 20
$x_2 = +2.0$, $y_2 = +0.2$	$x_2 = +2.7$, $y_2 = +0.3$	$x_1 = +1.8$, $y_1 = +0.5$ $x_2 = +3.6$, $y_2 = +0.5$	$x_1 = +4.1$, $y_1 = +0.6$ $x_2 = +5.8$, $y_2 = +0.6$

NOTE.–I denotes ingress; E, egress; D, disappearance; R, reappearance; Ec, eclipse; Oc, occultation; Tr, transit of the satellite; Sh, transit of the shadow.

CONFIGURATIONS OF SATELLITES I-IV FOR MARCH

UNIVERSAL TIME

PHASES OF THE ECLIPSES

SATELLITES OF JUPITER, 2014

UNIVERSAL TIME OF GEOCENTRIC PHENOMENA

APRIL

d	h m		d	h m		d	h m		d	h m	
1	1 48	I Ec R	8	22 36	I Sh I	16	1 32	I Tr E	23	17 32	II Oc D
	19 24	I Tr I		23 35	I Tr E		2 47	I Sh E		22 32	I Oc D
	20 40	I Sh I	9	0 52	I Sh E		14 50	II Oc D		22 49	II Ec R
	21 39	I Tr E		12 09	II Oc D		20 10	II Ec R	24	2 01	I Ec R
	22 56	I Sh E		17 32	II Ec R		20 35	I Oc D		19 43	I Tr I
2	9 31	II Oc D		18 38	I Oc D	17	0 06	I Ec R		20 56	I Sh I
	14 54	II Ec R		22 11	I Ec R		17 46	I Tr I		21 59	I Tr E
	16 43	I Oc D	10	15 49	I Tr I		19 00	I Sh I		23 12	I Sh E
	20 16	I Ec R		17 05	I Sh I		20 01	I Tr E	25	3 12	III Oc D
3	13 52	I Tr I		18 04	I Tr E		21 16	I Sh E		6 29	III Oc R
	14 53	III Oc D		18 55	III Oc D		23 03	III Oc D		8 06	III Ec D
	15 09	I Sh I		19 21	I Sh E	18	2 18	III Oc R		11 30	III Ec R
	16 08	I Tr E		22 10	III Oc R		4 06	III Ec D		12 34	II Tr I
	17 25	I Sh E	11	0 06	III Ec D		7 30	III Ec R		14 56	II Sh I
	18 07	III Oc R		3 28	III Ec R		9 54	II Tr I		15 15	II Tr E
	20 06	III Ec D		7 15	II Tr I		12 21	II Sh I		17 01	I Oc D
	23 28	III Ec R		9 46	II Sh I		12 35	II Tr E		17 40	II Sh E
4	4 38	II Tr I		9 56	II Tr E		15 04	I Oc D		20 30	I Ec R
	7 10	II Sh I		12 29	II Sh E		15 04	II Sh E	26	14 13	I Tr I
	7 18	II Tr E		13 07	I Oc D		18 35	I Ec R		15 25	I Sh I
	9 53	II Sh E		16 40	I Ec R	19	12 15	I Tr I		16 28	I Tr E
	11 11	I Oc D	12	10 18	I Tr I		13 29	I Sh I		17 41	I Sh E
	14 45	I Ec R		11 34	I Sh I		14 30	I Tr E	27	6 53	II Oc D
5	8 21	I Tr I		12 33	I Tr E		15 45	I Sh E		11 31	I Oc D
	9 38	I Sh I		13 50	I Sh E	20	4 10	II Oc D		12 07	II Ec R
	10 21	IV Oc D	13	1 29	II Oc D		9 29	II Ec R		14 59	I Ec R
	10 36	I Tr E		6 51	II Ec R		9 33	I Oc D	28	8 42	I Tr I
	11 54	I Sh E		7 36	I Oc D		13 04	I Ec R		9 54	I Sh I
	14 00	IV Oc R		11 09	I Ec R	21	6 44	I Tr I		10 58	I Tr E
	22 28	IV Ec D		21 26	IV Tr I		7 58	I Sh I		12 10	I Sh E
	22 49	II Oc D	14	1 05	IV Tr E		9 00	I Tr E		17 23	III Tr I
6	2 34	IV Ec R		4 47	I Tr I		10 14	I Sh E		20 38	III Tr E
	4 13	II Ec R		6 03	I Sh I		13 12	III Tr I		22 08	III Sh I
	5 40	I Oc D		7 02	I Tr E		16 26	III Tr E	29	1 30	III Sh E
	9 14	I Ec R		8 19	I Sh E		18 08	III Sh I		1 55	II Tr I
7	2 50	I Tr I		9 04	III Tr I		21 29	III Sh E		4 14	II Sh I
	4 07	I Sh I		9 15	IV Sh I		23 14	II Tr I		4 36	II Tr E
	5 00	III Tr I		12 17	III Tr E	22	1 39	II Sh I		6 00	I Oc D
	5 06	I Tr E		13 19	IV Sh E		1 55	II Tr E		6 57	II Sh E
	6 23	I Sh E		14 09	III Sh I		4 03	I Oc D		9 28	I Ec R
	8 12	III Tr E		17 29	III Sh E		4 22	II Sh E	30	3 12	I Tr I
	10 09	III Sh I		20 35	II Tr I		4 58	IV Oc D		4 22	I Sh I
	13 28	III Sh E		23 03	II Sh I		7 33	I Ec R		5 28	I Tr E
	17 57	II Tr I		23 15	II Tr E		8 44	IV Oc R		6 39	I Sh E
	20 28	II Sh I	15	1 46	II Sh E		16 32	IV Ec D		16 24	IV Tr I
	20 37	II Tr E		2 05	I Oc D		20 44	IV Ec R		20 10	IV Tr E
	23 11	II Sh E		5 38	I Ec R	23	1 14	I Tr I		20 16	II Oc D
8	0 09	I Oc D		23 16	I Tr I		2 27	I Sh I			
	3 43	I Ec R	16	0 31	I Sh I		3 29	I Tr E			
	21 19	I Tr I					4 43	I Sh E			

I. Apr. 15	II. Apr. 16	III. Apr. 18	IV. Apr. 22
		$x_1 = +1.9,\ y_1 = +0.4$	$x_1 = +4.0,\ y_1 = +0.6$
$x_2 = +2.1,\ y_2 = +0.2$	$x_2 = +2.7,\ y_2 = +0.3$	$x_2 = +3.7,\ y_2 = +0.4$	$x_2 = +5.7,\ y_2 = +0.6$

NOTE.–I denotes ingress; E, egress; D, disappearance; R, reappearance; Ec, eclipse; Oc, occultation; Tr, transit of the satellite; Sh, transit of the shadow.

CONFIGURATIONS OF SATELLITES I-IV FOR APRIL

UNIVERSAL TIME

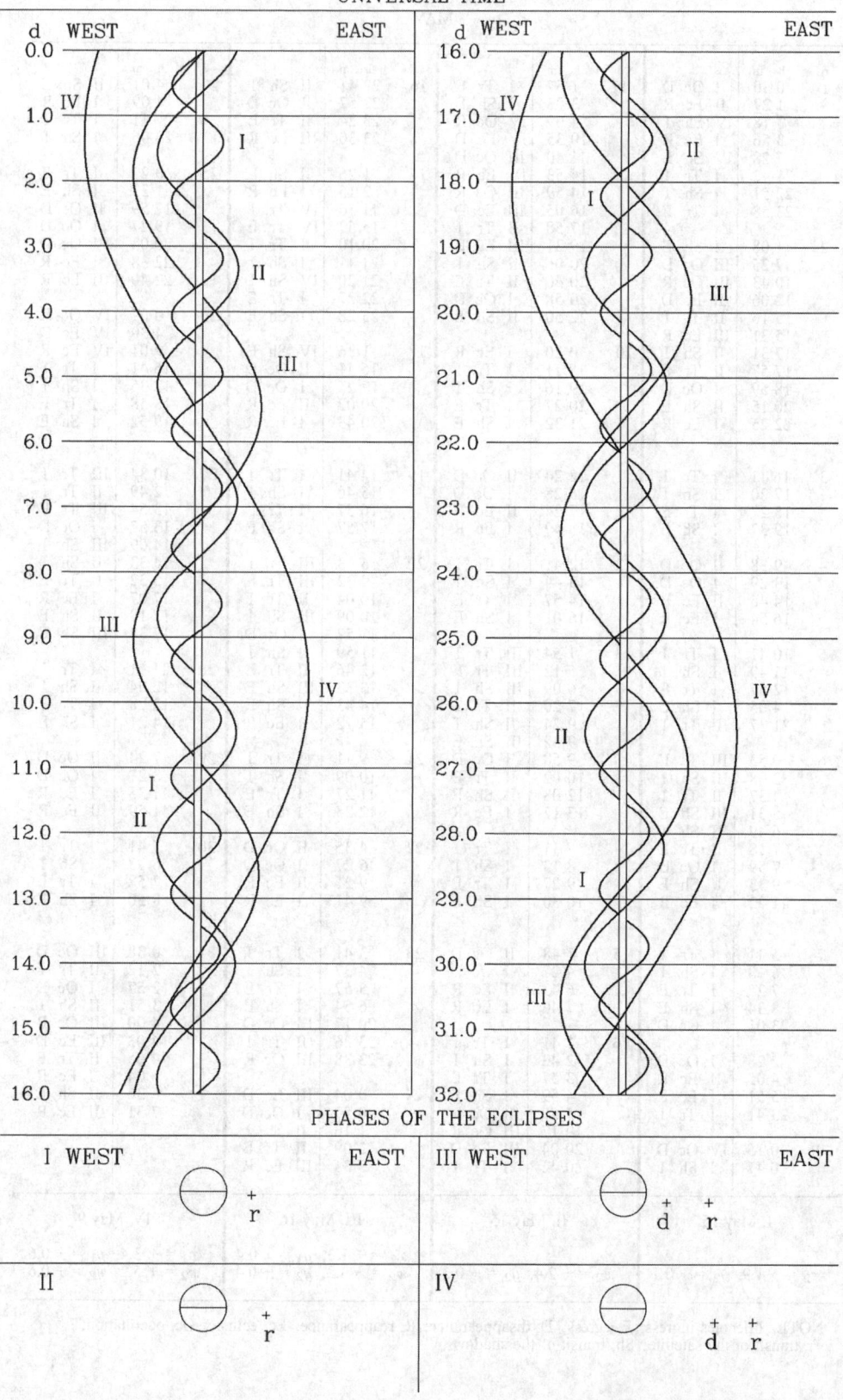

PHASES OF THE ECLIPSES

UNIVERSAL TIME OF GEOCENTRIC PHENOMENA

MAY

d	h m		
1	0 30	I	Oc D
	1 27	II	Ec R
	3 18	IV	Sh I
	3 56	I	Ec R
	7 28	IV	Sh E
	21 42	I	Tr I
	22 51	I	Sh I
	23 58	I	Tr E
2	1 08	I	Sh E
	7 25	III	Oc D
	10 43	III	Oc R
	12 06	III	Ec D
	15 16	II	Tr I
	15 31	III	Ec R
	17 31	II	Sh I
	17 57	II	Tr E
	18 59	I	Oc D
	20 15	II	Sh E
	22 25	I	Ec R
3	16 11	I	Tr I
	17 20	I	Sh I
	18 27	I	Tr E
	19 37	I	Sh E
4	9 38	II	Oc D
	13 29	I	Oc D
	14 46	II	Ec R
	16 54	I	Ec R
5	10 41	I	Tr I
	11 49	I	Sh I
	12 57	I	Tr E
	14 05	I	Sh E
	21 37	III	Tr I
6	0 53	III	Tr E
	2 08	III	Sh I
	4 37	II	Tr I
	5 31	III	Sh E
	6 49	II	Sh I
	7 18	II	Tr E
	7 59	I	Oc D
	9 33	II	Sh E
	11 22	I	Ec R
7	5 11	I	Tr I
	6 18	I	Sh I
	7 27	I	Tr E
	8 34	I	Sh E
	23 01	II	Oc D
8	2 28	I	Oc D
	4 05	II	Ec R
	5 51	I	Ec R
	23 41	I	Tr I
9	0 15	IV	Oc D
	0 47	I	Sh I

d	h m		
9	1 57	I	Tr E
	3 03	I	Sh E
	4 09	IV	Oc R
	10 35	IV	Ec D
	11 40	III	Oc D
	14 53	IV	Ec R
	14 59	III	Oc R
	16 05	III	Ec D
	17 58	II	Tr I
	19 31	III	Ec R
	20 06	II	Sh I
	20 40	II	Tr E
	20 58	I	Oc D
	22 50	II	Sh E
10	0 20	I	Ec R
	18 11	I	Tr I
	19 16	I	Sh I
	20 27	I	Tr E
	21 32	I	Sh E
11	12 24	II	Oc D
	15 28	I	Oc D
	17 24	II	Ec R
	18 49	I	Ec R
12	12 41	I	Tr I
	13 44	I	Sh I
	14 57	I	Tr E
	16 01	I	Sh E
13	1 54	III	Tr I
	5 12	III	Tr E
	6 09	III	Sh I
	7 20	II	Tr I
	9 24	II	Sh I
	9 32	III	Sh E
	9 58	I	Oc D
	10 02	II	Tr E
	12 08	II	Sh E
	13 17	I	Ec R
14	7 11	I	Tr I
	8 13	I	Sh I
	9 27	I	Tr E
	10 30	I	Sh E
15	1 48	II	Oc D
	4 27	I	Oc D
	6 43	II	Ec R
	7 46	I	Ec R
16	1 41	I	Tr I
	2 42	I	Sh I
	3 57	I	Tr E
	4 59	I	Sh E
	15 57	III	Oc D
	19 17	III	Oc R
	20 04	III	Ec D
	20 42	II	Tr I

d	h m		
16	22 41	II	Sh I
	22 57	I	Oc D
	23 24	II	Tr E
	23 30	III	Ec R
17	1 26	II	Sh E
	2 15	I	Ec R
	11 56	IV	Tr I
	15 52	IV	Tr E
	20 10	I	Tr I
	21 11	I	Sh I
	21 20	IV	Sh I
	22 27	I	Tr E
	23 28	I	Sh E
18	1 36	IV	Sh E
	15 11	II	Oc D
	17 27	I	Oc D
	20 02	II	Ec R
	20 43	I	Ec R
19	14 41	I	Tr I
	15 40	I	Sh I
	16 57	I	Tr E
	17 57	I	Sh E
20	6 13	III	Tr I
	9 32	III	Tr E
	10 04	III	Sh I
	10 09	II	Tr I
	11 57	I	Oc D
	11 59	II	Sh I
	12 46	II	Tr E
	13 33	III	Sh E
	14 43	II	Sh E
	15 12	I	Ec R
21	9 11	I	Tr I
	10 09	I	Sh I
	11 27	I	Tr E
	12 25	I	Sh E
22	4 35	II	Oc D
	6 27	I	Oc D
	9 21	II	Ec R
	9 41	I	Ec R
23	3 41	I	Tr I
	4 37	I	Sh I
	5 57	I	Tr E
	6 54	I	Sh E
	20 17	III	Oc D
	23 26	II	Tr I
	23 38	III	Oc R
24	0 04	III	Ec D
	0 57	I	Oc D
	1 16	II	Sh I
	2 09	II	Tr E
	3 31	III	Ec R

d	h m		
24	4 01	II	Sh E
	4 09	I	Ec R
	22 11	I	Tr I
	23 06	I	Sh I
25	0 27	I	Tr E
	1 23	I	Sh E
	17 59	II	Oc D
	19 27	I	Oc D
	20 04	IV	Oc D
	22 38	I	Ec R
	22 40	II	Ec R
26	0 07	IV	Oc R
	4 39	IV	Ec D
	9 01	IV	Ec R
	16 41	I	Tr I
	17 35	I	Sh I
	18 58	I	Tr E
	19 52	I	Sh E
27	10 34	III	Tr I
	12 49	II	Tr I
	13 54	III	Tr E
	13 57	I	Oc D
	14 09	III	Sh I
	14 33	II	Sh I
	15 32	II	Tr E
	17 07	I	Ec R
	17 18	II	Sh E
	17 34	III	Sh E
28	11 11	I	Tr I
	12 04	I	Sh I
	13 28	I	Tr E
	14 21	I	Sh E
29	7 24	II	Oc D
	8 27	I	Oc D
	11 35	I	Ec R
	11 59	II	Ec R
30	5 41	I	Tr I
	6 33	I	Sh I
	7 58	I	Tr E
	8 50	I	Sh E
31	0 38	III	Oc D
	2 12	II	Tr I
	2 57	I	Oc D
	3 51	II	Sh I
	4 00	III	Oc R
	4 03	III	Ec D
	4 55	II	Tr E
	6 04	I	Ec R
	6 36	II	Sh E
	7 31	III	Ec R

I. May 15	II. May 15	III. May 16	IV. May 9
		$x_1 = +1.3,\ y_1 = +0.4$	$x_1 = +3.4,\ y_1 = +0.6$
$x_2 = +1.9,\ y_2 = +0.1$	$x_2 = +2.4,\ y_2 = +0.3$	$x_2 = +3.2,\ y_2 = +0.4$	$x_2 = +5.2,\ y_2 = +0.6$

NOTE.–I denotes ingress; E, egress; D, disappearance; R, reappearance; Ec, eclipse; Oc, occultation; Tr, transit of the satellite; Sh, transit of the shadow.

CONFIGURATIONS OF SATELLITES I-IV FOR MAY

UNIVERSAL TIME

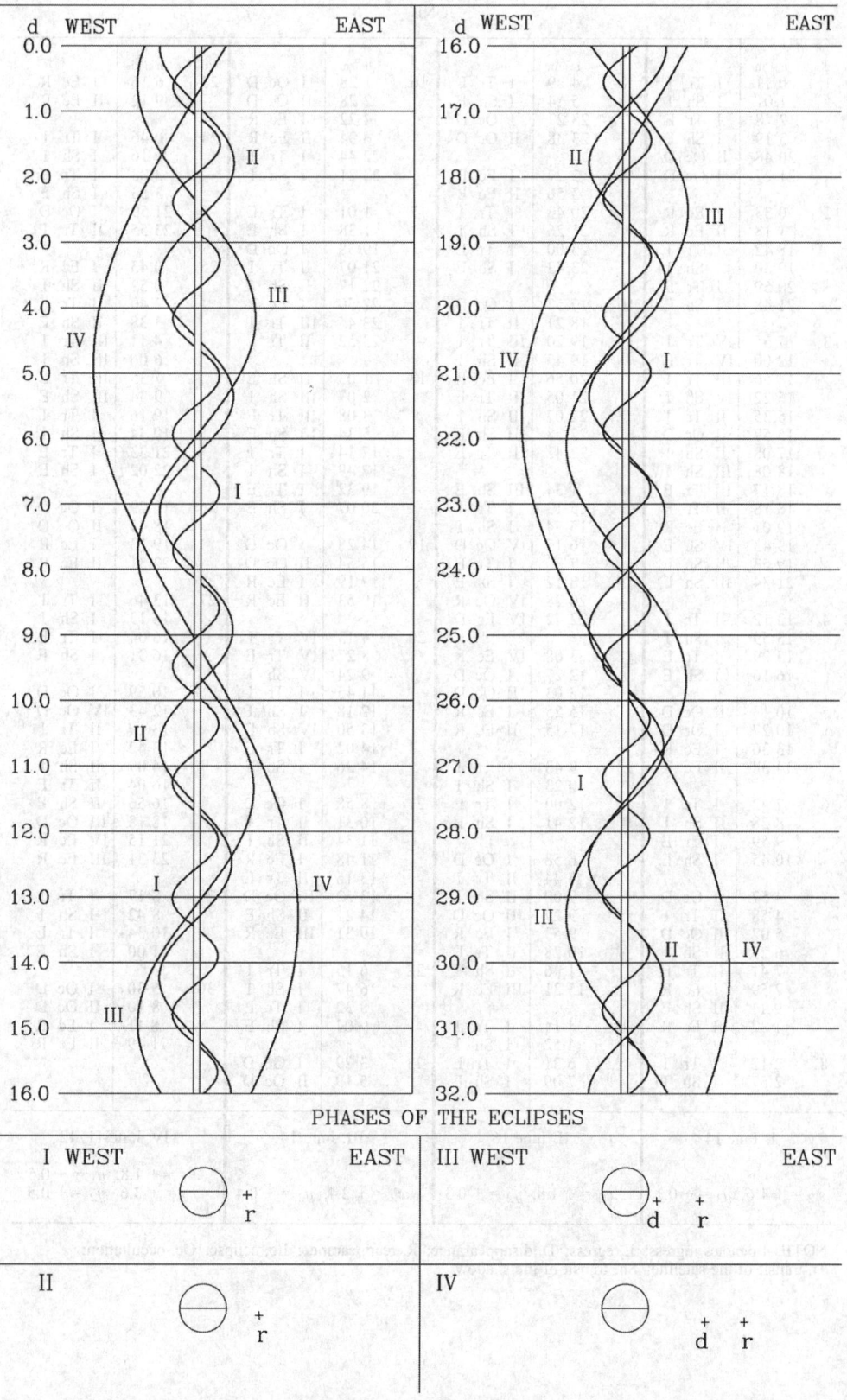

PHASES OF THE ECLIPSES

UNIVERSAL TIME OF GEOCENTRIC PHENOMENA

JUNE

d	h m				d	h m				d	h m				d	h m		
1	0 11	I	Tr	I	8	4 29	I	Tr	E	16	1 28	I	Oc	D	23	6 16	I	Ec	R
	1 01	I	Sh	I		5 14	I	Sh	E		2 28	II	Oc	D		9 12	II	Ec	R
	2 28	I	Tr	E		23 27	I	Oc	D		4 22	I	Ec	R	24	0 46	I	Tr	I
	3 19	I	Sh	E		23 38	II	Oc	D		6 34	II	Ec	R		1 16	I	Sh	I
	20 48	II	Oc	D	9	2 27	I	Ec	R		22 44	I	Tr	I		3 03	I	Tr	E
	21 27	I	Oc	D		3 56	II	Ec	R		23 21	I	Sh	I		3 33	I	Sh	E
2	0 33	I	Ec	R		20 43	I	Tr	I	17	1 01	I	Tr	E		21 59	I	Oc	D
	1 18	II	Ec	R		21 26	I	Sh	I		1 38	I	Sh	E		23 55	II	Tr	I
	18 42	I	Tr	I		23 00	I	Tr	E		19 58	I	Oc	D	25	0 45	I	Ec	R
	19 30	I	Sh	I		23 43	I	Sh	E		21 07	II	Tr	I		0 52	II	Sh	I
	20 59	I	Tr	E	10	17 57	I	Oc	D		22 17	II	Sh	I		2 40	II	Tr	E
	21 48	I	Sh	E		18 21	II	Tr	I		22 50	I	Ec	R		3 38	II	Sh	E
3	7 55	IV	Tr	I		19 20	III	Tr	I		23 45	III	Tr	I		4 11	III	Tr	I
	12 00	IV	Tr	E		19 43	II	Sh	I		23 52	II	Tr	E		6 06	III	Sh	I
	14 56	III	Tr	I		20 56	I	Ec	R	18	1 03	II	Sh	E		7 35	III	Tr	E
	15 22	IV	Sh	I		21 05	II	Tr	E		2 07	III	Sh	I		9 34	III	Sh	E
	15 35	II	Tr	I		22 07	III	Sh	I		3 08	III	Tr	E		19 16	I	Tr	I
	15 57	I	Oc	D		22 28	II	Sh	E		5 34	III	Sh	E		19 44	I	Sh	I
	17 08	II	Sh	I		22 42	III	Tr	E		17 14	I	Tr	I		21 33	I	Tr	E
	18 08	III	Sh	I	11	1 34	III	Sh	E		17 49	I	Sh	I		22 02	I	Sh	E
	18 17	III	Tr	E		15 13	I	Tr	I		19 32	I	Tr	E	26	16 29	I	Oc	D
	18 18	II	Tr	E		15 54	I	Sh	I		20 07	I	Sh	E		18 45	II	Oc	D
	19 01	I	Ec	R		16 15	IV	Oc	D	19	14 28	I	Oc	D		19 13	I	Ec	R
	19 43	IV	Sh	E		17 30	I	Tr	E		15 54	II	Oc	D		22 31	II	Ec	R
	19 53	II	Sh	E		18 12	I	Sh	E		17 19	I	Ec	R	27	13 46	I	Tr	I
	21 34	III	Sh	E		20 28	IV	Oc	R		19 53	II	Ec	R		14 13	I	Sh	I
4	13 12	I	Tr	I		22 42	IV	Ec	D	20	4 13	IV	Tr	I		16 04	I	Tr	E
	13 59	I	Sh	I	12	3 08	IV	Ec	R		8 27	IV	Tr	E		16 31	I	Sh	E
	15 29	I	Tr	E		12 27	I	Oc	D		9 24	IV	Sh	I	28	10 59	I	Oc	D
	16 16	I	Sh	E		13 03	II	Oc	D		11 45	I	Tr	I		12 43	IV	Oc	D
5	10 13	II	Oc	D		15 25	I	Ec	R		12 18	I	Sh	I		13 19	II	Tr	I
	10 27	I	Oc	D		17 15	II	Ec	R		13 50	IV	Sh	E		13 42	I	Ec	R
	13 30	I	Ec	R	13	9 43	I	Tr	I		14 02	I	Tr	E		14 09	II	Sh	I
	14 38	II	Ec	R		10 23	I	Sh	I		14 36	I	Sh	E		16 04	II	Tr	E
6	7 42	I	Tr	I		12 00	I	Tr	E	21	8 58	I	Oc	D		16 56	II	Sh	E
	8 28	I	Sh	I		12 41	I	Sh	E		10 31	II	Tr	I		18 18	III	Oc	D
	9 59	I	Tr	E	14	6 58	I	Oc	D		11 34	II	Sh	I		21 15	IV	Ec	R
	10 45	I	Sh	E		7 44	II	Tr	I		11 48	I	Ec	R		23 31	III	Ec	R
7	4 57	I	Oc	D		9 00	II	Sh	I		13 16	II	Tr	E	29	8 17	I	Tr	I
	4 58	II	Tr	I		9 27	III	Oc	D		13 52	III	Oc	D		8 42	I	Sh	I
	5 02	III	Oc	D		9 53	I	Ec	R		14 21	II	Sh	E		10 34	I	Tr	E
	6 25	II	Sh	I		10 28	II	Tr	E		19 31	III	Ec	R		11 00	I	Sh	E
	7 41	II	Tr	E		11 46	II	Sh	E	22	6 15	I	Tr	I	30	5 30	I	Oc	D
	7 59	I	Ec	R		15 31	III	Ec	R		6 47	I	Sh	I		8 10	II	Oc	D
	9 11	II	Sh	E	15	4 14	I	Tr	I		8 32	I	Tr	E		8 11	I	Ec	R
	11 32	III	Ec	R		4 52	I	Sh	I		9 04	I	Sh	E		11 49	II	Ec	R
8	2 12	I	Tr	I		6 31	I	Tr	E	23	3 29	I	Oc	D					
	2 57	I	Sh	I		7 09	I	Sh	E		5 19	II	Oc	D					

I. June 14	II. June 16	III. June 14	IV. June 11, 12
			$x_1 = +1.8, \; y_1 = +0.5$
$x_2 = +1.6, \; y_2 = +0.1$	$x_2 = +1.8, \; y_2 = +0.3$	$x_2 = +2.4, \; y_2 = +0.4$	$x_2 = +3.6, \; y_2 = +0.5$

NOTE.–I denotes ingress; E, egress; D, disappearance; R, reappearance; Ec, eclipse; Oc, occultation; Tr, transit of the satellite; Sh, transit of the shadow.

CONFIGURATIONS OF SATELLITES I–IV FOR JUNE

UNIVERSAL TIME

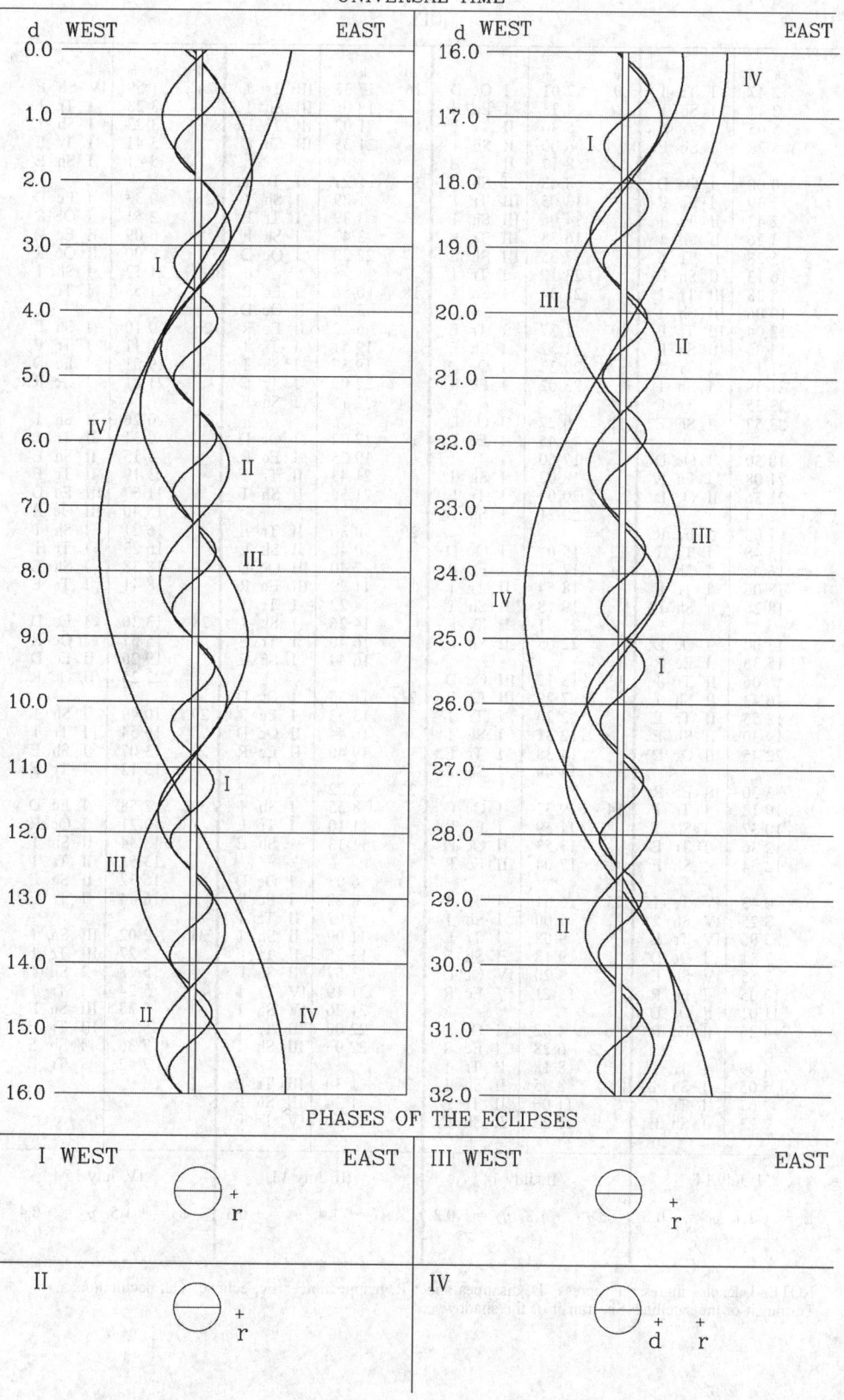

PHASES OF THE ECLIPSES

SATELLITES OF JUPITER, 2014

UNIVERSAL TIME OF GEOCENTRIC PHENOMENA

JULY

d	h m			d	h m			d	h m			d	h m		
1	2 47	I	Tr I	9	2 01	I	Oc D	16	17 33	III	Tr I	24	1 59	IV	Sh E
	3 11	I	Sh I		4 33	I	Ec R		18 05	III	Sh I		3 23	I	Tr I
	5 05	I	Tr E		5 30	II	Tr I		21 02	III	Tr E		3 23	I	Sh I
	5 28	I	Sh E		6 00	II	Sh I		21 35	III	Sh E		5 41	I	Tr E
2	0 00	I	Oc D		8 17	II	Tr E	17	1 21	I	Tr I		5 41	I	Sh E
	2 39	I	Ec R		8 48	II	Sh E		1 29	I	Sh I	25	0 33	I	Ec D
	2 42	II	Tr I		13 05	III	Tr I		3 39	I	Tr E		2 51	I	Oc R
	3 26	II	Sh I		14 06	III	Sh I		3 47	I	Sh E		6 09	II	Ec D
	5 28	II	Tr E		16 33	III	Tr E		22 32	I	Oc D		9 00	II	Oc R
	6 13	II	Sh E		17 35	III	Sh E	18	0 56	I	Ec R		21 52	I	Sh I
	8 38	III	Tr I		23 19	I	Tr I		3 19	II	Oc D		21 53	I	Tr I
	10 06	III	Sh I		23 34	I	Sh I		6 22	II	Ec R	26	0 10	I	Sh E
	12 04	III	Tr E	10	1 37	I	Tr E		19 51	I	Tr I		0 11	I	Tr E
	13 35	III	Sh E		1 52	I	Sh E		19 57	I	Sh I		19 01	I	Ec D
	21 17	I	Tr I		20 31	I	Oc D		22 09	I	Tr E		21 21	I	Oc R
	21 39	I	Sh I		23 02	I	Ec R		22 15	I	Sh E	27	0 26	II	Sh I
	23 35	I	Tr E	11	0 27	II	Oc D	19	17 02	I	Oc D		0 31	II	Tr I
	23 57	I	Sh E		3 45	II	Ec R		19 25	I	Ec R		3 15	II	Sh E
3	18 30	I	Oc D		17 50	I	Tr I		21 43	II	Tr I		3 19	II	Tr E
	21 08	I	Ec R		18 03	I	Sh I		21 52	II	Sh I		11 57	III	Ec D
	21 36	II	Oc D		20 07	I	Tr E	20	0 30	II	Tr E		15 40	III	Oc R
4	1 08	II	Ec R		20 21	I	Sh E		0 40	II	Sh E		16 21	I	Sh I
	15 48	I	Tr I	12	15 01	I	Oc D		7 40	III	Oc D		16 23	I	Tr I
	16 08	I	Sh I		17 31	I	Ec R		11 29	III	Ec R		18 38	I	Sh E
	18 06	I	Tr E		18 54	II	Tr I		14 22	I	Tr I		18 41	I	Tr E
	18 26	I	Sh E		19 18	II	Sh I		14 26	I	Sh I	28	13 30	I	Ec D
5	13 00	I	Oc D		21 41	II	Tr E		16 40	I	Tr E		15 51	I	Oc R
	15 36	I	Ec R		22 05	II	Sh E		16 44	I	Sh E		19 26	II	Ec D
	16 06	II	Tr I	13	3 12	III	Oc D	21	11 33	I	Oc D		22 25	II	Oc R
	16 43	II	Sh I		7 29	III	Ec R		13 53	I	Ec R	29	10 49	I	Sh I
	18 53	II	Tr E		12 20	I	Tr I		16 44	II	Oc D		10 54	I	Tr I
	19 30	II	Sh E		12 31	I	Sh I		19 40	II	Ec R		13 07	I	Sh E
	22 45	III	Oc D		14 38	I	Tr E	22	8 52	I	Tr I		13 12	I	Tr E
6	3 30	III	Ec R		14 49	I	Sh E		8 55	I	Sh I	30	7 58	I	Ec D
	10 18	I	Tr I	14	9 32	I	Oc D		11 10	I	Tr E		10 21	I	Oc R
	10 37	I	Sh I		11 59	I	Ec R		11 13	I	Sh E		13 44	II	Sh I
	12 36	I	Tr E		13 53	II	Oc D	23	6 03	I	Oc D		13 55	II	Tr I
	12 54	I	Sh E		17 04	II	Ec R		8 22	I	Ec R		16 32	II	Sh E
7	0 43	IV	Tr I	15	6 51	I	Tr I		11 07	II	Tr I		16 44	II	Tr E
	3 25	IV	Sh I		7 00	I	Sh I		11 09	II	Sh I	31	2 02	III	Sh I
	5 06	IV	Tr E		9 08	I	Tr E		13 55	II	Tr E		2 27	III	Tr I
	7 31	I	Oc D		9 18	I	Sh E		13 57	II	Sh E		5 18	I	Sh I
	7 55	IV	Sh E		9 20	IV	Oc D		21 19	IV	Tr I		5 24	I	Tr I
	10 05	I	Ec R		15 21	IV	Ec R		21 26	IV	Sh I		5 33	III	Sh E
	11 01	II	Oc D	16	4 02	I	Oc D		22 00	III	Tr I		5 58	III	Tr E
	14 26	II	Ec R		6 28	I	Ec R		22 03	III	Sh I		7 36	I	Sh E
8	4 49	I	Tr I		8 18	II	Tr I	24	1 30	III	Tr E		7 42	I	Tr E
	5 05	I	Sh I		8 35	II	Sh I		1 34	III	Sh E				
	7 07	I	Tr E		11 06	II	Tr E		1 50	IV	Tr E				
	7 23	I	Sh E		11 23	II	Sh E								

I. July 14	II. July 14	III. July 13	IV. July 15
$x_2 = + 1.1$, $y_2 = + 0.1$	$x_2 = + 1.2$, $y_2 = + 0.2$	$x_2 = + 1.4$, $y_2 = + 0.3$	$x_2 = + 1.5$, $y_2 = + 0.4$

NOTE.–I denotes ingress; E, egress; D, disappearance; R, reappearance; Ec, eclipse; Oc, occultation; Tr, transit of the satellite; Sh, transit of the shadow.

CONFIGURATIONS OF SATELLITES I-IV FOR JULY

UNIVERSAL TIME

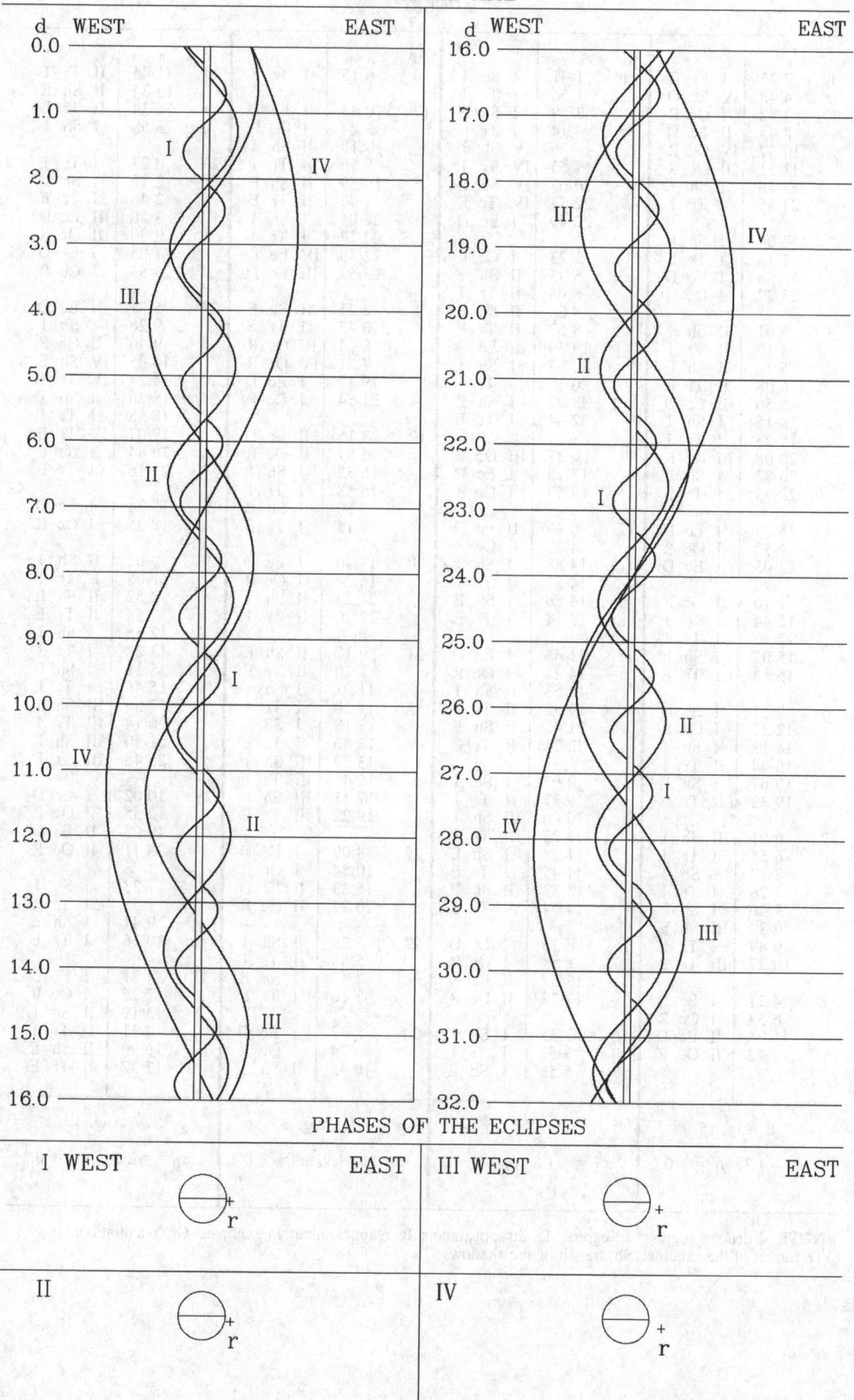

PHASES OF THE ECLIPSES

SATELLITES OF JUPITER, 2014

UNIVERSAL TIME OF GEOCENTRIC PHENOMENA

AUGUST

d	h m			d	h m			d	h m			d	h m		
1	2 27	I Ec	D	9	1 41	I Sh	I	16	6 15	I Tr	E	24	11 44	II Tr	I
	4 48	IV Ec	D		1 56	I Tr	I	17	0 43	I Ec	D		13 34	II Sh	E
	4 52	I Oc	R		3 59	I Sh	E		3 24	I Oc	R		14 34	II Tr	E
	8 45	II Ec	D		4 14	I Tr	E		8 10	II Sh	I		23 58	I Sh	I
	10 37	IV Oc	R		15 26	IV Sh	I		8 56	II Tr	I	25	0 28	I Tr	I
	11 51	II Oc	R		17 55	IV Tr	I		10 59	II Sh	E		2 15	I Sh	E
	23 46	I Sh	I		20 03	IV Sh	E		11 46	II Tr	E		2 46	I Tr	E
	23 55	I Tr	I		22 33	IV Tr	E		22 04	I Sh	I		3 50	III Ec	D
2	2 04	I Sh	E		22 49	I Ec	D		22 27	I Tr	I		9 30	III Oc	R
	2 13	I Tr	E	10	1 23	I Oc	R		22 49	IV Ec	D		21 06	I Ec	D
	20 55	I Ec	D		5 35	II Sh	I		23 52	III Ec	D		23 55	I Oc	R
	23 22	I Oc	R		6 08	II Tr	I	18	0 21	I Sh	E	26	5 51	II Ec	D
3	3 01	II Sh	I		8 24	II Sh	E		0 45	I Tr	E		9 26	IV Sh	I
	3 19	II Tr	I		8 57	II Tr	E		5 04	III Oc	R		9 46	II Oc	R
	5 50	II Sh	E		19 54	III Ec	D		7 21	IV Oc	R		14 05	IV Sh	E
	6 08	II Tr	E		20 09	I Sh	I		19 12	I Ec	D		14 24	IV Tr	I
	15 56	III Ec	D		20 26	I Tr	I		21 54	I Oc	R		18 26	I Sh	I
	18 15	I Sh	I		22 27	I Sh	E	19	3 15	II Ec	D		18 58	I Tr	I
	18 25	I Tr	I		22 44	I Tr	E		6 57	II Oc	R		19 07	IV Tr	E
	20 08	III Oc	R	11	0 37	III Oc	R		16 32	I Sh	I		20 44	I Sh	E
	20 33	I Sh	E		17 18	I Ec	D		16 58	I Tr	I		21 16	I Tr	E
	20 43	I Tr	E		19 53	I Oc	R		18 50	I Sh	E	27	15 34	I Ec	D
4	15 24	I Ec	D	12	0 39	II Ec	D		19 15	I Tr	E		18 25	I Oc	R
	17 52	I Oc	R		4 07	II Oc	R	20	13 40	I Ec	D	28	0 02	II Sh	I
	22 03	II Ec	D		14 38	I Sh	I		16 24	I Oc	R		1 08	II Tr	I
5	1 16	II Oc	R		14 57	I Tr	I		21 27	II Sh	I		2 52	II Sh	E
	12 44	I Sh	I		16 56	I Sh	E		22 20	II Tr	I		3 58	II Tr	E
	12 55	I Tr	I		17 14	I Tr	E	21	0 17	II Sh	E		12 55	I Sh	I
	15 02	I Sh	E	13	11 46	I Ec	D		1 10	II Tr	E		13 28	I Tr	I
	15 13	I Tr	E		14 23	I Oc	R		11 01	I Sh	I		15 12	I Sh	E
6	9 52	I Ec	D		18 53	II Sh	I		11 28	I Tr	I		15 46	I Tr	E
	12 22	I Oc	R		19 32	II Tr	I		13 18	I Sh	E		17 58	III Sh	I
	16 18	II Sh	I		21 42	II Sh	E		13 46	I Tr	E		20 14	III Tr	I
	16 44	II Tr	I		22 21	II Tr	E		13 59	III Sh	I		21 30	III Sh	E
	19 07	II Sh	E	14	9 07	I Sh	I		15 49	III Tr	I		23 48	III Tr	E
	19 33	II Tr	E		9 27	I Tr	I		17 31	III Sh	E	29	10 02	I Ec	D
7	6 01	III Sh	I		10 00	III Sh	I		19 22	III Tr	E		12 55	I Oc	R
	6 55	III Tr	I		11 22	III Tr	I	22	8 09	I Ec	D		19 09	II Ec	D
	7 12	I Sh	I		11 24	I Sh	E		10 54	I Oc	R		23 11	II Oc	R
	7 26	I Tr	I		11 45	I Tr	E		16 33	II Ec	D	30	7 23	I Sh	I
	9 30	I Sh	E		13 32	III Sh	E		20 22	II Oc	R		7 58	I Tr	I
	9 32	III Sh	E		14 54	III Tr	E	23	5 29	I Sh	I		9 41	I Sh	E
	9 44	I Tr	E	15	6 15	I Ec	D		5 58	I Tr	I		10 16	I Tr	E
	10 27	III Tr	E		8 54	I Oc	R		7 47	I Sh	E	31	4 31	I Ec	D
8	4 21	I Ec	D		13 57	II Ec	D		8 16	I Tr	E		7 25	I Oc	R
	6 53	I Oc	R		17 32	II Oc	R	24	2 37	I Ec	D		13 19	II Sh	I
	11 21	II Ec	D	16	3 35	I Sh	I		5 24	I Oc	R		14 31	II Tr	I
	14 42	II Oc	R		3 57	I Tr	I		10 45	II Sh	I		16 09	II Sh	E
					5 53	I Sh	E						17 22	II Tr	E

I. Aug. 15	II. Aug. 15	III. Aug. 17	IV. Aug. 17
$x_1 = -1.3,\ y_1 = +0.1$	$x_1 = -1.5,\ y_1 = +0.2$	$x_1 = -1.9,\ y_1 = +0.2$	$x_1 = -2.5,\ y_1 = +0.3$

NOTE.–I denotes ingress; E, egress; D, disappearance; R, reappearance; Ec, eclipse; Oc, occultation; Tr, transit of the satellite; Sh, transit of the shadow.

CONFIGURATIONS OF SATELLITES I-IV FOR AUGUST

UNIVERSAL TIME

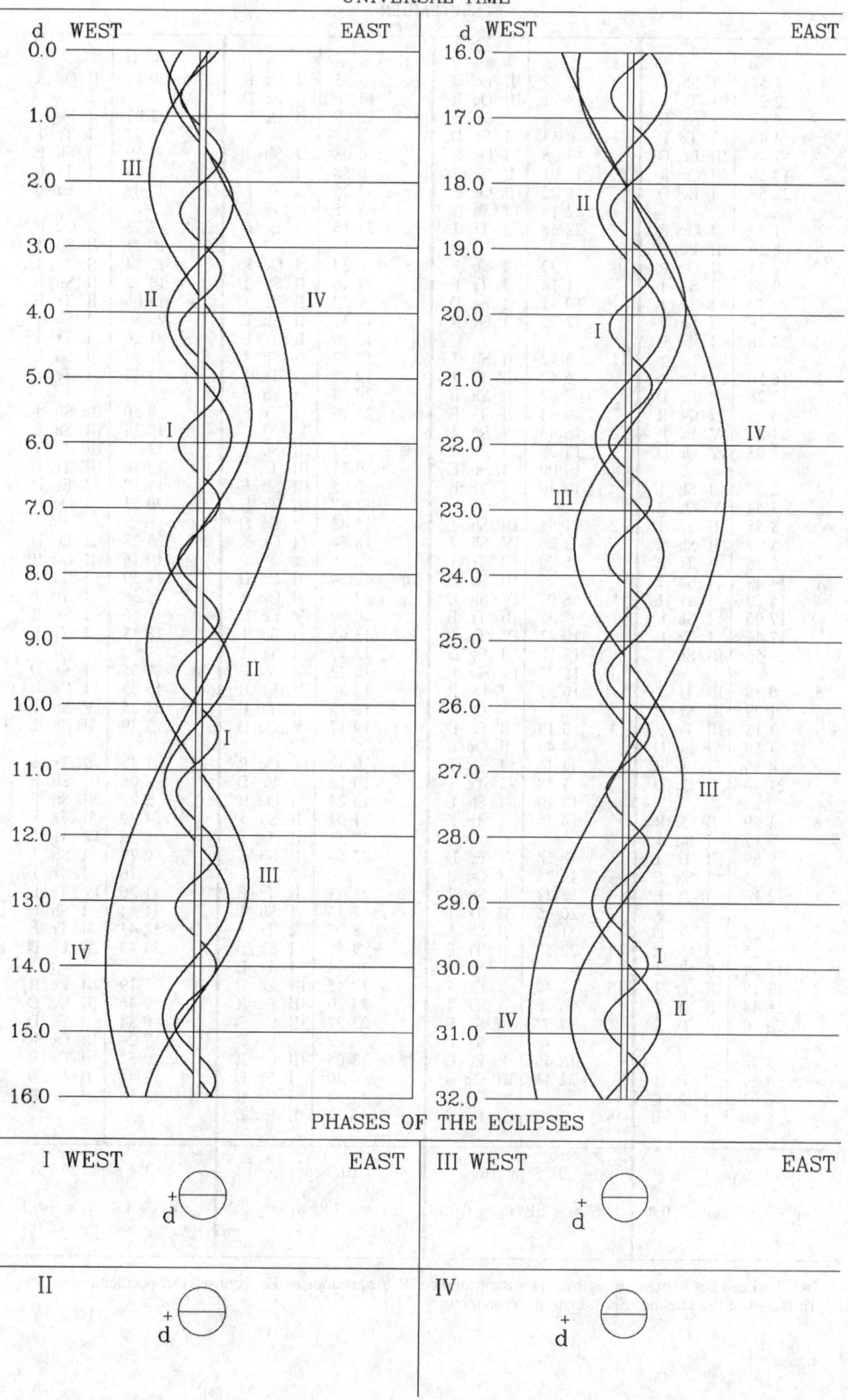

PHASES OF THE ECLIPSES

SATELLITES OF JUPITER, 2014

UNIVERSAL TIME OF GEOCENTRIC PHENOMENA

SEPTEMBER

d	h m			d	h m			d	h m			d	h m		
1	1 52	I	Sh I	8	11 47	III	Ec D	16	5 55	I	Oc R	23	20 54	II	Oc R
	2 28	I	Tr I		18 21	III	Oc R		13 36	II	Ec D	24	2 02	I	Sh I
	4 09	I	Sh E	9	0 53	I	Ec D		18 09	II	Oc R		2 57	I	Tr I
	4 46	I	Tr E		3 55	I	Oc R	17	0 08	I	Sh I		4 19	I	Sh E
	7 49	III	Ec D		11 01	II	Ec D		0 58	I	Tr I		5 14	I	Tr E
	13 56	III	Oc R		15 22	II	Oc R		2 25	I	Sh E		23 09	I	Ec D
	22 59	I	Ec D		22 14	I	Sh I		3 15	I	Tr E	25	2 23	I	Oc R
2	1 55	I	Oc R		22 58	I	Tr I		21 15	I	Ec D		10 21	II	Sh I
	8 26	II	Ec D	10	0 32	I	Sh E	18	0 24	I	Oc R		12 14	II	Tr I
	12 35	II	Oc R		1 16	I	Tr E		7 46	II	Sh I		13 12	II	Sh E
	20 20	I	Sh I		19 21	I	Ec D		9 29	II	Tr I		15 06	II	Tr E
	20 59	I	Tr I		22 25	I	Oc R		10 37	II	Sh E		20 30	I	Sh I
	22 38	I	Sh E	11	5 12	II	Sh I		12 20	II	Tr E		21 26	I	Tr I
	23 16	I	Tr E		6 42	II	Tr I		18 37	I	Sh I		22 47	I	Sh E
3	16 50	IV	Ec D		8 02	II	Sh E		19 28	I	Tr I		23 44	I	Tr E
	17 28	I	Ec D		9 34	II	Tr E		20 54	I	Sh E	26	9 50	III	Sh I
	20 25	I	Oc R		16 43	I	Sh I		21 45	I	Tr E		13 24	III	Sh E
	21 34	IV	Ec R		17 28	I	Tr I	19	5 52	III	Sh I		13 40	III	Tr I
	23 05	IV	Oc D		19 00	I	Sh E		9 21	III	Tr I		17 16	III	Tr E
4	2 37	II	Sh I		19 46	I	Tr E		9 25	III	Sh E		17 37	I	Ec D
	3 54	IV	Oc R	12	1 54	III	Sh I		12 57	III	Tr E		20 53	I	Oc R
	3 55	II	Tr I		3 26	IV	Sh I		15 43	I	Ec D	27	5 28	II	Ec D
	5 27	II	Sh E		5 00	III	Tr I		18 54	I	Oc R		10 16	II	Oc R
	6 46	II	Tr E		5 27	III	Sh E	20	2 54	II	Ec D		14 59	I	Sh I
	14 49	I	Sh I		8 07	IV	Sh E		7 32	II	Oc R		15 56	I	Tr I
	15 29	I	Tr I		8 35	III	Tr E		10 50	IV	Ec D		17 16	I	Sh E
	17 06	I	Sh E		10 41	IV	Tr I		13 05	I	Sh I		18 13	I	Tr E
	17 46	I	Tr E		13 50	I	Ec D		13 57	I	Tr I	28	12 05	I	Ec D
	21 56	III	Sh I		15 27	IV	Tr E		15 22	I	Sh E		15 23	I	Oc R
5	0 38	III	Tr I		16 55	I	Oc R		15 36	IV	Ec R		21 25	IV	Sh I
	1 29	III	Sh E	13	0 19	II	Ec D		16 15	I	Tr E		23 39	II	Sh I
	4 13	III	Tr E		4 46	II	Oc R		19 17	IV	Oc D	29	1 37	II	Tr I
	11 56	I	Ec D		11 11	I	Sh I	21	0 09	IV	Oc R		2 08	IV	Sh E
	14 55	I	Oc R		11 58	I	Tr I		10 12	I	Ec D		2 29	II	Sh E
	21 44	II	Ec D		13 29	I	Sh E		13 24	I	Oc R		4 29	II	Tr E
6	1 59	II	Oc R		14 16	I	Tr E		21 04	II	Sh I		6 39	IV	Tr I
	9 17	I	Sh I	14	8 18	I	Ec D		22 51	II	Tr I		9 27	I	Sh I
	9 59	I	Tr I		11 25	I	Oc R		23 54	II	Sh E		10 26	I	Tr I
	11 35	I	Sh E		18 29	II	Sh I	22	1 43	II	Tr E		11 26	IV	Tr E
	12 16	I	Tr E		20 05	II	Tr I		7 33	I	Sh I		11 44	I	Sh E
7	6 25	I	Ec D		21 19	II	Sh E		8 27	I	Tr I		12 43	I	Tr E
	9 25	I	Oc R		22 57	II	Tr E		9 51	I	Sh E		23 43	III	Ec D
	15 54	II	Sh I	15	5 40	I	Sh I		10 44	I	Tr E	30	3 19	III	Ec R
	17 19	II	Tr I		6 28	I	Tr I		19 45	III	Ec D		3 46	III	Oc D
	18 44	II	Sh E		7 57	I	Sh E		23 20	III	Ec R		6 34	I	Ec D
	20 10	II	Tr E		8 46	I	Tr E		23 27	III	Oc D		7 24	III	Oc R
8	3 46	I	Sh I		15 46	III	Ec D	23	3 05	III	Oc R		9 52	I	Oc R
	4 29	I	Tr I		22 44	III	Oc R		4 40	I	Ec D		18 46	II	Ec D
	6 03	I	Sh E	16	2 47	I	Ec D		7 54	I	Oc R		23 38	II	Oc R
	6 46	I	Tr E						16 11	II	Ec D				

I. Sept. 14	II. Sept. 16	III. Sept. 15	IV. Sept. 20
$x_1 = -1.7,\ y_1 = 0.0$	$x_1 = -2.1,\ y_1 = +0.1$	$x_1 = -2.8,\ y_1 = +0.2$	$x_1 = -4.4,\ y_1 = +0.1$ $x_2 = -2.5,\ y_2 = +0.1$

NOTE.–I denotes ingress; E, egress; D, disappearance; R, reappearance; Ec, eclipse; Oc, occultation; Tr, transit of the satellite; Sh, transit of the shadow.

CONFIGURATIONS OF SATELLITES I-IV FOR SEPTEMBER

UNIVERSAL TIME

PHASES OF THE ECLIPSES

SATELLITES OF JUPITER, 2014

UNIVERSAL TIME OF GEOCENTRIC PHENOMENA

OCTOBER

d	h m			
1	3 56	I	Sh	I
	4 55	I	Tr	I
	6 13	I	Sh	E
	7 12	I	Tr	E
2	1 02	I	Ec	D
	4 22	I	Oc	R
	12 57	II	Sh	I
	14 59	II	Tr	I
	15 47	II	Sh	E
	17 51	II	Tr	E
	22 24	I	Sh	I
	23 25	I	Tr	I
3	0 41	I	Sh	E
	1 42	I	Tr	E
	13 49	III	Sh	I
	17 22	III	Sh	E
	17 57	III	Tr	I
	19 31	I	Ec	D
	21 34	III	Tr	E
	22 52	I	Oc	R
4	8 03	II	Ec	D
	13 00	II	Oc	R
	16 52	I	Sh	I
	17 54	I	Tr	I
	19 09	I	Sh	E
	20 11	I	Tr	E
5	13 59	I	Ec	D
	17 21	I	Oc	R
6	2 14	II	Sh	I
	4 21	II	Tr	I
	5 05	II	Sh	E
	7 13	II	Tr	E
	11 21	I	Sh	I
	12 24	I	Tr	I
	13 38	I	Sh	E
	14 41	I	Tr	E
7	3 41	III	Ec	D
	4 50	IV	Ec	D
	7 17	III	Ec	R
	8 01	III	Oc	D
	8 27	I	Ec	D
	9 38	IV	Ec	R
	11 41	III	Oc	R
	11 51	I	Oc	R
	15 05	IV	Oc	D
	20 00	IV	Oc	R
	21 20	II	Ec	D
8	2 21	II	Oc	R
	5 49	I	Sh	I
	6 53	I	Tr	I
	8 06	I	Sh	E

d	h m			
8	9 10	I	Tr	E
9	2 56	I	Ec	D
	6 20	I	Oc	R
	15 32	II	Sh	I
	17 43	II	Tr	I
	18 22	II	Sh	E
	20 35	II	Tr	E
10	0 17	I	Sh	I
	1 22	I	Tr	I
	2 34	I	Sh	E
	3 39	I	Tr	E
	17 47	III	Sh	I
	21 21	III	Sh	E
	21 24	I	Ec	D
	22 13	III	Tr	I
11	0 49	I	Oc	R
	1 49	III	Tr	E
	10 37	II	Ec	D
	15 42	II	Oc	R
	18 46	I	Sh	I
	19 52	I	Tr	I
	21 03	I	Sh	E
	22 08	I	Tr	E
12	15 53	I	Ec	D
	19 19	I	Oc	R
13	4 49	II	Sh	I
	7 04	II	Tr	I
	7 40	II	Sh	E
	9 57	II	Tr	E
	13 14	I	Sh	I
	14 21	I	Tr	I
	15 31	I	Sh	E
	16 38	I	Tr	E
14	7 38	III	Ec	D
	10 21	I	Ec	D
	11 15	III	Ec	R
	12 15	III	Oc	D
	13 48	I	Oc	R
	15 54	III	Oc	R
	23 54	II	Ec	D
15	5 03	II	Oc	R
	7 43	I	Sh	I
	8 50	I	Tr	I
	9 59	I	Sh	E
	11 07	I	Tr	E
	15 24	IV	Sh	I
	20 08	IV	Sh	E
16	2 08	IV	Tr	I
	4 49	I	Ec	D
	6 56	IV	Tr	E

d	h m			
16	8 17	I	Oc	R
	18 07	II	Sh	I
	20 25	II	Tr	I
	20 58	II	Sh	E
	23 18	II	Tr	E
17	2 11	I	Sh	I
	3 19	I	Tr	I
	4 28	I	Sh	E
	5 36	I	Tr	E
	21 45	III	Sh	I
	23 18	I	Ec	D
18	1 19	III	Sh	E
	2 25	III	Tr	I
	2 47	I	Oc	R
	6 02	III	Tr	E
	13 11	II	Ec	D
	18 23	II	Oc	R
	20 39	I	Sh	I
	21 48	I	Tr	I
	22 56	I	Sh	E
19	0 05	I	Tr	E
	17 46	I	Ec	D
	21 16	I	Oc	R
20	7 24	II	Sh	I
	9 46	II	Tr	I
	10 15	II	Sh	E
	12 39	II	Tr	E
	15 08	I	Sh	I
	16 17	I	Tr	I
	17 24	I	Sh	E
	18 34	I	Tr	E
21	11 36	III	Ec	D
	12 14	I	Ec	D
	15 14	III	Ec	R
	15 45	I	Oc	R
	16 26	III	Oc	D
	20 06	III	Oc	R
22	2 28	II	Ec	D
	7 42	II	Oc	R
	9 36	I	Sh	I
	10 46	I	Tr	I
	11 52	I	Sh	E
	13 03	I	Tr	E
23	6 43	I	Ec	D
	10 14	I	Oc	R
	20 42	II	Sh	I
	22 49	IV	Ec	D
	23 07	II	Tr	I
	23 33	II	Sh	E
24	2 00	II	Tr	E

d	h m			
24	3 40	IV	Ec	R
	4 04	I	Sh	I
	5 15	I	Tr	I
	6 21	I	Sh	E
	7 32	I	Tr	E
	10 21	IV	Oc	D
	15 15	IV	Oc	R
25	1 11	I	Ec	D
	1 43	III	Sh	I
	4 43	I	Oc	R
	5 18	III	Sh	E
	6 34	III	Tr	I
	10 10	III	Tr	E
	15 45	II	Ec	D
	21 02	II	Oc	R
	22 33	I	Sh	I
	23 44	I	Tr	I
26	0 49	I	Sh	E
	2 01	I	Tr	E
	19 40	I	Ec	D
	23 12	I	Oc	R
27	10 00	II	Sh	I
	12 27	II	Tr	I
	12 51	II	Sh	E
	15 19	II	Tr	E
	17 01	I	Sh	I
	18 13	I	Tr	I
	19 17	I	Sh	E
	20 29	I	Tr	E
28	14 08	I	Ec	D
	15 34	III	Ec	D
	17 41	I	Oc	R
	19 12	III	Ec	R
	20 34	III	Oc	D
29	0 14	III	Oc	R
	5 02	II	Ec	D
	10 20	II	Oc	R
	11 29	I	Sh	I
	12 42	I	Tr	I
	13 46	I	Sh	E
	14 58	I	Tr	E
30	8 36	I	Ec	D
	12 10	I	Oc	R
	23 18	II	Sh	I
31	1 47	II	Tr	I
	2 09	II	Sh	E
	4 40	II	Tr	E
	5 57	I	Sh	I
	7 10	I	Tr	I
	8 14	I	Sh	E
	9 27	I	Tr	E

I. Oct. 14	II. Oct. 14	III. Oct. 14	IV. Oct. 7
$x_1 = -2.0,\ y_1 = 0.0$	$x_1 = -2.5,\ y_1 = +0.1$	$x_1 = -3.5,\ y_1 = +0.1$ $x_2 = -1.5,\ y_2 = +0.1$	$x_1 = -5.2,\ y_1 = +0.1$ $x_2 = -3.2,\ y_2 = +0.1$

NOTE.–I denotes ingress; E, egress; D, disappearance; R, reappearance; Ec, eclipse; Oc, occultation; Tr, transit of the satellite; Sh, transit of the shadow.

CONFIGURATIONS OF SATELLITES I-IV FOR OCTOBER

UNIVERSAL TIME

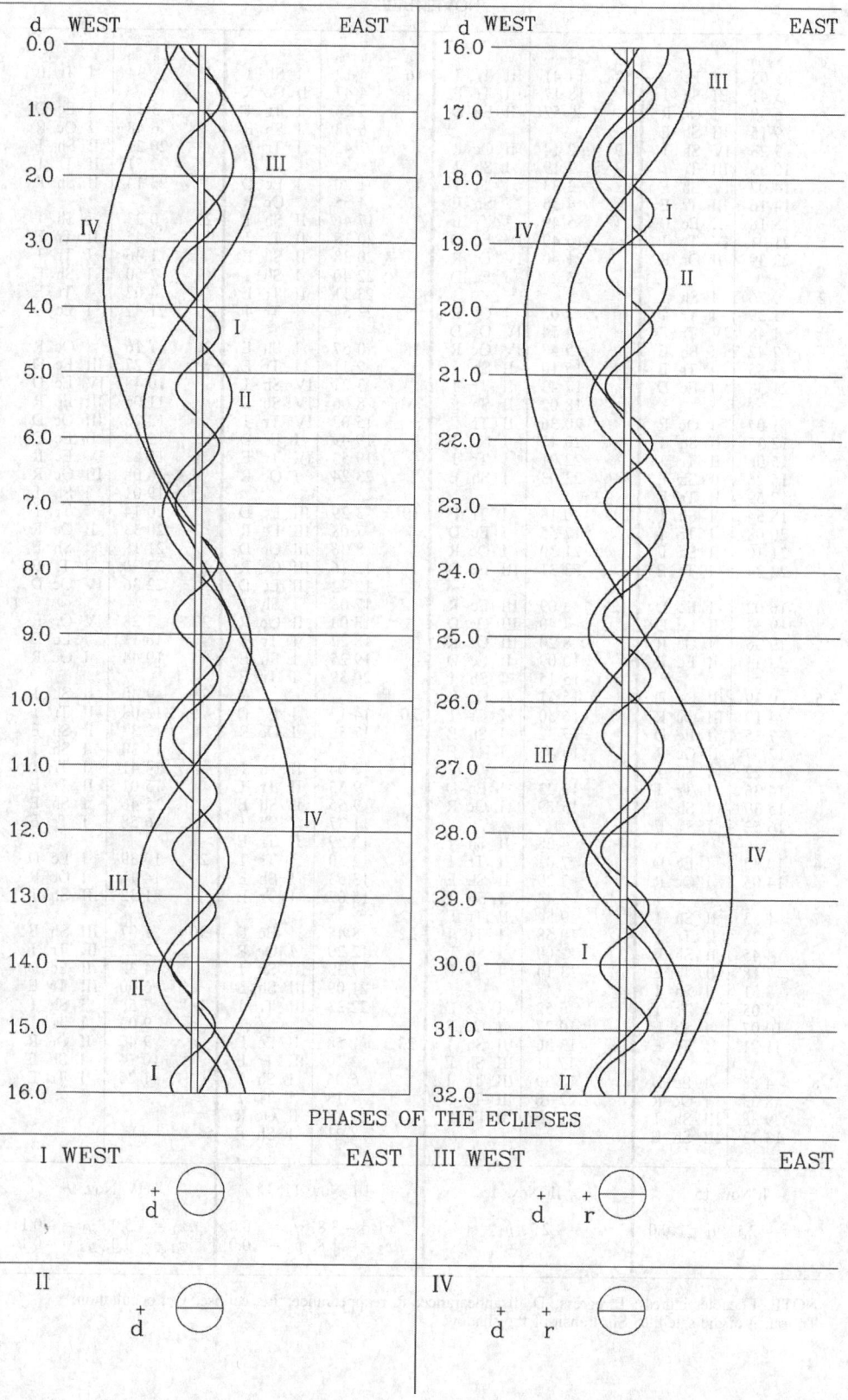

PHASES OF THE ECLIPSES

SATELLITES OF JUPITER, 2014

UNIVERSAL TIME OF GEOCENTRIC PHENOMENA

NOVEMBER

d	h m			d	h m			d	h m			d	h m		
1	3 05	I	Ec D	8	14 41	III	Tr I	16	4 12	I	Sh I	23	9 34	I	Tr E
	5 41	III	Sh I		18 17	III	Tr E		4 47	II	Oc R	24	3 14	I	Ec D
	6 39	I	Oc R		20 52	II	Ec D		5 26	I	Tr I		6 48	I	Oc R
	9 15	III	Sh E	9	2 14	II	Oc R		6 28	I	Sh E		20 21	II	Sh I
	9 23	IV	Sh I		2 19	I	Sh I		7 42	I	Tr E		22 51	II	Tr I
	10 39	III	Tr I		3 33	I	Tr I	17	1 20	I	Ec D		23 14	II	Sh E
	14 07	IV	Sh E		4 35	I	Sh E		4 55	I	Oc R	25	0 33	I	Sh I
	14 16	III	Tr E		5 49	I	Tr E		17 46	II	Sh I		1 45	II	Tr E
	18 18	II	Ec D		16 49	IV	Ec D		20 18	II	Tr I		1 46	I	Tr I
	21 01	IV	Tr I		21 40	IV	Ec R		20 38	II	Sh E		2 50	I	Sh E
	23 39	II	Oc R		23 27	I	Ec D		22 40	I	Sh I		4 02	I	Tr E
2	0 26	I	Sh I	10	3 02	I	Oc R		23 11	II	Tr E		21 42	I	Ec D
	1 39	I	Tr I		4 54	IV	Oc D		23 54	I	Tr I	26	1 16	I	Oc R
	1 48	IV	Tr E		9 48	IV	Oc R	18	0 57	I	Sh E		7 27	III	Ec D
	2 42	I	Sh E		15 10	II	Sh I		2 11	I	Tr E		10 48	IV	Ec D
	3 55	I	Tr E		17 43	II	Tr I		3 21	IV	Sh I		11 06	III	Ec R
	21 33	I	Ec D		18 02	II	Sh E		8 06	IV	Sh E		12 28	III	Oc D
3	1 07	I	Oc R		20 36	II	Tr E		15 07	IV	Tr I		15 15	II	Ec D
	12 35	II	Sh I		20 47	I	Sh I		19 49	I	Ec D		15 41	IV	Ec R
	15 06	II	Tr I		22 01	I	Tr I		19 53	IV	Tr E		16 08	III	Oc R
	15 26	II	Sh E		23 03	I	Sh E		23 24	I	Oc R		19 01	I	Sh I
	17 59	II	Tr E	11	0 18	I	Tr E	19	3 29	III	Ec D		20 14	I	Tr I
	18 54	I	Sh I		17 55	I	Ec D		7 08	III	Ec R		20 33	II	Oc R
	20 08	I	Tr I		21 30	I	Oc R		8 36	III	Oc D		21 18	I	Sh E
	21 10	I	Sh E		23 31	III	Ec D		12 16	III	Oc R		22 30	I	Tr E
	22 24	I	Tr E	12	3 09	III	Ec R		12 42	II	Ec D		22 36	IV	Oc D
4	16 02	I	Ec D		4 40	III	Oc D		17 08	I	Sh I	27	3 28	IV	Oc R
	19 33	III	Ec D		8 20	III	Oc R		18 03	II	Oc R		16 11	I	Ec D
	19 36	I	Oc R		10 09	II	Ec D		18 22	I	Tr I		19 44	I	Oc R
	23 11	III	Ec R		15 15	I	Sh I		19 25	I	Sh E	28	9 40	II	Sh I
5	0 39	III	Oc D		15 31	II	Oc R		20 39	I	Tr E		12 08	II	Tr I
	4 19	III	Oc R		16 30	I	Tr I	20	14 17	I	Ec D		12 32	II	Sh E
	7 35	II	Ec D		17 32	I	Sh E		17 52	I	Oc R		13 30	I	Sh I
	12 57	II	Oc R		18 46	I	Tr E	21	7 04	II	Sh I		14 41	I	Tr I
	13 22	I	Sh I	13	12 23	I	Ec D		9 35	II	Tr I		15 01	II	Tr E
	14 36	I	Tr I		15 59	I	Oc R		9 56	II	Sh E		15 46	I	Sh E
	15 39	I	Sh E	14	4 28	II	Sh I		11 37	I	Sh I		16 58	I	Tr E
	16 53	I	Tr E		7 01	II	Tr I		12 29	II	Tr E	29	10 39	I	Ec D
6	10 30	I	Ec D		7 20	II	Sh E		12 50	I	Tr I		14 11	I	Oc R
	14 05	I	Oc R		9 44	I	Sh I		13 53	I	Sh E		21 32	III	Sh I
7	1 53	II	Sh I		9 54	II	Tr E		15 07	I	Tr E	30	1 07	III	Sh E
	4 25	II	Tr I		10 58	I	Tr I	22	8 45	I	Ec D		2 23	III	Tr I
	4 45	II	Sh E		12 00	I	Sh E		12 20	I	Oc R		4 32	II	Ec D
	7 18	II	Tr E		13 14	I	Tr E		17 33	III	Sh I		6 00	III	Tr E
	7 51	I	Sh I	15	6 52	I	Ec D		21 09	III	Sh E		7 58	I	Sh I
	9 05	I	Tr I		10 27	I	Oc R		22 33	III	Tr I		9 09	I	Tr I
	10 07	I	Sh E		13 36	III	Sh I	23	1 58	II	Ec D		9 47	II	Oc R
	11 21	I	Tr E		17 11	III	Sh E		2 10	III	Tr E		10 14	I	Sh E
8	4 58	I	Ec D		18 39	III	Tr I		6 05	I	Sh I		11 25	I	Tr E
	8 33	I	Oc R		22 16	III	Tr E		7 18	I	Tr I				
	9 38	III	Sh I		23 25	II	Ec D		7 18	II	Oc R				
	13 13	III	Sh E						8 21	I	Sh E				

I. Nov. 15	II. Nov. 15	III. Nov. 11, 12	IV. Nov. 9
$x_1 = -2.1,\ y_1 = 0.0$	$x_1 = -2.7,\ y_1 = +0.1$	$x_1 = -3.8,\ y_1 = 0.0$ $x_2 = -1.8,\ y_2 = 0.0$	$x_1 = -5.9,\ y_1 = -0.1$ $x_2 = -4.0,\ y_2 = -0.1$

NOTE.–I denotes ingress; E, egress; D, disappearance; R, reappearance; Ec, eclipse; Oc, occultation; Tr, transit of the satellite; Sh, transit of the shadow.

CONFIGURATIONS OF SATELLITES I-IV FOR NOVEMBER

UNIVERSAL TIME

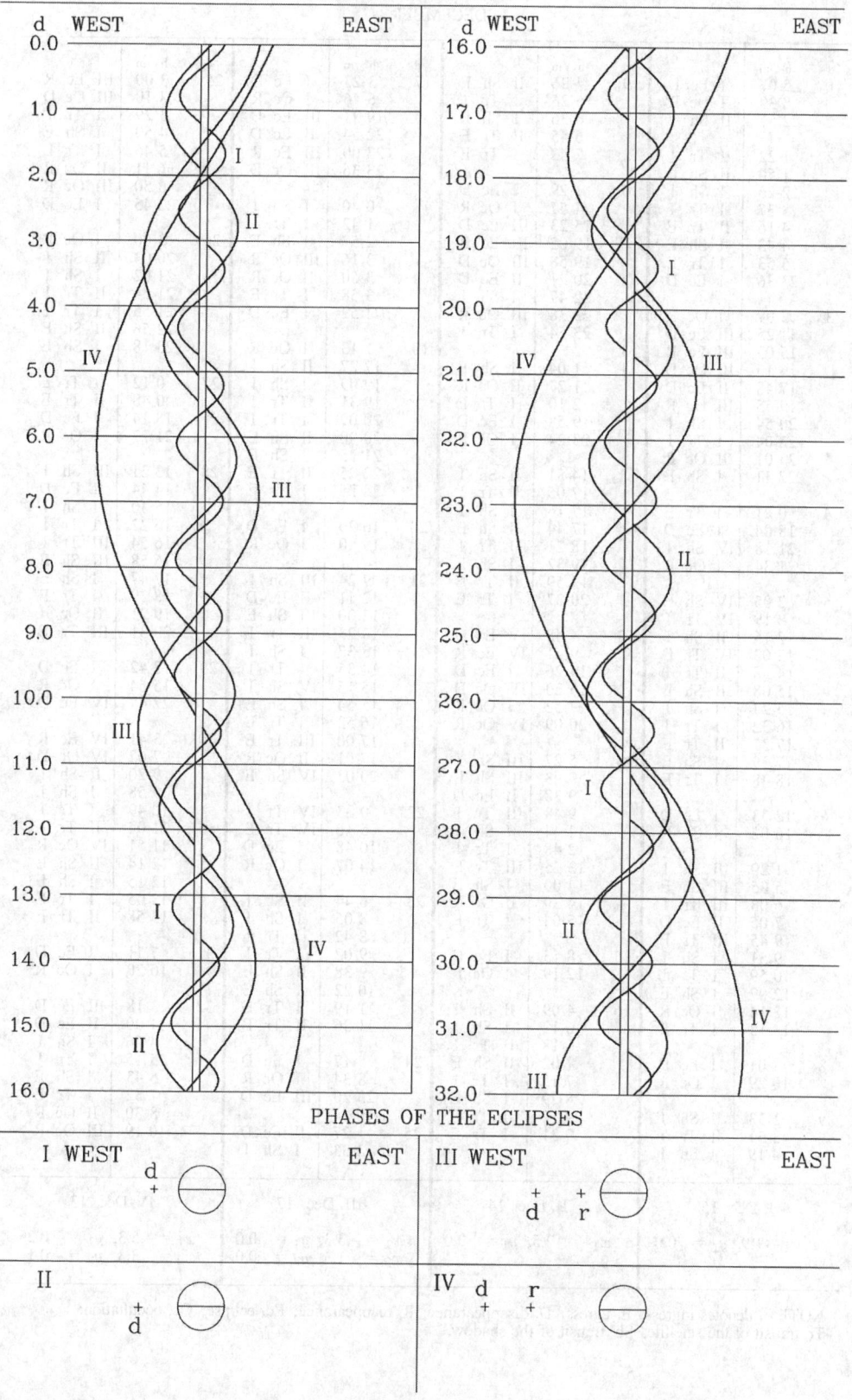

PHASES OF THE ECLIPSES

SATELLITES OF JUPITER, 2014

UNIVERSAL TIME OF GEOCENTRIC PHENOMENA

DECEMBER

d	h m				d	h m				d	h m				d	h m			
1	5 07	I	Ec	D	9	4 26	II	Sh	E	17	3 23	I	Ec	D	25	3 00	III	Ec	R
	8 39	I	Oc	R		5 26	I	Tr	I		6 46	I	Oc	R		3 10	III	Oc	D
	22 57	II	Sh	I		6 36	I	Sh	E		19 21	III	Ec	D		3 29	I	Tr	I
2	1 22	II	Tr	I		6 45	II	Tr	E		22 54	II	Ec	D		4 50	I	Sh	E
	1 50	II	Sh	E		7 43	I	Tr	E		23 00	III	Ec	R		5 46	I	Tr	E
	2 26	I	Sh	I	10	1 29	I	Ec	D		23 36	III	Oc	D		6 11	II	Oc	R
	3 37	I	Tr	I		4 57	I	Oc	R	18	0 40	I	Sh	I		6 50	III	Oc	R
	4 16	II	Tr	E		15 23	III	Ec	D		1 42	I	Tr	I		23 45	I	Ec	D
	4 43	I	Sh	E		19 02	III	Ec	R		2 57	I	Sh	E	26	3 00	I	Oc	R
	5 53	I	Tr	E		19 58	III	Oc	D		3 16	III	Oc	R		20 03	II	Sh	I
	23 36	I	Ec	D		20 21	II	Ec	D		3 50	II	Oc	R		21 02	I	Sh	I
3	3 07	I	Oc	R		22 47	I	Sh	I		3 58	I	Tr	E		21 54	II	Tr	I
	11 25	III	Ec	D		23 38	III	Oc	R		21 52	I	Ec	D		21 55	I	Tr	I
	15 03	III	Ec	R		23 54	I	Tr	I	19	1 13	I	Oc	R		22 56	II	Sh	E
	16 15	III	Oc	D	11	1 04	I	Sh	E		17 27	II	Sh	I		23 18	I	Sh	E
	17 48	II	Ec	D		1 27	II	Oc	R		19 09	I	Sh	I	27	0 12	I	Tr	E
	19 55	III	Oc	R		2 10	I	Tr	E		19 31	II	Tr	I		0 48	II	Tr	E
	20 54	I	Sh	I		19 58	I	Ec	D		20 09	I	Tr	I		18 14	I	Ec	D
	22 04	I	Tr	I		23 24	I	Oc	R		20 20	II	Sh	E		21 27	I	Oc	R
	23 01	II	Oc	R	12	14 51	II	Sh	I		21 25	I	Sh	E	28	13 21	III	Sh	I
	23 11	I	Sh	E		17 05	II	Tr	I		22 25	II	Tr	E		14 44	II	Ec	D
4	0 21	I	Tr	E		17 16	I	Sh	I		22 25	I	Tr	E		15 30	I	Sh	I
	18 04	I	Ec	D		17 44	II	Sh	E	20	16 20	I	Ec	D		16 22	I	Tr	I
	21 18	IV	Sh	I		18 21	I	Tr	I		19 40	I	Oc	R		16 54	III	Tr	I
	21 34	I	Oc	R		19 32	I	Sh	E	21	9 24	III	Sh	I		16 58	III	Sh	E
5	2 05	IV	Sh	E		19 59	II	Tr	E		12 11	II	Ec	D		17 47	I	Sh	E
	8 19	IV	Tr	I		20 37	I	Tr	E		13 00	III	Sh	E		18 39	I	Tr	E
	12 15	II	Sh	I	13	4 48	IV	Ec	D		13 23	III	Tr	I		19 21	II	Oc	R
	13 03	IV	Tr	E		9 41	IV	Ec	R		13 37	I	Sh	I		20 31	III	Tr	E
	14 38	II	Tr	I		14 26	I	Ec	D		14 35	I	Tr	I	29	12 42	I	Ec	D
	15 08	II	Sh	E		15 20	IV	Oc	D		15 15	IV	Sh	I		15 54	I	Oc	R
	15 23	I	Sh	I		17 52	I	Oc	R		15 54	I	Sh	E		22 47	IV	Ec	D
	16 32	I	Tr	I		20 09	IV	Oc	R		16 52	I	Tr	E	30	3 41	IV	Ec	R
	17 31	II	Tr	E	14	5 27	III	Sh	I		17 00	III	Tr	E		7 02	IV	Oc	D
	17 39	I	Sh	E		9 03	III	Sh	E		17 01	II	Oc	R		9 20	II	Sh	I
	18 48	I	Tr	E		9 38	II	Ec	D		20 03	IV	Sh	E		9 58	I	Sh	I
6	12 33	I	Ec	D		9 48	III	Tr	I	22	0 33	IV	Tr	I		10 49	I	Tr	I
	16 02	I	Oc	R		11 44	I	Sh	I		5 16	IV	Tr	E		11 04	II	Tr	I
7	1 29	III	Sh	I		12 48	I	Tr	I		10 48	I	Ec	D		11 51	IV	Oc	R
	5 05	III	Sh	E		13 25	III	Tr	E		14 07	I	Oc	R		12 14	II	Sh	E
	6 08	III	Tr	I		14 00	I	Sh	E	23	6 44	II	Sh	I		12 15	I	Sh	E
	7 05	II	Ec	D		14 39	II	Oc	R		8 05	I	Sh	I		13 05	I	Tr	E
	9 45	III	Tr	E		15 04	I	Tr	E		8 42	II	Tr	I		13 58	II	Tr	E
	9 51	I	Sh	I	15	8 55	I	Ec	D		9 02	I	Tr	I	31	7 11	I	Ec	D
	10 59	I	Tr	I		12 19	I	Oc	R		9 38	II	Sh	E		10 20	I	Oc	R
	12 07	I	Sh	E	16	4 09	II	Sh	I		10 22	I	Sh	E	32	3 18	III	Ec	D
	12 14	II	Oc	R		6 12	I	Sh	I		11 19	I	Tr	E		4 00	II	Ec	D
	13 15	I	Tr	E		6 18	II	Tr	I		11 36	II	Tr	E		4 26	I	Sh	I
8	7 01	I	Ec	D		7 02	II	Sh	E	24	5 17	I	Ec	D		5 15	I	Tr	I
	10 29	I	Oc	R		7 15	I	Tr	I		8 34	I	Oc	R		6 43	I	Sh	E
9	1 33	II	Sh	I		8 29	I	Sh	E		23 20	III	Ec	D		7 32	I	Tr	E
	3 51	II	Tr	I		9 12	II	Tr	E	25	1 27	II	Ec	D		8 30	II	Oc	R
	4 19	I	Sh	I		9 31	I	Tr	E		2 33	I	Sh	I		10 19	III	Oc	R

I. Dec. 15	II. Dec. 14	III. Dec. 17	IV. Dec. 13
$x_1 = -1.9,\ y_1 = 0.0$	$x_1 = -2.5,\ y_1 = 0.0$	$x_1 = -3.3,\ y_1 = 0.0$ $x_2 = -1.3,\ y_2 = 0.0$	$x_1 = -5.3,\ y_1 = -0.2$ $x_2 = -3.3,\ y_2 = -0.1$

NOTE.–I denotes ingress; E, egress; D, disappearance; R, reappearance; Ec, eclipse; Oc, occultation; Tr, transit of the satellite; Sh, transit of the shadow.

CONFIGURATIONS OF SATELLITES I-IV FOR DECEMBER

UNIVERSAL TIME

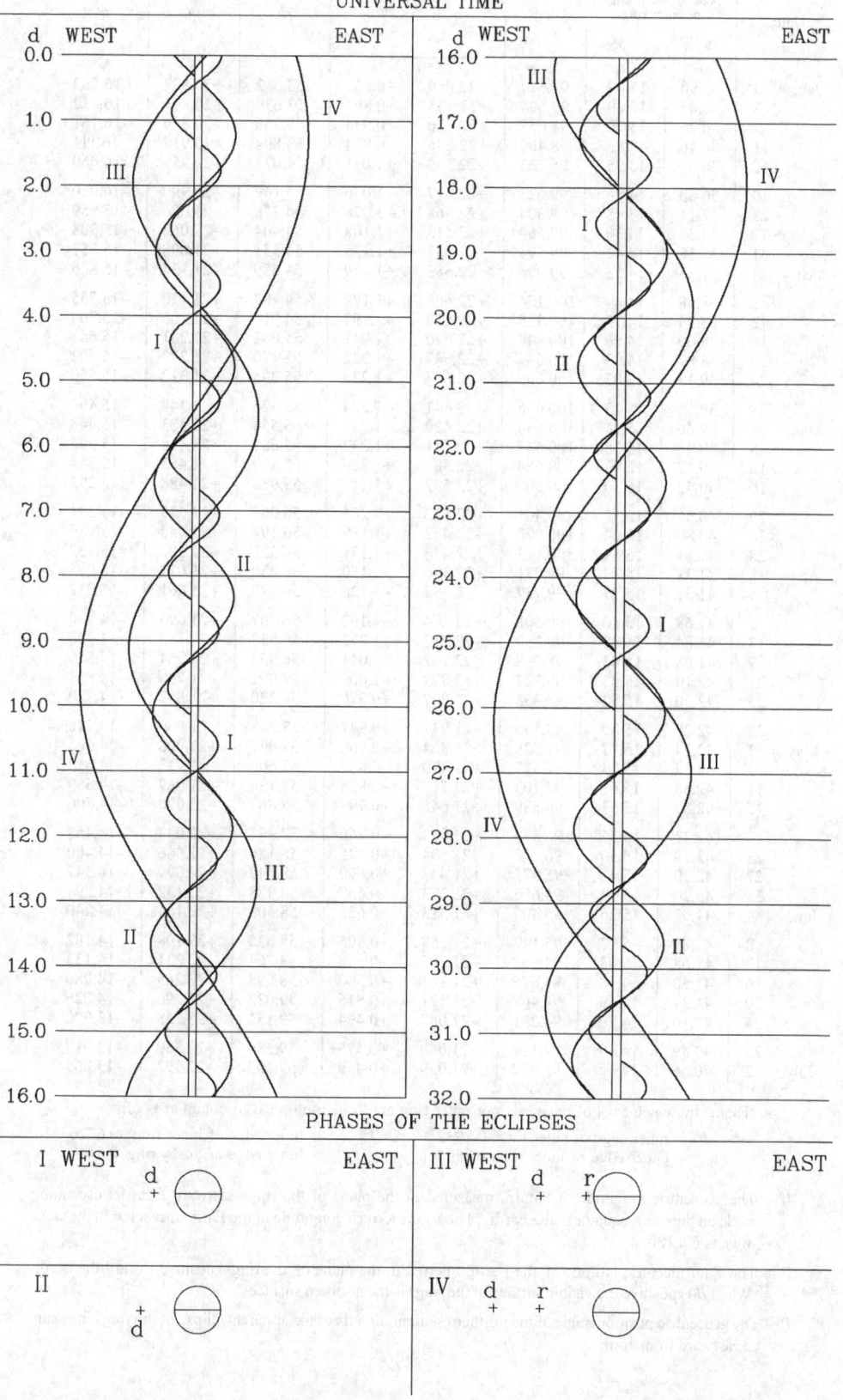

PHASES OF THE ECLIPSES

FOR 0ʰ UNIVERSAL TIME

Date		Axes of outer edge of outer ring		U	B	P	U'	B'	P'
		Major	Minor						
		"	"	°	°	°	°	°	°
Jan.	−1	35.90	13.49	97.314	+22.069	+0.847	53.512	+20.807	−16.262
	3	36.07	13.60	97.694	+22.151	+0.892	53.639	+20.843	−16.212
	7	36.26	13.72	98.057	+22.226	+0.934	53.766	+20.880	−16.161
	11	36.46	13.83	98.400	+22.296	+0.974	53.894	+20.917	−16.111
	15	36.67	13.95	98.723	+22.359	+1.011	54.021	+20.953	−16.060
	19	36.88	14.06	99.025	+22.417	+1.046	54.149	+20.990	−16.010
	23	37.11	14.18	99.304	+22.468	+1.078	54.276	+21.026	−15.959
	27	37.34	14.30	99.560	+22.513	+1.108	54.404	+21.062	−15.908
	31	37.58	14.41	99.791	+22.551	+1.135	54.531	+21.098	−15.857
Feb.	4	37.83	14.53	99.996	+22.583	+1.159	54.659	+21.134	−15.806
	8	38.08	14.64	100.174	+22.608	+1.179	54.787	+21.170	−15.755
	12	38.34	14.75	100.325	+22.628	+1.197	54.914	+21.206	−15.704
	16	38.60	14.86	100.448	+22.640	+1.211	55.042	+21.241	−15.653
	20	38.87	14.97	100.543	+22.647	+1.222	55.170	+21.277	−15.602
	24	39.13	15.07	100.609	+22.647	+1.229	55.298	+21.312	−15.550
	28	39.39	15.17	100.646	+22.641	+1.234	55.426	+21.348	−15.499
Mar.	4	39.66	15.26	100.654	+22.629	+1.234	55.554	+21.383	−15.448
	8	39.92	15.35	100.633	+22.611	+1.232	55.681	+21.418	−15.396
	12	40.17	15.43	100.584	+22.587	+1.226	55.809	+21.453	−15.344
	16	40.42	15.50	100.506	+22.557	+1.217	55.938	+21.488	−15.292
	20	40.66	15.57	100.401	+22.522	+1.205	56.066	+21.523	−15.241
	24	40.89	15.64	100.270	+22.482	+1.189	56.194	+21.558	−15.189
	28	41.11	15.69	100.113	+22.436	+1.171	56.322	+21.592	−15.137
Apr.	1	41.31	15.73	99.931	+22.386	+1.150	56.450	+21.627	−15.085
	5	41.51	15.77	99.727	+22.332	+1.126	56.578	+21.661	−15.032
	9	41.68	15.80	99.502	+22.274	+1.100	56.707	+21.696	−14.980
	13	41.84	15.82	99.259	+22.212	+1.072	56.835	+21.730	−14.928
	17	41.98	15.83	98.998	+22.147	+1.041	56.963	+21.764	−14.875
	21	42.10	15.83	98.722	+22.079	+1.009	57.092	+21.798	−14.823
	25	42.20	15.82	98.433	+22.009	+0.976	57.220	+21.832	−14.770
	29	42.28	15.80	98.135	+21.937	+0.941	57.348	+21.866	−14.718
May	3	42.34	15.77	97.828	+21.864	+0.906	57.477	+21.900	−14.665
	7	42.37	15.73	97.517	+21.790	+0.869	57.606	+21.933	−14.612
	11	42.38	15.68	97.203	+21.717	+0.833	57.734	+21.967	−14.559
	15	42.37	15.63	96.889	+21.645	+0.797	57.863	+22.000	−14.506
	19	42.33	15.57	96.578	+21.573	+0.760	57.991	+22.033	−14.453
	23	42.28	15.50	96.272	+21.504	+0.725	58.120	+22.066	−14.400
	27	42.20	15.42	95.973	+21.437	+0.690	58.249	+22.099	−14.347
	31	42.10	15.34	95.685	+21.373	+0.657	58.378	+22.132	−14.294
June	4	41.97	15.26	95.409	+21.313	+0.625	58.506	+22.165	−14.240
	8	41.83	15.17	95.147	+21.258	+0.595	58.635	+22.198	−14.187
	12	41.68	15.08	94.902	+21.207	+0.566	58.764	+22.231	−14.133
	16	41.50	14.98	94.675	+21.161	+0.540	58.893	+22.263	−14.080
	20	41.31	14.89	94.467	+21.121	+0.516	59.022	+22.296	−14.026
	24	41.10	14.79	94.281	+21.087	+0.494	59.151	+22.328	−13.972
	28	40.89	14.69	94.117	+21.060	+0.475	59.280	+22.360	−13.919
July	2	40.66	14.60	93.977	+21.039	+0.459	59.409	+22.392	−13.865

Factor by which axes of outer edge of outer ring are to be multiplied to obtain axes of:

Inner edge of outer ring 0.8932   Inner edge of inner ring 0.6726
Outer edge of inner ring 0.8596   Inner edge of dusky ring 0.5447

U = The geocentric longitude of Saturn, measured in the plane of the rings eastward from its ascending node on the mean equator of the Earth. The Saturnicentric longitude of the Earth, measured in the same way, is $U+180°$.

B = The Saturnicentric latitude of the Earth, referred to the plane of the rings, positive toward the north. When B is positive the visible surface of the rings is the northern surface.

P = The geocentric position angle of the northern semiminor axis of the apparent ellipse of the rings, measured eastward from north.

FOR 0^h UNIVERSAL TIME

Date		Axes of outer edge of outer ring		U	B	P	U'	B'	P'
		Major	Minor						
		$''$	$''$	$\circ$	$\circ$	$\circ$	$\circ$	$\circ$	$\circ$
July	2	40.66	14.60	93.977	+21.039	+0.459	59.409	+22.392	−13.865
	6	40.42	14.50	93.861	+21.026	+0.446	59.538	+22.424	−13.811
	10	40.18	14.41	93.771	+21.019	+0.435	59.667	+22.456	−13.757
	14	39.93	14.32	93.707	+21.020	+0.428	59.797	+22.488	−13.703
	18	39.67	14.23	93.669	+21.028	+0.424	59.926	+22.520	−13.648
	22	39.41	14.15	93.658	+21.043	+0.422	60.055	+22.551	−13.594
	26	39.15	14.07	93.673	+21.065	+0.424	60.184	+22.583	−13.540
	30	38.89	14.00	93.716	+21.095	+0.429	60.314	+22.614	−13.485
Aug.	3	38.62	13.92	93.785	+21.132	+0.437	60.443	+22.645	−13.431
	7	38.36	13.86	93.881	+21.175	+0.448	60.573	+22.676	−13.376
	11	38.11	13.80	94.002	+21.225	+0.462	60.702	+22.707	−13.322
	15	37.85	13.74	94.150	+21.282	+0.480	60.832	+22.738	−13.267
	19	37.60	13.69	94.323	+21.345	+0.500	60.961	+22.769	−13.212
	23	37.36	13.64	94.520	+21.413	+0.523	61.091	+22.800	−13.157
	27	37.12	13.60	94.742	+21.487	+0.548	61.220	+22.830	−13.102
	31	36.89	13.56	94.987	+21.567	+0.577	61.350	+22.861	−13.047
Sept.	4	36.67	13.53	95.255	+21.651	+0.608	61.480	+22.891	−12.992
	8	36.46	13.50	95.544	+21.740	+0.642	61.610	+22.921	−12.937
	12	36.26	13.48	95.855	+21.832	+0.678	61.739	+22.952	−12.882
	16	36.06	13.47	96.185	+21.928	+0.716	61.869	+22.982	−12.827
	20	35.88	13.46	96.535	+22.028	+0.757	61.999	+23.011	−12.771
	24	35.70	13.45	96.903	+22.130	+0.800	62.129	+23.041	−12.716
	28	35.54	13.45	97.288	+22.235	+0.845	62.259	+23.071	−12.660
Oct.	2	35.38	13.45	97.690	+22.342	+0.891	62.389	+23.101	−12.605
	6	35.24	13.46	98.106	+22.451	+0.940	62.519	+23.130	−12.549
	10	35.11	13.47	98.537	+22.561	+0.990	62.649	+23.159	−12.494
	14	34.99	13.49	98.981	+22.671	+1.042	62.779	+23.189	−12.438
	18	34.89	13.51	99.436	+22.782	+1.095	62.909	+23.218	−12.382
	22	34.80	13.54	99.902	+22.893	+1.149	63.039	+23.247	−12.326
	26	34.71	13.57	100.378	+23.004	+1.205	63.169	+23.276	−12.270
	30	34.65	13.60	100.863	+23.115	+1.261	63.300	+23.305	−12.214
Nov.	3	34.59	13.64	101.354	+23.224	+1.318	63.430	+23.333	−12.158
	7	34.55	13.68	101.851	+23.331	+1.376	63.560	+23.362	−12.102
	11	34.52	13.73	102.353	+23.438	+1.434	63.691	+23.390	−12.045
	15	34.50	13.78	102.858	+23.542	+1.493	63.821	+23.419	−11.989
	19	34.50	13.83	103.366	+23.644	+1.551	63.951	+23.447	−11.933
	23	34.50	13.89	103.874	+23.743	+1.610	64.082	+23.475	−11.876
	27	34.53	13.96	104.382	+23.840	+1.669	64.212	+23.503	−11.820
Dec.	1	34.56	14.02	104.888	+23.934	+1.728	64.343	+23.531	−11.763
	5	34.61	14.09	105.390	+24.024	+1.786	64.474	+23.559	−11.706
	9	34.67	14.16	105.888	+24.111	+1.843	64.604	+23.587	−11.650
	13	34.74	14.24	106.380	+24.195	+1.899	64.735	+23.614	−11.593
	17	34.83	14.32	106.865	+24.274	+1.955	64.866	+23.642	−11.536
	21	34.93	14.40	107.341	+24.350	+2.010	64.996	+23.669	−11.479
	25	35.04	14.49	107.807	+24.422	+2.063	65.127	+23.696	−11.422
	29	35.17	14.58	108.261	+24.490	+2.115	65.258	+23.723	−11.365
	33	35.30	14.67	108.702	+24.553	+2.165	65.389	+23.750	−11.308

Factor by which axes of outer edge of outer ring are to be multiplied to obtain axes of:

Inner edge of outer ring 0.8932	Inner edge of inner ring 0.6726
Outer edge of inner ring 0.8596	Inner edge of dusky ring 0.5447

U' = The heliocentric longitude of Saturn, measured in the plane of the rings eastward from its ascending node on the ecliptic. The Saturnicentric longitude of the Sun, measured in the same way is $U' + 180°$.

B' = The Saturnicentric latitude of the Sun, referred to the plane of the rings, positive toward the north. When B′ is positive the northern surface of the rings is illuminated.

P' = The heliocentric position angle of the northern semiminor axis of the rings on the heliocentric celestial sphere, measured eastward from the great circle that passes through Saturn and the poles of the ecliptic.

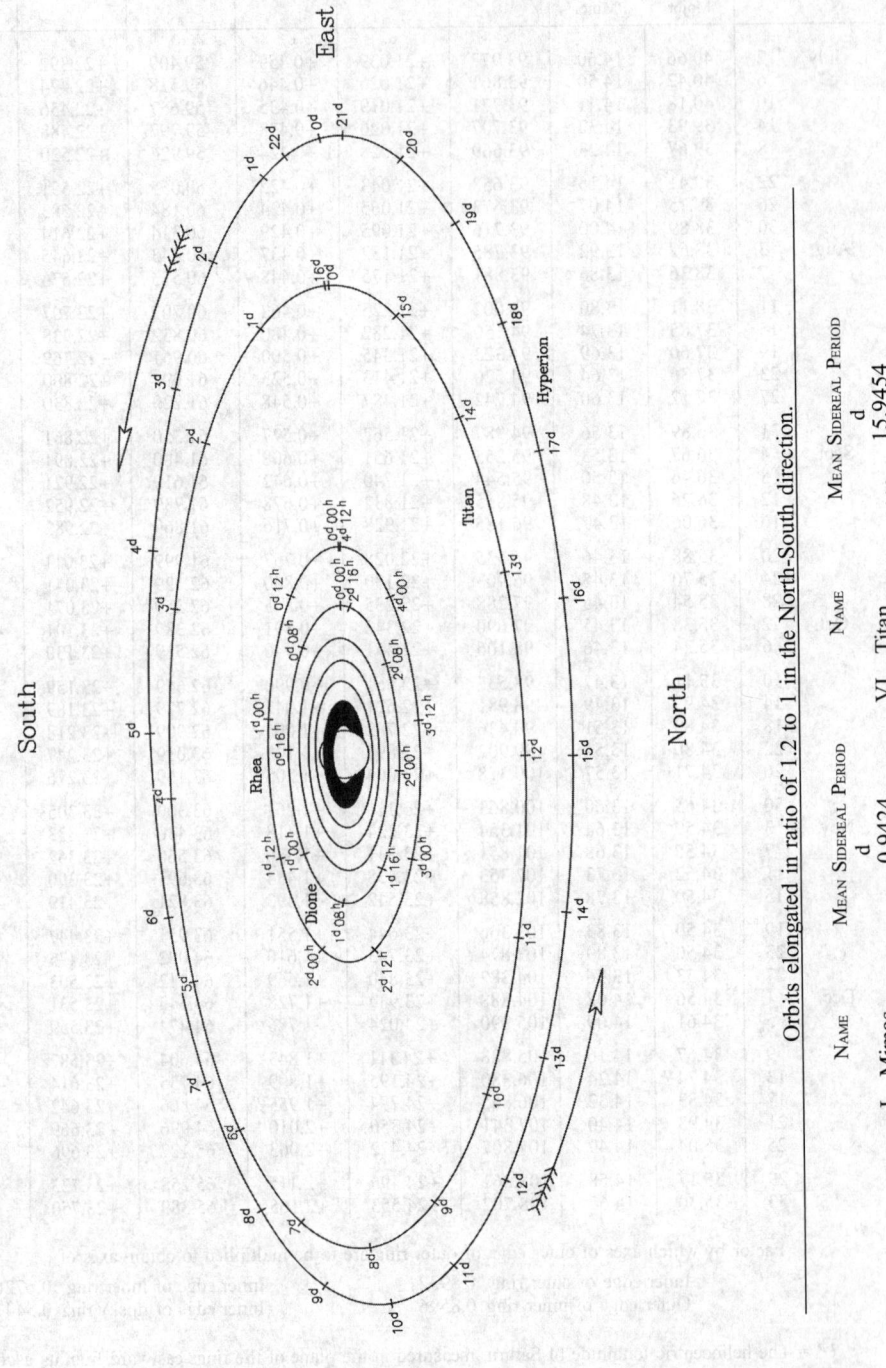

APPARENT ORBITS OF SATELLITES I–VII AT 0ʰ UNIVERSAL TIME ON THE DATE OF OPPOSITION, MAY 10

East

South

North

West

Rhea

Dione

Titan

Hyperion

Orbits elongated in ratio of 1.2 to 1 in the North-South direction.

Name		Mean Sidereal Period d
I	Mimas	0.9424
II	Enceladus	1.3702
III	Tethys	1.8878
IV	Dione	2.7369
V	Rhea	4.5175

Name		Mean Sidereal Period d
VI	Titan	15.9454
VII	Hyperion	21.2767
VIII	Iapetus	79.3311
IX	Phoebe	546.414 R

UNIVERSAL TIME OF GREATEST EASTERN ELONGATION

I Mimas

Jan.		Feb.		Mar.		Apr.		May		June		July		Aug.		Sept.		Oct.		Nov.		Dec.	
d	h	d	h	d	h	d	h	d	h	d	h	d	h	d	h	d	h	d	h	d	h	d	h
−1	09.4	1	09.1	1	15.7	1	18.0	1	21.7	1	01.3	1	05.0	1	07.5	1	10.0	1	14.0	1	16.7	1	20.7
0	08.0	2	07.8	2	14.3	2	16.6	2	20.3	1	23.9	2	03.6	2	06.1	2	08.6	2	12.6	2	15.3	2	19.4
1	06.6	3	06.4	3	12.9	3	15.3	3	18.9	2	22.5	3	02.2	3	04.7	3	07.3	3	11.3	3	13.9	3	18.0
2	05.2	4	05.0	4	11.6	4	13.9	4	17.5	3	21.1	4	00.9	4	03.3	4	05.9	4	09.9	4	12.6	4	16.6
3	03.9	5	03.6	5	10.2	5	12.5	5	16.1	4	19.8	4	23.5	5	01.9	5	04.5	5	08.5	5	11.2	5	15.2
4	02.5	6	02.2	6	08.8	6	11.1	6	14.7	5	18.4	5	22.1	6	00.6	6	03.1	6	07.1	6	09.8	6	13.9
5	01.1	7	00.9	7	07.4	7	09.7	7	13.3	6	17.0	6	20.7	6	23.2	7	01.8	7	05.8	7	08.4	7	12.5
5	23.7	7	23.5	8	06.0	8	08.3	8	12.0	7	15.6	7	19.3	7	21.8	8	00.4	8	04.4	8	07.1	8	11.1
6	22.4	8	22.1	9	04.6	9	06.9	9	10.6	8	14.2	8	18.0	8	20.4	8	23.0	9	03.0	9	05.7	9	09.7
7	21.0	9	20.7	10	03.3	10	05.6	10	09.2	9	12.8	9	16.6	9	19.0	9	21.6	10	01.6	10	04.3	10	08.4
8	19.6	10	19.3	11	01.9	11	04.2	11	07.8	10	11.5	10	15.2	10	17.7	10	20.2	11	00.3	11	02.9	11	07.0
9	18.2	11	18.0	12	00.5	12	02.8	12	06.4	11	10.1	11	13.8	11	16.3	11	18.9	11	22.9	12	01.6	12	05.6
10	16.8	12	16.6	12	23.1	13	01.4	13	05.0	12	08.7	12	12.4	12	14.9	12	17.5	12	21.5	13	00.2	13	04.2
11	15.5	13	15.2	13	21.7	14	00.0	14	03.6	13	07.3	13	11.0	13	13.5	13	16.1	13	20.2	13	22.8	14	02.9
12	14.1	14	13.8	14	20.3	14	22.6	15	02.3	14	05.9	14	09.7	14	12.2	14	14.7	14	18.8	14	21.5	15	01.5
13	12.7	15	12.4	15	19.0	15	21.2	16	00.9	15	04.5	15	08.3	15	10.8	15	13.4	15	17.4	15	20.1	16	00.1
14	11.3	16	11.0	16	17.6	16	19.8	16	23.5	16	03.1	16	06.9	16	09.4	16	12.0	16	16.0	16	18.7	16	22.7
15	10.0	17	09.7	17	16.2	17	18.5	17	22.1	17	01.8	17	05.5	17	08.0	17	10.6	17	14.7	17	17.3	17	21.4
16	08.6	18	08.3	18	14.8	18	17.1	18	20.7	18	00.4	18	04.1	18	06.6	18	09.2	18	13.3	18	16.0	18	20.0
17	07.2	19	06.9	19	13.4	19	15.7	19	19.3	18	23.0	19	02.8	19	05.3	19	07.9	19	11.9	19	14.6	19	18.6
18	05.8	20	05.5	20	12.0	20	14.3	20	17.9	19	21.6	20	01.4	20	03.9	20	06.5	20	10.5	20	13.2	20	17.2
19	04.4	21	04.1	21	10.6	21	12.9	21	16.5	20	20.2	21	00.0	21	02.5	21	05.1	21	09.2	21	11.8	21	15.9
20	03.1	22	02.8	22	09.3	22	11.5	22	15.2	21	18.8	21	22.6	22	01.1	22	03.8	22	07.8	22	10.5	22	14.5
21	01.7	23	01.4	23	07.9	23	10.1	23	13.8	22	17.5	22	21.2	22	23.8	23	02.4	23	06.4	23	09.1	23	13.1
22	00.3	24	00.0	24	06.5	24	08.8	24	12.4	23	16.1	23	19.9	23	22.4	24	01.0	24	05.0	24	07.7	24	11.7
22	22.9	24	22.6	25	05.1	25	07.4	25	11.0	24	14.7	24	18.5	24	21.0	24	23.6	25	03.7	25	06.3	25	10.4
23	21.5	25	21.2	26	03.7	26	06.0	26	09.6	25	13.3	25	17.1	25	19.6	25	22.3	26	02.3	26	05.0	26	09.0
24	20.2	26	19.8	27	02.3	27	04.6	27	08.2	26	11.9	26	15.7	26	18.3	26	20.9	27	00.9	27	03.6	27	07.6
25	18.8	27	18.5	28	01.0	28	03.2	28	06.8	27	10.5	27	14.3	27	16.9	27	19.5	27	23.5	28	02.2	28	06.2
26	17.4	28	17.1	28	23.6	29	01.8	29	05.5	28	09.2	28	13.0	28	15.5	28	18.1	28	22.2	29	00.8	29	04.9
27	16.0			29	22.2	30	00.4	30	04.1	29	07.8	29	11.6	29	14.1	29	16.8	29	20.8	29	23.5	30	03.5
28	14.7			30	20.8	30	23.1	31	02.7	30	06.4	30	10.2	30	12.8	30	15.4	30	19.4	30	22.1	31	02.1
29	13.3			31	19.4							31	08.8	31	11.4			31	18.1			32	00.7
30	11.9																							
31	10.5																							

II Enceladus

Jan.		Feb.		Mar.		Apr.		May		June		July		Aug.		Sept.		Oct.		Nov.		Dec.	
d	h	d	h	d	h	d	h	d	h	d	h	d	h	d	h	d	h	d	h	d	h	d	h
−1	20.7	1	18.1	1	03.9	1	16.1	1	19.4	2	07.5	1	02.0	1	14.4	2	03.0	2	06.8	1	10.6	1	14.4
1	05.6	3	03.0	2	12.7	3	01.0	3	04.2	3	16.4	2	10.9	2	23.3	3	11.9	3	15.7	2	19.5	2	23.3
2	14.5	4	11.9	3	21.6	4	09.8	4	13.1	5	01.3	3	19.8	4	08.2	4	20.8	5	00.6	4	04.4	4	08.2
3	23.4	5	20.8	5	06.5	5	18.7	5	22.0	6	10.2	5	04.7	5	17.1	6	05.7	6	09.5	5	13.3	5	17.1
5	08.3	7	05.7	6	15.4	7	03.6	7	06.9	7	19.0	6	13.6	7	02.0	7	14.6	7	18.4	6	22.2	7	02.0
6	17.2	8	14.6	8	00.3	8	12.5	8	15.7	9	03.9	7	22.4	8	10.9	8	23.5	9	03.3	8	07.1	8	10.9
8	02.1	9	23.5	9	09.1	9	21.3	10	00.6	10	12.8	9	07.3	9	19.8	10	08.4	10	12.2	9	16.0	9	19.8
9	11.0	11	08.3	10	18.0	11	06.2	11	09.5	11	21.7	10	16.2	11	04.7	11	17.3	11	21.1	11	00.9	11	04.7
10	19.9	12	17.2	12	02.9	12	15.1	12	18.4	13	06.5	12	01.1	12	13.6	13	02.2	13	06.0	12	09.8	12	13.6
12	04.8	14	02.1	13	11.8	14	00.0	14	03.2	14	15.4	13	10.0	13	22.5	14	11.1	14	14.9	13	18.7	13	22.5
13	13.7	15	11.0	14	20.7	15	08.9	15	12.1	16	00.3	14	18.9	15	07.3	15	20.0	15	23.8	15	03.6	15	07.4
14	22.6	16	19.9	16	05.5	16	17.7	16	21.0	17	09.2	16	03.8	16	16.2	17	04.9	17	08.7	16	12.5	16	16.3
16	07.4	18	04.8	17	14.4	18	02.6	18	05.9	18	18.1	17	12.6	18	01.1	18	13.8	18	17.6	17	21.4	18	01.2
17	16.3	19	13.7	18	23.3	19	11.5	19	14.7	20	03.0	18	21.5	19	10.0	19	22.7	20	02.5	19	06.3	19	10.1
19	01.2	20	22.5	20	08.2	20	20.4	20	23.6	21	11.8	20	06.4	20	18.9	21	07.6	21	11.4	20	15.2	20	19.0
20	10.1	22	07.4	21	17.1	22	05.2	22	08.5	22	20.7	21	15.3	22	03.8	22	16.5	22	20.3	22	00.1	22	03.9
21	19.0	23	16.3	23	01.9	23	14.1	23	17.4	24	05.6	23	00.2	23	12.7	24	01.4	24	05.2	23	09.0	23	12.8
23	03.9	25	01.2	24	10.8	24	23.0	25	02.2	25	14.5	24	09.1	24	21.6	25	10.3	25	14.1	24	17.9	24	21.7
24	12.8	26	10.1	25	19.7	26	07.9	26	11.1	26	23.4	25	18.0	26	06.5	26	19.2	26	23.0	26	02.8	26	06.6
25	21.7	27	19.0	27	04.6	27	16.7	27	20.0	28	08.2	27	02.9	27	15.4	28	04.1	28	07.9	27	11.7	27	15.5
27	06.6			28	13.5	29	01.6	29	04.9	29	17.1	28	11.8	29	00.3	29	13.0	29	16.8	28	20.6	29	00.4
28	15.5			29	22.3	30	10.5	30	13.8			29	20.6	30	09.2	30	21.9	31	01.7	30	05.5	30	09.3
30	00.4			31	07.2			31	22.6			31	05.5	31	18.1							31	18.2
31	09.2																						33	03.1

UNIVERSAL TIME OF GREATEST EASTERN ELONGATION

Jan.	Feb.	Mar.	Apr.	May	June	July	Aug.	Sept.	Oct.	Nov.	Dec.

III Tethys

d h	d h	d h	d h	d h	d h	d h	d h	d h	d h	d h	d h
−1 17.3	2 17.1	1 03.5	2 05.5	2 10.2	1 14.8	1 19.5	1 00.5	2 03.0	2 08.3	1 13.7	1 19.0
1 14.7	4 14.4	3 00.8	4 02.8	4 07.4	3 12.1	3 16.8	2 21.8	4 00.3	4 05.6	3 11.0	3 16.4
3 12.0	6 11.8	4 22.1	6 00.1	6 04.7	5 09.4	5 14.2	4 19.1	5 21.6	6 02.9	5 08.3	5 13.7
5 09.3	8 09.1	6 19.4	7 21.4	8 02.0	7 06.7	7 11.5	6 16.4	7 18.9	8 00.3	7 05.7	7 11.1
7 06.6	10 06.4	8 16.7	9 18.7	9 23.3	9 04.0	9 08.8	8 13.8	9 16.3	9 21.6	9 03.0	9 08.4
9 04.0	12 03.7	10 14.0	11 16.0	11 20.6	11 01.3	11 06.1	10 11.1	11 13.6	11 18.9	11 00.3	11 05.7
11 01.3	14 01.0	12 11.3	13 13.3	13 17.9	12 22.6	13 03.4	12 08.4	13 10.9	13 16.3	12 21.7	13 03.1
12 22.6	15 22.3	14 08.6	15 10.6	15 15.2	14 19.8	15 00.7	14 05.7	15 08.3	15 13.6	14 19.0	15 00.4
14 19.9	17 19.6	16 05.9	17 07.8	17 12.5	16 17.1	16 22.0	16 03.0	17 05.6	17 11.0	16 16.4	16 21.7
16 17.3	19 16.9	18 03.2	19 05.1	19 09.8	18 14.4	18 19.3	18 00.4	19 02.9	19 08.3	18 13.7	18 19.1
18 14.6	21 14.2	20 00.5	21 02.4	21 07.0	20 11.7	20 16.6	19 21.7	21 00.3	21 05.6	20 11.0	20 16.4
20 11.9	23 11.5	21 21.8	22 23.7	23 04.3	22 09.0	22 13.9	21 19.0	22 21.6	23 03.0	22 08.4	22 13.7
22 09.2	25 08.8	23 19.1	24 21.0	25 01.6	24 06.3	24 11.2	23 16.3	24 18.9	25 00.3	24 05.7	24 11.1
24 06.5	27 06.2	25 16.3	26 18.3	26 22.9	26 03.6	26 08.5	25 13.7	26 16.3	26 21.6	26 03.0	26 08.4
26 03.9		27 13.6	28 15.6	28 20.2	28 00.9	28 05.9	27 11.0	28 13.6	28 19.0	28 00.4	28 05.7
28 01.2		29 10.9	30 12.9	30 17.5	29 22.2	30 03.2	29 08.3	30 10.9	30 16.3	29 21.7	30 03.1
29 22.5		31 08.2					31 05.6				32 00.4
31 19.8											

IV Dione

d h	d h	d h	d h	d h	d h	d h	d h	d h	d h	d h	d h
−3 11.1	2 01.5	1 10.4	3 06.4	3 08.6	2 10.7	2 13.0	1 15.6	3 12.2	3 15.2	2 18.5	2 21.7
0 04.9	4 19.2	4 04.1	6 00.1	6 02.2	5 04.4	5 06.7	4 09.3	6 05.9	6 09.0	5 12.2	5 15.5
2 22.6	7 12.9	6 21.8	8 17.7	8 19.9	7 22.0	8 00.4	7 03.0	8 23.6	9 02.7	8 06.0	8 09.2
5 16.3	10 06.6	9 15.5	11 11.4	11 13.5	10 15.7	10 18.1	9 20.7	11 17.3	11 20.5	10 23.7	11 02.9
8 10.1	13 00.3	12 09.1	14 05.1	14 07.2	13 09.3	13 11.7	12 14.4	14 11.1	14 14.2	13 17.5	13 20.7
11 03.8	15 18.0	15 02.8	16 22.7	17 00.8	16 03.0	16 05.4	15 08.1	17 04.8	17 08.0	16 11.2	16 14.4
13 21.5	18 11.7	17 20.5	19 16.4	19 18.5	18 20.7	18 23.1	18 01.8	19 22.6	20 01.7	19 05.0	19 08.2
16 15.2	21 05.4	20 14.1	22 10.0	22 12.1	21 14.3	21 16.8	20 19.6	22 16.3	22 19.5	21 22.7	22 01.9
19 08.9	23 23.1	23 07.8	25 03.6	25 05.8	24 08.0	24 10.5	23 13.3	25 10.0	25 13.2	24 16.5	24 19.7
22 02.7	26 16.7	26 01.5	27 21.3	27 23.4	27 01.7	27 04.2	26 07.0	28 03.8	28 07.0	27 10.2	27 13.4
24 20.4		28 19.1	30 14.9	30 17.1	29 19.3	29 21.9	29 00.7	30 21.5	31 00.7	30 04.0	30 07.1
27 14.1		31 12.8					31 18.4				33 00.9
30 07.8											

V Rhea

d h	d h	d h	d h	d h	d h	d h	d h	d h	d h	d h	d h
−2 13.4	3 17.5	2 20.2	3 10.8	5 01.1	1 03.0	2 17.4	3 08.4	3 23.8	1 03.1	1 19.2	3 11.4
3 02.0	8 06.0	7 08.6	7 23.1	9 13.4	5 15.3	7 05.8	7 20.9	8 12.4	5 15.7	6 07.8	7 23.9
7 14.5	12 18.5	11 21.0	12 11.5	14 01.7	10 03.6	11 18.2	12 09.3	13 00.9	10 04.3	10 20.4	12 12.5
12 03.0	17 06.9	16 09.4	16 23.8	18 14.0	14 16.0	16 06.6	16 21.8	17 13.5	14 16.9	15 09.0	17 01.1
16 15.5	21 19.3	20 21.7	21 12.1	23 02.3	19 04.3	20 19.1	21 10.3	22 02.0	19 05.4	19 21.6	21 13.7
21 04.1	26 07.8	25 10.1	26 00.4	27 14.6	23 16.7	25 07.5	25 22.8	26 14.6	23 18.0	24 10.2	26 02.3
25 16.6		29 22.5	30 12.8		28 05.1	29 19.9	30 11.3		28 06.6	28 22.8	30 14.8
30 05.0											35 03.4

UNIVERSAL TIME OF CONJUNCTIONS AND ELONGATIONS

VI Titan

Eastern Elongation		Inferior Conjunction		Western Elongation		Superior Conjunction	
	d h		d h		d h		d h
Jan.	−2 03.0	Jan.	1 22.7	Jan.	6 01.9	Jan.	10 05.8
	14 03.2		17 22.8		22 02.0		26 05.7
	30 03.0	Feb.	2 22.5	Feb.	7 01.7	Feb.	11 05.3
Feb.	15 02.4		18 21.7		23 00.8		27 04.3
Mar.	3 01.3	Mar.	6 20.5	Mar.	10 23.5	Mar.	15 02.8
	18 23.6		22 18.9		26 21.6		31 00.9
Apr.	3 21.6	Apr.	7 16.8	Apr.	11 19.3	Apr.	15 22.6
	19 19.2		23 14.4		27 16.7	May	1 20.0
May	5 16.6	May	9 11.9	May	13 13.9		17 17.4
	21 13.9		25 09.3		29 11.2	June	2 14.8
June	6 11.3	June	10 06.9	June	14 08.7		18 12.5
	22 09.1		26 04.8		30 06.5	July	4 10.5
July	8 07.2	July	12 03.0	July	16 04.9		20 08.9
	24 05.7		28 01.7	Aug.	1 03.7	Aug.	5 07.9
Aug.	9 04.7	Aug.	13 00.8		17 02.9		21 07.2
	25 04.2		29 00.3	Sept.	2 02.6	Sept.	6 07.1
Sept.	10 04.1	Sept.	14 00.3		18 02.8		22 07.2
	26 04.3		30 00.5	Oct.	4 03.2	Oct.	8 07.7
Oct.	12 04.8	Oct.	16 01.0		20 03.9		24 08.4
	28 05.5	Nov.	1 01.6	Nov.	5 04.8	Nov.	9 09.2
Nov.	13 06.3		17 02.4		21 05.8		25 10.1
	29 07.2	Dec.	3 03.2	Dec.	7 06.8	Dec.	11 11.0
Dec.	15 08.0		19 03.9		23 07.6		27 11.7
	31 08.6		35 04.4		39 08.3		43 12.2
	47 09.1						

VII Hyperion

Eastern Elongation		Inferior Conjunction		Western Elongation		Superior Conjunction	
	d h		d h		d h		d h
Jan.	−13 14.4	Jan.	−7 04.3	Jan.	−3 21.6	Jan.	2 23.2
	9 00.5		14 13.6		19 07.4		24 09.4
	30 10.2	Feb.	4 21.8	Feb.	9 16.0	Feb.	14 19.1
Feb.	20 20.1		26 07.5	Mar.	3 01.2	Mar.	8 03.8
Mar.	14 04.4	Mar.	19 15.7		24 09.3		29 12.0
Apr.	4 11.8	Apr.	9 22.4	Apr.	14 15.8	Apr.	19 19.2
	25 19.3	May	1 06.5	May	5 22.9	May	11 01.7
May	17 01.8		22 13.8		27 06.1	June	1 09.0
June	7 08.5	June	12 20.4	June	17 12.7		22 16.4
	28 16.4	July	4 04.8	July	8 20.8	July	14 00.4
July	20 00.7		25 13.8		30 06.3	Aug.	4 10.4
Aug.	10 09.9	Aug.	15 21.9	Aug.	20 15.2		25 20.5
	31 20.2	Sept.	6 07.8	Sept.	11 01.3	Sept.	16 07.0
Sept.	22 06.9		27 18.3	Oct.	2 12.7	Oct.	7 19.2
Oct.	13 17.5	Oct.	19 02.8		23 22.5		29 06.6
Nov.	4 04.3	Nov.	9 12.4	Nov.	14 08.8	Nov.	19 17.3
	25 14.8		30 22.2	Dec.	5 19.6	Dec.	11 05.0
Dec.	17 00.3	Dec.	22 05.3		27 04.1		32 14.9
	38 09.1		43 12.8				

VIII Iapetus

Eastern Elongation		Inferior Conjunction		Western Elongation		Superior Conjunction	
	d h		d h		d h		d h
Jan.	−13 13.2	Jan.	6 20.9	Jan.	27 12.6	Feb.	17 00.7
Mar.	8 22.3	Mar.	27 14.7	Apr.	16 13.1	May	6 16.6
May	25 22.7	June	13 20.5	July	3 08.7	July	24 04.1
Aug.	12 16.0	Sept.	1 06.6	Sept.	21 09.0	Oct.	12 17.1
Nov.	1 18.0	Nov.	21 09.4	Dec.	12 03.7	Dec.	33 05.3

DIFFERENTIAL COORDINATES OF VII HYPERION FOR 0ʰ UNIVERSAL TIME

Date		$\Delta\alpha$	$\Delta\delta$	Date		$\Delta\alpha$	$\Delta\delta$	Date		$\Delta\alpha$	$\Delta\delta$
		s	′			s	′			s	′
Jan.	−1	− 12	+ 0.6	May	1	+ 1	− 1.3	Sept.	2	+ 14	− 0.4
	1	− 7	+ 1.1		3	− 9	− 0.9		4	+ 9	− 0.9
	3	0	+ 1.3		5	− 14	− 0.2		6	+ 1	− 1.1
	5	+ 7	+ 1.1		7	− 14	+ 0.7		8	− 7	− 0.8
	7	+ 13	+ 0.6		9	− 8	+ 1.3		10	− 12	− 0.2
	9	+ 14	0.0		11	0	+ 1.5		12	− 12	+ 0.5
	11	+ 12	− 0.7		13	+ 8	+ 1.3		14	− 8	+ 1.1
	13	+ 6	− 1.1		15	+ 14	+ 0.7		16	− 1	+ 1.3
	15	− 2	− 1.1		17	+ 17	0.0		18	+ 6	+ 1.1
	17	− 10	− 0.6		19	+ 14	− 0.7		20	+ 12	+ 0.7
	19	− 13	+ 0.1		21	+ 7	− 1.2		22	+ 14	+ 0.1
	21	− 11	+ 0.8		23	− 3	− 1.2		24	+ 12	− 0.5
	23	− 5	+ 1.2		25	− 11	− 0.7		26	+ 7	− 1.0
	25	+ 3	+ 1.3		27	− 15	+ 0.1		28	− 2	− 1.0
	27	+ 10	+ 1.0		29	− 12	+ 0.9		30	− 9	− 0.6
	29	+ 14	+ 0.4		31	− 5	+ 1.4	Oct.	2	− 13	0.0
	31	+ 15	− 0.2	June	2	+ 3	+ 1.4		4	− 11	+ 0.7
Feb.	2	+ 11	− 0.9		4	+ 11	+ 1.1		6	− 6	+ 1.2
	4	+ 4	− 1.2		6	+ 16	+ 0.5		8	+ 1	+ 1.3
	6	− 5	− 1.0		8	+ 16	− 0.2		10	+ 8	+ 1.0
	8	− 12	− 0.4		10	+ 12	− 0.9		12	+ 12	+ 0.6
	10	− 13	+ 0.4		12	+ 4	− 1.2		14	+ 14	− 0.1
	12	− 10	+ 1.0		14	− 6	− 1.0		16	+ 11	− 0.7
	14	− 3	+ 1.4		16	− 13	− 0.4		18	+ 4	− 1.1
	16	+ 5	+ 1.3		18	− 14	+ 0.4		20	− 4	− 1.0
	18	+ 12	+ 0.9		20	− 10	+ 1.1		22	− 11	− 0.5
	20	+ 15	+ 0.3		22	− 2	+ 1.4		24	− 12	+ 0.3
	22	+ 15	− 0.5		24	+ 6	+ 1.3		26	− 10	+ 0.9
	24	+ 9	− 1.0		26	+ 12	+ 0.9		28	− 4	+ 1.2
	26	+ 1	− 1.2		28	+ 16	+ 0.3		30	+ 3	+ 1.3
	28	− 8	− 0.9		30	+ 15	− 0.4	Nov.	1	+ 9	+ 0.9
Mar.	2	− 13	− 0.2	July	2	+ 9	− 1.0		3	+ 13	+ 0.4
	4	− 13	+ 0.6		4	0	− 1.2		5	+ 13	− 0.3
	6	− 8	+ 1.2		6	− 9	− 0.8		7	+ 9	− 0.9
	8	0	+ 1.4		8	− 14	− 0.1		9	+ 2	− 1.1
	10	+ 8	+ 1.3		10	− 13	+ 0.6		11	− 6	− 0.9
	12	+ 14	+ 0.7		12	− 8	+ 1.2		13	− 12	− 0.2
	14	+ 16	0.0		14	0	+ 1.3		15	− 12	+ 0.5
	16	+ 14	− 0.7		16	+ 8	+ 1.2		17	− 8	+ 1.1
	18	+ 7	− 1.2		18	+ 14	+ 0.7		19	− 2	+ 1.3
	20	− 2	− 1.2		20	+ 16	0.0		21	+ 5	+ 1.2
	22	− 11	− 0.7		22	+ 13	− 0.6		23	+ 10	+ 0.8
	24	− 14	+ 0.1		24	+ 6	− 1.1		25	+ 13	+ 0.2
	26	− 12	+ 0.9		26	− 3	− 1.1		27	+ 12	− 0.5
	28	− 6	+ 1.4		28	− 11	− 0.6		29	+ 7	− 1.0
	30	+ 3	+ 1.5		30	− 14	+ 0.1	Dec.	1	− 1	− 1.1
Apr.	1	+ 10	+ 1.1	Aug.	1	− 11	+ 0.8		3	− 9	− 0.7
	3	+ 15	+ 0.5		3	− 5	+ 1.2		5	− 12	0.0
	5	+ 16	− 0.2		5	+ 3	+ 1.3		7	− 12	+ 0.7
	7	+ 12	− 0.9		7	+ 10	+ 1.0		9	− 7	+ 1.2
	9	+ 4	− 1.3		9	+ 14	+ 0.5		11	0	+ 1.4
	11	− 6	− 1.1		11	+ 15	− 0.2		13	+ 7	+ 1.2
	13	− 13	− 0.5		13	+ 11	− 0.8		15	+ 12	+ 0.7
	15	− 15	+ 0.4		15	+ 4	− 1.1		17	+ 13	0.0
	17	− 11	+ 1.1		17	− 5	− 1.0		19	+ 11	− 0.7
	19	− 3	+ 1.5		19	− 12	− 0.4		21	+ 5	− 1.1
	21	+ 6	+ 1.4		21	− 13	+ 0.3		23	− 4	− 1.0
	23	+ 13	+ 1.0		23	− 9	+ 0.9		25	− 11	− 0.5
	25	+ 16	+ 0.3		25	− 3	+ 1.3		27	− 13	+ 0.3
	27	+ 16	− 0.5		27	+ 5	+ 1.2		29	− 11	+ 0.9
	29	+ 10	− 1.1		29	+ 11	+ 0.9		31	− 5	+ 1.3
May	1	+ 1	− 1.3		31	+ 14	+ 0.3		33	+ 2	+ 1.4

Differential coordinates are given in the sense "satellite minus planet."

DIFFERENTIAL COORDINATES OF VIII IAPETUS FOR 0ʰ UNIVERSAL TIME

Date		$\Delta\alpha$	$\Delta\delta$	Date		$\Delta\alpha$	$\Delta\delta$	Date		$\Delta\alpha$	$\Delta\delta$
		s	′			s	′			s	′
Jan.	−1	+ 16	− 2.7	May	1	− 13	+ 3.2	Sept.	2	− 4	− 1.8
	1	+ 12	− 2.6		3	− 8	+ 2.9		4	− 9	− 1.4
	3	+ 7	− 2.5		5	− 2	+ 2.6		6	− 14	− 1.0
	5	+ 2	− 2.2		7	+ 4	+ 2.2		8	− 18	− 0.6
	7	− 3	− 1.9		9	+ 10	+ 1.8		10	− 22	− 0.1
	9	− 8	− 1.5		11	+ 15	+ 1.3		12	− 25	+ 0.3
	11	− 13	− 1.1		13	+ 20	+ 0.8		14	− 28	+ 0.8
	13	− 17	− 0.7		15	+ 25	+ 0.3		16	− 30	+ 1.2
	15	− 21	− 0.3		17	+ 29	− 0.3		18	− 31	+ 1.6
	17	− 25	+ 0.2		19	+ 32	− 0.8		20	− 32	+ 1.9
	19	− 28	+ 0.7		21	+ 34	− 1.3		22	− 31	+ 2.2
	21	− 30	+ 1.1		23	+ 36	− 1.8		24	− 30	+ 2.5
	23	− 32	+ 1.5		25	+ 36	− 2.2		26	− 29	+ 2.7
	25	− 33	+ 1.9		27	+ 36	− 2.6		28	− 27	+ 2.8
	27	− 33	+ 2.2		29	+ 34	− 2.9		30	− 24	+ 2.9
	29	− 32	+ 2.5		31	+ 32	− 3.1	Oct.	2	− 20	+ 2.9
	31	− 31	+ 2.8	June	2	+ 28	− 3.2		4	− 17	+ 2.9
Feb.	2	− 29	+ 2.9		4	+ 24	− 3.2		6	− 12	+ 2.7
	4	− 26	+ 3.1		6	+ 20	− 3.2		8	− 8	+ 2.6
	6	− 23	+ 3.1		8	+ 14	− 3.0		10	− 4	+ 2.3
	8	− 19	+ 3.1		10	+ 9	− 2.8		12	+ 1	+ 2.1
	10	− 15	+ 3.0		12	+ 3	− 2.5		14	+ 6	+ 1.7
	12	− 10	+ 2.8		14	− 3	− 2.1		16	+ 10	+ 1.4
	14	− 5	+ 2.6		16	− 9	− 1.7		18	+ 14	+ 1.0
	16	0	+ 2.3		18	− 15	− 1.2		20	+ 18	+ 0.6
	18	+ 5	+ 1.9		20	− 20	− 0.7		22	+ 22	+ 0.1
	20	+ 10	+ 1.5		22	− 24	− 0.2		24	+ 24	− 0.3
	22	+ 15	+ 1.1		24	− 28	+ 0.3		26	+ 27	− 0.7
	24	+ 20	+ 0.6		26	− 31	+ 0.8		28	+ 28	− 1.1
	26	+ 24	+ 0.1		28	− 34	+ 1.3		30	+ 29	− 1.5
	28	+ 27	− 0.3		30	− 35	+ 1.8	Nov.	1	+ 30	− 1.8
Mar.	2	+ 30	− 0.8	July	2	− 36	+ 2.2		3	+ 29	− 2.1
	4	+ 32	− 1.3		4	− 35	+ 2.5		5	+ 28	− 2.4
	6	+ 34	− 1.7		6	− 34	+ 2.8		7	+ 26	− 2.5
	8	+ 34	− 2.1		8	− 32	+ 3.0		9	+ 24	− 2.6
	10	+ 34	− 2.5		10	− 30	+ 3.2		11	+ 20	− 2.7
	12	+ 32	− 2.8		12	− 26	+ 3.3		13	+ 17	− 2.7
	14	+ 30	− 3.0		14	− 22	+ 3.2		15	+ 12	− 2.6
	16	+ 27	− 3.1		16	− 18	+ 3.2		17	+ 8	− 2.4
	18	+ 23	− 3.1		18	− 13	+ 3.0		19	+ 3	− 2.2
	20	+ 18	− 3.1		20	− 8	+ 2.8		21	− 1	− 1.9
	22	+ 13	− 2.9		22	− 3	+ 2.5		23	− 6	− 1.6
	24	+ 8	− 2.7		24	+ 2	+ 2.2		25	− 11	− 1.2
	26	+ 2	− 2.4		26	+ 8	+ 1.8		27	− 15	− 0.8
	28	− 4	− 2.1		28	+ 13	+ 1.4		29	− 19	− 0.4
	30	− 10	− 1.6		30	+ 17	+ 0.9	Dec.	1	− 23	0.0
Apr.	1	− 15	− 1.2	Aug.	1	+ 21	+ 0.4		3	− 26	+ 0.4
	3	− 20	− 0.7		3	+ 25	0.0		5	− 28	+ 0.9
	5	− 25	− 0.1		5	+ 28	− 0.5		7	− 30	+ 1.3
	7	− 29	+ 0.4		7	+ 30	− 1.0		9	− 31	+ 1.6
	9	− 32	+ 0.9		9	+ 32	− 1.4		11	− 31	+ 1.9
	11	− 35	+ 1.4		11	+ 32	− 1.8		13	− 31	+ 2.2
	13	− 36	+ 1.9		13	+ 32	− 2.2		15	− 30	+ 2.5
	15	− 37	+ 2.3		15	+ 31	− 2.4		17	− 28	+ 2.6
	17	− 37	+ 2.7		17	+ 30	− 2.7		19	− 26	+ 2.8
	19	− 36	+ 3.0		19	+ 27	− 2.8		21	− 23	+ 2.8
	21	− 34	+ 3.2		21	+ 24	− 2.9		23	− 20	+ 2.8
	23	− 31	+ 3.3		23	+ 20	− 2.9		25	− 16	+ 2.8
	25	− 27	+ 3.4		25	+ 16	− 2.8		27	− 12	+ 2.7
	27	− 23	+ 3.4		27	+ 11	− 2.7		29	− 7	+ 2.5
	29	− 18	+ 3.3		29	+ 6	− 2.5		31	− 3	+ 2.2
May	1	− 13	+ 3.2		31	+ 1	− 2.2		33	+ 2	+ 2.0

Differential coordinates are given in the sense "satellite minus planet."

SATELLITES OF SATURN, 2014

DIFFERENTIAL COORDINATES OF IX PHOEBE FOR 0^h UNIVERSAL TIME

Date		$\Delta\alpha$	$\Delta\delta$	Date		$\Delta\alpha$	$\Delta\delta$	Date		$\Delta\alpha$	$\Delta\delta$
		m s	′			m s	′			m s	′
Jan.	−1	− 1 46	+ 8.7	May	1	+ 0 14	− 2.9	Sept.	2	+ 1 39	− 9.2
	1	− 1 44	+ 8.5		3	+ 0 16	− 3.1		4	+ 1 39	− 9.1
	3	− 1 43	+ 8.4		5	+ 0 18	− 3.3		6	+ 1 38	− 9.0
	5	− 1 42	+ 8.2		7	+ 0 21	− 3.6		8	+ 1 38	− 8.9
	7	− 1 41	+ 8.1		9	+ 0 23	− 3.8		10	+ 1 37	− 8.8
	9	− 1 40	+ 7.9		11	+ 0 25	− 4.0		12	+ 1 36	− 8.7
	11	− 1 38	+ 7.8		13	+ 0 27	− 4.2		14	+ 1 35	− 8.5
	13	− 1 37	+ 7.6		15	+ 0 30	− 4.4		16	+ 1 35	− 8.4
	15	− 1 36	+ 7.4		17	+ 0 32	− 4.6		18	+ 1 34	− 8.2
	17	− 1 34	+ 7.3		19	+ 0 34	− 4.8		20	+ 1 32	− 8.1
	19	− 1 33	+ 7.1		21	+ 0 36	− 5.0		22	+ 1 31	− 7.9
	21	− 1 31	+ 6.9		23	+ 0 38	− 5.2		24	+ 1 30	− 7.7
	23	− 1 30	+ 6.8		25	+ 0 41	− 5.4		26	+ 1 29	− 7.5
	25	− 1 28	+ 6.6		27	+ 0 43	− 5.6		28	+ 1 27	− 7.4
	27	− 1 26	+ 6.4		29	+ 0 45	− 5.8		30	+ 1 26	− 7.2
	29	− 1 25	+ 6.3		31	+ 0 47	− 6.0	Oct.	2	+ 1 24	− 7.0
	31	− 1 23	+ 6.1	June	2	+ 0 49	− 6.2		4	+ 1 23	− 6.8
Feb.	2	− 1 21	+ 5.9		4	+ 0 51	− 6.4		6	+ 1 21	− 6.5
	4	− 1 20	+ 5.7		6	+ 0 53	− 6.6		8	+ 1 19	− 6.3
	6	− 1 18	+ 5.5		8	+ 0 55	− 6.8		10	+ 1 17	− 6.1
	8	− 1 16	+ 5.4		10	+ 0 57	− 6.9		12	+ 1 15	− 5.9
	10	− 1 14	+ 5.2		12	+ 0 59	− 7.1		14	+ 1 13	− 5.7
	12	− 1 12	+ 5.0		14	+ 1 01	− 7.3		16	+ 1 11	− 5.4
	14	− 1 10	+ 4.8		16	+ 1 03	− 7.4		18	+ 1 09	− 5.2
	16	− 1 09	+ 4.6		18	+ 1 05	− 7.6		20	+ 1 07	− 5.0
	18	− 1 07	+ 4.4		20	+ 1 07	− 7.8		22	+ 1 04	− 4.7
	20	− 1 05	+ 4.3		22	+ 1 08	− 7.9		24	+ 1 02	− 4.5
	22	− 1 03	+ 4.1		24	+ 1 10	− 8.1		26	+ 1 00	− 4.2
	24	− 1 01	+ 3.9		26	+ 1 12	− 8.2		28	+ 0 57	− 4.0
	26	− 0 58	+ 3.7		28	+ 1 14	− 8.4		30	+ 0 55	− 3.7
	28	− 0 56	+ 3.5		30	+ 1 15	− 8.5	Nov.	1	+ 0 52	− 3.4
Mar.	2	− 0 54	+ 3.3	July	2	+ 1 17	− 8.6		3	+ 0 49	− 3.2
	4	− 0 52	+ 3.1		4	+ 1 18	− 8.7		5	+ 0 47	− 2.9
	6	− 0 50	+ 2.9		6	+ 1 20	− 8.9		7	+ 0 44	− 2.7
	8	− 0 48	+ 2.7		8	+ 1 21	− 9.0		9	+ 0 41	− 2.4
	10	− 0 46	+ 2.5		10	+ 1 23	− 9.1		11	+ 0 38	− 2.1
	12	− 0 44	+ 2.3		12	+ 1 24	− 9.2		13	+ 0 35	− 1.9
	14	− 0 41	+ 2.1		14	+ 1 26	− 9.3		15	+ 0 32	− 1.6
	16	− 0 39	+ 1.9		16	+ 1 27	− 9.4		17	+ 0 29	− 1.4
	18	− 0 37	+ 1.7		18	+ 1 28	− 9.4		19	+ 0 26	− 1.1
	20	− 0 35	+ 1.5		20	+ 1 29	− 9.5		21	+ 0 23	− 0.8
	22	− 0 32	+ 1.3		22	+ 1 30	− 9.6		23	+ 0 20	− 0.6
	24	− 0 30	+ 1.1		24	+ 1 32	− 9.6		25	+ 0 17	− 0.3
	26	− 0 28	+ 0.9		26	+ 1 33	− 9.7		27	+ 0 14	0.0
	28	− 0 26	+ 0.7		28	+ 1 34	− 9.7		29	+ 0 11	+ 0.2
	30	− 0 23	+ 0.5		30	+ 1 34	− 9.8	Dec.	1	+ 0 08	+ 0.5
Apr.	1	− 0 21	+ 0.3	Aug.	1	+ 1 35	− 9.8		3	+ 0 04	+ 0.7
	3	− 0 19	+ 0.1		3	+ 1 36	− 9.8		5	+ 0 01	+ 1.0
	5	− 0 16	− 0.1		5	+ 1 37	− 9.8		7	− 0 02	+ 1.2
	7	− 0 14	− 0.4		7	+ 1 37	− 9.9		9	− 0 05	+ 1.5
	9	− 0 12	− 0.6		9	+ 1 38	− 9.9		11	− 0 09	+ 1.7
	11	− 0 09	− 0.8		11	+ 1 38	− 9.8		13	− 0 12	+ 2.0
	13	− 0 07	− 1.0		13	+ 1 39	− 9.8		15	− 0 15	+ 2.2
	15	− 0 05	− 1.2		15	+ 1 39	− 9.8		17	− 0 18	+ 2.4
	17	− 0 02	− 1.4		17	+ 1 40	− 9.8		19	− 0 21	+ 2.7
	19	0 00	− 1.6		19	+ 1 40	− 9.7		21	− 0 25	+ 2.9
	21	+ 0 02	− 1.9		21	+ 1 40	− 9.7		23	− 0 28	+ 3.1
	23	+ 0 05	− 2.1		23	+ 1 40	− 9.6		25	− 0 31	+ 3.3
	25	+ 0 07	− 2.3		25	+ 1 40	− 9.6		27	− 0 34	+ 3.6
	27	+ 0 09	− 2.5		27	+ 1 40	− 9.5		29	− 0 37	+ 3.8
	29	+ 0 12	− 2.7		29	+ 1 40	− 9.4		31	− 0 41	+ 4.0
May	1	+ 0 14	− 2.9		31	+ 1 39	− 9.3		33	− 0 44	+ 4.2

Differential coordinates are given in the sense "satellite minus planet."

APPARENT ORBITS OF SATELLITES I-V AT 0ʰ UNIVERSAL TIME
ON THE DATE OF OPPOSITION, OCTOBER 7

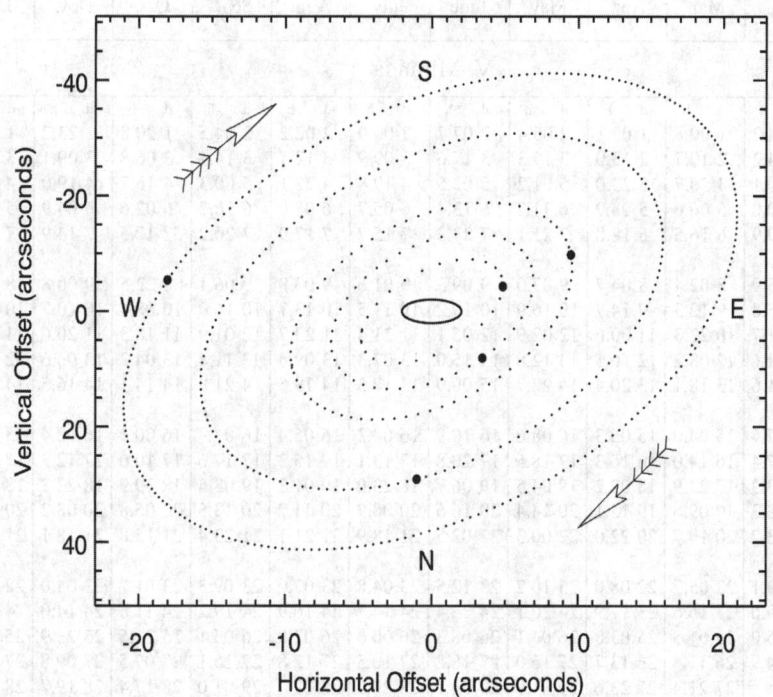

Orbits elongated in ratio of 2.6 to 1 in the East-West direction.

	NAME	SIDEREAL PERIOD
		d
V	Miranda	1.413 479 408
I	Ariel	2.520 379 052
II	Umbriel	4.144 176 46
III	Titania	8.705 866 93
IV	Oberon	13.463 234 2

RINGS OF URANUS

Ring	Semimajor Axis	Eccentricity	Azimuth of Periapse	Precession Rate
	km		°	°/d
6	41870	0.0014	236	2.77
5	42270	0.0018	182	2.66
4	42600	0.0012	120	2.60
α	44750	0.0007	331	2.18
β	45700	0.0005	231	2.03
η	47210	— —	—	—
γ	47660	— —	—	—
δ	48330	0.0005	140	—
ε	51180	0.0079	216	1.36

Epoch: 1977 March 10, 20ʰ UT (JD 244 3213.33)

UNIVERSAL TIME OF GREATEST NORTHERN ELONGATION

V Miranda

Jan.	Feb.	Mar.	Apr.	May	June	July	Aug.	Sept.	Oct.	Nov.	Dec.
d h	d h	d h	d h	d h	d h	d h	d h	d h	d h	d h	d h
−1 06.0	2 04.2	1 00.8	1 03.1	2 05.4	2 07.7	2 00.0	2 02.2	2 04.5	1 20.8	1 23.2	1 15.6
0 15.9	3 14.2	2 10.7	2 13.0	3 15.3	3 17.6	3 09.9	3 12.1	3 14.4	3 06.8	3 09.1	3 01.5
2 01.9	5 00.1	3 20.7	3 23.0	5 01.2	5 03.5	4 19.8	4 22.1	5 00.3	4 16.7	4 19.0	4 11.5
3 11.8	6 10.0	5 06.6	5 08.9	6 11.2	6 13.4	6 05.7	6 08.0	6 10.2	6 02.6	6 04.9	5 21.4
4 21.7	7 19.9	6 16.5	6 18.8	7 21.1	7 23.3	7 15.7	7 17.9	7 20.2	7 12.5	7 14.9	7 07.3
6 07.6	9 05.9	8 02.4	8 04.7	9 07.0	9 09.3	9 01.6	9 03.8	9 06.1	8 22.5	9 00.8	8 17.2
7 17.6	10 15.8	9 12.3	9 14.7	10 16.9	10 19.2	10 11.5	10 13.7	10 16.0	10 08.4	10 10.7	10 03.2
9 03.5	12 01.7	10 22.3	11 00.6	12 02.9	12 05.1	11 21.4	11 23.7	12 01.9	11 18.3	11 20.6	11 13.1
10 13.4	13 11.6	12 08.2	12 10.5	13 12.8	13 15.0	13 07.3	13 09.6	13 11.8	13 04.2	13 06.6	12 23.0
11 23.3	14 21.6	13 18.1	13 20.4	14 22.7	15 00.9	14 17.3	14 19.5	14 21.8	14 14.1	14 16.5	14 08.9
13 09.3	16 07.5	15 04.0	15 06.3	16 08.6	16 10.9	16 03.2	16 05.4	16 07.7	16 00.1	16 02.4	15 18.9
14 19.2	17 17.4	16 14.0	16 16.3	17 18.5	17 20.8	17 13.1	17 15.3	17 17.6	17 10.0	17 12.3	17 04.8
16 05.1	19 03.3	17 23.9	18 02.2	19 04.5	19 06.7	18 23.0	19 01.3	19 03.5	18 19.9	18 22.3	18 14.7
17 15.0	20 13.3	19 09.8	19 12.1	20 14.4	20 16.6	20 08.9	20 11.2	20 13.5	20 05.8	20 08.2	20 00.6
19 01.0	21 23.2	20 19.7	20 22.0	22 00.3	22 02.5	21 18.9	21 21.1	21 23.4	21 15.8	21 18.1	21 10.6
20 10.9	23 09.1	22 05.7	22 08.0	23 10.2	23 12.5	23 04.8	23 07.0	23 09.3	23 01.7	23 04.0	22 20.5
21 20.8	24 19.0	23 15.6	23 17.9	24 20.1	24 22.4	24 14.7	24 16.9	24 19.2	24 11.6	24 14.0	24 06.4
23 06.8	26 05.0	25 01.5	25 03.8	26 06.1	26 08.3	26 00.6	26 02.9	26 05.1	25 21.5	25 23.9	25 16.3
24 16.7	27 14.9	26 11.4	26 13.7	27 16.0	27 18.2	27 10.5	27 12.8	27 15.1	27 07.5	27 09.8	27 02.3
26 02.6		27 21.4	27 23.6	29 01.9	29 04.1	28 20.5	28 22.7	29 01.0	28 17.4	28 19.7	28 12.2
27 12.5		29 07.3	29 09.6	30 11.8	30 14.1	30 06.4	30 08.6	30 10.9	30 03.3	30 05.7	29 22.1
28 22.5		30 17.2	30 19.5	31 21.7		31 16.3	31 18.5		31 13.2		31 08.1
30 08.4											32 18.0
31 18.3											

I Ariel

Jan.	Feb.	Mar.	Apr.	May	June	July	Aug.	Sept.	Oct.	Nov.	Dec.
d h	d h	d h	d h	d h	d h	d h	d h	d h	d h	d h	d h
0 16.6	2 11.0	2 04.4	1 10.2	1 16.1	3 10.3	1 03.6	2 21.9	2 03.8	2 09.6	1 15.5	1 21.5
3 05.1	4 23.5	4 16.9	3 22.7	4 04.5	5 22.8	3 16.1	5 10.4	4 16.2	4 22.1	4 04.0	4 10.0
5 17.6	7 12.0	7 05.4	6 11.2	6 17.0	8 11.3	6 04.6	7 22.9	7 04.7	7 10.6	6 16.5	6 22.5
8 06.1	10 00.5	9 17.9	8 23.7	9 05.5	10 23.8	8 17.1	10 11.4	9 17.2	9 23.1	9 05.0	9 11.0
10 18.6	12 13.0	12 06.4	11 12.2	11 18.0	13 12.3	11 05.6	12 23.9	12 05.7	12 11.6	11 17.5	11 23.5
13 07.1	15 01.5	14 18.8	14 00.7	14 06.5	16 00.7	13 18.0	15 12.3	14 18.2	15 00.1	14 06.0	14 11.9
15 19.6	17 14.0	17 07.3	16 13.2	16 19.0	18 13.2	16 06.5	18 00.8	17 06.7	17 12.6	16 18.5	17 00.4
18 08.1	20 02.4	19 19.8	19 01.6	19 07.4	21 01.7	18 19.0	20 13.3	19 19.2	20 01.1	19 07.0	19 12.9
20 20.5	22 14.9	22 08.3	21 14.1	21 19.9	23 14.2	21 07.5	23 01.8	22 07.7	22 13.6	21 19.5	22 01.4
23 09.0	25 03.4	24 20.8	24 02.6	24 08.4	26 02.7	23 20.0	25 14.3	24 20.2	25 02.1	24 08.0	24 13.9
25 21.5	27 15.9	27 09.3	26 15.1	26 20.9	28 15.2	26 08.5	28 02.8	27 08.6	27 14.6	26 20.5	27 02.4
28 10.0		29 21.8	29 03.6	29 09.4		28 20.9	30 15.3	29 21.1	30 03.0	29 09.0	29 14.9
30 22.5				31 21.8		31 09.4					32 03.4

UNIVERSAL TIME OF GREATEST NORTHERN ELONGATION

Jan.	Feb.	Mar.	Apr.	May	June	July	Aug.	Sept.	Oct.	Nov.	Dec.

II Umbriel

d h	d h	d h	d h	d h	d h	d h	d h	d h	d h	d h	d h
−1 16.8	1 20.6	2 20.8	5 00.4	4 00.6	2 00.7	1 00.8	3 04.4	1 04.6	4 08.3	2 08.6	1 08.9
3 20.3	6 00.0	7 00.2	9 03.9	8 04.0	6 04.1	5 04.3	7 07.9	5 08.1	8 11.8	6 12.1	5 12.3
7 23.8	10 03.5	11 03.7	13 07.3	12 07.4	10 07.6	9 07.7	11 11.3	9 11.5	12 15.2	10 15.5	9 15.8
12 03.3	14 06.9	15 07.1	17 10.8	16 10.9	14 11.0	13 11.2	15 14.8	13 15.0	16 18.7	14 19.0	13 19.3
16 06.7	18 10.4	19 10.6	21 14.2	20 14.3	18 14.5	17 14.6	19 18.2	17 18.5	20 22.2	18 22.5	17 22.8
20 10.2	22 13.9	23 14.1	25 17.7	24 17.8	22 17.9	21 18.1	23 21.7	21 21.9	25 01.6	23 01.9	22 02.2
24 13.6	26 17.3	27 17.5	29 21.1	28 21.2	26 21.4	25 21.5	28 01.1	26 01.4	29 05.1	27 05.4	26 05.7
28 17.1		31 21.0				30 01.0		30 04.8			30 09.2

III Titania

d h	d h	d h	d h	d h	d h	d h	d h	d h	d h	d h	d h
−7 09.4	5 22.1	4 00.9	7 20.5	3 23.2	7 18.8	3 21.5	7 17.2	2 20.0	7 15.8	2 18.7	7 14.6
2 02.3	14 15.1	12 17.8	16 13.4	12 16.1	16 11.7	12 14.4	16 10.2	11 13.0	16 08.8	11 11.7	16 07.6
10 19.3	23 08.0	21 10.7	25 06.3	21 09.0	25 04.6	21 07.3	25 03.1	20 05.9	25 01.8	20 04.7	25 00.5
19 12.3		30 03.6		30 01.9		30 00.3		28 22.9		28 21.6	33 17.5
28 05.2											

IV Oberon

d h	d h	d h	d h	d h	d h	d h	d h	d h	d h	d h	d h
−7 22.2	3 07.6	2 05.7	11 14.7	8 12.8	4 10.9	1 09.0	10 18.2	6 16.5	3 14.8	13 00.3	9 22.6
7 09.4	16 18.6	15 16.7	25 01.8	21 23.8	17 21.9	14 20.0	24 05.4	20 03.6	17 02.0	26 11.5	23 09.8
20 20.4		29 03.7				28 07.1			30 13.2		36 20.9

SATELLITES OF NEPTUNE, 2014

APPARENT ORBIT OF I TRITON AT 0ʰ UNIVERSAL TIME
ON THE DATE OF OPPOSITION, AUGUST 29

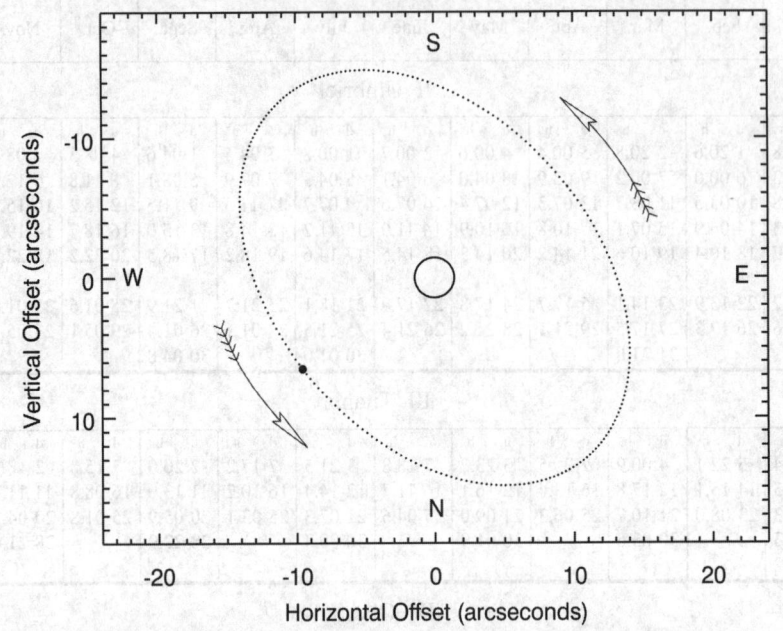

	NAME	SIDEREAL PERIOD
I	Triton	5ᵈ876 854 07 R
II	Nereid	360ᵈ134

DIFFERENTIAL COORDINATES OF II NEREID FOR 0ʰ UNIVERSAL TIME

Date		$\Delta\alpha\cos\delta$	$\Delta\delta$	Date		$\Delta\alpha\cos\delta$	$\Delta\delta$	Date		$\Delta\alpha\cos\delta$	$\Delta\delta$
		′ ″	′ ″			′ ″	′ ″			′ ″	′ ″
Jan.	−7	+3 57.2	+1 48.4	May	3	+3 20.6	+1 46.0	Sept.	10	+6 45.3	+3 18.0
	3	+3 28.4	+1 34.5		13	+3 55.6	+2 03.3		20	+6 40.5	+3 14.6
	13	+2 56.9	+1 19.3		23	+4 26.5	+2 18.4		30	+6 33.0	+3 10.0
	23	+2 22.4	+1 02.6	June	2	+4 53.9	+2 31.7	Oct.	10	+6 22.8	+3 04.1
Feb.	2	+1 44.2	+0 44.3		12	+5 18.2	+2 43.3		20	+6 10.0	+2 57.0
	12	+1 01.9	+0 24.1		22	+5 39.4	+2 53.2		30	+5 54.8	+2 48.9
	22	+0 15.0	+0 02.1	July	2	+5 57.8	+3 01.6	Nov.	9	+5 37.3	+2 39.7
Mar.	4	−0 33.6	−0 19.8		12	+6 13.2	+3 08.4		19	+5 17.5	+2 29.5
	14	−0 52.9	−0 25.6		22	+6 25.9	+3 13.7		29	+4 55.6	+2 18.4
	24	+0 00.3	+0 04.0	Aug.	1	+6 35.6	+3 17.6	Dec.	9	+4 31.4	+2 06.3
Apr.	3	+1 02.1	+0 36.1		11	+6 42.4	+3 19.9		19	+4 04.9	+1 53.1
	13	+1 55.3	+1 03.1		21	+6 46.3	+3 20.7		29	+3 35.9	+1 38.8
	23	+2 40.9	+1 26.1		31	+6 47.3	+3 20.1		39	+3 04.2	+1 23.2

I Triton

UNIVERSAL TIME OF GREATEST EASTERN ELONGATION

Jan.	Feb.	Mar.	Apr.	May	June	July	Aug.	Sept.	Oct.	Nov.	Dec.
d h	d h	d h	d h	d h	d h	d h	d h	d h	d h	d h	d h
−5 18.8	5 21.5	1 09.3	5 14.9	4 23.8	3 08.8	2 18.0	1 03.4	5 10.1	4 19.7	3 05.2	2 14.5
1 15.7	11 18.5	7 06.2	11 11.9	10 20.8	9 05.8	8 15.1	7 00.5	11 07.2	10 16.8	9 02.3	8 11.5
7 12.7	17 15.4	13 03.2	17 08.9	16 17.8	15 02.9	14 12.2	12 21.6	17 04.4	16 13.9	14 23.3	14 08.5
13 09.7	23 12.3	19 00.1	23 05.8	22 14.8	20 23.9	20 09.2	18 18.8	23 01.5	22 11.0	20 20.4	20 05.5
19 06.7		24 21.0	29 02.8	28 11.8	26 20.9	26 06.3	24 15.9	28 22.6	28 08.1	26 17.4	26 02.5
25 03.6		30 18.0					30 13.0				31 23.5
31 00.6											37 20.5

SATELLITE OF PLUTO, 2014

APPARENT ORBIT OF I CHARON AT 0ʰ UNIVERSAL TIME ON THE DATE OF OPPOSITION, JULY 4

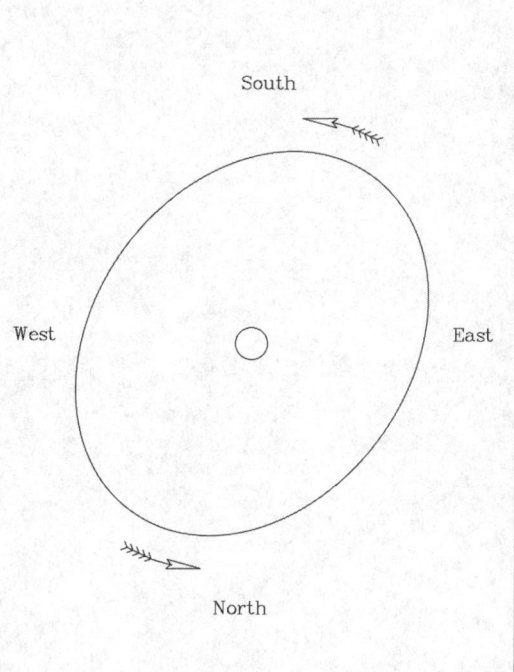

South / West / East / North

Sidereal Period: $6^{d}387\ 23$

UNIVERSAL TIME OF GREATEST NORTHERN ELONGATION

	d	h		d	h		d	h
Jan.	−1	09.7	May	7	02.6	Sept.	11	21.2
	5	18.9		13	11.9		18	06.5
	12	04.2		19	21.2		24	15.8
	18	13.4		26	06.5	Oct.	1	01.1
	24	22.6	June	1	15.8		7	10.4
	31	07.8		8	01.2		13	19.6
Feb.	6	17.0		14	10.5		20	04.9
	13	02.2		20	19.8		26	14.2
	19	11.4		27	05.2	Nov.	1	23.4
	25	20.7	July	3	14.5		8	08.7
Mar.	4	05.9		9	23.9		14	17.9
	10	15.1		16	09.2		21	03.2
	17	00.4		22	18.5		27	12.4
	23	09.6		29	03.9	Dec.	3	21.6
	29	18.9	Aug.	4	13.2		10	06.9
Apr.	5	04.2		10	22.6		16	16.1
	11	13.4		17	07.9		23	01.3
	17	22.7		23	17.2		29	10.5
	24	08.0		30	02.5		35	19.7
	30	17.3	Sept.	5	11.9			

CONTENTS OF SECTION G

> ᴡᴡᴡ This symbol indicates that these data or auxiliary material may also be found on *The Astronomical Almanac Online* at **http://asa.usno.navy.mil** and **http://asa.hmnao.com**

Introduction

At the XXVI General Assembly (2006) the IAU defined a new classification scheme for the solar system. This scheme includes definitions for planets, dwarf planets and small solar system bodies (i.e. asteroids or minor planets, and comets). The 2006 IAU resolution B5 (2) classifies a dwarf planet as follows: A "dwarf planet" is a celestial body that (a) is in orbit around the Sun, (b) has sufficient mass for its self gravity to overcome rigid body forces so that it assumes a hydrostatic equilibrium shape, (c) has not cleared the neighbourhood around its orbit, and (d) is not a satellite. Resolution B6 confirmed the re-classification of Pluto as a dwarf planet.

This section includes tabulated data on selected dwarf planets and small solar system bodies (i.e. minor planets and comets). Solar system bodies classified as planets are tabulated in Section E. See Section L for details about the selection of dwarf and minor planets, the sources of the various data and about the star catalogues used to plot the charts.

Notes on dwarf planets

The current selection of dwarf planets is (1) Ceres, (134340) Pluto and (136199) Eris. Prior to the 2013 edition Pluto was included in Section E—Planets and Ceres was classified as a minor planet. Eris (discovered in 2005) is another prominent member of the dwarf planet group. When these selected dwarf planets are at opposition during the year then more data are provided. Not only is the opposition date and time (nearest hour UT) given but also when the object is stationary in right ascension. Two star charts, one showing the path of the dwarf planet during the year and the other, a more detailed 60-day view on either side of opposition, are provided in order to help with telescope finding. A daily astrometric ephemeris (see page B29) is also tabulated around opposition, which covers the interval when the dwarf planet is within 45° of opposition. Independent of the opposition date the osculating elements and heliocentric coordinates are tabulated for three dates during the year.

A physical ephemeris is tabulated at a ten day interval for those dwarf planets for which reliable data are available; currently (1) Ceres and (134340) Pluto. Information on the use of a physical ephemeris is given in Section E (see page E3).

All dwarf planets acknowledged by the IAU (at the time of production) are listed with their basic physical properties. Please note that for Makemake no reliable mass estimate is available at the date of production, as this dwarf planet has no known satellite. The topic of dwarf planets in our solar system and small solar system bodies is the subject of ongoing research and new discoveries are being made. This section makes no attempt to provide a complete or definitive list.

Notes on bright minor planets

Pages G12–G25 contain various data on a selection of 92 of the largest and/or brightest minor planets. The first of these tabulate their heliocentric osculating orbital elements for epoch 2014 May 23·0 TT (JD 245 6800·5), with respect to the ecliptic and equinox J2000·0.

The opposition dates of all the objects are listed in chronological order together with the visual magnitude and declination. For those that do not have an opposition date in the current year a second list tabulates their next occurrence. A sub-set (printed in bold) of the 14 larger minor planets, consisting of (2) Pallas, (3) Juno, (4) Vesta, (6) Hebe, (7) Iris, (8) Flora, (9) Metis, (10) Hygiea, (15) Eunomia, (16) Psyche, (52) Europa, (65) Cybele, (511) Davida and (704) Interamnia are candidates for a daily ephemeris.

A daily geocentric astrometric ephemeris is tabulated for those of the 14 larger minor planets that have an opposition date occurring between 2014 January 1 and January 31 of the following year. The daily ephemeris of each object is centred about the opposition date, which is repeated at the bottom of the first column and at the top of the second column. The highlighted dates indicate when the object is stationary in right ascension. It is very occasionally possible for a stationary date to be outside the period tabulated.

Linear interpolation is sufficient for the magnitude and ephemeris transit, but for the right ascension and declination second differences are significant. The tabulations are similar to those for the dwarf planets, and the use of the data is similar to that for the planets.

Notes on comets

The table of osculating elements (see last page of this section) is for use in the generation of ephemerides by numerical integration. Typically, an ephemeris may be computed from these unperturbed elements to provide positions accurate to one to two arcminutes within a year of the epoch (Osc. epoch). The innate inaccuracy of some of these elements can be more of a problem and are discussed further in that part of Section L that deals with section G.

Up-to-date elements of the comets may be found at the website of the IAU Minor Planet Center (see page x for the web address).

PHYSICAL PROPERTIES OF DWARF PLANETS

Number	Name	Equat. Radius km	Mass kg $\times 10^{20}$	Minimum Geocentric Distance au	Sidereal Period of Rotation d	Maximum Angular Diameter ′	Geometric Albedo	Year of Discovery
(1)	Ceres	479·7	9·39	1·5833	0·3781	0·840	0·073	1801
(134340)	Pluto	1195	130·41	28·6031	6·3872	0·110	0·30	1930
(136108)	Haumea	1000	42	33·5620	0·1631	0·092	0·73	2004
(136199)	Eris	1200	166·95	37·5984	1·0800	0·088	0·86	2005
(136472)	Makemake	850	—	37·0193	7·7710	0·053	0·78	2005

OSCULATING ELEMENTS FOR ECLIPTIC AND EQUINOX J2000·0

Name	Magnitude Parameters H	G	Mean Diameter km	Julian Date	Inclination i °	Long. of Asc. Node Ω °	Argument of Perihelion ω °	Semimajor Axis a au	Daily Motion n °/d	Eccentricity e	Mean Anomaly M °
Ceres	3·34	0·12	952	2456800·5	10·594	80·328	72·395	2·767	0·2141	0·075	53·2956338
				2456900·5	10·594	80·329	72·451	2·767	0·2141	0·075	74·6523896
				2457000·5	10·593	80·329	72·522	2·767	0·2140	0·075	95·9891638
Pluto	−0·70	0·15	2390	2456800·5	17·171	110·284	112·943	39·307	0·0040	0·247	36·4771098
				2456900·5	17·170	110·284	112·944	39·323	0·0040	0·247	36·8455211
				2457000·5	17·168	110·285	112·975	39·345	0·0040	0·248	37·1850510
Eris	−1·20	0·15	2400	2456800·5	43·990	35·979	150·930	67·799	0·0017	0·440	203·8602583
				2456900·5	44·017	35·967	150·964	67·771	0·0017	0·440	204·0047058
				2457000·5	44·044	35·953	151·012	67·743	0·0017	0·441	204·1191747

USEFUL FORMULAE

Mean Longitude: $\qquad L = M + \varpi$

Longitude of perihelion: $\qquad \varpi = \omega + \Omega$

True anomaly in radians: $\qquad \nu = M + (2e - e^3/4) \sin M + (5e^2/4) \sin 2M$
$$+ (13e^3/12) \sin 3M + \cdots$$

Planet-Sun distance: $\qquad r = a(1 - e^2)/(1 + e \cos \nu)$

Heliocentric rectangular coordinates, referred to the ecliptic, may be computed from the elements using:

$$x = r\{\cos(\nu + \omega) \cos \Omega - \sin(\nu + \omega) \cos i \sin \Omega\}$$
$$y = r\{\cos(\nu + \omega) \sin \Omega + \sin(\nu + \omega) \cos i \cos \Omega\}$$
$$z = r \sin(\nu + \omega) \sin i$$

HELIOCENTRIC COORDINATES AND VELOCITY COMPONENTS REFERRED TO THE MEAN EQUATOR AND EQUINOX OF J2000·0

Name	Julian Date	x au	y au	z au	$\dot{x}$ au/d	$\dot{y}$ au/d	$\dot{z}$ au/d
Ceres	2456800·5	−2·1824772	−1·4858164	−0·2557641	0·0052307	−0·0080685	−0·0048691
	2456900·5	−1·5062445	−2·1591220	−0·7109289	0·0080826	−0·0052652	−0·0041287
	2457000·5	−0·6110780	−2·5221128	−1·0644110	0·0095903	−0·0019564	−0·0028760
Pluto	2456800·5	6·7015118	−29·8799493	−11·3439713	0·0031283	0·0003659	−0·0008302
	2456900·5	7·0140713	−29·8421304	−11·4265268	0·0031229	0·0003905	−0·0008209
	2457000·5	7·3260965	−29·8018586	−11·5081484	0·0031176	0·0004150	−0·0008115
Eris	2456800·5	86·9506979	41·2813139	−5·4470924	−0·0003541	0·0004707	0·0011957
	2456900·5	86·9151653	41·3282846	−5·3275284	−0·0003565	0·0004686	0·0011956
	2457000·5	86·8794041	41·3750467	−5·2079794	−0·0003587	0·0004666	0·0011954

CERES AT OPPOSITION

Date	UT	Mag.
2014 April 15	6^h	+7.0

Stationary in right ascension on 2014 March 1 and June 7.

The following diagrams are provided for observers wishing to find the position of Ceres in relation to the stars. The first chart shows the path of the dwarf planet during 2014. The second chart provides a detailed view of the path over 60 days either side of opposition. The V-magnitude scale used is given on each chart.

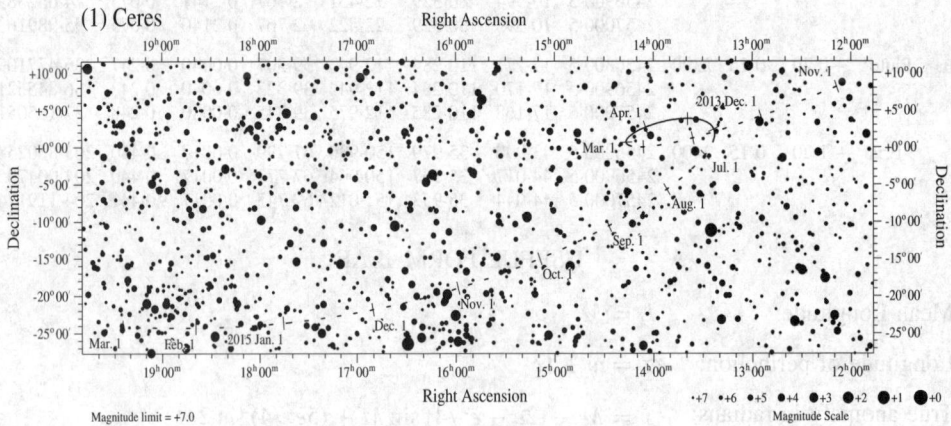

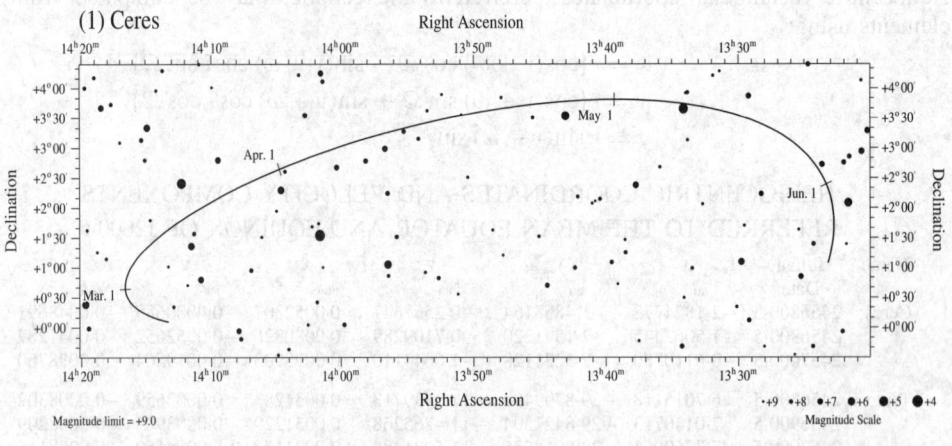

The charts are available for download from *The Astronomical Almanac Online*.

GEOCENTRIC POSITIONS FOR 0^h TERRESTRIAL TIME

Date	Astrometric R.A. (h m s)	Dec. (° ′ ″)	Vis. Mag.	Ephemeris Transit (h m)	Date	Astrometric R.A. (h m s)	Dec. (° ′ ″)	Vis. Mag.	Ephemeris Transit (h m)
2014 Feb. 15	14 13 41·2	+ 0 07 13	8·0	4 34·1	2014 Apr. 15	13 53 12·4	+ 3 26 24	7·0	0 21·6
16	14 14 03·6	+ 0 08 41	8·0	4 30·5	16	13 52 19·4	+ 3 28 58	7·0	0 16·8
17	14 14 24·6	+ 0 10 16	8·0	4 26·9	17	13 51 26·3	+ 3 31 24	7·0	0 12·0
18	14 14 44·0	+ 0 11 59	7·9	4 23·3	18	13 50 33·1	+ 3 33 41	7·0	0 07·1
19	14 15 01·9	+ 0 13 49	7·9	4 19·6	19	13 49 39·8	+ 3 35 50	7·0	0 02·3
20	14 15 18·4	+ 0 15 46	7·9	4 16·0	20	13 48 46·6	+ 3 37 50	7·0	23 52·7
21	14 15 33·3	+ 0 17 50	7·9	4 12·3	21	13 47 53·5	+ 3 39 40	7·0	23 47·9
22	14 15 46·6	+ 0 20 01	7·9	4 08·6	22	13 47 00·5	+ 3 41 21	7·0	23 43·1
23	14 15 58·4	+ 0 22 19	7·9	4 04·8	23	13 46 07·8	+ 3 42 52	7·0	23 38·3
24	14 16 08·6	+ 0 24 44	7·8	4 01·1	24	13 45 15·3	+ 3 44 13	7·1	23 33·5
25	14 16 17·2	+ 0 27 15	7·8	3 57·3	25	13 44 23·2	+ 3 45 24	7·1	23 28·7
26	14 16 24·2	+ 0 29 53	7·8	3 53·5	26	13 43 31·5	+ 3 46 24	7·1	23 23·9
27	14 16 29·6	+ 0 32 37	7·8	3 49·6	27	13 42 40·3	+ 3 47 15	7·1	23 19·1
28	14 16 33·4	+ 0 35 28	7·8	3 45·7	28	13 41 49·5	+ 3 47 54	7·1	23 14·4
Mar. 1	14 16 35·5	+ 0 38 24	7·7	3 41·8	29	13 40 59·4	+ 3 48 23	7·1	23 09·6
2	14 16 36·1	+ 0 41 27	7·7	3 37·9	30	13 40 09·9	+ 3 48 41	7·2	23 04·9
3	14 16 34·9	+ 0 44 35	7·7	3 34·0	May 1	13 39 21·1	+ 3 48 48	7·2	23 00·2
4	14 16 32·2	+ 0 47 48	7·7	3 30·0	2	13 38 33·1	+ 3 48 44	7·2	22 55·5
5	14 16 27·8	+ 0 51 07	7·7	3 26·0	3	13 37 45·8	+ 3 48 28	7·2	22 50·8
6	14 16 21·7	+ 0 54 31	7·7	3 21·9	4	13 36 59·4	+ 3 48 02	7·2	22 46·1
7	14 16 14·0	+ 0 58 00	7·6	3 17·9	5	13 36 14·0	+ 3 47 24	7·3	22 41·4
8	14 16 04·7	+ 1 01 34	7·6	3 13·8	6	13 35 29·4	+ 3 46 36	7·3	22 36·7
9	14 15 53·8	+ 1 05 12	7·6	3 09·7	7	13 34 45·9	+ 3 45 36	7·3	22 32·1
10	14 15 41·2	+ 1 08 54	7·6	3 05·5	8	13 34 03·3	+ 3 44 25	7·3	22 27·5
11	14 15 27·1	+ 1 12 40	7·6	3 01·3	9	13 33 21·9	+ 3 43 03	7·4	22 22·9
12	14 15 11·3	+ 1 16 30	7·5	2 57·2	10	13 32 41·5	+ 3 41 30	7·4	22 18·3
13	14 14 53·9	+ 1 20 23	7·5	2 52·9	11	13 32 02·3	+ 3 39 45	7·4	22 13·7
14	14 14 35·0	+ 1 24 20	7·5	2 48·7	12	13 31 24·3	+ 3 37 50	7·4	22 09·2
15	14 14 14·5	+ 1 28 19	7·5	2 44·4	13	13 30 47·4	+ 3 35 44	7·4	22 04·7
16	14 13 52·4	+ 1 32 22	7·5	2 40·1	14	13 30 11·8	+ 3 33 27	7·5	22 00·2
17	14 13 28·8	+ 1 36 26	7·4	2 35·8	15	13 29 37·4	+ 3 31 00	7·5	21 55·7
18	14 13 03·7	+ 1 40 33	7·4	2 31·4	16	13 29 04·3	+ 3 28 22	7·5	21 51·2
19	14 12 37·0	+ 1 44 41	7·4	2 27·1	17	13 28 32·5	+ 3 25 33	7·5	21 46·8
20	14 12 08·9	+ 1 48 51	7·4	2 22·7	18	13 28 02·0	+ 3 22 34	7·5	21 42·4
21	14 11 39·3	+ 1 53 02	7·4	2 18·2	19	13 27 32·8	+ 3 19 25	7·6	21 38·0
22	14 11 08·2	+ 1 57 14	7·3	2 13·8	20	13 27 04·9	+ 3 16 06	7·6	21 33·6
23	14 10 35·8	+ 2 01 27	7·3	2 09·3	21	13 26 38·4	+ 3 12 36	7·6	21 29·2
24	14 10 01·9	+ 2 05 40	7·3	2 04·8	22	13 26 13·3	+ 3 08 57	7·6	21 24·9
25	14 09 26·7	+ 2 09 52	7·3	2 00·3	23	13 25 49·6	+ 3 05 08	7·7	21 20·6
26	14 08 50·2	+ 2 14 04	7·3	1 55·8	24	13 25 27·3	+ 3 01 09	7·7	21 16·3
27	14 08 12·4	+ 2 18 15	7·2	1 51·2	25	13 25 06·4	+ 2 57 01	7·7	21 12·1
28	14 07 33·3	+ 2 22 25	7·2	1 46·6	26	13 24 47·0	+ 2 52 43	7·7	21 07·8
29	14 06 53·0	+ 2 26 33	7·2	1 42·0	27	13 24 29·0	+ 2 48 16	7·7	21 03·6
30	14 06 11·5	+ 2 30 39	7·2	1 37·4	28	13 24 12·4	+ 2 43 40	7·8	20 59·5
31	14 05 28·9	+ 2 34 43	7·2	1 32·8	29	13 23 57·3	+ 2 38 54	7·8	20 55·3
Apr. 1	14 04 45·3	+ 2 38 43	7·1	1 28·1	30	13 23 43·7	+ 2 34 00	7·8	20 51·2
2	14 04 00·6	+ 2 42 41	7·1	1 23·4	31	13 23 31·5	+ 2 28 58	7·8	20 47·0
3	14 03 15·0	+ 2 46 35	7·1	1 18·7	June 1	13 23 20·7	+ 2 23 47	7·8	20 43·0
4	14 02 28·4	+ 2 50 25	7·1	1 14·0	2	13 23 11·5	+ 2 18 27	7·9	20 38·9
5	14 01 41·0	+ 2 54 10	7·1	1 09·3	3	13 23 03·6	+ 2 13 00	7·9	20 34·8
6	14 00 52·8	+ 2 57 50	7·1	1 04·6	4	13 22 57·3	+ 2 07 24	7·9	20 30·8
7	14 00 03·8	+ 3 01 26	7·0	0 59·8	5	13 22 52·4	+ 2 01 41	7·9	20 26·8
8	13 59 14·2	+ 3 04 56	7·0	0 55·1	6	13 22 48·9	+ 1 55 50	7·9	20 22·9
9	13 58 23·9	+ 3 08 20	7·0	0 50·3	7	13 22 46·9	+ 1 49 52	8·0	20 18·9
10	13 57 33·0	+ 3 11 38	7·0	0 45·6	8	13 22 46·3	+ 1 43 46	8·0	20 15·0
11	13 56 41·7	+ 3 14 49	7·0	0 40·8	9	13 22 47·1	+ 1 37 34	8·0	20 11·1
12	13 55 49·9	+ 3 17 54	7·0	0 36·0	10	13 22 49·3	+ 1 31 14	8·0	20 07·2
13	13 54 57·7	+ 3 20 52	7·0	0 31·2	11	13 22 52·9	+ 1 24 48	8·0	20 03·4
14	13 54 05·2	+ 3 23 42	7·0	0 26·4	12	13 22 57·9	+ 1 18 15	8·0	19 59·5
Apr. 15	13 53 12·4	+ 3 26 24	7·0	0 21·6	June 13	13 23 04·2	+ 1 11 36	8·1	19 55·7

Second transit for Ceres 2014 April 19^d 23^h 57^{m}5

PLUTO AT OPPOSITION

Date	UT	Mag.
2014 July 4	8^h	+14.1

Stationary in right ascension on 2014 April 15 and September 22.

The following diagrams are provided for observers wishing to find the position of Pluto in relation to the stars. The first chart shows the path of the dwarf planet during 2014. The second chart provides a detailed view of the path over 60 days either side of opposition. The magnitude to which stars are plotted is given on the individual chart.

Pluto is in Sagitarius, towards the Galatic Centre. The field of view is therefore crowded with background stars.

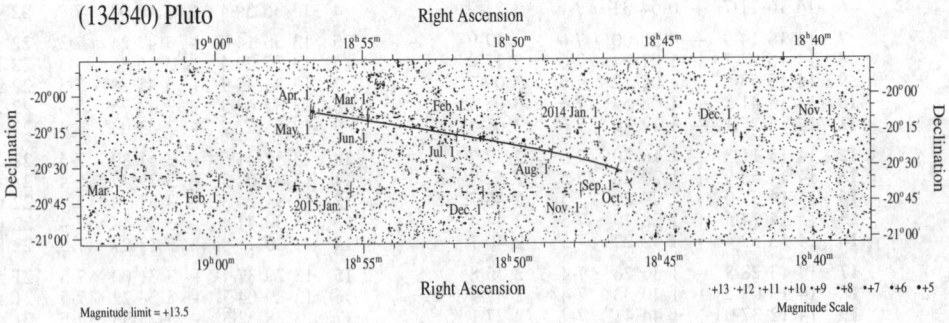

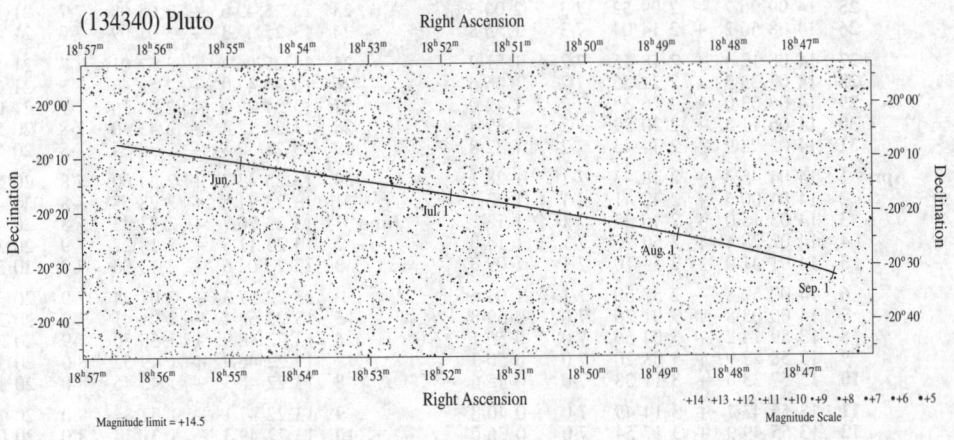

The charts are available for download from *The Astronomical Almanac Online*.

Date	Astrometric R.A.	Dec.	Vis. Mag.	Ephemeris Transit	Date	Astrometric R.A.	Dec.	Vis. Mag.	Ephemeris Transit
	h m s	° ′ ″		h m		h m s	° ′ ″		h m
2014 May 6	18 56 31·3	−20 07 29	14·1	4 01·6	2014 July 4	18 51 33·4	−20 17 39	14·1	0 04·7
7	18 56 28·6	−20 07 35	14·1	3 57·6	5	18 51 27·0	−20 17 53	14·1	0 00·7
8	18 56 25·9	−20 07 40	14·1	3 53·7	6	18 51 20·7	−20 18 07	14·1	23 52·6
9	18 56 23·0	−20 07 46	14·1	3 49·7	7	18 51 14·3	−20 18 21	14·1	23 48·6
10	18 56 20·0	−20 07 52	14·1	3 45·7	8	18 51 08·0	−20 18 36	14·1	23 44·5
11	18 56 16·9	−20 07 58	14·1	3 41·7	9	18 51 01·6	−20 18 50	14·1	23 40·5
12	18 56 13·6	−20 08 04	14·1	3 37·7	10	18 50 55·3	−20 19 04	14·1	23 36·5
13	18 56 10·3	−20 08 11	14·1	3 33·7	11	18 50 49·0	−20 19 19	14·1	23 32·4
14	18 56 06·9	−20 08 18	14·1	3 29·8	12	18 50 42·7	−20 19 33	14·1	23 28·4
15	18 56 03·4	−20 08 25	14·1	3 25·8	13	18 50 36·5	−20 19 48	14·1	23 24·4
16	18 55 59·7	−20 08 32	14·1	3 21·8	14	18 50 30·2	−20 20 02	14·1	23 20·3
17	18 55 56·0	−20 08 39	14·1	3 17·8	15	18 50 24·0	−20 20 17	14·1	23 16·3
18	18 55 52·2	−20 08 47	14·1	3 13·8	16	18 50 17·8	−20 20 32	14·1	23 12·3
19	18 55 48·2	−20 08 54	14·1	3 09·8	17	18 50 11·6	−20 20 46	14·1	23 08·2
20	18 55 44·2	−20 09 02	14·1	3 05·8	18	18 50 05·5	−20 21 01	14·1	23 04·2
21	18 55 40·1	−20 09 10	14·1	3 01·8	19	18 49 59·4	−20 21 16	14·1	23 00·2
22	18 55 35·9	−20 09 19	14·1	2 57·8	20	18 49 53·3	−20 21 31	14·1	22 56·1
23	18 55 31·6	−20 09 27	14·1	2 53·8	21	18 49 47·3	−20 21 45	14·1	22 52·1
24	18 55 27·2	−20 09 36	14·1	2 49·8	22	18 49 41·3	−20 22 00	14·1	22 48·1
25	18 55 22·7	−20 09 45	14·1	2 45·8	23	18 49 35·3	−20 22 15	14·1	22 44·0
26	18 55 18·1	−20 09 54	14·1	2 41·8	24	18 49 29·4	−20 22 30	14·1	22 40·0
27	18 55 13·4	−20 10 03	14·1	2 37·8	25	18 49 23·5	−20 22 45	14·1	22 36·0
28	18 55 08·7	−20 10 12	14·1	2 33·8	26	18 49 17·7	−20 23 00	14·1	22 31·9
29	18 55 03·9	−20 10 22	14·1	2 29·7	27	18 49 11·9	−20 23 14	14·1	22 27·9
30	18 54 59·0	−20 10 31	14·1	2 25·7	28	18 49 06·2	−20 23 29	14·1	22 23·9
31	18 54 54·0	−20 10 41	14·1	2 21·7	29	18 49 00·6	−20 23 44	14·1	22 19·9
June 1	18 54 48·9	−20 10 51	14·1	2 17·7	30	18 48 55·0	−20 23 59	14·1	22 15·8
2	18 54 43·8	−20 11 02	14·1	2 13·7	31	18 48 49·4	−20 24 14	14·1	22 11·8
3	18 54 38·6	−20 11 12	14·1	2 09·7	Aug. 1	18 48 43·9	−20 24 29	14·1	22 07·8
4	18 54 33·3	−20 11 22	14·1	2 05·6	2	18 48 38·5	−20 24 43	14·1	22 03·8
5	18 54 28·0	−20 11 33	14·1	2 01·6	3	18 48 33·1	−20 24 58	14·1	21 59·8
6	18 54 22·6	−20 11 44	14·1	1 57·6	4	18 48 27·9	−20 25 13	14·1	21 55·7
7	18 54 17·1	−20 11 55	14·1	1 53·6	5	18 48 22·6	−20 25 28	14·1	21 51·7
8	18 54 11·6	−20 12 06	14·1	1 49·6	6	18 48 17·5	−20 25 42	14·1	21 47·7
9	18 54 06·0	−20 12 17	14·1	1 45·5	7	18 48 12·4	−20 25 57	14·1	21 43·7
10	18 54 00·3	−20 12 29	14·1	1 41·5	8	18 48 07·4	−20 26 12	14·1	21 39·7
11	18 53 54·6	−20 12 40	14·1	1 37·5	9	18 48 02·5	−20 26 26	14·1	21 35·7
12	18 53 48·9	−20 12 52	14·1	1 33·5	10	18 47 57·7	−20 26 41	14·1	21 31·7
13	18 53 43·1	−20 13 04	14·1	1 29·4	11	18 47 52·9	−20 26 55	14·1	21 27·6
14	18 53 37·2	−20 13 16	14·1	1 25·4	12	18 47 48·2	−20 27 10	14·1	21 23·6
15	18 53 31·3	−20 13 28	14·1	1 21·4	13	18 47 43·6	−20 27 24	14·1	21 19·6
16	18 53 25·4	−20 13 40	14·1	1 17·3	14	18 47 39·1	−20 27 39	14·1	21 15·6
17	18 53 19·4	−20 13 52	14·1	1 13·3	15	18 47 34·7	−20 27 53	14·1	21 11·6
18	18 53 13·4	−20 14 05	14·1	1 09·3	16	18 47 30·4	−20 28 07	14·1	21 07·6
19	18 53 07·3	−20 14 18	14·1	1 05·2	17	18 47 26·1	−20 28 21	14·1	21 03·6
20	18 53 01·2	−20 14 30	14·1	1 01·2	18	18 47 22·0	−20 28 36	14·1	20 59·6
21	18 52 55·1	−20 14 43	14·1	0 57·2	19	18 47 17·9	−20 28 50	14·1	20 55·6
22	18 52 48·9	−20 14 56	14·1	0 53·1	20	18 47 14·0	−20 29 04	14·1	20 51·6
23	18 52 42·7	−20 15 09	14·1	0 49·1	21	18 47 10·1	−20 29 18	14·1	20 47·6
24	18 52 36·5	−20 15 22	14·1	0 45·1	22	18 47 06·3	−20 29 32	14·1	20 43·6
25	18 52 30·3	−20 15 35	14·1	0 41·0	23	18 47 02·7	−20 29 45	14·1	20 39·6
26	18 52 24·0	−20 15 49	14·1	0 37·0	24	18 46 59·1	−20 29 59	14·1	20 35·7
27	18 52 17·7	−20 16 02	14·1	0 33·0	25	18 46 55·7	−20 30 13	14·1	20 31·7
28	18 52 11·4	−20 16 16	14·1	0 28·9	26	18 46 52·3	−20 30 26	14·1	20 27·7
29	18 52 05·1	−20 16 29	14·1	0 24·9	27	18 46 49·1	−20 30 40	14·1	20 23·7
30	18 51 58·7	−20 16 43	14·1	0 20·9	28	18 46 45·9	−20 30 53	14·1	20 19·7
July 1	18 51 52·4	−20 16 57	14·1	0 16·8	29	18 46 42·9	−20 31 07	14·1	20 15·7
2	18 51 46·1	−20 17 11	14·1	0 12·8	30	18 46 40·0	−20 31 20	14·1	20 11·8
3	18 51 39·7	−20 17 25	14·1	0 08·8	31	18 46 37·2	−20 31 33	14·1	20 07·8
July 4	18 51 33·4	−20 17 39	14·1	0 04·7	Sept. 1	18 46 34·5	−20 31 46	14·1	20 03·8

Second transit for Pluto 2014 July 5ᵈ 23ʰ 56ᵐ6

ERIS AT OPPOSITION

Date	UT	Mag.
2014 October 16	2^h	+18.7

Stationary in right ascension on 2014 January 15 and July 23.

The following diagrams are provided for observers wishing to find the position of Eris in relation to stars. The first chart shows the path of the dwarf planet during 2014. The second chart provides a detailed view of the path over 60 days either side of opposition. The V-magnitude scale used is given on each chart.

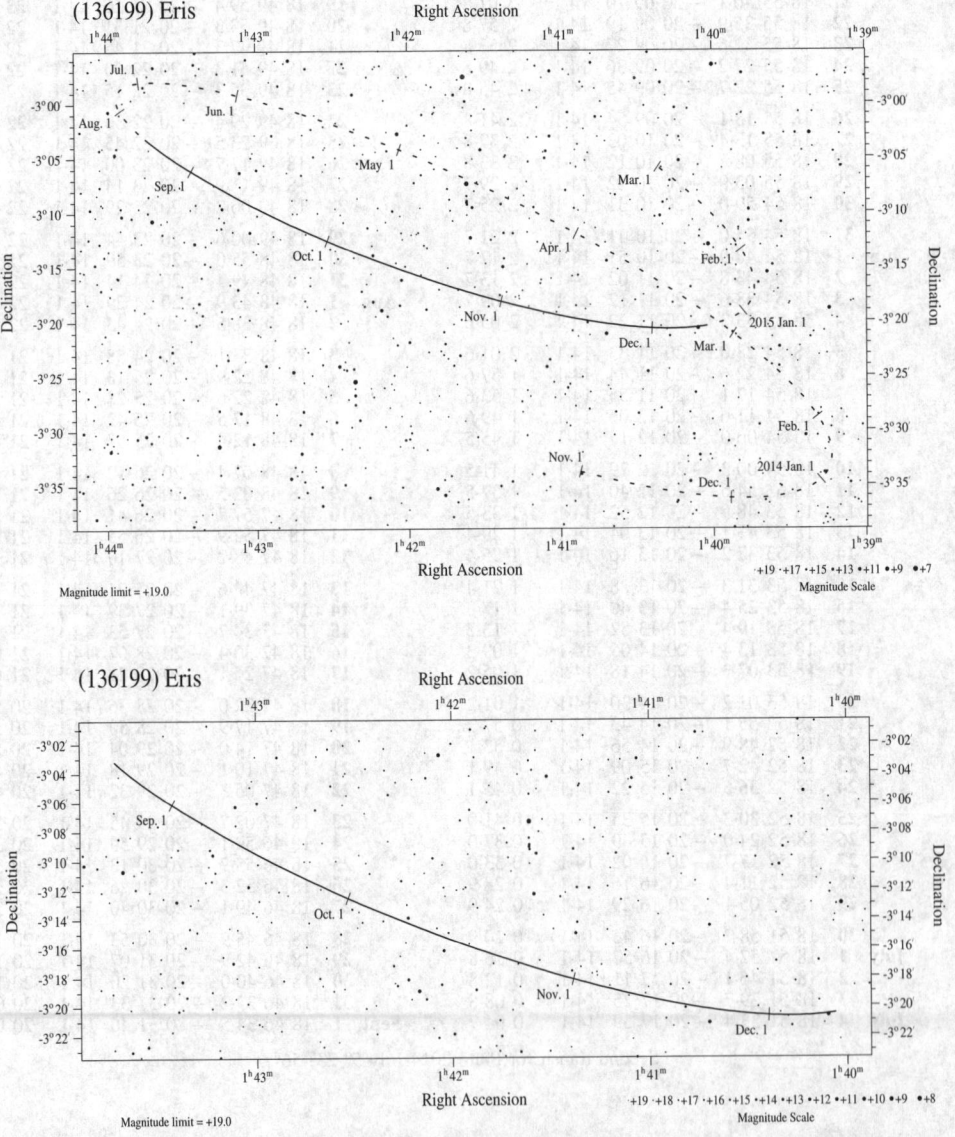

The charts are also available for download from *The Astronomical Almanac Online*.

GEOCENTRIC POSITIONS FOR 0ʰ TERRESTRIAL TIME

Date	Astrometric R.A.	Astrometric Dec.	Vis. Mag.	Ephemeris Transit	Date	Astrometric R.A.	Astrometric Dec.	Vis. Mag.	Ephemeris Transit
	h m s	° ′ ″		h m		h m s	° ′ ″		h m
2014 Aug. 18	1 43 42·8	− 3 03 23	18·7	3 58·7	2014 Oct. 16	1 41 59·1	− 3 15 33	18·7	0 05·0
19	1 43 41·9	− 3 03 34	18·7	3 54·7	17	1 41 56·8	− 3 15 44	18·7	0 01·0
20	1 43 40·8	− 3 03 46	18·7	3 50·8	18	1 41 54·6	− 3 15 54	18·7	23 53·1
21	1 43 39·8	− 3 03 57	18·7	3 46·8	19	1 41 52·4	− 3 16 05	18·7	23 49·1
22	1 43 38·7	− 3 04 09	18·7	3 42·9	20	1 41 50·1	− 3 16 16	18·7	23 45·2
23	1 43 37·6	− 3 04 20	18·7	3 38·9	21	1 41 47·9	− 3 16 26	18·7	23 41·2
24	1 43 36·4	− 3 04 32	18·7	3 35·0	22	1 41 45·6	− 3 16 36	18·7	23 37·2
25	1 43 35·2	− 3 04 44	18·7	3 31·0	23	1 41 43·4	− 3 16 46	18·7	23 33·3
26	1 43 34·0	− 3 04 56	18·7	3 27·1	24	1 41 41·1	− 3 16 56	18·7	23 29·3
27	1 43 32·7	− 3 05 07	18·7	3 23·1	25	1 41 38·9	− 3 17 06	18·7	23 25·3
28	1 43 31·4	− 3 05 20	18·7	3 19·2	26	1 41 36·7	− 3 17 16	18·7	23 21·3
29	1 43 30·1	− 3 05 32	18·7	3 15·2	27	1 41 34·4	− 3 17 25	18·7	23 17·4
30	1 43 28·8	− 3 05 44	18·7	3 11·3	28	1 41 32·2	− 3 17 34	18·7	23 13·4
31	1 43 27·4	− 3 05 56	18·7	3 07·3	29	1 41 30·0	− 3 17 44	18·7	23 09·4
Sept. 1	1 43 26·0	− 3 06 09	18·7	3 03·4	30	1 41 27·8	− 3 17 52	18·7	23 05·5
2	1 43 24·5	− 3 06 21	18·7	2 59·4	31	1 41 25·5	− 3 18 01	18·7	23 01·5
3	1 43 23·1	− 3 06 34	18·7	2 55·5	Nov. 1	1 41 23·3	− 3 18 10	18·7	22 57·5
4	1 43 21·6	− 3 06 46	18·7	2 51·5	2	1 41 21·1	− 3 18 18	18·7	22 53·6
5	1 43 20·0	− 3 06 59	18·7	2 47·5	3	1 41 19·0	− 3 18 26	18·7	22 49·6
6	1 43 18·5	− 3 07 12	18·7	2 43·6	4	1 41 16·8	− 3 18 34	18·7	22 45·6
7	1 43 16·9	− 3 07 25	18·7	2 39·6	5	1 41 14·6	− 3 18 42	18·7	22 41·7
8	1 43 15·3	− 3 07 37	18·7	2 35·7	6	1 41 12·4	− 3 18 49	18·7	22 37·7
9	1 43 13·6	− 3 07 50	18·7	2 31·7	7	1 41 10·3	− 3 18 56	18·7	22 33·7
10	1 43 12·0	− 3 08 03	18·7	2 27·7	8	1 41 08·2	− 3 19 03	18·7	22 29·8
11	1 43 10·3	− 3 08 16	18·7	2 23·8	9	1 41 06·0	− 3 19 10	18·7	22 25·8
12	1 43 08·6	− 3 08 29	18·7	2 19·8	10	1 41 03·9	− 3 19 17	18·7	22 21·8
13	1 43 06·8	− 3 08 42	18·7	2 15·9	11	1 41 01·8	− 3 19 23	18·7	22 17·9
14	1 43 05·1	− 3 08 55	18·7	2 11·9	12	1 40 59·8	− 3 19 29	18·7	22 13·9
15	1 43 03·3	− 3 09 08	18·7	2 07·9	13	1 40 57·7	− 3 19 35	18·7	22 09·9
16	1 43 01·5	− 3 09 21	18·7	2 04·0	14	1 40 55·7	− 3 19 41	18·7	22 06·0
17	1 42 59·6	− 3 09 34	18·7	2 00·0	15	1 40 53·6	− 3 19 46	18·7	22 02·0
18	1 42 57·8	− 3 09 47	18·7	1 56·1	16	1 40 51·6	− 3 19 52	18·7	21 58·0
19	1 42 55·9	− 3 10 00	18·7	1 52·1	17	1 40 49·6	− 3 19 57	18·7	21 54·1
20	1 42 54·0	− 3 10 13	18·7	1 48·1	18	1 40 47·6	− 3 20 01	18·7	21 50·1
21	1 42 52·0	− 3 10 26	18·7	1 44·2	19	1 40 45·7	− 3 20 06	18·7	21 46·1
22	1 42 50·1	− 3 10 39	18·7	1 40·2	20	1 40 43·8	− 3 20 10	18·7	21 42·2
23	1 42 48·1	− 3 10 52	18·7	1 36·2	21	1 40 41·8	− 3 20 14	18·7	21 38·2
24	1 42 46·2	− 3 11 05	18·7	1 32·3	22	1 40 39·9	− 3 20 18	18·7	21 34·3
25	1 42 44·2	− 3 11 18	18·7	1 28·3	23	1 40 38·1	− 3 20 21	18·7	21 30·3
26	1 42 42·1	− 3 11 31	18·7	1 24·3	24	1 40 36·2	− 3 20 24	18·7	21 26·3
27	1 42 40·1	− 3 11 44	18·7	1 20·4	25	1 40 34·4	− 3 20 27	18·7	21 22·4
28	1 42 38·1	− 3 11 56	18·7	1 16·4	26	1 40 32·6	− 3 20 30	18·7	21 18·4
29	1 42 36·0	− 3 12 09	18·7	1 12·5	27	1 40 30·8	− 3 20 32	18·7	21 14·4
30	1 42 33·9	− 3 12 22	18·7	1 08·5	28	1 40 29·1	− 3 20 35	18·7	21 10·5
Oct. 1	1 42 31·8	− 3 12 34	18·7	1 04·5	29	1 40 27·3	− 3 20 37	18·7	21 06·5
2	1 42 29·7	− 3 12 47	18·7	1 00·6	30	1 40 25·6	− 3 20 38	18·7	21 02·6
3	1 42 27·6	− 3 12 59	18·7	0 56·6	Dec. 1	1 40 24·0	− 3 20 40	18·7	20 58·6
4	1 42 25·4	− 3 13 12	18·7	0 52·6	2	1 40 22·3	− 3 20 41	18·7	20 54·6
5	1 42 23·3	− 3 13 24	18·7	0 48·7	3	1 40 20·7	− 3 20 41	18·7	20 50·7
6	1 42 21·1	− 3 13 36	18·7	0 44·7	4	1 40 19·1	− 3 20 42	18·7	20 46·7
7	1 42 19·0	− 3 13 48	18·7	0 40·7	5	1 40 17·6	− 3 20 42	18·7	20 42·8
8	1 42 16·8	− 3 14 00	18·7	0 36·7	6	1 40 16·0	− 3 20 42	18·7	20 38·8
9	1 42 14·6	− 3 14 12	18·7	0 32·8	7	1 40 14·5	− 3 20 42	18·7	20 34·9
10	1 42 12·4	− 3 14 24	18·7	0 28·8	8	1 40 13·1	− 3 20 42	18·7	20 30·9
11	1 42 10·2	− 3 14 36	18·7	0 24·8	9	1 40 11·6	− 3 20 41	18·7	20 26·9
12	1 42 08·0	− 3 14 47	18·7	0 20·9	10	1 40 10·2	− 3 20 40	18·7	20 23·0
13	1 42 05·8	− 3 14 59	18·7	0 16·9	11	1 40 08·9	− 3 20 38	18·7	20 19·0
14	1 42 03·5	− 3 15 10	18·7	0 12·9	12	1 40 07·5	− 3 20 37	18·7	20 15·1
15	1 42 01·3	− 3 15 21	18·7	0 09·0	13	1 40 06·2	− 3 20 35	18·7	20 11·1
Oct. 16	1 41 59·1	− 3 15 33	18·7	0 05·0	Dec. 14	1 40 04·9	− 3 20 33	18·7	20 07·2

Second transit for Eris 2014 October 17ᵈ 23ʰ 57ᵐ·1

CERES, 2014

EPHEMERIS FOR PHYSICAL OBSERVATIONS
FOR 0^h TERRESTRIAL TIME

Date		Light Time	Visual Magnitude	Phase Angle	L_s	Sub-Earth Point Longitude	Sub-Earth Point Latitude	Positive Pole P.A.
		m		°	°	°	°	°
Jan.	−7	22·29	8·6	21·5	302·44	114·76	− 3·62	23·96
	3	21·27	8·5	22·1	304·90	273·96	− 4·26	23·85
	13	20·23	8·4	22·4	307·36	73·52	− 4·95	23·69
	23	19·18	8·3	22·3	309·81	233·49	− 5·68	23·52
Feb.	2	18·15	8·2	21·8	312·25	33·94	− 6·42	23·35
	12	17·16	8·0	20·7	314·69	194·91	− 7·14	23·22
	22	16·23	7·9	19·1	317·11	356·47	− 7·82	23·14
Mar.	4	15·40	7·7	16·9	319·53	158·63	− 8·40	23·15
	14	14·70	7·5	14·2	321·94	321·40	− 8·82	23·23
	24	14·16	7·3	11·0	324·33	124·70	− 9·03	23·37
Apr.	3	13·81	7·1	7·7	326·72	288·38	− 8·98	23·55
	13	13·67	7·0	5·4	329·09	92·23	− 8·62	23·72
	23	13·75	7·0	6·2	331·46	255·97	− 7·98	23·86
May	3	14·05	7·2	9·2	333·81	59·34	− 7·09	23·95
	13	14·55	7·4	12·4	336·15	222·13	− 6·05	23·99
	23	15·22	7·7	15·4	338·48	24·22	− 4·92	23·99
June	2	16·04	7·9	17·9	340·80	185·57	− 3·78	23·98
	12	16·98	8·0	19·7	343·10	346·21	− 2·69	23·96
	22	17·99	8·2	21·0	345·39	146·20	− 1·67	23·93
July	2	19·07	8·4	21·8	347·68	305·61	− 0·75	23·90
	12	20·18	8·5	22·2	349·94	104·54	+ 0·06	23·83
	22	21·30	8·6	22·1	352·20	263·06	+ 0·76	23·73
Aug.	1	22·43	8·7	21·7	354·44	61·24	+ 1·35	23·58
	11	23·53	8·8	20·9	356·67	219·15	+ 1·85	23·36
	21	24·60	8·9	20·0	358·89	16·84	+ 2·24	23·06
	31	25·63	9·0	18·8	1·09	174·35	+ 2·54	22·66
Sept.	10	26·61	9·0	17·4	3·29	331·73	+ 2·76	22·16
	20	27·52	9·0	15·8	5·47	129·01	+ 2·90	21·54
	30	28·36	9·0	14·2	7·63	286·22	+ 2·96	20·81
Oct.	10	29·11	9·0	12·4	9·79	83·40	+ 2·96	19·95
	20	29·77	9·0	10·5	11·93	240·55	+ 2·89	18·97
	30	30·34	9·0	8·5	14·06	37·71	+ 2·78	17·86
Nov.	9	30·80	8·9	6·5	16·18	194·90	+ 2·62	16·64
	19	31·15	8·8	4·4	18·29	352·13	+ 2·42	15·30
	29	31·39	8·7	2·3	20·38	149·41	+ 2·19	13·85
Dec.	9	31·52	8·5	0·3	22·47	306·78	+ 1·94	12·32
	19	31·52	8·7	1·9	24·54	104·24	+ 1·68	10·71
	29	31·41	8·9	4·0	26·60	261·80	+ 1·41	9·04
	39	31·18	9·0	6·0	28·65	59·49	+ 1·15	7·33
Dec.	49	30·83	9·0	8·1	30·69	217·31	+ 0·90	5·60

EPHEMERIS FOR PHYSICAL OBSERVATIONS
FOR 0ʰ TERRESTRIAL TIME

Date		Light Time	Visual Magnitude	Phase Angle	L_s	Sub-Earth Point Longitude	Sub-Earth Point Latitude	Positive Pole P.A.
		m		°	°	°	°	°
Jan.	−7	278·93	14·2	0·3	61·11	271·89	+49·29	232·74
	3	279·07	14·2	0·1	61·17	115·82	+49·58	232·37
	13	278·96	14·2	0·3	61·22	319·76	+49·86	232·00
	23	278·62	14·2	0·6	61·28	163·71	+50·14	231·64
Feb.	2	278·05	14·2	0·9	61·34	7·65	+50·41	231·30
	12	277·27	14·2	1·1	61·39	211·57	+50·65	230·98
	22	276·31	14·2	1·3	61·45	55·48	+50·87	230·70
Mar.	4	275·19	14·2	1·5	61·51	259·35	+51·05	230·45
	14	273·96	14·1	1·6	61·56	103·20	+51·20	230·25
	24	272·63	14·1	1·7	61·62	307·00	+51·32	230·11
Apr.	3	271·27	14·1	1·8	61·68	150·76	+51·39	230·01
	13	269·90	14·1	1·7	61·73	354·47	+51·41	229·97
	23	268·58	14·1	1·7	61·79	198·14	+51·40	229·98
May	3	267·33	14·1	1·6	61·84	41·76	+51·34	230·05
	13	266·20	14·1	1·4	61·90	245·34	+51·25	230·16
	23	265·23	14·1	1·2	61·96	88·87	+51·12	230·32
June	2	264·43	14·1	0·9	62·01	292·37	+50·96	230·50
	12	263·84	14·1	0·7	62·07	135·84	+50·77	230·72
	22	263·48	14·1	0·4	62·12	339·29	+50·57	230·95
July	2	263·35	14·1	0·1	62·18	182·73	+50·36	231·20
	12	263·46	14·1	0·2	62·24	26·15	+50·14	231·44
	22	263·82	14·1	0·5	62·29	229·58	+49·92	231·66
Aug.	1	264·40	14·1	0·8	62·35	73·02	+49·72	231·87
	11	265·20	14·1	1·1	62·40	276·48	+49·54	232·05
	21	266·20	14·1	1·3	62·46	119·95	+49·38	232·20
	31	267·36	14·1	1·5	62·52	323·46	+49·26	232·31
Sept.	10	268·65	14·1	1·6	62·57	166·99	+49·17	232·37
	20	270·04	14·1	1·7	62·63	10·57	+49·12	232·38
	30	271·49	14·1	1·7	62·68	214·18	+49·11	232·34
Oct.	10	272·96	14·1	1·7	62·74	57·84	+49·15	232·25
	20	274·41	14·2	1·7	62·80	261·53	+49·23	232·11
	30	275·79	14·2	1·6	62·85	105·28	+49·35	231·92
Nov.	9	277·07	14·2	1·4	62·91	309·06	+49·50	231·68
	19	278·21	14·2	1·2	62·96	152·88	+49·69	231·40
	29	279·18	14·2	1·0	63·02	356·74	+49·91	231·09
Dec.	9	279·95	14·2	0·8	63·07	200·63	+50·16	230·75
	19	280·50	14·2	0·5	63·13	44·55	+50·42	230·38
	29	280·82	14·2	0·2	63·19	248·49	+50·69	230·00
	39	280·89	14·2	0·1	63·24	92·45	+50·97	229·61
Dec.	49	280·72	14·2	0·4	63·30	296·41	+51·25	229·22

BRIGHT MINOR PLANETS, 2014

OSCULATING ELEMENTS

FOR EPOCH 2014 MAY 23·0 TT, ECLIPTIC AND EQUINOX J2000·0

No.	Name	Magnitude Parameters H	G	Mean Diameter km	Inclination i °	Long. of Asc. Node Ω °	Argument of Perihelion ω °	Semi-major Axis a au	Daily Motion n °/d	Eccentricity e	Mean Anomaly M °
(2)	Pallas	4·13	0·11	524	34·841	173·097	309·926	2·7717	0·21359	0·2314	35·503
(3)	Juno	5·33	0·32	274	12·981	169·878	248·380	2·6699	0·22593	0·2552	347·922
(4)	Vesta	3·20	0·32	512	7·140	103·851	151·217	2·3615	0·27160	0·0886	326·532
(5)	Astraea	6·85	0·15	120	5·368	141·594	358·890	2·5742	0·23863	0·1910	212·499
(6)	Hebe	5·71	0·24	190	14·748	138·703	239·394	2·4256	0·26090	0·2015	337·039
(7)	Iris	5·51	0·15	211	5·524	259·636	145·437	2·3860	0·26742	0·2305	18·712
(8)	Flora	6·49	0·28	138	5·888	110·922	285·401	2·2013	0·30179	0·1561	11·571
(9)	Metis	6·28	0·17	209	5·575	68·946	5·850	2·3861	0·26740	0·1224	156·235
(10)	Hygiea	5·43	0·15	444	3·842	283·417	312·640	3·1378	0·17733	0·1157	193·062
(11)	Parthenope	6·55	0·15	153	4·630	125·566	195·893	2·4537	0·25644	0·0995	176·663
(12)	Victoria	7·24	0·22	113	8·369	235·491	69·551	2·3338	0·27645	0·2214	355·835
(13)	Egeria	6·74	0·15	208	16·539	43·257	80·068	2·5768	0·23828	0·0838	119·152
(14)	Irene	6·30	0·15	180	9·118	86·164	97·996	2·5868	0·23689	0·1660	98·190
(15)	Eunomia	5·28	0·23	320	11·739	293·187	97·575	2·6437	0·22929	0·1876	231·661
(16)	Psyche	5·90	0·20	239	3·099	150·275	227·115	2·9231	0·19721	0·1365	295·226
(17)	Thetis	7·76	0·15	90	5·590	125·570	135·642	2·4720	0·25359	0·1330	207·264
(18)	Melpomene	6·51	0·25	138	10·133	150·470	227·985	2·2956	0·28338	0·2187	117·035
(19)	Fortuna	7·13	0·10	225	1·573	211·180	182·378	2·4425	0·25819	0·1585	92·010
(20)	Massalia	6·50	0·25	145	0·708	206·176	256·738	2·4093	0·26355	0·1429	3·173
(21)	Lutetia	7·35	0·11	98	3·064	80·884	250·206	2·4342	0·25951	0·1646	237·069
(22)	Kalliope	6·45	0·21	181	13·717	66·085	354·872	2·9105	0·19850	0·0998	200·666
(23)	Thalia	6·95	0·15	108	10·115	66·883	60·819	2·6247	0·23178	0·2354	278·486
(24)	Themis	7·08	0·19	175	0·752	35·922	106·613	3·1347	0·17759	0·1258	36·208
(25)	Phocaea	7·83	0·15	75	21·592	214·226	90·046	2·3994	0·26519	0·2557	55·974
(26)	Proserpina	7·50	0·15	95	3·563	45·793	194·332	2·6553	0·22779	0·0903	54·701
(27)	Euterpe	7·00	0·15	118	1·584	94·800	356·513	2·3472	0·27408	0·1723	201·786
(28)	Bellona	7·09	0·15	121	9·433	144·323	344·565	2·7756	0·21314	0·1514	249·286
(29)	Amphitrite	5·85	0·20	212	6·089	356·427	61·906	2·5550	0·24133	0·0722	211·293
(30)	Urania	7·57	0·15	100	2·098	307·635	86·706	2·3658	0·27085	0·1268	262·143
(31)	Euphrosyne	6·74	0·15	256	26·309	31·151	61·397	3·1547	0·17590	0·2221	130·766
(32)	Pomona	7·56	0·15	81	5·524	220·462	338·800	2·5877	0·23678	0·0803	326·466
(37)	Fides	7·29	0·24	108	3·073	7·298	62·896	2·6431	0·22936	0·1736	288·538
(39)	Laetitia	6·10	0·15	150	10·380	157·118	208·327	2·7689	0·21392	0·1140	277·350
(40)	Harmonia	7·00	0·15	108	4·258	94·240	268·660	2·2674	0·28867	0·0469	308·934
(41)	Daphne	7·12	0·10	187	15·794	178·086	46·013	2·7607	0·21487	0·2751	107·310
(42)	Isis	7·53	0·15	100	8·526	84·359	236·605	2·4424	0·25821	0·2222	99·435
(43)	Ariadne	7·93	0·11	66	3·471	264·872	16·362	2·2030	0·30143	0·1687	315·308
(44)	Nysa	7·03	0·46	71	3·706	131·560	343·498	2·4232	0·26129	0·1486	332·261
(45)	Eugenia	7·46	0·07	215	6·603	147·682	88·689	2·7203	0·21967	0·0832	2·460
(48)	Doris	6·90	0·15	222	6·548	183·581	253·542	3·1091	0·17978	0·0737	105·526
(51)	Nemausa	7·35	0·08	158	9·978	176·027	2·042	2·3658	0·27086	0·0672	328·968
(52)	Europa	6·31	0·18	302	7·483	128·728	344·235	3·0949	0·18103	0·1076	270·645
(54)	Alexandra	7·66	0·15	166	11·802	313·337	345·298	2·7106	0·22085	0·1983	340·361
(60)	Echo	8·21	0·27	60	3·601	191·616	270·876	2·3925	0·26634	0·1837	89·535
(63)	Ausonia	7·55	0·25	103	5·780	337·768	296·125	2·3952	0·26588	0·1277	20·723
(64)	Angelina	7·67	0·48	56	1·310	309·157	178·892	2·6824	0·22434	0·1269	354·580
(65)	Cybele	6·62	0·01	230	3·562	155·644	102·393	3·4276	0·15532	0·1105	341·801

OSCULATING ELEMENTS
FOR EPOCH 2014 MAY 23·0 TT, ECLIPTIC AND EQUINOX J2000·0

No.	Name	Magnitude Parameters H G		Mean Dia-meter	Inclin-ation i	Long. of Asc. Node Ω	Argument of Peri-helion ω	Semi-major Axis a	Daily Motion n	Eccen-tricity e	Mean Anomaly M
				km	°	°	°	au	°/d		°
(67)	Asia	8·28	0·15	58	6·023	202·542	106·765	2·4237	0·26121	0·1840	167·967
(68)	Leto	6·78	0·05	123	7·973	44·138	304·980	2·7805	0·21258	0·1872	238·575
(69)	Hesperia	7·05	0·19	138	8·586	185·039	289·835	2·9756	0·19202	0·1702	314·855
(71)	Niobe	7·30	0·40	83	23·265	316·045	266·826	2·7559	0·21543	0·1747	236·653
(79)	Eurynome	7·96	0·25	66	4·618	206·634	200·878	2·4440	0·25796	0·1916	125·002
(80)	Sappho	7·98	0·15	79	8·664	218·780	139·137	2·2960	0·28302	0·2002	307·875
(85)	Io	7·61	0·15	164	11·951	203·171	123·005	2·6547	0·22786	0·1928	170·022
(87)	Sylvia	6·94	0·15	261	10·877	73·084	263·685	3·4818	0·15170	0·0911	179·425
(88)	Thisbe	7·04	0·14	232	5·215	276·683	35·970	2·7681	0·21401	0·1643	24·176
(89)	Julia	6·60	0·15	151	16·139	311·606	44·962	2·5510	0·24190	0·1826	62·509
(92)	Undina	6·61	0·15	126	9·931	101·591	239·861	3·1858	0·17333	0·1039	227·177
(94)	Aurora	7·57	0·15	204	7·966	2·660	60·592	3·1577	0·17565	0·0893	352·758
(97)	Klotho	7·63	0·15	83	11·783	159·707	268·539	2·6711	0·22578	0·2546	264·555
(103)	Hera	7·66	0·15	91	5·419	136·189	188·697	2·7022	0·22189	0·0814	315·459
(107)	Camilla	7·08	0·08	223	10·003	172·622	306·618	3·4873	0·15134	0·0668	54·306
(115)	Thyra	7·51	0·12	80	11·600	308·914	96·758	2·3801	0·26842	0·1919	253·848
(121)	Hermione	7·31	0·15	209	7·596	73·146	298·358	3·4501	0·15380	0·1343	301·357
(128)	Nemesis	7·49	0·15	188	6·249	76·405	303·287	2·7504	0·21608	0·1246	43·479
(129)	Antigone	7·07	0·33	138	12·263	135·705	110·975	2·8699	0·20272	0·2111	295·272
(135)	Hertha	8·23	0·15	79	2·306	343·660	340·353	2·4275	0·26059	0·2076	228·861
(185)	Eunike	7·62	0·15	158	23·238	153·843	224·252	2·7373	0·21762	0·1293	153·145
(192)	Nausikaa	7·13	0·03	95	6·814	343·255	30·078	2·4027	0·26465	0·2462	242·626
(194)	Prokne	7·68	0·15	169	18·508	159·316	163·277	2·6156	0·23300	0·2377	215·821
(196)	Philomela	6·54	0·15	136	7·260	72·526	198·210	3·1120	0·17953	0·0198	130·450
(216)	Kleopatra	7·30	0·29	118	13·096	215·463	180·314	2·7968	0·21072	0·2492	50·546
(230)	Athamantis	7·35	0·27	109	9·443	239·917	138·979	2·3825	0·26802	0·0616	261·869
(270)	Anahita	8·75	0·15	51	2·367	254·491	80·198	2·1984	0·30238	0·1508	337·582
(287)	Nephthys	8·30	0·22	68	10·034	142·384	120·867	2·3528	0·27311	0·0229	267·437
(324)	Bamberga	6·82	0·09	228	11·103	327·935	44·144	2·6857	0·22393	0·3367	46·453
(346)	Hermentaria	7·13	0·15	107	8·759	92·108	291·054	2·7959	0·21083	0·0992	21·145
(349)	Dembowska	5·93	0·37	140	8·247	32·362	346·591	2·9228	0·19725	0·0915	148·714
(354)	Eleonora	6·44	0·37	155	18·398	140·378	5·944	2·7987	0·21051	0·1154	314·933
(372)	Palma	7·20	0·15	189	23·829	327·380	115·569	3·1494	0·17634	0·2603	134·800
(387)	Aquitania	7·41	0·15	101	18·133	128·298	157·300	2·7388	0·21746	0·2368	69·989
(389)	Industria	7·88	0·15	79	8·124	282·373	265·715	2·6079	0·23402	0·0674	160·865
(409)	Aspasia	7·62	0·29	162	11·260	242·204	354·015	2·5760	0·23839	0·0729	69·266
(423)	Diotima	7·24	0·15	209	11·231	69·490	201·249	3·0671	0·18349	0·0386	89·462
(433)	Eros	11·16	0·46	16	10·829	304·335	178·783	1·4580	0·55987	0·2226	119·446
(451)	Patientia	6·65	0·19	225	15·241	89·257	337·159	3·0597	0·18416	0·0762	131·951
(471)	Papagena	6·73	0·37	134	14·978	84·010	314·134	2·8888	0·20074	0·2320	246·082
(511)	Davida	6·22	0·16	326	15·946	107·638	338·140	3·1668	0·17489	0·1883	18·014
(532)	Herculina	5·81	0·26	207	16·317	107·562	75·931	2·7739	0·21334	0·1762	320·435
(654)	Zelinda	8·52	0·15	127	18·127	278·482	213·950	2·2974	0·28305	0·2312	185·465
(702)	Alauda	7·25	0·15	195	20·611	289·933	351·671	3·1920	0·17283	0·0201	102·066
(704)	Interamnia	5·94	−0·02	329	17·310	280·312	95·463	3·0586	0·18426	0·1538	128·287

BRIGHT MINOR PLANETS, 2014

AT OPPOSITION

Name		Date	Mag.	Dec.		Name		Date	Mag.	Dec.
				° ′						° ′
(51)	Nemausa	Jan.	2	10·4	+06 25	(29)	Amphitrite	June	24	9·5	−33 05
(19)	Fortuna	Jan.	8	9·7	+19 36	(433)	Eros	June	29	12·0	−35 17
(11)	Parthenope	Jan.	11	9·9	+19 57	(39)	Laetitia	June	30	9·9	−09 03
(85)	Io	Jan.	20	12·1	+03 13	(54)	Alexandra	July	6	10·1	−33 22
(18)	Melpomene	Jan.	28	9·3	+11 44	(103)	Hera	July	7	10·8	−17 53
(32)	Pomona	Jan.	31	10·8	+08 41	(230)	Athamantis	July	8	10·3	−10 46
(129)	Antigone	Feb.	5	10·9	+16 05	(115)	Thyra	July	15	10·6	−26 51
(704)	**Interamnia**	**Feb.**	**8**	**10·8**	**+00 03**	(30)	Urania	July	20	10·1	−21 09
(287)	Nephthys	Feb.	9	11·0	+14 03	(27)	Euterpe	July	22	10·3	−21 18
(87)	Sylvia	Feb.	12	12·4	+26 40	(121)	Hermione	Aug.	3	11·8	−26 27
(194)	Prokne	Feb.	21	12·1	+07 26	(80)	Sappho	Aug.	4	9·9	+00 02
(2)	**Pallas**	**Feb.**	**22**	**7·0**	**−11 58**	**(16)**	**Psyche**	**Aug.**	**7**	**9·3**	**−15 09**
(349)	Dembowska	Feb.	27	10·3	+17 21	(14)	Irene	Aug.	8	10·2	−26 21
(185)	Eunike	Mar.	3	11·8	+11 49	(97)	Klotho	Aug.	16	11·1	−08 34
(135)	Hertha	Mar.	3	11·9	+06 40	(26)	Proserpina	Aug.	18	10·9	−18 33
(107)	Camilla	Mar.	8	11·6	+03 38	(63)	Ausonia	Aug.	24	9·7	−12 06
(24)	Themis	Mar.	13	10·6	+03 24	(654)	Zelinda	Aug.	25	12·6	+10 44
(79)	Eurynome	Mar.	14	11·4	−01 21	(409)	Aspasia	Aug.	31	11·2	+08 19
(48)	Doris	Mar.	20	11·1	−00 32	(40)	Harmonia	Sept.	1	9·3	−14 45
(21)	Lutetia	Mar.	22	11·0	+03 38	(12)	Victoria	Sept.	8	9·0	+09 40
(92)	Undina	Apr.	3	11·6	+07 29	(270)	Anahita	Sept.	14	10·1	+01 18
(451)	Patientia	Apr.	7	11·4	+12 24	(5)	Astraea	Sept.	29	10·7	−02 43
(60)	Echo	Apr.	12	10·9	−07 42	(37)	Fides	Oct.	9	9·8	+06 58
(4)	**Vesta**	**Apr.**	**13**	**5·8**	**+02 46**	(41)	Daphne	Oct.	11	11·9	−00 04
(68)	Leto	Apr.	15	11·1	−06 32	(389)	Industria	Oct.	14	11·8	+19 50
(43)	Ariadne	Apr.	18	9·9	−16 22	(88)	Thisbe	Oct.	20	10·4	+17 42
(192)	Nausikaa	May	13	11·0	−28 06	(423)	Diotima	Oct.	27	11·7	+03 30
(372)	Palma	May	14	13·0	−49 07	(28)	Bellona	Oct.	27	10·9	−00 04
(65)	**Cybele**	**May**	**14**	**10·9**	**−13 43**	**(52)**	**Europa**	**Nov.**	**5**	**10·5**	**+04 55**
(9)	**Metis**	**May**	**15**	**9·6**	**−16 44**	**(6)**	**Hebe**	**Nov.**	**15**	**8·1**	**−08 51**
(31)	Euphrosyne	May	17	12·1	−35 05	(702)	Alauda	Nov.	21	12·1	+42 29
(45)	Eugenia	May	19	10·7	−09 03	(387)	Aquitania	Nov.	21	12·1	−04 18
(15)	**Eunomia**	**May**	**31**	**9·5**	**−34 03**	(23)	Thalia	Dec.	3	9·2	+23 16
(13)	Egeria	June	2	10·5	−34 54	(25)	Phocaea	Dec.	7	11·8	+00 12
(22)	Kalliope	June	12	10·8	−28 23	(196)	Philomela	Dec.	10	10·8	+23 51
(471)	Papagena	June	18	11·1	−24 34	**(10)**	**Hygiea**	**Dec.**	**30**	**10·0**	**+23 33**

AT OPPOSITION IN EARLY 2015

Name		Date	Mag.	Dec.		Name		Date	Mag.	Dec.
(94)	Aurora	Jan.	2	11·7	+34 41	(354)	Eleonora	Mar.	5	9·6	+17 48
(346)	Hermentaria	Jan.	3	10·6	+25 21	(7)	Iris	Mar.	6	8·9	−02 37
(69)	Hesperia	Jan.	16	10·3	+07 51	(17)	Thetis	Mar.	7	10·8	+11 00
(3)	**Juno**	**Jan.**	**29**	**8·1**	**+03 34**	(216)	Kleopatra	Mar.	13	11·9	−08 59
(42)	Isis	Jan.	31	11·7	+26 21	(511)	Davida	Mar.	18	10·8	+21 09
(128)	Nemesis	Feb.	1	11·4	+24 47	(67)	Asia	Mar.	19	11·7	−03 04
(71)	Niobe	Feb.	4	10·6	+16 39	(44)	Nysa	Mar.	22	9·4	+04 01
(89)	Julia	Feb.	5	10·4	+13 49	(20)	Massalia	Apr.	20	9·3	−11 24
(8)	Flora	Feb.	15	9·1	+18 22	(64)	Angelina	Apr.	22	10·9	−14 13
(324)	Bamberga	Feb.	19	11·1	+10 26	(532)	Herculina	May	17	9·1	+01 45

Daily ephemerides of minor planets printed in **bold** are given in this section

GEOCENTRIC POSITIONS FOR 0ʰ TERRESTRIAL TIME

Date	Astrometric R.A.	Astrometric Dec.	Vis. Mag.	Ephemeris Transit	Date	Astrometric R.A.	Astrometric Dec.	Vis. Mag.	Ephemeris Transit
	h m s	° ′ ″		h m		h m s	° ′ ″		h m
2013 Dec. 25	10 06 39·3	−22 13 36	8·1	3 52·1	2014 Feb. 22	9 47 35·7	−12 03 13	7·0	23 36·5
26	10 07 03·2	−22 16 03	8·1	3 48·5	23	9 46 54·4	−11 38 35	7·0	23 31·9
27	10 07 25·5	−22 18 12	8·0	3 45·0	24	9 46 13·7	−11 13 39	7·0	23 27·3
28	10 07 46·1	−22 20 02	8·0	3 41·4	25	9 45 33·6	−10 48 26	7·0	23 22·7
29	10 08 05·0	−22 21 33	8·0	3 37·8	26	9 44 54·3	−10 22 58	7·0	23 18·1
30	10 08 22·2	−22 22 45	8·0	3 34·1	27	9 44 15·7	− 9 57 16	7·0	23 13·6
31	10 08 37·7	−22 23 36	8·0	3 30·4	28	9 43 38·1	− 9 31 22	7·0	23 09·0
2014 Jan. 1	10 08 51·4	−22 24 07	8·0	3 26·7	Mar. 1	9 43 01·4	− 9 05 18	7·0	23 04·5
2	10 09 03·4	−22 24 16	7·9	3 23·0	2	9 42 25·7	− 8 39 04	7·0	23 00·0
3	10 09 13·7	−22 24 03	7·9	3 19·2	3	9 41 51·1	− 8 12 42	7·0	22 55·5
4	10 09 22·1	−22 23 29	7·9	3 15·4	4	9 41 17·6	− 7 46 14	7·0	22 51·0
5	10 09 28·9	−22 22 31	7·9	3 11·6	5	9 40 45·4	− 7 19 41	7·0	22 46·6
6	10 09 33·9	−22 21 09	7·9	3 07·8	6	9 40 14·4	− 6 53 05	7·0	22 42·2
7	10 09 37·1	−22 19 24	7·8	3 03·9	7	9 39 44·7	− 6 26 27	7·0	22 37·8
Jan. 8	10 09 38·6	−22 17 14	7·8	3 00·0	8	9 39 16·4	− 5 59 49	7·1	22 33·4
9	10 09 38·3	−22 14 40	7·8	2 56·0	9	9 38 49·5	− 5 33 12	7·1	22 29·0
10	10 09 36·3	−22 11 39	7·8	2 52·1	10	9 38 24·1	− 5 06 37	7·1	22 24·7
11	10 09 32·6	−22 08 13	7·8	2 48·1	11	9 38 00·1	− 4 40 06	7·1	22 20·4
12	10 09 27·2	−22 04 20	7·7	2 44·0	12	9 37 37·6	− 4 13 39	7·1	22 16·1
13	10 09 20·0	−22 00 00	7·7	2 40·0	13	9 37 16·7	− 3 47 20	7·2	22 11·9
14	10 09 11·2	−21 55 13	7·7	2 35·9	14	9 36 57·4	− 3 21 07	7·2	22 07·6
15	10 09 00·6	−21 49 57	7·7	2 31·8	15	9 36 39·7	− 2 55 04	7·2	22 03·4
16	10 08 48·4	−21 44 13	7·7	2 27·7	16	9 36 23·6	− 2 29 10	7·2	21 59·3
17	10 08 34·5	−21 37 59	7·6	2 23·5	17	9 36 09·2	− 2 03 28	7·3	21 55·1
18	10 08 19·0	−21 31 17	7·6	2 19·3	18	9 35 56·5	− 1 37 57	7·3	21 51·0
19	10 08 01·8	−21 24 04	7·6	2 15·1	19	9 35 45·4	− 1 12 40	7·3	21 46·9
20	10 07 43·1	−21 16 21	7·6	2 10·8	20	9 35 36·0	− 0 47 36	7·3	21 42·9
21	10 07 22·7	−21 08 07	7·6	2 06·6	21	9 35 28·3	− 0 22 48	7·4	21 38·8
22	10 07 00·8	−20 59 21	7·5	2 02·3	22	9 35 22·4	+ 0 01 45	7·4	21 34·8
23	10 06 37·4	−20 50 04	7·5	1 57·9	23	9 35 18·1	+ 0 26 01	7·4	21 30·9
24	10 06 12·6	−20 40 15	7·5	1 53·6	Mar. 24	9 35 15·7	+ 0 50 00	7·4	21 26·9
25	10 05 46·2	−20 29 53	7·5	1 49·2	25	9 35 14·9	+ 1 13 41	7·5	21 23·0
26	10 05 18·5	−20 18 59	7·4	1 44·8	26	9 35 15·9	+ 1 37 04	7·5	21 19·1
27	10 04 49·3	−20 07 32	7·4	1 40·4	27	9 35 18·7	+ 2 00 07	7·5	21 15·2
28	10 04 18·9	−19 55 31	7·4	1 36·0	28	9 35 23·2	+ 2 22 50	7·5	21 11·4
29	10 03 47·2	−19 42 57	7·4	1 31·5	29	9 35 29·5	+ 2 45 12	7·6	21 07·6
30	10 03 14·2	−19 29 49	7·4	1 27·0	30	9 35 37·5	+ 3 07 14	7·6	21 03·8
31	10 02 40·1	−19 16 08	7·3	1 22·5	31	9 35 47·3	+ 3 28 54	7·6	21 00·1
Feb. 1	10 02 04·9	−19 01 53	7·3	1 18·0	Apr. 1	9 35 58·8	+ 3 50 12	7·6	20 56·4
2	10 01 28·6	−18 47 05	7·3	1 13·5	2	9 36 12·1	+ 4 11 08	7·7	20 52·7
3	10 00 51·4	−18 31 43	7·3	1 09·0	3	9 36 27·1	+ 4 31 42	7·7	20 49·0
4	10 00 13·3	−18 15 47	7·3	1 04·4	4	9 36 43·8	+ 4 51 53	7·7	20 45·4
5	9 59 34·3	−17 59 19	7·2	0 59·8	5	9 37 02·2	+ 5 11 42	7·8	20 41·8
6	9 58 54·6	−17 42 17	7·2	0 55·2	6	9 37 22·3	+ 5 31 07	7·8	20 38·2
7	9 58 14·2	−17 24 43	7·2	0 50·6	7	9 37 44·0	+ 5 50 09	7·8	20 34·7
8	9 57 33·2	−17 06 37	7·2	0 46·0	8	9 38 07·5	+ 6 08 48	7·8	20 31·2
9	9 56 51·6	−16 48 00	7·2	0 41·4	9	9 38 32·5	+ 6 27 03	7·9	20 27·7
10	9 56 09·6	−16 28 51	7·1	0 36·8	10	9 38 59·2	+ 6 44 55	7·9	20 24·2
11	9 55 27·1	−16 09 12	7·1	0 32·1	11	9 39 27·4	+ 7 02 24	7·9	20 20·8
12	9 54 44·4	−15 49 03	7·1	0 27·5	12	9 39 57·2	+ 7 19 29	7·9	20 17·4
13	9 54 01·4	−15 28 25	7·1	0 22·8	13	9 40 28·5	+ 7 36 11	8·0	20 14·0
14	9 53 18·2	−15 07 18	7·1	0 18·2	14	9 41 01·4	+ 7 52 30	8·0	20 10·6
15	9 52 34·9	−14 45 44	7·0	0 13·6	15	9 41 35·7	+ 8 08 25	8·0	20 07·3
16	9 51 51·6	−14 23 43	7·0	0 08·9	16	9 42 11·5	+ 8 23 58	8·0	20 03·9
17	9 51 08·4	−14 01 16	7·0	0 04·3	17	9 42 48·8	+ 8 39 07	8·1	20 00·6
18	9 50 25·3	−13 38 25	7·0	23 55·0	18	9 43 27·5	+ 8 53 54	8·1	19 57·4
19	9 49 42·4	−13 15 10	7·0	23 50·3	19	9 44 07·6	+ 9 08 19	8·1	19 54·1
20	9 48 59·8	−12 51 32	7·0	23 45·7	20	9 44 49·1	+ 9 22 21	8·1	19 50·9
21	9 48 17·5	−12 27 33	7·0	23 41·1	21	9 45 31·9	+ 9 36 00	8·2	19 47·7
Feb. 22	9 47 35·7	−12 03 13	7·0	23 36·5	Apr. 22	9 46 16·0	+ 9 49 18	8·2	19 44·5

Second transit for Pallas 2014 February 17ᵈ 23ʰ 59ᵐ6

JUNO, 2014
GEOCENTRIC POSITIONS FOR 0ʰ TERRESTRIAL TIME

Date	Astrometric R.A.	Dec.	Vis. Mag.	Ephemeris Transit	Date	Astrometric R.A.	Dec.	Vis. Mag.	Ephemeris Transit
	h m s	° ′ ″		h m		h m s	° ′ ″		h m
2014 Dec. 1	8 56 06.1	+ 1 21 55	8.9	4 17.2	**2015 Jan. 29**	8 32 58.4	+ 3 28 31	8.1	0 02.1
2	8 56 30.7	+ 1 17 12	8.9	4 13.6	30	8 32 06.1	+ 3 37 54	8.1	23 52.5
3	8 56 53.6	+ 1 12 40	8.9	4 10.1	31	8 31 14.1	+ 3 47 25	8.2	23 47.7
4	8 57 14.7	+ 1 08 17	8.9	4 06.5	**Feb. 1**	8 30 22.6	+ 3 57 04	8.2	23 42.9
5	8 57 33.9	+ 1 04 05	8.9	4 02.9	2	8 29 31.6	+ 4 06 51	8.2	23 38.1
6	8 57 51.4	+ 1 00 04	8.9	3 59.2	3	8 28 41.1	+ 4 16 44	8.2	23 33.4
7	8 58 07.1	+ 0 56 15	8.8	3 55.5	4	8 27 51.4	+ 4 26 43	8.2	23 28.6
8	8 58 20.9	+ 0 52 37	8.8	3 51.8	5	8 27 02.3	+ 4 36 48	8.2	23 23.9
9	8 58 32.8	+ 0 49 10	8.8	3 48.1	6	8 26 14.1	+ 4 46 58	8.2	23 19.2
10	8 58 42.9	+ 0 45 56	8.8	3 44.3	7	8 25 26.7	+ 4 57 12	8.2	23 14.5
11	8 58 51.2	+ 0 42 55	8.8	3 40.5	8	8 24 40.2	+ 5 07 30	8.3	23 09.8
12	8 58 57.5	+ 0 40 06	8.8	3 36.7	9	8 23 54.7	+ 5 17 51	8.3	23 05.1
13	8 59 02.0	+ 0 37 30	8.8	3 32.8	10	8 23 10.2	+ 5 28 15	8.3	23 00.5
Dec. 14	8 59 04.6	+ 0 35 07	8.7	3 28.9	11	8 22 26.9	+ 5 38 40	8.3	22 55.9
15	8 59 05.3	+ 0 32 58	8.7	3 25.0	12	8 21 44.7	+ 5 49 07	8.4	22 51.3
16	8 59 04.0	+ 0 31 03	8.7	3 21.1	13	8 21 03.7	+ 5 59 35	8.4	22 46.7
17	8 59 00.9	+ 0 29 22	8.7	3 17.1	14	8 20 24.0	+ 6 10 03	8.4	22 42.1
18	8 58 55.9	+ 0 27 55	8.7	3 13.1	15	8 19 45.7	+ 6 20 31	8.4	22 37.6
19	8 58 48.9	+ 0 26 44	8.7	3 09.0	16	8 19 08.7	+ 6 30 58	8.4	22 33.0
20	8 58 40.1	+ 0 25 47	8.6	3 04.9	17	8 18 33.1	+ 6 41 23	8.5	22 28.5
21	8 58 29.4	+ 0 25 05	8.6	3 00.8	18	8 17 58.9	+ 6 51 47	8.5	22 24.1
22	8 58 16.8	+ 0 24 39	8.6	2 56.7	19	8 17 26.3	+ 7 02 08	8.5	22 19.6
23	8 58 02.4	+ 0 24 29	8.6	2 52.5	20	8 16 55.2	+ 7 12 27	8.5	22 15.2
24	8 57 46.1	+ 0 24 35	8.6	2 48.3	21	8 16 25.7	+ 7 22 42	8.6	22 10.8
25	8 57 28.0	+ 0 24 56	8.6	2 44.0	22	8 15 57.8	+ 7 32 54	8.6	22 06.4
26	8 57 08.0	+ 0 25 35	8.5	2 39.8	23	8 15 31.6	+ 7 43 01	8.6	22 02.1
27	8 56 46.3	+ 0 26 29	8.5	2 35.5	24	8 15 07.0	+ 7 53 04	8.6	21 57.8
28	8 56 22.9	+ 0 27 40	8.5	2 31.2	25	8 14 44.1	+ 8 03 01	8.7	21 53.5
29	8 55 57.7	+ 0 29 08	8.5	2 26.8	26	8 14 22.9	+ 8 12 53	8.7	21 49.2
30	8 55 30.9	+ 0 30 52	8.5	2 22.4	27	8 14 03.4	+ 8 22 40	8.7	21 45.0
31	8 55 02.4	+ 0 32 54	8.5	2 18.0	28	8 13 45.7	+ 8 32 20	8.8	21 40.8
2015 Jan. 1	8 54 32.2	+ 0 35 12	8.5	2 13.6	**Mar. 1**	8 13 29.7	+ 8 41 54	8.8	21 36.6
2	8 54 00.5	+ 0 37 48	8.4	2 09.1	2	8 13 15.4	+ 8 51 22	8.8	21 32.5
3	8 53 27.3	+ 0 40 40	8.4	2 04.7	3	8 13 02.9	+ 9 00 42	8.8	21 28.4
4	8 52 52.5	+ 0 43 50	8.4	2 00.1	4	8 12 52.2	+ 9 09 55	8.9	21 24.3
5	8 52 16.3	+ 0 47 17	8.4	1 55.6	5	8 12 43.2	+ 9 19 01	8.9	21 20.2
6	8 51 38.6	+ 0 51 01	8.4	1 51.1	6	8 12 36.0	+ 9 28 00	8.9	21 16.2
7	8 50 59.6	+ 0 55 01	8.4	1 46.5	7	8 12 30.5	+ 9 36 50	8.9	21 12.2
8	8 50 19.2	+ 0 59 19	8.3	1 41.9	8	8 12 26.8	+ 9 45 32	9.0	21 08.3
9	8 49 37.6	+ 1 03 54	8.3	1 37.2	**Mar. 9**	8 12 24.8	+ 9 54 06	9.0	21 04.3
10	8 48 54.7	+ 1 08 45	8.3	1 32.6	10	8 12 24.5	+10 02 32	9.0	21 00.4
11	8 48 10.7	+ 1 13 54	8.3	1 27.9	11	8 12 26.0	+10 10 49	9.0	20 56.5
12	8 47 25.5	+ 1 19 18	8.3	1 23.3	12	8 12 29.2	+10 18 58	9.1	20 52.7
13	8 46 39.4	+ 1 24 59	8.3	1 18.6	13	8 12 34.1	+10 26 57	9.1	20 48.8
14	8 45 52.2	+ 1 30 56	8.3	1 13.9	14	8 12 40.8	+10 34 48	9.1	20 45.0
15	8 45 04.1	+ 1 37 09	8.2	1 09.1	15	8 12 49.1	+10 42 30	9.1	20 41.3
16	8 44 15.2	+ 1 43 37	8.2	1 04.4	16	8 12 59.1	+10 50 02	9.2	20 37.5
17	8 43 25.5	+ 1 50 21	8.2	0 59.6	17	8 13 10.8	+10 57 25	9.2	20 33.8
18	8 42 35.2	+ 1 57 20	8.2	0 54.9	18	8 13 24.1	+11 04 39	9.2	20 30.1
19	8 41 44.2	+ 2 04 33	8.2	0 50.1	19	8 13 39.1	+11 11 43	9.2	20 26.5
20	8 40 52.6	+ 2 12 01	8.2	0 45.3	20	8 13 55.8	+11 18 38	9.3	20 22.8
21	8 40 00.6	+ 2 19 42	8.2	0 40.5	21	8 14 14.0	+11 25 24	9.3	20 19.2
22	8 39 08.3	+ 2 27 37	8.2	0 35.7	22	8 14 33.9	+11 32 00	9.3	20 15.7
23	8 38 15.6	+ 2 35 44	8.2	0 30.9	23	8 14 55.3	+11 38 26	9.3	20 12.1
24	8 37 22.8	+ 2 44 04	8.2	0 26.1	24	8 15 18.3	+11 44 42	9.3	20 08.6
25	8 36 29.8	+ 2 52 36	8.2	0 21.3	25	8 15 42.9	+11 50 49	9.4	20 05.1
26	8 35 36.8	+ 3 01 19	8.1	0 16.5	26	8 16 09.0	+11 56 46	9.4	20 01.6
27	8 34 43.8	+ 3 10 13	8.1	0 11.7	27	8 16 36.5	+12 02 33	9.4	19 58.1
28	8 33 51.0	+ 3 19 17	8.1	0 06.9	28	8 17 05.6	+12 08 11	9.4	19 54.7
Jan. 29	8 32 58.4	+ 3 28 31	8.1	0 02.1	**Mar. 29**	8 17 36.1	+12 13 39	9.5	19 51.3

Second transit for Juno 2015 January 29ᵈ 23ʰ 57ᵐ3

Date	Astrometric R.A. (h m s)	Dec. (° ' ")	Vis. Mag.	Ephemeris Transit (h m)	Date	Astrometric R.A. (h m s)	Dec. (° ' ")	Vis. Mag.	Ephemeris Transit (h m)
2014 Feb. 13	14 00 07.6	− 1 59 23	7.0	4 28.4	2014 Apr. 13	13 45 23.2	+ 2 47 49	5.8	0 21.6
14	14 00 41.7	− 1 57 54	7.0	4 25.1	14	13 44 27.7	+ 2 52 58	5.7	0 16.8
15	14 01 14.2	− 1 56 15	6.9	4 21.7	15	13 43 31.9	+ 2 57 57	5.7	0 11.9
16	14 01 45.2	− 1 54 26	6.9	4 18.2	16	13 42 35.9	+ 3 02 47	5.8	0 07.1
17	14 02 14.7	− 1 52 28	6.9	4 14.8	17	13 41 39.8	+ 3 07 27	5.8	0 02.2
18	14 02 42.6	− 1 50 19	6.9	4 11.3	18	13 40 43.6	+ 3 11 57	5.8	23 52.5
19	14 03 08.8	− 1 48 02	6.9	4 07.8	19	13 39 47.4	+ 3 16 16	5.8	23 47.6
20	14 03 33.5	− 1 45 34	6.8	4 04.3	20	13 38 51.3	+ 3 20 24	5.8	23 42.8
21	14 03 56.4	− 1 42 57	6.8	4 00.7	21	13 37 55.4	+ 3 24 20	5.8	23 37.9
22	14 04 17.7	− 1 40 10	6.8	3 57.2	22	13 36 59.7	+ 3 28 04	5.8	23 33.1
23	14 04 37.3	− 1 37 13	6.8	3 53.5	23	13 36 04.4	+ 3 31 36	5.8	23 28.2
24	14 04 55.2	− 1 34 07	6.7	3 49.9	24	13 35 09.4	+ 3 34 55	5.8	23 23.4
25	14 05 11.3	− 1 30 51	6.7	3 46.2	25	13 34 15.0	+ 3 38 01	5.8	23 18.6
26	14 05 25.7	− 1 27 26	6.7	3 42.5	26	13 33 21.1	+ 3 40 54	5.9	23 13.8
27	14 05 38.3	− 1 23 51	6.7	3 38.8	27	13 32 27.8	+ 3 43 33	5.9	23 08.9
28	14 05 49.0	− 1 20 08	6.7	3 35.1	28	13 31 35.3	+ 3 45 58	5.9	23 04.2
Mar. 1	14 05 58.0	− 1 16 15	6.6	3 31.3	29	13 30 43.6	+ 3 48 09	5.9	22 59.4
2	14 06 05.1	− 1 12 13	6.6	3 27.4	30	13 29 52.8	+ 3 50 06	5.9	22 54.6
3	14 06 10.4	− 1 08 03	6.6	3 23.6	May 1	13 29 02.9	+ 3 51 48	5.9	22 49.9
4	14 06 13.9	− 1 03 44	6.6	3 19.7	2	13 28 14.0	+ 3 53 16	6.0	22 45.2
Mar. 5	14 06 15.4	− 0 59 16	6.5	3 15.8	3	13 27 26.2	+ 3 54 28	6.0	22 40.5
6	14 06 15.2	− 0 54 40	6.5	3 11.9	4	13 26 39.5	+ 3 55 26	6.0	22 35.8
7	14 06 13.0	− 0 49 57	6.5	3 07.9	5	13 25 54.0	+ 3 56 09	6.0	22 31.1
8	14 06 09.1	− 0 45 05	6.5	3 03.9	6	13 25 09.8	+ 3 56 38	6.0	22 26.5
9	14 06 03.2	− 0 40 06	6.5	2 59.9	7	13 24 26.9	+ 3 56 51	6.1	22 21.8
10	14 05 55.5	− 0 35 00	6.4	2 55.8	8	13 23 45.4	+ 3 56 49	6.1	22 17.2
11	14 05 45.9	− 0 29 46	6.4	2 51.7	9	13 23 05.2	+ 3 56 32	6.1	22 12.7
12	14 05 34.5	− 0 24 26	6.4	2 47.6	10	13 22 26.5	+ 3 56 00	6.1	22 08.1
13	14 05 21.2	− 0 18 59	6.4	2 43.4	11	13 21 49.3	+ 3 55 13	6.1	22 03.6
14	14 05 06.1	− 0 13 26	6.3	2 39.2	12	13 21 13.5	+ 3 54 12	6.2	21 59.1
15	14 04 49.1	− 0 07 46	6.3	2 35.0	13	13 20 39.4	+ 3 52 56	6.2	21 54.6
16	14 04 30.3	− 0 02 02	6.3	2 30.8	14	13 20 06.8	+ 3 51 25	6.2	21 50.2
17	14 04 09.7	+ 0 03 48	6.3	2 26.5	15	13 19 35.8	+ 3 49 40	6.2	21 45.7
18	14 03 47.2	+ 0 09 43	6.2	2 22.2	16	13 19 06.4	+ 3 47 41	6.2	21 41.3
19	14 03 23.0	+ 0 15 43	6.2	2 17.9	17	13 18 38.6	+ 3 45 27	6.3	21 37.0
20	14 02 57.1	+ 0 21 47	6.2	2 13.5	18	13 18 12.6	+ 3 42 59	6.3	21 32.6
21	14 02 29.3	+ 0 27 55	6.2	2 09.1	19	13 17 48.2	+ 3 40 18	6.3	21 28.3
22	14 01 59.9	+ 0 34 06	6.1	2 04.7	20	13 17 25.5	+ 3 37 22	6.3	21 24.0
23	14 01 28.7	+ 0 40 20	6.1	2 00.2	21	13 17 04.6	+ 3 34 14	6.3	21 19.8
24	14 00 55.9	+ 0 46 37	6.1	1 55.7	22	13 16 45.3	+ 3 30 51	6.4	21 15.6
25	14 00 21.4	+ 0 52 56	6.1	1 51.2	23	13 16 27.8	+ 3 27 16	6.4	21 11.4
26	13 59 45.4	+ 0 59 16	6.1	1 46.7	24	13 16 12.1	+ 3 23 27	6.4	21 07.2
27	13 59 07.7	+ 1 05 38	6.0	1 42.2	25	13 15 58.2	+ 3 19 25	6.4	21 03.1
28	13 58 28.6	+ 1 12 00	6.0	1 37.6	26	13 15 46.0	+ 3 15 11	6.4	20 59.0
29	13 57 47.9	+ 1 18 22	6.0	1 33.0	27	13 15 35.6	+ 3 10 44	6.5	20 54.9
30	13 57 05.9	+ 1 24 44	6.0	1 28.3	28	13 15 27.0	+ 3 06 05	6.5	20 50.8
31	13 56 22.4	+ 1 31 05	5.9	1 23.7	29	13 15 20.2	+ 3 01 14	6.5	20 46.8
Apr. 1	13 55 37.7	+ 1 37 24	5.9	1 19.0	30	13 15 15.2	+ 2 56 11	6.5	20 42.8
2	13 54 51.7	+ 1 43 41	5.9	1 14.3	31	13 15 12.0	+ 2 50 56	6.5	20 38.9
3	13 54 04.5	+ 1 49 56	5.9	1 09.6	June 1	13 15 10.5	+ 2 45 30	6.5	20 34.9
4	13 53 16.2	+ 1 56 07	5.9	1 04.9	2	13 15 10.8	+ 2 39 53	6.6	20 31.0
5	13 52 26.9	+ 2 02 14	5.8	1 00.1	3	13 15 12.9	+ 2 34 05	6.6	20 27.2
6	13 51 36.6	+ 2 08 17	5.8	0 55.4	4	13 15 16.8	+ 2 28 06	6.6	20 23.3
7	13 50 45.4	+ 2 14 15	5.8	0 50.6	5	13 15 22.4	+ 2 21 56	6.6	20 19.5
8	13 49 53.3	+ 2 20 08	5.8	0 45.8	6	13 15 29.8	+ 2 15 37	6.6	20 15.7
9	13 49 00.5	+ 2 25 54	5.8	0 41.0	7	13 15 38.8	+ 2 09 07	6.7	20 12.0
10	13 48 07.0	+ 2 31 34	5.8	0 36.2	8	13 15 49.6	+ 2 02 28	6.7	20 08.2
11	13 47 12.9	+ 2 37 07	5.8	0 31.3	9	13 16 02.1	+ 1 55 39	6.7	20 04.5
12	13 46 18.2	+ 2 42 32	5.8	0 26.5	10	13 16 16.2	+ 1 48 41	6.7	20 00.9
Apr. 13	13 45 23.2	+ 2 47 49	5.8	0 21.6	June 11	13 16 32.0	+ 1 41 34	6.7	19 57.2

Second transit for Vesta 2014 April 17ᵈ 23ʰ 57ᵐ4

HEBE, 2014
GEOCENTRIC POSITIONS FOR 0ʰ TERRESTRIAL TIME

Date	Astrometric R.A. (h m s)	Dec. (° ′ ″)	Vis. Mag.	Ephemeris Transit (h m)	Date	Astrometric R.A. (h m s)	Dec. (° ′ ″)	Vis. Mag.	Ephemeris Transit (h m)
2014 Sept. 17	4 00 13·5	− 0 56 37	8·8	4 17·0	2014 Nov. 15	3 51 11·8	− 8 52 40	8·1	0 15·9
18	4 01 03·0	− 1 05 28	8·8	4 13·9	16	3 50 16·2	− 8 54 02	8·1	0 11·0
19	4 01 50·6	− 1 14 26	8·8	4 10·8	17	3 49 20·3	− 8 54 59	8·1	0 06·2
20	4 02 36·4	− 1 23 32	8·8	4 07·6	18	3 48 24·2	− 8 55 32	8·1	0 01·3
21	4 03 20·2	− 1 32 44	8·8	4 04·4	19	3 47 28·1	− 8 55 40	8·1	23 51·6
22	4 04 02·0	− 1 42 04	8·7	4 01·1	20	3 46 32·0	− 8 55 24	8·1	23 46·7
23	4 04 41·9	− 1 51 29	8·7	3 57·8	21	3 45 36·1	− 8 54 43	8·1	23 41·9
24	4 05 19·8	− 2 01 00	8·7	3 54·5	22	3 44 40·4	− 8 53 36	8·1	23 37·0
25	4 05 55·6	− 2 10 36	8·7	3 51·2	23	3 43 45·1	− 8 52 05	8·1	23 32·2
26	4 06 29·4	− 2 20 18	8·7	3 47·8	24	3 42 50·2	− 8 50 10	8·1	23 27·3
27	4 07 01·1	− 2 30 05	8·7	3 44·4	25	3 41 55·8	− 8 47 49	8·1	23 22·5
28	4 07 30·7	− 2 39 55	8·6	3 41·0	26	3 41 02·1	− 8 45 04	8·1	23 17·7
29	4 07 58·3	− 2 49 50	8·6	3 37·5	27	3 40 09·1	− 8 41 55	8·2	23 12·9
30	4 08 23·6	− 2 59 48	8·6	3 34·0	28	3 39 16·8	− 8 38 22	8·2	23 08·1
Oct. 1	4 08 46·9	− 3 09 49	8·6	3 30·4	29	3 38 25·5	− 8 34 25	8·2	23 03·4
2	4 09 08·0	− 3 19 53	8·6	3 26·8	30	3 37 35·2	− 8 30 05	8·2	22 58·6
3	4 09 26·9	− 3 29 59	8·6	3 23·2	Dec. 1	3 36 45·9	− 8 25 21	8·2	22 53·9
4	4 09 43·7	− 3 40 06	8·5	3 19·5	2	3 35 57·7	− 8 20 15	8·2	22 49·2
5	4 09 58·3	− 3 50 15	8·5	3 15·8	3	3 35 10·7	− 8 14 46	8·3	22 44·5
6	4 10 10·6	− 4 00 24	8·5	3 12·1	4	3 34 24·9	− 8 08 56	8·3	22 39·8
7	4 10 20·8	− 4 10 33	8·5	3 08·3	5	3 33 40·5	− 8 02 44	8·3	22 35·2
8	4 10 28·8	− 4 20 42	8·5	3 04·5	6	3 32 57·4	− 7 56 11	8·3	22 30·5
9	4 10 34·5	− 4 30 49	8·5	3 00·7	7	3 32 15·7	− 7 49 18	8·3	22 25·9
10	4 10 38·1	− 4 40 56	8·4	2 56·8	8	3 31 35·5	− 7 42 05	8·4	22 21·4
Oct. 11	4 10 39·4	− 4 51 00	8·4	2 52·9	9	3 30 56·8	− 7 34 32	8·4	22 16·8
12	4 10 38·4	− 5 01 01	8·4	2 49·0	10	3 30 19·7	− 7 26 40	8·4	22 12·3
13	4 10 35·3	− 5 10 59	8·4	2 45·0	11	3 29 44·2	− 7 18 30	8·4	22 07·8
14	4 10 29·9	− 5 20 54	8·4	2 40·9	12	3 29 10·3	− 7 10 01	8·4	22 03·3
15	4 10 22·2	− 5 30 43	8·3	2 36·9	13	3 28 38·1	− 7 01 15	8·5	21 58·9
16	4 10 12·4	− 5 40 27	8·3	2 32·8	14	3 28 07·6	− 6 52 13	8·5	21 54·5
17	4 10 00·3	− 5 50 06	8·3	2 28·6	15	3 27 38·9	− 6 42 53	8·5	21 50·1
18	4 09 46·0	− 5 59 37	8·3	2 24·5	16	3 27 12·0	− 6 33 18	8·5	21 45·8
19	4 09 29·6	− 6 09 01	8·3	2 20·3	17	3 26 46·9	− 6 23 28	8·6	21 41·4
20	4 09 11·0	− 6 18 17	8·3	2 16·0	18	3 26 23·6	− 6 13 22	8·6	21 37·2
21	4 08 50·3	− 6 27 24	8·3	2 11·7	19	3 26 02·2	− 6 03 03	8·6	21 32·9
22	4 08 27·4	− 6 36 22	8·2	2 07·4	20	3 25 42·6	− 5 52 30	8·6	21 28·7
23	4 08 02·5	− 6 45 09	8·2	2 03·1	21	3 25 25·0	− 5 41 43	8·6	21 24·5
24	4 07 35·6	− 6 53 45	8·2	1 58·7	22	3 25 09·3	− 5 30 44	8·7	21 20·3
25	4 07 06·7	− 7 02 08	8·2	1 54·3	23	3 24 55·5	− 5 19 33	8·7	21 16·2
26	4 06 35·9	− 7 10 20	8·2	1 49·8	24	3 24 43·6	− 5 08 11	8·7	21 12·1
27	4 06 03·1	− 7 18 17	8·2	1 45·4	25	3 24 33·7	− 4 56 37	8·7	21 08·0
28	4 05 28·6	− 7 26 01	8·2	1 40·8	26	3 24 25·8	− 4 44 54	8·8	21 04·0
29	4 04 52·3	− 7 33 30	8·1	1 36·3	27	3 24 19·8	− 4 33 00	8·8	21 00·0
30	4 04 14·2	− 7 40 43	8·1	1 31·7	28	3 24 15·7	− 4 20 57	8·8	20 56·0
31	4 03 34·5	− 7 47 39	8·1	1 27·2	Dec. 29	3 24 13·6	− 4 08 46	8·8	20 52·1
Nov. 1	4 02 53·3	− 7 54 19	8·1	1 22·5	30	3 24 13·5	− 3 56 26	8·9	20 48·2
2	4 02 10·5	− 8 00 41	8·1	1 17·9	31	3 24 15·2	− 3 43 58	8·9	20 44·3
3	4 01 26·3	− 8 06 45	8·1	1 13·2	2015 Jan. 1	3 24 18·9	− 3 31 23	8·9	20 40·4
4	4 00 40·8	− 8 12 30	8·1	1 08·5	2	3 24 24·5	− 3 18 42	8·9	20 36·6
5	3 59 53·9	− 8 17 56	8·1	1 03·8	3	3 24 31·9	− 3 05 54	9·0	20 32·9
6	3 59 05·8	− 8 23 02	8·1	0 59·1	4	3 24 41·2	− 2 53 00	9·0	20 29·1
7	3 58 16·6	− 8 27 48	8·1	0 54·4	5	3 24 52·4	− 2 40 01	9·0	20 25·4
8	3 57 26·3	− 8 32 12	8·1	0 49·6	6	3 25 05·4	− 2 26 57	9·0	20 21·7
9	3 56 35·1	− 8 36 15	8·1	0 44·8	7	3 25 20·2	− 2 13 48	9·0	20 18·0
10	3 55 42·9	− 8 39 57	8·1	0 40·0	8	3 25 36·9	− 2 00 35	9·1	20 14·4
11	3 54 50·0	− 8 43 15	8·1	0 35·2	9	3 25 55·3	− 1 47 18	9·1	20 10·8
12	3 53 56·3	− 8 46 12	8·0	0 30·4	10	3 26 15·5	− 1 33 57	9·1	20 07·2
13	3 53 02·0	− 8 48 45	8·0	0 25·6	11	3 26 37·4	− 1 20 34	9·1	20 03·7
14	3 52 07·1	− 8 50 54	8·0	0 20·7	12	3 27 01·1	− 1 07 07	9·2	20 00·2
Nov. 15	3 51 11·8	− 8 52 40	8·1	0 15·9	Jan. 13	3 27 26·4	− 0 53 38	9·2	19 56·7

Second transit for Hebe 2014 November 18ᵈ 23ʰ 56ᵐ4

GEOCENTRIC POSITIONS FOR 0ʰ TERRESTRIAL TIME

Date	Astrometric R.A.	Dec.	Vis. Mag.	Ephemeris Transit	Date	Astrometric R.A.	Dec.	Vis. Mag.	Ephemeris Transit
	h m s	° ′ ″		h m		h m s	° ′ ″		h m
2014 Mar. 17	16 01 46·0	−17 18 38	10·9	4 23·9	2014 May 15	15 31 15·3	−16 42 34	9·6	0 01·5
18	16 02 00·8	−17 19 37	10·9	4 20·3	16	15 30 13·1	−16 40 52	9·6	23 51·6
19	16 02 13·9	−17 20 33	10·9	4 16·5	17	15 29 10·8	−16 39 10	9·6	23 46·6
20	16 02 25·4	−17 21 25	10·9	4 12·8	18	15 28 08·7	−16 37 29	9·7	23 41·7
21	16 02 35·3	−17 22 14	10·8	4 09·0	19	15 27 06·8	−16 35 48	9·7	23 36·7
22	16 02 43·5	−17 22 59	10·8	4 05·2	20	15 26 05·1	−16 34 08	9·7	23 31·8
23	16 02 50·0	−17 23 39	10·8	4 01·4	21	15 25 03·7	−16 32 29	9·8	23 26·8
24	16 02 54·8	−17 24 17	10·8	3 57·5	22	15 24 02·7	−16 30 52	9·8	23 21·9
25	16 02 57·9	−17 24 50	10·8	3 53·7	23	15 23 02·1	−16 29 15	9·8	23 17·0
Mar. 26	16 02 59·3	−17 25 20	10·8	3 49·7	24	15 22 02·0	−16 27 41	9·9	23 12·0
27	16 02 59·0	−17 25 46	10·7	3 45·8	25	15 21 02·5	−16 26 08	9·9	23 07·1
28	16 02 56·9	−17 26 08	10·7	3 41·8	26	15 20 03·7	−16 24 37	9·9	23 02·2
29	16 02 53·1	−17 26 27	10·7	3 37·8	27	15 19 05·5	−16 23 09	9·9	22 57·3
30	16 02 47·5	−17 26 42	10·7	3 33·8	28	15 18 08·1	−16 21 43	10·0	22 52·5
31	16 02 40·2	−17 26 54	10·7	3 29·7	29	15 17 11·5	−16 20 19	10·0	22 47·6
Apr. 1	16 02 31·1	−17 27 02	10·6	3 25·7	30	15 16 15·9	−16 18 59	10·0	22 42·8
2	16 02 20·2	−17 27 06	10·6	3 21·5	31	15 15 21·1	−16 17 41	10·0	22 38·0
3	16 02 07·6	−17 27 07	10·6	3 17·4	June 1	15 14 27·4	−16 16 27	10·1	22 33·2
4	16 01 53·2	−17 27 04	10·6	3 13·2	2	15 13 34·7	−16 15 16	10·1	22 28·4
5	16 01 37·0	−17 26 58	10·6	3 09·0	3	15 12 43·1	−16 14 09	10·1	22 23·6
6	16 01 19·1	−17 26 48	10·5	3 04·8	4	15 11 52·7	−16 13 06	10·1	22 18·8
7	16 00 59·5	−17 26 35	10·5	3 00·5	5	15 11 03·5	−16 12 06	10·2	22 14·1
8	16 00 38·1	−17 26 18	10·5	2 56·2	6	15 10 15·5	−16 11 11	10·2	22 09·4
9	16 00 15·1	−17 25 58	10·5	2 51·9	7	15 09 28·7	−16 10 20	10·2	22 04·7
10	15 59 50·3	−17 25 34	10·5	2 47·6	8	15 08 43·3	−16 09 33	10·2	22 00·1
11	15 59 23·8	−17 25 07	10·4	2 43·2	9	15 07 59·2	−16 08 51	10·3	21 55·4
12	15 58 55·6	−17 24 36	10·4	2 38·8	10	15 07 16·5	−16 08 13	10·3	21 50·8
13	15 58 25·8	−17 24 03	10·4	2 34·4	11	15 06 35·1	−16 07 41	10·3	21 46·2
14	15 57 54·3	−17 23 26	10·4	2 29·9	12	15 05 55·2	−16 07 13	10·3	21 41·6
15	15 57 21·2	−17 22 45	10·4	2 25·4	13	15 05 16·8	−16 06 50	10·3	21 37·1
16	15 56 46·5	−17 22 02	10·3	2 20·9	14	15 04 39·8	−16 06 32	10·4	21 32·6
17	15 56 10·2	−17 21 15	10·3	2 16·4	15	15 04 04·3	−16 06 20	10·4	21 28·1
18	15 55 32·4	−17 20 25	10·3	2 11·8	16	15 03 30·3	−16 06 12	10·4	21 23·6
19	15 54 53·0	−17 19 32	10·3	2 07·2	17	15 02 57·8	−16 06 10	10·4	21 19·1
20	15 54 12·1	−17 18 36	10·2	2 02·6	18	15 02 26·9	−16 06 14	10·5	21 14·7
21	15 53 29·7	−17 17 37	10·2	1 58·0	19	15 01 57·5	−16 06 23	10·5	21 10·3
22	15 52 45·9	−17 16 35	10·2	1 53·3	20	15 01 29·7	−16 06 37	10·5	21 06·0
23	15 52 00·7	−17 15 30	10·2	1 48·7	21	15 01 03·5	−16 06 57	10·5	21 01·6
24	15 51 14·1	−17 14 22	10·2	1 43·9	22	15 00 38·9	−16 07 23	10·5	20 57·3
25	15 50 26·2	−17 13 11	10·1	1 39·2	23	15 00 15·9	−16 07 54	10·6	20 53·0
26	15 49 37·0	−17 11 57	10·1	1 34·5	24	14 59 54·5	−16 08 32	10·6	20 48·7
27	15 48 46·6	−17 10 41	10·1	1 29·7	25	14 59 34·7	−16 09 15	10·6	20 44·5
28	15 47 55·0	−17 09 23	10·1	1 24·9	26	14 59 16·6	−16 10 03	10·6	20 40·3
29	15 47 02·3	−17 08 01	10·0	1 20·1	27	14 59 00·1	−16 10 58	10·6	20 36·1
30	15 46 08·4	−17 06 38	10·0	1 15·3	28	14 58 45·2	−16 11 58	10·7	20 32·0
May 1	15 45 13·6	−17 05 12	10·0	1 10·4	29	14 58 32·0	−16 13 04	10·7	20 27·8
2	15 44 17·8	−17 03 44	10·0	1 05·6	30	14 58 20·4	−16 14 16	10·7	20 23·7
3	15 43 21·2	−17 02 15	9·9	1 00·7	July 1	14 58 10·5	−16 15 34	10·7	20 19·7
4	15 42 23·7	−17 00 43	9·9	0 55·8	2	14 58 02·1	−16 16 58	10·7	20 15·6
5	15 41 25·4	−16 59 09	9·9	0 50·9	3	14 57 55·4	−16 18 27	10·8	20 11·6
6	15 40 26·4	−16 57 34	9·9	0 46·0	4	14 57 50·4	−16 20 02	10·8	20 07·6
7	15 39 26·8	−16 55 58	9·8	0 41·1	5	14 57 46·9	−16 21 43	10·8	20 03·6
8	15 38 26·7	−16 54 20	9·8	0 36·2	July 6	14 57 45·0	−16 23 29	10·8	19 59·7
9	15 37 26·0	−16 52 41	9·8	0 31·2	7	14 57 44·7	−16 25 21	10·8	19 55·8
10	15 36 24·9	−16 51 02	9·8	0 26·3	8	14 57 46·0	−16 27 19	10·9	19 51·9
11	15 35 23·4	−16 49 21	9·7	0 21·3	9	14 57 48·8	−16 29 22	10·9	19 48·0
12	15 34 21·7	−16 47 40	9·7	0 16·4	10	14 57 53·2	−16 31 30	10·9	19 44·2
13	15 33 19·7	−16 45 58	9·7	0 11·4	11	14 57 59·2	−16 33 44	10·9	19 40·4
14	15 32 17·6	−16 44 16	9·6	0 06·5	12	14 58 06·6	−16 36 04	10·9	19 36·6
May 15	15 31 15·3	−16 42 34	9·6	0 01·5	July 13	14 58 15·6	−16 38 28	11·0	19 32·8

Second transit for Metis 2014 May 15ᵈ 23ʰ 56ᵐ5

HYGIEA, 2014
GEOCENTRIC POSITIONS FOR 0ʰ TERRESTRIAL TIME

Date	Astrometric R.A.	Astrometric Dec.	Vis. Mag.	Ephemeris Transit	Date	Astrometric R.A.	Astrometric Dec.	Vis. Mag.	Ephemeris Transit
	h m s	° ′ ″		h m		h m s	° ′ ″		h m
2014 Nov. 1	7 07 26.5	+23 35 48	11.3	4 26.8	2014 Dec. 30	6 39 29.4	+23 34 25	10.1	0 07.0
2	7 07 34.3	+23 35 12	11.3	4 23.0	31	6 38 35.8	+23 34 24	10.0	0 02.2
3	7 07 40.8	+23 34 38	11.2	4 19.2	2015 Jan. 1	6 37 42.2	+23 34 21	10.1	23 52.5
4	7 07 46.0	+23 34 05	11.2	4 15.3	2	6 36 48.6	+23 34 17	10.1	23 47.7
5	7 07 49.9	+23 33 35	11.2	4 11.5	3	6 35 55.1	+23 34 11	10.1	23 42.9
6	7 07 52.4	+23 33 06	11.2	4 07.6	4	6 35 01.7	+23 34 04	10.2	23 38.1
Nov. 7	7 07 53.6	+23 32 38	11.2	4 03.7	5	6 34 08.5	+23 33 56	10.2	23 33.3
8	7 07 53.4	+23 32 13	11.2	3 59.7	6	6 33 15.6	+23 33 46	10.2	23 28.5
9	7 07 51.9	+23 31 49	11.2	3 55.8	7	6 32 22.9	+23 33 34	10.3	23 23.7
10	7 07 49.1	+23 31 27	11.1	3 51.8	8	6 31 30.6	+23 33 22	10.3	23 18.9
11	7 07 44.8	+23 31 06	11.1	3 47.8	9	6 30 38.7	+23 33 07	10.3	23 14.1
12	7 07 39.2	+23 30 48	11.1	3 43.7	10	6 29 47.2	+23 32 52	10.3	23 09.3
13	7 07 32.3	+23 30 31	11.1	3 39.7	11	6 28 56.2	+23 32 35	10.3	23 04.5
14	7 07 23.9	+23 30 16	11.1	3 35.6	12	6 28 05.8	+23 32 16	10.4	22 59.8
15	7 07 14.2	+23 30 02	11.1	3 31.5	13	6 27 16.0	+23 31 57	10.4	22 55.0
16	7 07 03.0	+23 29 50	11.0	3 27.4	14	6 26 26.8	+23 31 35	10.4	22 50.3
17	7 06 50.5	+23 29 40	11.0	3 23.3	15	6 25 38.2	+23 31 13	10.4	22 45.6
18	7 06 36.6	+23 29 32	11.0	3 19.1	16	6 24 50.5	+23 30 49	10.4	22 40.9
19	7 06 21.3	+23 29 25	11.0	3 14.9	17	6 24 03.4	+23 30 24	10.5	22 36.2
20	7 06 04.6	+23 29 20	11.0	3 10.7	18	6 23 17.3	+23 29 58	10.5	22 31.5
21	7 05 46.5	+23 29 16	10.9	3 06.5	19	6 22 31.9	+23 29 30	10.5	22 26.8
22	7 05 27.1	+23 29 13	10.9	3 02.2	20	6 21 47.5	+23 29 02	10.5	22 22.2
23	7 05 06.3	+23 29 13	10.9	2 57.9	21	6 21 04.1	+23 28 32	10.5	22 17.5
24	7 04 44.1	+23 29 13	10.9	2 53.6	22	6 20 21.6	+23 28 01	10.6	22 12.9
25	7 04 20.6	+23 29 15	10.9	2 49.3	23	6 19 40.1	+23 27 29	10.6	22 08.3
26	7 03 55.7	+23 29 18	10.9	2 45.0	24	6 18 59.8	+23 26 57	10.6	22 03.7
27	7 03 29.6	+23 29 22	10.8	2 40.6	25	6 18 20.5	+23 26 23	10.6	21 59.1
28	7 03 02.1	+23 29 27	10.8	2 36.2	26	6 17 42.3	+23 25 48	10.6	21 54.6
29	7 02 33.3	+23 29 34	10.8	2 31.8	27	6 17 05.3	+23 25 13	10.7	21 50.1
30	7 02 03.3	+23 29 41	10.8	2 27.4	28	6 16 29.5	+23 24 37	10.7	21 45.6
Dec. 1	7 01 32.0	+23 29 49	10.8	2 22.9	29	6 15 54.9	+23 24 00	10.7	21 41.1
2	7 00 59.5	+23 29 59	10.7	2 18.4	30	6 15 21.6	+23 23 23	10.7	21 36.6
3	7 00 25.7	+23 30 08	10.7	2 13.9	31	6 14 49.5	+23 22 45	10.7	21 32.2
4	6 59 50.8	+23 30 19	10.7	2 09.4	Feb. 1	6 14 18.6	+23 22 07	10.7	21 27.7
5	6 59 14.7	+23 30 30	10.7	2 04.9	2	6 13 49.1	+23 21 28	10.8	21 23.3
6	6 58 37.5	+23 30 42	10.7	2 00.4	3	6 13 20.8	+23 20 49	10.8	21 19.0
7	6 57 59.1	+23 30 54	10.6	1 55.8	4	6 12 53.9	+23 20 09	10.8	21 14.6
8	6 57 19.7	+23 31 07	10.6	1 51.2	5	6 12 28.4	+23 19 29	10.8	21 10.3
9	6 56 39.2	+23 31 19	10.6	1 46.6	6	6 12 04.1	+23 18 49	10.8	21 06.0
10	6 55 57.6	+23 31 32	10.6	1 42.0	7	6 11 41.3	+23 18 08	10.8	21 01.7
11	6 55 15.1	+23 31 46	10.6	1 37.3	8	6 11 19.8	+23 17 28	10.9	20 57.4
12	6 54 31.5	+23 31 59	10.5	1 32.7	9	6 10 59.7	+23 16 47	10.9	20 53.1
13	6 53 47.1	+23 32 12	10.5	1 28.0	10	6 10 41.0	+23 16 06	10.9	20 48.9
14	6 53 01.7	+23 32 25	10.5	1 23.3	11	6 10 23.7	+23 15 25	10.9	20 44.7
15	6 52 15.5	+23 32 38	10.5	1 18.6	12	6 10 07.8	+23 14 44	10.9	20 40.6
16	6 51 28.5	+23 32 50	10.5	1 13.9	13	6 09 53.3	+23 14 03	10.9	20 36.4
17	6 50 40.7	+23 33 02	10.4	1 09.2	14	6 09 40.2	+23 13 21	11.0	20 32.3
18	6 49 52.1	+23 33 14	10.4	1 04.5	15	6 09 28.5	+23 12 40	11.0	20 28.2
19	6 49 02.8	+23 33 25	10.4	0 59.7	16	6 09 18.4	+23 11 59	11.0	20 24.1
20	6 48 12.9	+23 33 35	10.4	0 55.0	17	6 09 09.6	+23 11 18	11.0	20 20.0
21	6 47 22.4	+23 33 44	10.3	0 50.2	18	6 09 02.3	+23 10 37	11.0	20 16.0
22	6 46 31.4	+23 33 53	10.3	0 45.4	19	6 08 56.3	+23 09 56	11.0	20 12.0
23	6 45 39.8	+23 34 01	10.3	0 40.6	20	6 08 51.8	+23 09 15	11.0	20 08.0
24	6 44 47.8	+23 34 08	10.3	0 35.8	21	6 08 48.8	+23 08 34	11.1	20 04.0
25	6 43 55.4	+23 34 14	10.2	0 31.0	Feb. 22	6 08 47.2	+23 07 54	11.1	20 00.1
26	6 43 02.7	+23 34 18	10.2	0 26.2	23	6 08 46.9	+23 07 13	11.1	19 56.2
27	6 42 09.7	+23 34 22	10.2	0 21.4	24	6 08 48.1	+23 06 32	11.1	19 52.3
28	6 41 16.4	+23 34 24	10.1	0 16.6	25	6 08 50.7	+23 05 52	11.1	19 48.4
29	6 40 23.0	+23 34 25	10.1	0 11.8	26	6 08 54.7	+23 05 12	11.1	19 44.6
Dec. 30	6 39 29.4	+23 34 25	10.1	0 07.0	Feb. 27	6 09 00.1	+23 04 32	11.1	19 40.7

Second transit for Hygiea 2014 December 31ᵈ 23ʰ 57ᵐ3

Date	Astrometric R.A.	Astrometric Dec.	Vis. Mag.	Ephemeris Transit	Date	Astrometric R.A.	Astrometric Dec.	Vis. Mag.	Ephemeris Transit
	h m s	° ′ ″		h m		h m s	° ′ ″		h m
2014 Apr. 2	16 59 07·2	−34 21 15	10·5	4 18·4	2014 May 31	16 25 41·4	−34 03 54	9·5	23 48·0
3	16 59 17·1	−34 23 38	10·5	4 14·6	June 1	16 24 38·3	−33 59 36	9·5	23 43·1
4	16 59 25·5	−34 25 57	10·5	4 10·8	2	16 23 35·3	−33 55 09	9·5	23 38·1
5	16 59 32·2	−34 28 14	10·5	4 07·0	3	16 22 32·5	−33 50 34	9·5	23 33·1
6	16 59 37·4	−34 30 28	10·5	4 03·1	4	16 21 29·9	−33 45 51	9·5	23 28·2
7	16 59 40·9	−34 32 38	10·4	3 59·2	5	16 20 27·7	−33 41 01	9·5	23 23·2
Apr. 8	16 59 42·8	−34 34 45	10·4	3 55·3	6	16 19 25·8	−33 36 03	9·5	23 18·3
9	16 59 43·0	−34 36 49	10·4	3 51·4	7	16 18 24·5	−33 30 57	9·5	23 13·3
10	16 59 41·6	−34 38 49	10·4	3 47·4	8	16 17 23·6	−33 25 45	9·5	23 08·4
11	16 59 38·6	−34 40 46	10·4	3 43·5	9	16 16 23·3	−33 20 26	9·5	23 03·5
12	16 59 33·9	−34 42 39	10·4	3 39·4	10	16 15 23·7	−33 15 01	9·5	22 58·6
13	16 59 27·5	−34 44 28	10·3	3 35·4	11	16 14 24·8	−33 09 30	9·6	22 53·7
14	16 59 19·4	−34 46 13	10·3	3 31·3	12	16 13 26·6	−33 03 53	9·6	22 48·8
15	16 59 09·7	−34 47 54	10·3	3 27·2	13	16 12 29·2	−32 58 11	9·6	22 43·9
16	16 58 58·3	−34 49 31	10·3	3 23·1	14	16 11 32·8	−32 52 24	9·6	22 39·0
17	16 58 45·1	−34 51 04	10·3	3 19·0	15	16 10 37·2	−32 46 32	9·6	22 34·2
18	16 58 30·3	−34 52 31	10·2	3 14·8	16	16 09 42·6	−32 40 35	9·6	22 29·4
19	16 58 13·8	−34 53 54	10·2	3 10·6	17	16 08 49·0	−32 34 34	9·6	22 24·6
20	16 57 55·7	−34 55 12	10·2	3 06·3	18	16 07 56·5	−32 28 30	9·6	22 19·8
21	16 57 35·8	−34 56 25	10·2	3 02·1	19	16 07 05·0	−32 22 22	9·7	22 15·0
22	16 57 14·2	−34 57 33	10·2	2 57·8	20	16 06 14·8	−32 16 11	9·7	22 10·3
23	16 56 50·9	−34 58 36	10·2	2 53·5	21	16 05 25·7	−32 09 57	9·7	22 05·6
24	16 56 26·0	−34 59 32	10·1	2 49·1	22	16 04 37·9	−32 03 41	9·7	22 00·8
25	16 55 59·4	−35 00 23	10·1	2 44·7	23	16 03 51·4	−31 57 23	9·7	21 56·2
26	16 55 31·1	−35 01 08	10·1	2 40·3	24	16 03 06·2	−31 51 03	9·7	21 51·5
27	16 55 01·1	−35 01 47	10·1	2 35·9	25	16 02 22·3	−31 44 42	9·8	21 46·9
28	16 54 29·6	−35 02 19	10·1	2 31·4	26	16 01 39·9	−31 38 20	9·8	21 42·3
29	16 53 56·4	−35 02 45	10·0	2 27·0	27	16 00 58·8	−31 31 57	9·8	21 37·7
30	16 53 21·6	−35 03 04	10·0	2 22·4	28	16 00 19·3	−31 25 34	9·8	21 33·1
May 1	16 52 45·3	−35 03 16	10·0	2 17·9	29	15 59 41·2	−31 19 11	9·8	21 28·6
2	16 52 07·4	−35 03 20	10·0	2 13·3	30	15 59 04·7	−31 12 48	9·8	21 24·0
3	16 51 28·0	−35 03 18	10·0	2 08·8	July 1	15 58 29·6	−31 06 26	9·9	21 19·5
4	16 50 47·1	−35 03 08	9·9	2 04·1	2	15 57 56·2	−31 00 05	9·9	21 15·1
5	16 50 04·7	−35 02 50	9·9	1 59·5	3	15 57 24·3	−30 53 46	9·9	21 10·6
6	16 49 21·0	−35 02 24	9·9	1 54·9	4	15 56 54·0	−30 47 28	9·9	21 06·2
7	16 48 35·9	−35 01 50	9·9	1 50·2	5	15 56 25·3	−30 41 12	9·9	21 01·8
8	16 47 49·4	−35 01 09	9·9	1 45·5	6	15 55 58·2	−30 34 58	9·9	20 57·5
9	16 47 01·6	−35 00 18	9·8	1 40·7	7	15 55 32·8	−30 28 46	9·9	20 53·2
10	16 46 12·6	−34 59 20	9·8	1 36·0	8	15 55 09·0	−30 22 38	10·0	20 48·9
11	16 45 22·3	−34 58 12	9·8	1 31·2	9	15 54 46·8	−30 16 32	10·0	20 44·6
12	16 44 30·9	−34 56 56	9·8	1 26·5	10	15 54 26·3	−30 10 29	10·0	20 40·3
13	16 43 38·4	−34 55 32	9·8	1 21·6	11	15 54 07·4	−30 04 30	10·0	20 36·1
14	16 42 44·7	−34 53 58	9·7	1 16·8	12	15 53 50·2	−29 58 34	10·0	20 31·9
15	16 41 50·1	−34 52 15	9·7	1 12·0	13	15 53 34·6	−29 52 43	10·0	20 27·7
16	16 40 54·4	−34 50 24	9·7	1 07·1	14	15 53 20·6	−29 46 55	10·1	20 23·6
17	16 39 57·9	−34 48 23	9·7	1 02·3	15	15 53 08·3	−29 41 11	10·1	20 19·5
18	16 39 00·4	−34 46 12	9·7	0 57·4	16	15 52 57·7	−29 35 32	10·1	20 15·4
19	16 38 02·1	−34 43 53	9·7	0 52·5	17	15 52 48·6	−29 29 56	10·1	20 11·3
20	16 37 03·1	−34 41 24	9·6	0 47·6	18	15 52 41·2	−29 24 26	10·1	20 07·3
21	16 36 03·4	−34 38 46	9·6	0 42·6	19	15 52 35·4	−29 19 00	10·1	20 03·3
22	16 35 03·0	−34 35 58	9·6	0 37·7	20	15 52 31·3	−29 13 39	10·1	19 59·3
23	16 34 02·0	−34 33 02	9·6	0 32·8	21	15 52 28·8	−29 08 23	10·2	19 55·4
24	16 33 00·5	−34 29 55	9·6	0 27·8	July 22	15 52 27·8	−29 03 12	10·2	19 51·4
25	16 31 58·6	−34 26 40	9·6	0 22·9	23	15 52 28·6	−28 58 06	10·2	19 47·6
26	16 30 56·3	−34 23 15	9·5	0 17·9	24	15 52 30·9	−28 53 06	10·2	19 43·7
27	16 29 53·6	−34 19 41	9·5	0 12·9	25	15 52 34·8	−28 48 11	10·2	19 39·8
28	16 28 50·8	−34 15 57	9·5	0 08·0	26	15 52 40·3	−28 43 21	10·2	19 36·0
29	16 27 47·7	−34 12 05	9·5	0 03·0	27	15 52 47·3	−28 38 36	10·2	19 32·2
30	16 26 44·6	−34 08 04	9·5	23 53·0	28	15 52 56·0	−28 33 57	10·3	19 28·4
May 31	16 25 41·4	−34 03 54	9·5	23 48·0	July 29	15 53 06·2	−28 29 24	10·3	19 24·7

Second transit for Eunomia 2014 May 29ᵈ 23ʰ 58ᵐ0

PSYCHE, 2014
GEOCENTRIC POSITIONS FOR 0ʰ TERRESTRIAL TIME

Date	R.A.	Dec.	Vis. Mag.	Ephemeris Transit	Date	R.A.	Dec.	Vis. Mag.	Ephemeris Transit
	h m s	° ′ ″		h m		h m s	° ′ ″		h m
2014 June 9	21 27 25·4	−12 56 53	10·7	4 18·4	2014 Aug. 7	21 05 47·4	−15 12 32	9·3	0 04·8
10	21 27 40·8	−12 55 49	10·7	4 14·7	8	21 04 58·7	−15 17 15	9·3	0 00·1
11	21 27 54·8	−12 54 51	10·7	4 11·0	9	21 04 10·0	−15 21 57	9·3	23 50·6
12	21 28 07·5	−12 54 01	10·6	4 07·3	10	21 03 21·3	−15 26 40	9·4	23 45·9
13	21 28 18·9	−12 53 17	10·6	4 03·6	11	21 02 32·8	−15 31 23	9·4	23 41·2
14	21 28 28·9	−12 52 41	10·6	3 59·8	12	21 01 44·3	−15 36 04	9·4	23 36·4
15	21 28 37·6	−12 52 11	10·6	3 56·0	13	21 00 56·1	−15 40 45	9·4	23 31·7
16	21 28 44·9	−12 51 49	10·6	3 52·2	14	21 00 08·1	−15 45 25	9·5	23 27·0
17	21 28 50·9	−12 51 35	10·5	3 48·3	15	20 59 20·5	−15 50 03	9·5	23 22·3
18	21 28 55·5	−12 51 27	10·5	3 44·5	16	20 58 33·2	−15 54 39	9·5	23 17·6
19	21 28 58·7	−12 51 27	10·5	3 40·6	17	20 57 46·4	−15 59 13	9·5	23 12·9
June 20	21 29 00·5	−12 51 35	10·5	3 36·7	18	20 57 00·0	−16 03 45	9·6	23 08·2
21	21 29 00·9	−12 51 50	10·5	3 32·8	19	20 56 14·2	−16 08 15	9·6	23 03·5
22	21 28 59·9	−12 52 13	10·4	3 28·8	20	20 55 29·0	−16 12 42	9·6	22 58·8
23	21 28 57·5	−12 52 44	10·4	3 24·8	21	20 54 44·5	−16 17 05	9·6	22 54·2
24	21 28 53·6	−12 53 22	10·4	3 20·8	22	20 54 00·7	−16 21 25	9·7	22 49·5
25	21 28 48·4	−12 54 08	10·4	3 16·8	23	20 53 17·7	−16 25 42	9·7	22 44·9
26	21 28 41·7	−12 55 02	10·4	3 12·8	24	20 52 35·5	−16 29 55	9·7	22 40·3
27	21 28 33·5	−12 56 04	10·3	3 08·7	25	20 51 54·2	−16 34 04	9·7	22 35·7
28	21 28 24·0	−12 57 14	10·3	3 04·6	26	20 51 13·8	−16 38 09	9·7	22 31·1
29	21 28 13·0	−12 58 31	10·3	3 00·5	27	20 50 34·5	−16 42 09	9·8	22 26·5
30	21 28 00·6	−12 59 56	10·3	2 56·4	28	20 49 56·1	−16 46 05	9·8	22 22·0
July 1	21 27 46·9	−13 01 29	10·2	2 52·2	29	20 49 18·9	−16 49 56	9·8	22 17·4
2	21 27 31·7	−13 03 09	10·2	2 48·0	30	20 48 42·7	−16 53 42	9·8	22 12·9
3	21 27 15·1	−13 04 58	10·2	2 43·8	31	20 48 07·8	−16 57 22	9·8	22 08·4
4	21 26 57·1	−13 06 53	10·2	2 39·6	Sept. 1	20 47 34·0	−17 00 58	9·9	22 04·0
5	21 26 37·8	−13 08 57	10·2	2 35·3	2	20 47 01·5	−17 04 28	9·9	21 59·5
6	21 26 17·1	−13 11 08	10·1	2 31·0	3	20 46 30·3	−17 07 53	9·9	21 55·1
7	21 25 55·1	−13 13 26	10·1	2 26·7	4	20 46 00·4	−17 11 12	9·9	21 50·7
8	21 25 31·7	−13 15 51	10·1	2 22·4	5	20 45 31·8	−17 14 25	9·9	21 46·3
9	21 25 07·0	−13 18 24	10·1	2 18·1	6	20 45 04·7	−17 17 33	10·0	21 41·9
10	21 24 41·1	−13 21 04	10·0	2 13·7	7	20 44 38·9	−17 20 34	10·0	21 37·6
11	21 24 13·8	−13 23 51	10·0	2 09·3	8	20 44 14·5	−17 23 30	10·0	21 33·3
12	21 23 45·3	−13 26 45	10·0	2 04·9	9	20 43 51·5	−17 26 19	10·0	21 29·0
13	21 23 15·6	−13 29 46	10·0	2 00·5	10	20 43 30·1	−17 29 03	10·0	21 24·7
14	21 22 44·7	−13 32 53	9·9	1 56·1	11	20 43 10·1	−17 31 40	10·1	21 20·5
15	21 22 12·5	−13 36 07	9·9	1 51·6	12	20 42 51·5	−17 34 10	10·1	21 16·3
16	21 21 39·2	−13 39 27	9·9	1 47·1	13	20 42 34·5	−17 36 35	10·1	21 12·1
17	21 21 04·8	−13 42 54	9·9	1 42·6	14	20 42 19·1	−17 38 53	10·1	21 07·9
18	21 20 29·2	−13 46 26	9·9	1 38·1	15	20 42 05·1	−17 41 05	10·1	21 03·8
19	21 19 52·6	−13 50 05	9·8	1 33·5	16	20 41 52·7	−17 43 10	10·1	20 59·7
20	21 19 14·9	−13 53 49	9·8	1 29·0	17	20 41 41·9	−17 45 09	10·2	20 55·6
21	21 18 36·2	−13 57 39	9·8	1 24·4	18	20 41 32·7	−17 47 01	10·2	20 51·5
22	21 17 56·5	−14 01 34	9·8	1 19·8	19	20 41 25·0	−17 48 46	10·2	20 47·5
23	21 17 15·8	−14 05 34	9·7	1 15·2	20	20 41 18·9	−17 50 25	10·2	20 43·5
24	21 16 34·3	−14 09 38	9·7	1 10·6	21	20 41 14·5	−17 51 57	10·2	20 39·5
25	21 15 52·0	−14 13 48	9·7	1 06·0	22	20 41 11·6	−17 53 23	10·3	20 35·5
26	21 15 08·8	−14 18 01	9·7	1 01·3	Sept. 23	20 41 10·4	−17 54 41	10·3	20 31·6
27	21 14 24·9	−14 22 19	9·6	0 56·7	24	20 41 10·7	−17 55 53	10·3	20 27·7
28	21 13 40·2	−14 26 40	9·6	0 52·0	25	20 41 12·7	−17 56 59	10·3	20 23·8
29	21 12 55·0	−14 31 04	9·6	0 47·3	26	20 41 16·3	−17 57 57	10·3	20 20·0
30	21 12 09·1	−14 35 32	9·5	0 42·6	27	20 41 21·5	−17 58 49	10·3	20 16·1
31	21 11 22·7	−14 40 03	9·5	0 37·9	28	20 41 28·3	−17 59 34	10·4	20 12·3
Aug. 1	21 10 35·8	−14 44 36	9·5	0 33·2	29	20 41 36·7	−18 00 12	10·4	20 08·6
2	21 09 48·4	−14 49 11	9·5	0 28·5	30	20 41 46·6	−18 00 44	10·4	20 04·8
3	21 09 00·7	−14 53 49	9·4	0 23·8	Oct. 1	20 41 58·2	−18 01 09	10·4	20 01·1
4	21 08 12·7	−14 58 28	9·4	0 19·0	2	20 42 11·4	−18 01 27	10·4	19 57·4
5	21 07 24·5	−15 03 08	9·4	0 14·3	3	20 42 26·1	−18 01 39	10·4	19 53·7
6	21 06 36·0	−15 07 50	9·3	0 09·6	4	20 42 42·3	−18 01 44	10·5	19 50·1
Aug. 7	21 05 47·4	−15 12 32	9·3	0 04·8	Oct. 5	20 43 00·1	−18 01 42	10·5	19 46·5

Second transit for Psyche 2014 August 8ᵈ 23ʰ 55ᵐ·4

GEOCENTRIC POSITIONS FOR 0^h TERRESTRIAL TIME

Date	Astrometric R.A. (h m s)	Dec. (° ′ ″)	Vis. Mag.	Ephemeris Transit (h m)	Date	Astrometric R.A. (h m s)	Dec. (° ′ ″)	Vis. Mag.	Ephemeris Transit (h m)
2014 Sept. 7	3 14 35·7	+ 8 32 03	11·5	4 10·8	2014 Nov. 5	2 53 32·8	+ 4 52 03	10·5	23 53·0
8	3 14 50·6	+ 8 29 56	11·5	4 07·1	6	2 52 44·8	+ 4 48 31	10·5	23 48·3
9	3 15 04·3	+ 8 27 43	11·5	4 03·4	7	2 51 56·8	+ 4 45 05	10·5	23 43·6
10	3 15 16·7	+ 8 25 25	11·5	3 59·6	8	2 51 08·7	+ 4 41 45	10·5	23 38·9
11	3 15 27·9	+ 8 23 02	11·5	3 55·9	9	2 50 20·6	+ 4 38 31	10·5	23 34·1
12	3 15 37·7	+ 8 20 33	11·4	3 52·1	10	2 49 32·6	+ 4 35 22	10·5	23 29·4
13	3 15 46·3	+ 8 17 59	11·4	3 48·3	11	2 48 44·7	+ 4 32 21	10·5	23 24·7
14	3 15 53·5	+ 8 15 20	11·4	3 44·5	12	2 47 56·9	+ 4 29 26	10·5	23 20·0
15	3 15 59·4	+ 8 12 35	11·4	3 40·7	13	2 47 09·4	+ 4 26 37	10·5	23 15·2
16	3 16 04·0	+ 8 09 46	11·4	3 36·8	14	2 46 22·2	+ 4 23 56	10·5	23 10·5
17	3 16 07·2	+ 8 06 51	11·4	3 32·9	15	2 45 35·2	+ 4 21 22	10·6	23 05·8
Sept. 18	3 16 09·0	+ 8 03 52	11·3	3 29·0	16	2 44 48·7	+ 4 18 55	10·6	23 01·1
19	3 16 09·5	+ 8 00 48	11·3	3 25·1	17	2 44 02·5	+ 4 16 37	10·6	22 56·4
20	3 16 08·6	+ 7 57 39	11·3	3 21·2	18	2 43 16·9	+ 4 14 26	10·6	22 51·8
21	3 16 06·4	+ 7 54 25	11·3	3 17·2	19	2 42 31·8	+ 4 12 22	10·6	22 47·1
22	3 16 02·7	+ 7 51 06	11·3	3 13·2	20	2 41 47·3	+ 4 10 27	10·6	22 42·4
23	3 15 57·7	+ 7 47 43	11·2	3 09·2	21	2 41 03·4	+ 4 08 41	10·7	22 37·8
24	3 15 51·3	+ 7 44 16	11·2	3 05·1	22	2 40 20·2	+ 4 07 03	10·7	22 33·2
25	3 15 43·5	+ 7 40 45	11·2	3 01·1	23	2 39 37·7	+ 4 05 33	10·7	22 28·5
26	3 15 34·3	+ 7 37 09	11·2	2 57·0	24	2 38 56·0	+ 4 04 12	10·7	22 23·9
27	3 15 23·8	+ 7 33 29	11·2	2 52·9	25	2 38 15·1	+ 4 03 00	10·7	22 19·3
28	3 15 11·9	+ 7 29 46	11·2	2 48·7	26	2 37 35·1	+ 4 01 57	10·8	22 14·7
29	3 14 58·6	+ 7 25 58	11·1	2 44·6	27	2 36 56·0	+ 4 01 03	10·8	22 10·2
30	3 14 43·9	+ 7 22 07	11·1	2 40·4	28	2 36 17·8	+ 4 00 18	10·8	22 05·6
Oct. 1	3 14 27·9	+ 7 18 13	11·1	2 36·2	29	2 35 40·6	+ 3 59 42	10·8	22 01·1
2	3 14 10·5	+ 7 14 15	11·1	2 32·0	30	2 35 04·5	+ 3 59 15	10·8	21 56·6
3	3 13 51·8	+ 7 10 15	11·1	2 27·7	Dec. 1	2 34 29·4	+ 3 58 57	10·8	21 52·1
4	3 13 31·8	+ 7 06 11	11·0	2 23·5	2	2 33 55·3	+ 3 58 49	10·9	21 47·6
5	3 13 10·5	+ 7 02 05	11·0	2 19·2	3	2 33 22·4	+ 3 58 49	10·9	21 43·1
6	3 12 47·9	+ 6 57 56	11·0	2 14·9	4	2 32 50·6	+ 3 58 59	10·9	21 38·7
7	3 12 24·0	+ 6 53 45	11·0	2 10·6	5	2 32 20·0	+ 3 59 19	10·9	21 34·3
8	3 11 58·8	+ 6 49 31	11·0	2 06·2	6	2 31 50·6	+ 3 59 47	10·9	21 29·9
9	3 11 32·4	+ 6 45 16	10·9	2 01·8	7	2 31 22·3	+ 4 00 24	10·9	21 25·5
10	3 11 04·8	+ 6 40 58	10·9	1 57·4	8	2 30 55·3	+ 4 01 11	11·0	21 21·1
11	3 10 35·9	+ 6 36 39	10·9	1 53·0	9	2 30 29·6	+ 4 02 07	11·0	21 16·8
12	3 10 05·9	+ 6 32 19	10·9	1 48·6	10	2 30 05·1	+ 4 03 12	11·0	21 12·5
13	3 09 34·6	+ 6 27 57	10·9	1 44·1	11	2 29 41·9	+ 4 04 25	11·0	21 08·2
14	3 09 02·3	+ 6 23 35	10·8	1 39·7	12	2 29 20·0	+ 4 05 48	11·0	21 03·9
15	3 08 28·8	+ 6 19 11	10·8	1 35·2	13	2 28 59·4	+ 4 07 20	11·0	20 59·6
16	3 07 54·2	+ 6 14 48	10·8	1 30·7	14	2 28 40·1	+ 4 09 01	11·1	20 55·4
17	3 07 18·6	+ 6 10 24	10·8	1 26·2	15	2 28 22·2	+ 4 10 50	11·1	20 51·2
18	3 06 41·9	+ 6 06 00	10·8	1 21·6	16	2 28 05·7	+ 4 12 48	11·1	20 47·0
19	3 06 04·3	+ 6 01 36	10·7	1 17·1	17	2 27 50·5	+ 4 14 55	11·1	20 42·9
20	3 05 25·6	+ 5 57 13	10·7	1 12·5	18	2 27 36·7	+ 4 17 10	11·1	20 38·7
21	3 04 46·1	+ 5 52 50	10·7	1 07·9	19	2 27 24·2	+ 4 19 34	11·1	20 34·6
22	3 04 05·6	+ 5 48 29	10·7	1 03·3	20	2 27 13·2	+ 4 22 06	11·2	20 30·5
23	3 03 24·4	+ 5 44 09	10·7	0 58·7	21	2 27 03·4	+ 4 24 47	11·2	20 26·4
24	3 02 42·3	+ 5 39 51	10·6	0 54·1	22	2 26 55·4	+ 4 27 35	11·2	20 22·4
25	3 01 59·5	+ 5 35 34	10·6	0 49·4	23	2 26 48·6	+ 4 30 32	11·2	20 18·4
26	3 01 15·9	+ 5 31 20	10·6	0 44·8	24	2 26 43·2	+ 4 33 37	11·2	20 14·4
27	3 00 31·7	+ 5 27 08	10·6	0 40·1	25	2 26 39·2	+ 4 36 50	11·2	20 10·4
28	2 59 46·9	+ 5 22 59	10·6	0 35·4	26	2 26 36·7	+ 4 40 10	11·3	20 06·4
29	2 59 01·6	+ 5 18 54	10·5	0 30·7	Dec. 27	2 26 35·6	+ 4 43 38	11·3	20 02·5
30	2 58 15·7	+ 5 14 51	10·5	0 26·0	28	2 26 35·8	+ 4 47 13	11·3	19 58·6
31	2 57 29·4	+ 5 10 52	10·5	0 21·3	29	2 26 37·5	+ 4 50 56	11·3	19 54·7
Nov. 1	2 56 42·7	+ 5 06 58	10·5	0 16·6	30	2 26 40·6	+ 4 54 46	11·3	19 50·8
2	2 55 55·6	+ 5 03 07	10·5	0 11·9	31	2 26 45·1	+ 4 58 43	11·3	19 47·0
3	2 55 08·2	+ 4 59 21	10·5	0 07·2	2015 Jan. 1	2 26 50·9	+ 5 02 46	11·4	19 43·2
4	2 54 20·6	+ 4 55 39	10·5	0 02·5	2	2 26 58·2	+ 5 06 57	11·4	19 39·4
Nov. 5	2 53 32·8	+ 4 52 03	10·5	23 53·0	Jan. 3	2 27 06·8	+ 5 11 14	11·4	19 35·6

Second transit for Europa 2014 November 4^d 23^h 57^{m}8

CYBELE, 2014
GEOCENTRIC POSITIONS FOR 0ʰ TERRESTRIAL TIME

Date	Astrometric R.A.	Dec.	Vis. Mag.	Ephemeris Transit	Date	Astrometric R.A.	Dec.	Vis. Mag.	Ephemeris Transit
	h m s	° ′ ″		h m		h m s	° ′ ″		h m
2014 Mar. 16	15 51 01.1	−16 02 23	12.2	4 17.2	2014 May 14	15 31 07.9	−13 42 25	10.9	0 05.3
17	15 51 16.1	−16 01 35	12.2	4 13.5	15	15 30 23.6	−13 39 26	10.9	0 00.6
18	15 51 29.7	−16 00 42	12.1	4 09.8	16	15 29 39.2	−13 36 29	10.9	23 51.3
19	15 51 42.1	−15 59 46	12.1	4 06.0	17	15 28 54.8	−13 33 34	10.9	23 46.6
20	15 51 53.2	−15 58 44	12.1	4 02.3	18	15 28 10.5	−13 30 41	10.9	23 42.0
21	15 52 03.0	−15 57 39	12.1	3 58.5	19	15 27 26.3	−13 27 51	10.9	23 37.3
22	15 52 11.4	−15 56 29	12.1	3 54.7	20	15 26 42.2	−13 25 03	11.0	23 32.6
23	15 52 18.5	−15 55 16	12.0	3 50.9	21	15 25 58.4	−13 22 18	11.0	23 28.0
24	15 52 24.3	−15 53 58	12.0	3 47.1	22	15 25 14.7	−13 19 36	11.0	23 23.3
25	15 52 28.7	−15 52 35	12.0	3 43.2	23	15 24 31.3	−13 16 57	11.0	23 18.7
26	15 52 31.8	−15 51 09	12.0	3 39.3	24	15 23 48.3	−13 14 22	11.1	23 14.1
Mar. 27	15 52 33.6	−15 49 39	12.0	3 35.4	25	15 23 05.7	−13 11 49	11.1	23 09.4
28	15 52 34.0	−15 48 05	12.0	3 31.5	26	15 22 23.4	−13 09 21	11.1	23 04.8
29	15 52 33.0	−15 46 26	11.9	3 27.5	27	15 21 41.7	−13 06 56	11.1	23 00.2
30	15 52 30.6	−15 44 44	11.9	3 23.5	28	15 21 00.5	−13 04 36	11.2	22 55.6
31	15 52 26.9	−15 42 58	11.9	3 19.6	29	15 20 19.8	−13 02 19	11.2	22 51.0
Apr. 1	15 52 21.9	−15 41 08	11.9	3 15.5	30	15 19 39.7	−13 00 07	11.2	22 46.4
2	15 52 15.5	−15 39 14	11.9	3 11.5	31	15 19 00.3	−12 57 59	11.2	22 41.8
3	15 52 07.7	−15 37 17	11.8	3 07.4	June 1	15 18 21.6	−12 55 56	11.3	22 37.3
4	15 51 58.6	−15 35 16	11.8	3 03.3	2	15 17 43.6	−12 53 57	11.3	22 32.7
5	15 51 48.2	−15 33 11	11.8	2 59.2	3	15 17 06.4	−12 52 04	11.3	22 28.2
6	15 51 36.5	−15 31 03	11.8	2 55.1	4	15 16 30.0	−12 50 15	11.3	22 23.7
7	15 51 23.4	−15 28 51	11.8	2 51.0	5	15 15 54.4	−12 48 32	11.3	22 19.1
8	15 51 09.0	−15 26 36	11.7	2 46.8	6	15 15 19.7	−12 46 54	11.4	22 14.7
9	15 50 53.4	−15 24 18	11.7	2 42.6	7	15 14 45.9	−12 45 21	11.4	22 10.2
10	15 50 36.5	−15 21 56	11.7	2 38.4	8	15 14 13.0	−12 43 53	11.4	22 05.7
11	15 50 18.3	−15 19 31	11.7	2 34.1	9	15 13 41.1	−12 42 31	11.4	22 01.3
12	15 49 58.8	−15 17 03	11.6	2 29.9	10	15 13 10.2	−12 41 15	11.5	21 56.8
13	15 49 38.2	−15 14 32	11.6	2 25.6	11	15 12 40.3	−12 40 04	11.5	21 52.4
14	15 49 16.3	−15 11 58	11.6	2 21.3	12	15 12 11.4	−12 38 59	11.5	21 48.0
15	15 48 53.2	−15 09 22	11.6	2 17.0	13	15 11 43.5	−12 38 00	11.5	21 43.7
16	15 48 28.9	−15 06 42	11.6	2 12.7	14	15 11 16.8	−12 37 07	11.5	21 39.3
17	15 48 03.5	−15 04 00	11.5	2 08.3	15	15 10 51.1	−12 36 19	11.6	21 35.0
18	15 47 36.9	−15 01 16	11.5	2 03.9	16	15 10 26.6	−12 35 38	11.6	21 30.6
19	15 47 09.2	−14 58 29	11.5	1 59.5	17	15 10 03.1	−12 35 02	11.6	21 26.3
20	15 46 40.4	−14 55 39	11.5	1 55.1	18	15 09 40.9	−12 34 33	11.6	21 22.0
21	15 46 10.5	−14 52 48	11.4	1 50.7	19	15 09 19.8	−12 34 09	11.6	21 17.8
22	15 45 39.6	−14 49 54	11.4	1 46.3	20	15 08 59.8	−12 33 52	11.7	21 13.5
23	15 45 07.6	−14 46 59	11.4	1 41.8	21	15 08 41.1	−12 33 40	11.7	21 09.3
24	15 44 34.7	−14 44 01	11.4	1 37.3	22	15 08 23.5	−12 33 35	11.7	21 05.1
25	15 44 00.8	−14 41 02	11.3	1 32.8	23	15 08 07.2	−12 33 36	11.7	21 00.9
26	15 43 26.0	−14 38 01	11.3	1 28.3	24	15 07 52.2	−12 33 43	11.7	20 56.8
27	15 42 50.3	−14 34 59	11.3	1 23.8	25	15 07 38.3	−12 33 57	11.8	20 52.6
28	15 42 13.7	−14 31 56	11.3	1 19.2	26	15 07 25.8	−12 34 16	11.8	20 48.5
29	15 41 36.3	−14 28 51	11.2	1 14.7	27	15 07 14.4	−12 34 42	11.8	20 44.4
30	15 40 58.2	−14 25 46	11.2	1 10.1	28	15 07 04.4	−12 35 13	11.8	20 40.3
May 1	15 40 19.3	−14 22 40	11.2	1 05.6	29	15 06 55.6	−12 35 51	11.8	20 36.2
2	15 39 39.7	−14 19 33	11.2	1 01.0	30	15 06 48.2	−12 36 35	11.9	20 32.2
3	15 38 59.5	−14 16 25	11.1	0 56.4	July 1	15 06 42.0	−12 37 25	11.9	20 28.2
4	15 38 18.7	−14 13 18	11.1	0 51.8	2	15 06 37.1	−12 38 20	11.9	20 24.2
5	15 37 37.3	−14 10 10	11.1	0 47.1	3	15 06 33.5	−12 39 22	11.9	20 20.2
6	15 36 55.5	−14 07 02	11.1	0 42.5	4	15 06 31.1	−12 40 30	11.9	20 16.3
7	15 36 13.1	−14 03 55	11.0	0 37.9	July 5	15 06 30.1	−12 41 43	11.9	20 12.3
8	15 35 30.4	−14 00 48	11.0	0 33.2	6	15 06 30.3	−12 43 03	12.0	20 08.4
9	15 34 47.3	−13 57 42	11.0	0 28.6	7	15 06 31.9	−12 44 28	12.0	20 04.5
10	15 34 03.9	−13 54 36	11.0	0 23.9	8	15 06 34.7	−12 45 59	12.0	20 00.7
11	15 33 20.2	−13 51 31	10.9	0 19.3	9	15 06 38.7	−12 47 35	12.0	19 56.8
12	15 32 36.2	−13 48 28	10.9	0 14.6	10	15 06 44.1	−12 49 17	12.0	19 53.0
13	15 31 52.1	−13 45 26	10.9	0 10.0	11	15 06 50.7	−12 51 04	12.0	19 49.2
May 14	15 31 07.9	−13 42 25	10.9	0 05.3	July 12	15 06 58.5	−12 52 57	12.1	19 45.4

Second transit for Cybele 2014 May 15ᵈ 23ʰ 56ᵐ0

GEOCENTRIC POSITIONS FOR 0ʰ TERRESTRIAL TIME

Date	Astrometric R.A.	Dec.	Vis. Mag.	Ephemeris Transit	Date	Astrometric R.A.	Dec.	Vis. Mag.	Ephemeris Transit
	h m s	° ′ ″		h m		h m s	° ′ ″		h m
2013 Dec. 11	9 40 22·6	+ 3 01 00	11·7	4 20·9	**2014 Feb. 8**	9 06 48·9	+ 0 06 33	10·8	23 50·7
12	9 40 21·1	+ 2 54 36	11·7	4 17·0	9	9 05 56·5	+ 0 07 33	10·8	23 45·9
13	9 40 18·3	+ 2 48 18	11·7	4 13·0	10	9 05 04·4	+ 0 08 38	10·8	23 41·1
14	9 40 14·2	+ 2 42 06	11·7	4 09·0	11	9 04 12·7	+ 0 09 50	10·8	23 36·3
15	9 40 08·8	+ 2 35 58	11·7	4 04·9	12	9 03 21·2	+ 0 11 08	10·9	23 31·5
16	9 40 02·1	+ 2 29 57	11·6	4 00·9	13	9 02 30·1	+ 0 12 33	10·9	23 26·8
17	9 39 54·0	+ 2 24 00	11·6	3 56·8	14	9 01 39·5	+ 0 14 02	10·9	23 22·0
18	9 39 44·7	+ 2 18 10	11·6	3 52·7	15	9 00 49·4	+ 0 15 38	10·9	23 17·3
19	9 39 34·1	+ 2 12 25	11·6	3 48·6	16	8 59 59·8	+ 0 17 19	10·9	23 12·5
20	9 39 22·1	+ 2 06 47	11·6	3 44·5	17	8 59 10·7	+ 0 19 05	10·9	23 07·8
21	9 39 08·8	+ 2 01 14	11·6	3 40·3	18	8 58 22·3	+ 0 20 56	10·9	23 03·0
22	9 38 54·3	+ 1 55 48	11·5	3 36·2	19	8 57 34·5	+ 0 22 52	11·0	22 58·3
23	9 38 38·4	+ 1 50 28	11·5	3 32·0	20	8 56 47·3	+ 0 24 53	11·0	22 53·6
24	9 38 21·1	+ 1 45 15	11·5	3 27·7	21	8 56 01·0	+ 0 26 57	11·0	22 48·9
25	9 38 02·6	+ 1 40 08	11·5	3 23·5	22	8 55 15·3	+ 0 29 06	11·0	22 44·3
26	9 37 42·8	+ 1 35 08	11·5	3 19·2	23	8 54 30·5	+ 0 31 19	11·0	22 39·6
27	9 37 21·7	+ 1 30 15	11·5	3 15·0	24	8 53 46·5	+ 0 33 35	11·1	22 35·0
28	9 36 59·2	+ 1 25 29	11·4	3 10·6	25	8 53 03·4	+ 0 35 55	11·1	22 30·3
29	9 36 35·5	+ 1 20 50	11·4	3 06·3	26	8 52 21·3	+ 0 38 18	11·1	22 25·7
30	9 36 10·5	+ 1 16 19	11·4	3 02·0	27	8 51 40·0	+ 0 40 44	11·1	22 21·1
31	9 35 44·3	+ 1 11 55	11·4	2 57·6	28	8 50 59·8	+ 0 43 13	11·1	22 16·5
2014 Jan. 1	9 35 16·7	+ 1 07 38	11·4	2 53·2	**Mar. 1**	8 50 20·5	+ 0 45 44	11·2	22 12·0
2	9 34 48·0	+ 1 03 29	11·4	2 48·8	2	8 49 42·3	+ 0 48 17	11·2	22 07·4
3	9 34 18·0	+ 0 59 28	11·3	2 44·4	3	8 49 05·2	+ 0 50 52	11·2	22 02·9
4	9 33 46·8	+ 0 55 35	11·3	2 39·9	4	8 48 29·1	+ 0 53 29	11·2	21 58·4
5	9 33 14·5	+ 0 51 49	11·3	2 35·5	5	8 47 54·2	+ 0 56 07	11·2	21 53·9
6	9 32 40·9	+ 0 48 12	11·3	2 31·0	6	8 47 20·5	+ 0 58 47	11·3	21 49·4
7	9 32 06·3	+ 0 44 42	11·3	2 26·5	7	8 46 47·8	+ 1 01 28	11·3	21 45·0
8	9 31 30·5	+ 0 41 21	11·3	2 21·9	8	8 46 16·4	+ 1 04 09	11·3	21 40·5
9	9 30 53·6	+ 0 38 08	11·2	2 17·4	9	8 45 46·2	+ 1 06 51	11·3	21 36·1
10	9 30 15·7	+ 0 35 03	11·2	2 12·8	10	8 45 17·2	+ 1 09 34	11·3	21 31·7
11	9 29 36·7	+ 0 32 06	11·2	2 08·2	11	8 44 49·4	+ 1 12 16	11·4	21 27·3
12	9 28 56·8	+ 0 29 18	11·2	2 03·6	12	8 44 22·9	+ 1 14 59	11·4	21 23·0
13	9 28 15·8	+ 0 26 38	11·2	1 59·0	13	8 43 57·6	+ 1 17 41	11·4	21 18·7
14	9 27 33·9	+ 0 24 06	11·1	1 54·4	14	8 43 33·6	+ 1 20 23	11·4	21 14·3
15	9 26 51·1	+ 0 21 43	11·1	1 49·8	15	8 43 10·8	+ 1 23 04	11·4	21 10·1
16	9 26 07·3	+ 0 19 29	11·1	1 45·1	16	8 42 49·3	+ 1 25 45	11·5	21 05·8
17	9 25 22·8	+ 0 17 23	11·1	1 40·4	17	8 42 29·1	+ 1 28 24	11·5	21 01·5
18	9 24 37·4	+ 0 15 26	11·1	1 35·8	18	8 42 10·2	+ 1 31 03	11·5	20 57·3
19	9 23 51·2	+ 0 13 37	11·1	1 31·1	19	8 41 52·5	+ 1 33 40	11·5	20 53·1
20	9 23 04·3	+ 0 11 57	11·0	1 26·3	20	8 41 36·2	+ 1 36 15	11·5	20 48·9
21	9 22 16·7	+ 0 10 26	11·0	1 21·6	21	8 41 21·2	+ 1 38 49	11·6	20 44·8
22	9 21 28·4	+ 0 09 03	11·0	1 16·9	22	8 41 07·4	+ 1 41 22	11·6	20 40·6
23	9 20 39·5	+ 0 07 48	11·0	1 12·0	23	8 40 54·9	+ 1 43 52	11·6	20 36·5
24	9 19 50·0	+ 0 06 43	11·0	1 07·4	24	8 40 43·8	+ 1 46 20	11·6	20 32·4
25	9 18 59·9	+ 0 05 45	11·0	1 02·6	25	8 40 33·9	+ 1 48 46	11·6	20 28·3
26	9 18 09·3	+ 0 04 57	10·9	0 57·9	26	8 40 25·3	+ 1 51 10	11·7	20 24·3
27	9 17 18·3	+ 0 04 16	10·9	0 53·1	27	8 40 18·1	+ 1 53 31	11·7	20 20·2
28	9 16 26·9	+ 0 03 44	10·9	0 48·3	28	8 40 12·1	+ 1 55 50	11·7	20 16·2
29	9 15 35·1	+ 0 03 21	10·9	0 43·5	29	8 40 07·4	+ 1 58 06	11·7	20 12·2
30	9 14 43·0	+ 0 03 05	10·9	0 38·7	30	8 40 04·0	+ 2 00 19	11·7	20 08·3
31	9 13 50·7	+ 0 02 58	10·9	0 33·9	31	8 40 01·8	+ 2 02 29	11·8	20 04·3
Feb. 1	9 12 58·1	+ 0 02 58	10·9	0 29·1	**Apr. 1**	8 40 01·0	+ 2 04 35	11·8	20 00·4
2	9 12 05·4	+ 0 03 07	10·8	0 24·3	2	8 40 01·4	+ 2 06 39	11·8	19 56·5
3	9 11 12·6	+ 0 03 23	10·8	0 19·5	3	8 40 03·1	+ 2 08 39	11·8	19 52·6
4	9 10 19·8	+ 0 03 46	10·8	0 14·7	4	8 40 06·0	+ 2 10 36	11·8	19 48·7
5	9 09 26·9	+ 0 04 17	10·8	0 09·9	5	8 40 10·2	+ 2 12 29	11·8	19 44·9
6	9 08 34·1	+ 0 04 56	10·8	0 05·1	6	8 40 15·6	+ 2 14 18	11·9	19 41·0
7	9 07 41·4	+ 0 05 41	10·8	0 00·3	7	8 40 22·2	+ 2 16 03	11·9	19 37·2
Feb. 8	9 06 48·9	+ 0 06 33	10·8	23 50·7	**Apr. 8**	8 40 30·1	+ 2 17 45	11·9	19 33·5

Second transit for Interamnia 2014 February 7ᵈ 23ʰ 55ᵐ5

OSCULATING ELEMENTS FOR ECLIPTIC AND EQUINOX OF J2000·0

Designation/Name	Perihelion Time T	Perihelion Distance q	Eccentricity e	Period P	Arg. of Perihelion ω	Long. of Asc. Node Ω	Inclination i	Osc. Epoch
		au		years	°	°	°	
P/2005 L4 (Christensen)	Jan. 6·333 89	2·376 0504	0·423 7189	8·37	24·866 23	283·952 97	17·021 97	Jan. 23
P/2006 XG₁₆ (Spacewatch)	Jan. 10·164 65	2·111 7560	0·419 6894	6·94	41·143 28	78·437 02	9·064 80	Jan. 23
P/2007 R2 (Gibbs)	Jan. 14·737 44	1·466 7463	0·573 4505	6·38	353·211 63	8·770 35	1·427 01	Jan. 23
P/1998 Y2 (Li)	Feb. 3·977 80	2·522 3444	0·587 8798	15·14	319·054 18	91·864 32	24·357 08	Jan. 23
107P/Wilson-Harrington	Feb. 5·273 39	0·994 1033	0·623 4743	4·29	91·443 68	270·406 92	2·784 77	Jan. 23
129P/Shoemaker-Levy	Feb. 11·572 82	3·913 9329	0·087 8170	8·89	309·482 01	184·972 27	3·437 42	Jan. 23
169P/NEAT	Feb. 15·271 54	0·607 8936	0·766 7311	4·21	218·072 24	176·113 80	11·290 80	Mar. 4
P/2007 H3 (Garradd)	Mar. 1·233 22	1·830 7272	0·477 2999	6·55	350·028 04	263·677 18	25·204 45	Mar. 4
P/2008 A2 (LINEAR)	Mar. 3·403 66	1·299 9174	0·594 3617	5·74	235·372 87	312·690 86	18·226 56	Mar. 4
52P/Harrington-Abell	Mar. 7·544 68	1·773 1263	0·540 6327	7·58	139·613 74	336·852 83	10·230 61	Mar. 4
P/1998 U3 (Jäger)	Mar. 14·463 38	2·156 2472	0·648 7032	15·21	180·727 69	303·425 00	19·056 02	Mar. 4
117P/Helin-Roman-Alu	Mar. 27·162 10	3·056 3502	0·253 8586	8·29	222·681 97	58·897 27	8·697 38	Apr. 13
17P/Holmes	Mar. 27·473 42	2·056 5710	0·431 8612	6·89	24·513 36	326·764 86	19·091 59	Apr. 13
119P/Parker-Hartley	Apr. 2·613 18	3·026 5057	0·292 5183	8·85	181·305 93	244·100 81	5·195 76	Apr. 13
124P/Mrkos	Apr. 9·611 02	1·645 3252	0·503 8869	6·04	183·710 14	0·414 67	31·529 03	Apr. 13
156P/Russell-LINEAR	Apr. 16·561 01	1·584 8669	0·559 0038	6·81	357·805 67	38·981 78	20·778 30	Apr. 13
P/2001 Q1 (NEAT)	Apr. 23·102 97	1·954 3785	0·433 4053	6·41	207·395 12	144·919 34	19·846 75	Apr. 13
191P/McNaught	May 6·209 56	2·044 1492	0·420 6708	6·63	274·472 44	106·408 98	8·763 07	May 23
209P/LINEAR	May 6·323 87	0·969 4572	0·672 5841	5·09	152·393 07	62·824 53	21·243 39	May 23
P/2002 AR₂ (LINEAR)	May 15·423 41	2·048 6043	0·616 4710	12·34	73·411 03	7·668 31	21·104 65	May 23
134P/Kowal-Vávrová	May 21·471 84	2·571 3417	0·587 3499	15·55	18·582 39	202·122 61	4·348 82	May 23
132P/Helin-Roman-Alu	May 21·691 87	1·907 8034	0·532 0546	8·23	221·129 13	178·369 55	5·777 30	May 23
4P/Faye	May 29·617 72	1·655 0332	0·568 4971	7·51	205·065 64	199·274 92	9·049 96	May 23
P/2005 JQ₅ (Catalina)	May 29·979 21	0·825 8993	0·693 4722	4·42	222·739 89	95·807 62	5·691 64	May 23
16P/Brooks	June 7·686 75	1·466 3388	0·562 7600	6·14	219·654 73	159·306 95	4·258 26	May 23
181P/Shoemaker-Levy	June 7·709 77	1·123 4682	0·707 0758	7·51	333·785 13	37·681 94	16·981 06	May 23
222P/LINEAR	July 4·540 66	0·784 2912	0·725 9736	4·84	345·447 81	7·126 54	5·136 87	July 2
106P/Schuster	July 20·143 90	1·546 0478	0·588 3611	7·28	355·915 47	50·543 75	20·148 72	July 2
P/2003 O3 (LINEAR)	July 24·714 61	1·253 1835	0·597 0444	5·48	0·747 77	341·461 82	8·348 79	Aug. 11
210P/Christensen	Aug. 17·223 54	0·531 3174	0·832 4905	5·65	345·827 32	93·827 81	10·240 78	Aug. 11
P/2008 Q2 (Ory)	Aug. 24·552 96	1·381 7598	0·573 8186	5·84	329·721 12	60·678 73	2·753 98	Aug. 11
11P/Tempel-Swift-LINEAR	Aug. 26·786 87	1·548 5853	0·545 9107	6·30	164·065 44	240·436 58	13·575 84	Aug. 11
206P/Barnard-Boattini	Aug. 27·901 95	1·145 6766	0·646 4170	5·83	181·563 63	204·078 00	32·930 78	Aug. 11
P/2008 J2 (Beshore)	Aug. 30·299 51	2·345 9161	0·318 8915	6·39	132·162 65	97·706 63	10·325 47	Aug. 11
P/2007 H1 (McNaught)	Sept. 2·720 54	2·289 4914	0·376 7913	7·04	202·858 83	144·293 51	11·863 30	Sept. 20
P/2001 BB₅₀ (LINEAR-NEAT)	Sept. 3·677 59	2·362 5968	0·587 3118	13·70	193·478 63	351·185 96	10·367 32	Sept. 20
170P/Christensen	Sept. 19·166 59	2·921 0717	0·304 7265	8·61	225·845 68	142·919 23	10·128 14	Sept. 20
P/2011 S1 (Gibbs)	Oct. 4·145 70	7·025 0131	0·168 4613	24·56	194·097 02	218·420 85	2·704 05	Sept. 20
P/2003 U3 (NEAT)	Oct. 15·186 70	2·487 6930	0·509 0666	11·41	356·995 81	348·023 42	7·003 72	Oct. 30
32P/Comas Solá	Oct. 17·577 93	2·001 1916	0·556 2567	9·58	53·337 18	57·849 11	9·969 63	Oct. 30
108P/ Ciffréo	Oct. 18·420 21	1·708 8261	0·543 1183	7·23	358·073 43	53·670 68	13·097 56	Oct. 30
70P/Kojima	Oct. 20·769 51	2·006 7789	0·454 0835	7·05	1·990 68	119·272 37	6·600 40	Oct. 30
135P/Shoemaker-Levy	Nov. 1·596 40	2·679 6939	0·295 1275	7·41	21·947 51	213·103 47	6·062 04	Oct. 30
80P/Peters-Hartley	Nov. 10·053 29	1·612 7290	0·599 0084	8·07	339·132 80	259·889 07	29·923 15	Oct. 30
P/1996 A1 (Jedicke)	Nov. 15·311 76	4·079 3767	0·443 1274	19·83	223·375 34	248·717 28	6·602 32	Oct. 30
40P/Väisälä	Nov. 15·811 92	1·819 5601	0·631 6247	10·98	47·272 17	133·840 12	11·492 76	Oct. 30
P/2004 V1 (Skiff)	Nov. 19·613 01	1·403 1062	0·695 8518	9·91	144·989 73	241·993 26	11·532 36	Dec. 9
193P/LINEAR-NEAT	Nov. 24·767 29	2·166 2488	0·394 3267	6·76	8·456 27	335·193 66	10·686 88	Dec. 9
110P/Hartley	Dec. 17·788 66	2·475 3667	0·314 5310	6·86	167·749 71	287·714 51	11·693 44	Dec. 9
P/2000 QJ₄₆ (LINEAR)	Dec. 22·574 02	1·889 0789	0·674 4336	13·98	222·159 38	158·089 28	4·426 25	Dec. 9
15P/Finlay	Dec. 27·097 30	0·975 9031	0·720 1898	6·51	347·554 09	13·777 17	6·798 93	Dec. 9
P/2006 R2 (Christensen)	Dec. 29·184 02	3·054 2370	0·269 2726	8·55	189·090 24	139·057 60	16·300 71	Jan. 18

Up-to-date elements of the comets currently observable may be found at the web site of the IAU Minor Planet Center (see page x for web address).

CONTENTS OF SECTION H

Except for the tables of ICRF radio sources, radio flux calibrators, pulsars, gamma ray sources and X-ray sources, positions tabulated in Section H are referred to the mean equator and equinox of J2014.5 = 2014 July 2.625 = JD 245 6841.125. The positions of the ICRF radio sources provide a practical realization of the ICRS. The positions of radio flux calibrators, pulsars, gamma ray sources and X-ray sources are referred to the equator and equinox of J2000.0 = JD 245 1545.0.

When present, notes associated with a table are found on the table's last page.

This symbol indicates that these data or auxiliary material may also be found on *The Astronomical Almanac Online* at **http://asa.usno.navy.mil** and **http://asa.hmnao.com**

Designation			BS=HR No.	Right Ascension	Declination	Notes	V	U–B	B–V	Spectral Type
				h m s	° ′ ″					
28	ω	Psc	9072	00 00 03.4	+06 56 37	6	4.01	+0.06	+0.42	F3 V
	ε	Tuc	9076	00 00 39.6	−65 29 47		4.50	−0.28	−0.08	B9 IV
	θ	Oct	9084	00 02 19.3	−76 59 09		4.78	+1.41	+1.27	K2 III
30 YY		Psc	9089	00 02 42.2	−05 56 01		4.41	+1.83	+1.63	M3 III
2		Cet	9098	00 04 28.9	−17 15 19		4.55	−0.12	−0.05	B9 IV
33 BC		Psc	3	00 06 04.7	−05 37 36	6	4.61	+0.89	+1.04	K0 III–IV
21	α	And	15	00 09 08.4	+29 10 14	d6	2.06	−0.46	−0.11	B9p Hg Mn
11	β	Cas	21	00 09 57.6	+59 13 47	svd6	2.27	+0.11	+0.34	F2 III
	ε	Phe	25	00 10 08.6	−45 40 03		3.88	+0.84	+1.03	K0 III
22		And	27	00 11 04.8	+46 09 10		5.03	+0.25	+0.40	F0 II
	κ²	Scl	34	00 12 18.5	−27 43 09	d	5.41	+1.46	+1.34	K5 III
	θ	Scl	35	00 12 28.1	−35 03 07		5.25		+0.44	F3/5 V
88	γ	Peg	39	00 13 59.1	+15 15 51	svd6	2.83	−0.87	−0.23	B2 IV
89	χ	Peg	45	00 15 21.3	+20 17 14	as	4.80	+1.93	+1.57	M2⁺ III
7 AE		Cet	48	00 15 22.5	−18 51 09		4.44	+1.99	+1.66	M1 III
25	σ	And	68	00 19 05.3	+36 51 56	6	4.52	+0.07	+0.05	A2 Va
8	ι	Cet	74	00 20 10.0	−08 44 37	d	3.56	+1.25	+1.22	K1 IIIb
	ζ	Tuc	77	00 20 49.1	−64 47 23		4.23	+0.02	+0.58	F9 V
41		Psc	80	00 21 20.7	+08 16 14		5.37	+1.55	+1.34	K3⁻ III Ca 1 CN 0.5
27	ρ	And	82	00 21 53.3	+38 02 56		5.18	+0.05	+0.42	F6 IV
	R	And	90	00 24 48.2	+38 39 26	svd	7.39	+1.25	+1.97	S5/4.5e
	β	Hyi	98	00 26 29.6	−77 10 22		2.80	+0.11	+0.62	G1 IV
	κ	Phe	100	00 26 54.8	−43 35 58		3.94	+0.11	+0.17	A5 Vn
	α	Phe	99	00 26 59.9	−42 13 38	67	2.39	+0.88	+1.09	K0 IIIb
			118	00 31 06.1	−23 42 27	6	5.19		+0.12	A5 Vn
	λ¹	Phe	125	00 32 06.7	−48 43 25	d6	4.77	+0.04	+0.02	A1 Va
	β¹	Tuc	126	00 32 12.2	−62 52 43	d6	4.37	−0.17	−0.07	B9 V
15	κ	Cas	130	00 33 50.1	+63 00 42	s6	4.16	−0.80	+0.14	B0.7 Ia
29	π	And	154	00 37 39.6	+33 47 56	d6	4.36	−0.55	−0.14	B5 V
17	ζ	Cas	153	00 37 47.2	+53 58 35		3.66	−0.87	−0.20	B2 IV
			157	00 38 08.1	+35 28 45	s	5.42	+0.45	+0.88	G2 Ib–II
30	ε	And	163	00 39 19.5	+29 23 25		4.37	+0.47	+0.87	G6 III Fe−3 CH 1
31	δ	And	165	00 40 06.4	+30 56 25	sd6	3.27	+1.48	+1.28	K3 III
18	α	Cas	168	00 41 20.3	+56 37 00	d	2.23	+1.13	+1.17	K0⁻ IIIa
	μ	Phe	180	00 42 00.5	−46 00 20		4.59	+0.72	+0.97	G8 III
	η	Phe	191	00 44 00.1	−57 23 01	d	4.36	−0.02	0.00	A0.5 IV
16	β	Cet	188	00 44 19.0	−17 54 26		2.04	+0.87	+1.02	G9 III CH−1 CN 0.5 Ca 1
22	o	Cas	193	00 45 32.4	+48 21 49	d6	4.54	−0.51	−0.07	B5 III
34	ζ	And	215	00 48 06.6	+24 20 45	vd6	4.06	+0.90	+1.12	K0 III
	λ	Hyi	236	00 49 05.3	−74 50 41		5.07	+1.68	+1.37	K5 III
63	δ	Psc	224	00 49 26.2	+07 39 50	d	4.43	+1.86	+1.50	K4.5 IIIb
64		Psc	225	00 49 44.6	+17 01 07	d6	5.07	0.00	+0.51	F7 V
24	η	Cas	219	00 49 59.5	+57 53 30	sd6	3.44	+0.01	+0.57	F9 V
35	ν	And	226	00 50 37.1	+41 09 27	6	4.53	−0.58	−0.15	B5 V
19	φ²	Cet	235	00 50 51.2	−10 33 59		5.19	−0.02	+0.50	F8 V
			233	00 51 37.2	+64 19 34	cd6	5.39	+0.14	+0.49	G0 III–IV + B9.5 V
20		Cet	248	00 53 45.0	−01 03 57		4.77	+1.93	+1.57	M0⁻ IIIa
	λ²	Tuc	270	00 55 32.6	−69 26 56		5.45	+1.00	+1.09	K2 III
37	μ	And	269	00 57 33.8	+38 34 40	d	3.87	+0.15	+0.13	A5 IV–V
27	γ	Cas	264	00 57 35.7	+60 47 42	d6	2.47	−1.08	−0.15	B0 IVnpe (shell)

Designation		BS=HR No.	Right Ascension	Declination	Notes	V	U–B	B–V	Spectral Type
			h m s	° ′ ″					
38	η And	271	00 57 59.0	+23 29 44	d6	4.42	+0.69	+0.94	G8⁻ IIIb
68	Psc	274	00 58 37.4	+29 04 13		5.42		+1.08	gG6
	α Scl	280	00 59 18.2	−29 16 46	s6	4.31	−0.56	−0.16	B4 Vp
	σ Scl	293	01 03 07.9	−31 28 27		5.50	+0.13	+0.08	A2 V
71	ε Psc	294	01 03 41.9	+07 58 04		4.28	+0.70	+0.96	G9 III Fe−2
	β Phe	322	01 06 43.7	−46 38 27	d7	3.31	+0.57	+0.89	G8 III
	ι Tuc	332	01 07 52.9	−61 41 53		5.37		+0.88	G5 III
	υ Phe	331	01 08 27.5	−41 24 35	d	5.21	+0.09	+0.16	A3 IV/V
	ζ Phe	338	01 08 59.5	−55 10 07	vd6	3.92	−0.41	−0.08	B7 V
30	μ Cas	321	01 09 14.9	+54 59 28	d6	5.17	+0.09	+0.69	G5 Vb
31	η Cet	334	01 09 19.2	−10 06 21	d	3.45	+1.19	+1.16	K2⁻ III CN 0.5
42	φ And	335	01 10 21.0	+47 19 07	d7	4.25	−0.34	−0.07	B7 III
43	β And	337	01 10 32.9	+35 41 49	ad	2.06	+1.96	+1.58	M0⁺ IIIa
		285	01 11 00.5	+86 20 03		4.25	+1.33	+1.21	K2 III
33	θ Cas	343	01 11 59.7	+55 13 36	d6	4.33	+0.12	+0.17	A7m
84	χ Psc	351	01 12 14.2	+21 06 41		4.66	+0.82	+1.03	G8.5 III
83	τ Psc	352	01 12 27.8	+30 09 58	6	4.51	+1.01	+1.09	K0.5 IIIb
86	ζ Psc	361	01 14 29.4	+07 39 06	d67	5.24	+0.09	+0.32	F0 Vn
89	Psc	378	01 18 32.9	+03 41 26	6	5.16	+0.08	+0.07	A3 V
90	υ Psc	383	01 20 16.0	+27 20 24	6	4.76	+0.10	+0.03	A2 IV
34	φ Cas	382	01 21 00.3	+58 18 27	sd6	4.98	+0.49	+0.68	F0 Ia
46	ξ And	390	01 23 12.0	+45 36 16	6	4.88	+0.99	+1.08	K0⁻ IIIb
45	θ Cet	402	01 24 44.9	−08 06 32	d	3.60	+0.93	+1.06	K0 IIIb
37	δ Cas	403	01 26 46.6	+60 18 37	sd6	2.68	+0.12	+0.13	A5 IV
36	ψ Cas	399	01 26 58.6	+68 12 19	d	4.74	+0.94	+1.05	K0 III CN 0.5
94	Psc	414	01 27 28.8	+19 18 55		5.50	+1.05	+1.11	gK1
48	ω And	417	01 28 31.8	+45 28 52	d	4.83	0.00	+0.42	F5 V
	γ Phe	429	01 28 59.6	−43 14 40	v6	3.41	+1.85	+1.57	M0⁻ IIIa
48	Cet	433	01 30 17.8	−21 33 17	d7	5.12	+0.04	+0.02	A1 Va
	δ Phe	440	01 31 51.2	−48 59 52		3.95	+0.70	+0.99	G9 III
99	η Psc	437	01 32 15.7	+15 25 12	d	3.62	+0.75	+0.97	G7 IIIa
50	υ And	458	01 37 39.2	+41 28 39	d6	4.09	+0.06	+0.54	F8 V
	α Eri	472	01 38 15.1	−57 09 48		0.46	−0.66	−0.16	B3 Vnp (shell)
51	And	464	01 38 53.4	+48 42 04		3.57	+1.45	+1.28	K3⁻ III
40	Cas	456	01 39 42.2	+73 06 48	d	5.28	+0.72	+0.96	G7 III
106	ν Psc	489	01 42 11.3	+05 33 38		4.44	+1.57	+1.36	K3 IIIb
	π Scl	497	01 42 47.8	−32 15 16		5.25	+0.79	+1.05	K1 II/III
		500	01 43 27.5	−03 37 04		4.99	+1.58	+1.38	K3 II−III
	φ Per	496	01 44 34.7	+50 45 40	6	4.07	−0.93	−0.04	B2 Vep
52	τ Cet	509	01 44 44.5	−15 51 42	d	3.50	+0.21	+0.72	G8 V
110	o Psc	510	01 46 09.7	+09 13 49	s	4.26	+0.71	+0.96	G8 III
	ε Scl	514	01 46 19.5	−24 58 50	d7	5.31	+0.02	+0.39	F0 V
		513	01 46 43.0	−05 39 40	s	5.34	+1.88	+1.52	K4 III
53	χ Cet	531	01 50 17.9	−10 36 55	d	4.67	+0.03	+0.33	F2 IV−V
55	ζ Cet	539	01 52 10.6	−10 15 50	d6	3.73	+1.07	+1.14	K0 III
2	α Tri	544	01 53 54.7	+29 38 56	dv6	3.41	+0.06	+0.49	F6 IV
	ψ Phe	555	01 54 13.5	−46 13 56	6	4.41	+1.70	+1.59	M4 III
111	ξ Psc	549	01 54 18.5	+03 15 31	6	4.62	+0.72	+0.94	G9 IIIb Fe−0.5
	φ Phe	558	01 54 58.1	−42 25 34	6	5.11	−0.15	−0.06	Ap Hg
	η² Hyi	570	01 55 18.3	−67 34 35		4.69	+0.64	+0.95	G8.5 III

Designation	BS=HR No.	Right Ascension	Declination	Notes	V	U–B	B–V	Spectral Type
		h m s	° ′ ″					
6 β Ari	553	01 55 26.6	+20 52 42	d6	2.64	+0.10	+0.13	A4 V
45 ε Cas	542	01 55 27.2	+63 44 27		3.38	−0.60	−0.15	B3 IV:p (shell)
χ Eri	566	01 56 31.3	−51 32 14	d7	3.70	+0.46	+0.85	G8 III–IV CN−0.5 Hδ 0.5
α Hyi	591	01 59 13.6	−61 29 59		2.86	+0.14	+0.28	F0n III–IV
59 υ Cet	585	02 00 41.3	−21 00 29		4.00	+1.91	+1.57	M0 IIIb
113 α Psc	596	02 02 47.9	+02 50 00	vd6	4.18	−0.05	+0.03	A0p Si Sr
4 Per	590	02 03 16.6	+54 33 25	6	5.04	−0.32	−0.08	B8 III
50 Cas	580	02 04 42.1	+72 29 26	6	3.98	+0.03	−0.01	A1 Va
57 γ¹ And	603	02 04 47.7	+42 23 55	d6	2.26	+1.58	+1.37	K3⁻ IIb
ν For	612	02 05 08.4	−29 13 40	v	4.69	−0.51	−0.17	B9.5p Si
13 α Ari	617	02 07 59.6	+23 31 49	a6	2.00	+1.12	+1.15	K2 IIIab
4 β Tri	622	02 10 24.7	+35 03 19	d6	3.00	+0.10	+0.14	A5 IV
μ For	652	02 13 32.8	−30 39 23		5.28	−0.06	−0.02	A0 Va⁺nn
65 ξ¹ Cet	649	02 13 46.2	+08 54 51	d6	4.37	+0.60	+0.89	G7 II–III Fe−1
	645	02 14 34.7	+51 07 57	d6	5.31	+0.62	+0.93	G8 III CN 1 CH 0.5 Fe−1
	641	02 14 43.7	+58 37 40	s	6.44	+0.23	+0.60	A3 Iab
φ Eri	674	02 17 01.6	−51 26 44	d	3.56	−0.39	−0.12	B8 V
67 Cet	666	02 17 42.5	−06 21 21		5.51	+0.76	+0.96	G8.5 III
9 γ Tri	664	02 18 10.9	+33 54 49		4.01	+0.02	+0.02	A0 IV–Vn
68 o Cet	681	02 20 04.8	−02 54 45	vd	2 – 10	+1.09	+1.42	M5.5−9e III + pec
62 And	670	02 20 13.4	+47 26 46		5.30	0.00	−0.01	A1 V
δ Hyi	705	02 22 00.7	−68 35 37		4.09	+0.05	+0.03	A1 Va
κ Hyi	715	02 22 58.1	−73 34 49		5.01	+1.04	+1.09	K1 III
κ For	695	02 23 12.4	−23 45 03		5.20	+0.12	+0.60	G0 Va
λ Hor	714	02 25 18.3	−60 14 51		5.35	+0.06	+0.39	F2 IV–V
72 ρ Cet	708	02 26 39.1	−12 13 33		4.89	−0.07	−0.03	A0 III–IVn
κ Eri	721	02 27 31.0	−47 38 21	6	4.25	−0.50	−0.14	B5 IV
73 ξ² Cet	718	02 28 55.9	+08 31 28	6	4.28	−0.12	−0.06	A0 III⁻
12 Tri	717	02 29 01.2	+29 44 00		5.30	+0.10	+0.30	F0 III
ι Cas	707	02 30 16.8	+67 28 00	vd	4.52	+0.06	+0.12	A5p Sr
μ Hyi	776	02 31 24.2	−79 02 45		5.28	+0.73	+0.98	G8 III
76 σ Cet	740	02 32 46.5	−15 10 54		4.75	−0.02	+0.45	F4 IV
14 Tri	736	02 32 59.6	+36 12 39		5.15	+1.78	+1.47	K5 III
78 ν Cet	754	02 36 38.2	+05 39 21	d67	4.97	+0.56	+0.87	G8 III
	753	02 36 52.7	+06 57 19	sd6	5.82	+0.81	+0.98	K3⁻ V
	743	02 39 26.6	+72 52 50		5.16	+0.58	+0.88	G8 III
32 ν Ari	773	02 39 38.6	+22 01 24	6	5.46	+0.16	+0.16	A7 V
ε Hyi	806	02 39 49.0	−68 12 18		4.11	−0.14	−0.06	B9 V
82 δ Cet	779	02 40 13.6	+00 23 25	v6	4.07	−0.87	−0.22	B2 IV
ζ Hor	802	02 41 06.7	−54 29 18	6	5.21	−0.01	+0.40	F4 IV
ι Eri	794	02 41 14.4	−39 47 38		4.11	+0.74	+1.02	K0.5 IIIb Fe−0.5
86 γ Cet	804	02 44 03.2	+03 17 46	d7	3.47	+0.07	+0.09	A2 Va
35 Ari	801	02 44 18.4	+27 46 05	6	4.66	−0.62	−0.13	B3 V
89 π Cet	811	02 44 48.8	−13 47 53	6	4.25	−0.45	−0.14	B7 V
14 Per	800	02 45 02.2	+44 21 28		5.43	+0.65	+0.90	G0 Ib Ca 1
13 θ Per	799	02 45 11.9	+49 17 20	d	4.12	0.00	+0.49	F7 V
87 μ Cet	813	02 45 43.7	+10 10 29	d6	4.27	+0.08	+0.31	F0m F2 V⁺
1 τ¹ Eri	818	02 45 46.8	−18 30 43	6	4.47	0.00	+0.48	F5 V
1 α UMi	424	02 49 32.8	+89 19 33	vd6	2.02	+0.38	+0.60	F5−8 Ib
β For	841	02 49 41.8	−32 20 44	d	4.46	+0.69	+0.99	G8.5 III Fe−0.5

Designation		BS=HR No.	Right Ascension	Declination	Notes	V	U–B	B–V	Spectral Type
			h m s	° ′ ″					
41	Ari	838	02 50 50.5	+27 19 10	d6	3.63	−0.37	−0.10	B8 Vn
16	Per	840	02 51 30.3	+38 22 39	d	4.23	+0.08	+0.34	F1 V⁺
2 τ^2	Eri	850	02 51 41.8	−20 56 42	d	4.75	+0.63	+0.91	K0 III
15 η	Per	834	02 51 45.9	+55 57 17	d6	3.76	+1.89	+1.68	K3⁻ Ib−IIa
43 σ	Ari	847	02 52 17.8	+15 08 28		5.49	−0.43	−0.09	B7 V
R	Hor	868	02 54 21.7	−49 49 52	v	5 – 14	+0.43	+2.11	gM6.5e:
18 τ	Per	854	02 55 17.7	+52 49 15	cd6	3.95	+0.46	+0.74	G5 III + A4 V
3 η	Eri	874	02 57 08.2	−08 50 28		3.89	+1.00	+1.11	K1 IIIb
		875	02 57 21.1	−03 39 17	6	5.17	+0.05	+0.08	A3 Vn
θ^1	Eri	897	02 58 48.7	−40 14 50	d6	3.24	+0.14	+0.14	A5 IV
24	Per	882	02 59 57.9	+35 14 25		4.93	+1.29	+1.23	K2 III
91 λ	Cet	896	03 00 29.7	+08 57 52		4.70	−0.45	−0.12	B6 III
θ	Hyi	939	03 02 17.9	−71 50 45	d7	5.53	−0.51	−0.14	B9 IVp
11 τ^3	Eri	919	03 03 01.9	−23 34 06		4.09	+0.08	+0.16	A4 V
92 α	Cet	911	03 03 02.3	+04 08 45		2.53	+1.94	+1.64	M1.5 IIIa
μ	Hor	934	03 03 57.4	−59 40 55		5.11	−0.03	+0.34	F0 IV−V
23 γ	Per	915	03 05 51.3	+53 33 44	cd6	2.93	+0.45	+0.70	G5 III + A2 V
25 ρ	Per	921	03 06 06.6	+38 53 44		3.39	+1.79	+1.65	M4 II
		881	03 08 08.0	+79 28 26	d6	5.49		+1.57	M2 IIIab
26 β	Per	936	03 09 07.1	+41 00 38	cvd6	2.12	−0.37	−0.05	B8 V + F:
ι	Per	937	03 10 07.3	+49 40 03	d	4.05	+0.12	+0.59	G0 V
27 κ	Per	941	03 10 28.8	+44 54 41	d6	3.80	+0.83	+0.98	K0 III
57 δ	Ari	951	03 12 27.7	+19 46 50		4.35	+0.87	+1.03	K0 III
α	For	963	03 12 41.5	−28 55 52	d7	3.87	+0.02	+0.52	F6 V
TW	Hor	977	03 12 55.3	−57 16 04	s	5.74	+2.83	+2.28	C6:,2.5 Ba2 Y4
94	Cet	962	03 13 30.9	−01 08 34	d7	5.06	+0.12	+0.57	G0 IV
58 ζ	Ari	972	03 15 44.3	+21 05 50		4.89	−0.01	−0.01	A0.5 Va⁺
13 ζ	Eri	984	03 16 32.3	−08 46 00	6	4.80	+0.09	+0.23	A5m:
29	Per	987	03 19 40.1	+50 16 27	s6	5.15	−0.06	−0.05	B3 V
96 κ	Cet	996	03 20 07.4	+03 25 21	dasv	4.83	+0.19	+0.68	G5 V
16 τ^4	Eri	1003	03 20 09.7	−21 42 21	d	3.69	+1.81	+1.62	M3⁺ IIIa Ca−1
		1008	03 20 30.4	−43 00 54		4.27	+0.22	+0.71	G8 V
		999	03 21 13.2	+29 06 00		4.47	+1.79	+1.55	K3 IIIa Ba 0.5
61 τ	Ari	1005	03 22 04.0	+21 11 54	dv	5.28	−0.52	−0.07	B5 IV
		961	03 22 13.4	+77 47 10	d	5.45	+0.11	+0.19	A5 III:
33 α	Per	1017	03 25 21.9	+49 54 42	das	1.79	+0.37	+0.48	F5 Ib
1 o	Tau	1030	03 25 35.7	+09 04 44	6	3.60	+0.61	+0.89	G6 IIIa Fe−1
		1009	03 25 57.0	+64 38 11		5.23	+2.06	+2.08	M0 II
		1029	03 26 59.6	+49 10 15	sv	6.09	−0.49	−0.07	B7 V
2 ξ	Tau	1038	03 27 57.4	+09 46 56	d6	3.74	−0.33	−0.09	B9 Vn
κ	Ret	1083	03 29 38.1	−62 53 12	d	4.72	−0.04	+0.40	F5 IV−V
		1035	03 30 15.3	+59 59 22	vd	4.21	−0.24	+0.41	B9 Ia
		1040	03 31 04.9	+58 55 40	as6	4.54	−0.11	+0.56	A0 Ia
17	Eri	1070	03 31 20.3	−05 01 35		4.73	−0.27	−0.09	B9 Vs
35 σ	Per	1052	03 31 36.2	+48 02 39		4.36	+1.54	+1.35	K3 III
5	Tau	1066	03 31 40.5	+12 59 08	6	4.11	+1.02	+1.12	K0⁻ II−III Fe−0.5
18 ϵ	Eri	1084	03 33 36.9	−09 24 36	das	3.73	+0.59	+0.88	K2 V
19 τ^5	Eri	1088	03 34 25.7	−21 35 06	6	4.27	−0.35	−0.11	B8 V
20 EG	Eri	1100	03 36 57.1	−17 25 11	dv	5.23	−0.49	−0.13	B9p Si
37 ψ	Per	1087	03 37 31.6	+48 14 23		4.23	−0.57	−0.06	B5 Ve

Designation		BS=HR No.	Right Ascension	Declination	Notes	V	U–B	B–V	Spectral Type
			h m s	° ′ ″					
10	Tau	1101	03 37 36.9	+00 26 49		4.28	+0.07	+0.58	F9 IV–V
		1106	03 37 36.9	−40 13 39		4.58	+0.77	+1.04	K1 III
δ	For	1134	03 42 49.5	−31 53 34	6	5.00	−0.60	−0.16	B5 IV
BD	Cam	1105	03 43 25.6	+63 15 45	6	5.10	+1.82	+1.63	S3.5/2
23 δ	Eri	1136	03 43 56.6	−09 42 55		3.54	+0.69	+0.92	K0⁺ IV
39 δ	Per	1122	03 43 57.8	+47 49 58	d6	3.01	−0.51	−0.13	B5 III
β	Ret	1175	03 44 23.1	−64 45 42	d6	3.85	+1.10	+1.13	K2 III
38 o	Per	1131	03 45 13.9	+32 19 59	vd6	3.83	−0.75	+0.05	B1 III
24	Eri	1146	03 45 14.8	−01 07 06	6	5.25	−0.39	−0.10	B7 V
17	Tau	1142	03 45 44.4	+24 09 28	6	3.70	−0.40	−0.11	B6 III
19	Tau	1145	03 46 04.5	+24 30 42	d6	4.30	−0.46	−0.11	B6 IV
41 ν	Per	1135	03 46 11.0	+42 37 24	d	3.77	+0.31	+0.42	F5 II
29	Tau	1153	03 46 26.8	+06 05 40	d6	5.35	−0.61	−0.12	B3 V
20	Tau	1149	03 46 41.5	+24 24 43	s6	3.87	−0.40	−0.07	B7 IIIp
26 π	Eri	1162	03 46 49.7	−12 03 25		4.42	+2.01	+1.63	M2⁻ IIIab
γ	Hyi	1208	03 47 01.8	−74 11 39		3.24	+1.99	+1.62	M2 III
23 v971	Tau	1156	03 47 11.4	+23 59 33		4.18	−0.42	−0.06	B6 IV
27 τ⁶	Eri	1173	03 47 28.3	−23 12 28		4.23	0.00	+0.42	F3 III
25 η	Tau	1165	03 48 21.0	+24 08 56	d	2.87	−0.34	−0.09	B7 IIIn
		1195	03 49 59.8	−36 09 25		4.17	+0.69	+0.95	G7 IIIa
27	Tau	1178	03 50 01.6	+24 05 48	d6	3.63	−0.36	−0.09	B8 III
BE	Cam	1155	03 50 51.8	+65 34 09		4.47	+2.13	+1.88	M2⁺ IIab
γ	Cam	1148	03 51 54.7	+71 22 30	d	4.63	+0.07	+0.03	A1 IIIn
44 ζ	Per	1203	03 55 02.8	+31 55 32	sd67	2.85	−0.77	+0.12	B1 Ib
34 γ	Eri	1231	03 58 42.4	−13 28 05	d	2.95	+1.96	+1.59	M0.5 IIIb Ca−1
45 ε	Per	1220	03 58 49.9	+40 03 04	sd67	2.89	−0.95	−0.20	B0.5 IV
δ	Ret	1247	03 58 58.7	−61 21 34		4.56	+1.96	+1.62	M1 III
46 ξ	Per	1228	03 59 54.6	+35 49 54	6	4.04	−0.92	+0.01	O7.5 IIIf
35 λ	Tau	1239	04 01 29.1	+12 31 49	v6	3.47	−0.62	−0.12	B3 V
35	Eri	1244	04 02 16.2	−01 30 36		5.28	−0.55	−0.15	B5 V
38 ν	Tau	1251	04 03 55.8	+06 01 43		3.91	+0.07	+0.03	A1 Va
37	Tau	1256	04 05 33.3	+22 07 14	d	4.36	+0.95	+1.07	K0 III
47 λ	Per	1261	04 07 40.2	+50 23 21		4.29	−0.04	−0.02	A0 IIIn
		1279	04 08 31.3	+15 12 02	sd6	6.01	+0.02	+0.40	F3 V
48 MX	Per	1273	04 09 43.2	+47 45 00		4.04	−0.55	−0.03	B3 Ve
43	Tau	1283	04 10 00.8	+19 38 47		5.50		+1.07	K1 III
		1270	04 10 41.8	+59 56 43	s	6.32	+0.92	+1.16	G8 IIa
44 IM	Tau	1287	04 11 43.0	+26 31 04	v	5.41	+0.06	+0.34	F2 IV–V
38 o¹	Eri	1298	04 12 34.5	−06 48 02		4.04	+0.13	+0.33	F1 IV
α	Hor	1326	04 14 29.0	−42 15 33		3.86	+1.00	+1.10	K2 III
α	Ret	1336	04 14 36.9	−62 26 16	d6	3.35	+0.63	+0.91	G8 II–III
40 o²	Eri	1325	04 15 56.4	−07 37 52	d	4.43	+0.45	+0.82	K0.5 V
51 μ	Per	1303	04 15 58.1	+48 26 41	d67	4.14	+0.64	+0.95	G0 Ib
49 μ	Tau	1320	04 16 19.4	+08 55 40	6	4.29	−0.53	−0.06	B3 IV
γ	Dor	1338	04 16 24.5	−51 27 02	v	4.25	+0.03	+0.30	F1 V⁺
48	Tau	1319	04 16 35.8	+15 26 09	sd	6.32	+0.02	+0.40	F3 V
ε	Ret	1355	04 16 44.2	−59 16 04	d	4.44	+1.07	+1.08	K2 IV
41	Eri	1347	04 18 26.6	−33 45 49	d67	3.56	−0.37	−0.12	B9p Mn
54 γ	Tau	1346	04 20 37.2	+15 39 42	d6	3.63	+0.82	+0.99	G9.5 IIIab CN 0.5
57 v483	Tau	1351	04 20 46.8	+14 04 09	sd6	5.59	+0.08	+0.28	F0 IV

Designation		BS=HR No.	Right Ascension	Declination	Notes	V	U−B	B−V	Spectral Type
			h m s	° ′ ″					
		1367	04 21 17.0	−20 36 21		5.38		−0.02	A1 V
54	Per	1343	04 21 21.3	+34 36 02	d	4.93	+0.69	+0.94	G8 III Fe 0.5
		1327	04 22 02.9	+65 10 27	s	5.27	+0.47	+0.81	G5 IIb
	η Ret	1395	04 22 02.9	−63 21 08		5.24	+0.69	+0.96	G8 III
61	δ Tau	1373	04 23 46.4	+17 34 32	d6	3.76	+0.82	+0.98	G9.5 III CN 0.5
63	Tau	1376	04 24 15.1	+16 48 36	cs6	5.64	+0.13	+0.30	F0m
42	ξ Eri	1383	04 24 24.2	−03 42 46	6	5.17	+0.08	+0.08	A2 V
43	Eri	1393	04 24 34.9	−33 59 02		3.96	+1.80	+1.49	K3.5⁻ IIIb
65	κ¹ Tau	1387	04 26 14.1	+22 19 33	d6	4.22	+0.13	+0.13	A5 IV−V
68 v776	Tau	1389	04 26 19.8	+17 57 36	d6	4.29	+0.08	+0.05	A2 IV−Vs
71 v777	Tau	1394	04 27 10.4	+15 39 00	d6	4.49	+0.14	+0.25	F0n IV−V
69	υ Tau	1392	04 27 10.7	+22 50 43	d6	4.28	+0.14	+0.26	A9 IV⁻n
77	θ¹ Tau	1411	04 29 24.3	+15 59 36	d6	3.84	+0.73	+0.95	G9 III Fe−0.5
74	ε Tau	1409	04 29 27.9	+19 12 41	d	3.53	+0.88	+1.01	G9.5 III CN 0.5
78	θ² Tau	1412	04 29 29.5	+15 54 07	sd6	3.40	+0.13	+0.18	A7 III
	δ Cae	1443	04 31 16.8	−44 55 24		5.07	−0.78	−0.19	B2 IV−V
50	υ¹ Eri	1453	04 34 04.7	−29 44 17		4.51	+0.72	+0.98	K0⁺ III Fe−0.5
	α Dor	1465	04 34 18.7	−55 00 55	vd7	3.27	−0.35	−0.10	A0p Si
86	ρ Tau	1444	04 34 40.4	+14 52 26	6	4.65	+0.08	+0.25	A9 V
52	υ² Eri	1464	04 36 06.9	−30 32 00		3.82	+0.72	+0.98	G8.5 IIIa
88	Tau	1458	04 36 27.1	+10 11 22	d6	4.25	+0.11	+0.18	A5m
87	α Tau	1457	04 36 45.3	+16 32 14	sd6	0.85	+1.90	+1.54	K5⁺ III
	R Dor	1492	04 36 55.9	−62 02 56	sd	5.40	+0.86	+1.58	M8e III:
48	ν Eri	1463	04 37 02.7	−03 19 26	vd6	3.93	−0.89	−0.21	B2 III
58	Per	1454	04 37 41.9	+41 17 36	c6	4.25	+0.82	+1.22	K0 II−III + B9 V
53	Eri	1481	04 38 50.7	−14 16 36	d67	3.87	+1.01	+1.09	K1.5 IIIb
90	Tau	1473	04 38 58.2	+12 32 20	d6	4.27	+0.13	+0.12	A5 IV−V
	α Cae	1502	04 41 01.8	−41 50 12	d	4.45	+0.01	+0.34	F1 V
54 DM	Eri	1496	04 41 04.6	−19 38 40	d	4.32	+1.81	+1.61	M3 II−III
	β Cae	1503	04 42 34.3	−37 07 00		5.05	+0.04	+0.37	F2 V
94	τ Tau	1497	04 43 07.0	+22 59 01	d67	4.28	−0.57	−0.13	B3 V
57	μ Eri	1520	04 46 13.7	−03 13 45	6	4.02	−0.60	−0.15	B4 IV
4	Cam	1511	04 49 13.1	+56 46 53	d	5.30	+0.15	+0.25	Am
1	π³ Ori	1543	04 50 37.7	+06 59 08	ad6	3.19	−0.01	+0.45	F6 V
		1533	04 50 53.4	+37 30 45		4.88	+1.70	+1.44	K3.5 III
2	π² Ori	1544	04 51 24.2	+08 55 26	6	4.36	0.00	+0.01	A0.5 IVn
3	π⁴ Ori	1552	04 51 58.8	+05 37 44	s6	3.69	−0.81	−0.17	B2 III
97 v480	Tau	1547	04 52 13.5	+18 51 48	d	5.10	+0.12	+0.21	A9 V⁺
4	o¹ Ori	1556	04 53 21.3	+14 16 25	cv	4.74	+2.03	+1.84	S3.5/1⁻
61	ω Eri	1560	04 53 36.5	−05 25 46	6	4.39	+0.16	+0.25	A9 IV
	η Men	1629	04 54 46.8	−74 54 50		5.47	+1.83	+1.52	K4 III
8	π⁵ Ori	1567	04 55 00.5	+02 27 48	v6	3.72	−0.83	−0.18	B2 III
9	α Cam	1542	04 55 30.1	+66 21 55		4.29	−0.88	+0.03	O9.5 Ia
9	o² Ori	1580	04 57 11.3	+13 32 11	d	4.07	+1.11	+1.15	K2⁻ III Fe−1
3	ι Aur	1577	04 57 56.4	+33 11 16	a	2.69	+1.78	+1.53	K3 II
7	Cam	1568	04 58 27.2	+53 46 25	d67	4.47	−0.01	−0.02	A0m A1 III
10	π⁶ Ori	1601	04 59 18.1	+01 44 07		4.47	+1.55	+1.40	K2⁻ II
7	ε Aur	1605	05 03 00.7	+43 50 36	vd6	2.99	+0.33	+0.54	A9 Ia
8	ζ Aur	1612	05 03 29.7	+41 05 44	cdv6	3.75	+0.38	+1.22	K5 II + B5 V
102	ι Tau	1620	05 03 57.8	+21 36 34		4.64	+0.15	+0.16	A7 IV

Designation			BS=HR No.	Right Ascension	Declination	Notes	V	$U-B$	$B-V$	Spectral Type
				h m s	° ′ ″					
10	β	Cam	1603	05 04 42.8	+60 27 42	d	4.03	+0.63	+0.92	G1 Ib−IIa
	η^2	Pic	1663	05 05 20.6	−49 33 31		5.03	+1.88	+1.49	K5 III
11 v1032		Ori	1638	05 05 23.9	+15 25 23	v	4.68	−0.09	−0.06	A0p Si
	ζ	Dor	1674	05 05 45.7	−57 27 12		4.72	−0.04	+0.52	F7 V
2	ϵ	Lep	1654	05 06 04.5	−22 21 09		3.19	+1.78	+1.46	K4 III
10	η	Aur	1641	05 07 32.1	+41 15 10	a	3.17	−0.67	−0.18	B3 V
67	β	Eri	1666	05 08 33.8	−05 04 07	d	2.79	+0.10	+0.13	A3 IVn
69	λ	Eri	1679	05 09 50.5	−08 44 11		4.27	−0.90	−0.19	B2 IVn
16		Ori	1672	05 10 07.6	+09 50 50	d6	5.43	+0.16	+0.24	A9m
3	ι	Lep	1696	05 12 58.5	−11 51 10	d	4.45	−0.40	−0.10	B9 V:
5	μ	Lep	1702	05 13 35.0	−16 11 21	s	3.31	−0.39	−0.11	B9p Hg Mn
	θ	Dor	1744	05 13 45.0	−67 10 08		4.83	+1.39	+1.28	K2.5 IIIa
4	κ	Lep	1705	05 13 54.1	−12 55 30	d7	4.36	−0.37	−0.10	B7 V
17	ρ	Ori	1698	05 14 03.0	+02 52 39	d67	4.46	+1.16	+1.19	K1 III CN 0.5
11	μ	Aur	1689	05 14 25.4	+38 30 01		4.86	+0.09	+0.18	A7m
19	β	Ori	1713	05 15 14.1	−08 11 09	vdas6	0.12	−0.66	−0.03	B8 Ia
13	α	Aur	1708	05 17 45.8	+46 00 40	cd67	0.08	+0.44	+0.80	G6 III + G2 III
	o	Col	1743	05 18 00.5	−34 52 54		4.83	+0.80	+1.00	K0/1 III/IV
20	τ	Ori	1735	05 18 18.7	−06 49 47	sd6	3.60	−0.47	−0.11	B5 III
	ζ	Pic	1767	05 19 43.5	−50 35 27		5.45	+0.01	+0.51	F7 III−IV
15	λ	Aur	1729	05 20 09.8	+40 06 38	d	4.71	+0.12	+0.63	G1.5 IV−V Fe−1
6	λ	Lep	1756	05 20 14.6	−13 09 46		4.29	−1.03	−0.26	B0.5 IV
22		Ori	1765	05 22 30.2	−00 22 09	6	4.73	−0.79	−0.17	B2 IV−V
29		Ori	1784	05 24 38.8	−07 47 45		4.14	+0.69	+0.96	G8 III Fe−0.5
			1686	05 24 58.4	+79 14 40	d	5.05	−0.13	+0.47	F7 Vs
28	η	Ori	1788	05 25 12.4	−02 23 05	cdv6	3.36	−0.92	−0.17	B1 IV + B
24	γ	Ori	1790	05 25 54.6	+06 21 42	d6	1.64	−0.87	−0.22	B2 III
112	β	Tau	1791	05 27 12.6	+28 37 06	sd	1.65	−0.49	−0.13	B7 III
115		Tau	1808	05 28 00.9	+17 58 25	d	5.42	−0.53	−0.10	B5 V
9	β	Lep	1829	05 28 52.0	−20 44 56	d	2.84	+0.46	+0.82	G5 II
			1856	05 30 33.4	−47 04 04	d7	5.46	+0.21	+0.62	G3 IV
	γ	Men	1953	05 31 19.1	−76 19 47	d	5.19	+1.19	+1.13	K2 III
17		Cam	1802	05 31 32.6	+63 04 39		5.42	+2.00	+1.71	M1 IIIa
32		Ori	1839	05 31 33.6	+05 57 29	d7	4.20	−0.55	−0.14	B5 V
	ϵ	Col	1862	05 31 43.7	−35 27 38		3.87	+1.08	+1.14	K1 II/III
34	δ	Ori	1852	05 32 44.9	−00 17 22	dv6	2.23	−1.05	−0.22	O9.5 II
119	CE	Tau	1845	05 33 03.8	+18 36 14		4.38	+2.21	+2.07	M2 Iab−Ib
11	α	Lep	1865	05 33 22.2	−17 48 46	das	2.58	+0.23	+0.21	F0 Ib
25	χ	Aur	1843	05 33 40.4	+32 12 05	6	4.76	−0.46	+0.34	B5 Iab
	β	Dor	1922	05 33 45.2	−62 28 50	v	3.76	+0.55	+0.82	F7−G2 Ib
37	ϕ^1	Ori	1876	05 35 37.0	+09 29 54	d6	4.41	−0.97	−0.16	B0.5 IV−V
39	λ	Ori	1879	05 35 56.2	+09 56 34	d	3.54	−1.03	−0.18	O8 IIIf
	v1046	Ori	1890	05 36 04.9	−04 29 08	sdv6	6.55	−0.77	−0.13	B2 Vh
			1891	05 36 05.4	−04 24 57	ds	6.24	−0.70	−0.15	B2.5 V
44	ι	Ori	1899	05 36 08.6	−05 54 05	ds6	2.77	−1.08	−0.24	O9 III
46	ϵ	Ori	1903	05 36 57.0	−01 11 37	das6	1.70	−1.04	−0.19	B0 Ia
40	ϕ^2	Ori	1907	05 37 42.2	+09 17 51	s	4.09	+0.64	+0.95	K0 IIIb Fe−2
123	ζ	Tau	1910	05 38 30.7	+21 09 01	s6	3.00	−0.67	−0.19	B2 IIIpe (shell)
48	σ	Ori	1931	05 39 28.5	−02 35 34	d6	3.81	−1.01	−0.24	O9.5 V
	α	Col	1956	05 40 10.5	−34 04 02	d	2.64	−0.46	−0.12	B7 IV

Designation			BS=HR No.	Right Ascension	Declination	Notes	V	U–B	B–V	Spectral Type
				h m s	° ′ ″					
50	ζ	Ori	1948	05 41 29.5	−01 56 09	d6	2.03	−1.04	−0.21	O9.5 Ib
	δ	Dor	2015	05 44 48.0	−65 43 49		4.35	+0.12	+0.21	A7 V⁺n
13	γ	Lep	1983	05 45 04.1	−22 26 40	d	3.60	0.00	+0.47	F7 V
27	o	Aur	1971	05 47 01.5	+49 49 51		5.47	+0.07	+0.03	A0p Cr
14	ζ	Lep	1998	05 47 36.8	−14 49 03	6	3.55	+0.07	+0.10	A2 Van
	β	Pic	2020	05 47 37.7	−51 03 42		3.85	+0.10	+0.17	A6 V
130		Tau	1990	05 48 17.0	+17 44 00		5.49	+0.27	+0.30	F0 III
53	κ	Ori	2004	05 48 26.7	−09 39 56		2.06	−1.03	−0.17	B0.5 Ia
	γ	Pic	2042	05 50 05.5	−56 09 48		4.51	+0.98	+1.10	K1 III
			2049	05 51 12.9	−52 06 22		5.17	+0.72	+0.99	G8 III
	β	Col	2040	05 51 28.3	−35 45 49		3.12	+1.21	+1.16	K1.5 III
15	δ	Lep	2035	05 51 56.7	−20 52 44		3.81	+0.68	+0.99	K0 III Fe−1.5 CH 0.5
32	ν	Aur	2012	05 52 29.8	+39 09 05	d	3.97	+1.09	+1.13	K0 III CN 0.5
136		Tau	2034	05 54 14.4	+27 36 52	6	4.58	+0.03	−0.02	A0 IV
54	χ¹	Ori	2047	05 55 14.6	+20 16 39	6	4.41	+0.07	+0.59	G0⁻ V Ca 0.5
58	α	Ori	2061	05 55 57.4	+07 24 31	ad6	0.50	+2.06	+1.85	M1−M2 Ia−Iab
30	ξ	Aur	2029	05 56 03.8	+55 42 31		4.99	+0.12	+0.05	A1 Va
16	η	Lep	2085	05 57 03.9	−14 09 58		3.71	+0.01	+0.33	F1 V
	γ	Col	2106	05 58 03.1	−35 16 57	d	4.36	−0.66	−0.18	B2.5 IV
60		Ori	2103	05 59 34.3	+00 33 12	d6	5.22	+0.01	+0.01	A1 Vs
	η	Col	2120	05 59 35.5	−42 48 54		3.96	+1.08	+1.14	G8/K1 II
34	β	Aur	2088	06 00 35.6	+44 56 51	vd6	1.90	+0.05	+0.03	A1 IV
37	θ	Aur	2095	06 00 42.6	+37 12 44	vd67	2.62	−0.18	−0.08	A0p Si
33	δ	Aur	2077	06 00 43.3	+54 17 03	d	3.72	+0.87	+1.00	K0⁻ III
35	π	Aur	2091	06 01 00.7	+45 56 12		4.26	+1.83	+1.72	M3 II
61	μ	Ori	2124	06 03 10.9	+09 38 46	d6	4.12	+0.11	+0.16	A5m:
62	χ²	Ori	2135	06 04 46.9	+20 08 13	asv	4.63	−0.68	+0.28	B2 Ia
1		Gem	2134	06 05 00.1	+23 15 40	d67	4.16	+0.53	+0.84	G5 III−IV
17 SS		Lep	2148	06 05 38.0	−16 29 11	s6	4.93	+0.12	+0.24	Ap (shell)
67	ν	Ori	2159	06 08 24.0	+14 45 56	d6	4.42	−0.66	−0.17	B3 IV
	ν	Dor	2221	06 08 38.7	−68 50 47		5.06	−0.21	−0.08	B8 V
			2180	06 09 34.5	−22 25 51		5.50		−0.01	A0 V
	α	Men	2261	06 09 48.5	−74 45 27		5.09	+0.33	+0.72	G5 V
	δ	Pic	2212	06 10 34.9	−54 58 20	v6	4.81	−1.03	−0.23	B0.5 IV
70	ξ	Ori	2199	06 12 45.9	+14 12 16	d6	4.48	−0.65	−0.18	B3 IV
36		Cam	2165	06 14 18.5	+65 42 49	6	5.38	+1.47	+1.34	K2 II−III
5	γ	Mon	2227	06 15 33.8	−06 16 49	d	3.98	+1.41	+1.32	K1 III Ba 0.5
7	η	Gem	2216	06 15 45.2	+22 30 05	vd6	3.28	+1.66	+1.60	M2.5 III
44	κ	Aur	2219	06 16 18.1	+29 29 29		4.35	+0.80	+1.02	G9 IIIb
	κ	Col	2256	06 17 04.1	−35 08 46		4.37	+0.83	+1.00	K0.5 IIIa
74		Ori	2241	06 17 15.5	+12 16 01	d	5.04	−0.02	+0.42	F4 IV
7		Mon	2273	06 20 24.7	−07 49 48	d6	5.27	−0.75	−0.19	B2.5 V
			2209	06 20 26.5	+69 18 45	6	4.80	0.00	+0.03	A0 IV⁺nn
1	ζ	CMa	2282	06 20 52.2	−30 04 14	d6	3.02	−0.72	−0.19	B2.5 V
2 UZ		Lyn	2238	06 20 54.1	+59 00 14		4.48	+0.03	+0.01	A1 Va
	δ	Col	2296	06 22 38.7	−33 26 40	6	3.85	+0.52	+0.88	G7 II
2	β	CMa	2294	06 23 20.3	−17 57 50	svd6	1.98	−0.98	−0.23	B1 II−III
13	μ	Gem	2286	06 23 50.3	+22 30 18	sd	2.88	+1.85	+1.64	M3 IIIab
	α	Car	2326	06 24 16.4	−52 42 15		−0.72	+0.10	+0.15	A9 II
8		Mon	2298	06 24 32.2	+04 35 04	d6	4.44	+0.13	+0.20	A6 IV

Designation			BS=HR No.	Right Ascension	Declination	Notes	V	U–B	B–V	Spectral Type
				h m s	° ′ ″					
			2305	06 24 50.9	−11 32 20		5.22	+1.20	+1.24	K3 III
46	ψ^1	Aur	2289	06 26 00.9	+49 16 44	6	4.91	+2.29	+1.97	K5–M0 Iab–Ib
10		Mon	2344	06 28 40.5	−04 46 20	d	5.06	−0.76	−0.17	B2 V
	λ	CMa	2361	06 28 42.5	−32 35 24		4.48	−0.61	−0.17	B4 V
18	ν	Gem	2343	06 29 49.4	+20 12 06	d6	4.15	−0.48	−0.13	B6 III
4	ξ^1	CMa	2387	06 32 27.6	−23 25 47	vd6	4.33	−0.99	−0.24	B1 III
			2392	06 33 27.7	−11 10 41	ds6	6.24	+0.78	+1.11	G9.5 III: Ba 3
13		Mon	2385	06 33 41.3	+07 19 17		4.50	−0.18	0.00	A0 Ib–II
			2395	06 34 22.1	−01 13 56		5.10	−0.56	−0.14	B5 Vn
			2435	06 35 17.8	−52 59 16		4.39	−0.15	−0.02	A0 II
5	ξ^2	CMa	2414	06 35 39.9	−22 58 38		4.54	−0.03	−0.05	A0 III
7	ν^2	CMa	2429	06 37 19.0	−19 16 09		3.95	+1.01	+1.06	K1.5 III–IV Fe 1
	ν	Pup	2451	06 38 12.3	−43 12 33	6	3.17	−0.41	−0.11	B8 IIIn
8	ν^3	CMa	2443	06 38 31.7	−18 15 03	d	4.43	+1.04	+1.15	K0.5 III
24	γ	Gem	2421	06 38 32.9	+16 23 08	d6	1.93	+0.04	0.00	A1 IVs
15	S	Mon	2456	06 41 46.6	+09 52 52	das6	4.66	−1.07	−0.25	O7 Vf
30		Gem	2478	06 44 48.3	+13 12 44	d	4.49	+1.16	+1.16	K0.5 III CN 0.5
27	ϵ	Gem	2473	06 44 49.4	+25 06 56	das6	2.98	+1.46	+1.40	G8 Ib
			2513	06 45 46.2	−52 13 01	s	6.57		+1.08	G5 Iab
9	α	CMa	2491	06 45 47.0	−16 44 13	od6	−1.46	−0.05	0.00	A0m A1 Va
31	ξ	Gem	2484	06 46 06.2	+12 52 44		3.36	+0.06	+0.43	F5 IV
56	ψ^5	Aur	2483	06 47 47.0	+43 33 42	d	5.25	+0.05	+0.56	G0 V
			2518	06 47 51.2	−37 56 47	d	5.26	−0.25	−0.08	B8/9 V
	α	Pic	2550	06 48 20.3	−61 57 26		3.27	+0.13	+0.21	A6 Vn
18		Mon	2506	06 48 37.0	+02 23 43	6	4.47	+1.04	+1.11	K0$^+$ IIIa
			2401	06 48 41.0	+79 32 45	6	5.45	−0.02	+0.50	F8 V
57	ψ^6	Aur	2487	06 48 45.8	+48 46 22		5.22	+1.04	+1.12	K0 III
	v415	Car	2554	06 50 10.2	−53 38 23	6	4.40	+0.61	+0.92	G4 II
	τ	Pup	2553	06 50 17.8	−50 37 56	6	2.93	+1.21	+1.20	K1 III
13	κ	CMa	2538	06 50 23.0	−32 31 34		3.96	−0.92	−0.23	B1.5 IVne
	ι	Vol	2602	06 51 16.8	−70 58 53		5.40	−0.38	−0.11	B7 IV
	v592	Mon	2534	06 51 24.2	−08 03 32	sv	6.29	+0.02	0.00	A2p Sr Cr Eu
34	θ	Gem	2540	06 53 44.6	+33 56 33	d6	3.60	+0.14	+0.10	A3 III–IV
16	o^1	CMa	2580	06 54 44.1	−24 12 11	s	3.87	+1.99	+1.73	K2 Iab
14	θ	CMa	2574	06 54 51.8	−12 03 28		4.07	+1.70	+1.43	K4 III
	NP	Pup	2591	06 54 54.1	−42 23 04	s	6.32	+2.79	+2.24	C5,2.5
43		Cam	2511	06 55 15.6	+68 52 10		5.12	−0.43	−0.13	B7 III
20	ι	CMa	2596	06 56 47.0	−17 04 26		4.37	−0.70	−0.07	B3 II
15		Lyn	2560	06 58 31.7	+58 24 07	d7	4.35	+0.52	+0.85	G5 III–IV
21	ϵ	CMa	2618	06 59 11.8	−28 59 33	d	1.50	−0.93	−0.21	B2 II
			2527	07 02 09.7	+76 57 22	6	4.55	+1.66	+1.36	K4 III
22	σ	CMa	2646	07 02 17.8	−27 57 23	d	3.47	+1.88	+1.73	K7 Ib
42	ω	Gem	2630	07 03 17.7	+24 11 37	s	5.18	+0.68	+0.94	G5 IIa
24	o^2	CMa	2653	07 03 37.8	−23 51 19	vas6	3.02	−0.80	−0.08	B3 Ia
23	γ	CMa	2657	07 04 24.9	−15 39 20		4.12	−0.48	−0.12	B8 II
			2666	07 04 30.4	−42 21 34	d6	5.20	+0.15	+0.20	A9m
	v386	Car	2683	07 04 34.5	−56 46 20	v	5.17		−0.04	Ap Si
43	ζ	Gem	2650	07 04 58.1	+20 32 52	vd6	3.79	+0.62	+0.79	F9 Ib (var)
	γ^2	Vol	2736	07 08 37.2	−70 31 20	d	3.78	+0.88	+1.04	G9 III
25	δ	CMa	2693	07 08 58.9	−26 25 01	das6	1.84	+0.54	+0.68	F8 Ia

Designation		BS=HR No.	Right Ascension	Declination	Notes	V	U−B	B−V	Spectral Type
			h m s	° ′ ″					
20	Mon	2701	07 10 56.9	−04 15 39	d	4.92	+0.78	+1.03	K0 III
46	τ Gem	2697	07 12 03.7	+30 13 13	d7	4.41	+1.41	+1.26	K2 III
22	δ Mon	2714	07 12 36.3	−00 31 04	d	4.15	+0.02	−0.01	A1 III+
63	Aur	2696	07 12 39.0	+39 17 44	6	4.90	+1.74	+1.45	K3.5 III
	QW Pup	2740	07 12 58.4	−46 47 03		4.49	−0.01	+0.32	F0 IVs
48	Gem	2706	07 13 19.2	+24 06 11	s	5.85	+0.09	+0.36	F5 III−IV
	L₂ Pup	2748	07 13 58.9	−44 39 50	vd	5.10		+1.56	M5 IIIe
51 BQ	Gem	2717	07 14 12.2	+16 08 00	d	5.00	+1.82	+1.66	M4 IIIab
27 EW	CMa	2745	07 14 50.7	−26 22 42	d6	4.66	−0.71	−0.19	B3 IIIep
28	ω CMa	2749	07 15 24.0	−26 47 55		3.85	−0.73	−0.17	B2 IV−Ve
	δ Vol	2803	07 16 49.2	−67 59 01		3.98	+0.45	+0.79	F9 Ib
	π Pup	2773	07 17 39.3	−37 07 27	d	2.70	+1.24	+1.62	K3 Ib
54	λ Gem	2763	07 18 55.5	+16 30 47	d67	3.58	+0.10	+0.11	A4 IV
30	τ CMa	2782	07 19 18.6	−24 58 54	vd6	4.40	−0.99	−0.15	O9 II
55	δ Gem	2777	07 20 59.3	+21 57 16	d67	3.53	+0.04	+0.34	F0 V+
31	η CMa	2827	07 24 40.1	−29 19 56	das	2.45	−0.72	−0.08	B5 Ia
66	Aur	2805	07 25 08.6	+40 38 35	6	5.23	+1.25	+1.25	K1 IIIa Fe−1
60	ι Gem	2821	07 26 37.5	+27 46 05		3.79	+0.85	+1.03	G9 IIIb
3	β CMi	2845	07 27 56.2	+08 15 33	d6	2.90	−0.28	−0.09	B8 V
4	γ CMi	2854	07 28 57.1	+08 53 43	d6	4.32	+1.54	+1.43	K3 III Fe−1
	σ Pup	2878	07 29 41.4	−43 19 53	vd6	3.25	+1.78	+1.51	K5 III
62	ρ Gem	2852	07 30 02.6	+31 45 16	d6	4.18	−0.03	+0.32	F0 V+
6	CMi	2864	07 30 36.2	+11 58 32		4.54	+1.37	+1.28	K1 III
		2906	07 34 40.4	−22 19 41		4.45	+0.06	+0.51	F6 IV
66	α¹ Gem	2891	07 35 31.3	+31 51 19	od6	1.98	+0.01	+0.03	A1m A2 Va
66	α² Gem	2890	07 35 31.6	+31 51 21	od6	2.88	+0.02	+0.04	A2m A5 V:
		2934	07 36 01.2	−52 34 00	6	4.94	+1.63	+1.40	K3 III
69	υ Gem	2905	07 36 48.9	+26 51 44	d	4.06	+1.94	+1.54	M0 III−IIIb
		2937	07 37 54.3	−35 00 07	d7	4.53	−0.31	−0.09	B8 V
25	Mon	2927	07 37 59.9	−04 08 39	d	5.13	+0.12	+0.44	F6 III
10	α CMi	2943	07 40 03.7	+05 11 13	osd67	0.38	+0.02	+0.42	F5 IV−V
	R Pup	2974	07 41 26.4	−31 41 44	s	6.56	+0.85	+1.18	G2 0−Ia
	ζ Vol	3024	07 41 38.1	−72 38 27	d7	3.95	+0.83	+1.04	G9 III
26	α Mon	2970	07 41 56.4	−09 35 09		3.93	+0.88	+1.02	G9 III Fe−1
75	σ Gem	2973	07 44 13.0	+28 50 50	d6	4.28	+0.97	+1.12	K1 III
24	Lyn	2946	07 44 13.6	+58 40 30	d	4.99	+0.08	+0.08	A2 IVn
3	Pup	2996	07 44 23.4	−28 59 25	6	3.96	−0.09	+0.18	A2 Ib
77	κ Gem	2985	07 45 19.3	+24 21 44	ad7	3.57	+0.69	+0.93	G8 III
		3017	07 45 46.3	−38 00 16		3.61	+1.72	+1.73	K5 IIa
78	β Gem	2990	07 46 12.1	+27 59 24	ad	1.14	+0.85	+1.00	K0 IIIb
4	Pup	3015	07 46 36.9	−14 36 00		5.04	+0.09	+0.33	F2 V
	OV Cep	2609	07 46 46.8	+86 59 05		5.07	+1.97	+1.63	M2⁻ IIIab
81	Gem	3003	07 46 57.7	+18 28 25	6	4.88	+1.75	+1.45	K4 III
11	CMi	3008	07 47 04.0	+10 43 55	6	5.30	−0.02	+0.01	A0.5 IV−nn
		2999	07 47 37.2	+37 28 52		5.18	+1.94	+1.58	M2+ IIIb
		3037	07 47 57.8	−46 38 42	6	5.23	−0.85	−0.14	B1.5 IV
80	π Gem	3013	07 48 26.3	+33 22 44	d7	5.14	+1.95	+1.60	M1+ IIIa
	o Pup	3034	07 48 41.3	−25 58 26	d	4.50	−1.02	−0.05	B1 IV:nne
		3055	07 49 40.8	−46 24 37	d	4.11	−1.01	−0.18	B0 III
7	ξ Pup	3045	07 49 54.3	−24 53 49	d6	3.34	+1.16	+1.24	G6 Iab−Ib

Designation			BS=HR No.	Right Ascension	Declination	Notes	V	U–B	B–V	Spectral Type
				h m s	° ′ ″					
13	ζ	CMi	3059	07 52 27.1	+01 43 44		5.14	−0.49	−0.12	B8 II
			3080	07 52 43.0	−40 36 50	c6	3.73	+0.78	+1.04	K1/2 II + A
	QZ	Pup	3084	07 53 09.5	−38 54 04	v6	4.49	−0.69	−0.19	B2.5 V
			3090	07 53 43.7	−48 08 29		4.24	−1.00	−0.14	B0.5 Ib
83	φ	Gem	3067	07 54 22.9	+26 43 38	6	4.97	+0.10	+0.09	A3 IV–V
26		Lyn	3066	07 55 45.8	+47 31 33		5.45	+1.73	+1.46	K3 III
	χ	Car	3117	07 57 08.8	−53 01 18		3.47	−0.67	−0.18	B3p Si
11		Pup	3102	07 57 29.0	−22 55 10		4.20	+0.42	+0.72	F8 II
			3113	07 58 14.8	−30 22 27		4.79	+0.18	+0.15	A6 II
	V	Pup	3129	07 58 39.5	−49 17 05	cvd6	4.41	−0.96	−0.17	B1 Vp + B2:
			3153	07 59 52.3	−60 37 38	s	5.17	+1.91	+1.74	M1.5 II
27		Mon	3122	08 00 27.6	−03 43 12		4.93	+1.21	+1.21	K2 III
			3131	08 00 31.0	−18 26 23		4.61	+0.08	+0.08	A2 IVn
			3075	08 01 54.3	+73 52 38		5.41	+1.64	+1.42	K3 III
			3145	08 03 01.2	+02 17 38	d	4.39	+1.28	+1.25	K2 IIIb Fe−0.5
	ζ	Pup	3165	08 04 05.6	−40 02 41	s	2.25	−1.11	−0.26	O5 Iafn
	χ	Gem	3149	08 04 24.4	+27 45 09	d6	4.94	+1.09	+1.12	K1 III
	ε	Vol	3223	08 07 58.3	−68 39 35	d67	4.35	−0.46	−0.11	B6 IV
15	ρ	Pup	3185	08 08 09.7	−24 20 49	vd6	2.81	+0.19	+0.43	F5 (Ib–II)p
29	ζ	Mon	3188	08 09 19.4	−03 01 37	d	4.34	+0.69	+0.97	G2 Ib
27		Lyn	3173	08 09 32.5	+51 27 49	d	4.84	0.00	+0.05	A1 Va
16		Pup	3192	08 09 40.5	−19 17 18	6	4.40	−0.60	−0.15	B5 IV
	γ²	Vel	3207	08 09 58.8	−47 22 47	cd6	1.78	−0.99	−0.22	WC8 + O9I:
	NS	Pup	3225	08 11 52.6	−39 39 45	6	4.45	+1.86	+1.62	K4.5 Ib
20		Pup	3229	08 14 00.0	−15 49 58		4.99	+0.78	+1.07	G5 IIa
			3182	08 14 14.3	+68 25 47		5.45	+0.80	+1.05	G7 II
			3243	08 14 33.8	−40 23 34	d6	4.44	+1.09	+1.17	K1 II/III
17	β	Cnc	3249	08 17 18.0	+09 08 24	d	3.52	+1.77	+1.48	K4 III Ba 0.5
	α	Cha	3318	08 18 07.8	−76 57 54		4.07	−0.02	+0.39	F4 IV
			3270	08 19 05.9	−36 42 17		4.45	+0.11	+0.22	A7 IV
	θ	Cha	3340	08 20 11.0	−77 31 51	d	4.35	+1.20	+1.16	K2 III CN 0.5
18	χ	Cnc	3262	08 20 56.6	+27 10 11		5.14	−0.06	+0.47	F6 V
			3282	08 21 57.3	−33 06 04		4.83	+1.60	+1.45	K2.5 II–III
	ε	Car	3307	08 22 48.6	−59 33 23	dc	1.86	+0.19	+1.28	K3: III + B2: V
31		Lyn	3275	08 23 49.4	+43 08 26		4.25	+1.90	+1.55	K4.5 III
			3315	08 25 41.3	−24 05 38	d6	5.28	+1.83	+1.48	K4.5 III CN 1
	β	Vol	3347	08 25 53.4	−66 11 08		3.77	+1.14	+1.13	K2 III
			3314	08 26 23.1	−03 57 16		3.90	−0.02	−0.02	A0 Va
1	o	UMa	3323	08 31 27.5	+60 40 06	sd	3.37	+0.52	+0.85	G5 III
33	η	Cnc	3366	08 33 32.7	+20 23 28		5.33	+1.39	+1.25	K3 III
			3426	08 38 09.3	−43 02 25		4.14	+0.16	+0.11	A6 II
4	δ	Hya	3410	08 38 25.4	+05 39 09	d6	4.16	+0.01	0.00	A1 IVnn
5	σ	Hya	3418	08 39 30.9	+03 17 23		4.44	+1.28	+1.21	K1 III
	β	Pyx	3438	08 40 40.2	−35 21 38	d6	3.97	+0.65	+0.94	G4 III
	o	Vel	3447	08 40 42.5	−52 58 26	v6	3.62	−0.64	−0.18	B3 IV
6		Hya	3431	08 40 42.7	−12 31 38		4.98	+1.62	+1.42	K4 III
	η	Cha	3502	08 40 48.0	−79 00 56		5.47	−0.35	−0.10	B8 V
	v343	Car	3457	08 40 56.2	−59 48 47	d6	4.33	−0.80	−0.11	B1.5 III
			3445	08 41 06.5	−46 42 03	d	3.82	+0.33	+0.70	F0 Ia
34		Lyn	3422	08 42 00.9	+45 46 56		5.37	+0.75	+0.99	G8 IV

Designation			BS=HR No.	Right Ascension	Declination	Notes	V	U−B	B−V	Spectral Type
				h m s	° ′ ″					
7	η	Hya	3454	08 43 58.9	+03 20 45	6	4.30	−0.74	−0.20	B4 V
43	γ	Cnc	3449	08 44 07.4	+21 24 56	d6	4.66	+0.01	+0.02	A1 Va
	α	Pyx	3468	08 44 10.5	−33 14 21		3.68	−0.88	−0.18	B1.5 III
			3477	08 44 55.1	−42 42 08	d	4.07	+0.52	+0.87	G6 II−III
	δ	Vel	3485	08 45 06.3	−54 45 45	d7	1.96	+0.07	+0.04	A1 Va
47	δ	Cnc	3461	08 45 30.4	+18 06 01	d	3.94	+0.99	+1.08	K0 IIIb
			3487	08 46 31.2	−46 05 42		3.91	−0.05	0.00	A1 II
12		Hya	3484	08 47 03.6	−13 36 05	d6	4.32	+0.62	+0.90	G8 III Fe−1
	v344	Car	3498	08 47 05.0	−56 49 24		4.49	−0.73	−0.17	B3 Vne
11	ε	Hya	3482	08 47 32.5	+06 21 53	cd67	3.38	+0.36	+0.68	G5: III + A:
48	ι	Cnc	3475	08 47 34.3	+28 42 21	d	4.02	+0.78	+1.01	G8 II−III
13	ρ	Hya	3492	08 49 12.0	+05 47 00	d6	4.36	−0.04	−0.04	A0 Vn
14	KX	Hya	3500	08 50 05.4	−03 29 51		5.31	−0.35	−0.09	B9p Hg Mn
	γ	Pyx	3518	08 51 08.9	−27 45 51		4.01	+1.40	+1.27	K2.5 III
	ζ	Oct	3678	08 54 18.7	−85 43 08		5.42	+0.07	+0.31	F0 III
			3571	08 55 22.5	−60 42 01	d	3.84	−0.45	−0.10	B7 II−III
16	ζ	Hya	3547	08 56 09.6	+05 53 23		3.11	+0.80	+1.00	G9 IIIa
	v376	Car	3582	08 57 19.7	−59 17 08	d	4.92	−0.77	−0.19	B2 IV−V
65	α	Cnc	3572	08 59 16.7	+11 48 03	d6	4.25	+0.15	+0.14	A5m
9	ι	UMa	3569	09 00 11.6	+47 59 02	d6	3.14	+0.07	+0.19	A7 IVn
64	σ³	Cnc	3575	09 00 25.9	+32 21 41	d	5.22	+0.64	+0.92	G8 III
			3591	09 00 37.9	−41 18 38	c6	4.45	+0.38	+0.65	G8/K1 III + A
			3579	09 01 34.6	+41 43 28	od67	3.97	+0.04	+0.43	F7 V
	α	Vol	3615	09 02 40.3	−66 27 15	6	4.00	+0.13	+0.14	A5m
8	ρ	UMa	3576	09 03 50.0	+67 34 19		4.76	+1.88	+1.53	M3 IIIb Ca 1
12	κ	UMa	3594	09 04 36.5	+47 05 54	d7	3.60	+0.01	0.00	A0 IIIn
			3614	09 04 39.3	−47 09 21		3.75	+1.22	+1.20	K2 III
			3643	09 05 10.6	−72 39 40		4.48	+0.22	+0.61	F8 II
			3612	09 07 26.8	+38 23 36		4.56	+0.82	+1.04	G7 Ib−II
	λ	Vel	3634	09 08 31.8	−43 29 30	d	2.21	+1.81	+1.66	K4.5 Ib
76	κ	Cnc	3623	09 08 31.9	+10 36 33	d6	5.24	−0.43	−0.11	B8p Hg Mn
15		UMa	3619	09 09 53.2	+51 32 43		4.48	+0.12	+0.27	F0m
77	ξ	Cnc	3627	09 10 11.4	+21 59 10	d6	5.14	+0.80	+0.97	G9 IIIa Fe−0.5 CH−1
	v357	Car	3659	09 11 21.0	−59 01 36	6	3.44	−0.70	−0.19	B2 IV−V
			3663	09 11 36.4	−62 22 36		3.97	−0.67	−0.18	B3 III
	β	Car	3685	09 13 21.2	−69 46 37		1.68	+0.03	0.00	A1 III
36		Lyn	3652	09 14 44.8	+43 09 26		5.32	−0.48	−0.14	B8p Mn
22	θ	Hya	3665	09 15 07.1	+02 15 09	d6	3.88	−0.12	−0.06	B9.5 IV (C II)
			3696	09 16 36.6	−57 36 09		4.34	+1.98	+1.63	M0.5 III Ba 0.3
	ι	Car	3699	09 17 28.7	−59 20 11		2.25	+0.16	+0.18	A7 Ib
38		Lyn	3690	09 19 44.5	+36 44 26	d67	3.82	+0.06	+0.06	A2 IV⁻
40	α	Lyn	3705	09 21 56.1	+34 19 50		3.13	+1.94	+1.55	K7 IIIab
	θ	Pyx	3718	09 22 08.2	−26 01 40		4.72	+2.02	+1.63	M0.5 III
	κ	Vel	3734	09 22 33.8	−55 04 23	6	2.50	−0.75	−0.18	B2 IV−V
1	κ	Leo	3731	09 25 29.8	+26 07 09	d7	4.46	+1.31	+1.23	K2 III
30	α	Hya	3748	09 28 18.0	−08 43 19	d	1.98	+1.72	+1.44	K3 II−III
	ε	Ant	3765	09 29 50.7	−36 00 55	6	4.51	+1.68	+1.44	K3 III
	ψ	Vel	3786	09 31 16.4	−40 31 51	d7	3.60	−0.03	+0.36	F0 V⁺
			3803	09 31 39.8	−57 05 55		3.13	+1.89	+1.55	K5 III
			3821	09 31 42.3	−73 08 43		5.47	+1.75	+1.56	K4 III

Designation			BS=HR No.	Right Ascension	Declination	Notes	V	U–B	B–V	Spectral Type
				h m s	° ′ ″					
4	λ	Leo	3773	09 32 32.7	+22 54 12		4.31	+1.89	+1.54	K4.5 IIIb
	R	Car	3816	09 32 36.5	−62 51 12	vd	4 – 10	+0.23	+1.43	gM5e
23		UMa	3757	09 32 39.4	+62 59 51	d	3.67	+0.10	+0.33	F0 IV
5	ξ	Leo	3782	09 32 43.6	+11 14 06		4.97	+0.86	+1.05	G9.5 III
25	θ	UMa	3775	09 33 49.2	+51 36 37	d6	3.17	+0.02	+0.46	F6 IV
			3808	09 33 52.6	−21 10 50		5.01	+0.87	+1.02	K0 III
			3825	09 34 51.9	−59 17 41		4.08	−0.56	+0.01	B5 II
10	SU	LMi	3800	09 35 06.4	+36 19 57		4.55	+0.62	+0.92	G7.5 III Fe−0.5
24	DK	UMa	3771	09 35 44.4	+69 45 56		4.56	+0.34	+0.77	G5 III−IV
26		UMa	3799	09 35 48.6	+51 59 10		4.50	+0.04	+0.01	A1 Va
			3836	09 37 20.7	−49 25 13	d	4.35	+0.13	+0.17	A5 IV−V
			3751	09 39 03.2	+81 15 38		4.29	+1.72	+1.48	K3 IIIa
			3834	09 39 12.6	+04 35 00		4.68	+1.46	+1.32	K3 III
35	ι	Hya	3845	09 40 35.8	−01 12 33		3.91	+1.46	+1.32	K2.5 III
38	κ	Hya	3849	09 41 00.1	−14 23 55		5.06	−0.57	−0.15	B5 V
14	o	Leo	3852	09 41 55.4	+09 49 33	cd6	3.52	+0.21	+0.49	F5 II + A5?
16	ψ	Leo	3866	09 44 31.2	+13 57 17	d	5.35	+1.95	+1.63	M24+ IIIab
	θ	Ant	3871	09 44 50.9	−27 50 11	cd7	4.79	+0.35	+0.51	F7 II−III + A8 V
	λ	Car	3884	09 45 38.7	−62 34 30	v	3.69	+0.85	+1.22	F9−G5 Ib
17	ε	Leo	3873	09 46 40.3	+23 42 25		2.98	+0.47	+0.80	G1 II
	υ	Car	3890	09 47 27.8	−65 08 22	d	3.01	+0.13	+0.27	A6 II
	R	Leo	3882	09 48 20.2	+11 21 39	v	4 – 11	−0.20	+1.30	gM7e
			3881	09 49 31.1	+45 57 10		5.09	+0.10	+0.62	G0.5 Va
29	υ	UMa	3888	09 52 00.5	+58 58 11	vd	3.80	+0.18	+0.28	F0 IV
39	υ¹	Hya	3903	09 52 10.6	−14 54 54		4.12	+0.65	+0.92	G8.5 IIIa
24	μ	Leo	3905	09 53 35.1	+25 56 17	s	3.88	+1.39	+1.22	K2 III CN 1 Ca 1
			3923	09 55 33.3	−19 04 43	6	4.94	+1.93	+1.57	K5 III
	φ	Vel	3940	09 57 22.4	−54 38 14	d	3.54	−0.62	−0.08	B5 Ib
19		LMi	3928	09 58 34.0	+40 59 09	6	5.14	0.00	+0.46	F5 V
	η	Ant	3947	09 59 29.7	−35 57 39	d	5.23	+0.08	+0.31	F1 III−IV
29	π	Leo	3950	10 00 58.7	+07 58 27		4.70	+1.93	+1.60	M2− IIIab
20		LMi	3951	10 01 50.6	+31 51 06		5.36	+0.27	+0.66	G3 Va Hδ 1
40	υ²	Hya	3970	10 05 49.9	−13 08 07	6	4.60	−0.27	−0.09	B8 V
30	η	Leo	3975	10 08 07.3	+16 41 29	asd	3.52	−0.21	−0.03	A0 Ib
21		LMi	3974	10 08 16.8	+35 10 24		4.48	+0.08	+0.18	A7 V
31		Leo	3980	10 08 40.4	+09 55 33	d	4.37	+1.75	+1.45	K3.5 IIIb Fe−1:
15	α	Sex	3981	10 08 40.8	−00 26 35		4.49	−0.07	−0.04	A0 III
32	α	Leo	3982	10 09 08.6	+11 53 45	d6	1.35	−0.36	−0.11	B7 Vn
41	λ	Hya	3994	10 11 17.7	−12 25 34	d6	3.61	+0.92	+1.01	K0 III CN 0.5
	ω	Car	4037	10 14 04.8	−70 06 36		3.32	−0.33	−0.08	B8 IIIn
			4023	10 15 20.8	−42 11 39	6	3.85	+0.06	+0.05	A2 Va
36	ζ	Leo	4031	10 17 29.7	+23 20 40	das6	3.44	+0.20	+0.31	F0 III
	v337	Car	4050	10 17 34.1	−61 24 18	d	3.40	+1.72	+1.54	K2.5 II
33	λ	UMa	4033	10 17 57.9	+42 50 29	s	3.45	+0.06	+0.03	A1 IV
22	ε	Sex	4042	10 18 21.0	−08 08 30		5.24	+0.13	+0.31	F1 IV−
	AG	Ant	4049	10 18 47.6	−29 03 54		5.34		+0.24	A0p Ib−II
41	γ¹	Leo	4057	10 20 46.2	+19 46 04	d6	2.61	+1.00	+1.15	K1− IIIb Fe−0.5
			4080	10 22 57.0	−41 43 24		4.83	+1.08	+1.12	K1 III
34	μ	UMa	4069	10 23 11.3	+41 25 34	6	3.05	+1.89	+1.59	M0 III
			4086	10 24 07.5	−38 05 02		5.33		+0.25	A8 V

Designation			BS=HR No.	Right Ascension	Declination	Notes	V	U–B	B–V	Spectral Type
				h m s	° ′ ″					
			4102	10 24 40.8	−74 06 20	6	4.00	−0.01	+0.35	F2 V
			4072	10 25 09.6	+65 29 33	6	4.97	−0.13	−0.06	A0p Hg
42	μ	Hya	4094	10 26 47.6	−16 54 39		3.81	+1.82	+1.48	K4+ III
	α	Ant	4104	10 27 49.0	−31 08 31	6	4.25	+1.63	+1.45	K4.5 III
			4114	10 28 24.8	−58 48 49		3.82	+0.24	+0.31	F0 Ib
31	β	LMi	4100	10 28 43.0	+36 37 57	d67	4.21	+0.64	+0.90	G9 IIIab
29	δ	Sex	4116	10 30 12.9	−02 48 49		5.21	−0.12	−0.06	B9.5 V
36		UMa	4112	10 31 32.7	+55 54 20	d	4.83	−0.01	+0.52	F8 V
	PP	Car	4140	10 32 32.6	−61 45 37		3.32	−0.72	−0.09	B4 Vne
			4084	10 32 44.0	+82 29 02		5.26	−0.05	+0.37	F4 V
46		Leo	4127	10 32 58.1	+14 03 45		5.46	+2.04	+1.68	M1 IIIb
			4143	10 33 33.7	−47 04 42	d7	5.02	+0.59	+1.04	K1/2 III
47	ρ	Leo	4133	10 33 34.4	+09 13 54	vd6	3.85	−0.96	−0.14	B1 Iab
44		Hya	4145	10 34 42.3	−23 49 13	d	5.08	+1.82	+1.60	K5 III
	γ	Cha	4174	10 35 37.8	−78 40 59		4.11	+1.95	+1.58	M0 III
37		UMa	4141	10 36 05.2	+57 00 27		5.16	−0.02	+0.34	F1 V
			4159	10 36 08.9	−57 37 59	6	4.45	+1.79	+1.62	K5 II
			4126	10 36 17.2	+75 38 15		4.84	+0.72	+0.96	G8 III
			4167	10 37 54.9	−48 18 04	d67	3.84	+0.07	+0.30	F0m
37		LMi	4166	10 39 32.0	+31 54 02		4.71	+0.54	+0.81	G2.5 IIa
			4180	10 39 53.2	−55 40 45	d	4.28	+0.75	+1.04	G2 II
	θ	Car	4199	10 43 28.6	−64 28 14	6	2.76	−1.01	−0.22	B0.5 Vp
			4181	10 44 05.2	+69 00 00		5.00	+1.54	+1.38	K3 III
41		LMi	4192	10 44 12.1	+23 06 44		5.08	+0.05	+0.04	A2 IV
			4191	10 44 23.7	+46 07 38	d6	5.18	+0.01	+0.33	F5 III
	δ²	Cha	4234	10 45 54.3	−80 37 00		4.45	−0.70	−0.19	B2.5 IV
42		LMi	4203	10 46 40.1	+30 36 20	d6	5.24	−0.14	−0.06	A1 Vn
51		Leo	4208	10 47 11.3	+18 48 53		5.50	+1.15	+1.13	gK3
	μ	Vel	4216	10 47 23.8	−49 29 50	cd67	2.69	+0.57	+0.90	G5 III + F8: V
53		Leo	4227	10 50 01.1	+10 28 05	6	5.34	+0.02	+0.03	A2 V
	ν	Hya	4232	10 50 20.5	−16 16 11		3.11	+1.30	+1.25	K1.5 IIIb Hδ−0.5
			4257	10 54 05.2	−58 55 49	d6	3.78	+0.65	+0.95	K0 IIIb
46		LMi	4247	10 54 07.2	+34 08 11		3.83	+0.91	+1.04	K0+ III–IV
54		Leo	4259	10 56 23.8	+24 40 19	cd	4.50	+0.01	+0.01	A1 IIIn + A1 IVn
	ι	Ant	4273	10 57 23.7	−37 12 57		4.60	+0.84	+1.03	K0 III
47		UMa	4277	11 00 16.4	+40 21 09		5.05	+0.13	+0.61	G1− V Fe−0.5
7	α	Crt	4287	11 00 28.9	−18 22 34		4.08	+1.00	+1.09	K0+ III
			4293	11 00 49.4	−42 18 14		4.39	+0.12	+0.11	A3 IV
58		Leo	4291	11 01 18.6	+03 32 22	d	4.84	+1.12	+1.16	K0.5 III Fe−0.5
48	β	UMa	4295	11 02 42.5	+56 18 16	6	2.37	+0.01	−0.02	A0m A1 IV–V
60		Leo	4300	11 03 06.1	+20 06 06		4.42	+0.05	+0.05	A0.5m A3 V
50	α	UMa	4301	11 04 36.7	+61 40 21	d6	1.80	+0.90	+1.07	K0− IIIa
63	χ	Leo	4310	11 05 45.9	+07 15 27	d7	4.63	+0.08	+0.33	F1 IV
	χ¹	Hya	4314	11 06 01.9	−27 22 20	d7	4.94	+0.04	+0.36	F3 IV
	v382	Car	4337	11 09 12.8	−59 03 13	c6	3.91	+0.94	+1.23	G4 0−Ia
52	ψ	UMa	4335	11 10 28.4	+44 25 10		3.01	+1.11	+1.14	K1 III
11	β	Crt	4343	11 12 22.4	−22 54 19	6	4.48	+0.06	+0.03	A2 IV
			4350	11 13 12.9	−49 10 48	6	5.36		+0.18	A3 IV/V
68	δ	Leo	4357	11 14 52.7	+20 26 39	d	2.56	+0.12	+0.12	A4 IV
70	θ	Leo	4359	11 15 00.0	+15 21 00		3.34	+0.06	−0.01	A2 IV (Kvar)

Designation			BS=HR No.	Right Ascension	Declination	Notes	V	U–B	B–V	Spectral Type
				h m s	° ′ ″					
74	φ	Leo	4368	11 17 24.0	−03 43 52	d	4.47	+0.14	+0.21	A7 V⁺n
	SV	Crt	4369	11 17 42.3	−07 12 50	sd67	6.14	+0.15	+0.20	A8p Sr Cr
54	ν	UMa	4377	11 19 15.5	+33 00 54	d6	3.48	+1.55	+1.40	K3⁻ III
55		UMa	4380	11 19 55.1	+38 06 21	d6	4.78	+0.03	+0.12	A1 Va
12	δ	Crt	4382	11 20 04.0	−14 51 26	6	3.56	+0.97	+1.12	G9 IIIb CH 0.2
	π	Cen	4390	11 21 40.4	−54 34 14	d7	3.89	−0.59	−0.15	B5 Vn
77	σ	Leo	4386	11 21 53.0	+05 56 59	6	4.05	−0.12	−0.06	A0 III⁺
78	ι	Leo	4399	11 24 40.7	+10 26 58	d67	3.94	+0.07	+0.41	F2 IV
15	γ	Crt	4405	11 25 36.5	−17 45 50	d	4.08	+0.11	+0.21	A7 V
84	τ	Leo	4418	11 28 41.0	+02 46 35	d	4.95	+0.79	+1.00	G7.5 IIIa
1	λ	Dra	4434	11 32 15.0	+69 15 03		3.84	+1.97	+1.62	M0 III Ca−1
	ξ	Hya	4450	11 33 43.1	−31 56 17	d	3.54	+0.71	+0.94	G7 III
	λ	Cen	4467	11 36 27.4	−63 06 01	d	3.13	−0.17	−0.04	B9.5 IIn
			4466	11 36 38.0	−47 43 20		5.25	+0.12	+0.25	A7m
21	θ	Crt	4468	11 37 25.1	−09 52 57	6	4.70	−0.18	−0.08	B9.5 Vn
91	υ	Leo	4471	11 37 41.5	−00 54 14		4.30	+0.75	+1.00	G8⁺ IIIb
	o	Hya	4494	11 40 56.2	−34 49 30		4.70	−0.22	−0.07	B9 V
61		UMa	4496	11 41 48.6	+34 07 11	das	5.33	+0.25	+0.72	G8 V
3		Dra	4504	11 43 16.2	+66 39 52		5.30	+1.24	+1.28	K3 III
	v810	Cen	4511	11 44 13.1	−62 34 12	s	5.03	+0.35	+0.80	G0 0−Ia Fe 1
27	ζ	Crt	4514	11 45 30.0	−18 25 53	d	4.73	+0.74	+0.97	G8 IIIa
	λ	Mus	4520	11 46 18.0	−66 48 33	d	3.64	+0.15	+0.16	A7 IV
3	ν	Vir	4517	11 46 36.3	+06 26 53		4.03	+1.79	+1.51	M1 III
63	χ	UMa	4518	11 46 48.7	+47 41 56		3.71	+1.16	+1.18	K0.5 IIIb
			4522	11 47 13.3	−61 15 33	d	4.11	+0.58	+0.90	G3 II
93	DQ	Leo	4527	11 48 43.9	+20 08 18	cd6	4.53	+0.28	+0.55	G4 III−IV + A7 V
	II	Hya	4532	11 49 29.2	−26 49 50		5.11	+1.67	+1.60	M4⁺ III
94	β	Leo	4534	11 49 47.9	+14 29 27	d	2.14	+0.07	+0.09	A3 Va
			4537	11 50 23.9	−63 52 09		4.32	−0.59	−0.15	B3 V
5	β	Vir	4540	11 51 27.0	+01 40 59	d	3.61	+0.11	+0.55	F9 V
			4546	11 51 52.5	−45 15 15		4.46	+1.46	+1.30	K3 III
	β	Hya	4552	11 53 38.7	−33 59 20	vd7	4.28	−0.33	−0.10	Ap Si
64	γ	UMa	4554	11 54 35.3	+53 36 51	a6	2.44	+0.02	0.00	A0 Van
95		Leo	4564	11 56 25.2	+15 33 58	d6	5.53	+0.12	+0.11	A3 V
30	η	Crt	4567	11 56 45.4	−17 13 54		5.18	0.00	−0.02	A0 Va
8	π	Vir	4589	12 01 37.0	+06 32 01	6	4.66	+0.11	+0.13	A5 IV
	θ¹	Cru	4599	12 03 46.3	−63 23 37	d6	4.33	+0.04	+0.27	A8m
			4600	12 04 24.9	−42 30 55		5.15	−0.03	+0.41	F6 V
9	o	Vir	4608	12 05 56.8	+08 39 09	s	4.12	+0.63	+0.98	G8 IIIa CN−1 Ba 1 CH 1
	η	Cru	4616	12 07 38.9	−64 41 40	d6	4.15	+0.03	+0.34	F2 V⁺
			4618	12 08 50.6	−50 44 31	v	4.47	−0.67	−0.15	B2 IIIne
	δ	Cen	4621	12 09 06.9	−50 48 11	d	2.60	−0.90	−0.12	B2 IVne
1	α	Crv	4623	12 09 09.9	−24 48 35		4.02	−0.02	+0.32	F0 IV−V
2	ε	Crv	4630	12 10 52.4	−22 42 01		3.00	+1.47	+1.33	K2.5 IIIa
	ρ	Cen	4638	12 12 25.0	−52 26 57		3.96	−0.62	−0.15	B3 V
			4646	12 12 51.8	+77 32 09	v6	5.14	+0.10	+0.33	F2m
	δ	Cru	4656	12 15 55.4	−58 49 46		2.80	−0.91	−0.23	B2 IV
69	δ	UMa	4660	12 16 08.3	+56 57 08	d	3.31	+0.07	+0.08	A2 Van
4	γ	Crv	4662	12 16 33.2	−17 37 20	6	2.59	−0.34	−0.11	B8p Hg Mn
	ε	Mus	4671	12 18 22.0	−68 02 29	6	4.11	+1.55	+1.58	M5 III

Designation		BS=HR No.	Right Ascension	Declination	Notes	V	U−B	B−V	Spectral Type
			h m s	° ′ ″					
β	Cha	4674	12 19 13.7	−79 23 33		4.26	−0.51	−0.12	B5 Vn
ζ	Cru	4679	12 19 14.0	−64 05 01	d	4.04	−0.69	−0.17	B2.5 V
3	CVn	4690	12 20 31.3	+48 54 14		5.29	+1.97	+1.66	M1$^+$ IIIab
15 η	Vir	4689	12 20 38.9	−00 44 50	d6	3.89	+0.06	+0.02	A1 IV$^+$
16	Vir	4695	12 21 05.2	+03 13 55	d	4.96	+1.15	+1.16	K0.5 IIIb Fe−0.5
ε	Cru	4700	12 22 09.1	−60 28 52		3.59	+1.63	+1.42	K3 III
12	Com	4707	12 23 14.0	+25 45 57	cd6	4.81	+0.26	+0.49	G5 III + A5
6	CVn	4728	12 26 33.6	+38 56 18		5.02	+0.73	+0.96	G9 III
α^1	Cru	4730	12 27 24.9	−63 10 46	cd6	1.33	−1.03	−0.24	B0.5 IV
15 γ	Com	4737	12 27 39.5	+28 11 17		4.36	+1.15	+1.13	K1 III Fe 0.5
σ	Cen	4743	12 28 49.8	−50 18 39		3.91	−0.78	−0.19	B2 V
		4748	12 29 09.0	−39 07 17		5.44		−0.08	B8/9 V
7 δ	Crv	4757	12 30 37.0	−16 35 46	d7	2.95	−0.08	−0.05	B9.5 IV$^-$n
74	UMa	4760	12 30 37.6	+58 19 34		5.35	+0.14	+0.20	δ Del
γ	Cru	4763	12 31 58.7	−57 11 39	d	1.63	+1.78	+1.59	M3.5 III
8 η	Crv	4775	12 32 49.2	−16 16 34	6	4.31	+0.01	+0.38	F2 V
γ	Mus	4773	12 33 21.1	−72 12 46		3.87	−0.62	−0.15	B5 V
5 κ	Dra	4787	12 34 05.7	+69 42 30	v6	3.87	−0.57	−0.13	B6 IIIpe
		4783	12 34 21.7	+33 10 03		5.42	+0.83	+1.00	K0 III CN−1
8 β	CVn	4785	12 34 25.7	+41 16 44	ads6	4.26	+0.05	+0.59	G0 V
9 β	Crv	4786	12 35 09.1	−23 28 36		2.65	+0.60	+0.89	G5 IIb
23	Com	4789	12 35 34.4	+22 32 59	d6	4.81	−0.01	0.00	A0m A1 IV
24	Com	4792	12 35 51.4	+18 17 51	d	5.02	+1.11	+1.15	K2 III
α	Mus	4798	12 38 03.8	−69 12 55	d	2.69	−0.83	−0.20	B2 IV−V
τ	Cen	4802	12 38 30.1	−48 37 15		3.86	+0.03	+0.05	A1 IVnn
26 χ	Vir	4813	12 39 59.7	−08 04 31	d	4.66	+1.39	+1.23	K2 III CN 1.5
γ	Cen	4819	12 42 19.4	−49 02 21	d67	2.17	−0.01	−0.01	A1 IV
29 γ^1	Vir	4825	12 42 23.7	−01 31 44	ocd6	3.48	−0.03	+0.36	F1 V
29 γ^2	Vir	4826	12 42 23.7	−01 31 42	ocd	3.50	−0.03	+0.36	F0m F2 V
30 ρ	Vir	4828	12 42 37.1	+10 09 21	6	4.88	+0.03	+0.09	A0 Va (λ Boo)
		4839	12 44 47.1	−28 24 12		5.48	+1.50	+1.34	K3 III
Y	CVn	4846	12 45 48.5	+45 21 40		4.99	+6.33	+2.54	C5,5
32 FM	Vir	4847	12 46 21.0	+07 35 39	6	5.22	+0.15	+0.33	F2m
β	Mus	4844	12 47 11.1	−68 11 14	cd7	3.05	−0.74	−0.18	B2 V + B2.5 V
β	Cru	4853	12 48 34.7	−59 46 04	vd6	1.25	−1.00	−0.23	B0.5 III
		4874	12 51 28.6	−34 04 41	d	4.91	−0.11	−0.04	A0 IV
31	Com	4883	12 52 24.2	+27 27 43	s	4.94	+0.20	+0.67	G0 IIIp
		4888	12 53 56.5	−49 01 19	6	4.33	+1.58	+1.37	K3/4 III
		4889	12 54 14.7	−40 15 27		4.27	+0.12	+0.21	A7 V
77 ε	UMa	4905	12 54 39.8	+55 52 53	dv6	1.77	+0.02	−0.02	A0p Cr
40 ψ	Vir	4902	12 55 06.5	−09 37 03		4.79	+1.53	+1.60	M3$^-$ III Ca−1
μ^1	Cru	4898	12 55 27.3	−57 15 23	d	4.03	−0.76	−0.17	B2 IV−V
8	Dra	4916	12 56 02.9	+65 21 36	v	5.24	+0.02	+0.28	F0 IV−V
43 δ	Vir	4910	12 56 20.1	+03 19 08	d	3.38	+1.78	+1.58	M3$^+$ III
ι	Oct	4870	12 56 39.4	−85 12 06	d	5.46	+0.79	+1.02	K0 III
12 α^2	CVn	4915	12 56 42.2	+38 14 25	vd	2.90	−0.32	−0.12	A0p Si Eu
78	UMa	4931	13 01 20.8	+56 17 19	asd7	4.93	+0.01	+0.36	F2 V
47 ε	Vir	4932	13 02 53.9	+10 52 53	asd	2.83	+0.73	+0.94	G8 IIIab
δ	Mus	4923	13 03 17.4	−71 37 36	6	3.62	+1.26	+1.18	K2 III
14	CVn	4943	13 06 25.0	+35 43 18		5.25	−0.20	−0.08	B9 V

Designation			BS=HR No.	Right Ascension	Declination	Notes	V	U−B	B−V	Spectral Type
				h m s	° ′ ″					
	ξ²	Cen	4942	13 07 45.9	−49 59 01	d6	4.27	−0.79	−0.19	B1.5 V
51	θ	Vir	4963	13 10 42.1	−05 36 58	d6	4.38	−0.01	−0.01	A1 IV
43	β	Com	4983	13 12 32.9	+27 48 18	d6	4.26	+0.07	+0.57	F9.5 V
	η	Mus	4993	13 16 14.9	−67 58 16	vd6	4.80	−0.35	−0.08	B7 V
			5006	13 17 41.7	−31 34 57		5.10	+0.61	+0.96	K0 III
20	AO	CVn	5017	13 18 11.4	+40 29 48	sv	4.73	+0.21	+0.30	F2 III (str. met.)
60	σ	Vir	5015	13 18 20.2	+05 23 38		4.80	+1.95	+1.67	M1 III
61		Vir	5019	13 19 10.0	−18 23 29	d	4.74	+0.26	+0.71	G6.5 V
46	γ	Hya	5020	13 19 42.8	−23 14 51	d	3.00	+0.66	+0.92	G8 IIIa
	ι	Cen	5028	13 21 25.0	−36 47 18		2.75	+0.03	+0.04	A2 Va
			5035	13 23 34.9	−61 03 50	d	4.53	−0.60	−0.13	B3 V
79	ζ	UMa	5054	13 24 30.4	+54 51 00	d6	2.27	+0.03	+0.02	A1 Va⁺ (Si)
80		UMa	5062	13 25 48.3	+54 54 46	6	4.01	+0.08	+0.16	A5 Vn
67	α	Vir	5056	13 25 57.5	−11 14 12	vd6	0.98	−0.93	−0.23	B1 V
68		Vir	5064	13 27 29.3	−12 46 58		5.25	+1.75	+1.52	M0 III
			5085	13 28 58.9	+59 52 16	d	5.40	−0.02	−0.01	A1 Vn
70		Vir	5072	13 29 08.4	+13 42 06	d	4.98	+0.26	+0.71	G4 V
			5089	13 31 53.4	−39 28 54	d67	3.88	+1.03	+1.17	G8 III
78	CW	Vir	5105	13 34 52.1	+03 35 06	v6	4.94	0.00	+0.03	A1p Cr Eu
79	ζ	Vir	5107	13 35 26.0	−00 40 10		3.37	+0.10	+0.11	A2 IV⁻
	BH	CVn	5110	13 35 26.6	+37 06 31	6	4.98	+0.06	+0.40	F1 V⁺
			5139	13 37 32.0	+71 10 07		5.50		+1.20	gK2
	ε	Cen	5132	13 40 48.9	−53 32 22	d	2.30	−0.92	−0.22	B1 V
	v744	Cen	5134	13 40 54.0	−50 01 23	s	6.00	+1.15	+1.50	M6 III
82		Vir	5150	13 42 22.6	−08 46 32		5.01	+1.95	+1.63	M1.5 III
1		Cen	5168	13 46 30.9	−33 07 00	6	4.23	0.00	+0.38	F2 V⁺
4	τ	Boo	5185	13 47 57.1	+17 23 07	d7	4.50	+0.04	+0.48	F7 V
85	η	UMa	5191	13 48 06.6	+49 14 29	a6	1.86	−0.67	−0.19	B3 V
	v766	Cen	5171	13 48 12.4	−62 39 42	sd	6.51	+1.19	+1.98	K0 0−Ia
5	υ	Boo	5200	13 50 10.6	+15 43 35		4.07	+1.87	+1.52	K5.5 III
2	v806	Cen	5192	13 50 17.4	−34 31 21		4.19	+1.45	+1.50	M4.5 III
	ν	Cen	5190	13 50 22.8	−41 45 34	v6	3.41	−0.84	−0.22	B2 IV
	μ	Cen	5193	13 50 29.7	−42 32 43	sd6	3.04	−0.72	−0.17	B2 IV−Vpne (shell)
89		Vir	5196	13 50 39.7	−18 12 21		4.97	+0.92	+1.06	K0.5 III
10	CU	Dra	5226	13 51 51.4	+64 39 07	d	4.65	+1.89	+1.58	M3.5 III
8	η	Boo	5235	13 55 22.5	+18 19 32	asd6	2.68	+0.20	+0.58	G0 IV
	ζ	Cen	5231	13 56 27.1	−47 21 33	6	2.55	−0.92	−0.22	B2.5 IV
			5241	13 58 42.7	−63 45 25		4.71	+1.04	+1.11	K1.5 III
	φ	Cen	5248	13 59 09.5	−42 10 15		3.83	−0.83	−0.21	B2 IV
47		Hya	5250	13 59 20.2	−25 02 33	6	5.15	−0.40	−0.10	B8 V
	υ¹	Cen	5249	13 59 34.9	−44 52 25		3.87	−0.80	−0.20	B2 IV−V
93	τ	Vir	5264	14 02 23.1	+01 28 30	d6	4.26	+0.12	+0.10	A3 IV
	υ²	Cen	5260	14 02 38.2	−45 40 23	6	4.34	+0.27	+0.60	F6 II
			5270	14 03 14.6	+09 36 59	s	6.20	+0.38	+0.90	G8: II: Fe−5
11	α	Dra	5291	14 04 47.0	+64 18 25	s6	3.65	−0.08	−0.05	A0 III
	β	Cen	5267	14 04 51.5	−60 26 32	d6	0.61	−0.98	−0.23	B1 III
	θ	Aps	5261	14 06 47.4	−76 51 56	s	5.50	+1.05	+1.55	M6.5 III:
	χ	Cen	5285	14 06 56.2	−41 14 54		4.36	−0.77	−0.19	B2 V
49	π	Hya	5287	14 07 12.1	−26 45 06		3.27	+1.04	+1.12	K2⁻ III Fe−0.5
5	θ	Cen	5288	14 07 32.4	−36 26 26	d	2.06	+0.87	+1.01	K0⁻ IIIb

Designation			BS=HR No.	Right Ascension	Declination	Notes	V	$U-B$	$B-V$	Spectral Type
				h m s	° ′ ″					
	BY	Boo	5299	14 08 30.5	+43 47 09		5.27	+1.66	+1.59	M4.5 III
4		UMi	5321	14 08 48.7	+77 28 46	d6	4.82	+1.39	+1.36	K3⁻ IIIb Fe−0.5
12		Boo	5304	14 11 03.6	+25 01 25	d6	4.83	+0.07	+0.54	F8 IV
98	κ	Vir	5315	14 13 40.3	−10 20 26		4.19	+1.47	+1.33	K2.5 III Fe−0.5
16	α	Boo	5340	14 16 19.4	+19 06 27	d	−0.04	+1.27	+1.23	K1.5 III Fe−0.5
21	ι	Boo	5350	14 16 40.7	+51 18 03	d6	4.75	+0.06	+0.20	A7 IV
99	ι	Vir	5338	14 16 46.6	−06 04 09		4.08	+0.04	+0.52	F7 III−IV
19	λ	Boo	5351	14 16 56.1	+46 01 20		4.18	+0.05	+0.08	A0 Va (λ Boo)
			5361	14 18 36.6	+35 26 35	6	4.81	+0.92	+1.06	K0 III
100	λ	Vir	5359	14 19 53.8	−13 26 14	6	4.52	+0.12	+0.13	A5m:
18		Boo	5365	14 19 58.4	+12 56 17	d	5.41	−0.03	+0.38	F3 V
	ι	Lup	5354	14 20 20.3	−46 07 27		3.55	−0.72	−0.18	B2.5 IVn
			5358	14 21 20.9	−56 27 09		4.33	−0.43	+0.12	B6 Ib
	ψ	Cen	5367	14 21 26.7	−37 57 05	d	4.05	−0.11	−0.03	A0 III
v761		Cen	5378	14 23 56.2	−39 34 38	v	4.42	−0.75	−0.18	B7 IIIp (var)
			5392	14 24 54.7	+05 45 18	6	5.10	+0.10	+0.12	A5 V
			5390	14 25 38.5	−24 52 17		5.32	+0.71	+0.96	K0 III
23	θ	Boo	5404	14 25 41.4	+51 47 03	d	4.05	+0.01	+0.50	F7 V
	τ^1	Lup	5395	14 27 04.5	−45 17 10	vd	4.56	−0.79	−0.15	B2 IV
	τ^2	Lup	5396	14 27 07.2	−45 26 39	cd67	4.35	+0.19	+0.43	F4 IV + A7:
22		Boo	5405	14 27 07.8	+19 09 44		5.39	+0.23	+0.23	F0m
5		UMi	5430	14 27 30.7	+75 37 53	d	4.25	+1.70	+1.44	K4⁻ III
105	ϕ	Vir	5409	14 28 57.1	−02 17 32	sd67	4.81	+0.21	+0.70	G2 IV
52		Hya	5407	14 29 01.6	−29 33 22	d	4.97	−0.41	−0.07	B8 IV
	δ	Oct	5339	14 29 24.7	−83 43 57		4.32	+1.45	+1.31	K2 III
25	ρ	Boo	5429	14 32 27.3	+30 18 30	ad	3.58	+1.44	+1.30	K3 III
27	γ	Boo	5435	14 32 39.7	+38 14 43	d	3.03	+0.12	+0.19	A7 IV⁺
	σ	Lup	5425	14 33 36.2	−50 31 14		4.42	−0.84	−0.19	B2 III
28	σ	Boo	5447	14 35 18.7	+29 40 58	d	4.46	−0.08	+0.36	F2 V
	η	Cen	5440	14 36 26.0	−42 13 14	v7	2.31	−0.83	−0.19	B1.5 IVpne (shell)
	ρ	Lup	5453	14 38 52.2	−49 29 17		4.05	−0.56	−0.15	B5 V
33		Boo	5468	14 39 22.6	+44 20 33	6	5.39	−0.04	0.00	A1 V
	α^2	Cen	5460	14 40 35.3	−60 53 39	od	1.33	+0.68	+0.88	K1 V
	α^1	Cen	5459	14 40 35.8	−60 53 40	od6	−0.01	+0.24	+0.71	G2 V
30	ζ	Boo	5478	14 41 50.5	+13 40 00	od6	4.52	+0.05	+0.05	A2 Va
			5471	14 42 51.9	−37 51 18		4.00	−0.70	−0.17	B3 V
	α	Lup	5469	14 42 54.0	−47 26 58	vd6	2.30	−0.89	−0.20	B1.5 III
	α	Cir	5463	14 43 41.7	−65 02 14	d6	3.19	+0.12	+0.24	A7p Sr Eu
107	μ	Vir	5487	14 43 49.6	−05 43 14	6	3.88	−0.02	+0.38	F2 V
34	W	Boo	5490	14 44 03.6	+26 28 01	v	4.81	+1.94	+1.66	M3⁻ III
			5485	14 44 32.9	−35 14 07		4.05	+1.53	+1.35	K3 IIIb
36	ϵ	Boo	5506	14 45 37.2	+27 00 49	d	2.70	+0.73	+0.97	K0⁻ II−III
109		Vir	5511	14 46 59.0	+01 49 57		3.72	−0.03	−0.01	A0 IVnn
			5495	14 48 02.7	−52 26 38	d	5.21		+0.98	G8 III
56		Hya	5516	14 48 35.8	−26 08 51		5.24	+0.65	+0.94	G8/K0 III
	α	Aps	5470	14 49 43.7	−79 06 17		3.83	+1.68	+1.43	K3 III CN 0.5
7	β	UMi	5563	14 50 40.6	+74 05 46	d	2.08	+1.78	+1.47	K4⁻ III
58		Hya	5526	14 51 08.6	−28 01 12		4.41	+1.49	+1.40	K2.5 IIIb Fe−1:
8	α^1	Lib	5530	14 51 29.4	−16 03 24		5.15	−0.03	+0.41	F3 V
9	α^2	Lib	5531	14 51 41.0	−16 06 05	d6	2.75	+0.09	+0.15	A3 III−IV

Designation		BS=HR No.	Right Ascension	Declination	Notes	V	U–B	B–V	Spectral Type
			h m s	° ′ ″					
		5552	14 51 48.6	+59 14 07		5.46	+1.60	+1.36	K4 III
o	Lup	5528	14 52 35.5	−43 38 04	d67	4.32	−0.61	−0.15	B5 IV
		5558	14 56 38.4	−33 54 50	d6	5.32		+0.04	A0 V
15 ξ^2	Lib	5564	14 57 33.4	−11 28 03		5.46	+1.70	+1.49	gK4
RR	UMi	5589	14 57 49.1	+65 52 30	6	4.60	+1.59	+1.59	M4.5 III
16	Lib	5570	14 57 56.5	−04 24 17		4.49	+0.05	+0.32	F0 IV⁻
β	Lup	5571	14 59 29.3	−43 11 29		2.68	−0.87	−0.22	B2 IV
κ	Cen	5576	15 00 06.6	−42 09 41	d	3.13	−0.79	−0.20	B2 V
19 δ	Lib	5586	15 01 44.9	−08 34 32	vd6	4.92	−0.10	0.00	B9.5 V
42 β	Boo	5602	15 02 29.5	+40 20 02		3.50	+0.72	+0.97	G8 IIIa Fe−0.5
110	Vir	5601	15 03 38.1	+02 02 06		4.40	+0.88	+1.04	K0⁺ IIIb Fe−0.5
20 σ	Lib	5603	15 04 55.3	−25 20 17		3.29	+1.94	+1.70	M2.5 III
43 ψ	Boo	5616	15 05 04.0	+26 53 30		4.54	+1.33	+1.24	K2 III
		5635	15 06 41.6	+54 30 03		5.25	+0.64	+0.96	G8 III Fe−1
45	Boo	5634	15 07 56.3	+24 48 48	d	4.93	−0.02	+0.43	F5 V
λ	Lup	5626	15 09 49.6	−45 20 05	d67	4.05	−0.68	−0.18	B3 V
κ^1	Lup	5646	15 12 57.0	−48 47 31	d	3.87	−0.13	−0.05	B9.5 IVnn
24 ι	Lib	5652	15 13 03.0	−19 50 44	d6	4.54	−0.35	−0.08	B9p Si
ζ	Lup	5649	15 13 20.1	−52 09 12	d	3.41	+0.66	+0.92	G8 III
		5691	15 14 48.7	+67 17 31		5.13	+0.08	+0.53	F8 V
1	Lup	5660	15 15 30.8	−31 34 20		4.91	+0.28	+0.37	F0 Ib−II
3	Ser	5675	15 15 54.7	+04 53 11	d	5.33	+0.91	+1.09	gK0
49 δ	Boo	5681	15 16 05.3	+33 15 41	d6	3.47	+0.66	+0.95	G8 III Fe−1
27 β	Lib	5685	15 17 47.3	−09 26 08	6	2.61	−0.36	−0.11	B8 IIIn
β	Cir	5670	15 18 39.6	−58 51 15		4.07	+0.09	+0.09	A3 Vb
2	Lup	5686	15 18 43.0	−30 12 04		4.34	+1.07	+1.10	K0⁻ IIIa CH−1
μ	Lup	5683	15 19 32.9	−47 55 39	d7	4.27	−0.37	−0.08	B8 V
γ	TrA	5671	15 20 17.0	−68 43 54		2.89	−0.02	0.00	A1 III
13 γ	UMi	5735	15 20 43.0	+71 46 57		3.05	+0.12	+0.05	A3 III
δ	Lup	5695	15 22 19.7	−40 41 56		3.22	−0.89	−0.22	B1.5 IVn
ϕ^1	Lup	5705	15 22 43.8	−36 18 47	d	3.56	+1.88	+1.54	K4 III
ϵ	Lup	5708	15 23 40.3	−44 44 27	d67	3.37	−0.75	−0.18	B2 IV−V
ϕ^2	Lup	5712	15 24 05.2	−36 54 34		4.54	−0.63	−0.15	B4 V
γ	Cir	5704	15 24 32.6	−59 22 18	cd7	4.51	−0.35	+0.19	B5 IV
51 μ^1	Boo	5733	15 25 02.3	+37 19 37	d6	4.31	+0.07	+0.31	F0 IV
12 ι	Dra	5744	15 25 15.3	+58 54 56	d	3.29	+1.22	+1.16	K2 III
9 τ^1	Ser	5739	15 26 27.8	+15 22 40		5.17	+1.95	+1.66	M1 IIIa
3 β	CrB	5747	15 28 25.6	+29 03 23	vd6	3.68	+0.11	+0.28	F0p Cr Eu
52 ν^1	Boo	5763	15 31 27.0	+40 47 03		5.02	+1.90	+1.59	K4.5 IIIb Ba 0.5
κ^1	Aps	5730	15 33 07.4	−73 26 17	d	5.49	−0.77	−0.12	B1pne
4 θ	CrB	5778	15 33 30.9	+31 18 39	d	4.14	−0.54	−0.13	B6 Vnn
37	Lib	5777	15 34 58.4	−10 06 48		4.62	+0.86	+1.01	K1 III−IV
5 α	CrB	5793	15 35 18.1	+26 40 00	6	2.23	−0.02	−0.02	A0 IV
13 δ	Ser	5789	15 35 29.8	+10 29 28	cd	4.23	+0.12	+0.26	F0 III−IV + F0 IIIb
γ	Lup	5776	15 36 06.7	−41 12 52	dv67	2.78	−0.82	−0.20	B2 IVn
38 γ	Lib	5787	15 36 20.4	−14 50 13	d	3.91	+0.74	+1.01	G8.5 III
		5784	15 37 12.0	−44 26 39		5.43	+1.82	+1.50	K4/5 III
39 υ	Lib	5794	15 37 54.5	−28 10 56	d	3.58	+1.58	+1.38	K3.5 III
ϵ	TrA	5771	15 38 03.8	−66 21 51	d	4.11	+1.16	+1.17	K1/2 III
54 ϕ	Boo	5823	15 38 20.9	+40 18 25		5.24	+0.53	+0.88	G7 III−IV Fe−2

Designation	BS=HR No.	Right Ascension	Declination	Notes	V	U–B	B–V	Spectral Type
		h m s	° ′ ″					
ω Lup	5797	15 39 02.1	−42 36 50	d6	4.33	+1.72	+1.42	K4.5 III
40 τ Lib	5812	15 39 33.0	−29 49 28	6	3.66	−0.70	−0.17	B2.5 V
	5798	15 39 54.6	−52 25 09	d	5.44	0.00	0.00	B9 V
43 κ Lib	5838	15 42 47.1	−19 43 29	d6	4.74	+1.95	+1.57	M0− IIIb
8 γ CrB	5849	15 43 21.1	+26 15 02	d7	3.84	−0.04	0.00	A0 IV comp.?
16 ζ UMi	5903	15 43 34.1	+77 44 57		4.32	+0.05	+0.04	A2 III−IVn
24 α Ser	5854	15 44 59.0	+06 22 51	d	2.65	+1.24	+1.17	K2 IIIb CN 1
28 β Ser	5867	15 46 51.5	+15 22 38	d	3.67	+0.08	+0.06	A2 IV
	5886	15 46 53.5	+62 33 18		5.19	−0.10	+0.04	A2 IV
27 λ Ser	5868	15 47 08.9	+07 18 31	6	4.43	+0.11	+0.60	G0− V
35 κ Ser	5879	15 49 23.6	+18 05 51		4.09	+1.95	+1.62	M0.5 IIIab
10 δ CrB	5889	15 50 12.2	+26 01 29	s	4.62	+0.36	+0.80	G5 III−IV Fe−1
32 μ Ser	5881	15 50 22.7	−03 28 25	d6	3.53	−0.10	−0.04	A0 III
37 ε Ser	5892	15 51 32.4	+04 26 06		3.71	+0.11	+0.15	A5m
11 κ CrB	5901	15 51 46.7	+35 36 47	sd	4.82	+0.87	+1.00	K1 IVa
5 χ Lup	5883	15 51 53.0	−33 40 13	6	3.95	−0.13	−0.04	B9p Hg
1 χ Her	5914	15 53 10.6	+42 24 42		4.62	0.00	+0.56	F8 V Fe−2 Hδ−1
45 λ Lib	5902	15 54 10.7	−20 12 34	6	5.03	−0.56	−0.01	B2.5 V
46 θ Lib	5908	15 54 39.2	−16 46 15		4.15	+0.81	+1.02	G9 IIIb
β TrA	5897	15 56 26.0	−63 28 26	d	2.85	+0.05	+0.29	F0 IV
41 γ Ser	5933	15 57 07.4	+15 36 54	d	3.85	−0.03	+0.48	F6 V
5 ρ Sco	5928	15 57 47.0	−29 15 19	d6	3.88	−0.82	−0.20	B2 IV−V
CL Dra	5960	15 58 08.2	+54 42 33	6	4.95	+0.05	+0.26	F0 IV
13 ε CrB	5947	15 58 11.3	+26 50 12	sd	4.15	+1.28	+1.23	K2 IIIab
48 FX Lib	5941	15 59 00.2	−14 19 13	6	4.88	−0.20	−0.10	B5 IIIpe (shell)
6 π Sco	5944	15 59 43.9	−26 09 17	cvd6	2.89	−0.91	−0.19	B1 V + B2 V
T CrB	5958	16 00 06.6	+25 52 47	vd6	2 − 11	+0.59	+1.40	gM3: + Bep
	5943	16 00 29.8	−41 47 05		4.99		+1.00	K0 II/III
η Lup	5948	16 01 05.2	−38 26 13	d	3.41	−0.83	−0.22	B2.5 IVn
49 Lib	5954	16 01 08.5	−16 34 30	d6	5.47	+0.03	+0.52	F8 V
7 δ Sco	5953	16 01 11.6	−22 39 43	d6	2.32	−0.91	−0.12	B0.3 IV
13 θ Dra	5986	16 02 09.8	+58 31 37	6	4.01	+0.10	+0.52	F8 IV−V
8 β¹ Sco	5984	16 06 16.9	−19 50 39	d6	2.62	−0.87	−0.07	B0.5 V
8 β² Sco	5985	16 06 17.2	−19 50 26	sd	4.92	−0.70	−0.02	B2 V
δ Nor	5980	16 07 31.2	−45 12 40		4.72	+0.15	+0.23	A7m
θ Lup	5987	16 07 32.9	−36 50 26		4.23	−0.70	−0.17	B2.5 Vn
9 ω¹ Sco	5993	16 07 39.4	−20 42 27	s	3.96	−0.81	−0.04	B1 V
10 ω² Sco	5997	16 08 15.5	−20 54 25		4.32	+0.50	+0.84	G4 II−III
7 κ Her	6008	16 08 43.8	+17 00 33	d	5.00	+0.61	+0.95	G5 III
11 φ Her	6023	16 09 13.6	+44 53 51	v6	4.26	−0.28	−0.07	B9p Hg Mn
16 τ CrB	6018	16 09 30.2	+36 27 17	d6	4.76	+0.86	+1.01	K1− III−IV
19 UMi	6079	16 10 25.8	+75 50 26		5.48	−0.36	−0.11	B8 V
14 ν Sco	6027	16 12 50.4	−19 29 50	d6	4.01	−0.65	+0.04	B2 IVp
κ Nor	6024	16 14 37.7	−54 40 00	d	4.94	+0.78	+1.04	G8 III
1 δ Oph	6056	16 15 06.4	−03 43 50	d	2.74	+1.96	+1.58	M0.5 III
δ TrA	6030	16 16 46.1	−63 43 16	d	3.85	+0.86	+1.11	G2 Ib−IIa
21 η UMi	6116	16 17 05.8	+75 43 17	d	4.95	+0.08	+0.37	F5 V
2 ε Oph	6075	16 19 05.4	−04 43 37	d	3.24	+0.75	+0.96	G9.5 IIIb Fe−0.5
22 τ Her	6092	16 20 10.6	+46 16 46	vd	3.89	−0.56	−0.15	B5 IV
	6077	16 20 27.9	−30 56 27	d6	5.49	−0.01	+0.47	F6 III

Designation	BS=HR No.	Right Ascension	Declination	Notes	V	U–B	B–V	Spectral Type
		h m s	° ′ ″					
γ² Nor	6072	16 20 55.8	−50 11 23	d	4.02	+1.16	+1.08	K1+ III
20 σ Sco	6084	16 22 04.3	−25 37 35	vd6	2.89	−0.70	+0.13	B1 III
δ¹ Aps	6020	16 22 33.6	−78 43 46	d	4.68	+1.69	+1.69	M4 IIIa
20 γ Her	6095	16 22 33.6	+19 07 12	d6	3.75	+0.18	+0.27	A9 IIIbn
50 σ Ser	6093	16 22 48.5	+00 59 45		4.82	+0.04	+0.34	F1 IV–V
14 η Dra	6132	16 24 11.4	+61 28 54	d67	2.74	+0.70	+0.91	G8− IIIab
4 ψ Oph	6104	16 24 57.2	−20 04 13		4.50	+0.82	+1.01	K0− II–III
24 ω Her	6117	16 26 05.1	+14 00 03	vd	4.57	−0.04	0.00	B9p Cr
7 χ Oph	6118	16 27 52.0	−18 29 17	6	4.42	−0.75	+0.28	B1.5 Ve
15 Dra	6161	16 27 57.7	+68 44 12		5.00	−0.12	−0.06	B9.5 III
ε Nor	6115	16 28 15.1	−47 35 11	d67	4.46	−0.53	−0.07	B4 V
ζ TrA	6098	16 30 02.7	−70 06 54	6	4.91	+0.04	+0.55	F9 V
21 α Sco	6134	16 30 17.9	−26 27 47	d6	0.96	+1.34	+1.83	M1.5 Iab–Ib
27 β Her	6148	16 30 50.6	+21 27 32	d6	2.77	+0.69	+0.94	G7 IIIa Fe−0.5
10 λ Oph	6149	16 31 38.8	+01 57 11	d67	3.82	+0.01	+0.01	A1 IV
8 φ Oph	6147	16 31 58.3	−16 38 36	d	4.28	+0.72	+0.92	G8+ IIIa
	6143	16 32 20.0	−34 44 05		4.23	−0.80	−0.16	B2 III–IV
9 ω Oph	6153	16 32 59.9	−21 29 47		4.45	+0.13	+0.13	Ap Sr Cr
35 σ Her	6168	16 34 34.3	+42 24 28	d6	4.20	−0.10	−0.01	A0 IIIn
γ Aps	6102	16 35 43.1	−78 55 37	6	3.89	+0.62	+0.91	G8/K0 III
23 τ Sco	6165	16 36 47.2	−28 14 42	s	2.82	−1.03	−0.25	B0 V
	6166	16 37 19.9	−35 17 02	6	4.16	+1.94	+1.57	K7 III
13 ζ Oph	6175	16 37 57.5	−10 35 43		2.56	−0.86	+0.02	O9.5 Vn
42 Her	6200	16 39 08.5	+48 54 02	d	4.90	+1.76	+1.55	M3− IIIab
40 ζ Her	6212	16 41 50.0	+31 34 37	d67	2.81	+0.21	+0.65	G0 IV
	6196	16 42 24.8	−17 46 09		4.96	+0.87	+1.11	G7.5 II–III CN 1 Ba 0.5
44 η Her	6220	16 43 23.6	+38 53 43	d	3.53	+0.60	+0.92	G7 III Fe−1
22 ε UMi	6322	16 44 32.0	+82 00 41	vd6	4.23	+0.55	+0.89	G5 III
β Aps	6163	16 45 10.8	−77 32 42	d	4.24	+0.95	+1.06	K0 III
	6237	16 45 34.4	+56 45 23	d6	4.85	−0.06	+0.38	F2 V+
α TrA	6217	16 50 12.7	−69 03 08		1.92	+1.56	+1.44	K2 IIb–IIIa
20 Oph	6243	16 50 38.2	−10 48 27	6	4.65	+0.07	+0.47	F7 III
η Ara	6229	16 51 02.6	−59 03 56	d	3.76	+1.94	+1.57	K5 III
26 ε Sco	6241	16 51 06.3	−34 19 06		2.29	+1.27	+1.15	K2 III
51 Her	6270	16 52 21.4	+24 37 58		5.04	+1.29	+1.25	K0.5 IIIa Ca 0.5
μ¹ Sco	6247	16 52 51.3	−38 04 15	v6	3.08	−0.87	−0.20	B1.5 IVn
μ² Sco	6252	16 53 19.2	−38 02 27		3.57	−0.85	−0.21	B2 IV
53 Her	6279	16 53 31.1	+31 40 42	d	5.32	−0.02	+0.29	F2 V
25 ι Oph	6281	16 54 41.7	+10 08 33	6	4.38	−0.32	−0.08	B8 V
ζ² Sco	6271	16 55 36.4	−42 23 05		3.62	+1.65	+1.37	K3.5 IIIb
27 κ Oph	6299	16 58 21.3	+09 21 12	as	3.20	+1.18	+1.15	K2 III
ζ Ara	6285	16 59 49.5	−56 00 41		3.13	+1.97	+1.60	K4 III
ε¹ Ara	6295	17 00 44.6	−53 10 52		4.06	+1.71	+1.45	K4 IIIab
58 ε Her	6324	17 00 50.7	+30 54 21	d6	3.92	−0.10	−0.01	A0 IV+
30 Oph	6318	17 01 49.5	−04 14 36	d	4.82	+1.83	+1.48	K4 III
59 Her	6332	17 02 08.5	+33 32 53		5.25	+0.02	+0.02	A3 IV–Vs
60 Her	6355	17 06 03.1	+12 43 19	d	4.91	+0.05	+0.12	A4 IV
22 ζ Dra	6396	17 08 49.9	+65 41 49	d	3.17	−0.43	−0.12	B6 III
35 η Oph	6378	17 11 12.6	−15 44 30	d67	2.43	+0.09	+0.06	A2 Va+ (Sr)
η Sco	6380	17 13 11.6	−43 15 25		3.33	+0.09	+0.41	F2 V:p (Cr)

Designation			BS=HR No.	Right Ascension	Declination	Notes	V	U–B	B–V	Spectral Type
				h m s	° ′ ″					
64	α^1	Her	6406	17 15 18.6	+14 22 29	sd	3.48	+1.01	+1.44	M5 Ib–II
67	π	Her	6418	17 15 33.2	+36 47 37		3.16	+1.66	+1.44	K3 II
65	δ	Her	6410	17 15 37.7	+24 49 23	d6	3.14	+0.08	+0.08	A1 Vann
	v656	Her	6452	17 20 57.2	+18 02 35		5.00	+2.06	+1.62	M1$^+$ IIIab
72		Her	6458	17 21 12.2	+32 27 00	d	5.39	+0.07	+0.62	G0 V
53	ν	Ser	6446	17 21 38.6	–12 51 38	d7	4.33	+0.05	+0.03	A1.5 IV
40	ξ	Oph	6445	17 21 52.6	–21 07 38	d7	4.39	–0.05	+0.39	F2 V
42	θ	Oph	6453	17 22 54.1	–25 00 46	dv6	3.27	–0.86	–0.22	B2 IV
	ι	Aps	6411	17 23 43.4	–70 08 11	d7	5.41	–0.23	–0.04	B8/9 Vn
	β	Ara	6461	17 26 30.5	–55 32 31		2.85	+1.56	+1.46	K3 Ib–IIa
	γ	Ara	6462	17 26 37.1	–56 23 23	d	3.34	–0.96	–0.13	B1 Ib
49	σ	Oph	6498	17 27 14.1	+04 07 44	s	4.34	+1.62	+1.50	K2 II
44		Oph	6486	17 27 15.4	–24 11 15		4.17	+0.12	+0.28	A9m:
			6493	17 27 24.1	–05 05 54	6	4.54	–0.03	+0.39	F2 V
23	δ	UMi	6789	17 27 36.2	+86 34 34		4.36	+0.03	+0.02	A1 Van
45		Oph	6492	17 28 16.9	–29 52 44		4.29	+0.09	+0.40	δ Del
23	β	Dra	6536	17 30 45.7	+52 17 28	sd	2.79	+0.64	+0.98	G2 Ib–IIa
76	λ	Her	6526	17 31 19.5	+26 06 02		4.41	+1.68	+1.44	K3.5 III
34	υ	Sco	6508	17 31 45.1	–37 18 22	6	2.69	–0.82	–0.22	B2 IV
27		Dra	6566	17 31 54.5	+68 07 33	d6	5.05	+0.92	+1.08	G9 IIIb
	δ	Ara	6500	17 32 24.6	–60 41 39	d	3.62	–0.31	–0.10	B8 Vn
24	ν^1	Dra	6554	17 32 27.8	+55 10 29	6	4.88	+0.04	+0.26	A7m
25	ν^2	Dra	6555	17 32 33.2	+55 09 49	d6	4.87	+0.06	+0.28	A7m
	α	Ara	6510	17 32 57.9	–49 53 10	d6	2.95	–0.69	–0.17	B2 Vne
35	λ	Sco	6527	17 34 35.7	–37 06 47	vd6	1.63	–0.89	–0.22	B1.5 IV
55	α	Oph	6556	17 35 36.5	+12 33 02	6	2.08	+0.10	+0.15	A5 Vnn
28	ω	Dra	6596	17 36 52.1	+68 45 04	d6	4.80	–0.01	+0.43	F4 V
			6546	17 37 32.8	–38 38 39		4.29	+0.90	+1.09	G8/K0 III/IV
	θ	Sco	6553	17 38 21.7	–43 00 20		1.87	+0.22	+0.40	F1 III
55	ξ	Ser	6561	17 38 25.1	–15 24 24	d6	3.54	+0.14	+0.26	F0 IIIb
85	ι	Her	6588	17 39 52.5	+45 59 57	svd6	3.80	–0.69	–0.18	B3 IV
31	ψ	Dra	6636	17 41 41.1	+72 08 29	d	4.58	+0.01	+0.42	F5 V
56	o	Ser	6581	17 42 13.8	–12 52 55	6	4.26	+0.10	+0.08	A2 Va
	κ	Sco	6580	17 43 29.5	–39 02 10	v6	2.41	–0.89	–0.22	B1.5 III
84		Her	6608	17 43 57.3	+24 19 21	s	5.71	+0.27	+0.65	G2 IIIb
60	β	Oph	6603	17 44 11.4	+04 33 44		2.77	+1.24	+1.16	K2 III CN 0.5
58		Oph	6595	17 44 18.0	–21 41 21		4.87	–0.03	+0.47	F7 V:
	μ	Ara	6585	17 45 17.9	–51 50 25		5.15	+0.24	+0.70	G5 V
86	μ	Her	6623	17 47 01.6	+27 42 47	asd	3.42	+0.39	+0.75	G5 IV
	η	Pav	6582	17 47 09.5	–64 43 44		3.62	+1.17	+1.19	K1 IIIa CN 1
3	X	Sgr	6616	17 48 28.4	–27 50 06	v	4.54	+0.50	+0.80	F3 II
	ι^1	Sco	6615	17 48 36.0	–40 07 52	sd6	3.03	+0.27	+0.51	F2 Ia
62	γ	Oph	6629	17 48 37.2	+02 42 10	6	3.75	+0.04	+0.04	A0 Van
35		Dra	6701	17 48 48.2	+76 57 36		5.04	+0.08	+0.49	F7 IV
			6630	17 50 50.7	–37 02 48	d	3.21	+1.19	+1.17	K2 III
32	ξ	Dra	6688	17 53 46.8	+56 52 15	d	3.75	+1.21	+1.18	K2 III
89	v441	Her	6685	17 56 00.3	+26 02 55	sv6	5.45	+0.26	+0.34	F2 Ibp
91	θ	Her	6695	17 56 45.0	+37 14 58		3.86	+1.46	+1.35	K1 IIa CN 2
33	γ	Dra	6705	17 56 56.6	+51 29 16	asd	2.23	+1.87	+1.52	K5 III
92	ξ	Her	6703	17 58 19.7	+29 14 50	v	3.70	+0.70	+0.94	G8.5 III

Designation	BS=HR No.	Right Ascension	Declination	Notes	V	U–B	B–V	Spectral Type
		h m s	° ′ ″					
94 ν Her	6707	17 59 03.5	+30 11 20	d	4.41	+0.15	+0.39	F2m
64 ν Oph	6698	17 59 49.5	−09 46 27		3.34	+0.88	+0.99	G9 IIIa
93 Her	6713	18 00 42.2	+16 45 04		4.67	+1.22	+1.26	K0.5 IIb
67 Oph	6714	18 01 22.3	+02 55 55	sd	3.97	−0.62	+0.02	B5 Ib
68 Oph	6723	18 02 29.4	+01 18 21	d67	4.45	0.00	+0.02	A0.5 Van
W Sgr	6742	18 05 56.8	−29 34 41	vd6	4.69	+0.52	+0.78	G0 Ib/II
70 Oph	6752	18 06 11.1	+02 29 54	dv67	4.03	+0.54	+0.86	K0− V
10 γ Sgr	6746	18 06 44.4	−30 25 21	6	2.99	+0.77	+1.00	K0+ III
θ Ara	6743	18 07 45.6	−50 05 20		3.66	−0.85	−0.08	B2 Ib
	6791	18 07 55.0	+43 27 52	s6	5.00	+0.71	+0.91	G8 III CN−1 CH−3
72 Oph	6771	18 08 02.2	+09 34 01	d6	3.73	+0.10	+0.12	A5 IV−V
103 o Her	6779	18 08 06.5	+28 45 55	d6	3.83	−0.07	−0.03	A0 II−III
102 Her	6787	18 09 22.7	+20 49 04	d	4.36	−0.81	−0.16	B2 IV
π Pav	6745	18 09 58.5	−63 39 58	6	4.35	+0.18	+0.22	A7p Sr
ε Tel	6783	18 12 18.3	−45 57 02	d	4.53	+0.78	+1.01	K0 III
36 Dra	6850	18 13 58.8	+64 24 08	d	5.02	−0.06	+0.41	F5 V
13 μ Sgr	6812	18 14 37.8	−21 03 14	d6	3.86	−0.49	+0.23	B9 Ia
	6819	18 18 20.8	−56 01 02	6	5.33	−0.69	−0.05	B3 IIIpe
η Sgr	6832	18 18 36.5	−36 45 22	d7	3.11	+1.71	+1.56	M3.5 IIIab
1 κ Lyr	6872	18 20 22.2	+36 04 18		4.33	+1.19	+1.17	K2− IIIab CN 0.5
43 φ Dra	6920	18 20 32.9	+71 20 43	vd67	4.22	−0.33	−0.10	A0p Si
44 χ Dra	6927	18 20 47.6	+72 44 20	d6	3.57	−0.06	+0.49	F7 V
74 Oph	6866	18 21 35.5	+03 23 05	d	4.86	+0.62	+0.91	G8 III
19 δ Sgr	6859	18 21 55.3	−29 49 14	d	2.70	+1.55	+1.38	K2.5 IIIa CN 0.5
58 η Ser	6869	18 22 03.6	−02 53 38	d	3.26	+0.66	+0.94	K0 III−IV
109 Her	6895	18 24 19.0	+21 46 38	sd	3.84	+1.17	+1.18	K2 IIIab
ξ Pav	6855	18 24 33.7	−61 29 08	d67	4.36	+1.55	+1.48	K4 III
20 ε Sgr	6879	18 25 08.0	−34 22 35	d	1.85	−0.13	−0.03	A0 II−n (shell)
α Tel	6897	18 28 02.9	−45 57 32		3.51	−0.64	−0.17	B3 IV
22 λ Sgr	6913	18 28 51.9	−25 24 45		2.81	+0.89	+1.04	K1 IIIb
ζ Tel	6905	18 29 56.8	−49 03 40		4.13	+0.82	+1.02	G8/K0 III
γ Sct	6930	18 30 01.4	−14 33 20		4.70	+0.06	+0.06	A2 III−
60 Ser	6935	18 30 26.3	−01 58 30	6	5.39	+0.76	+0.96	K0 III
θ Cra	6951	18 34 32.3	−42 18 02		4.64	+0.76	+1.01	G8 III
α Sct	6973	18 35 59.8	−08 13 58		3.85	+1.54	+1.33	K3 III
	6985	18 37 09.3	+09 08 06	6	5.39	−0.02	+0.37	F5 IIIs
3 α Lyr	7001	18 37 25.8	+38 47 52	asd	0.03	−0.01	0.00	A0 Va
δ Sct	7020	18 43 04.1	−09 02 15	vd6	4.72	+0.14	+0.35	F2 III (str. met.)
ε Sct	7032	18 44 18.6	−08 15 35	d	4.90	+0.87	+1.12	G8 IIb
ζ Pav	6982	18 44 43.3	−71 24 48	d	4.01	+1.02	+1.14	K0 III
6 ζ¹ Lyr	7056	18 45 16.3	+37 37 16	d6	4.36	+0.16	+0.19	A5m
50 Dra	7124	18 45 53.7	+75 27 01	6	5.35	+0.04	+0.05	A1 Vn
110 Her	7061	18 46 17.2	+20 33 40	d	4.19	+0.01	+0.46	F6 V
27 φ Sgr	7039	18 46 33.7	−26 58 29	6	3.17	−0.36	−0.11	B8 III
	7064	18 46 39.6	+26 40 42		4.83	+1.23	+1.20	K2 III
111 Her	7069	18 47 39.7	+18 11 55	d6	4.36	+0.07	+0.13	A3 Va+
β Sct	7063	18 47 56.6	−04 43 53	6	4.22	+0.81	+1.10	G4 IIa
R Sct	7066	18 48 15.4	−05 41 19	s	5.20	+1.64	+1.47	K0 Ib:p Ca−1
η¹ CrA	7062	18 49 53.2	−43 39 46		5.49		+0.13	A2 Vn
10 β Lyr	7106	18 50 36.9	+33 22 49	cvd6	3.45	−0.56	0.00	B7 Vpe (shell)

Designation	BS=HR No.	Right Ascension	Declination	Notes	V	U–B	B–V	Spectral Type
		h m s	° ′ ″					
47 o Dra	7125	18 51 24.9	+59 24 23	dv6	4.66	+1.04	+1.19	G9 III Fe−0.5
λ Pav	7074	18 53 33.4	−62 10 09	d	4.22	−0.89	−0.14	B2 II−III
52 υ Dra	7180	18 54 12.9	+71 18 59	6	4.82	+1.10	+1.15	K0 III CN 0.5
12 δ² Lyr	7139	18 55 00.7	+36 55 04	d	4.30	+1.65	+1.68	M4 II
13 R Lyr	7157	18 55 46.6	+43 57 57	s6	4.04	+1.41	+1.59	M5 III (var)
34 σ Sgr	7121	18 56 09.8	−26 16 39	d	2.02	−0.75	−0.22	B3 IV
63 θ¹ Ser	7141	18 56 56.4	+04 13 24	d	4.61	+0.11	+0.16	A5 V
κ Pav	7107	18 58 26.3	−67 12 48	v	4.44	+0.71	+0.60	F5 I−II
37 ξ² Sgr	7150	18 58 35.7	−21 05 11		3.51	+1.13	+1.18	K1 III
14 γ Lyr	7178	18 59 29.2	+32 42 37	d	3.24	−0.09	−0.05	B9 II
λ Tel	7134	18 59 37.2	−52 55 05	6	4.87		−0.05	A0 III⁺
13 ε Aql	7176	19 00 16.9	+15 05 20	d6	4.02	+1.04	+1.08	K1⁻ III CN 0.5
12 Aql	7193	19 02 27.3	−05 43 04		4.02	+1.04	+1.09	K1 III
χ Oct	6721	19 02 57.2	−87 35 09		5.28	+1.60	+1.28	K3 III
38 ζ Sgr	7194	19 03 32.0	−29 51 29	d67	2.60	+0.06	+0.08	A2 IV−V
39 o Sgr	7217	19 05 33.1	−21 43 09	d	3.77	+0.85	+1.01	G9 IIIb
17 ζ Aql	7235	19 06 04.6	+13 53 09	d6	2.99	−0.01	+0.01	A0 Vann
16 λ Aql	7236	19 07 01.1	−04 51 35		3.44	−0.27	−0.09	A0 IVp (wk 4481)
18 ι Lyr	7262	19 07 49.2	+36 07 25	d	5.28	−0.51	−0.11	B6 IV
40 τ Sgr	7234	19 07 50.7	−27 38 53	6	3.32	+1.15	+1.19	K1.5 IIIb
α CrA	7254	19 10 27.4	−37 52 50		4.11	+0.08	+0.04	A2 IVn
41 π Sgr	7264	19 10 37.5	−20 59 58	d7	2.89	+0.22	+0.35	F2 II−III
β CrA	7259	19 11 01.5	−39 18 59		4.11	+1.07	+1.20	K0 II
57 δ Dra	7310	19 12 33.3	+67 41 13	d	3.07	+0.78	+1.00	G9 III
20 Aql	7279	19 13 27.9	−07 54 51		5.34	−0.44	+0.13	B3 V
20 η Lyr	7298	19 14 15.1	+39 10 18	d6	4.39	−0.65	−0.15	B2.5 IV
60 τ Dra	7352	19 15 15.9	+73 22 55	6	4.45	+1.45	+1.25	K2⁺ IIIb CN 1
21 θ Lyr	7314	19 16 52.3	+38 09 37	d	4.36	+1.23	+1.26	K0 II
1 κ Cyg	7328	19 17 26.3	+53 23 44	6	3.77	+0.74	+0.96	G9 III
43 Sgr	7304	19 18 28.9	−18 55 34		4.96	+0.80	+1.02	G8 II−III
25 ω¹ Aql	7315	19 18 29.8	+11 37 21		5.28	+0.22	+0.20	F0 IV
44 ρ¹ Sgr	7340	19 22 30.8	−17 49 08		3.93	+0.13	+0.22	F0 III−IV
46 υ Sgr	7342	19 22 33.4	−15 55 36	6	4.61	−0.53	+0.10	Apep
β¹ Sgr	7337	19 23 40.7	−44 25 49	d	4.01	−0.39	−0.10	B8 V
β² Sgr	7343	19 24 15.8	−44 46 16		4.29	+0.07	+0.34	F0 IV
α Sgr	7348	19 24 53.3	−40 35 15	6	3.97	−0.33	−0.10	B8 V
31 Aql	7373	19 25 39.7	+11 58 35	d	5.16	+0.42	+0.77	G7 IV Hδ 1
30 δ Aql	7377	19 26 13.7	+03 08 41	d6	3.36	+0.04	+0.32	F2 IV−V
6 α Vul	7405	19 29 18.5	+24 41 42	d	4.44	+1.81	+1.50	M0.5 IIIb
10 ι² Cyg	7420	19 30 04.3	+51 45 40		3.79	+0.11	+0.14	A4 V
6 β Cyg	7417	19 31 18.4	+27 59 27	cd	3.08	+0.62	+1.13	K3 II + B9.5 V
36 Aql	7414	19 31 25.3	−02 45 28		5.03	+2.05	+1.75	M1 IIIab
8 Cyg	7426	19 32 18.7	+34 29 04		4.74	−0.65	−0.14	B3 IV
61 σ Dra	7462	19 32 19.7	+69 41 09	asd	4.68	+0.38	+0.79	K0 V
38 μ Aql	7429	19 34 47.8	+07 24 38	d	4.45	+1.26	+1.17	K3⁻ IIIb Fe 0.5
ι Tel	7424	19 36 17.3	−48 04 00		4.90		+1.09	K0 III
13 θ Cyg	7469	19 36 49.9	+50 15 19	d	4.48	−0.03	+0.38	F4 V
41 ι Aql	7447	19 37 28.3	−01 15 13	d	4.36	−0.44	−0.08	B5 III
52 Sgr	7440	19 37 35.3	−24 51 02	d	4.60	−0.15	−0.07	B8/9 V
39 κ Aql	7446	19 37 40.2	−06 59 39		4.95	−0.87	0.00	B0.5 IIIn

Designation			BS=HR No.	Right Ascension	Declination	Notes	V	U−B	B−V	Spectral Type
				h m s	° ′ ″					
5	α	Sge	7479	19 40 44.7	+18 02 53	d	4.37	+0.43	+0.78	G1 II
			7495	19 41 17.0	+45 33 36	sd	5.06	+0.15	+0.40	F5 II−III
54		Sgr	7476	19 41 33.2	−16 15 32	d	5.30	+1.06	+1.13	K2 III
6	β	Sge	7488	19 41 42.0	+17 30 38		4.37	+0.89	+1.05	G8 IIIa CN 0.5
16		Cyg	7503	19 42 12.1	+50 33 33	sd	5.96	+0.19	+0.64	G1.5 Vb
16		Cyg	7504	19 42 15.1	+50 33 06	s	6.20	+0.20	+0.66	G3 V
55		Sgr	7489	19 43 20.8	−16 05 20	6	5.06	+0.09	+0.33	F0 IVn:
10		Vul	7506	19 44 19.1	+25 48 27		5.49	+0.67	+0.93	G8 III
15		Cyg	7517	19 44 48.0	+37 23 24		4.89	+0.69	+0.95	G8 III
18	δ	Cyg	7528	19 45 25.7	+45 10 00	d67	2.87	−0.10	−0.03	B9.5 III
50	γ	Aql	7525	19 46 56.9	+10 38 58	d	2.72	+1.68	+1.52	K3 II
56		Sgr	7515	19 47 12.4	−19 43 31		4.86	+0.96	+0.93	K0⁺ III
7	δ	Sge	7536	19 48 02.0	+18 34 15	cd6	3.82	+0.96	+1.41	M2 II + A0 V
63	ε	Dra	7582	19 48 07.0	+70 18 17	d67	3.83	+0.52	+0.89	G7 IIIb Fe−1
	ν	Tel	7510	19 49 11.8	−56 19 35		5.35		+0.20	A9 Vn
	χ	Cyg	7564	19 51 07.4	+32 57 05	vd	4.23	+0.96	+1.82	S6+/1e
53	α	Aql	7557	19 51 29.4	+08 54 27	dv	0.77	+0.08	+0.22	A7 Vnn
51		Aql	7553	19 51 34.6	−10 43 33	d	5.39		+0.38	F0 V
			7589	19 52 25.3	+47 03 55	s	5.62	−0.97	−0.07	O9.5 Iab
	v3961	Sgr	7552	19 52 49.5	−39 50 11	sv6	5.33	−0.22	−0.06	A0p Si Cr Eu
9		Sge	7574	19 53 00.6	+18 42 36	s6	6.23	−0.92	+0.01	O8 If
55	η	Aql	7570	19 53 12.7	+01 02 38	v6	3.90	+0.51	+0.89	F6−G1 Ib
	v1291	Aql	7575	19 54 04.3	−03 04 34	s	5.65	+0.10	+0.20	A5p Sr Cr Eu
60	β	Aql	7602	19 56 01.5	+06 26 38	ad	3.71	+0.48	+0.86	G8 IV
	ι	Sgr	7581	19 56 15.5	−41 49 44		4.13	+0.90	+1.08	G8 III
21	η	Cyg	7615	19 56 51.0	+35 07 21	d	3.89	+0.89	+1.02	K0 III
61		Sgr	7614	19 58 46.3	−15 27 07		5.02	+0.07	+0.05	A3 Va
12	γ	Sge	7635	19 59 24.1	+19 31 56	s	3.47	+1.93	+1.57	M0⁻ III
	θ¹	Sgr	7623	20 00 40.6	−35 14 10	d6	4.37	−0.67	−0.15	B2.5 IV
15	NT	Vul	7653	20 01 41.9	+27 47 40	6	4.64	+0.16	+0.18	A7m
	ε	Pav	7590	20 02 14.7	−72 52 13		3.96	−0.05	−0.03	A0 Va
62 v3872		Sgr	7650	20 03 32.8	−27 40 07		4.58	+1.80	+1.65	M4.5 III
1	κ	Cep	7750	20 08 22.6	+77 45 16	d7	4.39	−0.11	−0.05	B9 III
	ξ	Tel	7673	20 08 29.4	−52 50 17	6	4.94	+1.84	+1.62	M1 IIab
28 v1624		Cyg	7708	20 09 58.0	+36 52 59	6	4.93	−0.77	−0.13	B2.5 V
	δ	Pav	7665	20 10 08.1	−66 08 36		3.56	+0.45	+0.76	G6/8 IV
65	θ	Aql	7710	20 12 03.1	−00 46 39	d6	3.23	−0.14	−0.07	B9.5 III⁺
33		Cyg	7740	20 13 44.0	+56 36 45	6	4.30	+0.08	+0.11	A3 IVn
31	o¹	Cyg	7735	20 14 05.3	+46 47 09	cvd6	3.79	+0.42	+1.28	K2 II + B4 V
67	ρ	Aql	7724	20 14 56.9	+15 14 33	6	4.95	+0.01	+0.08	A1 Va
32	o²	Cyg	7751	20 15 55.2	+47 45 33	cvd6	3.98	+1.03	+1.52	K3 II + B9: V
24		Vul	7753	20 17 24.3	+24 42 59		5.32	+0.67	+0.95	G8 III
34	P	Cyg	7763	20 18 19.3	+38 04 43	s	4.81	−0.58	+0.42	B1pe
5	α¹	Cap	7747	20 18 27.0	−12 27 45	d6	4.24	+0.78	+1.07	G3 Ib
6	α²	Cap	7754	20 18 51.4	−12 29 56	d6	3.57	+0.69	+0.94	G9 III
9	β	Cap	7776	20 21 49.5	−14 44 05	cd67	3.08	+0.28	+0.79	K0 II: + A5n: V:
37	γ	Cyg	7796	20 22 44.9	+40 18 13	asd	2.20	+0.53	+0.68	F8 Ib
			7794	20 23 53.8	+05 23 25		5.31	+0.77	+0.97	G8 III−IV
39		Cyg	7806	20 24 26.4	+32 14 15	s	4.43	+1.50	+1.33	K2.5 III Fe−0.5
	α	Pav	7790	20 26 47.2	−56 41 14	d6	1.94	−0.71	−0.20	B2.5 V

Designation			BS=HR No.	Right Ascension	Declination	Notes	V	U–B	B–V	Spectral Type
				h m s	° ′ ″					
2	θ	Cep	7850	20 29 49.4	+63 02 35	6	4.22	+0.16	+0.20	A7m
41		Cyg	7834	20 29 59.3	+30 25 03		4.01	+0.27	+0.40	F5 II
69		Aql	7831	20 30 24.4	−02 50 11		4.91	+1.22	+1.15	K2 III
73	AF	Dra	7879	20 31 18.0	+75 00 15	6	5.20	+0.11	+0.07	A0p Sr Cr Eu
2	ε	Del	7852	20 33 54.3	+11 21 12		4.03	−0.47	−0.13	B6 III
6	β	Del	7882	20 38 13.8	+14 38 46	d6	3.63	+0.08	+0.44	F5 IV
	α	Ind	7869	20 38 34.9	−47 14 24	d	3.11	+0.79	+1.00	K0 III CN−1
71		Aql	7884	20 39 05.2	−01 03 13	d6	4.32	+0.69	+0.95	G7.5 IIIa
29		Vul	7891	20 39 10.2	+21 15 10		4.82	−0.08	−0.02	A0 Va (shell)
7	κ	Del	7896	20 39 50.0	+10 08 17	d	5.05	+0.21	+0.72	G2 IV
9	α	Del	7906	20 40 18.7	+15 57 50	d6	3.77	−0.21	−0.06	B9 IV
15	υ	Cap	7900	20 40 52.4	−18 05 12		5.10	+1.99	+1.66	M1 III
49		Cyg	7921	20 41 37.8	+32 21 34	sd6	5.51		+0.88	G8 IIb
50	α	Cyg	7924	20 41 55.6	+45 19 58	asd6	1.25	−0.24	+0.09	A2 Ia
11	δ	Del	7928	20 44 08.2	+15 07 38	v6	4.43	+0.10	+0.32	F0m
	η	Ind	7920	20 45 05.8	−51 52 05		4.51	+0.09	+0.27	A9 IV
3	η	Cep	7957	20 45 34.9	+61 53 43	d	3.43	+0.62	+0.92	K0 IV
			7955	20 45 42.7	+57 37 56	d6	4.51	+0.10	+0.54	F8 IV–V
	β	Pav	7913	20 46 14.9	−66 08 59		3.42	+0.12	+0.16	A6 IV⁻
52		Cyg	7942	20 46 15.7	+30 46 24	d	4.22	+0.89	+1.05	K0 IIIa
53	ε	Cyg	7949	20 46 47.9	+34 01 31	ad6	2.46	+0.87	+1.03	K0 III
16	ψ	Cap	7936	20 46 57.1	−25 13 04		4.14	+0.02	+0.43	F4 V
12	γ²	Del	7948	20 47 19.9	+16 10 38	d	4.27	+0.97	+1.04	K1 IV
54	λ	Cyg	7963	20 47 58.5	+36 32 41	d67	4.53	−0.49	−0.11	B6 IV
2	ε	Aqr	7950	20 48 27.6	−09 26 31		3.77	+0.02	0.00	A1 III⁻
3	EN	Aqr	7951	20 48 30.1	−04 58 26		4.42	+1.92	+1.65	M3 III
55 v1661		Cyg	7977	20 49 26.0	+46 10 06	sd	4.84	−0.45	+0.41	B2.5 Ia
	ι	Mic	7943	20 49 27.8	−43 56 05	d7	5.11	+0.06	+0.35	F1 IV
18	ω	Cap	7980	20 52 41.0	−26 51 50		4.11	+1.93	+1.64	M0 III Ba 0.5
6	μ	Aqr	7990	20 53 26.1	−08 55 41	d6	4.73	+0.11	+0.32	F2m
32		Vul	8008	20 55 10.8	+28 06 48		5.01	+1.79	+1.48	K4 III
	β	Ind	7986	20 55 56.0	−58 23 54	d	3.65	+1.23	+1.25	K1 II
			8023	20 57 05.5	+44 58 52	s6	5.96	−0.85	+0.05	O6 V
58	ν	Cyg	8028	20 57 42.9	+41 13 25	d6	3.94	0.00	+0.02	A0.5 IIIn
33		Vul	8032	20 58 55.3	+22 22 57		5.31		+1.40	K3.5 III
59 v832		Cyg	8047	21 00 19.2	+47 34 41	d6	4.70	−0.93	−0.04	B1.5 Vnne
20	AO	Cap	8033	21 00 25.5	−18 58 42	sv	6.25		−0.13	B9psi
	γ	Mic	8039	21 02 10.6	−32 12 01	d	4.67	+0.54	+0.89	G8 III
	ζ	Mic	8048	21 03 53.3	−38 34 26		5.30		+0.41	F3 V
62	ξ	Cyg	8079	21 05 27.6	+43 59 10	s6	3.72	+1.83	+1.65	K4.5 Ib–II
	α	Oct	8021	21 06 25.6	−76 58 01	cv6	5.15	+0.13	+0.49	G2 III + A7 III
23	θ	Cap	8075	21 06 45.6	−17 10 28	6	4.07	+0.01	−0.01	A1 Va⁺
61 v1803		Cyg	8085	21 07 33.0	+38 49 17	asd	5.21	+1.11	+1.18	K5 V
61		Cyg	8086	21 07 34.3	+38 48 49	sd	6.03	+1.23	+1.37	K7 V
24		Cap	8080	21 07 58.4	−24 56 50	d	4.50	+1.93	+1.61	M1⁻ III
13	ν	Aqr	8093	21 10 23.0	−11 18 44		4.51	+0.70	+0.94	G8⁺ III
5	γ	Equ	8097	21 11 02.8	+10 11 26	d	4.69	+0.10	+0.26	F0p Sr Eu
64	ζ	Cyg	8115	21 13 33.3	+30 17 13	sd6	3.20	+0.76	+0.99	G8⁺ III–IIIa Ba 0.5
			8110	21 14 08.7	−27 33 34		5.42	+1.69	+1.42	K5 III
	o	Pav	8092	21 14 40.7	−70 03 57	6	5.02	+1.56	+1.58	M1/2 III

Designation			BS=HR No.	Right Ascension	Declination	Notes	V	U–B	B–V	Spectral Type
				h m s	° ′ ″					
7	δ	Equ	8123	21 15 11.2	+10 03 59	d67	4.49	−0.01	+0.50	F8 V
65	τ	Cyg	8130	21 15 22.3	+38 06 28	d67	3.72	+0.02	+0.39	F2 V
8	α	Equ	8131	21 16 32.9	+05 18 30	cd6	3.92	+0.29	+0.53	G2 II–III + A4 V
67	σ	Cyg	8143	21 17 59.2	+39 27 22	6	4.23	−0.39	+0.12	B9 Iab
66	υ	Cyg	8146	21 18 30.9	+34 57 30	d6	4.43	−0.82	−0.11	B2 Ve
	ε	Mic	8135	21 18 48.8	−32 06 40		4.71	+0.02	+0.06	A1m A2 Va+
5	α	Cep	8162	21 18 55.5	+62 38 50	d	2.44	+0.11	+0.22	A7 V+n
	θ	Ind	8140	21 20 53.5	−53 23 16	d7	4.39	+0.12	+0.19	A5 IV–V
	σ	Oct	7228	21 20 54.8	−88 53 45	v	5.47	+0.13	+0.27	F0 III
	θ¹	Mic	8151	21 21 41.0	−40 44 50	dv	4.82	−0.07	+0.02	Ap Cr Eu
1		Peg	8173	21 22 45.5	+19 52 02	d6	4.08	+1.06	+1.11	K1 III
32	ι	Cap	8167	21 23 03.1	−16 46 20		4.28	+0.58	+0.90	G7 III Fe−1.5
18		Aqr	8187	21 24 58.9	−12 48 55	d	5.49		+0.29	F0 V+
69		Cyg	8209	21 26 22.6	+36 43 50	sd	5.94	−0.94	−0.08	B0 Ib
34	ζ	Cap	8204	21 27 29.5	−22 20 52	d6	3.74	+0.59	+1.00	G4 Ib: Ba 2
	γ	Pav	8181	21 27 37.5	−65 17 58		4.22	−0.12	+0.49	F6 Vp
8	β	Cep	8238	21 28 50.5	+70 37 28	vd6	3.23	−0.95	−0.22	B1 III
36		Cap	8213	21 29 32.9	−21 44 36		4.51	+0.60	+0.91	G7 IIIb Fe−1
71		Cyg	8228	21 29 59.1	+46 36 18		5.24	+0.80	+0.97	K0⁻ III
2		Peg	8225	21 30 36.3	+23 42 11	d	4.57	+1.93	+1.62	M1+ III
22	β	Aqr	8232	21 32 19.3	−05 30 24	asd	2.91	+0.56	+0.83	G0 Ib
73	ρ	Cyg	8252	21 34 31.6	+45 39 23		4.02	+0.56	+0.89	G8 III Fe−0.5
74		Cyg	8266	21 37 31.9	+40 28 45		5.01	+0.10	+0.18	A5 V
9 v337		Cep	8279	21 38 18.6	+62 08 52	as	4.73	−0.53	+0.30	B2 Ib
5		Peg	8267	21 38 26.2	+19 23 04		5.45	+0.14	+0.30	F0 V+
23	ξ	Aqr	8264	21 38 31.4	−07 47 19	d6	4.69	+0.13	+0.17	A5 Vn
75		Cyg	8284	21 40 45.3	+43 20 24	sd	5.11	+1.90	+1.60	M1 IIIab
40	γ	Cap	8278	21 40 53.5	−16 35 46	6	3.68	+0.20	+0.32	A7m:
11		Cep	8317	21 42 07.7	+71 22 42		4.56	+1.10	+1.10	K0.5 III
	ν	Oct	8254	21 43 02.4	−77 19 28	6	3.76	+0.89	+1.00	K0 III
	μ	Cep	8316	21 43 57.1	+58 50 49	asd	4.08	+2.42	+2.35	M2⁻ Ia
8	ε	Peg	8308	21 44 53.9	+09 56 31	sd	2.39	+1.70	+1.53	K2 Ib–II
9		Peg	8313	21 45 11.9	+17 25 01	as	4.34	+1.00	+1.17	G5 Ib
10	κ	Peg	8315	21 45 18.2	+25 42 44	d67	4.13	+0.03	+0.43	F5 IV
9	ι	PsA	8305	21 45 48.4	−32 57 32	d6	4.34	−0.11	−0.05	A0 IV
10	ν	Cep	8334	21 45 52.1	+61 11 17		4.29	+0.13	+0.52	A2 Ia
81	π²	Cyg	8335	21 47 19.8	+49 22 37	d6	4.23	−0.71	−0.12	B2.5 III
49	δ	Cap	8322	21 47 50.4	−16 03 39	vd6	2.87	+0.09	+0.29	F2m
14		Peg	8343	21 50 29.3	+30 14 32	6	5.04	+0.03	−0.03	A1 Vs
	ο	Ind	8333	21 51 59.4	−69 33 40		5.53	+1.63	+1.37	K2/3 III
16		Peg	8356	21 53 43.4	+25 59 38	6	5.08	−0.67	−0.17	B3 V
51	μ	Cap	8351	21 54 05.1	−13 28 59		5.08	−0.01	+0.37	F2 V
	γ	Gru	8353	21 54 48.1	−37 17 46		3.01	−0.37	−0.12	B8 IV–Vs
13		Cep	8371	21 55 22.5	+56 40 49	s	5.80	−0.02	+0.73	B8 Ib
	δ	Ind	8368	21 58 53.7	−54 55 23	d7	4.40	+0.10	+0.28	F0 III–IVn
17	ξ	Cep	8417	22 04 12.7	+64 41 56	d6	4.29	+0.09	+0.34	A7m:
	ε	Ind	8387	22 04 27.6	−56 43 32		4.69	+0.99	+1.06	K4/5 V
20		Cep	8426	22 05 27.0	+62 51 24		5.27	+1.78	+1.41	K4 III
19		Cep	8428	22 05 35.7	+62 21 02	sd	5.11	−0.84	+0.08	O9.5 Ib
34	α	Aqr	8414	22 06 31.7	−00 14 56	sd	2.96	+0.74	+0.98	G2 Ib

Designation	BS=HR No.	Right Ascension	Declination	Notes	V	U−B	B−V	Spectral Type
		h m s	° ′ ″					
λ Gru	8411	22 06 59.0	−39 28 22		4.46	+1.66	+1.37	K3 III
33 ι Aqr	8418	22 07 13.1	−13 47 56	6	4.27	−0.29	−0.07	B9 IV−V
24 ι Peg	8430	22 07 41.2	+25 24 59	d6	3.76	−0.04	+0.44	F5 V
α Gru	8425	22 09 08.4	−46 53 25	d	1.74	−0.47	−0.13	B7 Vn
14 μ PsA	8431	22 09 13.5	−32 55 02		4.50	+0.05	+0.05	A1 IVnn
24 Cep	8468	22 10 05.0	+72 24 46		4.79	+0.61	+0.92	G7 II−III
29 π Peg	8454	22 10 38.0	+33 14 59		4.29	+0.18	+0.46	F3 III
26 θ Peg	8450	22 10 55.9	+06 16 11	6	3.53	+0.10	+0.08	A2m A1 IV−V
21 ζ Cep	8465	22 11 21.6	+58 16 23	6	3.35	+1.71	+1.57	K1.5 Ib
	8546	22 11 46.0	+86 10 48	6	5.27	−0.11	−0.03	B9.5 Vn
22 λ Cep	8469	22 12 00.2	+59 29 11	s	5.04	−0.74	+0.25	O6 If
	8485	22 14 30.2	+39 47 14	d6	4.49	+1.45	+1.39	K2.5 III
16 λ PsA	8478	22 15 07.9	−27 41 40		5.43	−0.55	−0.16	B8 III
23 ε Cep	8494	22 15 34.4	+57 06 58	d6	4.19	+0.04	+0.28	A9 IV
1 Lac	8498	22 16 36.2	+37 49 17		4.13	+1.63	+1.46	K3⁻ II−III
43 θ Aqr	8499	22 17 35.9	−07 42 38		4.16	+0.81	+0.98	G9 III
α Tuc	8502	22 19 29.0	−60 11 12	6	2.86	+1.54	+1.39	K3 III
ε Oct	8481	22 21 34.6	−80 22 00		5.10	+1.09	+1.47	M6 III
31 IN Peg	8520	22 22 13.9	+12 16 43		5.01	−0.81	−0.13	B2 IV−V
47 Aqr	8516	22 22 23.3	−21 31 30		5.13	+0.92	+1.07	K0 III
48 γ Aqr	8518	22 22 24.3	−01 18 50	d6	3.84	−0.12	−0.05	B9.5 III−IV
3 β Lac	8538	22 24 08.0	+52 18 07	d	4.43	+0.77	+1.02	G9 IIIb Ca 1
52 π Aqr	8539	22 26 01.0	+01 27 05		4.66	−0.98	−0.03	B1 Ve
δ Tuc	8540	22 28 20.9	−64 53 31	d7	4.48	−0.07	−0.03	B9.5 IVn
ν Gru	8552	22 29 29.9	−39 03 29	d	5.47		+0.95	G8 III
55 ζ² Aqr	8559	22 29 34.7	+00 03 17	cd	4.49	0.00	+0.37	F2.5 IV−V
27 δ Cep	8571	22 29 42.7	+58 29 23	vd6	3.75		+0.60	F5−G2 Ib
29 ρ² Cep	8591	22 29 59.9	+78 53 56	6	5.50	+0.08	+0.07	A3 V
δ¹ Gru	8556	22 30 07.8	−43 25 16	d	3.97	+0.80	+1.03	G6/8 III
5 Lac	8572	22 30 08.2	+47 46 53	cd6	4.36	+1.11	+1.68	M0 II + B8 V
δ² Gru	8560	22 30 37.1	−43 40 29	d	4.11	+1.71	+1.57	M4.5 IIIa
6 Lac	8579	22 31 07.0	+43 11 53	6	4.51	−0.74	−0.09	B2 IV
57 σ Aqr	8573	22 31 24.8	−10 36 12	d6	4.82	−0.11	−0.06	A0 IV
7 α Lac	8585	22 31 53.5	+50 21 26	d	3.77	0.00	+0.01	A1 Va
17 β PsA	8576	22 32 19.6	−32 16 17	d7	4.29	+0.02	+0.01	A1 Va
59 υ Aqr	8592	22 35 29.1	−20 38 01		5.20	0.00	+0.44	F5 V
62 η Aqr	8597	22 36 06.1	−00 02 33		4.02	−0.26	−0.09	B9 IV−V:n
31 Cep	8615	22 36 07.6	+73 43 07		5.08	+0.16	+0.39	F3 III−IV
63 κ Aqr	8610	22 38 30.4	−04 09 11	d	5.03	+1.16	+1.14	K1.5 IIIb CN 0.5
30 Cep	8627	22 39 10.1	+63 39 36	6	5.19	0.00	+0.06	A3 IV
10 Lac	8622	22 39 54.9	+39 07 34	ad	4.88	−1.04	−0.20	O9 V
	8626	22 40 13.8	+37 40 07	sd	6.03		+0.86	G3 Ib−II: CN−1 CH 2 Fe−1
11 Lac	8632	22 41 09.2	+44 21 08		4.46	+1.36	+1.33	K2.5 III
18 ε PsA	8628	22 41 27.3	−26 58 04		4.17	−0.37	−0.11	B8 Ve
42 ζ Peg	8634	22 42 11.1	+10 54 27	d	3.40	−0.25	−0.09	B8.5 III
β Gru	8636	22 43 31.6	−46 48 30		2.10	+1.67	+1.60	M4.5 III
44 η Peg	8650	22 43 41.0	+30 17 51	cd6	2.94	+0.55	+0.86	G8 II + F0 V
13 Lac	8656	22 44 44.4	+41 53 44	d	5.08	+0.78	+0.96	K0 III
47 λ Peg	8667	22 47 13.9	+23 38 32		3.95	+0.91	+1.07	G8 IIIa CN 0.5
46 ξ Peg	8665	22 47 25.1	+12 14 51	d	4.19	−0.03	+0.50	F6 V

Designation			BS=HR No.	Right Ascension	Declination	Notes	V	U−B	B−V	Spectral Type
				h m s	° ′ ″					
	β	Oct	8630	22 47 27.7	−81 18 18	6	4.15	+0.11	+0.20	A7 III−IV
68		Aqr	8670	22 48 19.7	−19 32 15		5.26	+0.59	+0.94	G8 III
	ε	Gru	8675	22 49 25.4	−51 14 25		3.49	+0.10	+0.08	A2 Va
32	ι	Cep	8694	22 50 12.0	+66 16 37	s	3.52	+0.90	+1.05	K0⁻ III
71	τ	Aqr	8679	22 50 21.5	−13 30 57	d	4.01	+1.95	+1.57	M0 III
48	μ	Peg	8684	22 50 42.3	+24 40 42	s	3.48	+0.68	+0.93	G8⁺ III
			8685	22 51 51.4	−39 04 47		5.42	+1.69	+1.43	K3 III
22	γ	PsA	8695	22 53 19.7	−32 47 54	d7	4.46	−0.14	−0.04	A0m A1 III−IV
73	λ	Aqr	8698	22 53 22.2	−07 30 08		3.74	+1.74	+1.64	M2.5 III Fe−0.5
			8748	22 54 14.8	+84 25 25		4.71	+1.69	+1.43	K4 III
76	δ	Aqr	8709	22 55 25.1	−15 44 36		3.27	+0.08	+0.05	A3 IV−V
23	δ	PsA	8720	22 56 44.9	−32 27 43	d	4.21	+0.69	+0.97	G8 III
			8726	22 57 04.3	+49 48 40	s	4.95	+1.96	+1.78	K5 Ib
24	α	PsA	8728	22 58 26.9	−29 32 42	a	1.16	+0.08	+0.09	A3 Va
			8732	22 59 23.2	−35 26 45	s	6.13		+0.58	F8 III−IV
	v509	Cas	8752	23 00 42.0	+57 01 24	s	5.00	+1.16	+1.42	G4v 0
	ζ	Gru	8747	23 01 43.7	−52 40 34	6	4.12	+0.70	+0.98	G8/K0 III
1	o	And	8762	23 02 35.5	+42 24 15	d6	3.62	−0.53	−0.09	B6pe (shell)
	π	PsA	8767	23 04 17.7	−34 40 15	6	5.11	+0.02	+0.29	F0 V:
53	β	Peg	8775	23 04 28.8	+28 09 42	d	2.42	+1.96	+1.67	M2.5 II−III
4	β	Psc	8773	23 04 36.9	+03 53 54		4.53	−0.49	−0.12	B6 Ve
54	α	Peg	8781	23 05 29.0	+15 17 01	6	2.49	−0.05	−0.04	A0 III−IV
86		Aqr	8789	23 07 27.4	−23 39 52	d	4.47	+0.58	+0.90	G6 IIIb
	θ	Gru	8787	23 07 41.4	−43 26 31	d7	4.28	+0.16	+0.42	F5 (II−III)m
55		Peg	8795	23 07 44.1	+09 29 17		4.52	+1.90	+1.57	M1 IIIab
33	π	Cep	8819	23 08 21.7	+75 27 58	d67	4.41	+0.46	+0.80	G2 III
88		Aqr	8812	23 10 13.1	−21 05 37		3.66	+1.24	+1.22	K1.5 III
	ι	Gru	8820	23 11 10.5	−45 10 05	6	3.90	+0.86	+1.02	K1 III
59		Peg	8826	23 12 28.1	+08 47 57		5.16	+0.08	+0.13	A3 Van
90	φ	Aqr	8834	23 15 04.4	−05 58 14		4.22	+1.90	+1.56	M1.5 III
91	ψ¹	Aqr	8841	23 16 39.0	−09 00 31	d	4.21	+0.99	+1.11	K1⁻ III Fe−0.5
6	γ	Psc	8852	23 17 55.1	+03 21 42	s	3.69	+0.58	+0.92	G9 III: Fe−2
	γ	Tuc	8848	23 18 16.0	−58 09 22		3.99	−0.02	+0.40	F2 V
93	ψ²	Aqr	8858	23 18 39.4	−09 06 11		4.39	−0.56	−0.15	B5 Vn
	γ	Scl	8863	23 19 36.2	−32 27 10		4.41	+1.06	+1.13	K1 III
95	ψ³	Aqr	8865	23 19 42.9	−09 31 53	d	4.98	−0.02	−0.02	A0 Va
62	τ	Peg	8880	23 21 21.4	+23 49 11	v	4.60	+0.10	+0.17	A5 V
98		Aqr	8892	23 23 43.8	−20 01 17		3.97	+0.95	+1.10	K1 III
4		Cas	8904	23 25 29.3	+62 21 45	d	4.98	+2.07	+1.68	M2⁻ IIIab
68	υ	Peg	8905	23 26 06.3	+23 29 03	s	4.40	+0.14	+0.61	F8 III
99		Aqr	8906	23 26 48.4	−20 33 45		4.39	+1.81	+1.47	K4.5 III
8	κ	Psc	8911	23 27 40.6	+01 20 06	d	4.94	−0.02	+0.03	A0p Cr Sr
10	θ	Psc	8916	23 28 42.3	+06 27 32		4.28	+1.01	+1.07	K0.5 III
	τ	Oct	8862	23 29 47.3	−87 24 08		5.49	+1.43	+1.27	K2 III
70		Peg	8923	23 29 53.4	+12 50 26		4.55	+0.73	+0.94	G8 IIIa
			8924	23 30 17.0	−04 27 13	s	6.25	+1.16	+1.09	K3⁻ IIIb Fe 2
	β	Scl	8937	23 33 44.7	−37 44 17		4.37	−0.36	−0.09	B9.5p Hg Mn
			8952	23 35 37.4	+71 43 20	s	5.84	+1.73	+1.80	G9 Ib
	ι	Phe	8949	23 35 51.1	−42 32 05	d	4.71	+0.07	+0.08	Ap Sr
16	λ	And	8961	23 38 16.7	+46 32 12	vd6	3.82	+0.69	+1.01	G8 III−IV

Designation	BS=HR No.	Right Ascension	Declination	Notes	V	U−B	B−V	Spectral Type
		h m s	° ′ ″					
	8959	23 38 37.5	−45 24 43	6	4.74	+0.09	+0.08	A1/2 V
17 ι And	8965	23 38 51.1	+43 20 54	6	4.29	−0.29	−0.10	B8 V
35 γ Cep	8974	23 39 57.4	+77 42 47	as	3.21	+0.94	+1.03	K1 III−IV CN 1
17 ι Psc	8969	23 40 41.8	+05 42 18	d	4.13	0.00	+0.51	F7 V
19 κ And	8976	23 41 07.6	+44 24 51	d	4.15	−0.21	−0.08	B8 IVn
μ Scl	8975	23 41 23.6	−31 59 34		5.31	+0.66	+0.97	K0 III
18 λ Psc	8984	23 42 47.2	+01 51 36	6	4.50	+0.08	+0.20	A6 IV⁻
105 ω² Aqr	8988	23 43 28.4	−14 27 53	d6	4.49	−0.12	−0.04	B9.5 IV
106 Aqr	8998	23 44 57.1	−18 11 47		5.24	−0.27	−0.08	B9 Vn
20 ψ And	9003	23 46 45.4	+46 30 03	d	4.99	+0.81	+1.11	G3 Ib−II
	9013	23 48 37.0	+67 53 15	6	5.04	−0.04	−0.01	A1 Vn
20 Psc	9012	23 48 41.3	−02 40 51	d	5.49	+0.70	+0.94	gG8
δ Scl	9016	23 49 40.7	−28 03 00	d	4.57	−0.03	+0.01	A0 Va⁺n
81 φ Peg	9036	23 53 13.7	+19 12 03		5.08	+1.86	+1.60	M3⁻ IIIb
82 HT Peg	9039	23 53 21.6	+11 01 41		5.31	+0.10	+0.18	A4 Vn
7 ρ Cas	9045	23 55 06.9	+57 34 48		4.54	+1.12	+1.22	G2 0 (var)
84 ψ Peg	9064	23 58 30.0	+25 13 19	d	4.66	+1.68	+1.59	M3 III
27 Psc	9067	23 59 24.9	−03 28 32	d6	4.86	+0.70	+0.93	G9 III
π Phe	9069	23 59 40.5	−52 39 53		5.13	+1.03	+1.13	K0 III

Notes to Table

a anchor point for the MK system
c composite or combined spectrum
d double star given in Washington Double Star Catalog
o orbital position generated using FK5 center-of-mass position and proper motion
s MK standard star
v star given in Hipparcos Periodic Variables list
6 spectroscopic binary
7 magnitude and color refer to combined light of two or more stars

 A searchable version of this table appears on *The Astronomical Almanac Online*.

BS=HR No.	WDS No.	Right Ascension	Declination	Discoverer Designation	Epoch[1]	P.A.	Separation	V of primary[2]	Δm_V
		h m s	° ′ ″			°	″		
126	00315−6257	00 32 12.2	−62 52 43	LCL 119 AC	2009	168	27.1	4.28	0.23
154	00369+3343	00 37 39.6	+33 47 56	H 5 17 AB	2010	175	37.2	4.36	2.72
361	01137+0735	01 14 29.4	+07 39 06	STF 100 AB	2011	62	23.7	5.22	0.93
382	01201+5814	01 21 00.3	+58 18 27	H 3 23 AC	2010	231	134.3	5.07	1.97
531	01496−1041	01 50 17.9	−10 36 55	ENG 8	2010	250	183.7	4.69	2.12
596	02020+0246	02 02 47.9	+02 50 00	STF 202 AB	2014.5	261	1.8	4.10	1.07
603	02039+4220	02 04 47.7	+42 23 55	STF 205 A-BC	2011	63	9.5	2.31	2.71
681	02193−0259	02 20 04.8	−02 54 45	H 6 1 AC	2014.5	68	123.5	6.65	2.94
897	02583−4018	02 58 48.7	−40 14 50	PZ 2	2009	91	8.4	3.20	0.92
1279	04077+1510	04 08 31.3	+15 12 02	STF 495	2011	222	3.6	6.11	2.66
1387	04254+2218	04 26 14.1	+22 19 33	STF 541 AB	2002	174	339.7	4.22	1.07
1412	04287+1552	04 29 29.5	+15 54 07	STFA 10	2002	348	336.7	3.41	0.53
1497	04422+2257	04 43 07.0	+22 59 01	S 455 AB	2008	213	62.7	4.24	2.78
1856	05302−4705	05 30 33.4	−47 04 04	DUN 21 AD	2009	272	198.3	5.52	1.16
1879	05351+0956	05 35 56.2	+09 56 34	STF 738 AB	2011	44	4.2	3.51	1.94
1931	05387−0236	05 39 28.5	−02 35 34	STF 762 AB,D	2011	84	12.8	3.73	2.83
1931	05387−0236	05 39 28.5	−02 35 34	STF 762 AB,E	2011	62	41.2	3.73	2.61
1983	05445−2227	05 45 04.1	−22 26 40	H 6 40 AB	2008	348	95.6	3.64	2.64
2298	06238+0436	06 24 32.2	+04 35 04	STF 900 AB	2011	31	12.3	4.42	2.22
2736	07087−7030	07 08 37.2	−70 31 20	DUN 42	2002	296	14.4	3.86	1.57
2891	07346+3153	07 35 31.3	+31 51 19	STF1110 AB	2014.5	55	5.0	1.93	1.04
3223	08079−6837	08 07 58.3	−68 39 35	RMK 7	1999	24	6.0	4.38	2.93
3207	08095−4720	08 09 58.8	−47 22 47	DUN 65 AB	2009	221	40.3	1.79	2.35
3315	08252−2403	08 25 41.3	−24 05 38	S 568	2009	89	40.9	5.48	2.95
3475	08467+2846	08 47 34.3	+28 42 21	STF1268	2010	308	30.5	4.13	1.86
3582	08570−5914	08 57 19.7	−59 17 08	DUN 74	2000	76	40.1	4.87	1.71
3890	09471−6504	09 47 27.8	−65 08 22	RMK 11	2008	128	4.9	3.02	2.98
4031	10167+2325	10 17 29.7	+23 20 40	STFA 18	2002	338	333.8	3.46	2.57
4057	10200+1950	10 20 46.2	+19 46 04	STF1424 AB	2014.5	126	4.6	2.37	1.30
4180	10393−5536	10 39 53.2	−55 40 45	DUN 95 AB	2000	105	51.7	4.38	1.68
4191	10435+4612	10 44 23.7	+46 07 38	SMA 75 AB	2002	88	288.4	5.21	2.14
4203	10459+3041	10 46 40.1	+30 36 20	S 612 AB	2012	172	194.1	5.34	2.44
4203	10459+3041	10 46 40.1	+30 36 20	ARN 3 AC	2002	94	424.6	5.34	2.97
4257	10535−5851	10 54 05.2	−58 55 49	DUN 102 AB	2000	204	159.4	3.88	2.35
4259	10556+2445	10 56 23.8	+24 40 19	STF1487	2012	111	6.6	4.48	1.82
4369	11170−0708	11 17 42.3	−07 12 50	BU 600 AC	2014.5	99	53.2	6.15	2.07
4418	11279+0251	11 28 41.0	+02 46 35	STFA 19 AB	2014.5	182	88.8	5.05	2.42
4621	12084−5043	12 09 06.9	−50 48 11	JC 2 AB	1999	325	269.1	2.51	1.91
4730	12266−6306	12 27 24.9	−63 10 46	DUN 252 AB	2010	112	4.0	1.25	0.30
4792	12351+1823	12 35 51.4	+18 17 51	STF1657	2011	273	22.1	5.11	1.22
4898	12546−5711	12 55 27.3	−57 15 23	DUN 126 AB	2010	16	34.8	3.94	1.01
4915	12560+3819	12 56 42.2	+38 14 25	STF1692	2010	229	19.1	2.85	2.67
4993	13152−6754	13 16 14.9	−67 58 16	DUN 131 AC	2002	332	58.4	4.76	2.48
5035	13226−6059	13 23 34.9	−61 03 50	DUN 133 AB-C	2010	345	60.6	4.51	1.66
5054	13239+5456	13 24 30.4	+54 51 00	STF1744 AB	2011	152	14.7	2.23	1.65
5054	13239+5456	13 24 30.4	+54 51 00	STF1744 AC	2008	70	706.1	2.23	1.78
5085	13288+5956	13 28 58.9	+59 52 16	S 649 CA	2002	111	181.7	5.46	2.73
5171	13472−6235	13 48 12.4	−62 39 42	COO 157 AB	1991	321	7.1	7.19	2.71
5350	14162+5122	14 16 40.7	+51 18 03	STFA 26 AB	2011	33	38.8	4.76	2.63
5460	14396−6050	14 40 35.3	−60 53 39	RHD 1 AB	2014.5	282	4.2	−0.01*	1.34

BS=HR No.	WDS No.	Right Ascension	Declination	Discoverer Designation	Epoch[1]	P.A.	Separation	V of primary[2]	Δm_V
		h m s	° ′ ″			°	″		
5459	14396−6050	14 40 35.8	−60 53 40	RHD 1 BA	2014.5	102	4.2	1.33*	1.34
5506	14450+2704	14 45 37.2	+27 00 49	STF1877 AB	2010	343	2.8	2.58	2.23
5531	14509−1603	14 51 41.0	−16 06 05	SHJ 186 AB	2002	315	231.1	2.74	2.45
5646	15119−4844	15 12 57.0	−48 47 31	DUN 177	2010	143	26.5	3.83	1.69
5683	15185−4753	15 19 32.9	−47 55 39	DUN 180 AC	2010	128	23.1	4.99	1.35
5733	15245+3723	15 25 02.3	+37 19 37	STFA 28 AB	2010	171	108.6	4.33	2.76
5789	15348+1032	15 35 29.8	+10 29 28	STF1954 AB	2014.5	172	4.0	4.17	0.99
5984	16054−1948	16 06 16.9	−19 50 39	H 3 7 AC	2010	20	13.5	2.59	1.93
5985	16054−1948	16 06 17.2	−19 50 26	H 3 7 CA	2010	200	13.5	4.52	1.93
6008	16081+1703	16 08 43.8	+17 00 33	STF2010 AB	2014.5	13	27.1	5.10	1.11
6027	16120−1928	16 12 50.4	−19 29 50	H 5 6 AC	2010	337	41.2	4.21	2.39
6077	16195−3054	16 20 27.9	−30 56 27	BSO 12	2010	319	23.8	5.55	1.33
6020	16203−7842	16 22 33.6	−78 43 46	BSO 22 AB	2000	10	103.3	4.90	0.51
6115	16272−4733	16 28 15.1	−47 35 11	HJ 4853	2010	334	22.8	4.51	1.61
6406	17146+1423	17 15 18.6	+14 22 29	STF2140 AB	2014.5	103	4.6	3.48	1.92
6555	17322+5511	17 32 33.2	+55 09 49	STFA 35	2011	311	62.0	4.87	0.03
6636	17419+7209	17 41 41.1	+72 08 29	STF2241 AB	2014.5	17	29.6	4.60	0.99
6752	18055+0230	18 06 11.1	+02 29 54	STF2272 AB	2014.5	127	6.2	4.22	1.95
7056	18448+3736	18 45 16.3	+37 37 16	STFA 38 AD	2011	150	44.0	4.34	1.28
7141	18562+0412	18 56 56.4	+04 13 24	STF2417 AB	2011	99	24.7	4.59	0.34
7405	19287+2440	19 29 18.5	+24 41 42	STFA 42	2014.5	28	427.1	4.61	1.32
7417	19307+2758	19 31 18.4	+27 59 27	STFA 43 AB	2010	54	34.8	3.19	1.49
7476	19407−1618	19 41 33.2	−16 15 32	HJ 599 AC	2010	42	45.3	5.42	2.23
7503	19418+5032	19 42 12.1	+50 33 33	STFA 46 AB	2014.5	133	39.7	6.00	0.23
7582	19482+7016	19 48 07.0	+70 18 17	STF2603	2010	19	3.0	4.01	2.86
7735	20136+4644	20 14 05.3	+46 47 09	STFA 50 AD	2008	325	333.8	3.93	0.90
7754	20181−1233	20 18 51.4	−12 29 56	STFA 51 AE	2002	292	381.2	3.67	0.67
7776	20210−1447	20 21 49.5	−14 44 05	STFA 52 AB	2002	267	206.0	3.15	2.93
7948	20467+1607	20 47 19.9	+16 10 38	STF2727	2014.5	265	9.0	4.36	0.67
8085	21069+3845	21 07 33.0	+38 49 17	STF2758 AB	2014.5	152	31.5	5.20	0.85
8086	21069+3845	21 07 34.3	+38 48 49	STF2758 BA	2014.5	333	31.5	6.05	0.85
8097	21103+1008	21 11 02.8	+10 11 26	STFA 54 AD	2011	152	335.8	4.70	1.36
8140	21199−5327	21 20 53.5	−53 23 16	HJ 5258	2014.5	270	7.3	4.50	2.43
8417	22038+6438	22 04 12.7	+64 41 56	STF2863 AB	2014.5	274	8.4	4.45	1.95
8559	22288−0001	22 29 34.7	+00 03 17	STF2909	2014.5	166	2.2	4.34	0.15
8571	22292+5825	22 29 42.7	+58 29 23	STFA 58 AC	2011	191	41.1	4.21	1.90
8576	22315−3221	22 32 19.6	−32 16 17	PZ 7	2009	172	30.6	4.28	2.84

Notes to Table

[1] Epoch represents the date of position angle and separation data. Data for Epoch 2014.5 are calculated; data for all other epochs represent the most recent measurement. In the latter cases, the system configuration at 2014.5 is not expected to be significantly different.

[2] Visual magnitudes are Tycho V except where indicated by *; in those cases, the magnitudes are Hipparcos V. Primary is not necessarily the brighter object, but is the object used as the origin of the measurements for the pair.

Name	Right Ascension	Declination	V	B–V	U–B	V–R	R–I	V–I
	h m s	° ′ ″						
TPhe I	00 30 47	−46 23 22	14.820	+0.764	+0.338	+0.422	+0.395	+0.817
TPhe A	00 30 51	−46 26 41	14.651	+0.793	+0.380	+0.435	+0.405	+0.841
TPhe H	00 30 52	−46 22 36	14.942	+0.740	+0.225	+0.425	+0.425	+0.851
TPhe B	00 30 58	−46 23 11	12.334	+0.405	+0.156	+0.262	+0.271	+0.535
TPhe C	00 30 59	−46 27 34	14.376	−0.298	−1.217	−0.148	−0.211	−0.360
TPhe D	00 31 00	−46 26 32	13.118	+1.551	+1.871	+0.849	+0.810	+1.663
TPhe E	00 31 02	−46 19 48	11.631	+0.443	−0.103	+0.276	+0.283	+0.564
TPhe J	00 31 05	−46 19 07	13.434	+1.465	+1.229	+0.980	+1.063	+2.043
TPhe F	00 31 32	−46 28 36	12.475	+0.853	+0.534	+0.492	+0.437	+0.929
TPhe K	00 31 38	−46 18 38	12.935	+0.806	+0.402	+0.473	+0.429	+0.909
TPhe G	00 31 46	−46 18 03	10.447	+1.545	+1.910	+0.934	+1.086	+2.025
PG0029+024	00 32 27	+02 42 32	15.268	+0.362	−0.184	+0.251	+0.337	+0.593
HD 2892	00 32 57	+01 16 05	9.360	+1.322	+1.414	+0.692	+0.628	+1.321
BD −15 115	00 39 04	−14 55 08	10.885	−0.199	−0.838	−0.095	−0.110	−0.204
PG0039+049	00 42 51	+05 14 09	12.877	−0.019	−0.871	+0.067	+0.097	+0.164
BD −11 162	00 52 59	−10 35 04	11.184	−0.082	−1.115	+0.051	+0.092	+0.145
92 309	00 53 59	+00 50 45	13.842	+0.513	−0.024	+0.326	+0.325	+0.652
92 312	00 54 01	+00 53 11	10.598	+1.636	+1.992	+0.898	+0.906	+1.806
92 322	00 54 32	+00 52 17	12.676	+0.528	−0.002	+0.302	+0.305	+0.608
92 245	00 55 01	+00 44 37	13.818	+1.418	+1.189	+0.929	+0.907	+1.836
92 248	00 55 15	+00 44 59	15.346	+1.128	+1.289	+0.690	+0.553	+1.245
92 249	00 55 18	+00 45 48	14.325	+0.699	+0.240	+0.399	+0.370	+0.770
92 250	00 55 22	+00 43 40	13.178	+0.814	+0.480	+0.446	+0.394	+0.840
92 330	00 55 28	+00 48 08	15.073	+0.568	−0.115	+0.331	+0.334	+0.666
92 252	00 55 32	+00 44 06	14.932	+0.517	−0.140	+0.326	+0.332	+0.666
92 253	00 55 36	+00 45 02	14.085	+1.131	+0.955	+0.719	+0.616	+1.337
92 335	00 55 43	+00 48 43	12.523	+0.672	+0.208	+0.380	+0.338	+0.719
92 339	00 55 48	+00 48 53	15.579	+0.449	−0.177	+0.306	+0.339	+0.645
92 342	00 55 55	+00 47 55	11.615	+0.435	−0.037	+0.265	+0.271	+0.537
92 188	00 55 55	+00 27 51	14.751	+1.050	+0.751	+0.679	+0.573	+1.254
92 409	00 55 56	+01 00 38	10.627	+1.138	+1.136	+0.734	+0.625	+1.361
92 410	00 55 59	+01 06 33	14.984	+0.398	−0.134	+0.239	+0.242	+0.484
92 412	00 56 00	+01 06 36	15.036	+0.457	−0.152	+0.285	+0.304	+0.589
92 259	00 56 06	+00 45 13	14.997	+0.642	+0.108	+0.370	+0.452	+0.821
92 345	00 56 08	+00 55 49	15.216	+0.745	+0.121	+0.465	+0.476	+0.941
92 347	00 56 11	+00 55 31	15.752	+0.543	−0.097	+0.339	+0.318	+0.658
92 348	00 56 14	+00 49 15	12.109	+0.598	+0.056	+0.345	+0.341	+0.688
92 417	00 56 17	+00 57 49	15.922	+0.477	−0.185	+0.351	+0.305	+0.657
92 260	00 56 18	+00 43 05	15.071	+1.162	+1.115	+0.719	+0.608	+1.328
92 263	00 56 24	+00 41 01	11.782	+1.046	+0.844	+0.562	+0.521	+1.083
92 497	00 56 39	+01 16 24	13.642	+0.729	+0.257	+0.404	+0.378	+0.783
92 498	00 56 41	+01 15 23	14.408	+1.010	+0.794	+0.648	+0.531	+1.181
92 500	00 56 43	+01 15 07	15.841	+1.003	+0.211	+0.738	+0.599	+1.338
92 425	00 56 43	+00 57 40	13.941	+1.191	+1.173	+0.755	+0.627	+1.384
92 426	00 56 44	+00 57 36	14.466	+0.729	+0.184	+0.412	+0.396	+0.809
92 501	00 56 45	+01 15 33	12.958	+0.610	+0.068	+0.345	+0.331	+0.677
92 355	00 56 50	+00 55 28	14.965	+1.164	+1.201	+0.759	+0.645	+1.406
92 427	00 56 51	+01 05 03	14.953	+0.809	+0.352	+0.462	+2.922	+3.275
92 502	00 56 53	+01 09 07	11.812	+0.486	−0.095	+0.284	+0.292	+0.576
92 430	00 57 00	+00 58 00	14.440	+0.567	−0.040	+0.338	+0.338	+0.676

Name	Right Ascension	Declination	V	B–V	U–B	V–R	R–I	V–I
	h m s	° ′ ″						
92 276	00 57 11	+00 46 32	12.036	+0.629	+0.067	+0.368	+0.357	+0.726
92 282	00 57 31	+00 43 11	12.969	+0.318	−0.038	+0.201	+0.221	+0.422
92 507	00 57 35	+01 10 41	11.332	+0.932	+0.688	+0.507	+0.461	+0.969
92 508	00 57 36	+01 14 15	11.679	+0.529	−0.047	+0.318	+0.320	+0.639
92 364	00 57 37	+00 48 34	11.673	+0.607	−0.037	+0.356	+0.357	+0.714
92 433	00 57 38	+01 05 23	11.667	+0.655	+0.110	+0.367	+0.348	+0.716
92 288	00 58 02	+00 41 30	11.631	+0.858	+0.472	+0.491	+0.441	+0.932
F 11	01 05 07	+04 18 16	12.065	−0.239	−0.988	−0.118	−0.142	−0.259
F 11A	01 05 13	+04 16 35	14.475	+0.841	+0.454	+0.479	+0.426	+0.907
F 11B	01 05 13	+04 16 04	13.784	+0.747	+0.234	+0.437	+0.412	+0.849
F 16	01 55 18	−06 41 45	12.405	−0.008	+0.013	−0.007	+0.002	−0.004
93 407	01 55 22	+00 58 02	11.971	+0.852	+0.564	+0.487	+0.421	+0.908
93 317	01 55 22	+00 47 15	11.546	+0.488	−0.053	+0.293	+0.299	+0.592
93 333	01 55 50	+00 49 57	12.009	+0.833	+0.436	+0.469	+0.422	+0.892
93 424	01 56 11	+01 00 57	11.619	+1.083	+0.929	+0.553	+0.501	+1.056
G3 33	02 00 59	+13 06 53	12.298	+1.802	+1.306	+1.355	+1.752	+3.103
PG0220+132B	02 24 21	+13 31 59	14.216	+0.937	+0.319	+0.562	+0.496	+1.058
PG0220+132	02 24 26	+13 31 30	14.760	−0.132	−0.922	−0.050	−0.120	−0.170
PG0220+132A	02 24 27	+13 31 25	15.771	+0.783	−0.339	+0.514	+0.481	+0.995
F 22	02 31 02	+05 19 40	12.798	−0.052	−0.809	−0.103	−0.105	−0.206
PG0231+051E	02 34 15	+05 23 36	13.809	+0.677	+0.207	+0.383	+0.369	+0.752
PG0231+051D	02 34 20	+05 23 18	14.031	+1.077	+1.026	+0.671	+0.584	+1.252
PG0231+051A	02 34 26	+05 21 27	12.768	+0.711	+0.271	+0.405	+0.388	+0.794
PG0231+051	02 34 27	+05 22 31	16.096	−0.320	−1.214	−0.144	−0.373	−0.502
PG0231+051B	02 34 31	+05 21 20	14.732	+1.437	+1.279	+0.951	+0.991	+1.933
PG0231+051C	02 34 34	+05 24 13	13.707	+0.678	+0.078	+0.396	+0.385	+0.783
F 24	02 35 53	+03 47 43	12.412	−0.203	−1.182	+0.087	+0.361	+0.444
F 24A	02 36 02	+03 47 03	13.822	+0.525	+0.034	+0.314	+0.319	+0.635
F 24B	02 36 04	+03 46 26	13.546	+0.668	+0.188	+0.382	+0.367	+0.749
F 24C	02 36 12	+03 45 36	11.761	+1.133	+1.007	+0.598	+0.535	+1.127
94 171	02 54 23	+00 20 50	12.659	+0.817	+0.304	+0.480	+0.483	+0.964
94 296	02 56 05	+00 31 41	12.255	+0.750	+0.235	+0.415	+0.387	+0.803
94 394	02 56 59	+00 38 40	12.273	+0.545	−0.047	+0.344	+0.330	+0.676
94 401	02 57 16	+00 43 35	14.293	+0.638	+0.098	+0.389	+0.369	+0.759
94 242	02 58 06	+00 22 06	11.725	+0.303	+0.110	+0.176	+0.184	+0.362
BD −2 524	02 58 24	−01 56 21	10.304	−0.111	−0.621	−0.048	−0.060	−0.108
94 251	02 58 32	+00 19 30	11.204	+1.219	+1.281	+0.659	+0.586	+1.245
94 702	02 58 58	+01 14 21	11.597	+1.416	+1.617	+0.757	+0.675	+1.431
GD 50	03 49 35	−00 55 57	14.063	−0.276	−1.191	−0.147	−0.180	−0.325
95 15	03 53 25	−00 02 50	11.302	+0.712	+0.157	+0.424	+0.385	+0.809
95 16	03 53 25	−00 02 33	14.313	+1.306	+1.322	+0.796	+0.676	+1.472
95 301	03 53 26	+00 33 54	11.216	+1.293	+1.298	+0.692	+0.620	+1.311
95 302	03 53 27	+00 33 50	11.694	+0.825	+0.447	+0.471	+0.420	+0.891
95 96	03 53 39	+00 02 51	10.010	+0.147	+0.077	+0.079	+0.095	+0.174
95 97	03 53 42	+00 02 13	14.818	+0.906	+0.380	+0.522	+0.546	+1.068
95 98	03 53 45	+00 05 20	14.448	+1.181	+1.092	+0.723	+0.620	+1.342
95 100	03 53 45	+00 02 48	15.633	+0.791	+0.051	+0.538	+0.421	+0.961
95 101	03 53 49	+00 05 21	12.677	+0.778	+0.263	+0.436	+0.426	+0.863
95 102	03 53 52	+00 03 43	15.622	+1.001	+0.162	+0.448	+0.618	+1.065
95 252	03 53 55	+00 29 55	15.394	+1.452	+1.178	+0.816	+0.747	+1.566

Name	Right Ascension	Declination	V	B–V	U–B	V–R	R–I	V–I
	h m s	o ′ ″						
95 190	03 53 58	+00 18 55	12.627	+0.287	+0.236	+0.195	+0.220	+0.415
95 193	03 54 05	+00 19 07	14.338	+1.211	+1.239	+0.748	+0.616	+1.366
95 105	03 54 06	+00 02 13	13.574	+0.976	+0.627	+0.550	+0.536	+1.088
95 106	03 54 10	+00 03 55	15.137	+1.251	+0.369	+0.394	+0.508	+0.903
95 107	03 54 10	+00 04 53	16.275	+1.324	+1.115	+0.947	+0.962	+1.907
95 112	03 54 25	+00 01 20	15.502	+0.662	+0.077	+0.605	+0.620	+1.227
95 41	03 54 26	−00 00 01	14.060	+0.903	+0.297	+0.589	+0.585	+1.176
95 42	03 54 28	−00 02 04	15.606	−0.215	−1.111	−0.119	−0.180	−0.300
95 317	03 54 29	+00 32 22	13.449	+1.320	+1.120	+0.768	+0.708	+1.476
95 263	03 54 32	+00 29 12	12.679	+1.500	+1.559	+0.801	+0.711	+1.513
95 115	03 54 32	+00 01 44	14.680	+0.836	+0.096	+0.577	+0.579	+1.157
95 43	03 54 33	−00 00 30	10.803	+0.510	−0.016	+0.308	+0.316	+0.624
95 271	03 55 01	+00 21 23	13.669	+1.287	+0.916	+0.734	+0.717	+1.453
95 328	03 55 04	+00 39 03	13.525	+1.532	+1.298	+0.908	+0.868	+1.776
95 329	03 55 09	+00 39 38	14.617	+1.184	+1.093	+0.766	+0.642	+1.410
95 330	03 55 15	+00 31 36	12.174	+1.999	+2.233	+1.166	+1.100	+2.268
95 275	03 55 29	+00 29 51	13.479	+1.763	+1.740	+1.011	+0.931	+1.944
95 276	03 55 31	+00 28 24	14.118	+1.225	+1.218	+0.748	+0.646	+1.395
95 60	03 55 34	−00 04 34	13.429	+0.776	+0.197	+0.464	+0.449	+0.914
95 218	03 55 35	+00 12 39	12.095	+0.708	+0.208	+0.397	+0.370	+0.767
95 132	03 55 36	+00 07 52	12.067	+0.445	+0.311	+0.263	+0.287	+0.546
95 62	03 55 45	−00 00 24	13.538	+1.355	+1.181	+0.742	+0.685	+1.428
95 137	03 55 48	+00 05 56	14.440	+1.457	+1.136	+0.893	+0.845	+1.737
95 139	03 55 49	+00 05 37	12.196	+0.923	+0.677	+0.562	+0.476	+1.039
95 66	03 55 51	−00 07 02	12.892	+0.715	+0.167	+0.426	+0.438	+0.864
95 227	03 55 53	+00 17 04	15.779	+0.771	+0.034	+0.515	+0.552	+1.067
95 142	03 55 54	+00 03 51	12.927	+0.588	+0.097	+0.371	+0.375	+0.745
95 74	03 56 16	−00 06 44	11.531	+1.126	+0.686	+0.600	+0.567	+1.165
95 231	03 56 23	+00 13 13	14.216	+0.452	+0.297	+0.270	+0.290	+0.560
95 284	03 56 26	+00 29 07	13.669	+1.398	+1.073	+0.818	+0.766	+1.586
95 285	03 56 29	+00 27 39	15.561	+0.937	+0.703	+0.607	+0.602	+1.210
95 149	03 56 29	+00 09 32	10.938	+1.593	+1.564	+0.874	+0.811	+1.685
95 236	03 56 58	+00 11 17	11.487	+0.737	+0.168	+0.419	+0.412	+0.831
96 21	04 52 00	−00 13 25	12.182	+0.490	−0.004	+0.299	+0.297	+0.598
96 36	04 52 27	−00 08 45	10.589	+0.247	+0.118	+0.133	+0.137	+0.271
96 737	04 53 20	+00 23 54	11.719	+1.338	+1.146	+0.735	+0.696	+1.432
96 409	04 53 43	+00 10 27	13.778	+0.543	+0.042	+0.340	+0.340	+0.682
96 83	04 53 43	−00 13 18	11.719	−0.181	+0.205	+0.092	+0.096	+0.189
96 235	04 54 03	−00 03 39	11.138	+1.077	+0.890	+0.557	+0.509	+1.066
G97 42	05 28 48	+09 39 07	12.443	+1.639	+1.259	+1.171	+1.485	+2.655
G102 22	05 43 00	+12 29 21	11.509	+1.621	+1.134	+1.211	+1.590	+2.800
GD 71C	05 53 03	+15 52 54	12.325	+1.159	+0.849	+0.655	+0.628	+1.274
GD 71E	05 53 11	+15 52 17	13.634	+0.824	+0.428	+0.472	+0.423	+0.892
GD 71B	05 53 12	+15 52 50	12.599	+0.680	+0.166	+0.404	+0.399	+0.800
GD 71D	05 53 15	+15 55 07	12.898	+0.570	+0.097	+0.359	+0.363	+0.719
GD 71	05 53 18	+15 53 20	13.033	−0.248	−1.110	−0.138	−0.166	−0.304
GD 71A	05 53 24	+15 52 08	12.643	+1.176	+0.897	+0.651	+0.621	+1.265
97 249	05 57 52	+00 01 15	11.735	+0.647	+0.101	+0.369	+0.354	+0.725
97 345	05 58 18	+00 21 19	11.605	+1.652	+1.706	+0.929	+0.843	+1.772
97 351	05 58 22	+00 13 47	9.779	+0.201	+0.092	+0.124	+0.140	+0.264

Name	Right Ascension	Declination	V	B–V	U–B	V–R	R–I	V–I
	h m s	° ′ ″						
97 75	05 58 40	−00 09 26	11.483	+1.872	+2.100	+1.047	+0.952	+1.999
97 284	05 59 10	+00 05 15	10.787	+1.364	+1.089	+0.774	+0.726	+1.500
97 224	05 59 29	−00 05 09	14.085	+0.910	+0.341	+0.553	+0.547	+1.102
98 961	06 52 11	−00 16 41	13.089	+1.283	+1.003	+0.701	+0.662	+1.362
98 966	06 52 13	−00 17 31	14.001	+0.469	+0.357	+0.283	+0.331	+0.613
98 557	06 52 14	−00 26 12	14.780	+1.397	+1.072	+0.755	+0.741	+1.494
98 556	06 52 14	−00 25 56	14.137	+0.338	+0.126	+0.196	+0.243	+0.437
98 562	06 52 15	−00 20 04	12.185	+0.522	−0.002	+0.305	+0.303	+0.607
98 563	06 52 16	−00 27 31	14.162	+0.416	−0.190	+0.294	+0.317	+0.610
98 978	06 52 18	−00 12 37	10.574	+0.609	+0.094	+0.348	+0.321	+0.669
98 L1	06 52 23	−00 27 42	15.672	+1.243	+0.776	+0.730	+0.712	+1.445
98 580	06 52 24	−00 27 47	14.728	+0.367	+0.303	+0.241	+0.305	+0.547
98 581	06 52 24	−00 26 47	14.556	+0.238	+0.161	+0.118	+0.244	+0.361
98 L2	06 52 25	−00 23 04	15.859	+1.340	+1.497	+0.754	+0.572	+1.327
98 L3	06 52 27	−00 17 01	14.614	+1.936	+1.837	+1.091	+1.047	+2.142
98 L4	06 52 27	−00 17 27	16.332	+1.344	+1.086	+0.936	+0.785	+1.726
98 590	06 52 27	−00 23 24	14.642	+1.352	+0.853	+0.753	+0.747	+1.500
98 1002	06 52 28	−00 16 58	14.568	+0.574	−0.027	+0.354	+0.379	+0.733
98 614	06 52 33	−00 21 38	15.674	+1.063	+0.399	+0.834	+0.645	+1.480
98 618	06 52 34	−00 22 21	12.723	+2.192	+2.144	+1.254	+1.151	+2.407
98 624	06 52 36	−00 21 22	13.811	+0.791	+0.394	+0.417	+0.404	+0.822
98 626	06 52 37	−00 21 49	14.758	+1.406	+1.067	+0.806	+0.816	+1.624
98 627	06 52 37	−00 23 07	14.900	+0.689	+0.078	+0.428	+0.387	+0.817
98 634	06 52 40	−00 22 01	14.608	+0.647	+0.123	+0.382	+0.372	+0.757
98 642	06 52 43	−00 22 37	15.290	+0.571	+0.318	+0.302	+0.393	+0.697
98 185	06 52 46	−00 28 27	10.537	+0.202	+0.114	+0.110	+0.122	+0.231
98 646	06 52 47	−00 22 22	15.839	+1.060	+1.426	+0.583	+0.504	+1.090
98 193	06 52 48	−00 28 24	10.026	+1.176	+1.152	+0.614	+0.536	+1.151
98 650	06 52 49	−00 20 44	12.271	+0.157	+0.110	+0.080	+0.086	+0.166
98 652	06 52 49	−00 23 02	14.817	+0.611	+0.126	+0.276	+0.339	+0.618
98 653	06 52 49	−00 19 24	9.538	−0.003	−0.102	+0.010	+0.009	+0.017
98 666	06 52 54	−00 24 38	12.732	+0.164	−0.004	+0.091	+0.108	+0.200
98 670	06 52 56	−00 20 23	11.930	+1.357	+1.325	+0.727	+0.654	+1.381
98 671	06 52 56	−00 19 32	13.385	+0.968	+0.719	+0.575	+0.494	+1.071
98 675	06 52 58	−00 20 46	13.398	+1.909	+1.936	+1.082	+1.002	+2.085
98 676	06 52 58	−00 20 26	13.068	+1.146	+0.666	+0.683	+0.673	+1.352
98 L5	06 53 00	−00 20 51	17.800	+1.900	−0.100	+3.100	+2.600	+5.800
98 682	06 53 01	−00 20 47	13.749	+0.632	+0.098	+0.366	+0.352	+0.717
98 685	06 53 03	−00 21 26	11.954	+0.463	+0.096	+0.290	+0.280	+0.570
98 688	06 53 03	−00 24 39	12.754	+0.293	+0.245	+0.158	+0.180	+0.337
98 1082	06 53 05	−00 15 20	15.010	+0.835	−0.001	+0.485	+0.619	+1.102
98 1087	06 53 06	−00 16 57	14.439	+1.595	+1.284	+0.928	+0.882	+1.812
98 1102	06 53 12	−00 14 50	12.113	+0.314	+0.089	+0.193	+0.195	+0.388
98 1112	06 53 19	−00 16 33	13.975	+0.814	+0.286	+0.443	+0.431	+0.874
98 1119	06 53 21	−00 15 38	11.878	+0.551	+0.069	+0.312	+0.299	+0.611
98 724	06 53 22	−00 20 27	11.118	+1.104	+0.904	+0.575	+0.527	+1.103
98 1122	06 53 22	−00 18 10	14.090	+0.595	−0.297	+0.376	+0.442	+0.816
98 1124	06 53 23	−00 17 40	13.707	+0.315	+0.258	+0.173	+0.201	+0.373
98 733	06 53 25	−00 18 21	12.238	+1.285	+1.087	+0.698	+0.650	+1.347
Ru 149G	07 24 56	−00 33 43	12.829	+0.541	+0.033	+0.322	+0.322	+0.645

Name	Right Ascension	Declination	V	B–V	U–B	V–R	R–I	V–I
	h m s	o ′ ″						
Ru 149A	07 24 58	−00 34 38	14.495	+0.298	+0.118	+0.196	+0.196	+0.391
Ru 149F	07 24 58	−00 33 24	13.471	+1.115	+1.025	+0.594	+0.538	+1.132
Ru 149	07 24 59	−00 34 49	13.866	−0.129	−0.779	−0.040	−0.068	−0.108
Ru 149D	07 25 00	−00 34 33	11.480	−0.037	−0.287	+0.021	+0.008	+0.029
Ru 149C	07 25 02	−00 34 11	14.425	+0.195	+0.141	+0.093	+0.127	+0.222
Ru 149B	07 25 02	−00 34 51	12.642	+0.662	+0.151	+0.374	+0.354	+0.728
Ru 149E	07 25 03	−00 33 04	13.718	+0.522	−0.007	+0.321	+0.314	+0.637
Ru 152F	07 30 38	−02 06 43	14.564	+0.635	+0.069	+0.382	+0.315	+0.689
Ru 152E	07 30 38	−02 07 22	12.362	+0.042	−0.086	+0.030	+0.034	+0.065
Ru 152	07 30 42	−02 08 29	13.017	−0.187	−1.081	−0.059	−0.088	−0.147
Ru 152B	07 30 43	−02 07 49	15.019	+0.500	+0.022	+0.290	+0.309	+0.600
Ru 152A	07 30 44	−02 08 14	14.341	+0.543	−0.085	+0.325	+0.329	+0.654
Ru 152C	07 30 47	−02 07 32	12.222	+0.573	−0.013	+0.342	+0.340	+0.683
Ru 152D	07 30 50	−02 06 29	11.076	+0.875	+0.491	+0.473	+0.449	+0.921
99 6	07 54 18	−00 51 56	11.055	+1.252	+1.289	+0.650	+0.577	+1.227
99 367	07 54 56	−00 27 54	11.152	+1.005	+0.832	+0.531	+0.477	+1.007
99 408	07 55 57	−00 27 53	9.807	+0.402	+0.038	+0.253	+0.247	+0.500
99 438	07 56 39	−00 19 10	9.397	−0.156	−0.729	−0.060	−0.081	−0.142
99 447	07 56 51	−00 23 04	9.419	−0.068	−0.220	−0.031	−0.041	−0.073
100 241	08 53 18	−00 43 08	10.140	+0.157	+0.106	+0.078	+0.085	+0.162
100 162	08 53 59	−00 46 50	9.150	+1.276	+1.495	+0.649	+0.552	+1.202
100 267	08 54 02	−00 44 49	13.027	+0.485	−0.062	+0.307	+0.302	+0.608
100 269	08 54 03	−00 44 30	12.350	+0.547	−0.040	+0.335	+0.331	+0.666
100 280	08 54 20	−00 40 01	11.799	+0.493	−0.001	+0.295	+0.291	+0.588
100 394	08 54 39	−00 35 42	11.384	+1.317	+1.457	+0.705	+0.636	+1.341
PG0918+029D	09 22 07	+02 43 44	12.272	+1.044	+0.821	+0.575	+0.535	+1.108
PG0918+029	09 22 13	+02 42 18	13.327	−0.271	−1.081	−0.129	−0.159	−0.288
PG0918+029B	09 22 18	+02 44 15	13.963	+0.765	+0.366	+0.417	+0.370	+0.787
PG0918+029A	09 22 20	+02 42 35	14.490	+0.536	−0.032	+0.325	+0.336	+0.661
PG0918+029C	09 22 27	+02 42 53	13.537	+0.631	+0.087	+0.367	+0.357	+0.722
BD −12 2918	09 32 02	−13 33 10	10.067	+1.501	+1.166	+1.067	+1.318	+2.385
PG0942−029D	09 45 53	−03 09 56	13.683	+0.576	+0.064	+0.341	+0.329	+0.668
PG0942−029A	09 45 54	−03 14 16	14.738	+0.888	+0.552	+0.563	+0.474	+1.035
PG0942−029B	09 45 56	−03 11 00	14.105	+0.573	+0.014	+0.353	+0.341	+0.693
PG0942−029	09 45 56	−03 13 24	14.012	−0.298	−1.177	−0.132	−0.165	−0.296
PG0942-029C	09 45 58	−03 10 42	14.950	+0.803	+0.338	+0.488	+0.395	+0.884
101 315	09 55 36	−00 31 40	11.249	+1.153	+1.056	+0.612	+0.559	+1.172
101 316	09 55 37	−00 22 43	11.552	+0.493	+0.032	+0.293	+0.291	+0.584
101 L1	09 56 14	−00 25 52	16.501	+0.757	−0.104	+0.421	+0.527	+0.947
101 320	09 56 17	−00 26 42	13.823	+1.052	+0.690	+0.581	+0.561	+1.141
101 L2	09 56 19	−00 22 59	15.770	+0.602	+0.082	+0.321	+0.304	+0.625
101 404	09 56 25	−00 22 31	13.459	+0.996	+0.697	+0.530	+0.500	+1.029
101 324	09 56 41	−00 27 24	9.737	+1.161	+1.145	+0.591	+0.519	+1.109
101 408	09 56 53	−00 16 51	14.785	+1.200	+1.347	+0.718	+0.603	+1.321
101 262	09 56 53	−00 34 00	14.295	+0.784	+0.297	+0.440	+0.387	+0.827
101 326	09 56 53	−00 31 20	14.923	+0.729	+0.227	+0.406	+0.375	+0.780
101 327	09 56 53	−00 30 03	13.441	+1.155	+1.139	+0.717	+0.574	+1.290
101 410	09 56 54	−00 18 12	13.646	+0.546	−0.063	+0.298	+0.326	+0.623
101 413	09 56 59	−00 16 04	12.583	+0.983	+0.716	+0.529	+0.497	+1.025
101 268	09 57 02	−00 36 06	14.380	+1.531	+1.381	+1.040	+1.200	+2.237

Name	Right Ascension	Declination	V	B–V	U–B	V–R	R–I	V–I
	h m s	o ′ ″						
101 330	09 57 05	−00 31 32	13.723	+0.577	−0.026	+0.346	+0.338	+0.684
101 415	09 57 08	−00 21 03	15.259	+0.577	−0.008	+0.346	+0.350	+0.695
101 270	09 57 11	−00 39 54	13.711	+0.554	+0.055	+0.332	+0.306	+0.637
101 278	09 57 39	−00 33 48	15.494	+1.041	+0.737	+0.596	+0.548	+1.144
101 L3	09 57 40	−00 34 35	15.953	+0.637	−0.033	+0.396	+0.395	+0.792
101 281	09 57 50	−00 35 53	11.576	+0.812	+0.415	+0.453	+0.412	+0.864
101 L4	09 57 52	−00 35 34	16.264	+0.793	+0.362	+0.578	+0.062	+0.644
101 L5	09 57 55	−00 34 50	15.928	+0.622	+0.115	+0.414	+0.305	+0.720
101 421	09 58 01	−00 21 28	13.180	+0.507	−0.031	+0.327	+0.296	+0.623
101 338	09 58 02	−00 25 10	13.788	+0.634	+0.024	+0.350	+0.340	+0.691
101 339	09 58 03	−00 29 12	14.449	+0.850	+0.501	+0.458	+0.398	+0.857
101 424	09 58 05	−00 20 36	15.058	+0.764	+0.273	+0.429	+0.425	+0.855
101 427	09 58 11	−00 21 27	14.964	+0.805	+0.321	+0.484	+0.369	+0.854
101 341	09 58 14	−00 26 04	14.342	+0.575	+0.059	+0.332	+0.309	+0.641
101 342	09 58 16	−00 26 01	15.556	+0.529	−0.065	+0.339	+0.419	+0.758
101 343	09 58 16	−00 27 06	15.504	+0.606	+0.094	+0.396	+0.338	+0.734
101 429	09 58 16	−00 22 25	13.496	+0.980	+0.782	+0.617	+0.526	+1.143
101 431	09 58 22	−00 22 04	13.684	+1.246	+1.144	+0.808	+0.708	+1.517
101 L6	09 58 24	−00 22 04	16.497	+0.711	+0.183	+0.445	+0.583	+1.024
101 207	09 58 37	−00 51 47	12.421	+0.513	−0.080	+0.320	+0.323	+0.645
101 363	09 59 03	−00 29 47	9.874	+0.260	+0.132	+0.146	+0.151	+0.297
GD 108A	10 01 23	−07 37 37	13.881	+0.789	+0.316	+0.458	+0.449	+0.909
GD 108B	10 01 26	−07 35 20	15.056	+0.839	+0.364	+0.463	+0.466	+0.924
GD 108	10 01 31	−07 37 43	13.563	−0.214	−0.943	−0.099	−0.118	−0.218
GD 108C	10 01 39	−07 34 42	13.819	+0.786	+0.345	+0.435	+0.393	+0.825
GD 108D	10 01 39	−07 39 04	14.235	+0.641	+0.078	+0.372	+0.357	+0.731
BD +1 2447	10 29 40	+00 45 49	9.650	+1.501	+1.238	+1.033	+1.225	+2.261
G162 66	10 34 26	−11 46 09	13.012	−0.165	−0.997	−0.126	−0.141	−0.266
G44 27	10 36 46	+05 02 43	12.636	+1.586	+1.088	+1.185	+1.526	+2.714
PG1034+001	10 37 48	−00 12 51	13.228	−0.365	−1.274	−0.155	−0.203	−0.359
G163 6	10 43 39	+02 42 46	14.706	+1.550	+1.228	+1.090	+1.384	+2.478
PG1047+003	10 50 47	−00 05 15	13.474	−0.290	−1.121	−0.132	−0.162	−0.295
PG1047+003A	10 50 50	−00 05 49	13.512	+0.688	+0.168	+0.422	+0.418	+0.840
PG1047+003B	10 50 52	−00 06 42	14.751	+0.679	+0.172	+0.391	+0.371	+0.764
PG1047+003C	10 50 58	−00 05 09	12.453	+0.607	−0.019	+0.378	+0.358	+0.737
G44 40	10 51 36	+06 43 40	11.675	+1.644	+1.213	+1.216	+1.568	+2.786
102 620	10 55 49	−00 52 58	10.074	+1.080	+1.025	+0.645	+0.524	+1.169
G45 20	10 57 10	+06 55 34	13.507	+2.034	+1.165	+1.823	+2.174	+4.000
102 1081	10 57 49	−00 17 53	9.903	+0.664	+0.258	+0.366	+0.332	+0.697
G163 27	10 58 18	−07 36 02	14.338	+0.288	−0.548	+0.206	+0.210	+0.417
G163 51E	11 08 06	−05 20 57	14.466	+0.611	+0.095	+0.381	+0.344	+0.725
G163 51B	11 08 17	−05 17 20	11.292	+0.623	+0.119	+0.355	+0.336	+0.692
G163 51C	11 08 18	−05 19 03	12.672	+0.431	−0.009	+0.267	+0.272	+0.540
G163 51D	11 08 19	−05 19 44	13.862	+0.844	+0.202	+0.478	+0.466	+0.945
G163 51A	11 08 21	−05 17 07	12.504	+0.666	+0.060	+0.382	+0.371	+0.753
G163 50	11 08 44	−05 14 16	13.057	+0.036	−0.696	−0.084	−0.072	−0.158
G163 51	11 08 51	−05 18 37	12.559	+1.499	+1.195	+1.080	+1.355	+2.434
BD +5 2468	11 16 16	+04 52 38	9.352	−0.114	−0.543	−0.035	−0.052	−0.089
HD 100340	11 33 35	+05 11 48	10.115	−0.234	−0.975	−0.104	−0.135	−0.238
BD +5 2529	11 42 35	+05 03 30	9.585	+1.233	+1.194	+0.783	+0.667	+1.452

Name	Right Ascension	Declination	V	B–V	U–B	V–R	R–I	V–I
	h m s	° ′ ″						
G10 50	11 48 30	+00 43 08	11.153	+1.752	+1.318	+1.294	+1.673	+2.969
103 302	11 56 51	−00 52 45	9.859	+0.370	−0.057	+0.230	+0.236	+0.465
103 626	11 57 31	−00 28 05	11.836	+0.413	−0.057	+0.262	+0.274	+0.535
103 526	11 57 39	−00 35 04	10.890	+1.090	+0.936	+0.560	+0.501	+1.056
G12 43	12 34 00	+08 56 32	12.467	+1.846	+1.085	+1.530	+1.944	+3.479
104 306	12 41 48	−00 42 00	9.370	+1.592	+1.666	+0.832	+0.762	+1.591
104 423	12 42 21	−00 35 57	15.602	+0.630	+0.050	+0.262	+0.559	+0.818
104 428	12 42 26	−00 31 12	12.630	+0.985	+0.748	+0.534	+0.497	+1.032
104 L1	12 42 34	−00 25 47	14.608	+0.630	+0.064	+0.374	+0.364	+0.739
104 430	12 42 35	−00 30 38	13.858	+0.652	+0.131	+0.364	+0.363	+0.727
104 325	12 42 47	−00 46 22	15.581	+0.694	+0.051	+0.345	+0.307	+0.652
104 330	12 42 56	−00 45 27	15.296	+0.594	−0.028	+0.369	+0.371	+0.739
104 440	12 42 59	−00 29 32	15.114	+0.440	−0.227	+0.289	+0.317	+0.605
104 237	12 43 02	−00 56 04	15.395	+1.088	+0.918	+0.647	+0.628	+1.274
104 L2	12 43 04	−00 39 10	16.048	+0.650	−0.172	+0.344	+0.323	+0.667
104 443	12 43 04	−00 30 07	15.372	+1.331	+1.280	+0.817	+0.778	+1.595
104 444	12 43 05	−00 37 14	13.477	+0.512	−0.070	+0.313	+0.331	+0.643
104 334	12 43 05	−00 45 14	13.484	+0.518	−0.067	+0.323	+0.331	+0.653
104 335	12 43 05	−00 37 54	11.665	+0.622	+0.145	+0.357	+0.334	+0.691
104 239	12 43 08	−00 51 22	13.936	+1.356	+1.291	+0.868	+0.805	+1.675
104 336	12 43 09	−00 44 44	14.404	+0.830	+0.495	+0.461	+0.403	+0.865
104 338	12 43 15	−00 43 18	16.059	+0.591	−0.082	+0.348	+0.372	+0.719
104 339	12 43 18	−00 46 26	15.459	+0.832	+0.709	+0.476	+0.374	+0.849
104 244	12 43 19	−00 50 33	16.011	+0.590	−0.152	+0.338	+0.489	+0.825
104 455	12 43 37	−00 29 03	15.105	+0.581	−0.024	+0.360	+0.357	+0.716
104 456	12 43 38	−00 36 46	12.362	+0.622	+0.135	+0.357	+0.337	+0.694
104 457	12 43 39	−00 33 34	16.048	+0.753	+0.522	+0.484	+0.490	+0.974
104 460	12 43 47	−00 33 04	12.895	+1.281	+1.246	+0.813	+0.695	+1.511
104 461	12 43 51	−00 37 03	9.705	+0.476	−0.035	+0.288	+0.289	+0.579
104 350	12 43 59	−00 38 06	13.634	+0.673	+0.165	+0.383	+0.353	+0.736
104 470	12 44 07	−00 34 38	14.310	+0.732	+0.101	+0.295	+0.356	+0.649
104 364	12 44 31	−00 39 17	15.799	+0.601	−0.131	+0.314	+0.397	+0.712
104 366	12 44 38	−00 39 30	12.908	+0.870	+0.424	+0.517	+0.464	+0.982
104 479	12 44 40	−00 37 35	16.087	+1.271	+0.673	+0.657	+0.607	+1.264
104 367	12 44 43	−00 38 19	15.844	+0.639	−0.126	+0.382	+0.296	+0.679
104 484	12 45 05	−00 35 39	14.406	+1.024	+0.732	+0.514	+0.486	+1.000
104 485	12 45 08	−00 35 02	15.017	+0.838	+0.493	+0.478	+0.488	+0.967
104 490	12 45 18	−00 30 37	12.572	+0.535	+0.048	+0.318	+0.312	+0.630
104 598	12 46 01	−00 21 26	11.478	+1.108	+1.051	+0.667	+0.545	+1.214
PG1323−086	13 26 25	−08 53 50	13.481	−0.140	−0.681	−0.048	−0.078	−0.127
PG1323−086A	13 26 35	−08 54 54	13.591	+0.393	−0.019	+0.252	+0.252	+0.506
PG1323−086C	13 26 36	−08 53 09	14.003	+0.707	+0.245	+0.395	+0.363	+0.759
PG1323−086B	13 26 36	−08 55 26	13.406	+0.761	+0.265	+0.426	+0.407	+0.833
PG1323−086D	13 26 51	−08 55 06	12.080	+0.587	+0.005	+0.346	+0.335	+0.684
G14 55	13 29 06	−02 26 13	11.336	+1.491	+1.157	+1.078	+1.388	+2.462
105 505	13 36 09	−00 27 44	10.270	+1.422	+1.218	+0.910	+0.861	+1.771
105 437	13 38 01	−00 42 21	12.535	+0.248	+0.067	+0.136	+0.143	+0.279
105 815	13 40 47	−00 06 43	11.451	+0.381	−0.247	+0.267	+0.292	+0.559
BD +2 2711	13 43 03	+01 25 57	10.369	−0.163	−0.699	−0.072	−0.095	−0.168
32376437	13 43 08	+01 26 04	10.584	+0.499	+0.005	+0.304	+0.301	+0.606

Name	Right Ascension	Declination	V	B–V	U–B	V–R	R–I	V–I
	h m s	° ′ ″						
HD 121968	13 59 36	−02 59 04	10.256	−0.185	−0.915	−0.074	−0.100	−0.173
PG1407−013B	14 11 09	−01 31 21	12.471	+0.970	+0.665	+0.537	+0.505	+1.037
PG1407−013	14 11 11	−01 34 21	13.758	−0.259	−1.133	−0.119	−0.151	−0.272
PG1407−013C	14 11 13	−01 29 08	12.462	+0.805	+0.298	+0.464	+0.448	+0.914
PG1407−013A	14 11 14	−01 33 15	14.661	+1.151	+1.049	+0.617	+0.569	+1.178
PG1407−013D	14 11 19	−01 31 18	14.872	+0.891	+0.420	+0.496	+0.472	+0.967
PG1407−013E	14 11 21	−01 30 36	15.182	+0.883	+0.600	+0.496	+0.417	+0.915
106 1024	14 40 52	−00 01 57	11.599	+0.332	+0.085	+0.196	+0.195	+0.390
106 700	14 41 36	−00 27 18	9.786	+1.364	+1.580	+0.730	+0.643	+1.374
106 575	14 42 23	−00 29 43	9.341	+1.306	+1.485	+0.676	+0.587	+1.268
106 485	14 44 59	−00 40 45	9.477	+0.378	−0.052	+0.233	+0.236	+0.468
PG1514+034	15 17 58	+03 07 19	13.997	−0.009	−0.955	+0.087	+0.126	+0.212
PG1525−071	15 28 58	−07 19 31	15.046	−0.211	−1.177	−0.068	+0.012	−0.151
PG1525−071D	15 28 59	−07 19 37	16.300	+0.393	+0.224	+0.405	+0.343	+0.756
PG1525−071A	15 29 00	−07 19 00	13.506	+0.773	+0.282	+0.437	+0.421	+0.862
PG1525−071B	15 29 01	−07 19 11	16.392	+0.729	+0.141	+0.450	+0.387	+0.906
PG1525−071C	15 29 03	−07 17 29	13.519	+1.116	+1.073	+0.593	+0.509	+1.096
PG1528+062B	15 31 22	+05 58 17	11.989	+0.593	+0.005	+0.364	+0.344	+0.711
PG1528+062A	15 31 32	+05 58 28	15.553	+0.830	+0.356	+0.433	+0.389	+0.824
PG1528+062	15 31 33	+05 58 00	14.767	−0.252	−1.091	−0.111	−0.182	−0.296
PG1528+062C	15 31 39	+05 57 14	13.477	+0.644	+0.074	+0.357	+0.340	+0.699
PG1530+057A	15 33 53	+05 30 50	13.711	+0.829	+0.414	+0.473	+0.412	+0.886
PG1530+057	15 33 54	+05 29 34	14.211	+0.151	−0.789	+0.162	+0.036	+0.199
PG1530+057B	15 34 01	+05 30 53	12.842	+0.745	+0.325	+0.423	+0.376	+0.799
107 544	15 37 33	−00 17 56	9.036	+0.399	+0.156	+0.232	+0.227	+0.458
107 970	15 38 10	+00 15 45	10.939	+1.596	+1.750	+1.142	+1.435	+2.574
107 568	15 38 37	−00 20 06	13.054	+1.149	+0.862	+0.625	+0.595	+1.217
107 1006	15 39 18	+00 11 31	11.713	+0.766	+0.278	+0.442	+0.420	+0.863
107 347	15 39 21	−00 38 46	9.446	+1.294	+1.302	+0.712	+0.652	+1.365
107 720	15 39 22	−00 05 13	13.121	+0.599	+0.088	+0.374	+0.355	+0.731
107 456	15 39 27	−00 22 35	12.919	+0.921	+0.589	+0.537	+0.478	+1.015
107 351	15 39 30	−00 34 54	12.342	+0.562	−0.005	+0.351	+0.358	+0.708
107 457	15 39 31	−00 23 03	14.910	+0.792	+0.350	+0.494	+0.469	+0.964
107 458	15 39 35	−00 27 14	11.676	+1.214	+1.189	+0.667	+0.602	+1.274
107 592	15 39 35	−00 19 57	11.847	+1.318	+1.380	+0.709	+0.647	+1.357
107 459	15 39 36	−00 25 21	12.284	+0.900	+0.427	+0.525	+0.517	+1.045
107 212	15 39 41	−00 48 19	13.383	+0.683	+0.135	+0.404	+0.411	+0.818
107 215	15 39 42	−00 45 54	16.046	+0.115	−0.082	−0.032	−0.475	−0.511
107 213	15 39 42	−00 47 03	14.262	+0.802	+0.261	+0.531	+0.509	+1.038
107 357	15 39 50	−00 41 59	14.418	+0.675	+0.025	+0.416	+0.421	+0.840
107 359	15 39 54	−00 38 27	12.797	+0.580	−0.124	+0.379	+0.381	+0.759
107 599	15 39 54	−00 17 16	14.675	+0.698	+0.243	+0.433	+0.438	+0.869
107 600	15 39 55	−00 18 38	14.884	+0.503	+0.049	+0.339	+0.361	+0.700
107 601	15 39 59	−00 16 15	14.646	+1.412	+1.265	+0.923	+0.835	+1.761
107 602	15 40 04	−00 18 17	12.116	+0.991	+0.585	+0.545	+0.531	+1.074
107 611	15 40 20	−00 15 22	14.329	+0.890	+0.455	+0.520	+0.447	+0.968
107 612	15 40 20	−00 17 54	14.256	+0.896	+0.296	+0.551	+0.530	+1.081
107 614	15 40 26	−00 15 58	13.926	+0.622	+0.033	+0.361	+0.370	+0.732
107 626	15 40 50	−00 20 15	13.468	+1.000	+0.728	+0.600	+0.527	+1.126
107 627	15 40 52	−00 20 09	13.349	+0.779	+0.226	+0.465	+0.454	+0.918

Name	Right Ascension	Declination	V	B–V	U–B	V–R	R–I	V–I
	h m s	° ′ ″						
107 484	15 41 02	−00 24 01	11.311	+1.240	+1.298	+0.664	+0.577	+1.240
107 636	15 41 25	−00 17 39	14.873	+0.751	+0.121	+0.432	+0.465	+0.896
107 639	15 41 29	−00 19 56	14.197	+0.640	−0.026	+0.399	+0.404	+0.803
107 640	15 41 34	−00 19 33	15.050	+0.755	+0.092	+0.511	+0.506	+1.017
G153 41	16 18 45	−15 37 59	13.425	−0.210	−1.129	−0.133	−0.158	−0.289
G138 25	16 25 54	+15 38 40	13.513	+1.419	+1.265	+0.883	+0.796	+1.685
BD −12 4523	16 31 07	−12 41 53	10.072	+1.566	+1.195	+1.155	+1.499	+2.651
HD 149382	16 35 09	−04 02 38	8.943	−0.282	−1.143	−0.127	−0.135	−0.262
PG1633+099	16 36 05	+09 46 05	14.396	−0.191	−0.990	−0.085	−0.114	−0.208
108 1332	16 36 06	−00 05 50	9.208	+0.380	+0.083	+0.225	+0.225	+0.449
PG1633+099A	16 36 07	+09 46 09	15.259	+0.871	+0.305	+0.506	+0.506	+1.011
PG1633+099G	16 36 14	+09 48 46	13.749	+0.693	+0.079	+0.412	+0.389	+0.804
PG1633+099B	16 36 15	+09 44 36	12.968	+1.081	+1.017	+0.589	+0.503	+1.090
PG1633+099F	16 36 18	+09 47 56	13.768	+0.878	+0.254	+0.523	+0.522	+1.035
PG1633+099C	16 36 19	+09 44 32	13.224	+1.144	+1.146	+0.612	+0.524	+1.133
PG1633+099D	16 36 22	+09 44 57	13.689	+0.535	−0.021	+0.324	+0.323	+0.649
PG1633+099E	16 36 27	+09 47 40	13.113	+0.841	+0.337	+0.484	+0.471	+0.953
108 719	16 36 56	−00 27 12	12.690	+1.031	+0.648	+0.553	+0.533	+1.087
108 1848	16 37 43	+00 04 13	11.738	+0.559	+0.073	+0.331	+0.325	+0.657
108 475	16 37 45	−00 36 22	11.307	+1.380	+1.463	+0.743	+0.664	+1.408
108 1863	16 37 57	+00 00 48	12.244	+0.803	+0.378	+0.446	+0.398	+0.844
108 1491	16 37 59	−00 04 24	9.059	+0.964	+0.616	+0.522	+0.498	+1.020
108 551	16 38 33	−00 34 47	10.702	+0.180	+0.182	+0.100	+0.109	+0.209
108 1918	16 38 35	−00 02 18	11.384	+1.432	+1.839	+0.773	+0.661	+1.434
108 981	16 40 01	−00 26 47	12.071	+0.494	+0.237	+0.310	+0.312	+0.622
PG1647+056	16 51 01	+05 31 29	14.773	−0.173	−1.064	−0.058	−0.022	−0.082
Wolf 629	16 56 12	−08 20 55	11.759	+1.676	+1.256	+1.185	+1.525	+2.715
PG1657+078E	17 00 09	+07 42 46	14.486	+0.787	+0.284	+0.436	+0.413	+0.851
PG1657+078D	17 00 10	+07 41 44	16.156	+0.986	+0.599	+0.635	+0.592	+1.227
PG1657+078B	17 00 14	+07 40 52	14.724	+0.697	+0.039	+0.417	+0.420	+0.838
PG1657+078	17 00 14	+07 42 16	15.019	−0.142	−0.958	−0.079	−0.058	−0.128
PG1657+078A	17 00 15	+07 41 04	14.032	+1.068	+0.735	+0.569	+0.538	+1.105
PG1657+078C	17 00 17	+07 41 11	15.225	+0.837	+0.382	+0.504	+0.442	+0.965
BD −4 4226	17 05 59	−05 07 04	10.071	+1.415	+1.085	+0.970	+1.141	+2.113
109 71	17 44 52	−00 25 18	11.490	+0.326	+0.154	+0.187	+0.223	+0.409
109 381	17 44 57	−00 20 52	11.731	+0.704	+0.222	+0.427	+0.435	+0.862
109 949	17 44 58	−00 02 48	12.828	+0.806	+0.363	+0.500	+0.517	+1.020
109 956	17 44 59	−00 02 27	14.639	+1.283	+0.858	+0.779	+0.743	+1.525
109 954	17 45 00	−00 02 36	12.436	+1.296	+0.956	+0.764	+0.731	+1.496
109 199	17 45 47	−00 29 47	10.990	+1.739	+1.967	+1.006	+0.900	+1.904
109 231	17 46 05	−00 26 10	9.333	+1.465	+1.591	+0.787	+0.705	+1.494
109 537	17 46 27	−00 21 53	10.353	+0.609	+0.226	+0.376	+0.393	+0.769
G21 15	18 27 56	+04 04 17	13.889	+0.092	−0.598	−0.039	−0.030	−0.069
110 229	18 41 30	+00 02 42	13.649	+1.910	+1.391	+1.198	+1.155	+2.356
110 230	18 41 36	+00 03 15	14.281	+1.084	+0.728	+0.624	+0.596	+1.218
110 232	18 41 37	+00 02 46	12.516	+0.729	+0.147	+0.439	+0.450	+0.889
110 233	18 41 37	+00 01 43	12.771	+1.281	+0.812	+0.773	+0.818	+1.593
110 239	18 42 04	+00 01 06	13.858	+0.899	+0.584	+0.541	+0.517	+1.060
110 339	18 42 11	+00 09 18	13.607	+0.988	+0.776	+0.563	+0.468	+1.036
110 340	18 42 13	+00 16 16	10.025	+0.308	+0.124	+0.171	+0.183	+0.354

Name	Right Ascension	Declination	V	B–V	U–B	V–R	R–I	V–I
	h m s	° ′ ″						
110 477	18 42 28	+00 27 36	13.988	+1.345	+0.715	+0.850	+0.857	+1.707
110 246	18 42 35	+00 05 55	12.706	+0.586	−0.129	+0.381	+0.410	+0.790
110 346	18 42 40	+00 10 51	14.757	+0.999	+0.752	+0.697	+0.646	+1.345
110 349	18 42 58	+00 11 09	15.095	+1.088	+0.668	+0.503	−0.059	+0.477
110 355	18 43 03	+00 09 18	11.944	+1.023	+0.504	+0.652	+0.727	+1.378
110 358	18 43 20	+00 15 56	14.430	+1.039	+0.418	+0.603	+0.543	+1.150
110 360	18 43 25	+00 10 05	14.618	+1.197	+0.539	+0.715	+0.717	+1.432
110 361	18 43 30	+00 08 59	12.425	+0.632	+0.035	+0.361	+0.348	+0.709
110 362	18 43 33	+00 07 22	15.693	+1.333	+3.919	+0.918	+0.885	+1.803
110 266	18 43 33	+00 06 01	12.018	+0.889	+0.411	+0.538	+0.577	+1.111
110 L1	18 43 35	+00 08 07	16.252	+1.752	+2.953	+1.066	+0.992	+2.058
110 364	18 43 37	+00 08 49	13.615	+1.133	+1.095	+0.697	+0.585	+1.281
110 157	18 43 41	−00 08 04	13.491	+2.123	+1.679	+1.257	+1.139	+2.395
110 365	18 43 42	+00 08 18	13.470	+2.261	+1.895	+1.360	+1.270	+2.631
110 496	18 43 44	+00 32 04	13.004	+1.040	+0.737	+0.607	+0.681	+1.287
110 273	18 43 44	+00 03 19	14.686	+2.527	+1.000	+1.509	+1.345	+2.856
110 497	18 43 47	+00 31 51	14.196	+1.052	+0.380	+0.606	+0.597	+1.203
110 280	18 43 52	−00 02 47	12.996	+2.151	+2.133	+1.235	+1.148	+2.384
110 499	18 43 52	+00 28 56	11.737	+0.987	+0.639	+0.600	+0.674	+1.273
110 502	18 43 55	+00 28 37	12.330	+2.326	+2.326	+1.373	+1.250	+2.625
110 503	18 43 56	+00 30 38	11.773	+0.671	+0.506	+0.373	+0.436	+0.808
110 504	18 43 56	+00 30 59	14.022	+1.248	+1.323	+0.797	+0.683	+1.482
110 506	18 44 03	+00 31 22	11.312	+0.568	+0.059	+0.335	+0.312	+0.652
110 507	18 44 04	+00 30 21	12.440	+1.141	+0.830	+0.633	+0.579	+1.206
110 290	18 44 07	−00 00 20	11.898	+0.708	+0.196	+0.418	+0.418	+0.836
110 441	18 44 18	+00 20 36	11.122	+0.556	+0.108	+0.325	+0.335	+0.660
110 311	18 44 32	+00 00 35	15.505	+1.796	+1.179	+1.010	+0.864	+1.874
110 312	18 44 34	+00 01 02	16.093	+1.319	−0.788	+1.137	+1.154	+2.293
110 450	18 44 36	+00 23 54	11.583	+0.946	+0.683	+0.549	+0.626	+1.175
110 315	18 44 37	+00 01 45	13.637	+2.069	+2.256	+1.206	+1.133	+2.338
110 316	18 44 37	+00 02 00	14.821	+1.731	+4.355	+0.858	+0.910	+1.769
110 319	18 44 40	+00 02 56	11.861	+1.309	+1.076	+0.742	+0.700	+1.443
111 773	19 38 00	+00 12 58	8.965	+0.209	−0.209	+0.121	+0.145	+0.265
111 775	19 38 01	+00 14 06	10.748	+1.741	+2.017	+0.965	+0.897	+1.863
111 1925	19 38 13	+00 27 03	12.387	+0.396	+0.264	+0.226	+0.256	+0.483
111 1965	19 38 26	+00 28 52	11.419	+1.710	+1.865	+0.951	+0.877	+1.830
111 1969	19 38 28	+00 27 49	10.382	+1.959	+2.306	+1.177	+1.222	+2.400
111 2039	19 38 49	+00 34 13	12.395	+1.369	+1.237	+0.739	+0.689	+1.430
111 2088	19 39 06	+00 33 02	13.193	+1.610	+1.678	+0.888	+0.818	+1.708
111 2093	19 39 08	+00 33 27	12.538	+0.637	+0.283	+0.370	+0.397	+0.766
112 595	20 42 03	+00 19 36	11.352	+1.601	+1.991	+0.898	+0.903	+1.801
112 704	20 42 47	+00 22 17	11.452	+1.536	+1.742	+0.822	+0.746	+1.570
112 223	20 42 59	+00 12 09	11.424	+0.454	+0.016	+0.273	+0.274	+0.547
112 250	20 43 11	+00 10 52	12.095	+0.532	−0.025	+0.317	+0.323	+0.639
112 275	20 43 20	+00 10 30	9.905	+1.210	+1.294	+0.648	+0.569	+1.217
112 805	20 43 31	+00 19 18	12.086	+0.151	+0.158	+0.064	+0.075	+0.139
112 822	20 43 39	+00 18 12	11.548	+1.030	+0.883	+0.558	+0.502	+1.060
Mark A4	20 44 41	−10 41 54	14.767	+0.795	+0.176	+0.471	+0.475	+0.952
Mark A2	20 44 42	−10 42 20	14.540	+0.666	+0.096	+0.379	+0.371	+0.751
Mark A1	20 44 46	−10 44 01	15.911	+0.609	−0.014	+0.367	+0.373	+0.740

UBVRI STANDARD STARS, J2014.5

Name	Right Ascension	Declination	V	B–V	U–B	V–R	R–I	V–I
	h m s	° ′ ″						
Mark A	20 44 47	−10 44 31	13.256	−0.246	−1.159	−0.114	−0.124	−0.238
Mark A3	20 44 51	−10 42 27	14.818	+0.938	+0.651	+0.587	+0.510	+1.098
Wolf 918	21 10 06	−13 15 04	10.869	+1.493	+1.139	+0.978	+1.083	+2.064
G26 7A	21 31 53	−09 42 44	13.047	+0.725	+0.279	+0.405	+0.371	+0.776
G26 7	21 32 06	−09 43 35	12.006	+1.664	+1.231	+1.298	+1.669	+2.968
G26 7C	21 32 10	−09 46 55	12.468	+0.624	+0.093	+0.354	+0.340	+0.695
G26 7B	21 32 13	−09 43 32	13.454	+0.562	+0.027	+0.323	+0.327	+0.652
113 440	21 41 19	+00 45 46	11.796	+0.637	+0.167	+0.363	+0.350	+0.715
113 221	21 41 21	+00 25 02	12.071	+1.031	+0.874	+0.550	+0.490	+1.041
113 L1	21 41 32	+00 32 34	15.530	+1.343	+1.180	+0.867	+0.723	+1.594
113 337	21 41 34	+00 31 57	14.225	+0.519	−0.025	+0.351	+0.331	+0.682
113 339	21 41 40	+00 31 57	12.250	+0.568	−0.034	+0.340	+0.347	+0.687
113 233	21 41 44	+00 26 01	12.398	+0.549	+0.096	+0.338	+0.322	+0.661
113 342	21 41 44	+00 31 36	10.878	+1.015	+0.696	+0.537	+0.513	+1.050
113 239	21 41 51	+00 26 33	13.038	+0.516	+0.051	+0.318	+0.327	+0.647
113 241	21 41 54	+00 29 47	14.352	+1.344	+1.452	+0.897	+0.797	+1.683
113 245	21 41 58	+00 25 52	15.665	+0.628	+0.112	+0.396	+0.318	+0.716
113 459	21 41 59	+00 47 04	12.125	+0.535	−0.018	+0.307	+0.313	+0.623
113 250	21 42 09	+00 24 40	13.160	+0.505	−0.003	+0.309	+0.316	+0.626
113 466	21 42 12	+00 44 15	10.003	+0.453	+0.003	+0.279	+0.283	+0.564
113 259	21 42 29	+00 21 40	11.744	+1.199	+1.220	+0.621	+0.544	+1.167
113 260	21 42 33	+00 27 52	12.406	+0.514	+0.069	+0.308	+0.298	+0.606
113 475	21 42 36	+00 43 20	10.304	+1.058	+0.841	+0.568	+0.528	+1.097
113 263	21 42 37	+00 29 37	15.481	+0.280	+0.074	+0.194	+0.207	+0.401
113 366	21 42 38	+00 33 23	13.537	+1.096	+0.896	+0.623	+0.588	+1.211
113 265	21 42 38	+00 22 04	14.934	+0.639	+0.101	+0.411	+0.395	+0.807
113 268	21 42 42	+00 23 55	15.281	+0.589	−0.018	+0.379	+0.407	+0.786
113 34	21 42 43	+00 05 07	15.173	+0.484	−0.054	+0.306	+0.346	+0.652
113 372	21 42 47	+00 32 39	13.681	+0.670	+0.080	+0.395	+0.370	+0.766
113 149	21 42 50	+00 13 25	13.469	+0.621	+0.043	+0.379	+0.386	+0.765
113 153	21 42 53	+00 19 04	14.476	+0.745	+0.285	+0.462	+0.441	+0.902
113 272	21 43 05	+00 24 58	13.904	+0.633	+0.067	+0.370	+0.340	+0.710
113 156	21 43 06	+00 16 10	11.224	+0.526	−0.057	+0.303	+0.314	+0.618
113 158	21 43 06	+00 18 10	13.116	+0.723	+0.247	+0.407	+0.374	+0.782
113 491	21 43 09	+00 47 55	14.373	+0.764	+0.306	+0.434	+0.420	+0.854
113 492	21 43 12	+00 42 22	12.174	+0.553	+0.005	+0.342	+0.341	+0.684
113 493	21 43 13	+00 42 12	11.767	+0.786	+0.392	+0.430	+0.393	+0.824
113 495	21 43 14	+00 42 08	12.437	+0.947	+0.530	+0.512	+0.497	+1.010
113 163	21 43 20	+00 20 46	14.540	+0.658	+0.106	+0.380	+0.355	+0.735
113 165	21 43 23	+00 19 33	15.639	+0.601	+0.003	+0.354	+0.392	+0.746
113 281	21 43 23	+00 22 57	15.247	+0.529	−0.026	+0.347	+0.359	+0.706
113 167	21 43 25	+00 20 09	14.841	+0.597	−0.034	+0.351	+0.376	+0.728
113 177	21 43 41	+00 18 44	13.560	+0.789	+0.318	+0.456	+0.436	+0.890
113 182	21 43 53	+00 18 51	14.370	+0.659	+0.065	+0.402	+0.422	+0.824
113 187	21 44 05	+00 20 55	15.080	+1.063	+0.969	+0.638	+0.535	+1.174
113 189	21 44 12	+00 21 21	15.421	+1.118	+0.958	+0.713	+0.605	+1.319
113 307	21 44 15	+00 22 05	14.214	+1.128	+0.911	+0.630	+0.614	+1.245
113 191	21 44 18	+00 19 55	12.337	+0.799	+0.223	+0.471	+0.466	+0.937
113 195	21 44 25	+00 21 23	13.692	+0.730	+0.201	+0.418	+0.413	+0.832
G93 48D	21 52 54	+02 25 32	13.664	+0.636	+0.120	+0.368	+0.362	+0.724

Name	Right Ascension	Declination	V	B–V	U–B	V–R	R–I	V–I
	h m s	° ′ ″						
G93 48C	21 52 58	+02 25 59	12.664	+1.320	+1.260	+0.852	+0.759	+1.610
G93 48A	21 53 02	+02 27 21	12.856	+0.715	+0.278	+0.403	+0.365	+0.772
G93 48B	21 53 02	+02 27 17	12.416	+0.719	+0.194	+0.405	+0.383	+0.791
G93 48	21 53 10	+02 27 22	12.743	−0.011	−0.790	−0.096	−0.099	−0.195
PG2213−006F	22 16 58	−00 13 34	12.644	+0.678	+0.171	+0.395	+0.384	+0.781
PG2213−006C	22 17 02	−00 17 53	15.108	+0.726	+0.175	+0.425	+0.432	+0.853
PG2213−006E	22 17 06	−00 13 18	13.776	+0.661	+0.087	+0.397	+0.373	+0.778
PG2213−006B	22 17 06	−00 17 27	12.710	+0.753	+0.291	+0.427	+0.404	+0.831
PG2213−006D	22 17 07	−00 13 20	13.987	+0.787	+0.128	+0.486	+0.479	+0.967
PG2213−006A	22 17 08	−00 17 05	14.180	+0.665	+0.094	+0.407	+0.408	+0.817
PG2213-006	22 17 13	−00 16 52	14.137	−0.214	−1.176	−0.072	−0.132	−0.211
G156 31	22 39 22	−15 12 54	12.361	+1.993	+1.408	+1.648	+2.042	+3.684
114 531	22 41 21	+00 56 29	12.095	+0.733	+0.175	+0.421	+0.404	+0.824
114 637	22 41 27	+01 07 44	12.070	+0.801	+0.307	+0.456	+0.415	+0.872
114 446	22 41 48	+00 50 35	12.064	+0.737	+0.237	+0.397	+0.369	+0.769
114 654	22 42 11	+01 14 44	11.833	+0.656	+0.178	+0.368	+0.341	+0.711
114 656	22 42 20	+01 15 44	12.644	+0.965	+0.698	+0.547	+0.506	+1.051
114 548	22 42 21	+01 03 40	11.599	+1.362	+1.568	+0.738	+0.651	+1.387
114 750	22 42 29	+01 17 10	11.916	−0.037	−0.367	+0.027	−0.016	+0.010
114 755	22 42 52	+01 21 23	10.909	+0.570	−0.063	+0.313	+0.310	+0.622
114 670	22 42 54	+01 14 51	11.101	+1.206	+1.223	+0.645	+0.561	+1.208
114 176	22 43 55	+00 25 50	9.239	+1.485	+1.853	+0.800	+0.717	+1.521
HD 216135	22 51 14	−13 14 07	10.111	−0.119	−0.618	−0.052	−0.065	−0.119
G156 57	22 54 04	−14 11 21	10.192	+1.557	+1.179	+1.179	+1.543	+2.730
GD 246A	23 13 01	+10 50 57	12.962	+0.463	−0.047	+0.288	+0.296	+0.584
GD 246	23 13 06	+10 51 49	13.090	−0.318	−1.194	−0.148	−0.181	−0.328
GD 246B	23 13 13	+10 51 56	14.368	+0.919	+0.693	+0.512	+0.431	+0.944
GD 246C	23 13 15	+10 53 58	13.637	+0.879	+0.540	+0.484	+0.448	+0.933
F 108	23 16 57	−01 45 50	12.973	−0.237	−1.050	−0.106	−0.140	−0.245
PG2317+046	23 20 40	+04 57 20	12.876	−0.246	−1.137	−0.074	−0.035	−0.118
PG2331+055	23 34 29	+05 51 28	15.182	−0.066	−0.487	−0.012	−0.031	−0.044
PG2331+055A	23 34 34	+05 51 41	13.051	+0.741	+0.257	+0.419	+0.401	+0.821
PG2331+055B	23 34 36	+05 49 58	14.744	+0.819	+0.429	+0.481	+0.454	+0.935
PG2336+004B	23 39 23	+00 47 36	12.429	+0.517	−0.048	+0.313	+0.317	+0.627
PG2336+004A	23 39 27	+00 47 18	11.274	+0.686	+0.129	+0.394	+0.382	+0.769
PG2336+004	23 39 28	+00 47 48	15.885	−0.160	−0.781	−0.056	−0.048	−0.109
115 554	23 42 15	+01 31 15	11.812	+1.005	+0.548	+0.586	+0.538	+1.127
115 486	23 42 18	+01 21 34	12.482	+0.493	−0.049	+0.298	+0.308	+0.607
115 412	23 42 46	+01 13 51	12.209	+0.573	−0.040	+0.327	+0.335	+0.665
115 268	23 43 15	+00 57 01	12.494	+0.634	+0.077	+0.366	+0.348	+0.714
115 420	23 43 21	+01 10 49	11.160	+0.467	−0.019	+0.288	+0.293	+0.581
115 271	23 43 26	+00 50 03	9.693	+0.612	+0.109	+0.354	+0.349	+0.702
115 516	23 45 00	+01 19 02	10.431	+1.028	+0.760	+0.564	+0.534	+1.099
BD +1 4774	23 49 58	+02 28 41	8.993	+1.434	+1.105	+0.964	+1.081	+2.047
PG2349+002	23 52 38	+00 33 08	13.277	−0.191	−0.921	−0.103	−0.116	−0.219

www A searchable version of this table appears on *The Astronomical Almanac Online*.
The table of bright Johnson *UBVRI* standards listed in editions prior to 2003 is available online as well.

WWW This symbol indicates that these data or auxiliary material may also be found on *The Astronomical Almanac Online* at **http://asa.usno.navy.mil** and **http://asa.hmnao.com**

Designation	BS=HR No.	Right Ascension	Declination	V	b−y	m₁	c₁	β	Spectral Type
		h m s	° ′ ″						
28 ω Psc	9072	00 00 03.4	+06 56 37	4.03	+0.271	+0.154	+0.631	2.667	F3 V
ε Tuc	9076	00 00 39.6	−65 29 47	4.50	−0.023	+0.098	+0.881	2.722	B9 IV
85 Peg	9088	00 02 55.7	+27 09 33	5.75	+0.430	+0.187	+0.214	2.558	G2 V
ζ Scl	9091	00 03 04.4	−29 38 23	5.04	−0.063	+0.106	+0.450	2.712	B4 III
	9107	00 05 39.6	+34 44 27	6.10	+0.412	+0.169	+0.312		G2 V
21 α And	15	00 09 08.4	+29 10 14	2.06*	−0.046	+0.120	+0.520	2.743	B9p Hg Mn
11 β Cas	21	00 09 57.6	+59 13 47	2.27*	+0.216	+0.177	+0.785		F2 III
22 And	27	00 11 04.8	+46 09 10	5.04	+0.273	+0.123	+1.082	2.666	F0 II
24 θ And	63	00 17 51.2	+38 45 43	4.62	+0.026	+0.180	+1.049	2.880	A2 V
κ Phe	100	00 26 54.8	−43 35 58	3.95	+0.098	+0.194	+0.918	2.846	A5 Vn
28 And	114	00 30 53.5	+29 49 53	5.23*	+0.169	+0.165	+0.869		Am
20 π Cas	184	00 44 16.6	+47 06 13	4.96	+0.086	+0.226	+0.901		A5 V
22 o Cas	193	00 45 32.4	+48 21 49	4.62*	+0.007	+0.076	+0.479	2.667	B5 III
	233	00 51 37.2	+64 19 34	5.39	+0.355	+0.127	+0.696		G0 III−IV + B9.5 V
37 μ And	269	00 57 33.8	+38 34 40	3.87	+0.068	+0.194	+1.056	2.865	A5 IV−V
33 θ Cas	343	01 11 59.7	+55 13 36	4.34*	+0.087	+0.213	+0.997		A7m
39 Cet	373	01 17 20.5	−02 25 28	5.41*	+0.554	+0.285	+0.335		G5 IIIe
93 ρ Psc	413	01 27 02.3	+19 14 51	5.35	+0.259	+0.146	+0.481		F2 V:
50 υ And	458	01 37 39.2	+41 28 39	4.10	+0.344	+0.179	+0.409	2.629	F8 V
107 Psc	493	01 43 17.1	+20 20 19	5.24	+0.493	+0.364	+0.298		K1 V
53 χ Cet	531	01 50 17.9	−10 36 55	4.66	+0.209	+0.188	+0.649	2.737	F2 IV−V
13 α Ari	617	02 07 59.6	+23 31 49	2.00	+0.696	+0.526	+0.395		K2 IIIab
14 Ari	623	02 10 15.1	+26 00 28	4.98	+0.210	+0.185	+0.874	2.723	F2 III
64 Cet	635	02 12 07.1	+08 38 14	5.64	+0.361	+0.180	+0.469	2.627	G0 IV
8 δ Tri	660	02 17 56.6	+34 17 23	4.86	+0.390	+0.187	+0.259		G0 V
	672	02 18 46.7	+01 49 33	5.60	+0.370	+0.188	+0.405	2.619	G0.5 IVb
10 Tri	675	02 19 47.6	+28 42 32	5.03	+0.011	+0.161	+1.145		A2 V
9 Per	685	02 23 22.7	+55 54 40	5.17*	+0.321	−0.038	+0.753		A2 IA
12 Tri	717	02 29 01.2	+29 44 00	5.29	+0.178	+0.211	+0.780		F0 III
32 ν Ari	773	02 39 38.6	+22 01 24	5.30	+0.092	+0.182	+1.095	2.829	A7 V
	784	02 40 54.8	−09 23 29	5.79	+0.330	+0.168	+0.362	2.627	F6 V
35 Ari	801	02 44 18.4	+27 46 05	4.65	−0.052	+0.097	+0.333	2.684	B3 V
89 π Cet	811	02 44 48.8	−13 47 53	4.25	−0.052	+0.105	+0.599	2.718	B7 V
87 μ Cet	813	02 45 43.7	+10 10 29	4.27*	+0.189	+0.188	+0.756	2.751	F0m F2 V+
38 Ari	812	02 45 45.1	+12 30 22	5.18*	+0.136	+0.186	+0.842	2.798	A7 III−IV
	870	02 57 00.4	+08 26 21	5.97	+0.306	+0.175	+0.505	2.662	F7 IV
	913	03 02 52.4	−06 26 19	6.20	+0.373	+0.205	+0.394	2.621	G0 IV−V
ι Per	937	03 10 07.3	+49 40 03	4.05	+0.376	+0.201	+0.376		G0 V
94 Cet	962	03 13 30.9	−01 08 34	5.06	+0.363	+0.186	+0.425		G0 IV
ζ¹ Ret	1006	03 18 05.2	−62 31 13	5.51	+0.403	+0.204	+0.284		G3−5 V
ζ² Ret	1010	03 18 31.9	−62 27 05	5.23	+0.381	+0.183	+0.297		G2 V
	1024	03 24 00.2	−07 44 39	6.20	+0.449	+0.198	+0.295		G2 V
33 α Per	1017	03 25 21.9	+49 54 42	1.79	+0.302	+0.195	+1.074	2.677	F5 Ib
1 o Tau	1030	03 25 35.7	+09 04 44	3.61	+0.547	+0.333	+0.426		G6 IIIa Fe−1
	1089	03 35 35.4	+06 27 55	6.49	+0.408	+0.183	+0.452	2.613	G0
16 Tau	1140	03 45 40.1	+24 20 03	5.46	+0.005	+0.097	+0.650	2.750	B7 IV
18 Tau	1144	03 46 01.8	+24 53 01	5.67	−0.021	+0.107	+0.638	2.750	B8 V
27 Tau	1178	03 50 01.6	+24 05 48	3.62	−0.019	+0.092	+0.708	2.696	B8 III
	1201	03 53 59.9	+17 22 09	5.97	+0.221	+0.166	+0.610	2.712	F4 V
42 ψ Tau	1269	04 07 54.4	+29 02 22	5.23	+0.226	+0.159	+0.588		F1 V

Designation			BS=HR No.	Right Ascension	Declination	V	b−y	m₁	c₁	β	Spectral Type
				h m s	° ′ ″						
45		Tau	1292	04 12 06.7	+05 33 35	5.71	+0.231	+0.164	+0.597	2.710	F4 V
51	μ	Per	1303	04 15 58.1	+48 26 41	4.15*	+0.614	+0.268	+0.551		G0 Ib
			1321	04 16 12.2	+06 14 05	6.94	+0.425	+0.240	+0.297	2.580	G5 IV
			1322	04 16 15.2	+06 13 19	6.32	+0.369	+0.185	+0.331	2.606	G0 IV
50	ω	Tau	1329	04 18 06.8	+20 36 47	4.94	+0.146	+0.235	+0.745		A3m
51		Tau	1331	04 19 14.8	+21 36 49	5.64	+0.171	+0.191	+0.784		F0 V
56		Tau	1341	04 20 28.3	+21 48 27	5.38	−0.094	+0.197	+0.536	2.768	A0p
54	γ	Tau	1346	04 20 37.2	+15 39 42	3.64*	+0.596	+0.422	+0.385		G9.5 IIIab CN 0.5
			1327	04 22 02.9	+65 10 27	5.26	+0.513	+0.286	+0.402		G5 IIb
61	δ	Tau	1373	04 23 46.4	+17 34 32	3.76*	+0.597	+0.424	+0.405		G9.5 III CN 0.5
63		Tau	1376	04 24 15.1	+16 48 36	5.63	+0.179	+0.244	+0.731	2.785	F0m
65	κ	Tau	1387	04 26 14.1	+22 19 33	4.22*	+0.070	+0.200	+1.054	2.864	A5 IV−V
67		Tau	1388	04 26 17.0	+22 13 55	5.28*	+0.149	+0.193	+0.840		A7 V
71 v777		Tau	1394	04 27 10.4	+15 39 00	4.49	+0.153	+0.183	+0.933		F0n IV−V
77	θ¹	Tau	1411	04 29 24.3	+15 59 36	3.85	+0.584	+0.394	+0.393		G9 III Fe−0.5
74	ε	Tau	1409	04 29 27.9	+19 12 41	3.53	+0.616	+0.449	+0.417		G9.5 III CN 0.5
78	θ²	Tau	1412	04 29 29.5	+15 54 07	3.41*	+0.101	+0.199	+1.014	2.831	A7 III
79		Tau	1414	04 29 39.0	+13 04 43	5.02	+0.116	+0.225	+0.907	2.836	A7 V
83		Tau	1430	04 31 26.4	+13 45 18	5.40	+0.154	+0.200	+0.813		F0 V
86	ρ	Tau	1444	04 34 40.4	+14 52 26	4.65	+0.146	+0.199	+0.829	2.797	A9 V
87	α	Tau	1457	04 36 45.3	+16 32 14	0.86*	+0.955	+0.814	+0.373		K5⁺ III
1	π³	Ori	1543	04 50 37.7	+06 59 08	3.18*	+0.299	+0.162	+0.416	2.652	F6 V
3	π⁴	Ori	1552	04 51 58.8	+05 37 44	3.68	−0.056	+0.073	+0.135	2.606	B2 III
3	ι	Aur	1577	04 57 56.4	+33 11 16	2.69*	+0.937	+0.775	+0.307		K3 II
102	ι	Tau	1620	05 03 57.8	+21 36 34	4.63	+0.078	+0.203	+1.034	2.847	A7 IV
10	η	Aur	1641	05 07 32.1	+41 15 10	3.16*	−0.085	+0.104	+0.318	2.685	B3 V
104		Tau	1656	05 08 18.5	+18 39 48	4.91	+0.410	+0.201	+0.328		G4 V
13		Ori	1662	05 08 26.0	+09 29 18	6.17	+0.398	+0.185	+0.350	2.590	G1 IV
16		Ori	1672	05 10 07.6	+09 50 50	5.42	+0.136	+0.251	+0.835	2.828	A9m
15	λ	Aur	1729	05 20 09.8	+40 06 38	4.71	+0.389	+0.206	+0.363	2.598	G1.5 IV−V Fe−1
11	α	Lep	1865	05 33 22.2	−17 48 46	2.57	+0.142	+0.150	+1.496		F0 Ib
			1861	05 33 25.4	−01 34 57	5.34*	−0.074	+0.073	+0.002	2.615	B1 IV
122		Tau	1905	05 37 54.3	+17 02 53	5.53	+0.132	+0.203	+0.856		F0 V
	λ	Col	2056	05 53 38.5	−33 47 56	4.89*	−0.070	+0.115	+0.413	2.718	B5 V
136		Tau	2034	05 54 14.4	+27 36 52	4.56	+0.001	+0.133	+1.152		A0 IV
54	χ¹	Ori	2047	05 55 14.6	+20 16 39	4.41	+0.378	+0.194	+0.307	2.599	G0⁻ V Ca 0.5
	γ	Col	2106	05 58 03.1	−35 16 57	4.36	−0.073	+0.093	+0.362	2.644	B2.5 IV
40		Aur	2143	06 07 35.1	+38 28 48	5.35*	+0.139	+0.222	+0.923		A4m
			2233	06 16 18.5	−00 31 07	5.62	+0.325	+0.154	+0.446	2.633	F6 V
			2236	06 16 38.9	+01 09 48	6.36	+0.299	+0.148	+0.476	2.645	F5 IV:
45		Aur	2264	06 22 56.8	+53 26 38	5.33	+0.285	+0.170	+0.627		F5 III
			2313	06 26 01.0	−00 57 21	5.88	+0.361	+0.170	+0.395	2.613	F8 V
27	ε	Gem	2473	06 44 49.4	+25 06 56	3.00	+0.868	+0.656	+0.282		G8 Ib
31	ξ	Gem	2484	06 46 06.2	+12 52 44	3.36*	+0.288	+0.167	+0.552		F5 IV
56	ψ⁵	Aur	2483	06 47 47.0	+43 33 42	5.25	+0.359	+0.184	+0.376		G0 V
16		Lyn	2585	06 58 40.5	+45 04 26	4.91	+0.014	+0.159	+1.109		A2 Vn
			2622	07 01 00.8	−05 23 17	6.29	+0.359	+0.192	+0.402		G0 III−IV
23	γ	CMa	2657	07 04 24.9	−15 39 20	4.11	−0.046	+0.099	+0.556	2.689	B8 II
21		Mon	2707	07 12 08.1	−00 19 37	5.44*	+0.185	+0.184	+0.875		A8 Vn − F3 Vn
54	λ	Gem	2763	07 18 55.5	+16 30 47	3.58*	+0.048	+0.198	+1.055		A4 IV

Designation	BS=HR No.	Right Ascension	Declination	V	b−y	m_1	c_1	β	Spectral Type
		h m s	° ′ ″						
	2779	07 20 34.6	+07 06 54	5.92	+0.339	+0.169	+0.469	2.628	F8 V
55 δ Gem	2777	07 20 59.3	+21 57 16	3.53	+0.221	+0.156	+0.696	2.712	F0 V+
	2798	07 21 58.6	−08 54 24	6.55	+0.343	+0.174	+0.390		F5
	2807	07 23 02.2	−03 00 28	6.24	+0.432	+0.216	+0.588		F5
3 β CMi	2845	07 27 56.2	+08 15 33	2.89*	−0.038	+0.113	+0.799	2.731	B8 V
62 ρ Gem	2852	07 30 02.6	+31 45 16	4.18	+0.214	+0.155	+0.613	2.713	F0 V+
	2866	07 30 07.9	−07 34 53	5.86	+0.311	+0.155	+0.392		F8 V
64 Gem	2857	07 30 14.6	+28 05 14	5.05	+0.062	+0.202	+1.013		A4 V
	2883	07 32 47.5	−08 54 49	5.93	+0.355	+0.124	+0.335	2.595	F5 V
7 δ¹ CMi	2880	07 32 51.1	+01 52 58	5.25	+0.128	+0.173	+1.198		F0 III
68 Gem	2886	07 34 26.1	+15 47 40	5.28	+0.037	+0.143	+1.178		A1 Vn
	2918	07 37 21.0	+05 49 45	5.90	+0.375	+0.188	+0.387	2.610	G0 V
25 Mon	2927	07 37 59.9	−04 08 39	5.14	+0.283	+0.180	+0.643		F6 III
	2948/9	07 39 25.1	−26 50 08	3.83	−0.076	+0.121	+0.400		B6 V + B5 IVn
	2961	07 39 58.0	−38 20 31	4.84	−0.084	+0.103	+0.303		B2.5 V
71 o Gem	2930	07 40 06.6	+34 33 00	4.89	+0.270	+0.173	+0.654		F3 III
77 κ Gem	2985	07 45 19.3	+24 21 44	3.57	+0.573	+0.379	+0.398		G8 III
81 Gem	3003	07 46 57.7	+18 28 25	4.85	+0.895	+0.735	+0.451		K4 III
QZ Pup	3084	07 53 09.5	−38 54 04	4.50*	−0.083	+0.104	+0.244		B2.5 V
	3131	08 00 31.0	−18 26 23	4.61	+0.048	+0.161	+1.122	2.837	A2 IVn
27 Lyn	3173	08 09 32.5	+51 27 49	4.81	+0.017	+0.151	+1.105		A1 Va
17 β Cnc	3249	08 17 18.0	+09 08 24	3.52	+0.914	+0.758	+0.371		K4 III Ba 0.5
18 χ Cnc	3262	08 20 56.6	+27 10 11	5.14	+0.314	+0.146	+0.384		F6 V
	3271	08 20 57.4	−00 57 22	6.17	+0.385	+0.193	+0.414	2.612	F9 V
1 Hya	3297	08 25 18.4	−03 47 57	5.60	+0.311	+0.138	+0.400	2.631	F3 V
	3314	08 26 23.1	−03 57 16	3.90	−0.006	+0.156	+1.024	2.898	A0 Va
4 δ Hya	3410	08 38 25.4	+05 39 09	4.15	+0.009	+0.152	+1.091	2.855	A1 IVnn
7 η Hya	3454	08 43 58.9	+03 20 45	4.30*	−0.087	+0.093	+0.241	2.653	B4 V
	3459	08 44 23.1	−07 17 12	4.63	+0.517	+0.294	+0.472		G1 Ib
	3538	08 55 00.8	−05 29 24	6.01	+0.410	+0.239	+0.325	2.597	G3 V
59 σ² Cnc	3555	08 57 50.1	+32 51 13	5.45	+0.084	+0.205	+0.972		A7 IV
15 UMa	3619	09 09 53.2	+51 32 43	4.46	+0.165	+0.248	+0.762		F0m
14 τ UMa	3624	09 12 05.9	+63 27 13	4.65	+0.214	+0.253	+0.711		Am
	3657	09 14 26.8	+21 13 22	6.48	+0.017	+0.164	+1.094		A2 V
22 θ Hya	3665	09 15 07.1	+02 15 09	3.88	−0.028	+0.145	+0.944		B9.5 IV (C II)
18 UMa	3662	09 17 13.4	+53 57 40	4.84*	+0.113	+0.196	+0.892		A5 V
31 τ¹ Hya	3759	09 29 53.0	−02 49 58	4.60	+0.295	+0.164	+0.453		F6 V
23 UMa	3757	09 32 39.4	+62 59 51	3.67*	+0.211	+0.180	+0.752		F0 IV
25 θ UMa	3775	09 33 49.2	+51 36 37	3.18	+0.314	+0.153	+0.463		F6 IV
10 SU LMi	3800	09 35 06.4	+36 19 57	4.55	+0.561	+0.349	+0.375		G7.5 III Fe−0.5
11 LMi	3815	09 36 31.4	+35 44 38	5.41	+0.473	+0.304	+0.372		G8 IIIv
	3856	09 39 45.1	−61 23 38	4.51*	−0.034	+0.140	+0.821		B9 IV−V
38 κ Hya	3849	09 41 00.1	−14 23 55	5.07	−0.070	+0.110	+0.407	2.704	B5 V
14 o Leo	3852	09 41 55.4	+09 49 33	3.52	+0.306	+0.234	+0.615		F5 II + A5?
	3881	09 49 31.1	+45 57 10	5.10	+0.390	+0.203	+0.382		G0.5 Va
4 Sex	3893	09 51 15.3	+04 16 31	6.24	+0.306	+0.161	+0.419	2.646	F7 Vn
	3901	09 52 05.0	−06 15 00	6.43	+0.363	+0.185	+0.412		F8 V
7 Sex	3906	09 52 57.0	+02 23 09	6.03	−0.015	+0.136	+1.040		A0 Vs
19 LMi	3928	09 58 34.0	+40 59 09	5.14	+0.300	+0.165	+0.457		F5 V
20 LMi	3951	10 01 50.6	+31 51 06	5.35	+0.416	+0.234	+0.388	2.599	G3 Va Hδ 1

Designation	BS=HR No.	Right Ascension	Declination	V	b−y	m₁	c₁	β	Spectral Type
		h m s	° ′ ″						
30 η Leo	3975	10 08 07.3	+16 41 29	3.53	+0.030	+0.068	+0.966		A0 Ib
21 LMi	3974	10 08 16.8	+35 10 24	4.49*	+0.106	+0.201	+0.876	2.837	A7 V
36 ζ Leo	4031	10 17 29.7	+23 20 40	3.44	+0.196	+0.169	+0.986	2.722	F0 III
40 Leo	4054	10 20 31.4	+19 23 49	4.79*	+0.299	+0.166	+0.462		F6 IV
41 γ¹ Leo	4057/8	10 20 46.3	+19 46 02	1.98*	+0.689	+0.457	+0.373		K1⁻ IIIb Fe−0.5
30 LMi	4090	10 26 44.5	+33 43 19	4.73	+0.150	+0.196	+0.959		F0 V
45 Leo	4101	10 28 24.9	+09 41 17	6.04	−0.036	+0.180	+0.956		A0p
30 β Sex	4119	10 31 01.9	−00 42 42	5.08	−0.061	+0.113	+0.479	2.730	B6 V
47 ρ Leo	4133	10 33 34.4	+09 13 54	3.86*	−0.027	+0.040	−0.040	2.552	B1 Iab
37 LMi	4166	10 39 32.0	+31 54 02	4.72	+0.512	+0.297	+0.477	2.595	G2.5 IIa
47 UMa	4277	11 00 16.4	+40 21 09	5.05	+0.392	+0.203	+0.337		G1⁻V Fe−0.5
	4293	11 00 49.4	−42 18 14	4.38	+0.059	+0.179	+1.116		A3 IV
49 UMa	4288	11 01 38.9	+39 08 02	5.07	+0.142	+0.198	+1.012		F0 Vs
60 Leo	4300	11 03 06.1	+20 06 06	4.42	+0.022	+0.194	+1.019		A0.5m A3 V
11 β Crt	4343	11 12 22.4	−22 54 19	4.47	+0.011	+0.164	+1.190	2.877	A2 IV
	4378	11 19 06.4	+11 54 18	6.66	+0.024	+0.190	+1.052		A2 V
77 σ Leo	4386	11 21 53.0	+05 56 59	4.05	−0.020	+0.127	+1.014		A0 III⁺
56 UMa	4392	11 23 37.1	+43 24 11	4.99	+0.610	+0.416	+0.396		G7.5 IIIa
15 γ Crt	4405	11 25 36.5	−17 45 50	4.07	+0.118	+0.195	+0.895	2.823	A7 V
90 Leo	4456	11 35 27.7	+16 43 00	5.95	−0.066	+0.095	+0.323	2.687	B4 V
62 UMa	4501	11 42 19.4	+31 39 57	5.74	+0.312	+0.118	+0.401		F4 V
2 ξ Vir	4515	11 46 01.9	+08 10 39	4.85	+0.090	+0.196	+0.928	2.855	A4 V
93 DQ Leo	4527	11 48 43.9	+20 08 18	4.53*	+0.352	+0.186	+0.725		G4 III−IV + A7 V
94 β Leo	4534	11 49 47.9	+14 29 27	2.14*	+0.044	+0.210	+0.975	2.900	A3 Va
5 β Vir	4540	11 51 27.0	+01 40 59	3.60	+0.354	+0.186	+0.415	2.629	F9 V
	4550	11 53 48.7	+37 36 52	6.43	+0.483	+0.225	+0.153		G8 V P
64 γ UMa	4554	11 54 35.3	+53 36 51	2.44	+0.006	+0.153	+1.113	2.884	A0 Van
	4618	12 08 50.6	−50 44 31	4.47	−0.076	+0.108	+0.254	2.682	B2 IIIne
15 η Vir	4689	12 20 38.9	−00 44 50	3.90*	+0.017	+0.163	+1.130		A1 IV⁺
16 Vir	4695	12 21 05.2	+03 13 55	4.97	+0.717	+0.485	+0.516		K0.5 IIIb Fe−0.5
	4705	12 22 54.5	+24 41 37	6.20	−0.002	+0.169	+1.034		A0 V
12 Com	4707	12 23 14.0	+25 45 57	4.81	+0.322	+0.175	+0.779	2.701	G5 III + A5
18 Com	4753	12 30 10.5	+24 01 44	5.48	+0.289	+0.170	+0.609		F5 III
8 η Crv	4775	12 32 49.2	−16 16 34	4.30*	+0.245	+0.167	+0.543	2.700	F2 V
23 Com	4789	12 35 34.4	+22 32 59	4.81	+0.008	+0.144	+1.090		A0m A1 IV
τ Cen	4802	12 38 30.1	−48 37 15	3.86	+0.026	+0.159	+1.086	2.870	A1 IVnn
28 Com	4861	12 48 57.9	+13 28 26	6.56	+0.012	+0.167	+1.052		A1 V
29 Com	4865	12 49 37.8	+14 02 37	5.70	+0.020	+0.156	+1.130		A1 V
30 Com	4869	12 49 59.8	+27 28 25	5.78	+0.025	+0.169	+1.074		A2 V
31 Com	4883	12 52 24.2	+27 27 43	4.93	+0.437	+0.186	+0.416	2.592	G0 IIIp
	4889	12 54 14.7	−40 15 27	4.26	+0.125	+0.185	+0.971	2.816	A7 V
12 α¹ CVn	4914	12 56 41.2	+38 14 12	5.60	+0.230	+0.152	+0.578		F0 V
78 UMa	4931	13 01 20.8	+56 17 19	4.92*	+0.244	+0.170	+0.575	2.707	F2 V
43 β Com	4983	13 12 32.9	+27 48 18	4.26	+0.370	+0.191	+0.337	2.608	F9.5 V
59 Vir	5011	13 17 29.7	+09 20 55	5.19	+0.372	+0.191	+0.385	2.614	G0 Vs
20 AO CVn	5017	13 18 11.4	+40 29 48	4.72*	+0.174	+0.238	+0.915		F3 III(str. met.)
80 UMa	5062	13 25 48.3	+54 54 46	4.02*	+0.097	+0.192	+0.928	2.847	A5 Vn
70 Vir	5072	13 29 08.4	+13 42 06	4.97	+0.446	+0.232	+0.350		G4 V
	5163	13 44 39.6	−05 34 17	6.53	+0.028	+0.172	+0.980		A1 V
1 Cen	5168	13 46 30.9	−33 07 00	4.23*	+0.247	+0.164	+0.548	2.700	F2 V⁺

Designation	BS=HR No.	Right Ascension	Declination	V	b−y	m₁	c₁	β	Spectral Type
		h m s	° ′ ″						
8　η　Boo	5235	13 55 22.5	+18 19 32	2.68	+0.376	+0.203	+0.476	2.627	G0 IV
	5270	14 03 14.6	+09 36 59	6.21	+0.638	+0.087	+0.541	2.533	G8: II: Fe−5
	5280	14 03 32.1	+50 54 09	6.15	+0.020	+0.181	+1.016		A2 V
χ　Cen	5285	14 06 56.2	−41 14 54	4.36*	−0.094	+0.102	+0.161	2.661	B2 V
12　　Boo	5304	14 11 03.6	+25 01 25	4.82	+0.347	+0.172	+0.443		F8 IV
	5414	14 29 09.7	+28 13 31	7.62	+0.014	+0.168	+1.018		A1 V
	5415	14 29 11.6	+28 13 34	7.12	+0.008	+0.146	+1.020		A1 V
28　σ　Boo	5447	14 35 18.7	+29 40 58	4.47*	+0.253	+0.135	+0.484	2.675	F2 V
109　　Vir	5511	14 46 59.0	+01 49 57	3.74	+0.006	+0.137	+1.078	2.846	A0 IVnn
	5522	14 49 38.9	−00 54 26	6.16	−0.007	+0.132	+0.996		B9 Vp:v
8　α¹　Lib	5530	14 51 29.4	−16 03 24	5.16	+0.265	+0.156	+0.494	2.681	F3 V
9　α²　Lib	5531	14 51 41.0	−16 06 05	2.75	+0.074	+0.192	+0.996	2.860	A3 III−IV
45　　Boo	5634	15 07 56.3	+24 48 48	4.93	+0.287	+0.161	+0.448		F5 V
	5633	15 08 00.3	+18 23 11	6.02	+0.032	+0.190	+1.017		A3 V
λ　Lup	5626	15 09 49.6	−45 20 05	4.06	−0.077	+0.105	+0.265	2.687	B3 V
1　　Lup	5660	15 15 30.8	−31 34 20	4.92	+0.246	+0.132	+1.367	2.741	F0 Ib−II
49　δ　Boo	5681	15 16 05.3	+33 15 41	3.49	+0.587	+0.346	+0.410		G8 III Fe−1
27　β　Lib	5685	15 17 47.3	−09 26 08	2.61	−0.040	+0.100	+0.750	2.706	B8 IIIn
7　　Ser	5717	15 23 04.5	+12 30 59	6.28	+0.008	+0.136	+1.044		A0 V
	5754	15 27 56.5	+62 13 33	6.40	+0.062	+0.210	+0.982		A5 IV
	5752	15 29 12.4	+47 09 08	6.15	+0.046	+0.194	+1.142		Am
5　α　CrB	5793	15 35 18.1	+26 40 00	2.24*	0.000	+0.144	+1.060		A0 IV
	5825	15 42 11.5	−44 42 29	4.64	+0.270	+0.152	+0.458	2.678	F5 IV−V
24　α　Ser	5854	15 44 59.0	+06 22 51	2.64	+0.715	+0.572	+0.445		K2 IIIb CN 1
27　λ　Ser	5868	15 47 08.9	+07 18 31	4.43	+0.383	+0.193	+0.366	2.605	G0⁻ V
1　　Sco	5885	15 51 51.2	−25 47 40	4.65	+0.006	+0.070	+0.122	2.639	B3 V
12　λ　CrB	5936	15 56 19.3	+37 54 21	5.44	+0.230	+0.161	+0.654		F0 IV
41　γ　Ser	5933	15 57 07.4	+15 36 54	3.86	+0.319	+0.151	+0.401	2.632	F6 V
13　ε　CrB	5947	15 58 11.3	+26 50 12	4.15	+0.751	+0.570	+0.414		K2 IIIab
15　ρ　CrB	5968	16 01 36.0	+33 15 38	5.40	+0.396	+0.176	+0.331		G2 V
9　ω¹　Sco	5993	16 07 39.5	−20 42 27	3.94	+0.037	+0.042	+0.009	2.617	B1 V
10　ω²　Sco	5997	16 08 15.5	−20 54 25	4.32	+0.522	+0.285	+0.448	2.577	G4 II−III
14　ν　Sco	6027	16 12 50.4	−19 29 50	3.99	+0.080	+0.051	+0.137	2.663	B2 IVp
22　τ　Her	6092	16 20 10.6	+46 16 46	3.88*	−0.056	+0.089	+0.440	2.702	B5 IV
22　　Sco	6141	16 31 05.5	−25 08 46	4.79	−0.047	+0.092	+0.191	2.665	B2 V
13　ζ　Oph	6175	16 37 57.5	−10 35 43	2.56	+0.088	+0.014	−0.069	2.583	O9.5 Vn
20　　Oph	6243	16 50 38.2	−10 48 27	4.64	+0.311	+0.164	+0.532	2.647	F7 III
59　　Her	6332	17 02 08.5	+33 32 53	5.28	+0.001	+0.172	+1.102	2.885	A3 IV−Vs
60　　Her	6355	17 06 03.1	+12 43 19	4.90	+0.064	+0.207	+0.992	2.877	A4 IV
35　η　Oph	6378	17 11 12.5	−15 44 33	2.42	+0.029	+0.186	+1.076	2.894	A2 Va⁺ (Sr)
72　　Her	6458	17 21 12.2	+32 27 00	5.39*	+0.405	+0.178	+0.312	2.588	G0 V
23　β　Dra	6536	17 30 45.7	+52 17 28	2.78	+0.610	+0.323	+0.423	2.599	G2 Ib−IIa
85　ι　Her	6588	17 39 52.5	+45 59 57	3.80	−0.064	+0.078	+0.294	2.661	B3 IV
56　ο　Ser	6581	17 42 13.8	−12 52 55	4.25*	+0.049	+0.168	+1.108	2.874	A2 Va
60　β　Oph	6603	17 44 11.4	+04 33 44	2.76	+0.719	+0.553	+0.451		K2 III CN 0.5
58　　Oph	6595	17 44 18.0	−21 41 21	4.87	+0.304	+0.150	+0.408	2.645	F7 V:
62　γ　Oph	6629	17 48 37.2	+02 42 10	3.75	+0.024	+0.165	+1.055	2.905	A0 Van
67　　Oph	6714	18 01 22.3	+02 55 55	3.97	+0.081	+0.020	+0.302	2.585	B5 Ib
68　　Oph	6723	18 02 29.4	+01 18 21	4.44*	+0.029	+0.137	+1.087	2.842	A0.5 Van
99　　Her	6775	18 07 34.7	+30 33 54	5.06	+0.356	+0.136	+0.321		F7 V

Designation			BS=HR No.	Right Ascension	Declination	V	b−y	m₁	c₁	β	Spectral Type
				h m s	° ′ ″						
	θ	Ara	6743	18 07 45.6	−50 05 20	3.67	+0.007	+0.037	+0.006	2.582	B2 Ib
	γ	Sct	6930	18 30 01.4	−14 33 20	4.69	+0.045	+0.147	+1.208	2.846	A2 III⁻
111		Her	7069	18 47 39.7	+18 11 55	4.36	+0.061	+0.216	+0.942	2.895	A3 Va⁺
			7119	18 55 32.9	−15 35 02	5.09	+0.175	+0.026	+0.468	2.626	B5 II
14	γ	Lyr	7178	18 59 29.2	+32 42 37	3.24	+0.001	+0.093	+1.219	2.751	B9 II
	ε	CrA	7152	18 59 42.0	−37 05 14	4.85*	+0.253	+0.161	+0.617		F0 V
17	ζ	Aql	7235	19 06 04.6	+13 53 09	2.99	+0.012	+0.147	+1.080	2.873	A0 Vann
			7253	19 07 12.3	+28 39 08	5.53	+0.176	+0.189	+0.747	2.756	F0 III
	α	CrA	7254	19 10 27.4	−37 52 50	4.11	+0.024	+0.181	+1.057	2.890	A2 IVn
1	κ	Cyg	7328	19 17 26.3	+53 23 44	3.76	+0.579	+0.390	+0.430		G9 III
44	ρ¹	Sgr	7340	19 22 30.8	−17 49 08	3.93*	+0.130	+0.194	+0.950	2.809	F0 III–IV
30	δ	Aql	7377	19 26 13.7	+03 08 41	3.37*	+0.203	+0.170	+0.711	2.733	F2 IV–V
61	σ	Dra	7462	19 32 19.7	+69 41 09	4.67	+0.472	+0.324	+0.266		K0 V
13	θ	Cyg	7469	19 36 49.9	+50 15 19	4.49	+0.262	+0.157	+0.502	2.689	F4 V
41	ι	Aql	7447	19 37 28.3	−01 15 13	4.36	−0.017	+0.087	+0.574	2.704	B5 III
39	κ	Aql	7446	19 37 40.2	−06 59 39	4.95	+0.085	−0.024	−0.031	2.563	B0.5 IIIn
5	α	Sge	7479	19 40 44.7	+18 02 53	4.39	+0.489	+0.259	+0.471		G1 II
16		Cyg	7503	19 42 12.1	+50 33 33	5.98	+0.410	+0.212	+0.368		G1.5 Vb
			7504	19 42 15.1	+50 33 06	6.23	+0.417	+0.223	+0.349		G3 V
50	γ	Aql	7525	19 46 56.9	+10 38 58	2.71	+0.936	+0.762	+0.292		K3 II
17		Cyg	7534	19 46 58.7	+33 45 43	5.01	+0.312	+0.155	+0.436		F7 V
53	α	Aql	7557	19 51 29.4	+08 54 27	0.76	+0.137	+0.178	+0.880		A7 Vnn
54	o	Aql	7560	19 51 43.3	+10 27 10	5.13	+0.356	+0.182	+0.415		F8 V
60	β	Aql	7602	19 56 01.5	+06 26 38	3.72*	+0.522	+0.303	+0.345		G8 IV
61	φ	Aql	7610	19 56 55.4	+11 27 47	5.29	−0.006	+0.178	+1.021		A1 IV
8	ν	Cap	7773	20 21 28.0	−12 42 45	4.76	−0.020	+0.135	+1.011	2.853	B9.5 V
37	γ	Cyg	7796	20 22 44.9	+40 18 13	2.23	+0.396	+0.296	+0.885	2.641	F8 Ib
3	η	Del	7858	20 34 38.2	+13 04 40	5.40	+0.023	+0.207	+0.983	2.918	A3 IV
9	α	Del	7906	20 40 18.7	+15 57 50	3.77	−0.019	+0.125	+0.893	2.799	B9 IV
53	ε	Cyg	7949	20 46 47.9	+34 01 31	2.46	+0.627	+0.415	+0.425		K0 III
16	ψ	Cap	7936	20 46 57.1	−25 13 04	4.14	+0.278	+0.161	+0.465	2.673	F4 V
55 v1661		Cyg	7977	20 49 26.0	+46 10 06	4.86*	+0.356	−0.067	+0.153	2.530	B2.5 Ia
56		Cyg	7984	20 50 35.9	+44 06 52	5.04	+0.108	+0.209	+0.897	2.844	A4m
22	η	Cap	8060	21 05 13.7	−19 47 49	4.86	+0.090	+0.191	+0.946	2.861	A5 V
61 v1803		CygA	8085	21 07 33.0	+38 49 17	5.21	+0.656	+0.677	+0.136		K5 V
61		CygB	8086	21 07 34.3	+38 48 49	6.04	+0.792	+0.673	+0.063		K7 V
67	σ	Cyg	8143	21 17 59.2	+39 27 22	4.23	+0.138	+0.027	+0.571	2.583	B9 Iab
5	α	Cep	8162	21 18 55.5	+62 38 50	2.45*	+0.125	+0.190	+0.936	2.808	A7 V⁺n
	γ	Pav	8181	21 27 37.5	−65 17 58	4.23	+0.333	+0.118	+0.315	2.613	F6 Vp
9 v337		Cep	8279	21 38 18.6	+62 08 52	4.73*	+0.275	−0.051	+0.135	2.558	B2 Ib
5		Peg	8267	21 38 26.2	+19 23 04	5.47*	+0.199	+0.172	+0.890	2.734	F0 V⁺
9		Peg	8313	21 45 11.9	+17 25 01	4.34	+0.706	+0.479	+0.346		G5 Ib
13		Peg	8344	21 50 50.1	+17 21 14	5.29*	+0.263	+0.156	+0.545	2.688	F2 III–IV
	γ	Gru	8353	21 54 48.1	−37 17 46	3.01	−0.045	+0.106	+0.726		B8 IV–Vs
	α	Gru	8425	22 09 08.4	−46 53 25	1.74	−0.058	+0.107	+0.568	2.729	B7 Vn
14	μ	PsA	8431	22 09 13.5	−32 55 02	4.50	+0.032	+0.167	+1.070	2.872	A1 IVnn
29	π	Peg	8454	22 10 38.0	+33 14 59	4.29	+0.304	+0.177	+0.778		F3 III
23	ε	Cep	8494	22 15 34.4	+57 06 58	4.19*	+0.169	+0.192	+0.787	2.758	A9 IV
35		Peg	8551	22 28 35.6	+04 46 08	4.79	+0.640	+0.420	+0.418		K0 III
7	α	Lac	8585	22 31 53.5	+50 21 26	3.77	+0.001	+0.173	+1.030	2.906	A1 Va

Designation	BS=HR No.	Right Ascension	Declination	V	b−y	m_1	c_1	β	Spectral Type
		h m s	° ′ ″						
9 Lac	8613	22 37 58.3	+51 37 13	4.65	+0.149	+0.172	+0.935	2.784	A8 IV
10 Lac	8622	22 39 54.9	+39 07 34	4.89	−0.066	+0.037	−0.117	2.587	O9 V
42 ζ Peg	8634	22 42 11.1	+10 54 27	3.40	−0.035	+0.114	+0.867	2.768	B8.5 III
46 ξ Peg	8665	22 47 25.1	+12 14 51	4.19	+0.330	+0.147	+0.407		F6 V
β Oct	8630	22 47 27.7	−81 18 18	4.14	+0.124	+0.191	+0.915	2.817	A7 III−IV
ε Gru	8675	22 49 25.4	−51 14 25	3.49	+0.051	+0.161	+1.143	2.856	A2 Va
76 δ Aqr	8709	22 55 25.1	−15 44 36	3.28	+0.036	+0.167	+1.157	2.890	A3 IV−V
51 Peg	8729	22 58 10.8	+20 50 49	5.45	+0.415	+0.233	+0.372		G2.5 IVa
24 α PsA	8728	22 58 26.9	−29 32 42	1.16	+0.039	+0.208	+0.985	2.906	A3 Va
54 α Peg	8781	23 05 29.1	+15 17 01	2.48	−0.012	+0.130	+1.128	2.840	A0 III−IV
59 Peg	8826	23 12 28.1	+08 47 57	5.16	+0.076	+0.164	+1.091	2.820	A3 Van
7 And	8830	23 13 13.1	+49 29 08	4.53	+0.188	+0.169	+0.713		F0 V
γ Tuc	8848	23 18 16.0	−58 09 22	3.99	+0.271	+0.143	+0.564	2.665	F2 V
62 τ Peg	8880	23 21 21.4	+23 49 11	4.60*	+0.105	+0.166	+1.009		A5 V
	8899	23 24 30.5	+32 36 40	6.69	+0.321	+0.121	+0.404		F4 Vw
16 PsC	8954	23 37 07.7	+02 10 58	5.69	+0.306	+0.122	+0.386		F6 Vbvw
17 ι And	8965	23 38 51.1	+43 20 54	4.29	−0.031	+0.100	+0.784	2.728	B8 V
17 ι Psc	8969	23 40 41.8	+05 42 18	4.13	+0.331	+0.161	+0.398	2.621	F7 V
19 κ And	8976	23 41 07.6	+44 24 51	4.14	−0.035	+0.131	+0.831	2.833	B8 IVn

Notes to Table

*   *V* magnitude may be or is variable.

Name	Right Ascension	Declination	V	Spectral Type	Note
	h m s	° ′ ″			
HR 9087	00 02 34.05	−02 56 48.6	5.12	B7III	
G 158−100	00 34 38.57	−12 03 14.4	14.89	dG−K	
HR 153	00 37 47.22	+53 58 35.5	3.66	B2IV	
CD−34 239	00 42 12.32	−33 32 50.0	11.23	F	
BPM 16274	00 50 43.01	−52 03 31.3	14.20	DA2	Mod.
LTT 1020	01 55 30.35	−27 24 24.4	11.52	G	
HR 718	02 28 55.91	+08 31 27.6	4.28	B9III	
EG 21	03 10 39.24	−68 32 49.2	11.38	DA	
LTT 1788	03 48 54.22	−39 06 02.7	13.16	F	
GD 50	03 49 34.61	−00 55 57.6	14.06	DA2	
SA 95−42	03 54 28.22	−00 02 03.4	15.61	DA	
HZ 4	03 56 09.60	+09 49 48.2	14.52	DA4	
LB 227	04 10 18.88	+17 10 08.5	15.34	DA4	
HZ 2	04 13 31.81	+11 53 58.5	13.86	DA3	
HR 1544	04 51 24.21	+08 55 26.3	4.36	A1V	
G 191−B2B	05 06 40.06	+52 50 58.3	11.78	DA1	
HR 1996	05 46 32.26	−32 18 06.1	5.17	O9V	Mod.
GD 71	05 53 17.79	+15 53 19.7	13.03	DA1	
LTT 2415	05 56 59.35	−27 51 30.4	12.21		
HILT 600	06 45 58.66	+02 07 17.2	10.44	B1	
HD 49798	06 48 30.78	−44 19 59.1	8.30	O6	Mod.
HD 60753	07 33 50.26	−50 36 58.7	6.70	B3IV	Mod.
G 193−74	07 54 33.86	+52 27 09.4	15.70	DA0	
BD+75 325	08 12 34.55	+74 55 20.1	9.54	O5p	
LTT 3218	08 42 06.13	−32 59 22.0	11.86	DA	
HR 3454	08 43 58.91	+03 20 44.9	4.30	B3V	
AGK+81°266	09 23 27.91	+81 39 42.3	11.92	sdO	
GD 108	10 01 30.52	−07 37 43.2	13.56	sdB	
LTT 3864	10 32 52.70	−35 42 11.6	12.17	F	
Feige 34	10 40 27.53	+43 01 35.9	11.18	DO	
HD 93521	10 49 12.65	+37 29 36.5	7.04	O9Vp	
HR 4468	11 37 25.10	−09 52 57.2	4.70	B9.5V	
LTT 4364	11 46 31.08	−64 55 15.3	11.50	C2	
HR 4554	11 54 35.28	+53 36 50.8	2.44	A0V	Mod.
Feige 56	12 07 31.68	+11 35 22.0	11.06	B5p	
HZ 21	12 14 39.98	+32 51 42.2	14.68	DO2	
Feige 66	12 38 06.63	+24 59 12.9	10.50	sdO	
LTT 4816	12 39 38.22	−49 52 39.0	13.79	DA	
Feige 67	12 42 35.25	+17 26 33.6	11.81	sdO	
GD 153	12 57 44.95	+21 57 08.6	13.35	DA1	
G 60−54	13 00 52.94	+03 23 48.3	15.81	DC	
HR 4963	13 10 42.11	−05 36 57.9	4.38	A1IV	
HZ 43	13 17 02.73	+29 01 19.4	12.91	DA1	
HZ 44	13 24 14.71	+36 03 28.3	11.66	sdO	
GRW+70°5824	13 39 11.31	+70 12 43.3	12.77	DA3	

Name	Right Ascension	Declination	V	Spectral Type	Note
	h m s	° ′ ″			
HR 5191	13 48 06.65	+49 14 28.6	1.86	B3V	Mod.
CD−32 9927	14 12 37.79	−33 07 17.8	10.42	A0	
HR 5501	14 46 14.60	+00 39 24.4	5.68	B9.5V	
LTT 6248	15 39 52.63	−28 38 26.7	11.80	A	
BD+33 2642	15 52 33.81	+32 54 20.6	10.81	B2IV	
EG 274	16 24 32.98	−39 15 44.3	11.03	DA	
G 138−31	16 28 35.15	+09 10 16.3	16.14	DC	
HR 7001	18 37 25.81	+38 47 52.4	0.00	A0V	
LTT 7379	18 37 28.97	−44 17 52.6	10.23	G0	
HR 7596	19 55 29.34	+00 18 44.8	5.62	A0III	
LTT 7987	20 11 50.52	−30 10 32.6	12.23	DA	
G 24−9	20 14 38.45	+06 45 23.0	15.72	DC	
HR 7950	20 48 27.57	−09 26 30.8	3.78	A1V	
LDS 749B	21 33 01.17	+00 19 07.7	14.67	DB4	
BD+28 4211	21 51 49.88	+28 55 55.7	10.51	Op	
G 93−48	21 53 09.56	+02 27 22.2	12.74	DA3	
BD+25 4655	22 00 21.70	+26 30 08.4	9.76	O	
NGC 7293	22 30 25.99	−20 45 45.3	13.51	V.Hot	
HR 8634	22 42 11.14	+10 54 26.6	3.40	B8V	
LTT 9239	22 53 27.79	−20 30 59.1	12.07	F	
LTT 9491	23 20 21.24	−17 00 42.1	14.11	DC	
Feige 110	23 20 43.28	−05 05 10.0	11.82	DOp	
GD 248	23 26 50.31	+16 05 05.4	15.09	DC	

Notes to Table

Mod.   Model data for the optical range; only suitable as a standard in the ultraviolet range.

Name		HD No.	BS=HR No.	Right Ascension	Declination	V	v_r		Spectral Type
				h m s	° ′ ″		km/s		
6	Cet	693	33	00 12 00.1	−15 23 18	4.89	+ 14.7	± 0.2	F5 V
18	α Cas	3712	168	00 41 20.3	+56 37 00	2.23	− 3.9	0.1	K0⁻IIIa
		3765		00 41 37.2	+40 15 50	7.36	− 63.0	0.2	K2 V
16	β Cet	4128	188	00 44 19.0	−17 54 26	2.04	+ 13.1	0.1	G9 III CH−1 CN 0.5 Ca 1
		4388		00 47 13.9	+31 01 50	7.34	− 28.3	0.6	K3 III
		6655		01 05 45.6	−72 28 37	8.06	+ 15.5	± 0.5	F8 V
		8779	416	01 27 11.9	−00 19 27	6.41	− 5.0	0.6	K0 IV
98	μ Psc	9138	434	01 30 56.8	+06 13 05	4.84	+ 35.4	0.5	K4 III
		12029		01 59 31.9	+29 27 00	7.44	+ 38.6	0.5	K2 III
13	α Ari	12929	617	02 07 59.6	+23 31 49	2.00	− 14.3	0.2	K2 IIIab
92	α Cet	18884	911	03 03 02.3	+04 08 45	2.53	− 25.8	± 0.1	M1.5 IIIa
10	Tau	22484	1101	03 37 36.9	+00 26 49	4.28	+ 27.9	0.1	F9 IV−V
		23169		03 44 45.6	+25 46 12	8.50	+ 13.3	0.2	G2 V
		24331		03 51 05.3	−42 31 12	8.61	+ 22.4	0.5	K2 V
43	Tau	26162	1283	04 10 00.8	+19 38 47	5.50	+ 23.9	0.6	K1 III
87	α Tau	29139	1457	04 36 45.3	+16 32 14	0.85	+ 54.1	± 0.1	K5⁺III
		32963		05 08 49.6	+26 20 45	7.60	− 63.1	0.4	G5 IV
9	β Lep	36079	1829	05 28 52.0	−20 44 56	2.84	− 13.5	0.1	G5 II
		39194		05 44 22.1	−70 07 59	8.09	+ 14.2	0.4	K0 V
CD −43 2527				06 32 41.6	−43 31 55	8.65	+ 13.1	0.5	K1 III
		48381		06 42 15.0	−33 29 04	8.49	+ 39.5	± 0.5	K0 IV
18	μ CMa	51250	2593	06 56 46.5	−14 03 47	5.00	+ 19.6	0.5	K2 III +B9 V:
78	β Gem	62509	2990	07 46 12.1	+27 59 24	1.14	+ 3.3	0.1	K0 IIIb
		65583		08 01 25.9	+29 10 01	6.97	+ 12.5	0.4	G8 V
		66141	3145	08 03 01.2	+02 17 38	4.39	+ 70.9	0.3	K2 IIIb Fe−0.5
		65934		08 03 04.0	+26 35 48	7.70	+ 35.0	± 0.3	G8 III
		75935		08 54 41.7	+26 51 27	8.46	− 18.9	0.3	G8 V
		80170	3694	09 17 31.2	−39 27 46	5.33	0.0	0.2	K5 III−IV
30	α Hya	81797	3748	09 28 18.0	−08 43 19	1.98	− 4.4	0.2	K3 II−III
		83443		09 37 45.8	−43 20 18	8.23	+ 27.6	0.5	K0 V
		83516		09 38 39.2	−35 08 33	8.63	+ 42.0	± 0.5	G8 IV
17	ε Leo	84441	3873	09 46 40.3	+23 42 25	2.98	+ 4.8	0.1	G1 II
		90861		10 30 42.3	+28 30 24	6.88	+ 36.3	0.4	K2 III
33	Sex	92588	4182	10 42 08.4	−01 49 05	6.26	+ 42.8	0.1	K1 IV
		101266		11 39 33.5	−45 26 36	9.30	+ 20.6	0.5	G5 IV
		102494		11 48 41.4	+27 15 36	7.48	− 22.9	± 0.3	G9 IVw...
5	β Vir	102870	4540	11 51 27.0	+01 40 59	3.61	+ 5.0	0.2	F9 V
		103095	4550	11 53 48.7	+37 36 53	6.45	− 99.1	0.3	G8 Vp
16	Vir	107328	4695	12 21 05.2	+03 13 55	4.96	+ 35.7	0.3	K0.5 IIIb Fe−0.5
9	β Crv	109379	4786	12 35 09.1	−23 28 36	2.65	− 7.0	0.0	G5 IIb
		111417		12 50 20.7	−45 54 17	8.30	− 16.0	± 0.5	K3 IV
		112299		12 56 10.6	+25 39 33	8.39	+ 3.4	0.5	F8 V
		120223		13 49 59.7	−43 48 18	8.96	− 24.1	0.6	G8 IV−V
		122693		14 03 32.1	+24 29 30	8.11	− 6.3	0.2	F8 V
16	α Boo	124897	5340	14 16 19.4	+19 06 27	−0.04	− 5.3	0.1	K1.5 III Fe−0.5

Name			HD No.	BS=HR No.	Right Ascension	Declination	V	v_r		Spectral Type
					h m s	° ′ ″		km/s		
			126053	5384	14 23 59.8	+01 10 27	6.27	− 18.5	± 0.4	G1 V
			132737		15 00 29.9	+27 06 12	7.64	− 24.1	0.3	K0 III
5		Ser	136202	5694	15 20 03.3	+01 42 41	5.06	+ 53.5	0.2	F8 III−IV
			144579		16 05 26.8	+39 07 05	6.66	− 60.0	0.3	G8 IV
7	κ	Her	145001	6008	16 08 43.8	+17 00 33	5.00	− 9.5	0.2	G5 III
1	δ	Oph	146051	6056	16 15 06.4	−03 43 50	2.74	− 19.8	± 0.0	M0.5 III
	α	TrA	150798	6217	16 50 12.7	−69 03 08	1.92	− 3.7	0.2	K2 IIb−IIIa
			154417	6349	17 06 01.2	+00 40 56	6.01	− 17.4	0.3	F8.5 IV−V
	κ	Ara	157457	6468	17 27 08.0	−50 38 43	5.23	+ 17.4	0.2	G8 III
60	β	Oph	161096	6603	17 44 11.4	+04 33 44	2.77	− 12.0	0.1	K2 III CN 0.5
19	δ	Sgr	168454	6859	18 21 55.3	−29 49 14	2.70	− 20.0	± 0.0	K2.5 IIIa CN 0.5
			171391	6970	18 35 50.7	−10 57 53	5.14	+ 6.9	0.2	G8 III
			176047		19 00 42.1	−34 27 01	8.10	− 40.7	0.5	K1 III
31		Aql	182572	7373	19 25 39.7	+11 58 35	5.16	− 100.5	0.4	G7 IV Hδ 1
BD	+28	3402			19 35 35.1	+29 07 12	8.88	− 36.6	0.5	F7 V
54	o	Aql	187691	7560	19 51 43.3	+10 27 10	5.11	+ 0.1	± 0.3	F8 V
			193231		20 22 44.9	−54 45 59	8.39	− 29.1	0.6	G5 V
			194071		20 23 13.8	+28 17 37	7.80	− 9.8	0.1	G8 III
			196983		20 42 45.0	−33 50 08	9.08	− 8.0	0.6	K2 III
33		Cap	203638	8183	21 24 58.8	−20 47 22	5.41	+ 21.9	0.1	K0 III
22	β	Aqr	204867	8232	21 32 19.3	−05 30 24	2.91	+ 6.7	± 0.1	G0 Ib
35		Peg	212943	8551	22 28 35.6	+04 46 08	4.79	+ 54.3	0.3	K0 III
			213014		22 28 53.8	+17 20 15	7.45	− 39.7	0.0	G9 III
			213947		22 35 17.6	+26 40 24	6.88	+ 16.7	0.3	K2
			219509		23 18 14.6	−66 50 30	8.71	+ 62.3	0.5	K5 V
17	ι	Psc	222368	8969	23 40 41.8	+05 42 18	4.13	+ 5.3	± 0.2	F7 V
			223311	9014	23 49 17.2	−06 18 00	6.07	− 20.4	0.1	K4 III

Name	HD No.	R.A.	Dec.	Type	Magnitude Min.	Max.	Type	Epoch 2400000+	Period	Spectral Type
		h m s	o ′ ″						d	
WW Cet		00 12 09.2	−11 23 53	UGz:	9.3	16.0	p		31.2:	pec(UG)
S Scl	1115	00 16 06.1	−31 57 53	M	5.5	13.6	v	42345	362.57	M3e−M9e(TC)
T Cet	1760	00 22 30.2	−19 58 40	SRc	5.0	6.9	v	40562	158.9	M5−6SIIe
R And	1967	00 24 48.2	+38 39 26	M	5.8	14.9	v	43135	409.33	S3,5e−S8,8e(M7e)
TV Psc	2411	00 28 48.4	+17 58 24	SR	4.65	5.42	V	31387	49.1	M3III−M4IIIb
EG And	4174	00 45 25.0	+40 45 30	Z And	7.08	7.8	V			M2IIIep
U Cep	5679	01 03 40.2	+81 57 12	EA	6.75	9.24	V	51492.323	2.493	B7Ve + G8III−IV
RX And		01 05 24.9	+41 22 36	UGz	10.3	15.4	v		14:	pec(UG)
ζ Phe	6882	01 08 59.5	−55 10 07	EA	3.91	4.42	V	41957.6058	1.670	B6V + B9V
WX Hyi		02 10 14.8	−63 14 35	UGsu	9.6	14.85	V		13.7:	pec(UG)
KK Per	13136	02 11 16.2	+56 37 37	Lc	6.6	7.89	V			M1.0Iab−M3.5Iab
o Cet	14386	02 20 04.8	−02 54 45	M	2.0	10.1	v	44839	331.96	M5e−M9e
VW Ari	15165	02 27 32.4	+10 37 48	SX Phe:	6.64	6.76	V		0.149	F0IV
U Cet	15971	02 34 25.5	−13 05 07	M	6.8	13.4	v	42137	234.76	M2e−M6e
R Tri	16210	02 37 55.4	+34 19 36	M	5.4	12.6	v	45215	266.9	M4IIIe−M8e
RZ Cas	17138	02 50 15.4	+69 41 39	EA	6.18	7.72	V	48960.2122	1.195	A2.8V
R Hor	18242	02 54 21.7	−49 49 52	M	4.7	14.3	v	41494	407.6	M5e−M8eII−III
ρ Per	19058	03 06 06.6	+38 53 44	SRb	3.30	4.0	V		50:	M4IIb−IIIb
β Per	19356	03 09 07.1	+41 00 38	EA	2.12	3.39	V	52207.684	2.867	B8V
λ Tau	25204	04 01 29.1	+12 31 49	EA	3.37	3.91	V	47185.265	3.953	B3V + A4IV
VW Hyi		04 09 05.5	−71 15 26	UGsu	8.4	14.4	v		27.3:	pec(UG)
R Dor	29712	04 36 55.9	−62 02 56	SRb	4.8	6.6	v		338:	M8IIIe
HU Tau	29365	04 39 07.3	+20 42 46	EA	5.85	6.68	V	42412.456	2.056	B8V
R Cae	29844	04 41 00.3	−38 12 29	M	6.7	13.7	v	40645	390.95	M6e
R Pic	30551	04 46 32.9	−49 13 13	SR	6.35	10.1	V	44922	170.9	M1IIe−M4IIe
R Lep	31996	05 00 16.0	−14 47 07	M	5.5	11.7	v	42506	427.07	C7,6e(N6e)
ε Aur	31964	05 03 00.7	+43 50 36	EA	2.92	3.83	V	35629	9892	A8Ia−F2epIa + BV
RX Lep	33664	05 12 03.5	−11 49 55	SRb	5.0	7.4	v		60:	M6.2III
AR Aur	34364	05 19 16.3	+33 46 54	EA	6.15	6.82	V	49706.3615	4.135	Ap(Hg−Mn) + B9V
TZ Men	39780	05 27 28.3	−84 46 26	EA	6.19	6.87	V	39190.34	8.569	A1III + B9V:
β Dor	37350	05 33 45.2	−62 28 50	δ Cep	3.46	4.08	V	40905.30	9.843	F4−G4Ia−II
SU Tau	247925	05 49 56.1	+19 04 10	RCB	9.1	16.86	V			G0−1Iep(C1,0Hd)
α Ori	39801	05 55 57.4	+07 24 31	SRc	0.0	1.3	v		2335	M1−M2Ia−Ibe
U Ori	39816	05 56 40.9	+20 10 35	M	4.8	13.0	v	45254	368.3	M6e−M9.5e
SS Aur		06 14 28.3	+47 44 07	UGss	10.3	15.8	v		55.5:	pec(UG)
η Gem	42995	06 15 45.2	+22 30 05	SRa+EA	3.15	3.9	V	37725	232.9	M3IIIab
T Mon	44990	06 26 00.0	+07 04 36	δ Cep	5.58	6.62	V	43784.615	27.025	F7Iab−K1IIab +...
RT Aur	45412	06 29 30.0	+30 28 58	δ Cep	5.00	5.82	V	42361.155	3.728	F4Ib−G1Ib
WW Aur	46052	06 33 23.9	+32 26 36	EA	5.79	6.54	V	41399.305	2.525	A3m: + A3m:
IR Gem		06 48 34.4	+28 03 43	UGsu	11.2	17.0	V		75:	pec(UG)
IS Gem	49380	06 50 37.9	+32 35 20	SRc	6.6	7.3	p		47:	K3II
ζ Gem	52973	07 04 58.1	+20 32 52	δ Cep	3.62	4.18	V	43805.927	10.151	F7Ib−G3Ib
L₂ Pup	56096	07 13 58.9	−44 39 50	SRb	2.6	6.2	v		140.6	M5IIIe−M6IIIe
R CMa	57167	07 20 07.6	−16 25 24	EA	5.70	6.34	V	50015.6841	1.136	F1V
U Mon	59693	07 31 29.0	−09 48 29	RVb	6.1	8.8	p	38496	91.32	F8eVIb−K0pIb(M2)
U Gem	64511	07 55 56.6	+21 57 44	UGss+E	8.6	15.5	v		105.2:	pec(UG) + M4.5V
V Pup	65818	07 58 39.5	−49 17 05	EB	4.35	4.92	V	45367.6063	1.454	B1Vp + B3:
AR Pup		08 03 33.9	−36 38 17	RVb	8.7	10.9	p		74.58	F0I−II−F8I−II
AI Vel	69213	08 14 33.9	−44 37 13	δ Sct	6.15	6.76	V		0.116	A2p−F2pIV/V
Z Cam		08 26 49.0	+73 03 46	UGz	10.0	14.5	v		22:	pec(UG) + G1

Name	HD No.	R.A.	Dec.	Type	Magnitude Min.	Magnitude Max.	Magnitude Type	Epoch 2400000+	Period	Spectral Type
		h m s	° ′ ″						d	
SW UMa		08 37 47.5	+53 25 34	UGsu/dq	9.3	18.49	V		460:	pec(UG)
AK Hya	73844	08 40 33.5	−17 21 20	SRb	6.33	6.91	V		75:	M4III
VZ Cnc	73857	08 41 39.2	+09 46 19	δ Sct	7.18	7.91	V	39897.4246	0.178	A7III−F2III
BZ UMa		08 54 51.1	+57 45 20	UGsu	10.5	17.5	v		97:	pec(UG)
CU Vel		08 59 05.3	−41 51 17	UGsu	10.0	16.83	V		164.7:	
TY Pyx	77137	09 00 20.0	−27 52 25	EA/RS	6.85	7.50	V	43187.2304	3.199	G5 + G5
CV Vel	77464	09 01 04.4	−51 36 46	EA	6.69	7.19	V	42048.6689	6.889	B2.5V + B2.5V
SY Cnc		09 01 52.3	+17 50 29	UGz	10.5	14.1	V		27:	pec(UG) + G
T Pyx		09 05 17.6	−32 26 18	Nr	7.0	15.77	B	39501	7000:	pec(NOVA)
WY Vel	81137	09 22 27.6	−52 37 36	Z And	8.8	10.2	p			M3epIb: + B
IW Car	82085	09 27 13.7	−63 41 37	RVb	7.9	9.6	p	29401	67.5	F7−F8
R Car	82901	09 32 36.5	−62 51 12	M	3.9	10.5	v	42000	308.71	M4e−M8e
S Ant	82610	09 32 56.5	−28 41 32	EW	6.4	6.92	V	46516.428	0.648	A9Vn
W UMa	83950	09 44 46.1	+55 53 08	EW	7.75	8.48	V	51276.3967	0.334	F8Vp + F8Vp
R Leo	84748	09 48 20.2	+11 21 39	M	4.4	11.3	v	44164	309.95	M6e−M8IIIe−...
CH UMa		10 08 07.3	+67 28 31	UG	10.4	15.5	v		204:	pec(UG) + K
S Car	88366	10 09 49.7	−61 37 13	M	4.5	9.9	v	42112	149.49	K5e−M6e
η Car	93309	10 45 37.5	−59 45 39	S Dor	−0.80	7.9	v			pec(E)
VY UMa	92839	10 46 03.5	+67 20 06	Lb	5.87	7.0	V			C6,3(N0)
U Car	95109	10 58 23.9	−59 48 36	δ Cep	5.72	7.02	V	37320.055	38.768	F6−G7Iab
VW UMa	94902	11 00 00.3	+69 54 40	SR	6.85	7.71	V		610	M2
T Leo		11 39 11.4	+03 17 17	UGsu	9.6	16.2	v			pec(UG)
BC UMa		11 53 01.1	+49 09 52	UGsu	10.9	19.37	V			
RU Cen	105578	12 10 09.2	−45 30 25	RV	8.7	10.7	p	28015.51	64.727	A7Ib−G2pe
S Mus	106111	12 13 34.7	−70 13 57	δ Cep	5.89	6.49	V	40299.42	9.660	F6Ib−G0
RY UMa	107397	12 21 08.7	+61 13 45	SRb	6.68	8.3	V		310:	M2−M3IIIe
SS Vir	108105	12 25 59.0	+00 41 22	SRa	6.0	9.6	v	45361	364.14	C6,3e(Ne)
BO Mus	109372	12 35 46.3	−67 50 12	Lb	5.85	6.56	V			M6II−III
R Vir	109914	12 39 14.1	+06 54 33	M	6.1	12.1	v	45872	145.63	M3.5IIIe−M8.5e
R Mus	110311	12 42 59.1	−69 29 13	δ Cep	5.93	6.73	V	26496.288	7.510	F7Ib−G2
UW Cen		12 44 06.9	−54 36 26	RCB	9.1	<14.5	v			K
TX CVn		12 45 23.8	+36 41 06	Z And	9.2	11.8	p			B1−B9Veq +...
SW Vir	114961	13 14 49.2	−02 53 01	SRb	6.40	7.90	V		150:	M7III
FH Vir	115322	13 17 07.8	+06 25 41	SRb	6.92	7.45	V	40740	70:	M6III
V CVn	115898	13 20 05.6	+45 27 04	SRa	6.52	8.56	V	43929	191.89	M4e−M6eIIIa:
R Hya	117287	13 30 30.5	−23 21 21	M	3.5	10.9	v	43596	388.87	M6e−M9eS(TC)
BV Cen		13 32 14.9	−55 03 01	UGss+E	10.7	13.6	v	40264.780	0.610	pec(UG)
T Cen	119090	13 42 35.7	−33 40 13	SRa	5.5	9.0	v	43242	90.44	K0:e−M4II:e
V412Cen	121518	13 58 27.8	−57 46 53	Lb	7.1	9.6	B			M3Iab/b−M7
θ Aps	122250	14 06 47.4	−76 51 56	SRb	6.4	8.6	p		119	M7III
Z Aps		14 08 09.8	−71 26 24	UGz	10.7	12.7	v		19:	
R Cen	124601	14 17 37.7	−59 58 49	M	5.3	11.8	v	41942	505	M4e−M8IIe
δ Lib	132742	15 01 44.9	−08 34 32	EA	4.91	5.90	V	48788.426	2.327	A0IV−V
i Boo	133640	15 04 16.0	+47 35 53	EW	5.8	6.40	V	50945.4898	0.268	G2V + G2V
S Aps		15 10 53.3	−72 07 01	RCB	9.6	15.2	v			C(R3)
GG Lup	135876	15 19 53.7	−40 50 25	EB	5.49	6.0	B	47676.6274	1.850	B7V
τ⁴ Ser	139216	15 37 08.5	+15 03 15	SRb	5.89	7.07	V		100:	M5IIb−IIIa
R CrB	141527	15 49 10.3	+28 06 47	RCB	5.71	14.8	V			C0,0(F8pep)
R Ser	141850	15 51 21.9	+15 05 26	M	5.16	14.4	V	45521	356.41	M5IIIe−M9e
T CrB	143454	16 00 06.6	+25 52 47	Nr	2.0	10.8	v	31860	29000:	M3III + pec(NOVA)

Name		HD No.	R.A.	Dec.	Type	Magnitude			Epoch 2400000+	Period	Spectral Type
						Min.	Max.	Type			
			h m s	° ′ ″						d	
AG	Dra		16 01 46.3	+66 45 47	Z And	8.9	11.8	p	38900	554	K3IIIep
AT	Dra	147232	16 17 30.0	+59 43 13	Lb	6.8	7.5	p			M4IIIa
U	Sco		16 23 21.1	−17 54 42	Nr	8.7	19.3	v	44049		pec(E)
g	Her	148783	16 29 07.2	+41 51 01	SRb	4.3	6.3	v		89.2	M6III
α	Sco	148478	16 30 17.9	−26 27 47	Lc	0.88	1.16	V			M1.5Iab−Ib
R	Ara	149730	16 40 57.4	−57 01 19	EA	6.0	6.9	p	25818.028	4.425	B9IV−V
AH	Her		16 44 45.9	+25 13 28	UGz	10.6	15.2	v		19.8:	pec(UG)
V1010	Oph	151676	16 50 17.4	−15 41 32	EB	6.1	7.00	V	50963.757	0.661	A5V
ζ¹	Sco	152236	16 55 01.3	−42 23 05	S Dor:	4.66	4.86	V			B1Iape
RS	Sco	152476	16 56 41.1	−45 07 31	M	6.2	13.0	v	44676	319.91	M5e−M9
V861	Sco	152667	16 57 36.7	−40 50 43	EB	6.07	6.40	V	43704.21	7.848	B0.5Iae
α¹	Her	156014	17 15 18.6	+14 22 29	SRc	2.74	4.0	V			M5Ib−II
VW	Dra	156947	17 16 40.1	+60 39 20	SRd:	6.0	7.0	V		170:	K1.5IIIb
U	Oph	156247	17 17 15.9	+01 11 43	EA	5.84	6.56	V	52066.758	1.677	B5V + B5V
u	Her	156633	17 17 51.7	+33 05 07	EA	4.69	5.37	V	48852.367	2.051	B1.5Vp + B5III
RY	Ara		17 22 12.9	−51 08 03	RV	9.2	12.1	p	30220	143.5	G5−K0
BM	Sco	160371	17 41 55.3	−32 13 16	SRd	6.8	8.7	p		815:	K2.5Ib
V703	Sco	160589	17 43 13.7	−32 31 45	δ Sct	7.58	8.04	V	42979.3923	0.115	A9−G0
X	Sgr	161592	17 48 28.4	−27 50 06	δ Cep	4.20	4.90	V	40741.70	7.013	F5−G2II
RS	Oph	162214	17 51 00.0	−06 42 40	Nr	4.3	12.5	v	39791		Ob + M2ep
V539	Ara	161783	17 51 39.3	−53 36 56	EA	5.66	6.18	V	48016.7171	3.169	B2V + B3V
OP	Her	163990	17 57 13.5	+45 20 59	SRb	5.85	6.73	V	41196	120.5	M5IIb−IIIa(S)
W	Sgr	164975	18 05 56.8	−29 34 41	δ Cep	4.29	5.14	V	43374.77	7.595	F4−G2Ib
VX	Sgr	165674	18 08 56.5	−22 13 16	SRc	6.52	14.0	V	36493	732	M4eIa−M10eIa
RS	Sgr	167647	18 18 33.9	−34 06 03	EA	6.01	6.97	V	20586.387	2.416	B3IV−V + A
RS	Tel		18 19 56.2	−46 32 29	RCB	9.0	<14.0	v			C(R0)
Y	Sgr	168608	18 22 14.2	−18 51 08	δ Cep	5.25	6.24	V	40762.38	5.773	F5−G0Ib−II
AC	Her	170756	18 30 53.1	+21 52 39	RVa	6.85	9.0	V	35097.8	75.01	F2PIb−K4e(C0.0)
T	Lyr		18 32 50.2	+37 00 37	Lb	7.84	9.6	V			C6,5(R6)
XY	Lyr	172380	18 38 35.2	+39 40 55	Lc	5.80	6.35	V			M4−5Ib−II
X	Oph	172171	18 39 02.7	+08 50 52	M	5.9	9.2	v	44729	328.85	M5e−M9e
R	Sct	173819	18 48 15.4	−05 41 19	RVa	4.2	8.6	v	44872	146.5	G0Iae−K2p(M3)Ibe
V	CrA	173539	18 48 31.8	−38 08 32	RCB	8.3	<16.5	v			C(r0)
β	Lyr	174638	18 50 36.9	+33 22 49	EB	3.25	4.36	V	52652.486	12.941	B8II−IIIep
FN	Sgr		18 54 45.8	−18 58 32	Z And	9	13.9	p			pec(E)
R	Lyr	175865	18 55 46.6	+43 57 57	SRb	3.88	5.0	V		46:	M5III
κ	Pav	174694	18 58 26.3	−67 12 48	CWa	3.91	4.78	V	40140.167	9.094	F5−G5I−II
FF	Aql	176155	18 58 53.5	+17 22 53	δ Cep	5.18	5.68	V	41576.428	4.471	F5Ia−F8Ia
MT	Tel	176387	19 03 16.4	−46 37 55	RRc	8.68	9.28	V	42206.350	0.317	A0W
R	Aql	177940	19 07 04.2	+08 15 10	M	5.5	12.0	v	43458	270	M5e−M9e
RY	Sgr	180093	19 17 29.5	−33 29 45	RCB	5.8	14.0	v			G0Iaep(C1,0)
RS	Vul	180939	19 18 17.0	+22 28 05	EA	6.79	7.83	V	32808.257	4.478	B4V + A2IV
U	Sge	181182	19 19 26.5	+19 38 16	EA	6.45	9.28	V	17130.4114	3.381	B8V + G2III−IV
UX	Dra	183556	19 21 04.0	+76 35 16	SRa:	5.94	7.1	V		168	C7,3(N0)
BF	Cyg		19 24 27.8	+29 42 13	Z And	9.3	13.4	p			Bep + M5III
CH	Cyg	182917	19 24 55.9	+50 16 14	Z And+SR	5.3	10.6	v			M7IIIab + Be
RR	Lyr	182989	19 25 55.7	+42 48 47	RRab	7.06	8.12	V	55751.4711	0.568	A5.0−F7.0
CI	Cyg		19 50 44.1	+35 43 18	Z And+EA	9.9	13.1	p	11902	855.25	Bep + M5III
χ	Cyg	187796	19 51 07.4	+32 57 05	M	3.3	14.2	v	42140	408.05	S6,2e−S10,4e(MSe)
η	Aql	187929	19 53 12.7	+01 02 38	δ Cep	3.48	4.39	V	36084.656	7.177	F6Ib−G4Ib

Name	HD No.	R.A.	Dec.	Type	Magnitude Min.	Magnitude Max.	Magnitude Type	Epoch 2400000+	Period	Spectral Type
		h m s	° ′ ″						d	
V449 Cyg	188344	19 53 54.0	+33 59 19	Lb	7.4	9.07	B			M1−M4
V505 Sgr	187949	19 53 55.4	−14 33 54	EA	6.46	7.51	V	50999.3118	1.183	A2V + F6:
S Sge	188727	19 56 40.8	+16 40 26	δ Cep	5.24	6.04	V	42678.792	8.382	F6Ib−G5Ib
RR Sgr	188378	19 56 50.4	−29 09 03	M	5.4	14.0	v	40809	336.33	M4e−M9e
RR Tel		20 05 27.4	−55 41 03	Nc	6.5	16.5	p			pec
WZ Sge		20 08 15.0	+17 44 51	UGwz/DQ	7.8	15.8	v		11900:	DAep(UG)
P Cyg	193237	20 18 19.3	+38 04 43	S Dor	3	6	v			B1IApeq
V Sge		20 20 52.6	+21 08 56	E+NL	8.6	13.9	v	37889.9154	0.514	pec(CONT + e)
EU Del	196610	20 38 34.4	+18 19 13	SRb	5.79	6.9	V	41156	59.7	M6.4III
AE Aqr		20 40 54.0	−00 49 08	NL/DQ	10.4	12.2	v			K2Ve +...
X Cyg	197572	20 43 58.3	+35 38 26	δ Cep	5.85	6.91	V	43830.387	16.386	F7Ib−G8Ib
T Vul	198726	20 52 05.2	+28 18 20	δ Cep	5.41	6.09	V	41705.121	4.435	F5Ib−G0Ib
T Cep	202012	21 09 42.9	+68 33 00	M	5.2	11.3	v	44177	388.14	M5.5e−M8.8e
VY Aqr		21 12 55.9	−08 46 01	UGwz	10.0	17.38	V	17796		
W Cyg	205730	21 36 35.6	+45 26 24	SRb	6.80	8.9	B		131.1	M4e−M6e(TC:)III
EE Peg	206155	21 40 44.7	+09 15 04	EA	6.93	7.51	V	45563.8916	2.628	A3MV + F5
V460 Cyg	206570	21 42 37.9	+35 34 36	SRb	5.57	7.0	V		180:	C6,4(N1)
SS Cyg	206697	21 43 17.1	+43 39 11	UGss	7.7	12.4	v		49.5:	K5V + pec(UG)
μ Cep	206936	21 43 57.1	+58 50 49	SRc	3.43	5.1	V		730	M2eIa
RS Gru	206379	21 44 00.8	−48 07 22	δ Sct	7.92	8.51	V	34325.2931	0.147	A6−A9IV−F0
AG Peg	207757	21 51 44.2	+12 41 38	Nc	6.0	9.4	v			WN6 + M3III
VV Cep	208816	21 57 03.7	+63 41 42	EA+SRc	4.80	5.36	V	43360	7430	M2epIa−...
AR Lac	210334	22 09 16.1	+45 48 50	EA/RS	6.08	6.77	V	49292.3444	1.983	G2IV−V + K0IV
RU Peg		22 14 45.3	+12 46 36	UGss	9.5	13.6	v		74.3:	pec(UG) + G8IVn
π¹ Gru	212087	22 23 37.0	−45 52 28	SRb	5.41	6.70	V		150:	S5,7e
δ Cep	213306	22 29 42.7	+58 29 23	δ Cep	3.48	4.37	V	36075.445	5.366	F5Ib−G1Ib
ER Aqr	218074	23 06 12.1	−22 24 30	Lb	7.14	7.81	V			M3
Z And	221650	23 34 22.0	+48 53 55	Z And	8.0	12.4	p			M2III + B1eq
R Aqr	222800	23 44 34.4	−15 12 15	M	5.8	12.4	v	42398	386.96	M5e−M8.5e + pec
TX Psc	223075	23 47 08.0	+03 34 02	Lb	4.79	5.20	V			C7,2(N0)(TC)
SX Phe	223065	23 47 18.8	−41 30 17	SX Phe	6.76	7.53	V	38636.6170	0.055	A5−F4

Notes to Table

E	eclipsing	δ Sct	δ Scuti type
EA	eclipsing, Algol type	SR	semi-regular, long period variable
EB	eclipsing, β Lyrae type	SRa	semi-regular, late spectral class, strong periodicities
EW	eclipsing, W Ursae Maj type	SRb	semi-regular, late spectral class, weak periodicities
δ Cep	cepheid, classical type	SRc	semi-regular supergiant of late spectral class
CWa	cepheid, W Vir type (period > 8 days)	SRd	semi-regular giant or supergiant, spectrum F, G, or K
DQ	DQ Herculis type	UG	U Gem type dwarf nova
Lb	slow irregular variable	UGss	U Gem type dwarf nova (SS Cygni subtype)
Lc	irregular supergiant (late spectral type)	UGsu	U Gem type dwarf nova (SU Ursae Majoris subtype)
M	Mira type long period variable	UGwz	U Gem type dwarf nova (WZ Sagittae subtype)
Nc	very slow nova	UGz	U Gem type dwarf nova (Z Camelopardalis subtype)
NL	nova-like variable	Z And	Z And type symbiotic star
Nr	recurrent nova	RRab	RR Lyrae variable (asymmetric light curves)
RS	RS Canum Venaticorum type	RRc	RR Lyrae variable (symmetric sinusoidal light curves)
RV	RV Tauri type	RCB	R Coronae Borealis variable
RVa	RV Tauri type (constant mean brightness)	S Dor	S Doradus variable
RVb	RV Tauri type (varying mean brightness)	SX Phe	SX Phoenicis variable
p	photographic magnitude	V	photoelectric magnitude, visual filter
v	visual magnitude	B	photoelectric magnitude, blue filter
:	uncertainty in period or spectral type	<	fainter than the magnitude indicated
...	full spectral type given in Section L		

HD No.	Star Name	R.A.	Dec.	V	B−V	[Fe/H]	Exoplanet	Period[1]	e[2]	Epoch[3]_P 2440000+
		h m s	° ′ ″					d		
	WASP-8	00 00 20.8	−34 57 02	9.79	0.73	+0.1700	WASP-8 b	8.158715	0.310	14675.429
142		00 07 04.0	−48 59 41	5.70	0.52	+0.0998	HD 142 b	350.3	0.260	11963
1237	GJ3021	00 16 51.9	−79 46 15	6.59	0.75	+0.1200	HD 1237 b	133.71001	0.511	11545.86
1461		00 19 26.6	−07 58 23	6.60	0.67	+0.1800	HD 1461 b	5.7727	0.140	10366.519
3651	54 Psc	00 40 07.2	+21 19 43	5.88	0.85	+0.1645	HD 3651 b	62.218	0.596	13932.6
4208		00 45 09.7	−26 26 09	7.78	0.66	−0.2842	HD 4208 b	828	0.052	11040
4308		00 45 15.9	−65 34 24	6.55	0.65	−0.3100	HD 4308 b	15.56	0	13314.7
5388		00 55 51.3	−47 19 42	6.84	0.50	−0.2700	HD 5388 b	777	0.400	14570
6434		01 05 20.1	−39 24 46	7.72	0.61	−0.5200	HD 6434 b	21.997999	0.170	11490.8
7449		01 15 13.2	−04 58 17	7.50	0.57	−0.1100	HD 7449 b	1275	0.820	15298
7924		01 23 12.6	+76 47 08	7.18	0.83	−0.1500	HD 7924 b	5.3978	0.170	14727.27
8535		01 24 15.8	−41 11 41	7.72	0.55	+0.0600	HD 8535 b	1313	0.150	14537
8574		01 26 01.2	+28 38 28	7.12	0.58	−0.0089	HD 8574 b	227	0.297	13981
9826	υ And	01 37 39.2	+41 28 39	4.10	0.54	+0.1530	υ And b	4.6171363	0.013	14425.017
9826	υ And	01 37 39.2	+41 28 39	4.10	0.54	+0.1530	υ And d	1278.1218	0.267	13937.728
9826	υ And	01 37 39.2	+41 28 39	4.10	0.54	+0.1530	υ And c	241.33335	0.224	14265.567
10069	WASP-18	01 38 01.5	−45 36 16	9.39	0.49		WASP-18 b	0.9414529	0.009	14664.429
10180		01 38 23.9	−60 26 17	7.33	0.63	+0.0800	HD 10180 d	16.3567	0.143	14005.38
10180		01 38 23.9	−60 26 17	7.33	0.63	+0.0800	HD 10180 e	49.747	0.065	14008.788
10180		01 38 23.9	−60 26 17	7.33	0.63	+0.0800	HD 10180 f	12272	0.133	14027.553
10180		01 38 23.9	−60 26 17	7.33	0.63	+0.0800	HD 10180 c	5.75962	0.077	14001.496
10180		01 38 23.9	−60 26 17	7.33	0.63	+0.0800	HD 10180 h	2248	0.151	13619.174
10180		01 38 23.9	−60 26 17	7.33	0.63	+0.0800	HD 10180 b	1.17768	0.065	13999.513
10180		01 38 23.9	−60 26 17	7.33	0.63	+0.0800	HD 10180 g	602	0	14042.585
10647		01 43 02.7	−53 40 07	5.52	0.55	−0.0776	HD 10647 b	1003	0.160	10960
10697	109 Psc	01 43 02.7	−53 40 07	6.27	0.72	+0.1940	HD 10697 b	1075.2	0.099	11480
11977		01 55 18.3	−67 34 35	4.70	0.93	−0.2100	HD 11977 b	711	0.400	11420
11964		01 57 52.1	−10 10 23	6.42	0.82	+0.1216	HD 11964 b	1944.5898	0.041	14170.722
11964		01 57 52.1	−10 10 23	6.42	0.82	+0.1216	HD 11964 c	37.910254	0.302	14366.648
12661		02 05 23.5	+25 28 57	7.43	0.71	+0.3623	HD 12661 c	1707.8812	0.031	16153.417
12661		02 05 23.5	+25 28 57	7.43	0.71	+0.3623	HD 12661 b	262.70861	0.377	14152.755
12929	α Ari	02 07 59.6	+23 31 49	2.00	1.16	−0.0900	α Ari b	380	0.250	11213.52
13189		02 10 31.4	+32 23 04	7.56	1.48	−0.5800	HD 13189 b	471.6	0.270	12327.9
13445	GJ 86	02 11 00.9	−50 45 11	6.12	0.81	−0.2679	GJ 86 b	15.76491	0.042	11903.36
13931		02 17 42.6	+43 50 20	7.61	0.64	+0.0300	HD 13931 b	4218	0.020	14494
15082	WASP-33	02 27 44.6	+37 36 54	8.30	0.09	+0.1000	WASP-33 b	1.219870	0	14590.179
16141	79 Cet	02 36 03.6	−03 29 58	6.83	0.67	+0.1703	HD 16141 b	75.523	0.252	10338
16417		02 37 34.7	−34 31 00	5.78	0.67	+0.0700	HD 16417 b	17.24	0.200	10099.74
16232	30 Ari B	02 37 48.1	+24 42 38	7.09	0.51	+0.1500	30 Ari B b	335.1	0.289	14538
16175		02 37 57.5	+42 07 30	7.29	0.63	+0.3900	HD 16175 b	990	0.600	13810
16400	81 Cet	02 38 25.7	−03 20 03	5.65	1.02	−0.0600	81 Cet b	952.7	0.206	12486
17051	ι Hor	02 43 03.1	−50 44 18	5.40	0.56	+0.1113	ι Hor b	302.8	0.140	11227
17092		02 47 22.0	+49 42 48	7.74	1.26	+0.1800	HD 17092 b	359.89999	0.166	12969.5
17156		02 51 09.2	+71 48 45	8.17	0.64	+0.2400	HD 17156 b	21.21663	0.682	14757.008
19994		03 13 30.9	−01 08 34	5.07	0.57	+0.1865	HD 19994 b	466.2	0.266	13757
20794		03 20 30.4	−43 00 54	4.26	0.71	−0.4000	HD 20794 b	18.315	0	14774.806
20794		03 20 30.4	−43 00 54	4.26	0.71	−0.4000	HD 20794 c	40.114	0	14766.756
20794		03 20 30.4	−43 00 54	4.26	0.71	−0.4000	HD 20794 d	90.309	0	14779.34
20782		03 20 40.4	−28 48 09	7.36	0.63	−0.0510	HD 20782 b	585.85999	0.925	11687.1
22049	ε Eri	03 33 36.9	−09 24 36	3.72	0.88	−0.0309	ε Eri b	2500	0.250	8940

HD No.	Star Name	R.A.	Dec.	V	B–V	[Fe/H]	Exoplanet	Period[1]	e[2]	Epoch[3] P 2440000+
		h m s	° ′ ″					d		
23079		03 40 06.4	−52 52 12	7.12	0.58	−0.1497	HD 23079 b	730.6	0.102	10492
23596		03 48 59.0	+40 34 28	7.25	0.63	+0.2179	HD 23596 b	1561	0.266	13162
24040		03 51 12.8	+17 31 07	7.50	0.65	+0.2063	HD 24040 b	3403.6224	0.068	10733.323
25171		03 55 58.5	−65 08 41	7.79	0.55	−0.1100	HD 25171 b	1845	0.080	15301
27442	ε Ret	04 16 44.2	−59 16 04	4.44	1.08	+0.4198	ε Ret b	428.1	0.060	10836
	XO-3	04 23 05.4	+57 51 02	9.91	0.40	−0.1770	XO-3 b	3.1915426	0.288	14024.728
28254		04 25 13.6	−50 35 25	7.71	0.77	+0.3600	HD 28254 b	1116	0.810	14049
28305	ε Tau	04 29 27.9	+19 12 41	3.53	1.01	+0.1700	ε Tau b	594.90002	0.151	12879
30562		04 49 19.4	−05 39 02	5.77	0.63	+0.2600	HD 30562 b	1157	0.760	10131.5
31253		04 55 32.4	+12 22 28	7.13	0.58	+0.1600	HD 31253 b	466	0.300	10660
32518		05 11 12.5	+69 39 23	6.44	1.11	−0.1500	HD 32518 b	157.54	0.010	12950.29
33636		05 12 32.7	+04 25 11	7.00	0.59	−0.1256	HD 33636 b	2127.7	0.481	11205.8
34445		05 18 28.0	+07 22 03	7.31	0.62	+0.1400	HD 34445 b	1049	0.270	13781
33564		05 24 58.4	+79 14 40	5.08	0.51	−0.1200	HD 33564 b	388	0.340	12603
39091	π Men	05 36 01.6	−80 27 24	5.65	0.60	+0.0483	HD 39091 b	2151	0.641	7820
38283		05 36 41.2	−73 41 30	6.70	0.56	−0.1200	HD 38283 b	363.2	0.410	10802.6
37124		05 37 54.3	+20 44 13	7.68	0.67	−0.4416	HD 37124 b	1862	0.160	8858
37124		05 37 54.3	+20 44 13	7.68	0.67	−0.4416	HD 37124 c	885.5	0.125	9534
37124		05 37 54.3	+20 44 13	7.68	0.67	−0.4416	HD 37124 d	154.378	0.054	10305
38529		05 47 19.8	+01 10 20	5.95	0.77	+0.4451	HD 38529 b	14.310195	0.244	14384.815
38529		05 47 19.8	+01 10 20	5.95	0.77	+0.4451	HD 38529 c	2146.0503	0.355	12255.921
40307		05 54 15.2	−60 01 18	7.17	0.92	−0.3100	HD 40307 d	20.46	0	14532.42
40307		05 54 15.2	−60 01 18	7.17	0.92	−0.3100	HD 40307 c	9.62	0	14551.53
40307		05 54 15.2	−60 01 18	7.17	0.92	−0.3100	HD 40307 b	4.3115	0	14562.77
40979		06 05 33.5	+44 15 29	6.74	0.57	+0.1683	HD 40979 b	264.15	0.252	13919
44219		06 20 55.3	−10 43 56	7.69	0.69	+0.0300	HD 44219 b	472.3	0.610	14585.6
45410	6 Lyn	06 32 02.5	+58 09 01	5.86	0.93	−0.1300	6 Lyn b	874.774	0.059	14024.5
47186		06 36 43.4	−27 38 10	7.60	0.71	+0.2300	HD 47186 b	4.0845	0.038	14566.95
47186		06 36 43.4	−27 38 10	7.60	0.71	+0.2300	HD 47186 c	1353.6	0.249	12010
47205		06 37 19.0	−19 16 09	3.95	1.06	+0.2100	7 CMa b	763	0.140	15520
50499		06 52 33.8	−33 56 01	7.21	0.61	+0.3352	HD 50499 b	2457.8717	0.254	11220.052
50554		06 55 35.8	+24 13 33	6.84	0.58	−0.0658	HD 50554 b	1224	0.444	10646
52265		07 01 00.8	−05 23 17	6.29	0.57	+0.1933	HD 52265 b	119.29	0.325	10833.7
60532		07 34 40.4	−22 19 41	4.45	0.52	−0.2600	HD 60532 b	201.3	0.280	13987
60532		07 34 40.4	−22 19 41	4.45	0.52	−0.2600	HD 60532 c	604	0.020	13732
62509	Pollux	07 46 12.1	+27 59 24	1.15	1.00	+0.1900	β Gem b	589.64001	0.020	7739.02
69830		08 19 05.2	−12 40 56	5.95	0.79	−0.0604	HD 69830 b	197	0.100	13496.8
69830		08 19 05.2	−12 40 56	5.95	0.79	−0.0604	HD 69830 d	8.6669998	0.070	13358
69830		08 19 05.2	−12 40 56	5.95	0.79	−0.0604	HD 69830 c	31.559999	0.130	13469.6
70642		08 21 59.4	−39 45 05	7.17	0.69	+0.1642	HD 70642 b	2068	0.034	11350
72659		08 34 47.2	−01 37 08	7.46	0.61	−0.0045	HD 72659 b	3658	0.220	15351
73108	4 UMa	08 41 28.0	+64 16 33	5.79	1.20	−0.2500	4 UMa b	269.29999	0.432	12987.394
74156		08 43 10.9	+04 31 29	7.61	0.58	+0.1308	HD 74156 b	51.638	0.630	10793
74156		08 43 10.9	+04 31 29	7.61	0.58	+0.1308	HD 74156 c	2520	0.380	8416
75289		08 48 12.1	−41 47 30	6.35	0.58	+0.2166	HD 75289 b	3.509267	0.034	10830.34
75732	55 Cnc	08 53 27.5	+28 16 28	5.96	0.87	+0.3145	55 Cnc f	260.6694	0	7488.015
75732	55 Cnc	08 53 27.5	+28 16 28	5.96	0.87	+0.3145	55 Cnc b	14.651262	0.016	7572.031
75732	55 Cnc	08 53 27.5	+28 16 28	5.96	0.87	+0.3145	55 Cnc c	44.37871	0.053	7547.525
75732	55 Cnc	08 53 27.5	+28 16 28	5.96	0.87	+0.3145	55 Cnc d	5371.8207	0.063	6862.308
75732	55 Cnc	08 53 27.5	+28 16 28	5.96	0.87	+0.3145	55 Cnc e	0.736543	0.057	15568.156

HD No.	Star Name	R.A.	Dec.	V	B–V	[Fe/H]	Exoplanet	Period[1]	e[2]	Epoch[3] 2440000+
		h m s	o ′ ″					d		
80606		09 23 37.1	+50 32 28	9.06	0.76	+0.3425	HD 80606 b	111.4367	0.934	14424.857
81040		09 24 36.0	+20 18 07	7.72	0.68	−0.1600	HD 81040 b	1001.7	0.526	12504
81688		09 29 36.7	+45 32 14	5.40	0.99	−0.3590	HD 81688 b	184.02	0	12335.4
82943		09 35 32.9	−12 11 43	6.54	0.62	+0.2654	HD 82943 c	219.5	0.359	10969.868
82943		09 35 32.9	−12 11 43	6.54	0.62	+0.2654	HD 82943 b	441.2	0.219	10931.41
82886		09 36 37.7	+34 42 55	7.78	0.86	−0.3100	HD 82886 b	705	0	15200
85512		09 51 42.5	−43 34 23	7.67	1.16	−0.3300	HD 85512 b	58.43	0.110	15250.015
86264		09 57 39.6	−15 57 53	7.42	0.46	+0.2560	HD 86264 b	1475	0.700	15172
87883		10 09 33.8	+34 10 14	7.57	0.96	+0.0700	HD 87883 b	2754	0.530	11139
89307		10 19 07.5	+12 32 53	7.02	0.59	−0.1592	HD 89307 b	2166	0.200	12346.4
89484	γ Leo A	10 20 46.3	+19 46 02	2.12	1.08	−0.4900	γ Leo A b	428.5	0.144	11236
89744		10 23 02.0	+41 09 20	5.73	0.53	+0.2648	HD 89744 b	256.78	0.673	11505.5
233731		10 23 37.6	+50 03 18	9.73	0.86	+0.2400	HAT-P-22 b	3.21222	0.016	14930.794
90043	24 Sex	10 24 12.9	−00 58 34	6.61	0.92	−0.0300	24 Sex c	910	0.412	14941
90043	24 Sex	10 24 12.9	−00 58 34	6.61	0.92	−0.0300	24 Sex b	455.2	0.184	14758
90156		10 24 35.3	−29 43 08	6.92	0.66	−0.2400	HD 90156 b	49.77	0.310	14775.1
92788		10 43 32.9	−02 15 39	7.31	0.69	+0.3179	HD 92788 b	325.81	0.334	10759.2
95128	47 UMa	11 00 16.4	+40 21 09	5.03	0.62	+0.0431	47 UMa c	2391	0.098	12441
95128	47 UMa	11 00 16.4	+40 21 09	5.03	0.62	+0.0431	47 UMa b	1078	0.032	11917
96127		11 06 34.9	+44 13 23	7.43	1.50	−0.2400	HD 96127 b	647.3	0.300	13969.4
97685		11 15 19.5	+25 37 53	7.76	0.84	−0.2300	HD 97658 b	9.494	0	15375.01
99492	83 Leo B	11 27 30.3	+02 55 38	7.58	1.00	+0.3623	HD 99492 b	17.0431	0.254	10468.7
100655		11 35 49.1	+20 21 41	6.45	1.01	+0.1500	HD 100655 b	157.57	0.085	13072.4
102117		11 45 32.9	−58 47 04	7.47	0.72	+0.2952	HD 102117 b	20.8133	0.121	10942.2
102365		11 47 12.8	−40 34 46	4.89	0.68	−0.2600	HD 102365 b	122.1	0.340	10129
104985		12 05 58.3	+76 49 29	5.78	1.03	−0.3500	HD 104985 b	199.505	0.090	11927.5
106252		12 14 13.9	+09 57 36	7.41	0.63	−0.0763	HD 106252 b	1531	0.482	13397.5
106270		12 14 22.0	−09 35 39	7.73	0.74	+0.0800	HD 106270 b	2890	0.402	14830
107383	11 Com	12 21 26.9	+17 42 46	4.78	0.99	−0.3500	11 Com b	326.03	0.231	12899.6
108147		12 26 35.0	−64 06 09	6.99	0.54	+0.0868	HD 108147 b	10.8985	0.530	10828.86
111232		12 49 46.9	−68 30 13	7.59	0.70	−0.3600	HD 111232 b	1143	0.200	11230
114762		13 13 01.8	+17 26 26	7.30	0.52	−0.6531	HD 114762 b	83.9151	0.335	9889.106
114783		13 13 28.5	−02 20 30	7.56	0.93	+0.1165	HD 114783 b	493.7	0.144	13806
114729		13 13 32.4	−31 57 04	6.68	0.59	−0.2617	HD 114729 b	1114	0.167	10520
115617	61 Vir	13 19 10.0	−18 23 29	4.87	0.71	+0.0500	61 Vir b	4.215	0.120	13367.222
115617	61 Vir	13 19 10.0	−18 23 29	4.87	0.71	+0.0500	61 Vir d	123.01	0.350	13350.031
115617	61 Vir	13 19 10.0	−18 23 29	4.87	0.71	+0.0500	61 Vir c	38.021	0.140	13350.472
117176	70 Vir	13 29 08.4	+13 42 06	4.97	0.71	−0.0123	70 Vir b	116.6884	0.401	7239.82
117207		13 30 10.8	−35 38 45	7.26	0.72	+0.2661	HD 117207 b	2597	0.144	10630
117618		13 33 18.5	−47 20 46	7.17	0.60	+0.0027	HD 117618 b	25.827	0.420	10832.2
120136	τ Boo	13 47 57.1	+17 23 07	4.50	0.51	+0.2336	τ Boo b	3.312433	0	15652.108
121504		13 58 15.5	−56 06 38	7.54	0.59	+0.1600	HD 121504 b	63.330002	0.030	11450
	WASP-14	14 33 46.1	+21 49 53	9.75	0.46	0.0000	WASP-14 b	2.243752	0.091	14462.33
128311		14 36 43.3	+09 40 58	7.48	0.97	+0.2048	HD 128311 b	454.2	0.345	13835
128311		14 36 43.3	+09 40 58	7.48	0.97	+0.2048	HD 128311 c	923.8	0.230	16987
134987		15 14 19.7	−25 21 47	6.47	0.69	+0.2792	HD 134987 b	258.18	0.233	10071
134987		15 14 19.7	−25 21 47	6.47	0.69	+0.2792	HD 134987 c	5000	0.120	11100
136726	11 UMi	15 17 05.8	+71 46 17	5.02	1.39	+0.0400	11 UMi b	516.22	0.080	12861.04
136118		15 19 40.4	−01 38 40	6.93	0.55	−0.0502	HD 136118 b	1187.3	0.338	12999.5
137759	ι Dra	15 25 15.3	+58 54 56	3.29	1.17	0.0000	ι Dra b	511.098	0.712	12014.59

HD No.	Star Name	R.A.	Dec.	V	B–V	[Fe/H]	Exoplanet	Period[1]	e[2]	Epoch[3]$_p$ 2440000+
		h m s	° ′ ″					d		
137510		15 26 32.4	+19 25 50	6.26	0.62	+0.3729	HD 137510 b	801.3	0.399	14187.8
139357		15 35 39.3	+53 52 28	5.98	1.19	−0.1300	HD 139357 b	1125.7	0.100	12466.7
142091	κ CrB	15 51 46.7	+35 36 47	4.79	1.00	+0.1500	κ CrB b	1261.94	0.044	13909.2
141937		15 53 07.7	−18 28 43	7.25	0.63	+0.1286	HD 141937 b	653.21997	0.410	11847.38
142245		15 53 36.3	+15 23 18	7.63	1.04	+0.2300	HD 142245 b	1299	0	14760
142415		15 58 54.3	−60 14 30	7.33	0.62	+0.0880	HD 142415 b	386.29999	0.500	11519
143761	ρ CrB	16 01 36.0	+33 15 38	5.39	0.61	−0.1990	ρ CrB b	39.8449	0.057	10563.2
145457		16 10 39.8	+26 42 21	6.57	1.04	−0.1400	HD 145457 b	176.3	0.112	13518
145675	14 Her	16 10 52.6	+43 46 46	6.61	0.88	+0.4599	14 Her b	1773.4	0.369	11372.7
142022		16 13 47.8	−84 16 06	7.70	0.79	+0.1900	HD 142022 b	1928	0.530	10941
146389	WASP-38	16 16 31.8	+09 59 50	9.48	0.48	−0.1200	WASP-38 b	6.871814	0.031	15333.964
147506	HAT-P-2	16 21 05.6	+41 00 51	8.71	0.41	+0.1400	HAT-P-2 b	5.6334729	0.517	14388.077
147513		16 25 00.4	−39 13 32	5.37	0.63	+0.0892	HD 147513 b	528.40002	0.260	11123
148427		16 29 17.0	−13 25 51	6.89	0.93	+0.1700	HD 148427 b	331.5	0.160	13991
148156		16 29 20.6	−46 20 56	7.69	0.56	+0.2900	HD 148156 b	1027	0.520	14707
150706		16 30 23.3	+79 45 32	7.03	0.57	−0.0100	HD 150706 b	5894	0.308	18179
149026		16 30 59.9	+38 19 01	8.16	0.61	+0.3600	HD 149026 b	2.8758911	0	13317.838
154345		17 03 01.0	+47 03 55	6.76	0.73	−0.1049	HD 154345 b	3341.5588	0.044	12831.223
153950		17 05 33.4	−43 19 46	7.39	0.56	−0.0100	HD 153950 b	499.4	0.340	14502
155358		17 10 06.5	+33 20 15	7.28	0.55	−0.6800	HD 155358 b	194.3	0.170	11224.8
155358		17 10 06.5	+33 20 15	7.28	0.55	−0.6800	HD 155358 c	391.9	0.160	15345.4
154857		17 12 29.3	−56 41 52	7.24	0.65	−0.2200	HD 154857 b	409	0.470	10346
	HAT-P-14	17 20 57.4	+38 13 42	9.98	0.42	+0.1100	HAT-P-14 b	4.627669	0.107	14875.331
156411		17 20 57.5	−48 33 51	6.67	0.61	−0.1200	HD 156411 b	842.2	0.220	14356
156846		17 21 25.5	−19 20 53	6.50	0.58	+0.2200	HD 156846 b	359.51001	0.847	13998.09
158038		17 26 20.2	+27 17 28	7.64	1.04	+0.2800	HD 158038 b	521	0.291	15491
159868		17 40 01.9	−43 09 12	7.24	0.72	0.0000	HD 159868 b	1178.4	0.010	13435
159868		17 40 01.9	−43 09 12	7.24	0.72	0.0000	HD 159868 c	352.3	0.150	13239
160691	μ Ara	17 45 17.9	−51 50 25	5.12	0.69	+0.2929	μ Ara b	643.25	0.128	12365.6
160691	μ Ara	17 45 17.9	−51 50 25	5.12	0.69	+0.2929	μ Ara e	4205.8	0.099	12955.2
160691	μ Ara	17 45 17.9	−51 50 25	5.12	0.69	+0.2929	μ Ara c	9.6386	0.172	12991.1
160691	μ Ara	17 45 17.9	−51 50 25	5.12	0.69	+0.2929	μ Ara d	310.54999	0.067	12708.7
164922		18 03 06.3	+26 18 42	7.01	0.80	+0.1701	HD 164922 b	1155	0.050	11100
167042		18 10 49.5	+54 17 29	5.97	0.94	+0.0500	HD 167042 b	420.77	0.089	14230.1
168443		18 20 51.7	−09 35 22	6.92	0.72	+0.0400	HD 168443 c	1749.83	0.211	15599.9
168443		18 20 51.7	−09 35 22	6.92	0.72	+0.0400	HD 168443 b	58.11247	0.529	15626.199
170693	42 Dra	18 26 01.6	+65 34 21	4.83	1.19	−0.4600	42 Dra b	479.1	0.380	12757.4
169830		18 28 45.1	−29 48 25	5.90	0.52	+0.1530	HD 169830 c	2102	0.330	12516
169830		18 28 45.1	−29 48 25	5.90	0.52	+0.1530	HD 169830 b	225.62	0.310	11923
173416		18 44 06.6	+36 34 20	6.06	1.03	−0.2200	HD 173416 b	323.6	0.210	13465.8
177830		19 05 56.3	+25 56 36	7.18	1.09	+0.5453	HD 177830 b	410.1	0.096	10254
		19 08 17.9	+46 53 31	9.95	0.21	0.0000	KOI-13 b	1.7637	0	15138.744
179070		19 09 56.6	+38 44 18	8.25	0.52	−0.1500	Kepler-21 b	2.785755	0	15093.8
180314		19 15 23.4	+31 53 11	6.61	1.00	+0.2000	HD 180314 b	396.03	0.257	13565.9
179949		19 16 26.2	−24 09 13	6.25	0.55	+0.1369	HD 179949 b	3.092514	0.022	11002.36
180902		19 20 10.3	−23 31 51	7.78	0.94	+0.0400	HD 180902 b	479	0.091	14858.291
185269		19 37 46.7	+28 31 58	6.67	0.61	−0.0250	HD 185269 b	6.8378503	0.296	13154.089
186427	16 Cyg B	19 42 15.1	+50 33 06	6.25	0.66	+0.0375	16 Cyg B b	798.5	0.681	6549.1
187085		19 50 31.9	−37 44 37	7.22	0.57	+0.0882	HD 187085 b	986	0.470	10912
	HAT-P-11	19 51 15.9	+48 07 10	9.58	1.02	+0.3100	HAT-P-11 b	4.8878162	0.198	14609.801

HD No.	Star Name	R.A.	Dec.	V	$B-V$	[Fe/H]	Exoplanet	Period[1]	e[2]	Epoch$_P$[3] 2440000+
		h m s	° ′ ″					d		
188310	ξ Aql	19 54 57.0	+08 29 59	4.71	1.02	−0.2050	ξ Aql b	136.75	0	13001.7
189733		20 01 21.3	+22 45 02	7.67	0.93	−0.0300	HD 189733 b	2.2185757	0	14279.437
190228		20 03 36.5	+28 20 53	7.30	0.79	−0.1803	HD 190228 b	1136.1	0.531	13522
190360	GJ 777 A	20 04 13.2	+29 56 10	5.73	0.75	+0.2128	HD 190360 b	2915.0369	0.313	13541.662
190360	GJ 777 A	20 04 13.2	+29 56 10	5.73	0.75	+0.2128	HD 190360 c	17.111027	0.238	14389.63
190647		20 08 16.0	−35 29 48	7.78	0.74	+0.2400	HD 190647 b	1038.1	0.180	13868
192263		20 14 44.6	−00 49 16	7.79	0.94	+0.0543	HD 192263 b	24.3556	0.055	10994.3
192310	GJ 785	20 16 11.5	−26 59 19	5.73	0.78	+0.0800	GJ 785 b	74.39	0.300	15164.3
192310	GJ 785	20 16 11.5	−26 59 19	5.73	0.88	−0.0400	HD 192310 c	525.8	0.320	15311.915
192699		20 16 49.3	+04 37 33	6.44	0.87	−0.1500	HD 192699 b	345.53	0.129	14036.6
195019		20 28 58.3	+18 49 05	6.87	0.66	+0.0680	HD 195019 b	18.20132	0.014	11015.5
196050		20 39 02.4	−60 35 00	7.50	0.67	+0.2291	HD 196050 b	1378	0.228	10843
197037		20 40 04.0	+42 17 58	6.87	0.45	−0.2000	HD 197037 b	1035.7	0.220	11353.1
196885		20 40 33.6	+11 18 07	6.39	0.51	+0.2200	HD 196885 b	1333	0.480	12554
197286	WASP-7	20 45 06.7	−39 10 21	9.54	0.42	0.0000	WASP-7 b	4.954658	0	13985.015
199665	18 Del	20 59 07.8	+10 53 45	5.51	0.93	−0.0520	18 Del b	993.3	0.080	11672
200964		21 07 23.6	+03 51 44	6.64	0.88	−0.1500	HD 200964 c	825	0.181	15000
200964		21 07 23.6	+03 51 44	6.64	0.88	−0.1500	HD 200964 b	613.8	0.040	14900
208487		21 58 12.2	−37 41 41	7.47	0.57	+0.0223	HD 208487 b	130.08	0.240	10999
209458		22 03 52.2	+18 57 17	7.65	0.59	0.0000	HD 209458 b	3.5247486	0	12826.629
210277		22 10 15.7	−07 28 44	6.54	0.77	+0.2143	HD 210277 b	442.19	0.476	10104.3
210702		22 12 33.4	+16 06 45	5.93	0.95	+0.1200	HD 210702 b	354.29	0.036	14142.6
212771		22 27 49.9	−17 11 23	7.75	0.88	−0.2100	HD 212771 b	373.3	0.111	14947
212301		22 28 50.4	−77 38 38	7.76	0.56	−0.1800	HD 212301 b	2.245715	0	13549.195
213240		22 31 53.3	−49 21 33	6.81	0.60	+0.1387	HD 213240 b	882.7	0.421	11499
216435	τ Gru	22 54 29.1	−48 31 16	6.03	0.62	+0.2439	τ Gru b	1311	0.070	10870
216437	ρ Ind	22 55 38.8	−69 59 45	6.04	0.66	+0.2250	HD 216437 b	1353	0.320	10605
217014	51 Peg	22 58 10.8	+20 50 49	5.45	0.67	+0.1999	51 Peg b	4.230785	0.013	10001.51
217107		22 59 00.3	−02 19 03	6.17	0.74	+0.3893	HD 217107 c	4270	0.517	11106.321
217107		22 59 00.3	−02 19 03	6.17	0.74	+0.3893	HD 217107 b	7.1268163	0.127	14395.787
220773		23 27 11.6	+08 43 22	7.06	0.66	+0.0900	HD 220773 b	3724.7	0.510	13866.4
221345	14 And	23 32 00.4	+39 18 57	5.22	1.03	−0.2400	14 And b	185.84	0	12861.4
222155		23 38 43.1	+49 04 35	7.12	0.64	−0.1100	HD 222155 b	3999	0.160	16319
222404	γ Cep	23 39 57.4	+77 42 47	3.21	1.03	+0.1800	γ Cep b	905.574	0.120	13121.925
222582		23 42 36.1	−05 54 21	7.68	0.65	−0.0285	HD 222582 b	572.38	0.725	10706.7

Notes to Table

[1] Period of exoplanet in days.

[2] Eccentricity of exoplanet orbit.

[3] Julian date of periastron.

Name	Right Ascension	Declination	Type	L	Log (D_{25})	Log (R_{25})	P.A.	B_T^w	$B-V$	$U-B$	v_r
	h m s	° ′ ″					°				km/s
WLM	00 02 42	−15 22.3	IB(s)m	9.0	2.06	0.46	4	11.03	0.44	−0.21	− 118
NGC 0045	00 14 47.7	−23 06 02	SA(s)dm	7.3	1.93	0.16	142	11.32	0.71	−0.05	+ 468
NGC 0055	00 15 38	−39 07.1	SB(s)m: sp	5.6	2.51	0.76	108	8.42	0.55	+0.12	+ 124
NGC 0134	00 31 04.9	−33 09 51	SAB(s)bc	3.7	1.93	0.62	50	11.23	0.84	+0.23	+1579
NGC 0147	00 33 59.9	+48 35 18	dE5 pec		2.12	0.23	25	10.47	0.95		− 160
NGC 0185	00 39 46.0	+48 24 59	dE3 pec		2.07	0.07	35	10.10	0.92	+0.39	− 251
NGC 0205	00 41 09.6	+41 45 53	dE5 pec		2.34	0.30	170	8.92	0.85	+0.22	− 239
NGC 0221	00 43 29.5	+40 56 39	cE2		1.94	0.13	170	9.03	0.95	+0.48	− 205
NGC 0224	00 43 32.07	+41 20 53.7	SA(s)b	2.2	3.28	0.49	35	4.36	0.92	+0.50	− 298
NGC 0247	00 47 51.5	−20 40 52	SAB(s)d	6.8	2.33	0.49	174	9.67	0.56	−0.09	+ 159
NGC 0253	00 48 15.84	−25 12 33.1	SAB(s)c	3.3	2.44	0.61	52	8.04	0.85	+0.38	+ 250
SMC	00 53 08	−72 43.3	SB(s)m pec	7.0	3.50	0.23	45	2.70	0.45	−0.20	+ 175
NGC 0300	00 55 34.5	−37 36 21	SA(s)d	6.2	2.34	0.15	111	8.72	0.59	+0.11	+ 141
Sculptor	01 00 50	−33 37.8	dSph		[2.06]	0.17	99	9.5:	0.7		+ 107
IC 1613	01 05 33	+02 11.8	IB(s)m	9.5	2.21	0.05	50	9.88	0.67		− 230
NGC 0488	01 22 32.0	+05 19 57	SA(r)b	1.1	1.72	0.13	15	11.15	0.87	+0.35	+2267
NGC 0598	01 34 40.07	+30 44 02.7	SA(s)cd	4.3	2.85	0.23	23	6.27	0.55	−0.10	− 179
NGC 0613	01 34 58.39	−29 20 40.8	SB(rs)bc	3.0	1.74	0.12	120	10.73	0.68	+0.06	+1478
NGC 0628	01 37 28.6	+15 51 26	SA(s)c	1.1	2.02	0.04	25	9.95	0.56		+ 655
NGC 0672	01 48 43.4	+27 30 17	SB(s)cd	5.4	1.86	0.45	65	11.47	0.58	−0.10	+ 420
NGC 0772	02 00 07.5	+19 04 40	SA(s)b	1.2	1.86	0.23	130	11.09	0.78	+0.26	+2457
NGC 0891	02 23 28.1	+42 24 53	SA(s)b? sp	4.5	2.13	0.73	22	10.81	0.88	+0.27	+ 528
NGC 0908	02 23 44.8	−21 10 06	SA(s)c	1.5	1.78	0.36	75	10.83	0.65	0.00	+1499
NGC 0925	02 28 09.2	+33 38 36	SAB(s)d	4.3	2.02	0.25	102	10.69	0.57		+ 553
Fornax	02 40 35	−34 23.3	dSph		[2.26]	0.18	82	8.4:	0.62	+0.04	+ 53
NGC 1023	02 41 18.7	+39 07 29	SB(rs)0⁻		1.94	0.47	87	10.35	1.00	+0.56	+ 632
NGC 1055	02 42 29.9	+00 30 17	SBb: sp	3.9	1.88	0.45	105	11.40	0.81	+0.19	+ 995
NGC 1068	02 43 25.31	+00 02 52.6	(R)SA(rs)b	2.3	1.85	0.07	70	9.61	0.74	+0.09	+1135
NGC 1097	02 46 56.06	−30 12 51.9	SB(s)b	2.2	1.97	0.17	130	10.23	0.75	+0.23	+1274
NGC 1187	03 03 16.3	−22 48 39	SB(r)c	2.1	1.74	0.13	130	11.34	0.56	−0.05	+1397
NGC 1232	03 10 24.6	−20 31 29	SAB(rs)c	2.0	1.87	0.06	108	10.52	0.63	0.00	+1683
NGC 1291	03 17 50.3	−41 03 19	(R)SB(s)0/a		1.99	0.08		9.39	0.93	+0.46	+ 836
NGC 1313	03 18 26.6	−66 26 46	SB(s)d	7.0	1.96	0.12		9.2	0.49	−0.24	+ 456
NGC 1300	03 20 20.5	−19 21 33	SB(rs)bc	1.1	1.79	0.18	106	11.11	0.68	+0.11	+1568
NGC 1316	03 23 14.93	−37 09 25.1	SAB(s)0⁰ pec		2.08	0.15	50	9.42	0.89	+0.39	+1793
NGC 1344	03 28 55.1	−31 01 07	E5		1.78	0.24	165	11.27	0.88	+0.44	+1169
NGC 1350	03 31 42.4	−33 34 47	(R′)SB(r)ab	3.0	1.72	0.27	0	11.16	0.87	+0.34	+1883
NGC 1365	03 34 09.6	−36 05 32	SB(s)b	1.3	2.05	0.26	32	10.32	0.69	+0.16	+1663
NGC 1399	03 39 02.4	−35 24 15	E1 pec		1.84	0.03		10.55	0.96	+0.50	+1447
NGC 1395	03 39 07.6	−22 58 51	E2		1.77	0.12		10.55	0.96	+0.58	+1699
NGC 1398	03 39 28.9	−26 17 28	(R′)SB(r)ab	1.1	1.85	0.12	100	10.57	0.90	+0.43	+1407
NGC 1433	03 42 28.8	−47 10 35	(R′)SB(r)ab	2.7	1.81	0.04		10.70	0.79	+0.21	+1067
NGC 1425	03 42 46.9	−29 50 52	SA(s)b	3.2	1.76	0.35	129	11.29	0.68	+0.11	+1508
NGC 1448	03 45 00.6	−44 35 59	SAcd: sp	4.4	1.88	0.65	41	11.40	0.72	+0.01	+1165
IC 342	03 48 13.4	+68 08 26	SAB(rs)cd	2.0	2.33	0.01		9.10			+ 32

Name	Right Ascension	Declination	Type	L	Log (D$_{25}$)	Log (R$_{25}$)	P.A.	B_T^w	$B-V$	$U-B$	v_r
	h m s	° ′ ″					°				km/s
NGC 1512	04 04 22.8	−43 18 35	SB(r)a	1.1	1.95	0.20	90	11.13	0.81	+0.17	+ 889
IC 356	04 09 18.0	+69 51 01	SA(s)ab pec		1.72	0.13	90	11.39	1.32	+0.76	+ 888
NGC 1532	04 12 37.7	−32 50 15	SB(s)b pec sp	1.9	2.10	0.58	33	10.65	0.80	+0.15	+1187
NGC 1566	04 20 20.1	−54 54 14	SAB(s)bc	1.7	1.92	0.10	60	10.33	0.60	−0.04	+1492
NGC 1672	04 45 56.5	−59 13 19	SB(s)b	3.1	1.82	0.08	170	10.28	0.60	+0.01	+1339
NGC 1792	05 05 44.3	−37 57 42	SA(rs)bc	4.0	1.72	0.30	137	10.87	0.68	+0.08	+1224
NGC 1808	05 08 12.43	−37 29 40.8	(R)SAB(s)a		1.81	0.22	133	10.76	0.82	+0.29	+1006
LMC	05 23.5	−69 44	SB(s)m	5.8	3.81	0.07	170	0.91	0.51	0.00	+ 313
NGC 2146	06 20 56.2	+78 20 59	SB(s)ab pec	3.4	1.78	0.25	56	11.38	0.79	+0.29	+ 890
Carina	06 41 58	−50 58.9	dSph		[2.25]	0.17	65	11.5:	0.7:		+ 223
NGC 2280	06 45 23.7	−27 39 16	SA(s)cd	2.2	1.80	0.31	163	10.9	0.60	+0.15	+1906
NGC 2336	07 29 31.9	+80 08 52	SAB(r)bc	1.1	1.85	0.26	178	11.05	0.62	+0.06	+2200
NGC 2366	07 30 27.0	+69 11 10	IB(s)m	8.7	1.91	0.39	25	11.43	0.58		+ 99
NGC 2442	07 36 21.0	−69 33 49	SAB(s)bc pec	2.5	1.74	0.05		11.24	0.82	+0.23	+1448
NGC 2403	07 38 14.0	+65 34 05	SAB(s)cd	5.4	2.34	0.25	127	8.93	0.47		+ 130
Holmberg II	08 20 36	+70 40.1	Im	8.0	1.90	0.10	15	11.10	0.44		+ 157
NGC 2613	08 34 00.9	−23 01 25	SA(s)b	3.0	1.86	0.61	113	11.16	0.91	+0.38	+1677
NGC 2683	08 53 35.3	+33 21 57	SA(rs)b	4.0	1.97	0.63	44	10.64	0.89	+0.27	+ 405
NGC 2768	09 12 44.5	+59 58 39	E6:		1.91	0.28	95	10.84	0.97	+0.46	+1335
NGC 2784	09 12 58.2	−24 13 56	SA(s)0^0:		1.74	0.39	73	11.30	1.14	+0.72	+ 691
NGC 2835	09 18 32.3	−22 24 58	SB(rs)c	1.8	1.82	0.18	8	11.01	0.49	−0.12	+ 887
NGC 2841	09 23 02.41	+50 54 51.0	SA(r)b:	0.5	1.91	0.36	147	10.09	0.87	+0.34	+ 637
NGC 2903	09 32 59.3	+21 26 11	SAB(rs)bc	2.3	2.10	0.32	17	9.68	0.67	+0.06	+ 556
NGC 2997	09 46 16.8	−31 15 29	SAB(rs)c	1.6	1.95	0.12	110	10.06	0.7	+0.3	+1087
NGC 2976	09 48 25.9	+67 50 55	SAc pec	6.8	1.77	0.34	143	10.82	0.66	0.00	+ 3
NGC 3031	09 56 43.766	+68 59 45.88	SA(s)ab	2.2	2.43	0.28	157	7.89	0.95	+0.48	− 36
NGC 3034	09 57 03.9	+69 36 38	I0		2.05	0.42	65	9.30	0.89	+0.31	+ 216
NGC 3109	10 03 52.2	−26 13 43	SB(s)m	8.2	2.28	0.71	93	10.39			+ 404
NGC 3077	10 04 27.8	+68 39 48	I0 pec		1.73	0.08	45	10.61	0.76	+0.14	+ 13
NGC 3115	10 05 57.3	−07 47 22	S0$^-$		1.86	0.47	43	9.87	0.97	+0.54	+ 661
Leo I	10 09 14.1	+12 14 10	dSph		[1.82]	0.10	79	10.7	0.6	+0.1:	+ 285
Sextans	10 13.7	−01 41	dSph		[2.52]	0.91	56	11.0:			+ 224
NGC 3184	10 19 08.8	+41 21 04	SAB(rs)cd	3.5	1.87	0.03	135	10.36	0.58	−0.03	+ 591
NGC 3198	10 20 47.9	+45 28 36	SB(rs)c	2.6	1.93	0.41	35	10.87	0.54	−0.04	+ 663
NGC 3227	10 24 18.01	+19 47 28.8	SAB(s)a pec	3.5	1.73	0.17	155	11.1	0.82	+0.27	+1156
IC 2574	10 29 24.9	+68 20 15	SAB(s)m	8.0	2.12	0.39	50	10.80	0.44		+ 46
NGC 3319	10 40 00.0	+41 36 39	SB(rs)cd	3.8	1.79	0.26	37	11.48	0.41		+ 746
NGC 3344	10 44 18.6	+24 50 45	(R)SAB(r)bc	1.9	1.85	0.04		10.45	0.59	−0.07	+ 585
NGC 3351	10 44 43.6	+11 37 38	SB(r)b	3.3	1.87	0.17	13	10.53	0.80	+0.18	+ 777
NGC 3368	10 47 31.55	+11 44 36.1	SAB(rs)ab	3.4	1.88	0.16	5	10.11	0.86	+0.31	+ 897
NGC 3359	10 47 33.4	+63 08 51	SB(rs)c	3.0	1.86	0.22	170	11.03	0.46	−0.20	+1012
NGC 3377	10 48 28.4	+13 54 32	E5−6		1.72	0.24	35	11.24	0.86	+0.31	+ 692
NGC 3379	10 48 35.5	+12 30 18	E1		1.73	0.05		10.24	0.96	+0.53	+ 889
NGC 3384	10 49 02.8	+12 33 08	SB(s)0$^-$:		1.74	0.34	53	10.85	0.93	+0.44	+ 735
NGC 3486	11 01 11.2	+28 53 49	SAB(r)c	2.6	1.85	0.13	80	11.05	0.52	−0.16	+ 681

Name	Right Ascension	Declination	Type	L	Log (D$_{25}$)	Log (R$_{25}$)	P.A.	B_T^w	B–V	U–B	v_r
	h m s	° ′ ″					°				km/s
NGC 3521	11 06 33.16	−00 06 51.7	SAB(rs)bc	3.6	2.04	0.33	163	9.83	0.81	+0.23	+ 804
NGC 3556	11 12 21.4	+55 35 44	SB(s)cd	5.7	1.94	0.59	80	10.69	0.66	+0.07	+ 694
NGC 3621	11 18 58.8	−32 53 36	SA(s)d	5.8	2.09	0.24	159	10.28	0.62	−0.08	+ 725
NGC 3623	11 19 41.3	+13 00 46	SAB(rs)a	3.3	1.99	0.53	174	10.25	0.92	+0.45	+ 806
NGC 3627	11 21 00.35	+12 54 43.1	SAB(s)b	3.0	1.96	0.34	173	9.65	0.73	+0.20	+ 726
NGC 3628	11 21 02.4	+13 30 34	Sb pec sp	4.5	2.17	0.70	104	10.28	0.80		+ 846
NGC 3631	11 21 51.8	+53 05 24	SA(s)c	1.8	1.70	0.02		11.01	0.58		+1157
NGC 3675	11 26 55.8	+43 30 21	SA(s)b	3.3	1.77	0.28	178	11.00			+ 766
NGC 3726	11 34 08.1	+46 56 56	SAB(r)c	2.2	1.79	0.16	10	10.91	0.49		+ 849
NGC 3923	11 51 46.0	−28 53 12	E4−5		1.77	0.18	50	10.8	1.00	+0.61	+1668
NGC 3938	11 53 34.5	+44 02 25	SA(s)c	1.1	1.73	0.04		10.90	0.52	−0.10	+ 808
NGC 3953	11 54 34.1	+52 14 46	SB(r)bc	1.8	1.84	0.30	13	10.84	0.77	+0.20	+1053
NGC 3992	11 58 20.8	+53 17 38	SB(rs)bc	1.1	1.88	0.21	68	10.60	0.77	+0.20	+1048
NGC 4038	12 02 37.6	−18 56 58	SB(s)m pec	4.2	1.72	0.23	80	10.91	0.65	−0.19	+1626
NGC 4039	12 02 38.3	−18 58 01	SB(s)m pec	5.3	1.72	0.29	171	11.10			+1655
NGC 4051	12 03 53.91	+44 27 02.2	SAB(rs)bc	3.3	1.72	0.13	135	10.83	0.65	−0.04	+ 720
NGC 4088	12 06 18.2	+50 27 32	SAB(rs)bc	3.9	1.76	0.41	43	11.15	0.59	−0.05	+ 758
NGC 4096	12 06 45.1	+47 23 51	SAB(rs)c	4.2	1.82	0.57	20	11.48	0.63	+0.01	+ 564
NGC 4125	12 08 49.0	+65 05 37	E6 pec		1.76	0.26	95	10.65	0.93	+0.49	+1356
NGC 4151	12 11 16.41	+39 19 30.5	(R′)SAB(rs)ab:		1.80	0.15	50	11.28	0.73	−0.17	+ 992
NGC 4192	12 14 32.6	+14 49 12	SAB(s)ab	2.9	1.99	0.55	155	10.95	0.81	+0.30	− 141
NGC 4214	12 16 23.0	+36 14 46	IAB(s)m	5.8	1.93	0.11		10.24	0.46	−0.31	+ 291
NGC 4216	12 16 38.7	+13 04 08	SAB(s)b:	3.0	1.91	0.66	19	10.99	0.98	+0.52	+ 129
NGC 4236	12 17 25	+69 22.7	SB(s)dm	7.6	2.34	0.48	162	10.05	0.42		0
NGC 4244	12 18 13.1	+37 43 37	SA(s)cd: sp	7.0	2.22	0.94	48	10.88	0.50		+ 242
NGC 4242	12 18 13.1	+45 32 19	SAB(s)dm	6.2	1.70	0.12	25	11.37	0.54		+ 517
NGC 4254	12 19 33.8	+14 20 10	SA(s)c	1.5	1.73	0.06		10.44	0.57	+0.01	+2407
NGC 4258	12 19 40.34	+47 13 24.7	SAB(s)bc	3.5	2.27	0.41	150	9.10	0.69		+ 449
NGC 4274	12 20 34.23	+29 32 03.0	(R)SB(r)ab	4.0	1.83	0.43	102	11.34	0.93	+0.44	+ 929
NGC 4293	12 21 56.79	+18 18 08.2	(R)SB(s)0/a		1.75	0.34	72	11.26	0.90		+ 943
NGC 4303	12 22 39.34	+04 23 35.9	SAB(rs)bc	2.0	1.81	0.05		10.18	0.53	−0.11	+1569
NGC 4321	12 23 38.9	+15 44 31	SAB(s)bc	1.1	1.87	0.07	30	10.05	0.70	−0.01	+1585
NGC 4365	12 25 12.6	+07 14 15	E3		1.84	0.14	40	10.52	0.96	+0.50	+1227
NGC 4374	12 25 47.841	+12 48 24.35	E1		1.81	0.06	135	10.09	0.98	+0.53	+ 951
NGC 4382	12 26 08.0	+18 06 39	SA(s)0$^+$ pec		1.85	0.11		10.00	0.89	+0.42	+ 722
NGC 4395	12 26 32.0	+33 28 00	SA(s)m:	7.3	2.12	0.08	147	10.64	0.46		+ 319
NGC 4406	12 26 55.84	+12 51 57.7	E3		1.95	0.19	130	9.83	0.93	+0.49	− 248
NGC 4429	12 28 10.7	+11 01 39	SA(r)0$^+$		1.75	0.34	99	11.02	0.98	+0.55	+1137
NGC 4438	12 28 29.61	+12 55 43.9	SA(s)0/a pec:		1.93	0.43	27	11.02	0.85	+0.35	+ 64
NGC 4449	12 28 53.4	+44 00 49	IBm	6.7	1.79	0.15	45	9.99	0.41	−0.35	+ 202
NGC 4450	12 29 13.42	+17 00 17.8	SA(s)ab	1.5	1.72	0.13	175	10.90	0.82		+1956
NGC 4472	12 30 30.98	+07 55 13.3	E2		2.01	0.09	155	9.37	0.96	+0.55	+ 912
NGC 4490	12 31 18.5	+41 33 47	SB(s)d pec	5.4	1.80	0.31	125	10.22	0.43	−0.19	+ 578
NGC 4486	12 31 33.434	+12 18 40.15	E+0−1 pec		1.92	0.10		9.59	0.96	+0.57	+1282
NGC 4501	12 32 43.04	+14 20 25.8	SA(rs)b	2.4	1.84	0.27	140	10.36	0.73	+0.24	+2279

Name	Right Ascension	Declination	Type	L	Log (D$_{25}$)	Log (R$_{25}$)	P.A.	B_T^w	B–V	U–B	v_r
	h m s	° ′ ″					°				km/s
NGC 4517	12 33 30.2	+00 02 05	SA(s)cd: sp	5.6	2.02	0.83	83	11.10	0.71		+1121
NGC 4526	12 34 47.20	+07 37 10.3	SAB(s)0⁰:		1.86	0.48	113	10.66	0.96	+0.53	+ 460
NGC 4527	12 34 52.90	+02 34 27.0	SAB(s)bc	3.3	1.79	0.47	67	11.38	0.86	+0.21	+1733
NGC 4535	12 35 04.46	+08 07 04.7	SAB(s)c	1.6	1.85	0.15	0	10.59	0.63	−0.01	+1957
NGC 4536	12 35 11.6	+02 06 29	SAB(rs)bc	2.0	1.88	0.37	130	11.16	0.61	−0.02	+1804
NGC 4548	12 36 10.2	+14 25 00	SB(rs)b	2.3	1.73	0.10	150	10.96	0.81	+0.29	+ 486
NGC 4552	12 36 23.8	+12 28 35	E0–1		1.71	0.04		10.73	0.98	+0.56	+ 311
NGC 4559	12 36 40.7	+27 52 49	SAB(rs)cd	4.3	2.03	0.39	150	10.46	0.45		+ 814
NGC 4565	12 37 03.87	+25 54 28.6	SA(s)b? sp	1.0	2.20	0.87	136	10.42	0.84		+1225
NGC 4569	12 37 33.65	+13 04 59.8	SAB(rs)ab	2.4	1.98	0.34	23	10.26	0.72	+0.30	− 236
NGC 4579	12 38 27.45	+11 44 19.1	SAB(rs)b	3.1	1.77	0.10	95	10.48	0.82	+0.32	+1521
NGC 4605	12 40 37.6	+61 31 47	SB(s)c pec	5.7	1.76	0.42	125	10.89	0.56	−0.08	+ 143
NGC 4594	12 40 44.718	−11 42 09.06	SA(s)a		1.94	0.39	89	8.98	0.98	+0.53	+1089
NGC 4621	12 42 46.2	+11 34 03	E5		1.73	0.16	165	10.57	0.94	+0.48	+ 430
NGC 4631	12 42 50.3	+32 27 43	SB(s)d	5.0	2.19	0.76	86	9.75	0.56		+ 608
NGC 4636	12 43 34.2	+02 36 31	E0–1		1.78	0.11	150	10.43	0.94	+0.44	+1017
NGC 4649	12 44 23.8	+11 28 24	E2		1.87	0.09	105	9.81	0.97	+0.60	+1114
NGC 4656	12 44 40.7	+32 05 34	SB(s)m pec	7.0	2.18	0.71	33	10.96	0.44		+ 640
NGC 4697	12 49 20.8	−05 52 46	E6		1.86	0.19	70	10.14	0.91	+0.39	+1236
NGC 4725	12 51 09.2	+25 25 21	SAB(r)ab pec	2.4	2.03	0.15	35	10.11	0.72	+0.34	+1205
NGC 4736	12 51 33.89	+41 02 29.6	(R)SA(r)ab	3.0	2.05	0.09	105	8.99	0.75	+0.16	+ 308
NGC 4753	12 53 06.8	−01 16 41	I0		1.78	0.33	80	10.85	0.90	+0.41	+1237
NGC 4762	12 53 39.7	+11 09 07	SB(r)0⁰? sp		1.94	0.72	32	11.12	0.86	+0.40	+ 979
NGC 4826	12 57 26.3	+21 36 17	(R)SA(rs)ab	3.5	2.00	0.27	115	9.36	0.84	+0.32	+ 411
NGC 4945	13 06 18.5	−49 32 45	SB(s)cd: sp	6.7	2.30	0.72	43	9.3			+ 560
NGC 4976	13 09 28.8	−49 34 58	E4 pec:		1.75	0.28	161	11.04	1.01	+0.44	+1453
NGC 5005	13 11 36.37	+36 58 56.1	SAB(rs)bc	3.3	1.76	0.32	65	10.61	0.80	+0.31	+ 948
NGC 5033	13 14 07.53	+36 31 02.4	SA(s)c	2.2	2.03	0.33	170	10.75	0.55		+ 877
NGC 5055	13 16 28.2	+41 57 11	SA(rs)bc	3.9	2.10	0.24	105	9.31	0.72		+ 504
NGC 5068	13 19 41.8	−21 06 53	SAB(rs)cd	4.7	1.86	0.06	110	10.7	0.67		+ 671
NGC 5102	13 22 47.3	−36 42 21	SA0⁻		1.94	0.49	48	10.35	0.72	+0.23	+ 468
NGC 5128	13 26 18.828	−43 05 39.22	E1/S0 + S pec		2.41	0.11	35	7.84	1.00		+ 559
NGC 5194	13 30 29.30	+47 07 14.2	SA(s)bc pec	1.8	2.05	0.21	163	8.96	0.60	−0.06	+ 463
NGC 5195	13 30 36.1	+47 11 30	I0 pec		1.76	0.10	79	10.45	0.90	+0.31	+ 484
NGC 5236	13 37 49.6	−29 56 18	SAB(s)c	2.8	2.11	0.05		8.20	0.66	+0.03	+ 514
NGC 5248	13 38 15.38	+08 48 43.4	SAB(rs)bc	1.8	1.79	0.14	110	10.97	0.65	+0.05	+1153
NGC 5247	13 38 50.25	−17 57 26.4	SA(s)bc	1.8	1.75	0.06	20	10.5	0.54	−0.11	+1357
NGC 5253	13 40 45.63	−31 42 47.7	Pec		1.70	0.41	45	10.87	0.43	−0.24	+ 404
NGC 5322	13 49 44.31	+60 07 07.8	E3–4		1.77	0.18	95	11.14	0.91	+0.47	+1915
NGC 5364	13 56 55.8	+04 56 39	SA(rs)bc pec	1.1	1.83	0.19	30	11.17	0.64	+0.07	+1241
NGC 5457	14 03 43.2	+54 16 46	SAB(rs)cd	1.1	2.46	0.03		8.31	0.45		+ 240
NGC 5585	14 20 15.8	+56 39 47	SAB(s)d	7.6	1.76	0.19	30	11.20	0.46	−0.22	+ 304
NGC 5566	14 21 03.8	+03 52 04	SB(r)ab	3.6	1.82	0.48	35	11.46	0.91	+0.45	+1505
NGC 5746	14 45 40.1	+01 53 39	SAB(rs)b? sp	4.5	1.87	0.75	170	11.29	0.97	+0.42	+1722
Ursa Minor	15 09 11	+67 10.3	dSph		[2.50]	0.35	53	11.5:	0.9?		− 250

Name	Right Ascension	Declination	Type	L	Log (D$_{25}$)	Log (R$_{25}$)	P.A.	B_T^w	B–V	U–B	v_r
	h m s	° ′ ″					°				km/s
NGC 5907	15 16 16.3	+56 16 33	SA(s)c: sp	3.0	2.10	0.96	155	11.12	0.78	+0.15	+ 666
NGC 6384	17 33 06.5	+07 03 03	SAB(r)bc	1.1	1.79	0.18	30	11.14	0.72	+0.23	+1667
NGC 6503	17 49 17.4	+70 08 27	SA(s)cd	5.2	1.85	0.47	123	10.91	0.68	+0.03	+ 43
Sgr Dw Sph	18 56.1	−30 29	dSph		[4.26]	0.42	104	4.3:	0.7?		+ 140
NGC 6744	19 11 08.3	−63 49 58	SAB(r)bc	3.3	2.30	0.19	15	9.14			+ 838
NGC 6822	19 45 46	−14 46.2	IB(s)m	8.5	2.19	0.06	5	9.0	0.79	+0.04:	− 54
NGC 6946	20 35 10.57	+60 12 16.2	SAB(rs)cd	2.3	2.06	0.07		9.61	0.80		+ 50
NGC 7090	21 37 29.1	−54 29 28	SBc? sp		1.87	0.77	127	11.33	0.61	−0.02	+ 854
IC 5152	22 03 38.0	−51 13 31	IA(s)m	8.4	1.72	0.21	100	11.06			+ 120
IC 5201	22 21 50.4	−45 57 44	SB(rs)cd	5.1	1.93	0.34	33	11.3			+ 914
NGC 7331	22 37 43.97	+34 29 28.6	SA(s)b	2.2	2.02	0.45	171	10.35	0.87	+0.30	+ 821
NGC 7410	22 55 49.9	−39 35 02	SB(s)a		1.72	0.51	45	11.24	0.93	+0.45	+1751
IC 1459	22 57 59.02	−36 23 04.1	E3–4		1.72	0.14	40	10.97	0.98	+0.51	+1691
IC 5267	22 58 03.0	−43 19 06	SA(rs)0/a		1.72	0.13	140	11.43	0.89	+0.37	+1713
NGC 7424	22 58 07.5	−40 59 34	SAB(rs)cd	4.0	1.98	0.07		10.96	0.48	−0.15	+ 941
NGC 7582	23 19 11.4	−42 17 29	(R′)SB(s)ab		1.70	0.38	157	11.37	0.75	+0.25	+1573
IC 5332	23 35 13.5	−36 01 15	SA(s)d	3.9	1.89	0.10		11.09			+ 706
NGC 7793	23 58 34.5	−32 30 37	SA(s)d	6.9	1.97	0.17	98	9.63	0.54	−0.09	+ 228

Alternate Names for Some Galaxies

Leo I	Regulus Dwarf
LMC	Large Magellanic Cloud
NGC 224	Andromeda Galaxy, M31
NGC 598	Triangulum Galaxy, M33
NGC 1068	M77, 3C 71
NGC 1316	Fornax A
NGC 3034	M82, 3C 231
NGC 4038/9	The Antennae
NGC 4374	M84, 3C 272.1
NGC 4486	Virgo A, M87, 3C 274
NGC 4594	Sombrero Galaxy, M104
NGC 4826	Black Eye Galaxy, M64
NGC 5055	Sunflower Galaxy, M63
NGC 5128	Centaurus A
NGC 5194	Whirlpool Galaxy, M51
NGC 5457	Pinwheel Galaxy, M101/2
NGC 6822	Barnard's Galaxy
Sgr Dw Sph	Sagittarius Dwarf Spheroidal Galaxy
SMC	Small Magellanic Cloud, NGC 292
WLM	Wolf-Lundmark-Melotte Galaxy

IAU Designation	Name	RA	Dec.	Appt. Diam.	Dist.	Log (age)	Mag. Mem.[1]	E(B-V)	Metallicity	Trumpler Class
		h m s	° ′ ″	′	pc	yr				
C0001−302	Blanco 1	00 04 51	−29 45 09	70.0	269	7.796	8	0.010	+0.04	IV 3 m
C0022+610	NGC 103	00 26 05	+61 24 13	4.0	3026	8.126	11	0.406		II 1 m
C0027+599	NGC 129	00 30 49	+60 17 54	19.0	1625	7.886	11	0.548		III 2 m
C0029+628	King 14	00 32 53	+63 14 08	8.0	2960	7.9	10	0.34		III 1 p
C0030+630	NGC 146	00 33 48	+63 24 51	5.5	3470	7.11		0.55		II 2 p
C0036+608	NGC 189	00 40 26	+61 10 28	5.0	752	7.00		0.42		III 1 p
C0040+615	NGC 225	00 44 30	+61 51 15	12.0	657	8.114		0.274		III 1 pn
C0039+850	NGC 188	00 49 02	+85 20 02	17.0	2047	9.632	10	0.082	−0.03	I 2 r
C0048+579	King 2	00 51 52	+58 15 43	5.0	5750	9.78	17	0.31	−0.42	II 2 m
	IC 1590	00 53 40	+56 42 25	4.0	2940	6.54		0.32		
C0112+598	NGC 433	01 16 07	+60 12 11	2.0	2323	7.50	9	0.86		III 2 p
C0112+585	NGC 436	01 16 53	+58 53 17	5.0	3014	7.926	10	0.460		I 2 m
C0115+580	NGC 457	01 20 30	+58 21 45	20.0	2429	7.324	6	0.472		II 3 r
C0126+630	NGC 559	01 30 34	+63 22 42	10.4	2170	8.8	9	0.68		I 1 m
C0129+604	NGC 581	01 34 21	+60 43 27	5.0	2194	7.336	9	0.382		II 2 m
C0132+610	Trumpler 1	01 36 41	+61 21 25	3.0	2563	7.60	10	0.582		II 2 p
C0139+637	NGC 637	01 44 06	+64 06 45	3.0	2500	7.0	8	0.64		I 2 m
C0140+616	NGC 654	01 45 01	+61 57 27	5.0	2410	7.0	10	0.82		II 2 r
C0140+604	NGC 659	01 45 24	+60 44 45	5.0	1938	7.548	10	0.652		I 2 m
C0144+717	Collinder 463	01 46 56	+71 52 56	57.0	702	8.373		0.259		III 2 m
C0142+610	NGC 663	01 47 09	+61 18 26	14.0	2420	7.4	9	0.80		II 3 r
C0149+615	IC 166	01 53 32	+61 54 16	7.0	4800	9.0	17	0.80	−0.178	II 1 r
C0154+374	NGC 752	01 58 33	+37 51 19	75.0	457	9.050	8	0.034	+0.01	II 2 r
C0155+552	NGC 744	01 59 32	+55 32 36	5.0	1207	8.248	10	0.384		III 1 p
C0211+590	Stock 2	02 15 46	+59 33 07	60.0	303	8.23		0.38	−0.14	I 2 m
C0215+569	NGC 869	02 20 02	+57 11 40	18.0	2079	7.069	7	0.575	−0.3	I 3 r
C0218+568	NGC 884	02 23 25	+57 11 29	18.2	2940	7.1	7	0.56	−0.3	I 3 r
C0225+604	Markarian 6	02 30 46	+60 46 14	6.0	698	7.214	8	0.606		III 1 P
C0228+612	IC 1805	02 33 49	+61 30 48	20.0	2344	6.48	9	0.87		II 3 mn
C0233+557	Trumpler 2	02 37 56	+55 58 39	17.0	725	7.95		0.40		II 2 p
C0238+425	NGC 1039	02 43 01	+42 49 22	35.0	499	8.249	9	0.070	+0.07	II 3 r
C0238+613	NGC 1027	02 43 51	+61 41 41	6.2	1030	8.4	9	0.41		II 3 mn
C0247+602	IC 1848	02 52 20	+60 29 33	18.0	2002	6.840		0.598		I 3 pn
C0302+441	NGC 1193	03 06 54	+44 26 20	3.0	4571	9.7	14	0.19	−0.293	I 2 m
	NGC 1252	03 11 11	−57 42 45	8.0	790	9.45		0.00		
C0311+470	NGC 1245	03 15 42	+47 17 23	40.0	2800	9.02	12	0.68	−0.04	II 2 r
C0318+484	Melotte 20	03 25 22	+49 54 44	300.0	185	7.854	3	0.090		III 3 m
C0328+371	NGC 1342	03 32 34	+37 25 31	15.0	665	8.655	8	0.319	−0.16	III 2 m
C0341+321	IC 348	03 45 29	+32 12 29	8.0	385	7.641		0.929		
C0344+239	Melotte 22	03 47 52	+24 09 38	120.0	133	8.131	3	0.030	−0.03	I 3 rn
C0400+524	NGC 1496	04 05 39	+52 42 02	4.0	1230	8.80	12	0.45		III 2 p
C0403+622	NGC 1502	04 09 07	+62 22 10	8.0	1000	7.00	7	0.70		I 3 m
C0406+493	NGC 1513	04 11 02	+49 33 08	10.0	1320	8.11	11	0.67		II 1 m
C0411+511	NGC 1528	04 16 29	+51 15 01	16.0	1090	8.6	10	0.26		II 2 m
C0417+448	Berkeley 11	04 21 38	+44 57 01	5.0	2200	8.041	15	0.95		II 2 m
C0417+501	NGC 1545	04 22 03	+50 17 13	18.0	711	8.448	9	0.303	−0.13	IV 2 p
C0424+157	Melotte 25	04 27 44	+15 53 54	330.0	45	8.896	4	0.010	+0.13	
C0443+189	NGC 1647	04 46 46	+19 08 26	40.0	540	8.158	9	0.370		II 2 r
C0445+108	NGC 1662	04 49 15	+10 57 41	20.0	437	8.625	9	0.304	−0.095	II 3 m
C0447+436	NGC 1664	04 52 08	+43 41 55	9.0	1199	8.465	10	0.254		

IAU Designation	Name	RA	Dec.	Appt. Diam.	Dist.	Log (age)	Mag. Mem.[1]	$E_{(B-V)}$	Metal-licity	Trumpler Class
		h m s	o ′ ″	′	pc	yr				
C0504+369	NGC 1778	05 09 03	+37 02 29	8.0	1469	8.155		0.336		III 2 p
C0509+166	NGC 1817	05 13 05	+16 42 23	16.0	1972	8.612	9	0.334	−0.16	IV 2 r
C0518−685	NGC 1901	05 18 07	−68 26 07	10.0	460	8.78		0.03		III 3 m
C0519+333	NGC 1893	05 23 41	+33 25 28	25.0	6000	6.48		0.45		II 3 rn
C0520+295	Berkeley 19	05 25 01	+29 36 45	4.0	7870	9.40	15	0.32	−0.50	II 1 m
C0524+352	NGC 1907	05 29 03	+35 20 10	7.0	1800	8.5	11	0.52		I 1 mn
C0524+343	Stock 8	05 29 05	+34 26 04	12.0	2005	6.30		0.40		
C0525+358	NGC 1912	05 29 38	+35 51 33	20.0	1400	8.5	8	0.25		II 2 r
C0532+099	Collinder 69	05 35 54	+09 56 31	70.0	400	6.70		0.12		
C0532−059	NGC 1980	05 36 07	−05 54 23	20.0	550	6.67		0.05		III 3 mn
C0532+341	NGC 1960	05 37 16	+34 08 53	10.0	1330	7.4	9	0.22		I 3 r
C0536−026	Sigma Orionis	05 39 26	−02 35 33	10.0	399	7.11		0.05		III 1 p
C0535+379	Stock 10	05 40 00	+37 56 26	25.0	380	7.90		0.07		IV 2 p
C0546+336	King 8	05 50 21	+33 38 13	4.0	6403	8.618	15	0.580	−0.460	II 2 m
C0548+217	Berkeley 21	05 52 34	+21 47 10	5.0	5000	9.34	6	0.76	−0.835	I 2
C0549+325	NGC 2099	05 53 15	+32 33 21	14.0	1383	8.540	11	0.302	+0.089	I 2 r
C0600+104	NGC 2141	06 03 43	+10 26 44	10.0	4033	9.231	15	0.250	−0.18	I 2 r
C0601+240	IC 2157	06 05 43	+24 03 14	5.0	2040	7.800	12	0.548		II 1 p
C0604+241	NGC 2158	06 08 18	+24 05 38	5.0	5071	9.023	15	0.360	−0.28	
C0605+139	NGC 2169	06 09 13	+13 57 43	5.0	1052	7.067		0.199		III 3 m
C0605+243	NGC 2168	06 09 47	+24 19 48	40.0	912	8.25	8	0.20	−0.160	III 3 r
C0606+203	NGC 2175	06 10 31	+20 28 59	22.0	1627	6.953	8	0.598		III 3 m
C0609+054	NGC 2186	06 12 54	+05 26 57	8.1	2700	8.3	12	0.27		II 2 m
C0611+128	NGC 2194	06 14 34	+12 48 06	9.0	3781	8.515	13	0.383	−0.08	II 2 r
C0613−186	NGC 2204	06 16 11	−18 40 14	10.0	2629	8.896	13	0.085	−0.23	II 2 r
C0618−072	NGC 2215	06 21 31	−07 17 27	7.0	1293	8.369	11	0.300		II 2 m
C0624−047	NGC 2232	06 27 58	−04 46 05	53.0	359	7.727		0.030	+0.32	III 2 p
C0627−312	NGC 2243	06 30 07	−31 17 38	5.0	4458	9.032		0.051	−0.42	I 2 r
C0629+049	NGC 2244	06 32 41	+04 55 49	29.0	1660	6.28	7	0.47		II 3 rn
C0632+084	NGC 2251	06 35 25	+08 21 16	10.0	1329	8.427		0.186	+0.25	III 2 m
C0634+094	Trumpler 5	06 37 30	+09 25 13	15.4	2400	9.70	17	0.60	−0.30	III 1 rn
C0635+020	Collinder 110	06 39 09	+02 00 11	18.0	1950	9.15		0.50		
C0638+099	NGC 2264	06 41 46	+09 52 50	39.0	667	6.954	5	0.051	−0.15	III 3 mn
C0640+270	NGC 2266	06 44 13	+26 57 17	5.0	3400	8.80	11	0.10	−0.39	II 2 m
C0644−206	NGC 2287	06 46 38	−20 46 22	39.0	710	8.4	8	0.01	+0.040	I 3 r
C0645+411	NGC 2281	06 49 18	+41 03 40	25.0	558	8.554	8	0.063	+0.13	I 3 m
C0649+005	NGC 2301	06 52 30	+00 26 30	14.0	870	8.2	8	0.03	+0.060	I 3 r
C0649−070	NGC 2302	06 52 37	−07 06 06	5.0	1500	7.08	12	0.23		III 2 m
C0649+030	Berkeley 28	06 52 58	+02 54 54	3.0	2557	7.846	15	0.761		I 1 p
C0655+065	Berkeley 32	06 58 53	+06 24 47	6.0	3100	9.53	14	0.16	−0.29	II 2 r
C0700−082	NGC 2323	07 03 24	−08 24 19	14.0	950	8.0	9	0.20		II 3 r
C0701+011	NGC 2324	07 04 52	+01 01 21	10.6	3800	8.65	12	0.25	−0.17	II 2 r
C0704−100	NGC 2335	07 07 30	−10 03 06	6.0	1417	8.210	10	0.393	−0.030	III 2 mn
C0705−105	NGC 2343	07 08 47	−10 38 26	5.0	1056	7.104	8	0.118	−0.30	II 2 pn
C0706−130	NGC 2345	07 08 58	−13 13 02	12.0	2251	7.853	9	0.616		II 3 r
C0712−256	NGC 2354	07 14 46	−25 42 57	18.0	4085	8.126		0.307		III 2 r
C0712−102	NGC 2353	07 15 11	−10 17 33	18.0	1170	8.10	9	0.10	−0.08	III 3 p
C0712−310	Collinder 132	07 15 54	−30 42 34	80.0	472	7.080		0.037		III 3 p
C0714+138	NGC 2355	07 17 48	+13 43 24	7.0	2200	8.85	13	0.12	−0.07	II 2 m
C0715−367	Collinder 135	07 17 48	−36 50 36	50.0	316	7.407		0.032		

IAU Designation	Name	RA	Dec.	Appt. Diam.	Dist.	Log (age)	Mag. Mem.[1]	$E_{(B-V)}$	Metal-licity	Trumpler Class
		h m s	° ′ ″	′	pc	yr				
C0715−155	NGC 2360	07 18 22	−15 40 07	13.0	1887	8.749		0.111	−0.03	I 3 r
C0716−248	NGC 2362	07 19 17	−24 58 56	5.0	1480	6.70	8	0.10		I 3 r
C0717−130	Haffner 6	07 20 46	−13 09 40	6.0	3054	8.826	16	0.450		IV 2 rn
C0721−131	NGC 2374	07 24 36	−13 17 32	12.0	1468	8.463		0.090		IV 2 p
C0722−321	Collinder 140	07 25 00	−31 52 45	60.0	405	7.548		0.030	−0.10	III 3 m
C0722−261	Ruprecht 18	07 25 15	−26 14 45	7.0	1056	7.648		0.700	−0.010	
C0722−209	NGC 2384	07 25 48	−21 03 04	5.0	3070	7.15		0.31		IV 3 p
C0724−476	Melotte 66	07 26 48	−47 41 47	14.0	4313	9.445		0.143	−0.33	II 1 r
C0731−153	NGC 2414	07 33 52	−15 29 07	5.0	3455	6.976		0.508		I 3 m
C0734−205	NGC 2421	07 36 51	−20 38 41	6.0	2200	7.90	11	0.42		I 2 r
C0734−143	NGC 2422	07 37 15	−14 30 59	25.0	490	7.861	5	0.070		I 3 m
C0734−137	NGC 2423	07 37 46	−13 54 18	12.0	766	8.867		0.097	+0.14	II 2 m
C0735−119	Melotte 71	07 38 11	−12 06 00	7.0	3154	8.371		0.113	−0.32	II 2 r
C0735+216	NGC 2420	07 39 15	+21 32 22	5.0	2480	9.3	11	0.04	−0.38	I 1 r
C0738−334	Bochum 15	07 40 39	−33 34 03	3.0	2806	6.742		0.576		IV 2 pn
C0738−315	NGC 2439	07 41 19	−31 43 40	9.0	1300	7.00	9	0.37		II 3 r
C0739−147	NGC 2437	07 42 26	−14 50 41	20.0	1510	8.4	10	0.10	+0.059	II 2 r
C0742−237	NGC 2447	07 45 07	−23 53 32	10.0	1037	8.588	9	0.046	−0.10	I 3 r
C0744−044	Berkeley 39	07 47 25	−04 38 11	7.0	4780	9.90	16	0.12	−0.26	II 2 r
C0745−271	NGC 2453	07 48 11	−27 13 54	4.0	2150	7.187		0.446		I 3 m
C0746−261	Ruprecht 36	07 48 59	−26 20 13	5.0	1681	7.606	12	0.166		IV 1 m
C0750−384	NGC 2477	07 52 41	−38 34 05	15.0	1300	8.78	12	0.24	+0.07	I 2 r
C0752−241	NGC 2482	07 55 49	−24 17 50	10.0	1343	8.604		0.093	+0.120	IV 1 m
C0754−299	NGC 2489	07 56 50	−30 06 09	6.0	3957	7.264	11	0.374	+0.080	I 2 m
C0757−607	NGC 2516	07 58 18	−60 47 35	30.0	409	8.052	7	0.101	+0.060	I 3 r
C0757−284	Ruprecht 44	07 59 26	−28 37 24	10.0	4730	6.941	12	0.619		IV 2 m
C0757−106	NGC 2506	08 00 42	−10 48 38	12.0	3460	9.045	11	0.081	−0.20	I 2 r
C0803−280	NGC 2527	08 05 34	−28 11 19	10.0	601	8.649		0.038	−0.09	II 2 m
C0805−297	NGC 2533	08 07 39	−29 55 33	5.0	1700	8.84		0.14		II 2 r
C0809−491	NGC 2547	08 10 35	−49 15 30	25.0	361	7.585	7	0.186	−0.160	I 3 rn
C0808−126	NGC 2539	08 11 18	−12 51 43	9.0	1363	8.570	9	0.082	+0.13	III 2 m
C0810−374	NGC 2546	08 12 47	−37 38 21	70.0	919	7.874	7	0.134	+0.120	III 2 m
C0811−056	NGC 2548	08 14 26	−05 47 40	30.0	770	8.6	8	0.03	+0.080	I 3 r
C0816−304	NGC 2567	08 19 07	−30 41 09	7.0	1677	8.469	11	0.128	−0.09	II 2 m
C0816−295	NGC 2571	08 19 31	−29 47 46	8.0	1342	7.488		0.137	+0.05	II 3 m
C0835−394	Pismis 5	08 38 10	−39 38 05	12.0	869	7.197		0.421		
C0837−460	NGC 2645	08 39 32	−46 17 06	3.0	1668	7.283	9	0.380		II 3 p
C0838−528	IC 2391	08 40 57	−53 05 07	60.0	175	7.661	4	0.008	−0.01	II 3 m
C0837+201	NGC 2632	08 41 14	+19 36 52	70.0	187	8.863	6	0.009	+0.27	II 3 m
	Mamajek 1	08 41 34	−79 04 46	40.0	97	6.9		0.00		
C0839−461	Pismis 8	08 42 05	−46 19 08	3.0	1312	7.427	10	0.706		II 2 p
C0839−480	IC 2395	08 42 58	−48 09 57	18.6	800	6.80		0.09	0.00	II 3 m
C0840−469	NGC 2660	08 43 07	−47 15 09	3.5	2826	9.033	13	0.313	+0.04	I 1 r
C0843−486	NGC 2670	08 45 58	−48 51 12	7.0	1188	7.690	13	0.430		III 2 m
C0843−527	NGC 2669	08 46 47	−53 00 07	20.0	1046	7.927		0.180		III 3 m
C0846−423	Trumpler 10	08 48 25	−42 30 15	29.0	424	7.542		0.034		II 3 m
C0847+120	NGC 2682	08 52 06	+11 44 42	25.0	908	9.409	9	0.059	+0.03	II 3 r
C0914−364	NGC 2818	09 16 36	−36 41 10	9.0	1855	8.626		0.121	−0.17	III 1 m
	NGC 2866	09 22 36	−51 09 44	2.0	2600	8.30		0.66		
C0922−515	Ruprecht 76	09 24 42	−51 43 46	5.0	1262	7.734	13	0.376		IV 2 p

IAU Designation	Name	RA	Dec.	Appt. Diam.	Dist.	Log (age)	Mag. Mem.[1]	$E_{(B-V)}$	Metal-licity	Trumpler Class
		h m s	o ′ ″	′	pc	yr				
C0925−549	Ruprecht 77	09 27 31	−55 10 48	5.0	4129	7.501	14	0.622		II 1 m
C0926−567	IC 2488	09 28 04	−57 03 49	18.0	1134	8.113	10	0.231	+0.10	II 3 r
C0927−534	Ruprecht 78	09 29 38	−53 45 50	3.0	1641	7.987	15	0.350		II 2 m
C0939−536	Ruprecht 79	09 41 28	−53 54 59	5.0	1979	7.093	11	0.717		III 2 p
C1001−598	NGC 3114	10 03 04	−60 11 25	35.0	911	8.093	9	0.069	+0.02	
C1019−514	NGC 3228	10 21 56	−51 48 06	5.0	544	7.932		0.028		
C1022−575	Westerlund 2	10 24 34	−57 50 26	2.0	6400	6.30		1.67		IV 1 pn
C1025−573	IC 2581	10 28 02	−57 41 27	5.0	2446	7.142		0.415	−0.34	II 2 pn
C1028−595	Collinder 223	10 32 48	−60 05 42	18.0	2820	8.0		0.25		II 2 m
C1033−579	NGC 3293	10 36 24	−58 18 19	6.0	2327	7.014	8	0.263		
C1035−583	NGC 3324	10 37 53	−58 43 02	12.0	2317	6.754		0.438		
C1036−538	NGC 3330	10 39 21	−54 11 57	4.0	894	8.229		0.050		III 2 m
C1040−588	Bochum 10	10 42 46	−59 12 34	20.0	2027	6.857		0.306		II 3 mn
C1041−641	IC 2602	10 43 29	−64 28 34	100.0	161	7.507	3	0.024	0.00	I 3 r
C1041−593	Trumpler 14	10 44 30	−59 37 35	5.0	2500	6.30		0.57		
C1041−597	Collinder 228	10 44 34	−60 09 47	14.0	2201	6.830		0.342		
C1042−591	Trumpler 15	10 45 17	−59 26 35	14.0	1853	6.926		0.434		III 2 pn
C1043−594	Trumpler 16	10 45 44	−59 47 35	10.0	3900	6.70		0.61		
C1045−598	Bochum 11	10 47 49	−60 09 36	21.0	2412	6.764		0.576		IV 3 pn
C1054−589	Trumpler 17	10 57 00	−59 16 40	5.0	2189	7.706		0.605		
C1055−614	Bochum 12	10 57 59	−61 47 40	10.0	2218	7.61		0.24		III 3 p
C1057−600	NGC 3496	11 00 12	−60 24 53	8.0	990	8.471		0.469		II 1 r
	Sher 1	11 01 40	−60 18 41	1.0	5875	6.713		1.374		
C1059−595	Pismis 17	11 01 42	−59 53 41	6.0	3504	7.023	9	0.471		
C1104−584	NGC 3532	11 06 16	−58 49 54	50.0	492	8.477	8	0.028	−0.022	II 3 r
C1108−599	NGC 3572	11 11 00	−60 19 38	5.0	1995	6.891	7	0.389		II 3 mn
C1108−601	Hogg 10	11 11 19	−60 28 44	3.0	1776	6.784		0.460		
C1109−604	Trumpler 18	11 12 05	−60 44 44	5.0	1358	7.194		0.315		II 3 m
C1109−600	Collinder 240	11 12 17	−60 23 19	32.0	1577	7.160		0.310		III 2 mn
C1110−605	NGC 3590	11 13 37	−60 52 03	3.0	1651	7.231		0.449		I 2 p
C1110−586	Stock 13	11 13 43	−58 57 45	5.0	1577	7.222	10	0.218		I 3 pn
C1112−609	NGC 3603	11 15 45	−61 20 21	4.0	6900	6.00		1.338		II 3 mn
C1115−624	IC 2714	11 18 05	−62 48 46	14.0	1238	8.542	10	0.341	+0.01	II 2 r
C1117−632	Melotte 105	11 20 20	−63 33 46	5.0	2208	8.316		0.482		I 2 r
C1123−429	NGC 3680	11 26 20	−43 19 23	5.0	938	9.077	10	0.066	−0.19	I 2 m
C1133−613	NGC 3766	11 36 55	−61 41 19	9.3	2218	7.32	8	0.20		I 3 r
C1134−627	IC 2944	11 39 01	−63 27 11	65.0	1794	6.818		0.320		III 3 mn
C1141−622	Stock 14	11 44 30	−62 35 50	6.0	2146	7.058	10	0.225		III 3 p
C1148−554	NGC 3960	11 51 16	−55 45 14	5.0	1850	9.1		0.29	+0.02	I 2 m
C1154−623	Ruprecht 97	11 58 12	−62 47 51	5.0	1357	8.343	12	0.229	−0.59	IV 1 p
C1204−609	NGC 4103	12 07 26	−61 19 50	6.0	1632	7.393	10	0.294		I 2 m
C1221−616	NGC 4349	12 24 56	−61 57 07	5.0	2176	8.315	11	0.384	−0.12	II 2 m
C1222+263	Melotte 111	12 25 50	+26 01 11	120.0	96	8.652	5	0.013	+0.07	III 3 r
C1226−604	Harvard 5	12 28 05	−60 51 32	5.0	1184	8.032		0.160		
C1225−598	NGC 4439	12 29 16	−60 11 06	4.0	1785	7.909		0.348		
C1239−627	NGC 4609	12 43 10	−63 04 28	13.0	1320	7.7	10	0.37		II 2 m
C1250−600	NGC 4755	12 54 32	−60 26 25	10.0	1976	7.216	7	0.388		
C1315−623	Stock 16	13 20 26	−62 42 33	3.0	1810	6.90	10	0.52		III 3 pn
C1317−646	Ruprecht 107	13 20 45	−65 01 33	3.0	1442	7.478	12	0.458		III 2 p
C1324−587	NGC 5138	13 28 13	−59 06 30	7.0	1986	7.986		0.262	+0.120	II 2 m

IAU Designation	Name	RA	Dec.	Appt. Diam.	Dist.	Log (age)	Mag. Mem.[1]	$E_{(B-V)}$	Metal-licity	Trumpler Class
		h m s	° ′ ″	′	pc	yr				
C1326−609	Hogg 16	13 30 16	−61 16 29	6.0	1585	7.047		0.411		II 2 p
C1327−606	NGC 5168	13 32 04	−61 00 52	4.0	1777	8.001		0.431		I 2 m
C1328−625	Trumpler 21	13 33 13	−62 52 27	5.0	1263	7.696		0.197		I 2 p
C1343−626	NGC 5281	13 47 37	−62 59 19	7.0	1108	7.146	10	0.225		I 3 m
C1350−616	NGC 5316	13 54 59	−61 56 21	14.0	1215	8.202	11	0.267	−0.02	II 2 r
C1356−619	Lynga 1	14 01 05	−62 13 11	3.0	1900	8.00		0.45		II 2 p
C1404−480	NGC 5460	14 08 23	−48 24 43	35.0	700	8.2	9	0.092	−0.06	I 3 m
C1420−611	Lynga 2	14 25 41	−61 23 44	13.0	900	7.95		0.22		II 3 m
C1424−594	NGC 5606	14 28 52	−59 41 46	3.0	1805	7.075		0.474		I 3 p
C1426−605	NGC 5617	14 30 50	−60 46 32	10.0	2000	7.90	10	0.48		I 3 r
C1427−609	Trumpler 22	14 32 08	−61 13 49	10.0	1516	7.950	12	0.521		III 2 m
C1431−563	NGC 5662	14 36 40	−56 40 52	29.0	666	7.968	10	0.311		II 3 r
C1440+697	Collinder 285	14 41 17	+69 30 18	1400.0	25	8.30	2	0.00		
C1445−543	NGC 5749	14 49 56	−54 33 29	10.0	1031	7.728		0.376		II 2 m
C1501−541	NGC 5822	15 05 25	−54 27 09	35.0	933	8.95	10	0.103	+0.05	II 2 r
C1502−554	NGC 5823	15 06 35	−55 39 32	12.0	1192	8.900	13	0.090		II 2 r
C1511−588	Pismis 20	15 16 32	−59 07 11	4.0	2018	6.864		1.179		
C1559−603	NGC 6025	16 04 31	−60 28 15	14.0	756	7.889	7	0.159	+0.19	II 3 r
C1601−517	Lynga 6	16 05 58	−51 58 19	5.0	1600	7.430		1.250		
C1603−539	NGC 6031	16 08 43	−54 03 10	3.0	1823	8.069		0.371		I 3 p
C1609−540	NGC 6067	16 14 20	−54 15 16	14.0	1417	8.076	10	0.380	+0.138	I 3 r
C1614−577	NGC 6087	16 20 03	−57 58 09	14.0	891	7.976	8	0.175	−0.01	II 2 m
C1622−405	NGC 6124	16 26 20	−40 41 08	39.0	512	8.147	9	0.750		I 3 r
C1623−261	Collinder 302	16 27 01	−26 16 55	500.0						III 3 p
C1624−490	NGC 6134	16 28 51	−49 10 59	6.0	913	8.968	11	0.395	+0.15	
C1632−455	NGC 6178	16 36 50	−45 40 20	5.0	1014	7.248		0.219		III 3 p
C1637−486	NGC 6193	16 42 25	−48 47 25	14.0	1155	6.775		0.475		
C1642−469	NGC 6204	16 47 13	−47 02 31	5.0	1200	7.90		0.46		I 3 m
C1645−537	NGC 6208	16 50 38	−53 45 09	18.0	939	9.069		0.210	−0.03	III 2 r
C1650−417	NGC 6231	16 55 11	−41 50 52	14.0	1243	6.843	6	0.439		
C1652−394	NGC 6242	16 56 33	−39 29 02	9.0	1131	7.608		0.377		
C1653−405	Trumpler 24	16 58 01	−40 41 18	60.0	1138	6.919		0.418		
C1654−447	NGC 6249	16 58 44	−44 49 59	5.0	981	7.386		0.443		II 2 m
C1654−457	NGC 6250	16 59 00	−45 57 29	10.0	865	7.415		0.350		II 3 r
C1657−446	NGC 6259	17 01 48	−44 40 32	14.0	1031	8.336	11	0.498	+0.020	II 2 r
C1714−355	Bochum 13	17 18 22	−35 33 53	14.0	1077	6.823		0.854		III 3 m
C1714−429	NGC 6322	17 19 27	−42 56 52	5.0	996	7.058		0.590		I 3 m
C1720−499	IC 4651	17 25 56	−49 56 44	10.0	888	9.057	10	0.116	+0.15	II 2 r
C1731−325	NGC 6383	17 35 45	−32 34 31	20.0	985	6.962		0.298		II 3 mn
C1732−334	Trumpler 27	17 37 17	−33 31 29	6.0	1211	7.063		1.194		III 3 m
C1733−324	Trumpler 28	17 37 57	−32 29 29	5.0	1343	7.290		0.733		III 2 mn
C1734−362	Ruprecht 127	17 38 50	−36 18 27	5.0	1466	7.351	11	0.990		II 2 p
C1736−321	NGC 6405	17 41 17	−32 15 36	20.0	487	7.974	7	0.144	+0.06	II 3 r
C1741−323	NGC 6416	17 45 16	−32 22 01	14.0	741	8.087		0.251		III 2 m
C1743+057	IC 4665	17 47 01	+05 42 43	70.0	352	7.634	6	0.174	−0.03	III 2 m
C1747−302	NGC 6451	17 51 37	−30 12 47	7.0	2080	8.134	12	0.672	−0.34	I 2 rn
C1750−348	NGC 6475	17 54 49	−34 47 43	80.0	301	8.475	7	0.103	+0.14	I 3 r
C1753−190	NGC 6494	17 57 55	−18 59 09	29.0	628	8.477	10	0.356	+0.090	II 2 r
C1758−237	Bochum 14	18 02 53	−23 40 57	2.0	578	6.996		1.508		III 1 pn
C1800−279	NGC 6520	18 04 19	−27 53 13	2.0	1900	8.18	9	0.42		I 2 rn

IAU Designation	Name	RA	Dec.	Appt. Diam.	Dist.	Log (age)	Mag. Mem.[1]	$E_{(B-V)}$	Metal-licity	Trumpler Class
		h m s	o ′ ″	′	pc	yr				
C1801−225	NGC 6531	18 05 06	−22 29 18	14.0	1205	7.070	8	0.281		I 3 r
C1801−243	NGC 6530	18 05 24	−24 21 24	14.0	1330	6.867	6	0.333		
C1804−233	NGC 6546	18 08 15	−23 17 38	14.0	938	7.849		0.491		II 1 r
C1815−122	NGC 6604	18 18 52	−12 14 07	5.0	1696	6.810		0.970		I 3 mn
C1816−138	NGC 6611	18 19 37	−13 48 00	6.0	1800	6.11	11	0.80		
C1817−171	NGC 6613	18 20 49	−17 05 40	5.0	1296	7.223		0.450		II 3 pn
C1825+065	NGC 6633	18 27 57	+06 31 05	20.0	376	8.629	8	0.182	+0.06	III 2 m
C1828−192	IC 4725	18 32 38	−19 06 19	29.0	620	7.965	8	0.476	+0.17	I 3 m
C1830−104	NGC 6649	18 34 15	−10 23 29	5.0	1369	7.566	13	1.201		I 3 m
C1834−082	NGC 6664	18 37 24	−07 48 01	12.0	1164	7.162	9	0.709		III 2 m
C1836+054	IC 4756	18 39 43	+05 27 50	39.0	484	8.699	8	0.192	−0.15	II 3 r
C1840−041	Trumpler 35	18 43 40	−04 07 05	5.0	1206	7.862		1.218		I 2 m
C1842−094	NGC 6694	18 46 06	−09 22 02	7.0	1600	7.931	11	0.589		II 3 m
C1848−052	NGC 6704	18 51 31	−05 11 14	5.0	2974	7.863	12	0.717		I 2 m
C1848−063	NGC 6705	18 51 52	−06 15 07	32.0	1877	8.4	11	0.428	+0.136	
C1850−204	Collinder 394	18 53 08	−20 11 06	22.0	690	7.803		0.235		
C1851+368	Stephenson 1	18 54 00	+36 56 07	20.0	390	7.731		0.040		IV 3 p
C1851−199	NGC 6716	18 55 25	−19 52 57	10.0	789	7.961		0.220	−0.31	IV 1 p
C1905+041	NGC 6755	19 08 32	+04 17 25	14.0	1421	7.719	11	0.826		II 2 r
C1906+046	NGC 6756	19 09 25	+04 43 44	4.0	1507	7.79	13	1.18		I 1 m
C1919+377	NGC 6791	19 21 23	+37 47 59	10.0	5853	9.643	15	0.117	+0.320	I 2 r
C1936+464	NGC 6811	19 37 43	+46 25 18	14.0	1215	8.799	11	0.160		III 1 r
C1939+400	NGC 6819	19 41 48	+40 13 17	5.0	2360	9.174	11	0.238	+0.09	
C1941+231	NGC 6823	19 43 46	+23 20 07	6.0	3176	6.5		0.854		I 3 mn
C1948+229	NGC 6830	19 51 36	+23 08 16	5.0	1639	7.572	10	0.501		II 2 p
C1950+292	NGC 6834	19 52 47	+29 26 47	5.0	2067	7.883	11	0.708		II 2 m
C1950+182	Harvard 20	19 53 45	+18 22 18	7.0	1540	7.476		0.247		IV 2 p
C2002+438	NGC 6866	20 04 23	+44 12 00	14.0	1470	8.8	10	0.10		II 2 r
C2002+290	Roslund 4	20 05 29	+29 15 31	5.0	2000	6.6		0.91		II 3 mn
C2004+356	NGC 6871	20 06 32	+35 49 08	29.0	1574	6.958		0.443		II 2 pn
C2007+353	Biurakan 2	20 09 45	+35 31 36	20.0	1106	7.011	16	0.360		III 2 p
C2008+410	IC 1311	20 10 48	+41 15 37	5.0	6026	9.20		0.28	−0.30	I 1 r
C2009+263	NGC 6885	20 12 37	+26 31 21	20.0	597	9.16	6	0.08		III 2 m
C2014+374	IC 4996	20 17 03	+37 42 02	2.2	2398	6.87	8	0.71		II 3 pn
C2018+385	Berkeley 86	20 20 56	+38 44 47	6.0	1112	7.116	13	0.898		IV 2 mn
C2019+372	Berkeley 87	20 22 15	+37 24 49	10.0	633	7.152	13	1.369		III 2 m
C2021+406	NGC 6910	20 23 43	+40 49 32	10.0	1139	7.127		0.971		I 3 mn
C2022+383	NGC 6913	20 24 29	+38 33 21	10.0	1148	7.111	9	0.744		II 3 mn
C2030+604	NGC 6939	20 31 47	+60 42 41	10.0	1800	9.20		0.33	0.00	II 1 r
C2032+281	NGC 6940	20 35 02	+28 20 02	25.0	770	8.858	11	0.214	+0.013	III 2 r
C2054+444	NGC 6996	20 57 01	+44 41 22	14.0	760	8.54		0.52		III 2 m
C2109+454	NGC 7039	21 11 19	+45 40 35	14.0	951	7.820		0.131		IV 2 m
C2121+461	NGC 7062	21 23 59	+46 26 28	5.0	1480	8.465		0.452		II 2 m
C2122+478	NGC 7067	21 24 54	+48 04 22	6.0	3600	8.00		0.75		II 1 p
C2122+362	NGC 7063	21 24 57	+36 32 58	9.0	689	7.977		0.091		III 1 p
C2127+468	NGC 7082	21 29 49	+47 11 26	25.0	1442	8.233		0.237	−0.01	
C2130+482	NGC 7092	21 32 19	+48 29 52	29.0	326	8.445	7	0.013	+0.15	III 2 m
C2137+572	Trumpler 37	21 39 33	+57 33 58	89.0	835	7.054		0.470		IV 3 m
C2144+655	NGC 7142	21 45 30	+65 50 32	12.0	2344	9.84	11	0.32	+0.08	I 2 r
C2151+470	IC 5146	21 53 58	+47 20 08	20.0	852	6.00		0.593		III 2 pn

IAU Designation	Name	RA	Dec.	Appt. Diam.	Dist.	Log (age)	Mag. Mem.[1]	$E_{(B-V)}$	Metal-licity	Trumpler Class
		h m s	o ′ ″	′	pc	yr				
C2152+623	NGC 7160	21 54 05	+62 40 20	5.0	789	7.278		0.375	+0.16	I 3 p
C2203+462	NGC 7209	22 05 42	+46 33 15	14.0	1168	8.617	9	0.168	−0.12	III 1 m
C2208+551	NGC 7226	22 10 58	+55 28 12	2.0	2616	8.436		0.536		I 2 m
C2210+570	NGC 7235	22 12 56	+57 20 31	5.0	3330	6.90		0.90		II 3 m
C2213+496	NGC 7243	22 15 42	+49 58 15	29.0	808	8.058	8	0.220		II 2 m
C2213+540	NGC 7245	22 15 44	+54 24 57	7.0	3467	8.65		0.45		II 2 m
C2218+578	NGC 7261	22 20 42	+58 11 42	5.0	1681	7.670		0.969		II 3 m
C2227+551	Berkeley 96	22 29 58	+55 28 28	2.0	3087	6.822	13	0.630		I 2 p
C2245+578	NGC 7380	22 47 56	+58 12 30	20.0	2222	7.077	10	0.602		III 2 mn
C2306+602	King 19	23 08 55	+60 35 43	5.0	1967	8.557	12	0.547		III 2 p
C2309+603	NGC 7510	23 11 40	+60 38 56	6.0	3480	7.35	10	0.90		II 3 rn
C2313+602	Markarian 50	23 15 56	+60 32 45	2.0	2114	7.095		0.810		III 1 pn
C2322+613	NGC 7654	23 25 27	+61 40 23	15.0	1400	8.2	11	0.57		II 2 r
C2345+683	King 11	23 48 30	+68 42 50	5.0	2892	9.048	17	1.270	−0.27	I 2 m
C2350+616	King 12	23 53 44	+62 02 50	3.0	2378	7.037	10	0.590		II 1 p
C2354+611	NGC 7788	23 57 29	+61 28 45	4.0	2374	7.593		0.283		I 2 p
C2354+564	NGC 7789	23 58 08	+56 47 21	25.0	1795	9.15	10	0.28	+0.02	II 2 r
C2355+609	NGC 7790	23 59 08	+61 17 21	5.0	2944	7.749	10	0.531		II 2 m

Notes to Table

[1] The Mag. Mem. column gives the visual magnitude of the brightest cluster member.

Alternate Names for Some Clusters

C0001−302	ζ Scl Cluster	C0838−528	o Vel Cluster
C0129+604	M103	C0847+120	M67
C0215+569	h Per	C1041−641	θ Car Cluster
C0218+568	χ Per	C1043−594	η Car Cluster
C0238+425	M34	C1239−627	Coal-Sack Cluster
C0344+239	M45	C1250−600	Jewel Box Cluster
C0525+358	M38	C1440+697	Ursa Major Moving Group
C0532+341	M36	C1736−321	M6
C0549+325	M37	C1750−348	M7
C0605+243	M35	C1753−190	M23
C0629+049	Rosette Cluster	C1801−225	M21
C0638+099	S Mon Cluster	C1816−138	M16
C0644−206	M41	C1817−171	M18
C0700−082	M50	C1828−192	M25
C0716−248	τ CMa Cluster	C1842−094	M26
C0734−143	M47	C1848−063	M11
C0739−147	M46	C2022+383	M29
C0742−237	M93	C2130+482	M39
C0811−056	M48	C2322+613	M52
C0837+201	M44		

Name	RA	Dec.	V_t	$B-V$	$E_{(B-V)}$	$(m-M)_V$	[Fe/H]	v_r	c^1	r_h^2	Alternate Name
	h m s	° ′ ″						km/s		′	
NGC 104	00 24 43.8	−72 00 04	3.95	0.88	0.04	13.37	−0.72	− 18.0	2.07	3.17	47 Tuc
NGC 288	00 53 27.6	−26 30 15	8.09	0.65	0.03	14.84	−1.32	− 45.4	0.99	2.23	
NGC 362	01 03 43.6	−70 46 16	6.40	0.77	0.05	14.83	−1.26	+223.5	1.76c:	0.82	
Whiting 1	02 03 41.0	−03 11 00	15.03		0.03	17.49	−0.70	−130.6	0.55	0.22	
NGC 1261	03 12 40.0	−55 09 44	8.29	0.72	0.01	16.09	−1.27	+ 68.2	1.16	0.68	
Pal 1	03 35 29.6	+79 37 44	13.18	0.96	0.15	15.70	−0.65	− 82.8	2.57	0.46	
AM 1	03 55 27.4	−49 34 25	15.72	0.72	0.00	20.45	−1.70	+116.0	1.36	0.41	E 1
Eridanus	04 25 22.2	−21 09 16	14.70	0.79	0.02	19.83	−1.43	− 23.6	1.10	0.46	
Pal 2	04 47 01.7	+31 24 25	13.04	2.08	1.24	21.01	−1.42	−133.0	1.53	0.50	
NGC 1851	05 14 35.3	−40 01 50	7.14	0.76	0.02	15.47	−1.18	+320.5	1.86	0.51	
NGC 1904	05 24 46.9	−24 30 44	7.73	0.65	0.01	15.59	−1.60	+205.8	1.70c:	0.65	M 79
NGC 2298	06 49 30.2	−36 01 21	9.29	0.75	0.14	15.60	−1.92	+148.9	1.38	0.98	
NGC 2419	07 39 07.2	+38 50 56	10.41	0.66	0.08	19.83	−2.15	− 20.2	1.37	0.89	
Ko 2	07 59 09.9	+26 12 54	17.60		0.08	17.95			0.50	0.21	
Pyxis	09 08 32.4	−37 16 50	12.90		0.21	18.63	−1.20	+ 34.3	0.00	0.00	
NGC 2808	09 12 20.0	−64 55 25	6.20	0.92	0.22	15.59	−1.14	+101.6	1.56	0.80	
E 3	09 20 46.5	−77 20 38	11.35		0.30	15.47	−0.83		0.75	2.10	
Pal 3	10 06 16.5	+00 00 03	14.26		0.04	19.95	−1.63	+ 83.4	0.99	0.65	
NGC 3201	10 18 12.6	−46 29 07	6.75	0.96	0.24	14.20	−1.59	+494.0	1.29	3.10	
Pal 4	11 30 02.8	+28 53 37	14.20		0.01	20.21	−1.41	+ 74.5	0.93	0.51	
Ko 1	12 00 03.1	+12 10 45	17.10		0.01	18.45			0.50	0.26	
NGC 4147	12 10 50.6	+18 27 43	10.32	0.59	0.02	16.49	−1.80	+183.2	1.83	0.48	
NGC 4372	12 26 37.1	−72 44 21	7.24	1.10	0.39	15.03	−2.17	+ 72.3	1.30	3.91	
Rup 106	12 39 28.9	−51 13 47	10.90		0.20	17.25	−1.68	− 44.0	0.70	1.05	
NGC 4590	12 40 14.2	−26 49 25	7.84	0.63	0.05	15.21	−2.23	− 94.7	1.41	1.51	M 68
NGC 4833	13 00 33.0	−70 57 16	6.91	0.93	0.32	15.08	−1.85	+200.2	1.25	2.41	
NGC 5024	13 13 37.8	+18 05 30	7.61	0.64	0.02	16.32	−2.10	− 62.9	1.72	1.31	M 53
NGC 5053	13 17 09.6	+17 37 26	9.47	0.65	0.01	16.23	−2.27	+ 44.0	0.74	2.61	
NGC 5139	13 27 39.6	−47 33 16	3.68	0.78	0.12	13.94	−1.53	+232.1	1.31	5.00	ω Cen
NGC 5272	13 42 51.7	+28 18 16	6.19	0.69	0.01	15.07	−1.50	−147.6	1.89	2.31	M 3
NGC 5286	13 47 22.3	−51 26 47	7.34	0.88	0.24	16.08	−1.69	+ 57.4	1.41	0.73	
AM 4	13 57 11.1	−27 14 17	15.88		0.05	17.69	−1.30		0.70	0.43	
NGC 5466	14 06 06.3	+28 27 56	9.04	0.67	0.00	16.02	−1.98	+110.7	1.04	2.30	
NGC 5634	14 30 23.0	−06 02 26	9.47	0.67	0.05	17.16	−1.88	− 45.1	2.07	0.86	
NGC 5694	14 40 27.0	−26 36 03	10.17	0.69	0.09	18.00	−1.98	−140.3	1.89	0.40	
IC 4499	15 02 44.2	−82 16 13	9.76	0.91	0.23	17.08	−1.53	+ 31.5	1.21	1.71	
NGC 5824	15 04 52.3	−33 07 27	9.09	0.75	0.13	17.94	−1.91	− 27.5	1.98	0.45	
Pal 5	15 16 49.8	−00 09 52	11.75		0.03	16.92	−1.41	− 58.7	0.52	2.73	
NGC 5897	15 18 14.7	−21 03 46	8.53	0.74	0.09	15.76	−1.90	+101.5	0.86	2.06	
NGC 5904	15 19 17.3	+02 01 44	5.65	0.72	0.03	14.46	−1.29	+ 53.2	1.73	1.77	M 5
NGC 5927	15 29 03.9	−50 43 21	8.01	1.31	0.45	15.82	−0.49	−107.5	1.60	1.10	
NGC 5946	15 36 32.2	−50 42 26	9.61	1.29	0.54	16.79	−1.29	+128.4	2.50c	0.89	
BH 176	15 40 10.9	−50 05 57	14.00		0.54	18.06	0.00		0.85	0.90	
NGC 5986	15 47 00.1	−37 49 51	7.52	0.90	0.28	15.96	−1.59	+ 88.9	1.23	0.98	
Pal 14	16 11 40.6	+14 55 15	14.74		0.04	19.54	−1.62	+ 72.3	0.80	1.22	AvdB
Lynga 7	16 12 13.1	−55 21 16	10.18		0.73	16.78	−1.01	+ 8.0	0.95	1.20	BH184
NGC 6093	16 17 54.4	−23 00 40	7.33	0.84	0.18	15.56	−1.75	+ 8.1	1.68	0.61	M 80
NGC 6121	16 24 28.6	−26 33 31	5.63	1.03	0.35	12.82	−1.16	+ 70.7	1.65	4.33	M 4
NGC 6101	16 27 28.1	−72 14 03	9.16	0.68	0.05	16.10	−1.98	+361.4	0.80	1.05	
NGC 6144	16 28 07.1	−26 03 19	9.01	0.96	0.36	15.86	−1.76	+193.8	1.55	1.63	

Name	RA	Dec.	V_t	$B-V$	$E_{(B-V)}$	$(m-M)_V$	[Fe/H]	v_r	c^1	r_h^2	Alternate Name
	h m s	° ′ ″						km/s		′	
NGC 6139	16 28 39.3	−38 52 49	8.99	1.40	0.75	17.35	−1.65	+ 6.7	1.86	0.85	
Terzan 3	16 29 37.3	−35 23 05	12.00		0.73	16.82	−0.74	−136.3	0.70	1.25	
NGC 6171	16 33 20.6	−13 05 01	7.93	1.10	0.33	15.05	−1.02	− 34.1	1.53	1.73	M 107
1636−283	16 40 19.8	−28 25 35	12.00		0.46	16.02	−1.50		1.00	0.50	ESO452−SC11
NGC 6205	16 42 12.3	+36 25 58	5.78	0.68	0.02	14.33	−1.53	−244.2	1.53	1.69	M 13
NGC 6229	16 47 23.2	+47 30 09	9.39	0.70	0.01	17.45	−1.47	−154.2	1.50	0.36	
NGC 6218	16 47 59.3	−01 58 25	6.70	0.83	0.19	14.01	−1.37	− 41.4	1.34	1.77	M 12
FSR 1735	16 53 15.1	−47 04 53	12.90		1.42	19.35			0.56	0.34	
NGC 6235	16 54 17.5	−22 12 02	9.97	1.05	0.31	16.26	−1.28	+ 87.3	1.53	1.00	
NGC 6254	16 57 54.9	−04 07 19	6.60	0.90	0.28	14.08	−1.56	+ 75.2	1.38	1.95	M 10
NGC 6256	17 00 31.4	−37 08 32	11.29	1.69	1.09	18.44	−1.02	−101.4	2.50c	0.86	
Pal 15	17 00 35.8	−00 33 35	14.00		0.40	19.51	−2.07	+ 68.9	0.60	1.10	
NGC 6266	17 02 08.3	−30 08 03	6.45	1.19	0.47	15.63	−1.18	− 70.1	1.71c:	0.92	M 62
NGC 6273	17 03 31.7	−26 17 16	6.77	1.03	0.38	15.90	−1.74	+135.0	1.53	1.32	M 19
NGC 6284	17 05 21.8	−24 47 03	8.83	0.99	0.28	16.79	−1.26	+ 27.5	2.50c	0.66	
NGC 6287	17 06 01.6	−22 43 38	9.35	1.20	0.60	16.72	−2.10	−288.7	1.38	0.74	
NGC 6293	17 11 04.3	−26 35 58	8.22	0.96	0.36	16.00	−1.99	−146.2	2.50c	0.89	
NGC 6304	17 15 27.5	−29 28 40	8.22	1.31	0.54	15.52	−0.45	−107.3	1.80	1.42	
NGC 6316	17 17 32.1	−28 09 19	8.43	1.39	0.54	16.77	−0.45	+ 71.4	1.65	0.65	
NGC 6341	17 17 34.1	+43 07 16	6.44	0.63	0.02	14.65	−2.31	−120.0	1.68	1.02	M 92
NGC 6325	17 18 52.2	−23 46 50	10.33	1.66	0.91	17.29	−1.25	+ 29.8	2.50c	0.63	
NGC 6333	17 20 02.2	−18 31 48	7.72	0.97	0.38	15.67	−1.77	+229.1	1.25	0.96	M 9
NGC 6342	17 22 01.4	−19 36 03	9.66	1.26	0.46	16.08	−0.55	+115.7	2.50c	0.73	
NGC 6356	17 24 25.6	−17 49 32	8.25	1.13	0.28	16.76	−0.40	+ 27.0	1.59	0.81	
NGC 6355	17 24 52.6	−26 21 57	9.14	1.48	0.77	17.21	−1.37	−176.9	2.50c	0.88	
NGC 6352	17 26 35.3	−48 26 03	7.96	1.06	0.22	14.43	−0.64	−137.0	1.10	2.05	
IC 1257	17 27 55.5	−07 06 16	13.10	1.38	0.73	19.25	−1.70	−140.2	1.55	1.40	
Terzan 2	17 28 29.1	−30 48 49	14.29		1.87	20.17	−0.69	+109.0	2.50c	1.52	HP 3
NGC 6366	17 28 30.5	−05 05 28	9.20	1.44	0.71	14.94	−0.59	−122.2	0.74	2.92	
Terzan 4	17 31 35.4	−31 36 20	16.00		2.00	20.48	−1.41	− 50.0	0.90	1.85	HP 4
HP 1	17 32 00.9	−29 59 30	11.59		1.12	18.05	−1.00	+ 45.8	2.50c	3.10	BH 229
NGC 6362	17 33 24.9	−67 03 29	7.73	0.85	0.09	14.68	−0.99	− 13.1	1.09	2.05	
Liller 1	17 34 21.8	−33 23 53	16.77		3.07	24.09	−0.33	+ 52.0	2.30		
NGC 6380	17 35 28.2	−39 04 41	11.31	2.01	1.17	18.81	−0.75	− 3.6	1.55c:	0.74	Ton 1
Terzan 1	17 36 43.7	−30 28 41	15.90		1.99	20.31	−1.03	+114.0	2.50c	3.82	HP 2
Ton 2	17 37 10.4	−38 33 42	12.24		1.24	18.41	−0.70	−184.4	1.30	1.30	Pismis 26
NGC 6388	17 37 20.9	−44 44 37	6.72	1.17	0.37	16.13	−0.55	+ 80.1	1.75	0.52	
NGC 6402	17 38 21.8	−03 15 13	7.59	1.25	0.60	16.69	−1.28	− 66.1	0.99	1.30	M 14
NGC 6401	17 39 29.7	−23 55 01	9.45	1.58	0.72	17.35	−1.02	− 65.0	1.69	1.91	
NGC 6397	17 41 52.9	−53 40 51	5.73	0.73	0.18	12.37	−2.02	+ 18.8	2.50c	2.90	
Pal 6	17 44 36.3	−26 13 41	11.55	2.83	1.46	18.34	−0.91	+181.0	1.10	1.20	
NGC 6426	17 45 38.1	+03 09 54	11.01	1.02	0.36	17.68	−2.15	−162.0	1.70	0.92	
Djorg 1	17 48 25.5	−33 04 11	13.60		1.58	20.58	−1.51	−362.4	1.50	1.59	
Terzan 5	17 48 58.3	−24 47 00	13.85	2.77	2.28	21.27	−0.23	− 93.0	1.62	0.72	Terzan 11
NGC 6440	17 49 44.5	−20 21 50	9.20	1.97	1.07	17.95	−0.36	− 76.6	1.62	0.48	
NGC 6441	17 51 12.2	−37 03 17	7.15	1.27	0.47	16.78	−0.46	+ 16.5	1.74	0.57	
Terzan 6	17 51 42.6	−31 16 42	13.85		2.35	21.44	−0.56	+126.0	2.50c	0.44	HP 5
NGC 6453	17 51 49.6	−34 36 08	10.08	1.31	0.64	17.30	−1.50	− 83.7	2.50c	0.44	
UKS 1	17 55 20.5	−24 08 49	17.29		3.14	24.20	−0.64	+ 57.0	2.10		
NGC 6496	18 00 07.1	−44 15 58	8.54	0.98	0.15	15.74	−0.46	−112.7	0.70	1.02	

Name	RA	Dec.	V_t	$B-V$	$E_{(B-V)}$	$(m-M)_V$	[Fe/H]	v_r	c^1	r_h^2	Alternate Name
	h m s	° ′ ″						km/s		′	
Terzan 9	18 02 33.2	−26 50 20	16.00		1.76	19.71	−1.05	+ 59.0	2.50c	0.78	
NGC 6517	18 02 38.1	−08 57 29	10.23	1.75	1.08	18.48	−1.23	− 39.6	1.82	0.50	
Djorg 2	18 02 43.9	−27 49 30	9.90		0.94	16.90	−0.65		1.50	1.05	ESO456−SC38
NGC 6522	18 04 29.8	−30 01 57	8.27	1.21	0.48	15.92	−1.34	− 21.1	2.50c	1.00	
Terzan 10	18 04 30.5	−26 04 16	14.90		2.40	21.25	−1.00		0.75	1.55	
NGC 6535	18 04 35.2	−00 17 46	10.47	0.94	0.34	15.22	−1.79	−215.1	1.33	0.85	
NGC 6539	18 05 36.8	−07 35 02	9.33	1.83	1.02	17.62	−0.63	+ 31.0	1.74	1.70	
NGC 6528	18 05 45.4	−30 03 16	9.60	1.53	0.54	16.17	−0.11	+206.6	1.50	0.38	
NGC 6540	18 07 03.4	−27 45 47	9.30		0.66	15.65	−1.35	− 17.7	2.50		Djorg 3
NGC 6544	18 08 14.1	−24 59 41	7.77	1.46	0.76	14.71	−1.40	− 27.3	1.63c:	1.21	
NGC 6541	18 09 05.4	−43 42 43	6.30	0.76	0.14	14.82	−1.81	−158.7	1.86c:	1.06	
2MS-GC01	18 09 13.4	−19 49 36	27.74		6.80	33.85			0.85	1.65	2MASS−GC01
ESO-SC06	18 10 10.9	−46 25 11	12.00		0.07	16.87	−1.80		0.90	1.05	ESO280−SC06
NGC 6553	18 10 11.6	−25 54 19	8.06	1.73	0.63	15.83	−0.18	− 3.2	1.16	1.03	
2MS-GC02	18 10 28.4	−20 46 31	24.60		5.16	29.46	−1.08	−238.0	0.95	0.55	2MASS−GC02
NGC 6558	18 11 14.2	−31 45 36	9.26	1.11	0.44	15.70	−1.32	−197.2	2.50c	2.15	
IC 1276	18 11 31.2	−07 12 13	10.34	1.76	1.08	17.01	−0.75	+155.7	1.33	2.38	Pal 7
Terzan 12	18 13 08.5	−22 44 15	15.63		2.06	19.77	−0.50	+ 94.1	0.57	0.75	
NGC 6569	18 14 35.4	−31 49 19	8.55	1.34	0.53	16.83	−0.76	− 28.1	1.31	0.80	
BH 261	18 15 01.7	−28 37 48	11.00		0.36	15.19	−1.30		1.00	0.55	AL 3
GLIMPSE02	18 19 21.0	−16 58 14			7.85	38.05	−0.33		1.33	1.75	
NGC 6584	18 19 47.1	−52 12 32	8.27	0.76	0.10	15.96	−1.50	+222.9	1.47	0.73	
NGC 6624	18 24 36.4	−30 21 09	7.87	1.11	0.28	15.36	−0.44	+ 53.9	2.50c	0.82	
NGC 6626	18 25 26.3	−24 51 40	6.79	1.08	0.40	14.95	−1.32	+ 17.0	1.67	1.97	M 28
NGC 6638	18 31 49.8	−25 29 11	9.02	1.15	0.41	16.14	−0.95	+ 18.1	1.33	0.51	
NGC 6637	18 32 19.8	−32 20 13	7.64	1.01	0.18	15.28	−0.64	+ 39.9	1.38	0.84	M 69
NGC 6642	18 32 47.0	−23 27 50	9.13	1.11	0.40	15.79	−1.26	− 57.2	1.99c:	0.73	
NGC 6652	18 36 42.6	−32 58 41	8.62	0.94	0.09	15.28	−0.81	−111.7	1.80	0.48	
NGC 6656	18 37 17.0	−23 53 31	5.10	0.98	0.34	13.60	−1.70	−146.3	1.38	3.36	M 22
Pal 8	18 42 21.4	−19 48 40	11.02	1.22	0.32	16.53	−0.37	− 43.0	1.53	0.58	
NGC 6681	18 44 09.3	−32 16 37	7.87	0.72	0.07	14.99	−1.62	+220.3	2.50c	0.71	M 70
GLIMPSE01	18 49 34.8	−01 28 48	22.24		4.85	28.15			1.37	0.65	
NGC 6712	18 53 51.8	−08 41 15	8.10	1.17	0.45	15.60	−1.02	−107.6	1.05	1.33	
NGC 6717	18 55 58.5	−22 40 56	9.28	1.00	0.22	14.94	−1.26	+ 22.8	2.07	0.68	Pal 9
NGC 6715	18 55 59.0	−30 27 38	7.60	0.85	0.15	17.58	−1.49	+141.3	2.04	0.82	M 54
NGC 6723	19 00 31.6	−36 36 41	7.01	0.75	0.05	14.84	−1.10	− 94.5	1.11c:	1.53	
NGC 6749	19 05 59.3	+01 55 25	12.44	2.14	1.50	19.14	−1.60	− 61.7	0.79	1.10	
NGC 6760	19 11 56.3	+01 03 19	8.88	1.66	0.77	16.72	−0.40	− 27.5	1.65	1.27	
NGC 6752	19 12 08.6	−59 57 35	5.40	0.66	0.04	13.13	−1.54	− 26.7	2.50c	1.91	
NGC 6779	19 17 09.4	+30 12 36	8.27	0.86	0.26	15.68	−1.98	−135.6	1.38	1.10	M 56
Pal 10	19 18 40.5	+18 35 55	13.22		1.66	19.01	−0.10	− 31.7	0.58	0.99	
Terzan 7	19 18 41.1	−34 37 51	12.00		0.07	17.01	−0.32	+166.0	0.93	0.77	
Arp 2	19 29 39.2	−30 19 30	12.30	0.86	0.10	17.59	−1.75	+115.0	0.88	1.77	
NGC 6809	19 40 54.8	−30 55 50	6.32	0.72	0.08	13.89	−1.94	+174.7	0.93	2.83	M 55
Terzan 8	19 42 40.8	−33 57 53	12.40		0.12	17.47	−2.16	+130.0	0.60	0.95	
Pal 11	19 46 01.4	−07 58 17	9.80	1.27	0.35	16.72	−0.40	− 68.0	0.57	1.46	
NGC 6838	19 54 25.2	+18 49 04	8.19	1.09	0.25	13.80	−0.78	− 22.8	1.15	1.67	M 71
NGC 6864	20 06 55.8	−21 52 44	8.52	0.87	0.16	17.09	−1.29	−189.3	1.80	0.46	M 75
NGC 6934	20 34 53.9	+07 27 18	8.83	0.77	0.10	16.28	−1.47	−411.4	1.53	0.69	
NGC 6981	20 54 15.4	−12 28 54	9.27	0.72	0.05	16.31	−1.42	−345.0	1.21	0.93	M 72

Name	RA	Dec.	V_t	$B-V$	$E_{(B-V)}$	$(m-M)_V$	[Fe/H]	v_r	c^1	r_h^2	Alternate Name
	h m s	o ′ ″						km/s		′	
NGC 7006	21 02 09.9	+16 14 42	10.56	0.75	0.05	18.23	−1.52	−384.1	1.41	0.44	
NGC 7078	21 30 40.3	+12 13 52	6.20	0.68	0.10	15.39	−2.37	−107.0	2.29c	1.00	M 15
NGC 7089	21 34 11.7	−00 45 30	6.47	0.66	0.06	15.50	−1.65	− 5.3	1.59	1.06	M 2
NGC 7099	21 41 11.4	−23 06 49	7.19	0.60	0.03	14.64	−2.27	−184.2	2.50c	1.03	M 30
Pal 12	21 47 27.5	−21 11 06	11.99	1.07	0.02	16.46	−0.85	+ 27.8	2.98	1.72	
Pal 13	23 07 28.0	+12 51 02	13.47	0.76	0.05	17.23	−1.88	+ 25.2	0.66	0.36	
NGC 7492	23 09 12.4	−15 31 58	11.29	0.42	0.00	17.10	−1.78	−177.5	0.72	1.15	

Notes to Table

[1]   central concentration index: c = core collapsed; c: = possibly core collapsed

[2]   half-light radius

IERS Designation	Right Ascension	Declination	Type	z	Flux 8.4 GHz	Flux 2.3 GHz	α^1	V	Notes
	h m s	° ′ ″			Jy	Jy			
0002−478	00 04 35.6555 0384	−47 36 19.6037 899	A		0.38	0.18	+0.50	19.0	
0007+106	00 10 31.0059 0186	+10 58 29.5043 827	G	0.089	0.38	0.18	+0.50	14.2	S1.2, var.
0008−264	00 11 01.2467 3846	−26 12 33.3770 171	Q	1.096	0.44	0.30	+0.50	19.0	
0010+405	00 13 31.1302 0334	+40 51 37.1441 040	G	0.256	0.56	0.48	−0.62	18.2	S1.9
0013−005	00 16 11.0885 5479	−00 15 12.4453 413	Q	1.574	0.35	0.88	−0.24	20.8	
0016+731	00 19 45.7864 1940	+73 27 30.0174 396	Q	1.781	0.77	1.56	+0.07	18.0	
0019+058	00 22 32.4412 0914	+06 08 04.2690 807	L		0.17	0.25	+0.03	19.2	
0035+413	00 38 24.8435 9231	+41 37 06.0003 032	Q	1.353	0.35	0.65	+0.20	19.9	
0048−097	00 50 41.3173 8756	−09 29 05.2102 688	L	0.537	1.24	0.84	+0.20	16.3	HP, var.
0048−427	00 51 09.5018 2012	−42 26 33.2932 480	Q	1.749	0.39	0.85		18.8	
0059+581	01 02 45.7623 8248	+58 24 11.1366 009	A	0.644	1.68	1.38		16.1	
0104−408	01 06 45.1079 6851	−40 34 19.9602 291	Q	0.584	3.34	1.16		19.0	
0107−610	01 09 15.4752 0598	−60 49 48.4599 686	G					21.4	
0109+224	01 12 05.8247 1754	+22 44 38.7863 909	L		0.67	0.42	+0.12	16.4	HP
0110+495	01 13 27.0068 0344	+49 48 24.0431 742	G	0.389	0.60	0.53	−0.14	19.3	S1.2
0116−219	01 18 57.2621 6666	−21 41 30.1399 986	Q	1.161	0.50	0.59	+0.09	19.0	
0119+115	01 21 41.5950 4339	+11 49 50.4131 012	Q	0.570	0.18	0.10	+0.33*	19.0	HP
0131−522	01 33 05.7625 5607	−52 00 03.9457 209	G	0.020				20.3	S1
0133+476	01 36 58.5948 0585	+47 51 29.1000 445	Q	0.859	2.00	1.86	+0.19	17.7	HP
0134+311	01 37 08.7336 2970	+31 22 35.8553 611	V		0.34	0.59	+0.03	21.6	
0138−097	01 41 25.8321 5547	−09 28 43.6741 894	L	0.733	0.53	0.62	−0.12	17.5	HP
0151+474	01 54 56.2898 8783	+47 43 26.5395 732	Q	1.026	0.61	0.38	+0.50		
0159+723	02 03 33.3849 6841	+72 32 53.6672 938	L		0.22	0.22	+0.09	19.2	
0202+319	02 05 04.9253 6007	+32 12 30.0954 538	Q	1.466	0.89	0.49	+0.07	18.2	
0215+015	02 17 48.9547 5182	+01 44 49.6990 704	Q	1.715	1.06	0.69		18.3	HP
0221+067	02 24 28.4281 9659	+06 59 23.3415 393	G	0.511	0.41	0.32	+0.04	19.0	HP
0230−790	02 29 34.9465 9358	−78 47 45.6017 972	Q	1.070				18.6	
0229+131	02 31 45.8940 5431	+13 22 54.7162 668	Q	2.060	1.04	1.34	+0.06	17.7	
0234−301	02 36 31.1694 2057	−29 53 55.5402 759	Q	2.103	0.48	0.20		18.0	
0235−618	02 36 53.2457 4589	−61 36 15.1834 250	A					17.8	
0234+285	02 37 52.4056 7732	+28 48 08.9900 231	Q	1.210	1.18	1.90	+0.13	17.1	HP
0237−027	02 39 45.4722 6775	−02 34 40.9144 020	Q	1.116	0.51	0.37	+0.49	21.0	
0300+470	03 03 35.2422 2254	+47 16 16.2754 406	L		0.78	1.22		17.2	
0302−623	03 03 50.6313 4799	−62 11 25.5498 711	A					19.1	
0302+625	03 06 42.6595 4796	+62 43 02.0241 642	R		0.25	0.38			
0306+102	03 09 03.6235 0016	+10 29 16.3409 599	Q	0.862	0.57	0.62	+0.44	17.0	
0308−611	03 09 56.0991 5397	−60 58 39.0561 502	A					18.6	
0307+380	03 10 49.8799 2951	+38 14 53.8378 720	Q	0.816	0.66	0.48	+0.36	17.6	
0309+411	03 13 01.9621 2305	+41 20 01.1835 585	G	0.134	0.44	0.29	+0.33	16.5	S1
0322+222	03 25 36.8143 5154	+22 24 00.3655 873	Q	2.060	1.69	0.99	−0.01	19.1	
0332−403	03 34 13.6545 1358	−40 08 25.3978 415	L	1.445	2.15	0.57	−0.04	18.5	HP
0334−546	03 35 53.9248 4162	−54 30 25.1146 727	A					20.4	
0342+147	03 45 06.4165 4424	+14 53 49.5582 021	A	1.556	0.28	0.44	+0.42		
0346−279	03 48 38.1445 7723	−27 49 13.5655 526	Q	0.990	1.21	1.11		19.4	
0358+210	04 01 45.1660 7260	+21 10 28.5870 359	A	0.834	0.41	0.61		17.9	
0402−362	04 03 53.7498 9835	−36 05 01.9131 085	Q	1.417	1.50	1.15	+0.43	17.2	
0403−132	04 05 34.0033 8957	−13 08 13.6907 083	Q	0.571	0.72	0.38	−0.37	17.2	HP
0405−385	04 06 59.0353 3560	−38 26 28.0423 567	Q	1.285	1.26	1.00	+0.19	17.5	
0414−189	04 16 36.5444 5140	−18 51 08.3400 284	Q	1.536	0.77	1.12	−0.09	18.5	
0420−014	04 23 15.8007 2776	−01 20 33.0654 034	Q	0.915	2.67	2.68	−0.08	17.8	HP
0422+004	04 24 46.8420 6092	+00 36 06.3293 676	L	0.310	0.41	0.43	−0.33	16.1	HP, var.
0426+273	04 29 52.9607 6804	+27 24 37.8762 939	V		0.40	0.49	−0.42	18.6	

IERS Designation	Right Ascension	Declination	Type	z	Flux 8.4 GHz	Flux 2.3 GHz	α^1	V	Notes
	h m s	° ′ ″			Jy	Jy			
0430+289	04 33 37.8298 5993	+29 05 55.4770 346	L		0.42	0.48	+0.02	18.8	
0437−454	04 39 00.8546 6883	−45 22 22.5628 657	V		1.00			20.5	
0440+345	04 43 31.6352 0255	+34 41 06.6640 222	R		0.58	0.98			
0446+112	04 49 07.6711 0088	+11 21 28.5964 577	L?	1.207	0.55	0.76	+0.38	20.0	
0454−810	04 50 05.4402 0132	−81 01 02.2313 228	G	0.444			+0.29*	19.6	S1.5
0454−234	04 57 03.1792 2863	−23 24 52.0201 418	Q	1.003	1.62	1.43	−0.07	16.6	HP
0458−020	05 01 12.8098 8366	−01 59 14.2562 534	Q	2.286	1.47	1.84	−0.09	18.4	HP
0458+138	05 01 45.2708 2031	+13 56 07.2204 176	R		0.38	0.60	+0.16		
0506−612	05 06 43.9887 2791	−61 09 40.9937 940	Q	1.093				16.9	
0454+844	05 08 42.3634 5199	+84 32 04.5440 155	L		0.23	0.33	+0.24	16.5	HP
0506+101	05 09 27.4570 6864	+10 11 44.6000 396	A		0.54	0.41	−0.30	17.8	
0507+179	05 10 02.3691 2982	+18 00 41.5816 534	G	0.416	0.65	0.75	0.00	20.0	
0516−621	05 16 44.9261 6793	−62 07 05.3892 036	A					21.0	
0515+208	05 18 03.8245 0329	+20 54 52.4974 899	A	2.579	0.32	0.43			
0522−611	05 22 34.4254 7880	−61 07 57.1335 242	Q	1.400			−0.18	18.1	
0524−460	05 25 31.4001 5013	−45 57 54.6848 636	Q	1.479			+0.14*	17.3	
0524−485	05 26 16.6713 1064	−48 30 36.7915 470	V		0.10	0.10		20.0	blue
0524+034	05 27 32.7054 4796	+03 31 31.5166 429	L		0.39	0.46		18.6	
0529+483	05 33 15.8657 8266	+48 22 52.8076 620	Q	1.162	0.53	0.64		18.8	
0534−611	05 34 35.7724 8961	−61 06 07.0730 607	A					18.8	
0534−340	05 36 28.4323 7520	−34 01 11.4684 150	Q	0.683	0.33	0.49			
0537−441	05 38 50.3615 5219	−44 05 08.9389 165	Q	0.894	4.79	4.03		15.5	HP
0536+145	05 39 42.3659 9103	+14 33 45.5616 993	A	2.690	0.47	0.54			
0537−286	05 39 54.2814 7645	−28 39 55.9478 122	Q	3.100	0.53	0.65	+0.24	20.0	
0544+273	05 47 34.1489 2109	+27 21 56.8425 667	R		0.51	0.36			
0549−575	05 50 09.5801 8296	−57 32 24.3965 304	A					19.5	
0552+398	05 55 30.8056 1150	+39 48 49.1649 664	Q	2.365	5.28	3.99		18.0	
0556+238	05 59 32.0331 3165	+23 53 53.9267 683	R		0.49	0.64			
0600+177	06 03 09.1302 6176	+17 42 16.8105 604	A	1.738	0.42	0.58			
0642+449	06 46 32.0259 9463	+44 51 16.5901 237	Q	3.400	3.86	1.07	+0.88	18.4	
0646−306	06 48 14.0964 7071	−30 44 19.6596 827	Q	1.153	0.95	0.90	+0.06	18.6	
0648−165	06 50 24.5818 5521	−16 37 39.7251 917	R		0.95	1.37			
0656+082	06 59 17.9960 3428	+08 13 30.9533 022	V		0.51	0.68		16.1	red
0657+172	07 00 01.5255 3646	+17 09 21.7014 901	V		0.83	0.75		16.0	red
0707+476	07 10 46.1048 7679	+47 32 11.1427 167	Q	1.292	0.49	0.88	−0.28	18.2	
0716+714	07 21 53.4484 6336	+71 20 36.3634 253	L	0.300	0.41	0.26	−0.13	15.5	HP
0722+145	07 25 16.8077 6128	+14 25 13.7466 902	A		0.45	0.93	+0.03	17.8	
0718+792	07 26 11.7352 4096	+79 11 31.0162 085	R		0.62	0.77	+0.19		
0727−115	07 30 19.1124 7420	−11 41 12.6005 110	Q	1.591	2.02	2.90		22.5	
0736+017	07 39 18.0338 9693	+01 37 04.6178 588	Q	0.191	1.20	2.00	−0.09	16.1	HP, var.
0738+491	07 42 02.7489 4651	+49 00 15.6089 340	A	2.318	0.45	0.47	+0.11		
0743−006	07 45 54.0823 2111	−00 44 17.5398 546	Q	0.994	1.53	1.24	+0.67	17.1	
0743+259	07 46 25.8741 7871	+25 49 02.1347 553	Q	2.979	0.15	0.49		19.1	
0745+241	07 48 36.1092 7469	+24 00 24.1100 315	G	0.409	0.54	0.74	+0.25	19.0	HP
0748+126	07 50 52.0457 3519	+12 31 04.8281 766	Q	0.889	1.80	1.35	+0.15	17.8	
0759+183	08 02 48.0319 6182	+18 09 49.2493 958	A		0.47	0.57	+0.12	18.5	
0800+618	08 05 18.1795 6846	+61 44 23.7002 968	A	3.033	1.00	1.07	−0.08		
0805+046	08 07 57.5385 7015	+04 32 34.5310 021	Q	2.880	0.20	0.34	−0.38	18.4	
0804+499	08 08 39.6662 8353	+49 50 36.5304 035	Q	1.436	0.81	1.08	−0.14	17.5	HP
0805+410	08 08 56.6520 3923	+40 52 44.8888 616	Q	1.418	0.93	0.77	+0.38	19.0	
0808+019	08 11 26.7073 1189	+01 46 52.2202 616	L	1.148	0.58	0.57	+0.43	17.5	
0812+367	08 15 25.9448 5739	+36 35 15.1488 917	Q	1.028	0.75	0.75	−0.08	18.0	

IERS Designation	Right Ascension	Declination	Type	z	Flux 8.4 GHz	Flux 2.3 GHz	α^1	V	Notes
	h m s	° ′ ″			Jy	Jy			
0814+425	08 18 15.9996 0470	+42 22 45.4149 140	L		1.05	1.08	−0.04	18.5	HP, z?
0823+033	08 25 50.3383 5429	+03 09 24.5200 730	L	0.506	1.13	1.45	+0.14	18.0	HP
0827+243	08 30 52.0861 9070	+24 10 59.8204 032	Q	0.940	0.85	0.89	+0.03	17.3	
0834−201	08 36 39.2152 5294	−20 16 59.5040 953	Q	2.752	3.40	2.46		19.4	
0851+202	08 54 48.8749 2702	+20 06 30.6408 861	L	0.306	1.31	1.24	+0.11*	14.0	HP
0854−108	08 56 41.8041 4812	−11 05 14.4301 901	R		1.10	0.63	+0.04		
0912+029	09 14 37.9134 3166	+02 45 59.2469 393	G	0.427	0.48	0.58		18.0	S1
0920−397	09 22 46.4182 6064	−39 59 35.0683 561	Q	0.591	1.39	1.19		18.8	
0920+390	09 23 14.4529 3105	+38 49 39.9101 375	V		0.37	0.36	−0.01	21.7	
0925−203	09 27 51.8243 1596	−20 34 51.2324 031	Q	0.348	0.45	0.31	−0.20	16.4	S1.0
0949+354	09 52 32.0261 6656	+35 12 52.4030 592	Q	1.876	0.34	0.29	−0.04	19.0	
0955+476	09 58 19.6716 3931	+47 25 07.8424 347	Q	1.882	1.89	1.30	+0.20	18.0	
0955+326	09 58 20.9496 3113	+32 24 02.2095 353	Q	0.530	0.68	0.43	−0.33	15.8	S1.8
0954+658	09 58 47.2451 0127	+65 33 54.8180 587	L	0.368	0.56	0.67	+0.29	15.4	HP
1004−500	10 06 14.0093 1618	−50 18 13.4706 757	R						
1012+232	10 14 47.0654 5658	+23 01 16.5708 649	Q	0.565	0.77	0.69	−0.05	17.5	S1.5
1013+054	10 16 03.1364 6769	+05 13 02.3414 482	Q	1.713	0.52	0.54	−0.18	19.9	
1014+615	10 17 25.8875 7718	+61 16 27.4966 664	Q	2.805	0.50	0.58	+0.19	18.3	
1015+359	10 18 10.9880 9086	+35 42 39.4408 279	Q	1.228	0.63	0.61	0.00	19.0	
1022−665	10 23 43.5331 9996	−66 46 48.7177 526	R						
1022+194	10 24 44.8095 9508	+19 12 20.4156 249	Q	0.828	0.47	0.39	−0.05	17.5	
1030+415	10 33 03.7078 6817	+41 16 06.2329 177	Q	1.117	0.37	0.19	−0.14	18.2	HP
1030+074	10 33 34.0242 9130	+07 11 26.1477 035	A	1.535	0.19	0.20	+0.18	19.0	
1034−374	10 36 53.4396 0199	−37 44 15.0656 721	Q	1.821	0.50	0.22	+0.29	19.5	HP
1034−293	10 37 16.0797 3476	−29 34 02.8133 345	Q	0.312	1.49	1.21	+0.14	16.5	HP
1038+528	10 41 46.7816 3764	+52 33 28.2313 168	Q	0.678	0.53	0.44	−0.10	17.4	
1039+811	10 44 23.0625 4789	+80 54 39.4430 277	Q	1.260	0.76	0.71	+0.10	16.5	
1042+071	10 44 55.9112 4593	+06 55 38.2626 553	Q	0.690	0.24	0.35	−0.25	20.5	
1045−188	10 48 06.6206 0701	−19 09 35.7266 240	Q	0.595	1.19	0.85	−0.11	18.8	S1.8
1049+215	10 51 48.7890 7490	+21 19 52.3138 145	Q	1.300	0.91	1.27	−0.06	17.9	var.
1053+815	10 58 11.5353 7962	+81 14 32.6751 819	Q	0.706	0.78	0.54	+0.47	18.5	
1055+018	10 58 29.6052 0747	+01 33 58.8237 691	Q	0.890	3.75			18.3	HP
1101−536	11 03 52.2216 7171	−53 57 00.6966 293	A					16.2	
1101+384	11 04 27.3139 4136	+38 12 31.7990 644	L	0.030	0.32	0.36	−0.11	13.8	HP
1111+149	11 13 58.6950 8359	+14 42 26.9525 965	Q	0.866	0.23	0.55		18.0	
1123+264	11 25 53.7119 2285	+26 10 19.9786 840	Q	2.341	0.76	1.17	+0.04	17.5	
1124−186	11 27 04.3924 4958	−18 57 17.4416 582	Q	1.050	1.51	0.97	+0.53	19.0	
1128+385	11 30 53.2826 1193	+38 15 18.5469 933	Q	1.741	1.15	0.80	+0.14	19.1	
1130+009	11 33 20.0557 9171	+00 40 52.8372 903	Q	1.640	0.22	0.29	−0.09	19.0	
1133−032	11 36 24.5769 3290	−03 30 29.4964 694	Q	1.648	0.53	0.36		19.5	
1143−696	11 45 53.6241 7065	−69 54 01.7977 922	A					17.7	
1144+402	11 46 58.2979 1629	+39 58 34.3045 026	Q	1.088	0.73	0.48	+0.30	18.1	
1144−379	11 47 01.3707 0177	−38 12 11.0234 199	Q	1.048	2.72	1.08	+0.22	16.2	HP
1145−071	11 47 51.5540 2876	−07 24 41.1410 887	Q	1.342	0.53	0.78	+0.08	17.5	
1147+245	11 50 19.2121 7405	+24 17 53.8353 207	L	0.200	0.50	0.52	−0.05	16.7	HP, var.
1149−084	11 52 17.2095 1537	−08 41 03.3138 824	Q	2.370	1.05	0.97		18.5	
1156−663	11 59 18.3054 4873	−66 35 39.4272 186	R						
1156+295	11 59 31.8339 0975	+29 14 43.8268 741	Q	0.730	1.28	1.52	−0.29	17.0	HP
1213−172	12 15 46.7517 6110	−17 31 45.4029 502	G		1.62	1.23	−0.16	21.4	
1215+303	12 17 52.0819 6139	+30 07 00.6359 190	L	0.130	0.25	0.28	−0.30	15.7	HP, var.
1219+044	12 22 22.5496 2080	+04 13 15.7761 797	Q	0.965	0.67	0.54	+0.12	18.0	
1221+809	12 23 40.4937 3854	+80 40 04.3404 390	L		0.47	0.36	−0.28	18.0	

IERS Designation	Right Ascension	Declination	Type	z	Flux 8.4 GHz	Flux 2.3 GHz	α^1	V	Notes
	h m s	° ′ ″			Jy	Jy			
1226+373	12 28 47.4236 7744	+37 06 12.0958 631	Q	1.510	0.25	0.46	+0.44	18.2	
1236+077	12 39 24.5883 2517	+07 30 17.1892 686	G	0.400	0.70	0.70	+0.11	20.1	
1240+381	12 42 51.3690 7635	+37 51 00.0252 447	Q	1.318	0.51	0.68	+0.05	19.0	
1243−072	12 46 04.2321 0358	−07 30 46.5745 473	Q	1.286	0.78	0.69		18.0	
1244−255	12 46 46.8020 3492	−25 47 49.2887 900	Q	0.630	1.52	0.73	+0.25	17.4	HP
1252+119	12 54 38.2556 1161	+11 41 05.8951 798	Q	0.873	0.40	0.70	−0.14	16.2	
1251−713	12 54 59.9214 4870	−71 38 18.4366 697	A					20.5	
1300+580	13 02 52.4652 7568	+57 48 37.6093 180	V		0.28	0.25	+0.54	18.9	
1308+328	13 10 59.4027 2936	+32 33 34.4496 333	Q	1.650	0.45	0.49	+0.26	19.1	
1313−333	13 16 07.9859 3995	−33 38 59.1725 057	Q	1.210	0.87	0.77	−0.07	20.0	
1324+224	13 27 00.8613 1377	+22 10 50.1629 729	Q	1.400	1.79	1.98	+0.07	18.2	
1325−558	13 29 01.1449 2878	−56 08 02.6657 428	R						
1334−127	13 37 39.7827 7768	−12 57 24.6932 620	Q	0.540	4.88	3.21	+0.34	17.2	HP
1342+662	13 43 45.9595 7134	+66 02 25.7451 011	Q	0.766	0.23	0.26	+0.55	20.0	
1342+663	13 44 08.6796 6687	+66 06 11.6438 846	Q	1.350	0.51		−0.16	20.0	
1349−439	13 52 56.5349 4294	−44 12 40.3875 227	L	0.050	0.06	0.06		18.0	HP
1351−018	13 54 06.8953 2213	−02 06 03.1904 447	Q	3.710	0.77	0.80		20.9	
1354−152	13 57 11.2449 7976	−15 27 28.7867 232	Q	1.890	1.34	0.69		19.0	
1357+769	13 57 55.3715 3147	+76 43 21.0510 512	A		0.80	0.68	+0.05	19.0	
1406−076	14 08 56.4812 0036	−07 52 26.6664 200	Q	1.494	0.73	0.63		18.4	
1418+546	14 19 46.5974 0212	+54 23 14.7871 875	L	0.153	0.50	0.60	+0.57	15.9	HP
1417+385	14 19 46.6137 6070	+38 21 48.4750 925	Q	1.831	0.59	0.50		19.3	
1420−679	14 24 55.5573 9563	−68 07 58.0945 205	A					22.2	
1423+146	14 25 49.0180 1632	+14 24 56.9019 040	Q	0.780	0.35	0.45	+0.09	19.0	
1424−418	14 27 56.2975 6536	−42 06 19.4375 991	Q	1.522	1.33	1.49	+0.28*	17.7	HP
1432+200	14 34 39.7933 5525	+19 52 00.7358 213	A	1.382	0.40	0.50		18.3	
1443−162	14 45 53.3762 8643	−16 29 01.6189 137	A		0.28	0.45		19.5	
1448−648	14 52 39.6792 4989	−65 02 03.4333 591	G					22.0	
1451−400	14 54 32.9123 5921	−40 12 32.5142 375	Q	1.810	0.33	0.70		18.5	
1456+044	14 58 59.3562 1201	+04 16 13.8206 019	G	0.391	0.53	0.44	−0.33	18.3	
1459+480	15 00 48.6542 2191	+47 51 15.5381 838	A		0.61	0.40	+0.24	19.4	
1502+106	15 04 24.9797 8142	+10 29 39.1986 151	Q	1.839	1.00	1.50	−0.03	18.6	HP
1502+036	15 05 06.4771 5917	+03 26 30.8126 616	G	0.409	0.98	0.83	+0.41	18.1	
1504+377	15 06 09.5299 6778	+37 30 51.1325 044	G	0.672	0.86	0.66	−0.01	21.2	S2
1508+572	15 10 02.9223 6464	+57 02 43.3759 071	Q	4.309	0.38	0.22	−0.18	21.4	
1510−089	15 12 50.5329 2491	−09 05 59.8295 878	Q	0.361	1.23	2.20		16.7	HP, var.
1511−100	15 13 44.8934 1390	−10 12 00.2644 930	Q	1.513	0.82	0.80	+0.03	14.7	
1514+197	15 16 56.7961 6342	+19 32 12.9920 178	L	1.070	0.48	0.60	+0.14	18.5	
1520+437	15 21 49.6138 7985	+43 36 39.2681 562	Q	2.171	0.50	0.38	+0.48		
1519−273	15 22 37.6759 8872	−27 30 10.7854 174	L	1.294	1.68	1.34	+0.17	18.5	HP
1546+027	15 49 29.4368 4301	+02 37 01.1634 197	Q	0.414	1.23	1.25	+0.05	16.8	HP
1548+056	15 50 35.2692 4162	+05 27 10.4484 262	Q	1.422	2.10	2.35	−0.21	17.7	HP
1555+001	15 57 51.4339 7128	−00 01 50.4137 075	Q	1.770	0.96	0.78		19.3	
1554−643	15 58 50.2843 6339	−64 32 29.6374 071	G	0.080				17.0	
1557+032	15 59 30.9726 1545	+03 04 48.2568 829	Q	3.891	0.35	0.35		19.8	
1604−333	16 07 34.7623 4480	−33 31 08.9133 114	V		0.17	0.26		20.5	blue
1606+106	16 08 46.2031 8554	+10 29 07.7758 300	Q	1.226	1.20	1.69	+0.12	18.2	
1611−710	16 16 30.6415 5980	−71 08 31.4545 422	A					20.7	
1614+051	16 16 37.5568 1502	+04 59 32.7367 495	Q	3.210	0.55	0.67	+0.39	19.5	
1617+229	16 19 14.8246 1057	+22 47 47.8510 784	A	1.987	0.68	0.57		20.9	
1619−680	16 24 18.4370 0573	−68 09 12.4965 314	Q	1.354				18.0	
1622−253	16 25 46.8916 4010	−25 27 38.3267 989	Q	0.786	2.24	2.18	−0.04	21.9	

IERS Designation	Right Ascension	Declination	Type	z	Flux		α¹	V	Notes
					8.4 GHz	2.3 GHz			
	h m s	° ′ ″			Jy	Jy			
1624−617	16 28 54.6898 2354	−61 52 36.3978 862	R						
1637+574	16 38 13.4562 9705	+57 20 23.9790 727	Q	0.751	0.91	1.28	+0.05	16.7	S1.2
1638+398	16 40 29.6327 7180	+39 46 46.0285 033	Q	1.700	0.86	0.98	+0.28	18.5	HP
1639+230	16 41 25.2275 6501	+22 57 04.0327 611	Q	2.063	0.42	0.37	+0.12	19.3	
1642+690	16 42 07.8485 0549	+68 56 39.7564 973	Q	0.751	1.10	1.48	−0.22	19.2	HP
1633−810	16 42 57.3456 5318	−81 08 35.0701 687	A					18.0	
1657−261	17 00 53.1540 6129	−26 10 51.7253 457	R		0.45	0.23			
1657−562	17 01 44.8581 1384	−56 21 55.9019 532	R						
1659−621	17 03 36.5412 4564	−62 12 40.0081 704	V					18.7	blue
1705+018	17 07 34.4152 7100	+01 48 45.6992 837	Q	2.570	0.51	0.76		18.9	
1706−174	17 09 34.3453 9327	−17 28 53.3649 724	R		0.33	0.52			
1717+178	17 19 13.0484 8160	+17 45 06.4373 011	L	0.137	0.54	0.68	+0.03	18.5	HP
1726+455	17 27 27.6508 0470	+45 30 39.7313 444	Q	0.710	1.02	1.14	+0.21	17.8	S1.2
1730−130	17 33 02.7057 8476	−13 04 49.5481 484	Q	0.902	8.31	4.67	−0.08	18.5	
1725−795	17 33 40.7002 7819	−79 35 55.7166 934	A					19.7	
1732+389	17 34 20.5785 3662	+38 57 51.4430 746	Q	0.970	1.12	1.25	+0.19	19.0	HP
1738+499	17 39 27.3904 9252	+49 55 03.3684 410	Q	1.545	0.35	0.43		19.0	
1738+476	17 39 57.1290 7360	+47 37 58.3615 566	L		0.60	1.01	+0.04	18.5	
1741−038	17 43 58.8561 3396	−03 50 04.6166 450	Q	1.054	3.59	2.18	+0.78	18.6	HP
1743+173	17 45 35.2081 7083	+17 20 01.4236 878	Q	1.702	0.70	1.20	−0.14	18.7	
1745+624	17 46 14.0341 3721	+62 26 54.7383 903	Q	3.900	0.48	0.35	−0.29	19.5	
1749+096	17 51 32.8185 7318	+09 39 00.7284 829	Q	0.322	4.30	1.59	+0.64	17.9	HP, var.
1751+288	17 53 42.4736 4429	+28 48 04.9388 841	V		0.33	0.41		19.6	blue
1754+155	17 56 53.1021 3624	+15 35 20.8265 328	V		0.45	0.31		17.1	red
1758+388	18 00 24.7653 6125	+38 48 30.6975 330	Q	2.092	1.07	0.42	+0.72	18.0	
1803+784	18 00 45.6839 1641	+78 28 04.0184 502	Q	0.680	2.07	2.23	+0.13	17.0	HP
1800+440	18 01 32.3148 2108	+44 04 21.9003 219	Q	0.663	0.95	0.37	−0.20	17.5	
1758−651	18 03 23.4966 6700	−65 07 36.7612 094	V					20.6	
1806−458	18 09 57.8717 5020	−45 52 41.0139 197	G	0.070				15.7	
1815−553	18 19 45.3995 1849	−55 21 20.7453 785	A					18.9	
1823+689	18 23 32.8539 0304	+68 57 52.6125 919	R		0.20	0.35	−0.04		
1823+568	18 24 07.0683 7771	+56 51 01.4908 371	Q	0.664	0.98	0.95	−0.11	18.4	HP
1824−582	18 29 12.4023 7320	−58 13 55.1616 899	R						
1831−711	18 37 28.7149 3799	−71 08 43.5545 891	Q	1.356			+0.14	17.5	
1842+681	18 42 33.6416 8915	+68 09 25.2277 840	Q	0.470	0.80	0.65	+0.02	17.9	
1846+322	18 48 22.0885 8135	+32 19 02.6037 429	A	0.798	0.52	0.55			
1849+670	18 49 16.0722 8978	+67 05 41.6802 978	Q	0.657	0.85	0.67	−0.06	18.7	S1.2
1908−201	19 11 09.6528 9198	−20 06 55.1089 891	Q	1.119	1.78	1.84	+0.06		
1920−211	19 23 32.1898 1466	−21 04 33.3330 547	Q	0.874	2.60	2.30	−0.09		
1921−293	19 24 51.0559 5514	−29 14 30.1210 524	Q	0.352	12.03	13.93	+0.05	16.8	HP, var.
1925−610	19 30 06.1600 9446	−60 56 09.1841 517	A					20.3	
1929+226	19 31 24.9167 8444	+22 43 31.2586 209	R		0.60	0.59			
1933−400	19 37 16.2173 5166	−39 58 01.5529 907	Q	0.965	0.96		−0.10	18.0	
1936−155	19 39 26.6577 4750	−15 25 43.0584 183	Q	1.657	0.75	0.67	+0.53	19.4	HP
1935−692	19 40 25.5282 0104	−69 07 56.9714 945	Q	3.100				17.3	
1954+513	19 55 42.7382 6837	+51 31 48.5461 210	Q	1.220	1.29	1.21		18.5	
1954−388	19 57 59.8192 7470	−38 45 06.3557 585	Q	0.630	3.15	2.45	+0.35	17.1	HP
1958−179	20 00 57.0904 4485	−17 48 57.6725 440	Q	0.650	1.06	0.70	+0.75	17.5	HP
2000+472	20 02 10.4182 5568	+47 25 28.7737 223	V		1.12	1.07		19.6	red
2002−375	20 05 55.0709 0025	−37 23 41.4778 536	R		0.32	0.45	+0.41		
2008−159	20 11 15.7109 3257	−15 46 40.2536 652	Q	1.180	1.10	0.93	+0.59	17.2	
2029+121	20 31 54.9942 7114	+12 19 41.3403 129	Q	1.215	0.82	1.00	+0.74*	18.5	

IERS Designation	Right Ascension	Declination	Type	z	Flux 8.4 GHz	Flux 2.3 GHz	α^1	V	Notes
	h m s	° ′ ″			Jy	Jy			
2052−474	20 56 16.3598 1874	−47 14 47.6276 461	Q	1.489	0.10	0.10		19.1	
2059+034	21 01 38.8341 6420	+03 41 31.3209 577	Q	1.013	0.94	0.87		18.1	
2106+143	21 08 41.0321 5158	+14 30 27.0123 177	A	2.017	0.39	0.46	−0.06	20.0	
2106−413	21 09 33.1885 9195	−41 10 20.6053 191	Q	1.060	1.59	1.50		21.0	
2113+293	21 15 29.4134 5556	+29 33 38.3669 657	Q	1.514	0.66	0.48	+0.62*	18.5	
2123−463	21 26 30.7042 6484	−46 05 47.8920 231	Q	1.670	0.10	0.10		18.0	
2126−158	21 29 12.1758 9777	−15 38 41.0413 097	Q	3.270	0.84	1.06	+0.38	17.3	
2131−021	21 34 10.3095 9643	−01 53 17.2387 909	Q		1.26	1.54	+0.01	18.7	HP, z?
2136+141	21 39 01.3092 6937	+14 23 35.9922 096	Q	2.427	2.84	1.50	+0.38	18.5	
2142−758	21 47 12.7306 2415	−75 36 13.2248 179	Q	1.139				17.3	
2150+173	21 52 24.8193 9953	+17 34 37.7950 583	L		0.55	0.50	−0.06	21.0	HP
2204−540	22 07 43.7333 0411	−53 46 33.8197 226	Q	1.206				18.0	
2209+236	22 12 05.9663 1138	+23 55 40.5438 272	Q	1.125	0.93	0.82	+0.13	19.0	
2220−351	22 23 05.9305 7815	−34 55 47.1774 281	G	0.298	0.32	0.27	−0.51		S1
2223−052	22 25 47.2592 9302	−04 57 01.3907 581	Q	1.404	2.37	1.67	−0.31	17.2	HP
2227−088	22 29 40.0843 4003	−08 32 54.4353 948	Q	1.560	2.76	1.25	+0.13	17.5	HP
2229+695	22 30 36.4697 0494	+69 46 28.0768 954	G		0.24	0.52	+0.24	19.6	
2232−488	22 35 13.2365 7712	−48 35 58.7945 006	Q	0.510	0.10	0.10	−0.15	17.2	
2236−572	22 39 12.0759 2367	−57 01 00.8393 966	V					18.5	
2244−372	22 47 03.9173 2284	−36 57 46.3039 624	Q	2.252	0.62	0.57	−0.33	19.0	
2245−328	22 48 38.6857 3771	−32 35 52.1879 540	Q	2.268	0.35	0.34	−0.12	18.6	
2250+190	22 53 07.3691 7339	+19 42 34.6287 472	Q	0.284	0.32	0.34	+0.17	16.7	S1
2254+074	22 57 17.3031 2249	+07 43 12.3024 770	L	0.190	0.51	0.36		17.0	HP, var.
2255−282	22 58 05.9628 8481	−27 58 21.2567 425	Q	0.926	3.83	1.38	+0.57	16.8	S1
2300−683	23 03 43.5646 2053	−68 07 37.4429 706	Q	0.510				16.4	S1.5
2318+049	23 20 44.8565 9790	+05 13 49.9525 567	Q	0.622	0.65	0.70		19.0	
2326−477	23 29 17.7043 5026	−47 30 19.1148 404	Q	1.299	0.10	0.10		16.8	
2333−415	23 36 33.9850 9655	−41 15 21.9839 279	A	1.406	0.10	0.10	−0.05	20.0	
2344−514	23 47 19.8640 9462	−51 10 36.0654 829	A	2.670				20.1	
2351−154	23 54 30.1951 8762	−15 13 11.2130 207	Q		0.58	0.98		17.0	
2353−686	23 56 00.6814 0587	−68 20 03.4717 084	A	1.716				17.0	
2355−534	23 57 53.2660 8808	−53 11 13.6893 562	Q	1.006				17.8	
2355−106	23 58 10.8824 0761	−10 20 08.6113 211	Q	1.639	0.55	0.61	−0.07	17.7	
2356+385	23 59 33.1807 9739	+38 50 42.3182 943	Q	2.704	0.51	0.37	−0.29	19.0	
2357−318	23 59 35.4915 4293	−31 33 43.8242 510	Q	0.990	0.76	0.54		17.6	

Notes to Table

[1]	Spectral index from Healey *et al.* 2007; otherwise * indicates from Stickel *et al.* 1989, 1994
Q	Quasar
G	Galaxy
L	BL Lac object
L?	BL Lac candidate
A	Active galactic nuclei or quasar
V	Optical source
R	Radio source
S1	Seyfert 1 spectrum
S1.0 - S1.9	Intermediate Seyfert galaxies
HP	High optical polarization (> 3%)
var.	Variable in optical
red	Magnitude given in V is for R filter
blue	Magnitude given in V is for B filter
z?	Questionable redshift

RADIO FLUX CALIBRATORS, J2000.0

Name	Right Ascension	Declination	S_{400}	S_{750}	S_{1400}	S_{1665}	S_{2700}	S_{5000}	S_{8000}
	h m s	° ′ ″	Jy	Jy	Jy	Jy	Jy	Jy	Jy
3C 48[e,h]	01 37 41.299	+33 09 35.13	42.3	26.7	16.30	14.12	9.33	5.33	3.39
3C 123	04 37 04.4	+29 40 15	119.2	77.7	48.70	42.40	28.50	16.5	10.60
3C 147[e,g,h]	05 42 36.138	+49 51 07.23	48.2	33.9	22.42	19.43	12.96	7.66	5.10
3C 161[h]	06 27 10.0	−05 53 07	40.5	28.4	18.64	16.38	11.13	6.42	4.03
3C 218	09 18 06.0	−12 05 45	134.6	76.0	43.10	36.80	23.70	13.5	8.81
3C 227	09 47 46.4	+07 25 12	20.3	12.1	7.21	6.25	4.19	2.52	1.71
3C 249.1	11 04 11.5	+76 59 01	6.1	4.0	2.48	2.14	1.40	0.77	0.47
3C 274[e,f]	12 30 49.423	+12 23 28.04	625.0	365.0	214.00	184.00	122.00	71.9	48.10
3C 286[e,h]	13 31 08.288	+30 30 32.96	23.8	19.2	14.71	13.55	10.55	7.34	5.39
3C 295[h]	14 11 20.7	+52 12 09	55.7	36.8	22.40	19.24	12.19	6.35	3.66
3C 348	16 51 08.3	+04 59 26	168.1	86.8	45.00	37.50	22.60	11.8	7.19
3C 353	17 20 29.5	−00 58 52	131.1	88.2	57.30	50.50	35.00	21.2	14.20
DR 21	20 39 01.2	+42 19 45							21.60
NGC 7027[d,h]	21 07 01.6	+42 14 10			1.43	1.93	3.69	5.43	5.90

Name	S_{10700}	S_{15000}	S_{22235}	S_{32000}	S_{43200}	Spec.	Type	Angular Size (at 1.4 GHz)
	Jy	Jy	Jy	Jy	Jy			″
3C 48[e,h]	2.54	1.80	1.18	0.80	0.57	C−	QSS	<1
3C 123	7.94	5.63	3.71			C−	GAL	20
3C 147[e,g,h]	3.95	2.92	2.05	1.47	1.12	C−	QSS	<1
3C 161[h]	2.97	2.04	1.29	0.82	0.56	C−	GAL	<3
3C 218	6.77					S	GAL	core 25, halo 220
3C 227	1.34	1.02	0.73			S	GAL	180
3C 249.1	0.34	0.23				S	QSS	15
3C 274[e,f]	37.50	28.10				S	GAL	halo 400[a]
3C 286[e,h]	4.38	3.40	2.49	1.83	1.40	C−	QSS	<5
3C 295[h]	2.54	1.63	0.94	0.55	0.35	C−	GAL	4
3C 348	5.30					S	GAL	115[b]
3C 353	10.90					C−	GAL	150
DR 21	20.80	20.00	19.00			Th	HII	20[c]
NGC 7027[d,h]	5.93	5.84	5.65	5.43	5.23	Th	PN	10

Notes to Table

a	Halo has steep spectral index, so for $\lambda \leq 6$ cm, more than 90% of the flux is in the core. The slope of the spectrum is positive above 20 GHz.
b	Angular distance between the two components
c	Angular size at 2 cm, but consists of 5 smaller components
d	All data are calculated from a fit to the thermal spectrum. Mean epoch is 1995.5.
e	Suitable for calibration of interferometers and synthesis telescopes.
f	Virgo A
g	Indications of time variability above 5 GHz.
h	Suitable for polarization calibrator; see following page.
GAL	Galaxy
HII	HII region
PN	Planetary Nebula
QSS	Quasar
C−	Concave parabola has been fitted to spectrum data.
S	Straight line has been fitted to spectrum data.
Th	Thermal spectrum

Name	1.40 GHz		1.66 GHz		2.65 GHz		4.85 GHz		8.35 GHz		10.45 GHz		14.60 GHz		32.00 GHz	
	m	χ	m	χ	m	χ	m	χ	m	χ	m	χ	m	χ	m	χ
	%	°	%	°	%	°	%	°	%	°	%	°	%	°	%	°
3C 48	0.6	147.6	0.7	178.7	1.6	70.5	4.2	106.6	5.4	114.4	5.9	115.9	5.9	114.0	8.0	106.1
3C 147	<0.3		<0.3		<0.3		<0.3		0.9	151.3	1.1	14.7	2.7	57.7		
3C 161	5.8	30.3	9.8	125.9	10.2	175.6	4.8	122.5	2.6	99.9	2.4	93.8			2.7	52.4
3C 286^a	9.5	33.0	9.8	33.0	10.1	33.0	11.0	33.0	11.2	33.0	11.7	33.0	11.8	33.0	12.0	33.0
3C 295	<0.3		<0.3		<0.3		<0.3		0.9	28.7	1.7	155.2	1.9	95.4		

Notes to Table

Positions of these radio sources are found on the previous page.

m   Degree of polarization

χ   Polarization angle

a   Serves as main reference source, besides NGC 7027 which can be considered unpolarized at all frequencies.

Name	Right Ascension	Declination	Flux[1]	Mag.[2]	Identified Counterpart	Type of Source
	h m s	° ′ ″	mCrab			
Tycho's SNR	00 25 20.0	+64 08 18	9.4		Tycho's SNR	SNR
4U 0037−10	00 41 34.7	−09 21 00	3.1	12.8	Abell 85	C
4U 0053+60	00 56 42.5	+60 43 00	4.8 − 10.6	2.5	Gamma Cas	Be Star
SMC X−1	01 17 05.1	−73 26 36	0.5 − 54.7	13.3	Sanduleak 160	HMXB
2S 0114+650	01 18 02.7	+65 17 30	3.8	11.0	LSI+65 010	HMXB
4U 0115+634	01 18 31.9	+63 44 33	1.9 − 336.0	15.2	V 635 Cas	HMXB
4U 0316+41	03 19 48.0	+41 30 44	50.1	12.5*	Abell 426	C
4U 0352+309	03 55 23.1	+31 02 45	8.6 − 35.5	6.1	X Per	HMXB
4U 0431−12	04 33 36.1	−13 14 43	2.7	15.3*	Abell 496	C
4U 0513−40	05 14 06.6	−40 02 36	5.8	8.1	NGC 1851	LMXB
LMC X−2	05 20 28.7	−71 57 37	8.6 − 42.2	18.5*X		BHC
LMC X−4	05 32 49.6	−66 22 13	2.9 − 57.6	14.0	O7 IV Star	HMXB
Crab Nebula	05 34 31.3	+22 00 53	1000.0		Crab Nebula	SNR+P
A 0538−66	05 35 44.8	−66 50 25	0.01 − 172.8	13.8	Be star	HMXB
A 0535+262	05 38 54.6	+26 18 57	2.9 − 2687.9	9.2	HD 245770	HMXB
LMC X−3	05 38 56.7	−64 05 03	1.6 − 42.2	17.2	B3 V Star	BHC
LMC X−1	05 39 40.1	−69 44 34	2.9 − 24.0	14.5	O8 III Star	BHC
4U 0614+091	06 17 08.0	+09 08 37	48.0	18.8*	V 1055 Ori	BHC
IC 443	06 18 01.4	+22 33 48	3.6		IC 443	SNR
A 0620−00	06 22 44.5	−00 20 44	0.02 − 47998.5	18.2	V 616 Mon	BHC
4U 0726−260	07 28 53.6	−26 06 29	1.2 − 4.5	11.6	LS 437	HMXB
EXO 0748−676	07 48 33.7	−67 45 08	0.1 − 57.6	16.9	UY Vol	B
Pup A	08 24 07.1	−42 59 55	7.9		Pup A	SNR
Vela SNR	08 34 11.4	−45 45 10	9.6		Vela SNR	SNR
GRS 0834−430	08 36 51.4	−43 15 00	28.8 − 288.0	20.4X		HMXB
Vela X−1	09 02 06.9	−40 33 17	1.9 − 1056.0	6.9	GP Vel	HMXB
3A 1102+385	11 04 27.3	+38 12 31	4.4	13.0	MRK 421	Q
Cen X−3	11 21 15.2	−60 37 27	9.6 − 299.5	13.3V	V 779 Cen	HMXB
4U 1145−619	11 48 00.0	−62 12 25	3.8 − 960.0	8.9	V 801 Cen	HMXB
4U 1206+39	12 10 32.6	+39 24 21	4.5	11.9	NGC 4151	AGN
GX 301−2	12 26 37.6	−62 46 13	8.6 − 960.0	10.8V	Wray 977	HMXB
3C 273	12 29 06.7	+02 03 09	2.8	12.5	3C 273	Q
4U 1228+12	12 30 49.4	+12 23 27	22.9	8.6	M 87	AGN
4U 1246−41	12 48 49.3	−41 18 39	5.4		Centaurus Cluster	C
4U 1254−690	12 57 37.7	−69 17 15	24.0	18V	GR Mus	B
4U 1257+28	12 59 35.8	+27 57 44	15.6	10.7	Coma Cluster	C
GX 304−1	13 01 17.1	−61 36 07	0.3 − 192.0	13.4V	V 850 Cen	HMXB
Cen A	13 25 27.6	−43 01 09	8.9	6.8	NGC 5128	Q
Cen X−4	14 58 22.4	−32 01 06	0.1 − 19199.4	18.2*	V 822 Cen	B
SN 1006	15 02 22.2	−41 53 47	2.5		SN 1006	SNR
Cir X−1	15 20 40.9	−57 09 59	4.8 − 2879.9	21.4*	BR Cir	LMXB
4U 1538−522	15 42 23.4	−52 23 10	2.9 − 28.8	16.3	QV Nor	HMXB
4U 1556−605	16 01 01.5	−60 44 26	15.4	18.6V	LU TrA	LMXB
4U 1608−522	16 12 42.8	−52 25 20	1.0 − 105.6		QX Nor	LMXB
Sco X−1	16 19 55.1	−15 38 25	13439.6	11.1	V 818 Sco	LMXB
4U 1627+39	16 28 38.3	+39 33 05	4.1	12.6	Abell 2199	C
4U 1627−673	16 32 16.7	−67 27 40	24.0	18.2V	KZ TrA	LMXB
4U 1636−536	16 40 55.6	−53 45 05	211.2	16.9V	V 801 Ara	B
GX 340+0	16 45 47.9	−45 36 42	480.0			LMXB
GRO J1655−40	16 54 00.2	−39 50 45	3132.0	14.0V	V 1033 Sco	BHC

Name	Right Ascension	Declination	Flux[1]	Mag.[2]	Identified Counterpart	Type of Source
	h m s	° ′ ″	mCrab			
Her X−1	16 57 49.8	+35 20 33	14.4 − 48.0	13.8	HZ Her	LMXB
4U 1704−30	17 02 06.3	−29 56 45	3.3	13.0*V	V 2134 Oph	B
GX 339−4	17 02 49.4	−48 47 23	1.4 − 864.0	15.4	V 821 Ara	BHC
4U 1700−377	17 03 56.8	−37 50 39	10.6 − 105.6	6.5	V 884 Sco	HMXB
GX 349+2	17 05 44.5	−36 25 23	792.0	18.3V	V 1101 Sco	LMXB
4U 1722−30	17 27 33.2	−30 48 06	7.3		Terzan 2	LMXB
Kepler's SNR	17 30 35.9	−21 28 55	4.4	19	Kepler's SNR	SNR
GX 9+9	17 31 43.9	−16 57 43	288.0	17.1*	V 2216 Oph	LMXB
GX 354−0	17 31 57.3	−33 49 58	144.0			B
GX 1+4	17 32 02.2	−24 44 44	96.0	18.7V	V 2116 Oph	LMXB
Rapid Burster	17 33 23.6	−33 23 26	0.1 − 192.0		Liller 1	B
4U 1735−444	17 38 58.2	−44 27 00	153.6	17.4V	V 926 Sco	LMXB
1E 1740.7−2942	17 44 02.7	−29 43 25	3.8 − 28.8			BHC
GX 3+1	17 47 56.5	−26 33 50	384.0	14.0V	V 3893 Sgr	B
4U 1746−37	17 50 12.7	−37 03 08	30.7	8.0	NGC 6441	LMXB
4U 1755−338	17 58 40.2	−33 48 25	96.0	18.3V	V 4134 Sgr	BHC
GX 5−1	18 01 07.9	−25 04 54	1200.0			LMXB
GX 9+1	18 01 31.1	−20 31 39	672.0			LMXB
GX 13+1	18 14 30.3	−17 09 28	336.0		V 5512 Sgr	LMXB
GX 17+2	18 16 01.4	−14 02 12	672.0	17.5V	NP Ser	LMXB
4U 1820−30	18 23 40.5	−30 21 42	240.0	9.1	NGC 6624	LMXB
4U 1822−37	18 25 46.9	−37 06 19	9.6 − 24.0	15.8*	V 691 CrA	B
Ser X−1	18 39 57.6	+05 02 11	216.0	19.2*	MM Ser	B
4U 1850−08	18 53 05.1	−08 42 23	6.7	8.7	NGC 6712	LMXB
Aql X−1	19 11 15.6	+00 35 14	0.1 − 1248.0	14.8V	V 1333 Aql	LMXB
SS 433	19 11 49.6	+04 58 58	2.5 − 9.9	13.0	V 1343 Aql	BHC
GRS 1915+105	19 15 11.7	+10 56 46	288.0		V 1487 Aql	BHC
4U 1916−053	19 18 48.0	−05 14 10	24.0	21.4*	V 1405 Aql	B
Cyg X−1	19 58 21.7	+35 12 06	225.6 − 1267.2	8.9	V 1357 Cyg	BHC
4U 1957+11	19 59 24.0	+11 42 30	28.8	18.7V	V 1408 Aql	LMXB
Cyg X−3	20 32 26.1	+40 57 20	86.4 − 412.8		V 1521 Cyg	BHC
4U 2129+12	21 29 58.3	+12 10 03	5.8	6.2	M 15	LMXB
4U 2129+47	21 31 26.2	+47 17 25	8.6	15.6V	V1727 Cyg	B
SS Cyg	21 42 42.8	+43 35 10	3.5 − 19.9	12.1	SS Cyg	T
Cyg X−2	21 44 41.2	+38 19 17	432.0	14.4*	V 1341 Cyg	LMXB
Cas A	23 23 21.4	+58 48 45	56.4		Cassiopeia A	SNR

Notes to Table

[1]   (2-10) keV flux of X-ray source
[2]   *V* magnitude of optical counterpart
     * indicates *B* magnitude given instead of *V*
     V indicates variable magnitude
     X indicates magnitude is for X-ray source and not optical counterpart

AGN	active galactic nuclei	LMXB	low mass X-ray binary
B	X-ray burster	P	pulsar
BHC	black hole candidate	Q	quasar
C	cluster of galaxies	SNR	supernova remnant
HMXB	high mass X-ray binary	T	transient (nova-like optically)

Name	Right Ascension	Declination	V	z	Flux		B–V	M_V
					6 cm	20 cm		
	h m s	° ′ ″			mJy	mJy		
SDSS J00172−1000	00 17 58.9	−09 56 05	23.58	5.010			+4.46	−24.3
NPM1G−22.0017	00 42 15.2	−22 33 52	13.24	0.063				−24.7
M 31	00 43 32.1	+41 20 55	10.57	0.000	2460		+1.08	
I Zw 1	00 54 20.5	+12 46 19	14.03	0.061	3	8	+0.38	−23.4
TON S180	00 58 02.8	−22 18 15	14.41	0.062			+0.19	−23.3
F 9	01 24 18.9	−58 43 50	13.83	0.046			+0.43	−23.0
NGC 612	01 34 36.7	−36 25 10	13.20	0.030				−23.1
3C 48.0	01 38 31.1	+33 13 59	16.20	0.367	5370	15651	+0.42	−25.2
87GB 01540+4105	01 57 58.0	+41 24 43	13.80	0.081	30	45		−24.7
SDSS J02316−0728	02 32 20.6	−07 25 05	23.17	5.421			+3.18	−26.2
4U 0241+61	02 46 06.8	+62 31 44	12.19	0.045	376	356	−0.04	−25.0
Q 0302−0019	03 05 34.5	−00 04 52	17.83	3.290			+0.42	−29.8
NGC 1266	03 16 44.7	−02 22 28		0.007		113		
SDSSp J03384+0021	03 39 14.0	+00 24 44	23.26	5.010			+2.82	−26.3
IRAS 03575−6132	03 58 32.7	−61 21 40	14.20	0.047				−23.1
PKS 0438−43	04 40 44.5	−43 31 30	19.50	2.852	7580			−27.2
RXS J05345−6016	05 34 41.9	−60 15 43	14.46	0.057				−23.2
RXS J05373−4443	05 37 44.2	−44 42 37	14.19	0.099				−24.7
3C 147.0	05 43 43.8	+49 51 28	17.80	0.545	8180	22511	+0.65	−24.2
IRAS 06115−3240	06 13 53.0	−32 42 11	14.10	0.050		5		−23.3
HS 0624+6907	06 31 37.4	+69 04 24	14.16	0.370			+0.48	−27.2
PKS 0637−75	06 35 18.2	−75 17 02	15.75	0.651	6190		+0.33	−27.0
SDSSp J07563+4104	07 57 17.4	+41 01 46	23.32	5.090		0	+3.02	−26.1
B3 0754+394	07 58 58.5	+39 18 05	14.36	0.096	3	12	+0.38	−24.1
SDSS J08464+0800	08 47 14.4	+07 57 38	23.03	5.030			+2.97	−26.4
SDSS J09027+0851	09 03 32.4	+08 47 47	23.43	5.226			+2.58	−26.5
Q J0906+6930	09 07 50.7	+69 26 59		5.470	106	91		
SDSSp J09132+5919	09 14 22.7	+59 15 43	23.32	5.110	8	18	+2.51	−26.6
IRAS 09149−6206	09 16 29.9	−62 23 09	13.55	0.057	16		+0.52	−23.6
SDSS J09157+4924	09 16 43.1	+49 20 37	22.88	5.196			+3.67	−25.9
B2 0923+39	09 27 57.3	+38 58 32	17.03	0.698	7570	2959	+0.24	−26.0
NGC 3031	09 56 43.8	+68 59 46	11.63	0.000	93	624	+1.12	
SDSS J09571+0610	09 57 53.3	+06 06 50	23.08	5.157			+4.76	−24.6
Q J10107−0131	10 11 30.6	−01 35 22	19.89	5.090				−32.5
SDSS J10136+4240	10 14 28.8	+42 36 06	23.09	5.038			+3.50	−25.8
RXS J10279−0647	10 28 42.4	−06 52 24	14.35	0.116		13		−24.9
RXS J10292+2729	10 30 01.5	+27 25 29		0.038				
HE 1029−1401	10 32 37.1	−14 21 22	13.86	0.086		13	+0.22	−24.5
7C 1029+2813	10 33 02.5	+27 51 30	14.30	0.085	37			−24.3
RXS J10374−1111	10 38 07.5	−11 16 28	14.42	0.053				−23.1
SDSS J10506+5804	10 51 30.3	+57 59 46	22.90	5.132			+2.69	−26.8
SDSS J10533+5804	10 54 16.4	+57 59 32	23.62	5.215			+4.11	−24.7
NGC 3607	11 17 40.6	+17 58 18	12.76	0.000		7	+1.08	
CG 825	11 21 55.2	+34 50 34	13.19	0.040		3		−23.7
PKS 1127−14	11 30 50.9	−14 54 15	16.90	1.187	7310	5295	+0.27	−27.5
SDSS J11327+1209	11 33 31.6	+12 04 12	23.94	5.167			+4.65	−23.9
SDSS J11502+0520	11 50 57.9	+05 15 22	24.36	5.855			+0.32	−28.2
4C 29.45	12 00 16.5	+29 09 54	14.41	0.729	1461	1953	+0.39	−28.6
SDSSp J12046−0021	12 05 26.4	−00 26 40	22.93	5.030			+3.78	−25.7
PG 1211+143	12 15 02.0	+13 58 23	14.19	0.082	1	2	+0.27	−24.0

Name	Right Ascension	Declination	V	z	Flux		$B-V$	M_V
					6 cm	20 cm		
	h m s	° ′ ″			mJy	mJy		
SDSS J12217+4445	12 22 29.1	+44 40 38	23.26	5.206			+2.73	−26.5
3C 273.0	12 29 51.2	+01 58 20	12.85	0.158	43410	36983	+0.20	−26.9
RX J12308+0115	12 31 34.5	+01 10 33	14.42	0.117			+0.02	−24.8
SDSS J12427+5213	12 43 27.8	+52 08 22	22.90	5.017			+2.14	−27.3
NPM1G+78.0053	12 55 29.5	+78 32 33	12.90	0.043				−24.2
3C 279	12 56 56.2	−05 52 03	17.75	0.538	15340	10708	+0.26	−24.6
3C 286.0	13 31 48.5	+30 26 04	17.25	0.846	7480	15024	+0.26	−26.4
SDSS J13374+4155	13 38 06.2	+41 51 15	23.37	5.015			+3.89	−25.1
PG 1351+64	13 53 41.6	+63 41 30	14.28	0.087	32	27	+0.26	−24.1
PG 1411+442	14 14 22.6	+43 56 12	14.01	0.089	1	2		−24.7
RXS J14183−2111	14 19 08.3	−21 15 11	14.13	0.108				−25.0
SBS 1425+606	14 27 20.3	+60 21 57	16.57	3.164			+0.41	−30.9
SDSS J14438+3623	14 44 25.9	+36 19 36	24.02	5.273			+2.75	−25.7
CSO 1061	14 45 31.1	+29 15 27	16.20	2.669				−30.8
SDSS J15105+5148	15 11 01.7	+51 45 25	24.16	5.031			+3.86	−24.3
MCG +11.19.005	15 19 33.6	+65 31 33	13.90	0.044				−23.2
TEX 1601+160	16 04 17.8	+15 51 42	13.97	0.109	251	94		−25.1
HS 1603+3820	16 05 26.6	+38 09 41	15.90	2.510				−30.8
SDSS J16144+4640	16 14 51.3	+46 38 20	23.41	5.313		2	+2.97	−26.2
SDSS J16170+4435	16 17 33.1	+44 33 16	18.98	5.490			+0.38	−33.3
HS 1626+6433	16 26 53.0	+64 25 00	15.80	2.320				−30.7
SDSS J16264+2751	16 27 01.7	+27 49 37	23.37	5.275			+3.12	−26.0
SDSS J16264+2858	16 27 03.9	+28 57 03	23.35	5.022			+3.22	−25.8
3C 345.0	16 43 28.1	+39 47 01	16.62	0.594	5650	6599	+0.32	−25.9
TEX 1653+198	16 56 21.5	+19 47 27	16.60	3.260	187	151		−31.4
HS 1700+6416	17 01 06.4	+64 10 54	16.20	2.736			+0.32	−30.6
PDS 456	17 29 09.4	−14 16 36	14.03	0.184	8	22	+0.66	−25.6
RXS J17366+7205	17 36 22.3	+72 05 02	14.30	0.094				−24.5
KUV 18217+6419	18 22 01.6	+64 21 04	14.24	0.297	70		−0.01	−27.1
3C 380.0	18 29 54.5	+48 45 24	16.81	0.692	5519	13451	+0.24	−26.2
MC 1830−211	18 34 31.9	−21 02 57	18.70	2.507	7920	10698		−28.0
OV−236	19 25 45.8	−29 12 45	18.21	0.352	14332	13180	+0.42	−23.1
MARK 509	20 44 57.0	−10 40 13	13.12	0.035	5	16	+0.23	−23.3
SDSS J20567−0059	20 57 29.3	−00 55 41	21.72	5.989			+1.97	−29.2
RXS J20593−3147	21 00 13.9	−31 44 10	14.20	0.074		9		−24.1
ESO 235−IG26	21 00 15.3	−51 56 55	13.60	0.051				−23.8
RXS J21015−4059	21 02 32.4	−40 56 24	14.35	0.084				−24.2
RXS J21079−3754	21 08 54.6	−37 50 36	14.26	0.049				−23.1
PKS 2134+004	21 37 23.1	+00 45 51	17.11	1.932	11490	3712	+0.33	−28.4
FIRST J21398−0804	21 40 37.2	−08 00 56	13.39	0.051		11		−24.1
PHL 1811	21 55 47.6	−09 18 15	13.90	0.192		1		−26.5
PHL 5200	22 29 15.7	−05 14 28	17.70	1.980			+0.75	−27.4
SDSS J22287−0757	22 29 30.7	−07 53 27	23.85	5.142			+3.62	−25.0
3C 454.3	22 54 40.7	+16 13 32	16.10	0.859	10030	12634	+0.47	−27.3
MR 2251−178	22 54 52.2	−17 30 16	14.36	0.064	3	15	+0.63	−23.0
RXS J22593−5035	23 00 13.4	−50 30 50	14.17	0.096				−24.7
3C 465.0	23 39 13.1	+27 06 41	13.30	0.030	2800	7460		−23.0
RXS J23529+0320	23 53 42.6	+03 25 06	14.30	0.086				−24.3

Name	Right Ascension	Declination	Period	$\dot{P}$	Epoch	DM	S_{400}	Type
	h m s	° ′ ″	s	10^{-15}ss^{-1}	MJD	cm^{-3}pc	mJy	
B0021−72C	00 23 50.4	−72 04 31.5	0.005 756 780	0.0000	51600	24.6	1.5	
J0030+0451	00 30 27.4	+04 51 39.7	0.004 865 453	0.0001	52035	4.3	7.9	gx
J0034−0534	00 34 21.8	−05 34 36.6	0.001 877 182	0.0000	50690	13.8	17	b
J0045−7319	00 45 35.2	−73 19 03.0	0.926 275 905	4.4632	49144	105.4	1	b
J0218+4232	02 18 06.4	+42 32 17.4	0.002 323 090	0.0001	50864	61.3	35	bxg
B0329+54	03 32 59.4	+54 34 43.6	0.714 519 700	2.0483	46473	26.8	1500	
J0437−4715	04 37 15.8	−47 15 08.5	0.005 757 452	0.0001	53019	2.6	550	bxg
B0450−18	04 52 34.1	−17 59 23.4	0.548 939 223	5.7531	49289	39.9	82	
B0531+21	05 34 31.9	+22 00 52.1	0.033 403 347	420.95	48743	56.8	646	oxg
B0540−69	05 40 11.2	−69 19 55.0	0.050 567 546	478.91	52858	146.5		ox
J0613−0200	06 13 44.0	−02 00 47.2	0.003 061 844	0.0000	53012	38.8	21	gb
B0628−28	06 30 49.5	−28 34 43.1	1.244 418 596	7.123	46603	34.5	206	x
B0656+14	06 59 48.1	+14 14 21.5	0.384 891 195	55.0031	49721	14.0	6.5	oxg
B0655+64	07 00 37.8	+64 18 11.2	0.195 670 945	0.0007	48806	8.8	5	b
J0737−3039A	07 37 51.2	−30 39 40.7	0.022 699 378	0.0017	53016	48.9		bx
J0737−3039B	07 37 51.2	−30 39 40.7	2.773 460 770	0.892	53016	48.9		b
B0736−40	07 38 32.3	−40 42 40.9	0.374 919 985	1.6161	51700	160.8	190	
B0740−28	07 42 49.1	−28 22 43.8	0.166 762 292	16.821	49326	73.8	296	
J0751+1807	07 51 09.2	+18 07 38.6	0.003 478 771	0.0000	51800	30.2	10	bg
B0818−13	08 20 26.4	−13 50 55.5	1.238 129 544	2.1052	48904	40.9	102	
B0820+02	08 23 09.8	+01 59 12.4	0.864 872 805	0.1046	49281	23.7	30	b
B0833−45	08 35 20.6	−45 10 34.9	0.089 328 385	125.01	51559	68.0	5000	oxg
B0834+06	08 37 05.6	+06 10 14.6	1.273 768 292	6.7992	48721	12.9	89	
B0835−41	08 37 21.3	−41 35 15.0	0.751 623 618	3.5393	51700	147.3	197	
B0950+08	09 53 09.3	+07 55 35.8	0.253 065 165	0.2298	46375	3.0	400	x
B0959−54	10 01 38.0	−55 07 06.7	1.436 582 629	51.396	46800	130.3	80	
J1012+5307	10 12 33.4	+53 07 02.6	0.005 255 749	0.0000	50700	9.0	30	b
J1022+1001	10 22 58.0	+10 01 52.5	0.016 452 930	0.0000	53100	10.2	20	b
J1024−0719	10 24 38.7	−07 19 19.2	0.005 162 204	0.0002	53000	6.5	4.6	x
J1028−5819	10 28 28.0	−58 19 05.2	0.091 403 231	16.1	54562	96.5		g
J1045−4509	10 45 50.2	−45 09 54.1	0.007 474 224	0.0000	53050	58.2	15	b
B1055−52	10 57 58.8	−52 26 56.3	0.197 107 608	5.8335	43556	30.1	80	xg
B1133+16	11 36 03.2	+15 51 04.5	1.187 913 066	3.7338	46407	4.9	257	
J1141−6545	11 41 07.0	−65 45 19.1	0.393 897 834	4.2946	51370	116.0		b
J1157−5112	11 57 08.2	−51 12 56.1	0.043 589 227	0.0001	51400	39.7		b
B1154−62	11 57 15.2	−62 24 50.9	0.400 522 048	3.9313	46800	325.2	145	
B1237+25	12 39 40.5	+24 53 49.3	1.382 449 103	0.9600	46531	9.2	110	
B1240−64	12 43 17.2	−64 23 23.8	0.388 480 921	4.5006	46800	297.2	110	
B1257+12	13 00 03.0	+12 40 56.7	0.006 218 532	0.0001	48700	10.2	20	b
B1259−63	13 02 47.7	−63 50 08.7	0.047 762 507	2.2765	50357	146.7		b
B1323−58	13 26 58.3	−58 59 29.1	0.477 990 867	3.238	47782	287.3	120	
B1323−62	13 27 17.4	−62 22 44.6	0.529 913 192	18.8787	47781	318.8	135	
B1356−60	13 59 58.2	−60 38 08.0	0.127 500 777	6.3385	43556	293.7	105	
B1426−66	14 30 40.9	−66 23 05.0	0.785 440 757	2.7695	46800	65.3	130	
B1449−64	14 53 32.7	−64 13 15.6	0.179 484 754	2.7461	46800	71.1	230	

Name	Right Ascension	Declination	Period	$\dot{P}$	Epoch	DM	S_{400}	Type
	h m s	° ′ ″	s	$10^{-15}ss^{-1}$	MJD	cm^{-3}pc	mJy	
J1453+1902	14 53 45.7	+19 02 12.2	0.005 792 303	0.0001	53337	14.0	2.2	
J1455−3330	14 55 48.0	−33 30 46.4	0.007 987 205	0.0000	50598	13.6	9	b
B1451−68	14 56 00.2	−68 43 39.2	0.263 376 815	0.0983	46800	8.6	350	
B1508+55	15 09 25.6	+55 31 32.3	0.739 681 923	4.9982	49904	19.6	114	
B1509−58	15 13 55.6	−59 08 09.0	0.150 657 551	1536.5	48355	252.5	1.5	xg
J1518+4904	15 18 16.8	+49 04 34.3	0.040 934 988	0.0000	51203	11.6	8	b
B1534+12	15 37 10.0	+11 55 55.6	0.037 904 441	0.0024	50300	11.6	36	b
B1556−44	15 59 41.5	−44 38 46.1	0.257 056 098	1.0192	46800	56.1	110	
B1620−26	16 23 38.2	−26 31 53.8	0.011 075 751	0.0007	48725	62.9	15	b
J1643−1224	16 43 38.2	−12 24 58.7	0.004 621 641	0.0000	50288	62.4	75	b
B1641−45	16 44 49.3	−45 59 09.5	0.455 059 775	20.090	46800	478.8	375	
B1642−03	16 45 02.0	−03 17 58.3	0.387 689 698	1.7804	46515	35.7	393	
B1648−42	16 51 48.8	−42 46 11	0.844 080 666	4.812	46800	482	100	
B1706−44	17 09 42.7	−44 29 08.2	0.102 459 246	92.98	50042	75.7	25	xg
J1713+0747	17 13 49.5	+07 47 37.5	0.004 570 136	0.0000	52000	16.0	36	b
J1730−2304	17 30 21.6	−23 04 31.4	0.008 122 798	0.0000	50320	9.6	43	
B1727−47	17 31 42.1	−47 44 34.6	0.829 828 785	163.63	50939	123.3	190	
J1744−1134	17 44 29.4	−11 34 54.7	0.004 074 546	0.0000	53742	3.2	18	g
B1744−24A	17 48 02.2	−24 46 36.9	0.011 563 148	0.0000	48270	242.2		b
J1748−2446ad	17 48 04.9	−24 46 45	0.001 395 955	0.0000	53500	235.6		b
B1749−28	17 52 58.7	−28 06 37.3	0.562 557 636	8.1291	46483	50.4	1100	
B1800−27	18 03 31.7	−27 12 06	0.334 415 426	0.0171	50261	165.5	3.4	b
J1804−2717	18 04 21.1	−27 17 31.2	0.009 343 031	0.0000	51041	24.7	15	b
B1802−07	18 04 49.9	−07 35 24.7	0.023 100 855	0.0005	50337	186.3	3.1	b
B1818−04	18 20 52.6	−04 27 38.1	0.598 075 930	6.3314	46634	84.4	157	
B1820−11	18 23 40.3	−11 15 11	0.279 828 697	1.379	49465	428.6	11	b
B1820−30A	18 23 40.5	−30 21 39.9	0.005 440 003	0.0034	50319	86.8	16	
B1821−24	18 24 32.0	−24 52 11.1	0.003 054 315	0.0016	49858	119.8	40	x
B1830−08	18 33 40.3	−08 27 31.2	0.085 284 251	9.1707	50483	411		
B1831−03	18 33 41.9	−03 39 04.3	0.686 704 444	41.565	49698	234.5	89	
B1831−00	18 34 17.2	−00 10 53.3	0.520 954 311	0.0105	49123	88.6	5.1	b
B1855+09	18 57 36.4	+09 43 17.2	0.005 362 100	0.0000	53186	13.3	31	b
B1857−26	19 00 47.6	−26 00 43.8	0.612 209 204	0.2045	48891	38.0	131	
B1859+03	19 01 31.8	+03 31 05.9	0.655 450 239	7.459	50027	402.1	165	
J1906+0746	19 06 48.7	+07 46 28.6	0.144 071 930	20.280	53590	217.8	0.9	b
J1911−1114	19 11 49.3	−11 14 22.3	0.003 625 746	0.0000	50458	31.0	31	b
B1911−04	19 13 54.2	−04 40 47.7	0.825 935 803	4.0680	46634	89.4	118	
B1913+16	19 15 28.0	+16 06 27.4	0.059 029 998	0.0086	46444	168.8	4	b
B1929+10	19 32 13.9	+10 59 32.4	0.226 517 635	1.1574	46523	3.2	303	x
B1933+16	19 35 47.8	+16 16 40.2	0.358 738 411	6.0025	46434	158.5	242	
B1937+21	19 39 38.6	+21 34 59.1	0.001 557 806	0.0001	47900	71.0	240	x
B1946+35	19 48 25.0	+35 40 11.1	0.717 311 174	7.0612	49449	129.1	145	
B1951+32	19 52 58.2	+32 52 40.5	0.039 531 193	5.8448	49845	45.0	7	xg
B1953+29	19 55 27.9	+29 08 43.5	0.006 133 166	0.0000	49718	104.6	15	b
B1957+20	19 59 36.8	+20 48 15.1	0.001 607 402	0.0000	48196	29.1	20	bx

SELECTED PULSARS, J2000.0

Name	Right Ascension	Declination	Period	$\dot{P}$	Epoch	DM	S_{400}	Type
	h m s	° ′ ″	s	10^{-15}ss^{-1}	MJD	cm^{-3}pc	mJy	
B2016+28	20 18 03.8	+28 39 54.2	0.557 953 480	0.1481	46384	14.2	314	
J2019+2425	20 19 31.9	+24 25 15.3	0.003 934 524	0.0000	50000	17.2		b
J2021+3651	20 21 04.5	+36 51 27	0.103 722 225	95.6	52407	371		g
J2043+2740	20 43 43.5	+27 40 56	0.096 130 563	1.27	49773	21.0	15	g
B2045−16	20 48 35.4	−16 16 43.0	1.961 572 304	10.958	46423	11.5	116	
J2051−0827	20 51 07.5	−08 27 37.8	0.004 508 642	0.0000	51000	20.7	22	b
B2111+46	21 13 24.3	+46 44 08.7	1.014 684 793	0.7146	46614	141.3	230	
J2124−3358	21 24 43.8	−33 58 44.7	0.004 931 115	0.0000	53174	4.6	17	gx
B2127+11B	21 29 58.6	+12 10 00.3	0.056 133 036	0.0095	50000	67.7	1.0	
J2145−0750	21 45 50.5	−07 50 18.4	0.016 052 424	0.0000	50800	9.0	100	b
B2154+40	21 57 01.8	+40 17 45.9	1.525 265 634	3.4326	49277	70.9	105	
B2217+47	22 19 48.1	+47 54 53.9	0.538 468 822	2.7652	46599	43.5	111	
J2229+2643	22 29 50.9	+26 43 57.8	0.002 977 819	0.0000	49718	23.0	13	b
J2235+1506	22 35 43.7	+15 06 49.1	0.059 767 358	0.0002	49250	18.1	3	
B2303+46	23 05 55.8	+47 07 45.3	1.066 371 072	0.5691	46107	62.1	1.9	b
B2310+42	23 13 08.6	+42 53 13.0	0.349 433 682	0.1124	48241	17.3	89	
J2317+1439	23 17 09.2	+14 39 31.2	0.003 445 251	0.0000	49300	21.9	19	b
J2322+2057	23 22 22.4	+20 57 02.9	0.004 808 428	0.0000	48900	13.4		

Notes to Table

b Pulsar is a member of a binary system.
g Pulsar has been observed in the gamma ray.
o Pulsar has been observed in the optical.
x Pulsar has been observed in the X-ray.

Name	Alternate Name	RA	Dec.	Flux[1]		E_{low}[2]	E_{high}	Type
		h m s	° ′ ″	photons cm^{-2}s^{-1}		MeV	MeV	
PSR J0007+7303	2FGL J0007.0+7303	00 07 06	+73 03 16	6.6E−8	±8.6E−10	1000	100000	P
3C66A	2FGL J0222.6+4302	02 22 38	+43 02 09	2.6E−8	6.1E−10	1000	100000	Q
AO 0235+164	2FGL J0238.7+1637	02 38 42	+16 37 27	1.9E−8	5.1E−10	1000	100000	Q
LSI +61 303	2FGL J0240.5+6113	02 40 31	+61 13 30	4.8E−8	7.7E−10	1000	100000	B
LSI +61 303		02 40 31	+61 13 30	2.2E−11	7.0E−12	>200000		B
NGC 1275	2FGL J0319.8+4130	03 19 52	+41 30 45	1.9E−8	±5.3E−10	1000	100000	Q
EXO 0331+530		03 34 58	+53 10 06	2.9E−3	4.8E−5	0.04	0.1	B
X Per	4U 0352+30	03 55 23	+31 02 45	2.9E−3	8.7E−5	0.04	0.1	B
GRO J0422+32	Nova Per 1992	04 21 43	+32 54 35	9.0E−4	3.1E−4	0.75	2	P
PKS 0426−380	2FGL J0428.6−3756	04 28 41	−37 56 00	3.1E−8	6.8E−10	1000	100000	Q
1FGL J0433.5+2905	CGRaBS J0433+2905	04 33 33	+29 05 21	4.5E−9	±5.5E−10	1000	100000	Q
PKS 0454−234	2FGL J0457.0−2325	04 57 04	−23 25 38	2.3E−8	5.4E−10	1000	100000	Q
LMC	2FGL J0526.6−6825e	05 26 36	−68 25 12	2.0E−8	6.1E−10	1000	100000	G
PKS 0528+134	1FGL J0531.0+1331	05 31 00	+13 31 22	4.0E−9	5.3E−10	1000	100000	Q
Crab		05 34 32	+22 00 52	9.7E−2	2.9E−5	0.04	0.1	P,N
Crab	2FGL J0534.5+2201	05 34 32	+22 00 52	1.8E−7	±1.5E−9	1000	100000	P,N
Crab		05 34 32	+22 00 52	2.0E−10	5.0E−12	>200000		N
SN 1987A		05 35 28	−69 16 11	6.5E−3	1.4E−3	0.85	line[3]	R
QSO 0537−441	2FGL J0538.8−4405	05 38 52	−44 04 51	3.7E−8	6.8E−10	1000	100000	Q
PSR J0614−3330	2FGL J0614.1−3329	06 14 10	−33 29 01	1.8E−8	5.4E−10	1000	100000	P
SNR G189.1−03.0	2FGL J0617.2+2234e	06 17 14	+22 34 48	6.5E−8	±1.0E−9	1000	100000	R
PSR J0633+0632	2FGL J0633.7+0633	06 33 44	+06 33 23	1.5E−8	6.9E−10	1000	100000	P
Geminga	2FGL J0633.9+1746	06 33 54	+17 46 13	7.3E−7	3.0E−9	1000	100000	P
S5 0716+71	2FGL J0721.9+7120	07 21 54	+71 20 58	1.8E−8	4.3E−10	1000	100000	Q
PKS 0727−11	2FGL J0730.2−1141	07 30 17	−11 41 44	2.2E−8	5.8E−10	1000	100000	Q
PKS 0805−07	2FGL J0808.2−0750	08 08 14	−07 50 59	1.5E−8	±4.8E−10	1000	100000	Q
Vela−X	2FGL J0833.1−4511e	08 33 09	−45 11 24	1.8E−8		1000	100000	N
Vela−X	HESS J0835−455	08 35 00	−45 36 00	1.3E−11	0.4E−11	>1000000		N
Vela Pulsar	2FGL J0835.3−4510	08 35 20	−45 10 35	1.4E−6	4.1E−9	1000	100000	P
RX J0852.0−4622	HESS J0852−463	08 52 00	−46 22 00	1.9E−11	0.6E−11	>1000000		N
Vela X−1	4U 0900−40	09 02 06	−40 33 16	5.3E−3	±1.9E−5	0.04	0.1	B
1FGL J1018.6−5856	2FGL J1019.0−5856	10 19 02	−58 56 30	2.6E−8	9.8E−10	1000	100000	B
PSR J1023−5746	2FGL J1022.7−5741	10 22 42	−57 41 57	1.9E−8	1.3E−9	1000	100000	P
PSR J1028−5819	2FGL J1028.5−5819	10 28 30	−58 19 55	3.3E−8	9.5E−10	1000	100000	P
PSR J1044−5737	2FGL J1044.5−5737	10 44 33	−57 37 34	1.7E−8	6.5E−10	1000	100000	P
Eta Carinae	2FGL J1045.0−5941	10 45 00	−59 41 31	2.4E−8	±8.6E−10	1000	100000	U
PSR J1048−5832	2FGL J1048.2−5831	10 48 17	−58 31 48	2.8E−8	8.2E−10	1000	100000	P
PSR J1057−5226	2FGL J1057.9−5226	10 57 59	−52 26 54	5.0E−8	8.7E−10	1000	100000	P
MRK 421	2FGL J1104.4+3812	11 04 30	+38 12 39	3.0E−8	6.1E−10	1000	100000	Q
MRK 421		11 04 30	+38 12 39	1.5E−10	3.0E−12	>250000		Q
NGC 4151	H 1208+396	12 10 33	+39 24 35	2.3E−6	±3.5E−8	0.07	0.3	Q
4C +21.35	2FGL J1224.9+2122	12 24 54	+21 22 48	3.5E−8	6.4E−10	1000	100000	Q
4C +21.35		12 24 54	+21 22 48	4.6E−10	5.0E−11	>100000		Q
NGC 4388		12 25 47	+12 39 00	6.4E−4	5.8E−5	0.05	0.15	Q
3C 273	2FGL J1229.1+0202	12 29 06	+02 03 09	1.5E−8	4.5E−10	1000	100000	Q

Name	Alternate Name	RA	Dec.	Flux[1]		E_{low}[2]	E_{high}	Type
		h m s	o ′ ″	photons cm^{-2}s^{-1}		MeV	MeV	
PSR J1231−1411	2FGL J1231.2−1411	12 31 16	−14 11 13	1.8 E−8	±5.4E−10	1000	100000	P
3C 279	2FGL J1256.1−0547	12 56 13	−05 47 28	2.6 E−8	5.7E−10	1000	100000	Q
HESS J1303−631		13 03 00	−63 11 55	1.2 E−11	0.2E−11	>380000		N
Cen A		13 25 39	−43 00 40	3.9 E−3	2.9E−5	0.04	0.1	Q
1FGL J1410.3−6128c	3EG J1410−6147	14 10 23	−61 28 09	1.4 E−8	1.7E−9	1000	100000	U
PSR J1413−6205	2FGL J1413.4−6204	14 13 26	−62 04 30	2.6 E−8	±9.8E−10	1000	100000	P
NGC 5548	H 1415+253	14 18 00	+25 07 47	3.8 E−4	7.4E−5	0.05	0.15	Q
PSR J1418−6058	2FGL J1418.7−6058	14 18 46	−60 58 40	4.3 E−8	2.0E−9	1000	100000	P
PSR J1420−6048	2FGL J1420.1−6047	14 20 07	−60 47 49	1.9 E−8	1.8E−9	1000	100000	P
H 1426+428	RGB J1428+426	14 28 33	+42 40 25	2.0 E−11	3.5E−12	>280000		Q
PKS 1502+106	2FGL J1504.3+1029	15 04 25	+10 29 34	4.0 E−8	±7.3E−10	1000	100000	Q
PKS 1510−08	2FGL J1512.8−0906	15 12 50	−09 06 09	4.1 E−8	7.2E−10	1000	100000	Q
PSR B1509−58		15 13 55	−59 08 24	9.4 E−4	4.8E−5	0.05	5	P
MSH 15−52	HESS J1514−591	15 14 07	−59 09 27	2.3 E−11	0.6E−11	>280000		N
B2 1520+31	2FGL J1522.1+3144	15 22 10	+31 44 37	1.8 E−8	4.5E−10	1000	100000	Q
XTE J1550−564	V381 Nor	15 50 58	−56 28 36	3.2 E−3	±1.9E−5	0.04	0.1	B
HESS J1614−518		16 14 19	−51 49 12	5.8 E−11	7.7E−12	>200000		U
HESS J1616−508		16 16 24	−50 54 00	4.3 E−11	2.0E−12	>200000		N
2FGL J1620.8−4928		16 20 50	−49 28 52	2.5 E−8	1.1E−9	1000	100000	U
4U 1630−47		16 34 00	−47 23 39	2.0 E−3	9.7E−6	0.04	0.1	T
2FGL J1636.3−4740c		16 36 21	−47 40 58	1.6 E−8	±1.3E−9	1000	100000	U
MRK 501		16 53 52	+39 45 37	2.8 E−11	5.0E−12	>300000		Q
OAO 1657−415	H 1657−415	17 00 47	−41 40 23	3.7 E−3	9.7E−6	0.04	0.1	B
GX 339−4	1H 1659−487	17 02 50	−48 47 23	4.2 E−3	1.9E−5	0.04	0.1	B
4U 1700−377	V884 Sco	17 03 56	−37 50 38	1.2 E−2	9.7E−6	0.04	0.1	B
HESS J1708−443		17 08 11	−44 20 00	3.8 E−12	±8.0E−13	>1000000		U
PSR J1709−4429	2FGL J1709.7−4429	17 09 43	−44 29 08	1.9 E−7	1.7E−9	1000	100000	P
RX J1713.7−3946	G 347.3−0.5	17 13 33	−39 45 44	5.3 E−12	9 E−13	>1800000		R
GX 1+4	4U 1728−24	17 32 02	−24 44 44	4.0 E−3	9.7E−6	0.04	0.1	B
PSR J1732−3131	2FGL J1732.5−3131	17 32 32	−31 31 08	3.7 E−8	1.1E−9	1000	100000	P
PSR J1741−2054	2FGL J1741.9−2054	17 41 54	−20 54 27	1.6 E−8	±6.3E−10	1000	100000	P
1E 1740.7−2942		17 44 02	−29 43 26	3.5 E−3	9.7E−6	0.04	0.1	T
IGR J17464−3213	H 1743−32	17 45 02	−32 13 36	6.9 E−3	3.4E−5	0.04	0.1	B
Galactic Center	HESS J1745−290	17 45 40	−29 00 22	2.0 E−12	1.0E−13	>1000000		U
2FGL J1745.6−2858	3EG J1746−2851	17 45 42	−28 58 43	7.7 E−8	2.0E−9	1000	100000	U
PSR J1747−2958	2FGL J1747.1−3000	17 47 09	−30 00 50	2.5 E−8	±1.1E−9	1000	100000	P
GRO J1753+57		17 51 40	+57 10 47	5.8 E−4	1.0E−4	0.75	8	U
Swift J1753.5−0127		17 53 29	−01 27 24	6.6 E−3	1.9E−5	0.04	0.1	B
GRS 1758−258	INTEGRAL1 79	18 01 12	−25 44 36	7.2 E−3	9.7E−6	0.04	0.1	B
W28	2FGL J1801.3−2326e	18 01 22	−23 26 24	5.9 E−8	1.5E−9	1000	100000	N
PMN J1802−3940	2FGL J1802.6−3940	18 02 39	−39 40 45	1.7 E−8	±5.4E−10	1000	100000	Q
2FGL J1803.3−2148		18 03 20	−21 48 14	1.5 E−8	1.1E−9	1000	100000	U
HESS J1804−216		18 04 31	−21 42 00	5.32E−11	2.0E−12	>200000		U
W30	2FGL J1805.6−2136e	18 05 38	−21 36 42	2.9 E−8	1.4E−9	1000	100000	N
PSR J1809−2332	2FGL J1809.8−2332	18 09 52	−23 32 46	6.9 E−8	1.2E−9	1000	100000	P

Name	Alternate Name	RA	Dec.	Flux[1]	E_{low}[2]	E_{high}	Type
		h m s	° ′ ″	photons cm^{-2}s^{-1}	MeV	MeV	
PSR J1813−1246	2FGL J1813.4−1246	18 13 26	−12 46 17	2.7E−8 ±8.3 E−10	1000	100000	P
M 1812−12	4U 1812−12	18 15 12	−12 05 00	2.5E−3 1.9 E−5	0.04	0.1	B
HESS J1825−137		18 26 02	−13 45 36	3.9E−11 2.2 E−12	>200000		N
PSR J1826−1256	2FGL J1826.1−1256	18 26 08	−12 56 52	5.3E−8 1.4 E−9	1000	100000	P
LS 5039	2FGL J1826.3−1450	18 26 21	−14 50 13	2.1E−8 1.1 E−9	1000	100000	B
GS 1826−24		18 29 28	−24 48	6.4E−3 ±9.7 E−6	0.04	0.1	B
PSR J1836+5926	2FGL J1836.2+5926	18 36 16	+59 26 02	1.0E−7 1.0 E−9	1000	100000	P
2FGL J1839.0−0539		18 39 04	−05 39 21	2.9E−8 1.5 E−9	1000	100000	U
W44	2FGL J1855.9+0121e	18 55 58	+01 21 18	8.0E−8 1.8 E−9	1000	100000	R
MGRO J1908+06	HESS J1908+063	19 07 54	+06 16 07	3.8E−12 8.0 E−13	>1000000		U
PSR J1907+0602	2FGL J1907.9+0602	19 07 57	+06 02 03	3.8E−8 ±1.0 E−9	1000	100000	P
SNR G043.3−00.2	2FGL J1911.0+0905	19 11 03	+09 05 39	2.2E−8 9.1 E−10	1000	100000	N
GRS 1915+105	Nova Aql 1992	19 15 11	+10 56 45	1.2E−2 9.7 E−6	0.04	0.1	B
W51C	2FGL J1923.2+1408e	19 23 16	+14 08 42	3.9E−8 1.1 E−9	1000	100000	N
NGC 6814	QSO 1939−104	19 42 40	−10 19 12	3.2E−4 8.3 E−5	0.05	0.15	Q
J1952+3252	2FGL J1953.0+3253	19 53 00	+32 53 12	2.1E−8 ±6.5 E−10	1000	100000	P
PSR J1954+2836	2FGL J1954.3+2836	19 54 19	+28 36 33	1.7E−8 7.0 E−10	1000	100000	P
Cyg X−1	4U 1956+35	19 58 21	+35 12 00	6.6E−4 7.4 E−5	0.75	2	B
1ES 1959+650	QSO B1959+650	20 00 00	+65 08 55	4.7E−11 1.6 E−11	>180000		Q
MAGIC J2001+435	1FGL J2001.1+4351	20 01 13	+43 52 53	6.8E−10 7.0 E−11	>100000		Q
PSR J2021+3651	2FGL J2021.0+3651	20 21 05	+36 51 48	6.8E−8 ±1.2 E−9	1000	100000	P
PSR J2021+4026	2FGL J2021.5+4026	20 21 34	+40 26 26	1.2E−7 1.5 E−9	1000	100000	P
EXO 2030+375		20 32 13	+37 37 48	3.3E−3 1.9 E−5	0.04	0.1	B
PSR J2032+4127	2FGL J2032.2+4126	20 32 15	+41 26 13	2.2E−8 8.8 E−10	1000	100000	P
Cyg X−3		20 32 26	+40 57 28	6.8E−3 1.9 E−5	0.04	0.1	B
J2124.6+5057	IGR J21247+5058	21 24 39	+50 58 26	6.5E−4 ±2.9 E−5	0.04	0.1	Q
PKS 2155−304	HESS J2158−302	21 58 52	−30 13 32	1.3E−11 0.1 E−11	>300000		Q
PKS 2155−304	2FGL J2158.8−3013	21 58 52	−30 13 32	2.4E−8 5.7 E−10	1000	100000	Q
PSR J2229+6114	2FGL J2229.0+6114	22 29 04	+61 14 46	3.1E−8 6.8 E−10	1000	100000	P
3C 454.3	2FGL J2253.9+1609	22 53 59	+16 08 58	9.7E−8 1.0 E−9	1000	100000	Q
Cas A	1H 2321+585	23 23 12	+58 48 36	2.8E−4 ±6.60E−5	0.04	0.25	R

Notes to Table

[1]   Integrated flux over the low (< 100 KeV), high (100 MeV to 100 GeV), or very high (> 100 GeV) energy range; some sources are bright in multiple energy ranges.

[2]   > indicates a lower limit energy value; flux is the integral observed flux.

[3]   For SN1987A, flux is only for single observed spectral line.

B   Binary system
G   Galaxy
N   Nebula/diffuse
P   Pulsar
Q   Quasar
R   Supernova remnant
T   Transient
U   Unknown

CONTENTS OF SECTION J

NOTES

Beginning with the 1997 edition of *The Astronomical Almanac*, observatories in the General List are alphabetical first by country and then by observatory name within the country. If the country in which an observatory is located is unknown, it may be found in the Index List. Taking Ebro Observatory as an example, the Index List refers the reader to Spain, under which Ebro is listed in the General List.

Observatories in England, Northern Ireland, Scotland and Wales will be found under United Kingdom. Observatories in the United States will be found under the appropriate state, under United States of America (USA). Thus, the W.M. Keck Observatory is under USA, Hawaii. In the Index List it is listed under Keck, W.M. and W.M. Keck, with referrals to Hawaii (USA) in the General List.

The "Location" column in the General List gives the city or town associated with the observatory, sometimes with the name of the mountain on which the observatory is actually located. Since some institutions have observatories located outside of their native countries, the "Location" column indicates the locale of the observatory, but not necessarily the ownership by that country. In the "Observatory Name" column of the General List, observatories with radio instruments, infrared instruments, or laser instruments are designated with an 'R', 'I', or 'L', respectively. The height of the observatory is given, in the final column, in meters (m) above mean sea level (m.s.l.); observatories for which the height is unknown at the time of publication have a "——" in the "Height" column.

Beginning with the 2012 edition of *The Astronomical Almanac*, the General List includes observatory codes as designated by the IAU Minor Planet Center (MPC), for some observatories; these codes are given in the "MPC Code" column.

Finally, readers interested in only a subset of the observatories—for example, those from a certain country (or few countries) or those with radio (or infrared or laser) instruments—may wish to use the Observatory Search feature on *The Astronomical Almanac Online* (see below).

OBSERVATORIES, 2014

INDEX LIST

INDEX LIST

OBSERVATORIES, 2014

INDEX LIST

INDEX LIST

INDEX LIST

INDEX LIST

Observatory Name	MPC Code	Location	East Longitude	Latitude	Height (m.s.l.)
			° ′	° ′	m
Algeria					
Algiers Obs.	008	Bouzaréa	+ 3 2.10	+ 36 48.1	345
Argentina					
Argentine Radio Ast. Inst.	R	Villa Elisa	− 58 8.20	− 34 52.1	11
Córdoba Ast. Obs.	822	Córdoba	− 64 11.8	− 31 25.3	434
Córdoba Obs. Astrophys. Sta.	821	Bosque Alegre	− 64 32.8	− 31 35.9	1250
Dr. Carlos U. Cesco Sta.		San Juan/El Leoncito	− 69 19.8	− 31 48.1	2348
El Leoncito Ast. Complex	808	San Juan/El Leoncito	− 69 18.0	− 31 48.0	2552
Félix Aguilar Obs.		San Juan	− 68 37.2	− 31 30.6	700
La Plata Ast. Obs.	839	La Plata	− 57 55.9	− 34 54.5	17
National Obs. of Cosmic Physics		San Miguel	− 58 43.9	− 34 33.4	37
Naval Obs.		Buenos Aires	− 58 21.3	− 34 37.3	6
Armenia					
Byurakan Astrophysical Obs.	R 123	Yerevan/Mt. Aragatz	+ 44 17.5	+ 40 20.1	1500
Australia					
Anglo–Australian Obs.	I	Coonabarabran/Siding Spg., NSW	+ 149 04.0	− 31 16.6	1164
Australian Natl. Radio Ast. Obs.	R	Parkes, NSW	+ 148 15.7	− 33 00.0	392
CSIRO Ast. and Space Sci. (CASS)	R	Culgoora, NSW	+ 149 33.7	− 30 18.9	217
Deep Space Sta.	R	Tidbinbilla, ACT	+ 148 58.8	− 35 24.1	656
Fleurs Radio Obs.	R	Kemps Creek, NSW	+ 150 46.5	− 33 51.8	45
Molonglo Radio Obs.	R	Hoskinstown, NSW	+ 149 25.4	− 35 22.3	732
Mopra Radio Obs.	R	Coonabarabran, NSW	+ 149 06.0	− 31 16.1	866
Mount Pleasant Radio Ast. Obs.	R	Hobart, Tasmania	+ 147 26.4	− 42 48.3	43
Mount Stromlo Obs.	414	Canberra/Mt. Stromlo, ACT	+ 149 0.50	− 35 19.2	767
Perth Obs.	323	Bickley, Western Australia	+ 116 8.10	− 32 0.50	391
Riverview College Obs.		Lane Cove, NSW	+ 151 9.50	− 33 49.8	25
Siding Spring Obs.	413	Coonabarabran/Siding Spg., NSW	+ 149 3.70	− 31 16.4	1149
Austria					
Kanzelhöhe Solar Obs.		Klagenfurt/Kanzelhöhe	+ 13 54.4	+ 46 40.7	1526
Kuffner Obs.		Vienna	+ 16 17.8	+ 48 12.8	302
L. Figl Astrophysical Obs.	562	St. Corona at Schöpfl	+ 15 55.4	+ 48 05.0	890
Lustbühel Obs.	580	Graz	+ 15 29.7	+ 47 3.90	480
Purgathofer Obs.	A96	Klosterneuburg	+ 16 17.2	+ 48 17.8	399
Univ. of Graz Obs.		Graz	+ 15 27.1	+ 47 4.70	375
Urania Obs.	602	Vienna	+ 16 23.1	+ 48 12.7	193
Vienna Univ. Obs.	045	Vienna	+ 16 20.2	+ 48 13.9	241
Belgium					
Ast. and Astrophys. Inst.		Brussels	+ 4 23.0	+ 50 48.8	147
Cointe Obs.	623	Liège	+ 5 33.9	+ 50 37.1	127
Royal Obs. Radio Ast. Sta.	R	Humain	+ 5 15.3	+ 50 11.5	293
Royal Obs. of Belgium	R 012	Uccle	+ 4 21.5	+ 50 47.9	105
Brazil					
Abrahão de Moraes Obs.	R 860	Valinhos	− 46 58.0	− 23 0.10	850
Antares Ast. Obs.		Feira de Santana	− 38 57.9	− 12 15.4	256
Itapetinga Radio Obs.	R	Atibaia	− 46 33.5	− 23 11.1	806
Morro Santana Obs.		Porto Alegre	− 51 7.60	− 30 3.20	300
National Obs.	880	Rio de Janeiro	− 43 13.4	− 22 53.7	33
Pico dos Dias Obs.	874	Itajubá/Pico dos Dias	− 45 35.0	− 22 32.1	1870
Piedade Obs.		Belo Horizonte	− 43 30.7	− 19 49.3	1746
Valongo Obs.		Rio de Janeiro/Mt. Valongo	− 43 11.2	− 22 53.9	52

Observatory Name	MPC Code	Location	East Longitude	Latitude	Height (m.s.l.)
			° ′	° ′	m
Bulgaria					
Belogradchik Ast. Obs.		Belogradchik	+ 22 40.5	+ 43 37.4	650
Rozhen National Ast. Obs.	071	Rozhen	+ 24 44.6	+ 41 41.6	1759
Canada					
Algonquin Radio Obs.	R	Lake Traverse, Ontario	− 78 4.40	+ 45 57.3	260
Climenhaga Obs.	657	Victoria, British Columbia	− 123 18.5	+ 48 27.8	74
Devon Ast. Obs.		Devon, Alberta	− 113 45.5	+ 53 23.4	708
Dominion Astrophysical Obs.		Victoria, British Columbia	− 123 25.0	+ 48 31.2	238
Dominion Radio Astrophys. Obs.	R	Penticton, British Columbia	− 119 37.2	+ 49 19.2	545
Elginfield Obs.	440	London, Ontario	− 81 18.9	+ 43 11.5	323
Mont Mégantic Ast. Obs.	301	Mégantic/Mont Mégantic, Quebec	− 71 9.20	+ 45 27.3	1114
Ottawa River Solar Obs.		Ottawa, Ontario	− 75 53.6	+ 45 23.2	58
Rothney Astrophysical Obs.	I	661	Priddis, Alberta	− 114 17.3	+ 50 52.1	1272
Chile					
Cerro Calán National Ast. Obs.	806	Santiago/Cerro Calán	− 70 32.8	− 33 23.8	860
Cerro El Roble Ast. Obs.	805	Santiago/Cerro El Roble	− 71 1.20	− 32 58.9	2220
Cerro Tololo Inter–Amer. Obs.	R,I	807	La Serena/Cerro Tololo	− 70 48.9	− 30 9.90	2215
European Southern Obs.	R	809	La Serena/Cerro La Silla	− 70 43.8	− 29 15.4	2347
Gemini South Obs.		I11	La Serena/Cerro Pachón	− 70 43.4	− 30 13.7	2725
Las Campanas Obs.	304	Vallenar/Cerro Las Campanas	− 70 42.0	− 29 0.50	2282
Maipu Radio Ast. Obs.	R	Maipu	− 70 51.5	− 33 30.1	446
Manuel Foster Astrophys. Obs.		Santiago/Cerro San Cristobal	− 70 37.8	− 33 25.1	840
Paranal Obs.	309	Antofagasta/Cerro Paranal	− 70 24.2	− 24 37.5	2635
China, People's Republic of					
Beijing Normal Univ. Obs.	R	Beijing	+ 116 21.6	+ 39 57.4	70
Beijing Obs. Sta.		Tianjing	+ 117 3.50	+ 39 08.0	5
Beijing Obs. Sta.	I	327	Xinglong	+ 117 34.5	+ 40 23.7	870
Beijing Obs. Sta.	R	Miyun	+ 116 45.9	+ 40 33.4	160
Beijing Obs. Sta.	R,L	324	Shahe	+ 116 19.7	+ 40 6.10	40
Purple Mountain Obs.	R	330	Nanjing/Purple Mtn.	+ 118 49.3	+ 32 04.0	267
Shaanxi Ast. Obs.	R	Lintong	+ 109 33.1	+ 34 56.7	468
Shanghai Obs. Sta.	R	Urumqui	+ 87 10.7	+ 43 28.3	2080
Shanghai Obs. Sta.	R	Xujiahui	+ 121 25.6	+ 31 11.4	5
Shanghai Obs. Sta.	R,L	Sheshan	+ 121 11.2	+ 31 5.80	100
Wuchang Time Obs.	L	Wuhan	+ 114 20.7	+ 30 32.5	28
Yunnan Obs.	R	286	Kunming	+ 102 47.3	+ 25 1.50	1940
Colombia					
National Ast. Obs.		Bogotá	− 74 4.90	+ 4 35.9	2640
Croatia, Republic of					
Geodetical Faculty Obs.		Zagreb	+ 16 1.30	+ 45 49.5	146
Hvar Obs.		Hvar	+ 16 26.9	+ 43 10.7	238
Czech Republic					
Charles Univ. Ast. Inst.	541	Prague	+ 14 23.7	+ 50 4.60	267
Nicholas Copernicus Obs.	616	Brno	+ 16 35.0	+ 49 12.2	304
Ondřejov Obs.	R	557	Ondřejov	+ 14 47.0	+ 49 54.6	533
Prostějov Obs.		Prostějov	+ 17 9.80	+ 49 29.2	225
Valašské Meziříčí Obs.		Valašské Meziříčí	+ 17 58.5	+ 49 27.8	338

Observatory Name		MPC Code	Location	East Longitude	Latitude	Height (m.s.l.)
				° ′	° ′	m
Denmark						
Copenhagen Univ. Obs.		054	Brorfelde	+ 11 40.0	+ 55 37.5	90
Copenhagen Univ. Obs.		035	Copenhagen	+ 12 34.6	+ 55 41.2	——
Ole Rømer Obs.		155	Aarhus	+ 10 11.8	+ 56 7.70	50
Ecuador						
Quito Ast. Obs.		781	Quito	− 78 29.9	− 0 13.0	2818
Egypt						
Helwân Obs.		087	Helwân	+ 31 22.8	+ 29 51.5	116
Kottamia Obs.		088	Kottamia	+ 31 49.5	+ 29 55.9	476
Estonia						
Wilhelm Struve Astrophys. Obs.			Tartu	+ 26 28.0	+ 58 16.0	——
Finland						
European Incoh. Scatter Facility	R		Sodankylä	+ 26 37.6	+ 67 21.8	197
Metsähovi Obs.			Kirkkonummi	+ 24 23.8	+ 60 13.2	60
Metsähovi Obs. Radio Rsch. Sta.	R		Kirkkonummi	+ 24 23.6	+ 60 13.1	61
Tuorla Obs.		063	Piikkiö	+ 22 26.8	+ 60 25.0	40
Univ. of Helsinki Obs.		569	Helsinki	+ 24 57.3	+ 60 9.70	33
France						
Besançon Obs.		016	Besançon	+ 5 59.2	+ 47 15.0	312
Bordeaux Univ. Obs.	R	999	Floirac	− 0 31.7	+ 44 50.1	73
Côte d'Azur Obs.		020	Nice/Mont Gros	+ 7 18.1	+ 43 43.4	372
Côte d'Azur Obs. Calern Sta.	I,L		St. Vallier–de–Thiey	+ 6 55.6	+ 43 44.9	1270
Grenoble Obs.	R		Gap/Plateau de Bure	+ 5 54.5	+ 44 38.0	2552
Lyon Univ. Obs.		513	St. Genis Laval	+ 4 47.1	+ 45 41.7	299
Meudon Obs.		005	Meudon	+ 2 13.9	+ 48 48.3	162
Millimeter Radio Ast. Inst.	R		Gap/Plateau de Bure	+ 5 54.4	+ 44 38.0	2552
Obs. of Haute–Provence		511	Forcalquier/St. Michel	+ 5 42.8	+ 43 55.9	665
Paris Obs.		007	Paris	+ 2 20.2	+ 48 50.2	67
Paris Obs. Radio Ast. Sta.	R		Nançay	+ 2 11.8	+ 47 22.8	150
Pic du Midi Obs.		586	Bagnères–de–Bigorre	+ 0 8.70	+ 42 56.2	2861
Strasbourg Obs.		522	Strasbourg	+ 7 46.2	+ 48 35.0	142
Toulouse Univ. Obs.		004	Toulouse	+ 1 27.8	+ 43 36.7	195
Georgia						
Abastumani Astrophysical Obs.	R	119	Abastumani/Mt. Kanobili	+ 42 49.3	+ 41 45.3	1583
Germany						
Archenhold Obs.		604	Berlin	+ 13 28.7	+ 52 29.2	41
Bochum Obs.			Bochum	+ 7 13.4	+ 51 27.9	132
Central Inst. for Earth Physics			Potsdam	+ 13 04.0	+ 52 22.9	91
Einstein Tower Solar Obs.	R		Potsdam	+ 13 3.90	+ 52 22.8	100
Friedrich Schiller Univ. Obs.		032	Jena	+ 11 29.2	+ 50 55.8	356
Göttingen Univ. Obs.		528	Göttingen	+ 9 56.6	+ 51 31.8	159
Hamburg Obs.		029	Bergedorf	+ 10 14.5	+ 53 28.9	45
Hoher List Obs.		017	Daun/Hoher List	+ 6 51.0	+ 50 9.80	533
Inst. of Geodesy Ast. Obs.			Hannover	+ 9 42.8	+ 52 23.3	71
Karl Schwarzschild Obs.		033	Tautenburg	+ 11 42.8	+ 50 58.9	331
Lohrmann Obs.		040	Dresden	+ 13 52.3	+ 51 03.0	324
Max Planck Inst. for Radio Ast.	R		Effelsberg	+ 6 53.1	+ 50 31.6	369
Munich Univ. Obs.		532	Munich	+ 11 36.5	+ 48 8.70	529
Potsdam Astrophysical Obs.		042	Potsdam	+ 13 04.0	+ 52 22.9	107

Observatory Name	MPC Code	Location	East Longitude	Latitude	Height (m.s.l.)
			° ′	° ′	m
Germany, cont.					
Remeis Obs.	521	Bamberg	+ 10 53.4	+ 49 53.1	288
Schauinsland Obs.		Freiburg/Schauinsland Mtn.	+ 7 54.4	+ 47 54.9	1240
Sonneberg Obs.	031	Sonneberg	+ 11 11.5	+ 50 22.7	640
State Obs.	024	Heidelberg/Königstuhl	+ 8 43.3	+ 49 23.9	570
Stockert Radio Obs. R		Eschweiler	+ 6 43.4	+ 50 34.2	435
Stuttgart Obs.		Welzheim	+ 9 35.8	+ 48 52.5	547
Swabian Obs.	025	Stuttgart	+ 9 11.8	+ 48 47.0	354
Tremsdorf Radio Ast. Obs. R		Tremsdorf	+ 13 8.20	+ 52 17.1	35
Tübingen Univ. Ast. Obs.		Tübingen	+ 9 3.50	+ 48 32.3	470
Wendelstein Solar Obs.	230	Brannenburg	+ 12 0.80	+ 47 42.5	1838
Wilhelm Foerster Obs.	544	Berlin	+ 13 21.2	+ 52 27.5	78
Greece					
Kryonerion Ast. Obs.		Kiáton/Mt. Killini	+ 22 37.3	+ 37 58.4	905
National Obs. Sta. R		Pentele	+ 23 51.8	+ 38 2.90	509
National Obs. of Athens	066	Athens	+ 23 43.2	+ 37 58.4	110
Stephanion Obs.		Stephanion	+ 22 49.7	+ 37 45.3	800
Univ. of Thessaloníki Obs.		Thessaloníki	+ 22 57.5	+ 40 37.0	28
Greenland					
Incoherent Scatter Facility R		Søndre Strømfjord	− 50 57.0	+ 66 59.2	180
Hungary					
Heliophysical Obs.		Debrecen	+ 21 37.4	+ 47 33.6	132
Heliophysical Obs. Sta.		Gyula	+ 21 16.2	+ 46 39.2	135
Konkoly Obs.	053	Budapest	+ 18 57.9	+ 47 30.0	474
Konkoly Obs. Sta.	561	Piszkéstetö	+ 19 53.7	+ 47 55.1	958
Urania Obs.		Budapest	+ 19 3.90	+ 47 29.1	166
India					
Aryabhatta Res. Inst. of Obs. Sci.		Naini Tal/Manora Peak	+ 79 27.4	+ 29 21.7	1927
Gauribidanur Radio Obs. R		Gauribidanur	+ 77 26.1	+ 13 36.2	686
Gurushikhar Infrared Obs. I		Abu	+ 72 46.8	+ 24 39.1	1700
Indian Ast. Obs.		Hanle/Mt. Saraswati	+ 78 57.9	+ 32 46.8	4467
Japal–Rangapur Obs. R	219	Japal	+ 78 43.7	+ 17 5.90	695
Kodaikanal Solar Obs.		Kodaikanal	+ 77 28.1	+ 10 13.8	2343
National Centre for Radio Aph.		Khodad	+ 74 03.0	+ 19 06.0	650
Nizamiah Obs.		Hyderabad	+ 78 27.2	+ 17 25.9	554
Radio Ast. Center R		Udhagamandalam (Ooty)	+ 76 40.0	+ 11 22.9	2150
Vainu Bappu Obs.	220	Kavalur	+ 78 49.6	+ 12 34.6	725
Indonesia					
Bosscha Obs.	299	Lembang (Java)	+ 107 37.0	− 6 49.5	1300
Ireland					
Dunsink Obs.	982	Castleknock	− 6 20.2	+ 53 23.3	85
Israel					
Florence and George Wise Obs.	097	Mitzpe Ramon/Mt. Zin	+ 34 45.8	+ 30 35.8	874
Italy					
Arcetri Astrophysical Obs.	030	Arcetri	+ 11 15.3	+ 43 45.2	184
Asiago Astrophysical Obs.	043	Asiago	+ 11 31.7	+ 45 51.7	1045
Bologna Univ. Obs.	598	Loiano	+ 11 20.2	+ 44 15.5	785
Brera–Milan Ast. Obs.	096	Merate	+ 9 25.7	+ 45 42.0	340

Observatory Name	MPC Code	Location	East Longitude	Latitude	Height (m.s.l.)
			° ′	° ′	m
Italy, cont.					
Brera–Milan Ast. Obs.	027	Milan	+ 9 11.5	+ 45 28.0	146
Cagliari Ast. Obs.	L	Capoterra	+ 8 58.6	+ 39 8.20	205
Capodimonte Ast. Obs.	044	Naples	+ 14 15.3	+ 40 51.8	150
Catania Astrophysical Obs.	156	Catania	+ 15 5.20	+ 37 30.2	47
Catania Obs. Stellar Sta.		Catania/Serra la Nave	+ 14 58.4	+ 37 41.5	1735
Chaonis Obs.	567	Chions	+ 12 42.7	+ 45 50.6	15
Collurania Ast. Obs.	037	Teramo	+ 13 44.0	+ 42 39.5	388
Damecuta Obs.		Anacapri	+ 14 11.8	+ 40 33.5	137
International Latitude Obs.		Carloforte	+ 8 18.7	+ 39 8.20	22
Medicina Radio Ast. Sta.	R	Medicina	+ 11 38.7	+ 44 31.2	44
Mount Ekar Obs.	098	Asiago/Mt. Ekar	+ 11 34.3	+ 45 50.6	1350
Padua Ast. Obs.	533	Padua	+ 11 52.3	+ 45 24.0	38
Palermo Univ. Ast. Obs.	535	Palermo	+ 13 21.5	+ 38 6.70	72
Rome Obs.	034	Rome/Monte Mario	+ 12 27.1	+ 41 55.3	152
San Vittore Obs.	552	Bologna	+ 11 20.5	+ 44 28.1	280
Trieste Ast. Obs.	R A82	Trieste	+ 13 52.5	+ 45 38.5	400
Turin Ast. Obs.	022	Pino Torinese	+ 7 46.5	+ 45 2.30	622
Japan					
Dodaira Obs.	L 387	Tokyo/Mt. Dodaira	+ 139 11.8	+ 36 0.20	879
Hida Obs.		Kamitakara	+ 137 18.5	+ 36 14.9	1276
Hiraiso Solar Terr. Rsch. Center	R	Nakaminato	+ 140 37.5	+ 36 22.0	27
Kagoshima Space Center	R	Uchinoura	+ 131 04.0	+ 31 13.7	228
Kashima Space Research Center	R	Kashima	+ 140 39.8	+ 35 57.3	32
Kiso Obs.	381	Kiso	+ 137 37.7	+ 35 47.6	1130
Kwasan Obs.	377	Kyoto	+ 135 47.6	+ 34 59.7	221
Kyoto Univ. Ast. Dept. Obs.		Kyoto	+ 135 47.2	+ 35 1.70	86
Kyoto Univ. Physics Dept. Obs.		Kyoto	+ 135 47.2	+ 35 1.70	80
Mizusawa Astrogeodynamics Obs.		Mizusawa	+ 141 7.90	+ 39 8.10	61
Nagoya Univ. Fujigane Sta.	R	Kamiku Isshiki	+ 138 36.7	+ 35 25.6	1015
Nagoya Univ. Radio Ast. Lab.	R	Nagoya	+ 136 58.4	+ 35 8.90	75
Nagoya Univ. Sugadaira Sta.	R	Toyokawa	+ 138 19.3	+ 36 31.2	1280
Nagoya Univ. Toyokawa Sta.	R	Toyokawa	+ 137 22.2	+ 34 50.1	25
National Ast. Obs.	R 388	Mitaka	+ 139 32.5	+ 35 40.3	58
Nobeyama Cosmic Radio Obs.	R	Nobeyama	+ 138 29.0	+ 35 56.0	1350
Nobeyama Solar Radio Obs.	R	Nobeyama	+ 138 28.8	+ 35 56.3	1350
Norikura Solar Obs.	I 382	Matsumoto/Mt. Norikura	+ 137 33.3	+ 36 6.80	2876
Okayama Astrophysical Obs.	371	Kurashiki/Mt. Chikurin	+ 133 35.8	+ 34 34.4	372
Sendai Ast. Obs.	D93	Sendai	+ 140 51.9	+ 38 15.4	45
Simosato Hydrographic Obs.	R,L	Simosato	+ 135 56.4	+ 33 34.5	63
Sirahama Hydrographic Obs.		Sirahama	+ 138 59.3	+ 34 42.8	172
Tohoku Univ. Obs.		Sendai	+ 140 50.6	+ 38 15.4	153
Tokyo Hydrographic Obs.		Tokyo	+ 139 46.2	+ 35 39.7	41
Toyokawa Obs.	R	Toyokawa	+ 137 22.3	+ 34 50.2	18
Kazakhstan					
Mountain Obs.	210	Alma–Ata	+ 76 57.4	+ 43 11.3	1450
Korea, Republic of					
Bohyunsan Optical Ast. Obs.	344	Youngchun/Mt. Bohyun	+ 128 58.6	+ 36 10.0	1127
Daeduk Radio Ast. Obs.	R	Taejeon	+ 127 22.3	+ 36 23.9	120
Korea Ast. Obs.		Taejeon	+ 127 22.3	+ 36 23.9	120
Sobaeksan Ast. Obs.	245	Danyang	+ 128 27.4	+ 36 56.0	1390

Observatory Name		MPC Code	Location	East Longitude	Latitude	Height (m.s.l.)
				° ′	° ′	m
Latvia						
Latvian State Univ. Ast. Obs.	L		Riga	+ 24 07.0	+ 56 57.1	39
Riga Radio–Astrophysical Obs.	R		Riga	+ 24 24.0	+ 56 47.0	75
Lithuania						
Moletai Ast. Obs.		152	Moletai	+ 25 33.8	+ 55 19.0	220
Vilnius Ast. Obs.		570	Vilnius	+ 25 17.2	+ 54 41.0	122
Mexico						
Guillermo Haro Astrophys. Obs.			Cananea/La Mariquita Mtn.	− 110 23.0	+ 31 3.20	2480
Large Millimeter Telescope (LMT)	R		Sierra Negra	− 97 18.9	+ 18 59.1	4600
National Ast. Obs.			San Felipe (Baja California)	− 115 27.8	+ 31 2.60	2830
National Ast. Obs.	R		Tonantzintla	− 98 18.8	+ 19 02.0	2150
Univ. Guanajuato Obs.			Mineral de La Luz (Guanajuato)	− 101 19.5	+ 21 3.20	2420
Netherlands						
Catholic Univ. Ast. Inst.			Nijmegen	+ 5 52.1	+ 51 49.5	62
Dwingeloo Radio Obs.	R		Dwingeloo	+ 6 23.8	+ 52 48.8	25
Kapteyn Obs.			Roden	+ 6 26.6	+ 53 7.70	12
Leiden Obs.		013	Leiden	+ 4 29.1	+ 52 9.30	12
Simon Stevin Obs.	R	505	Hoeven	+ 4 33.8	+ 51 34.0	9
Sonnenborgh Obs.		015	Utrecht	+ 5 7.80	+ 52 5.20	14
Westerbork Radio Ast. Obs.	R		Westerbork	+ 6 36.3	+ 52 55.0	16
New Zealand						
Auckland Obs.		467	Auckland	+ 174 46.7	− 36 54.4	80
Carter Obs.		485	Wellington	+ 174 46.0	− 41 17.2	129
Carter Obs. Sta.		483	Blenheim/Black Birch	+ 173 48.2	− 41 44.9	1396
Mount John Univ. Obs.		474	Lake Tekapo/Mt. John	+ 170 27.9	− 43 59.2	1027
Norway						
European Incoh. Scatter Facility	R		Tromsø	+ 19 31.2	+ 69 35.2	85
Skibotn Ast. Obs.		093	Skibotn	+ 20 21.9	+ 69 20.9	157
Philippine Islands						
Manila Obs.	R		Quezon City	+ 121 4.60	+ 14 38.2	58
Pagasa Ast. Obs.			Quezon City	+ 121 4.30	+ 14 39.2	70
Poland						
Astronomical Latitude Obs.	L	187	Borowiec	+ 17 4.50	+ 52 16.6	80
Jagellonian Obs. Ft. Skala Sta.	R		Cracow	+ 19 49.6	+ 50 3.30	314
Jagellonian Univ. Ast. Obs.		055	Cracow	+ 19 57.6	+ 50 3.90	225
Mount Suhora Obs.			Koninki/Mt. Suhora	+ 20 04.0	+ 49 34.2	1000
Piwnice Ast. Obs.	R	092	Piwnice	+ 18 33.4	+ 53 5.70	100
Poznań Univ. Ast. Obs.	L	047	Poznań	+ 16 52.7	+ 52 23.8	85
Warsaw Univ. Ast. Obs.		060	Ostrowik	+ 21 25.2	+ 52 5.40	138
Wroclaw Univ. Ast. Obs.			Wroclaw	+ 17 5.30	+ 51 6.70	115
Wroclaw Univ. Bialkow Sta.			Wasosz	+ 16 39.6	+ 51 28.5	140
Portugal						
Coimbra Ast. Obs.			Coimbra	− 8 25.8	+ 40 12.4	99
Lisbon Ast. Obs.		971	Lisbon	− 9 11.2	+ 38 42.7	111
Prof. Manuel de Barros Obs.	R		Vila Nova de Gaia	− 8 35.3	+ 41 6.50	232

Observatory Name	MPC Code	Location	East Longitude	Latitude	Height (m.s.l.)
			° ′	° ′	m
Puerto Rico					
Arecibo Obs.	R 251	Arecibo	− 66 45.2	+ 18 20.6	496
Romania					
Bucharest Ast. Obs.	073	Bucharest	+ 26 5.80	+ 44 24.8	81
Cluj–Napoca Ast. Obs.		Cluj–Napoca	+ 23 35.9	+ 46 42.8	750
Russia					
Engelhardt Ast. Obs.	136	Kazan	+ 48 48.9	+ 55 50.3	98
Irkutsk Ast. Obs.		Irkutsk	+ 104 20.7	+ 52 16.7	468
Kaliningrad Univ. Obs.	058	Kaliningrad	+ 20 29.7	+ 54 42.8	24
Kazan Univ. Obs.	135	Kazan	+ 49 7.30	+ 55 47.4	79
Pulkovo Obs.	R 084	Pulkovo	+ 30 19.6	+ 59 46.4	75
Pulkovo Obs. Sta.		Kislovodsk/Shat Jat Mass Mtn.	+ 42 31.8	+ 43 44.0	2130
Sayan Mtns. Radiophys. Obs.		Sayan Mountains	+ 102 12.5	+ 51 45.5	832
Special Astrophysical Obs.	R 115	Zelenchukskaya/Pasterkhov Mtn.	+ 41 26.5	+ 43 39.2	2100
St. Petersburg Univ. Obs.		St. Petersburg	+ 30 17.7	+ 59 56.5	3
Sternberg State Ast. Inst.	105	Moscow	+ 37 32.7	+ 55 42.0	195
Tomsk Univ. Obs.	236	Tomsk	+ 84 56.8	+ 56 28.1	130
Serbia					
Belgrade Ast. Obs.	057	Belgrade	+ 20 30.8	+ 44 48.2	253
Slovakia					
Lomnický Štít Coronal Obs.	059	Poprad/Mt. Lomnický Štít	+ 20 13.2	+ 49 11.8	2632
Skalnaté Pleso Obs.	056	Poprad	+ 20 14.7	+ 49 11.3	1783
Slovak Technical Univ. Obs.		Bratislava	+ 17 7.20	+ 48 9.30	171
South Africa, Republic of					
Boyden Obs.	074	Mazelspoort	+ 26 24.3	− 29 2.30	1387
Hartebeeshoek Radio Ast. Obs.	R	Hartebeeshoek	+ 27 41.1	− 25 53.4	1391
Leiden Obs. Southern Sta.	081	Hartebeespoort	+ 27 52.6	− 25 46.4	1220
South African Ast. Obs.	051	Cape Town	+ 18 28.7	− 33 56.1	18
South African Ast. Obs. Sta.		Sutherland	+ 20 48.7	− 32 22.7	1771
Southern African Large Telescope	B31	Sutherland	+ 20 48.6	− 32 22.8	1798
Spain					
Deep Space Sta.	R	Cebreros	− 4 22.0	+ 40 27.3	789
Deep Space Sta.	R	Robledo	− 4 14.9	+ 40 25.8	774
Ebro Obs.	R	Roquetas	+ 0 29.6	+ 40 49.2	50
German Spanish Ast. Center		Gérgal/Calar Alto Mtn.	− 2 32.2	+ 37 13.8	2168
Millimeter Radio Ast. Inst.	R	Granada/Pico Veleta	− 3 24.0	+ 37 4.10	2870
National Ast. Obs.	990	Madrid	− 3 41.1	+ 40 24.6	670
National Obs. Ast. Center	R 491	Yebes	− 3 06.0	+ 40 31.5	914
Naval Obs.	L	San Fernando	− 6 12.2	+ 36 28.0	27
Ramon Maria Aller Obs.		Santiago de Compostela	− 8 33.6	+ 42 52.5	240
Roque de los Muchachos Obs.		La Palma Island (Canaries)	− 17 52.9	+ 28 45.6	2326
Teide Obs.	R,I	Tenerife Island (Canaries)	− 16 29.8	+ 28 17.5	2395
Sweden					
European Incoh. Scatter Facility	R	Kiruna	+ 20 26.1	+ 67 51.6	418
Kvistaberg Obs.	049	Bro	+ 17 36.4	+ 59 30.1	33
Lund Obs.	039	Lund	+ 13 11.2	+ 55 41.9	34
Lund Obs. Jävan Sta.		Björnstorp	+ 13 26.0	+ 55 37.4	145
Onsala Space Obs.	R	Onsala	+ 11 55.1	+ 57 23.6	24
Stockholm Obs.	052	Saltsjöbaden	+ 18 18.5	+ 59 16.3	60

Observatory Name	MPC Code	Location	East Longitude	Latitude	Height (m.s.l.)
			° ′	° ′	m
Switzerland					
Arosa Astrophysical Obs.		Arosa	+ 9 40.1	+ 46 47.0	2050
Basle Univ. Ast. Inst.		Binningen	+ 7 35.0	+ 47 32.5	318
Cantonal Obs.	019	Neuchâtel	+ 6 57.5	+ 46 59.9	488
Geneva Obs.	517	Sauverny	+ 6 8.20	+ 46 18.4	465
Gornergrat North & South Obs.	R,I	Zermatt/Gornergrat	+ 7 47.1	+ 45 59.1	3135
High Alpine Research Obs.		Mürren/Jungfraujoch	+ 7 59.1	+ 46 32.9	3576
Inst. of Solar Research (IRSOL)		Locarno	+ 8 47.4	+ 46 10.7	500
Specola Solar Obs.		Locarno	+ 8 47.4	+ 46 10.4	365
Swiss Federal Obs.		Zürich	+ 8 33.1	+ 47 22.6	469
Univ. of Lausanne Obs.		Chavannes–des–Bois	+ 6 8.20	+ 46 18.4	465
Zimmerwald Obs.	026	Zimmerwald	+ 7 27.9	+ 46 52.6	929
Tadzhikistan					
Inst. of Astrophysics	191	Dushanbe	+ 68 46.9	+ 38 33.7	820
Taiwan (Republic of China)					
National Central Univ. Obs.		Chung–li	+ 121 11.2	+ 24 58.2	152
Taipei Obs.		Taipei	+ 121 31.6	+ 25 4.70	31
Turkey					
Ege Univ. Obs.		Bornova	+ 27 16.5	+ 38 23.9	795
Istanbul Univ. Obs.	080	Istanbul	+ 28 57.9	+ 41 0.70	65
Kandilli Obs.		Istanbul	+ 29 3.70	+ 41 3.80	120
Tübitak National Obs.	A84	Antalya/Mt. Bakirlitepe	+ 30 20.1	+ 36 49.5	2515
Univ. of Ankara Obs.	R	Ankara	+ 32 46.8	+ 39 50.6	1266
Çanakkale Univ. Obs.		Ulupinar/Çanakkale	+ 26 28.5	+ 40 06.0	410
Ukraine					
Crimean Astrophysical Obs.		Partizanskoye	+ 34 01.0	+ 44 43.7	550
Crimean Astrophysical Obs.	R 094	Simeis	+ 34 01.0	+ 44 32.1	676
Inst. of Radio Ast.	R	Kharkov	+ 36 56.0	+ 49 38.0	150
Kharkov Univ. Ast. Obs.	101	Kharkov	+ 36 13.9	+ 50 0.20	138
Kiev Univ. Obs.	085	Kiev	+ 30 29.9	+ 50 27.2	184
Lvov Univ. Obs.	067	Lvov	+ 24 1.80	+ 49 50.0	330
Main Ast. Obs.		Kiev	+ 30 30.4	+ 50 21.9	188
Nikolaev Ast. Obs.	089	Nikolaev	+ 31 58.5	+ 46 58.3	54
Odessa Obs.	086	Odessa	+ 30 45.5	+ 46 28.6	60
United Kingdom					
Armagh Obs.	981	Armagh, Northern Ireland	− 6 38.9	+ 54 21.2	64
Cambridge Univ. Obs.	503	Cambridge, England	+ 0 5.70	+ 52 12.8	30
Chilbolton Obs.	R	Chilbolton, England	− 1 26.2	+ 51 8.70	92
City Obs.	961	Edinburgh, Scotland	− 3 10.8	+ 55 57.4	107
Godlee Obs.		Manchester, England	− 2 14.0	+ 53 28.6	77
Jodrell Bank Obs.	R	Macclesfield, England	− 2 18.4	+ 53 14.2	78
Mills Obs.		Dundee, Scotland	− 3 0.70	+ 56 27.9	152
Mullard Radio Ast. Obs.	R	Cambridge, England	+ 0 2.60	+ 52 10.2	17
Royal Obs. Edinburgh		Edinburgh, Scotland	− 3 11.0	+ 55 55.5	146
Satellite Laser Ranger Group	L 501	Herstmonceux, England	+ 0 20.3	+ 50 52.0	31
Univ. of Glasgow Obs.		Glasgow, Scotland	− 4 18.3	+ 55 54.1	53
Univ. of London Obs.	998	Mill Hill, England	− 0 14.4	+ 51 36.8	81
Univ. of St. Andrews Obs.		St. Andrews, Scotland	− 2 48.9	+ 56 20.2	30

Observatory Name	MPC Code	Location	East Longitude	Latitude	Height (m.s.l.)
			° ′	° ′	m
United States of America					
Alabama					
Univ. of Alabama Obs.		Tuscaloosa	− 87 32.5	+ 33 12.6	87
Arizona					
Fred L. Whipple Obs.	696	Amado/Mt. Hopkins	− 110 52.6	+ 31 40.9	2344
Kitt Peak National Obs.	695	Tucson/Kitt Peak	− 111 36.0	+ 31 57.8	2120
Lowell Obs.	690	Flagstaff	− 111 39.9	+ 35 12.2	2219
Lowell Obs. Sta.	688	Flagstaff/Anderson Mesa	− 111 32.2	+ 35 5.80	2200
MMT Obs.		Amado/Mt. Hopkins	− 110 53.1	+ 31 41.3	2608
McGraw–Hill Obs.	697	Tucson/Kitt Peak	− 111 37.0	+ 31 57.0	1925
Mount Lemmon Infrared Obs. I	686	Tucson/Mt. Lemmon	− 110 47.5	+ 32 26.5	2776
National Radio Ast. Obs. R		Tucson/Kitt Peak	− 111 36.9	+ 31 57.2	1939
Northern Arizona Univ. Obs.	687	Flagstaff	− 111 39.2	+ 35 11.1	2110
Steward Obs.	692	Tucson	− 110 56.9	+ 32 14.0	757
Steward Obs. Catalina Sta.		Tucson/Mt. Bigelow	− 110 43.9	+ 32 25.0	2510
Steward Obs. Catalina Sta.		Tucson/Mt. Lemmon	− 110 47.3	+ 32 26.6	2790
Steward Obs. Catalina Sta.		Tucson/Tumamoc Hill	− 111 0.30	+ 32 12.8	950
Steward Obs. Sta.	691	Tucson/Kitt Peak	− 111 36.0	+ 31 57.8	2071
Submillimeter Telescope Obs. R		Safford/Mt. Graham	− 109 53.5	+ 32 42.1	3190
U.S. Naval Obs. Sta.	689	Flagstaff	− 111 44.4	+ 35 11.0	2316
Vatican Obs. Research Group I	290	Safford/Mt. Graham	− 109 53.5	+ 32 42.1	3181
Warner and Swasey Obs. Sta.		Tucson/Kitt Peak	− 111 35.9	+ 31 57.6	2084
California					
Big Bear Solar Obs.		Big Bear City	− 116 54.9	+ 34 15.2	2067
Chabot Space & Science Center	G58	Oakland	− 122 10.9	+ 37 49.1	476
Goldstone Complex R	252	Fort Irwin	− 116 50.9	+ 35 23.4	1036
Griffith Obs.		Los Angeles	− 118 17.9	+ 34 7.10	357
Hat Creek Radio Ast. Obs. R		Cassel	− 121 28.4	+ 40 49.1	1043
Leuschner Obs.	660	Lafayette	− 122 9.40	+ 37 55.1	304
Lick Obs.	662	San Jose/Mt. Hamilton	− 121 38.2	+ 37 20.6	1290
MIRA Oliver Observing Sta.		Monterey/Chews Ridge	− 121 34.2	+ 36 18.3	1525
Mount Laguna Obs. L		Mount Laguna	− 116 25.6	+ 32 50.4	1859
Mount Wilson Obs. R	672	Pasadena/Mt. Wilson	− 118 3.60	+ 34 13.0	1742
Owens Valley Radio Obs. R		Big Pine	− 118 16.9	+ 37 13.9	1236
Palomar Obs.	675	Palomar Mtn.	− 116 51.8	+ 33 21.4	1706
Radio Ast. Inst. R		Stanford	− 122 11.3	+ 37 23.9	80
SRI Radio Ast. Obs. R		Stanford	− 122 10.6	+ 37 24.3	168
San Fernando Obs. R		San Fernando	− 118 29.5	+ 34 18.5	371
Stanford Center for Radar Ast. R		Palo Alto	− 122 10.7	+ 37 27.5	172
Table Mountain Obs.	673	Wrightwood	− 117 40.9	+ 34 22.9	2285
Colorado					
Chamberlin Obs.	708	Denver	− 104 57.2	+ 39 40.6	1644
Chamberlin Obs. Sta.	707	Bailey/Dick Mtn.	− 105 26.2	+ 39 25.6	2675
Meyer–Womble Obs.		Georgetown/Mt. Evans	− 105 38.4	+ 39 35.2	4305
Sommers–Bausch Obs.	463	Boulder	− 105 15.8	+ 40 0.20	1653
Tiara Obs.		South Park	− 105 31.0	+ 38 58.2	2679
U.S. Air Force Academy Obs.	712	Colorado Springs	− 104 52.5	+ 39 0.40	2187
Connecticut					
John J. McCarthy Obs.	932	New Milford	− 73 25.6	+ 41 31.6	79
Van Vleck Obs.	298	Middletown	− 72 39.6	+ 41 33.3	65
Western Conn. State Univ. Obs.		Danbury	− 73 26.7	+ 41 24.0	128
Delaware					
Mount Cuba Ast. Obs.	788	Greenville	− 75 38.0	+ 39 47.1	92
District of Columbia					
Naval Rsch. Lab. Radio Ast. Obs. R		Washington	− 77 1.60	+ 38 49.3	30
U.S. Naval Obs.	786	Washington	− 77 04.0	+ 38 55.3	92

Observatory Name	MPC Code	Location	East Longitude	Latitude	Height (m.s.l.)
			° ′	° ′	m
USA, cont.					
Florida					
Brevard Community College Obs.	758	Cocoa	− 80 45.7	+ 28 23.1	17
Rosemary Hill Obs.	831	Bronson	− 82 35.2	+ 29 24.0	44
Univ. of Florida Radio Obs.	R	Old Town	− 83 2.10	+ 29 31.7	8
Georgia					
Bradley Obs.		Decatur	− 84 17.6	+ 33 45.9	316
Emory Univ. Obs.		Atlanta	− 84 19.6	+ 33 47.4	310
Fernbank Obs.		Atlanta	− 84 19.1	+ 33 46.7	320
Hard Labor Creek Obs.		Rutledge	− 83 35.6	+ 33 40.2	223
Hawaii					
C.E.K. Mees Solar Obs.		Kahului/Haleakala, Maui	− 156 15.4	+ 20 42.4	3054
Caltech Submillimeter Obs.	R	Hilo/Mauna Kea, Hawaii	− 155 28.5	+ 19 49.3	4072
Canada–France–Hawaii Tel. Corp.	I	Hilo/Mauna Kea, Hawaii	− 155 28.1	+ 19 49.5	4204
Gemini North Obs.		Hilo/Mauna Kea, Hawaii	− 155 28.1	+ 19 49.4	4213
Joint Astronomy Centre	R,I	Hilo/Mauna Kea, Hawaii	− 155 28.2	+ 19 49.3	4198
LURE Obs.	L	Kahului/Haleakala, Maui	− 156 15.5	+ 20 42.6	3049
Mauna Kea Obs.	I	568	Hilo/Mauna Kea, Hawaii	− 155 28.2	+ 19 49.4	4214
Mauna Loa Solar Obs.		Hilo/Mauna Loa, Hawaii	− 155 34.6	+ 19 32.1	3440
Subaru Tel.		Hilo/Mauna Kea, Hawaii	− 155 28.6	+ 19 49.5	4163
Submillimeter Array (SMA)	R	Hilo/Mauna Kea, Hawaii	− 155 28.7	+ 19 49.5	4080
W.M. Keck Obs.		917	Hilo/Mauna Kea, Hawaii	− 155 28.5	+ 19 49.6	4160
Illinois					
Dearborn Obs.	756	Evanston	− 87 40.5	+ 42 3.40	195
Indiana					
Goethe Link Obs.	760	Brooklyn	− 86 23.7	+ 39 33.0	300
Iowa					
Erwin W. Fick Obs.		Boone	− 93 56.5	+ 42 0.30	332
Grant O. Gale Obs.		Grinnell	− 92 43.2	+ 41 45.4	318
North Liberty Radio Obs.	R	North Liberty	− 91 34.5	+ 41 46.3	241
Univ. of Iowa Obs.		Riverside	− 91 33.6	+ 41 30.9	221
Kansas					
Clyde W. Tombaugh Obs.		Lawrence	− 95 15.0	+ 38 57.6	323
Zenas Crane Obs.		Topeka	− 95 41.8	+ 39 2.20	306
Kentucky					
Moore Obs.		Brownsboro	− 85 31.8	+ 38 20.1	216
Maryland					
GSFC Optical Test Site		Greenbelt	− 76 49.6	+ 39 1.30	53
Maryland Point Obs.	R	Riverside	− 77 13.9	+ 38 22.4	20
Univ. of Maryland Obs.	R	College Park	− 76 57.4	+ 39 0.10	53
Massachusetts					
Clay Center	I01	Brookline	− 71 08.0	+ 42 20.0	47
Five College Radio Ast. Obs.	R	New Salem	− 72 20.7	+ 42 23.5	314
George R. Wallace Jr. Aph. Obs.	810	Westford	− 71 29.1	+ 42 36.6	107
Harvard–Smithsonian Ctr. for Aph.	R	802	Cambridge	− 71 7.80	+ 42 22.8	24
Haystack Obs.	R	254	Westford	− 71 29.3	+ 42 37.4	146
Hopkins Obs.	R	Williamstown	− 73 12.1	+ 42 42.7	215
Judson B. Coit Obs.		Boston	− 71 6.30	+ 42 21.0	——
Maria Mitchell Obs.	811	Nantucket	− 70 6.30	+ 41 16.8	20
Millstone Hill Atm. Sci. Fac.	R	Westford	− 71 29.7	+ 42 36.6	146
Millstone Hill Radar Obs.	R	Westford	− 71 29.5	+ 42 37.0	156
Oak Ridge Obs.	R	Harvard	− 71 33.5	+ 42 30.3	185
Sagamore Hill Radio Obs.	R	Hamilton	− 70 49.3	+ 42 37.9	53
Westford Antenna Facility	R	Westford	− 71 29.7	+ 42 36.8	115
Whitin Obs.		Wellesley	− 71 18.2	+ 42 17.7	32

Observatory Name	MPC Code	Location	East Longitude	Latitude	Height (m.s.l.)
			° ′	° ′	m
USA, cont.					
Michigan					
Brooks Obs.	746	Mount Pleasant	− 84 46.5	+ 43 35.3	258
Michigan State Univ. Obs.	766	East Lansing	− 84 29.0	+ 42 42.4	274
Univ. of Mich. Radio Ast. Obs.	R	Dexter	− 83 56.2	+ 42 23.9	345
Minnesota					
O'Brien Obs.		Marine–on–St. Croix	− 92 46.6	+ 45 10.9	308
Missouri					
Morrison Obs.		Fayette	− 92 41.8	+ 39 9.10	228
Nebraska					
Behlen Obs.		Mead	− 96 26.8	+ 41 10.3	362
Nevada					
MacLean Obs.		Incline Village	− 119 55.7	+ 39 17.7	2546
New Hampshire					
Shattuck Obs.		Hanover	− 72 17.0	+ 43 42.3	183
New Jersey					
Crawford Hill Obs.	R	Holmdel	− 74 11.2	+ 40 23.5	114
FitzRandolph Obs.	785	Princeton	− 74 38.8	+ 40 20.7	43
New Mexico					
Apache Point Obs.	705	Sunspot	− 105 49.2	+ 32 46.8	2781
Capilla Peak Obs.		Albuquerque/Capilla Peak	− 106 24.3	+ 34 41.8	2842
Corralitos Obs.		Las Cruces	− 107 2.60	+ 32 22.8	1453
Joint Obs. for Cometary Research	702	Socorro/South Baldy Peak	− 107 11.3	+ 33 59.1	3235
National Radio Ast. Obs.	R	Socorro	− 107 37.1	+ 34 4.70	2124
National Solar Obs.		Sunspot	− 105 49.2	+ 32 47.2	2811
New Mexico State Univ. Obs. Sta.		Las Cruces/Blue Mesa	− 107 9.90	+ 32 29.5	2025
New Mexico State Univ. Obs. Sta.		Las Cruces/Tortugas Mtn.	− 106 41.8	+ 32 17.6	1505
New York					
C.E. Kenneth Mees Obs.		Bristol Springs	− 77 24.5	+ 42 42.0	701
Hartung–Boothroyd Obs.	H81	Ithaca	− 76 23.1	+ 42 27.5	534
Reynolds Obs.	H91	Potsdam	− 74 57.1	+ 44 40.7	140
Rutherfurd Obs.	795	New York	− 73 57.5	+ 40 48.6	25
Syracuse Univ. Obs.		Syracuse	− 76 8.30	+ 43 2.20	160
North Carolina					
Dark Sky Obs.		Boone	− 81 24.7	+ 36 15.1	926
Morehead Obs.		Chapel Hill	− 79 03.0	+ 35 54.8	161
Pisgah Ast. Rsch. Inst. (PARI)		Rosman	− 82 52.3	+ 35 12.0	892
Three College Obs.		Saxapahaw	− 79 24.4	+ 35 56.7	183
Ohio					
Cincinnati Obs.	765	Cincinnati	− 84 25.4	+ 39 8.30	247
Nassau Ast. Obs.	774	Montville	− 81 4.50	+ 41 35.5	390
Perkins Obs.	H69	Delaware	− 83 3.30	+ 40 15.1	280
Ritter Obs.		Toledo	− 83 36.8	+ 41 39.7	201
Pennsylvania					
Allegheny Obs.	778	Pittsburgh	− 80 1.30	+ 40 29.0	380
Black Moshannon Obs.		State College/Rattlesnake Mtn.	− 78 0.30	+ 40 55.3	738
Bucknell Univ. Obs.		Lewisburg	− 76 52.9	+ 40 57.1	170
Kutztown Univ. Obs.		Kutztown	− 75 47.1	+ 40 30.9	158
Sproul Obs.		Swarthmore	− 75 21.4	+ 39 54.3	63
Strawbridge Obs.	R 437	Haverford	− 75 18.2	+ 40 0.70	116
The Franklin Inst. Obs.		Philadelphia	− 75 10.4	+ 39 57.5	30
Villanova Univ. Obs.	R	Villanova	− 75 20.5	+ 40 2.40	——
Rhode Island					
Ladd Obs.		Providence	− 71 24.0	+ 41 50.3	69

Observatory Name	MPC Code	Location	East Longitude	Latitude	Height (m.s.l.)
			° ′	° ′	m
USA, cont.					
South Carolina					
Melton Memorial Obs.		Columbia	− 81 1.60	+ 33 59.8	98
Univ. of S.C. Radio Obs.	R	Columbia	− 81 1.90	+ 33 59.8	127
Tennessee					
Arthur J. Dyer Obs.	759	Nashville	− 86 48.3	+ 36 3.10	345
Texas					
George R. Agassiz Sta.	R	Fort Davis	− 103 56.8	+ 30 38.1	1603
McDonald Obs.	L 711	Fort Davis/Mt. Locke	− 104 1.30	+ 30 40.3	2075
Millimeter Wave Obs.	R	Fort Davis/Mt. Locke	− 104 1.70	+ 30 40.3	2031
Virginia					
Leander McCormick Obs.	780	Charlottesville	− 78 31.4	+ 38 02.0	264
Leander McCormick Obs. Sta.		Charlottesville/Fan Mtn.	− 78 41.6	+ 37 52.7	566
Washington					
Manastash Ridge Obs.	664	Ellensburg/Manastash Ridge	− 120 43.4	+ 46 57.1	1198
West Virginia					
National Radio Ast. Obs.	R 256	Green Bank	− 79 50.5	+ 38 25.8	836
Naval Research Lab. Radio Sta.	R	Sugar Grove	− 79 16.4	+ 38 31.2	705
Wisconsin					
Pine Bluff Obs.		Pine Bluff	− 89 41.1	+ 43 4.70	366
Thompson Obs.		Beloit	− 89 1.90	+ 42 30.3	255
Washburn Obs.	753	Madison	− 89 24.5	+ 43 4.60	292
Yerkes Obs.	754	Williams Bay	− 88 33.4	+ 42 34.2	334
Wyoming					
Wyoming Infrared Obs.	I	Jelm/Jelm Mtn.	− 105 58.6	+ 41 5.90	2943
Uruguay					
Los Molinos Ast. Obs.	844	Montevideo	− 56 11.4	− 34 45.3	110
Montevideo Obs.		Montevideo	− 56 12.8	− 34 54.6	24
Uzbekistan					
Maidanak Ast. Obs.		Kitab/Mt. Maidanak	+ 66 54.0	+ 38 41.1	2500
Tashkent Obs.	192	Tashkent	+ 69 17.6	+ 41 19.5	477
Uluk–Bek Latitude Sta.	186	Kitab	+ 66 52.9	+ 39 08.0	658
Vatican City State					
Vatican Obs.	036	Castel Gandolfo	+ 12 39.1	+ 41 44.8	450
Venezuela					
Cagigal Obs.		Caracas	− 66 55.7	+ 10 30.4	1026
Llano del Hato Obs.	303	Mérida	− 70 52.0	+ 8 47.4	3610

CONTENTS OF SECTION K

> ᴡᴡᴡ This symbol indicates that these data or auxiliary material may also be found on *The Astronomical Almanac Online* at **http://asa.usno.navy.mil** and **http://asa.hmnao.com**

CONVERSION FOR PRE–JANUARY AND POST–DECEMBER DATES

Tabulated Date	Equivalent Date in Previous Year	Tabulated Date	Equivalent Date in Previous Year	Tabulated Date	Equivalent Date in Subsequent Year	Tabulated Date	Equivalent Date in Subsequent Year
Jan. − 39	Nov. 22	Jan. − 19	Dec. 12	Dec. 32	Jan. 1	Dec. 52	Jan. 21
− 38	23	− 18	13	33	2	53	22
− 37	24	− 17	14	34	3	54	23
− 36	25	− 16	15	35	4	55	24
− 35	26	− 15	16	36	5	56	25
Jan. − 34	Nov. 27	Jan. − 14	Dec. 17	Dec. 37	Jan. 6	Dec. 57	Jan. 26
− 33	28	− 13	18	38	7	58	27
− 32	29	− 12	19	39	8	59	28
− 31	30	− 11	20	40	9	60	29
− 30	Dec. 1	− 10	21	41	10	61	30
Jan. − 29	Dec. 2	Jan. − 9	Dec. 22	Dec. 42	Jan. 11	Dec. 62	Jan. 31
− 28	3	− 8	23	43	12	63	Feb. 1
− 27	4	− 7	24	44	13	64	2
− 26	5	− 6	25	45	14	65	3
− 25	6	− 5	26	46	15	66	4
Jan. − 24	Dec. 7	Jan. − 4	Dec. 27	Dec. 47	Jan. 16	Dec. 67	Feb. 5
− 23	8	− 3	28	48	17	68	6
− 22	9	− 2	29	49	18	69	7
− 21	10	− 1	30	50	19	70	8
− 20	11	Jan. 0	Dec. 31	51	20	71	9

JULIAN DAY NUMBER, 1950–2000

OF DAY COMMENCING AT GREENWICH NOON ON:

Year	Jan. 0	Feb. 0	Mar. 0	Apr. 0	May 0	June 0	July 0	Aug. 0	Sept. 0	Oct. 0	Nov. 0	Dec. 0
1950	243 3282	3313	3341	3372	3402	3433	3463	3494	3525	3555	3586	3616
1951	3647	3678	3706	3737	3767	3798	3828	3859	3890	3920	3951	3981
1952	4012	4043	4072	4103	4133	4164	4194	4225	4256	4286	4317	4347
1953	4378	4409	4437	4468	4498	4529	4559	4590	4621	4651	4682	4712
1954	4743	4774	4802	4833	4863	4894	4924	4955	4986	5016	5047	5077
1955	243 5108	5139	5167	5198	5228	5259	5289	5320	5351	5381	5412	5442
1956	5473	5504	5533	5564	5594	5625	5655	5686	5717	5747	5778	5808
1957	5839	5870	5898	5929	5959	5990	6020	6051	6082	6112	6143	6173
1958	6204	6235	6263	6294	6324	6355	6385	6416	6447	6477	6508	6538
1959	6569	6600	6628	6659	6689	6720	6750	6781	6812	6842	6873	6903
1960	243 6934	6965	6994	7025	7055	7086	7116	7147	7178	7208	7239	7269
1961	7300	7331	7359	7390	7420	7451	7481	7512	7543	7573	7604	7634
1962	7665	7696	7724	7755	7785	7816	7846	7877	7908	7938	7969	7999
1963	8030	8061	8089	8120	8150	8181	8211	8242	8273	8303	8334	8364
1964	8395	8426	8455	8486	8516	8547	8577	8608	8639	8669	8700	8730
1965	243 8761	8792	8820	8851	8881	8912	8942	8973	9004	9034	9065	9095
1966	9126	9157	9185	9216	9246	9277	9307	9338	9369	9399	9430	9460
1967	9491	9522	9550	9581	9611	9642	9672	9703	9734	9764	9795	9825
1968	243 9856	9887	9916	9947	9977	*0008	*0038	*0069	*0100	*0130	*0161	*0191
1969	244 0222	0253	0281	0312	0342	0373	0403	0434	0465	0495	0526	0556
1970	244 0587	0618	0646	0677	0707	0738	0768	0799	0830	0860	0891	0921
1971	0952	0983	1011	1042	1072	1103	1133	1164	1195	1225	1256	1286
1972	1317	1348	1377	1408	1438	1469	1499	1530	1561	1591	1622	1652
1973	1683	1714	1742	1773	1803	1834	1864	1895	1926	1956	1987	2017
1974	2048	2079	2107	2138	2168	2199	2229	2260	2291	2321	2352	2382
1975	244 2413	2444	2472	2503	2533	2564	2594	2625	2656	2686	2717	2747
1976	2778	2809	2838	2869	2899	2930	2960	2991	3022	3052	3083	3113
1977	3144	3175	3203	3234	3264	3295	3325	3356	3387	3417	3448	3478
1978	3509	3540	3568	3599	3629	3660	3690	3721	3752	3782	3813	3843
1979	3874	3905	3933	3964	3994	4025	4055	4086	4117	4147	4178	4208
1980	244 4239	4270	4299	4330	4360	4391	4421	4452	4483	4513	4544	4574
1981	4605	4636	4664	4695	4725	4756	4786	4817	4848	4878	4909	4939
1982	4970	5001	5029	5060	5090	5121	5151	5182	5213	5243	5274	5304
1983	5335	5366	5394	5425	5455	5486	5516	5547	5578	5608	5639	5669
1984	5700	5731	5760	5791	5821	5852	5882	5913	5944	5974	6005	6035
1985	244 6066	6097	6125	6156	6186	6217	6247	6278	6309	6339	6370	6400
1986	6431	6462	6490	6521	6551	6582	6612	6643	6674	6704	6735	6765
1987	6796	6827	6855	6886	6916	6947	6977	7008	7039	7069	7100	7130
1988	7161	7192	7221	7252	7282	7313	7343	7374	7405	7435	7466	7496
1989	7527	7558	7586	7617	7647	7678	7708	7739	7770	7800	7831	7861
1990	244 7892	7923	7951	7982	8012	8043	8073	8104	8135	8165	8196	8226
1991	8257	8288	8316	8347	8377	8408	8438	8469	8500	8530	8561	8591
1992	8622	8653	8682	8713	8743	8774	8804	8835	8866	8896	8927	8957
1993	8988	9019	9047	9078	9108	9139	9169	9200	9231	9261	9292	9322
1994	9353	9384	9412	9443	9473	9504	9534	9565	9596	9626	9657	9687
1995	244 9718	9749	9777	9808	9838	9869	9899	9930	9961	9991	*0022	*0052
1996	245 0083	0114	0143	0174	0204	0235	0265	0296	0327	0357	0388	0418
1997	0449	0480	0508	0539	0569	0600	0630	0661	0692	0722	0753	0783
1998	0814	0845	0873	0904	0934	0965	0995	1026	1057	1087	1118	1148
1999	1179	1210	1238	1269	1299	1330	1360	1391	1422	1452	1483	1513
2000	245 1544	1575	1604	1635	1665	1696	1726	1757	1788	1818	1849	1879

OF DAY COMMENCING AT GREENWICH NOON ON:

Year	Jan. 0	Feb. 0	Mar. 0	Apr. 0	May 0	June 0	July 0	Aug. 0	Sept. 0	Oct. 0	Nov. 0	Dec. 0
2000	245 1544	1575	1604	1635	1665	1696	1726	1757	1788	1818	1849	1879
2001	1910	1941	1969	2000	2030	2061	2091	2122	2153	2183	2214	2244
2002	2275	2306	2334	2365	2395	2426	2456	2487	2518	2548	2579	2609
2003	2640	2671	2699	2730	2760	2791	2821	2852	2883	2913	2944	2974
2004	3005	3036	3065	3096	3126	3157	3187	3218	3249	3279	3310	3340
2005	245 3371	3402	3430	3461	3491	3522	3552	3583	3614	3644	3675	3705
2006	3736	3767	3795	3826	3856	3887	3917	3948	3979	4009	4040	4070
2007	4101	4132	4160	4191	4221	4252	4282	4313	4344	4374	4405	4435
2008	4466	4497	4526	4557	4587	4618	4648	4679	4710	4740	4771	4801
2009	4832	4863	4891	4922	4952	4983	5013	5044	5075	5105	5136	5166
2010	245 5197	5228	5256	5287	5317	5348	5378	5409	5440	5470	5501	5531
2011	5562	5593	5621	5652	5682	5713	5743	5774	5805	5835	5866	5896
2012	5927	5958	5987	6018	6048	6079	6109	6140	6171	6201	6232	6262
2013	6293	6324	6352	6383	6413	6444	6474	6505	6536	6566	6597	6627
2014	6658	6689	6717	6748	6778	6809	6839	6870	6901	6931	6962	6992
2015	245 7023	7054	7082	7113	7143	7174	7204	7235	7266	7296	7327	7357
2016	7388	7419	7448	7479	7509	7540	7570	7601	7632	7662	7693	7723
2017	7754	7785	7813	7844	7874	7905	7935	7966	7997	8027	8058	8088
2018	8119	8150	8178	8209	8239	8270	8300	8331	8362	8392	8423	8453
2019	8484	8515	8543	8574	8604	8635	8665	8696	8727	8757	8788	8818
2020	245 8849	8880	8909	8940	8970	9001	9031	9062	9093	9123	9154	9184
2021	9215	9246	9274	9305	9335	9366	9396	9427	9458	9488	9519	9549
2022	9580	9611	9639	9670	9700	9731	9761	9792	9823	9853	9884	9914
2023	245 9945	9976	*0004	*0035	*0065	*0096	*0126	*0157	*0188	*0218	*0249	*0279
2024	246 0310	0341	0370	0401	0431	0462	0492	0523	0554	0584	0615	0645
2025	246 0676	0707	0735	0766	0796	0827	0857	0888	0919	0949	0980	1010
2026	1041	1072	1100	1131	1161	1192	1222	1253	1284	1314	1345	1375
2027	1406	1437	1465	1496	1526	1557	1587	1618	1649	1679	1710	1740
2028	1771	1802	1831	1862	1892	1923	1953	1984	2015	2045	2076	2106
2029	2137	2168	2196	2227	2257	2288	2318	2349	2380	2410	2441	2471
2030	246 2502	2533	2561	2592	2622	2653	2683	2714	2745	2775	2806	2836
2031	2867	2898	2926	2957	2987	3018	3048	3079	3110	3140	3171	3201
2032	3232	3263	3292	3323	3353	3384	3414	3445	3476	3506	3537	3567
2033	3598	3629	3657	3688	3718	3749	3779	3810	3841	3871	3902	3932
2034	3963	3994	4022	4053	4083	4114	4144	4175	4206	4236	4267	4297
2035	246 4328	4359	4387	4418	4448	4479	4509	4540	4571	4601	4632	4662
2036	4693	4724	4753	4784	4814	4845	4875	4906	4937	4967	4998	5028
2037	5059	5090	5118	5149	5179	5210	5240	5271	5302	5332	5363	5393
2038	5424	5455	5483	5514	5544	5575	5605	5636	5667	5697	5728	5758
2039	5789	5820	5848	5879	5909	5940	5970	6001	6032	6062	6093	6123
2040	246 6154	6185	6214	6245	6275	6306	6336	6367	6398	6428	6459	6489
2041	6520	6551	6579	6610	6640	6671	6701	6732	6763	6793	6824	6854
2042	6885	6916	6944	6975	7005	7036	7066	7097	7128	7158	7189	7219
2043	7250	7281	7309	7340	7370	7401	7431	7462	7493	7523	7554	7584
2044	7615	7646	7675	7706	7736	7767	7797	7828	7859	7889	7920	7950
2045	246 7981	8012	8040	8071	8101	8132	8162	8193	8224	8254	8285	8315
2046	8346	8377	8405	8436	8466	8497	8527	8558	8589	8619	8650	8680
2047	8711	8742	8770	8801	8831	8862	8892	8923	8954	8984	9015	9045
2048	9076	9107	9136	9167	9197	9228	9258	9289	9320	9350	9381	9411
2049	9442	9473	9501	9532	9562	9593	9623	9654	9685	9715	9746	9776
2050	246 9807	9838	9866	9897	9927	9958	9988	*0019	*0050	*0080	*0111	*0141

OF DAY COMMENCING AT GREENWICH NOON ON:

Year	Jan. 0	Feb. 0	Mar. 0	Apr. 0	May 0	June 0	July 0	Aug. 0	Sept. 0	Oct. 0	Nov. 0	Dec. 0
2050	246 9807	9838	9866	9897	9927	9958	9988	*0019	*0050	*0080	*0111	*0141
2051	247 0172	0203	0231	0262	0292	0323	0353	0384	0415	0445	0476	0506
2052	0537	0568	0597	0628	0658	0689	0719	0750	0781	0811	0842	0872
2053	0903	0934	0962	0993	1023	1054	1084	1115	1146	1176	1207	1237
2054	1268	1299	1327	1358	1388	1419	1449	1480	1511	1541	1572	1602
2055	247 1633	1664	1692	1723	1753	1784	1814	1845	1876	1906	1937	1967
2056	1998	2029	2058	2089	2119	2150	2180	2211	2242	2272	2303	2333
2057	2364	2395	2423	2454	2484	2515	2545	2576	2607	2637	2668	2698
2058	2729	2760	2788	2819	2849	2880	2910	2941	2972	3002	3033	3063
2059	3094	3125	3153	3184	3214	3245	3275	3306	3337	3367	3398	3428
2060	247 3459	3490	3519	3550	3580	3611	3641	3672	3703	3733	3764	3794
2061	3825	3856	3884	3915	3945	3976	4006	4037	4068	4098	4129	4159
2062	4190	4221	4249	4280	4310	4341	4371	4402	4433	4463	4494	4524
2063	4555	4586	4614	4645	4675	4706	4736	4767	4798	4828	4859	4889
2064	4920	4951	4980	5011	5041	5072	5102	5133	5164	5194	5225	5255
2065	247 5286	5317	5345	5376	5406	5437	5467	5498	5529	5559	5590	5620
2066	5651	5682	5710	5741	5771	5802	5832	5863	5894	5924	5955	5985
2067	6016	6047	6075	6106	6136	6167	6197	6228	6259	6289	6320	6350
2068	6381	6412	6441	6472	6502	6533	6563	6594	6625	6655	6686	6716
2069	6747	6778	6806	6837	6867	6898	6928	6959	6990	7020	7051	7081
2070	247 7112	7143	7171	7202	7232	7263	7293	7324	7355	7385	7416	7446
2071	7477	7508	7536	7567	7597	7628	7658	7689	7720	7750	7781	7811
2072	7842	7873	7902	7933	7963	7994	8024	8055	8086	8116	8147	8177
2073	8208	8239	8267	8298	8328	8359	8389	8420	8451	8481	8512	8542
2074	8573	8604	8632	8663	8693	8724	8754	8785	8816	8846	8877	8907
2075	247 8938	8969	8997	9028	9058	9089	9119	9150	9181	9211	9242	9272
2076	9303	9334	9363	9394	9424	9455	9485	9516	9547	9577	9608	9638
2077	247 9669	9700	9728	9759	9789	9820	9850	9881	9912	9942	9973	*0003
2078	248 0034	0065	0093	0124	0154	0185	0215	0246	0277	0307	0338	0368
2079	0399	0430	0458	0489	0519	0550	0580	0611	0642	0672	0703	0733
2080	248 0764	0795	0824	0855	0885	0916	0946	0977	1008	1038	1069	1099
2081	1130	1161	1189	1220	1250	1281	1311	1342	1373	1403	1434	1464
2082	1495	1526	1554	1585	1615	1646	1676	1707	1738	1768	1799	1829
2083	1860	1891	1919	1950	1980	2011	2041	2072	2103	2133	2164	2194
2084	2225	2256	2285	2316	2346	2377	2407	2438	2469	2499	2530	2560
2085	248 2591	2622	2650	2681	2711	2742	2772	2803	2834	2864	2895	2925
2086	2956	2987	3015	3046	3076	3107	3137	3168	3199	3229	3260	3290
2087	3321	3352	3380	3411	3441	3472	3502	3533	3564	3594	3625	3655
2088	3686	3717	3746	3777	3807	3838	3868	3899	3930	3960	3991	4021
2089	4052	4083	4111	4142	4172	4203	4233	4264	4295	4325	4356	4386
2090	248 4417	4448	4476	4507	4537	4568	4598	4629	4660	4690	4721	4751
2091	4782	4813	4841	4872	4902	4933	4963	4994	5025	5055	5086	5116
2092	5147	5178	5207	5238	5268	5299	5329	5360	5391	5421	5452	5482
2093	5513	5544	5572	5603	5633	5664	5694	5725	5756	5786	5817	5847
2094	5878	5909	5937	5968	5998	6029	6059	6090	6121	6151	6182	6212
2095	248 6243	6274	6302	6333	6363	6394	6424	6455	6486	6516	6547	6577
2096	6608	6639	6668	6699	6729	6760	6790	6821	6852	6882	6913	6943
2097	6974	7005	7033	7064	7094	7125	7155	7186	7217	7247	7278	7308
2098	7339	7370	7398	7429	7459	7490	7520	7551	7582	7612	7643	7673
2099	7704	7735	7763	7794	7824	7855	7885	7916	7947	7977	8008	8038
2100	248 8069	8100	8128	8159	8189	8220	8250	8281	8312	8342	8373	8403

The Julian date (JD) corresponding to any instant is the interval in mean solar days elapsed since 4713 BC January 1 at Greenwich mean noon (12^h UT). To determine the JD at 0^h UT for a given Gregorian calendar date, sum the values from Table A for century, Table B for year and Table C for month; then add the day of the month. Julian dates for the current year are given on page B3.

A. Julian date at January 0^d 0^h UT of centurial year

Year	1600†	1700	1800	1900	2000†	2100
Julian date	230 5447·5	234 1971·5	237 8495·5	241 5019·5	245 1544·5	248 8068·5

† Centurial years that are exactly divisible by 400 are leap years in the Gregorian calendar. To determine the JD for any date in such a year, subtract 1 from the JD in Table A and use the leap year portion of Table C. (For 1600 and 2000 the JDs tabulated in Table A are actually for January 1^d 0^h.)

B. Addition to give Julian date for January 0^d 0^h UT of year

Year	Add	Year	Add	Year	Add	Year	Add
0	0	25	9131	50	18262	75	27393
1	365	26	9496	51	18627	76*	27758
2	730	27	9861	52*	18992	77	28124
3	1095	28*	10226	53	19358	78	28489
4*	1460	29	10592	54	19723	79	28854
5	1826	30	10957	55	20088	80*	29219
6	2191	31	11322	56*	20453	81	29585
7	2556	32*	11687	57	20819	82	29950
8*	2921	33	12053	58	21184	83	30315
9	3287	34	12418	59	21549	84*	30680
10	3652	35	12783	60*	21914	85	31046
11	4017	36*	13148	61	22280	86	31411
12*	4382	37	13514	62	22645	87	31776
13	4748	38	13879	63	23010	88*	32141
14	5113	39	14244	64*	23375	89	32507
15	5478	40*	14609	65	23741	90	32872
16*	5843	41	14975	66	24106	91	33237
17	6209	42	15340	67	24471	92*	33602
18	6574	43	15705	68*	24836	93	33968
19	6939	44*	16070	69	25202	94	34333
20*	7304	45	16436	70	25567	95	34698
21	7670	46	16801	71	25932	96*	35063
22	8035	47	17166	72*	26297	97	35429
23	8400	48*	17531	73	26663	98	35794
24*	8765	49	17897	74	27028	99	36159

* Leap years

Examples

a. 1981 November 14

Table A	
1900 Jan. 0	241 5019·5
+ Table B	+ 2 9585
1981 Jan. 0	244 4604·5
+ Table C (n.y.)	+ 304
1981 Nov. 0	244 4908·5
+ Day of Month	+ 14
1981 Nov. 14	244 4922·5

b. 2000 September 24

Table A	
2000 Jan. 1	245 1544·5
− 1 (for 2000)	− 1
2000 Jan. 0	245 1543·5
+ Table B	+ 0
2000 Jan. 0	245 1543·5
+ Table C (l.y.)	+ 244
2000 Sept. 0	245 1787·5
+ Day of Month	+ 24
2000 Sept. 24	245 1811·5

c. 2006 June 21

Table A	
2000 Jan. 1	245 1544·5
+ Table B	+ 2191
2006 Jan. 0	245 3735·5
+ Table C (n.y.)	+ 151
2006 June 0	245 3886·5
+ Day of Month	+ 21
2006 June 21	245 3907·5

C. Addition to give Julian date for beginning of month (0^d 0^h UT)

	Jan.	Feb.	Mar.	Apr.	May	June	July	Aug.	Sept.	Oct.	Nov.	Dec.
Normal year	0	31	59	90	120	151	181	212	243	273	304	334
Leap year	0	31	60	91	121	152	182	213	244	274	305	335

WARNING: prior to 1925 Greenwich mean noon (i.e. 12^h UT) was usually denoted by 0^h GMT in astronomical publications.

Conversions between Calendar dates and Julian dates may be performed using the USNO utility which is located under "Data Services" on the Astronomical Applications web pages (see page x).

Selected Astronomical Constants

The IAU 2009 System of Astronomical Constants (1) as published in the Report of the IAU Working Group on Numerical Standards for Fundamental Astronomy (NSFA, 2011) and updated by resolution B2 of the IAU XXVIII General Assembly (2012), (2) planetary equatorial radii, taken from the report of the IAU WG on Cartographic Coordinates and Rotational Elements: 2009 (2011), and lastly (3) other useful constants. For each quantity the list tabulates its description, symbol and value, and to the right, as appropriate, its uncertainty in units that the quantity is given in. Further information is given at foot of the table on the next page.

1 IAU 2009/2012 System of Astronomical Constants

1.1 Natural Defining Constant:

Speed of light $\qquad c = 299\ 792\ 458\ \mathrm{m\,s^{-1}}$

1.2 Auxiliary Defining Constants:

Astronomical unit[†]	$au = 149\ 597\ 870\ 700\ \mathrm{m}$	
$1 - \mathrm{d(TT)/d(TCG)}$	$L_{\mathrm{G}} = 6{\cdot}969\ 290\ 134 \times 10^{-10}$	
$1 - \mathrm{d(TDB)/d(TCB)}$	$L_{\mathrm{B}} = 1{\cdot}550\ 519\ 768 \times 10^{-8}$	
TDB − TCB at $T_0 = 244\ 3144{\cdot}5003\ 725$	$\mathrm{TDB}_0 = -6{\cdot}55 \times 10^{-5}\ \mathrm{s}$	
Earth rotation angle (ERA) at J2000·0 UT1	$\theta_0 = 0{\cdot}779\ 057\ 273\ 2640$ revolutions	
Rate of advance of ERA	$\dot{\theta} = 1{\cdot}002\ 737\ 811\ 911\ 354\ 48$ revolutions UT1-day^{-1}	

1.3 Natural Measurable Constant:

Constant of gravitation $\qquad G = 6{\cdot}674\ 28 \times 10^{-11}\ \mathrm{m^3\,kg^{-1}\,s^{-2}} \qquad \pm 6{\cdot}7 \times 10^{-15}$

1.4 Other Constants:

Average value of $1 - \mathrm{d(TCG)/d(TCB)} \qquad L_{\mathrm{C}} = 1{\cdot}480\ 826\ 867\ 41 \times 10^{-8} \qquad \pm 2 \times 10^{-17}$

1.5 Body Constants:

Solar mass parameter[†]	$GM_{\mathrm{S}} = 1{\cdot}327\ 124\ 420\ 99 \times 10^{20}\ \mathrm{m^3\,s^{-2}}$ (TCB)	$\pm 1 \times 10^{10}$
	$= 1{\cdot}327\ 124\ 400\ 41 \times 10^{20}\ \mathrm{m^3\,s^{-2}}$ (TDB)	$\pm 1 \times 10^{10}$
Equatorial radius for Earth	$a_{\mathrm{E}} = a_e = 6\ 378\ 136{\cdot}6\ \mathrm{m}$ (TT)	$\pm 0{\cdot}1$
Dynamical form-factor for the Earth	$J_2 = 0{\cdot}001\ 082\ 635\ 9$	$\pm 1 \times 10^{-10}$
Time rate of change in J_2	$\dot{J}_2 = -3{\cdot}0 \times 10^{-9}\ \mathrm{cy^{-1}}$	$\pm 6 \times 10^{-10}$
Geocentric gravitational constant	$GM_{\mathrm{E}} = 3{\cdot}986\ 004\ 418 \times 10^{14}\ \mathrm{m^3\,s^{-2}}$ (TCB)	$\pm 8 \times 10^{5}$
	$= 3{\cdot}986\ 004\ 415 \times 10^{14}\ \mathrm{m^3\,s^{-2}}$ (TT)	$\pm 8 \times 10^{5}$
	$= 3{\cdot}986\ 004\ 356 \times 10^{14}\ \mathrm{m^3\,s^{-2}}$ (TDB)	$\pm 8 \times 10^{5}$
Potential of the geoid	$W_0 = 6{\cdot}263\ 685\ 60 \times 10^{7}\ \mathrm{m^2\,s^{-2}}$	$\pm 0{\cdot}5$
Nominal mean angular velocity of the Earth	$\omega = 7{\cdot}292\ 115 \times 10^{-5}\ \mathrm{rad\,s^{-1}}$ (TT)	
Mass Ratio: Moon to Earth	$M_{\mathrm{M}}/M_{\mathrm{E}} = 1{\cdot}230\ 003\ 71 \times 10^{-2}$	$\pm 4 \times 10^{-10}$

Ratio of the mass of the Sun to the mass of the Body

Mass Ratio: Sun to Mercury	$M_{\mathrm{S}}/M_{\mathrm{Me}} = 6{\cdot}023\ 6 \times 10^{6}$	$\pm 3 \times 10^{2}$
Mass Ratio: Sun to Venus	$M_{\mathrm{S}}/M_{\mathrm{Ve}} = 4{\cdot}085\ 237\ 19 \times 10^{5}$	$\pm 8 \times 10^{-3}$
Mass Ratio: Sun to Mars	$M_{\mathrm{S}}/M_{\mathrm{Ma}} = 3{\cdot}098\ 703\ 59 \times 10^{6}$	$\pm 2 \times 10^{-2}$
Mass Ratio: Sun to Jupiter	$M_{\mathrm{S}}/M_{\mathrm{J}} = 1{\cdot}047\ 348\ 644 \times 10^{3}$	$\pm 1{\cdot}7 \times 10^{-5}$
Mass Ratio: Sun to Saturn	$M_{\mathrm{S}}/M_{\mathrm{Sa}} = 3{\cdot}497\ 9018 \times 10^{3}$	$\pm 1 \times 10^{-4}$
Mass Ratio: Sun to Uranus	$M_{\mathrm{S}}/M_{\mathrm{U}} = 2{\cdot}290\ 298 \times 10^{4}$	$\pm 3 \times 10^{-2}$
Mass Ratio: Sun to Neptune	$M_{\mathrm{S}}/M_{\mathrm{N}} = 1{\cdot}941\ 226 \times 10^{4}$	$\pm 3 \times 10^{-2}$
Mass Ratio: Sun to (134340) Pluto	$M_{\mathrm{S}}/M_{\mathrm{P}} = 1{\cdot}365\ 66 \times 10^{8}$	$\pm 2{\cdot}8 \times 10^{4}$
Mass Ratio: Sun to (136199) Eris	$M_{\mathrm{S}}/M_{\mathrm{Eris}} = 1{\cdot}191 \times 10^{8}$	$\pm 1{\cdot}4 \times 10^{6}$

Ratio of the mass of the Body to the mass of the Sun

Mass Ratio: (1) Ceres to Sun	$M_{\mathrm{Ceres}}/M_{\mathrm{S}} = 4{\cdot}72 \times 10^{-10}$	$\pm 3 \times 10^{-12}$
Mass Ratio: (2) Pallas to Sun	$M_{\mathrm{Pallas}}/M_{\mathrm{S}} = 1{\cdot}03 \times 10^{-10}$	$\pm 3 \times 10^{-12}$
Mass Ratio: (4) Vesta to Sun	$M_{\mathrm{Vesta}}/M_{\mathrm{S}} = 1{\cdot}35 \times 10^{-10}$	$\pm 3 \times 10^{-12}$

All values of the masses from Mars to Eris are the sum of the masses of the celestial body and its satellites.

continued ...

Selected Astronomical Constants (continued)

1.6 Initial Values at J2000·0:

Mean obliquity of the ecliptic $\epsilon_{\text{J}2000\cdot0} = \epsilon_0 = 23°\ 26'\ 21.''406\ = 84\ 381.''406$ $\pm0.''001$

2 Constants from IAU WG on Cartographic Coordinates and Rotational Elements 2009

Equatorial radii in km:

Mercury	2 439·7	±1·0	Jupiter	71 492 ± 4	(134340) Pluto	1 195	±5
Venus	6 051·8	±1·0	Saturn	60 268 ± 4			
Earth	6 378·1366	±0·0001	Uranus	25 559 ± 4	Moon (mean)	1 737·4	±1
Mars	3 396·19	±0·1	Neptune	24 764 ±15	Sun	696 000	

3 Other Constants

Light-time for unit distance[†] $\quad\tau_A = au/c = 499.^{\text{s}}004\ 783\ 84$
$\qquad\qquad\qquad\qquad\qquad\quad 1/\tau_A = 173·144\ 632\ 674$ au/d

Mass Ratio: Earth to Moon	$M_E/M_M = 1/\mu = 81·300\ 568$	$\pm3 \times 10^{-6}$
Mass Ratio: Sun to Earth	$GM_S/GM_E = 332\ 946·0487$	$\pm0·0007$
Mass of the Sun	$M_S = S = GM_S/G = 1·9884 \times 10^{30}$ kg	$\pm2 \times 10^{26}$
Mass of the Earth	$M_E = E = GM_E/G = 5·9722 \times 10^{24}$ kg	$\pm6 \times 10^{20}$
Mass Ratio: Sun to Earth + Moon	$(S/E)/(1 + \mu) = 328\ 900·5596$	$\pm7 \times 10^{-4}$
Earth, reciprocal of flattening (IERS 2010)	$1/f = 298·256\ 42$	$\pm1 \times 10^{-5}$

Rates of precession at J2000·0 (IAU 2006)

General precession in longitude	$p_A = 5028.''796\ 195$ per Julian century (TDB)
Rate of change in obliquity	$\dot\epsilon = -46.''836\ 769$ per Julian century (TDB)
Precession of the equator in longitude	$\dot\psi = 5038.''481\ 507$ per Julian century (TDB)
Precession of the equator in obliquity	$\dot\omega = -0.''025\ 754$ per Julian century (TDB)
Constant of nutation at epoch J2000·0	$N = 9.''2052\ 331$
Solar parallax	$\pi_\odot = \sin^{-1}(a_e/A) = 8.''794\ 143$
Constant of aberration at epoch J2000·0	$\kappa = 20.''495\ 51$

Masses of the larger natural satellites: mass satellite/mass of the planet (see pages F3, F5)

Jupiter	Io	$4·704 \times 10^{-5}$	**Saturn**	Titan	$2·366 \times 10^{-4}$
	Europa	$2·528 \times 10^{-5}$	**Uranus**	Titania	$4·06\ \times 10^{-5}$
	Ganymede	$7·805 \times 10^{-5}$		Oberon	$3·47\ \times 10^{-5}$
	Callisto	$5·667 \times 10^{-5}$	**Neptune**	Triton	$2·089 \times 10^{-4}$

Users are advised to check the NSFA's website at at http://maia.usno.navy.mil/NSFA for the latest list of 'Current Best Estimates'. This website also has detailed information about the constants, and all the relevant references.

This almanac, in certain circumstances, may not use constants from this list. The reasons and those constants used are given at the end of Section L *Notes and References*.

Units
The units meter (m), kilogram (kg), and SI second (s) are the units of length, mass and time in the International System of Units (SI).

The astronomical unit of time is a time interval of one day (D) of 86400 seconds. An interval of 36525 days is one Julian century. Some constants that involve time, either directly or indirectly need to be compatible with the underlying time-scales. In order to specify this (TDB) or (TCB) or (TT), as appropriate, is included after the unit to indicate that the value of the constant is compatible with the specified time-scale, for example, TDB-compatible.

[†] The astronomical unit of length (the au) in metres is re-defined (resolution B2, IAU XXVIII GA 2012) to be a conventional unit of length in agreement with the value adopted in the IAU 2009 Resolution B2; it is to be used with all time scales such as TCB, TDB, TCG, TT, etc. Also the heliocentric gravitational constant GM_S is renamed the solar mass parameter. Further information is given at the end of Section L *Notes and References*.

$$\Delta T = ET - UT$$

Year	ΔT (s)	Year	ΔT (s)	Year	ΔT (s)	Year	ΔT (s)	Year	ΔT (s)	Year	ΔT (s)
1620·0	+124	1665·0	+32	1710·0	+10	1755·0	+14	1800·0	+13·7	1845·0	+6·3
1621	+119	1666	+31	1711	+10	1756	+14	1801	+13·4	1846	+6·5
1622	+115	1667	+30	1712	+10	1757	+14	1802	+13·1	1847	+6·6
1623	+110	1668	+28	1713	+10	1758	+15	1803	+12·9	1848	+6·8
1624	+106	1669	+27	1714	+10	1759	+15	1804	+12·7	1849	+6·9
1625·0	+102	1670·0	+26	1715·0	+10	1760·0	+15	1805·0	+12·6	1850·0	+7·1
1626	+ 98	1671	+25	1716	+10	1761	+15	1806	+12·5	1851	+7·2
1627	+ 95	1672	+24	1717	+11	1762	+15	1807	+12·5	1852	+7·3
1628	+ 91	1673	+23	1718	+11	1763	+15	1808	+12·5	1853	+7·4
1629	+ 88	1674	+22	1719	+11	1764	+15	1809	+12·5	1854	+7·5
1630·0	+ 85	1675·0	+21	1720·0	+11	1765·0	+16	1810·0	+12·5	1855·0	+7·6
1631	+ 82	1676	+20	1721	+11	1766	+16	1811	+12·5	1856	+7·7
1632	+ 79	1677	+19	1722	+11	1767	+16	1812	+12·5	1857	+7·7
1633	+ 77	1678	+18	1723	+11	1768	+16	1813	+12·5	1858	+7·8
1634	+ 74	1679	+17	1724	+11	1769	+16	1814	+12·5	1859	+7·8
1635·0	+ 72	1680·0	+16	1725·0	+11	1770·0	+16	1815·0	+12·5	1860·0	+7·88
1636	+ 70	1681	+15	1726	+11	1771	+16	1816	+12·5	1861	+7·82
1637	+ 67	1682	+14	1727	+11	1772	+16	1817	+12·4	1862	+7·54
1638	+ 65	1683	+14	1728	+11	1773	+16	1818	+12·3	1863	+6·97
1639	+ 63	1684	+13	1729	+11	1774	+16	1819	+12·2	1864	+6·40
1640·0	+ 62	1685·0	+12	1730·0	+11	1775·0	+17	1820·0	+12·0	1865·0	+6·02
1641	+ 60	1686	+12	1731	+11	1776	+17	1821	+11·7	1866	+5·41
1642	+ 58	1687	+11	1732	+11	1777	+17	1822	+11·4	1867	+4·10
1643	+ 57	1688	+11	1733	+11	1778	+17	1823	+11·1	1868	+2·92
1644	+ 55	1689	+10	1734	+12	1779	+17	1824	+10·6	1869	+1·82
1645·0	+ 54	1690·0	+10	1735·0	+12	1780·0	+17	1825·0	+10·2	1870·0	+1·61
1646	+ 53	1691	+10	1736	+12	1781	+17	1826	+ 9·6	1871	+0·10
1647	+ 51	1692	+ 9	1737	+12	1782	+17	1827	+ 9·1	1872	−1·02
1648	+ 50	1693	+ 9	1738	+12	1783	+17	1828	+ 8·6	1873	−1·28
1649	+ 49	1694	+ 9	1739	+12	1784	+17	1829	+ 8·0	1874	−2·69
1650·0	+ 48	1695·0	+ 9	1740·0	+12	1785·0	+17	1830·0	+ 7·5	1875·0	−3·24
1651	+ 47	1696	+ 9	1741	+12	1786	+17	1831	+ 7·0	1876	−3·64
1652	+ 46	1697	+ 9	1742	+12	1787	+17	1832	+ 6·6	1877	−4·54
1653	+ 45	1698	+ 9	1743	+12	1788	+17	1833	+ 6·3	1878	−4·71
1654	+ 44	1699	+ 9	1744	+13	1789	+17	1834	+ 6·0	1879	−5·11
1655·0	+ 43	1700·0	+ 9	1745·0	+13	1790·0	+17	1835·0	+ 5·8	1880·0	−5·40
1656	+ 42	1701	+ 9	1746	+13	1791	+17	1836	+ 5·7	1881	−5·42
1657	+ 41	1702	+ 9	1747	+13	1792	+16	1837	+ 5·6	1882	−5·20
1658	+ 40	1703	+ 9	1748	+13	1793	+16	1838	+ 5·6	1883	−5·46
1659	+ 38	1704	+ 9	1749	+13	1794	+16	1839	+ 5·6	1884	−5·46
1660·0	+ 37	1705·0	+ 9	1750·0	+13	1795·0	+16	1840·0	+ 5·7	1885·0	−5·79
1661	+ 36	1706	+ 9	1751	+14	1796	+15	1841	+ 5·8	1886	−5·63
1662	+ 35	1707	+ 9	1752	+14	1797	+15	1842	+ 5·9	1887	−5·64
1663	+ 34	1708	+10	1753	+14	1798	+14	1843	+ 6·1	1888	−5·80
1664·0	+ 33	1709·0	+10	1754·0	+14	1799·0	+14	1844·0	+ 6·2	1889·0	−5·66

For years 1620 to 1955 the table is based on an adopted value of $-26''/\mathrm{cy}^2$ for the tidal term ($\dot{n}$) in the mean motion of the Moon from the results of analyses of observations of lunar occultations of stars, eclipses of the Sun, and transits of Mercury (see F. R. Stephenson and L. V. Morrison, *Phil. Trans. R. Soc. London*, 1984, A **313**, 47-70)

To calculate the values of ΔT for a different value of the tidal term ($\dot{n}'$), add

$$-0.000\ 091\ (\dot{n}' + 26)\ (\text{year} - 1955)^2 \text{ seconds}$$

to the tabulated value of ΔT

1890–1983, $\Delta T = \text{ET} - \text{UT}$
1984–2000, $\Delta T = \text{TDT} - \text{UT}$
From 2001, $\Delta T = \text{TT} - \text{UT}$

Extrapolated Values

TAI − UTC

Year	ΔT (s)	Year	ΔT (s)	Year	ΔT (s)	Year	ΔT (s)	Date	ΔAT (s)
1890·0	− 5·87	1935·0	+23·93	1980·0	+50·54	2013	+66·9	1972 Jan. 1	
1891	− 6·01	1936	+23·73	1981	+51·38	2014	+67		+10·00
1892	− 6·19	1937	+23·92	1982	+52·17	2015	+68	1972 July 1	
1893	− 6·64	1938	+23·96	1983	+52·96	2016	+68		+11·00
1894	− 6·44	1939	+24·02	1984	+53·79	2017	+68	1973 Jan. 1	
									+12·00
1895·0	− 6·47	1940·0	+24·33	1985·0	+54·34			1974 Jan. 1	
1896	− 6·09	1941	+24·83	1986	+54·87				+13·00
1897	− 5·76	1942	+25·30	1987	+55·32			1975 Jan. 1	
1898	− 4·66	1943	+25·70	1988	+55·82				+14·00
1899	− 3·74	1944	+26·24	1989	+56·30			1976 Jan. 1	
									+15·00
1900·0	− 2·72	1945·0	+26·77	1990·0	+56·86			1977 Jan. 1	
1901	− 1·54	1946	+27·28	1991	+57·57				+16·00
1902	− 0·02	1947	+27·78	1992	+58·31			1978 Jan. 1	
1903	+ 1·24	1948	+28·25	1993	+59·12				+17·00
1904	+ 2·64	1949	+28·71	1994	+59·98			1979 Jan. 1	
									+18·00
1905·0	+ 3·86	1950·0	+29·15	1995·0	+60·78			1980 Jan. 1	
1906	+ 5·37	1951	+29·57	1996	+61·63				+19·00
1907	+ 6·14	1952	+29·97	1997	+62·29			1981 July 1	
1908	+ 7·75	1953	+30·36	1998	+62·97				+20·00
1909	+ 9·13	1954	+30·72	1999	+63·47			1982 July 1	
									+21·00
1910·0	+10·46	1955·0	+31·07	2000·0	+63·83			1983 July 1	
1911	+11·53	1956	+31·35	2001	+64·09				+22·00
1912	+13·36	1957	+31·68	2002	+64·30			1985 July 1	
1913	+14·65	1958	+32·18	2003	+64·47				+23·00
1914	+16·01	1959	+32·68	2004	+64·57			1988 Jan. 1	
									+24·00
1915·0	+17·20	1960·0	+33·15	2005·0	+64·69			1990 Jan. 1	
1916	+18·24	1961	+33·59	2006	+64·85				+25·00
1917	+19·06	1962	+34·00	2007	+65·15			1991 Jan. 1	
1918	+20·25	1963	+34·47	2008	+65·46				+26·00
1919	+20·95	1964	+35·03	2009	+65·78			1992 July 1	
									+27·00
1920·0	+21·16	1965·0	+35·73	2010·0	+66·07			1993 July 1	
1921	+22·25	1966	+36·54	2011	+66·32				+28·00
1922	+22·41	1967	+37·43	2012	+66·60			1994 July 1	
1923	+23·03	1968	+38·29						+29·00
1924	+23·49	1969	+39·20					1996 Jan. 1	
									+30·00
1925·0	+23·62	1970·0	+40·18					1997 July 1	
1926	+23·86	1971	+41·17						+31·00
1927	+24·49	1972	+42·23					1999 Jan. 1	
1928	+24·34	1973	+43·37						+32·00
1929	+24·08	1974	+44·49					2006 Jan. 1	
									+33·00
1930·0	+24·02	1975·0	+45·48					2009 Jan. 1	
1931	+24·00	1976	+46·46						+34·00
1932	+23·87	1977	+47·52					2012 July 1	
1933	+23·95	1978	+48·53						+35·00
1934·0	+23·86	1979·0	+49·59						

In critical cases descend

$$\frac{\Delta\text{ET}}{\Delta\text{TT}} = \Delta\text{AT} + 32\cdot^{\text{s}}184$$

From 1990 onwards, ΔT is for January 1 0^{h} UTC.

Page B6 gives a summary of the notation for time-scales. See *The Astronomical Almanac Online* for plots showing "Delta T Past, Present and Future".

WITH RESPECT TO THE INTERNATIONAL TERRESTRIAL REFERENCE SYSTEM (ITRS)

Date	1970 x	1970 y	1980 x	1980 y	1990 x	1990 y	2000 x	2000 y	2010 x	2010 y
	"	"	"	"	"	"	"	"	"	"
Jan. 1	−0·140	+0·144	+0·129	+0·251	−0·132	+0·165	+0·043	+0·378	+0·099	+0·193
Apr. 1	−0·097	+0·397	+0·014	+0·189	−0·154	+0·469	+0·075	+0·346	−0·061	+0·319
July 1	+0·139	+0·405	−0·044	+0·280	+0·161	+0·542	+0·110	+0·280	+0·061	+0·483
Oct. 1	+0·174	+0·125	−0·006	+0·338	+0·297	+0·243	−0·006	+0·247	+0·234	+0·366

Date	1971 x	1971 y	1981 x	1981 y	1991 x	1991 y	2001 x	2001 y	2011 x	2011 y
Jan. 1	−0·081	+0·026	+0·056	+0·361	+0·023	+0·069	−0·073	+0·400	+0·131	+0·203
Apr. 1	−0·199	+0·313	+0·088	+0·285	−0·217	+0·281	+0·091	+0·490	−0·033	+0·279
July 1	+0·050	+0·523	+0·075	+0·209	−0·033	+0·560	+0·254	+0·308	+0·044	+0·436
Oct. 1	+0·249	+0·263	−0·045	+0·210	+0·250	+0·436	+0·065	+0·118	+0·180	+0·377

Date	1972 x	1972 y	1982 x	1982 y	1992 x	1992 y	2002 x	2002 y	2012 x	2012 y
Jan. 1	+0·045	+0·050	−0·091	+0·378	+0·182	+0·168	−0·177	+0·294	+0·119	+0·263
Apr. 1	−0·180	+0·174	+0·093	+0·431	−0·083	+0·162	−0·031	+0·541	−0·010	+0·313
July 1	−0·031	+0·409	+0·231	+0·239	−0·142	+0·378	+0·228	+0·462	+0·094	+0·409
Oct. 1	+0·142	+0·344	+0·036	+0·060	+0·055	+0·503	+0·199	+0·200		

Date	1973 x	1973 y	1983 x	1983 y	1993 x	1993 y	2003 x	2003 y
Jan. 1	+0·129	+0·139	−0·211	+0·249	+0·208	+0·359	−0·088	+0·188
Apr. 1	−0·035	+0·129	−0·069	+0·538	+0·115	+0·170	−0·133	+0·436
July 1	−0·075	+0·286	+0·269	+0·436	−0·062	+0·209	+0·131	+0·539
Oct. 1	+0·035	+0·347	+0·235	+0·069	−0·095	+0·370	+0·259	+0·304

Date	1974 x	1974 y	1984 x	1984 y	1994 x	1994 y	2004 x	2004 y
Jan. 1	+0·115	+0·252	−0·125	+0·089	+0·010	+0·476	+0·031	+0·154
Apr. 1	+0·037	+0·185	−0·211	+0·410	+0·174	+0·391	−0·140	+0·321
July 1	+0·014	+0·216	+0·119	+0·543	+0·137	+0·212	−0·008	+0·510
Oct. 1	+0·002	+0·225	+0·313	+0·246	−0·066	+0·199	+0·199	+0·432

Date	1975 x	1975 y	1985 x	1985 y	1995 x	1995 y	2005 x	2005 y
Jan. 1	−0·055	+0·281	+0·051	+0·025	−0·154	+0·418	+0·149	+0·238
Apr. 1	+0·027	+0·344	−0·196	+0·220	+0·032	+0·558	−0·029	+0·243
July 1	+0·151	+0·249	−0·044	+0·482	+0·280	+0·384	−0·040	+0·397
Oct. 1	+0·063	+0·115	+0·214	+0·404	+0·138	+0·106	+0·059	+0·417

Date	1976 x	1976 y	1986 x	1986 y	1996 x	1996 y	2006 x	2006 y
Jan. 1	−0·145	+0·204	+0·187	+0·072	−0·176	+0·191	+0·053	+0·383
Apr. 1	−0·091	+0·399	−0·041	+0·139	−0·152	+0·506	+0·103	+0·374
July 1	+0·159	+0·390	−0·075	+0·324	+0·179	+0·546	+0·128	+0·300
Oct. 1	+0·227	+0·158	+0·062	+0·395	+0·267	+0·227	+0·033	+0·252

Date	1977 x	1977 y	1987 x	1987 y	1997 x	1997 y	2007 x	2007 y
Jan. 1	−0·065	+0·076	+0·146	+0·315	−0·023	+0·095	−0·049	+0·347
Apr. 1	−0·226	+0·362	+0·096	+0·212	−0·191	+0·329	+0·023	+0·479
July 1	+0·085	+0·500	−0·003	+0·208	+0·019	+0·536	+0·209	+0·412
Oct. 1	+0·281	+0·230	−0·053	+0·295	+0·221	+0·379	+0·134	+0·206

Date	1978 x	1978 y	1988 x	1988 y	1998 x	1998 y	2008 x	2008 y
Jan. 1	+0·007	+0·015	−0·023	+0·414	+0·103	+0·175	−0·081	+0·258
Apr. 1	−0·231	+0·240	+0·134	+0·407	−0·110	+0·252	−0·064	+0·490
July 1	−0·042	+0·483	+0·171	+0·253	−0·068	+0·439	+0·211	+0·498
Oct. 1	+0·236	+0·353	+0·011	+0·132	+0·125	+0·445	+0·265	+0·220

Date	1979 x	1979 y	1989 x	1989 y	1999 x	1999 y	2009 x	2009 y
Jan. 1	+0·140	+0·076	−0·159	+0·316	+0·139	+0·296	−0·017	+0·146
Apr. 1	−0·107	+0·133	+0·028	+0·482	+0·026	+0·241	−0·119	+0·406
July 1	−0·117	+0·351	+0·238	+0·369	−0·032	+0·310	+0·130	+0·534
Oct. 1	+0·092	+0·408	+0·167	+0·106	+0·006	+0·379	+0·266	+0·331

The orientation of the ITRS is consistent with the former BIH system (and the previous IPMS and ILS systems). The angles, *x y*, are defined on page B84. From 1988 their values have been taken from the IERS Bulletin B, published by the IERS Central Bureau, Bundesamt für Kartographie und Geodäsie, Richard-Strauss-Allee 11, 60598 Frankfurt am Main, Germany. Further information about IERS products may be found via *The Astronomical Almanac Online*.

Introduction

In the reduction of astrometric observations of high precision it is necessary to distinguish between several different systems of terrestrial coordinates that are used to specify the positions of points on or near the surface of the Earth. The formulae on page B84 for the reduction for polar motion give the relationships between the representations of a geocentric vector referred to either the equinox-based celestial reference system of the true equator and equinox of date, or the Celestial Intermediate Reference System, and the current terrestrial reference system, which is realized by the International Terrestrial Reference Frame, ITRF2008 (Altamimi, Z., *et al.*, "ITRF2008: an improved solution of the international terrestrial reference frame"). Realizations of the ITRF have been published at intervals since 1989 in the form of the geocentric rectangular coordinates and velocities of observing sites around the world. ITRF2008 is a rigorous combination of space geodesy solutions from the techniques of VLBI, SLR, LLR, GPS and DORIS from 934 stations located at 580 sites with better global distribution compared to previous ITRF versions. The ITRF2008 origin is defined by the Earth-system centre of mass sensed by SLR and its scale by the mean scale of the VLBI and SLR solutions. The ITRF axes are consistent with the axes of the former BIH Terrestrial System (BTS) to within $\pm0\rlap{.}{''}005$, and the BTS was consistent with the earlier Conventional International Origin to within $\pm0\rlap{.}{''}03$ The use of rectangular coordinates is precise and unambiguous, but for some purposes it is more convenient to represent the position by its longitude, latitude and height referred to a reference spheroid (the term "spheroid" is used here in the sense of an ellipsoid whose equatorial section is a circle and for which each meridional section is an ellipse). The precise transformation between these coordinate systems is given below. The spheroid is defined by two parameters, its equatorial radius and flattening (usually the reciprocal of the flattening is given). The values used should always be stated with any tabulation of spheroidal positions, but in case they should be omitted a list of the parameters of some commonly used spheroids is given in the table on page K13. For work such as mapping gravity anomalies it is convenient that the reference spheroid should also be an equipotential surface of a reference body that is in hydrostatic equilibrium, and has the equatorial radius, gravitational constant, dynamical form factor and angular velocity of the Earth. This is referred to as a Geodetic Reference System (rather than just a reference spheroid). It provides a suitable approximation to mean sea level (i.e. to the geoid), but may differ from it by up to 100m in some regions.

Reduction from geodetic to geocentric coordinates

The position of a point relative to a terrestrial reference frame may be expressed in three ways:

 (i) geocentric equatorial rectangular coordinates, x, y, z;

 (ii) geocentric longitude, latitude and radius, λ, ϕ', ρ;

 (iii) geodetic longitude, latitude and height, λ, ϕ, h.

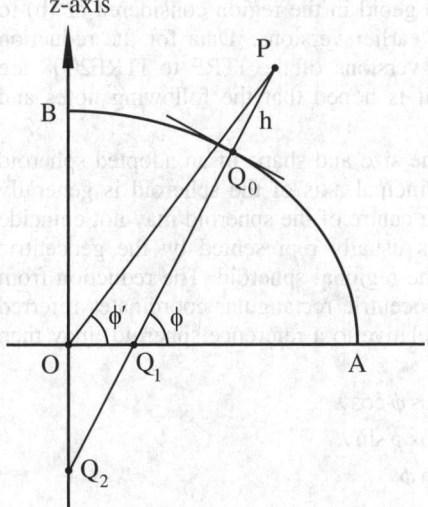

O is centre of Earth

OA = equatorial radius, a

OB = polar radius, b
$\quad = a(1 - f)$

OP = geocentric radius, ap

PQ_0 is normal to the reference spheroid

$Q_0Q_1 = aS$

$Q_0Q_2 = aC$

$\phi\ =$ geodetic latitude

$\phi'\ =$ geocentric latitude

The geodetic and geocentric longitudes of a point are the same, while the relationship between the geodetic and geocentric latitudes of a point is illustrated in the figure on page K11, which represents a meridional section through the reference spheroid. The geocentric radius ρ is usually expressed in units of the equatorial radius of the reference spheroid. The following relationships hold between the geocentric and geodetic coordinates:

$$x = a \rho \cos \phi' \cos \lambda = (aC + h) \cos \phi \cos \lambda$$
$$y = a \rho \cos \phi' \sin \lambda = (aC + h) \cos \phi \sin \lambda$$
$$z = a \rho \sin \phi' \qquad = (aS + h) \sin \phi$$

where a is the equatorial radius of the spheroid and C and S are auxiliary functions that depend on the geodetic latitude and on the flattening f of the reference spheroid. The polar radius b and the eccentricity e of the ellipse are given by:

$$b = a(1 - f) \qquad e^2 = 2f - f^2 \qquad \text{or} \qquad 1 - e^2 = (1 - f)^2$$

It follows from the geometrical properties of the ellipse that:

$$C = \{\cos^2 \phi + (1 - f)^2 \sin^2 \phi\}^{-1/2} \qquad S = (1 - f)^2 C$$

Geocentric coordinates may be calculated directly from geodetic coordinates. The reverse calculation of geodetic coordinates from geocentric coordinates can be done in closed form (see for example, Borkowski, *Bull. Geod.* **63**, 50-56, 1989), but it is usually done using an iterative procedure.

An iterative procedure for calculating λ, ϕ, h from x, y, z is as follows:

Calculate: $\qquad \lambda = \tan^{-1}(y/x) \qquad r = (x^2 + y^2)^{1/2} \qquad e^2 = 2f - f^2$

Calculate the first approximation to ϕ from: $\qquad\qquad \phi = \tan^{-1}(z/r)$

Then perform the following iteration until ϕ is unchanged to the required precision:

$$\phi_1 = \phi \qquad C = (1 - e^2 \sin^2 \phi_1)^{-1/2} \qquad \phi = \tan^{-1}((z + aCe^2 \sin \phi_1)/r)$$

Then: $\qquad\qquad\qquad\qquad\qquad h = r/\cos \phi - aC$

Series expressions and tables are available for certain values of f for the calculation of C and S and also of ρ and $\phi - \phi'$ for points on the spheroid ($h = 0$). The quantity $\phi - \phi'$ is sometimes known as the "reduction of the latitude" or the "angle of the vertical", and it is of the order of $10'$ in mid-latitudes. To a first approximation when h is small the geocentric radius is increased by h/a and the angle of the vertical is unchanged. The height h refers to a height above the reference spheroid and differs from the height above mean sea level (i.e. above the geoid) by the "undulation of the geoid" at the point.

Other geodetic reference systems

In practice most geodetic positions are referred either (a) to a regional geodetic datum that is represented by a spheroid that approximates to the geoid in the region considered or (b) to a global reference system, ideally the ITRF2008 or earlier versions. Data for the reduction of regional geodetic coordinates or those in earlier versions of the ITRF to ITRF2008 are available in the relevant geodetic publications, but it is hoped that the following notes and formulae and data will be useful.

(a) Each regional geodetic datum is specified by the size and shape of an adopted spheroid and by the coordinates of an "origin point". The principal axis of the spheroid is generally close to the mean axis of rotation of the Earth, but the centre of the spheroid may not coincide with the centre of mass of the Earth, The offset is usually represented by the geocentric rectangular coordinates (x_0, y_0, z_0) of the centre of the regional spheroid. The reduction from the regional geodetic coordinates (λ, ϕ, h) to the geocentric rectangular coordinates referred to the ITRF (and hence to the geodetic coordinates relative to a reference spheroid) may then be made by using the expressions:

$$x = x_0 + (aC + h) \cos \phi \cos \lambda$$
$$y = y_0 + (aC + h) \cos \phi \sin \lambda$$
$$z = z_0 + (aS + h) \sin \phi$$

(b) The global reference systems defined by the various versions of ITRF differ slightly due to an evolution in the multi-technique combination and constraints philosophy as well as through observational and modelling improvements, although all versions give good approximations to the latest reference frame. The transformations from the latest to previous ITRF solutions involve coordinate and velocity translations, rotations and scaling (i.e. 14 parameters in all) and all of these are given online (see http://www.iers.org) for the ITRF2008 frame in the IERS Conventions (2010, *IERS Technical Note 36*). For example, translation parameters T_1 , T_2 and T_3 from ITRF2008 to ITRF2005 are $(-2 \cdot 0, -0 \cdot 9, -4 \cdot 7)$ millimetres, with scale difference $0 \cdot 94$ parts per billion.

The space technique GPS is now widely used for position determination. Since January 1987 the broadcast orbits of the GPS satellites have been referred to the WGS84 terrestrial frame, and so positions determined directly using these orbits will also be referred to this frame, which at the level of a few centimetres is close to the ITRF. The parameters of the spheroid used are listed below, and the frame is defined to agree with the BIH frame. However, with the ready availability of data from a large number of geodetic sites whose coordinates and velocities are rigorously defined within ITRF2008, and with GPS orbital solutions also being referred by the International Global Navigation Satellite Systems Service (IGS) analysis centres to the same frame, it is straightforward to determine directly new sites' coordinates within ITRF2008.

GEODETIC REFERENCE SPHEROIDS

Name and Date	Equatorial Radius, a m	Reciprocal of Flattening, $1/f$	Gravitational Constant, GM $10^{14} \mathrm{m}^3 \mathrm{s}^{-2}$	Dynamical Form Factor, J_2	Ang. Velocity of earth, ω $10^{-5} \mathrm{rad\ s}^{-1}$
WGS 84	637 8137	298·257 223 563	3·986 005	0·001 082 63	7·292 115
MERIT 1983	8137	298·257	—	—	—
GRS 80 (IUGG, 1980)[†]	8137	298·257 222	3·986 005	0·001 082 63	7·292 115
IAU 1976	8140	298·257	3·986 005	0·001 082 63	—
South American 1969	8160	298·25	—	—	—
GRS 67 (IUGG, 1967)	8160	298·247 167	3·986 03	0·001 082 7	7·292 115 146 7
Australian National 1965	8160	298·25	—	—	—
IAU 1964	8160	298·25	3·986 03	0·001 082 7	7·292 1
Krassovski 1942	8245	298·3	—	—	—
International 1924 (Hayford)	8388	297	—	—	—
Clarke 1880 mod.	8249·145	293·466 3	—	—	—
Clarke 1866	8206·4	294·978 698	—	—	—
Bessel 1841	7397·155	299·152 813	—	—	—
Everest 1830	7276·345	300·801 7	—	—	—
Airy 1830	637 7563·396	299·324 964	—	—	—

[†] H. Moritz, Geodetic Reference System 1980, *Bull. Géodésique*, **58**(3), 388-398, 1984.

Astronomical coordinates

Many astrometric observations that historically were used in the determination of the terrestrial coordinates of the point of observation used the local vertical, which defines the zenith, as a principal reference axis; the coordinates so obtained are called "astronomical coordinates". The local vertical is in the direction of the vector sum of the acceleration due to the gravitational field of the Earth and of the apparent acceleration due to the rotation of the Earth on its axis. The vertical is normal to the equipotential (or level) surface at the point, but it is inclined to the normal to the geodetic reference spheroid; the angle of inclination is known as the "deflection of the vertical".

The astronomical coordinates of an observatory may differ significantly (e.g. by as much as $1'$) from its geodetic coordinates, which are required for the determination of the geocentric coordinates of the observatory for use in computing, for example, parallax corrections for solar system observations. The size and direction of the deflection may be estimated by studying the gravity field in the region concerned. The deflection may affect both the latitude and longitude, and hence local time. Astronomical coordinates also vary with time because they are affected by polar motion (see page B84).

Introduction and notation

The interpolation methods described in this section, together with the accompanying tables, are usually sufficient to interpolate to full precision the ephemerides in this volume. Additional notes, formulae and tables are given in the booklets *Interpolation and Allied Tables* and *Subtabulation* and in many textbooks on numerical analysis. It is recommended that interpolated values of the Moon's right ascension, declination and horizontal parallax are derived from the daily polynomial coefficients that are provided for this purpose on *The Astronomical Almanac Online* (see page D1).

f_p denotes the value of the function $f(t)$ at the time $t = t_0 + ph$, where h is the interval of tabulation, t_0 is a tabular argument, and $p = (t - t_0)/h$ is known as the interpolating factor. The notation for the differences of the tabular values is shown in the following table; it is derived from the use of the central-difference operator δ, which is defined by:

$$\delta f_p = f_{p+1/2} - f_{p-1/2}$$

The symbol for the function is usually omitted in the notation for the differences. Tables are given for use with Bessel's interpolation formula for p in the range 0 to $+1$. The differences may be expressed in terms of function values for convenience in the use of programmable calculators or computers.

Arg.	Function	Differences				Differences in terms of Function Values
		1st	2nd	3rd	4th	
t_{-2}	f_{-2}		δ^2_{-2}			$\delta_{1/2} = f_1 - f_0$
		$\delta_{-3/2}$		$\delta^3_{-3/2}$		$\delta^2_0 = \delta_{1/2} - \delta_{-1/2}$
t_{-1}	f_{-1}		δ^2_{-1}		δ^4_{-1}	$= f_1 - 2f_0 + f_{-1}$
		$\delta_{-1/2}$		$\delta^3_{-1/2}$		$\delta^2_0 + \delta^2_1 = f_2 - f_1 - f_0 + f_{-1}$
t_0	f_0		δ^2_0		δ^4_0	$\delta^3_{1/2} = \delta^2_1 - \delta^2_0$
		$\delta_{1/2}$		$\delta^3_{1/2}$		$= f_2 - 3f_1 + 3f_0 - f_{-1}$
t_{+1}	f_{+1}		δ^2_1		δ^4_1	$\delta^4_0 = \delta^3_{1/2} - \delta^3_{-1/2}$
		$\delta_{3/2}$		$\delta^3_{3/2}$		$= f_2 - 4f_1 + 6f_0 - 4f_{-1} + f_{-2}$
t_{+2}	f_{+2}		δ^2_2			$\delta^4_0 + \delta^4_1 = f_3 - 3f_2 + 2f_1 + 2f_0 - 3f_{-1} + f_{-2}$

$$p \equiv \text{the interpolating factor} = (t - t_0)/(t_1 - t_0) = (t - t_0)/h$$

Bessel's interpolation formula

In this notation Bessel's interpolation formula is:

$$f_p = f_0 + p\,\delta_{1/2} + B_2\,(\delta^2_0 + \delta^2_1) + B_3\,\delta^3_{1/2} + B_4\,(\delta^4_0 + \delta^4_1) + \cdots$$

where

$$B_2 = p\,(p-1)/4 \qquad B_3 = p\,(p-1)\,(p-\tfrac{1}{2})/6$$
$$B_4 = (p+1)\,p\,(p-1)\,(p-2)/48$$

The maximum contribution to the truncation error of f_p, for $0 < p < 1$, from neglecting each order of difference is less than 0·5 in the unit of the end figure of the tabular function if

$$\delta^2 < 4 \qquad \delta^3 < 60 \qquad \delta^4 < 20 \qquad \delta^5 < 500.$$

The critical table of B_2 opposite provides a rapid means of interpolating when δ^2 is less than 500 and higher-order differences are negligible or when full precision is not required. The interpolating factor p should be rounded to 4 decimals, and the required value of B_2 is then the tabular value opposite the interval in which p lies, or it is the value above and to the right of p if p exactly equals a tabular argument. B_2 is always negative. The effects of the third and fourth differences can be estimated from the values of B_3 and B_4, given in the last column.

Inverse interpolation

Inverse interpolation to derive the interpolating factor p, and hence the time, for which the function takes a specified value f_p is carried out by successive approximations. The first estimate p_1 is obtained from:

$$p_1 = (f_p - f_0)/\delta_{1/2}$$

This value of p is used to obtain an estimate of B_2, from the critical table or otherwise, and hence an improved estimate of p from:

$$p = p_1 - B_2 \, (\delta_0^2 + \delta_1^2)/\delta_{1/2}$$

This last step is repeated until there is no further change in B_2 or p; the effects of higher-order differences may be taken into account in this step.

CRITICAL TABLE FOR B_2

p	B_2	p	B_2	p	B_2	p	B_2	p	B_2	p	B_3
0·0000	−	0·1101	−	0·2719	−	0·7280	−	0·8898	−	0·0	0·000
0·0020	·000	0·1152	·025	0·2809	·050	0·7366	·049	0·8949	·024	0·1	+0·006
0·0060	·001	0·1205	·026	0·2902	·051	0·7449	·048	0·9000	·023	0·2	+0·008
0·0101	·002	0·1258	·027	0·3000	·052	0·7529	·047	0·9049	·022	0·3	+0·007
0·0142	·003	0·1312	·028	0·3102	·053	0·7607	·046	0·9098	·021	0·4	+0·004
0·0183	·004	0·1366	·029	0·3211	·054	0·7683	·045	0·9147	·020		
0·0225	·005	0·1422	·030	0·3326	·055	0·7756	·044	0·9195	·019	0·5	0·000
0·0267	·006	0·1478	·031	0·3450	·056	0·7828	·043	0·9242	·018		
0·0309	·007	0·1535	·032	0·3585	·057	0·7898	·042	0·9289	·017	0·6	−0·004
0·0352	·008	0·1594	·033	0·3735	·058	0·7966	·041	0·9335	·016	0·7	−0·007
0·0395	·009	0·1653	·034	0·3904	·059	0·8033	·040	0·9381	·015	0·8	−0·008
0·0439	·010	0·1713	·035	0·4105	·060	0·8098	·039	0·9427	·014	0·9	−0·006
0·0483	·011	0·1775	·036	0·4367	·061	0·8162	·038	0·9472	·013	1·0	0·000
0·0527	·012	0·1837	·037	0·5632	·062	0·8224	·037	0·9516	·012		
0·0572	·013	0·1901	·038	0·5894	·061	0·8286	·036	0·9560	·011	p	B_4
0·0618	·014	0·1966	·039	0·6095	·060	0·8346	·035	0·9604	·010	0·0	0·000
0·0664	·015	0·2033	·040	0·6264	·059	0·8405	·034	0·9647	·009	0·1	+0·004
0·0710	·016	0·2101	·041	0·6414	·058	0·8464	·033	0·9690	·008	0·2	+0·007
0·0757	·017	0·2171	·042	0·6549	·057	0·8521	·032	0·9732	·007	0·3	+0·010
0·0804	·018	0·2243	·043	0·6673	·056	0·8577	·031	0·9774	·006	0·4	+0·011
0·0852	·019	0·2316	·044	0·6788	·055	0·8633	·030	0·9816	·005		
0·0901	·020	0·2392	·045	0·6897	·054	0·8687	·029	0·9857	·004	0·5	+0·012
0·0950	·021	0·2470	·046	0·7000	·053	0·8741	·028	0·9898	·003	0·6	+0·011
0·1000	·022	0·2550	·047	0·7097	·052	0·8794	·027	0·9939	·002	0·7	+0·010
0·1050	·023	0·2633	·048	0·7190	·051	0·8847	·026	0·9979	·001	0·8	+0·007
0·1101	·024	0·2719	·049	0·7280	·050	0·8898	·025	1·0000	·000	0·9	+0·004
										1·0	0·000

In critical cases ascend. B_2 is always negative.

Polynomial representations

It is sometimes convenient to construct a simple polynomial representation of the form

$$f_p = a_0 + a_1 \, p + a_2 \, p^2 + a_3 \, p^3 + a_4 \, p^4 + \cdots$$

which may be evaluated in the nested form

$$f_p = (((a_4 \, p + a_3) \, p + a_2) \, p + a_1) \, p + a_0$$

Expressions for the coefficients a_0, a_1, ... may be obtained from Stirling's interpolation formula, neglecting fifth-order differences:

$$a_4 = \delta_0^4/24 \qquad a_2 = \delta_0^2/2 - a_4 \qquad a_0 = f_0$$

$$a_3 = (\delta_{1/2}^3 + \delta_{-1/2}^3)/12 \qquad a_1 = (\delta_{1/2} + \delta_{-1/2})/2 - a_3$$

This is suitable for use in the range $-\frac{1}{2} \le p \le +\frac{1}{2}$, and it may be adequate in the range $-2 \le p \le 2$, but it should not normally be used outside this range. Techniques are available in the literature for obtaining polynomial representations which give smaller errors over similar or larger intervals. The coefficients may be expressed in terms of function values rather than differences.

Examples

To find (a) the declination of the Sun at $16^h\ 23^m\ 14\overset{s}{.}8$ TT on 1984 January 19, (b) the right ascension of Mercury at $17^h\ 21^m\ 16\overset{s}{.}8$ TT on 1984 January 8, and (c) the time on 1984 January 8 when Mercury's right ascension is exactly $18^h\ 04^m$.

Difference tables for the Sun and Mercury are constructed as shown below, where the differences are in units of the end figures of the function. Second-order differences are sufficient for the Sun, but fourth-order differences are required for Mercury.

	Sun					Mercury				
Jan.	Dec.	δ	δ^2		Jan.	R.A.	δ	δ^2	δ^3	δ^4
	$\circ\quad\prime\quad\prime\prime$					$h\quad m\quad\ \ s$				
18	$-20\ 44\ 48.3$				6	$18\ 10\ 10.12$				
		$+7212$					-18709			
19	$-20\ 32\ 47.1$		$+233$		7	$18\ 07\ 03.03$		$+4299$		
		$+7445$					-14410		-16	
20	$-20\ 20\ 22.6$		$+230$		8	$18\ 04\ 38.93$		$+4283$		-104
		$+7675$					-10127		-120	
21	$-20\ 07\ 35.1$				9	$18\ 02\ 57.66$		$+4163$		-76
							-5964		-196	
					10	$18\ 01\ 58.02$		$+3967$		
							-1997			
					11	$18\ 01\ 38.05$				

(a) *Use of Bessel's formula*

The tabular interval is one day, hence the interpolating factor is 0.68281. From the critical table, $B_2 = -0.054$, and

$$f_p = -20°\ 32'\ 47''.1 + 0.68281\,(+744''.5) - 0.054\,(+23''.3 + 23''.0)$$
$$= -20°\ 24'\ 21''.2$$

(b) *Use of polynomial formula*

Using the polynomial method, the coefficients are:

$a_4 = -1\overset{s}{.}04/24 = -0\overset{s}{.}043$ $\qquad\qquad$ $a_1 = (-101\overset{s}{.}27 - 144\overset{s}{.}10)/2 + 0\overset{s}{.}113 = -122\overset{s}{.}572$

$a_3 = (-1\overset{s}{.}20 - 0\overset{s}{.}16)/12 = -0\overset{s}{.}113$ $\qquad$ $a_0 = 18^h + 278\overset{s}{.}93$

$a_2 = +42\overset{s}{.}83/2 + 0\overset{s}{.}043 = +21\overset{s}{.}458$

where an extra decimal place has been kept as a guarding figure. Then with interpolating factor $p = 0.72311$

$$f_p = 18^h + 278\overset{s}{.}93 - 122\overset{s}{.}572\,p + 21\overset{s}{.}458\,p^2 - 0\overset{s}{.}113\,p^3 - 0\overset{s}{.}043\,p^4$$
$$= 18^h\ 03^m\ 21\overset{s}{.}46$$

(c) *Inverse interpolation*

Since $f_p = 18^h\ 04^m$ the first estimate for p is:

$$p_1 = (18^h\ 04^m - 18^h\ 04^m\ 38\overset{s}{.}93)/(-101\overset{s}{.}27) = 0.38442$$

From the critical table, with $p = 0.3844$, $B_2 = -0.059$. Also

$$(\delta_0^2 + \delta_1^2)/\delta_{1/2} = (+42.83 + 41.63)/(-101.27) = -0.834$$

The second approximation to p is:

$$p = 0.38442 + 0.059\,(-0.834) = 0.33521 \quad \text{which gives } t = 8^h\ 02^m\ 42^s;$$

as a check, using the polynomial found in (b) with $p = 0.33521$ gives

$$f_p = 18^h\ 04^m\ 00\overset{s}{.}25.$$

The next approximation is $B_2 = -0.056$ and $p = 0.38442 + 0.056(-0.834) = 0.33772$ which gives $t = 8^h\ 06^m\ 19^s$: using the polynomial in (b) with $p = 0.33772$ gives

$$f_p = 18^h\ 03^m\ 59\overset{s}{.}98.$$

Subtabulation

Coefficients for use in the systematic interpolation of an ephemeris to a smaller interval are given in the following table for certain values of the ratio of the two intervals. The table is entered for each of the appropriate multiples of this ratio to give the corresponding decimal value of the interpolating factor p and the Bessel coefficients. The values of p are exact or recurring decimal numbers. The values of the coefficients may be rounded to suit the maximum number of figures in the differences.

BESSEL COEFFICIENTS FOR SUBTABULATION

$\frac{1}{2}$	$\frac{1}{3}$	$\frac{1}{4}$	$\frac{1}{5}$	$\frac{1}{6}$	$\frac{1}{8}$	$\frac{1}{10}$	$\frac{1}{12}$	$\frac{1}{20}$	$\frac{1}{24}$	$\frac{1}{40}$	p	B_2	B_3	B_4
										1	0·025	−0·006094	0·00193	0·0010
									1		0·0416	−0·009983	0·00305	0·0017
								1		2	0·050	−0·011875	0·00356	0·0020
										3	0·075	−0·017344	0·00491	0·0030
							1		2		0·0833	−0·019097	0·00530	0·0033
						1		2		4	0·100	−0·022500	0·00600	0·0039
					1				3	5	0·125	−0·027344	0·00684	0·0048
								3		6	0·150	−0·031875	0·00744	0·0057
				1			2		4		0·1666	−0·034722	0·00772	0·0062
										7	0·175	−0·036094	0·00782	0·0064
			1			2		4		8	0·200	−0·040000	0·00800	0·0072
									5		0·2083	−0·041233	0·00802	0·0074
										9	0·225	−0·043594	0·00799	0·0079
		1			2		3	5	6	10	0·250	−0·046875	0·00781	0·0085
										11	0·275	−0·049844	0·00748	0·0091
									7		0·2916	−0·051649	0·00717	0·0095
						3		6		12	0·300	−0·052500	0·00700	0·0097
										13	0·325	−0·054844	0·00640	0·0101
	1			2			4		8		0·3333	−0·055556	0·00617	0·0103
								7		14	0·350	−0·056875	0·00569	0·0106
					3				9	15	0·375	−0·058594	0·00488	0·0109
			2			4		8		16	0·400	−0·060000	0·00400	0·0112
							5		10		0·4166	−0·060764	0·00338	0·0114
										17	0·425	−0·061094	0·00305	0·0114
								9		18	0·450	−0·061875	0·00206	0·0116
									11		0·4583	−0·062066	0·00172	0·0116
										19	0·475	−0·062344	0·00104	0·0117
1		2		3	4	5	6	10	12	20	0·500	−0·062500	0·00000	0·0117
										21	0·525	−0·062344	−0·00104	0·0117
									13		0·5416	−0·062066	−0·00172	0·0116
								11		22	0·550	−0·061875	−0·00206	0·0116
										23	0·575	−0·061094	−0·00305	0·0114
							7		14		0·5833	−0·060764	−0·00338	0·0114
			3			6		12		24	0·600	−0·060000	−0·00400	0·0112
					5				15	25	0·625	−0·058594	−0·00488	0·0109
								13		26	0·650	−0·056875	−0·00569	0·0106
	2			4			8		16		0·6666	−0·055556	−0·00617	0·0103
										27	0·675	−0·054844	−0·00640	0·0101
						7		14		28	0·700	−0·052500	−0·00700	0·0097
									17		0·7083	−0·051649	−0·00717	0·0095
										29	0·725	−0·049844	−0·00748	0·0091
		3			6		9	15	18	30	0·750	−0·046875	−0·00781	0·0085
										31	0·775	−0·043594	−0·00799	0·0079
									19		0·7916	−0·041233	−0·00802	0·0074
			4			8		16		32	0·800	−0·040000	−0·00800	0·0072
										33	0·825	−0·036094	−0·00782	0·0064
				5			10		20		0·8333	−0·034722	−0·00772	0·0062
								17		34	0·850	−0·031875	−0·00744	0·0057
					7				21	35	0·875	−0·027344	−0·00684	0·0048
						9		18		36	0·900	−0·022500	−0·00600	0·0039
							11		22		0·9166	−0·019097	−0·00530	0·0033
										37	0·925	−0·017344	−0·00491	0·0030
								19		38	0·950	−0·011875	−0·00356	0·0020
									23		0·9583	−0·009983	−0·00305	0·0017
										39	0·975	−0·006094	−0·00193	0·0010

The following are some useful formulae involving vectors and matrices.

Position vectors

Positions or directions on the sky can be represented as column vectors in a specific celestial coordinate system with components that are Cartesian (rectangular) coordinates. The relationship between a position vector $\mathbf{r}$ its three components r_x, r_y, r_z, and its right ascension (α), declination (δ) and distance (d) from the specified origin have the general form

$$\mathbf{r} = \begin{bmatrix} r_x \\ r_y \\ r_z \end{bmatrix} = \begin{bmatrix} d\cos\alpha\cos\delta \\ d\sin\alpha\cos\delta \\ d\sin\delta \end{bmatrix} \qquad \text{and} \qquad \begin{aligned} \alpha &= \tan^{-1}\left(r_y/r_x\right) \\ \delta &= \tan^{-1} r_z/\sqrt{(r_x^2+r_y^2)} \\ d &= |\mathbf{r}| = \sqrt{(r_x^2+r_y^2+r_z^2)} \end{aligned}$$

where α is measured counterclockwise as viewed from the positive side of the z-axis. A two-argument arctangent function (e.g., atan2) will return the correct quadrant for α if r_y and r_x are provided separately. The above is written in terms of equatorial coordinates (α, δ), however they are also valid, for example, for ecliptic longitude and latitude (λ, β) and geocentric (not geodetic) longitude and latitude (λ, ϕ).

Unit vectors are often used; the unit vector $\hat{\mathbf{r}}$ is a vector with distance (magnitude) equal to one, and may be calculated thus;

$$\hat{\mathbf{r}} = \frac{\mathbf{r}}{|\mathbf{r}|}$$

For stars and other objects "at infinity" (beyond the solar system), d is often set to 1.

Vector dot and cross products

The dot or scalar product ($\mathbf{r}_1 \cdot \mathbf{r}_2$) of two vectors $\mathbf{r}_1$ and $\mathbf{r}_2$ is the sum of the products of their corresponding components in the same reference frame, thus

$$\mathbf{r}_1 \cdot \mathbf{r}_2 = x_1 x_2 + y_1 y_2 + z_1 z_2$$

The angle (θ) between two unit vectors $\hat{\mathbf{r}}_1$ and $\hat{\mathbf{r}}_2$ is given by

$$\hat{\mathbf{r}}_1 \cdot \hat{\mathbf{r}}_2 = \cos\theta$$

Note, also, that the magnitude (d) of $\mathbf{r}$ is given by

$$d = |\mathbf{r}| = \sqrt{(\mathbf{r} \cdot \mathbf{r})} = \sqrt{r_x^2 + r_y^2 + r_z^2}$$

The cross or vector product ($\mathbf{r}_1 \times \mathbf{r}_2$) of two vectors $\mathbf{r}_1$ and $\mathbf{r}_2$ is a vector that is perpendicular to plane containing both $\mathbf{r}_1$ and $\mathbf{r}_2$ in the direction given by a right-handed screw, and

$$\mathbf{r}_1 \times \mathbf{r}_2 = \begin{bmatrix} y_1 z_2 - y_2 z_1 \\ x_2 z_1 - x_1 z_2 \\ x_1 y_2 - x_2 y_1 \end{bmatrix}$$

where $\mathbf{r}_1$ and $\mathbf{r}_2$ have column vectors (x_1, y_1, z_1) and (x_2, y_2, z_2), respectively. A cross product is not commutative since

$$\mathbf{r}_1 \times \mathbf{r}_2 = -\mathbf{r}_2 \times \mathbf{r}_1$$

The magnitude of the cross product of two unit vectors is the sine of the angle between them

$$|\hat{\mathbf{r}}_1 \times \hat{\mathbf{r}}_2| = \sin\theta \qquad \text{and} \qquad 0 \le \theta \le \pi$$

The vector triple product

$$(\mathbf{r}_1 \times \mathbf{r}_2) \times \mathbf{r}_3 = (\mathbf{r}_1 \cdot \mathbf{r}_3)\,\mathbf{r}_2 - (\mathbf{r}_2 \cdot \mathbf{r}_3)\,\mathbf{r}_1$$

is a vector in the same plane as $\mathbf{r}_1$ and $\mathbf{r}_2$. Note the position of the brackets. The latter is used on page B67 in step 3 where $\mathbf{r}_1 = \mathbf{q}$, $\mathbf{r}_2 = \mathbf{e}$ and $\mathbf{r}_3 = \mathbf{p}$.

Matrices and matrix multiplication

The general form of a 3×3 matrix $\mathbf{M}$ used with 3-vectors is usually specified

$$\mathbf{M} = \begin{bmatrix} m_{11} & m_{12} & m_{13} \\ m_{21} & m_{22} & m_{23} \\ m_{31} & m_{32} & m_{33} \end{bmatrix}$$

If each element of $\mathbf{M}$ (m_{ij}) is the result of multiplying matrices $\mathbf{A}$ and $\mathbf{B}$, i.e. $\mathbf{M} = \mathbf{A}\,\mathbf{B}$, then $\mathbf{M}$ is calculated from

$$m_{ij} = \sum_{k=1}^{3} a_{ik}\,b_{kj} \qquad \text{thus} \qquad \mathbf{M} = \begin{bmatrix} \sum a_{1k}\,b_{k1} & \sum a_{1k}\,b_{k2} & \sum a_{1k}\,b_{k3} \\ \sum a_{2k}\,b_{k1} & \sum a_{2k}\,b_{k2} & \sum a_{2k}\,b_{k3} \\ \sum a_{3k}\,b_{k1} & \sum a_{3k}\,b_{k2} & \sum a_{3k}\,b_{k3} \end{bmatrix}$$

where $i = 1, 2, 3$, $j = 1, 2, 3$ and k is summed from 1 to 3. Note that matrix multiplication is associative, i.e. $\mathbf{A}\,(\mathbf{B}\,\mathbf{C}) = (\mathbf{A}\,\mathbf{B})\,\mathbf{C}$, but it is **not** commutative i.e. $\mathbf{A}\,\mathbf{B} \neq \mathbf{B}\,\mathbf{A}$.

Rotation matrices

The rotation matrix $\mathbf{R}_n(\phi)$, for $n = 1, 2$ and 3 transforms column 3-vectors from one Cartesian coordinate system to another. The final system is formed by rotating the original system about its own n^{th}-axis (i.e. the x, y, or z-axis) by the angle ϕ, counterclockwise as viewed from the $+x$, $+y$ or $+z$ direction, respectively.

The two columns below give $\mathbf{R}_n(\phi)$ and its inverse $\mathbf{R}_n^{-1}(\phi)$ (see below), respectively,

$$\mathbf{R}_1(\phi) = \begin{bmatrix} 1 & 0 & 0 \\ 0 & \cos\phi & \sin\phi \\ 0 & -\sin\phi & \cos\phi \end{bmatrix} \qquad \mathbf{R}_1^{-1}(\phi) = \begin{bmatrix} 1 & 0 & 0 \\ 0 & \cos\phi & -\sin\phi \\ 0 & \sin\phi & \cos\phi \end{bmatrix}$$

$$\mathbf{R}_2(\phi) = \begin{bmatrix} \cos\phi & 0 & -\sin\phi \\ 0 & 1 & 0 \\ \sin\phi & 0 & \cos\phi \end{bmatrix} \qquad \mathbf{R}_2^{-1}(\phi) = \begin{bmatrix} \cos\phi & 0 & \sin\phi \\ 0 & 1 & 0 \\ -\sin\phi & 0 & \cos\phi \end{bmatrix}$$

$$\mathbf{R}_3(\phi) = \begin{bmatrix} \cos\phi & \sin\phi & 0 \\ -\sin\phi & \cos\phi & 0 \\ 0 & 0 & 1 \end{bmatrix} \qquad \mathbf{R}_3^{-1}(\phi) = \begin{bmatrix} \cos\phi & -\sin\phi & 0 \\ \sin\phi & \cos\phi & 0 \\ 0 & 0 & 1 \end{bmatrix}$$

Inverse rotation matrix: Matrices and any transformations such as precession, that are formed from products of rotational matricies are orthogonal; that is, the transpose $\mathbf{R}^{\text{T}}$ (where rows are replaced by columns) equals the inverse, $\mathbf{R}^{-1}$. Therefore

$$\mathbf{R}^{\text{T}}\,\mathbf{R} = \mathbf{R}^{-1}\,\mathbf{R} = \mathbf{I}$$

where $\mathbf{I}$ is the unit (identity) matrix. It is also worth noting the following relationships

$$\mathbf{R}_n^{-1}(\theta) = \mathbf{R}_n^{\text{T}}(\theta) = \mathbf{R}_n(-\theta)$$

which is shown in the right-hand column above. Sometimes $\mathbf{R}^{\text{T}}$ is denoted $\mathbf{R}'$.

Example: The transformation between a geocentric position with respect to the Geocentric Celestial Reference System $\mathbf{r}_{\text{GCRS}}$ and a position with respect to the true equator and equinox of date $\mathbf{r}_t$, and vice versa, is given by:

$$\mathbf{r}_t = \mathbf{N}\,\mathbf{P}\,\mathbf{B}\,\mathbf{r}_{\text{GCRS}}$$
$$\mathbf{B}^{-1}\mathbf{P}^{-1}\mathbf{N}^{-1}\mathbf{r}_t = \mathbf{B}^{-1}\,[\mathbf{P}^{-1}\,(\mathbf{N}^{-1}\mathbf{N})\,\mathbf{P}]\,\mathbf{B}\,\mathbf{r}_{\text{GCRS}}$$

Rearranging gives

$$\mathbf{r}_{\text{GCRS}} = \mathbf{B}^{-1}\,\mathbf{P}^{-1}\,\mathbf{N}^{-1}\,\mathbf{r}_t = \mathbf{B}^{\text{T}}\,\mathbf{P}^{\text{T}}\,\mathbf{N}^{\text{T}}\,\mathbf{r}_t$$

where $\mathbf{B}$, $\mathbf{P}$ and $\mathbf{N}$ are the frame bias, precession and nutation matrices, respectively. Note that the order the transformations are applied is crucial.

This section specifies the sources for the theories and data used to construct the ephemerides in this volume, explains the basic concepts required to use the ephemerides, and where appropriate states the precise meaning of tabulated quantities. Definitions of individual terms appear in the Glossary (Section M). The *Explanatory Supplement to the Astronomical Almanac* (Seidelmann, 1992) contains additional information about the theories and data used.

The companion website *The Astronomical Almanac Online* provides, in machine-readable form, some of the information printed in this volume as well as closely related data. Two mirrored sites are maintained. The URL [1] for the website in the United States is http://asa.usno.navy.mil and in the United Kingdom is http://asa.hmnao.com. The symbol ^{www} is used throughout this edition to indicate that additional material can be found on *The Astronomical Almanac Online*.

To the greatest extent possible, *The Astronomical Almanac* is prepared using standard data sources and models recommended by the International Astronomical Union (IAU). The data prepared in the United States rely heavily on the US Naval Observatory's NOVAS software package [2]. Data prepared in the United Kingdom utilize the IAU Standards of Fundamental Astronomy (SOFA) library [3]. Although NOVAS and SOFA were written independently, the underlying scientific bases are the same. Resulting computations typically are in agreement at the microarcsecond level.

Fundamental Reference System

The fundamental reference system for astronomical applications is the International Celestial Reference System (ICRS), as adopted by the IAU General Assembly (GA) in 1997 (Resolution B2, IAU, 1999). At the same time, the IAU specified that the practical realization of the ICRS in the radio regime is the International Celestial Reference Frame (ICRF), a space-fixed frame based on high accuracy radio positions of extragalactic sources measured by Very Long Baseline Interferometry (VLBI); see Ma et al. (1998). Beginning in 2010, the ICRS is realized in the radio by the ICRF2 catalog (IERS, 2009); also available at [4]. The ICRS is realized in the optical regime by the Hipparcos Celestial Reference Frame (HCRF), consisting of the *Hipparcos Catalogue* (ESA, 1997) with certain exclusions (Resolution B1.2, IAU, 2001). Although the directions of the ICRS coordinate axes are not defined by the kinematics of the Earth, the ICRS axes (as implemented by the ICRF and HCRF) closely approximate the axes that would be defined by the mean Earth equator and equinox of J2000.0 (to within 0.1 arcsecond).

In 2000, the IAU defined a system of space-time coordinates for the solar system, and the Earth, within the framework of General Relativity, by specifying the form of the metric tensors for each and the 4-dimensional space-time transformation between them. The former is called the Barycentric Celestial Reference System (BCRS), and the latter, the Geocentric Celestial Reference System (GCRS) (Resolution B1.3, *op.cit.*). The ICRS can be considered a specific implementation of the BCRS; the ICRS defines the spatial axis directions of the BCRS. The GCRS axis directions are derived from those of the BCRS (ICRS); the GCRS can be considered to be the "geocentric ICRS," and the coordinates of stars and planets in the GCRS are obtained from basic ICRS reference data by applying the algorithms for proper place (*e.g.*, for stars, correcting the ICRS-based catalog position for proper motion, parallax, gravitational deflection of light, and aberration).

Precession and Nutation Models

The IAU Resolution B1 adopts the IAU 2006 precession theory (Capitaine et al., 2003) recommended by the Working Group on Precession and the Ecliptic (Hilton et al., 2006) and the IAU 2000A nutation theory (IAU 2000 Resolution B1.6) based on the transfer functions of Matthews et al. (2002), MHB2000. However, at the highest precision (μas), implementing these precession and nutation theories will not agree with the combined precession-nutation approach using the

X,Y of the CIP as implemented by the IERS Conventions (IERS, 2010, Chapter 5, and the updates at [7]). This is due to some very small adjustments that are needed in a few of the IAU 2000A nutation amplitudes in order to ensure compatibility with the IAU 2006 values for ϵ_0 and the J_2 rate (see IERS (2010), 5.6.3).

Sections C, E, F use IAU 2000A nutation without the adjustments (see USNO Circular 179, Kaplan (2005) available at [8]) and Sections A, B, D and G use IAU SOFA software, which includes the adjustments. Note that these adjustments are well below the precision printed. These IAU recommendations have been implemented into this almanac since the 2009 edition.

Section B describes the transformation (rotations for precession and nutation) from the GCRS to the of date system. This includes the offsets of the ICRS axes from the axes of the dynamical system (mean equator and equinox of J2000.0, termed frame bias). Users are reminded that both variants of formulation, with and without frame bias, are often given, and the difference matters.

Time Scales

Two fundamentally different types of time scales are used in astronomy: coordinate timescales such as International Atomic Time (TAI), Terrestrial Time (TT), and Barycentric Dynamical Time (TDB), and those based on the rotation of the Earth such as Universal Time (UT) and sidereal time.

A coordinate timescale is one associated with a coordinate system. To be of use, a coordinate timescale must be related to the proper time of an actual clock. This connection is made from the proper times of an ensemble of atomic clocks on the geoid, through a relativistic transformation, to define the TAI coordinate timescale. The realization of TAI is the responsibility of the Bureau International de Poids et Mesures (BIPM).

The Earth is subject to external torques and change to its internal structure. Thus, the Earth's rotation rate varies with time. And those timescales, such as UT, that are based on the Earth's rotation do not have a fixed relationship to coordinate timescales.

The fundamental unit of time in a coordinate time scale is the SI second defined as 9 192 631 770 cycles of the radiation corresponding to the ground state hyperfine transition of Cesium 133. As a simple count of cycles of an observable phenomenon, the SI second can be implemented, at least in principle, by an observer anywhere. According to relativity theory, clocks advancing by SI seconds according to a co-moving observer (*i.e.*, an observer moving with the clock) may not, in general, appear to advance by SI seconds to an observer on a different space-time trajectory from that of the clock. Thus, a coordinate time scale defined for use in a particular reference system is related to the coordinate time scale defined for a second reference system by a rather complex formula that depends on the relative space-time trajectories of the two reference systems. Simply stated, different astronomical reference systems use different time scales. However, the universal use of SI units allows the values of fundamental physical constants determined in one reference system to be used in another reference system without scaling.

The IAU has recommended relativistic coordinate time scales based on the SI second for theoretical developments using the Barycentric Celestial Reference System or the Geocentric Celestial Reference System. These time scales are, respectively, Barycentric Coordinate Time (TCB) and Geocentric Coordinate Time (TCG). Neither TCB nor TCG appear explicitly in this volume (except here and in the Glossary), but may underlie the physical theories that contribute to the data, and are likely to be more widely used in the future.

International Atomic Time (TAI) is a commonly used time scale based on the SI second on the Earth's surface (the rotating geoid). TAI is the most precisely determined time scale that is now available for astronomical use. This scale results from analyses, by the BIPM in Sèvres, France, of data from atomic time standards of many countries. Although TAI was not officially introduced until 1972, atomic time scales have been available since 1956, and TAI may be extrapolated backwards to the period 1956–1971 (for a history of TAI, see Nelson et al. (2001)). TAI is readily available as an integral number of seconds offset from UTC, which is extensively disseminated. UTC is discussed at the end of this section.

The astronomical time scale called Terrestrial Time (TT), used widely in this volume, is an idealized form of TAI with an epoch offset. In practice it is TT = TAI + $32^s.184$. TT was so defined to preserve continuity with previously used (now obsolete) "dynamical" time scales, Terrestrial Dynamical Time (TDT) and Ephemeris Time (ET).

Barycentric Dynamical Time (TDB, defined by the IAU in 1976 and 1979 and modified in 2006 by Resolution B3) is defined such that it is linearly related to TCB and, at the geocenter, remains close to TT. Barycentric and heliocentric data are therefore often tabulated with TDB shown as the time argument. Values of parameters involving TDB (see pages K6–K7) or T_{eph} (see below), which are not based on the SI second, will, in general, require scaling to convert them to SI-based values (dimensionless quantities such as mass ratios are unaffected).

The coordinate time scale T_{eph} is the independent argument of the fundamental solar system ephemerides from the Jet Propulsion Laboratory. These ephemerides are the basis for many of the tabulations in this volume (see the Ephemerides Section on page L4). They were computed in the barycentric reference system. The linear drift between T_{eph} and TCB (by about 10^{-8}) is such that the rates of T_{eph} and TT are as close as possible for the time span covered by the particular ephemeris (Standish, 1998b). Each ephemeris defines its own version of T_{eph}; the T_{eph} of the JPL ephemeris DE405/LE405 used in this volume is for practical purposes the same as TDB. Also, like TDB, T_{eph} is not based on the SI second (see above).

The second group of time scales, which are also used in this volume, are based on the (variable) rotation of the Earth. In 2000, the IAU (Resolution B1.8, IAU, 2001) defined UT1 (Universal Time) to be linearly proportional to the Earth rotation angle (ERA, see page B8) which is the geocentric angle between two directions in the equatorial plane called, respectively, the celestial intermediate origin (CIO) and the terrestrial intermediate origin (TIO). The TIO rotates with the Earth, while the motion of the CIO has no component of instantaneous motion along the celestial equator, thus ERA is a direct measure of the Earth's rotation.

Greenwich sidereal time is the hour angle of the equinox measured with respect to the Greenwich meridian. Local sidereal time is the local hour angle of the equinox, or the Greenwich sidereal time plus the longitude (east positive) of the observer, expressed in time units. Sidereal time appears in two forms, apparent and mean, the difference being the *equation of the equinoxes*; apparent sidereal time includes the effect of nutation on the location of the equinox. Greenwich (or local) sidereal time can be observationally obtained from the equinox-based right ascensions of celestial objects transiting the Greenwich (or local) meridian. The current form of the expression for Greenwich mean sidereal time (GMST) in terms of ERA (which is a function of UT1) and the accumulated precession in right ascension (which are functions of TDB or TT), was first adopted for the 2006 edition of the almanac. The current expression for GMST is given on page B8.

Universal Time (formerly Greenwich Mean Time) is widely used in astronomy, and in this volume always means UT1. Historically, prior to the 2006 edition of *The Astronomical Almanac*, which implemented the IAU resolutions adopted in 2000, UT1 as a function of GMST was specified by IAU Resolution C5 (IAU, 1983) adopted from Aoki et al. (1982). For the 2006-2008 editions of the almanac, consistent with IAU 2000A precession-nutation, the expression is given by Capitaine, Wallace, and McCarthy (2003). Beginning with the 2009 edition, which implemented the IAU resolutions from 2006, the expression for UT1 in terms of GMST (consistent with the IAU 2006 precession) is given in Capitaine et al. (2005). No discontinuities in any time scale resulted from any of the changes in the definition of UT1.

UT1 and sidereal time are affected by variations in the Earth's rate of rotation (length of day), which are unpredictable. The lengths of the sidereal and UT1 seconds are therefore not constant when expressed in a uniform time scale such as TT. The accumulated difference in time measured by a clock keeping SI seconds on the geoid from that measured by the rotation of the Earth is ΔT = TT − UT1. In preparing this volume, an assumption had to be made about the value(s) of ΔT during the tabular year; a table of observed and extrapolated values of ΔT is given on page K9. Calculations of topocentric data, such as precise transit times and hour angles, are often referred to the *ephemeris meridian*, which is 1.002 738 ΔT east of the Greenwich meridian, and thus independent of the Earth's actual rotation. Only when ΔT is specified can such predictions be referred to the Greenwich meridian. Essentially, the ephemeris meridian rotates at a uniform rate corresponding to the SI second on the geoid, rather than at the variable (and generally slower) rate of the real Earth.

The worldwide system of civil time is based on Coordinated Universal Time (UTC), which is now ubiquitous and tightly synchronized. UTC is a hybrid time scale, using the SI second on the geoid as its fundamental unit, but subject to occasional 1-second adjustments to keep it within $0^{s}.9$ of UT1. Such adjustments, called "leap seconds," are normally introduced at the end of June or December, when necessary, by international agreement. Tables of the differences UT1–UTC, called ΔUT, for various dates are published by the International Earth Rotation and Reference System Service, at [5]. DUT, an approximation to UT1–UTC, is transmitted in code with some radio time signals, such as those from WWV. As previously noted, UTC and TAI differ by an integral number of seconds, which increases by 1 whenever a positive leap second is introduced into UTC. Only positive leap seconds have ever been introduced. The TAI–UTC difference is referred to as ΔAT, tabulated on page K9. Therefore TAI = UTC + ΔAT and TT= UTC + ΔAT + $32^{s}.184$.

In many astronomical applications multiple time scales must be used. In the astronomical system of units, the unit of time is the day of 86400 seconds. For long periods, however, the Julian century of 36525 days is used. With the increasing precision of various quantities it is now often necessary not only to specify the date but also the time scale. Thus the standard epoch for astrometric reference data designated J2000.0 is 2000 January 1, 12^{h}TT (JD 245 1545.0 TT). The use of time scales based on the tropical year and Besselian epochs was discontinued in 1984. Other information on time scales and the relationships between them may be found on pages B6–B12.

Ephemerides

The fundamental ephemerides of the Sun, Moon, and major planets were calculated by numerical integration at the Jet Propulsion Laboratory (JPL). These ephemerides, designated DE405/LE405, provide barycentric equatorial rectangular coordinates for the period 1600 to 2201 (Standish, 1998a). *The Astronomical Almanac* for 2003 was the first edition that used the DE405/LE405 ephemerides; the volumes for 1984 through 2002 used the ephemerides designated DE200/LE200. Optical, radar, laser, and spacecraft observations were analyzed to determine starting conditions for the numerical integration and values of fundamental constants such as the planetary masses and the length of the astronomical unit in meters. The reference frame for the basic ephemerides is the ICRF; the alignment onto this frame has an estimated accuracy of 1–2 milliarcseconds. As described above, the JPL DE405/LE405 ephemerides have been developed in a barycentric reference system using a barycentric coordinate time scale T_{eph}, which is considered to be a practical implementation of the IAU time scale TDB.

The geocentric ephemerides of the Sun, Moon, and planets tabulated in this volume have been computed from the basic JPL ephemerides in a manner consistent with the rigorous reduction methods presented in Section B. For each planet, the ephemerides represent the position of the center of mass, which includes any satellites, not the center of figure or center of light. The precession-nutation model used in the computation of geocentric positions follows the IAU resolutions adopted in 2000 and 2006; see the Precession and Nutation Models section above.

Section A: Summary of Principal Phenomena

In 2006, the IAU agreed on resolution 5B, which provides the definition for "planet" and also introduces the new class of "dwarf planets". Following those resolutions, only eight solar system objects – Mercury, Venus, Earth, Mars, Jupiter, Saturn, Uranus and Neptune – classify as planets. Along with Pluto, Ceres is now in the new class of dwarf planets.

The lunations given on page A1 are numbered in continuation of E.W. Brown's series, of which No. 1 commenced on 1923 January 16 (Brown, 1933).

The list of occultations of planets and bright stars by the Moon starting on page A2 gives the approximate times and areas of visibility for the planets, the dwarf planets Ceres and Pluto, the minor planets Pallas, Juno and Vesta, and the five bright stars *Aldebaran*, *Antares*, *Regulus*, *Pollux* and *Spica*. However, due primarily to precession, it is known that *Pollux* has not, nor will be, occulted by the Moon for hundreds of years. Maps of the area of visibility of these occultations and for the minor planets published in Section G are available on *The Astronomical Almanac Online*. IOTA, the International Occultation Timing Association [6], is responsible for the predictions and reductions of timings of lunar occultations of stars by the Moon.

Times tabulated on page A3 for the stationary points of the planets are the instants at which the planet is stationary in apparent geocentric right ascension; but for elongations of the planets from the Sun, the tabular times are for the geometric configurations. From inferior conjunction to superior conjunction for Mercury or Venus, or from conjunction to opposition for a superior planet, the elongation from the Sun is west; from superior to inferior conjunction, or from opposition to conjunction, the elongation is east. Because planetary orbits do not lie exactly in the ecliptic plane, elongation passages from west to east or from east to west do not in general coincide with oppositions and conjunctions. For the selected dwarf planets Pluto and Ceres and minor planets Pallas, Juno and Vesta conjunctions, oppositions and stationary points are tabulated at the bottom of page A4 while their magnitudes, every 40 days, are given on page A5.

Dates of heliocentric phenomena are given on page A3. Since they are determined from the actual perturbed motion, these dates generally differ from dates obtained by using the elements of the mean orbit. The date on which the radius vector is a minimum may differ considerably from the date on which the heliocentric longitude of a planet is equal to the longitude of perihelion of the mean orbit. Similarly, when the heliocentric latitude of a planet is zero, the heliocentric longitude may not equal the longitude of the mean node.

The magnitudes and elongations of the planets are tabulated on pages A4–A5. For Mercury and Venus (page A4) they are tabulated every 5 days and the expressions for the magnitudes are given by Hilton (2005a) with amendments from Hilton (2005b). Magnitudes are not tabulated for a few dates around inferior and superior conjunction. In terms of the phase angle (ϕ) magnitudes are given for Mercury when $2°1 < \phi < 169°5$, and for Venus when $2°2 < \phi < 170°2$. For the other planets (page A5), the elongations and magnitudes are given every 10 days. These magnitude expressions are due to Harris (1961) and Irvine et al. (1968). Daily tabulations are given in Section E.

Configurations of the Sun, Moon and planets (pages A9–A11) are a chronological listing, with times to the nearest hour, of geocentric phenomena. Included are eclipses; lunar perigees, apogees and phases; phenomena in apparent geocentric longitude of the planets, dwarf planets Ceres and Pluto and the minor planets Pallas, Juno and Vesta; times when these planets are stationary in right ascension and when the geocentric distance to Mars is a minimum; and geocentric conjunctions in apparent right ascension of the planets with the Moon, with each other, and with the five bright stars *Aldebaran*, *Regulus*, *Spica*, *Pollux* and *Antares*, provided these conjunctions are considered to occur sufficiently far from the Sun to permit observation. Thus conjunctions in right ascension are excluded if they occur within 20° of the Sun for Uranus and Neptune; 15° for the Moon, Mars and Saturn; within 10° for Venus and Jupiter; and within approximately 10° for Mercury, depending on Mercury's brightness. For Venus the occasion of its greatest illuminated extent is included. The occurrence of occultations of planets and bright stars is indicated by "Occn."; the areas of visibility are given in the list on page A2 while the maps are available on *The Astronomical Almanac Online*. Geocentric phenomena differ from the actually observed configurations by the effects of the geocentric parallax at the place of observation, which for configurations with the Moon may be quite large.

The explanation for the tables of sunrise and sunset, twilight, moonrise and moonset is given on page A12; examples are given on page A13.

Eclipses

The elements and circumstances are computed according to Bessel's method from apparent right ascensions and declinations of the Sun and Moon. Semidiameters of the Sun and Moon used in the calculation of eclipses do not include irradiation. The adopted semidiameter of the Sun at unit distance is $15'59''.64$ from the IAU (1976) Astronomical Constants (IAU, 1976). The apparent semidiameter of the Moon is equal to $\arcsin(k \sin \pi)$, where π is the Moon's horizontal parallax and k is an adopted constant. In 1982, the IAU adopted $k = 0.272\,5076$, corresponding to the mean radius of the Watts' datum (Watts, 1963) as determined by observations of occultations and to the adopted radius of the Earth. Corrections to the ephemerides, if any, are noted in the beginning of the eclipse section.

In calculating lunar eclipses the radius of the geocentric shadow of the Earth is increased by one-fiftieth part to allow for the effect of the atmosphere. Refraction is neglected in calculating solar and lunar eclipses. Because the circumstances of eclipses are calculated for the surface of the ellipsoid, refraction is not included in Besselian elements. For local predictions, corrections for refraction are unnecessary; they are required only in precise comparisons of theory with observation in which many other refinements are also necessary.

Descriptions of the maps and use of Besselian elements are given on pages A78–A83, while maps of the areas of visibility are available on *The Astronomical Almanac Online*.

Section B: Time Scales and Coordinate Systems

Calendar

Over extended intervals civil time is ordinarily reckoned according to conventional calendar years and adopted historical eras; in constructing and regulating civil calendars and fixing ecclesiastical calendars, a number of auxiliary cycles and periods are used. In particular the Islamic calendar printed is determined from an algorithm that approximates the lunar cycle and is independent of location. In practice the dates of Islamic fasts and festivals are determined by an actual sighting of the appropriate new crescent moon.

To facilitate chronological reckoning, the system of Julian day (JD) numbers maintains a continuous count of astronomical days, beginning with JD 0 on 1 January 4713 B.C., Julian proleptic calendar. Julian day numbers for the current year are given on page B3 and in the Universal and Sidereal Times pages, B13–B20, and the Universal Time and Earth rotation angle table on pages B21–B24. To determine JD numbers for other years on the Gregorian calendar, consult the Julian Day Number tables on pages K2–K5.

Note that the Julian day begins at noon, whereas the calendar day begins at the preceding midnight. Thus the Julian day system is consistent with astronomical practice before 1925, with the astronomical day being reckoned from noon. The Julian date should include a specification as to the time scale being used, *e.g.*, JD 245 1545.0 TT or JD 245 1545.5 UT1.

At the bottom of pages B4–B5 dates are given for various chronological cycles, eras, and religious calendars. Note that the beginning of a cycle or era is an instant in time; the date given is the Gregorian day on which the period begins. Religious holidays, unlike the beginning of eras, are not instants in time but typically run an entire day. The tabulated date of a religious festival is the Gregorian day on which it is celebrated. When converting to other calendars whose days begin at different times of day (*e.g.*, sunset rather than midnight), the convention utilized is to tabulate the day that contains noon in both calendars.

For a discussion on time scales see page L2 of this section.

IAU XXIV General Assembly, 2006

The resolutions of the IAU 2006 GA that impacted on this section were a result of the IAU Division I Working Groups on Nomenclature for Fundamental Astronomy (WGNFA) and the Working Group on Precession and the Ecliptic (WGPE).

The 2006 edition of this almanac introduced the recommendations of the WGNFA which were adopted at the 2006 GA (Resolution B2, IAU, 2006). This included replacing the terms Celestial Ephemeris Origin and Terrestrial Ephemeris Origin, the "non-rotating" origins of the Celestial and Terrestrial Intermediate Reference Systems of the IAU 2000 resolution B1.8 (IAU, 2001), with the terms Celestial Intermediate Origin (CIO), and the Terrestrial Intermediate Origin (TIO), respectively.

Beginning with the 2009 edition, resolution B1, which relates to the report of the WGPE (Hilton et al., 2006) has been implemented. Table 1 of this report gives a useful list of "The polynomial coefficients for the precession angles". The WGPE adopted the precession theory designated P03 (Capitaine, Wallace, and Chapront, 2003). The two papers of Capitaine and Wallace (2006) and Wallace and Capitaine (2006), have also been used. The updated Chapter 5 of the IERS (2010), which replaces IERS (2004), is available from their website [7] which describes the ITRS to GCRS conversion.

The IAU SOFA library [3] has been used in the software that has generated the data in this section.

Universal and Sidereal Times and Earth Rotation Angle

The tabulations of Greenwich mean sidereal time (GMST) at 0^h UT1 are calculated from the defining relation between the Earth rotation angle (ERA), which is a function of UT1, and the accumulated precession (P03, see reference above) in right ascension, which is a function of TDB or TT (see pages B8 and L2).

The tabulations of Greenwich apparent sidereal time (GAST, or GST as it is designated in the papers above), is calculated from ERA and the equation of the origins. The latter is a function of the CIO locator s and precession and nutation (see Capitaine and Wallace (2006) and Wallace and Capitaine (2006)). This formulation ensures that whichever paradigm is used, equinox or CIO based, the resulting hour angles will be identical. Greenwich mean and apparent sidereal times and the equation of the equinoxes are tabulated on pages B13–B20, while ERA and equation of the origins are tabulated on pages B21–B24.

Bias, Precession and Nutation

The WGPE stated that the choice of the precession parameters should be left to the user. It should be noted that the effect of the frame bias (see page B50), the offset of the ICRS from the J2000.0

system, is not related to precession. However, the Fukushima-Williams angles (see page B56), which are used by SOFA, and the series method (see page B46) of calculating the ICRS-to-date matrix, have the frame bias offset included.

The approximate formulae (see page B54) using the precessional constants M, N, a, b, c and c' for the reduction of precession that transform positions (in particular right ascension and declination or ecliptic longitude and latitude) from and to J2000.0 are accurate to $0''.5$ within half a century of J2000.0 and accurate to $1''$ within one century of J2000.0. These differences were found by comparing values of right ascension such that $0° \leq \alpha \leq 360°$ in steps of $30°$ and declination such that $-75° \leq \delta \leq +75°$ in steps of $5°$ every 10 days.

The formulae given at the bottom of the page B54 which are for the approximate reduction from the mean equinox and equator or ecliptic of the middle of the year (*e.g.* mean places of stars) to a date within the year (*i.e.* $-0.5 \leq \tau \leq +0.5$) were compared daily with a similar range of positions as above. These formulae use the annual rates m, n, p, π for the middle of the year, which are given at the top of the following page. The years analyzed were 1950 to 2050 and the formulae are accurate to $0''.002$ for right ascension and declination and accurate to $0''.006$ for ecliptic longitude and latitude. All these traditional approximate formulae break down near the poles.

Reduction of Astronomical Coordinates

Formulae and methods are given showing the various stages of the reduction from an International Celestial Reference System (ICRS) position to an "of date" position. This reduction may be achieved either by using the long-standing equinox approach or the CIO-based method, thus generating apparent or intermediate places, respectively. The examples also show the calculation of Greenwich hour angle using GAST or ERA as appropriate. The matrices for the transformation from the GCRS to the "of date" position for each method are tabulated on pages B30–B45. The Earth's position and velocity components (tabulated on pages B76-B83) are extracted from the JPL ephemeris DE405/LE405, which is described on page L4.

The determination of latitude using the position of Polaris or σ Octantis may be performed using the methods and tables on pages B87-B92.

Section C: The Sun

The formulas for the Sun's orbital elements found on page C1—specifically the geometric mean longitude (λ), the mean longitude of perigee (ϖ), the mean anomaly (l') and the eccentricity (e)— are computed using the values from Simon et al. (1994): λ, the expression $\lambda = F + \Omega - D$ is used where F and D are the Delaunay arguments found in § 3.5b and Ω is the longitude of the Moon's node found in § 3.4 3.b; the expression $\varpi = \lambda - l'$ is used, where l' is taken from § 3.5b; e is taken directly from § 5.8.3. Mean obliquity, ε, is from Capitaine, Wallace, and Chapront (2003), Eq. 39 with ε_0 from Eq. 37. Rates for all of the mean orbital elements are the time derivatives of the above expressions.

The lengths of the principal years are computed using the rates of the orbital elements. Tropical year is $360°/\dot{\lambda}$. Sidereal year is $360°/(\dot{\lambda} - \dot{P})$ where $\dot{P}$ is the precession rate found in Simon et al. (1994), Eq. 5. The anomalistic year is $360°/\dot{l'}$ and the eclipse year is $360°/(\dot{\lambda} - \dot{\Omega})$.

The coefficients for the equation of time formula are computed using Smart (1956), § 90; in that formula the value for L is the same as λ (explained above) but corrected for aberration and rounded for ease of computation.

The rotation elements listed on page C3 are due to Carrington (1863). The synodic rotation numbers tabulated on page C4 are in continuation of Carrington's Greenwich photoheliographic series of which Number 1 commenced on November 9, 1853.

The JPL DE405/LE405 ephemeris, which is described on page L4, is the basis of the various tabular data for the Sun on pages C6–C25.

Daily geocentric coordinates of the Sun are given on the even pages of C6–C20; the tabular argument is Terrestrial Time (TT). The ecliptic longitudes and latitudes are referred to the mean equinox and ecliptic of date. These values are geometric, that is they are not antedated for light-time, aberration, etc. The apparent equatorial coordinates, right ascension and declination, are referred to the true equator and equinox of date and are antedated for light-time and have aberration applied. The true geocentric distance is given in astronomical units and is the value at the tabular time; that is, the values are not antedated.

Daily physical ephemeris data are found on the odd pages of C7–C21 and are computed using the techniques outlined in *The Explanatory Supplement to the Astronomical Almanac* (Seidelmann, 1992); the tabular argument is TT. The solar rotation parameters are from *Report of the IAU/IAG Group on Cartographic Coordinates and Rotational Elements: 2009* (Archinal et al., 2011a); the data are based on Carrington (1863). Prior to *The Astronomical Almanac* for 2009, neither light-time correction nor aberration were applied to the solar rotation because they were presumably already in Carrington's meridian. Since the Earth-Sun distance is relatively constant, this is possible only for the Sun. At the 2006 IAU General Assembly, the Working Group on Cartographic Coordinates and Rotational Elements decided to make the physical ephemeris computations for the Sun consistent with the other major solar system bodies. The W_0 value for the Sun was "foredated" by about 499s; using the new value, the computation must take into account the light travel time. To further unify the process with other solar system objects, aberration is now explicitly corrected. Differences between the pre-2009 technique and the current recommendation are negligible at the Earth; for *The Astronomical Almanac*, differences of one in the least significant digit are occasionally seen in P, B_0 and L_0 with no other values being affected. Further explanation is found on the *The Astronomical Almanac Online* in the Notes and References area.

The Sun's daily ephemeris transit times are given on the odd pages of C7–C21. An ephemeris transit is the passage of the Sun across the *ephemeris meridian*, defined as a fictitious meridian that rotates independently of the Earth at the uniform rate. The ephemeris meridian is $1.002738 \times \Delta T$ east of the Greenwich meridian.

Geocentric rectangular coordinates, in au, are given on pages C22–C25. These are referred to the ICRS axes, which are within a few tens of milliarcseconds of the mean equator and equinox of J2000.0. The time argument is TT and the coordinates are geometric, that is there is no correction for light-time, aberration, etc.

Section D: The Moon

The geocentric ephemerides of the Moon are based on the JPL DE405/LE405 numerical integration described on page L4, with the tabular argument being TT. Additional formulae and data pertaining to the Moon are given on pages D1–D5 and D22.

For high precision calculations a polynomial ephemeris (ASCII or PDF) is available at *The Astronomical Almanac Online* along with the necessary procedures for its evaluation. Daily apparent ecliptic latitude and longitude (to nearest second of arc) and apparent geocentric right ascension and declination (to $0{.}''1$) are given on the even numbered pages D6–D20. Although the tabular apparent right ascension and declination are antedated for light-time, the horizontal parallax is the geometric value for the tabular time. It is derived from $\arcsin(a_E/r)$, where r is the true distance and $a_E = 6378.1366\,\text{km}$ is the Earth's equatorial radius (see page K6).

The semidiameter s is computed from $s = \arcsin(R_M/r)$, where r is the true distance and $R_M = 1737.4\,\text{km}$ is the mean radius of the Moon (see page K7). From the 2013 edition the semidiameter is tabulated on odd pages D7–D21.

Beginning in 2011, the librations given in the physical ephemeris of the Moon (odd pages D7–D21) are based on the rotation ephemeris of the Moon included in the JPL ephemeris DE403/LE403. The values for the librations of the Moon are calculated using rigorous formulae. The optical librations are based on the mean lunar elements of Simon et al. (1994) while the total librations are computed from the LE403 rotation angles. The rotation angles have been transformed from the Principal Moment of Inertia system used in the JPL ephemeris to librations that are defined in the mean-Earth direction, mean pole of rotation system given in Section D, by means of specific rotations provided by J. G. Williams (private communication). The rotation ephemeris and hence the derived librations are more accurate than those of Eckhardt (1981) which have been used in the editions from 1985 to 2010, inclusive; (see also, Calame, 1982). The value of $1°32'32''.6$ for the inclination of the mean lunar equator to the ecliptic (also given on page D2) has been taken from Newhall and Williams (1996). Since apparent coordinates of the Sun and Moon are used in the calculations, aberration is fully included, except for the inappreciable difference between the light-time from the Sun to the Moon and from the Sun to the Earth. A detailed description of this process can found in *NAO Technical Note*, No. 74 (Taylor et al., 2010). From the 2013 edition the physical librations, the difference between the total and optical librations, are no longer tabulated.

The selenographic coordinates of the Earth and Sun specify the points on the lunar surface where the Earth and Sun, respectively, are in the selenographic zenith. The selenographic longitude and latitude of the Earth are the total geocentric (optical and physical) librations with respect to the coordinate system in which the x-axis is the mean direction towards the geocentre and the z-axis is the mean pole of lunar rotation. When the longitude is positive, the mean central point is displaced eastward on the celestial sphere, exposing to view a region on the west limb. When the latitude is positive, the mean central point is displaced toward the south, exposing to view the north limb.

The tabulated selenographic colongitude of the Sun is the east selenographic longitude of the morning terminator. It is calculated by subtracting the selenographic longitude of the Sun from $90°$ or $450°$. Colongitudes of $270°$, $0°$, $90°$ and $180°$ correspond to New Moon, First Quarter, Full Moon and Last Quarter, respectively.

The position angles of the axis of rotation and the midpoint of the bright limb are measured counterclockwise around the disk from the north point. The position angle of the terminator may be obtained by adding $90°$ to the position angle of the bright limb before Full Moon and by subtracting $90°$ after Full Moon.

For precise reductions of observations, the tabular librations and position angle of the axis should be reduced to topocentric values. Formulae for this purpose by Atkinson (1951) are given on page D5.

Section E: Planets

The heliocentric and geocentric ephemerides of the planets are based on the numerical integration DE405/LE405 described on page L4. These data are given in TDB, which is the timescale used for the fundamental solar system ephemerides (DE405). The longitude of perihelion for both Venus and Neptune is given to a lower degree of precision due to the fact that they have nearly circular orbits and the point of perihelion is nearly undefined.

Although the apparent right ascension and declination are antedated for light-time, the true geocentric distance in astronomical units is the geometric distance for the tabular time.

The physical ephemerides of the planets depend upon the fundamental solar system ephemerides DE405/LE405 described on page L4. Physical data are based on the *Report of the IAU/IAG Working Group on Cartographic Coordinates and Rotational Elements: 2009* (Archinal et al. (2011a), hereafter the WGCCRE Report) and its erratum (Archinal et al., 2011b). This report contains tables giving the dimensions, directions of the north poles of rotation and the prime meridians of the planets, Pluto, some of the satellites, and asteroids.

The orientation of the pole of a planet is specified by the right ascension α_0 and declination δ_0 of the north pole, with respect to the ICRS. According to the IAU definition, the north pole is the pole that lies on the north side of the invariable plane of the solar system. Because of precession of a planet's axis, α_0 and δ_0 may vary slowly with time; values for the current year are given on page E5.

For the four gas giant planets, the outer layers rotate at different rates, depending on latitude, and differently from their interior layers. The rotation rate is therefore defined by the periodicity of radio emissions, which are presumably modulated by the planet's internal magnetic field; this is referred to as "System III" rotation. For Jupiter, "System I" and "System II" rotations have also been defined, which correspond to the apparent rotations of the equatorial and mid-latitude cloud tops, respectively, in the visual band. It should be noted that recent observations by the Cassini spacecraft have cast doubt on the reliability of the current methods to predict Saturn's rotation parameters (Gurnett et al., 2007) and that the influence of Saturn's moon Enceladus may be affecting the results.

All tabulated quantities in the physical ephemeris tables are corrected for light-time, so the given values apply to the disk that is visible at the tabular time. Except for planetographic longitudes, all tabulated quantities vary so slowly that they remain unchanged if the time argument is considered to be UT rather than TT. Conversion from TT to UT affects the tabulated planetographic longitudes by several tenths of a degree for all but Mercury and Venus.

Expressions for the visual magnitudes of the planets are due to Harris (1961), with the exception of Mercury and Venus which are derived using constants given by Hilton (2005a,b) and Jupiter which uses those of Irvine et al. (1968). The apparent magnitudes of the planets do not include variations from albedo markings or atmospheric disturbances. For example, the albedo markings on Mars may cause variations of approximately 0.05 magnitudes. If there is a major dust storm, the apparent magnitude can be highly variable and be as much as 0.2 magnitudes brighter than the predicted value.

The apparent disk of an oblate planet is always an ellipse, with an oblateness less than or equal to the oblateness of the planet itself, depending on the apparent tilt of the planet's axis. For planets with significant oblateness, the apparent equatorial and polar diameters are separately tabulated. The WGCCRE Report gives two values for the polar radii of Mars because there is a location difference between the center of figure and the center of mass for the planet. For the purposes of the physical ephemerides, the calculations use the mean value of the polar radii for Mars which produces the same result as using either radii at the precision of the printed table.

More information as well as useful data and formulae are given on pages E3–E6.

Section F: Natural Satellites

The ephemerides of the satellites are intended only for search and identification, not for the exact comparison of theory with observation; they are calculated only to an accuracy sufficient for the purpose of facilitating observations. These ephemerides are based on the numerical integration DE405/LE405 described on page L4, and corrected for light-time. The value of ΔT used in preparing the ephemerides is given on page F1. Reference planes for the satellite orbits are defined by the individual theories, cited below, used to compute their ephemerides.

Beginning with the 2013 edition of *The Astronomical Almanac*, the orbital data given for the planetary satellites of Mars, Jupiter (satellites I - XVI), Saturn (satellites I - IX), and Neptune (satellites I - VIII) in the table on pages F2 and F4 are given with respect to the local Laplace Plane. The Laplace Plane is an auxiliary concept convenient for describing the orbital plane evolution of a satellite in a nearly circular orbit within the "star - oblate planet - weightless satellite" setting, provided the orbit is not too close to polar. In an ideal situation where a planet is perfectly spherical and its satellite feels no influence from the Sun, the orbital plane of that satellite would be coplanar with the planet's equatorial plane with its normal vector parallel to the spin axis of the planet. In a real situation, however, planets are oblate and the gravitational influence of the Sun cannot be ignored. The oblateness of the planet and the gravitational influence of the Sun causes the satellite's orbital normal vector to precess in an elliptical pattern about another vector which serves as the normal vector to the Laplace Plane. For satellite orbits close to the planet, the Laplace Plane lies close to the planet's equatorial plane; for satellite orbits high above the planet, the Laplace Plane lies close to the planet's orbital plane.

Beginning with the 2006 edition of *The Astronomical Almanac*, a set of selection criteria has been instituted to determine which satellites are included in the table; those criteria appear on page F5. As a result, many newer satellites of Jupiter, Saturn, and Uranus have been included. However, some satellites that were included in previous editions have now been excluded. A more complete table containing all of the data from this edition as well as many of the previously included satellites is available on *The Astronomical Almanac Online*. The following sources were used to update the data presented in this table: Jacobson et al. (1989); the The Giant Planet Satellite and Moon Page at [11]; the JPL Planetary Satellite Mean Orbital Parameters at [9], and references therein; Nicholson (2008); Jacobson (2000); Owen, Jr. et al. (1991).

Ephemerides and phenomena for planetary satellites are computed using data from a mixed function solution for twenty short-period planetary satellite orbits presented in Taylor (1995). Starting with the 2007 edition, the offset data generated are used to produce satellite diagrams for Mars, Jupiter, Uranus, and Neptune. Beginning with the 2010 edition the paths of the satellites are computed at six minute intervals for Mars, eighty minute intervals for Jupiter, eighty-one minute intervals for Uranus, and thirty-five minute intervals for Neptune. As a consequence of these choices, the paths of the satellites for these planets appear as dotted lines in the satellite diagrams. The new diagrams give a scale (in arcseconds) of the orbit of the satellites as seen from Earth. Approximate formulae for calculating differential coordinates of satellites are given with the relevant tables.

The tables of apparent distance and position angle have been discontinued in *The Astronomical Almanac* starting with the 2005 edition. These tables are available on *The Astronomical Almanac Online* along with the offsets of the satellites from the planets.

Satellites of Mars

The ephemerides of the satellites of Mars are computed from the orbital elements given in Sinclair (1989).

Satellites of Jupiter

The ephemerides of Satellites I–IV are based on the theory given in Lieske (1977), with constants from (Arlot, 1982).

Elongations of Satellite V are computed from circular orbital elements determined in Sudbury (1969). The differential coordinates of Satellites VI–XIII are computed from numerical integrations, using starting coordinates and velocities calculated at the U.S. Naval Observatory (Rohde and Sinclair, 1992).

The use of ".. .. .." for the Terrestrial Time of Superior Geocentric Conjunction data for satellites I–IV indicate times of the year when Jupiter is too close to the Sun for any conjunctions to be observed which occurs when the angular separation between Jupiter and the Sun is less than 20 degrees.

The actual geocentric phenomena of Satellites I–IV are not instantaneous. Since the tabulated times are for the middle of the phenomena, a satellite is usually observable after the tabulated time of eclipse disappearance (Ec D) and before the time of eclipse reappearance (Ec R). In the case of Satellite IV the difference is sometimes quite large. Light curves of eclipse phenomena are discussed in Harris (1961).

To facilitate identification, approximate configurations of Satellites I–IV are shown in graphical form on pages facing the tabular ephemerides of the geocentric phenomena. Time is shown by the vertical scale, with horizontal lines denoting 0^h UT. For any time the curves specify the relative positions of the satellites in the equatorial plane of Jupiter. The width of the central band, which represents the disk of Jupiter, is scaled to the planet's equatorial diameter.

For eclipses the points d of immersion into the shadow and points r of emersion from the shadow are shown pictorially at the foot of the right-hand pages for the superior conjunctions nearest the middle of each month. At the foot of the left-hand pages, rectangular coordinates of these points are given in units of the equatorial radius of Jupiter. The x-axis lies in Jupiter's equatorial plane, positive toward the east; the y-axis is positive toward the north pole of Jupiter. The subscript 1 refers to the beginning of an eclipse, subscript 2 to the end of an eclipse.

Satellites and Rings of Saturn

The apparent dimensions of the outer ring and factors for computing relative dimensions of the rings are from Esposito et al. (1984). The appearance of the rings depends upon the Saturnicentric positions of the Earth and Sun. The ephemeris of the rings is corrected for light-time.

The positions of Mimas, Enceladus, Tethys and Dione are based upon orbital theories presented in Kozai (1957), elements from Taylor and Shen (1988), with mean motions and secular rates from Kozai (1957) and Garcia (1972). The positions of Rhea and Titan are based upon orbital theories given in Sinclair (1977) with elements from Taylor and Shen (1988), mean motions and secular rates by Garcia (1972). The theory and elements for Hyperion are from Taylor (1984). The theory for Iapetus is from Sinclair (1974) with additional terms from Harper et al. (1988) and elements from Taylor and Shen (1988). The orbital elements used for Phoebe are from Zadunaisky (1954).

For Satellites I–V times of eastern elongation are tabulated; for Satellites VI–VIII times of all elongations and conjunctions are tabulated. On the diagram of the orbits of Satellites I–VII, points of eastern elongation are marked "0^d". From the tabular times of these elongations the apparent position of a satellite at any other time can be marked on the diagram by setting off on the orbit the elapsed interval since last eastern elongation. For Hyperion, Iapetus, and Phoebe, ephemerides of differential coordinates are also included.

Solar perturbations are not included in calculating the tables of elongations and conjunctions, distances and position angles for Satellites I–VIII. For Satellites I–IV, the orbital eccentricity e is neglected.

Satellites and Rings of Uranus

Data for the Uranian rings are from the analysis presented in Elliot et al. (1981). Ephemerides of the satellites are calculated from orbital elements determined in Laskar and Jacobson (1987).

Satellites and Rings of Neptune

The ephemerides of Triton and Nereid are calculated from elements given in Jacobson (1990). The differential coordinates of Nereid are apparent positions with respect to the true equator and equinox of date.

Satellite of Pluto

The ephemeris of Charon is calculated from the elements given in Tholen (1985).

Section G: Dwarf Planets and Small Solar System Bodies

This section contains data on a selection of 5 dwarf planets, 92 minor planets and short period comets.

Astrometric positions for selected dwarf planets and minor planets are given daily at 0^h TT for 60 days on either side of an opposition occurring between January 1 of the current year and January 31 of the following year. Also given are the apparent visual magnitude and the time of ephemeris transit over the ephemeris meridian. The dates when the object is stationary in apparent right ascension are indicated by shading. It is occasionally possible for a stationary date to be outside the period tabulated. Linear interpolation is sufficient for the magnitude and ephemeris transit, but for the astrometric right ascension and declination second differences may be significant.

Astrometric ephemerides (right ascension and declination) are tabulated since they are comparable with observations (corrected for geocentric parallax) and referred to catalogue places of comparison stars, when the catalogue places are referred to the ICRS (or the mean equator and equinox of J2000.0) and the star positions are corrected for proper motion and annual parallax, if significant, to the epoch of observation.

Dwarf Planets

The dwarf planets are those acknowledged by the IAU in the year of production (see [10]). For the edition for 2014, these are the following objects: (1) Ceres, (134340) Pluto, (136108) Haumea, (136199) Eris and (136472) Makemake.

From those five, we currently provide more detailed information for Ceres, Pluto and Eris. Ceres and Pluto have been chosen due to their long observational history and the availability of high quality positions, which make the published ephemeris reliable. While Eris may be seen as the object which (historically) had a major influence on the process of reclassification within the solar system, it can also be targeted by amateur astronomers. In addition to these three objects, Makemake and Haumea are included in this list of dwarf planets and their physical properties are tabulated.

Osculating elements are tabulated for ecliptic and equinox J2000.0 for Ceres, Pluto and Eris for three dates per year (100 day dates). For any of these three objects that are at opposition during the year, like the minor planets, an astrometric ephemeris is tabulated daily for a 120-day window centered on the opposition date, 60 days on either side of opposition. Two star charts are also provided, one showing the astrometric positions around opposition and the other the path during the year. The stars plotted with Ceres and any dwarf planet brighter than magnitude $V = 10.0$ are from a hybrid catalogue (Urban, 2010 private communication) that was generated from the *Tycho-2 Catalogue* (Høg et al., 2000) and *Hipparcos Catalogue* (ESA, 1997). For other fainter dwarf planets (*i.e.* trans-Neptunian objects) the stars that are plotted are taken from the NOMAD database [17]. This selection of stars is related to the opposition magnitude of the particular dwarf planet and includes all those stars whose magnitudes are at least brighter than the opposition magnitude. Depending on the density of the stars other selection criteria may be used. The magnitude range has thus been chosen to fit with each object and is given at the bottom of each chart.

The astrometric positions of Pluto and Ceres are, as in previous years, based on the JPL DE405 ephemeris and the USNO/AE 98 minor planet ephemeris of Hilton (1999), respectively. The Eris ephemeris is based on data from JPL Horizons, converted into Chebychev polynomials following the same methods used to calculate coordinates with the USNO/AE 98 ephemerides. A physical ephemeris is also included for those dwarf planets for which reliable data are available; currently (1) Ceres and (134340) Pluto where data are taken from the IAU Working Group on Cartographic Coordinates and Rotational Elements report of Archinal (2011a, 2011b). Basic physical properties are listed for all five dwarf planets. Due to the recent discovery of Eris, Makemake and Haumea data have been collected from several sources:

- Ceres: values as published in earlier editions of *The Astronomical Almanac*; mass as given in Pitjeva and Standish (2009).
- Pluto: values as published previously in Section E of the 2013 edition of *The Astronomical Almanac*; the minimum earth distance has been taken from the JPL Small Body Database at [12].
- Eris: values as given in Brown et al. (2005); Brown (2008).
- Makemake: period of rotation from Heinze and de Lahunta (2009); see the JPL Small Body Database [12] and the IAU Minor Planet Center [13] for other parameters
- Haumea: period of rotation from Lacerda et al. (2008); see JPL Small Body Database [12] and the IAU Minor Planet Center [13] for other parameters

The absolute visual magnitude at zero phase angle H, and the slope parameter for magnitude G are taken from the Minor Planet Center database. For Ceres, the values are the same as used previously, and were taken from the Minor Planet Ephemerides produced by the Institute of Applied Astronomy, St. Petersburg.

Much of this information and more details are available from M. E. Brown's website [14] and links therein.

Minor Planets

The 92 minor planets are divided into two sets. The main set of the fourteen largest asteroids are (2) Pallas, (3) Juno, (4) Vesta, (6) Hebe, (7) Iris, (8) Flora, (9) Metis, (10) Hygiea, (15) Euno-mia, (16) Psyche, (52) Europa, (65) Cybele, (511) Davida, and (704) Interamnia. Their astrometric ephemerides are based on the USNO/AE98 minor planets of Hilton (1999). These particular as-teroids were chosen because they are large (> 300 km in diameter), have well observed histories, and/or are the largest member of their taxonomic class. The remaining 78 minor planets consti-tute the set with opposition magnitudes < 11, or < 12 if the diameter $\geq$ 200 km. Their positions are based on the USNO/AE2001 ephemerides of J.L. Hilton, which follows the methodologies of Hilton (1999). The absolute visual magnitude at zero phase angle (H) and the slope parameter (G), which depends on the albedo, are from the Minor Planet Ephemerides produced by the Institute of Applied Astronomy, St. Petersburg. The purpose of the selection of objects is to encourage observation of the most massive, largest and brightest of the minor planets.

A chronological list of the opposition dates of all the objects is given together with their vi-sual magnitude and apparent declination. Those oppositions printed in bold also have a sixty-day ephemeris around opposition. All phenomena (dates of opposition and dates of stationary points) are calculated to the nearest hour (UT1). It must be noted, as with phenomena for all objects, that opposition dates are determined from the apparent longitude of the Sun and the object, with respect to the mean ecliptic of date. Stationary points, on the other hand, are defined to occur when the rate of change of the apparent right ascension is zero.

Osculating orbital elements for all the minor planets are tabulated with respect to the ecliptic and equinox J2000.0 for, usually, a 400-day epoch. Also tabulated are the H and G parameters for magnitude and the diameters. The masses of most of the objects have been set to an arbitrary value of 1×10^{-12} M$_\odot$. The masses of 13 minor planets tabulated by Hilton (2002) have been used. However, the masses of Pallas and Vesta have been updated with the adopted IAU 2009 Best Estimates [30] which are taken from Pitjeva and Standish (2009). The values for the diameters of the minor planets were taken from a number of sources which are referenced on *The Astronomical Almanac Online*.

Periodic Comets

The osculating elements for periodic comets returning to perihelion in the year have been supplied by Daniel W. E. Green, Department of Earth and Planetary Sciences, Harvard University with collaboration from S. Nakano, Sumoto, Japan.

The innate inaccuracy of some of the elements of the Periodic Comets tabulated on the last page of section G can be more of a problem, particularly for those comets that have been observed for no more than a few months in the past (*i.e.* those without a number in front of the P). It is important to note that elements for numbered comets may be prone to uncertainty due to non-gravitational forces that affect their orbits. In some cases these forces have a degree of predictability. However, calculations of these non-gravitational effects can never be absolute and their effects in common with short-arc uncertainties mainly affect the perihelion time.

Up-to-date elements of the comets currently observable may be found at the web site of the IAU Minor Planet Center [13].

Section H: Stars and Stellar Systems

The positional data in Section H are mean places, *i.e.*, barycentric. Except for the tables of ICRF radio sources, radio flux calibrators, pulsars, gamma ray sources and X-ray sources, positions tabulated in Section H are referred to the mean equator and equinox of J2014.5 = 2014 July 2.625 = JD 245 6841.125. The positions of the ICRF radio sources provide a practical realization of the ICRS. The positions of radio flux calibrators, pulsars, gamma ray sources and X-rays are referred to the mean equator and equinox of J2000.0 = JD 245 1545.0.

Bright Stars

Included in the list of bright stars are 1469 stars chosen according to the following criteria:

a. all stars of visual magnitude 4.5 or brighter, as listed in the fifth revised edition of the *Yale Bright Star Catalogue* (BSC: Hoffleit and Warren, 1991);
b. all stars brighter than 5.5 listed in the *Basic Fifth Fundamental Catalogue* (FK5) (Fricke et al., 1988);
c. all MK atlas standards in the BSC (Morgan et al., 1978; Keenan and McNeil, 1976);
d. all stars selected according to the criteria in a, b, or c above and also listed in the *Hipparcos Catalogue* (ESA, 1997).

Flamsteed and Bayer designations are given with the constellation name and the BSC number.

Positions and proper motions are taken from the *Hipparcos Catalogue* and converted to epoch, equator, and equinox of the middle of the current year; radial velocities are included in the calculation where available. However, FK5 positions and proper motions are used for a few wide binary stars given the requirement for center of mass positions to generate their orbital positions. Orbital elements for these stars are taken from the *Sixth Catalog of Orbits of Visual Binary Stars* at [15]. See also the *Fifth Catalog of Orbits of Visual Binary Stars* (Hartkopf et al., 2001).

The V magnitudes and color indices $U-B$ and $B-V$ are homogenized magnitudes taken from the BSC. Spectral types were provided by W.P. Bidelman and updated by R.F. Garrison. Codes in the Notes column are explained at the end of the table (page H31). Stars marked as MK Standards are from either of the two spectral atlases listed above. Stars marked as anchor points to the MK System are a subset of standard stars that represent the most stable points in the system (Garrison, 1994). Further details about the stars marked as double stars may be found at [16].

Tables of bright star data for several years are available in both PDF and ASCII formats on *The Astronomical Almanac Online* as is a searchable database from current epochs.

Double Stars

The table of Selected Double Stars contains recent orbital data for 87 double star systems in the Bright Star table where the pair contains the primary star and the components have a separation $> 3''.0$ and differential visual magnitude < 3 magnitudes. A few other systems of interest are present. Data given are the most recent measures except for 21 systems, where predicted positions are given based on orbit or rectilinear motion calculations. The list was provided by B. Mason and taken from the *Washington Double Star Catalog* (WDS) (Mason et al., 2001); also available at [16].

The positions are for those of the primary stars and taken directly from the list of bright stars. The Discoverer Designation contains the reference for the measurement from the WDS and the Epoch column gives the year of the measurement. The column headed Δm_v gives the relative magnitude difference in the visual band between the two components.

The term "primary" used in this section is not necessarily the brighter object, but designates which object is the origin of measurements.

Tables of double star data for several years are available in both PDF and ASCII formats on *The Astronomical Almanac Online*.

Photometric Standards

The table of *UBVRI* Photometric Standards are selected from Table 2 in Landolt (2009). Finding charts for stars are given in the paper. These data are an update of and additions to Landolt (1992). They provide internally consistent homogeneous broadband standards for the Johnson-Kron-Cousins photometric system for telescopes of intermediate and large size in both hemispheres. The filter bands have the following effective wavelengths: U, 3600Å; B, 4400Å; V, 5500Å; R, 6400Å; I, 7900Å.

The positions are taken from the Naval Observatory Merged Astronomical Database (NOMAD, [17], Zacharias et al. (2004)) which provides the optimum ICRS positions and proper motions for stars taken from the following catalogs in the order given: *Hipparcos, Tycho-2, UCAC2*, or *USNO-B*. Positions are converted to the epoch, equator, and equinox of the middle of the current year; radial velocities are included in the calculation where available.

The list of bright Johnson standards which appeared in editions prior to 2003 is given for J2000 on *The Astronomical Almanac Online*. Also available is a searchable database of Landolt Standards for current epochs.

The selection and photometric data for standards on the Strömgren four-color and Hβ systems are those of Perry et al. (1987). Only the 319 stars which have four-color data are included. The u band is centered at 3500Å; v at 4100Å; b at 4700Å; and y at 5500Å. Four indices are tabulated: $b-y$, $m_1 = (v-b) - (b-y)$, $c_1 = (u-v) - (v-b)$ and Hβ.

Star names and numbers are taken from the BSC. Positions and proper motions are taken from NOMAD as described above. Spectral types are taken from the list of bright stars (pages H2–H31) or from the original reference cited above. Visual magnitudes given in the column headed V are taken from the original reference and therefore may disagree with those given in the list of bright stars.

The spectrophotometric standard stars are suitable for the reduction of astronomical spectroscopic observations in the optical and ultraviolet wavelengths. As recommended by the IAU Standard Stars Working Group, data for the spectrophotometric standard stars listed here are taken from the European Southern Observatory's (ESO) site at [18] except for the positions which are taken from the NOMAD database as described above. Finding charts for the sources and explanation are found on the website.

The standards on the ESO list are from four sources. The ultraviolet standards are from the Hubble Space Telescope (HST) ultraviolet spectrophotometric standards which are based on International Ultraviolet Explorer (IUE) and optical spectra and calibrated by the primary white dwarf standards (Turnshek et al., 1990; Bohlin et al., 1990). The optical standards are based on Hale 5m observations in the 7 to 16 magnitude range (Oke, 1990) and CTIO observations of southern hemisphere secondary and tertiary standard stars (Hamuy et al., 1992, 1994). Some of the Hamuy standards were misidentified in the original reference and have since been corrected. Data for four white dwarf primary spectrophotometric standards in the 11–13 magnitude range based on model atmospheres and HST Faint Object Spectrograph (FOS) observations in 10Å to 3 microns are also included (Bohlin et al., 1995).

Radial Velocity Standards

The selection of radial velocity standard stars is based on a list of bright standards taken from the report of IAU Commission 30 Working Group on Radial Velocity Standard Stars (IAU, 1957) and a list of faint standards (IAU, 1973). The combined list represents the IAU radial velocity standard stars with late spectral types. Also included in the table at the recommendation of IAU Commission 30 are 14 faint stars with reliable radial velocity data useful for observers in the Southern Hemisphere (IAU, 1968). Variable stars (orbital and intrinsic) in the lists of standards have been removed; see Udry et al. (1999). The resulting table of stars is sufficient to serve as a group of moderate-precision radial velocity standards.

These stars have been extensively observed for more than a decade at the Center for Astrophysics, Geneva Observatory, and the Dominion Astrophysical Observatory. A discussion of velocity standards and the mean velocities from these three monitoring programs can be found in the report of IAU Commission 30, Reports on Astronomy (IAU, 1992).

Positions are taken from the *Hipparcos Catalogue* processed by the procedures used for the table of bright stars. *V* magnitudes are taken from the BSC, the *Hipparcos Catalogue* or SIMBAD. The spectral types are taken primarily from the list of bright stars. Otherwise, the spectral types originate from the BSC, the *Hipparcos Catalogue*, or the original IAU list.

Variable Stars

The list of variable stars was compiled by J.A. Mattei using as reference the fourth edition of the *General Catalogue of Variable Stars* (Kholopov et al., 1996), the *Sky Catalog 2000.0, Volume 2* (Hirshfeld and Sinnott, 1997), *A Catalog and Atlas of Cataclysmic Variables, 2nd Edition* (Downes et al., 1997), and the data files of the American Association of Variable Star Observers (AAVSO, at [19]). The brightest stars for each class with amplitude of 0.5 magnitude or more have been selected.

The following magnitude criteria at maximum brightness are used:

a. eclipsing variables brighter than magnitude 7.0;

b. pulsating variables:

RR Lyrae stars brighter than magnitude 9.0;

Cepheids brighter than 6.0;

Mira variables brighter than 7.0;

Semiregular variables brighter than 7.0;

Irregular variables brighter than 8.0;

c. eruptive variables:

U Geminorum, Z Camelopardalis, SS Cygni, SU Ursae Majoris,

WZ Sagittae, recurrent novae, very slow novae, nova-like and

DQ Herculis variables brighter than magnitude 11.0;
d. other types:

RV Tauri variables brighter than magnitude 9.0;

R Coronae Borealis variables brighter than 10.0;

Symbiotic stars (Z Andromedae) brighter than 10.0;

δ Scuti variables brighter than 9.0;

S Doradus variables brighter than 6.0;

SX Phoenicis variables brighter than 7.0.

The epoch for eclipsing variables is for time of minimum. The epoch for pulsating, eruptive, and other types of variables is for time of maximum.

Positions and proper motions are taken from NOMAD as described in the photometric standards section.

Several spectral types were too long to be listed in the table and are given here:

T Mon: F7Iab-K1Iab + A0V
R Leo: M6e–M8IIIe–M9.5e
TX CVn: B1–B9Veq + K0III–M4
AE Aqr: K2Ve + pec(e+CONT)
VV Cep: M2epIa–Iab + B8:eV

Exoplanets and Host Stars

The table of exoplanets and their host stars draws from the Exoplanet Orbit Database and the Exoplanet Data Explorer at [20] where data for host star characteristics are also available. A subset from this growing online data set is represented in the table by using a host star magnitude limit of V < 7.8. Also incorporated into the table are all transiting exoplanets, which takes the table to about V = 10. As suggested by P. Butler, useful properties of the exoplanets such as orbital period, eccentricity, and time of periastron are included in the table to calculate data such as time of transit for the transiting planets. Stellar properties such $B - V$, parallax, and metallicity are also included for those interested in the study of the host stars.

The data are assembled by S.G. Stewart and taken from the online catalog with the exception of the coordinates of the host stars. Positions, proper motions and parallax (where available) were taken independently from NOMAD as described on page L16.

Bright Galaxies

This is a list of 198 galaxies brighter than $B_T^w = 11.50$ and larger than $D_{25} = 5'$, drawn primarily from *The Third Reference Catalogue of Bright Galaxies* (de Vaucouleurs et al., 1991), hereafter referred to as RC3. The data have been reviewed and corrected where necessary, or supplemented by H.G. Corwin, R.J. Buta, and G. de Vaucouleurs.

Two recently recognized dwarf spheroidal galaxies (in Sextans and Sagittarius) that are not included in RC3 are added to the list (Irwin and Hatzidimitriou, 1995; Ibata et al., 1997).

Catalog designations are from the *New General Catalog* (NGC) or from the *Index Catalog* (IC). A few galaxies with no NGC or IC number are identified by common names. The Small Magellanic Cloud is designated "SMC" rather than NGC 292. Cross-identifications for these common names are given in Appendix 8 of RC3 or at the end of the table.

In most cases, the RC3 position is replaced with a more accurate weighted mean position based on measurements from many different sources, some unpublished. Where positions for unresolved nuclear radio sources from high-resolution interferometry (usually at 6- or 20-cm) are known to coincide with the position of the optical nucleus, the radio positions are adopted. Similarly, positions have been adopted from the Two Micron All-Sky Survey (2MASS, Jarrett et al., 2000) where these coincide with the optical nucleus. Positions for Magellanic irregular galaxies without nuclei (*i.e.*, LMC, NGC 6822, IC 1613) are for the centers of the bars in these galaxies. Positions for the dwarf spheroidal galaxies (*i.e.*, Fornax, Sculptor, Carina) refer to the peaks of the luminosity distributions. The precision with which the position is listed reflects the accuracy with which it is known. The mean errors in the listed positions are 2–3 digits in the last place given.

Morphological types are based on the revised Hubble system (see de Vaucouleurs, 1959, 1963).

The mean numerical van den Bergh luminosity classification, L, refers to the numerical scale adopted in RC3 corresponding to van den Bergh classes as follows:

L	1	2	3	4	5	6	7	8	9	(10)	(11)
class	I	I–II	II	II–III	III	III–IV	IV	IV–V	V	(V–VI)	(VI)

Classes V–VI and VI (10 and 11 in the numerical scale) are an extension of van den Bergh's original system, which stopped at class V.

The column headed Log (D_{25}) gives the logarithm to base 10 of the diameter in tenths of arc-minute of the major axis at the 25.0 blue mag/arcsec^2 isophote. Diameters with larger than usual standard deviations are noted with brackets. With the exception of the Fornax and Sagittarius Systems, the diameters for the highly resolved Local Group dwarf spheroidal galaxies are core diameters from fitting of King models to radial profiles derived from star counts (Irwin and Hatzidimitriou, *op.cit.*). The relationship of these core diameters to the 25.0 blue mag/arcsec^2 isophote is unknown. The diameter for the Fornax System is a mean of measured values given by de Vaucouleurs and Ables (1968) and Hodge and Smith (1974), while that of Sagittarius is taken from Ibata *et al.* (*op.cit.*) and references therein.

The heading Log (R_{25}) gives the logarithm to base 10 of the ratio of the major to the minor axes (D/d) at the 25.0 blue mag/arcsec^2 isophote. For the dwarf spheroidal galaxies, the ratio is a mean value derived from isopleths.

The position angle of the major axis is for the equinox 1950.0, measured from north through east.

The heading B_T^w gives the total blue magnitude derived from surface or aperture photometry, or from photographic photometry reduced to the system of surface and aperture photometry, un-corrected for extinction or redshift. Because of very low surface brightnesses, the magnitudes for the dwarf spheroidal galaxies (see Irwin and Hatzidimitriou, *op.cit.*) are very uncertain. The total magnitude for NGC 6822 is from Hodge (1977). A colon indicates a larger than normal standard deviation associated with the magnitude.

The total colors, $B-V$ and $U-B$, are uncorrected for extinction or redshift. RC3 gives total colors only when there are aperture photometry data at apertures larger than the effective (half-light) aperture. However, a few of these galaxies have a considerable amount of data at smaller apertures, and also have small color gradients with aperture. Thus, total colors for these objects have been determined by further extrapolation along standard color curves. The colors for the Fornax System are taken from de Vaucouleurs and Ables (*op.cit.*), while those for the other dwarf spheroidal systems are from the recent literature, or from unpublished aperture photometry. The colors for NGC 6822 are from Hodge (*op.cit.*). A colon indicates a larger than normal standard deviation associated with the color.

Star Clusters

The list of open clusters comprises a selection of open clusters which have been studied in some detail so that a reasonable set of data is available for each. With the exception of the magnitude and

Trumpler class data, all data are taken from the *New Catalog of Optically Visible Open Clusters and Candidates* (Dias et al., 2002) supplied by W. Dias and updated current to 2012 (version 3.2 of the catalog). The catalog is available at [21]. The "Trumpler Class" and "Mag. Mem." columns are taken from fifth (1987) edition of the Lund-Strasbourg catalog (original edition described by Lyngå (1981)), with updates and corrections to the data current to 1992.

For each cluster, two identifications are given. First is the designation adopted by the IAU, while the second is the traditional name. Alternate names for some clusters are given in the notes at the end of the table.

Positions are for the central coordinates of the clusters, referred to the mean equator and equinox of the middle of the Julian year. Cluster mean absolute proper motion and radial velocity are used in the calculation when available.

Apparent angular diameters of the clusters are given in arcminutes and distances between the clusters and the Sun are given in parsecs. The logarithm to the base 10 of the cluster age in years is determined from the turnoff point on the main sequence. Under the heading "Mag. Mem." is the visual magnitude of the brightest cluster member. $E_{(B-V)}$ is the color excess. Metallicity is mostly determined from photometric narrow band or intermediate band studies. Trumpler classification is defined by R.S. Trumpler (Trumpler, 1930).

The list of Milky Way globular clusters is compiled from the December 2010 revision of a *Catalog of Parameters for Milky Way Globular Clusters* supplied by W. E. Harris. The complete catalog containing basic parameters on distances, velocities, metallicities, luminosities, colors, and dynamical parameters, a list of source references, an explanation of the quantities, and calibration information is accessible at [22]. The catalog is also briefly described in Harris (1996).

The present catalog contains objects adopted as certain or highly probable Milky Way globular clusters. Objects with virtually no data entries in the catalog still have somewhat uncertain identities. The adoption of a final candidate list continues to be a matter of some arbitrary judgment for certain objects. The bibliographic references should be consulted for excellent discussions of these individually troublesome objects, as well as lists of other less likely candidates.

The adopted integrated V magnitudes of clusters, V_t, are the straight averages of the data from all sources. The integrated $B-V$ colors of clusters are on the standard Johnson system.

Measurements of the foreground reddening, $E_{(B-V)}$, are the averages of the given sources (up to 4 per cluster), with double weight given to the reddening from well calibrated (120 clusters) color-magnitude diagrams. The typical uncertainty in the reddening for any cluster is on the order of 10 percent, *i.e.*, $\Delta[E_{(B-V)}] = 0.1\,E_{(B-V)}$.

The primary distance indicator used in the calculation of the apparent visual distance modulus, $(m-M)_V$, is the mean V magnitude of the horizontal branch (or RR Lyrae stars), V_{HB}. The absolute calibration of V_{HB} adopted here uses a modest dependence of absolute V magnitude on metallicity, $M_V(HB) = 0.15\,[Fe/H] + 0.80$. The $V(HB)$ here denotes the mean magnitude of the HB stars, without further adjustments to any predicted zero age HB level. Wherever possible, it denotes the mean magnitude of the RR Lyrae stars directly. No adjustments are made to the mean V magnitude of the horizontal branch before using it to estimate the distance of the cluster. For a few clusters (mostly ones in the Galactic bulge region with very heavy reddening), no good [Fe/H] estimate is currently available; for these cases, a value $[Fe/H] = -1$ is assumed.

The heavy-element abundance scale, [Fe/H], adopted here is the one established by Zinn and West (1984). This scale has recently been reinvestigated as being nonlinear when calibrated against the best modern measurements of [Fe/H] from high-dispersion spectra (see Carretta and Gratton, 1997; Rutledge et al., 1997). In particular, these authors suggest that the Zinn-West scale overestimates the metallicities of the most metal-rich clusters. However, the present catalog maintains the older (Zinn-West) scale until a new consensus is reached in the primary literature.

The adopted heliocentric radial velocity, v_r, for each cluster is the average of the available measurements, each one weighted inversely as the published uncertainty.

A 'c' following the value for the central concentration index denotes a core-collapsed cluster. Trager et al. (1993) arbitrarily adopt $c = 2.50$ for such clusters, and these have been carried over to the present catalog. The 'c:' symbol denotes an uncertain identification of the cluster as being core-collapsed.

The central concentration $c = \log(r_t/r_c)$, where r_t is the tidal radius and r_c is the core radius, are taken primarily from the comprehensive discussion of Trager et al. (1995). The half light radius, r_h, is an observationally "secure" measured quantity and gives an idea of how big a cluster actually looks on the sky.

Radio Sources

Beginning in 2010, the fundamental reference system in astronomy, ICRS, is actualized by the second realization of the International Celestial Reference Frame, ICRF2 (see Fundamental Reference System section on L1; IAU (2010), Res. B3; IERS (2009)). The ICRF2 contains precise positions of 3414 compact radio sources. Maintenance of ICRF2 will be made using a set of 295 new defining sources selected on the basis of positional stability, lack of extensive intrinsic source structure, and spatial distribution. These 295 defining sources are presented in the table. Positions of all ICRF2 sources are available at [4].

Information on the known physical characteristics of the ICRF2 radio sources includes, where known, the object type, 8.4 Ghz and 2.3 Ghz flux, spectral index, V magnitude, redshift, a classification of spectrum and comments for each ICRF2 defining sources.

This table was compiled by A.-M. Gontier by sequentially assembling the data from the following primary sources:

a. *Large Quasar Astrometric Catalog (LQAC)*, a compilation of 12 largest quasar catalogues contains 113666 quasars, providing information when available on photometry, redshift, and radio fluxes (Souchay et al. (2009), available at [23] as catalogue J/A+A/494/799). This source was used to provide information on fluxes at 8.4 GHz and 2.3 GHz and initial information for the redshift and the magnitude.

b. *Optical Characteristics of Astrometric Radio Sources* which includes 4261 radio sources with J2000.0 coordinates, redshift, V magnitude, object type and comments (Malkin and Titov (2008), [24]).

c. *Catalogue of Quasars and Active Galactic Nuclei, 12th Edition)* which includes 85221 quasars, 1122 BL Lac objects and 21737 active galaxies together with known lensed quasars and double quasars (Véron-Cetty and Véron (2006), available at [23] as catalogue VII/248).

d. *An all-sky survey of flat-spectrum radio sources* providing precise positions, subarcsecond structures, and spectral indices for some 11000 sources (Healey et al. (2007), available at [23] as catalogue J/ApJS/171/61).

e. *The Optical spectroscopy of 1Jy, S4 and S5 radio source identifications* which gives position, magnitude, type of the optical identification, flux at 5GHz and two-point spectral index between 2.7 GHz and 5 GHz (Stickel and Kuehr (1994); Stickel et al. (1989), available at at [23] as catalogue III/175).

Data for the list of radio flux standards are due to Baars et al. (1977), as updated by Kraus, Krichbaum, Pauliny-Toth, and Witzel (private communication, current to 2009). Flux densities S, measured in Janskys, are given for twelve frequencies ranging from 400 to 43200 MHz. Positions are referred to the mean equinox and equator of J2000.0. Positions of 3C 48, 3C 147, 3C 274 and 3C 286 are taken from the ICRF database [4]. Positions of the other sources are due to Baars et al. (1977).

A table with polarization data for the most prominent sources is provided by A. Kraus, current to 2012. This table gives the polarization degree and angle for a number of frequencies.

X-Ray Sources

The primary criterion for the selection of X-ray sources is having an identified optical counterpart. However, well-studied sources lacking optical counterparts are also included. Positions are for those of the optical counterparts, except when none is listed in the column headed Identified Counterpart. Positions and proper motions are taken from NOMAD described on page L16. The X-ray flux in the 2–10 keV energy range is given in micro-Janskys (μJy) in the column headed Flux. In some cases, a range of flux values is presented, representing the variability of these sources. The identified optical counterpart (or companion in the case of an X-ray binary system) is listed in the column headed Identified Counterpart. The type of X-ray source is listed in the column headed Type. Neutron stars in binary systems that are known to exhibit many X-ray bursts are designated "B" for "Burster." X-ray sources that are suspected of being black holes have the "BHC" designation for "Black Hole Candidate." Supernova remnants have the "SNR" designation. Other neutron stars in binaries which do not burst and are not known as X-ray pulsars have been given the "NS" designation. All codes in the Type column are explained at the end of the table.

The data in this table are assembled by M. Stollberg. For the X-ray binary sources, the catalogs of van Paradijs (1995), Liu et al. (2000, 2001) are used. Other sources are selected from the *Fourth Uhuru Catalog* (Forman et al., 1978), hereafter referred to as 4U. Fluxes in μJy in the 2–10 keV range for X-ray binary sources were readily given by van Paradijs (1995) and Liu et al. (2000, 2001). These fluxes were converted back to Uhuru count rates using the conversion factor found in Bradt and McClintock (1983). For some sources Uhuru count rates were taken directly from the 4U catalog. Count rates for all the sources were divided by the 4U count rate for the Crab Nebula and then multiplied by 1000 to obtain the 2-10 keV flux in mCrabs.

The tabulated magnitudes are the optical magnitude of the counterpart in the V filter, unless marked by an asterisk, in which case the B magnitude is given. Variable magnitude objects are denoted by "V"; for these objects the tabulated magnitude pertains to maximum brightness. For a few cases where the optical counterpart of the X-ray source remains unidentified, the magnitude given is that for the X-ray source itself. An "X" indicates these magnitudes

Tables of X-Ray source data for several years are available in both PDF and ASCII formats on *The Astronomical Almanac Online.*

Quasars

A set of quasars is selected from *A Catalogue of Quasars and Active Nuclei, 12th Edition* (Véron-Cetty and Véron, 2006). This edition of the catalog contains quasars with measured redshift known prior to January 1st, 2006 and was motivated by the release of the last three installments of the Sloan Digital Sky Survey. Gravitationally lensed quasars and quasar pairs are excluded from the catalog.

The data are compiled by S. G. Stewart based on the selection criteria suggested by W. Keel. The following selection criteria, that are not mutually exclusive, are used:

$V < 14.5$ (48 quasars);
M(abs) ≤ -30.6 (8 quasars);
z (redshift) ≥ 5.0 (28 quasars);
6 cm flux density ≥ 5.3 Janskys (15 quasars).

The source PHL 5200, a bright quasar with an interesting absorption system, and QSO 0302-003, a high-redshift quasar suitable for He II Gunn-Peterson observations, are also included. No objects classified as BL Lac or AGN (active galactic nuclei) are included.

Positions are either optical or radio and have accuracies better than 1 arcsecond; sources with approximate positions were excluded from the table. Apparent magnitudes are visual.

Pulsars

Data for the pulsars presented in this table are compiled by Z. Arzoumanian. Data are taken from the *ATNF Pulsar Catalogue* described by Manchester et al. (2005), available at [25]. Data for B0540-69 are derived from Johnston et al. (2004).

Pulsars chosen are either bright, with S_{400}, the mean flux density at 400 MHz, greater than 80 milli-Janskys; fast, with spin period less than 100 milli-seconds; or have binary companions. Pulsars without measured spin-down rates and very weak pulsars (with measured 400 MHz flux density below 0.9 milli-Jansky) are excluded. A few other interesting systems are also included.

Positions are referred to the equator and equinox of J2000.0. For each pulsar the period P in seconds and the time rate of change $\dot{P}$ in $10^{-15} \, \mathrm{s \, s^{-1}}$ are given for the specified epoch. The group velocity of radio waves is reduced from the speed of light in a vacuum by the dispersive effect of the interstellar medium. The dispersion measure DM is the integrated column density of free electrons along the line of sight to the pulsar; it is expressed in units $\mathrm{cm^{-3} \, pc}$. The epoch of the period is in Modified Julian Date (MJD), where $\mathrm{MJD = JD - 2400000.5}$.

Gamma Ray Sources

The table of gamma ray sources is compiled by David J. Thompson (David.J.Thompson@nasa.gov) and contains a selection of historically important sources, well known sources, and bright sources. Because the gamma ray band covers such a broad energy range, the sources come primarily from three different catalogs:

a. Low-energy gamma rays (photon energies < 100 keV): *The Fourth IBIS/ISGRI Soft Gamma-Ray Survey Catalog* (Bird et al., 2010) available online at [26];

b. High-energy gamma rays (photon energies between 100 MeV and 100 GeV): *Fermi Large Area Telescope Second Source Catalog* (The Fermi-LAT Collaboration 2012) available at [27];

c. Very-high-energy gamma rays (photon energies above 100 GeV): *TeVCat Online Catalog for TeV Astronomy* available at [28].

Some sources are bright in two or all three energy ranges.

The observed flux of the source is given with the upper and lower limits on the energy range (in MeV) over which it has been observed. The flux, in photons $\mathrm{cm^{-2} s^{-1}}$ is an integrated flux over this energy range. In many cases, no upper limit energy is given. For those cases, the flux is the integral observed flux. Many gamma ray sources, particularly quasars, are highly variable. The flux values given are taken from the literature and may not represent the state at any given time. Gamma ray telescopes typically measure source locations with uncertainties of 1−10 arcmin. The positions in the table often refer to the counterparts seen at longer wavelengths.

Tables of gamma ray source data for several years are available in both PDF and ASCII formats on *The Astronomical Almanac Online*.

Section J: Observatories

The list of observatories is intended to serve as a finder list for planning observations or other purposes not requiring precise coordinates. Members of the list are chosen on the basis of instrumentation, and being active in astronomical research, the results of which are published in the current scientific literature. Most of the observatories provided their own information, and the coordinates listed are for one of the instruments on their grounds. Thus the coordinates may be astronomical, geodetic, or other, and should not be used for rigorous reduction of observations. A searchable list of observatories is available on *The Astronomical Almanac Online*.

Beginning in 2012, the list of observatories includes observatory codes from the IAU's Minor Planet Center website [29]. Codes are given for observatories where a reasonable match between *The Astronomical Almanac* and Minor Planet Center lists could be made based on coordinates and name.

Section K: Tables and Data

Astronomical constants are a topic that is in the purview of the IAU Working Group on Numerical Standards for Fundamental Astronomy [30]. At the 2009 XXVII GA, Resolution B2 on "Current Best Estimates of Astronomical Constants", was adopted, and this list of constants (modified by the re-definition of the astronomical unit) is tabulated in items 1 and 2 of pages K6–K7. Resolution B2 passed at the IAU XXVIII General Assembly (2012), recommends:

1. that the astronomical unit be re-defined to be a conventional unit of length equal to 149 597 870 700 m exactly, in agreement with the value adopted in the IAU 2009 Resolution B2,

2. that this definition of the astronomical unit be used with all time scales such as TCB, TDB, TCG, TT, etc.,

3. that the Gaussian gravitational constant k be deleted from the system of astronomical constants,

4. that the value of the solar mass parameter, [previously known as the heliocentric gravitational constant] GM_S, be determined observationally in SI units, and

5. that the unique symbol "au" be used for the astronomical unit.

The NSFA, via their website at [30], will be keeping the list of "Current Best Estimates" up-to-date, together with detailed notes and references.

Both ASCII and PDF versions of pages K6–K7 may be downloaded from *The Astronomical Almanac Online*; the IAU 1976 and IAU 2009 constants are also available.

A few of the constants tabulated on pages K6–K7 are based on the JPL DE421 ephemeris. Those that are used in the production of this almanac that are dependent on the JPL DE405 ephemeris (Standish, 1998b) are listed below.

Gaussian gravitational constant	$k = 0.017\ 202\ 098\ 95$	
Light-time for unit distance	$\tau_A = 499\overset{s}{.}004\ 783\ 806\ 1$ (TDB)	$\pm 2 \times 10^{-8}$
	$1/\tau_A = 173.144\ 632\ 684\ 7$ au/d (TDB)	
Unit distance, astronomical unit	$A = \sqrt[3]{(GM_S D^2/k^2)} = c\tau_A$	
	$= 149\ 597\ 870\ 691$ m (TDB)	± 6
Geocentric gravitational constant	$GE = 3.986\ 004\ 329 \times 10^{14}$ m^{3}s^{-2} (TDB)	$\pm 8 \times 10^5$
Heliocentric gravitational constant $GM_S = A^3k^2/D^2 = 1.327\ 124\ 400\ 179\ 87 \times 10^{20}$m^{3}s^{-2} (TDB) $\pm 5 \times 10^{10}$		

In the above table the astronomical unit of mass is the mass of the Sun (M_S). The dimensions of k^2 are those of the constant of gravitation (G), which are $A^3 M_S^{-1} D^{-2}$, *i.e.* m^3 kg^{-1} s^{-2}.

A list of some other additional material concerning constants:

• The paper by Pitjeva and Standish (2009) on the masses of the three largest asteroids, the Moon-Earth mass ratio and the astronomical unit.

• IAU XXVI GA (2006) resolutions, including the *Report of the IAU Division I Working Group on Precession and the Ecliptic*, (Hilton et al., 2006).

- CODATA 2006 [31].
- IAG XXII GA 1999 *Report of Special Commission 3* (Fundamental Constants), (Groten, 2000).

The ΔT values provided on pages K8–K9 are not necessarily those used in the production of *The Astronomical Almanac* or its predecessors. They are tabulated primarily for those involved in historical research. Estimates of ΔT are derived from data published in Bulletins B and C of the International Earth Rotation and Reference Systems Service (IERS) [5].

From 2003 the pole is the Celestial Intermediate Pole. However, the coordinates of the celestial pole tabulated on page K10 are with respect to the celestial pole definition for the relevant year. The orientation of the ITRS is consistent with the former BIH system, and the previous IPMS and ILS systems (1974-1987). Prior to 1988, values were taken from Circular D of the BIH and from 1988 the values have been taken from the IERS Bulletin B.

Pages K11–K13, on "Reduction of Terrestrial Coordinates", which includes information on the International Terrestrial Reference Frame (Altamimi et al., 2011), has been updated by G. Appleby, Head of the UK Space Geodesy Facility at Herstmonceux.

Section M: Glossary

The definitions provided in the glossary have been composed by staff members of Her Majesty's Nautical Almanac Office and the US Naval Observatory's Astronomical Applications Department. Various astronomical dictionaries and encyclopedia are used to ensure correctness and to develop particular phrasing. E. M. Standish (Jet Propulsion Laboratory, California Institute of Technology) and S. Klioner (Technischen Universität Dresden) were also consulted in updating the content of the definitions in recent editions.

Definitions of some glossary entries contain terms that are defined elsewhere in the section. These are given in italics.

The glossary is not intended to be a complete astronomical reference, but instead clarify terms used within *The Astronomical Almanac* and *The Astronomical Almanac Online*. A PDF version and an HTML version are found on *The Astronomical Almanac Online*.

References

[1]. The Astronomical Almanac Online
   http://asa.usno.navy.mil or http://asa.hmnao.com.

[2]. USNO Vector Astrometry Software (NOVAS)
   http://aa.usno.navy.mil/software/novas/novas_info.php.

[3]. IAU Standards of Fundamental Astronomy (SOFA)
   http://www.iausofa.org.

[4]. ICRS Product Center
   http://hpiers.obspm.fr/icrs-pc/.

[5]. IERS Earth Orientation Data
   http://www.iers.org/IERS/EN/DataProducts/EarthOrientationData/eop.html.

[6]. The International Occultation Timing Association (IOTA)
   http://lunar-occultations.com/iota.

[7]. IERS Conventions
   http://tai.bipm.org/iers/convupdt/convupdt.html.

[8]. USNO Publications
   http://aa.usno.navy.mil/publications/.

[9]. JPL Planetary Satellite Mean Orbital Parameters
   http://ssd.jpl.nasa.gov/?sat_elem.

[10]. IAU, Pluto and the Developing Landscape of Our Solar System
   http://www.iau.org/public/pluto/.

[11]. Scott Sheppard's Jupiter Satellite Page
   http://www.dtm.ciw.edu/users/sheppard/satellites.

[12]. JPL Small-Body Database
   http://ssd.jpl.nasa.gov/sbdb.cgi.

[13]. IAU Minor Planet Center
   http://www.minorplanetcenter.net/iau/Ephemerides/Comets/index.html.

[14]. Mike Brown, California Institute of Technology
   http://www.gps.caltech.edu/~mbrown/.

[15]. USNO Sixth Catalog of Orbits of Visual Binary Stars
   http://www.usno.navy.mil/USNO/astrometry/optical-IR-prod/wds/orb6/.

[16]. USNO Washington Double Star Catalog
   http://www.usno.navy.mil/USNO/astrometry/optical-IR-prod/wds/WDS.

[17]. NOMAD Database
   http://www.nofs.navy.mil/data/fchpix/.

[18]. ESO Optical and UV Spectrophotometric Standard Stars
   http://www.eso.org/sci/observing/tools/standards/spectra/.

[19]. American Association of Variable Star Observers (AAVSO)
   http://www.aavso.org/.

[20]. Exoplanet Data Explorer
http://exoplanets.org/exotable/exoTable.html.

[21]. Wilton Dias' Open Clusters Database
http://www.astro.iag.usp.br/~wilton.

[22]. William Harris' Globular Clusters Database
http://physwww.physics.mcmaster.ca/%7Eharris/mwgc.dat.

[23]. Centre de Données Astronomiques de Strasbourg (CDS)
http://cdsweb.u-strasbg.fr/.

[24]. Optical Characteristics of Astrometric Radio Sources
http://www.gao.spb.ru/english/as/ac_vlbi/sou_car.dat.

[25]. ATNF Pulsar Catalog
http://www.atnf.csiro.au/research/people/psrcat.

[26]. The Fourth IBIS/ISGRI Soft Gamma-ray Survey Catalog
http://heasarc.gsfc.nasa.gov/W3Browse/integral/ibiscat4.html.

[27]. Fermi Large Area Telescope Second Source Catalog
http://heasarc.gsfc.nasa.gov/W3Browse/fermi/fermilpsc.html.

[28]. TeVCat online catalog for TeV Astronomy
http://tevcat.uchicago.edu/.

[29]. IAU Minor Planet Center List of Observatory Codes
http://www.minorplanetcenter.org/iau/lists/ObsCodesF.html.

[30]. IAU Numerical Standards for Fundamental Astronomy (NSFA)
http://maia.usno.navy.mil/NSFA.html.

[31]. CODATA Recommended Fundamental Physical Constants
http://physics.nist.gov/constants.

Altamimi, Z., X. Collilieux, and L. Métivier (2011). ITRF2008: an improved solution of the international terrestrial reference frame. *Journal of Geodesy* **85**, 457–473.

Aoki, S., H. Kinoshita, B. Guinot, G. H. Kaplan, D. D. McCarthy, and P. K. Seidelmann (1982). The new definition of universal time. *Astronomy and Astrophysics* **105**, 359–361.

Archinal, B. A., M. F. A'Hearn, E. Bowell, A. Conrad, G. J. Consolmagno, R. Courtin, T. Fukushima, D. Hestroffer, J. L. Hilton, G. A. Krasinsky, G. Neumann, J. Oberst, P. K. Seidelmann, P. Stooke, D. J. Tholen, P. C. Thomas, and I. P. Williams (2011a). Report of the IAU/IAG Working Group on Cartographic Coordinates and Rotational Elements: 2009. *Celestial Mechanics and Dynamical Astronomy* **109**, 101–135.

Archinal, B. A., M. F. A'Hearn, E. Bowell, A. Conrad, G. J. Consolmagno, R. Courtin, T. Fukushima, D. Hestroffer, J. L. Hilton, G. A. Krasinsky, G. Neumann, J. Oberst, P. K. Seidelmann, P. Stooke, D. J. Tholen, P. C. Thomas, and I. P. Williams (2011b). Erratum to: Report of the IAU/IAG Working Group on Cartographic Coordinates and Rotational Elements: 2006 & 2009. *Celestial Mechanics and Dynamical Astronomy* **110**, 401–403.

Arlot, J.-E. (1982). New Constants for Sampson-Lieske Theory of the Galilean Satellites of Jupiter. *Astronomy and Astrophysics* **107**, 305–310.

Atkinson, R. d. (1951). The Computation of Topocentric Librations. *Monthly Notices of the Royal Astronomical Society* **111**, 448.

Baars, J. W. M., R. Genzel, I. I. K. Pauliny-Toth, and A. Witzel (1977). The Absolute Spectrum of CAS A - an Accurate Flux Density Scale and a Set of Secondary Calibrators. *Astronomy and Astrophysics* **61**, 99–106.

Bird, A. J., A. Bazzano, L. Bassani, F. Capitanio, M. Fiocchi, A. B. Hill, A. Malizia, V. A. McBride, S. Scaringi, V. Sguera, J. B. Stephen, P. Ubertini, A. J. Dean, F. Lebrun, R. Terrier, M. Renaud, F. Mattana, D. Götz, J. Rodriguez, G. Belanger, R. Walter, and C. Winkler (2010). The Fourth IBIS/ISGRI Soft Gamma-ray Survey Catalog. *The Astrophysical Journal Supplement Series* **186**, 1–9.

Bohlin, R. C., L. Colina, and D. S. Finley (1995). White Dwarf Standard Stars: G191-B2B, GD 71, GD 153, HZ 43. *Astronomical Journal* **110**, 1316.

Bohlin, R. C., A. W. Harris, A. V. Holm, and C. Gry (1990). The Ultraviolet Calibration of the Hubble Space Telescope. IV - Absolute IUE Fluxes of Hubble Space Telescope Standard Stars. *Astrophysical Journal Supplement Series* **73**, 413–439.

Bradt, H. V. D. and J. E. McClintock (1983). The Optical Counterparts of Compact Galactic X-ray Sources. *Annual Review of Astronomy and Astrophysics* **21**, 13–66.

Brown, E. W. (1933). Theory and Tables of the Moon: The Motion of the Moon, 1923-31. *Monthly Notices of the Royal Astronomical Society* **93**, 603–619.

Brown, M. (2008). The Largest Kuiper Belt Objects. In M. A. Barucci, H. Boehnhardt, D. P. Cruikshank, A. Morbidelli, and R. Dotson (Eds.), *The Solar System Beyond Neptune*, pp. 335–344.

Brown, M. E., C. A. Trujillo, and D. L. Rabinowitz (2005). Discovery of a Planetary-sized Object in the Scattered Kuiper Belt. *The Astrophysical Journal* **635**, L97–L100.

Calame, O. (Ed.) (1982). *Proceedings of the 63rd Colloquium of the International Astronomical Union*, Volume 94 of *IAU Colloquia*.

Capitaine, N. and P. T. Wallace (2006). High Precision Methods for Locating the Celestial Intermediate Pole and Origin. *Astronomy and Astrophysics* **450**, 855–872.

Capitaine, N., P. T. Wallace, and J. Chapront (2003). Expressions for IAU 2000 Precession Quantities. *Astronomy and Astrophysics* **412**, 567–586.

Capitaine, N., P. T. Wallace, and J. Chapront (2005). Improvement of the IAU 2000 Precession Model. *Astronomy and Astrophysics* **432**, 355–367.

Capitaine, N., P. T. Wallace, and D. D. McCarthy (2003). Expressions to Implement the IAU 2000 Definition of UT1. *Astronomy and Astrophysics* **406**, 1135–1149.

Carretta, E. and R. G. Gratton (1997). Abundances for Globular Cluster Giants. I. Homogeneous Metallicities for 24 Clusters. *Astronomy and Astrophysics Supplement Series* **121**, 95–112.

Carrington, R. C. (1863). *Observations of the Spots on the Sun: From November 9, 1853, to March 24, 1861, Made at Redhill.* London: Williams and Norgate.

de Vaucouleurs, G. (1959). Classification and Morphology of External Galaxies. *Handbuch der Physik* **53**, 275.

de Vaucouleurs, G. (1963). Revised Classification of 1500 Bright Galaxies. *Astrophysical Journal Supplement* **8**, 31.

de Vaucouleurs, G. and H. D. Ables (1968). Integrated Magnitudes and Color Indices of the Fornax Dwarf Galaxy. *Astrophysical Journal* **151**, 105.

de Vaucouleurs, G., A. de Vaucouleurs, H. Corwin, R. J. Buta, G. Paturel, and P. Fouque (1991). *Third Reference Catalogue of Bright Galaxies (RC3)*. New York: Springer-Verlag.

Dias, W. S., B. S. Alessi, A. Moitinho, and J. R. D. Lepine (2002). New Catalog of Optically Visible Open Clusters and Candidates. *Astronomy and Astrophysics* **389**, 871–873.

Downes, R., R. F. Webbink, and M. M. Shara (1997). A Catalog and Atlas of Cataclysmic Variables-Second Edition. *Publications of the Astronomical Society of the Pacific* **109**, 345–440.

Eckhardt, D. H. (1981). Theory of the Libration of the Moon. *Moon and Planets* **25**, 3–49.

Elliot, J. L., R. G. French, J. A. Frogel, J. H. Elias, D. J. Mink, and W. Liller (1981). Orbits of Nine Uranian Rings. *Astronomical Journal* **86**, 444–455.

ESA (1997). *The Hipparcos and Tycho Catalogues*. Noordwijk, Netherlands: European Space Agency. SP-1200 (17 volumes).

Esposito, L. W., J. N. Cuzzi, J. H. Holberg, E. A. Marouf, G. L. Tyler, and C. C. Porco (1984). *Saturn's Rings: Structure, Dynamics, and Particle Properties*. University of Arizona Press.

Forman, W., C. Jones, L. Cominsky, P. Julien, S. Murray, G. Peters, H. Tananbaum, and R. Giacconi (1978). The Fourth Uhuru Catalog of X-ray Sources. *Astrophysical Journal Supplement Series* **38**, 357–412.

Fricke, W., H. Schwan, T. Lederle, U. Bastian, R. Bien, G. Burkhardt, B. Du Mont, R. Hering, R. Jährling, H. Jahreiß, S. Röser, H. Schwerdtfeger, and H. G. Walter (1988). *Fifth Fundamental Catalogue Part I*. Heidelberg: Veroeff. Astron. Rechen-Institut.

Garcia, H. A. (1972). The Mass and Figure of Saturn by Photographic Astrometry of Its Satellites. *Astronomical Journal* **77**, 684–691.

Garrison, R. F. (1994). A Hierarchy of Standards for the MK Process. *Astronomical Society of the Pacific Conference Series* **60**, 3–14.

Groten, E. (2000). Report of Special Commission 3 of IAG. In Johnston, K. J. and McCarthy, D. D. and Luzum, B. J. and Kaplan, G. H. (Ed.), *IAU Colloq. 180: Towards Models and Constants for Sub-Microarcsecond Astrometry*, pp. 337.

Gurnett, D. A., A. M. Persoon, W. S. Kurth, J. B. Groene, T. F. Averkamp, M. K. Dougherty, and D. J. Southwood (2007). The Variable Rotation Period of the Inner Region of Saturn's Plasma Disk. *Science* **316**, 442.

Hamuy, M., N. B. Suntzeff, S. R. Heathcote, A. R. Walker, P. Gigoux, and M. M. Phillips (1994). Southern Spectrophotometric Standards, 2. *Publications of the Astronomical Society of the Pacific* **106**, 566–589.

Hamuy, M., A. R. Walker, N. B. Suntzeff, P. Gigoux, S. R. Heathcote, and M. M. Phillips (1992). Southern Spectrophotometric Standards. *Publications of the Astronomical Society of the Pacific* **104**, 533–552.

Harper, D., D. B. Taylor, A. T. Sinclair, and K. X. Shen (1988). The Theory of the Motion of Iapetus. *Astronomy and Astrophysics* **191**, 381–384.

Harris, D. L. (1961). *Photometry and Colorimetry of Planets and Satellites*. Chicago, IL.

Harris, W. E. (1996). A Catalog of Parameters for Globular Clusters in the Milky Way. *Astronomical Journal* **112**, 1487.

Hartkopf, W., B. Mason, and C. Worley (2001). The 2001 US Naval Observatory Double Star CD-ROM. II. The Fifth Catalog of Orbits of Visual Binary Stars. *Astronomical Journal* **122**, 3472–3479.

Healey, S. E., R. W. Romani, G. B. Taylor, E. M. Sadler, R. Ricci, T. Murphy, J. S. Ulvestad, and J. N. Winn (2007). CRATES: An All-Sky Survey of Flat-Spectrum Radio Sources. *The Astrophysical Journal Supplement Series* **171**, 61–71.

Heinze, A. N. and D. de Lahunta (2009). The Rotation Period and Light-Curve Amplitude of Kuiper Belt Dwarf Planet 136472 Makemake (2005 FY9). *Astronomical Journal* **138**, 428–438.

Hilton, J. L. (1999). US Naval Observatory Ephemerides of the Largest Asteroids. *Astronomical Journal* **117**, 1077–1086.

Hilton, J. L. (2002). Asteroid Masses and Densities. *Asteroids III*, 103–112.

Hilton, J. L. (2005a). Improving the Visual Magnitudes of the Planets in The Astronomical Almanac. I. Mercury and Venus. *Astronomical Journal* **129**, 2902–2906.

Hilton, J. L. (2005b). Erratum: "Improving the Visual Magnitudes of the Planets in The Astronomical Almanac. I. Mercury and Venus". *Astronomical Journal* **130**, 2928.

Hilton, J. L., N. Capitaine, J. Chapront, J. M. Ferrandiz, A. Fienga, T. Fukushima, J. Getino, P. Mathews, J.-L. Simon, M. Soffel, J. Vondrak, P. T. Wallace, and J. Williams (2006). Report of the International Astronomical Union Division I Working Group on Precession and the Ecliptic. *Celestial Mechanics and Dynamical Astronomy* **94**, 351–367.

Hirshfeld, A. and R. W. Sinnott (1997). *Sky catalogue 2000.0. Volume 2: Double Stars, Variable Stars and Nonstellar Objects*.

Hodge, P. W. (1977). The Structure and Content of NGC 6822. *Astrophysical Journal Supplement* **33**, 69–82.

Hodge, P. W. and D. W. Smith (1974). The Structure of the Fornax Dwarf Galaxy. *Astrophysical Journal* **188**, 19–26.

Hoffleit, E. D. and W. Warren (1991). *The Bright Star Catalogue (5th edition)*. New Haven: Yale University Observatory.

Høg, E., C. Fabricius, V. V. Makarov, S. Urban, T. Corbin, G. Wycoff, U. Bastian, P. Schwekendiek, and A. Wicenec (2000). The Tycho-2 Catalog of the 2.5 Million Brightest Stars. *Astronomy and Astrophysics* **355**, L27–L30.

IAU (1957). In P. T. Oosterhoff (Ed.), *Transactions of the International Astronomical Union*, Volume IX, Cambridge, pp. 442. Cambridge University Press. Proc. 9th General Assembly, Dublin, 1955.

IAU (1968). In L. Perek (Ed.), *Transactions of the International Astronomical Union*, Volume XIII B, Dordrecht, pp. 170. Reidel. Proc. 13th General Assembly, Prague, 1967.

IAU (1973). In C. de Jager (Ed.), *Transactions of the International Astronomical Union*, Volume XV A, Dordrecht, Holland, pp. 409. Reidel. Reports on Astronomy.

IAU (1976). Report of joint meetings of commissions 4, 8 and 31 on the new system of astronomical constants. In *Transactions of the International Astronomical Union*, Volume XVI B, Dordrecht, Holland. Reidel.

IAU (1983). In R. M. West (Ed.), *Transactions of the International Astronomical Union*, Volume XVIII B, Dordrecht, Holland. Reidel. Proc. 18th General Assembly, Patras, 1982.

IAU (1992). In J. Bergeron (Ed.), *Transactions of the International Astronomical Union*, Volume XXI B, Dordrecht. Kluwer. Proc. 21st General Assembly, Beunos Aires, 1991.

IAU (1999). In J. Andersen (Ed.), *Transactions of the International Astronomical Union*, Volume XXIII B, Dordrecht. Kluwer. Proc. 23rd General Assembly, Kyoto, 1997.

IAU (2001). In H. Rickman (Ed.), *Transactions of the International Astronomical Union*, Volume XXIV B, San Francisco. Astronomical Society of the Pacific. Proc. 24th General Assembly, Manchester, 2000.

IAU (2006). In K. van der Hucht (Ed.), *Transactions of the International Astronomical Union*, Volume XXVI B, San Francisco. Astronomical Society of the Pacific. Proc. 26th General Assembly, Prague, 2006.

IAU (2010). In I. F. Corbett (Ed.), *Transactions of the International Astronomical Union*, Volume XXVII B. Proc. 27th General Assembly, Rio de Janeiro, 2009.

Ibata, R. A., R. F. G. Wyse, G. Gilmore, M. J. Irwin, and N. B. Suntzeff (1997). The Kinematics, Orbit, and Survival of the Sagittarius Dwarf Spheroidal Galaxy. *Astrophysical Journal* **113**, 634.

IERS (2004). Conventions (2003). Technical Note 32, International Earth Rotation Service, Frankfurt am Main. Verlag des Bundesamts für Kartographie und Geodäsie, D. D. McCarthy and G. Petit (Eds.).

IERS (2009). The second realization of the international celestial reference frame by very long baseline interferometry. Technical Note 35, International Earth Rotation Service. A. L. Fey, D. Gordon, and C. S. Jacobs (Eds.).

IERS (2010). Conventions (2010). Technical Note 36, International Earth Rotation Service, Frankfurt am Main. Verlag des Bundesamts für Kartographie und Geodäsie, G. Petit and B. Luzum (Eds.).

Irvine, W. M., T. Simon, D. H. Menzel, C. Pikoos, and A. T. Young (1968). Multicolor Photoelectric Photometry of the Brighter Planets. III. Observations from Boyden Observatory. *Astronomical Journal* **73**, 807.

Irwin, M. and D. Hatzidimitriou (1995). Structural parameters for the Galactic dwarf spheroidals. *Monthly Notices of the Royal Astronomical Society* **277**, 1354.

Jacobson, R. A. (1990). The Orbits of the Satellites of Neptune. *Astronomy and Astrophysics* **231**, 241–250.

Jacobson, R. A. (2000). The Orbits of the Outer Jovian Satellites. *Astronomical Journal* **120**, 2679–2686.

Jacobson, R. A., S. P. Synnott, and J. K. Campbell (1989). The Orbits of the Satellites of Mars from Spacecraft and Earthbased Observations. *Astronomy and Astrophysics* **225**, 548–554.

Jarrett, T. H., T. Chester, R. Cutri, S. Schneider, M. Skrutskie, and J. P. Huchra (2000). 2MASS Extended Source Catalog: Overview and Algorithms. *Astronomical Journal* **119**, 2498–2531.

Johnston, S., R. W. Romani, F. E. Marshall, and W. Zhang (2004). Radio and X-ray observations of PSR B0540-69. *Monthly Notices of the Royal Astronomical Society* **355**, 31–36.

Kaplan, G. H. (2005). The IAU Resolutions on Astronomical Reference Systems, Time Scales, and Earth Rotation Models : Explanation and Implementation. *U.S. Naval Observatory Circulars* **179**.

Keenan, P. C. and R. C. McNeil (1976). *Atlas of Spectra of the Cooler Stars: Types G, K, M, S, and C.* Ohio: Ohio State University Press.

Kholopov, P. N., N. N. Samus, M. S. Frolov, V. P. Goranskij, N. A. Gorynya, N. N. Kireeva, N. P. Kukarkina, N. E. Kurochkin, G. I. Medvedeva, and N. B. Perova (1996). *General Catalogue of Variable Stars, 4th edition.* Moscow: Nauka Publishing House.

Kozai, Y. (1957). On the Astronomical Constants of Saturnian Satellites System. *Annals of the Tokyo Observatory, Series 2* **5**, 73–106.

Lacerda, P., D. Jewitt, and N. Peixinho (2008). High-Precision Photometry of Extreme KBO 2003 EL$_{61}$. *Astronomical Journal* **135**, 1749–1756.

Landolt, A. U. (1992). UBVRI Photometric Standard Stars in the Magnitude Range 11.5-16.0 Around the Celestial Equator. *Astronomical Journal* **104**, 340–371.

Landolt, A. U. (2009). UBVRI Photometric Standard Stars Around the Celestial Equator: Updates and Additions. *Astronomical Journal* **137**, 4186–4269.

Laskar, J. and R. A. Jacobson (1987). GUST 86. An Analytical Ephemeris of the Uranian Satellites. *Astronomy and Astrophysics* **188**, 212–224.

Lieske, J. H. (1977). Theory of Motion of Jupiter's Galilean Satellites. *Astronomy and Astrophysics* **56**, 333–352.

Liu, Q. Z., J. van Paradijs, and E. P. J. van den Heuvel (2000). A Catalogue of High-Mass X-ray Binaries. *Astronomy and Astrophysics Supplement* **147**, 25–49.

Liu, Q. Z., J. van Paradijs, and E. P. J. van den Heuvel (2001). A catalog of Low-Mass X-ray Binaries. *Astronomy and Astrophysics* **368**, 1021–1054.

Lyngå, G. (1981). Astronomical Data Center Bulletin. Circular 2, NASA/GSFC, Greenbelt, MD.

Ma, C., E. F. Arias, T. M. Eubanks, A. L. Fey, A. M. Gontier, C. S. Jacobs, O. J. Sovers, B. A. Archinal, and P. Charlot (1998). The International Celestial Reference Frame as Realized by Very Long Baseline Interferometry. *Astronomical Journal* **116**, 516–546.

Malkin, Z. and O. Titov (2008). Optical Characteristics of Astrometric Radio Sources. In *Measuring the Future, Proc. Fifth IVS General Meeting, A. Finkelstein, D. Behrend (Eds.), 2008, p. 183-187*, pp. 183–187.

Manchester, R. N., G. B. Hobbs, A. Teoh, and M. Hobbs (2005). The Australia Telescope National Facility Pulsar Catalogue. *Astronomical Journal* **129**, 1993–2006.

Mason, B. D., G. L. Wycoff, W. I. Hartkopf, G. Douglass, and C. E. Worley (2001). The Washington Double Star Catalog. *Astronomical Journal* **122**, 3466–3471.

Matthews, P. M., T. A. Herring, and B. Buffett (2002). Modeling of nutation and precession: New nutation series for nonrigid Earth and insights into the Earth's interior. *Journal of Geophysical Research* **107(B4)**, 2068.

Morgan, W. W., H. A. Abt, and J. W. Tapschott (1978). *Revised MK Spectral Atlas for Stars Earlier than the Sun*. Williams Bay, WI and Tucson, AZ: Yerkes Obs. and Kitt Peak Nat. Obs.

Nelson, R. A., D. D. McCarthy, S. Malys, J. Levine, B. Guinot, H. F. Fliegel, R. L. Beard, and T. R. Bartholomew (2001). The Leap Second: its History and Possible Future. *Metrologia* **38**, 509–529.

Newhall, X. X. and J. G. Williams (1996). Estimation of the Lunar Physical Librations. *Celestial Mechanics and Dynamical Astronomy* **66**, 21–30.

Nicholson, P. D. (2008). *Natural Satellites of the Planets*. Toronto, Ontario, Canada: University of Toronto Press.

Oke, J. B. (1990). Faint Spectrophotometric Standard Stars. *Astronomical Journal* **99**, 1621–1631.

Owen, Jr., W. M., R. M. Vaughan, and S. P. Synnott (1991). Orbits of the Six New Satellites of Neptune. *Astronomical Journal* **101**, 1511–1515.

Perry, C. L., E. H. Olsen, and D. L. Crawford (1987). A Catalog of Bright UVBY Beta Standard Stars. *Publications of the Astronomy Society of the Pacific* **99**, 1184–1200.

Pitjeva, E. V. and E. M. Standish (2009). Proposals for the Masses of the Three Largest Asteroids, the Moon-Earth Mass Ratio and the Astronomical Unit. *Celestial Mechanics and Dynamical Astronomy* **103**, 365–372.

Rohde, J. R. and A. T. Sinclair (1992). Orbital Ephemerides and Rings of Satellites. In P. K. Seidelmann (Ed.), *Explanatory Supplement to The Astronomical Almanac*, pp. 353. Mill Valley, CA: University Science Books.

Rutledge, G. A., J. E. Hesser, and P. B. Stetson (1997). Galactic Globular Cluster Metallicity Scale from the Ca II Triplet II. Rankings, Comparisons, and Puzzles. *Publications of the Astronomical Society of the Pacific* **109**, 907–919.

Seidelmann, P. K. (Ed.) (1992). *Explanatory Supplement to The Astronomical Almanac*. Mill Valley, CA: University Science Books.

Simon, J. L., P. Bretagnon, J. Chapront, M. Chapront-Touzé, G. Francou, and J. Laskar (1994). Numerical Expressions for Precession Formulae and Mean Elements for the Moon and the Planets. *Astronomy and Astrophysics* **282**, 663–683.

Sinclair, A. T. (1974). A Theory of the Motion of Iapetus. *Monthly Notices of the Royal Astronomical Society* **169**, 591–605.

Sinclair, A. T. (1977). The Orbits of Tethys, Dione, Rhea, Titan and Iapetus. *Monthly Notices of the Royal Astronomical Society* **180**, 447–459.

Sinclair, A. T. (1989). The Orbits of the Satellites of Mars Determined from Earth-based and Spacecraft Observations. *Astronomy and Astrophysics* **220**, 321–328.

Smart, W. M. (1956). *Text-Book on Spherical Astronomy*. Cambridge: Cambridge University Press.

Souchay, J., A. H. Andrei, C. Barache, S. Bouquillon, A.-M. Gontier, S. B. Lambert, C. Le Poncin-Lafitte, F. Taris, E. F. Arias, D. Suchet, and M. Baudin (2009). Large Quasar Astrometric Catalog. *Astronomy and Astrophysics* **494**, 799.

Standish, E. M. (1998a). JPL Planetary and Lunar Ephemerides, DE405/LE405. *JPL IOM 312.F-98-048.*

Standish, E. M. (1998b). Time Scales in the JPL and CfA Ephemerides. *Astronomy and Astrophysics* **336**, 381–384.

Stickel, M., J. W. Fried, and H. Kuehr (1989). Optical Spectroscopy of 1 Jy BL Lacertae Objects and Flat Spectrum Radio Sources. *Astronomy and Astrophysics Supplement Series* **80**, 103–114.

Stickel, M. and H. Kuehr (1994). An Update of the Optical Identification Status of the S4 Radio Source Catalogue. *Astronomy and Astrophysics Supplement Series* **103**, 349–363.

Sudbury, P. V. (1969). The Motion of Jupiter's Fifth Satellite. *Icarus* **10**, 116–143.

Taylor, D. B. (1984). A Comparison of the Theory of the Motion of Hyperion with Observations Made During 1967-1982. *Astronomy and Astrophysics* **141**, 151–158.

Taylor, D. B. (1995). Compact Ephemerides for Differential Tangent Plane Coordinates of Planetary Satellites. *NAO Technical Note* **No. 68**.

Taylor, D. B., S. A. Bell, J. L. Hilton, and A. T. Sinclair (2010). Computation of the Quantities Describing the Lunar Librations in The Astronomical Almanac. *NAO Technical Note* **No. 74**.

Taylor, D. B. and K. X. Shen (1988). Analysis of Astrometric Observations from 1967 to 1983 of the Major Satellites of Saturn. *Astronomy and Astrophysics* **200**, 269–278.

The Fermi-LAT Collaboration (2012 submitted). Fermi Large Area Telescope First Source Catalog. *Astrophysical Journal Supplement Series*. arXiv:1108.1435 [astro-ph.HE].

Tholen, D. J. (1985). The Orbit of Pluto's Satellite. *Astronomical Journal* **90**, 2353–2359.

Trager, S. C., S. Djorgovski, and I. R. King (1993). Structural Parameters of Galactic Globular Clusters. In Djorgovski, S. G. and Meylan, G. (Ed.), *Structure and Dynamics of Globular Clusters*, Volume 50 of *Astronomical Society of the Pacific Conference Series*, pp. 347.

Trager, S. C., I. R. King, and S. Djorgovski (1995). Catalogue of Galactic Globular-Cluster Surface-Brightness Profiles. *Astronomical Journal* **109**, 218–241.

Trumpler, R. J. (1930). Preliminary Results on the Distances, Dimensions and Space Distribution of Open Star Clusters. *Lick Observatory Bulletin* **XIV**, 154.

Turnshek, D. A., R. C. Bohlin, R. L. Williamson, O. L. Lupie, J. Koornneef, and D. H. Morgan (1990). An Atlas of Hubble Space Telescope Photometric, Spectrophotometric, and Polarimetric Calibration Objects. *Astronomical Journal* **99**, 1243–1261.

Udry, S. Mayor, M., E. Maurice, J. Andersen, M. Imbert, H. Lindgren, J. C. Mermilliod, B. Nordström, and L. Prévot (1999). 20 years of CORAVEL Monitoring of Radial-Velocity Standard Stars. In J. Hearnshaw and C. Scarfe (Eds.), *Precise Stellar Radial Velocities, Victoria, IAU Coll. 170*, pp. 383.

van Paradijs, J. (1995). A Catalogue of X-Ray Binaries. In W. H. G. Lewin, J. van Paradijis, and E. P. J. van den Heuvel (Eds.), *X-ray Binaries*, pp. 536. University of Chicago Press. Volume IX of Stars and Stellar Systems.

Véron-Cetty, M. P. and P. Véron (2006). A Catalogue of Quasars and Active Nuclei: 12th edition. *Astronomy and Astrophysics* **455**, 773–777.

Wallace, P. T. and N. Capitaine (2006). Precession-Nutation Procedures Consistent with IAU 2006 Resolutions. *Astronomy and Astrophysics* **459**, 981–985.

Watts, C. B. (1963). The Marginal Zone of the Moon. In *Astronomical Papers of the American Ephemeris and Nautical Almanac*, Volume 17. Washington, DC: U.S. Government Printing Office.

Zacharias, N., D. G. Monet, S. E. Levine, S. E. Urban, R. Gaume, and G. L. Wycoff (2004). The Naval Observatory Merged Astrometric Dataset (NOMAD). In *American Astronomical Society Meeting Abstracts*, Volume 36 of *Bulletin of the American Astronomical Society*, pp. 1418.

Zadunaisky, P. E. (1954). A Determination of New Elements of the Orbit of Phoebe, Ninth Satellite of Saturn. *Astronomical Journal* **59**, 1–6.

Zinn, R. and M. J. West (1984). The Globular Cluster System of the Galaxy. III - Measurements of Radial Velocity and Metallicity for 60 Clusters and a Compilation of Metallicities for 121 Clusters. *Astrophysical Journal Supplement Series* **55**, 45–66.

ΔT: the difference between *Terrestrial Time (TT)* and *Universal Time (UT)*: $\Delta T = TT - UT1$.

ΔUT1 (or ΔUT): the value of the difference between *Universal Time (UT)* and *Coordinated Universal Time (UTC)*: $\Delta UT1 = UT1 - UTC$.

aberration (of light): the relativistic apparent angular displacement of the observed position of a celestial object from its *geometric position*, caused by the motion of the observer in the reference system in which the trajectories of the observed object and the observer are described. (See *aberration, planetary.*)

> **aberration, annual:** the component of *stellar aberration* resulting from the motion of the Earth about the Sun. (See *aberration, stellar.*)

> **aberration, diurnal:** the component of *stellar aberration* resulting from the observer's *diurnal motion* about the center of the Earth due to Earth's rotation. (See *aberration, stellar.*)

> **aberration, E-terms of:** the terms of *annual aberration* which depend on the *eccentricity* and longitude of *perihelion* of the Earth. (See *aberration, annual; perihelion.*)

> **aberration, elliptic:** see *aberration, E-terms of.*

> **aberration, planetary:** the apparent angular displacement of the observed position of a solar system body from its instantaneous geometric direction as would be seen by an observer at the geocenter. This displacement is produced by the combination of *aberration of light* and *light-time displacement*.

> **aberration, secular:** the component of *stellar aberration* resulting from the essentially uniform and almost rectilinear motion of the entire solar system in space. Secular aberration is usually disregarded. (See *aberration, stellar.*)

> **aberration, stellar:** the apparent angular displacement of the observed position of a celestial body resulting from the motion of the observer. Stellar *aberration* is divided into diurnal, annual, and secular components. (See *aberration, annual; aberration, diurnal; aberration, secular.*)

altitude: the angular distance of a celestial body above or below the *horizon*, measured along the great circle passing through the body and the *zenith*. Altitude is 90° minus the *zenith distance*.

annual parallax: see *parallax, heliocentric.*

anomaly: the angular separation of a body in its *orbit* from its *pericenter*.

> **anomaly, eccentric:** in undisturbed elliptic motion, the angle measured at the center of the *orbit* ellipse from *pericenter* to the point on the circumscribing auxiliary circle from which a perpendicular to the major axis would intersect the orbiting body. (See *anomaly, mean; anomaly, true.*)

> **anomaly, mean:** the product of the *mean motion* of an orbiting body and the interval of time since the body passed the *pericenter*. Thus, the mean *anomaly* is the angle from the pericenter of a hypothetical body moving with a constant angular speed that is equal to the mean motion. In realistic computations, with disturbances taken into account, the mean anomaly is equal to its initial value at an *epoch* plus an integral of the mean motion over the time elapsed since the epoch. (See *anomaly, eccentric; anomaly, mean at epoch; anomaly, true.*)

> **anomaly, mean at epoch:** the value of the *mean anomaly* at a specific *epoch*, i.e., at some fiducial moment of time. It is one of the six *Keplerian elements* that specify an *orbit*. (See *Keplerian elements; orbital elements.*)

> **anomaly, true:** the angle, measured at the focus nearest the *pericenter* of an *elliptical orbit*, between the pericenter and the *radius vector* from the focus to the orbiting body; one of the standard *orbital elements*. (See *anomaly, eccentric; anomaly, mean; orbital elements.*)

aphelion: the point in an *orbit* that is the most distant from the Sun.

apocenter: the point in an *orbit* that is farthest from the origin of the reference system. (See *aphelion; apogee.*)

apogee: the point in an *orbit* that is the most distant from the Earth. Apogee is sometimes used with reference to the apparent orbit of the Sun around the Earth.

apparent place (or position): the *proper place* of an object expressed with respect to the *true (intermediate) equator and equinox* of date.

apparent solar time: see *solar time, apparent.*

appulse: the least apparent distance between one celestial object and another, as viewed from a third body. For objects moving along the *ecliptic* and viewed from the Earth, the time of appulse is close to that of *conjunction* in *ecliptic longitude.*

Aries, First point of: another name for the *vernal equinox.*

aspect: the position of any of the *planets* or the Moon relative to the Sun, as seen from the Earth.

asteroid: a loosely defined term generally meaning a small solar system body that is orbiting the Sun, does not show a comet-like appearance, and is not massive enough to be a *dwarf planet.* The term is usually restricted to bodies with *orbits* interior or similar to Jupiter's. "Asteroid" is often used interchangeably with *"minor planet"*, although there is no implicit contraint that a minor planet be interior to Jupiter's orbit.

astrometric ephemeris: an *ephemeris* of a solar system body in which the tabulated positions are *astrometric places.* Values in an astrometric ephemeris are essentially comparable to catalog *mean places* of stars after the star positions have been updated for *proper motion* and *parallax.*

astrometric place (or position): direction of a solar system body formed by applying the correction for *light-time displacement* to the *geometric position.* Such a position is directly comparable with the catalog positions of background stars in the same area of the sky, after the star positions have been updated for *proper motion* and *parallax.* There is no correction for *aberration* or *deflection of light* since it is assumed that these are almost identical for the solar system body and background stars. An astrometric place is expressed in the reference system of a star catalog; in *The Astronomical Almanac*, the reference system is the *International Celestial Reference System (ICRS).*

astronomical coordinates: the longitude and latitude of the point on Earth relative to the *geoid.* These coordinates are influenced by local gravity anomalies. (See *latitude, terrestrial; longitude, terrestrial; zenith.*)

astronomical refraction: see *refraction, astronomical.*

astronomical unit (au): a conventional unit of length equal to 149 597 870 700 m exactly. Prior to 2012, it was defined as the radius of a circular *orbit* in which a body of negligible mass, and free of *perturbations*, would revolve around the Sun in $2\pi/k$ *days*, k being the *Gaussian gravitational constant.* This is slightly less than the *semimajor axis* of the Earth's orbit.

astronomical zenith: see *zenith, astronomical.*

atomic second: see *second, Système International (SI).*

augmentation: the amount by which the apparent *semidiameter* of a celestial body, as observed from the surface of the Earth, is greater than the semidiameter that would be observed from the center of the Earth.

autumnal equinox: see *equinox, autumnal.*

azimuth: the angular distance measured eastward along the *horizon* from a specified reference point (usually north). Azimuth is measured to the point where the great circle determining the *altitude* of an object meets the horizon.

barycenter: the center of mass of a system of bodies; e.g., the center of mass of the solar system or the Earth-Moon system.

barycentric: with reference to, or pertaining to, the *barycenter* (usually of the solar system).

Barycentric Celestial Reference System (BCRS): a system of *barycentric* space-time coordinates for the solar system within the framework of General Relativity. The metric tensor to be used in the system is specified by the *IAU* 2000 resolution B1.3. For all practical applications, unless otherwise stated, the BCRS is assumed to be oriented according to the *ICRS* axes. (See *Barycentric Coordinate Time (TCB)*.)

Barycentric Coordinate Time (TCB): the coordinate time of the *Barycentric Celestial Reference System (BCRS)*, which advances by *SI seconds* within that system. TCB is related to *Geocentric Coordinate Time (TCG)* and *Terrestrial Time (TT)* by relativistic transformations that include a secular term. (See *second, Système International (SI)*.)

Barycentric Dynamical Time (TDB): A time scale defined by the *IAU* (originally in 1976; named in 1979; revised in 2006) for use as an independent argument of *barycentric ephemerides* and equations of motion. TDB is a linear function of *Barycentric Coordinate Time (TCB)* that on average tracks *TT* over long *periods* of time; differences between TDB and TT evaluated at the Earth's surface remain under 2 ms for several thousand *years* around the current *epoch*. TDB is functionally equivalent to T_{eph}, the independent argument of the JPL planetary and lunar ephemerides DE405/LE405. (See *second, Système International (SI)*.)

Besselian elements: quantities tabulated for the calculation of accurate predictions of an *eclipse* or *occultation* for any point on or above the surface of the Earth.

calendar: a system of reckoning time in units of solar *days*. The days are enumerated according to their position in cyclic patterns usually involving the motions of the Sun and/or the Moon.

calendar, Gregorian: The *calendar* introduced by Pope Gregory XIII in 1582 to replace the *Julian calendar*. This calendar is now used as the civil calendar in most countries. In the Gregorian calendar, every *year* that is exactly divisible by four is a leap year, except for centurial years, which must be exactly divisible by 400 to be leap years. Thus 2000 was a leap year, but 1900 and 2100 are not leap years.

calendar, Julian: the *calendar* introduced by Julius Caesar in 46 B.C. to replace the Roman calendar. In the Julian calendar a common *year* is defined to comprise 365 *days*, and every fourth year is a leap year comprising 366 days. The Julian calendar was superseded by the *Gregorian calendar*.

calendar, proleptic: the extrapolation of a *calendar* prior to its date of introduction.

catalog equinox: see *equinox, catalog*.

Celestial Ephemeris Origin (CEO): the original name for the *Celestial Intermediate Origin (CIO)* given in the *IAU* 2000 resolutions. Obsolete.

celestial equator: the plane perpendicular to the *Celestial Intermediate Pole (CIP)*. Colloquially, the projection onto the *celestial sphere* of the Earth's *equator*. (See *mean equator and equinox; true equator and equinox*.)

Celestial Intermediate Origin (CIO): the non-rotating origin of the *Celestial Intermediate Reference System*. Formerly referred to as the *Celestial Ephemeris Origin (CEO)*.

Celestial Intermediate Origin Locator (CIO Locator): denoted by s, is the difference between the *Geocentric Celestial Reference System (GCRS) right ascension* and the intermediate right ascension of the intersection of the GCRS and intermediate *equators*.

Celestial Intermediate Pole (CIP): the reference pole of the *IAU* 2000A *precession nutation* model. The motions of the CIP are those of the Tisserand mean axis of the Earth with *periods* greater than two *days*. (See *nutation; precession*.)

Celestial Intermediate Reference System: a *geocentric* reference system related to the *Geocentric Celestial Reference System (GCRS)* by a time-dependent rotation taking into account *precession-nutation*. It is defined by the intermediate *equator* of the *Celestial Intermediate Pole (CIP)* and the *Celestial Intermediate Origin (CIO)* on a specific date.

celestial pole: see *pole, celestial.*

celestial sphere: an imaginary sphere of arbitrary radius upon which celestial bodies may be considered to be located. As circumstances require, the celestial sphere may be centered at the observer, at the Earth's center, or at any other location.

center of figure: that point so situated relative to the apparent figure of a body that any line drawn through it divides the figure into two parts having equal apparent areas. If the body is oddly shaped, the center of figure may lie outside the figure itself.

center of light: same as *center of figure* except referring only to the illuminated portion.

conjunction: the phenomenon in which two bodies have the same apparent *ecliptic longitude* or *right ascension* as viewed from a third body. Conjunctions are usually tabulated as *geocentric* phenomena. For Mercury and Venus, geocentric inferior conjunctions occur when the *planet* is between the Earth and Sun, and superior conjunctions occur when the Sun is between the planet and Earth. (See *longitude, ecliptic.*)

constellation: 1. A grouping of stars, usually with pictorial or mythical associations, that serves to identify an area of the *celestial sphere.* **2.** One of the precisely defined areas of the celestial sphere, associated with a grouping of stars, that the *International Astronomical Union (IAU)* has designated as a constellation.

Coordinated Universal Time (UTC): the time scale available from broadcast time signals. UTC differs from *International Atomic Time (TAI)* by an integral number of *seconds*; it is maintained within $\pm0\overset{s}{.}9$ seconds of *UT1* by the introduction of *leap seconds*. (See *International Atomic Time (TAI); leap second; Universal Time (UT).*)

culmination: the passage of a celestial object across the observer's *meridian*; also called "meridian passage".

    culmination, lower: (also called *"culmination* below pole" for circumpolar stars and the Moon) is the crossing farther from the observer's *zenith.*

    culmination, upper: (also called *"culmination* above pole" for circumpolar stars and the Moon) or *transit* is the crossing closer to the observer's *zenith.*

day: an interval of 86 400 *SI seconds*, unless otherwise indicated. (See *second, Système International (SI).*)

declination: angular distance on the *celestial sphere* north or south of the *celestial equator*. It is measured along the *hour circle* passing through the celestial object. Declination is usually given in combination with *right ascension* or *hour angle*.

defect of illumination: (sometimes, greatest defect of illumination): the maximum angular width of the unilluminated portion of the apparent disk of a solar system body measured along a radius.

deflection of light: the angle by which the direction of a light ray is altered from a straight line by the gravitational field of the Sun or other massive object. As seen from the Earth, objects appear to be deflected radially away from the Sun by up to $1\overset{''}{.}75$ at the Sun's *limb*. Correction for this effect, which is independent of wavelength, is included in the transformation from *mean place* to *apparent place.*

deflection of the vertical: the angle between the astronomical *vertical* and the geodetic vertical. (See *astronomical coordinates; geodetic coordinates; zenith.*)

delta T: see ΔT.

delta UT1: see $\Delta UT1$ (*or* ΔUT).

direct motion: for orbital motion in the solar system, motion that is counterclockwise in the *orbit* as seen from the north pole of the *ecliptic*; for an object observed on the *celestial sphere*, motion that is from west to east, resulting from the relative motion of the object and the Earth.

diurnal motion: the apparent daily motion, caused by the Earth's rotation, of celestial bodies across the sky from east to west.

diurnal parallax: see *parallax, geocentric.*

dwarf planet: a celestial body that is in *orbit* around the Sun, has sufficient mass for its self-gravity to overcome rigid body forces so that it assumes a hydrostatic equilibrium (nearly round) shape, has not cleared the neighbourhood around its orbit, and is not a satellite. (See *planet.*)

dynamical equinox: the ascending *node* of the Earth's mean *orbit* on the Earth's *true equator*; i.e., the intersection of the *ecliptic* with the *celestial equator* at which the Sun's *declination* changes from south to north. (See *catalog equinox; equinox; true equator and equinox.*)

dynamical time: the family of time scales introduced in 1984 to replace *ephemeris time (ET)* as the independent argument of dynamical theories and *ephemerides.* (See *Barycentric Dynamical Time (TDB); Terrestrial Time (TT).*)

Earth Rotation Angle (ERA): the angle, θ, measured along the *equator* of the *Celestial Intermediate Pole (CIP)* between the direction of the *Celestial Intermediate Origin (CIO)* and the *Terrestrial Intermediate Origin (TIO).* It is a linear function of *UT1*; its time derivative is the Earth's angular velocity.

eccentricity: 1. A parameter that specifies the shape of a conic secton. **2.** One of the standard *elements* used to describe an elliptic or *hyperbolic orbit.* For an *elliptical orbit*, the quantity $e = \sqrt{1 - (b^2/a^2)}$, where a and b are the lengths of the *semimajor* and semiminor axes, respectively. (See *orbital elements.*)

eclipse: the obscuration of a celestial body caused by its passage through the shadow cast by another body.

> **eclipse, annular:** a *solar eclipse* in which the solar disk is not completely covered but is seen as an annulus or ring at maximum eclipse. An annular eclipse occurs when the apparent disk of the Moon is smaller than that of the Sun. (See *eclipse, solar.*)

> **eclipse, lunar:** an *eclipse* in which the Moon passes through the shadow cast by the Earth. The eclipse may be total (the Moon passing completely through the Earth's *umbra*), partial (the Moon passing partially through the Earth's umbra at maximum eclipse), or penumbral (the Moon passing only through the Earth's *penumbra*).

> **eclipse, solar:** actually an *occultation* of the Sun by the Moon in which the Earth passes through the shadow cast by the Moon. It may be total (observer in the Moon's *umbra*), partial (observer in the Moon's *penumbra*), annular, or annular-total. (See *eclipse, annular.*)

ecliptic: 1. The mean plane of the *orbit* of the Earth-Moon *barycenter* around the solar system barycenter. **2.** The apparent path of the Sun around the *celestial sphere.*

ecliptic latitude: see *latitude, ecliptic.*

ecliptic longitude: see *longitude, ecliptic.*

elements: a set of parameters used to describe the position and/or motion of an astronomical object.

> **elements, Besselian:** see *Besselian elements.*

> **elements, Keplerian:** see *Keplerian elements.*

> **elements, mean:** see *mean elements.*

> **elements, orbital:** see *orbital elements.*

> **elements, osculating:** see *osculating elements.*

elements, rotational: see *rotational elements.*

elongation: the *geocentric* angle between two celestial objects.

    elongation, greatest: the maximum value of a *planetary elongation* for a solar system body that remains interior to the Earth's *orbit*, or the maximum value of a *satellite elongation.*

    elongation, planetary: the *geocentric* angle between a *planet* and the Sun. Planetary *elongations* are measured from 0° to 180°, east or west of the Sun.

    elongation, satellite: the *geocentric* angle between a satellite and its primary. Satellite *elongations* are measured from 0° east or west of the *planet.*

epact: 1. The age of the Moon. **2.** The number of *days* since new moon, diminished by one day, on January 1 in the Gregorian ecclesiastical lunar cycle. (See *calendar, Gregorian; lunar phases.*)

ephemeris: a tabulation of the positions of a celestial object in an orderly sequence for a number of dates.

ephemeris hour angle: an *hour angle* referred to the *ephemeris meridian.*

ephemeris longitude: longitude measured eastward from the *ephemeris meridian.* (See *longitude, terrestrial.*)

ephemeris meridian: see *meridian, ephemeris.*

ephemeris time (ET): the time scale used prior to 1984 as the independent variable in gravitational theories of the solar system. In 1984, ET was replaced by *dynamical time.*

ephemeris transit: the passage of a celestial body or point across the *ephemeris meridian.*

epoch: an arbitrary fixed instant of time or date used as a chronological reference datum for *calendars,* celestial reference systems, star catalogs, or orbital motions. (See *calendar; orbit.*)

equation of the equinoxes: the difference apparent *sidereal time* minus mean sidereal time, due to the effect of *nutation* in longitude on the location of the *equinox.* Equivalently, the difference between the *right ascensions* of the true and *mean equinoxes,* expressed in time units. (See *sidereal time.*)

equation of the origins: the arc length, measured positively eastward, from the *Celestial Intermediate Origin (CIO)* to the *equinox* along the intermediate *equator;* alternatively the difference between the *Earth Rotation Angle (ERA)* and *Greenwich Apparent Sidereal Time (GAST),* namely, (ERA - GAST).

equation of time: the difference *apparent solar time* minus *mean solar time.*

equator: the great circle on the surface of a body formed by the intersection of the surface with the plane passing through the center of the body perpendicular to the axis of rotation. (See *celestial equator.*)

equinox: 1. Either of the two points on the *celestial sphere* at which the *ecliptic* intersects the *celestial equator.* **2.** The time at which the Sun passes through either of these intersection points; i.e., when the apparent *ecliptic longitude* of the Sun is 0° or 180°. **3.** The *vernal equinox.* (See *mean equator and equinox; true equator and equinox.*)

    equinox, autumnal: 1. The decending *node* of the *ecliptic* on the *celestial sphere.* **2.** The time which the apparent *ecliptic longitude* of the Sun is 180°.

    equinox, catalog: the intersection of the *hour angle* of zero *right ascension* of a star catalog with the *celestial equator.* Obsolete.

    equinox, dynamical: the ascending *node* of the *ecliptic* on the Earth's *true equator.*

    equinox, vernal: 1. The ascending *node* of the *ecliptic* on the *celestial equator.* **2.** The time at which the apparent *ecliptic longitude* of the Sun is 0°.

era: a system of chronological notation reckoned from a specific event.

ERA: see *Earth Rotation Angle (ERA).*

flattening: a parameter that specifies the degree by which a *planet*'s figure differs from that of a sphere; the ratio $f = (a - b)/a$, where a is the equatorial radius and b is the polar radius.

frame bias: the orientation of the *mean equator and equinox* of J2000.0 with respect to the *Geocentric Celestial Reference System (GCRS)*. It is defined by three small and constant angles, two of which describe the offset of the mean pole at J2000.0 and the other is the GCRS *right ascension* of the mean inertial equinox of J2000.0.

frequency: the number of *periods* of a regular, cyclic phenomenon in a given measure of time, such as a *second* or a *year*. (See *period; second, Système International (SI); year.*)

frequency standard: a generator whose output is used as a precise *frequency* reference; a primary frequency standard is one whose frequency corresponds to the adopted definition of the *second*, with its specified accuracy achieved without calibration of the device. (See *second, Système International (SI).*)

GAST: see *Greenwich Apparent Sidereal Time (GAST).*

Gaussian gravitational constant: (k = 0.017 202 098 95). The constant defining the astronomical system of units of length (*astronomical unit (au)*), mass (solar mass) and time (*day*), by means of Kepler's third law. The dimensions of k^2 are those of Newton's constant of gravitation: $L^3 M^{-1} T^{-2}$.

geocentric: with reference to, or pertaining to, the center of the Earth.

Geocentric Celestial Reference System (GCRS): a system of *geocentric* space-time coordinates within the framework of General Relativity. The metric tensor used in the system is specified by the *IAU* 2000 resolutions. The GCRS is defined such that its spatial coordinates are kinematically non-rotating with respect to those of the *Barycentric Celestial Reference System (BCRS)*. (See *Geocentric Coordinate Time (TCG).*)

Geocentric Coordinate Time (TCG): the coordinate time of the *Geocentric Celestial Reference System (GCRS)*, which advances by *SI seconds* within that system. TCG is related to *Barycentric Coordinate Time (TCB)* and *Terrestrial Time (TT)*, by relativistic transformations that include a secular term. (See *second, Système International (SI).*)

geocentric coordinates: 1. The latitude and longitude of a point on the Earth's surface relative to the center of the Earth. **2.** Celestial coordinates given with respect to the center of the Earth. (See *latitude, terrestrial; longitude, terrestrial; zenith.*)

geocentric zenith: see *zenith, geocentric.*

geodetic coordinates: the latitude and longitude of a point on the Earth's surface determined from the geodetic *vertical* (normal to the reference ellipsoid). (See *latitude, terrestrial; longitude, terrestrial; zenith.*)

geodetic zenith: see *zenith, geodetic.*

geoid: an equipotential surface that coincides with mean sea level in the open ocean. On land it is the level surface that would be assumed by water in an imaginary network of frictionless channels connected to the ocean.

geometric position: the position of an object defined by a straight line (vector) between the center of the Earth (or the observer) and the object at a given time, without any corrections for *light-time, aberration*, etc.

GHA: see *Greenwich Hour Angle (GHA).*

GMST: see *Greenwich Mean Sidereal Time (GMST).*

greatest defect of illumination: see *defect of illumination.*

Greenwich Apparent Sidereal Time (GAST): the *Greenwich hour angle* of the *true equinox* of date.

Greenwich Hour Angle (GHA): angular distance on the *celestial sphere* measured westward along the *celestial equator* from the *Greenwich meridian* to the *hour circle* that passes through a celestial object or point.

Greenwich Mean Sidereal Time (GMST): the *Greenwich hour angle* of the *mean equinox* of date.

Greenwich meridian: see *meridian, Greenwich.*

Greenwich sidereal date (GSD): the number of *sidereal days* elapsed at Greenwich since the beginning of the Greenwich sidereal day that was in progress at the *Julian date (JD)* 0.0.

Greenwich sidereal day number: the integral part of the *Greenwich sidereal date (GSD).*

Gregorian calendar: see *calendar, Gregorian.*

height: the distance above or below a reference surface such as mean sea level on the Earth or a planetographic reference surface on another solar system *planet.*

heliocentric: with reference to, or pertaining to, the center of the Sun.

heliocentric parallax: see *parallax, heliocentric.*

horizon: 1. A plane perpendicular to the line from an observer through the *zenith.* **2.** The observed border between Earth and the sky.

   horizon, astronomical: the plane perpendicular to the line from an observer to the *astronomical zenith* that passes through the point of observation.

   horizon, geocentric: the plane perpendicular to the line from an observer to the *geocentric zenith* that passes through the center of the Earth.

   horizon, natural: the border between the sky and the Earth as seen from an observation point.

horizontal parallax: see *parallax, horizontal.*

horizontal refraction: see *refraction, horizontal.*

hour angle: angular distance on the *celestial sphere* measured westward along the *celestial equator* from the *meridian* to the *hour circle* that passes through a celestial object.

hour circle: a great circle on the *celestial sphere* that passes through the *celestial poles* and is therefore perpendicular to the *celestial equator.*

IAU: see *International Astronomical Union (IAU).*

illuminated extent: the illuminated area of an apparent planetary disk, expressed as a solid angle.

inclination: 1. The angle between two planes or their poles. **2.** Usually, the angle between an orbital plane and a reference plane. **3.** One of the standard *orbital elements* that specifies the orientation of the *orbit.* (See *orbital elements.*)

instantaneous orbit: see *orbit, instantaneous.*

intercalate: to insert an interval of time (e.g., a *day* or a *month*) within a *calendar,* usually so that it is synchronized with some natural phenomenon such as the seasons or *lunar phases.*

intermediate place (or position): the *proper place* of an object expressed with respect to the true (intermediate) *equator* and *CIO* of date.

International Astronomical Union (IAU): an international non-governmental organization that promotes the science of astronomy. The IAU is composed of both national and individual members. In the field of positional astronomy, the IAU, among other activities, recommends standards for data analysis and modeling, usually in the form of resolutions passed at General Assemblies held every three *years.*

International Atomic Time (TAI): the continuous time scale resulting from analysis by the Bureau International des Poids et Mesures of atomic time standards in many countries. The fundamental unit of TAI is the *SI second* on the *geoid,* and the *epoch* is 1958 January 1. (See *second, Système International (SI).*)

International Celestial Reference Frame (ICRF): 1. A set of extragalactic objects whose adopted positions and uncertainties realize the *International Celestial Reference System (ICRS)* axes and give the uncertainties of those axes. **2.** The name of the radio catalog whose defining sources serve as fiducial points to fix the axes of the ICRS, recommended by the *International Astronomical Union (IAU)*. The first such catalog was adopted for use beginning in 1997. The second catalog, termed ICRF2, was adopted for use beginning in 2010.

International Celestial Reference System (ICRS): a time-independent, kinematically non-rotating *barycentric* reference system recommended by the *International Astronomical Union (IAU)* in 1997. Its axes are those of the *International Celestial Reference Frame (ICRF)*.

international meridian: see *meridian, Greenwich.*

International Terrestrial Reference Frame (ITRF): a set of reference points on the surface of the Earth whose adopted positions and velocities fix the rotating axes of the *International Terrestrial Reference System (ITRS)*.

International Terrestrial Reference System (ITRS): a time-dependent, non-inertial reference system co-moving with the geocenter and rotating with the Earth. The ITRS is the recommended system in which to express positions on the Earth.

invariable plane: the plane through the center of mass of the solar system perpendicular to the angular momentum vector of the solar system.

irradiation: an optical effect of contrast that makes bright objects viewed against a dark background appear to be larger than they really are.

Julian calendar: see *calendar, Julian.*

Julian date (JD): the interval of time in *days* and fractions of a day, since 4713 B.C. January 1, Greenwich noon, Julian *proleptic calendar*. In precise work, the timescale, e.g., *Terrestrial Time (TT)* or *Universal Time (UT)*, should be specified.

Julian date, modified (MJD): the *Julian date (JD)* minus 2400000.5.

Julian day number: the integral part of the *Julian date (JD)*.

Julian year: see *year, Julian.*

Keplerian elements: a certain set of six *orbital elements*, sometimes referred to as the Keplerian set. Historically, this set included the *mean anomaly* at the *epoch*, the *semimajor axis*, the *eccentricity* and three Euler angles: the *longitude of the ascending node*, the *inclination*, and the *argument of pericenter*. The time of pericenter passage is often used as part of the Keplerian set instead of the mean anomaly at the epoch. Sometimes the longitude of pericenter (which is the sum of the longitude of the ascending node and the argument of pericenter) is used instead of either the longitude of the ascending node or the argument of pericenter.

Laplacian plane: 1. For *planets* see *invariable plane*. **2.** For a system of satellites, the fixed plane relative to which the vector sum of the disturbing forces has no orthogonal component.

latitude, celestial: see *latitude, ecliptic.*

latitude, ecliptic: angular distance on the *celestial sphere* measured north or south of the *ecliptic* along the great circle passing through the poles of the ecliptic and the celestial object. Also referred to as *celestial latitude*.

latitude, terrestrial: angular distance on the Earth measured north or south of the *equator* along the *meridian* of a geographic location.

leap second: a *second* inserted as the 61st second of a minute at announced times to keep *UTC* within $0\overset{s}{.}9$ of *UT1*. Generally, leap seconds are added at the end of June or December as necessary, but may be inserted at the end of any *month*. Although it has never been utilized, it is possible to have a negative leap second in which case the 60th second of a minute would be removed. (See *Coordinated Universal Time (UTC); second, Système International (SI); Universal Time (UT)*.)

librations: the real or apparent oscillations of a body around a reference point. When referring to the Moon, librations are variations in the orientation of the Moon's surface with respect to an observer on the Earth. Physical librations are due to variations in the orientation of the Moon's rotational axis in inertial space. The much larger optical librations are due to variations in the rate of the Moon's orbital motion, the *obliquity* of the Moon's *equator* to its orbital plane, and the diurnal changes of geometric perspective of an observer on the Earth's surface.

light, deflection of: see *deflection of light.*

light-time: the interval of time required for light to travel from a celestial body to the Earth.

light-time displacement: the difference between the geometric and *astrometric place* of a solar system body. It is caused by the motion of the body during the interval it takes light to travel from the body to Earth.

light-year: the distance that light traverses in a vacuum during one *year*. Since there are various ways to define a year, there is an ambiguity in the exact distance; the *IAU* recommends using the *Julian year* as the time basis. A light-year is approximately 9.46×10^{12} km, 5.88×10^{12} statute miles, 6.32×10^4 *au*, and 3.07×10^{-1} *parsecs*. Often distances beyond the solar system are given in parsecs. (See *parsec (pc).*)

limb: the apparent edge of the Sun, Moon, or a *planet* or any other celestial body with a detectable disk.

limb correction: generally, a small angle (positive or negative) that is added to the tabulated apparent *semidiameter* of a body to compensate for local topography at a specific point along the *limb*. Specifically for the Moon, the angle taken from the Watts lunar limb data (Watts, C. B., APAE XVII, 1963) that is used to correct the semidiameter of the Watts mean limb. The correction is a function of position along the limb and the apparent *librations*. The Watts mean limb is a circle whose center is offset by about $0\rlap{.}''6$ from the direction of the Moon's center of mass and whose radius is about $0\rlap{.}''4$ greater than the semidiameter of the Moon that is computed based on its *IAU* adopted radius in kilometers.

local place: a *topocentric place* of an object expressed with respect to the *Geocentric Celestial Reference System (GCRS)* axes.

local sidereal time: the *hour angle* of the *vernal equinox* with respect to the local *meridian*.

longitude of the ascending node: given an *orbit* and a reference plane through the primary body (or center of mass): the angle, Ω, at the primary, between a fiducial direction in the reference plane and the point at which the orbit crosses the reference plane from south to north. Equivalently, Ω is one of the angles in the reference plane between the fiducial direction and the line of *nodes*. It is one of the six *Keplerian elements* that specify an orbit. For planetary orbits, the primary is the Sun, the reference plane is usually the *ecliptic*, and the fiducial direction is usually toward the *equinox*. (See *node; orbital elements.*)

longitude, celestial: see *longitude, ecliptic.*

longitude, ecliptic: angular distance on the *celestial sphere* measured eastward along the *ecliptic* from the *dynamical equinox* to the great circle passing through the poles of the ecliptic and the celestial object. Also referred to as *celestial longitude*.

longitude, terrestrial: angular distance measured along the Earth's *equator* from the *Greenwich meridian* to the meridian of a geographic location.

luminosity class: distinctions in intrinsic brightness among stars of the same *spectral type*, typically given as a Roman numeral. It denotes if a star is a supergiant (Ia or Ib), giant (II or III), subgiant (IV), or main sequence — also called dwarf (V). Sometimes subdwarfs (VI) and white dwarfs (VII) are regarded as luminosity classes. (See *spectral types or classes.*)

lunar phases: cyclically recurring apparent forms of the Moon. New moon, first quarter, full moon and last quarter are defined as the times at which the excess of the apparent *ecliptic longitude* of the Moon over that of the Sun is 0°, 90°, 180° and 270°, respectively. (See *longitude, ecliptic.*)

lunation: the *period* of time between two consecutive new moons.

magnitude of a lunar eclipse: the fraction of the lunar diameter obscured by the shadow of the Earth at the greatest *phase* of a *lunar eclipse*, measured along the common diameter. (See *eclipse, lunar.*)

magnitude of a solar eclipse: the fraction of the solar diameter obscured by the Moon at the greatest *phase* of a *solar eclipse*, measured along the common diameter. (See *eclipse, solar.*)

magnitude, stellar: a measure on a logarithmic scale of the brightness of a celestial object. Since brightness varies with wavelength, often a wavelength band is specified. A factor of 100 in brightness is equivalent to a change of 5 in stellar magnitude, and brighter sources have lower magnitudes. For example, the bright star Sirius has a visual-band magnitude of -1.46 whereas the faintest stars detectable with an unaided eye under ideal conditions have visual-band magnitudes of about 6.0.

mean distance: an average distance between the primary and the secondary gravitating body. The meaning of the mean distance depends upon the chosen method of averaging (i.e., averaging over the time, or over the *true anomaly*, or the *mean anomaly*. It is also important what power of the distance is subject to averaging.) In this volume the mean distance is defined as the inverse of the time-averaged reciprocal distance: $(\int r^{-1}\,dt)^{-1}$. In the two body setting, when the disturbances are neglected and the *orbit* is elliptic, this formula yields the *semimajor axis*, a, which plays the role of mean distance.

mean elements: average values of the *orbital elements* over some section of the *orbit* or over some interval of time. They are interpreted as the elements of some reference (mean) orbit that approximates the actual one and, thus, may serve as the basis for calculating orbit *perturbations*. The values of mean elements depend upon the chosen method of averaging and upon the length of time over which the averaging is made.

mean equator and equinox: the celestial coordinate system defined by the orientation of the Earth's equatorial plane on some specified date together with the direction of the *dynamical equinox* on that date, neglecting *nutation*. Thus, the mean *equator* and equinox moves in response only to *precession*. Positions in a star catalog have traditionally been referred to a catalog equator and equinox that approximate the mean equator and equinox of a *standard epoch*. (See *catalog equinox; true equator and equinox.*)

mean motion: defined for bound *orbits* only. **1.** The rate of change of the *mean anomaly*. **2.** The value $\sqrt{Gm/a^3}$, where G is Newton's gravitational constant, m is the sum of the masses of the primary and secondary bodies, and a is the *semimajor axis* of the relative orbit. For unperturbed elliptic or circular orbits, these definitions are equivalent; the mean motion is related to the *period* through $nT = 2\pi$ where n is the mean motion and T is the period. For perturbed bound orbits, the two definitions yield, in general, different values of n, both of which are time dependent.

mean place: coordinates of a star or other celestial object (outside the solar system) at a specific date, in the *Barycentric Celestial Reference System (BCRS)*. Conceptually, the coordinates represent the direction of the object as it would hypothetically be observed from the solar system *barycenter* at the specified date, with respect to a fixed coordinate system (e.g., the axes of the *International Celestial Reference Frame (ICRF)*), if the masses of the Sun and other solar system bodies were negligible.

mean solar time: see *solar time, mean.*

meridian: a great circle passing through the *celestial poles* and through the *zenith* of any location on Earth. For planetary observations a meridian is half the great circle passing through the *planet*'s poles and through any location on the planet.

meridian, ephemeris: a fictitious *meridian* that rotates independently of the Earth at the uniform rate implicitly defined by *Terrestrial Time (TT)*. The *ephemeris* meridian is 1.002 738 ΔT east of the *Greenwich meridian*, where ΔT $=$ TT $-$ UT1.

meridian, Greenwich: (also called international or *prime meridian*) is a generic reference to one of several origins of the Earth's longitude coordinate (zero-longitude). In *The Astronomical Almanac*, it is the plane defining the astronomical zero meridian; it contains the geocenter, the *Celestial Intermediate Pole* and the *Terrestrial Intermediate Origin*. Other definitions are: the x-z plane of the *International Terrestrial Reference System (ITRS)*; the zero-longitude meridian of the World Geodetic System 1984 (WGS-84); and the meridian that passes through the *transit* circle at the Royal Observatory, Greenwich. Note that the latter meridian is about 100 m west of the others.

meridian, international: see *meridian, Greenwich.*

meridian, prime: on Earth, same as *Greenwich meridian.* On other solar system objects, the zero-longitude meridian, typically defined via international convention by an observable surface feature or *rotational elements.*

minor planet: a loosely defined term generally meaning a small solar system body that is orbiting the Sun, does not show a comet-like appearance, and is not massive enough to be a *dwarf planet.* The term is often used interchangeably with *"asteroid"*, although there is no implicit constraint that a minor planet be interior to Jupiter's *orbit.*

month: a calendrical unit that approximates the *period* of revolution of the Moon. Also, the period of time between the same dates in successive *calendar* months.

month, sidereal: the *period* of revolution of the Moon about the Earth (or Earth-Moon *barycenter*) in a fixed reference frame. It is the mean period of revolution with respect to the background stars. The mean length of the sidereal *month* is approximately 27.322 *days.*

month, synodic: the *period* between successive new Moons (as seen from the geocenter). The mean length of the synodic *month* is approximately 29.531 *days.*

moonrise, moonset: the times at which the apparent upper *limb* of the Moon is on the *astronomical horizon.* In *The Astronomical Almanac*, they are computed as the times when the true *zenith distance*, referred to the center of the Earth, of the central point of the Moon's disk is 90 34$'$ $+ s - \pi$, where s is the Moon's *semidiameter*, π is the *horizontal parallax*, and 34$'$ is the adopted value of *horizontal refraction.*

nadir: the point on the *celestial sphere* diametrically opposite to the *zenith.*

node: either of the points on the *celestial sphere* at which the plane of an *orbit* intersects a reference plane. The position of one of the nodes (the *longitude of the ascending node*) is traditionally used as one of the standard *orbital elements.*

nutation: oscillations in the motion of the rotation pole of a freely rotating body that is undergoing torque from external gravitational forces. Nutation of the Earth's pole is specified in terms of components in *obliquity* and longitude.

obliquity: in general, the angle between the equatorial and orbital planes of a body or, equivalently, between the rotational and orbital poles. For the Earth the obliquity of the *ecliptic* is the angle between the planes of the *equator* and the ecliptic; its value is approximately 23°.44.

occultation: the obscuration of one celestial body by another of greater apparent diameter; especially the passage of the Moon in front of a star or *planet*, or the disappearance of a satellite behind the disk of its primary. If the primary source of illumination of a reflecting body is cut off by the occultation, the phenomenon is also called an *eclipse.* The occultation of the Sun by the Moon is a *solar eclipse.* (See *eclipse, solar.*)

opposition: the phenomenon whereby two bodies have apparent *ecliptic longitudes* or *right ascensions* that differ by 180° as viewed by a third body. Oppositions are usually tabulated as *geocentric* phenomena.

orbit: the path in space followed by a celestial body as a function of time. (See *orbital elements*.)

    orbit, elliptical: a closed *orbit* with an *eccentricity* less than 1.

    orbit, hyperbolic: an open *orbit* with an *eccentricity* greater than 1.

    orbit, instantaneous: the unperturbed two-body *orbit* that a body would follow if *perturbations* were to cease instantaneously. Each orbit in the solar system (and, more generally, in any perturbed two-body setting) can be represented as a sequence of instantaneous ellipses or hyperbolae whose parameters are called *orbital elements*. If these elements are chosen to be osculating, each instantaneous orbit is tangential to the physical orbit. (See *orbital elements; osculating elements*.)

    orbit, parabolic: an open *orbit* with an *eccentricity* of 1.

orbital elements: a set of six independent parameters that specifies an *instantaneous orbit*. Every real orbit can be represented as a sequence of instantaneous ellipses or hyperbolae sharing one of their foci. At each instant of time, the position and velocity of the body is characterised by its place on one such instantaneous curve. The evolution of this representation is mathematically described by evolution of the values of orbital *elements*. Different sets of geometric parameters may be chosen to play the role of orbital elements. The set of *Keplerian elements* is one of many such sets. When the Lagrange constraint (the requirement that the instantaneous orbit is tangential to the actual orbit) is imposed upon the orbital elements, they are called *osculating elements*.

osculating elements: a set of parameters that specifies the instantaneous position and velocity of a celestial body in its perturbed *orbit*. Osculating *elements* describe the unperturbed (two-body) orbit that the body would follow if *perturbations* were to cease instantaneously. (See *orbit, instantaneous; orbital elements*.)

parallax: the difference in apparent direction of an object as seen from two different locations; conversely, the angle at the object that is subtended by the line joining two designated points.

    parallax, annual: see *parallax, heliocentric*.

    parallax, diurnal: see *parallax, geocentric*.

    parallax, geocentric: the angular difference between the *topocentric* and *geocentric* directions toward an object. Also called *diurnal parallax*.

    parallax, heliocentric: the angular difference between the *geocentric* and *heliocentric* directions toward an object; it is the angle subtended at the observed object. Also called *annual parallax*.

    parallax, horizontal: the angular difference between the *topocentric* and a *geocentric* direction toward an object when the object is on the *astronomical horizon*.

    parallax, solar: the angular width subtended by the Earth's equatorial radius when the Earth is at a distance of 1 *astronomical unit (au)*. The value for the solar *parallax* is 8.794143 arcseconds.

parallax in altitude: the angular difference between the *topocentric* and *geocentric* direction toward an object when the object is at a given *altitude*.

parsec (pc): the distance at which one *astronomical unit (au)* subtends an angle of one arcsecond; equivalently the distance to an object having an *annual parallax* of one arcsecond. One parsec is $1/\sin(1'') = 206264.806$ au, or about 3.26 *light-years*.

penumbra: 1. The portion of a shadow in which light from an extended source is partially but not completely cut off by an intervening body. **2.** The area of partial shadow surrounding the *umbra*.

pericenter: the point in an *orbit* that is nearest to the origin of the reference system. (See *perigee; perihelion*.)

pericenter, argument of: one of the *Keplerian elements*. It is the angle measured in the *orbit* plane from the ascending *node* of a reference plane (usually the *ecliptic*) to the *pericenter*.

perigee: the point in an *orbit* that is nearest to the Earth. Perigee is sometimes used with reference to the apparent orbit of the Sun around the Earth.

perihelion: the point in an *orbit* that is nearest to the Sun.

period: the interval of time required to complete one revolution in an *orbit* or one cycle of a periodic phenomenon, such as a cycle of *phases*. (See *phase*.)

perturbations: **1.** Deviations between the actual *orbit* of a celestial body and an assumed reference orbit. **2.** The forces that cause deviations between the actual and reference orbits. Perturbations, according to the first meaning, are usually calculated as quantities to be added to the coordinates of the reference orbit to obtain the precise coordinates.

phase: **1.** The name applied to the apparent degree of illumination of the disk of the Moon or a *planet* as seen from Earth (crescent, gibbous, full, etc.). **2.** The ratio of the illuminated area of the apparent disk of a celestial body to the entire area of the apparent disk; i.e., the fraction illuminated. **3.** Used loosely to refer to one *aspect* of an *eclipse* (partial phase, annular phase, etc.). (See *lunar phases*.)

phase angle: the angle measured at the center of an illuminated body between the light source and the observer.

photometry: a measurement of the intensity of light, usually specified for a specific wavelength range.

planet: a celestial body that is in *orbit* around the Sun, has sufficient mass for its self-gravity to overcome rigid body forces so that it assumes a hydrostatic equilibrium (nearly round) shape, and has cleared the neighbourhood around its orbit. (See *dwarf planet*.)

planetocentric coordinates: coordinates for general use, where the z-axis is the mean axis of rotation, the x-axis is the intersection of the planetary *equator* (normal to the z-axis through the center of mass) and an arbitrary *prime meridian*, and the y-axis completes a right-hand coordinate system. Longitude of a point is measured positive to the prime meridian as defined by *rotational elements*. Latitude of a point is the angle between the planetary equator and a line to the center of mass. The radius is measured from the center of mass to the surface point.

planetographic coordinates: coordinates for cartographic purposes dependent on an equipotential surface as a reference surface. Longitude of a point is measured in the direction opposite to the rotation (positive to the west for direct rotation) from the cartographic position of the *prime meridian* defined by a clearly observable surface feature. Latitude of a point is the angle between the planetary *equator* (normal to the z-axis and through the center of mass) and normal to the reference surface at the point. The *height* of a point is specified as the distance above a point with the same longitude and latitude on the reference surface.

polar motion: the quasi-periodic motion of the Earth's pole of rotation with respect to the Earth's solid body. More precisely, the angular excursion of the *CIP* from the *ITRS* z-axis. (See *Celestial Intermediate Pole (CIP)*; *International Terrestrial Reference System (ITRS)*.)

polar wobble: see *wobble, polar*.

pole, celestial: either of the two points projected onto the *celestial sphere* by the Earth's axis. Usually, this is the axis of the *Celestial Intermediate Pole (CIP)*, but it may also refer to the instantaneous axis of rotation, or the angular momentum vector. All of these axes are within $0.''1$ of each other. If greater accuracy is desired, the specific axis should be designated.

pole, Tisserand mean: the angular momentum pole for the Earth about which the total internal angular momentum of the Earth is zero. The motions of the *Celestial Intermediate Pole (CIP)* (described by the conventional theories of *precession* and *nutation*) are those of the Tisserand mean pole with *periods* greater than two *days* in a celestial reference system (specifically, the

Geocentric Celestial Reference System (GCRS)).

precession: the smoothly changing orientation (secular motion) of an orbital plane or the *equator* of a rotating body. Applied to rotational dynamics, precession may be excited by a singular event, such as a collision, a progenitor's disruption, or a tidal interaction at a close approach (free precession); or caused by continuous torques from other solar system bodies, or jetting, in the case of comets (forced precession). For the Earth's rotation, the main sources of forced precession are the torques caused by the attraction of the Sun and Moon on the Earth's equatorial bulge, called precession of the equator (formerly known as lunisolar precession). The slow change in the orientation of the Earth's orbital plane is called precession of the *ecliptic* (formerly known as planetary precession). The combination of both motions — that is, the motion of the equator with respect to the ecliptic — is called general precession.

prime meridian: see *meridian, prime.*

proleptic calendar: see *calendar, proleptic.*

proper motion: the projection onto the *celestial sphere* of the space motion of a star relative to the solar system; thus the transverse component of the space motion of a star with respect to the solar system. Proper motion is usually tabulated in star catalogs as changes in *right ascension* and *declination* per *year* or century.

proper place: direction of an object in the *Geocentric Celestial Reference System (GCRS)* that takes into account orbital or space motion and *light-time* (as applicable), light deflection, and *annual aberration.* Thus, the position (geocentric *right ascension* and *declination*) at which the object would actually be seen from the center of the Earth if the Earth were transparent, non-refracting, and massless. Unless otherwise stated, the coordinates are expressed with respect to the GCRS axes, which are derived from those of the *ICRS.*

quadrature: a configuration in which two celestial bodies have apparent longitudes that differ by 90° as viewed from a third body. Quadratures are usually tabulated with respect to the Sun as viewed from the center of the Earth. (See *longitude, ecliptic.*)

radial velocity: the rate of change of the distance to an object, usually corrected for the Earth's motion with respect to the solar system *barycenter.*

radius vector: an imaginary line from the center of one body to another, often from the heliocenter. Sometimes only the length of the vector is given.

refraction: the change in direction of travel (bending) of a light ray as it passes obliquely from a medium of lesser/greater density to a medium of greater/lesser density.

    refraction, astronomical: the change in direction of travel (bending) of a light ray as it passes obliquely through the atmosphere. As a result of *refraction* the observed *altitude* of a celestial object is greater than its geometric altitude. The amount of refraction depends on the altitude of the object and on atmospheric conditions.

    refraction, horizontal: the *astronomical refraction* at the *astronomical horizon*; often, an adopted value of 34′ is used in computations for sea level observations.

retrograde motion: for orbital motion in the solar system, motion that is clockwise in the *orbit* as seen from the north pole of the *ecliptic*; for an object observed on the *celestial sphere*, motion that is from east to west, resulting from the relative motion of the object and the Earth. (See *direct motion.*)

right ascension: angular distance on the *celestial sphere* measured eastward along the *celestial equator* from the *equinox* to the *hour circle* passing through the celestial object. Right ascension is usually given in combination with *declination.*

rotational elements: a set of parameters used to describe the orientation of a solar system object in inertial space at any given time. Typically the parameters consist of the coordinates of the direction of the north (or positive) pole and the location of the *prime meridian* at a *standard* *epoch*, and the time derivatives of each.

second, Système International (SI): the duration of 9 192 631 770 cycles of radiation corresponding to the transition between two hyperfine levels of the ground state of cesium 133.

selenocentric: with reference to, or pertaining to, the center of the Moon.

semidiameter: the angle at the observer subtended by the equatorial radius of the Sun, Moon or a *planet*.

semimajor axis: 1. Half the length of the major axis of an ellipse. **2.** A standard element used to describe an *elliptical orbit*. (See *orbital elements*.)

SI second: see *second, Système International (SI)*.

sidereal day: the *period* between successive *transits* of the *equinox*. The mean sidereal *day* is approximately 23 hours, 56 minutes, 4 *seconds*. (See *sidereal time*.)

sidereal hour angle: angular distance on the *celestial sphere* measured westward along the *celestial equator* from the *equinox* to the *hour circle* passing through the celestial object. It is equal to 360° minus *right ascension* in degrees.

sidereal month: see *month, sidereal*.

sidereal time: the *hour angle* of the *equinox*. If the *mean equinox* is used, the result is mean sidereal time; if the *true equinox* is used, the result is apparent sidereal time. The hour angle can be measured with respect to the local *meridian* or the *Greenwich meridian*, yielding, respectively, local or Greenwich (mean or apparent) sidereal times.

solar parallax: see *parallax, solar*.

solar time: the measure of time based on the *diurnal motion* of the Sun.

> **solar time, apparent:** the measure of time based on the *diurnal motion* of the true Sun. The rate of diurnal motion undergoes seasonal variation caused by the *obliquity* of the *ecliptic* and by the *eccentricity* of the Earth's *orbit*. Additional small variations result from irregularities in the rotation of the Earth on its axis.

> **solar time, mean:** a measure of time based conceptually on the *diurnal motion* of a fiducial point, called the fictitious mean Sun, with uniform motion along the *celestial equator*.

solstice: either of the two points on the *ecliptic* at which the apparent longitude of the Sun is 90° or 270°; also the time at which the Sun is at either point. (See *longitude, ecliptic*.)

spectral types or classes: categorization of stars according to their spectra, primarily due to differing temperatures of the stellar atmosphere. From hottest to coolest, the commonly used Morgan-Keenan spectral types are O, B, A, F, G, K and M. Some other extended spectral types include W, L, T, S, D and C.

standard epoch: a date and time that specifies the reference system to which celestial coordinates are referred. (See *mean equator and equinox*.)

stationary point: the time or position at which the rate of change of the apparent *right ascension* of a *planet* is momentarily zero. (See *apparent place (or position)*.)

sunrise, sunset: the times at which the apparent upper *limb* of the Sun is on the *astronomical horizon*. In *The Astronomical Almanac* they are computed as the times when the true *zenith distance*, referred to the center of the Earth, of the central point of the disk is 90°50′, based on adopted values of 34′ for *horizontal refraction* and 16′ for the Sun's *semidiameter*.

surface brightness: the visual *magnitude* of an average square arcsecond area of the illuminated portion of the apparent disk of the Moon or a *planet*.

synodic month: see *month, synodic*.

synodic period: the mean interval of time between successive *conjunctions* of a pair of *planets*, as observed from the Sun; or the mean interval between successive conjunctions of a satellite with the Sun, as observed from the satellite's primary.

synodic time: pertaining to successive *conjunctions*; successive returns of a *planet* to the same *aspect* as determined by Earth.

syzygy: 1. A configuration where three or more celestial bodies are positioned approximately in a straight line in space. Often the bodies involved are the Earth, Sun and either the Moon or a *planet*. **2.** The times of the New Moon and Full Moon.

T_{eph}: the independent argument of the JPL planetary and lunar *ephemerides* DE405/LE405; in the terminology of General Relativity, a *barycentric coordinate time* scale. T_{eph} is a linear function of *Barycentric Coordinate Time (TCB)* and has the same rate as *Terrestrial Time (TT)* over the time span of the *ephemeris*. T_{eph} is regarded as functionally equivalent to *Barycentric Dynamical Time (TDB)*. (See *Barycentric Coordinate Time (TCB); Barycentric Dynamical Time (TDB); Terrestrial Time (TT)*.)

TAI: see *International Atomic Time (TAI)*.

TCB: see *Barycentric Coordinate Time (TCB)*.

TCG: see *Geocentric Coordinate Time (TCG)*.

TDB: see *Barycentric Dynamical Time (TDB)*.

TDT: see *Terrestrial Dynamical Time (TDT)*.

terminator: the boundary between the illuminated and dark areas of a celestial body.

Terrestrial Dynamical Time (TDT): the time scale for apparent *geocentric ephemerides* defined by a 1979 *IAU* resolution. In 1991, it was replaced by *Terrestrial Time (TT)*. Obsolete.

Terrestrial Ephemeris Origin (TEO): the original name for the *Terrestrial Intermediate Origin (TIO)*. Obsolete.

Terrestrial Intermediate Origin (TIO): the non-rotating origin of the *Terrestrial Intermediate Reference System (TIRS)*, established by the *International Astronomical Union (IAU)* in 2000. The TIO was originally set at the *International Terrestrial Reference Frame (ITRF)* origin of longitude and throughout 1900-2100 stays within 0.1 mas of the ITRF zero-*meridian*. Formerly referred to as the *Terrestrial Ephemeris Origin (TEO)*.

Terrestrial Intermediate Reference System (TIRS): a *geocentric* reference system defined by the intermediate *equator* of the *Celestial Intermediate Pole (CIP)* and the *Terrestrial Intermediate Origin (TIO)* on a specific date. It is related to the *Celestial Intermediate Reference System* by a rotation of the *Earth Rotation Angle*, θ, around the Celestial Intermediate Pole.

Terrestrial Time (TT): an idealized form of *International Atomic Time (TAI)* with an *epoch* offset; in practice TT = TAI + $32^s.184$. TT thus advances by *SI seconds* on the *geoid*. Used as an independent argument for apparent *geocentric ephemerides*. (See *second, Système International (SI)*.)

topocentric: with reference to, or pertaining to, a point on the surface of the Earth.

topocentric place (or position): the *proper place* of an object computed for a specific location on or near the surface of the Earth (ignoring atmospheric *refraction*) and expressed with respect to either the *true (intermediate) equator and equinox* of date or the *true equator* and *CIO* of date. In other words, it is similar to an apparent or *intermediate place*, but with corrections for *geocentric parallax* and *diurnal aberration*. (See *aberration, diurnal; parallax, geocentric*.)

transit: 1. The passage of the apparent center of the disk of a celestial object across a *meridian*. **2.** The passage of one celestial body in front of another of greater apparent diameter (e.g., the passage of Mercury or Venus across the Sun or Jupiter's satellites across its disk); however, the passage of the Moon in front of the larger apparent Sun is called an *annular eclipse*. (See *eclipse, annular; eclipse, solar*.)

　　transit, shadow: The passage of a body's shadow across another body; however, the passage of the Moon's shadow across the Earth is called a *solar eclipse*.

true equator and equinox: the celestial coordinate system defined by the orientation of the Earth's equatorial plane on some specified date together with the direction of the *dynamical equinox* on that date. The true *equator* and equinox are affected by both *precession* and *nutation*. (See *mean equator and equinox; nutation; precession*.)

TT: see *Terrestrial Time (TT)*.

twilight: the interval before *sunrise* and after *sunset* during which the scattering of sunlight by the Earth's atmosphere provides significant illumination. The qualitative descriptions of astronomical, civil and *nautical twilight* will match the computed beginning and ending times for an observer near sea level, with good weather conditions, and a level *horizon*. (See *sunrise, sunset*.)

  twilight, astronomical: the illumination level at which scattered light from the Sun exceeds that from starlight and other natural sources before *sunrise* and after *sunset*. Astronomical *twilight* is defined to begin or end when the geometric *zenith distance* of the central point of the Sun, referred to the center of the Earth, is 108°.

  twilight, civil: the illumination level sufficient that most ordinary outdoor activities can be done without artificial lighting before *sunrise* or after *sunset*. Civil *twilight* is defined to begin or end when the geometric *zenith distance* of the central point of the Sun, referred to the center of the Earth, is 96°.

  twilight, nautical: the illumination level at which the *horizon* is still visible even on a Moonless night allowing mariners to take reliable star sights for navigational purposes before *sunrise* or after *sunset*. Nautical *twilight* is defined to begin or end when the geometric *zenith distance* of the central point of the Sun, referred to the center of the Earth, is 102°.

umbra: the portion of a shadow cone in which none of the light from an extended light source (ignoring *refraction*) can be observed.

Universal Time (UT): a generic reference to one of several time scales that approximate the mean *diurnal motion* of the Sun; loosely, *mean solar time* on the *Greenwich meridian* (previously referred to as Greenwich Mean Time). In current usage, UT refers either to a time scale called UT1 or to *Coordinated Universal Time (UTC)*; in this volume, UT always refers to UT1. UT1 is formally defined by a mathematical expression that relates it to *sidereal time*. Thus, UT1 is observationally determined by the apparent diurnal motions of celestial bodies, and is affected by irregularities in the Earth's rate of rotation. UTC is an atomic time scale but is maintained within $0^{s}9$ of UT1 by the introduction of 1-*second* steps when necessary. (See *leap second*.)

UT1: see *Universal Time (UT)*.

UTC: see *Coordinated Universal Time (UTC)*.

vernal equinox: see *equinox, vernal*.

vertical: the apparent direction of gravity at the point of observation (normal to the plane of a free level surface).

week: an arbitrary *period* of *days*, usually seven days; approximately equal to the number of days counted between the four *phases of the Moon*. (See *lunar phases*.)

wobble, polar: **1.** In current practice including the phraseology used in *The Astronomical Almanac*, it is identical to *polar motion*. **2.** In certain contexts it can refer to specific components of polar motion, *e.g.* Chandler wobble or annual wobble. (See *polar motion*.)

year: a *period* of time based on the revolution of the Earth around the Sun, or the period of the Sun's apparent motion around the *celestial sphere*. The length of a given year depends on the choice of the reference point used to measure this motion.

year, anomalistic: the *period* between successive passages of the Earth through *perihelion*. The anomalistic *year* is approximately 25 minutes longer than the *tropical year*.

year, Besselian: the *period* of one complete revolution in *right ascension* of the fictitious mean Sun, as defined by Newcomb. Its length is shorter than a *tropical year* by $0.148 \times T$ *seconds*, where T is centuries since 1900.0. The beginning of the Besselian year occurs when the fictitious mean Sun is at *ecliptic longitude* 280°. Now obsolete.

year, calendar: the *period* between two dates with the same name in a *calendar*, either 365 or 366 *days*. The *Gregorian calendar*, now universally used for civil purposes, is based on the *tropical year*.

year, eclipse: the *period* between successive passages of the Sun (as seen from the geocenter) through the same lunar *node* (one of two points where the Moon's *orbit* intersects the *ecliptic*). It is approximately 346.62 *days*.

year, Julian: a *period* of 365.25 *days*. It served as the basis for the *Julian calendar*.

year, sidereal: the *period* of revolution of the Earth around the Sun in a fixed reference frame. It is the mean period of the Earth's revolution with respect to the background stars. The sidereal *year* is approximately 20 minutes longer than the *tropical year*.

year, tropical: the *period* of time for the *ecliptic longitude* of the Sun to increase 360 degrees. Since the Sun's ecliptic longitude is measure with respect to the *equinox*, the tropical *year* comprises a complete cycle of seasons, and its length is approximated in the long term by the civil *(Gregorian) calendar*. The mean tropical year is approximately 365 *days*, 5 hours, 48 minutes, 45 *seconds*.

zenith: in general, the point directly overhead on the *celestial sphere*.

zenith, astronomical: the extension to infinity of a plumb line from an observer's location.

zenith, geocentric: The point projected onto the *celestial sphere* by a line that passes through the geocenter and an observer.

zenith, geodetic: the point projected onto the *celestial sphere* by the line normal to the Earth's geodetic ellipsoid at an observer's location.

zenith distance: angular distance on the *celestial sphere* measured along the great circle from the *zenith* to the celestial object. Zenith distance is 90° minus *altitude*.

Users may be interested to know that a hypertext linked version of the glossary is available on *The Astronomical Almanac Online* (see below).

 This symbol indicates that these data or auxiliary material may also be found on *The Astronomical Almanac Online* at **http://asa.usno.navy.mil** and **http://asa.hmnao.com**

Definitions of astronomical terms are provided in the Glossary, Section M. Entries in the Glossary are not cited in the Index.

Definitions of astronomical terms are provided in the Glossary, Section M. Entries in the Glossary are not cited in the Index.

Definitions of astronomical terms are provided in the Glossary, Section M. Entries in the Glossary are not cited in the Index.

Definitions of astronomical terms are provided in the Glossary, Section M. Entries in the Glossary are not cited in the Index.

Definitions of astronomical terms are provided in the Glossary, Section M. Entries in the Glossary are not cited in the Index.

Definitions of astronomical terms are provided in the Glossary, Section M. Entries in the Glossary are not cited in the Index.

Definitions of astronomical terms are provided in the Glossary, Section M. Entries in the Glossary are not cited in the Index.

Definitions of astronomical terms are provided in the Glossary, Section M. Entries in the Glossary are not cited in the Index.

Definitions of astronomical terms are provided in the Glossary, Section M. Entries in the Glossary are not cited in the Index.

Definitions of astronomical terms are provided in the Glossary, Section M. Entries in the Glossary are not cited in the Index.

Definitions of astronomical terms are provided in the Glossary, Section M. Entries in the Glossary are not cited in the Index.

Definitions of astronomical terms are provided in the Glossary, Section M. Entries in the Glossary are not cited in the Index.

Definitions of astronomical terms are provided in the Glossary, Section M. Entries in the Glossary are not cited in the Index.

Definitions of astronomical terms are provided in the Glossary, Section M. Entries in the Glossary are not cited in the Index.

Definitions of astronomical terms are provided in the Glossary, Section M. Entries in the Glossary are not cited in the Index.

Definitions of astronomical terms are provided in the Glossary, Section M. Entries in the Glossary are
not cited in the Index.

Definitions of astronomical terms are provided in the Glossary, Section M. Entries in the Glossary are not cited in the Index.